정나나의
화공기사
필기 I권

예문사

머리말 | PREFACE

화학공학 및 관련 분야를 전공하신 분들이라면 누구나 화공기사 취득에 많은 관심이 있을 것이라 생각합니다. 그러나 막상 시험을 준비하려고 보면 많지 않은 정보와 교재로 인해 어려움을 느끼게 됩니다. 따라서, 좀 더 쉽고 효율적으로 공부할 수 있는 교재의 필요성을 느껴 이 책을 출판하게 되었습니다.

이 책에서는 필수적인 내용을 간추리고, 다년간의 기출문제를 분석하여 수록함으로써 보다 효과적인 학습과 핵심 파악이 자연스럽게 이루어지도록 하였으며 예제를 통해 다시 한 번 학습 내용을 다지는 기회를 갖도록 하였습니다.

화공기사는 기본적으로 열역학, 화공양론, 단위조작, 공정제어, 공업화학(무기/유기), 반응공학을 공부해야 합니다. 그중에서 화공양론이 가장 기초과목이므로 화공양론을 먼저 공부하고, 이어서 열역학이나 단위조작을 공부하면 보다 수월하게 학습 과정이 진행될 것입니다. 또한 2차 필답형에서는 대부분 단위조작이 출제되므로 이 과목은 확실하게 준비하는 것이 좋습니다.

최선을 다해 준비한 이 교재가 수험생 여러분들께 요긴한 도움이 되길 바라며, 출판 과정에서 많은 수고와 도움을 주신 예문사 관계자 여러분께 감사의 말씀을 전합니다.

정 나 나

이 책의 구성 | FEATURE

1
용어 해설을 통해 기본 개념을 이해할 수 있습니다.

2
시험에 자주 출제되는 내용을 중요도에 따라 3단계로 제시하였습니다.
▣▣▣ 매우 중요
▣▣▢ 중요
▣▢▢ 약간 중요

3
시험 준비에 유용한 내용을 TIP란에 담았습니다.

1
참고로 알아두면 도움이 되는 내용을 Reference란에 제시하였습니다.

2
중요한 공식은 눈에 잘 띄게 강조하였습니다.

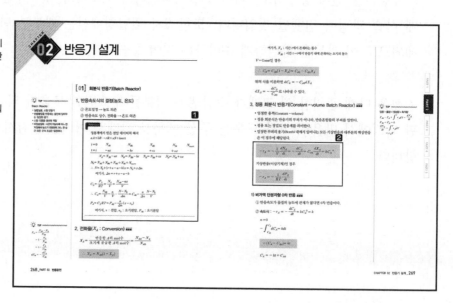

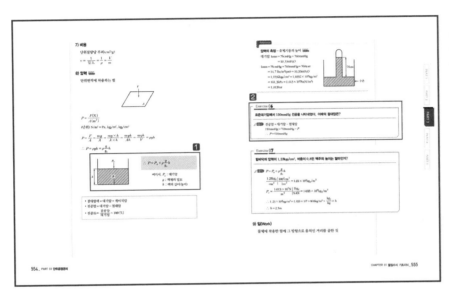

1
어렵고 복잡한 내용을 한 눈에 볼 수 있도록 수식과 그림을 배치하였습니다.

2
간단한 예제 문제를 제시하여 개념 이해를 돕습니다.

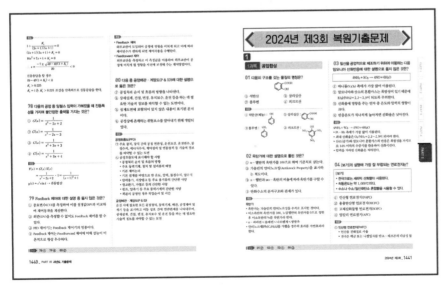

1
최신 기출문제를 실제 시험과 동일한 조건에서 풀어볼 수 있도록 회차별로 수록하였습니다.

시험 정보 | INFORMATION

☑ 화공기사 자격시험 안내

- 자격명 : 화공기사
- 영문명 : Engineer Chemical Industry
- 관련 부처 : 고용노동부
- 시행기관 : 한국산업인력공단

❶ 시험일정

구분	필기원서접수 (인터넷) (휴일 제외)	필기시험	필기합격 (예정자)발표	실기원서접수 (휴일 제외)	실기시험	최종합격자 발표일
2024년 정기 기사 1회	2024.01.23 ~2024.01.26	2024.02.15 ~2024.03.07	2024.03.13	2024.03.26 ~2024.03.29	2024.04.27 ~2024.05.12	1차 : 2024.05.29 2차 : 2024.06.18
2024년 정기 기사 2회	2024.04.16 ~2024.04.19	2024.05.09 ~2024.05.28	2024.06.05	2024.06.25 ~2024.06.28	2024.07.28 ~2024.08.14	1차 : 2024.08.28 2차 : 2024.09.10
2024년 정기 기사 3회	2024.06.18 ~2024.06.21	2024.07.05 ~2024.07.27	2024.08.07	2024.09.10 ~2024.09.13	2024.10.19 ~2024.11.08	1차 : 2024.11.20 2차 : 2024.12.11

※ 원서접수시간은 원서접수 첫날 10 : 00부터 마지막 날 18 : 00까지
※ 필기시험 합격예정자 및 최종합격자 발표시간은 해당 발표일 09 : 00

❷ 시험과목

- 필기 : ① 공업합성 ② 반응운전 ③ 단위공정관리 ④ 화공계측제어
- 실기 : 화학장치운전 및 화학제품제조 실무

❸ 검정방법

- 필기 : 객관식 4지 택일형, 과목당 20문항(과목당 30분)
- 실기 : 복합형[필답형(1시간 30분) + 작업형(약 4시간)]

❹ 합격기준

- 필기 : 100점을 만점으로 하여 과목당 40점 이상, 전 과목 평균 60점 이상
- 실기 : 100점을 만점으로 하여 60점 이상

☑ 기본정보

❶ 개요

화학공업의 발전을 위한 제반환경을 조성하기 위해 전문지식과 기술을 갖춘 인재를 양성하고자 자격제도 제정

❷ 변천과정

1974년 (대통령령 제7283호, 1974.10.16)	1998년 (대통령령 제15794호, 1998.5.9)	2004년 (노동부령 제217호, 2004.12.31)
공업화학기사 1급	공업화학기사	화공기사
화공기사 1급	화공기사	

❸ 수행직무

화학공정 전반에 걸친 계측, 제어, 관리, 감독업무와 화학장치의 분리기, 여과기, 정제 · 반응기, 유화기, 분쇄 및 혼합기 등을 제어, 조작, 관리, 감독하는 업무를 수행

❹ 실시기관명

한국산업인력공단

❺ 실시기관 홈페이지

http://www.q-net.or.kr

❻ 진로 및 전망

- 정부투자기관을 비롯해 석유화학, 플라스틱공업화학, 가스 관련 업체, 고무, 식품공업 등 화학제품을 제조 · 취급하는 분야로 진출 가능하고 관련 연구소에서 화학분석을 포함한 기술개발 및 연구업무를 담당할 수 있다. 또는 품질검사전문기관에서 종사하기도 한다.
- 화공분야는 기초산업에서부터 첨단 정밀화학분야, 환경시설 및 화학분석분야, 가스제조분야, 건설업분야에 이르기까지 응용의 범위가 대단히 넓고 특히 「건설산업기본법」에 의하면 산업설비 공사업 면허의 인력 보유 요건으로 자격증 취득자를 선임토록 되어 있어 자격증 취득 시 취업이 유리한 편이다.

시험 정보 | INFORMATION

❼ 검정 현황

연도	필기			실기		
	응시	합격	합격률	응시	합격	합격률
2023	3,967	927	23.4%	2,073	438	21.1%
2022	4,177	1,232	29.5%	2,969	623	21%
2021	6,988	2,544	36.4%	4,833	1,690	35%
2020	7,503	3,367	44.9%	5,064	1,914	37.8%
2019	6,370	3,039	47.7%	3,667	2,835	77.3%
2018	4,986	2,481	49.8%	3,183	2,022	63.5%
2017	4,915	2,410	49%	2,956	2,036	68.9%
2016	4,414	1,617	36.6%	2,864	1,321	46.1%
2015	3,771	1,254	33.3%	1,857	917	49.4%
2014	2,413	774	32.1%	1,224	554	45.3%
2013	1,872	653	34.9%	1,125	539	47.9%
2012	1,579	438	27.7%	862	235	27.3%
2011	1,387	469	33.8%	883	417	47.2%
2010	1,542	590	38.3%	997	382	38.3%
2009	1,732	637	36.8%	937	476	50.8%
2008	1,485	516	34.7%	849	443	52.2%
2007	1,153	516	44.8%	828	404	48.8%
2006	1,009	314	31.1%	443	232	52.4%
2005	924	248	26.8%	460	204	44.3%
2004	739	183	24.8%	427	89	20.8%
2003	759	200	26.4%	423	93	22%
2002	753	154	20.5%	270	82	30.4%
2001	621	174	28%	413	129	31.2%
1977~2000	18,797	4,622	24.6%	4,470	1,364	30.5%
소 계	83,856	29,359	35%	44,077	19,439	44.1%

☑ 필기 출제기준

직무 분야	화학	중직무분야	화공	자격 종목	화공기사	적용 기간	2022.1.1.~2026.12.31.

○ 직무내용 : 화학공정 전반에 걸친 반응, 혼합, 분리정제, 분쇄 등의 단위공정을 설계, 운전, 관리·감독하고 화학공정을 계측, 제어, 조작하는 직무

필기검정방법	객관식	문제수	80	시험시간	2시간

필기 과목명	문제수	주요항목	세부항목	세세항목
공업합성	20	1. 무기공업화학	1. 산 및 알칼리공업	1. 황산 2. 질산 3. 염산 4. 인산 5. 탄산나트륨(소다회), 수산화나트륨(가성소다) 6. 기타
			2. 암모니아 및 비료공업	1. 암모니아 2. 비료
			3. 전기 및 전지화학공업	1. 1차 전지, 2차 전지 2. 연료전지 3. 부식, 방식
			4. 반도체공업	1. 반도체 원리 2. 반도체 원료 및 제조공정
		2. 유기공업화학	1. 유기합성공업	1. 유기합성공업 원료 2. 단위반응
			2. 석유화학공업	1. 천연가스 2. 석유정제 3. 합성수지 원료
			3. 고분자공업	1. 고분자 종류 2. 고분자 중합 3. 고분자 물성
		3. 공업화학제품 생산	1. 시제품 평가	1. 배합, 공정 적정성 평가 2. 품질평가
			2. 공업용수, 폐수 관리	1. 공업용수처리 2. 공업폐수처리
		4. 환경·안전 관리	1. 물질안전보건자료 (MSDS)	1. 물질안전보건자료 2. 화학물질 취급 시 안전수칙 3. 규제물질
			2. 안전사고 대응	1. 안전사고 대응

시험 정보 | INFORMATION

필기 과목명	문제수	주요항목	세부항목	세세항목
반응운전	20	1. 반응시스템 파악	1. 화학반응 메커니즘 파악	1. 반응의 분류 2. 반응속도식 3. 활성화 에너지 4. 부반응 5. 한계반응물 6. 화학조성분석
			2. 반응조건 파악	1. 반응조건 도출(온도, 압력, 시간) 2. 반응용매
			3. 촉매특성 파악	1. 균일·불균일 촉매 2. 촉매 활성도 3. 촉매 교체주기 4. 촉매독 5. 촉매 구조 6. 촉매반응 메커니즘 7. 촉매특성 측정장비
			4. 반응 위험요소 파악	1. 폭주반응 2. 위험요소 3. 반응물의 부식과 독성
		2. 반응기설계	1. 단일반응과 반응기 해석	1. 단일반응의 종류와 속도론 2. 다중반응, 순환식 반응, 자동촉매반응 속도론 3. 이상형 반응기의 물질 및 에너지수지
			2. 복합반응과 반응기 해석	1. 연속반응속도론 해석 2. 연속반응의 가역/비가역 반응 3. 최적반응조건
			3. 불균일 반응	1. 불균일 반응의 반응 변수
			4. 반응기 설계	1. 회분 및 흐름반응기의 설계방정식 2. 반응기의 특성 및 성능 비교 3. 비정상상태에서의 반응기운전 4. 반응기의 연결
		3. 반응기와 반응운전 효율화	1. 반응기운전 최적화	1. 직렬, 병렬 반응 2. 복합반응 3. 반응시간과 체류시간 4. 선택도 5. 전환율

필기 과목명	문제수	주요항목	세부항목	세세항목
반응운전	20	4. 열역학 기초	1. 기본량과 단위	1. 차원과 단위 2. 압력, 부피, 온도 3. 힘, 일, 에너지, 열
			2. 유체의 상태방정식	1. 이상기체와 상태방정식 2. P · V · T 관계 3. 기체혼합물과 실제기체 상태법칙 4. 액체와 초임계유체 거동
			3. 열역학적 평형	1. 닫힌계와 열린계 2. 열역학적 상태함수
			4. 열역학 제2법칙	1. 엔트로피와 열역학 제2법칙 2. 열효율, 일, 열 3. 정용, 정압, 등온, 단열, 폴리트로픽(Polytropic) 과정 4. 열기관과 냉동기(Carnot)
		5. 유체의 열역학과 동력	1. 유체의 열역학	1. 잔류성질 2. 2상계 3. 열역학 도표의 이해
			2. 흐름공정 열역학	1. 압축성 유체의 도관흐름 2. 터빈 3. 내연기관 4. 제트, 로켓기관
		6. 용액의 열역학	1. 이상용액	1. 상평형과 화학퍼텐셜 2. 퓨가시티(Fugacity)와 계수
			2. 혼합	1. 혼합액의 평형해석 2. 혼합에서의 물성변화 3. 혼합과정의 열효과
		7. 화학반응과 상평형	1. 화학평형	1. 반응엔탈피 2. 평형상수 3. 반응과 상태함수 4. 다중반응평형
			2. 상평형	1. 평형과 안정성 2. 기-액, 액-액 평형조건 3. 평형과 상률
단위공정 관리	20	1. 물질수지 기초지식	1. 비반응계 물질수지	1. 대수적 풀이 2. 대응성분법
			2. 반응계 물질수지	1. 화공양론 2. 한정반응물과 과잉반응물 3. 과잉백분율 4. 전화율, 수율 및 선택도 5. 연소반응

필기 과목명	문제수	주요항목	세부항목	세세항목
단위공정 관리	20	1. 물질수지 기초지식	3. 순환과 분류	1. 순환 2. 분류 3. 퍼징(Purging)
		2. 에너지수지 기초지식	1. 에너지와 에너지수지	1. 운동에너지와 위치에너지 2. 닫힌계/열린계의 에너지수지 3. 에너지수지 계산 4. 기계적 에너지수지
			2. 비반응공정의 에너지수지	1. 열용량 2. 상변화 조작 3. 혼합과 용해
			3. 반응공정의 에너지수지	1. 반응열 2. 생성열 3. 연소열 4. 연료와 연소
		3. 유동현상 기초지식	1. 유체정역학	1. 유체 정역학적 평형 2. 유체 정역학적 응용
			2. 유동현상 및 기본식	1. 유체의 유동 2. 유체의 물질수지 3. 유체의 운동량수지 4. 유체의 에너지수지
			3. 유체수송 및 계량	1. 유체의 수송 및 동력 2. 유량측정
		4. 열전달 기초지식	1. 열전달원리	1. 열전달기구 2. 전도 3. 대류 4. 복사
			2. 열전달응용	1. 열교환기 2. 증발관 3. 다중효용증발
		5. 물질전달 기초지식	1. 물질전달원리	1. 확산의 원리 2. 확산계수
		6. 분리조작 기초지식	1. 증류	1. 기액평형 2. 증류방법 3. 다성분계 증류 4. 공비혼합물의 증류 5. 수증기증류

필기 과목명	문제수	주요항목	세부항목	세세항목
단위공정 관리	20	6. 분리조작 기초지식	2. 추출	1. 추출장치 및 조작 2. 추출계산 3. 침출
			3. 흡수, 흡착	1. 흡수, 흡착 장치 2. 흡수, 흡착 원리 3. 충전탑
			4. 건조, 증발	1. 건조 및 증발 원리 2. 건조장치 3. 습도 4. 포화도 5. 증발과 응축 6. 증기압
			5. 분쇄, 혼합, 결정화	1. 분쇄이론 2. 분쇄기의 종류 3. 교반 4. 반죽 및 혼합 5. 결정화
			6. 여과	1. 막 분리 2. 여과원리 및 장치
화공계측 제어	20	1. 공정제어 일반	1. 공정제어 일반	1. 공정제어 개념 2. 제어계(Control System) 3. 공정제어계의 분류
		2. 공정의 거동해석	1. 라플라스(Laplace) 변환	1. 푸리에(Fourier) 변환과 라플라스(Laplace) 변환 2. 적분의 라플라스(Laplace) 변환 3. 미분의 라플라스(Laplace) 변환 4. 라플라스(Laplace) 역변환
			2. 제어계 전달함수	1. 1차계의 전달함수 2. 2차계의 전달함수 3. 제어계의 과도응답(Transient Response)
		3. 제어계설계	1. 제어계	1. 전달함수와 블록다이어그램(Block Diagram) 2. 비례 제어 3. 비례−적분 제어 4. 비례−미분 제어 5. 비례−적분−미분 제어
			2. 고급제어	1. 캐스케이드(Cascade) 제어 2. 피드포워드(Feedforward) 제어
			3. 안정성	1. 안정성 개념 2. 특성방정식 3. 루스−허비츠(Routh−Hurwitz)의 안정 판정 4. 특수한 경우의 안정 판정

필기 과목명	문제수	주요항목	세부항목	세세항목
화공계측 제어	20	4. 계측 · 제어 설비	1. 특성요인도 작성	1. 특성요인도(Cause and Effect)
			2. 설계도면 파악	1. 도면기호와 약어 2. 부품의 구조와 용도 3. 제어루프 4. 분산제어장치(DCS)
			3. 계장설비 원리 파악	1. 컨트롤 밸브의 종류와 용도 2. PLC의 구조와 원리 3. 제어시스템 이론
			4. 안전밸브 용량 산정	1. 안전밸브 종류 2. 안전밸브 용량
		5. 공정모사 (설계), 공정 개선, 열물질 수지검토	1. 공정설계 기초	1. 화학물질의 물리 · 화학적 특성 2. 설계도면 3. 국제규격(ASTM, ASME, API, IEC, JIS 등) 4. 공정모사(Simulation)
			2. 공정개선	1. 공정운전자료 해석 2. 공정개선안 도출 3. 효과 분석
			3. 에너지 사용량 확인	1. 에너지 활용과 절감

차례 | CONTENTS

제**1**편 공업합성

제**2**편 반응운전

제**3**편 단위공정관리

제**4**편 화공계측제어

제**5**편 과년도 기출문제

차례 | CONTENTS

PART 01 공업합성

CHAPTER 01 무기공업화학

01 산 및 알칼리 공업 ···································· 2
02 암모니아 및 비료 공업 ························· 43
03 전기 및 전지화학공업 ························· 60
04 반도체공업 ·· 70

CHAPTER 02 유기공업화학

01 유기합성공업 ······································ 78
02 석유화학공업 ···································· 108
03 고분자공업 ·· 157

CHAPTER 03 공업용수 · 폐수관리

01 공업용수 · 폐수관리 ························· 180

CHAPTER 04 환경 · 안전관리

01 물질안전보건자료(MSDS) ················· 191
02 안전사고 대응 ·································· 202

PART 02 반응운전

CHAPTER 01 반응시스템 파악

01 화학반응 메커니즘 파악 ··················· 226
02 반응조건 파악 ·································· 239
03 촉매특성 파악 ·································· 244

CHAPTER 02 반응기 설계

01 회분식 반응기(Batch Reactor) ··········· 268
02 단일이상반응기 ································ 296
03 단일반응기의 크기 ··························· 319

CHAPTER 03 반응기와 반응운전 효율화

01 복합반응 ·· 337
02 온도와 압력의 영향 ································ 353

CHAPTER 04 열역학 기초

01 열역학 ·· 368
02 열역학 제1법칙과 기본개념 ················ 377
03 순수한 유체의 부피특성 ···················· 388
04 열효과 ·· 413
05 열역학 제2법칙 ··································· 426

CHAPTER 05 유체의 열역학과 동력

01 유체의 열역학적 성질 ························ 444
02 흐름공정 열역학 ································· 467
03 동력 생성 ··· 474
04 냉동과 액화 ··· 488

CHAPTER 06 용액의 열역학

01 용액의 열역학 ···································· 498

CHAPTER 07 화학반응평형과 상평형

01 상평형 ·· 517
02 화학반응평형 ······································· 529

PART
03

단위공정
관리

CHAPTER 01 물질수지 기초지식

01 단위환산 ·· 548
02 기체의 성질 및 법칙 ························ 566
03 습도 ·· 587
04 물질수지 ·· 593

CHAPTER 02 에너지수지

01 에너지수지 ·· 609

차례 | CONTENTS

CHAPTER **03 유동현상**

01 서론(Introduction) ·· 634
02 유체의 유동 ·· 644

CHAPTER **04 열전달**

01 열전달 ··· 675
02 증발 ··· 703

CHAPTER **05 증류**

01 증류 ··· 719

CHAPTER **06 추출**

01 추출 ··· 747

CHAPTER **07 물질전달 및 흡수**

01 물질전달 및 흡수 ·· 757

CHAPTER **08 습도**

01 습도 및 공기조습 ·· 776

CHAPTER **09 건조**

01 건조 ··· 783

CHAPTER **10 기계적 분리**

01 결정화 ·· 791
02 분쇄 ··· 795
03 혼합 ··· 801
04 여과 ··· 806
05 침강 ··· 809
06 체분리 ·· 812
07 흡착 ··· 814

PART

01

공업합성

CHAPTER 01 무기공업화학
CHAPTER 02 유기공업화학
CHAPTER 03 공업용수 · 폐수관리
CHAPTER 04 환경 · 안전관리

무기공업화학

[01] 산 및 알칼리 공업

1. 황산(H_2SO_4) 공업

1) 황산의 명칭과 성질

(1) 황산의 명칭 : 결합수에 따라

① 보통황산 : $mSO_3 \cdot nH_2O$　　　　$m < n$

② 발연황산 : $mSO_3 \cdot nH_2O$　　　　$m > n$

③ 100% 황산 : $mSO_3 \cdot nH_2O$　　　　$m = n$

(2) 황산의 성질

① 97.35% H_2SO_4의 비중이 1.8415로 제일 크며, 98.3% H_2SO_4의 끓는점이 338℃로 가장 높다.(증기압이 가장 낮다.) ■■■

◆ 진한 황산(Conc－H_2SO_4)
• 탈수제
• 희석 시 물에 황산을 가하여야 한다.

② H_2SO_4는 금속과 반응하여 산화제로 작용한다.

$Zn + dil－H_2SO_4 \rightarrow ZnSO_4 + H_2$

🅒🅕 이온화 경향이 수소보다 작은 금속의 경우
$Cu + 2H_2SO_4 \rightarrow CuSO_4 + 2H_2O + SO_2\uparrow$

③ 물을 가하면 발열한다.

④ 농도의 표시 : 공업적으로는 °Bé(보메도, Baumé Degree)를 사용하나 93% 이상의 진한 황산은 % 농도를 사용한다.

$$d = \frac{144.3}{144.3 - °Bé}$$

$$°Bé = 144.3\left(1 - \frac{1}{d}\right)$$

여기서, d : 비중

2) 황산의 원료

(1) 원료 ▨▨▨

① 황(S ; Sulfur)

② 황화철광(FeS_2) : 황의 이론함량은 53.46%

③ 자황화철광(자류철광, $Fe_5S_6 \sim Fe_{16}S_{17}$) : 황의 이론함량은 25~35%

④ 금속 제련 폐가스(부생 SO_2) : 비철금속 Cu, Zn, Pb 등의 황화광 배소 시 SO_2 가스가 부생된다.

⑤ 섬아연광(ZnS)

⑥ 황동광(CuFeS)

⑦ 기타 : 황화수소(H_2S), 석고($CaSO_4$) 등 S를 함유한 것은 원료로 할 수 있다.

cf 자철광(Fe_3O_4)은 원료로 사용할 수 없다.

◆
• 황화철광＝황철광＝황화광
• 자황화철광＝자류철광＝자황철광

(2) SO₂의 제조

① 황연소로

〈황연소반응〉

$$S + O_2 \rightarrow SO_2 + 71kcal$$

$$SO_2 + \frac{1}{2}O_2 \rightleftarrows SO_3 + 23kcal$$

SO_3의 생성은 가역반응이며 고온일수록, 공기가 적을수록 억제된다.

② 황화광 배소로

〈배소반응〉

• 황화철광 : $4FeS_2 + 11O_2 \rightarrow 2Fe_2O_3 + 8SO_2$

• 자황철광 : $4Fe_7S_8 + 53O_2 \rightarrow 14Fe_2O_3 + 32SO_2$

• 섬아연광 : $2ZnS + 3O_2 \rightarrow 2ZnO + 2SO_2$

🔆 TIP ▦▦▦▦▦▦▦▦▦▦▦▦
산화칼슘의 생성
$CaSO_4 + C \rightarrow CaO + SO_2 + CO$
산화칼슘
(생석회)

(3) SO₂의 정제

배소로에서 생성된 SO_2가스 중에는 광진, As (비소), Se (셀레늄) 등을 함유하므로 정제해야 한다.

① 장해판 : 광진을 중력에 의해 자연 낙하시킨다.

② 사이클론(Cyclone) : 광진을 원심력에 의해 기계적으로 제거시킨다.

③ Cottrell 집진기 : 광진, 산무 등을 전기영동을 이용하여 침강시킨다. 가장 우수한 것은 Cottrell 집진기이다.

④ 기타 : 세척, 여과

◆ 전기영동
콜로이드 용액 속에 전극을 넣고 직류 전압을 가했을 때 콜로이드 입자가 어느 한쪽의 전극을 향해서 이동하는 현상으로, 콜로이드 입자가 전기를 띠고 있기 때문에 생기는 현상이다.

3) 황산의 제조법

(1) 질산식 황산 제조법

SO_2, O_2, H_2O를 산화질소 촉매하에 반응시켜서 황산을 제조하는 방법으로 연실식, 반탑식, 탑식이 있다.

① 연실식

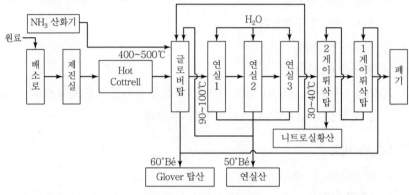

▲ 연실식 황산 제조 공정

- 배소로에서 나온 SO_2가스를 제진장치를 거쳐 $400\sim500℃$로 냉각하여 Glover 탑 하부로 도입한다(배소로). 탑 상부에는 연실산과 $HSO_4 \cdot NO$ (니트로실황산)가 주입되어 연실산의 농축, 니트로실황산의 분해가 이루어지며, Glover 탑산 $60°Bé$(78%) H_2SO_4가 생성된다(글로버탑).
- Glover 탑을 통한 SO_2가스는 수분, 질소산화물을 동반하고 $90\sim100℃$로 냉각되어 연실에서 반응해 연실산 $50°Bé$(60%) H_2SO_4를 생성한다(연실).
- 최종연실을 통해 $30℃$ 정도로 Gay−Lussac 탑으로 들어갈 때 가스 중에는 질소산화물만이 존재하므로 Glover 탑산($30℃$)에 흡수시켜 니트로실황산으로 순환시킨다(게이뤼삭탑).

㉠ 글로버탑(Glover 탑) ▪▪▪
ⓐ 주로 니트로실황산의 분해 반응
〈탈질공정〉
$$2HOSO_2 \cdot ONO + H_2O \rightleftarrows 2H_2SO_4 + NO + NO_2$$

〈황산생성공정〉
$$2HSO_4 \cdot NO + SO_2 + 2H_2O \rightleftarrows 2H_2SO_4 \cdot NO + H_2SO_4$$
$$\rightarrow 3H_2SO_4 + NO$$

❖
- 니트로실황산 : $HSO_4 \cdot NO$
- Violet Acid : $H_2SO_4 \cdot NO$

ⓑ 특징
- 노가스는 $400 \sim 500\,^{\circ}\!\mathbb{C}$로 하부로 공급되며 상부로는 연실산, 니트로실황산이 공급된다.
- 니트로실황산($HOSO_2 \cdot ONO$)의 탈질이 이루어진다.
- 연실산의 농축 : $50\,^{\circ}$Bé 연실황산을 가열 농축시킨다.
- 노가스의 냉각 : $400 \sim 500\,^{\circ}\!\mathbb{C}$가 $90 \sim 100\,^{\circ}\!\mathbb{C}$로 냉각된다.
- $78\%(60\,^{\circ}$Bé$)$ 황산이 생성된다.
- 노가스의 세척 : 산에 의해 광진이 세척된다.
- 질산의 환원 : $HNO_3 \rightarrow NO$

◆ 광진
Mineral Dust

ⓛ 연실 ▪▪▪
@ 니트로실황산($HSO_4 \cdot NO$)과 Violet Acid($H_2SO_4 \cdot NO$)의 생성 분해
$$SO_2 + H_2O + NO_2 \rightarrow H_2SO_4 \cdot NO \rightleftharpoons H_2SO_4 + NO$$
$$2H_2SO_3 \cdot NO_2 + \frac{1}{2}O_2 \rightarrow 2HSO_4 \cdot NO + H_2O$$
(Nitrosyl Sulfuric Acid)

$$2HSO_4 \cdot NO + SO_2 + 2H_2O \rightleftharpoons H_2SO_4 + 2H_2SO_4 \cdot NO$$
황산 생성

◆
니트로실황산 = 함질황산

ⓑ 특징
- $90 \sim 100\,^{\circ}\!\mathbb{C}$로 주입된 가스는 $30 \sim 40\,^{\circ}\!\mathbb{C}$로 냉각된다.
- 글로버탑에서 오는 가스를 혼합시키고 SO_2를 산화시키기 위한 공간을 제공해 준다.
- 반응열을 발산한다.
- 산무의 응축을 위한 표면적을 준다.

ⓒ 게이뤼삭탑(Gay-Lussac Tower) : 산화질소 회수가 목적 ▪▪▪
@ 산화질소 회수 반응
$$2H_2SO_4 + NO + NO_2 \rightleftharpoons 2HSO_4 \cdot NO + H_2O$$

💡 **TIP** ‖‖‖‖‖‖‖‖‖‖‖

질소산화물을 흡수하여 함질황산을 제조한다.

ⓑ 특징
- 질소산화물은 NO, NO_2가 같은 몰수일 때 흡수가 양호하다.
- 니트로실황산(Nitrosyl Sulfuric Acid)은 저온에서 진한 황산에 안정하다.

② 연실식을 개량한 방식
- 연실식 : 글로버탑(Glover Tower) → 연실 → 게이뤼삭탑(Gay-Lussac Tower)
- 탑식 : Glover Tower → Gay-Lussac Tower
- 반탑식 : 연실 → Peterson Tower → Gay-Lussac Tower

㉠ 탑식

- 연실을 생략한 방식이다.
- 내순환에서는 황산 생성, 외순환에서는 질소산화물의 흡수반응에 중점을 둔다.
- OPL법, Petersen법이 있다.

㉡ 반탑식

- 가능한 한 연실용적을 축소한다.
- 최종연실 다음에 Peterson 탑을 설치한다.

㉢ 연실식과 탑식의 비교

탑식	연실식
• 장치부피가 작다.	• 동일 용량에 비해 공장부지가 크다.
• SO₂ 산화속도가 빠르다.	• 반응가스의 통과시간이 느리다.
• 장치능률이 좋다.	• 제품의 농도가 낮고, 순도가 낮다.
(생산 H_2SO_4 농도 74~75%)	• 자연냉각한다.
• 인공냉각한다.	• 인건비가 많이 든다.
• 냉각수의 순환, 산 운반 동력이 크다.	• 산화질소가 일부 회수되지 않는다.
• 순환산의 양이 커 장치손실이 크다.	

③ 정제 및 농축

㉠ 부유물 : 모래 여과(Sand Filter)하여 제거

㉡ As , Se : H_2S를 통해 황화물로 침전 제거

㉢ 질소산화물 : $(NH_4)_2SO_4$ 또는 $(NH_2)_2CO$를 가해 가열 분해 제거

(2) 접촉식 황산 제조법

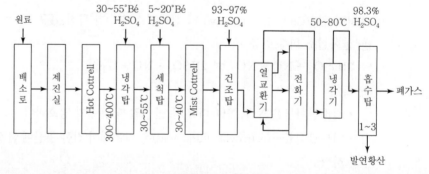

▲ 접촉식 황산 제조 공정

- 배소로에서 생선된 SO_2가스를 제진실, 폐열보일러, 냉각탑, 세척탑을 거쳐 Mist Cottrell에서 산무를 제거, 완전 정제한 후 건조탑에서 건조한다.
- 상부에서 진한 황산을 순환 주입한다.
- 건조탑에서 나온 건조 SO_2는 420℃ 정도로 예열하여 전화기에 도입한다.
- 전화기에서 Pt 또는 V_2O_5 촉매를 사용하여 $SO_2 \rightarrow SO_3$로 전화시킨 후 냉각하여 흡수탑에서 98% H_2SO_4에 흡수시켜 발연황산을 만든다. ▨▨▨

① 전화반응 ▨▨▨

$$SO_2 + \frac{1}{2}O_2 \underset{\longleftarrow}{\overset{촉매}{\longrightarrow}} SO_3 + 22.6\text{kcal}\,(420 \sim 450℃)$$

ㄱ 발열반응이므로 저온에서 진행하면 반응속도가 느려지게 되므로 저온에서 반응속도를 크게 하기 위해서는 촉매를 사용한다.

ㄴ 온도가 상승하면 $SO_2 \rightarrow SO_3$의 전화율은 감소하나, SO_2와 O_2의 분압을 높이면 전화율이 증가하게 된다.

② 촉매 ▨▨▨

V_2O_5 촉매를 많이 사용하고 있다.

ㄱ Pt 촉매 : 담체로서 석면, 실리카겔 등을 사용한다.

ㄴ 바나듐(V_2O_5) 촉매 : V_2O_5와 조촉매로 알칼리금속, 담체로 실리카겔을 사용한다.

Reference

V_2O_5 촉매 반응식 ▨▨▨

$V_2O_5 + SO_2 \rightarrow V_2O_4 + SO_3$

$2SO_2 + O_2 + V_2O_4 \rightarrow 2VOSO_4$

$2VOSO_4 \rightarrow V_2O_5 + SO_3 + SO_2$

$V^{5+} \rightarrow V^{4+}$로 변화(적갈색 → 녹갈색으로 변화)

V_2O_5 촉매의 특성 ▨▨▨

- 촉매독 물질에 대한 저항이 크다.
- 10년 이상 사용하며, 고온에서 안정하고, 내산성이 크다.
- 다공성이며 비표면적이 크다.

---

③ 접촉식 황산 제조공정

ㄱ Monsanto 식이 유명하다.

ㄴ Lurgi 식

ㄷ 오사메식

 TIP ⎪⎪⎪⎪⎪⎪⎪⎪⎪⎪⎪⎪⎪⎪⎪⎪⎪⎪⎪⎪⎪⎪⎪⎪⎪⎪

연실식 황산 제조법과 비교한 접촉식 황산 제조법의 장단점

ㄱ 장점
- 제품의 순도, 농도가 높다.
- 발연황산, 정제황산 생성이 우수하다.

ㄴ 단점
정제설비가 많아져 건설비가 많이 든다.

2. 질산(HNO₃) 공업

1) 질산의 제조방법

공업적으로 질산을 제조하는 방법에는 아래와 같이 3가지가 있으며 근래에는 Ostwald법이 많이 이용되고 있다.

> **(1) 칠레초석(NaNO₃)의 황산분해법**
> $$NaNO_3 + H_2SO_4 \rightarrow NaHSO_4 + HNO_3$$
> $$NaHSO_4 + NaNO_3 \rightarrow Na_2SO_4 + HNO_3$$
>
> **(2) 전호법(Arc Process, 공중질소의 직접산화법)**
> $$N_2 + O_2 \rightarrow 2NO \xrightarrow{O_2} 2NO_2 \xrightarrow{흡수} HNO_3$$
>
> **(3) 암모니아 산화법 : Ostwald법**
> 암모니아를 촉매 존재하에 산화시켜 질산을 만드는 것으로 주로 이 방법을 사용한다.

2) 암모니아 산화법 – Ostwald법 ▣▣▣

(1) 제조반응

① 암모니아 산화반응

암모니아와 산소(또는 공기)를 촉매 존재하에서 산화시켜 NO를 얻는다. (암모니아 산화기)

$$4NH_3 + 5O_2 \rightarrow 4NO + 6H_2O + 216.4kcal$$

㉠ 촉매 : 백금 – 로듐($Pt - Rh$), 코발트산화물(Co_3O_4)

　　　　　$Pt - Rh(10\%)$ cat를 가장 많이 사용

㉡ 최대산화율 $\dfrac{O_2}{NH_3} = 2.2 \sim 2.3$

㉢ 암모니아와 산소의 혼합가스의 반응은 폭발성을 가지므로 수증기를 함유시켜 산화한다.

㉣ 압력을 가하면 산화율이 떨어진다.

　　cf 온도를 낮추고, 압력을 낮추어야 수율이 증가한다.

② NO의 산화반응

$$2NO + O_2 \rightleftarrows 2NO_2 + 27.1kcal$$

㉠ 가압, 저온이 유리하다.

㉡ 흡수탑으로 가기 전에 NO는 완전히 산화되어야 한다.

③ NO_2의 흡수반응

$$3NO_2 + H_2O \rightarrow 2HNO_3 + NO + 32.2kcal$$

〈흡수장치〉

- NO가 재산화할 수 있는 시간과 공간을 주어야 한다.
- 반응열은 빨리 제거해야 한다.
- 흡수액과의 접촉이 완전해야 한다.
- 상압흡수 : HNO_3 50% 정도 생성
- 가압흡수 : HNO_3 60% 정도 생성

  cf 흡수탑에서 나온 질소산화물은 탈색탑(표백탑)에서 제거된다.

(2) 제조방법

① 상압법

㉠ 40~50% HNO_3를 생성하며, 흡수용적이 크고 능률도 좋지 못하다.

㉡ 고농도의 HNO_3를 얻기 위해서는 순산소를 사용해서 NO_2의 농도를 증가시켜 흡수해서 질산을 얻는 방법이 보다 효과적이다.

㉢ Frank-Caro Process법이 있다.

② 전가압법

㉠ 같은 촉매량으로 산화량을 증가시킨다.

㉡ 설비의 축소, NO의 산화율을 증가시킨다.

㉢ 흡수율을 증가시켜 60% 정도의 질산을 생산하므로 농축비를 절감할 수 있다.

TIP

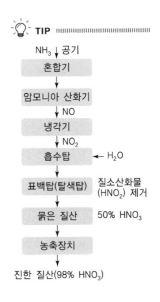

② 상압법에 비해 산화율이 감소되고 촉매의 소모량이 큰 것이 단점이다.

⑩ Dupont Process, Pauling Process, Chemico Process 등이 있다.

③ 반가압법

암모니아 산화는 상압하, 흡수는 가압하에서 조작한다.

㉠ 암모니아 산화반응을 상압하에서 진행하므로 산화율은 커지고, 촉매의 소모량을 감소시킨다.

㉡ Fauser Process, Uhde Process 등이 있다.

④ 직접합성법

가압법, 상압법에 의해서는 98% 농질산을 얻을 수 없고 농축비가 많이 소모되므로 고농도 질산을 얻기 위해 연구된 방법이다.

㉠ NO_2를 액화시켜 HNO_3와 액체 N_2O_4를 산소 가압하에서 반응시킨다.

$$2N_2O_4 + O_2 + 2H_2O \rightarrow 4HNO_3$$

물 대신 HNO_3를 사용하여 필요한 농도의 질산을 얻는 방법으로 New Fauser법, Hoko법 등이 있다.

㉡ 암모니아를 이론량만큼의 공기와 산화시킨 후에 물을 제거하는 방법이다.

$$NH_3 + 2O_2 \rightarrow HNO_3 + H_2O$$

응축하면 78% HNO_3가 생성되므로 농축하거나 물을 제거해야 한다.

3) 질산의 농축 ▪▪▪

$HNO_3 - H_2O$ 2성분계는 68% HNO_3에서 공비점(b.p 121℃)을 갖는다. 그러므로 68% 이상의 질산을 얻으려면 $Conc - H_2SO_4$ 또는 $Mg(NO_3)_2$와 같은 탈수제를 가하여 공비점을 소멸해야 한다.

① $c - H_2SO_4$ 사용 : Pauling 식

② $Mg(NO_3)_2$ 사용 : Maggie 식

3. 염산(HCl) 공업

1) 염산의 원료

① Le Blanc법을 모체로 한 식염의 황산분해법에서는 $NaCl$과 H_2SO_4를 사용한다.

② 합성법에서는 Cl_2와 H_2를 사용하여 직접 염산을 합성시키는 방법으로 염소와 수소는 소금을 전기분해하여 얻는다. ▪▪▪

$$2NaCl + 2H_2O \xrightarrow{\text{전기분해}} 2NaOH + Cl_2 + H_2 \xrightarrow{\text{합성}} 2HCl \;▪▪▪$$

소금물의 전기분해 ▪▪▪

• (+)극 : $2Cl^- \rightarrow Cl_2\uparrow + 2e^-$

• (−)극 : $2Na^+ + 2H_2O + 2e^- \rightarrow 2NaOH + H_2\uparrow$

2) 염산의 제조방법

(1) 식염의 황산분해법

Le Blanc법의 초기 반응에서 염산과 망초를 얻는다. ▪▪▪

$$NaCl + H_2SO_4 \xrightarrow{150℃} NaHSO_4 + HCl$$
$$\text{황산수소나트륨}$$

$$NaHSO_4 + NaCl \xrightarrow{800℃} Na_2SO_4 + HCl$$
$$\text{망초(황산나트륨)}$$

① Le Blanc법 : 비연속식

② Mannheim법, Laury법 : 기계로, 연속식

③ Hargreaves법 : 황산을 사용하지 않고 직접 황을 사용하는 방법

$$4NaCl + 2SO_2 + O_2 + 2H_2O \rightarrow 2Na_2SO_4 + 4HCl$$

(2) 합성법

Cl_2와 H_2를 직접 합성시켜 제조하는 방법

$$H_2(g) + Cl_2(g) \rightarrow 2HCl(g) + 44.12kcal$$

〈저온, 저압〉

$Cl_2 + E \rightarrow 2Cl \cdot$

$Cl \cdot + H_2 \rightarrow HCl + H \cdot$ Radical 반응

$H \cdot + Cl_2 \rightarrow HCl + Cl \cdot$

〈고온, 고압〉

$Cl_2 + E \rightarrow Cl_2^*$

$Cl_2^* + H_2 \rightarrow 2HCl^*$ 폭발적 반응

$2HCl^* + 2Cl_2 \rightarrow 2HCl + 2Cl_2^*$

여기서, * : 활성분자

❖
$2NaCl + H_2SO_4$
$\rightarrow Na_2SO_4 + 2HCl\uparrow$

H_2와 Cl_2는 가열하거나 빛을 가하면 폭발적으로 반응한다. 이를 방지하기 위해 Cl_2와 H_2 원료의 몰비를 $1 : 1.2$로 주입한다.

> **Reference**
>
> **조업 시 주의사항**
> • 미반응의 Cl_2가 남지 않도록 H_2를 과잉으로 주입한다.($Cl_2 : H_2 = 1 : 1.2$) ▣▣▣
> • 불활성 가스(Inert Gas)를 넣어 Cl_2를 희석한다.
> • H_2를 먼저 점화한 후 Cl_2와 연소한다.
> • 반응완화촉매(석연괴, 자기괴)를 사용한다.

① HCl 가스의 흡수

$$흡수속도 = \frac{dw}{d\theta} = kA\Delta P$$

여기서, $\dfrac{dw}{d\theta}$: 단위시간에 흡수되는 HCl 가스의 무게

k : HCl 가스의 흡수계수

A : HCl 가스와 흡수액 사이의 접촉면적

ΔP : 기상과 액상 간 HCl 가스의 분압차

흡수 시 35% HCl이 생성된다.

② 장치재료

㉠ Karbate의 특성 : 불침투성 탄소 합성관 ▣▣▣
  • 탄소, 흑연을 성형해서 푸랄계, 페놀계 수지를 침투시켜 불침투성으로 만든 것이다.
  • 불침투성이므로 빛을 투과시키지 않아 작업이 안전하다.
  • 내식성이 강하다.
  • 열팽창성이 작으며 열전도율이 좋다.
  • 합성관, 흡수관, 냉각기의 장치 재료로 우수하다.
  • 염산 합성장치에 사용된다.

(3) 부생염산

① 부생염산의 생성

각종 유기화학 반응에서 생성되는 부생염산을 이용한다.

예

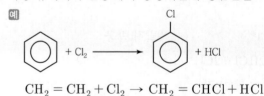

$$CH_2 = CH_2 + Cl_2 \rightarrow CH_2 = CHCl + HCl$$

부생염산의 생성

• TDI(Toluene Diisocyanate) 제조 시

$$R\begin{matrix}NH_2\\NH_2\end{matrix} + 2Cl - \overset{O}{\underset{}{C}} - Cl \rightarrow R\begin{matrix}NCO\\NCO\end{matrix} + 4HCl$$

디아민   포스겐   디이소시아
         $(COCl_2)$ 네이트

▲ TDI(우레탄의 원료)

• MDI(Methylene Diphenyl Diisocyan-ate) 제조 시

$$O=C=N-R-N=C=O + HOR'OH$$
$$\rightarrow [\overset{O}{\underset{}{C}}-NH-R-\boxed{NH-C-O}-R'-O]_n$$
우레탄결합

▲ MDI

$$-NCO + HO - R \rightarrow -CONH-OR$$
isocyanate alcohol   urethane

---

② 부생염산으로부터 Cl₂를 제조하는 방법

  ㉠ Deacon법

$$4HCl + O_2 \xrightarrow[\text{CuCl}_2]{450℃} 2Cl_2 + 2H_2O$$

  ㉡ Welden법

$$4HCl + MnO_2 \rightarrow MnCl_2 + Cl_2 + 2H_2O$$

  ㉢ Nitrosyl법 : 소금을 질산분해시키는 방법

$$3NaCl + 4HNO_3 \rightarrow 3NaNO_3 + Cl_2 + NOCl + 2H_2O$$

(4) 무수염산 제조

 ① 진한 염산 증류법(농염산 증류법)

  합성염산을 가열, 증류하여 생성된 염산가스를 냉동탈수하여 제조한다.

 ② 직접합성법

  Cl_2, H_2를 conc $-$ H_2SO_4로 탈수하여 무수상태로 만든다. 이 방법은 장치 재료로 철재를 사용할 수 있다.

 ③ 흡착법

  HCl 가스를 황산염($CuSO_4$, $PbSO_4$)이나 인산염[$Fe_3(PO_4)_2$]에 흡착시 킨 후 가열하여 HCl 가스를 방출시켜 제조한다.

4. 인산(H_3PO_4) 공업

1) 원료

인회석[$Ca_5F(PO_4)_3$], 구이노질 인광석, 해조분, 골분류

2) 제조방법

 (1) 습식법

◈ 인회석(Apatite)

Ca₅(PO₄)₃X
 여기서, X : F, Cl, OH

◈ 인광석

인산칼슘을 다량 함유하는 광석
㈀ 인회석, 구아노

🔅 TIP ‖‖‖‖‖‖‖‖‖‖‖‖‖‖‖‖‖‖‖‖

인산의 용도

• 금속 표면처리제
• 유기화학촉매
• 염색공업에 사용
• 인산염의 제조원료
• 식품가공, 의약품

(2) 건식법

$$인광석 \xrightarrow{\text{환원}} 인 \xrightarrow{\text{산화·흡수}} 인산$$

① 용광로법

② 전기로법 : 1단법, 2단법

(3) 건식법과 습식법의 장단점 ▪▪▪

건식법	습식법
• 고순도, 고농도의 인산을 제조한다. • 저품위 인광석을 처리할 수 있다. • 인의 기화와 산화를 따로 할 수 있다. • Slag는 시멘트의 원료가 된다.	• 순도가 낮고 농도도 낮다. • 품질이 좋은 인광석을 사용해야 한다. • 주로 비료용에 사용된다.

3) 황산분해법

인광석을 황산으로 분해하는 방법

$$Ca_5F(PO_4)_3 + 5H_2SO_4 + 10H_2O$$
$$\rightarrow H_3PO_4 + 5CaSO_4 \cdot 2H_2O + HF$$
$$3Ca_3(PO_4)_2 \cdot CaF_2 + 10H_2SO_4 + 20H_2O$$
$$\rightarrow 6H_3PO_4 + 10(CaSO_4 \cdot 2H_2O) + 2HF$$

(1) 인회석 중 불순물 존재 시

① 황산 소비량이 증가한다.

② Scale을 생성한다.

③ 인산의 순도를 저하시킨다.

(2) 반응조건

① 부생석고는 P_2O_5의 농도, 반응온도, 과잉황산량에 따라 결과물이 달라진다.

고온 $\xrightarrow{\hspace{3cm}}$ 저온

고농도 $\xrightarrow{\hspace{3cm}}$ 저농도

$$CaSO_4 \rightarrow CaSO_4 \cdot \frac{1}{2}H_2O \rightarrow CaSO_4 \cdot 2H_2O$$

② 부생석고는 여과성과 용도를 고려하여 이수화물 형태로 결정화시키는 방법이 실시되고 있다.

(3) 제조공정

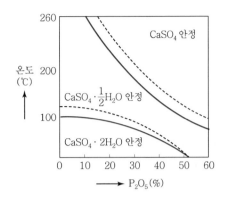

① 이수염법

ㄱ $CaSO_4 \cdot 2H_2O$의 안정영역에서 인광석을 분해하여 생성석고를 2수화
물로 분리하는 방법이다.

ㄴ Dorr법, Chemico법, Prayon법이 있다.

> **Reference**
> --
>
> **부생석고의 결정을 여과하기 쉬운 $CaSO_4 \cdot 2H_2O$로 하기 위한 방법(저온, 저농도)**
>
> - 반응온도를 저온으로 유지한다(65~75℃).
> - Slurry를 순환시켜 결정 성장을 돕는다.
> - 생산 인산의 농도 : 30~33% P_2O_5
>
> --

② 반수염 – 이수염법

ㄱ 비교적 고온(95℃)에서 반응시켜 인산의 수율을 높인다.

ㄴ 고온에서 생성된 $CaSO_4 \cdot \frac{1}{2}H_2O$를 냉각(50~60℃)시켜 $CaSO_4 \cdot$
$2H_2O$ 형태로 여과시켜 분리한다.

ㄷ 진한 황산을 사용하여 반수염 석고 슬러지를 얻는다.

4) 전기로법

전기로에 인광석, 규석, 코크스를 주입하고 1,300℃로 가열하여 인을 환원, 기화시
키고 응축수(55~60℃)에 응축 저장한다.

(1) 제조

$$2Ca_5F(PO_4)_3 + 9SiO_2 + 15C \rightarrow \underline{9CaSiO_3 + CaF_2} + 3P_2 + 15CO$$
$$\text{Slag} \qquad \text{(전기로 : 인의 기화)}$$

$$P_2(g) \rightarrow 2P(l) + Q \text{ (냉각, 응축 : 인의 응축)}$$

$$P_2 + O_2 \rightarrow P_2O_5 \text{ (연소실 : 인의 산화)}$$

$$P_2O_5 + 3H_2O \rightarrow 2H_3PO_4 \text{ (수화기 : 인의 수화)}$$

(2) 1단법

응축기, 저장실을 사용하지 않고, 인증기, CO 혼합가스를 직접 공기산화시키는 방법이다.

① 장치가 대형화된다.

② 제품의 순도가 저하된다.

③ CO의 이용이 안 된다.

(3) 2단법

2단법이 더 많이 사용된다.

① 인의 기화 응축과 산화를 별도로 진행한다.

② 농도가 크고 순도가 좋은 인산을 얻는다.(85~115% H_3PO_4)

③ CO를 이용할 수 있다.

5) 인산의 농축

(1) 진공증발법 : Swenson Process

① 증기원 및 열교환기를 사용하여 불화물 회수가 용이하다.

② 산무의 발생이 적어 인산의 손실이 적다.

③ 대기오염의 문제 발생이 적다.

(2) 고온법

① 액중연소법

② Drum Process

③ Prayon Process

5. 제염(NaCl) 공업

1) 소금의 원료

(1) 해수(바닷물)

해수 중 NaCl의 농도는 약 2.7%이다.

(2) 암염

소금 생산량은 암염이 해염보다 더 많다.

2) 제염법

해수의 농축방법에는 증발법, 동결법, 용매추출법, 이온교환방법 등이 있다. 증발법에는 태양열을 이용하는 천일제염법(자연증발법)과 인공열을 이용하는 기계제염법이 있다.

(1) 천일제염법(태양열 이용)

① 염전의 구조 : 저수지 → 증발지 → 결정지

② 제염의 능률은 기후, 토질, 해수의 농도, 인공시설 등에 의해 결정된다.

③ 해수의 증발농축 시 소금 석출 농도는 $26°Bé$ 정도이다.

④ 해수 중 염류의 석출순서

용해도가 낮은 것부터

$$Fe_2O_3 \rightarrow CaCO_3 \rightarrow CaSO_4 \rightarrow \underset{26°Bé}{NaCl} \rightarrow MgSO_4 \rightarrow \underset{간수}{MgCl_2}$$

$$\rightarrow NaBr \rightarrow KCl$$

💡 TIP ‖‖‖‖‖‖‖‖‖‖‖‖‖‖‖‖‖‖‖‖‖‖

해수 1kg이 포함하는 주요 원소의 양

$Cl^- > Na^+ > SO_4^{2-} > Mg^{2+} > Ca^{2+}$
$> K^+$

(2) 기계제염법(인공열 이용)

① 진공증발법

증발 증기의 잠열을 이용하여 열효율을 크게 하는 방법으로 다중 효용 진공증발관이 이용된다.

② 증기압축식 증발법 : 가압식 증발법

증발실에서 배출된 증기를 단열압축시키면 온도가 상승하므로 가열실에 보내면 유효온도차가 생기게 되며, 압축증기의 응축에 의해 발생된 잠열을 이용하여 계속 가열하는 방식이다.

(3) 이온교환수지법

이온교환 수지의 선택적 투과성을 이용하여, NaCl을 추출하는 방법으로 해수의 담수화 목적에도 이용된다.

(4) 동결법

프로판 또는 부탄 등의 냉매를 이용하여 해수를 냉동시켜 얼음을 분리하는 방법

3) 간수(고즙) 이용 공업

(1) 간수의 정의

해수로부터 소금을 얻은 후의 모액을 간수라 한다.

(2) 간수의 조성

$MgSO_4$, $MgBr_2$, $MgCl_2$, KCl, $NaCl$

(3) 간수의 활용

① 칼륨비료공업
② 간수를 이용하여 수산화마그네슘, 금속마그네슘 제조
③ 두부 제조, 마그네시아 시멘트

6. 소다회(Na_2CO_3, 탄산나트륨) 공업

1) 제품 및 용도

(1) 제품

소다회는 무수탄산나트륨(Na_2CO_3)의 일반명칭이다.

(2) 용도

유리공업, 비누세제, 가성소다, 도자기, 식품, 법랑 등의 원료로 이용한다.

2) 제조방법

(1) Le Blanc법
$NaCl$을 황산분해하여 망초(Na_2SO_4)를 얻고, 이를 석탄, 석회석으로 복분해하여 소다회를 제조하는 방법이다.

(2) Solvay법(암모니아소다법)
함수에 암모니아를 포화시켜 암모니아 함수를 만들고 탄산화탑에서 이산화탄소를 도입시켜 중조를 침전 여과한 후 이를 가소하여 소다회를 얻는 방법이다.

(3) 암모니아소다법의 개량법
① 염안소다법
② 액안소다법

TIP
겉보기 비중에 따라 중회, 경회로 나누며 관련 제품으로는 $Na_2CO_3 \cdot 10H_2O$(세탁 소다), $NaHCO_3$(중조), $Na_2CO_3 \cdot NaHCO_3 \cdot 2H_2O$(세스킨 탄산소다), $Na_2CO_3 \cdot NaOH$(가성화회) 등이 있다.

3) 제조반응 및 공정

(1) Le Blanc법 ■■■

① 소금을 황산분해시켜 황산나트륨을 제조한다.

$$NaCl + H_2SO_4 \xrightarrow{150℃} NaHSO_4 + HCl$$

$$NaHSO_4 + NaCl \xrightarrow{800℃} Na_2SO_4 + HCl$$
무수망초

② 황산나트륨, 석회석, 석탄을 혼합하여 900~1,000℃로 반사로 또는 회전로에서 가열하여 환원과 동시에 복분해시켜 흑회를 얻는다.

$$Na_2SO_4 + 2C \rightarrow Na_2S + 2CO_2$$

$$Na_2S + CaCO_3 \rightarrow Na_2CO_3 + CaS$$

최종생성물(환원생성물)을 흑회(Black Ash)라 하며, 그 조성은 Na_2CO_3 45%, CaS 30%, CaO 10%, $CaCO_3$ 5%, 기타 10%이다.

💡 **TIP** ■■■■■■■■■■■■■■■■
$Na_2SO_4 + CaCO_3 + 2C$
$\rightarrow Na_2CO_3 + CaS + 2CO_2$

③ 흑회를 Shanks Tank에서 32~37℃ 정도의 온수로 추출하여 얻은 침출액을 녹액(Green Liquor)이라 하며, 이를 가성화하여 소다회 대신 가성소다를 제조한다.

> cf Le Blanc법은 현재 황산나트륨, 염산제조법, 가성화법으로 일부 이용되며 소다회 제조방법으로는 이용되지 않는다.

(2) Solvay법(암모니아소다법) ■■■

$$NaCl + NH_3 + CO_2 + H_2O \rightarrow NaHCO_3 + NH_4Cl \text{ (탄산화)}$$
중조(탄산수소나트륨)
$$2NaHCO_3 \rightarrow Na_2CO_3 + H_2O + CO_2 \text{ (가소반응)}$$
$$2NH_4Cl + Ca(OH)_2 \rightarrow CaCl_2 + 2H_2O + 2NH_3 \text{ (암모니아 회수반응)}$$
석회유

- 소금수용액(함수)에 암모니아와 이산화탄소가스를 흡수시켜 용해도가 작은 탄산수소나트륨(중조)을 침전시킨다. (흡수탑)
- 중조($NaHCO_3$)를 침전 분리하고 200℃ 정도에서 하소하여 탄산소다를 얻는다.
- 중조를 여과한 모액(NH_4Cl)에 석회유[$Ca(OH)_2$] 용액을 가하고 증류하면 암모니아를 얻고 그 부산물로 $CaCl_2$를 얻는다.

◆ 함수
소금수용액

① 석회석의 배소(석회로)

석회석과 코크스, 무연탄을 혼합하여 반응시킨다.

$$CaCO_3 \rightarrow CaO + CO_2 - 42.9kcal$$

$$CaO + H_2O \rightarrow Ca(OH)_2$$

㉠ 원염의 정제에 이용한다.

$$Mg^{2+} + Ca(OH)_2 \rightarrow Mg(OH)_2 \downarrow + Ca^{2+}$$

㉡ 암모니아 회수에 이용한다.

$$NH_4Cl + \frac{1}{2}Ca(OH)_2 \rightarrow NH_3 + \frac{1}{2}CaCl_2 + H_2O$$

㉢ 가성화 반응에 이용한다.

② 원염의 정제

㉠ 1차 함수의 제조

$$Mg^{2+} + Ca(OH)_2 \rightarrow Mg(OH)_2 \downarrow + Ca^{2+}$$

$$SO_4^{2-} + Ca^{2+} \rightarrow CaSO_4 \cdot 2H_2O$$

원염 중에 Mg^{2+}, SO_4^{2-} 이온의 제거함수를 1차 함수라 한다.

㉡ 2차 함수의 제조

Ca^{2+} 이온을 침전 제거한 용액을 2차 함수라 한다.

$$Ca^{2+} + (NH_4)_2CO_3 \rightarrow CaCO_3 \downarrow + 2NH_4^+$$

③ 암모니아 흡수

흡수탑에서, 정제된 함수에 NH_3 가스를 흡수시켜 암모니아 함수를 만든다.

④ 암모니아 함수의 탄산화 공정(탄산화탑)

암모니아 함수는 탄산화탑의 상부에서 공급하고 하부에서 CO_2를 불어넣어 중조($NaHCO_3$)를 침전시킨다.

$$2NH_3(aq) + CO_2(aq) \rightarrow (NH_4)_2CO_3(aq) + 2H_2O \quad (중화)$$

$$(NH_4)_2CO_3(aq) + H_2O + CO_2(aq) \rightarrow 2NH_4HCO_3(aq) \quad (가수분해)$$

$$NH_4HCO_3(aq) + NaCl \rightarrow NaHCO_3 + NH_4Cl \quad (탄산화, 침전)$$

cf 탄산화탑은 Solvay탑이라고 한다.

⑤ 조중조의 하소(가소로)

　　㉠ $2NaHCO_3 \rightarrow Na_2CO_3 + H_2O + CO_2$

　　　경회(비중 : 0.7~0.8)

　　㉡ 경회의 중질화

　　　경회를 온수와 혼합하여 $Na_2CO_3 \cdot H_2O$ 결정을 얻은 후 재가소하여 중회를 얻는다.

⑥ 암모니아 회수

　중조를 분리한 모액에는 대량의 NH_4Cl이 용해되어 있으며, $NaCl$, NH_4HCO_3, $NaHCO_3$도 용해되어 있다.

　　㉠ 가열부에서의 반응

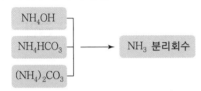

　　㉡ 증류부에서의 반응

　　　석회유 $Ca(OH)_2$ 도입

　　　$2NH_4Cl + Ca(OH)_2 \rightarrow 2NH_3 + 2H_2O + CaCl_2$

　　　$Na_2CO_3 + 2NH_4Cl \rightarrow 2NaCl + NH_3 + H_2O + CO_2$

　　㉢ 회수암모니아는 암모니아 흡수탑으로 순환 사용한다.

　　cf $NaCl$의 이용률이 75% 미만이고 $CaCl_2$와 같이 불필요한 생성물이 배출되는 것이 Solvay법의 단점이다.

(3) Solvay법의 개량 방법

　① 염안소다법

　　㉠ 여액에 남아 있는 식염의 이용률을 높이고 탄산나트륨(Na_2CO_3)과 염안(NH_4Cl)을 얻기 위한 방법이다.

　　㉡ 식염(Na) 이용률을 100%까지 향상시키며, 염소는 염화암모늄을 부생시켜 비료로 이용한다. 🔒🔒🔒

　　㉢ 석회로와 암모니아 증류탑이 필요 없고 염안 정출장치가 필요하다.

　　㉣ NH_3의 손실이 크다.

　　㉤ 이 방법에 의해 생산된 염안(염화암모늄)은 대부분 비료로 사용된다.

PART 1
PART 2
PART 3
PART 4
PART 5

🔅 **TIP** |||||||||||||||||||||||||||||||||||

㉠ Solvay법
• $NaCl$의 이용률이 75% 미만
• NH_3 사용량이 상대적으로 적다.
• CO_2를 얻기 위해 석회석 소성이 필요하다.

㉡ 염안소다법
• $NaCl$의 이용률이 100% (Na : 100%, Cl : 염안비료용으로 사용)
• NH_3 증류탑, 석회로, 원염용해조 함수정제장치가 불필요하다.
• NH_3 합성장치, 소금의 세정설비, 냉각장치, 염안정출장치, 분리장치가 필요하다.
• NH_3 손실이 크다.
• $NaHCO_3$ Scale 제거능력이 없다.

② 액안소다법

　　㉠ NaCl이 액체 암모니아에 용해되는 성질을 이용하여 소다회를 제조하는 방법이다.

　　㉡ 소금을 액체 암모니아에 용해하면 $CaCl_2$, $MgCl_2$, $CaSO_4$, $MgSO_4$ 등은 용해도가 작아서 잔류하므로 용해와 정제를 동시에 할 수 있다.

$$NaCl + 2NH_3 + CO_2 \rightarrow NaCO_2NH_2 + NH_4Cl$$
$$\text{나트륨카바메이트}$$

　　㉢ 나트륨카바메이트는 용해하지 않으므로 이를 분리한 후 과열수증기에 작용시켜 $NaHCO_3$를 얻는다.

$$NaCO_2NH_2 + H_2O \rightarrow NaHCO_3 + NH_3$$

7. 수산화나트륨(NaOH, 가성소다, Caustic Soda) 공업

1) 제조방법

(1) 가성화법

① 석회법

　　㉠ 흑회로부터 얻어진 탄산나트륨 용액에 석회유를 반응시키는 방법 (Le Blanc법)

$$Na_2CO_3 + Ca(OH)_2 \rightarrow CaCO_3 + 2NaOH$$

　　㉡ 솔베이법에서 침전시킨 탄산수소나트륨을 수증기로 분해시켜서 생성된 탄산나트륨 용액을 석회유와 반응시키는 방법

$$2NaHCO_3 \xrightarrow{\text{수증기분해}} Na_2CO_3 + H_2O + CO_2$$

$$Na_2CO_3 + Ca(OH)_2 \rightarrow CaCO_3 + 2NaOH\,(10\% \text{ NaOH})$$

② 산화철법

　　㉠ 탄산나트륨과 Fe_2O_3와의 고상반응으로 Sodium Ferrite를 생성한 후 온수로 가수분해하여 수산화나트륨 용액을 얻는다.

$$Na_2CO_3 + Fe_2O_3 \rightarrow Na_2Fe_2O_4 + CO_2$$
Sodium Ferrite

$$Na_2Fe_2O_4 + H_2O \xrightarrow{40 \sim 50\,℃} 2NaOH + Fe_2O_3$$

ⓛ 이 방법은 고농도의 수산화나트륨을 얻을 수 있으나 순도가 좋지 못하다.

(2) 식염전해법

소금물을 전기분해하여 수산화나트륨을 직접 제조하는 방법으로 염소, 수소가
스가 부생된다.

① 격막법

$$2NaCl + 2H_2O \xrightarrow{전기분해} 2NaOH + H_2 \uparrow + Cl_2 \uparrow$$

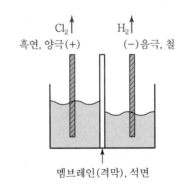

멤브레인(격막), 석면

- (+)극 : $2Cl^- \rightarrow Cl_2 \uparrow + 2e^-$ (산화)
- (−)극 : $2H_2O + 2e^- \rightarrow H_2 + 2OH^-$ (환원)
- 전체 : $2Na^+ + 2Cl^- + 2H_2O \rightarrow 2Na^+ + 2OH^- + Cl_2 + H_2$

② 수은법

ㄱ 전해실과 분해실로 되어 있다.

ㄴ 격막을 사용하지 않고 전해실 음극에서 나트륨아말감이 생성된다.

$$Na^+ + e^- + Hg(음극) \rightarrow Na(Hg)$$

ㄷ Na아말감을 분해조(해홍탑)로 보내 분해시켜 수산화나트륨과 수소를
생성한다.

$$Na - Hg + H_2O \rightarrow NaOH + \frac{1}{2}H_2 + Hg$$

💡 **TIP** ⫼⫼⫼⫼⫼⫼⫼⫼⫼⫼⫼⫼⫼⫼⫼⫼⫼

격막의 기능
양극의 부반응을 방지한다.

💡 **TIP** ⫼⫼⫼⫼⫼⫼⫼⫼⫼⫼⫼⫼⫼⫼⫼⫼⫼

**전해실에서 수소가 생성되어 Cl₂ 가
스 중에 혼입되는 원인**
- 아말감 중의 Na 함량이 높을 경우, 유
  동성이 저하되며 굳어지며, 분해되어
  수소가 생성된다.
- 함수 중에 Fe, Ca, Mg 등의 불순물
  이 존재할 경우

전해조의 효율

- 전류효율(%) $= \dfrac{\text{실제 생성량}}{\text{이론 생성량}} \times 100$

- 전압효율(%) $= \dfrac{\text{이론분해전압}}{\text{전해조의 전압}} \times 100$

- 소금 수용액의 이론분해전압은 2.31V이다.

- 이론분해전압은 격막법(3.2~4.0V)보다 수은법(3.9~4.5V)의 전압이 크다.
   ∴ 격막법 < 수은법

- 전력효율 = 전압효율 × 전류효율

- 전류밀도는 수은법이 격막법보다 5~6배 크다.
   ∴ 격막법 < 수은법

◆ **전류밀도**
단위면적을 통해 흐르는 전류의 양

-☼- **TIP** ‖‖‖‖‖‖‖‖‖‖‖‖‖‖‖‖‖‖‖‖‖
전력효율이 높으려면 전류효율은 높고, 전해조 전압은 낮아야 한다.

③ **격막법과 수은법의 비교**

격막법	수은법
• NaOH 농도(11~12%)가 낮으므로 농축비가 많이 든다. • 제품 중에 염화물 등을 함유하여 순도가 낮다.	• 제품의 순도가 높으며 진한 NaOH(50~73%)를 얻는다. • 전력비가 많이 든다. • 수은을 사용하므로 공해의 원인이 된다. • 이론분해전압, 전류밀도가 크다.

(3) 이온교환막법

① 격막으로 양이온 교환수지를 사용하는데, 이는 양이온만 통과시키고 음이온을 통과시키지 않는다.

② 양극실에서 Cl_2가 발생하고 Na^+는 양이온 교환막을 통해 음극으로 간다. 음극실에서는 H_2가 발생하고 동시에 OH^-가 생성된다. 이동해 온 Na^+와 결합하여 NaOH를 이루는데, 이는 배출시킨다.

2) 수산화나트륨의 농축 · 정제법

(1) 농축방법

① NaOH 50%까지는 다중효용관에 의해 증발시킨다.

② NaOH 50~75%까지는 강제 순환식 단일효용관에서 고압수증기로 가열증발시킨다.

③ NaOH 75% 이상은 직화식으로 처리한다.

(2) 정제방법

① 냉동법

② 황산나트륨법 : 50% $NaOH$ 용액에 황산나트륨을 넣어 염화나트륨을 복염
의 형태($NaOH \cdot NaCl \cdot Na_2SO_4$)로 제거한다.

③ 액안추출법

3) 염소와 염소표백제

(1) 염소의 제법

① 전해법

염화나트륨 수용액의 전해, 염화나트륨의 용융전해, 염화칼륨 수용액의 전
해가 있다. 전해법에 의해 생성된 염소는 95% 이상의 순도를 갖는다.

② 전해법 외 염소의 제법

㉠ 부생염소에 의한 제법

$$\text{Deacon법} : 4HCl + O_2 \xrightarrow[450℃]{CuCl_2} 2Cl_2 + 2H_2O$$

㉡ Nitrosyl법(소금의 질산분해)

$$3NaCl + 4HNO_3 \rightarrow 3NaNO_3 + Cl_2 + NOCl + 2H_2O$$

$$2NOCl + O_2 \rightarrow N_2O_4 + Cl_2$$

$$N_2O_4 + H_2O \rightarrow HNO_2 + HNO_3$$

(2) 염소표백제

염소표백제는 물에 용해하여 차아염소산을 생성한다.

$$Ca(ClO)_2 + 2H_2O \rightleftarrows Ca(OH)_2 + 2HClO$$

① 차아염소산나트륨(소다표백액)

$$2NaOH + Cl_2 \rightarrow NaClO + NaCl + H_2O$$

② 칼슘표백액

수산화칼슘 용액에 염소를 가하면 얻을 수 있다.

$$2Ca(OH)_2 + 2Cl_2 \rightarrow Ca(ClO)_2 + CaCl_2 + 2H_2O$$

③ 표백액

습한 소석회와 희석한 염소를 반응시켜 제조

$$2Ca(OH)_2 + 2Cl_2 \rightarrow CaCl_2 \cdot Ca(ClO)_2 \cdot 2H_2O$$

PART 1

PART 2

PART 3

PART 4

PART 5

TIP

염소(Cl_2)
- 황록색의 유독한 가스
- 펄프, 섬유공업, 제지공업 등에서 사용
- 살균소독에 이용
- 염소계 표백제는 차아염소산($HClO$)
  을 생성한다.

- $HClO_4$: 과염소산
- $HClO_3$: 염소산
- $HClO_2$: 아염소산
- $HClO$: 차아염소산

표백분에 산을 가하면

$$Ca(ClO)_2 + 4HCl \rightarrow CaCl_2 + 2H_2O + 4Cl$$

$$유효염소량 = \frac{4Cl}{CaCl_2 \cdot Ca(ClO)_2 \cdot 2H_2O} \times 100 = 48.96\%$$

실제는 33~38% 정도로 제조하여 사용한다.

④ 고도표백분

염소산칼슘의 순수결정으로 표백분보다 안정하다.

$$유효염소량 = \frac{4Cl}{Ca(ClO)_2} \times 100 = 99.4\%$$

⑤ 아염소산나트륨($NaClO_2$)

$$4NaOH + Ca(OH)_2 + C + 4ClO_2 \rightarrow 4NaClO_2 + CaCO_3 + 3H_2O$$

유효염소함량이 125%이다.

실전문제

01 다음 중 황산 제조공업에서 바나듐 촉매작용기구로서 가장 거리가 먼 것은?

① 원자가의 변화
② 화학변화에 의한 중간생성물의 생성
③ 산성의 피로인산염 생성
④ 흡수작용

해설

바나듐 촉매
$V^{5+} \rightarrow V^{4+}$
적갈색 → 녹갈색
$V_2O_5 + SO_2 \rightarrow V_2O_4 + SO_3$
$2SO_2 + O_2 + V_2O_4 \rightarrow 2VOSO_4$
$2VOSO_4 \rightarrow V_2O_5 + SO_3 + SO_2$

02 연실법 황산제조 공정 중 Glover 탑에서 질소산화물 공급에 HNO_3를 사용할 경우, 36wt%의 HNO_3 20 kg으로 약 몇 kg의 NO를 발생시킬 수 있는가?

① 0.8
② 1.7
③ 2.2
④ 3.4

해설

$$20kg \times 0.36HNO_3 \times \frac{30kg\ NO}{63kg\ HNO_3} = 3.4kg\ NO$$

03 접촉식 황산제조방법에 대한 설명 중 옳지 않은 것은?

① 백금, 바나듐 등의 촉매가 이용된다.
② SO_3는 주로 물에 흡수시켜야 한다.
③ 촉매층의 온도는 410~420℃로 유지하면 좋다.
④ 주요 공정별로 온도조절이 중요하다.

해설

SO_3는 흡수탑에서 98.3% H_2SO_4에 흡수시켜 발열황산을 만든다.

04 접촉식 황산제조법에 사용하는 바나듐 촉매의 특성이 아닌 것은?

① 촉매 수명이 길다.
② 촉매독 작용이 상당히 적다.
③ 전화율이 상당히 낮다.
④ 가격이 비교적 저렴하다.

해설

• 촉매독 물질에 대한 저항이 크다.
• 10년 이상 사용하며, 고온에서 안정하고, 내산성이 크다.
• 다공성이며 비표면적이 크다.

05 비중이 1.84인 황산 $10m^3$는 몇 kg인가?

① 10,000
② 13,500
③ 15,269
④ 18,400

해설

$sp \cdot gr = 1.84$
$d(밀도) = 1,840kg/m^3 = \dfrac{m}{v}$
$\therefore\ m = d \times v = 1,840kg/m^3 \times 10m^3 = 18,400kg$

06 다음 중 연실의 주요 기능은 무엇인가?

① 질소산화물의 회수
② 함질황산을 Glover 탑에 공급
③ 함질황산의 탈질
④ 기체의 혼합과 SO_2를 산화시키는 공간 제공

정답 **01** ③ **02** ④ **03** ② **04** ③ **05** ④ **06** ④

연실의 기능
- 니트로실황산 Violet Acid 생성 분해
- 글로버탑에서 오는 가스를 혼합시키고 SO_2를 산화하기 위한 공간이다.
- 산무의 응축을 위한 표면적을 준다.

07 황산제조에 사용되는 원료가 아닌 것은?

① 황화철광
② 자류철광
③ 염안
④ 금속제련 폐가스

원료
황(S), 황화철광(FeS_2), 자류철광($Fe_5S_6 \sim Fe_{16}S_{17}$), 금속제련 폐가스(부생 SO_2), 황화수소 등

08 연실식 황산제조에서 Gay-Lussac 탑의 주된 기능은?

① 황산의 생성
② 질산의 환원
③ 질소산화물의 회수
④ 니트로실황산의 분해

Gay-Lussac 탑의 기능
- 질소산화물의 회수
- $2H_2SO_4 + NO + NO_2 \rightleftarrows 2HOSO_2ONO + H_2O$

09 황산제조 시 원료로 FeS_2나 금속 제련가스를 사용할 때 H_2S를 사용하여 제거시키는 불순물에 해당하는 것은?

① Mn
② Al
③ Fe
④ As

As, Se는 H_2S를 사용하여 제거한다.

10 98wt%−H_2SO_4 용액 중에서 SO_3의 비율은 약 몇 wt%인가?

① 55
② 60
③ 75
④ 80

100kg 중 98wt% H_2SO_4는 98kg이고 이 중에서 SO_3는 80kg이다.

11 접촉식 황산제조에서 SO_3 흡수탑에 사용하는 황산의 농도(%)로 가장 적합한 것은?

① 100
② 98.3
③ 76.5
④ 23.7

SO_3를 98.3% H_2SO_4에 흡수시켜 발연황산을 만든다.

12 황산의 제조방법 중 연실법에서 Glover 탑의 기능으로서 잘못된 것은?

① 질산함유 황산의 질산 제거기능
② 연실산의 농축기능
③ 노(爐) 가스의 가열기능
④ 질산의 환원기능

글로버탑의 기능
- 니트로실황산의 분해
- 연실산의 농축
- 노가스의 냉각
- 78%(60°Bé) 황산 생성
- 질산의 환원

13 황산제조방법 중 연실법에 있어서 장치의 능률을 높이고 경제적으로 조업하기 위하여 개량된 방법 및 설비가 아닌 것은?

① OPL법
② Pertersen Tower법
③ Meyer법
④ Monsanto법

황산제조방법

㉠ 연실식
- 연실식으로 제조된 황산은 농도가 낮고 불순물이 많아 순도가 낮다.
- 산화질소의 일부가 회수되지 않는 단점이 있다.
- 개량법
    - 탑식 : OPL법, Petersen법
    - 반탑식 : Petersen탑
㉡ 접촉식
- 고체촉매 V_2O_5를 사용하여 SO_2를 공기중 산소와 산화시켜 SO_3로 전환 후 98.3% 황산에 흡수시켜 발연황산을 만든다.
- Monsanto법

14 황산제조의 원료로 사용되는 것이 아닌 것은?

① 황철광
② 자류철광
③ 자철광
④ 황동광

자철광(Fe_3O_4, Magnetite)은 황(S)이 없어서 황산제조의 원료로 사용할 수 없다.

15 Cyclone의 주된 집진원리에 해당되는 것은?

① 여과
② 원심력
③ 전하작용
④ 작용 · 반작용

Cyclone은 광진을 원심력에 의해 제거한다.

16 접촉식 황산 제조공정 중 SO_2를 SO_3로 산화하는 공정에서 SO_3 가스 생성 촉진을 위한 운전조건으로 가장 효과적인 방법은?

① 사용하는 공기 중의 N_2 함량을 높인다.
② 사용하는 공기량을 감소시킨다.
③ 낮은 온도를 유지하면서 촉매를 사용한다.
④ 가급적 높은 온도로 유지한다.

발열반응이므로 저온에서 반응시키는데, 저온에서는 반응속도가 느려지기 때문에 촉매를 사용한다.

17 접촉식에 의한 황산의 제조공정에서 이산화황이 산화되어 삼산화황으로 전환하여 평형상태에 도달한다. 이산화황 1몰 공급량에 대한 공기의 소모량은 표준상태를 기준으로 약 몇 L인가?(단, 이상적인 반응을 가정한다.)

① 53
② 40.3
③ 20.16
④ 10.26

$$SO_2 + \frac{1}{2}O_2 \rightarrow SO_3$$

$$0.5\text{mol } O_2 \times \frac{100\text{mol Air}}{21\text{mol } O_2} \times \frac{22.4\text{L}}{1\text{mol Air}} = 53.3\text{L}$$

18 황산 중에 들어 있는 비소산화물을 제거하는 데 이용되는 물질은?

① NaOH
② KOH
③ NH_3
④ H_2S

As(비소), Se(셀레늄)는 H_2S(황화수소)로 제거한다.

19 다음 중 증기압이 최저가 되는 황산의 농도는?

① 97.2%
② 98.3%
③ 99.8%
④ 100%

증기압 최저 = 비점 최고 = 98.3% 황산

20 황산제조에서 연실의 주된 작용이 아닌 것은?

① 반응열을 발산시킨다.
② 생성된 산무의 응축을 위한 표면을 부여한다.
③ Glover 탑에서 나오는 가스의 혼합과 SO_2를 산화시키기 위하여 시간과 공간을 부여한다.
④ 가스 중의 질소산화물을 H_2SO_4에 흡수시켜 회수하여 함질황산을 공급한다.

해설

질소산화물을 H_2SO_4에 흡수시켜 회수하여 함질황산을 공급
→ Gay-Lussac탑

21 접촉식 황산제조에 있어 사용하는 바나듐 계통의 촉매를 사용할 경우 전화기 내의 온도 범위를 옳게 나타낸 것은?

① $100 \sim 200℃$
② $200 \sim 300℃$
③ $400 \sim 600℃$
④ $600 \sim 800℃$

해설

$420 \sim 450℃$

22 다음 중 황산 공업과 관계없는 조업법은?

① 연실법
② Ostwald법
③ 탑식
④ 접촉식

해설

• 황산제조법 : 연실식, 탑식, 반탑식, 접촉식
• Ostwald법 : 암모니아산화법, 질산제조법

23 다음 황산의 성질 중 옳지 않은 것은?

① 진한 황산은 흡수성이 있어 건조제로 사용한다.
② 진한 황산을 묽힐 때는 물에 황산을 조금씩 가한다.
③ 진한 황산은 푸른 리트머스 종이를 붉게 한다.
④ 묽은 황산은 아연과 반응하여 수소를 발생한다.

해설

• 진한 황산 : 탈수제, 건조제
• 묽은 황산 : 강산이므로 푸른 리트머스 종이를 붉게 한다.
 $Zn + dil - H_2SO_4 \rightarrow ZnSO_4 + H_2(수소) \uparrow$

24 질산제조에서 암모니아 산화에 사용되는 촉매에 대한 설명 중 옳은 것은?

① 가장 널리 사용되는 것은 $Pt - Bi$ 이다.
② Pt계의 일반적인 수명은 1개월 정도이다.
③ 공업적으로 $Fe - Bi$ 계는 작업범위가 가장 넓다.
④ 산화코발트의 조성은 Co_3O_4이다.

해설

가장 널리 사용되는 촉매는 $Pt - Rh$ 촉매이다.

25 HNO_3 제조에서 탈색탑의 주요 역할은?

① 질소산화물 제거
② 금속산화물 제거
③ 유기물 제거
④ NH_3 제거

해설

흡수탑에서 나온 질소산화물은 탈색탑에서 제거된다.

26 질산의 직접 합성반응이 $NH_3 + 2O_2 \rightarrow NO_3 + H_2O$와 같이 진행될 때 반응 후 응축하여 생성된 질산 용액의 농도는 약 몇 $wt\%$ 인가?(단, 반응식의 계수와 동일하게 양론적으로 반응한다.)

① 68
② 78
③ 88
④ 98

해설

직접합성법
78% HNO_3 생성

27 N_2O_4와 H_2O가 같은 몰비로 존재하는 용액에 산소를 넣어 HNO_3 100kg을 만들고자 한다. 이때 필요한 산소의 양은 약 몇 kg인가?(단, 100% 반응이 일어난다고 가정한다.)

① 6.35 ② 12.7
③ 14.3 ④ 28.6

해설

$$H_2O + N_2O_4 + \frac{1}{2}O_2 \rightarrow 2HNO_3$$

$$\frac{1}{2} \times 32kg : 2 \times 63kg = x : 100kg$$

$$x = 12.7kg$$

28 질산 공업에서 암모니아 산화반응은 촉매 존재하에서 일어난다. 이 반응에서 주반응에 해당하는 것은?

① $NH_3 \rightarrow N_2 + 3H_2$
② $2NO \rightarrow N_2 + O_2$
③ $4NH_3 + 3O_2 \rightarrow 2N_2 + 6H_2O$
④ $4NH_3 + 5O_2 \rightarrow 4NO + 6H_2O$

해설

암모니아 산화반응
$4NH_3 + 5O_2 \rightarrow 4NO + 6H_2O$

29 질산을 68% 이상으로 농축할 때 주로 사용되는 탈수제는?

① CaO ② Silicagel
③ H_2SO_4 ④ P_2O_5

해설

$c - H_2SO_4$, $Mg(NO_3)_2$와 같은 탈수제를 넣는다.

30 질산제조방법 중 상압법과 가압법에 대한 설명으로 옳은 것은?

① 상압법에 비교하여 가압법은 산화율이 떨어진다.
② 가압법은 산화 및 흡수탑의 용적이 매우 커서 시설비가 높다.
③ 가압법은 생성된 질산의 농도가 상압법보다 낮다.
④ Frank - Caro Process는 가압법에 해당한다.

해설

㉠ 상압법
 • 40~50% HNO_3를 생성하며, 흡수용적이 크고 능률이 좋지 못하다.
 • 고농도의 HNO_3를 얻기 위해서는 순산소를 사용해서 NO_2의 농도를 증가시켜 흡수해서 질산을 얻는 것이 효과적이다.
 • Frank - Caro Process법이 있다.
㉡ 가압법
 • 같은 촉매량으로 산화량을 증가시킨다.
 • 설비의 축소, NO의 산화율을 증가시킨다.
 • 60% 질산 생산으로 농축비를 절감한다.
 • 상압법에 비해 산화율이 감소되고 촉매의 소모량이 큰 것이 단점이다.
 • Du Pont Process, Pauling Process, Chemico Process 등이 있다.

31 다음 반응에서 $1m^3$의 NH_3를 산화시키는 데 필요한 공기량은 약 몇 m^3인가?(단, 공기 중 산소는 21vol%이다.)

$NH_3 + 2O_2 \rightleftharpoons HNO_3 + H_2O$

① 9.5 ② 15.3
③ 24.5 ④ 29.9

해설

$NH_3 + 2O_2 \rightleftharpoons HNO_3 + H_2O$
  $1 : 2m^3$
$2m^3O_2 \times \frac{100}{21} = 9.5m^3$ Air

정답 27 ② 28 ④ 29 ③ 30 ① 31 ①

32 다음의 반응에서 NO의 수율을 높이는 방법에 대한 설명으로 옳지 않은 것은?

$$4NH_3 + 5O_2 \rightleftarrows 4NO + 6H_2O + 216kcal$$

① 산소와 암모니아의 농도비를 적절하게 조절한다.
② 반응가스 유입량에 따라 적합한 산화온도를 적용한다.
③ 반응 시 80~100atm의 고압을 가한다.
④ Pt나 Pt-Rh과 같은 촉매를 사용한다.

▶해설

암모니아 산화법(Ostwald법)
$4NH_3 + 5O_2 \rightleftarrows 4NO + 6H_2O + 216kcal$
• Pt-Rh 촉매(백금-로듐 cat)
• 최대산화율 $O_2/NH_3 = 2.2~2.3$
• 압력을 가하면 산화율이 떨어진다.

33 다음의 $O_2 : NH_3$의 비율 중 질산제조 공정에서 암모니아 산화율이 최대로 나타나는 것은?(단, Pt 촉매를 사용하고 NH_3 농도가 9%인 경우이다.)

① 9 : 1
② 2.3 : 1
③ 1 : 9
④ 0 : 2.3

▶해설

$$\frac{O_2}{NH_2} = 2.2~2.3$$

34 암모니아 산화법에 의한 질산제조에서 백금-로듐(Pt-Rh) 촉매에 대한 설명 중 옳지 않은 것은?

① 백금(Pt) 단독으로 사용하는 것보다 수명이 연장된다.
② 촉매독 물질로서는 비소, 유황 등이 있다.
③ 동일 온도에서 로듐(Rh) 함량이 10%인 것이 2%인 것보다 전화율이 낮다.
④ 백금(Pt) 단독으로 사용하는 것보다 내열성이 강하다.

▶해설

Pt-Rh(10%)가 가장 많이 사용된다.

35 다음 중 암모니아 산화반응 시 촉매로 주로 쓰이는 것은?

① Nd-Mo
② Ra
③ Pt-Rh
④ Al_2O_3

▶해설

• Pt-Rh(10%)
• Co_3O_4

36 염화수소가스의 직접 합성 시 화학반응식이 다음과 같을 때 표준상태 기준으로 200L의 수소가스를 연소시키면 발생되는 열량은 약 몇 kcal인가?

$$H_2 + Cl_2 \rightarrow 2HCl + 44.12kcal$$

① 365
② 394
③ 407
④ 603

▶해설

$H_2 + Cl_2 \rightarrow 2HCl + 44.12$
$22.4L : 44.12kcal = 200L : x$
$\therefore x = 394kcal$

37 25wt% HCl 가스를 물에 흡수시켜 35wt% HCl 용액 1ton을 제조하고자 할 때 배출가스 중에 미반응 HCl 가스가 0.012wt% 포함된다면 이때 실제 사용된 25wt% HCl 가스의 양은 약 몇 ton인가?

① 0.35
② 1.40
③ 3.51
④ 7.55

▶해설

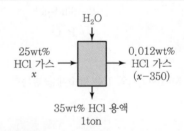

$1ton \times 0.35 = 350kg\ HCl$
$x \times 0.25 = 350 + (x - 350) \times 0.012$
$\therefore x = 1,452.94kg = 1.45ton$

38 합성염산 제조공정에서 폭발방지의 목적으로 공급하는 수소와 염소의 몰비에 대한 설명으로 옳은 것은?

① 수소와 염소의 몰비는 1 : 1보다 수소가 약간 과잉인 상태로 공급한다.
② 수소와 염소의 몰비는 1 : 1로 같은 양의 상태로 공급한다.
③ 수소와 염소의 몰비는 1 : 1보다 염소가 약간 과잉인 상태로 공급한다.
④ 초기에 수소와 염소의 몰비는 1 : 1에서 점진적으로 염소의 양을 증가시켜 20% 과잉상태까지 공급한다.

해설

폭발을 방지하기 위해서는
$Cl_2 : H_2 = 1 : 1.2$(수소과잉)

39 염산제조에 있어서 단위 시간에 흡수되는 HCl 가스양(G)을 나타낸 식 중 옳은 것은?(단, $K : \Delta P :$ 기상−액상과의 HCl 분압차이다.)

① $G = K^2 A$
② $G = K\Delta P$
③ $G = \dfrac{K}{A}\Delta P$
④ $G = KA\Delta P$

해설

$G = \dfrac{dw}{d\theta} = KA\Delta P$

40 고온, 고압에서 H_2와 Cl_2 가스를 연소시켜 HCl 가스를 제조하는 공정에서 폭발방지를 위해 보통 운전조건으로 택하는 $H_2 : Cl_2$의 비율은?

① 1.2 : 1
② 0.8 : 1
③ 1 : 1.4
④ 1 : 1

해설

$H_2 : Cl_2 = 1.2 : 1$ (수소 과잉)

41 염화수소가스를 물 100kg에 용해시켜 35wt%의 염산용액을 만들려고 한다면 이때 염화수소는 몇 kg이 필요한가?

① 2.8
② 33.8
③ 53.8
④ 5.8

해설

$\dfrac{x}{100 + x} \times 100 = 35\%$　　$\therefore x = 53.8\text{kg}$

42 HCl 가스 73kg을 물 144kg에 용해시켰을 때 HCl의 농도는 약 몇 wt%인가?

① 23.64
② 33.64
③ 43.64
④ 53.64

해설

$\dfrac{73}{144 + 73} \times 100 = 33.64\%$

43 염화수소가스를 물 100kg에 용해시켜 30%의 염산용액을 만들려고 한다. 이때 필요한 염화수소는 약 몇 kg인가?

① 21.44
② 42.86
③ 53.13
④ 60.04

해설

$HCl + H_2O \rightarrow HCl(aq)$
　　　100kg　　30% x
$\dfrac{x}{100 + x} \times 100 = 30\%$
$\therefore x = 42.86$

44 HCl의 합성법이 아닌 것은?

① Mannheim법
② Hargreaves법
③ Le Blanc법
④ Claude법

해설

HCl 합성법 − 식염의 황산분해법
Le Blanc법, Mannheim법, Hargreaves법

45 합성염산을 제조할 때는 폭발의 위험이 있으므로 주의해야 한다. 염산 합성 시 폭발을 방지하는 방법에 대한 설명으로 가장 거리가 먼 것은?

① 불활성 가스로 Cl_2를 희석한다.

② 반응완화촉매를 사용한다.

③ H_2를 과잉으로 넣어 Cl_2가 미반응상태로 남지 않도록 한다.

④ 연쇄반응을 촉진시켜 HCl을 빨리 생성한다.

| 해설 |

• 미반응의 Cl_2가 남지 않도록 H_2를 과잉으로 주입한다.
  $Cl_2 : H_2 = 1 : 1.2$
• 불활성 가스를 넣어 Cl_2를 희석한다.

46 순수 염화수소(HCl) 가스의 제법 중 흡착법에서 흡착제로 사용되지 않는 것은?

① $MgCl_2$ ② $CuSO_4$

③ $PbSO_4$ ④ $Fe_3(PO_4)_2$

| 해설 |

HCl 가스를 $CuSO_4$, $PbSO_4$(황산염)나 $Fe_3(PO_4)_2$(인산염)에 흡착시킨 후 가열하여 HCl 가스를 방출시켜 제조한다.

47 Le Blanc법으로 100% HCl 1ton을 제조하기 위해 사용해야 하는 NaCl의 이론량은 약 몇 kg인가?(단, Na의 원자량은 23, Cl의 원자량은 35.5이다.)

① 1,603 ② 1,703

③ 1,803 ④ 1,903

| 해설 |

$2NaCl + H_2SO_4 \longrightarrow Na_2SO_4 + 2HCl$

2×58.5 : 36.5×2

x : $1,000kg(ton)$

$\therefore x = 1,603kg$

48 합성염산의 제조장치로서 많이 사용되는 것은?

① 불침투성 탄소관 ② 용융-석영재료

③ 철재 ④ 도기관

| 해설 |

합성염산 장치재료 : Karbate(불침투성 탄소합성관)

• 탄소, 흑연을 성형해서 푸랄계, 페놀계 수지를 침투시켜 불침투성으로 만든 것이다.
• 불침투성이므로 빛을 투과하지 않아 작업이 안전하다.
• 내식성이 강하다.
• 열팽창성이 작으며 열전도율이 좋다.
• 합성관, 흡수관, 냉각기의 장치재료로 우수하다.

49 비료공업에서 인산은 황산분해법과 같은 습식법을 주로 이용하여 얻고 있는데 대표적인 습식법이 아닌 것은?

① Le Blanc법 ② Dorr법

③ Prayon법 ④ Chemico법

| 해설 |

황산분해법(이수염법)
Dorr법, Chemico법, Prayon법

50 인산의 제조에 있어서 농축방법 중 진공증발법에 대한 설명이 아닌 것은?

① 산무 발생이 적어서 인산의 손실이 적다.

② 불화물의 회수가 용이하다.

③ 증기원 및 열교환기의 사용이 필요 없다.

④ 운전 중 대기오염의 문제 발생이 적다.

| 해설 |

진공증발법
• 증기원 및 열교환기로 사용하여 불화물의 회수가 용이하다.
• 산무의 발생이 적어 인산의 손실이 적다.
• 대기오염 문제의 발생이 적다.

51 인산의 용도로 가장 거리가 먼 것은?

① 금속 표면처리제 ② 공업용 세척제

③ 부식 억제제 ④ 유리 법랑공업의 산화제

정답 45 ④ 46 ① 47 ① 48 ① 49 ① 50 ③ 51 ④

52 2단계식 건식법(2단법)에 의한 인산제조법의 일반적인 특징이 아닌 것은?

① 응축기와 저장탱크를 사용한다.

② 부생 CO를 연료로 사용할 수 있다.

③ 응축과 산화가 별도이다.

④ 많은 가스양에 비하여 비교적 묽은 산이 얻어진다.

전기로법(2단법)
• 인의 기화 응축과 산화를 별도로 진행한다.
• 농도가 크고 순도가 좋은 인산을 얻는다(85~115% 인산).
• CO를 이용할 수 있다.

53 인광석을 산분해하여 인산을 제조하는 방식 중에서 습식법에 해당하는 것이 아닌 것은?

① 황산분해법
② 염산분해법
③ 질산분해법
④ 아세트산분해법

습식법의 종류
황산분해법, 염산분해법, 질산분해법

54 건식법에 의한 인산제조 공정에 대한 설명 중 옳은 것은?

① P_2O_5 85% 정도의 고농도 인산을 제조할 수 없다.

② 인의 농도가 낮은 인광석을 원료로 할 수 있다.

③ 전기로에서는 인의 기화와 산화가 동시에 일어난다.

④ 대표적인 건식법은 이수염법이다.

건식법	습식법
• 고순도, 고농도의 인산을 제조한다. • 저품위 인광석을 처리할 수 있다. • 인의 기화와 산화를 별도로 할 수 있다. • Slag는 시멘트의 원료가 된다.	• 순도가 낮고 농도도 낮다. • 품질이 좋은 인광석을 사용해야 한다. • 주로 비료용에 사용된다.

55 다음 그림에서 $CaSO_4 \cdot 2H_2O$에 해당하는 영역은?

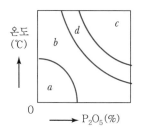

① a
② b
③ c
④ d

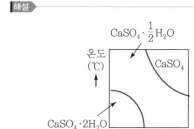

56 인산제조에 있어서 건식법의 장점이 아닌 것은?

① 저품위 인광석을 처리한다.

② 인의 기화와 산화를 별도로 할 수 있다.

③ 여과성이 좋은 석고를 얻을 수 있다.

④ 순도가 좋은 농인산을 얻을 수 있다.

건식법	습식법
• 고순도, 고농도의 인산을 제조한다. • 저품위 인광석을 처리할 수 있다. • 인의 기화와 산화를 별도로 할 수 있다. • Slag는 시멘트의 원료가 된다.	• 순도가 낮고 농도도 낮다. • 품질이 좋은 인광석을 사용해야 한다. • 주로 비료용에 사용된다.

57 다음 중 제염방법이 아닌 것은?

① 동결법
② 증발법
③ 추출법
④ 이온교환수지법

㉠ 동결법 : 프로판 또는 부탄 등의 냉매를 이용하여 해수를 냉동시켜 얼음을 분해하는 방법
㉡ 증발법
  • 진공증발법 : 증발증기의 잠열을 이용해 열효율을 크게 하는 방법
  • 증기압축식 증발법(가압식 증발법)
㉢ 이온교환수지법 : 이온교환수지의 선택적 투과성을 이용하여 $NaCl$을 추출하는 방법으로 해수의 담수화에도 이용

58 해수를 증발농축한 후 소금을 얻고 남은 모액인 간수 중에 포함되어 있지 않는 물질은?

① 황산마그네슘
② 탄산칼슘
③ 염화나트륨
④ 염화마그네슘

간수
$MgSO_4$, $MgBr_2$, $MgCl_2$, KCl, $NaCl$

59 $NaCl$을 원료로 하지 않는 공업은?

① Solvay법
② Le Blanc법
③ Nitrosyl법
④ 황산 공업

① Solvay법(암모니아소다법)
  함수에 암모니아를 포화시켜 암모니아 함수를 만들고 탄산화탑에서 이산화탄소를 도입시켜 중조($NaHSO_4$)를 침전 여과한 후 이를 가소하여 소다회를 얻는 방법
② Le Blanc법
  식염($NaCl$)의 황산분해법(소다회 제조, HCl 제조)
③ Nitrosyl법
  식염($NaCl$)의 질산분해법

60 간수(고즙)에서 얻을 수 있는 것으로만 옳게 짝지어진 것은?

① $NaCl$, $MgCl_2$, Na_2SO_4
② $CaCO_3$, $MgCl_2$, $NaCl$
③ $MgSO_4$, KCl, $MgCl_2$
④ $NaCl$, $MgSO_4$, $MgCO_3$

간수
$MgSO_4$, $MgBr_2$, $MgCl_2$, KCl, $NaCl$

61 해수가 증발하면 염류는 용해도가 작은 것부터 차례로 석출된다. $NaCl$의 석출농도는 얼마인가?

① $26°Bé$
② $24°Bé$
③ $20°Bé$
④ $18°Bé$

62 암모니아소다법(솔베이법)을 나타내는 반응식은?

① $NaCl + NH_3 + CO_2 + H_2O$
  $\rightarrow NaHCO_3 + NH_4Cl$
② $NaCl + 2NH_3 + CO_2$
  $\rightarrow NaCO_2NH_2 + NH_4Cl$
③ $2NaCl + H_2SO_4 \rightarrow Na_2SO_4 + 2HCl$
④ $4NaCl + 2SO_2 + O_2 + 2H_2O$
  $\rightarrow 2Na_2SO_4 + 4HCl$

Solvay법
함수에 암모니아를 포화시켜 암모니아 함수를 만들고 탄산화탑에서 CO_2를 도입시켜 중조를 침전 여과한 후 이를 가소하여 소다회를 얻는다.

정답 **58** ② **59** ④ **60** ③ **61** ① **62** ①

63 암모니아소다법에서 탄산화 과정의 중화탑이 하는 주된 작용은?

① 암모니아 함수의 부분 탄산화
② 알칼리성을 강산성으로 변화
③ 침전탑에 도입되는 가소로 가스와 암모니아의 완만한 반응 유도
④ 온도상승을 억제

해설

중화탑
- 중조($NaHCO_3$)의 스케일 제거
- 암모니아 함수의 부분탄산화

64 다음 중 Le Blanc법과 관계없는 것은?

① 망초(황산나트륨)
② 흑회(Black Ash)
③ 녹액(Green Liquor)
④ 암모니아 함수

해설

암모니아 함수는 Solvay법과 관계있다.

Le Blanc법
NaCl을 황산분해하여 망초(Na_2SO_4)를 얻고 이를 석탄, 석회석으로 복분해하여 소다회(Na_2CO_3)를 제조하는 방법이다. 최종 생성물을 흑회라 하며 그 조성에는 Na_2CO_3, CaS, CaO, $CaCO_3$ 등이 있고 이것을 온수로 추출하여 얻은 침출액을 녹액이라 한다.

65 암모니아소다법에서 조중조의 하소(Calcination) 때 생성되는 물질은?

① $NaHCO_3$
② Na_2CO_3
③ $NaOH$
④ $CaCl_2$

해설

조중조의 하소
$$2NaHCO_3 \rightarrow Na_2CO_3 + H_2O + CO_2$$

66 소다회(Na_2CO_3) 제조방법 중 NH_3를 회수하는 것은?

① 수은법
② 가성화법
③ Solvay법
④ Le Blanc법

해설

Solvay법(암모니아소다법)
$$NaCl + NH_3 + CO_2 + H_2O \rightarrow NaHCO_3 + NH_4Cl$$
중조
$$2NaHCO_3 \rightarrow Na_2CO_3 + H_2O + CO_2\text{(가소반응)}$$
$$2NH_4Cl + Ca(OH)_2 \rightarrow CaCl_2 + 2H_2O + 2NH_3$$
(암모니아 회수반응)

67 암모니아소다법에서 NH_3 회수에 사용하는 것은?

① $CaCO_3$
② $CaCl_2$
③ $Ca(OH)_2$
④ H_2O

해설

Solvay법에서 암모니아 회수반응
$$2NH_4Cl + Ca(OH)_2 \rightarrow CaCl_2 + 2H_2O + 2NH_3$$

68 솔베이법과 염안소다법을 이용한 소다회 제조과정에 대한 비교 설명 중 틀린 것은?

① 솔베이법의 나트륨 이용률은 염안소다법보다 높다.
② 솔베이법이 염안소다법에 비하여 암모니아 사용량이 적다.
③ 솔베이법의 경우 CO_2를 얻기 위하여 석회석 소성을 필요로 한다.
④ 염안소다법의 경우 원료인 NaCl을 정제한 고체 상태로 반응계에 도입한다.

해설

염안소다법의 나트륨 이용률은 거의 100%에 가깝다.

69 솔베이법에서 암모니아는 증류탑에서 회수된다. 이때 쓰이는 방법은 무엇인가?

① $NaCl$을 가한다.

② $Ca(OH)_2$를 가한다.

③ $Ba(OH)_2$를 가한다.

④ 가열조작만 한다.

해설

$$2NH_4Cl + Ca(OH)_2 \rightarrow CaCl_2 + 2NH_3 + 2H_2O$$

70 소다회(Na_2CO_3) 제조방법과 관계가 없는 것은?

① 염안소다법　　　② 전해법

③ Solvay법　　　　④ Le Blanc법

해설

소다회 제조방법
㉠ Le Blanc법
㉡ Solvay법(암모니아소다법)
㉢ 암모니아소다법의 개량법
　• 염안소다법
　• 액안소다법

71 다음 중 소다회 제조법으로서 암모니아를 회수하는 것은?

① 르블랑법　　　　② 솔베이법

③ 수은법　　　　　④ 격막법

해설

Solvay법에서 암모니아 회수반응
$$2NH_4Cl + Ca(OH)_2 \rightarrow CaCl_2 + 2H_2O + 2NH_3$$

72 염화암모늄(염안)은 암모니아소다법에서 중탄산소다를 분리하고 난 모액으로부터 부생된다. 이때 사용되는 물질이 아닌 것은?

① $NaCl$　　　　　② CO_2

③ H_2O　　　　　④ H_2SO_4

해설

암모니아소다법(Solvay법)
$$NH_3 + H_2O + CO_2 \rightarrow NH_4HCO_3$$
$$NaCl + NH_4HCO_3 \rightarrow NaHCO_3 + NH_4Cl$$
$$\qquad\qquad\qquad\qquad\qquad 염화암모늄$$

73 다음과 같은 반응으로 하루 4ton의 염소가스를 생산하는 공장이 있다. 이 공장에서 하루 동안 얻어지는 $NaOH$의 양은 약 몇 ton인가?(단, Na의 원자량은 230이고, Cl의 원자량은 35.5이다.)

$$2NaCl + 2H_2O \xrightarrow{전해} 2NaOH + H_2 + Cl_2$$

① 4.5

② 7.8

③ 9.0

④ 14.3

해설

$$2NaCl + 2H_2O \rightarrow 2NaOH + H_2 + Cl_2$$
$$\qquad 2 \times 40 \quad : \quad 71$$
$$\qquad x \qquad : \quad 4ton$$
$$\therefore \ x = 4.5ton$$

74 전해조 효율을 나타낸 것으로 옳지 않은 것은?

① 전류효율(%) $= \dfrac{실제\ 생성량}{이론\ 생성량} \times 100$

② 전압효율(%) $= \dfrac{전해조\ 전압}{이론분해전압} \times 100$

③ 전력효율은 전류효율 × 전압효율이다.

④ 전류효율을 높이고 전해조 전압이 되도록 낮게 한다.

해설

전압효율(%) $= \dfrac{이론분해전압}{전해조의\ 전압} \times 100$

75 염소(Cl_2)에 대한 설명으로 틀린 것은?

① 염소는 식염수의 전해로 제조할 수 있다.

② 염소는 황록색의 유독가스이다.

③ 염소는 수분을 함유하지 않아도 철, 구리 등을 급격하게 부식시킨다.

④ 염소는 살균용, 표백용으로 이용된다.

해설

염소(Cl_2)
- 황록색의 유독한 가스
- 살균소독에 이용(염소계 표백제는 $HClO$를 생성)
- 펄프, 섬유공업, 제지공업 등에서 사용한다.
- 건조상태에서는 철, 구리 등을 급격하게 부식시키지 않는다.

76 수은법에 의한 NaOH 제조에 있어서 아말감 중의 Na의 함유량이 많아지면 어떤 결과를 가져오는가?

① 아말감의 유동성이 좋아진다.

② 아말감의 분해속도가 느려진다.

③ 전해질 내에서 수소가스가 발생한다.

④ 불순물의 혼입이 많아진다.

해설

아말감 중 Na 함량이 높을 경우 유동성이 저하되어 굳어지며, 분해되어 수소가 발생한다.

77 소금물을 전기분해하여 공업적으로 가성소다를 제조할 때 적당한 방법은?

① 격막법   ② 침전법
③ 건식법   ④ 중화법

해설

```
                  ┌─ 석회법
          ┌ 가성화법 ┤
          │         └─ 산화법
   NaOH ──┤
          │          ┌─ 격막법
          └ 식염전해법 ┤
                     └─ 수은법
```

78 가성소다 전해법 중 수은법에 대한 설명으로 틀린 것은?

① 양극은 흑연, 음극은 수은을 사용한다.

② Na^+는 수은에 녹아 엷은 아말감을 형성한다.

③ 아말감은 분해하여 $NaOH$와 H_2를 생성한다.

④ 아말감 중 Na 함량이 높으면 분해속도가 낮아지므로 전해실 내에서 H_2가 제거된다.

해설

수은법
- 전해실과 분해실로 되어 있다.
- 격막을 사용하지 않고 전해실 음극에서 나트륨아말감이 생성된다.

  $Na^+ + e^- + Hg(음극) \rightarrow Na(Hg)$

- Na 아말감을 분해조(해홍탑)로 보내 분해시켜 $NaOH$와 H_2를 생성한다.

  $Na - Hg + H_2O \rightarrow NaOH + \frac{1}{2}H_2 + Hg$

79 격막법 전해조에서 양극과 음극 용액을 다공성의 격막으로 분리하는 주된 이유는?

① 설치비용을 절감하기 위해

② 전류저항을 높이기 위해

③ 부반응을 작게 하기 위해

④ 전해속도를 증가시키기 위해

해설

격막
- 양극액과 음극액을 분리한다.
- 양극실에서 음극실로 흐르는 함수의 유속을 조절한다.
- 부반응을 작게 한다.

80 격막식 수산화나트륨 전해조에서 Cl_2가 발생하는 쪽의 전극재료로 사용하는 것은?

① 흑연   ② 철망
③ 니켈   ④ 다공성 유리

- $(+)$극 : 흑연 $Cl_2 \uparrow$
- $(-)$극 : 철 $H_2 \uparrow$

81 다음 반응식처럼 식염수를 전기분해하여 1톤의 NaOH를 제조하고자 할 때 필요한 NaCl의 이론량은 약 몇 kg인가?(단, 원자량은 Na 23, Cl 35.5이다.)

$$2NaCl + 2H_2O \rightarrow 2NaOH + Cl_2 + H_2$$

① 1,463
② 1,520
③ 2,042
④ 3,211

해설

$2NaCl + 2H_2O \rightarrow 2NaOH + Cl_2 + H_2$

2×58.5 : 2×40

x : $1,000$kg

$\therefore x = \dfrac{58.5 \times 1,000}{40} = 1,463$kg

82 이온교환막법을 이용한 가성소다 제조 과정에 대한 설명으로 옳은 것은?

① 가성소다 용액은 양극이 설치되어 있는 양극실에서 제조된다.
② 양극에서는 수소이온의 환원으로 수소기체 발생과 함께 양극실의 pH가 상승한다.
③ 선택적으로 음이온을 통과시키는 음이온 교환막이 사용된다.
④ 전해가 개시되면 양극에서 염소 기체가 발생한다.

해설

이온교환막법
- 양이온 교환수지 사용 : 양이온만 통과(음이온은 통과 안 됨)
- 양극실에서 $Cl_2 \uparrow$, 음극실에서 $H_2 \uparrow$

83 가성소다 제조에 있어 격막법과 수은법에 대한 설명 중 틀린 것은?

① 전류밀도는 수은법이 격막법의 약 5~6배가 된다.
② 가성소다 제품의 품질은 수은법이 좋고, 격막법은 약 1~1.5% 정도의 NaCl을 함유한다.
③ 격막법은 양극실과 음극실 액의 pH가 다르다.
④ 수은법은 고농도를 만들기 위해서 많은 증기가 필요하기 때문에 보일러용 연료가 필요하므로 대기오염의 문제가 없다.

해설

격막법	수은법
• NaOH가 10~12%로 낮으므로 농축비가 많이 든다. • 제품 중에 염화물 등을 함유하여 순도가 낮다. • 막이 파손될 때 폭발위험이 있다.	• 제품의 순도가 높으며 진한 NaOH(50~73%)를 얻는다. • 전력비가 많이 든다. • 수은을 사용하므로 공해의 원인이 된다. • 전류밀도가 크다.

84 소금을 전기분해하여 하루에 1ton의 염소가스를 생산하는 전해 수산화나트륨 공장이 있다. 이 공장에서 생산되는 NaOH는 하루에 약 몇 ton인가?

① 1.13
② 2.13
③ 3.13
④ 4.13

해설

$$NaCl + H_2O \rightarrow NaOH + \frac{1}{2}Cl_2 + \frac{1}{2}H_2$$

40 : $\dfrac{1}{2} \times 71$

x : 1ton

$\therefore x = 1.13$ton

85 전류효율이 100%인 전해조에서 소금물을 전기분해하면 수산화나트륨과 염소, 수소가 만들어진다. 매일 0.5ton의 수소가 부산물로 나온다면 수산화나트륨의 생산량은 약 몇 ton이 되겠는가?

① 14
② 16
③ 18
④ 20

[해설]

$$NaCl + H_2O \rightarrow NaOH + \frac{1}{2}Cl_2 + \frac{1}{2}H_2$$

$$
\begin{array}{ccc}
40 & : & \frac{1}{2} \times 2 \\
x & : & 0.5\text{ton}
\end{array}
$$

$$\therefore x = 20\text{ton}$$

86 이상적으로 차아염소산칼슘의 유효염소는 약 몇 % 인가?(단, Cl의 원자량 = 35.5)

① 24.8　　　　　② 49.7

③ 99.3　　　　　④ 114.2

[해설]

$$\frac{4Cl}{Ca(OCl)_2} \times 100 = 99.3\%$$

87 하루 117ton의 NaCl을 전해하는 NaOH 제조공장 에서 부생되는 H_2와 Cl_2를 합성하여 36.5% HCl을 제 조할 경우 하루 약 몇 ton의 HCl이 생산되는가?(단, NaCl은 100%, H_2와 Cl_2는 99% 반응하는 것으로 가정 한다.)

① 200　　　　　② 185

③ 156　　　　　④ 100

[해설]

$$2NaCl + 2H_2O \rightarrow 2NaOH + H_2 + Cl_2 \rightarrow 2HCl$$

$$
\begin{array}{ccc}
2 \times 58.5 & : & 2 \times 36.5 \\
117 & : & x
\end{array}
$$

$$\therefore x = 73\text{ton}$$

$$\frac{73 \times 0.99}{0.365} = 198\text{ton}$$

88 가성소다 제조 시 수은법에서 해홍실에 넣어 단락 전지를 구성하는 물질은?

① 흑연　　　　　② 철

③ 구리　　　　　④ 니켈

[해설]

수은법
전해실과 분해실로 구성
㉠ 전해실(전해조)
　• 수은 (−)극 : Na 아말감 생성
　　$Na^+ + e^- + Hg \rightarrow Na(Hg)$
　• 흑연 (+)극 : Cl_2 가스 생성
　　$Cl^-(aq) \rightarrow \frac{1}{2}Cl_2(g) + 2e^-$
　• 전체 반응 : $Hg + NaCl \rightarrow Na(Hg) + \frac{1}{2}Cl_2$
㉡ 분해실(해홍실)
　• (+)극 : $Na - Hg \rightarrow Na^+ + e^- + Hg$ ← 아말감 쪽
　• (−)극 : $H_2O + e^- \rightarrow OH^- + \frac{1}{2}H_2$(흑연) ← 해홍 재료
　• 전체 반응 : $Na(Hg) + H_2O \rightarrow NaOH + \frac{1}{2}H_2 + Hg$
　　→ 이 반응은 스스로 진행되지만, 촉진시키기 위해서는 아말감과 흑연에서 단락전지를 만든다.

89 소금을 전기분해하여 수산화나트륨을 제조하는 방 법에 대한 설명 중 옳지 않은 것은?

① 이론분해전압은 격막법이 수은법보다 낮다.

② 전류밀도는 수은법이 격막법보다 크다.

③ 수은법이 1.5%의 염분을 함유하므로 품질은 격막법이 좋다.

④ 격막법은 양극실과 음극실 액의 pH가 다르다.

[해설]

격막법	수은법
• NaOH가 10~12%로 낮으므로 농축비가 많이 든다.	• 제품의 순도가 높으며 진한 NaOH(50~73%)를 얻는다.
• 제품 중에 염화물 등을 함유하여 순도가 낮다.	• 전력비가 많이 든다.
• 막이 파손될 때 폭발위험이 있다.	• 수은을 사용하므로 공해의 원인이 된다.
	• 전류밀도가 크다.

정답 ▶ 86 ③　87 ①　88 ①　89 ③

90 가성소다(NaOH)를 만드는 방법 중 격막법과 수은법을 비교한 것으로 옳은 것은?

① 전류밀도에 있어서 격막법은 수은법의 5~6배가 된다.
② 제품의 가성소다 품질은 수은법보다 격막법이 좋다.
③ 수은법에서는 고농도를 만들기 위해서 많은 증기가 필요하기 때문에 보일러용 연료가 많이 필요하다.
④ 격막법에서는 막이 파손될 때에 폭발이 일어날 위험이 있다.

해설

격막법	수은법
• NaOH가 10~12%로 낮으므로 농축비가 많이 든다. • 제품 중에 염화물 등을 함유하여 순도가 낮다. • 막이 파손될 때 폭발위험이 있다.	• 제품의 순도가 높으며 진한 NaOH(50~73%)를 얻는다. • 전력비가 많이 든다. • 수은을 사용하므로 공해의 원인이 된다. • 전류밀도가 크다.

91 전류효율이 100%인 전해조에서 소금물을 전기분해하면 수산화나트륨과 염소, 수소가 만들어진다. 매일 10ton의 염소가스가 부산물로 나온다면 수산화나트륨의 생산량은 약 몇 ton이 되겠는가?

① 8.54 　　② 9.25
③ 10.26 　　④ 11.27

해설

$2NaCl + 2H_2O \rightarrow 2NaOH + H_2 + Cl_2$
　　　　　2×40 　:　 71
　　　　　　x 　:　 10ton
∴ $x = 11.27$ton

92 이론적으로 0.5Faraday의 전류량에 의해서 생성되는 NaOH의 양은 몇 g인가?(단, Na의 원자량은 23이다.)

① 10 　　② 20
③ 30 　　④ 40

해설

1Faraday
전해에서 1g당량의 물질을 석출하는 데 필요한 전기량
1Faraday 　: 　NaOH 40g
　0.5F 　: 　　x
∴ $x = 20$

[02] 암모니아 및 비료 공업

1. 암모니아(NH$_3$) 공업

1) 질소공업

> **(1) 전호법(공기질산법)**
> 공기 중의 질소와 산소를 고온에서 직접 반응시켜 산화질소를 얻고, 이를 흡수하여
> 질산을 제조하는 공정
> $$N_2 + O_2 \rightarrow NO \xrightarrow{\text{공기접촉}} NO_2 \xrightarrow{\text{흡수}} HNO_3$$
>
> **(2) 합성암모니아법**
> 질소와 수소를 고온·고압하, 촉매 존재하에서 직접 합성(Harber – Bosch법)
>
> **(3) 석회질소공업**
> 고온에서 칼슘카바이드(CaC_2)에 질소를 작용시켜서 석회질소를 제조하는 공업

◆ 암모니아 합성
$N_2 + 3H_2 \rightarrow 2NH_3$

💡 TIP ⅢⅢⅢⅢⅢⅢⅢⅢⅢⅢⅢⅢ
공중질소고정
• 공기 중의 질소를 원료로 하여 암모니아, 황산암모늄, 질산 등의 질소산화물을 만드는 일이다.
• 비료, 화약 등의 제조원료로서 공업적으로 중요하다.

2) 암모니아 공업

〈암모니아 제법〉

• 합성암모니아

• 변성암모니아 : 석회질소를 수증기로 분해시켜서 암모니아를 얻는 방법으로 얻어진 암모니아를 변성암모니아라 한다.
$$CaCN_2 + 3H_2O \rightarrow CaCO_3 + 2NH_3$$

• 부생암모니아 : 석탄 중에 함유되어 있는 질소가 석탄을 고온 건류할 때 유출되는 암모니아를 회수한 것을 말한다.

(1) 합성암모니아 원료가스의 제법

① 질소의 제법

ㄱ Linde식 : 고압공기의 단열팽창에 의한 Joule – Thomson 효과를 이용하여 액화시킨다.

ㄴ Claude식 : 저압공기의 팽창으로 외부에 일을 시킨다. 이 외부일로 공기 자신은 냉각된다.

ㄷ Heyland식 : 위 두 식을 절충한 방식

② 수소의 제법

ㄱ 물의 전기분해

20% NaOH 또는 25% KOH를 넣어 전기분해한다.

$$2H_2O \rightarrow 2H_2 + O_2$$

(음극)　(양극)

철판　Ni 도금철판 사용

수성가스의 제법

- 수성가스 생성 반응 : Run 조작
  $C + H_2O \rightleftharpoons CO + H_2$
  $C + 2H_2O \rightleftharpoons CO_2 + 2H_2$
- 산화반응 : Blow 조작
  $C + O_2 \rightarrow CO_2 + 97.6kcal$
- Blow − run 반응
  $C + \frac{1}{2}O_2 \rightleftharpoons CO + 67kcal$

수증기개질법

- 1차 개질반응(접촉개질법)
  탄화수소(메탄, 나프타)와 $H_2O(g)$를
  촉매 존재하에서 고온에서 반응시켜
  H_2, CO를 합성하는 방법
  $C_nH_m + nH_2O \xrightarrow[800℃\ 250atm]{Ni}$
  $nCO + \left(n + \frac{m}{2}\right)H_2 - Q(흡열)$
- 2차 개질반응(부분산화법)
  CH_4를 공기에 의한 부분연소반응으
  로 개질하여 잔류 CH_4 농도 0.3% 이하
  까지 개질
  $CH_4 + \frac{1}{2}O_2 \rightarrow CO + 2H_2 - Q$

ⓛ 워터가스의 제법

수증기가 코크스를 통과할 때 얻어지는 $CO + H_2$ 혼합가스를 워터가스 (Water Gas) 또는 수성가스라고 한다.

ⓐ 워터가스 생성반응

$$C + H_2O \rightarrow CO + H_2 - 31.180kcal \ : \ Run \ 조작$$

ⓑ 산화반응

$$C + O_2 \rightarrow CO_2 + 97.6kcal \ : \ Blow \ 조작$$

이와 같이 Blow와 Run 조작을 되풀이하면서 수성가스를 발생시킨다.

ⓒ Blow − run 반응

암모니아 합성용 수소를 만들 때에는 Blow 종말 시에 공기를 통하여 Blow − run 반응을 일으켜 필요한 질소를 워터가스에 가해준다.

$$C + \frac{1}{2}O_2 \rightarrow CO + 67.410kcal \ : \ Blow - run$$

🆑 Semi Water Gas는 Blow − run 반응과 Run 조작의 흡열반응을 평형을 유지하면서 연속적으로 제조한 가스를 말한다.

ⓒ 수증기개질법

나프타에 수증기를 혼합한 후 수소와 일산화탄소를 생성하는 방법

ⓐ 1차 개질공정

$$C_nH_m + nH_2O \rightarrow nCO + \left(\frac{m}{2} + n\right)H_2$$

생성된 일산화탄소와 수소의 일부는 반응하여 메탄으로 가스 속에 함유된다.

$$CO + 3H_2 \rightleftharpoons CH_4 + H_2O$$

나프타에 대한 수증기의 비율을 높이면 메탄이 감소한다.

$$CO + H_2O \rightleftharpoons H_2 + CO_2$$

ⓑ 2차 개질공정

메탄을 공기에 의한 부분연소반응으로 개질하여 잔류메탄 농도를 0.3% 이하까지 개질한다. 부분연소 반응에서 공기 중의 산소는 소비되고 질소는 생성된 수소에 도입된다.

$$CH_4 + \frac{1}{2}O_2 \rightarrow CO + 2H_2$$

ⓔ 천연가스의 분해법 : 천연가스, 중유, 원유와 같은 탄화수소를 분해하여 얻는 방법

  ⓐ 천연가스는 메탄을 주성분으로 하는 건성가스(Dry Gas)와 메탄 이외의 에탄, 프로판, 부탄, 펜탄, 헥산 등의 고급탄화수소를 함유하는 습성가스(Wet Gas) 또는 석유계 천연가스로 분류한다.

  ⓑ 분해방식에는 열개질법, 접촉개질법, 부분산화법, 가압개질법 등이 있다.

   • 열개질법 : 메탄을 고온에서 수증기 또는 이산화탄소와 반응시키는 방법

   $$CH_4 + H_2O \rightarrow CO + 3H_2 - 49.3kcal$$

   $$CH_4 + CO_2 \rightarrow 2CO + 2H_2 - 59.4kcal$$

   • 접촉개질법 : 천연가스와 수증기를 Ni 촉매(조촉매 Cu) 존재하에서 반응시키는 방법으로 CCC법이 있다.

   • 부분산화법 : 메탄을 산소로 불완전 연소시켜 CO와 H_2를 얻는 방법이다.

   • Texaco 가압법 : 내부가 비어 있는 빈 통에서 30atm, 1,500℃ 정도로 개질한다.

ⓜ 식염전해

3) 수성가스의 정제

황화합물의 제거 → 워터가스의 전화 → CO_2 제거 → CO 제거 → CH_4 제거 → 합성탑

(1) 황화합물의 제거

① 건식법

  ㉠ 활성탄법 : 활성탄의 흡착력과 촉매작용을 이용하는 방법

  ㉡ 수산화철에 의한 탈황 : 수산화철 50%와 톱밥 50%을 혼합하여 넣고 가스를 통과시킨다. Fe_2S_3나 FeS를 대기 중에 펼쳐놓고 물을 뿌려서 공기산화시키면 $Fe(OH)_3$로 되돌아간다.

   • 탈황반응 : $2Fe(OH)_3 + 3H_2S \rightarrow Fe_2S_3 + 6H_2O$

   $\qquad\qquad 2Fe(OH)_3 + 3H_2S \rightarrow 2FeS + 6H_2O + S$

   • 재생반응 : $Fe_2S_3 + \dfrac{3}{2}O_2 + 3H_2O \rightarrow 2Fe(OH)_3 + 3S$

   $\qquad\qquad 2FeS + \dfrac{3}{2}O_2 + 3H_2O \rightarrow 2Fe(OH)_3 + 2S$

② 습식법

　㉠ 알칼리 용액에 의한 흡수방법

　　• Seaboard법 : 3% 탄산나트륨 용액을 사용하여 황화합물(H_2S)을 흡수시키는 방법이다.

　　　$Na_2CO_3 + H_2S \rightleftharpoons NaHS + NaHCO_3$

　　• Alkazid법(Phenolate법) : 진한 석탄산나트륨 용액에 흡수시키는 방법

　㉡ 아민류에 흡수시키는 방법

　　Girbotal법 : monoethanolamine, diethanolamine, triethanolamine 등을 사용하여 저온에서 H_2S를 흡수하고 고온에서 H_2S를 방출하는 성질을 이용하는 방법이다.

　㉢ H_2S의 환원성을 이용하는 방법

　　Thylox법 : 티오비산염이 공기 중의 O_2를 흡수해서 티오비산 중의 황과 치환하여 황을 침전시키고 황이 감소한 티오비산염은 H_2S로 흡수해서 다시 티오비산염으로 되는 성질을 이용한 방법이다.

(2) 암모니아의 합성

① 암모니아의 합성반응

> $3H_2 + N_2 \rightleftharpoons 2NH_3 + 22kcal$
>
> 평형상수 $K_P = \dfrac{P_{NH_3}^2}{P_{N_2} P_{H_2}^3}$
>
> ㉠ 암모니아의 평형농도는 반응온도를 낮출수록, 압력을 높일수록 증가한다.
> ㉡ 수소와 질소의 혼합비율이 3 : 1일 때 가장 좋다.
> ㉢ 불활성 가스의 양이 증가하면 NH_3 평형농도는 낮아진다.

② 촉매

Fe_3O_4에 조촉매로서 Al_2O_3, K_2O, CaO 등을 첨가하여 사용한다.

③ 공간속도

촉매 $1m^3$당 매시간 통과하는 원료가스($0℃$, $1atm$)의 m^3수를 공간속도라 한다.

④ 공시득량

촉매 $1m^3$당 1시간에 생성되는 암모니아 톤수를 공시득량이라고 한다.

⑤ 합성방법

Harber − Bosch법, Claude법, Casale법, Fauser법, Uhde법

2. 비료공업

> **비료의 3요소**
> N(질소), P_2O_5(인), K_2O(칼륨)

1) 비료의 분류

▼ 화학비료의 주요 성분에 따른 분류

대분류	소분류	비료	함량(%)		
			N	P_2O_5	K_2O
단일비료	질소비료	요소	46	0	0
		질산암모늄	35	0	0
		염화암모늄	25	0	0
		석회질소	21	0	0
		황산암모늄	21	0	0
		질산칼슘	13	0	0
	인산비료	인산1칼슘	0	61	0
		중과린산석회	0	40	0
		소성인비	0	37	0
		용성인비	0	20	0
		과린산석회	0	17	0
	칼륨비료	염화칼륨	0	0	54
		황산칼륨	0	0	50
복합비료		화성비료	12	14	12
		배합비료	9	9	9
		액체비료	9	5	5

TIP

• 자급비료 : 퇴비, 계분, 목초의 재
• 유기질 판매 비료 : 어분찌꺼기, 콩찌꺼기, 뼛가루

PART 1
PART 2
PART 3
PART 4
PART 5

(1) 비료의 분류

① 질소비료

 ㉠ 질산 형태 질소 : 초석(KNO_3), 칠레초석($NaNO_3$), 질산암모늄(NH_4NO_3), 노르웨이초석[$Ca(NO_3)_2$]

 ㉡ 암모니아 형태 질소 : 암모니아수, 황산암모늄[$(NH_4)_2SO_4$], 질산암모늄(NH_4NO_3), 염화암모늄(NH_4Cl)

 ㉢ 시안아미드 형태 질소 : 석회질소($CaCN_2$)

 ㉣ 요소 형태 질소 : 요소[$CO(NH_2)_2$]

 ㉤ 유기질 형태 질소 : 동식물질 비료 중의 질소 형태

② 인산비료

 ㉠ 무기 형태 인산 ▣▣▣

수용성 인산	인산암모늄, 인산칼슘, 중과린산석회, 과린산석회
구용성 인산	침강인산석회, 토마스인비, 소성인비
불용성 인산	인회석, 골회

 ㉡ 유기 형태 인산 : 동식물 중에 존재하는 인산질 비료성분

③ 칼륨비료

 ㉠ 수용성 칼륨염 : 탄산염, 황산염, 염화물

 ㉡ 불용성 칼륨염 : 규산염

 ㉢ 동식물 중의 유기 형태 칼륨비료

(2) 화학비료의 산성·알칼리성에 따른 분류 ▣▣▣

구분	비료의 예
산성	과린산석회, 중과린산석회
중성	황안, 염안, 요소, 염화칼륨
알칼리성	석회질소, 용성인비, 석회

2) 질소비료

(1) 황산암모늄[황안, 유안, $(NH_4)_2SO_4$]

 ▼ 제법

부생 황산암모늄	코크스로 등에서 얻어진 부생암모니아를 황산에 흡수시켜 황산암모늄을 제조한다.
변성 황산암모늄	석회질소를 과열수증기로 분해하여 변성암모니아를 얻고 이를 황산에 흡수시켜 황산암모늄을 제조한다. $CaCN_2 + 3H_2O \rightarrow CaCO_3 + 2NH_3$

합성 황산암모늄	70% 황산과 암모니아가 반응하여 황산암모늄 결정이 석출된다. $2NH_3(g) + H_2SO_4(l) \rightarrow (NH_4)_2SO_4 + 65.7kcal$
석고법	$CaSO_4 + 2NH_3 + CO_2 + H_2O \rightarrow CaCO_3 + (NH_4)_2SO_4$
아황산법	$(NH_4)_2SO_3 + 2NH_4HSO_3 \rightarrow 2(NH_4)_2SO_4 + S + H_2O$

(2) 염화암모늄[염안, NH_4Cl]

① 제법

암모니아소다법에서 탄산수소나트륨을 분리하고 난 원액으로부터 염화암모늄을 회수한다.

$$NaCl + NH_3 + CO_2 + H_2O \rightarrow NaHCO_3 + NH_4Cl$$

② 성질

㉠ 섬유질 식물 성장에 효과적이다.

㉡ 토양의 산성화를 초래한다.

㉢ 황산암모늄에 비해 질산화가 천천히 진행되므로 비료로서 지속성이 좋다.

(3) 질산암모늄[질안, 초안, NH_4NO_3]

① 제법

질산을 암모니아 가스로 중화해서 제조한다.

$$HNO_3 + NH_3 \rightarrow NH_4NO_3$$

② 성질 ▩▩▩

흡습성이 강하여 논농사에는 부적합하다.

(4) 질산나트륨[칠레초석, $NaNO_3$]

칠레초석에서 질산나트륨을 추출한다.

(5) 질산칼슘[노르웨이초석, $Ca(NO_3)_2$]

전호법에 의해서 제조된 묽은 HNO_3를 석회석으로 중화시켜 제조한다.

(6) 석회질소($CaCN_2$)

① 제법

생석회와 무연탄을 전기로에서 1,900~2,200℃로 용융시켜 카바이드(CaC_2, 탄화칼슘)를 얻고, 이를 질소기류에서 1,000℃ 정도로 반응시키면 흑회색의 분말이 얻어지는데, 이것을 석회질소라 한다.

$$CaO + 3C \rightarrow CaC_2 + CO$$

$$CaC_2 + N_2 \rightarrow CaCN_2 + C$$

② 성질 🔲🔲🔲

    ⊙ 염기성 비료로서 산성 토양에 효과적이다.

    ⓛ 토양의 살균, 살충 효과가 있다.

    ⓒ 분해 시 디시안아미드가 생성된다(독성).

    ⓔ 배합비료로는 부적합하다.

    ⓜ 질소비료, 시안화물을 만드는 데 주로 사용된다.

    ⓗ 저장 중 이산화탄소, 물을 흡수하여 부피가 증가한다.

(7) 석회비료(생석회, 소석회, 탄산칼슘비료 등) 🔲🔲🔲

염기성을 이용하여 토양의 산성화를 중화시키는 데 그 목적이 있다.

(8) 요소[Urea, $CO(NH_2)_2$] 🔲🔲🔲

① 제법

CO_2와 NH_3를 고온·고압에서 반응시켜서 요소를 합성한다.

$$2NH_3 + CO_2 \rightarrow NH_2COONH_4 \rightarrow NH_2CONH_2 + H_2O$$
                               카바민산암모늄   요소

② 제조공정

    ⊙ 비순환법 : 미반응 CO_2와 NH_3를 재순환시키지 않고, H_2SO_4와 반응시켜 $(NH_4)_2SO_4$를 제조하는 방법

    ⓛ 반순환법 : 가스의 일부만 순환시키고 나머지는 황안으로 제조하는 방법

    ⓒ 순환법 : 미반응가스를 순환시키는 방법

        • C.C.C.법(Chemico 공정) : 모노에탄올아민(MEA)으로 미반응가스 중의 CO_2를 흡수시키고 분리된 NH_3를 압축순환시키는 방법

        • Inventa Process : 미반응 NH_3를 NH_4NO_3 용액에 흡수·분리하여 순환시키는 방법

        • Dupont Process(듀퐁법) : 카바민산암모늄을 암모니아성 수용액으로 회수순환시키는 방법으로, 비교적 고온·고압에서 반응시킨다.

        • Pechiney 공정(페히니법) : 카바민산암모늄을 분리하여 광유에 흡수시킨 후 암모늄카바메이트의 작은 입자가 현탁하는 슬러리로 만들어 반응관에 재순환시키는 방법

3) 인산비료

▼ 주요 인산비료

분류	제조 방법	인광석 분해제	비료 조성	비료 명칭
습식	산분해	H_2SO_4	$Ca(H_2PO_4)_2 \cdot H_2O + CaSO_4$	과린산석회
		H_3PO_4	$Ca(H_2PO_4)_2 \cdot H_2O$	중과린산석회
건식	용융	$MgO \cdot xSiO_2 \cdot yH_2O$	$CaO \cdot MgO \cdot P_2O_5 \cdot CaSO_4 \cdot SiO_2$	용성인비
	소성	$Na_2CO_3 + H_3PO_4$	$Ca_3(PO_4)_2 \cdot 2CaNaPO_4$	소성인비

TIP

주요 인산비료
- 과린산석회(P_2O_5 15~20%)
  인광석의 황산분해
- 중과린산석회(P_2O_5 30~50%)
  인광석의 인산분해

(1) 과린산석회(P_2O_5 15~20%)

인광석을 황산분해시켜 제조한다.

$$Ca_3(PO_4)_2 + 2H_2SO_4 + 5H_2O \rightarrow CaH_4(PO_4)_2 \cdot H_2O + 2[CaSO_4 \cdot 2H_2O]$$

$$[3Ca_3(PO_4)_2 \cdot CaF_2] + 7H_2SO_4 + 3H_2O \rightarrow 3[Ca(H_2PO_4)_2 \cdot H_2O] + 7CaSO_4 + 2HF$$

(2) 중과린산석회(P_2O_5 30~50%)

① 인광석을 인산분해시켜 제조한다.

$$Ca_3(PO_4)_2 + 4H_3PO_4 + 3H_2O \rightarrow 3[CaH_4(PO_4)_2 \cdot H_2O]$$

$$Ca_5(PO_4)_3F + 7H_3PO_4 + 5H_2O \rightarrow 5[Ca(H_2PO_4)_2 \cdot H_2O] + HF$$

② 과린산석회는 $CaSO_4$(석고)를 다량 함유하는 단점이 있으나 중과린산석회는 석고를 함유하지 않으므로 과린산석회에 비해 유리하여 생산량이 증가하고 있다.

(3) 인산암모늄

① $NH_4H_2PO_4$ 및 $(NH_4)_2HPO_4$만 비료로 쓰인다.

② P_2O_5에 대해 질소분이 너무 적으므로 황산암모늄이나 황산칼륨을 첨가하여 배합·사용한다.

(4) 용성인비

① 인광석에 사문암 등을 첨가하여 용융시켜 플루오린을 제거한다.

② 염기성 비료이므로 산성 토양에 적합하다.

③ 구용성이다.

(5) 토마스인비 ▪▫▫

① 용성인비의 일종으로 함인(P_2O_5 2%) 선철에 생석회를 가해 공기산화하여 만든다.

② Slag는 구용성이며, 조성은 $4CaO \cdot P_2O_5$ 또는 $5CaO \cdot P_2O_5 \cdot SiO_2$이다.

(6) 소성인비 ▪▫▫

① 인광석에 인산 · 소다회를 혼합하고 열처리하여 제조한다.

$$Ca_5(PO_4)_3F + Na_2CO_3 + H_3PO_4$$
$$\rightarrow Ca_3(PO_4)_2 \cdot 2CaNaPO_4 + HF + CO_2 + H_2O$$

$$[3Ca_3(PO_4)_2 \cdot CaF_2] + 2Na_2CO_3 + 2H_3PO_4$$
$$\rightarrow 2[Ca_3(PO_4)_2 \cdot 2CaNaPO_4] + 2HF + 2CO_2 + 2H_2O$$

② 인광석을 가열처리하여 불소를 제거한다.

③ 아파타이트 구조를 파괴하여 만든 구용성 비료이다.

4) 칼륨비료

칼륨은 식물에서 삼투압에 의한 세포 중 수분조절, 광합성, 단백질 합성에 관여한다. 칼륨은 간수, 해초, 초목재, 용광로 Dust, 시멘트 Dust, 칼륨광물 등에서 얻을 수 있다.

(1) 염화칼륨(Potassium Chloride, KCl)

① Sylvinite($KCl \cdot NaCl$)나 Carnallite($KCl \cdot MgCl_2 \cdot 6H_2O$) 광물로부터 얻는다.

② 실비나이트 제조 : 실비나이트로부터의 제조는 KCl과 NaCl의 용해도 차를 이용한다. 물에 실비나이트를 넣고 가열 · 용해시킨 후 냉각하여 KCl 석출 과정을 반복하여 KCl을 분리한다.

(2) 황산칼륨(Potassium Sulfate, K₂SO₄)

시에나이트(Syenite, $K_2SO_4 \cdot MgSO_4 \cdot 6H_2O$)나 랑바이나이트($K_2SO_4 \cdot 2MgSO_4$) 등의 광물로부터 제조한다.

$$2[K_2SO_4 \cdot MgSO_4 \cdot 6H_2O] + 4KCl \rightarrow 4K_2SO_4 + 2MgCl_2$$

:bulb: **TIP** ▐▐▐▐▐▐▐▐▐▐▐▐▐▐▐▐▐

비료의 원료 ▪▪▪

• 칼륨비료 : 간수, 해초, 초목재, 볏집재, 용광로 Dust, 시멘트 Dust
• 인산비료 : 골분

❖ **실비나이트**
KCl과 NaCl이 혼합된 광물로 칼륨 생산의 공급원

5) 복합비료 ▨▨▨

화성비료, 배합비료의 총칭이며, 비료 3요소 중 2성분 이상을 혼합하거나 반응시켜서 식물에 적합하도록 성분량을 조정한 비료를 말하며 완전비료라고도 한다.

(1) 혼합비료 또는 배합비료

① 질소(N), 인(P_2O_5), 칼륨(K_2O)을 포함하는 단일비료를 2종 이상 혼합해서 만든 비료를 말한다.

② 산성과 산성, 산성과 중성, 중성과 중성, 중성과 염기성, 염기성과 염기성 등의 혼합은 좋으나 산성과 염기성의 혼합은 화학반응을 일으키므로 좋지 않다.

(2) 화성비료

비료 3요소 중 2종 이상을 하나의 화합물 형태로 한 비료를 말하며, 성분의 합계가 30% 이상인 것을 고농도 화성비료, 그 이하인 것을 저농도 화성비료라고 한다.

💡 **TIP** ‖‖‖‖‖‖‖‖‖‖‖‖‖‖‖‖‖‖‖

산성 비료와 염기성 비료는 혼합하지 않는다.

실전문제

01 암모니아 합성공업의 원료가스인 수소가스 제조공정에서 2차 개질공정의 주반응은?

① $CO + H_2O \rightarrow CO_2 + H_2$

② $CH_4 + \dfrac{1}{2}O_2 \rightarrow CO + 2H_2$

③ $CO_2 + 3H_2 \rightarrow CH_4 + H_2O + \dfrac{1}{2}O_2$

④ $C + O_2 \rightarrow CO_2$

[해설]

이차개질(부분산화법)
CH_4를 공기에 의한 부분연소반응으로 개질하여 잔류 CH_4 농도가 0.3% 이하가 될 때까지 개질한다.

$CH_4 + \dfrac{1}{2}O_2 \rightarrow CO + 2H_2 - Q$

02 수소의 공업적 제조법이 아닌 것은?

① 전기분해법
② 석탄법
③ 석유법
④ 증발법

[해설]

수소의 제법
• 물의 전기분해
• 코크스, 석탄을 가스화하여 얻는 워터가스
• 천연가스, 중유, 원유와 같은 탄화수소를 분해하여 얻는 방법
• 식염전해

03 암모니아 생성평형에 있어서 압력, 온도에 대한 Tour의 실험결과와 일치하는 것은?

① 원료 기체의 몰조성이 $N_2 : H_2 = 3 : 1$일 때 암모니아 평형농도는 최대가 된다.
② 촉매의 농도가 증가하면 암모니아의 평형농도는 증가한다.
③ 암모니아 평형농도는 반응온도가 높을수록 증가한다.
④ 암모니아 평형농도는 압력이 높을수록 증가한다.

[해설]

$3H_2 + N_2 \rightleftarrows 2NH_3 + Q$
• $H_2 : N_2 = 3 : 1$
• 평형농도는 온도가 낮을수록, 압력이 높을수록 증가한다.

04 암모니아 합성용 수소가스의 기본적인 정제순서를 옳게 나타낸 것은?

① 워터가스 전화－황화합물 제거－CO_2 제거－CO 제거 －CH_4 제거
② CO_2 제거－황화합물 제거－워터가스 전화－CO 제거 －CH_4 제거
③ 워터가스 전화－CO_2 제거－황화합물 제거－CO 제거 －CH_4 제거
④ 황화합물 제거－워터가스 전화－CO_2 제거－CO 제거 －CH_4 제거

[해설]

수성가스의 정제
황화합물의 제거 → 워터가스의 전화 → CO_2 제거 → CO 제거 → CH_4 제거 → 합성탑

[정답] 01 ② 02 ④ 03 ④ 04 ④

05 암모니아 합성을 위한 CO 가스 전화공정에서 다음과 같은 조성의 A, B 두 가스를 A가스 100에 대하여 B가스를 얼마의 비로 혼합하면 암모니아 합성원료로 적합할 수 있는가?(단, CO 전화 반응효율은 100%로 가정한다.)

구분	H_2(%)	CO(%)	CO_2(%)	N_2(%)
A	50	38	12	−
B	40	20	−	40

① 147
② 157
③ 167
④ 177

$N_2 + 3H_2 \rightarrow 2NH_3$

$N_2 : H_2 = 1 : 3$

CO는 완전히 전화하여 H_2가 된다.

- A기체 100에서
  $CO + H_2O \rightleftarrows CO_2 + H_2$

  1 : 1

  38 : 38

  ∴ H_2의 양 $= 50 + 38 = 88$

- B기체 y에서
  ∴ H_2의 양 $= y \times 0.6$

  N_2의 양 $= y \times 0.4$

- A와 B에서
  H_2의 양 $= 88 + y \times 0.6$

  N_2의 양 $= y \times 0.4$

  ∴ $N_2 : H_2 = 1 : 3$

  $3(y \times 0.4) = 88 + y \times 0.6$

  ∴ y(B의 양) $= 147$

06 질소와 수소를 원료로 암모니아를 합성하는 발열반응에서 암모니아의 생성을 방해하는 조건은?

① 온도를 높인다.
② 압력을 높인다.
③ 생성된 암모니아를 제거한다.
④ 평형반응이므로 생성을 방해하는 조건은 없다.

$N_2 + 3H_2 \rightarrow 2NH_3 + 22kcal$

- 암모니아의 평형농도는 반응온도를 낮출수록, 압력을 높일수록 커진다.
- 수소와 질소의 혼합비율은 3 : 1이다.
- 불활성 물질이 존재하면 NH_3 평형농도는 낮아진다.

07 암모니아 합성은 고온·고압하에서 이루어지며 촉매에 가장 적절한 온도를 설정하는 것이 중요하다. 이때의 온도조절 방식이 아닌 것은?

① 뜨거운 가스 혼합식
② 촉매층 간 냉각방식
③ 촉매층 내 냉각방식
④ 열교환식

암모니아의 평형농도는 반응온도를 낮출수록, 압력을 높일수록 증가한다.

08 요소비료의 제조방법 중 카바메이트 순환방식의 제조방법으로 약 $210℃$, $400atm$의 비교적 고온, 고압에서 반응시키는 것은?

① IG법
② Inventa법
③ Dupont법
④ C.C.C.법

Dupont Process
- 카바민산암모늄(NH_2COONH_4)을 암모니아 수용액으로 회수 순환시키는 방식이다.
- 비교적 고온·고압에서 반응시킨다.

09 다음 물질 중 안정하기 때문에 비료용으로 생산되기에 적합하며 질소 대 인산비를 미리 알맞게 조절하여 생산되는 인산암모늄은?

① $NH_4H_2PO_4$
② $(NH_4)_3PO_4$
③ $Ca_3(PO_4)_2$
④ $(NH_4)_2HPO_4$

- $(NH_4)H_2PO_4$: 인산일암모늄
- $(NH_4)_2HPO_4$: 인산이암모늄
- $(NH_4)_3PO_4$: 인산삼암모늄

※ 인산1암모늄, 인산2암모늄만 비료용으로 사용된다.

10 석회질소 비료에 대한 설명 중 틀린 것은?

① 토양의 살균효과가 있다.
② 과린산석회, 암모늄염은 배합비료로 적당하다.
③ 저장 중 이산화탄소, 물을 흡수하여 부피가 증가한다.
④ 분해 시 생성되는 디시안디아미드는 식물에 유해하다.

석회질소비료($CaCN_2$)

$CaO + 3C \rightarrow CaC_2 + CO$

$CaC_2 + N_2 \rightarrow CaCN_2 + C$

- 염기성 비료 : 산성 토양에 효과적
- 살균 · 살충효과
- 분해 시 디시안아미드 생성(독성)
- 배합비료로 부적당

11 산성 토양이 된 곳에 알칼리성 비료를 사용하고자 할 때 다음 중 가장 적합한 비료는?

① 과린산석회
② 염안
③ 석회질소
④ 요소

분류	비료의 예
산성	과린산석회, 중과린산석회
중성	황산암모늄(황안), 염산암모늄(염안), 요소, 염화칼륨
염기성	석회질소, 용성인비, 석회

12 토마스인비의 일반적인 구성 성분이 아닌 것은?

① CaO
② P_2O_5
③ SiO_2
④ $KSiO_3$

토마스인비

$CaO \cdot P_2O_5 \cdot SiO_2$

13 인광석에 인산을 작용시켜 수용성 인산분이 높은 인산비료를 얻을 수 있는데 이에 해당하는 것은?

① 토마스인비
② 침강인산석회
③ 소성인비
④ 중과린산석회

중과린산석회

인광석을 인산분해시켜서 제조

14 다음 중 칼륨질 비료의 원료가 아닌 것은?

① 칼륨광물
② 간수
③ 초목재
④ 골분

골분 : 인산비료

15 다음 질소비료 중 질소함유량이 가장 낮은 비료는?

① 황산암모늄(황안)
② 염화암모늄(염안)
③ 질산암모늄(질안)
④ 요소

질소함유량 비교

요소 > 질산암모늄 > 염화암모늄 > 황산암모늄

16 질소비료는 주로 어떤 형태로 식물에 흡수되는가?

① NO_2^-
② N_2
③ NO_3^-
④ NH_4OH

질소는 NH_4^+, NO_3^-의 형태로 식물에 흡수된다.

정답 ▶ 10 ② 11 ③ 12 ④ 13 ④ 14 ④ 15 ① 16 ③

17 다음 중 칼륨질 비료의 원료와 가장 거리가 먼 것은?

① 간수   ② 초목재
③ 용광로 더스트   ④ 칠레초석

해설

• 칼륨비료 : 간수, 해초, 초목재, 용광로 Dust, 시멘트 Dust, 칼륨광물
• 질소비료 : 칠레초석, 석회질소, 요소

18 화학비료로 인해 토양이 산성화되는데, 그 주된 원인에 해당하는 것은?

① 암모늄 이온   ② 토양 콜로이드
③ 황산 이온   ④ 질산화 미생물

해설

토양이 산성화되는 데 SO_4^{2-}(황산이온)가 주원인이 된다.

19 다음에서 암모니아를 원료로 하지 않는 물질은?

① $(NH_4)SO_4$ ② NH_4Cl
③ $CaCN_2$ ④ $(NH_2)_2CO$

해설

NH_3 : 암모니아

20 요소 비료 1ton을 합성하는 데 필요한 CO_2의 원료로 탄산칼슘 85%를 포함하는 석회석을 사용한다면 석회석이 약 몇 ton 필요한가?

① 0.96   ② 1.96
③ 2.96   ④ 3.96

해설

$$2NH_3 + CO_2 \rightarrow NH_2CONH_2 + H_2O$$
$$x \quad : \quad 1ton$$
$$44 \quad : \quad 60$$
$$\therefore x = 0.733ton$$

$$CaCO_3 \rightarrow CaO + CO_2$$
$$100 \quad : \quad 44$$
$$y \quad : \quad 0.733$$
$$\therefore y = 1.66ton$$

그런데 85%이므로 필요한 $CaCO_3$의 양은

$$\frac{1.66}{0.85} = 1.96ton$$

21 인광석을 가열처리하여 불소를 제거하고, 아파타이트 구조를 파괴하여 구용성인 비료로 만든 것은?

① 메타인산칼슘   ② 소성인비
③ 과인산석회   ④ 인산암모늄

해설

㉠ 용성인비
• 인광석에 사문암을 첨가하여 용융시켜 플루오린을 제거한다.
• 염기성 비료이므로 산성 토양에 적합하다.
㉡ 소성인비
• 인광석에 인산, 소다회를 혼합하고 열처리하여 제조한다.
• 인광석을 가열처리하여 불소를 제거한다.
• 아파타이트 구조를 파괴하여 만든 구용성 비료이다.

22 다음 중 황산암모늄의 제조법이 아닌 것은?

① 합성황안법   ② 순환황안법
③ 변성황안법   ④ 부생황안법

해설

23 다음 중 질소비료에서 암모니아를 원료로 하지 않는 비료는?

① 황산암모늄   ② 요소
③ 질산암모늄   ④ 석회질소

- 석회질소 : $CaCN_2$
- 질산암모늄 : NH_4NO_3
- 황산암모늄 : $(NH_4)_2SO_4$
- 요소 : NH_2CONH_2

24 다음 중 칼륨비료의 원료가 아닌 것은?

① 해조
② 초목재
③ 칠레초석
④ 용광로 Dust

해설

칠레초석($NaNO_3$)은 질산비료의 원료이다.

25 다음 Sylvinite 중 NaCl의 함량은 약 몇 wt%인가?

① 40
② 44
③ 56
④ 60

해설

Sylvinite : KCl · NaCl

$$NaCl\ 함량(\%) = \frac{58.5}{74.5+58.5} \times 100 = 44$$

26 배합비료 제조로 가장 적절하지 않은 것은?

① 염기성 비료와 산성 비료의 혼합
② 중성 비료와 염기성 비료의 혼합
③ 산성 비료와 중성 비료의 혼합
④ 염기성 비료와 염기성 비료의 혼합

해설

산성 비료와 염기성 비료의 혼합은 화학반응을 일으키므로 좋지 않다.

27 카바이드는 석회질소 비료의 제조원료로서 그 함량은 아세틸렌 가스의 발생량으로 결정한다. 1kg의 제조원료에서 250L(10℃, 760mmHg)의 아세틸렌 가스가 발생하였다면 제조원료 1kg 중 카바이드의 함량은?(단, 원자량은 Ca 40, C 12이다.)

① 68.9%
② 75.3%
③ 78.8%
④ 83.9%

해설

$$CaC_2 + N_2 \rightarrow CaCN_2 + C$$
카바이드　　　석회질소

$$CaC_2 + 2H_2O \rightarrow Ca(OH)_2 + C_2H_2$$
$$\underbrace{64 \quad\quad (2\times18)}_{1kg} \quad\quad\quad\quad 26$$

250L(10℃, 760mmHg)의 아세틸렌의 mol수
$$PV = nRT$$
$$n = \frac{PV}{RT} = \frac{1atm \times 250L}{0.082L \cdot atm/mol \cdot K \times (273+10)K}$$
$$= 10.77mol$$

CaC_2(카바이드)양
$$CaC_2 : C_2H_2 = 1 : 1$$
$$10.77mol \times 64g/mol \times \frac{1kg}{1,000g} = 0.689kg$$
$$\frac{0.689kg\ CaC_2}{1kg} \times 100 = 68.9\%$$

28 다음 중 수용성 인산비료는?

① Thomas 인비
② 중과린산석회
③ 용성인비
④ 소성인산 3석회

해설

인산비료
- 수용성 : 인산암모늄, 인산칼슘, 중과린산석회, 과린산석회, 인산소다
- 구용성 : 침강인산석회, 토마스인비, 소성인비
- 불용성 : 인회석, 골회

29 황산 용액의 포화조에 암모니아 가스를 주입하여 황산암모늄을 제조할 때 85wt% 황산 1,000kg을 포화조에서 암모니아 가스와 반응시키면 약 몇 kg의 황산암모늄 결정이 석출되겠는가?(단, 황산암모늄 용해도는 97.5g/100gH₂O 이며, 수분의 증발 및 분리공정 중 손실은 없다.)

① 788.7
② 895.7
③ 998.7
④ 1,095.7

정답 24 ③　25 ②　26 ①　27 ①　28 ②　29 ③

해설

$$2NH_3 + H_2SO_4 \rightarrow (NH_4)_2SO_4$$

$$98kg \quad : \quad 132kg$$

$$0.85 \times 1,000 \quad : \quad x$$

$$\therefore x = 1,145kg$$

$$100gH_2O : 97.5g(NH_4)_2SO_4 \text{ 용해}$$

$$150kg \quad : \quad y$$

$$\therefore y = 146.25kg \text{이 녹는다.}$$

1,145kg 중 146.25kg이 녹고 나머지는 결정으로 석출된다.

$$\therefore 1,145 - 146.25 ≒ 998.7kg$$

---

30 다음 중 염기성 비료로서 산성 토양의 개량 및 잡초, 해충, 병원균의 구제에도 사용되는 비료는?

① Urea
② NH_4Cl
③ $CaCN_2$
④ $(NH_2)SO_4$

해설

$CaCN_2$(석회질소)
• 염기성 비료로서 산성 토양에 효과적이다.
• 토양의 살균, 살충효과가 있다.
• 분해 시 다시안아미드가 생성된다(독성).
• 배합비료로는 부적합하다.

---

31 다음 중 복합비료에 대한 설명으로 틀린 것은?

① 비료 3요소 중 2종 이상을 하나의 화합물 상태로 함유 하도록 만든 비료를 화성비료라 한다.
② 화성비료는 비료성분의 총량에 따라서 저농도와 고농 도 화성비료로 구분할 수 있다.
③ 배합비료는 주로 산성과 염기성의 혼합을 사용하는 것 이 좋다.
④ 질소, 인산 또는 칼륨을 포함하는 단일비료를 2종 이상 혼합하여 2성분 이상의 비료요소를 조정해서 만든 비 료를 배합비료라 한다.

해설

복합비료
㉠ 혼합비료(배합비료)
• N(질소), P_2O_5(인), K_2O(칼륨)을 포함하는 단일비료를 2종 이상 혼합해서 만든 비료이다.
• 산성과 염기성의 혼합은 화학반응을 일으키므로 좋지 않다.
㉡ 화성비료
비료 3요소 중 2종 이상을 하나의 화합물 형태로 한 비료 이다.

---

32 다음 중 밭농사를 주로 하는 지역에서는 사용되나 흡습성이 강하고 논농사에는 부적합한 비료로 Fauser 법으로 생산하는 것은?

① NH_4Cl
② NH_4NO_3
③ NH_2CONH_2
④ $(NH_4)_2SO_4$

해설

NH_4NO_3(질안 : 질산암모늄)
• 질산을 암모니아 가스로 중화해서 제조한다.
$$HNO_3 + NH_3 \rightarrow NH_4NO_3$$
• 흡습성이 강하여 논농사에는 부적합하다.
• Fauser 법으로 만든다.

---

33 순도가 90%인 황산암모늄 100kg이 있다. 이 중 질 소의 함량은 몇 kg이 되는가?

① 9.1
② 10.2
③ 19.1
④ 26.4

해설

$$(NH_4)_2SO_4 = 132$$

$$0.9 \times 100kg \; (NH_4)_2SO_4 \times \frac{28 \; N_2}{132 \; (NH_4)_2SO_4} = 19.1kg$$

---

34 다음의 인산칼슘 중 수용성 성질을 가지는 것은?

① 인산 1칼슘
② 인산 2칼슘
③ 인산 3칼슘
④ 인산 4칼슘

해설

• 인산 1칼슘[$CaH_4(PO_4)_2$] : 수용성
• 인산 2칼슘[$CaHPO_4$] : 구용성
• 인산 3칼슘[$Ca_3(PO_4)_2$] : 불용성

---

[03] 전기 및 전지화학공업

1. 전기화학과 전지

1) 화학전지

(1) 전지

① 갈바닉전지(Garvanic Cell) : 자발적인 화학반응에 의해 전기에너지를 발생하는 전지

② 전해전지 : 전기에너지가 비자발적인 화학반응을 일으키는 전지

(2) 산화 · 환원반응

산화	환원
전자를 내어놓음	전자를 얻음
산화수 증가	산화수 감소
산소 얻음	산소 잃음
수소 잃음	수소 얻음

💡 **TIP** ‖‖‖‖‖‖‖‖‖‖‖‖‖‖‖‖‖‖

이온화 경향
이온화 경향이 큰 원소는 작은 원소보다 산화가 잘된다.(환원력이 크다.)
K>Ca>Na>Mg>Al>Zn>Fe>Ni
>Sn>Pb>(H)>Cu>Hg>Ag>Pt
>Au

⇦ 왼쪽으로 갈수록
• 산화가 잘된다.(환원력이 크다.)
• 반응성이 크다.
• 전자를 잘 잃는다.

① 산화반응

㉠ 산화전극(Anode)에서 일어난다.

㉡ $(-)$극 : $Zn(s) \rightarrow Zn^{2+}(aq) + 2e^-$

㉢ 산화수 증가 : $0 \rightarrow +2$

㉣ 전자를 내어놓음

② 환원반응

㉠ 환원전극(Cathode)에서 일어난다.

㉡ $(+)$극 : $Cu^{2+}(aq) + 2e^- \rightarrow Cu(s)$

㉢ 산화수 감소 : $+2 \rightarrow 0$

㉣ 전자를 얻음

③ 반응과정에서 음이온은 산화전극으로 이동하고 양이온은 환원전극으로 이동한다.

2) 전지의 표시와 원리

(1) 볼타전지

$$(-)\mathrm{Zn} \mid \mathrm{H_2SO_4}(aq) \mid \mathrm{Cu}(+)$$

① $(-)$극 : $\mathrm{Zn} \rightarrow \mathrm{Zn^{2+}} + 2e^-$ (산화)

② $(+)$극 : $2\mathrm{H^+} + 2e^- \rightarrow \mathrm{H_2}\uparrow$ (환원)

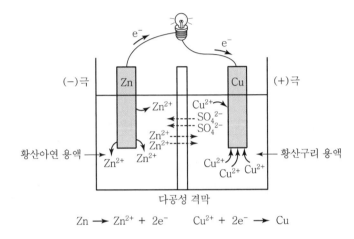

(2) 다니엘전지

$$(-)\mathrm{Zn} \mid \mathrm{Zn^{2+}} \parallel \mathrm{Cu^{2+}} \mid \mathrm{Cu}(+)$$

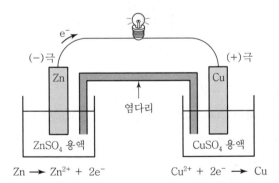

🔆 **TIP**

염다리
• 염화칼륨(KCl), 질산칼륨(KNO₃) 등을 포화시킨 U자관
• 전기적으로 중성상태를 유지(이온의 원형)
• U자 형태의 양끝은 다공성 막으로 구성되어 있어 염다리의 내외부 용액 사이에 섞임을 최소화한다.

3) 표준환원전위

$$E^\circ_{\mathrm{cell}} = E^\circ_{\mathrm{red}}(\text{음극의 환원전위값}) - E^\circ_{\mathrm{red}}(\text{양극의 환원전위값})$$

① 표준환원전위가 클수록 환원이 잘된다. → 산화제
② 표준환원전위가 작을수록 산화가 잘된다. → 환원제

Exercise 01

$Zn(s) \rightarrow Zn^{2+}(aq) + 2e^-$, $E°_{red} = -0.76V$일 때 표준산화전위값은?

풀이 $E°_{cell} = E°_{H_2} + E°_{Zn^{2+}}$

$0.76 = 0 + E°_{Zn^{2+}}$

$\therefore E°_{Zn^{2+}} = 0.76V$

2. 실용전지

▼ **전지의 종류**

1차 전지	일회용 전지 예 건전지, 망간전지, 알칼리전지, 산화은전지, 수은－아연전지, 리튬 1차 전지
2차 전지	충전이 가능한 전지 예 Ni－Cd, Ni－MH(Metal Hybride)전지, 납축전지, 리튬 2차 전지
기타	연료전지, 태양전지

TIP

감극제(소극제)

- 전지에서 일정한 전류를 내기 위해서는 분극작용을 방지해야 한다.
- (＋)극에서 수소기체가 발생하여 전류의 흐름을 방해하여 전압이 떨어지므로 수소를 물로 변화시킨다.

1) 1차 전지

(1) 건전지

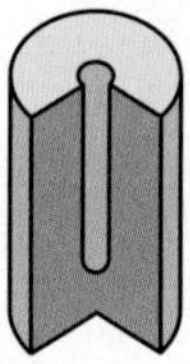

(+)극 : C
감극제 : MnO_2
전해액 : 염화암모늄
(−)극 : Zn

① (산화) $Zn(s) \rightarrow Zn^{2+}(aq) + 2e^-$

② (환원) $2MnO_2(s) + 2NH_4^+(aq) + 2e^- \rightarrow Mn_2O_3(s) + 2NH_3(g) + H_2O$

③ (전체) $Zn(s) + 2MnO_2(s) + 2NH_4^+(aq) \rightarrow Zn^{2+}(aq) + Mn_2O_3(s) + 2NH_3(g) + H_2O$

(2) 대표적인 1차 전지

전지	산화전극	환원전극	전해질
망간전지	Zn	C, MnO_2	NH_4Cl / $ZnCl_2$
알칼리전지	Zn	C, MnO_2	KOH
산화은전지	Zn	C, Ag_2O	KOH, NaOH
수은－아연전지	Zn	HgO, MnO_2	KOH, NaOH
리튬전지	Li	C, $SOCl_2$	$SOCl_2$ / $LiAlCl_4$

2) 2차 전지

(1) 납축전지

$$(-)Pb(s) \mid H_2SO_4 \mid PbO_2(s)(+)$$

① $(-)$극 : $Pb + SO_4^{2-} \rightarrow PbSO_4 + 2e^-$ (산화)

② $(+)$극 : $PbO_2 + 4H^+ + SO_4^{2-} + 2e^- \rightarrow PbSO_4 + 2H_2O$ (환원)

③ 전체 반응 : $Pb(s) + PbO_2(s) + 2H_2SO_4(aq) \underset{충전}{\overset{방전}{\rightleftharpoons}} 2PbSO_4(s) + 2H_2O$

④ 자동차 배터리로 이용(충전 가능)

(2) Ni-Cd 전지

① 환원전극 : $NiOOH(s) + H_2O + e^- \underset{충전}{\overset{방전}{\rightleftharpoons}} Ni(OH)_2(s) + OH^-(aq)$

② 산화전극 : $Cd(s) + 2OH^-(aq) \rightleftharpoons Cd(OH)_2(s) + 2e^-$

③ 저온특성을 보이며, 수명이 길다.
④ 중금속인 카드뮴 사용이 문제가 된다.
⑤ 음극에서 수소 발생 억제를 위해 $Cd(OH)_2$를 과량으로 첨가한다.

(3) Ni-MH 전지

① $MH(s) + NiOOH(s) \rightleftharpoons M(s) + Ni(OH)_2$
② $MH(s)$: 수소저장합금에 수소가 저장된 형태로서 금속수화물
③ 산화전극으로 사용하는 수소저장합금의 용량이 카드뮴보다 $1.5 \sim 2$배 크므로 전지의 에너지밀도도 커진다.
④ 수소저장금속으로는 단일금속(W, Ti, Pd 등)이나 합금(MNi_5 : M은 란타넘계 금속)이 사용된다.

(4) 리튬 2차 전지

금속리튬, 탄소에 흡수된 리튬이 산화전극으로 사용되고, 전해질로는 리튬염이 사용된다. 환원전극으로는 CoO_2, MnO_2와 같은 산화물이 사용된다.

3. 연료전지

연료전지 반응

• Cathode(음극, 공기극) = 환원전극

$$\frac{1}{2}O_2 + 2H^+ + 2e^- \rightarrow H_2O$$

• Anode(양극, 연료극) = 산화전극

$$H_2 \rightarrow 2H^+ + 2e^-$$

• 전체 반응

$$H_2 + \frac{1}{2}O_2 \rightarrow H_2O$$

1) 연료전지의 특징

① 가장 주목받고 있는 대체에너지원의 하나이다.

② 연료의 화학에너지를 전기화학적인 반응에 의해 전기와 열로 직접 변환시키는 장치이다.

③ 일반적으로 수소와 산소를 전기화학적으로 반응시키며 내연기관에 비해 효율이 매우 높다.

④ 전기 생산과정에서 배출되는 주된 물질이 물이므로 공해문제를 유발하지 않는다.

⑤ 산화전극 : H_2(석유, 석탄, 천연가스, 메탄올, LPG 등에서 얻는다.)

⑥ 환원전극 : O_2(공기로부터 얻는다.)

⑦ 우주개발에 이용(인공위성, 우주선에서 전력공급원으로 사용)된다.

2) 연료전지의 분류

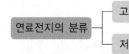

| 연료전지의 분류 | 고온형 : 용융탄산염형 연료전지, 고체산화물형 연료전지 |
| | 저온형 : 알칼리 연료전지, 인산형 연료전지, 고분자 전해질형 연료전지 |

(1) 알칼리 연료전지(AFC : Alkaline Fuel Cell)

① 인공위성, 아폴로 우주선에서 전력공급원으로 사용

② 산화전극에는 백금-팔라듐(Pt-Pd) 합금과 테프론(Teflon)의 혼합물

③ 환원전극에는 백금-금(Pt-Au) 합금과 테프론의 혼합물

④ 전해질에는 다공성 물질에 KOH 용액을 흡수시킨 것을 사용

(2) 용융탄산염형 연료전지(MCFC : Molten Carbonate Fuel Cell)

① 전해질로 Li_2CO_3, K_2CO_3, $LiAlO_2$ 등의 혼합물을 사용

② 650℃ 정도의 고온 유지

③ 수소(H_2)와 일산화탄소(CO)의 혼합가스, 즉 합성가스를 직접 연료로 사용

고체산화물 연료전지

이온전도성 화합물을 전해질로 하여 고온으로 운전한다.

(3) 고체산화물형 연료전지(SOFC : Solid Oxide Fuel Cell)

① 지르코니아(ZrO_2)와 같은 세라믹 산화물을 사용

② 1,000℃ 정도에서 작동

(4) 인산형 연료전지(PAFC : Phosphoric Acid Fuel Cell)

　① 인산을 전해질로 사용

　② 전극은 백금 또는 니켈 입자를 탄소 – 테프론의 다공성 물질에 분산시킨 형태

　③ 연료전지 중 가장 먼저 상용화

(5) 고분자 전해질형 연료전지(PEMFC : Polymer Exchange Membrane Fuel Cell)

　① 상온 운전이 가능, 출력밀도가 높고, 적용분야가 다양

　② 전해질막으로 상용화되어 가장 널리 사용되고 있는 고분자는 Dupont사에서 개발한 플루오린계 양이온 교환수지(Nafion)이다.

4. 부식 – 산화 · 환원반응

대부분의 금속은 불안정하여 대기 중의 산소, 물과 반응하여 산화막을 형성한다.

1) 철의 부식반응

$$2Fe + 2H_2O + O_2 \rightarrow 2Fe^{2+} + 4OH^- \rightarrow 2Fe(OH)_2$$

$$(산화전극) \ Fe \rightarrow Fe^{2+} + 2e^-$$

$$(환원전극) \ H_2O + \frac{1}{2}O_2 + 2e^- \rightarrow 2OH^-$$

산소와 연속반응이 일어나면 갈색의 녹이 생성된다.

$$2Fe(OH)_2 + \frac{1}{2}O_2 \rightarrow H_2O + \underset{녹}{Fe_2O_3 \cdot H_2O} \downarrow$$

2) 부식과정의 특징

(1) 부식의 특징

　① $\Delta G < 0$인 자발적 반응

　② 부식의 구동력 $E = \dfrac{-\Delta G}{nF}$

　　1F(1Faraday = 1패럿) = 전자1몰의 전하량

　　　　$= (1.602 \times 10^{-19} C/개) \times (6.02 \times 10^{23}개/mol)$

　　　　$= 96,486 C/mol$

　　　　$\fallingdotseq 96,500 C/mol$

◈ 녹(Rust)
- 산화철의 수화물($Fe_2O_3 \cdot xH_2O$)
- 철이 산소와 수분의 존재하에서 산화될 때 생성된다.

🔅 TIP ⫶⫶⫶⫶⫶⫶⫶⫶⫶⫶⫶⫶⫶⫶⫶⫶⫶⫶⫶⫶⫶⫶

부식의 방지
- 금속에 페인트나 기름칠을 한다.
- 금속을 플라스틱(테프론)으로 코팅한다.
- 음극화 보호 : 보호하려는 금속에 그것보다 이온화 경향이 큰 금속을 입히거나 연결하여 이온화 경향이 큰 금속이 녹이 슬도록 한다.

　Mg : Fe 대신 Mg에 녹이 슨다.

- 전기도금 : 이온화 경향이 작은 금속으로 코팅 철에 Sn을 코팅한다.
　예 통조림
- 합금으로 만든다.
- 금속의 표면에 산화피막(부동태)을 형성시킨다.
　예 Al에 Al_2O_3 피막 형성

(2) 부식에 의해 야기될 수 있는 문제점
　　① 장치의 피해 및 수리 또는 교체에 따르는 조업정지
　　② 누출이나 기계 파손으로 인한 상해 위험성
　　③ 공정 최종생산물의 오염 및 손실
　　④ 작업 효율의 감소

(3) 부식전위
부식전지를 고려할 때 두 전극 간의 전위차가 부식을 일으키는 구동력이지만 전지전위로부터 부식속도를 정확하게 예측하는 것은 불가능하다.

(4) 부식속도(부식전류)를 크게 하는 요소
　　① 서로 다른 금속들이 접하고 있을 때
　　② 금속이 전도성이 큰 전해액과 접하고 있을 때
　　③ 금속 표면의 내부응력 차가 클 때

실전문제

01 Ni−Cd 전지에서 음극의 수소 발생을 억제하기 위해 음극에 과량으로 첨가하는 물질은 무엇인가?

① $Cd(OH)_2$
② KOH
③ MnO_2
④ $Ni(OH)_2$

해설

Ni−Cd 전지

음극에서 발생하는 수소를 억제하기 위해 음극에 $Cd(OH)_2$를 과량으로 첨가한다.

02 자동차에 사용되는 납축전지에 대한 설명 중 틀린 것은?

① 방전 시 양극에서 $PbSO_4$가 얻어진다.
② 방전 시 음극에서 $PbSO_4$가 얻어진다.
③ 납축전지의 전해질은 황산 수용액을 사용하고 있다.
④ 방전 시 납축전지의 전해질 비중은 증가한다.

해설

• (−)극 : $Pb + SO_4^{2-} \rightarrow PbSO_4 + 2e^-$: 산화
• (+)극 : $PbO_2 + 4H^+ + SO_4^{2-} + 2e^- \rightarrow PbSO_4 + 2H_2O$: 환원
• 전체 반응 : $Pb(s) + PbO_2(s) + 2H_2SO_4 \xrightleftharpoons[\text{충전}]{\text{방전}} 2PbSO_4 + 2H_2O$

03 전지에 대한 다음의 설명에서 옳은 것만 나열한 것은?

┌─────────────────────────────────────┐
│ ㉠ 전해질 내에서는 이온에 의한 전하의 이동이 존재한다. │
│ ㉡ 방전 시 전지의 (+)극에서는 산화반응, (−)극에서는 │
│   환원반응이 일어난다. │
│ ㉢ 충전전압은 방전전압보다 작다. │
│ ㉣ 충전전압과 방전전압의 차이는 전극에서의 과전압과 전 │
│   해질 내에서의 저항이 주원인이다. │
└─────────────────────────────────────┘

① ㉠, ㉡
② ㉢, ㉣
③ ㉠, ㉣
④ ㉡, ㉢

04 연료전지에 있어서 캐소드에 공급되는 물질은?

① 산소
② 수소
③ 탄화수소
④ 일산화탄소

해설

• Cathode(음극) : 공기극, 환원전극, (+)단자
  $$\frac{1}{2}O_2 + 2H^+ + 2e^- \rightarrow H_2O$$
• Anode(양극) : 연료극, 산화전극, (−)단자
  $$H_2 \rightarrow 2H^+ + 2e^-$$
• 전체 반응 : $H_2 + \frac{1}{2}O_2 \rightarrow H_2O$

05 다음 중 2차 전지에 해당하는 것은?

① 망간전지
② 산화은전지
③ 납축전지
④ 수은전지

해설

1차 전지	일회용 전지	건전지, 망간전지, 알칼리전지, 산화은전지, 수은−아연전지, 리튬 1차 전지
2차 전지	충전이 가능한 전지	Ni−Cd 전지, Ni−MH(Metal Hybride) 전지, 납축전지, 리튬 2차 전지

06 다음 중 충방전이 가능한 2차 전지에 해당하는 것은?

① 망간전지
② 산화은전지
③ Ni−MH 전지
④ 수은전지

정답 01 ① 02 ④ 03 ③ 04 ① 05 ③ 06 ③

PART 1

PART 2

PART 3

PART 4

PART 5

1차 전지	일회용 전지	건전지, 망간전지, 알칼리전지, 산화은전지, 수은-아연전지, 리튬 1차 전지
2차 전지	충전이 가능한 전지	Ni-Cd 전지, Ni-MH(Metal Hybride)전지, 납축전지, 리튬 2차 전지

07 다음 중 직접적으로 전지의 성능을 나타내는 것이 아닌 것은?

① 에너지 밀도
② 충·방전 횟수
③ 자기 방전율
④ 전해질

해설

전지의 성능을 나타내는 것
- 에너지 밀도 $= \dfrac{전기에너지}{무게(또는 부피)}$
- 충·방전 횟수
- 자기 방전율 : 보관 중 자가 방전되는 속도
- 출력밀도 $= \dfrac{전지의 출력}{무게(또는 부피)}$
- 작동전압
- 전류특성
- 용량

08 650℃에서 작동하며 수소 또는 일산화탄소를 음극 연료로 사용하는 연료전지는?

① 용융탄산염 연료전지
② 인산형 연료전지
③ 고체산화물 연료전지
④ 알칼리 연료전지

해설

연료전지
㉠ 인산형 연료전지
- 가장 먼저 상용화
- 백금 또는 니켈 입자를 분산시킨 탄소 촉매전극
- 연료 : 수소
- 산화체 : 공기 중 산소
㉡ 용융탄산염 연료전지
- 탄화수소를 개질할 때 생성되는 수소 또는 일산화탄소의 혼합가스를 직접 연료로 사용
- 650℃ 정도의 고온 유지

㉢ 고체산화물 연료전지
- 이온전도성 산화물을 전해질로 이용
- 1,000℃ 정도에서 작동
- 지르코니아(ZrO_2)와 같은 세라믹 산화물을 사용
- 이론에너지 효율은 저하, 에너지 회수율이 향상되면서 화력발전을 대체하고 석탄 가스를 이용한 고효율이 기대된다(50% 이상의 전기적 효율).
㉣ 알칼리 연료전지
- 아폴로 우주계획 등 우주선에 가장 많이 활용
- Raney 니켈, 은 촉매
㉤ 고분자 전해질 연료전지
- 듀퐁의 Nafion
- 작동온도가 낮다.

09 다음의 설명에 가장 잘 부합되는 연료전지는?

- 전극으로는 세라믹 산화물이 사용된다.
- 작동온도는 약 1,000℃이다.
- 수소나 수소/일산화탄소 혼합물을 사용할 수 있다.

① 인산형 연료전지(PAFC)
② 용융탄산염 연료전지(MCFC)
③ 고체산화물형 연료전지(SOFC)
④ 알칼리 연료전지(AFC)

해설

고체산화물 연료전지
- 이온전도성 산화물을 전해질로 이용
- 1,000℃ 정도에서 작동
- 지르코니아(ZrO_2)와 같은 세라믹 산화물을 사용
- 이론에너지 효율은 저하, 에너지 회수율이 향상되면서 화력발전을 대체하고 석탄 가스를 이용한 고효율이 기대된다(50% 이상의 전기적 효율).

10 다음 중 주된 연료전지의 형태에 해당하지 않는 것은?

① 인산형 연료전지
② 용융탄산염 연료전지
③ 알칼리 연료전지
④ 질산형 연료전지

해설

연료전지

㉠ 인산형 연료전지
- 가장 먼저 상용화
- 백금 또는 니켈 입자를 분산시킨 탄소 촉매전극
- 연료 : 수소
- 산화체 : 공기 중 산소

㉡ 용융탄산염 연료전지
- 탄화수소를 개질할 때 생성되는 수소 또는 일산화탄소의 혼합가스를 직접 연료로 사용
- 650℃ 정도의 고온 유지

㉢ 고체산화물 연료전지
- 이온전도성 산화물을 전해질로 이용
- 1,000℃ 정도에서 작동
- 지르코니아(ZrO_2)와 같은 세라믹 산화물을 사용
- 이론에너지 효율은 저하, 에너지 회수율이 향상되면서 화력발전을 대체하고 석탄 가스를 이용한 고효율이 기대된다(50% 이상의 전기적 효율).

㉣ 알칼리 연료전지
- 아폴로 우주계획 등 우주선에 가장 많이 활용
- Raney 니켈, 은 촉매

㉤ 고분자 전해질 연료전지
- 듀퐁의 Nafion
- 작동온도가 낮다.

11 다음은 각 환원반응과 표준환원전위이다. 이들로부터 예측한 다음의 형상 중 옳은 것은?

$Fe^{2+} + 2e^- \rightarrow Fe, \ E° = -0.447V$

$Sn^{2+} + 2e^- \rightarrow Sn, \ E° = -0.138V$

$Zn^{2+} + 2e^- \rightarrow Zn, \ E° = -0.667V$

$O_2 + 2H_2O + 4e^- \rightarrow 4OH^-, \ E° = -0.401V$

① 철은 공기 중에 노출 시 부식되지만 아연은 공기 중에서 부식되지 않는다.

② 철은 공기 중에 노출 시 부식되지만 주석은 공기 중에서 부식되지 않는다.

③ 주석과 아연이 접촉 시에 주석이 우선적으로 부식된다.

④ 철과 아연이 접촉 시에 아연이 우선적으로 부식된다.

해설

- 표준환원전위 : 표준수소전극과 환원이 일어나는 반쪽전지를 결합시켜 만든 전지에서 측정한 전위이다.
- 표준환원전위가 클수록 환원이 잘되고, 작을수록 산화(부식)가 잘된다.
- 표준환원전위가 작은 값이 (−)극, 큰 값이 (+)극이다.

12 부식반응에 대한 구동력(Electromotive Force) E는?(단, ΔG는 깁스자유에너지, n금속 1몰당 전자의 몰수, F는 패러데이 상수이다.)

① $E = \dfrac{nF}{\Delta G}$ ② $E = \dfrac{\Delta G}{nF}$

③ $E = -nF\Delta G$ ④ $E = -nF$

해설

$\Delta G = -nFE$

$E = -\dfrac{\Delta G}{nF}$ ($\Delta G < 0$: 자발적 반응)

13 부식전류가 크게 되는 원인으로 가장 거리가 먼 것은?

① 용존 산소농도가 낮을 때

② 온도가 높을 때

③ 금속이 전도성이 큰 전해액과 접촉하고 있을 때

④ 금속 표면의 내부응력의 차가 클 때

해설

부식전류를 크게 하는 요소
- 서로 다른 금속들이 접하고 있을 때
- 금속이 전도성이 큰 전해액과 접하고 있을 때
- 금속 표면의 내부응력 차가 클 때

정답   **11** ④   **12** ②   **13** ①

[04] 반도체공업

1. 반도체

1) 전기전도도

TIP ▐▐▐▐▐▐▐▐▐▐▐▐▐▐▐▐▐▐▐▐

E [전도띠] : 전자가 없다.

↕ 에너지 갭(Band Gap)

[원자가띠] : 전자가 채워져
있다.

• 반도체의 에너지 갭은 도체와 부도체
의 사이에 있다.
• 전도띠와 원자가띠의 간격이 좁으면
전자의 이동이 쉬우므로 도체가 된다.

◆ 페르미 준위
• Band Gap 중간에 위치
• 전자의 존재확률이 $\frac{1}{2}$ 이 되는 에너지
준위

도체	• 전기를 잘 통하는 물질 **예** Cu, Ag • 자유전자가 많이 들어 있어 전기가 잘 통한다.
부도체	• 전기가 잘 통하지 않는 물질 **예** 나무, 플라스틱, 도자기 • 자유전자가 없다.
반도체	• 도체와 부도체의 중간적 특성 • 전기를 약하게 통하는 특성 • 보통의 상태에서는 자유전자가 없으나 열·빛을 가하거나 특정 불순물을 첨가하면 자유전자가 조금 생겨나 전기가 약하게 통하게 된다.

2) 반도체

반도체의 물리적 성질을 이용하여, 정보의 저장이나 연산기능을 갖도록 특수하게 제조된 전자 소자를 의미한다.

2. 반도체의 종류

1) 고유반도체(진성 반도체)

① 반도체 원료로 쓰이는 순수한 규소나 게르마늄을 4개의 최외각 전자가 굳게 공유결합을 하고 있다.

② 원자가전자가 모두 공유결합에 묶여 있어서(자유전자가 없어서) 전기가 흐르지 않는다.

Si ː Si ː Si ː Si
ːː   ːː   ːː   ːː
Si ː Si ː Si ː Si
ːː   ːː   ːː   ːː
Si ː Si ː Si ː Si

2) 비고유반도체(불순물 반도체) ▩▩▩

실리콘 결정에 미량의 불순물을 첨가하여 반도체 성질을 부여한 것

(1) P형 반도체

원자가전자가 4개인 실리콘의 결정에 원자가전자가 3개인 13족 원소인 붕소(B), 알루미늄(Al), 갈륨(Ga), 인듐(In)을 첨가하는 경우, 전자가 비어 있는 상태, 즉

◆ 도핑(Doping) ▩▩▩
순수한 반도체에 불순물을 첨가하여 전
기적 특성을 부여하는 작업을 도핑이라
하고, 이렇게 만들어진 물질을 도판트
(Dopant)라 한다.

정공(Hole)이 생긴다. 여기에 전압을 걸어주면 정공에 전자가 이동하면서 전류가 흐르게 된다.

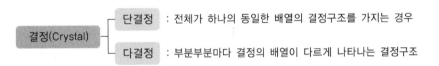

(2) N형 반도체

15족 원소인 인(P), 비소(As), 안티몬(Sb)이 첨가되고 첨가한 원자 1개당 한 개씩의 잉여전자가 생긴다. 여기에 전압을 걸어주면 자유전자에 의해 전류가 흐르게 된다.

3. 반도체의 결정구조

1) 결정(Cristal)

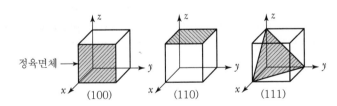

결정(Crystal) ─ 단결정 : 전체가 하나의 동일한 배열의 결정구조를 가지는 경우
          └ 다결정 : 부분부분마다 결정의 배열이 다르게 나타나는 결정구조

2) 비결정(Amorphous)

유리와 같이 아무런 배열규칙이 없는 구조

3) 밀러지수(Miller Index)

① 실리콘 결정의 방향성을 표시하는 방법이다.
② 실리콘 구조는 입방구조이기 때문에 단위셀은 정육면체로 표시되며 결정의 방향에 따라 전기적, 물리적 특성이 달라진다.

정육면체 → (100)   (110)   (111)

PART 1

PART 2

PART 3

PART 4

PART 5

TIP

산화물 반도체 산소센서
- 산화물 반도체는 공기 중의 산소분압으로 전기저항이 변화된다. → 산소분압 측정
- N형 반도체 : ZnO, TiO_2, Fe_2O_3, SnO_2
- P형 반도체 : NiO, CoO, Ag_2O

TIP

LED(발광다이오드)
- 전류를 순방향으로 흘려주었을 때 빛을 발하는 반도체 소자
- 발광다이오드는 전자가 많은 N형 반도체와 양공이 많은 P형 반도체가 서로 접합하여 만든 PN접합 다이오드로 만든다.
- 외부에서 N형 반도체에 음의 전압을 걸어주고 P형 반도체에 양의 전압을 걸어주면 N형 반도체의 전자가 P형 반도체 쪽으로 움직여서 P형 반도체의 양공과 재결합을 하면서 빛을 낸다.

4. 반도체의 제조공정

1) 반도체의 원재료

① 실리콘웨이퍼(Silicon Wafer)

② 마스크(Mask)

③ 리드 프레임(Lead Frame)

2) 반도체 제조공정

(1) 실리콘 단결정 제조

① 산화규소(SiO_2) 형태로 모래에 함유되어 있다.

② 실리콘이 반도체 제조에 사용되기 위해서는 고순도이어야 하고, 전체가 결함이 전혀 없는 하나의 결정구조, 즉 단결정이어야 한다.

③ 위의 조건을 만족하기 위해서는 초크랄스키법을 사용해야 한다.

> **Reference**
>
> **초크랄스키(Czochralski)법**
>
>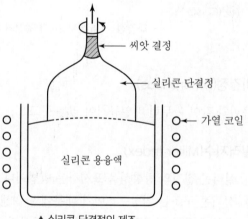
>
> ▲ 실리콘 단결정의 제조
>
> 실리콘의 용융액에 실리콘 단결정 씨앗(Seed)을 접촉시킨 상태에서 서서히 회전시키면서 끌어올리면 단결정이 원통형 모양으로 성장하게 된다. 이렇게 제조된 단결정을 잉곳(Ingot)이라 한다. 이 단결정을 P형 또는 N형으로 만들기 위해서는 해당 불순물이 첨가된다.

(2) 실리콘웨이퍼 제조

얻어진 잉곳을 다이아몬드톱으로 얇게 잘라내고 한쪽 면을 갈아 거울처럼 반짝이게 광택을 낸 것이 실리콘웨이퍼이다.

TIP ‖‖‖‖‖‖‖‖‖‖‖

FZ법(플롯존법 : Floating – zone Process, 부유대역법)

용융상 실리콘 영역을 다결정 실리콘봉을 따라 천천히 이동시키면서 다결정 실리콘봉이 단결정 실리콘으로 성장하도록 하는 방법

(3) 회로 설계

CAD를 이용하여 웨이퍼에 그려질 회로 패턴을 설계한다.

(4) 마스크 제작 ▣▣▣

웨이퍼에 그려질 회로 패턴을 각 층별로 석영판 위에 그려놓은 것을 마스크라한다. 즉, 마스크는 집적회로의 설계도를 웨이퍼에 옮겨 그리는 데 사용된다. 이 마스크를 통해 빛이 조사되면 빛을 투과하는 부분에서는 빛이 웨이퍼 위에 도포된 포토레지스트에 조사되어 광화학 반응을 일으킨다. 이것을 사진공정(포토리소그래피, Photolithography)이라 한다.

(5) 웨이퍼 가공 – 집적회로 제조 ▣▣▣

반도체 집적회로를 제조할 때 회로의 패턴을 실리콘 기판에 새겨넣는 공정을 사진공정(포토리소그래피)이라 한다. 마치 사진을 찍어 인화지에 옮기는 것처럼 복잡하고 미세한 설계 패턴을 웨이퍼에 옮겨 나타내는 공정이다.

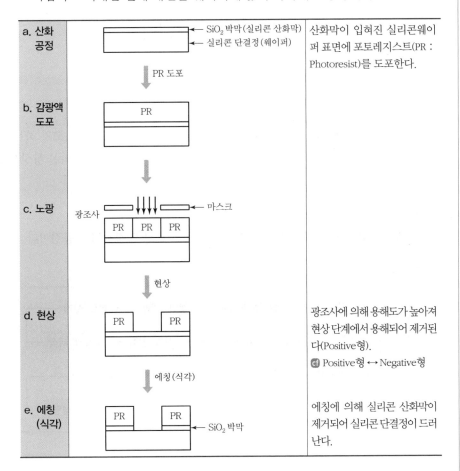

a. 산화 공정	SiO₂ 박막(실리콘 산화막), 실리콘 단결정(웨이퍼)	산화막이 입혀진 실리콘웨이퍼 표면에 포토레지스트(PR : Photoresist)를 도포한다.
b. 감광액 도포	PR 도포 / PR	
c. 노광	광조사 / 마스크 / PR PR PR	
d. 현상	현상 / PR PR	광조사에 의해 용해도가 높아져 현상 단계에서 용해되어 제거된다(Positive형). ⓒ Positive형 ↔ Negative형
e. 에칭 (식각)	에칭(식각) / PR PR / SiO₂ 박막	에칭에 의해 실리콘 산화막이 제거되어 실리콘 단결정이 드러난다.

〔옆단 내용〕

◈ PR(감광제)

빛, 방사선에 의해 화학반응을 일으켜 용해도가 변하는 고분자 재료이다. 에칭(Etching, 식각)에 저항하는 특성이 있어 반도체 리소그래피 공정의 핵심재료가 된다.

※ TIP

감광제의 구성요소
• 고분자
• 용매
• 광감응제

※ TIP

음성·양성 감광제

파라미터	음성	양성
종횡비 (분해능)	–	높다
접착성	좋다	–
노출속도	빠르다	–
핀홀 개수	–	적다
공정상태	민감하다	–
스텝 커버리지	–	좋다
가격	–	높다
현상액	용제	수성
스트리퍼	–	–
산화막 식각	산	산
금속층 식각	클린용제 화합물	단순용제

ⓒ Positive형
광조사에 의해 노광된 영역이 용해되어 제거

ⓒ Negative형
광조사에 의해 노광된 영역이 불용성이 되어 노광되지 않는 부분이 제거

에칭기술 ▨▨▨

노광 후 PR(포토레지스트)로 보호되지 않는 부분(감광되지 않는 부분)을 제거하는
공정을 에칭(식각)이라고 한다.

습식식각	건식식각
• 에칭이 등방성이다(에칭이 모든 방향으로 동일하게 진행). • 선택도가 크다.	• 에칭이 이방성이다. • 습식식각에 비해 선택도가 작다.

(6) 이온 주입

전하를 띤 원자인 도판트(B.P.As)를 주입, 즉 불순물을 웨이퍼 내부로 확산시
키는 공정이다.

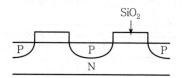

TIP

증착(Deposition)
박막을 쌓는 공정

┌ 물리기상증착방법(PVD)
└ 화학기상증착방법(CVD)

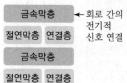

이 층들은 아주 얇은 박막으로, 박막을
쌓는 공정을 증착공정이라 한다.

(7) 박막 형성

화학기상증착(CVD : Chemical Vapor Deposition) 공정은 형성하고자 하는 증
착막 재료의 원소 가스를 기판 표면 위에 화학반응시켜 원하는 박막을 형성시키
는 공정이다.

(8) 금속 배선

웨이퍼 표면에 형성된 각 회로를 알루미늄 선으로 연결시키는 공정이다.

(9) 성형

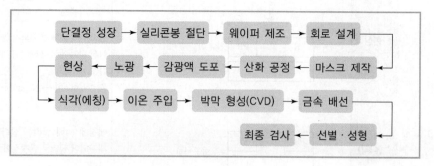

용도별 반도체 재료기체

용도		가스명
분위기 가스		N_2, O_2, H_2, Ar
결정성장기체		SiH_4, SiH_2Cl_2, $SiHCl_3$, $SiCl_4$
도핑기체		AsH_3, PH_3, B_2H_6, PCl_3, BCl_3, SbH_3
박막형성기체 (CVD)	SiO_2막	SiH_4, SiH_2Cl_2, $SiCl_4$, O_2, NO, N_2O
	PSG 또는 BSG막	SiH_4, $SiCl_4$, PH_3, B_2H_6
	Si_3N_4막	SiH_4, SiH_2Cl_2, $SiCl_4$, NH_3
식각기체	기상식각	Cl_2, HCl, SF_6, HF, HBr
	플라스마식각	CF_4, BCl_3, C_3F_8, NF_3, SiF_4, C_2F_8
	이온빔식각	CF_4, SiF_4, CHF_3, CuF_3, NF_3, C_3F_8, BCl_3
	반응성 스퍼터링	O_2

실전문제

01 다음 중 P형 반도체를 제고하기 위해 실리콘에 소량 첨가하는 물질은?

① 비소
② 안티몬
③ 인듐
④ 비스무트

해설

• P형 반도체 : 붕소, 알루미늄, 갈륨, 인듐
• N형 반도체 : 인, 비소, 안티몬

02 게르마늄과 같은 반도체 원소는 가장 바깥껍질에 몇 개의 원자를 가지면서 공유결합을 이루는가?

① 2개
② 3개
③ 4개
④ 5개

해설

Si, Ge는 4족 원소이다.

03 다음 중 Ⅲ-Ⅴ 화합물 반도체로만 나열된 것은?

① SiC, SiGe
② AlAs, AlSb
③ CdS, CdSe
④ PbS, PbTe

해설

• 13족 원소 : B, Al, Ga, In
• 15족 원소 : N, P, As, Sb

04 반도체 제작 공정을 재료의 정제, 단결정 성장, 소자 제작 등의 단계로 구분할 때 다음 중 단결정 성장방법에 해당하는 것은?

① 이온주입법(Ion Implantation)
② 대역순회방법(Zone Refining)
③ 부유대역법(Floating-zone Process)
④ 건식식각(Dry Etching)

해설

FZ법(Floating-zone Process, 부유대역법)
용융상 실리콘 영역을 다결정 실리콘 봉을 따라 천천히 이동시키면서 다결정 실리콘 봉이 단결정 실리콘으로 성장하도록 하는 방법

05 반도체 공정 중 노광 후 포토레지스트로 보호되지 않는 부분을 선택적으로 제거하는 공정을 무엇이라 하는가?

① 에칭
② 조립
③ 박막 형성
④ 리소그래피

해설

식각(에칭)
노광후 PR(포토레지스트)로 보호되지 않는 부분(감광되지 않는 부분)을 제거하는 공정

06 반도체에 대한 일반적인 설명 중 옳은 것은?

① 진성 반도체의 경우 온도가 증가함에 따라 전기전도도가 감소한다.
② P형 반도체는 Si에 V족 원소가 첨가된 것이다.
③ 불순물 원소를 첨가함에 따라 저항이 감소한다.
④ LED(Light Emitting Diode)는 N형 반도체만을 이용한 전자 소자이다.

정답 01 ③ 02 ③ 03 ② 04 ③ 05 ① 06 ③

해설

- 진성 반도체 : 온도↑ → 전기전도도↑
- P형 반도체 : 13족 원소(B, Al, Ga, In)를 첨가 ← 정공 (Hole)이 생김
- N형 반도체 : 15족 원소(P, As, Sb)를 첨가 ← 자유전자
- LED(발광다이오드) : 전기에너지 → 빛에너지
  반도체의 PN접합 구조를 이용하여 전자 또는 정공을 주입하고, 이들의 재결합에 의해 발광시킨다.

07 반도체 공정 중 감광되지 않은 부분을 제거하는 공정은?

① 노광   ② 에칭

③ 세정   ④ 산화

해설

식각(에칭)
노광후 PR(포토레지스트)로 보호되지 않는 부분(감광되지 않는 부분)을 제거하는 공정

08 반도체 제조공정 중 패턴이 형성된 표면에서 원하는 부분을 화학반응 혹은 물리적 과정을 통하여 제거하는 공정은?

① 세정공정   ② 에칭공정

③ 포토리소그래피   ④ 건조공정

해설

식각(에칭)
노광후 PR(포토레지스트)로 보호되지 않는 부분(감광되지 않는 부분)을 제거하는 공정

09 반도체에 대한 설명으로 옳은 것은?

① 실리콘(Silicon) 고유 반도체에 V 족 원소를 불순물로 첨가할 경우 P 형 반도체가 된다.

② 실리콘과 같은 Ⅳ족 반도체는 전자 소자로서 활용되지 못하고 주로 광소자로 사용된다.

③ 상온에서 부도체인 고유반도체를 비고유반도체로 만들면 전기전도도를 가지게 할 수 있다.

④ 비고유반도체에 적절한 불순물을 고의로 첨가하면 고유반도체가 된다.

해설

- P형 반도체 : 13족 원소(B, Al, Ga, In)를 첨가 ← 정공 (Hole)이 생김
- N형 반도체 : 15족 원소(P, As, Sb)를 첨가 ← 자유전자

10 반도체 제조공정 중 보편화되어 있는 단결정 제조 방법은?

① Czochralski 방법

② Van der Waals 방법

③ 텅스텐 공법

④ 금속 부식 방법

해설

CZ법(초크랄스키법)
실리콘의 용융액에 실리콘 단결정 씨앗(Seed)을 접촉시킨 상태에서 서서히 회전시키면서 끌어올리면 단결정이 원통형 모양으로 성장하게 된다. 이렇게 제조된 단결정을 잉곳이라 한다.

11 용융상 실리콘 영역을 다결정 실리콘봉을 따라 천천히 이동시키면서 다결정 실리콘봉이 단결정 실리콘으로 성장하도록 하는 방법은?

① 초크랄스키법(CZ 법)

② 플로트존법(FZ 법)

③ 냉각도가니법

④ 경사냉각법

해설

FZ법(Floating – zone Process, 부유대역법)
용융상 실리콘 영역을 다결정 실리콘 봉을 따라 천천히 이동시키면서 다결정 실리콘 봉이 단결정 실리콘으로 성장하도록 하는 방법

정답 ▶ 07 ②   08 ②   09 ③   10 ①   11 ②

CHAPTER

02 유기공업화학

유기화합물 = 탄소화합물

[01] 유기합성공업

1. 단위반응

1) 니트로화 반응(Nitration)

- $-NO_2$ 기를 도입하는 반응
- $HNO_3 + H_2SO_4$ 의 혼산 사용 ▣▣▣
- $\oplus NO_2$ 벤젠핵 등을 친전자적으로 공격하는 치환반응
- $+NO_2$: 니트로늄이온

$$NO_2\,OH + H\,OSO_3H \longrightarrow \oplus NO_2 + H_2O + \overset{\ominus}{OSO_3H}$$

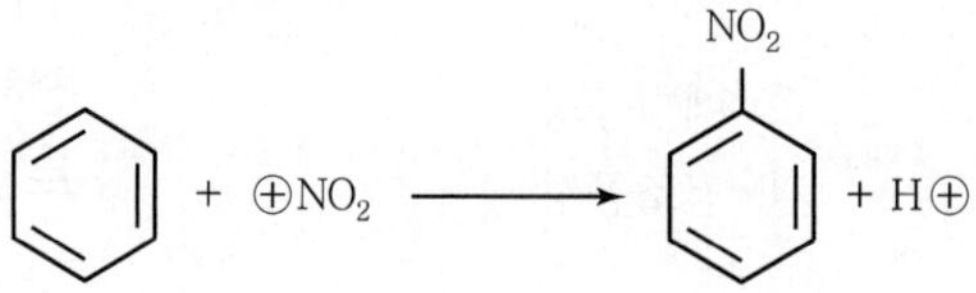

니트로벤젠
친전자성 치환반응

니트로화합물, 니트로벤젠	RNO_2
질산에스테르	$RONO_2$
니트라민	$RNHNO_2$
아질산에스테르	$RONO$

(1) 니트로화제

질산, N_2O_4, N_2O_5, KNO_3, $NaNO_3$

$$H_2SO_4 + HNO_3 의 혼산$$

PART 1

PART 2

PART 3

PART 4

PART 5

① 황산의 탈수값(DVS) ▪▪▪

혼합산을 사용하여 니트로화할 때의 기준으로 혼합산 중의 황산과 물의 비가 최적이 되도록 정하는 값이다.

$$DVS = \frac{혼합산 \ 중의 \ 황산의 \ 양}{반응후 \ 혼합산중의 \ 물의 \ 양}$$

TIP ▪▪▪▪▪▪▪▪▪▪▪▪▪▪▪▪▪▪▪▪

니트로화제
- 공업적으로는 $H_2SO_4 + HNO_3$ 혼산 이용
- 질산, 초산, 무수초산, 인산, N_2O_5, N_2O_4, 클로로포름($CHCl_3$)
- 질산염 : KNO_3, $NaNO_3$

Exercise 01

H_2SO_4 60%, HNO_3 32%, H_2O 8% 조성을 가진 혼합산 100kg을 벤젠으로 니트로화할 때 그중 질산이 화학양론적으로 전부 벤젠과 반응하였다면 DVS 값은?

🔍 **풀이**

$$\underset{NO_2}{\bigcirc} = (C_6H_5NO_2)$$

$$\underset{78}{\bigcirc} + \underset{\underset{32}{63}}{HNO_3} \longrightarrow \underset{123}{\underset{NO_2}{\bigcirc}} + \underset{\underset{x}{18}}{H_2O}$$

질산 32kg에서 생기는 물의 양 : $x = \dfrac{32}{63} \times 18 = 9.14$

황산의 양 : $100kg \times 0.6 = 60kg$

$$DVS = \frac{60}{9.14 + 8} = 3.5$$

- DVS 값이 커지면 반응의 안전성과 수율이 커지고, DVS 값이 작아지면 수율이 감소하며 질산의 산화작용이 활발해진다.
- 반응온도, 화합물의 종류 등 조건에 따라 DVS 값을 조절하여 반응성과 원하는 수율을 얻을 수 있다.
- 황산에 대하여 질산이 많으면, 황산의 양이 적어 반응에서 물이 생겨 질산의 농도가 감소하게 되어 수율이 나빠진다.
- 황산의 양이 많으면, 질산의 양이 감소하여 혼합산의 처리능력이 감소하고 폐산량이 증가한다.

Halogen화 → 니트로화 → 할로겐 제거

파라핀(Alkane, 알칸, 알케인)
- 단일결합
- 지방족 탄화수소
- C_nH_{2n+2}

① 파라핀의 기상 니트로화

라디칼 반응 $400℃$

$$R \cdot + \cdot NO_2 \rightarrow RNO_2$$

3탄소의 H가 치환 > 2탄소 > 1탄소

🔒 고온에서는 C − C 결합의 절단이 일어나기도 한다.

② 올레핀의 액상 니트로화

올레핀(Alkene, 알켄)
- 이중결합
- 지방족 불포화 탄화수소
- C_nH_{2n}

$$\diagdown C = C \diagup \xrightarrow{N_2O_4} \underset{O_2N\ NO_2}{-\overset{|}{\underset{|}{C}}-\overset{|}{\underset{|}{C}}-} + \underset{O_2N\ O-NO}{-\overset{|}{\underset{|}{C}}-\overset{|}{\underset{|}{C}}-}$$

디니트로파라핀   니트로나이트라이트
(Nitronitrite)

$$\underset{O_2N\ ONO_2}{-\overset{|}{\underset{|}{C}}-\overset{|}{\underset{|}{C}}-} + \underset{O_2N\ OH}{-\overset{|}{\underset{|}{C}}-\overset{|}{\underset{|}{C}}-}$$

니트로나이트레이트   니트로알코올
(Nitronitrate)   (Nitroalcohol)

Alkyne(알킨, 알카인)

C_nH_{2n-2}
예 $CH \equiv CH$
(아세틸렌, 에틴)

③ 아세틸렌의 니트로화

$$CH \equiv CH \xrightarrow{H_2SO_4/HNO_3} CH(NO_2)_3 \rightarrow C(NO_2)_4$$

테트라니트로메탄(TNM)

(3) 방향족 화합물의 니트로화

① 친전자 반응, 비가역 반응
② 이미 다른 원자단이 도입되어 있을 때 Nitro기가 도입되는 위치는 배향성
(Orientation Rule)에 따른다.

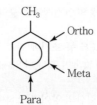

③ Nitro화시킬 때 산화받기 쉬운 기존 기가 있을 때 아실화(RCO −)하여 보호한 다음에 반응을 진행시킨다.

Reference

친전자적 치환반응(반응성)

$NH_2 > OH > CH_3 > NO_2$

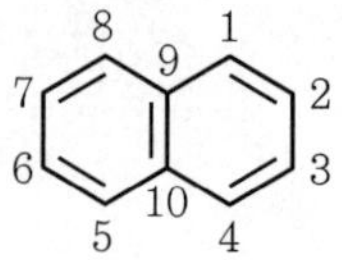

④ Naphthalene의 Nitro화에서 첫째 니트로기는 거의 1위치에 도입되고 두 번째 니트로기는 5 또는 8위치에 도입된다.

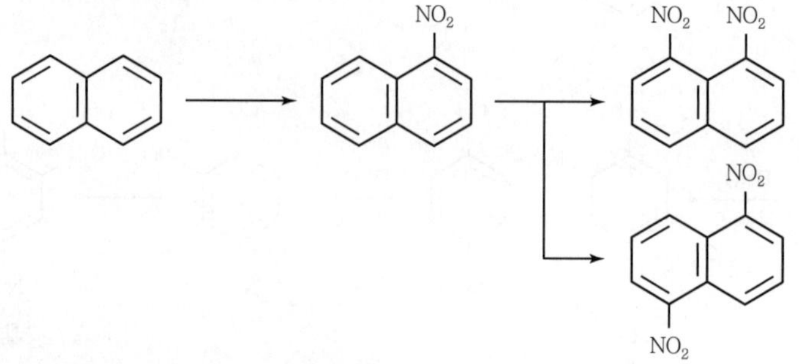

2) 할로겐화 반응(Halogenation)

할로겐 원자를 도입하는 반응을 할로겐화라고 한다.

반응성 ▪▪▪ : F > Cl > Br > I

$\qquad$ HF < HCl < HBr < HI

$\qquad$ ➡ 강산, 결합력 小, 반응성 大

(1) 불포화 결합에 첨가반응

$$CH \equiv CH + 2Cl_2 \xrightarrow{FeCl_3} Cl_2HC - CHCl_2$$
아세틸렌

$$CH \equiv CH + HCl \xrightarrow{HgCl_2} CH_2 = CHCl$$

$$CH_2 = CH_2 + Cl_2 \xrightarrow{FeCl_3} ClH_2C - CH_2Cl$$
에틸렌

$$CH_2 = CH_2 + HCl \xrightarrow{AlCl_3} H_3C - CH_2Cl$$

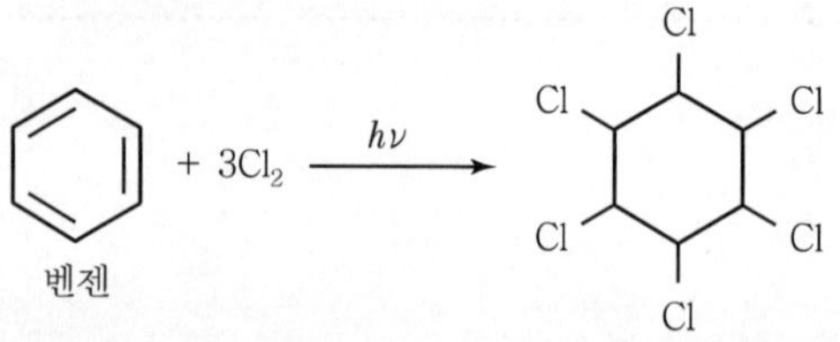

(2) 수소원자의 치환

$$CH_4 + Cl_2 \longrightarrow CH_3Cl + HCl$$
메탄

(3) 작용기의 치환

$$C_2H_5\boxed{OH + H}Cl \rightarrow C_2H_5Cl + H_2O$$
에탄올

$$3RCOOH + PCl_3 \rightarrow 3RCOCl + H_3PO_3$$
아세트산   아인산

(4) 할로겐화 반응

① 플루오린화

　㉠ 반응이 너무 격렬하기 때문에 잘 사용하지 않고, 금속플루오린 화합물 (CoF_3)이 이용된다.

　㉡ 방향족 디아조화합물과 HF를 반응시키면 염화수소산과 질소로 분해되며 방향족 플루오린 화합물을 제조할 수 있다.

$$Ar - N \equiv N - Cl + HF \rightarrow Ar - F + HCl + N_2\uparrow$$

② 염소화

전체적으로 반응성이 매우 좋다.

㉠ 샌드마이어(Sandmeyer) 반응

$$R - N_2 - Cl \xrightarrow{Cu_2Cl_2} RCl + N_2$$

㉡ 가터만(Gattermann) 반응

✦ 텔로메르화

비닐단위체에 CCl₄ 등을 가해서 중합시켜 중합도가 낮은 저분자량인 중합체를 얻는 방법

(5) 텔로메르화

$$nCH = CH_2 + CCl_4 \longrightarrow Cl-\!\!\left[CH_2 - CH_2\right]_n\!\!-CCl_3$$

텔로겐   Telomer : 짧은 사슬 중합체

(6) 염화에틸렌의 온도에 따른 반응

$$CH_2 = CH_2 + Cl_2 \begin{array}{l} \xrightarrow{\text{저온}} ClCH_2 - CH_2Cl \\ \xrightarrow{\text{고온}} ClCH_2 - CHCl_2 \end{array}$$

Reference

마르코브니코프(Markovnikov) 법칙

$$CH_3 - CH = CH_2 + HBr$$

이온반응 (Markovnikov)
$$CH_3 - \underset{\underset{Br}{|}}{C}H - \underset{\underset{H}{|}}{C}H_2$$

라디칼반응 (Anti-Markovnikov)
$$CH_3 - \underset{\underset{H}{|}}{C}H - \underset{\underset{Br}{|}}{C}H_2$$

불포화 결합에서 첨가반응이 일어날 때 수소는 수소가 많은 쪽에 첨가된다.

3) 술폰화(Sulfonation)

황산을 작용시켜 술폰산기($-SO_3H$)를 도입하는 반응(친전자성 치환반응)

$RH + H_2SO_4 \rightarrow R-SO_3H + H_2O$: 축합에 의한 치환반응

$ROH + H_2SO_4 \longrightarrow R-OSO_3H + H_2O$ ⬛축합

$CH_2 = CH_2 + H_2SO_4 \longrightarrow$
$$CH_3 - \underset{\underset{OSO_3H}{|}}{CH_2}$$ ⬛부가

(1) 지방족 화합물의 술폰화

Strecker 반응 : 할로겐 원자를 Na_2SO_3(아황산나트륨)와 치환시키는 반응

$$Cl - CH_2 - CH_2 - Cl + Na_2SO_3 \rightarrow Cl - CH_2 - CH_2SO_3Na + NaCl$$

$R-OH + HOSO_3H \longrightarrow R-OSO_3H + H_2O$ ⬛축합
황산에스테르

$R-CH=CH_2 + HOSO_3H \rightleftharpoons$
$$R - \underset{\underset{CH_3}{|}}{CH} - OSO_3H$$ ⬛부가

$R-H + ClSO_3H \longrightarrow R-SO_3H + HCl$

$R-SO_3H + ClSO_3H \longrightarrow R-SO_3Cl + H_2SO_4$
염화술폰산

(2) 방향족 화합물의 술폰화

① 수소와 치환반응

② 전자수용체로서 친전자 반응

$Ar - \boxed{H + HO} - SO_3H \longrightarrow Ar - SO_3H + H_2O$

나프탈렌

40℃ (저온) → 96%(α 위치) SO_3H + 4%(β 위치) SO_3H

160℃ (고온) → 85%(β 위치) SO_3H + 15%(α 위치) SO_3H

TIP

나프탈렌의 위치

α
β
β
α

TIP

방향족 치환반응에서 친전자성 치환기 반응성

$-NH_2 > -OH > -CH_3 > -Cl > -SO_3H > -NO_2$

PART 1
PART 2
PART 3
PART 4
PART 5

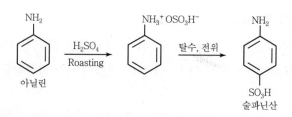

4) 아미노화(Amination)

- 아미노기($-NH_2$)를 도입시켜 아민을 만드는 반응
- 암모니아에 의한 암모놀리시스(Ammonolysis)와 환원에 의한 아미노화합물을 만드는 방법으로 크게 구분된다.

(1) 환원에 의한 아미노화(환원제의 종류에 의한 구분) ■■■

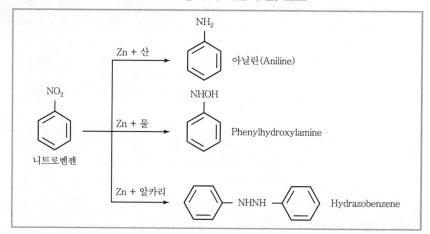

∴ 환원제의 종류에 따라 생성물이 달라진다.

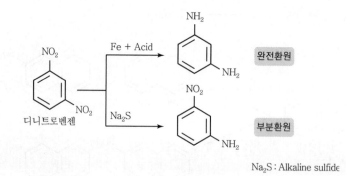

Na_2S : Alkaline sulfide

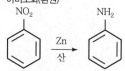 

(2) 암모놀리시스에 의한 아미노화

유기화합물의 분자 내에 $-X$, $-SO_3H$, $-OH$ 같은 기가 존재하면 암모니아를 작용시켜 $-NH_2$기를 도입시킬 수 있다. 이러한 반응을 암모놀리시스라고 한다.

① $R-X+NH_3 \rightarrow R-NH_2+HX$

$R-OH+NH_3 \rightarrow R-NH_2+H_2O$

②

$$\text{(벤젠)}-\underset{\underset{OH}{|}}{\overset{\overset{H}{|}}{C}}=O+NH_3 \rightarrow \text{(벤젠)}-\underset{\underset{H}{|}}{\overset{\overset{H}{|}}{C}}-NH \rightarrow \text{(벤젠)}-\underset{\underset{H}{|}}{\overset{\overset{H}{|}}{C}}=NH \xrightarrow[Ni]{H_2} \text{(벤젠)}-CH_2NH_2$$

카르보닐 화합물을 암모니아와 수소 혼합물과 반응시켜 동일한 탄소수를 가진 1차 아민으로 바꾸는 아민화 반응이다.

③ $CH_2-CH_2 + NH_3 \xrightarrow{50\sim60℃} HOCH_2CH_2NH_2$ 에탄올아민

(산화에틸렌)

④ $CO_2 + 2NH_3 \rightleftharpoons \left[O=C\overset{NH_2}{\underset{ONH_4}{\diagdown}} \right] \xrightarrow{-H_2O} O=C\overset{NH_2}{\underset{NH_2}{\diagdown}}$

요소(Urea)

cf $N \equiv C-(CH_2)_4-C \equiv N \xrightarrow[\text{(수소첨가)}]{4H_2} H_2N-(CH_2)_6-NH_2$

아디포니트릴   헥사메틸렌디아민

∴ 수소 첨가(환원)에 의한 반응이다.

5) 산화와 환원

(1) 산화(Oxidation)

산화반응이란 산소의 작용으로 유기화합물에서 H를 제거하는 반응 또는 O를 부가시키는 반응을 말한다.

① 탈수소 반응 ▨▨▨

㉠ 1차 Alcohol $\underset{환원}{\overset{산화(탈수소)}{\rightleftharpoons}}$ Aldehyde $\underset{환원}{\overset{산화}{\rightleftharpoons}}$ 카르복시산

$C_2H_5OH + \frac{1}{2}O_2 \rightarrow CH_3CHO + H_2O$

아세트알데히드

TIP ⫼⫼⫼⫼⫼⫼⫼⫼⫼

1차 알코올 $\underset{환원}{\overset{산화}{\rightleftharpoons}}$ 알데히드 $\underset{환원}{\overset{산화}{\rightleftharpoons}}$ 카르복시산
(ROH)   (RCHO)   (RCOOH)

2차 알코올 $\underset{환원}{\overset{산화}{\rightleftharpoons}}$ 케톤 (RCOR′)

◈ 1차 Alcohol

$$R-\underset{\underset{H}{|}}{\overset{\overset{H}{|}}{C}}-OH$$

$-OH$ 기(히드록시기)가 결합하고 있는 탄소에 붙어 있는 알킬기의 수가 1개인 알코올

◆ 2차 Alcohol

$$\begin{array}{c} H \\ | \\ R - C - OH \\ | \\ R \end{array}$$

◆ 3차 Alcohol

$$\begin{array}{c} R \\ | \\ R - C - OH \\ | \\ R \end{array}$$

💡 **TIP** ||||||||||||||||||||||||||||||

• 1가 알코올
$R - OH$

• 2가 알코올
$$\begin{array}{c} R - OH \\ | \\ R' - OH \end{array}$$

• 3가 알코올
$$\begin{array}{c} R - OH \\ | \\ R' - OH \\ | \\ R'' - OH \end{array}$$

ⓛ 2차 Alcohol $\underset{\text{환원}}{\overset{\text{산화(탈수소)}}{\rightleftarrows}}$ Ketone 생성

$$CH_3 - CH - CH_3 + \frac{1}{2}O_2 \longrightarrow CH_3 - C - CH_3 + H_2O$$
$$\underset{OH}{}\qquad\qquad \underset{\underset{\text{디메틸케톤(아세톤)}}{O}}{}$$

② **산소부가 반응** ⬛⬛⬛

$$CH_3CHO + \frac{1}{2}O_2 \longrightarrow CH_3COOH$$
아세트알데히드 아세트산

$$CH_2 = CH_2 + \frac{1}{2}O_2 \overset{Ag}{\longrightarrow} \underset{O}{CH_2 - CH_2} \text{ 산화에틸렌}$$
$$\overset{PdCl_2}{\underset{HCl}{\longrightarrow}} CH_3CHO \quad \text{Aldehyde}$$

③ **탈수소와 동시에 산소부가 반응**

$$CH_4 + O_2 \rightarrow HCHO + H_2O$$

⬡—$CH_2OH + O_2 \longrightarrow$ ⬡—$COOH + H_2O$

④ **탈수소, 산소부가, C−C 결합의 파괴를 동반하는 반응** ⬛⬛⬛

나프탈렌 $+ 4.5O_2 \overset{V_2O_5}{\longrightarrow}$ 무수프탈산 $+ 2H_2O + 2CO_2$

⑤ **중간체 반응을 거친 반응**

CH_3(톨루엔) $+ Cl_2 \overset{h\nu}{\underset{-HCl}{\longrightarrow}}$ CH_2Cl $\overset{Cl_2}{\longrightarrow}$ CCl_3 $\overset{2H_2O}{\underset{-3HCl}{\longrightarrow}}$ $COOH$(벤조산)

⑥ 이중결합의 산화

온화한 반응조건에서는 디히드록시 화합물이 생성되고, 강력한 산화제를 사용할 경우 저급의 알데히드나 카르복시산으로 분해된다.

$$CH_3 - (CH_2)_7 - CH = CH - (CH_2)_7\,COOH \xrightarrow[\text{알칼리성}]{KMnO_4} CH_3(CH_2)_7\,CH - CH\,(CH_2)_7\,COOH$$

$$\underset{OH}{|}\quad\underset{OH}{|}$$

9,10−dihydroxyoctadecanoic Acid

$$CH_3(CH_2)_7\,CH = CH(CH_2)_7\,COOH \xrightarrow[H_2SO_4]{Na_2Cr_2O_7} CH_3(CH_2)_7\,COOH + HOOC(CH_2)_7\,COOH$$

⑦ 과산화물이 생기는 반응

$$\xrightarrow[h\nu]{O_2}$$

Isopropylbenzene peroxide

💡 TIP

쿠멘 합성

벤젠   프로필렌   쿠멘
              Isopropylbenzene

💡 TIP

Isopropylbenzene peroxide 분해

$CH_3-COOH-CH_3$

$\rightarrow$ 분해 CH_3COCH_3 Acetone   +   OH Phenol

(2) 환원(Reduction) 및 수소화 반응(Hydrogenation)

환원반응은 산화의 역반응으로 산소(O)를 잃거나 수소(H)를 첨가하는 반응이다.

① 환원제

㉠ Ni과 같은 촉매를 사용하여 수소를 첨가하는 데 이용된다.

$$-C \equiv C - \xrightarrow[Ni, Pb, 상압]{H_2} -CH = CH - \xrightarrow[Ni, 상압]{H_2} -CH_2 - CH_2 -$$

㉡ 금속+산

$$Fe + 2HCl \xrightarrow{\text{환원}} H_2 + FeCl_2$$

산화(환원제)

㉠ 금속 : Sn, Fe, Zn
㉡ 산 : 염산, 황산, 초산

② 환원반응

$$2\,\underset{\text{니트로벤젠}}{\overset{NO_2}{\bigcirc}} + 5Fe + 4H_2O \xrightarrow{FeCl_2} \overset{NH_2}{\bigcirc} + Fe_3O_4 + 2Fe(OH)_2$$

Fe와 HCl에서 만들어지는 $FeCl_2$가 촉매로 작용한다. 반응이 끝나면 알칼리를 가해 아닐린을 유리시켜 수증기 증류한다.

③ 니트로화합물의 환원

니트로화합물을 금속과 산으로 환원하면 아민이 되지만 환원제를 선택하여 반응을 조절함으로써 여러 가지 중간 생성물을 얻을 수 있다.

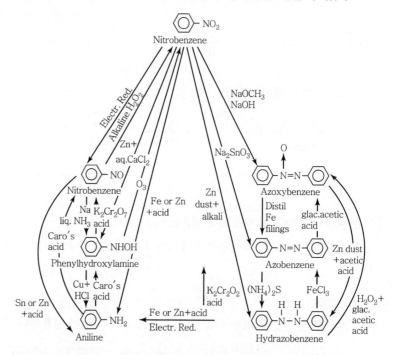

④ 수소화(Hydrogenation)와 수소화 분해(Hydrogenolysis)

ㄱ 수소화

$$CH_2 = CH_2 \xrightarrow[\text{Ni, 상압}]{H_2} CH_3 - CH_3$$

ㄴ 수소화 분해

수소 첨가와 동시에 분해가 일어나는 반응

$$RCH = CH_2 + CO_2 + H_2 \xrightarrow{Co} R - CH_2CH_2CHO + RCH - CH_3$$
$$\qquad\qquad\qquad\qquad\qquad\qquad\qquad\qquad\qquad | $$
$$\qquad\qquad\qquad\qquad\qquad\qquad\qquad\qquad\qquad CHO$$

(주생성물) ← (부생성물)

옥소(Oxo) 반응

알켄과 코발트카르보닐$[Co(CO_4)_2]$ 촉매하에서 $CO : H_2$의 비를 $1 : 1$로 하여 반응시키면 이중결합에 H와 $-CHO$가 첨가되어 탄소 수가 하나 더 많은 알데히드를 생성하는 반응이다(Hydroformylation).

6) 알킬화(Alkylation)

- 유기화합물에 알킬기를 치환 또는 첨가하는 반응
- Olefin, Paraffin을 첨가하여 옥탄가가 높은 가지 달린 탄화수소를 생성한다.
- 알킬기$(-R)$: $-CH_3$, $-C_2H_5$, $-C_3H_7$, …

(1) C – 알킬화

①

Isobutene   Isobutane   Isooctane

②

Benzene   Ethylene   Ethylbenzene

③ Cumene(쿠멘) 제조 : Friedel – Crafts 알킬화 반응

Propylene   Cumene

Friedel – Crafts 알킬화 반응 ▪▪▪

- 할로겐화 알킬에 의한 알킬화
- $AlCl_3$ 촉매가 가장 많이 사용되고 $FeCl_3$, BF_3, HF, $ZnCl_2$ 등도 사용된다(루이스산 촉매).
- 불포화 탄화수소 + RX

💡 TIP

알킬기

알칸		알킬기	
CH_4	메탄	CH_3-	메틸기
C_2H_6	에탄	C_2H_5-	에틸기
C_3H_8	프로판	C_3H_7-	프로필기
C_4H_{10}	부탄	C_4H_9-	부틸기
C_5H_{12}	펜탄	$C_5H_{11}-$	펜틸기
C_6H_{14}	헥산	$C_6H_{13}-$	헥실기
C_7H_{16}	헵탄	$C_7H_{15}-$	헵틸기
C_8H_{18}	옥탄	$C_8H_{17}-$	옥틸기

💡 TIP

쿠멘 ▪▪▪

Cumene   페놀   아세톤

비스페놀 A

💡 TIP

루이스산 촉매

- 루이스산(Lewis Acid) : 비공유전자쌍을 받는 물질
- 루이스산 촉매 : H^+, Co^{3+}, Fe^{3+} 등의 금속이온 또는 $AlCl_3$, BF_3 등 비공유전자쌍이 있는 물질
- 루이스산 촉매는 상대로부터 전자를 얻거나, 상대의 전자쌍에 의해 공유결합을 생성할 수 있는 친전자성 시약이다.

(2) O-알킬화

알코올 또는 페놀의 OH의 H를 알킬 치환하는 반응이다.

$$CH_3CH_2OH + CH_2-CH_2 \longrightarrow$$

(with epoxide O bridge)

$$
\begin{array}{l}
CH_2-O-CH_2CH_3 \\
\quad | \\
CH_2-O-H
\end{array}
$$

Ethyleneglycol Ethyl Ether

$$R-OH + R'-OH \longrightarrow R-O-R' + H_2O$$

$$2 \;\bigcirc\!\!-OH + (CH_3O)_2SO_2 \xrightarrow{NaOH} 2\; \bigcirc\!\!-OCH_3 + H_2SO_4$$

아니솔

(3) N-알킬화

지방족 또는 방향족 아민의 N에 있는 H를 알킬치환하는 반응이다.

$$\bigcirc\!\!-NH_2 + 2CH_3OH \xrightarrow{H_2SO_4} \bigcirc\!\!-N(CH_3)_2 + 2H_2O$$

디메틸아닐린

TIP

$R-X + R'MgX$
$\rightarrow R-R' + MgX_2$
Coupling

7) 아실화(Acylation)

- 유기화합물의 수소원자를 아실기($R-CO-$)로 치환하는 반응
- 친전자성 치환반응
- 치환되는 산기의 종류에 따라 포름화(Formylation), 아세틸화(Acetylation), 벤조일화(Benzoylation) 등이 있다.

TIP

Friedel-Crafts 반응
- 알킬화

$\bigcirc + RCl \rightarrow \bigcirc\!\!-R + HCl$

- 아실화

$\bigcirc + RCOCl \rightarrow \bigcirc\!\!-C(=O)-R + HCl$

(1) 방향족 탄화수소의 아실화(Friedel-Crafts 반응)

방향족 탄화수소와 방향족 카르복시산클로라이드(염화아실)를 AlCl$_3$ 촉매하에서 아실화하면 케톤이 생성된다.

$$R-C(=O)-Cl + \bigcirc \xrightarrow{AlCl_3} \bigcirc\!\!-C(=O)-R + HCl$$

염화아실

$$
\begin{array}{l}
CH_3-C(=O) \\
\qquad\qquad O + \bigcirc \xrightarrow{AlCl_3} \bigcirc\!\!-C(=O)-CH_3 + CH_3C-OH \\
CH_3-C(=O)
\end{array}
$$

카르복시산무수물

(2) O-Acylation

지방족 알코올류를 카르복시산 무수물 또는 염화물과 반응시키면 알코올의 $-OH$가 아실화되어 에스테르를 제조한다.

$$R - OH + R'COCl \rightarrow R' - CO - O - R$$

방향족 페놀류도 같은 방법으로 아실화한다.

벤조산페닐

(3) N-Acylation

지방족 아민, 방향족 아민에 카르복시산 무수물 또는 카르복시산 염화물(염화 아실)을 반응시키면 아민의 NH_2는 아실화되어 카르복시산 아미드를 생성한다.

$$R - NH_2 + \begin{matrix} R' - CO \searrow \\ \qquad\qquad O \\ R' - CO \nearrow \end{matrix} \longrightarrow R - NHCOR' + R'CO_2H$$

$$R - NH_2 + R'COCl \longrightarrow R - NHCO - R' + HCl$$

(4) 케텐에 의한 아실화

케텐 $CH_2 = C = O$는 반응성이 매우 좋아 $-OH$나 $-NH_2$를 가진 화합물과 반응하여 아세틸화한다.

$$CH_2 = C = O + R - OH \longrightarrow CH_3COO - R$$
초산에스테르

$$CH_2 = C = O + R - NH_2 \longrightarrow CH_3CONH - R$$
아세트아미드

$$CH_2 = C = O + CH_3COOH \longrightarrow \begin{matrix} CH_3CO \searrow \\ \qquad\qquad O \\ CH_3CO \nearrow \end{matrix}$$
아세트산 무수물

$$(CH_2 = C = O)_2 + \begin{matrix} ROH \longrightarrow CH_3COCH_2COOR \\ RNH_2 \longrightarrow CH_3COCH_2CONHR \end{matrix}$$
Diketene

8) 에스테르화(Esterification)

(1) Ester화

① 유기화합물의 분자 내에 Ester기($-COO-$)를 도입시키는 반응

② 산 + Alchol $\rightleftarrows$ Ester + 물(축합반응)

$$RCOOH + HOR' \rightleftarrows RCOOR' + H_2O$$

(2) 에스테르의 용도

① 용제 : 초산에틸, 초산부틸

② 폭약 : 니트로셀룰로스, 니트로글리세린

③ 가역제 : 프탈산부틸(DBP), 프탈산옥틸(DCP)

④ 폴리머 제조

작용기

작용기	이름	일반식	이름
$-OH$	히드록시기	$R-OH$	알코올
$-O-$	에테르기	$R-O-R'$	에테르
$-CHO$	포르밀기	$R-CHO$	알데히드
$-CO-$	카르보닐기	$R-CO-R'$	케톤
$-COOH$	카르복시기	$R-COOH$	카르복시산
$-COO-$	에스테르기	$R-COO-R'$	에스테르

(3) 유기산 에스테르의 생성반응

① 산무수물의 에스테르화

② 에스테르 교환반응

유기산 에스테르를 산, 알코올 및 에스테르와 작용기를 교환시켜 새로운 에스테르를 생성한다.

㉠ 알코올리시스(Alcoholysis)

$$RCOOR' + R''OH \rightarrow RCOOR'' + R'OH$$

㉡ 에스테르 교환반응(Ester-interchange Reaction)

$$RCOOR' + R''COOR''' \rightarrow RCOOR''' + R''COOR'$$

㉢ Acidolysis

$$R-COOR' + R''COOH \rightarrow R''COOR' + RCOOH$$

③ 산의 금속염과 할로겐화 알킬에 의한 에스테르화

$$CH_3COONa + \underset{}{\bigcirc}-CH_2Cl \longrightarrow CH_3COOCH_2-\bigcirc + NaCl$$

TIP

이성질체

㉠ 구조이성질체
분자식은 같지만, 원자들의 연결상태가 달라서 성질이 다르게 나타나는 성질

예 • n-Butane
$CH_3-CH_2-CH_2-CH_3$

• iso-Butane
CH_3
$|$
$CH_3-CH-CH_3$

㉡ 기하이성질체
예 • cis형

• trans형

㉢ 거울상 이성질체
예

거울

④ 니트릴의 에스테르화

$$CH_3 - CN + C_2H_5OH + H_2O \longrightarrow CH_3 - \overset{\overset{\displaystyle O}{\|}}{C} - OC_2H_5 + NH_3$$

아크릴산에스테르

⑤ 산염화물의 에스테르화

$$C_2H_5OH + COCl_2 \rightarrow C_2H_5COOCl + HCl$$

Reference

Schotten − Baumann법

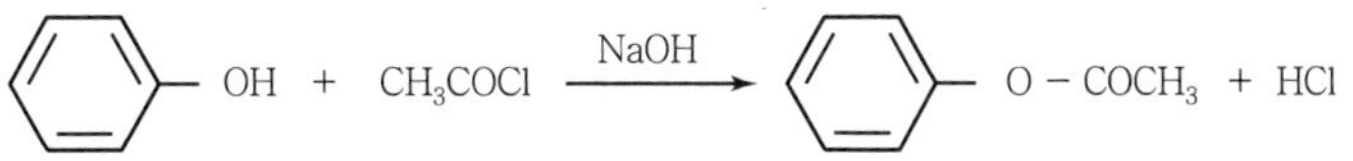

- 알칼리 존재하에 산염화물에 의해 − OH, − NH$_2$가 아실화되는 반응이다.
- 10~25% NaOH 수용액에 페놀이나 알코올을 용해시킨 후 강하게 교반하면서 산염화물을 서서히 가하면 순간적으로 에스테르가 생성된다.
- 염화물의 에스테르화 반응 중 가장 좋은 방법이다.

(4) 무기산 에스테르의 생성반응

〈질산에스테르〉

$$C_2H_5OH + HNO_3 \rightarrow C_2H_5ONO_2 + H_2O$$

$$\underset{\text{Glycerol}}{C_3H_5(OH)_3} + 3HNO_3 \rightarrow \underset{\text{Nitroglycerol}}{C_3H_5(ONO_2)_3} + 3H_2O$$

$$\underset{\text{셀룰로스 Unit}}{C_6H_7O_2(OH)_3} + 3HNO_3 \rightarrow \underset{\text{니트로셀룰로스 Unit}}{[C_6H_7O_2(ONO_2)_3]} + 3H_2O$$

(5) 부가(Addition)에 의한 에스테르

① 올레핀

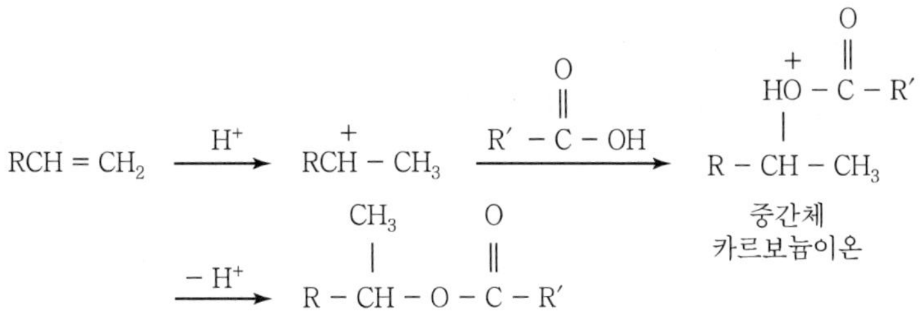

② 아세틸렌

　　㉠ 1 : 1 반응

$$CH \equiv CH + CH_3COOH \xrightarrow{\text{Hg(cat)}} CH_3COO - CH = CH_2$$

　　　　　　　　　　　　　　　　아세트산비닐

　　㉡ 1 : 2 반응

$$CH \equiv CH + 2CH_3COOH \rightarrow CH_3CH(COOCH_3)_2$$

　　　　　　　　　　　　　　　아세트산에틸리덴

③ 케텐

$$CH_2 = C = O + H_2O \rightarrow CH_3COOH$$

$$CH_2 = C = O + ROH \rightarrow CH_3COOR$$

④ 니트릴

$$CH_3CN + C_2H_5OH + H_2O \rightarrow CH_3COOC_2H_5 + NH_3$$

$$CH_2 = CHCN + ROH + H_2O \rightarrow CH_2 = CHCOOR + NH_3$$

⑤ 산화에틸렌

$$C_2H_4O + CH_3COOH \rightarrow CH_3COOCH_2CH_2OH$$

(6) 기타 에스테르 생성반응

① 알데히드 두 분자의 에스테르화 반응

$$2CH_3CHO \rightarrow CH_3COOC_2H_5$$

$$2CH_3CHO \xrightarrow{\text{KOH}} CH_3COOH + CH_3CH_2OH \,(\text{Cannizzaro 반응})$$

② 알코올 + 일산화탄소

$$CH_3OH + CO \rightarrow CH_3COOH$$

$$2CH_3OH + CO \rightarrow CH_3COOCH_3 + H_2O$$

③ 에테르 + 일산화탄소

$$ROR' + CO \rightarrow R - COOR'$$

9) 가수분해(Hydrolysis)

- 가수분해는 물과 반응하여 복분해(Double Decomposition)가 일어나는 반응이다.
  $$XY + H_2O \rightarrow HY + XOH$$
- 비누화, 알칼리 용융, 아세틸렌의 수화, 단백질의 가수분해, Grignard 화합물의 가수분해 등이 있다.
- 물만으로도 반응이 진행되기도 하지만 대개 산, 알칼리, 효소 존재하에 반응이 진행된다.

> **TIP**
> **화학반응**
> - 화합 : $A + B \rightarrow AB$
> - 분해 : $AB \rightarrow A + B$
> - 치환 : $A + BC \rightarrow AC + B$
> - 복분해 : $AB + CD \rightarrow AD + CB$

(1) 물에 의한 가수분해(고온, 고압)

(2) 알켄의 가수분해

① 황산법

알켄에 황산을 반응시켜 중간체를 거쳐 가수분해된다.

$$CH_2 = CH_2 + H_2SO_4$$
$$\rightarrow CH_3CH_2OSO_3H + H_2O \rightarrow CH_3CH_2OH + H_2SO_4$$

② 직접법

알켄을 인산이나 알루미늄 촉매로 직접 수화반응시켜 알코올을 만든다.

$$CH_3 - CH = CH_2 + H_2O \xrightarrow{Al_2O_3 (\text{알루미나 cat})} CH_3 - \underset{\underset{OH}{|}}{CH} - CH_3$$

(3) 아세틸렌의 수화반응

아세틸렌을 황산 촉매하에 대기압에서 반응시켜 아세트알데히드를 만든다.

$$CH \equiv CH + H_2O \xrightarrow[H_2SO_4]{HgSO_4} CH_3CHO$$

TIP |||||||||||||||||||||||||

나일론 6.6의 원료

$HOOC(CH_2)COOH + H_2N(CH_2)_6NH_2$
아디프산　　　　헥사메틸렌디아민

TIP |||||||||||||||||||||||||

• 글리세롤 : 3가 Alcohol

$\begin{array}{ll} R-OH & CH_2-OH \\ R'-OH & CH-OH \\ R''-OH & CH_2-OH \end{array}$

• 에틸렌글리콜 : 2가 Alcohol

$\begin{array}{ll} R-OH & CH_2-OH \\ R'-OH & CH_2-OH \end{array}$

TIP |||||||||||||||||||||||||

• 비누화값 : 시료 1g을 완전히 비누화시키는 데 필요한 KOH의 mg수
• 산값 : 시료 1g 속에 들어 있는 유리지방산을 중화시키는 데 필요한 KOH의 mg수
• 에스테르화값 : 비누화값과 산값의 차이
• 요오드값 : 시료 100g에 할로겐을 작용시켰을 때 흡수되는 할로겐의 양을 요오드로 환산하여 시료에 대한 백분율로 표시한 값
• 아세틸값 : 아세틸화한 유지나 납 1g에 결합하고 있는 초산을 중화시키는 데 필요한 KOH의 mg수

(4) 니트릴(Nitrile)의 가수분해 ▣▣▣

$$N \equiv C - (CH_2)_4 - C \equiv N + H_2O \xrightarrow{\text{산 or 알칼리}} HOOC(CH_2)_4COOH$$
아디포니트릴　　　　　　　　　　　　　　　　　　　아디프산

(5) 알칼리에 의한 가수분해

$$C_6H_5Cl + NaOH \rightarrow C_6H_5OH + NaCl$$

(6) 비누화 ▣▣▣

유기산 에스테르의 가수분해 = 에스테르의 역반응

$$\begin{array}{l} C_{17}H_{35}COOCH_2 \\ C_{17}H_{35}COOCH \quad +\ 3H_2O \xrightarrow{H_2SO_4} \\ C_{17}H_{35}COOCH_2 \end{array} \quad \begin{array}{l} CH_2OH \\ CHOH \quad +\ 3C_{17}H_{35}COOH \\ CH_2OH \end{array}$$
유지　　　　　　　　　　　　　　　　　　글리세롤　　　스테아르산

(7) 이소시아네이트 + 물 → 아민

$$R-N=C=O + H_2O \rightarrow RNH_2 + CO_2 \uparrow$$

(8) 에테르의 가수분해 ▣▣▣

에테르는 쉽게 가수분해되지 않지만 고리 모양 에테르는 쉽게 가수분해된다.

$$\begin{array}{l} CH_2-CH_2 \\ \quad\diagdown\ O\ \diagup \end{array} + H_2O \xrightarrow{\text{산촉매}} \begin{array}{l} CH_2-CH_2 \\ \ |\quad\quad\ | \\ OH\quad OH \end{array}$$
에틸렌옥사이드　　　　　　　　　　　　에틸렌글리콜

(9) 방향족 화합물의 가수분해

① 페놀 제조

② β 나프톨 제조

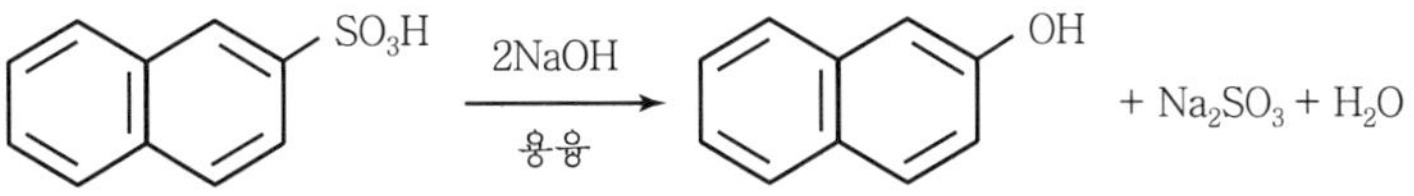

$\xrightarrow[\text{용융}]{\text{2NaOH}}$ $+ Na_2SO_3 + H_2O$

③ 방향족 디아조늄의 가수분해

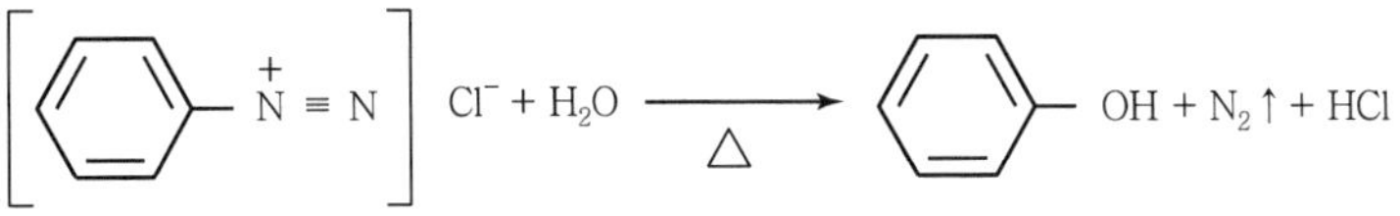

$\left[\text{⟨⟩} - \overset{+}{N} \equiv N \right] Cl^- + H_2O \xrightarrow{\triangle}$ ⟨⟩$- OH + N_2\uparrow + HCl$

④ 알데히드와 카르복시산의 제조

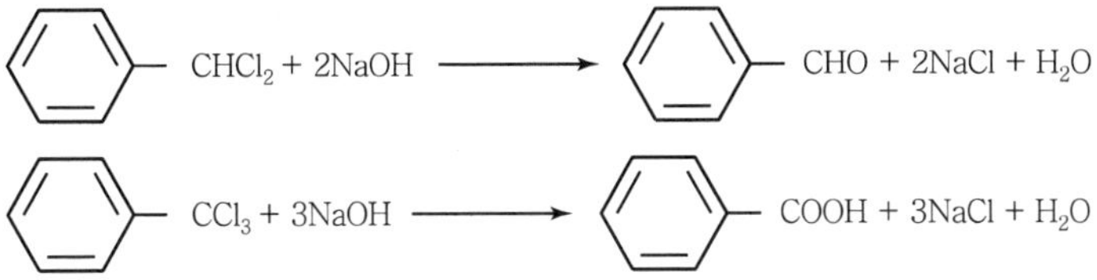

⟨⟩$- CHCl_2 + 2NaOH \longrightarrow$ ⟨⟩$- CHO + 2NaCl + H_2O$

⟨⟩$- CCl_3 + 3NaOH \longrightarrow$ ⟨⟩$- COOH + 3NaCl + H_2O$

10) 디아조화(Diazotization)와 짝지음(Coupling)

(1) 디아조화

• 지방족 1차 아민은 아질산에 의해 $-NH_2$가 $-OH$로 치환

• 방향족 1차 아민은 염화수소산(HCl) 용액에 5℃ 이하 아질산나트륨($NaNO_2$)을 반응시켜 염화벤젠디아조늄(디아조늄염)이 생긴다.

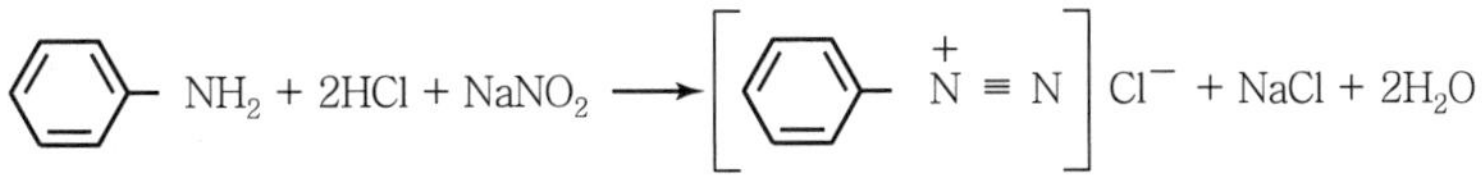

⟨⟩$- NH_2 + 2HCl + NaNO_2 \longrightarrow \left[\text{⟨⟩} - \overset{+}{N} \equiv N \right] Cl^- + NaCl + 2H_2O$

cf ⟨⟩$- \overset{+}{N} \equiv N \longleftrightarrow$ ⟨⟩$- N = \overset{+}{N}$

① 디아조늄염의 반응

② 디아조화 방법
　㉠ 직접법
　　아민을 물과 염산에 용해하면서 10~20% $NaNO_2$ 용액을 가하면 단시간
　　에 반응이 완료된다.
　㉡ 간접법(전화법)
　　방향족 아미노카르복시산 또는 아미노술폰산은 자신은 물론 생성된
　　Diazo 화합물도 물에 대해 난용성이므로 디아조화가 어렵다. 이 경우
　　$NaNO_2$와 아민의 알칼리 용액에 과잉의 진한 산을 가하면 디아조화할
　　수 있다.
　㉢ Nitrosyl 황산법
　　아닐린과 같은 약염기성 아민은 H_2SO_4 또는 CH_3COOH 용액에
　　$ON-SO_4H$ (Nitrosyl Sulfuric Acid)를 작용시켜 디아조화한다.

샌드마이어(Sandmeyer) 반응 □□□

디아조늄그룹이 −Cl, −Br, −CN으로 치환된 화합물을 만드는 반응이다.

$$\text{(CH}_3, \text{NH}_2\text{ 치환 벤젠)} \xrightarrow[\text{H}_2\text{O}]{\text{HCl, NaNO}_2} \text{(CH}_3, \text{N}_2^+\text{Cl}^-\text{ 치환 벤젠)} \xrightarrow{\text{CuCl}} \text{(CH}_3, \text{Cl 치환 벤젠)}$$

(2) 커플링(Coupling, 짝지음)

- 디아조늄염은 페놀류, 방향족 아민과 같은 화합물과 반응하여 새로운 아조화합물을 만드는 반응이다.
- 디아조늄이온은 약한 친전자체이므로 반응성이 큰 페놀, 아닐린 등과 반응하여 아조화합물을 만든다.

① Coupling이 되는 물질
  ㉠ 방향족 아민
  ㉡ 페놀류
  ㉢ Ketone기를 가진 물질

$$\left[\text{(벤젠)} - \text{N}^+ \equiv \text{N} \right] \text{Cl}^- + \text{(벤젠)} - \text{OH} \longrightarrow \text{(벤젠)} - \text{N} = \text{N} - \text{(벤젠)} - \text{OH} + \text{HCl}$$

② Coupling이 되는 위치

(OH, ③②① 치환 구조) (OH, ②① CH₃ 치환 구조) (OH, COOH, ②① 치환 구조) (OH, OH, ③②① 치환 구조)

실전문제

01 다음 물질 중 벤젠의 술폰화 반응에 사용되는 물질로 가장 적합한 것은?

① 묽은 염산　　　　② 클로로술폰산

③ 진한 초산　　　　④ 발연 황산

> **해설**
>
> 술폰화
> 황산(H_2SO_4)을 작용시켜 술폰산기($-SO_3H$)를 도입하는 반응

02 다음 중 유리기(Free Radical) 연쇄반응으로 일어나는 반응은?

① $CH_2 = CH_2 + H_2 \rightarrow CH_3 - CH_3$

② $CH_4 + Cl_2 \rightarrow CH_3Cl + HCl$

③ $CH_2 = CH_2 + Br_2 \rightarrow CH_2Br - CH_2Br$

④ $C_6H_6 + HNO_3 \xrightarrow{H_2SO_4} C_6H_5NO_2 + H_2O$

> **해설**
>
> • (개시) $Cl_2 \rightarrow 2Cl \cdot$
> • (전파) $Cl \cdot + CH_4 \rightarrow HCl + CH_3 \cdot$
> 　　　　$CH_3 \cdot + Cl_2 \rightarrow CH_3Cl + Cl \cdot$

03 Friedel – Crafts 알칼화 반응에서 주로 사용하는 촉매는?

① $AlCl_3$　　　　② $ZnCl_2$

③ BaI_3　　　　④ $HgCl_2$

> **해설**
>
> Friedel – Crafts 촉매
> $AlCl_3$, $FeCl_3$, BF_3 등

04 니트로벤젠을 환원시켜 아닐린을 얻고자 할 때 사용하는 것은?

① Fe, HCl　　　　② Ba, H_2O

③ C, $NaOH$　　　　④ S, NH_4Cl

> **해설**

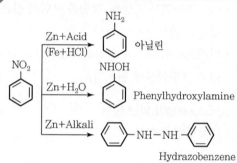

05 방향족 아민에 1당량의 황산을 가했을 때의 생성물에 해당하는 것은?

① 　② 　③

④

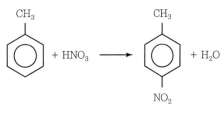

해설

술폰화
황산(H_2SO_4)을 작용시켜 술폰산기($-SO_3H$)를 도입하는 반응

06 커플링(Coupling)은 어떤 반응을 의미하는가?

① 아조화합물의 생성반응
② 탄화수소의 합성반응
③ 안료의 착색반응
④ 에스테르의 축합반응

해설

디아조화

[구조식] —NH_2 + 2HCl + $NaNO_2$
아닐린   염산   아질산나트륨

→ $\left[\text{[구조식]}-N\equiv N\right]^+ Cl^- + NaCl + 2H_2O$
디아조늄염

방향족 1차 아민(아닐린)이 산성 용액에서 아질산염을 작용시키면 디아조늄염이 생성된다.

※ 커플링(Coupling)

$\left[\text{[구조식]}-N^+\equiv N\right]Cl^- + \text{[구조식]}-OH$

→ [구조식]$-N=N-$[구조식]$-OH + HCl$
아조화합물

07 일반적으로 니트로화 반응을 이용하여 벤젠을 니트로벤젠으로 합성할 때 많이 사용되는 것은?

① $AlCl_3 + HCl$
② $H_2SO_4 + HNO_3$

③ $(CH_3CO)_2O + HNO_3$
④ $HCl + HNO_3$

해설

니트로화제
질산, N_2O_4, N_2O_5, KNO_3, $NaNO_3$, $H_2SO_4 + HNO_3$의 혼산

08 HNO_3 14.5%, H_2SO_4 50.5%, $HNOSO_4$ 12.5%, H_2O 20.0%, 기타 2.5%의 조성을 가지는 혼산을 사용하여 Toluene으로부터 Mono Nitrotoluene을 제조하려고 한다. 이때 1,700kg의 Toluene을 12,000kg의 혼산으로 니트로화했다면 DVS(Dehydrating Value of Sulfuric Acid)는?

① 1.87
② 2.21
③ 3.04
④ 3.52

해설

$$DVS = \frac{\text{혼합산 중의 황산의 양}}{\text{반응 후 혼합산 중의 물의 양}}$$

[반응식: Toluene + HNO_3 → Nitrotoluene + H_2O]

| 92 | : | 18 |
| 1,700 | : | x |

$92kg : 18kg = 1,700 : x$

∴ $x = 332.6kg$

∴ $DVS = \dfrac{12,000 \times 0.505}{332.6 + 12,000 \times 0.2} = 2.21$

09 벤젠의 할로겐화 반응에서 반응력이 가장 작은 것은?

① Cl_2
② I_2
③ Br_2
④ F_2

반응력 크기 비교

$F_2 > Cl_2 > Br_2 > I_2$

$HF < HCl < HBr < HI$

10 질산과 황산의 혼산에 글리세린을 반응시켜 만드는 물질로 비중이 약 1.60이고 다이너마이트를 제조할 때 사용되는 것은?

① 글리세릴 디니트레이드

② 글리세릴 모노니트레이트

③ 트리니트로톨루엔

④ 니트로글리세린

$$
\begin{array}{l}
CH_2-OH \\
| \\
CH-OH + 3HNO_3 \longrightarrow C_3H_5(ONO_2)_3 + 3H_2O \\
| \qquad\qquad\qquad\qquad\quad \text{니트로글리세린} \\
CH_2-OH \qquad\qquad\quad (\text{다이너마이트, 폭약의 주성분}) \\
\text{글리세린}
\end{array}
$$

11 다음 중 Friedel−Crafts 반응에 사용되는 촉매는?

① Ni ② KOH

③ $AlCl_3$ ④ H_2SO_4

• Friedel−Crafts 반응에 사용되는 촉매 : $AlCl_3$ 등의 루이스산(친전자성)

• Lewis Acid(루이스산) : 비공유전자쌍을 받는 물질

 예 $AlCl_3$, BF_3, $FeCl_3$, HF, $ZnCl_2$

12 H_2SO_4 60%, HNO_3 32%, H_2O 8%의 질량조성을 가진 혼합산 100kg을 벤젠으로 니트로화할 때 그중 질산이 화학양론적으로 전부 벤젠과 반응하였다면 DVS (Dehydrating Value of Sulfuric Acid) 값은 얼마인가?

① 2.50 ② 3.50

③ 4.50 ④ 5.50

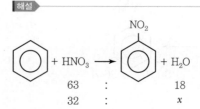

$$\therefore x = 9.14kg$$

H_2SO_4의 양 : $100kg \times 0.6 = 60kg\ H_2SO_4$

$$\therefore DVS = \frac{60}{9.14+8} = 3.5$$

13 $AlCl_3$와 $FeCl_3$는 어떤 시약에 해당하는가?

① 친전자시약 ② 친핵시약

③ 라디칼 제거시약 ④ 라디칼 생성시약

• Friedel−Crafts 반응에 사용되는 촉매 : $AlCl_3$ 등의 루이스산(친전자성)

• Lewis Acid(루이스산) : 비공유전자쌍을 받는 물질

 예 $AlCl_3$, BF_3, $FeCl_3$, HF, $ZnCl_2$

14 다음 중 니트로벤젠을 환원시킬 때 첨가하여 다음 물질을 가장 많이 생성하는 것은?

① Zn + Acid ② Zn + Water

③ Cu + H_2 ④ Fe + Acid

15 페놀(Phenol)을 만들기 위한 중간반응 중에서 술폰화 반응단계에 해당하는 것은?

① $C_6H_5S_3Na + 2NaOH$

$\rightarrow C_6H_5ONa + Na_2SO_3 + H_2O$

② $C_6H_6 + HOSO_3H \rightarrow C_6H_5SO_3H + H_2O$

③ $C_6H_5S_3H + NaOH \rightarrow C_6H_5SO_3N + H_2O$

④ $C_6H_5ONa + HCl \rightarrow C_6H_5OH + NaCl$

해설

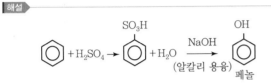

16 벤젠을 니트로화하여 니트로벤젠을 만들 때에 대한 설명으로 옳지 않은 것은?

① HNO_3와 H_2SO_4의 혼산을 사용하여 니트로화한다.

② NO_2^+가 공격하는 친전자적 치환반응이다.

③ 발열반응이다.

④ DVS의 값은 7이 가장 적합하다.

해설

DVS는 혼합산을 이용하여 니트로화할 때 혼합산 중의 황산과 물의 비가 최적이 되도록 정하는 값이다. DVS가 크면 반응의 안전성과 수율이 증가한다.

17 아닐린에 대한 설명으로 옳지 않은 것은?

① 비점이 약 184℃인 액체이다.

② 니트로벤젠은 아닐린으로 환원될 수 있다.

③ 상업적으로 가장 많이 이용되는 제조공정은 벤젠의 암모니아 첨가 · 분해반응이다.

④ 알코올, 에테르에 녹는다.

해설

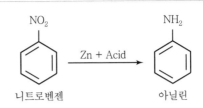

니트로벤젠 → 아닐린

아닐린의 성질
• 특유한 냄새가 나는 무색 액체
• 끓는점 184℃, 녹는점 -6℃
• 에탄올, 에테르, 벤젠에 잘 녹고, 다른 유기용매에도 녹는다.

18 다음 설명 중 옳은 것은?

① 반응이 일어나지 않는다.

② 벤젠 고리에 부가 반응이 일어난다.

③ 이온반응이다.

④ 라디칼 반응으로 곁사슬에 치환된다.

해설

19 다음 물질 중 술폰화가 가장 쉬운 물질은?

①
NO₂

② SO₃H

③ COOH

④ NH₂

$-NH_2 > -OH > -CH_3 > -Cl > -SO_3H > -NO_2$

20 $R - COOH$와 $SOCl_2$ 또는 PCl_5를 반응시킬 때 주 생성물은?

① $R - Cl$

② $R - CH_2Cl$

③ $R - COCl$

④ $R - CHCl_2$

해설

- $3RCOOH + PCl_3 \rightarrow 3RCOCl + H_3PO_3$
   염화아실
- Friedel – Crafts 반응

21 Friedel – Crafts 반응이 아닌 것은?

① $C_6H_6 + CH_3CH = CH_2 \longrightarrow$

②
MgBr

$+ CH_2 = CHBr \longrightarrow$

③ OH

$+ (CH_3)_3 COH \longrightarrow$

④ $CH_3 - CO$, $CH_3 - CO$ 의 O $+$ (벤젠) $\xrightarrow{AlCl_3}$

해설

- 알킬화(Friedel – Crafts 반응)

(벤젠) $+RX \xrightarrow{AlCl_3}$ (R 치환 벤젠) $+ HX$

- 아실화(Friedel – Crafts 반응)

(벤젠) $+RCOCl \xrightarrow{AlCl_3}$ (벤젠) $C - R + HCl$ (C에 O 이중결합)

(벤젠) $+$ $R - C(=O) - O - C(=O) - R$ $\xrightarrow{AlCl_3}$ (벤젠) $C - R + CH_3COOH$ (C에 O 이중결합)

22 CuO 존재하에 NH_3를 염화벤젠에 첨가하고, 가압하면 생성되는 주요 물질은?

① OH

② NH₂

③ NHOH

④ NH – HN

해설

(벤젠)Cl $+ NH_3 \xrightarrow{CuO}$ (벤젠)NH₂ $+ HCl$

23 다음 중 지방산의 일반적인 식을 나타낸 것으로 옳은 것은?

① RCOR

② RCOOH

③ ROH

④ RCOOR′

해설

① RCOR : 케톤
② RCOOH : 카르복시산
③ ROH : 알코올
④ RCOOR′ : 에스테르

24 다음의 구조를 갖는 물질의 명칭은?

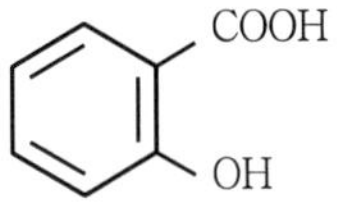

① 석탄산   ② 살리실산
③ 톨루엔   ④ 피크르산

해설

① 석탄산 : 페놀

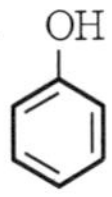

② 살리실산 :

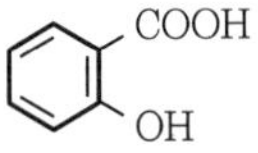

③ 톨루엔 :

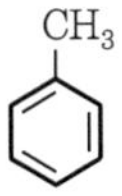

④ 피크르산 :

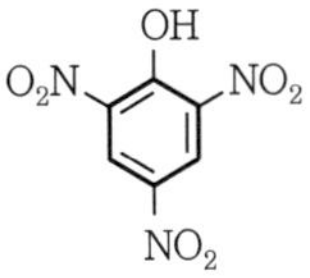

정답 ▶ 24 ②

[02] 석유화학공업

1. 석유의 정제

1) 석유

(1) 원유

유정(Oil Pool)을 통하여 채취한 광유를 원유라고 한다.

(2) 원유의 주성분

① Paraffin계 탄화수소나 Cycloparaffin계 탄화수소(Naphthene계 탄화수소)들로 구성되어 있으며 원유 중 80~90%를 차지한다.
② 원유 중에 Olefin계 탄화수소는 거의 함유되어 있지 않다.
③ 방향족 탄화수소는 5~15% 함유되어 있다.
④ 황화합물, 질소화합물 등 비탄화수소성분을 함유한 화합물은 4% 이하이다.

(3) 원유의 원소 조성

원소	탄소	수소	산소	질소	황	연소 후 회분
조성(%)	82~87	11~15	0~2	0~1	0~5	0.01~0.05

2. 석유의 성분과 분류

1) 탄화수소 성분에 따른 분류

(1) 파라핀기(Paraffin) 원유

① 파라핀계 탄화수소가 많이 들어 있는 원유로, 왁스분이 많아 품질이 좋은 고체 파라핀과 윤활유를 생성한다.
② 온도에 의한 점도 변화는 작지만 응고점이 높아 저온에서 사용하기에는 곤란하다.
③ 가솔린 유분의 옥탄가는 낮지만 등유의 연소성은 뛰어나다.

(2) 나프텐기(Naphtenen) 원유

① 나프텐계 탄화수소가 많이 들어 있는 원유로 품질이 좋은 아스팔트 제조에 알맞다.
② 가솔린 유분의 옥탄가는 비교적 우수한다.

(3) 혼합기 원유

① 나프텐기 원유＋파라핀기 원유

② 중유, 윤활유의 제조에 알맞다.

③ 대부분의 원유가 혼합기 원유에 속한다.

(4) 방향족 원유

방향족 탄화수소의 함유량이 많은 특수한 원유이다.

2) 비탄화수소 성분

(1) 산소화합물

카르복시산과 페놀류, 일부 케톤이 존재한다.

(2) 질소화합물

① 저비점의 피리딘(Pyridine), 퀴놀린(Quinoline), 벤조퀴놀린(Benzoquinoline)

② 고비점의 카르바졸(Carbazole), 인돌(Indole), 피롤(Pyrrole) 유도체

피리딘

퀴놀린

(3) 황화합물

① 메르캅탄(Mercaptane) $R - SH$

② 디알킬설파이드(Dialkylsulfide) $R - S - R'$

③ 티오펜(Thiophene)의 알킬유도체나 다환화합물

벤조티오펜

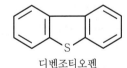
디벤조티오펜

④ H_2S, 유리황

(4) 금속화합물

① 바나듐(V)

② Ni, Fe 등

TIP

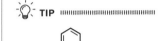
벤조퀴놀린

카르바졸

인돌

피롤

3. 원유의 성질

1) 물리적 성질

(1) 비중

석유의 비중은 공업적으로 API(American Petroleum Institute, 미국석유협회)도 가 사용된다.

$$API도 = \frac{141.5}{비중\left(\dfrac{60°F}{60°F}\right)} - 131.5$$

(2) 점도

윤활유 등에서 품질의 기준이 된다.

(3) 아닐린점(Aniline Point)

① 아닐린점이란 시료와 아닐린의 동량 혼합물이 완전히 균일하게 용해되는 온도를 말한다.

② 탄화수소의 아닐린점은 동일 분자량이면 파라핀, 나프텐, 방향족의 순서이고 동일계이면 비점이 올라감에 따라 아닐린점도 상승한다.

2) 화학적 성질

(1) 옥탄가(Octane Number)

① 옥탄가는 가솔린의 안티노크성을 수치로 표시한 것이다.

② 이소옥탄(iso−Octane)의 옥탄가를 100, 노말헵탄(n−Heptane)의 옥탄가를 0으로 정한 후, 이소옥탄의 %를 옥탄가라 한다.

③ n−파라핀에서는 탄소 수가 증가할수록 옥탄가가 저하된다.

④ 이소파라핀에서는 메틸측쇄를 많이 포함할수록, 중앙에 집중할수록 옥탄가가 크다.

⑤ 나프텐계 탄화수소는 같은 탄소 수의 방향족 탄화수소보다 옥탄가가 작지만, n−파라핀보다는 큰 값을 가진다.

> n−파라핀 < 올레핀 < 나프텐계 < 방향족

⑥ 가솔린의 안티노크성을 증가시키기 위해 소량의 첨가제를 가하는데, 이것을 안티노크제(Antiknock Agent)라 하며 $Pb(C_2H_5)_4$[테트라에틸납(TEL : Tetraethyl Lead)]이 있다.

⑦ 안티노크제를 가했을 경우의 효과를 가연효과라 하는데, 파라핀이 최대이고, 그 다음이 나프텐이며, 방향족이 가장 작다.

(2) 세탄가(Cetane Number) ▣▣▣

① 디젤기관의 착화성을 정량적으로 나타내는 데 이용되는 수치

② n−cetane($C_{16}H_{34}$)의 값을 100, α−메틸나프탈렌($CH_3 \cdot C_{10}H_7$)의 값을 0으로 하여 표준연료 중의 Cetane의 %를 세탄가라 한다.

③ 세탄가가 클수록 착화성(발화성)이 크며 디젤 연료로 우수하다.

(3) 산가

① 산가 측정의 주목적은 윤활유가 사용 중 산화를 받아서 산을 생성시켜 산가를 증가시키는 성질이 있기 때문에 그 정도를 알리는 것이다.

② 산가는 시료유 1g을 중화하는 데 필요로 하는 KOH의 mg으로 나타낸다.

(4) 산화작용

불포화 탄화수소가 많을수록 산화되기 쉽다.

(5) 황산의 작용

알킬황산, 황산에스테르, 술폰산 등을 생성한다.

(6) 할로겐의 작용

염소의 작용이 가장 강하며 치환 또는 첨가반응이 일어난다.

4. 원유의 종류

1) 염의 제거(증류 전)

(1) 염의 제거

장치를 부식시키고, 염분의 고화로 문제가 발생한다.

(2) 탈염방법 : 에멀션 파괴

① 전기탈염법

② 화학적 탈염법

2) 원유의 증류(Distillation)

원유는 여러 종류의 탄화수소로 이루어진 혼합물로, 혼합용액을 성분의 끓는점 또는 휘발도의 차이를 이용하여 분리하는 증류 과정을 거친다.

(1) 상압증류(Topping)

① 탈염공정을 거친 원유가 Pipe Still이라고 하는 가열로에서 가열된 후 상압증류탑에 보내져 비점차로 등유, 나프타, 경유, 찌꺼기유, 유분으로 분류된다. 이것을 토핑이라 한다.

② 석유 유분의 비점 및 탄소 수

유분		비점 범위(℃)	탄소 수
직류 가솔린	경질 나프타	30~120	5~8
	중질 나프타	100~200	7~12
등유		150~280	9~19
경유		230~350	14~23
찌꺼기유		300이상	17 이상

(2) 감압증류

① 상압증류의 잔유에서 윤활유 같은 비점이 높은 유분을 얻을 때 사용한다.

② 찌꺼기유를 고온에서 증류하면 열분해하여 품질이 낮아지므로 30~80 mmHg로 감압하면 끓는점이 낮아져 비교적 저온에서 증류할 수 있으므로 열분해를 방지할 수 있다.

(3) 스트리핑(Stripping) : CH₄ 제거 ■■■

① 석유 유분 중 b.p가 낮은 탄화수소를 분리·제거하기 위해 석유 유분에 수증기를 불어넣는 조작방법으로 그 장치를 Stripper라고 한다.

② 등유, 경유, 윤활유 속에 들어 있는 b.p가 낮은 유분을 제거하는 데 이용한다.

(4) 스테빌라이제이션(Stabilization) : 증기압 조정

① 나프타 속에 들어 있는 탄화수소(부탄, 프로판 등)를 증류하여 분류, 제거시켜 상압에서 저장하기에 적당하도록 증기압을 조정하는 증류방법이다.

② 이때 사용하는 장치를 Stabilizer라고 한다.

3) 석유의 제품

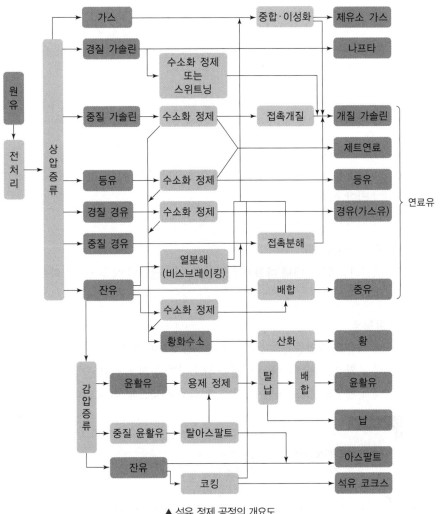

▲ 석유 정제 공정의 개요도

(1) 연료유(Fuel Oil)

① 액화석유가스(LPG : Liquefied Petroleum Gas)

    ㉠ 원유의 접촉분해, 상압증류, 접촉리포밍과 같은 조작에서 부생되는 가스이다.

    ㉡ 주성분은 C_3, C_4 탄화수소가스(프로판, 부탄, 프로필렌, 부틸렌)이다.

    ㉢ 프로판가스라고도 하며 쉽게 액화시켜 운반이 용이하다.

    ㉣ 자동차 연료, 가정용 연료로 사용된다.

② 액화천연가스(LNG : Liquefied Natural Gas)

    ㉠ 천연가스를 정제해서 얻는다.

    ㉡ 메탄(CH_4)이 주성분이다.

◆ 나프타(Naphtha) 🔳🔳🔳
원유를 증류할 때 35~220℃의 끓는점 범위에서 유출되는 탄화수소의 혼합체이다. 가솔린 유분과 실질적으로 동일하며, 내연기관 연료 이외의 용도, 특히 석유화학 원료 등으로 사용할 경우 나프타라고 한다. 주로 석유화학 원료를 의미한다.

③ 가솔린(Gasoline) 🔳🔳🔳

㉠ 공업용 가솔린은 세척제, 용제, 희석제, 드라이클리닝용으로 사용된다.

㉡ 물에는 녹지 않으나 유기용제에 녹으며 유지를 용해시킨다.

㉢ $C_5 \sim C_{12}$의 탄화수소 혼합물로 끓는점은 100℃ 전후이며, 중질 가솔린과 경질 가솔린으로 나뉜다.

㉣ 항공기용, 자동차용 연료로 사용된다.

㉤ 안티노킹제를 넣어 사용한다.(옥탄가)

④ 경유(Diesel)

㉠ 디젤유 사용 시 가솔린의 옥탄가에 해당되는 세탄가(Cetane Number)가 커야 한다.

㉡ 접촉분해 가솔린의 원료 및 디젤 기관용 연료로 사용된다.

⑤ 중유(Heavy Oil)

보일러용 연료, 대형 디젤기관용 연료, 아스팔트나 석유 코크스의 원료로 사용된다.

⑥ 윤활유

㉠ 석유의 감압증류의 유분을 탈납, 정제하여 제조한다.

㉡ 윤활유는 기계류에서 마찰을 감소시켜 운전을 원활하게 해준다.

㉢ 윤활유의 점도, 절연성, 산가, 인화점이 낮으면 좋지 않다.

Reference

㉠ 그리스(Grease)

윤활유에 금속비누 등의 점조제를 혼합하여 반고체상으로 만든 윤활제

㉡ 파라핀 왁스(Paraffin Wax)

• 고급 포화탄화수소로 윤활유의 유분을 탈납 처리할 때 얻는다.

• 색과 냄새가 없으며 상온에서 고체이다.

• 화장품, 양초, 광택제, 전기절연재료로 사용된다.

---

⑦ 아스팔트

㉠ 천연아스팔트와 석유아스팔트의 두 종류로 나뉜다.

㉡ 검은 색깔의 부드러운 고체로, 가열하면 부드러운 점착성의 액체로 된다.

㉢ 석유를 감압증류할 때 생성된 잔분으로 얻는 직류 아스팔트(Straight Asphalt)와 직류 아스팔트에 공기를 불어 넣어 일부를 산화시킨 블론 아스팔트의 두 종류가 있다.

직류 아스팔트(Straight Asphalt)	도로 포장물, 수리를 위한 구조물용
블론 아스팔트	전기절연, 방수

⑧ 석유코크스와 황

　　㉠ 석유코크스 : 탄소가 주성분으로, 감압증류한 찌꺼기유를 열분해시켜 얻는다. 탄소전극으로 사용되며 중질유 건류 때 마지막 잔사로 얻어진다.

　　㉡ 황 : 원유에서 얻은 각 유분을 정제, 황화수소로 회수한 것을 산화처리하여 얻는다. 황산의 원료로 사용된다.

5. 석유의 전화 ▪▪▪

1) 석유의 전화

크래킹(Cracking)이나 리포밍(Reforming)으로 석유 유분을 화학적으로 변화시켜 보다 가치 있고 유용한 제품으로 만드는 것으로, 가솔린의 옥탄가 향상에 그 목적이 있다.

> **Reference**
>
> **옥탄가(Octane Number)**
> ㉠ 가솔린의 성능을 나타내는 수치
> ㉡ 안티노크성을 나타내는 지수
> 　• iso−Octane(옥탄가 : 100), n−Heptane(옥탄가 : 0)
> 　• 표준시료에 함유된 iso−Octane의 %
> ㉢ 옥탄가의 크기 비교
> 　• 탄소 수가 동일할 때 : 곧은 사슬 모양의 탄화수소 < 곁사슬이 많은 탄화수소
> 　• 탄소 수가 동일할 때 : 방향족계 > 나프텐계 > 올레핀계 > 파라핀계

2) 분해(Cracking)

비점이 높고 분자량이 큰 탄화수소를 끓는점이 낮고 분자량이 작은 탄화수소로 전환시키는 방법

(1) 열분해법(Thermal Cracking) ▪▪▪

> • Visbreaking(비스브레이킹) : 점도가 높은 찌꺼기유에서 점도가 낮은 중질유를 얻는 방법(470℃)
> • Coking(코킹) : 중질유를 강하게 열분해시켜(1,000℃) 가솔린과 경유를 얻는 방법

① 중유, 경유 등의 중질유를 열분해시켜 가솔린을 얻는 것(분해가솔린)이 목적이었으나, 접촉분해법이 개발된 이후에는 원료유의 성질을 개량하는 목적으로 이용된다.

② 에틸렌을 분해물로 얻는다.

③ 유리기의 연쇄반응(라디칼 반응)

$$R - CH_2 - CH_2 - CH_2 - R' \rightarrow R - CH = CH_2 + CH_3 - R'$$

β절단 : $CH_3CH_2CH_2CH_2CH_2CH_2CH_2CH_3$

$$\rightarrow 2CH_3CH_2CH_2CH_2 \cdot \rightarrow CH_3CH_2 \cdot + CH_2 = CH_2$$

(2) 접촉분해법(Catalytic Cracking) ▨▨▨

① 등유나 경유를 촉매를 사용하여 분해시키는 방법

② 이성질화, 탈수소, 고리화, 탈알킬반응이 분해반응과 함께 일어나서 이소파라핀, 고리 모양 올레핀, 방향족 탄화수소, 프로필렌 등이 생긴다.

③ 탄소 수 3개 이상의 탄화수소, 방향족 탄화수소가 많이 생긴다(올레핀은 거의 생성되지 않는다).

④ 실리카알루미나($SiO_2 - Al_2O_3$), 합성 제올라이트를 촉매로 사용한다.

⑤ 카르보늄이온이 생성되는 이온반응이다.

⑥ 옥탄가가 높은 가솔린을 얻을 수 있으나, 석유화학의 원료 제조에는 부적당하다.

열분해	접촉분해
• 올레핀이 많으며 $C_1 \sim C_2$계의 가스가 많다.	• $C_3 \sim C_6$계의 가지달린 지방족이 많이 생성된다.
• 대부분 지방족이며, 방향족 탄화수소는 적다.	• 열분해보다 파라핀계 탄화수소가 많다.
• 코크스나 타르의 석출이 많다.	• 방향족 탄화수소가 많다.
• 디올레핀이 비교적 많다.	• 탄소질 물질의 석출이 적다.
• 라디칼 반응 메커니즘	• 디올레핀은 거의 생성되지 않는다.
	• 이온반응 메커니즘 : 카르보늄이온 기구

(3) 수소화 분해법(Hydrocracking) ▨▨▨

① 비점이 높은 유분을 고압의 수소 속에서 촉매를 이용하여 분해시켜 가솔린을 얻는 방법

② 탄화수소의 분해, 고리화, 이성질화, 올레핀의 수소첨가반응, 방향족화, 탈황

③ 실리카알루미나, 제올라이트를 담체로 한 Mo, Ni, W등의 촉매를 사용한다.

④ 옥탄가가 높은 가솔린을 제조할 수 있다.

3) Reforming(리포밍, 개질) ▢▢▢

① 옥탄가가 낮은 가솔린, 나프타 등을 촉매를 이용하여 방향족 탄화수소나 이소 파라핀을 많이 함유하는 옥탄가가 높은 가솔린으로 전환시킨다.(개질 가솔린)

ⓐ Hydro Forming : $MoO_3 - Al_2O_3$ 사용

ⓑ Plat Forming : $Pt - Al_2O_3$ 사용

ⓒ Ultra Forming : 촉매를 재생하여 사용

ⓓ Rheni Forming : $Pt - Re - Al_2O_3 - SiO_2$ 사용

② 수소 존재하에서 500℃ 전후에서 진행되며 주반응은 시클로파라핀의 탈수소로, 방향족 탄화수소의 생성이며 이성질화, 고리화 반응도 일어난다.

4) 알킬화법(Alkylation) ▢▢▢

① $C_2 \sim C_5$의 올레핀과 이소부탄의 반응에 의해 옥탄가가 높은 가솔린을 제조하는 방법

② 촉매로 H_2SO_4, HF, 활성화시킨 $AlCl_3$, HCl을 사용한다.

5) 이성화법(isomerization) ▢▢▢

① 촉매를 사용해 $n-$펜탄, $n-$부탄, $n-$헥산 등 $n-$파라핀을 iso형으로 이성질화하는 방법

② 이성질화는 $n-$부탄으로부터 알킬화 원료인 $iso-$부탄을 만들며 $n-$헥산, $n-$펜탄을 이성질화하여 옥탄가를 높인다.

③ 촉매로 백금계, 염산으로 활성화시킨 염화 알루미늄계를 사용한다.

6. 석유의 정제(Purification)

불순물 제거나 불용성분의 분리

1) 연료유의 정제

(1) 산에 의한 화학적 정제

① H_2SO_4로 세척하며, 주성분인 포화 탄화수소가 H_2SO_4와 작용하지 않는다는 성질을 이용한다.

② 진한 황산으로 처리하면 유분 속의 불순물은 황산에 용해되거나 술폰화 반응으로 물에 녹는 에스테르로 만들어지거나, 침전물을 만들어 불순물을 분리·제거할 수 있다.

(2) 알칼리에 의한 정제

황산으로 처리한 후 알칼리(NaOH) 용액으로 세척하여 중화시킨다.

(3) 흡착정제

다공질 흡착제인 산성백토, 활성백토, 활성탄 등의 흡착력이 큰 것을 이용하여 불순물이나 불용성분을 우선적으로 흡착 분리시킨다.

(4) 스위트닝(Sweetening) ▣▣▣

① 부식성과 악취가 있는 메르캅탄, 황화수소, 황 등을 산화하여 이황화물로 만들어 없애는 정제법

② $2RSH + (O) \rightarrow R-S-S-R + H_2O$

③ Doctor Process(닥터법)

스위트닝법의 한 종류로 닥터용액(Na_2PbO_2)을 사용하여 이황화물로 변화시켜 없앤다.

$2RSH + Na_2PbO_2 \rightarrow Pb(RS)_2 + 2NaOH$

$Pb(RS)_2 + S \rightarrow PbS + RSSR$

(재생반응) $PbS + 2O_2 \rightarrow PbSO_4 \xrightarrow{NaOH} Na_2PbO_2$

④ Merox법

㉠ 메록스 촉매(코발트 프탈로시아닌 술폰화물)의 수산화나트륨 수용액으로 티올류를 추출하고 공기로 산화시켜 이황화물 형태로 분리·제거한다.

㉡ 추출액을 순환시켜 사용한다.

㉢ $RSH + NaOH \rightarrow RSNa + H_2O$

$2RSNa + \frac{1}{2}O_2 + H_2O \rightarrow RSSR + 2NaOH$

(5) 수소화 처리법(Hydrotreating Process) ▣▣▣

① 수소 첨가, 촉매 이용으로 S, N, O, 할로겐 등의 불순물을 제거하며, 디올레핀을 올레핀으로 만드는 방법

② 촉매로 텅스텐 화합물, Co-Mo, Ni-Mo, Co-Ni-Mo를 사용한다.

③ 원유를 크래킹이나 리포밍하기 전에 수소화 처리를 하면 아스팔트질의 생성 억제가 가능하며, 촉매독이 제거된다.

④ 원료유를 수소화 정제하면 황화합물 속의 황을 황화수소로, 산소화합물 속의 산소를 물로, 질소화합물 속의 질소를 암모니아로 각각 전환시켜서 제거한다.

$R-SH + H_2 \rightarrow R-H + H_2S$
　메르캅탄

$R-S-S-R + 3H_2 \rightarrow 2R-H + 2H_2S$

2) 윤활유 정제

(1) 용제정제법(Solvent Refining)

윤활유 중의 나프텐과 방향족 성분을 페놀이나 푸르푸랄(Furfural)과 같은 용제로 추출·제거한다. 벤젠 – 에틸메틸케톤 혼합용제로 저온처리하면 왁스분을 석출하므로 분리·제거할 수 있고 액화프로판을 용제로 사용하면 아스팔트질이 침전되므로 분리·제거할 수 있다.

> **Reference**
>
> **용제의 조건**
> - 원료유와 추출용제 사이의 비중차가 커서 추출할 때 두 액상으로 쉽게 분리할 수 있어야 한다.
> - 추출성분의 끓는점과 용제의 끓는점 차가 커야 한다.
> - 증류로써 회수가 쉬워야 한다.
> - 열적·화학적으로 안정해야 하고 추출성분에 대한 용해도가 커야 한다.
> - 선택성이 커야 하며 다루기 쉽고 값이 저렴해야 한다.
> ■ 용제의 예 : 푸르푸랄(Furfural), 페놀, 프로판, 페놀＋크레졸, 액체아황산

(2) 탈아스팔트

① 아스팔트는 쉽게 산화되어 슬러리로 되므로 제거해야 한다.

② 제거방법으로는 증류, 황산처리가 이용되었으나 최근에는 프로판 탈아스팔트법이 이용되고 있다.

③ 액화된 프로판이 아스팔트를 잘 용해시키지 못한다는 점을 이용한 방법이다.

(3) 탈납

① 경질유는 −17℃로 냉각하여 석출되는 결정을 여과해서 제거한다.

② 중질유는 결정이 잘 여과되지 않으므로, 용제에 용해시켜 약 −17℃로 냉각하면 결정을 여과시킬 수 있다.

③ 용제로는 메틸에틸케톤(Methyl Ethyl Ketone, $CH_3 - CO - C_2H_5$), 벤젠(Benzene)과 톨루엔(Toluene)의 혼합용액, 액체프로판 등이 사용된다.

7. 천연가스(Natural Gas)

1) 천연가스

① 지하에서 산출되는 가연성 가스이며 메탄을 주성분으로 하고 에탄, 프로판, 부탄 등을 함유한 C_7 이하의 파라핀계 탄화수소이며, 산출되는 장소 및 종류 등에 따라 황, 질소, 산소, 금속화합물의 종류나 함유량이 다르다.

② 구조성 가스는 석유를 포함하는 지층과 같은 구조에서 산출되는 가스로서 유전가스와 유리가스로 분류된다.

③ 유전가스는 대부분 메탄, 에탄, 프로판, 부탄이고 유리가스는 대부분 메탄이 주성분이다.

④ 수용성 가스는 거의 메탄이며 약간의 불활성 가스를 포함한다.

⑤ 탄전가스는 거의 메탄으로 이루어져 있으며 약간의 비활성 가스를 포함한다.

⑥ 발열량은 성분과 조성에 따라 일정치 않으며, $1m^3$의 열량은 약 8,500cal 정도로 석탄가스의 약 2배가 된다.

2) 천연가스의 분류

(1) 산출상태에 따른 분류

① 구조성 가스
석유를 함유한 지층에서 산출되는 가스이다.

② 수용성 가스
㉠ 석유나 석탄의 산출상태와 무관하게 지하수에 용해되어 있는 가스이다.
㉡ 주로 메탄으로 되어 있고 약간의 불활성 가스를 포함한다.

③ 탄전가스
석탄층에 있는 가스로 석탄 채굴 시 얻어지며 주성분은 메탄이다.

(2) 조성에 따른 분류

① 습성 가스
㉠ 저온에서 가압하면 액상이 되는 탄화수소로 이루어져 있다.
㉡ 메탄, 프로판, 에탄, 부탄 등을 함유하는 유전가스와 유리가스가 이에 속한다.

② 건성 가스
㉠ 주성분이 메탄이며 가압해도 상온에서는 액화되지 않는다.
㉡ 탄전가스와 수성가스, 유리가스가 이에 속한다.

(3) 액화천연가스(LNG)

① 천연가스를 $-160℃$ 이하(메탄의 끓는점은 $-161.5℃$)로 냉각하여 액화한 것을 액화천연가스(LNG)라 한다.

② 도시가스 발전용 연료로 사용된다.

TIP

㉠ 유전가스
• 원유와 함께 산출되는 가스
• 메탄 외에 에탄, 프로판, 부탄 또는 그 이상의 탄화수소를 포함한다.

㉡ 유리가스
• 가스로 유리되어 산출되는 가스
• 대부분이 메탄이고 다른 탄화수소를 약간 포함한다.

8. 석유화학공업의 원료

1) 석유화학공업 원료의 제조

(1) 올레핀계 탄화수소의 제조 원료

① 정유소 가스 중 올레핀의 회수

② 천연가스, LPG(액화석유가스), 나프타의 열분해

(2) 정유소 가스

석유의 정제과정에서 부생되는 가스

① 상압증류가스(토핑가스)

상압증류 시 부생되는 가스로, 대부분 파라핀계 탄화수소이다.

② 접촉분해가스

촉매를 사용하여 중유, 경유 등을 분해하여 분해가솔린을 제조할 때 부생되는 가스

③ 접촉개질가스

㉠ 리포밍 가솔린을 제조할 때 부생되는 가스

㉡ 파라핀계 탄화수소를 주성분으로 하나 수소를 많이 포함한다.

(3) 가스 성분의 분리

① 저온분류법

상온에서 기상의 가스를 압축냉각시켜 액화하고 증류하여 각각의 성분으로 분리하는 방법

② 흡수법

경유와 같은 흡수제를 사용하여 성분을 분리하는 방법

③ 흡착법

활성탄과 같은 흡착제를 사용하여 성분을 분리하는 방법

(4) 나프타의 열분해

나프타는 부분산화법으로 아세틸렌과 에틸렌을 동시에 얻을 수 있다.

① 관상가마에 의한 분해법

㉠ 외부 가열식 관상가마에 의한 분해법 : 가열관 속에 원료를 보내고 관의 외부를 가열 분해하는 방법

㉡ 과열수증기에 의한 분해법

② 이동상식 및 유동상식 분해법

가열된 모래와 같은 열매체가 연속적으로 장치 안을 순환, 열매체에 접촉하는 탄화수소를 분해하는 방법

③ 접촉법

관상가마에 촉매를 사용하는 방법

④ 부분연소법

산소 또는 공기를 혼합하여 탄화수소의 일부를 연소시켜 그 연소열로 분해에 필요한 열량을 공급하는 방법

(5) 에틸렌 제조공정 : Stone – Webster법

① 나프타를 열분해하여 저급 올레핀으로 얻는 방법

② 관상로에 의한 나프타 분해법

2) 방향족 탄화수소의 제조

(1) 원료

방향족 탄화수소의 원료는 대부분 석유로부터 얻어지는 벤젠, 톨루엔, 크실렌 등이다.

(2) 제조방법

① 리포밍 가솔린으로부터 추출한다.

② 올레핀 제조 시(나프타 크래킹) 분해가솔린으로부터 추출한다.

③ 리포밍 가솔린 중 고옥탄가 성분은 방향족이며, 나프타 분해 시 가솔린 유분 중에도 방향족이 들어 있으므로 추출 · 분리한다.

(3) 분리 및 정제

① 용제추출법

방향족에만 용해성을 나타내는 용제를 사용하여 분리하는 방법

② 흡착법

㉠ 방향족만 흡착하는 흡착제를 사용하여 회수하는 방법

㉡ 실리카겔을 사용

③ 추출증류법

페놀이나 크레졸 등을 용제로 사용하여 추출증류하는 방법

3) 석유화학공업의 원료

(1) 석유화학공업의 기초원료

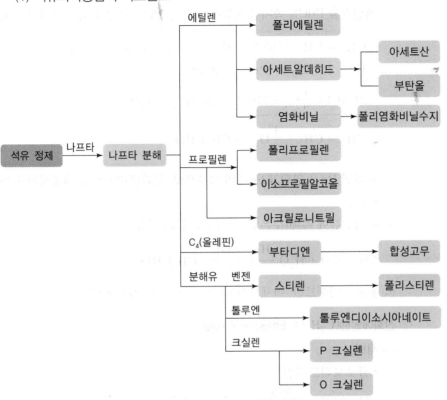

(2) 에틸렌으로부터의 유도체

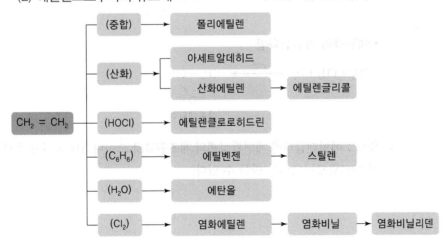

① 아세트알데히드(CH_3CHO)

  ㉠ Hoechst $-$ Wacher법(와커공정) ▨▨▨

  에틸렌을 $PdCl_2$ 촉매를 이용하여 액상 산화시켜 알데히드를 생성한다.

$$CH_2 = CH_2 + PdCl_2 + H_2O \rightarrow CH_3CHO + Pd + 2HCl$$
$$Pd + 2CuCl_2 \rightarrow PdCl_2 + 2CuCl$$
$$\underline{2CuCl + \frac{1}{2}O_2 + 2HCl \rightarrow 2CuCl_2 + H_2O}$$
$$CH_2 = CH_2 + \frac{1}{2}O_2 \rightarrow CH_3CHO$$

  유리된 Pd은 염화제2구리의 작용으로, 염화팔라듐으로 재생시켜 사용
  한다.

  ㉡ 아세틸렌에 촉매(수은염)를 가하고 물과 반응

$$CH \equiv CH + H_2O \xrightarrow{\quad Hg^{2+}SO_4^{2-} \quad} CH_3CHO$$

  ㉢ 용도 : 아세트산, 아세트산에틸을 만드는 데 사용된다.

② 산화에틸렌(C_2H_4O, Ethylene Oxide)

  ㉠ 제법

  • 클로로히드린법

$$CH_2 = CH_2 \xrightarrow{\quad HOCl \quad} HOCH_2 - CH_2Cl$$
에틸렌클로로히드린

$$HOCH_2CH_2\,Cl + Ca(OH)_2 \longrightarrow 2CH_2 - CH_2 + CaCl_2 + 2H_2O$$
$$\underset{O}{\diagdown\diagup}$$

  • 에틸렌의 직접산화법

$$CH_2 = CH_2 + O_2 \xrightarrow{\quad Ag \quad} CH_2 - CH_2$$
$$\underset{O}{\diagdown\diagup}$$
산화에틸렌

  ㉡ 용도 : 에틸렌글리콜 계면활성제의 제조원료로 쓰이며, HCN과 반응하
  여 아크릴로니트릴을 만들 수 있다.

③ 에틸렌글리콜

$$\underset{O}{CH_2 - CH_2} + H_2O(과량) \longrightarrow \underset{OH \quad OH}{CH_2 - CH_2} \quad \boxed{산화에틸렌의 수화반응}$$

에틸렌글리콜

ⓛ 용도

- 부동액에 많이 쓰인다.
- 테레프탈산과 에틸렌글리콜을 합성시켜 폴리에스테르계(PET) 섬유의 합성원료로 쓰인다.

④ 아크릴로니트릴

$$\underset{O}{CH_2 - CH_2} \xrightarrow{HCN} HOCH_2CH_2CN \longrightarrow \underset{CN}{CH_2 = CH}$$

아크릴로니트릴

⑤ 염화비닐

ⓛ 아세틸렌법

$$CH \equiv CH + HCl \xrightarrow{HgCl_2} CH_2 = CHCl$$

ⓛ $CH_2 = CH_2 + Cl_2 \longrightarrow CH_2Cl - CH_2Cl$

$CH_2Cl - CH_2Cl \longrightarrow \underset{Cl}{CH_2 = CH} + HCl$

염화비닐

⑥ 염화비닐리덴

ⓛ $\underset{Cl}{CH_2 = CH} \xrightarrow{Cl_2} CH_2Cl - CH_2Cl \xrightarrow[- HCl]{Ca(OH)_2} CH_2 = CCl_2$

ⓛ 용도 : 대부분의 합성섬유, 포장용 필름, 염화비닐리덴섬유는 어망, 방충망, 텐트 등에 쓰인다.

⑦ 비닐아세테이트($\underset{CH_3COO}{CH = CH_2}$, 초산비닐, Vinyl Acetate)

ⓛ $CH \equiv CH + CH_3COOH \rightarrow CH_3COOCH = CH_2$

ⓛ 와커법 이용

$CH_2 = CH_2 + PdCl_2 + 2CH_3COONa$

$\rightarrow CH_3COOCH = CH_2 + 2NaCl + Pd + CH_3COOH$

ⓛ 용도 : 비닐론, 섬유, 접착제, 도료

⑧ 에탄올(CH_3CH_2OH, Ethanol)

　㉠ 에틸렌을 황산에 흡수시켜 가수분해하는 방법(황산법)

$$CH_2 = CH_2 \xrightarrow{H_2SO_4} CH_3CH_2OSO_3H \xrightarrow{H_2O} CH_3CH_2OH$$

　　　　　　　　　　　황산에스테르

　㉡ 에틸렌을 인산촉매를 사용하여 직접 수화하는 방법(직접법)

$$CH_2 = CH_2 + H_2O \xrightarrow{H_3PO_4} C_2H_5OH$$

　㉢ 용도

　　• 아세트알데히드와 아세트산 생산의 원료로 사용

　　• 표면 코팅이나 화장품에 대한 용매로 사용

⑨ 스티렌(Styrene)의 제조

　㉠ 액상법(Dow 법) : $AlCl_3$ 촉매

　㉡ 기상법 : 고체인산촉매

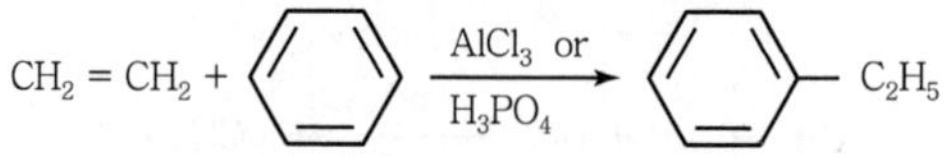

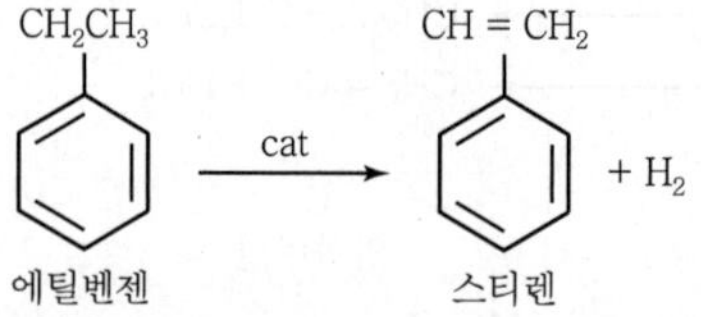

　㉢

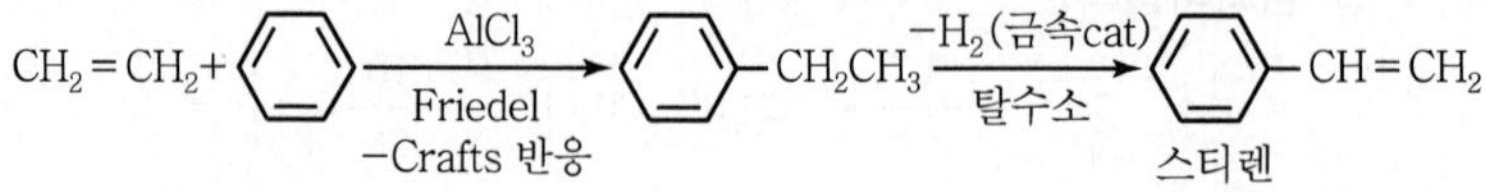

(3) 프로필렌으로부터의 유도체

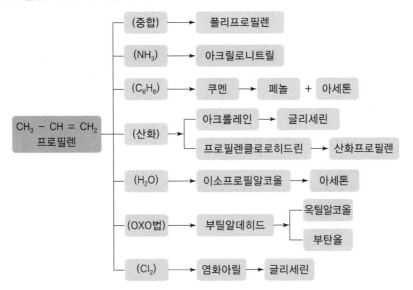

① 아크릴산($CH_2 = CH - COOH$, Acrylic Acid)

　㉠ 프로필렌의 산화 : Mo(몰리브덴) 촉매

$$CH_2 = CH - CH_3 \xrightarrow[\substack{금속산화물 \\ 촉매}]{O_2} CH_2 = CH - CHO \xrightarrow{\frac{1}{2}O_2} CH_2 = CH - COOH$$
$$\text{아크롤레인} \qquad\qquad \text{아크릴산}$$

　㉡ 아세틸렌의 카르보닐화

　　$Ni(CO)_4$를 사용해서 염산하에서 아세틸렌을 카르보닐화한다.

$$4CH \equiv CH + Ni(CO)_4 + 2HCl + 4H_2O \rightarrow 4CH_2 = CH - COOH + NiCl_2 + H_2$$

　㉢ 용도 : 주로 에스테르화시켜 도료, 접착제, 합성수지의 제조원료로 사용

② 아크릴로니트릴($CH_2 = CH - CN$, Acrylonitrile)

　㉠ 에틸렌옥사이드 − HCN법

$$\underset{O}{CH_2 - CH_2} + HCN \longrightarrow \underset{OH \quad CN}{CH_2 - CH_2} \xrightarrow{-H_2O} CH_2 = CH - CN$$

　㉡ $CH \equiv CH$ HCN법

　　$CH \equiv CH + HCN \rightarrow CH_2 = CH - CN$

　㉢ Sohio법(프로필렌의 Ammoxidation)

　　• 프로필렌, NH_3, 공기를 몰리브덴 − 비스무트 촉매($MoO_3 - Bi_2O_3$) 하에서 $2 \sim 3atm$, $450 \sim 500℃$에서 반응시킨다.

　　• 60% 이상의 아크릴로니트릴 외에 아세토니트릴, HCN이 부생물로 나온다.

PART 1

PART 2

PART 3

PART 4

PART 5

TIP

아크릴산에스테르

($CH_2 = CHCOOR$)

프로필렌을 공기 중에서 산화시켜 알코올과 반응시키면 얻어진다.

TIP

아크릴산에스테르의 공업적 제법

• Reppe법
• 프로필렌의 산화
• 에틸렌시안히드린법

- 원료는 대량생산되고, 아세틸렌, HCN 등은 안전성이 있다.

$$2CH_2 = CH - CH_3 + 2NH_3 + 3O_2 \rightarrow 2CH_2 = CH - CN + 6H_2O$$

ⓔ $CH \equiv CH + HCN \rightarrow CH_2 = CH - CN$

ⓜ 에틸렌의 시안화수소법

$$CH_2 = CH_2 + HCN + \frac{1}{2}O_2 \rightarrow CH_2 = CH - CN + H_2O$$

ⓗ 용도 : 아크릴 섬유, 합성고무, 플라스틱의 중요한 원료

③ 이소프렌

프로필렌을 $SiO_2 - Al_2O_3$ 또는 $MoO_3 - Al_2O_3$ 등의 촉매로 이량화시킨 후 산촉매로 이성질화시키고 $650 \sim 800\,^{\circ}C$에서 탈메탄시킨다.

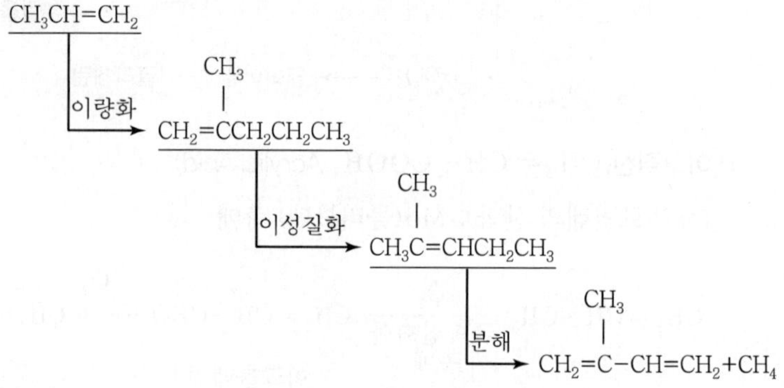

④ 글리세린

염소화법, 산화법, 산화프로필렌법

ⓐ 염소화법

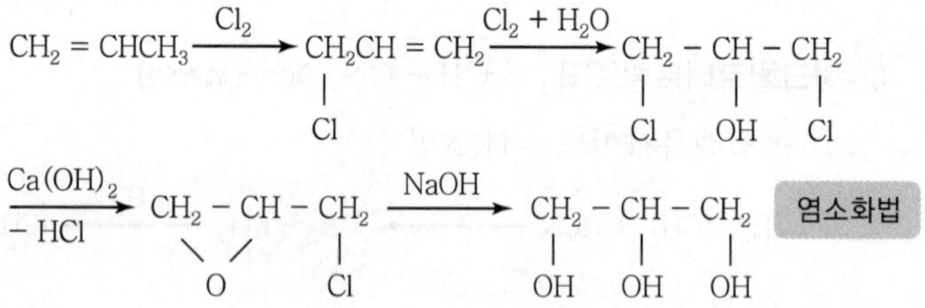

ⓑ 산화법

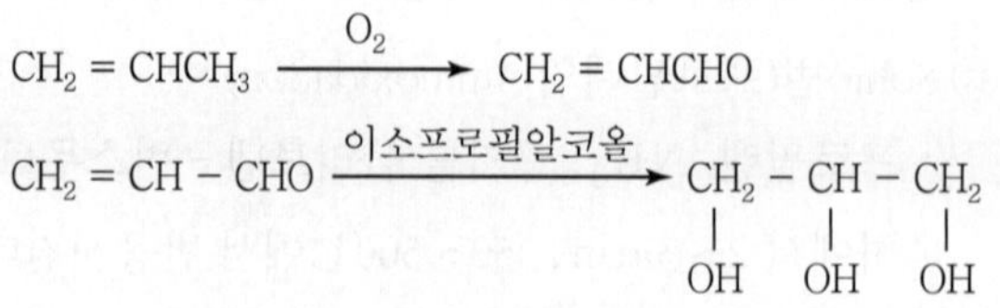

ⓒ 산화프로필렌법

$$CH_2 - CH - CH_3 \xrightarrow[\text{이성질화}]{\text{인산리튬}} CH_2 = CHCH_2OH$$
$$\qquad \diagdown \diagup$$
$$\qquad O$$

$$\xrightarrow[\text{H}_2\text{O}]{\text{HOCl/Na}_2\text{CO}_3} CH_2 - CH - CH_2$$
$$\qquad\qquad\qquad\quad | \quad\ \ | \quad\ \ |$$
$$\qquad\qquad\qquad\ OH \ \ OH \ \ OH$$

ⓓ 용도 : 니트로글리세린, 화장품, 의약품, 합성수지의 원료

⑤ 산화프로필렌($CH_3CH - CH_2$, Propylene Oxide)
$\qquad\qquad\qquad\quad \diagdown\diagup$
$\qquad\qquad\qquad\quad O$

ⓐ 클로로히드린법

프로필렌에 HOCl을 반응시켜 α–프로필렌 클로로히드린을 생성한 후에 수산화칼슘을 도입해 제조한다.

$$Cl_2 + H_2O \rightleftharpoons HOCl + HCl$$

$$CH_2 = CHCH_3 + HOCl \longrightarrow CH_2 - CHCH_3 + CH_2OHCHClCH_3$$
$$\qquad\qquad\qquad\qquad\qquad\qquad | \quad\ |$$
$$\qquad\qquad\qquad\qquad\qquad\ Cl \ \ OH$$

90%   10%

$$CH_2CHCH_3 \ or \ CH_2CHCH_3 + NaOH \longrightarrow CH_2 - CHCH_3 + NaCl + H_2O$$
$$\ |\quad |\qquad\qquad\ |\quad\ |\qquad\qquad\qquad\qquad\ \diagdown\diagup$$
$$\ Cl\ OH\qquad\ OH\ Cl\qquad\qquad\qquad\qquad\ O$$

ⓑ $CH_3CH = CH_2 \xrightarrow[\text{Ag}]{\text{O}_2} CH_3 - CH - CH_2$
$\qquad\qquad\qquad\qquad\qquad\qquad\quad \diagdown\diagup$
$\qquad\qquad\qquad\qquad\qquad\qquad\quad O$

⑥ 아세톤(CH_3COCH_3, Acetone)

ⓐ 이소프로필알코올의 탈수소

$$CH_3CHCH_3 \xrightarrow{\text{Ag}} CH_3CCH_3$$
$$\qquad |\qquad\qquad\qquad\qquad \|$$
$$\qquad OH\qquad\qquad\qquad\ O$$

ⓑ 프로필렌에서 직접 제조

ⓒ 쿠멘(Cumene)법

$$\hexagon + CH_2 = CH - CH_3 \longrightarrow \hexagon^{CH(CH_3)_2} \xrightarrow[\text{산처리}]{\text{공기산화}} \hexagon^{OH} + CH_3COCH_3$$
$$\qquad\qquad\qquad\qquad\qquad\qquad\quad \text{쿠멘}\qquad\qquad\quad \text{페놀}\qquad\quad \text{아세톤}$$

ⓓ 용도 : 용제, 부동액, 소독제, 아크릴산 수지의 원료

◇ 2차 알코올

$$CH_3 - CH - CH_3$$
$$\qquad\quad |$$
$$\qquad\quad OH$$
–OH가 붙은 탄소에 R(–CH₃) 2개가 붙은 알코올

💡 TIP ▓▓▓▓▓▓▓▓▓▓▓▓▓▓▓▓

쿠멘

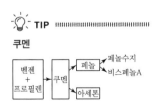

⑦ 부틸알코올($CH_3CH(CH_3)CH_2OH$, Butyl Alcohol)

    ㉠ Oxo 합성법(옥소) ■□□

       • $CO + H_2$: 수성가스(Water Gas)

       • 촉매 : $[Co(CO)_4]_2$ 금속카르보닐 촉매

       • 탄소 수가 하나 더 증가된 알데히드 화합물을 만든다.

$$CH_3CH = CH_2 + CO + H_2 \xrightarrow{CO_2(CO)_8} CH_3CH_2CH_2CHO + (CH_3)_2CHCHO$$

                                     70%   30%

                                      ↓ H_2 ↓ H_2

$$CH_3CH_2CH_2CH_2OH \qquad \begin{matrix} CH_3 \\ \quad \\ CH_3 \end{matrix} \!\! \diagdown_{\diagup} CHCH_2OH$$

    ㉡ Reppe 합성법 ■□□

       • 프로필렌 → 부틸알코올

       • 반응물 : 올레핀 $+ CO + H_2O$

       • 촉매 : 철카르보닐 촉매

$$CH_3CH = CH_2 + 3CO + 2H_2O \xrightarrow{Fe(CO)_5} CH_3CH_2CH_2CH_2OH + \begin{matrix} CH_3 \\ \quad \\ CH_3 \end{matrix} \!\! \diagdown_{\diagup} CHCH_2OH$$

                                            85%   15%

    ㉢ 용도 : 용제

⑧ 옥틸알코올

    부틸알데히드를 알돌축합시킨 후 수소를 첨가한다.

$$CH_3 - CH = CH_2 \xrightarrow[\text{옥소반응}]{CO, H_2} CH_3 - CH_2 - CH_2 - CHO$$

$$2\,CH_3CH_2CH_2CHO \xrightarrow{\text{알돌축합}} \underset{\substack{| \quad | \\ OH \ C_2H_5}}{CH_3CH_2CH_2CHCHCHO}$$

$$\xrightarrow[\ \ ]{-H_2O\ \big|\ H_2}$$

$$\underset{\substack{| \\ C_2H_5}}{CH_3CH_2CH_2CH_2CHCH_2OH}$$

2-Ethyl-Hexanol(2-에틸-헥산올)

③ Oxo 합성법

올레핀과 CO, H_2를 $[Co(CO_4)]_2$ 촉매하에서 $100 \sim 160℃$, $200 \sim 300$ atm으로 반응시키면 탄소 수가 하나 더 증가된 알데히드(Aldehyde) 화합물을 얻는다.

$$[Co(CO)_4]_2 + R - CH = CH_2 \rightarrow Co(CO)_7[R - CH = CH_2] + CO$$
$$Co(CO)_7[R - CH = CH_2] + H_2 \rightarrow Co_2(CO)_6 + R - CH_2CH_2CHO$$
$$Co_2(CO)_6 + 2CO \rightarrow [Co(CO)_4]_2$$

프로필렌을 사용하면 n-부틸알데히드와 이소부틸이 거의 7 : 3의 비율로 생성된다. 이 알데히드를 다시 환원시키면 부탄올이 된다.

© Reppe 합성법

올레핀, H_2O, CO를 철카르보닐 촉매 존재하에 용매, Trimethyl Amin(트리메틸아민) 내에서 반응시켜 에틸렌이 프로필알코올로, 프로필렌이 부틸알코올로, 부틸렌이 아밀알코올로 생성된다.

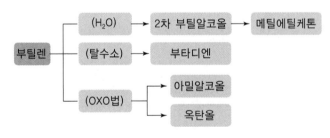

옥소법보다 10배 낮은 압력에서도 반응이 가능하다.

(4) 부틸렌으로부터의 유도체

```
        ┌─(H₂O)─→  2차 부틸알코올  ─→  메틸에틸케톤
부틸렌 ─┼─(탈수소)─→  부타디엔
        └─(OXO법)─┬─→  아밀알코올
                  └─→  옥탄올
```

💡 TIP

부틸렌(부텐, Butylene, C_4H_8)

$$\underset{H}{\overset{H}{>}}C=C\underset{H}{\overset{CH_2-CH_3}{<}}$$

③ 구조이성질체
- α-부틸렌
  $CH_2 = CH - CH_2 - CH_3$
- β-부틸렌
  $CH_3 - CH = CH - CH_3$
- γ-부틸렌
  $$CH_2 = \underset{\underset{CH_3}{|}}{C} - CH_3$$

© 기하이성질체
- cis-β-부틸렌
  $$\underset{CH_3}{\overset{H}{>}}C=C\underset{CH_3}{\overset{H}{<}}$$
- trans-β-부틸렌
  $$\underset{CH_3}{\overset{H}{>}}C=C\underset{H}{\overset{CH_3}{<}}$$

① 부틸알코올

| 1부텐, 2부텐 | 황산흡수법 → | 2차 부틸알코올 |

| 이소부틸렌 | → | 3차 부틸알코올 |

$$CH_3CH_2CH = CH_2 \xrightarrow{H_2SO_4} \underset{\underset{OSO_3H}{|}}{CH_3CH_2CHCH_3} \longrightarrow \underset{\underset{OH}{|}}{CH_3CH_2CHCH_3}$$

2차 부틸알코올

$$\underset{CH_3}{\overset{CH_3}{\diagdown}}C = CH_2 \xrightarrow{H_2SO_4} \underset{CH_3}{\overset{CH_3}{\diagdown}}\underset{\underset{OSO_3H}{|}}{C - CH_3} \xrightarrow{H_2O} \underset{CH_3}{\overset{CH_3}{\diagdown}}\underset{\underset{OH}{|}}{C - CH_3}$$

이소부틸렌

3차 부틸알코올

② 메틸에틸케톤(MEK)

$$\text{2차 부틸알코올} \xrightarrow[-H_2]{\text{탈수소}} \text{메틸에틸케톤}$$

$$\underset{\underset{OH}{|}}{CH_3CH_2CHCH_3} \longrightarrow \underset{\underset{O}{\parallel}}{CH_3CH_2CCH_3}$$

Reference

Wacker법

$$CH_3CH_2CH = CH_2 + PdCl_2 + H_2O \rightarrow \underset{\underset{O}{\parallel}}{CH_3CH_2CCH_3} + Pd + 2HCl$$

③ 이소프렌(Prince 반응)

$$\underset{CH_3}{\overset{CH_3}{\diagdown}}C = CH_2 + 2HCHO \longrightarrow$$

포름알데히드

4,4-Dimethyl-1,3-Dioxane

$$\underset{\underset{CH_3}{|}}{CH_2 = C - CH = CH_2} + H_2O + HCHO$$

Isoprene

④ 부타디엔

$$CH_3CH_2CH_2CH_3 \longrightarrow CH_2 = CHCH = CH_2$$

$$CH_2 = CH - CH = CH_2 \xrightarrow{Cl_2} CH_2CHCH = CH_2 + ClCH_2 - CH = CH - CH_2Cl$$

$$\begin{array}{cc} | & | \\ Cl & Cl \end{array}$$

$$\xrightarrow{-HCl} CH_2 = C - CH = CH_2$$

$$\begin{array}{c} | \\ Cl \end{array}$$

클로로프렌

⑤ 아디포니트릴($NC(CH_2)_4CN$)

㉠ $CH_2 = CH - CH = CH_2 + Cl_2$

$$\longrightarrow ClCH_2 - CH = CH - CH_2Cl + ClCH_2 - CH - CH = CH_2$$

디클로로부텐 $\begin{array}{c} | \\ Cl \end{array}$

$$\xrightarrow{HCN} NCCH_2CH_2CH = CHCN$$

$$\xrightarrow[\text{이성질화}]{NaOH} NCCH_2CH = CHCH_2CN \xrightarrow{H_2} NC(CH_2)_4CN$$

㉡ 용도 ▣▣▣

헥사메틸렌디아민(나일론 6.6의 주원료)의 합성 원료로 사용

$$HOOC(CH_2)_4COOH + 2NH_3 \longrightarrow NC(CH_2)_4CN + 4H_2O \xrightarrow{H_2} H_2N - (CH_2)_6 - NH_2$$
아디프산 $\qquad\qquad\qquad\qquad\qquad\qquad\qquad\qquad\qquad$ 헥사메틸렌디아민

$$HOOC(CH_2)_4COOH + H_2N(CH_2)_6NH_2 \longrightarrow \left[\begin{array}{c} O \\ \| \\ C - (CH_2)_4 \end{array} \begin{array}{c} OH \\ \|\| \\ CN(CH_2)_6NH \end{array} \right]$$
아디프산 $\quad$ 헥사메틸렌디아민 $\qquad\qquad$ Nylon 6,6

(5) 벤젠으로부터의 유도체

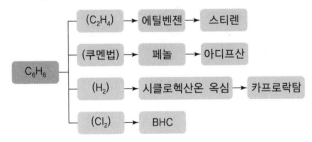

① 스티렌(Stylene, $C_6H_5 - CH = CH_2$)

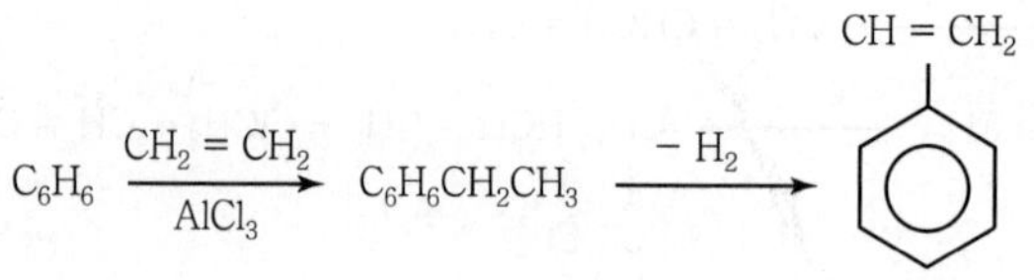

$$C_6H_6 \xrightarrow[\text{AlCl}_3]{CH_2 = CH_2} C_6H_6CH_2CH_3 \xrightarrow{- H_2}$$
（벤젠고리 CH＝CH₂）

◆ 페놀(석탄산)

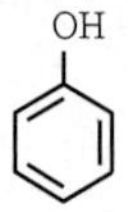

② 페놀(Phenol)

㉠ 황산화법

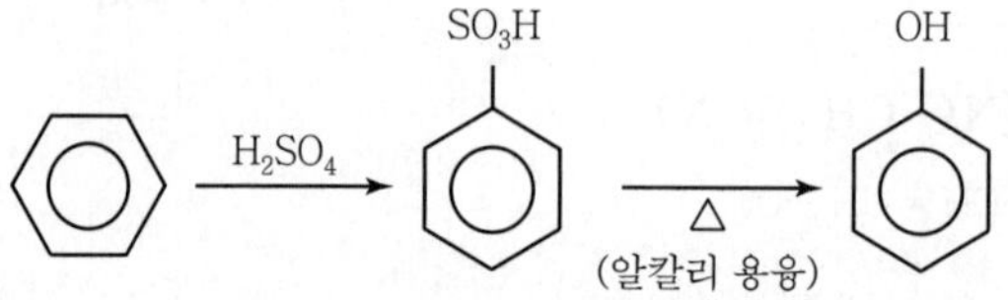

（벤젠）$\xrightarrow{H_2SO_4}$（SO₃H）$\xrightarrow[\text{(알칼리 용융)}]{\triangle}$（OH）

㉡ 염소화법(구 Dow법)

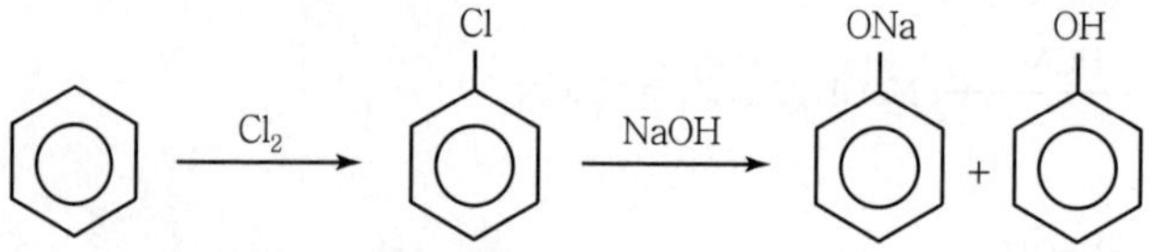

（벤젠）$\xrightarrow{Cl_2}$（Cl）$\xrightarrow{NaOH}$（ONa）+（OH）

㉢ Raschig법

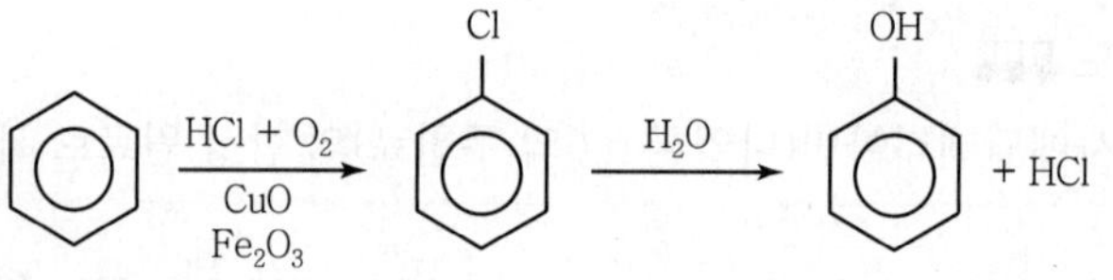

（벤젠）$\xrightarrow[\substack{CuO \\ Fe_2O_3}]{HCl + O_2}$（Cl）$\xrightarrow{H_2O}$（OH）+ HCl

㉣ 쿠멘법

（벤젠）$\xrightarrow{CH_2 = CH - CH_3}$（CH₃－CH－CH₃）→（OH）Phenol + $CH_3 - \overset{O}{\overset{\|}{C}} - CH_3$ Acetone

$$\longrightarrow HO - \text{（고리）} - \overset{\overset{CH_3}{|}}{\underset{\underset{CH_3}{|}}{C}} - \text{（고리）} - OH$$

Bisphenol A

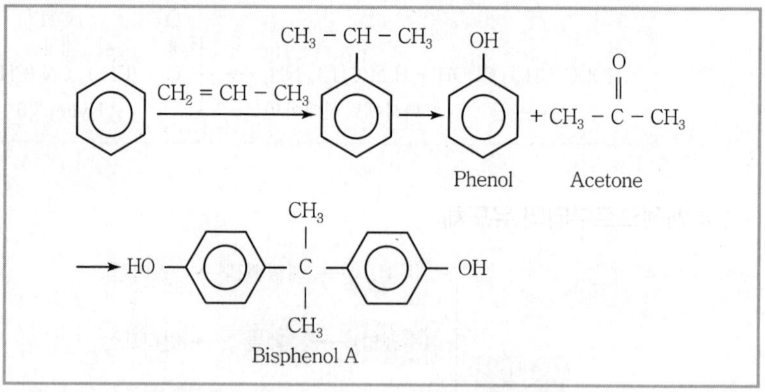

㉤ 벤조산의 산화

（CH₃ 톨루엔）$\xrightarrow{[O]}$（COOH 벤조산）$\xrightarrow{O_2}$[（COOH / OH）]$\xrightarrow{- CO_2}$（OH）

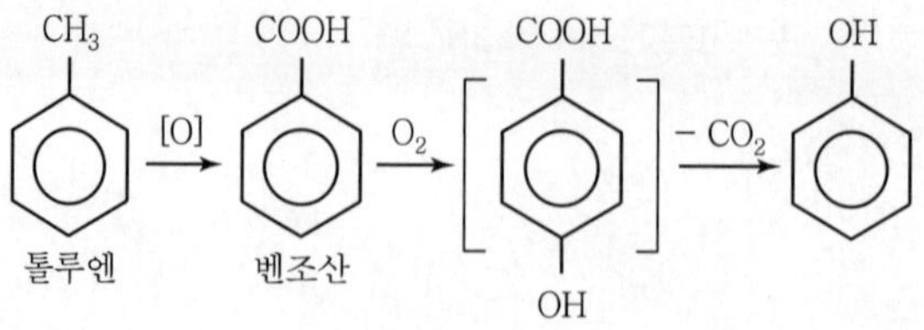

③ 시클로헥산(Cyclohexane), 시클로헥사논(Cyclohexanone)

    ㉠ 벤젠 또는 페놀의 수소 첨가 → 시클로헥산

    ㉡ 페놀의 수소첨가 → 탈수소(2단계법)

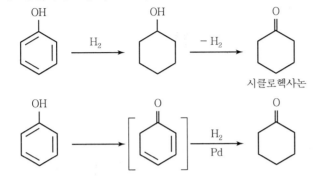

    시클로헥사논

    ㉢ 용도 : Cyclohexanone을 산화시켜 카프로락탐을 제조하는 데 사용

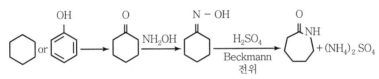

        시클로헥사논 시클로헥사논옥심

④ ε – 카프로락탐(ε – caprolactam)

    ㉠

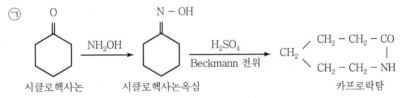

    시클로헥사논   시클로헥사논옥심   카프로락탐

    ㉡ 카프로락탐의 개환중합반응으로 Nylon 6을 생성한다.

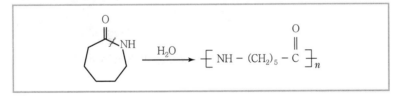

⑤ 말레산 무수물(Maleic Anhydride) ▨▨▨

    ㉠ 벤젠의 공기산화법

    벤젠을 $Si – Al_2O_3$ 담체로 한 V_2O_5 촉매로 공기산화시켜 만든다.

$$\bigcirc + 4.5O_2 \xrightarrow[400\sim500\,\text{℃}]{V_2O_5(\text{cat})} \begin{matrix} CH-CO \\ \parallel \\ CH-CO \end{matrix} \rangle O + 2H_2O + 2CO_2$$

                          말레산 무수물

PART 1

PART 2

PART 3

PART 4

PART 5

TIP ‖‖‖‖‖‖‖‖‖‖‖‖‖‖‖‖‖‖‖‖

Beckmann 전위
옥심이 아마이드(Amide)로 산촉매하에서 자리를 옮김

❖ 아마이드(Amide)
암모니아 또는 아민의 수소원자가 산기(아실기)나 금속원자로 치환된 물질
예 $RCONH_2$, $RCONHR'$

TIP ‖‖‖‖‖‖‖‖‖‖‖‖‖‖‖‖‖‖‖‖

카프로락탐

$$\begin{matrix} (CH_2)_5 \\ \diagup\;\diagdown \\ CO-NH \end{matrix} = \quad \text{[고리구조]}\;NH$$
카프로락탐

© 부텐의 산화법

$$CH_3 - CH = CH - CH_3 + O_2 \xrightarrow[\substack{425\sim480℃ \\ 10\sim15psi}]{\text{Al}_2\text{O}_3 \text{ 담체로 한 V}_2\text{O}_5 \text{ 촉매}} \begin{array}{c} CH - CO \\ \| \qquad\qquad O \\ CH - CO \end{array}$$

말레산 무수물

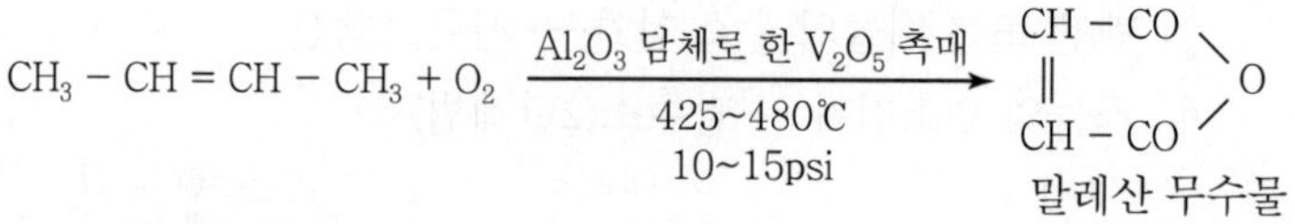

⑥ 아디프산(Adipic Acid)

Nylon 6.6의 중요한 원료이며, 가소제, 폴리에스테르, 폴리우레탄용으로 이용된다.

㉠ 페놀로부터 합성

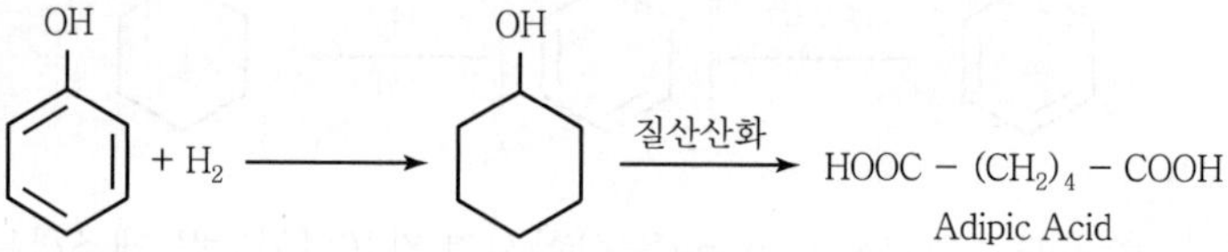

+ H_2 ⟶ [사이클로헥산올] $\xrightarrow{\text{질산산화}}$ HOOC − (CH_2)_4 − COOH

Adipic Acid

㉡ 벤젠으로부터 합성

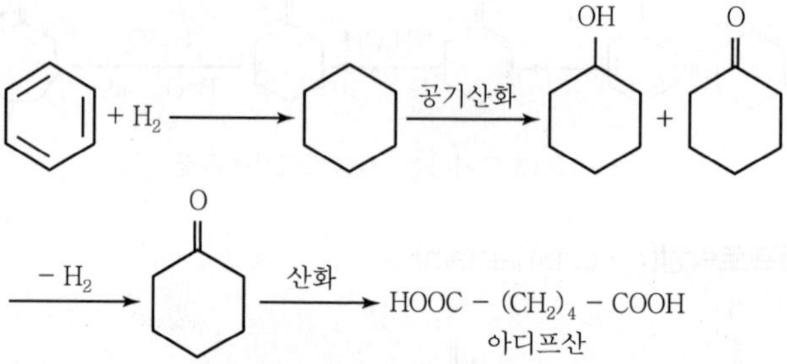

+ H_2 ⟶ $\xrightarrow{\text{공기산화}}$ +

− H_2 ⟶ $\xrightarrow{\text{산화}}$ HOOC − (CH_2)_4 − COOH

아디프산

(6) 톨루엔으로부터의 유도체

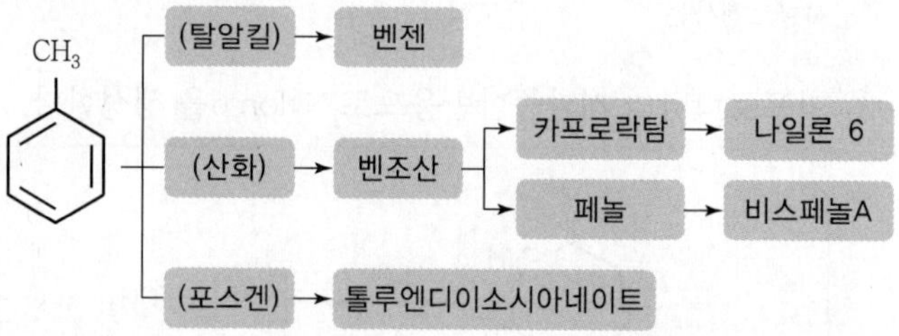

CH_3
(탈알킬) → 벤젠
(산화) → 벤조산 → 카프로락탐 → 나일론 6
→ 페놀 → 비스페놀A
(포스겐) → 톨루엔디이소시아네이트

① 벤젠

톨루엔은 비교적 적게 쓰이므로 탈알킬화하여 벤젠을 만들어 이용한다.

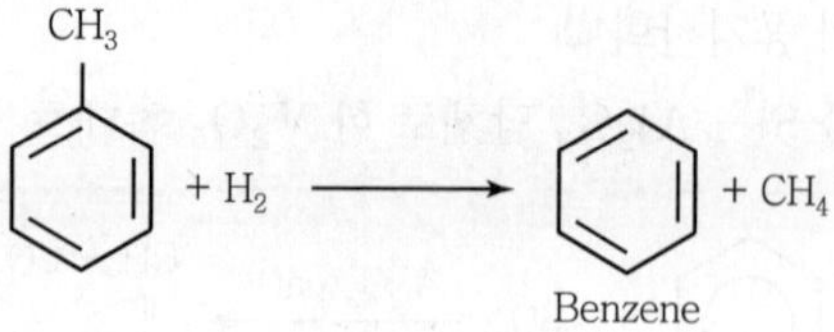

CH_3
+ H_2 ⟶ + CH_4
Benzene

② 벤즈알데하이드

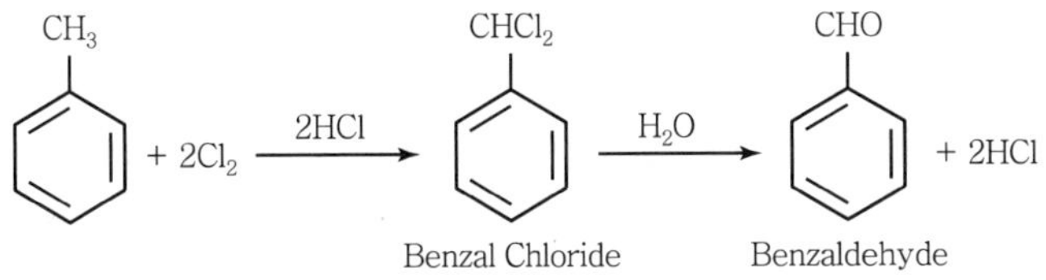

③ 벤조산

V_2O_5를 촉매로 쓰는 기상산화법과 나프텐산코발트나 망간염을 촉매로 하는 액상산화법이 있다.

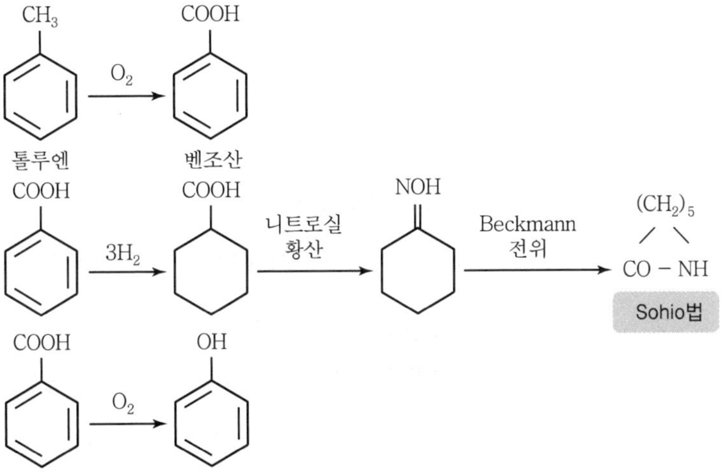

④ 톨루엔 디이소시아네이트(TDI : Toluene Dissoyanate)

톨루엔 $\xrightarrow{\text{니트로화}}$ 디니트로톨루엔 $\xrightarrow{\text{수소화}}$ 톨루엔디아민 $\xrightarrow[\text{COCl}_2]{\text{포스겐화}}$ TDI 생성

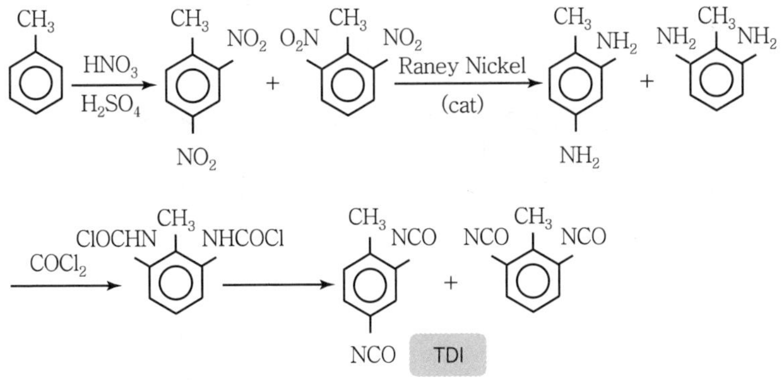

⑤ TNT(Trinitrotoluene)

㉠

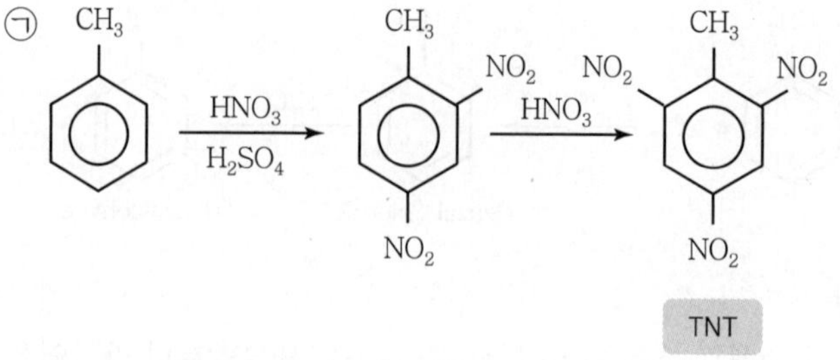

㉡ 성질 : 폭약
- TNT는 피크린산에 비해 안전하다.
- 광산과 같은 민간용 폭약으로는 NH_4NO_3(질산암모늄)이 사용되고 있다.
- 물에는 거의 녹지 않으나 벤젠, 에테르에는 잘 녹는다.

(7) 크실렌(Xylene)으로부터의 유도체

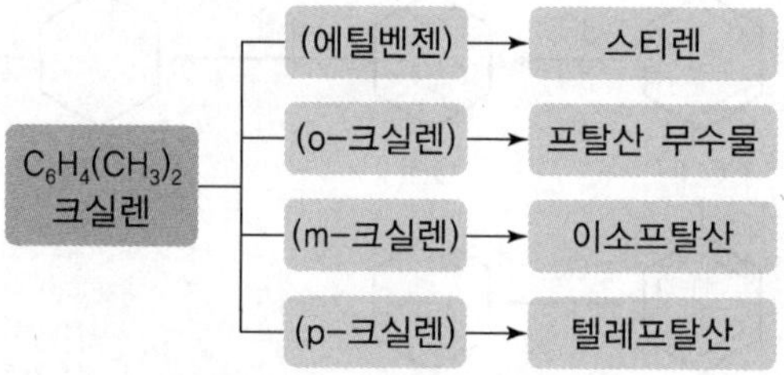

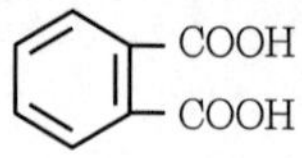

① 프탈산 무수물(Phthalic Anhydride) ▣▣▣

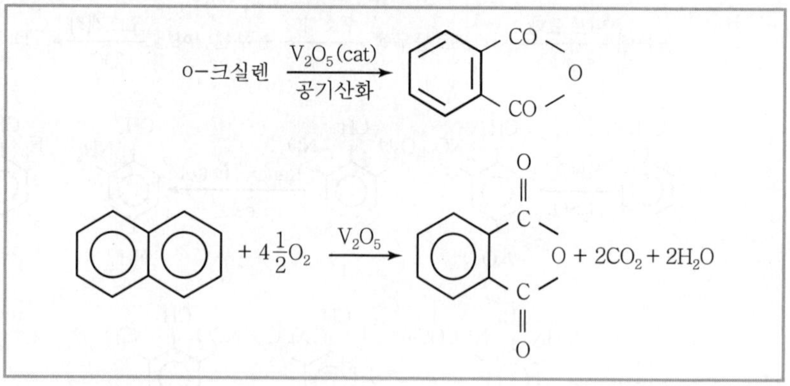

❖ 피크린산

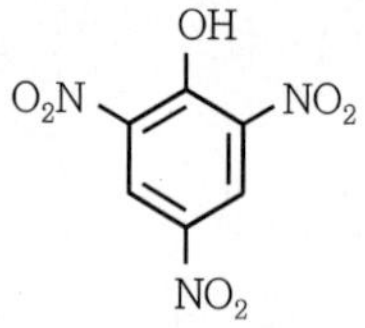

❖ 크실렌
크실렌 = 자일렌 = Xylene

❖ 프탈산

② 이소프탈산(Isophthalic Acid) ▦▦▦

㉠

m-크실렌 → 이소프탈산

초산코발트, 망간(cat)
200℃, 27atm
공기산화

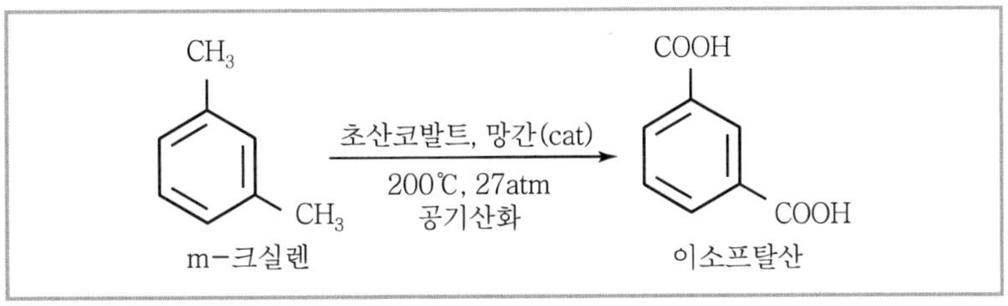

㉡ 개질 폴리에스테르 섬유, 알키드수지, 불포화 폴리에스테르

③ 테레프탈산(Terephthalic Acid)

㉠ p−크실렌(p−xylene)의 질산산화법 ▦▦▦

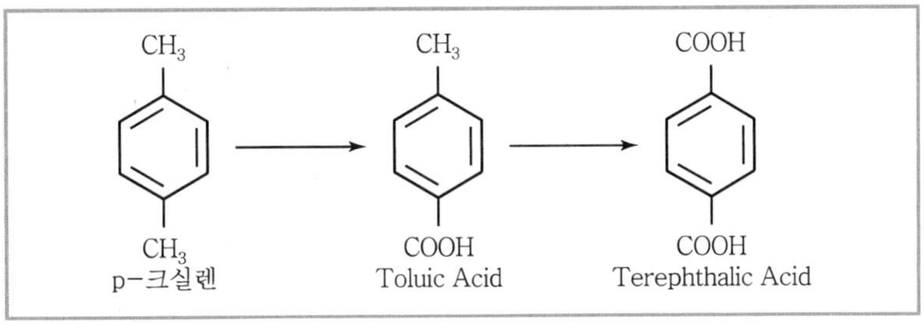

p-크실렌 → Toluic Acid → Terephthalic Acid

㉡ Henkel법(이성화법)

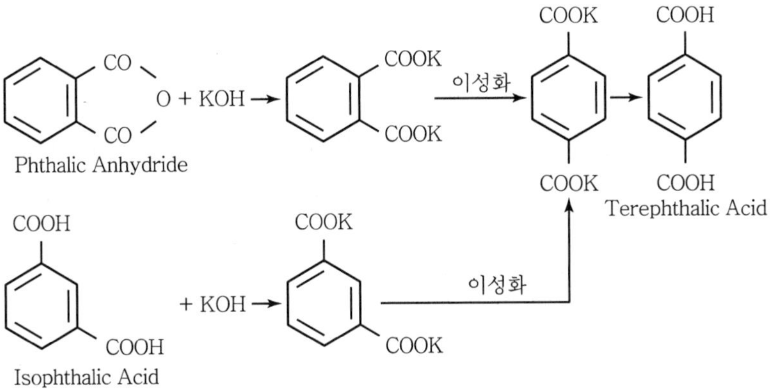

Phthalic Anhydride + KOH → 이성화 → Terephthalic Acid

Isophthalic Acid + KOH → 이성화

㉢ 용도 : 폴리에틸렌의 원료

(8) 메탄으로부터의 유도체

천연가스는 땅속에서 산출되는 메탄을 주성분으로 하는 가연성 가스이며, 건성 가스와 습성 가스로 분류된다.

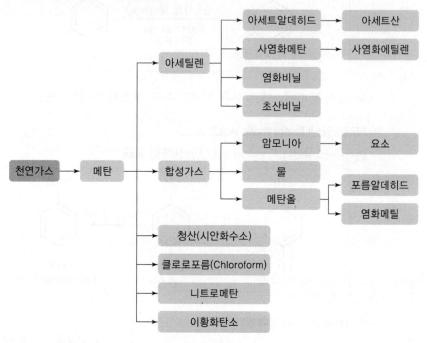

① 합성가스의 제조

    ㉠ H_2와 CO의 혼합가스, 수성가스(Water Gas)

    ㉡ 석탄, Cokes의 분해 시 C 1mol에 대해 CO 1mol, H_2 1mol이 생성된다.
        그러나 메탄에서는 CO 1mol과 H_2 3mol이 생성되는 이점이 있다.

    ㉢ 메탄올, 암모니아 등의 원료

    ㉣ Oxo 합성, Fischer 합성의 원료가스로 이용된다.

$$C + H_2O \rightarrow CO + H_2 - 29kcal$$

$$CH_4 + H_2O \rightarrow CO + 3H_2 - 49.3kcal$$

    ㉤ 합성가스의 제조법

      • 메탄과 수증기의 반응

$$CH_4 + H_2O \rightarrow CO + 3H_2$$

$$CH_4 + 2H_2O \rightarrow CO_2 + 4H_2$$

      • 메탄과 탄산가스의 반응

$$CH_4 + CO_2 \rightarrow 2CO + 2H_2$$

      • 메탄의 부분산화반응

$$2CH_4 + O_2 \rightarrow 2CO + 4H_2$$

◈ 수성가스(Water Gas)

H_2, CO

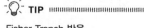 TIP

Fisher Tropsh 반응

• 석탄을 탄화수소로 만드는 반응

• $nCO + (2n+1)H_2$
  $\xrightarrow[\text{코발트촉매}]{\text{철, 니켈,}} C_nH_{2n+2} + nH_2O$

(CO + H_2 → 지방족 탄화수소)

② 합성가스를 이용한 공정 – 암모니아(Ammonia, NH_3)

Haber – Bosch법(하버 – 보시법)을 이용하며, 고온, 고압에서 철 촉매를 사용하여 암모니아를 대량 합성한다.

$$3H_2 + N_2 \rightleftharpoons 2NH_3$$

$$2NH_3 + CO_2 \longrightarrow \underset{\text{Ammonium Carbamate}}{NH_2COONH_4} \xrightarrow{-H_2O} \underset{\text{Urea}}{NH_2CONH_2}$$

$$6NH_2CONH_2 \longrightarrow \underset{\text{Melamine}}{\text{[triazine ring structure]}} + 6NH_3 + 3CO_2$$

◆ Haber – Bosch법
• 질소와 수소로부터 암모니아를 대량 생산하는 방법
• 고온, 고압에서 철 촉매 사용

③ 합성가스를 이용한 공정 – 메탄올(Methanol, CH_3OH)

$$\underset{\text{Methane}}{CH_4} \xrightarrow{H_2O} \underset{\text{합성가스}}{H_2 + CO}$$

$\xrightarrow{\text{cat}} CH_3OH \,(\text{Methanol})$

$\xrightarrow{H_2O} CO_2 + H_2 \xrightarrow{N_2} NH_3$ 암모니아, 암모니아 유도체

$CH_2 = CH - CH_3 \longrightarrow CH_3 - CH_2 - CH_2 - \overset{O}{\overset{\|}{C}} - H$ n – Butylaldehyde

㉠ 포름알데히드($HCHO$)의 제조

$$H_2 + CO \rightarrow CH_3OH \rightarrow HCHO$$

용도 : 우레아, 페놀 – 포름알데히드 수지, 아세틸렌류의 제조에 이용

㉡ 아세트산의 제조

$$CH_3OH \longrightarrow CH_3\overset{O}{\overset{\|}{C}}OH \xrightarrow[\text{CuCl}_2, \text{PdCl}_2]{CH_2 = CH_2, O_2} \underset{\text{Vinyl Acetate}}{CH_3\overset{O}{\overset{\|}{C}} - O - CH = CH_2}$$

용도 : 아세트산 비닐수지의 원료인 비닐아세테이트 생산에 사용

④ 염화메탄

㉠ 염화메탄 : $CH_3OH + HCl \rightarrow CH_3Cl + H_2O$

㉡ $CH_3Cl + Cl_2 \xrightarrow[\text{HCl}]{} \underset{\text{이염화메탄}}{CH_2Cl_2} \xrightarrow[\text{HCl}]{} CHCl_3$

$\xrightarrow[-2HCl]{2HF} CHClF_2 \rightarrow F_2C = CF_2 + 2HCl$
테플론(Teflon) 제조를 위한 단량체

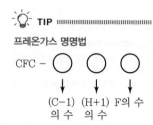
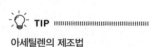
ⓒ 냉매

프레온가스의 관용명 : $CFC-12(CCl_2F_2)$, $CFC-11(CCl_3F)$

$CFC-113(CCl_2FCClF_2)$

⑤ 아세틸렌(Acetylene, $CH \equiv CH$)의 합성

　㉠ 메탄의 열분해

　　$2CH_4 \rightarrow CH \equiv CH + 3H_2$

　　1,500℃의 고온에서 짧은 시간 동안 열분해시켜 제조한다.

　㉡ BASF법 : 천연가스(제유소 가스, 나프타 등)와 산소를 연소시킨다.

(9) 아세틸렌으로부터의 유도체

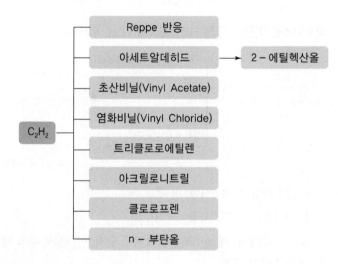

① Reppe 반응 ▮▮▮

　㉠ 비닐화(Vinylzation)

　　$CH \equiv CH + CH_3OH \xrightarrow{KOH} CH_2 = CH$
　　아세틸렌　　　　　　　　　　　　　|
　　　　　　　　　　　　　　　　　　OCH_3
　　　　　　　　　　　　　　　메틸비닐에테르

　㉡ 에티닐화(Ethynylization)

　　$CH \equiv CH + HCHO \longrightarrow CH \equiv C - CH_2OH \xrightarrow{HCHO} HOCH_2C \equiv CCH_2OH$
　　　　　　　　　포름알데히드　　　　　　　　　　　　　　　　　1,4−다이히드록시2부틴

❖ 카르보닐기

　$\overset{\diagdown}{\underset{\diagup}{}}C=O$

　㉢ 카르보닐화(Carbonylation)

　　$CH \equiv CH + CO + ROH \longrightarrow CH_2 = CH - COOR$
　　　　　　　　　　　　　　　　　　　　아크릴산에스테르

ㄹ 고리화(환화중합)

$$4CH \equiv CH \longrightarrow \begin{array}{c} CH = CH \\ / \quad \backslash \\ CH \quad\quad CH \\ \parallel \quad\quad \parallel \\ CH \quad\quad CH \\ \backslash \quad / \\ CH = CH \end{array} \quad \left[\bigcirc \right]$$

Cyclooctatetraene

② 아세트알데히드

ㄱ 아세틸렌의 수화반응(수은염 촉매)

$$CH \equiv CH + H_2O \rightarrow CH_3CHO$$

ㄴ 아세트알데히드로부터 아세트산(식초산) 합성

$$CH_3CHO + \frac{1}{2}O_2 \rightarrow CH_3COOH$$

ㄷ 알돌 축합에 의한 n − 부탄올의 합성

$$CH_3CHO + CH_3CHO \xrightarrow{\text{알돌 축합}} \underset{\underset{OH}{|}}{CH_3CH} - CH_2CHO$$

$$\xrightarrow{-H_2O} CH_3CH=CHCHO \xrightarrow{H_2} CH_3CH_2CH_2CH_2OH$$

③ 초산비닐(비닐아세테이트)

폴리비닐아세테이트(PVAc), 폴리비닐알코올(PVA)의 원료인 초산비닐을 합성한다.

$$CH \equiv CH + CH_3COOH \longrightarrow \underset{\underset{OCOCH_3}{|}}{CH_2 = CH}$$

④ 염화비닐

ㄱ 공업적으로 기상 아세틸렌법이 이용된다.

$$CH \equiv CH + HCl \longrightarrow \underset{\underset{Cl}{|}}{CH_2 = CH}$$

ㄴ 촉매(Cat) : 식초산아연 − 활성탄 촉매 이용

TIP

Reppe 반응
• 비닐화
• 에티닐화
• 카르보닐화
• 고리화

⑤ 트리클로로에틸렌

㉠ $CH \equiv CH \xrightarrow[\substack{- HCl}]{HCl} CH_2 = CHCl \xrightarrow{Cl_2} CH_2Cl - CHCl_2 \xrightarrow{- HCl} CH_2 = CCl_2$

CH_2ClCH_2Cl

$\xrightarrow{Cl_2} CH_2Cl - CCl_3 \xrightarrow{- HCl} CHCl = CCl_2 \xrightarrow[\substack{- HCl}]{+ Cl_2} CCl_2 = CCl_2$

Trichloroethylene   Perchloroethylene

㉡ 용도

- 트리클로로에틸렌 : 기계, 금속류 표면의 기름 제거용 세척제
- 퍼클로에틸렌 : 드라이클리닝용 세척제

⑥ 아크릴로니트릴

㉠ 아세틸렌 + 시안화수소(청산) $\xrightarrow{\text{액상법}}$ 아크릴로니트릴

$CH \equiv CH + HCN \xrightarrow{CuCl} CH_2 = CHCN$

㉡ 아세트알데히드 + 시안화수소 $\longrightarrow$ 아크릴로니트릴

$CH_3CHO + HCN \longrightarrow \underset{\substack{| \\ CN}}{CH_2 = CH} + H_2O$

실전문제

01 가솔린 유분 중에서 휘발성이 높은 것을 의미하고 한국 및 유럽의 석유화학공업에서 분해에 의해 에틸렌 및 프로필렌 등의 제조에 주된 공업원료로 사용되고 있는 것은?

① 경유   ② 등유
③ 나프타   ④ 중유

해설

나프타
가솔린 유분과 실질적으로 동일하며, 석유화학원료로 사용된다.

02 니트로화합물 중 트리니트로톨루엔에 관한 설명으로 틀린 것은?

① 물에 매우 잘 녹는다.
② 톨루엔을 니트로화하여 제조할 수 있다.
③ 폭발물질로 많이 이용된다.
④ 공업용 제품은 담황색 결정형태이다.

03 다음 중 주로 아스팔트 도로 포장에 사용되는 것은?

① 천연 아스팔트   ② 직류 아스팔트
③ 카본블랙   ④ 파라핀 왁스

해설

• 직류 아스팔트 : 도로 포장용
• 블론 아스팔트 : 전기절연, 방수

04 다음 중 석유류의 불순물인 황, 질소, 산소 제거에 사용되는 방법은?

① Coking Process   ② Visbreaking Process
③ Hydrotreating Process   ④ Isomerization Process

해설

수소화처리법
• 석유류의 S, N, O, 할로겐 제거
• 촉매 : Co − Ni − Mo

05 석유류에서 접촉분해 반응의 특징이 아닌 것은?

① 고체산을 사용한다.
② 대부분의 반응은 라디칼 기구로서 진행한다.
③ 디올레핀은 거의 생성되지 않는다.
④ 분해 생성물은 탄소 수 3개 이상의 탄화수소가 많이 생성된다.

해설

㉠ 열분해(라디칼 반응)
• $R − CH_2 − CH_2 − CH_2 − R' \rightarrow R − CH = CH_2 + CH_3 − R'$
• 올레핀 생성
㉡ 접촉분해
• 실리카알루미나를 촉매로 사용
• 탄소 수 3개 이상 탄화수소, 방향족 탄화수소가 많이 생긴다.
• 이온반응 메커니즘

06 석유 · 석탄 등의 화석연료 이용 효율 및 환경오염에 대한 설명으로 옳은 것은?

① CO_2의 배출은 오존층 파괴의 주원인이다.
② CO_2와 SO_x는 광화학 스모그의 주원인이다.
③ NO_x는 산성비의 주원인이다.
④ 열에너지로부터 기계에너지로의 변환효율은 100%이다.

정답   01 ③   02 ①   03 ②   04 ③   05 ②   06 ③

- 오존층 파괴의 주원인 : 프레온 가스
- 광화학 스모그의 주원인 : NO_x, SO_x
- 산성비의 주원인 : CO_2, NO_x(질소산화물), SO_x(황산화물)

07 옥탄가에 대한 설명으로 틀린 것은?

① 이소옥탄의 옥탄가를 0으로 하여 기준치로 삼는다.
② 가솔린의 안티노크성(Antiknock Property)을 표시하는 척도이다.
③ n − 헵탄과 이소옥탄의 비율에 따라 옥탄가를 구할 수 있다.
④ 탄화수소의 분자구조와 관계가 있다.

해설

이소옥탄의 옥탄가를 100, n − 헵탄의 옥탄가를 0으로 한다.

08 다음 중 옥탄가가 가장 낮은 것은?

① 직류 가솔린
② 접촉분해 가솔린
③ 중합 가솔린
④ 알킬화 가솔린

해설

옥탄가
- n − 파라핀 < 올레핀 < 나프텐계 < 방향족
- n − 파라핀은 탄소 수가 적을수록 옥탄가가 높다.
- iso − 파라핀은 가지가 많고 중앙부에 집중할수록 옥탄가가 높다.

09 레페(Reppe) 합성반응을 크게 4가지로 분류할 때 해당하지 않는 것은?

① 알킬화 반응
② 비닐화 반응
③ 고리화 반응
④ 카르보닐화 반응

해설

Reppe 합성반응
- 비닐화
- 카르보닐화
- 고리화(환화)
- 에티닐화

10 프로필렌, CO 및 H_2의 혼합가스를 촉매하에서 고압으로 반응시켜 카르보닐 화합물을 제조하는 반응은?

① 옥소 반응
② 에스테르화 반응
③ 니트로화 반응
④ 스위트닝 반응

해설

Oxo 반응
$$CH_3 - CH = CH_2 + CO + H_2 \rightarrow CH_3 - CH_2 - CH_2 - CHO$$
올레핀 $+ CO + H_2 \rightarrow$ 탄소 수가 하나 더 증가된 알데히드

11 석유의 불순물로서 원유 중에 약 $0.1 \sim 5wt\%$ 정도 포함되어 있으며 공해문제와 장치 부식 등 장애의 원인이 되는 것은?

① 산소화합물
② 탄소화합물
③ 황화합물
④ 수소화합물

해설

황화합물
장치 부식, 악취 발생, 공해문제 등의 원인이 되므로 정제해야 한다.

12 다음 중 일반적으로 에틸렌으로부터 얻는 제품으로 가장 거리가 먼 것은?

① 에틸벤젠
② 아세트알데히드
③ 에탄올
④ 염화알릴

해설

13 다음과 같은 과정에서 얻어지는 물질로 ( ) 안에 알맞은 것은?

$$CH_2 = CH_2 \xrightarrow[Ag]{O_2} CH_2 = CH_2 \text{ (O)} \xrightarrow{H_2O} \text{ ( )}$$

① 에탄올
② 에텐디올
③ 에틸렌글리콜
④ 아세트알데히드

[해설]

$$CH_2 = CH_2 \text{ (O)} \xrightarrow{H_2O} CH_2 - CH_2$$
$$\underset{\text{산화에틸렌}}{} \qquad \underset{\text{에틸렌글리콜}}{\underset{OH \quad OH}{|\quad\quad|}}$$

산화에틸렌   에틸렌글리콜

14 다음 중 아세트알데히드를 산화시켜 주로 얻는 물질은?

① 프탈산
② 스티렌
③ 아세트산
④ 피크르산

[해설]

$$CH_2 = CH_2 \xrightarrow{\text{산화}} CH_3CHO \xrightarrow{\text{산화}} CH_3COOH$$

15 아세틸렌에 무엇을 작용시키면 염화비닐이 생성되는가?

① HCl
② Cl_2
③ HOCl
④ KCl

[해설]

$$CH \equiv CH + HCl \rightarrow CH_2 = CH$$
$$\underset{Cl}{\underset{|}{}}$$

16 정유 공정에서 감압증류법을 사용하여 유분을 감압하는 가장 큰 이유는 무엇인가?

① 공정의 압력손실을 줄이기 위해

② 석유의 열분해를 방지하기 위해
③ 안전한 공정을 진행하기 위해
④ 제품의 점도를 낮추기 위해

[해설]

감압증류
상압증류의 잔유에서 윤활유 같은 비점이 높은 유분을 얻을 때 사용한다.

17 아크릴산에스테르의 공업적 제법과 가장 거리가 먼 것은?

① Reppe 고안법
② 프로필렌의 산화법
③ 에틸렌시안히드린법
④ 에틸알코올법

[해설]

아크릴산에스테르
$$CH_2 = CHCOOR$$

아크릴산에스테르의 공업적 제법
• Reppe법
• 프로필렌의 산화법
• 에틸렌시안히드린법

18 석유정제에 사용되는 용제가 갖추어야 하는 조건이 아닌 것은?

① 선택성이 높아야 한다.
② 추출할 성분에 대한 용해도가 높아야 한다.
③ 용제의 비점과 추출성분의 비점의 차이가 적어야 한다.
④ 독성이나 장치에 대한 부식성이 적어야 한다.

[해설]

용제의 조건
• 원료유와 추출용제 사이의 비중차가 커서 추출할 때 두 액상으로 쉽게 분리되어야 한다.
• 추출성분과 용제의 끓는점 차가 커야 한다.
• 증류로써 회수가 쉬워야 한다.
• 안정해야 하고 추출성분에 대한 용해도가 커야 한다.
• 선택성이 커야 한다.

[정답] 13 ③   14 ③   15 ①   16 ②   17 ④   18 ③

19 다음 중 윤활유 정제에 많이 사용되는 용제(Solvent)는?

① Furfural   ② Benzene

③ Toluene   ④ n－Hexane

해설

용제

푸르푸랄(Furfural), 페놀, 프로판, 페놀＋크레졸

20 아세톤(Acetone)에 과량의 페놀(Phenol)을 섞어 HCl－gas를 포화시킬 때 주로 생성되는 물질은?

① $CH_3CCl_2CH_3$

② HO－⬡－⬡－OH

③ HO－⬡－CH⟨CH_3／CH_3

④ HO－⬡－C(CH_3)(CH_3)－⬡－OH

해설

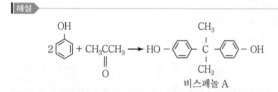

비스페놀 A

21 다음 중 가스용어 "LNG"의 의미에 해당하는 것은?

① 액화석유가스   ② 액화천연가스

③ 고화천연가스   ④ 액화프로판가스

해설

㉠ LNG(Liquefied Natural Gas)
- 액화천연가스
- 메탄이 주성분
- 도시가스

㉡ LPG(Liquefied Petroleum Gas)
- 액화석유가스
- C_3, C_4 탄화수소가 주성분
- 프로판가스, 자동차 연료, 가정용 연료

22 다음 중 탄화수소 중 석유의 원유 성분에 가장 적은 양이 포함되어 있는 것은?

① 나프텐계 탄화수소

② 올레핀계 탄화수소

③ 방향족 탄화수소

④ 파라핀계 탄화수소

해설

- Paraffin계 탄화수소, Cycloparaffin(Naphtene계) : 80~90%
- 방향족계 탄화수소 : 5~15%
- 올레핀계 탄화수소 : 거의 없음

23 다음 중 아세틸렌에 작용시키면 아세틸렌법으로 염화비닐이 생성되는 것은?

① HCl   ② NaCl

③ H_2SO_4 ④ HOCl

해설

$$CH \equiv CH + HCl \longrightarrow CH_2 = CH$$
$$| $$
$$Cl$$

염화비닐

24 다음 중 테레프탈산을 얻을 수 있는 반응은?

① m－크실렌(Xylene) 산화

② p－크실렌(Xylene) 산화

③ 나프탈렌의 산화

④ 벤젠의 산화

해설

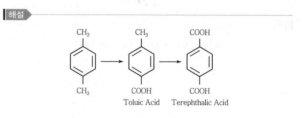

Toluic Acid   Terephthalic Acid

25 석유 중에 황화합물이 다량 들어 있을 때 발생되는 문제점으로 볼 수 없는 것은?

① 장치 부식　　　　② 환원 작용
③ 공해 유발　　　　④ 악취 발생

석유 중 황화합물 존재 시
• 장치 부식
• 공해 유발
• 악취 발생

26 석유계 윤활유로서 온도에 의한 점도의 변화는 적으나 응고점이 높아 저온에서는 사용하기 곤란한 것은?

① 나프텐계 윤활유　　② 방향족계 윤활유
③ 파라핀계 윤활유　　④ 합성 윤활유

파라핀계 윤활유
• 온도에 의한 점도 변화가 적다.
• 응고점이 높다.

27 다음 중 최종 주 생성물로 페놀이 얻어지지 않는 것은?

① 　CH(CH₃)₂ + O₂　$\xrightarrow[\text{4~6atm}]{100\sim120℃}$　10% H₂SO₄

② 　SO₃Na　$\xrightarrow{\text{NaOH}}$　SO₂ + H₂O

③ 　CH₃　$\xrightarrow[\text{Cl}]{h\nu}$　H₂O

④ 　COOH + $\frac{1}{2}$O₂　$\xrightarrow[\text{물}]{\text{벤조산구리 촉매}}$

CH₃ +Cl₂ $\xrightarrow{h\nu}$ CH₂Cl +HCl $\xrightarrow{Cl_2}$ CCl₃ $\xrightarrow{H_2O}$ COOH 벤조산

28 다음 중 페놀을 수소화한 후 질산으로 산화시킬 때 생성되는 주 물질은 무엇인가?

① 프탈산　　　　② 아디프산
③ 시클로헥사놀　　④ 말레산

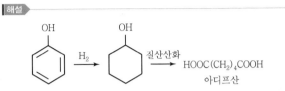

$\text{HOOC(CH}_2)_4\text{COOH}$
아디프산

29 원유 중 함유된 티올(Thiol)류를 산화해 이황화물(RSSR)로 변화시켜 불쾌한 냄새를 제거하는 것은?

① 알킬화법　　　　② 이성화법
③ 스위트닝법　　　④ 수소화 정제법

스위트닝법
부식성과 악취가 있는 메르캅탄, 황화수소, 황 등을 산화하여 이황화물로 만들어 없애는 방법이다.

$$2R-SH+\frac{5}{2}O_2 \rightarrow R-SS-R+H_2O$$

30 Acetylene을 주원료로 하여 수은염을 촉매로 물과 반응시키면 얻어지는 것은?

① Methanol　　　　② Stylene
③ Acetaldehyde　　④ Acetophenone

$$CH \equiv CH + H_2O \xrightarrow{\text{Hg}^+} CH_3CHO$$

31 에텐(C₂H₄)의 부가반응에 의한 생성물은?

① HCHO　　　　② CH₃OH
③ CH₂ = CHCl　　④ CH₃CH₂OH

$$CH_2 = CH_2 + H_2O \rightarrow CH_3CH_2OH$$

정답 ▶ 25 ② 26 ③ 27 ③ 28 ② 29 ③ 30 ③ 31 ④

32 에탄올을 황산 존재하에 브롬화칼륨과 작용시켜 얻을 수 있는 주 생성물은?

① $C_2H_5OC_2H_5$

② C_2H_5Br

③ C_2H_5OBr

④ $C_2H_4Br_2$

해설

$$CH_3CH_2OH + KBr \xrightarrow{H_2SO_4} CH_3CH_2Br + KOH$$

33 다음 중 중질유의 점도를 내릴 목적으로 중질유를 약 20기압과 약 500℃에서 열분해시키는 방법은?

① Visbreaking Process

② Coking Process

③ Reforming

④ Hydrotreating Process

해설

분해
㉠ 열분해
  • Visbreaking(비스브레이킹) : 점도가 높은 찌꺼기유에서 점도가 낮은 중질유를 얻는 방법(470℃)
  • Coking(코킹) : 중질유를 강하게 열분해(1,000℃)시켜 가솔린과 경유를 얻는 방법
㉡ 접촉분해법
  • 등유나 경유를 촉매로 사용하여 분해시키는 방법
  • 이성질화, 탈수소, 고리화, 탈알킬반응이 분해반응과 함께 일어나서 이소파라핀, 고리 모양 올레핀, 방향족 탄화수소, 프로필렌이 생성된다.
㉢ 수소화 분해법(Hydrotreating Process)
  비점이 높은 유분을 고압의 수소 속에서 촉매를 이용하여 분해시켜 가솔린을 얻는 방법

34 고옥탄가의 가솔린을 제조하는 방법인 접촉분해법의 생성물에 대한 설명으로 옳은 것은?

① 올레핀의 생성이 많으며, 열분해법보다 파라핀계 탄화수소가 적다.

② 방향족 탄화수소가 열분해법보다 많다.

③ 코크스, 타르, 탄소질 물질의 석출이 많다.

④ 디올레핀이 많이 생성된다.

해설

접촉분해법
• 열분해법보다 파라핀계 탄화수소가 많다.
• 탄소질 물질의 석출이 적다.
• 디올레핀이 거의 생성되지 않는다.
• 방향족 탄화수소가 많다.

35 석유의 전화법에 해당하지 않는 것은?

① 접촉분해　　　　　② 이성질화

③ 원심분리　　　　　④ 열분해

해설

석유의 전화법
• 분해
• 리포밍(개질)
• 알킬화
• 이성질화

36 무수프탈산으로부터 제조할 수 있고 톨루엔의 액상 공기산화에 의한 방법으로도 제조할 수 있는 것은?

① 페놀　　　　　　　② 쿠멘

③ 아세톤　　　　　　④ 벤조산

해설

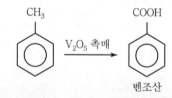

37 도시가스 제조 프로세스 중 접촉분해공정에 대한 설명으로 옳지 않은 것은?

① 일정 온도, 압력하에서 수증기 비를 증가시키면 CH_4, CO_2의 생성이 많아진다.

② 반응압력을 올리면 CH_4, CO_2의 생성이 많아진다.

③ 반응온도를 상승시키면 CO, H_2가 많이 생성된다.

④ 촉매를 사용하여 반응온도는 400~800℃이며 탄화수소와 수증기를 촉매반응시키는 방법이다.

> **해설**

도시가스
- LNG(액화천연가스)
- $CO + H_2O \rightleftharpoons CO_2 + H_2 + Q$(발열반응)
  $CO + 3H_2 \rightleftharpoons CH_4 + H_2O + Q$
  $2CO + 2H_2 \rightleftharpoons CO_2 + CH_4 + Q$

① 일정온도, 일정압력에서 H_2O의 비↑ : CH_4↓, CO↓, CO_2↑, H_2↑

② 반응압력↑ : CH_4↑, CO_2↑, H_2↓, CO↓

③ 반응온도↑ : CH_4↓, CO_2↓, H_2↑, CO↑

38 다음 중 아세트알데히드를 산화시켜 주로 얻는 물질은?

① 프탈산　　　　　② 스티렌

③ 아세트산　　　　④ 피크르산

> **해설**

아세트산의 합성

$$CH_3CHO + \frac{1}{2}O_2 \rightarrow CH_3COOH$$

39 일반적으로 많이 사용하고 있는 페놀의 공업적 제조방법으로 페놀과 아세톤을 동시에 합성할 수 있는 것은?

① Rasching법　　　② Cumene법

③ Dow법　　　　　④ Toluene법

> **해설**

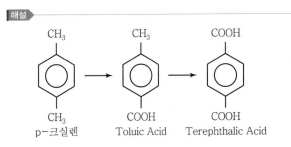

쿠멘법

40 테레프탈산을 공업적으로 제조하는 방법은?

① m-크실렌의 산화

② p-크실렌의 산화

③ 벤젠의 산화

④ 나프탈렌의 산화

> **해설**

p-크실렌 → Toluic Acid → Terephthalic Acid

41 아세톤을 염산 존재하에서 페놀과 작용시켰을 때 생성되는 주물질은?

① 벤조산　　　　　② 벤조페논

③ 벤질알코올　　　④ 비스페놀 A

> **해설**

비스페놀 A

42 디젤 연료의 성능을 표시하는 하나의 척도는?

① 옥탄가   ② 유동점

③ 세탄가   ④ 아닐린점

해설

디젤기관의 착화성을 정량적으로 나타내는 데 이용되는 수치인 세탄가가 클수록 디젤 연료로 좋다.

43 올레핀을 코발트 촉매 존재하에서 고압반응시켜 알데히드를 합성하는 반응은?

① 쿠멘(Cumene) 반응

② 옥소(Oxo) 반응

③ 디아조(Diazo) 반응

④ 볼프 − 키슈너(Wolff − kishner) 반응

해설

Oxo 반응

올레핀과 CO, H_2를 $[Co(CO_4)]_2$ 촉매하에서 반응시키면 탄소수가 하나 더 증가된 Aldehyde 화합물을 얻는다.

44 다음 중 석유의 전화법이 아닌 것은?

① 개질법   ② 이성화법

③ 원심분리법   ④ 수소화법

해설

석유의 전화법

㉠ 분해(Cracking)

  • 열분해

  • 접촉분해

  • 수소화분해

㉡ 개질(리포밍, Reforming)

㉢ 알킬화법

㉣ 이성화법

45 산화에틸렌의 수화반응으로 만들어지는 것은?

① 아세트알데히드   ② 에틸렌글리콜

③ 에틸알코올   ④ 글리세린

해설

$$CH_2 - CH_2 + H_2O \longrightarrow \begin{array}{cc} CH_2 & - H_2O \\ | & | \\ OH & OH \end{array}$$
$$\underset{O}{\diagdown}$$
에틸렌글리콜

46 자동차용 가솔린에 요구되는 성질이 아닌 것은?

① 연소열이 나쁜 유분을 포함하지 않을 것

② 고무질이 적을 것

③ 반응성이 중성일 것

④ 옥탄가가 낮을 것

해설

옥탄가가 높아야 한다.

47 말레산 무수물을 벤젠의 공기산화법으로 제조하고자 한다. 이때 사용되는 촉매는 무엇인가?

① 산화바나듐

② $Si - Al_2O_3$를 담체로 한 Nickel

③ $PdCl_2$

④ LiH_2PO_4

해설

말레산 무수물

• 벤젠의 공기산화법

$$\bigcirc + \frac{9}{2}O_2 \xrightarrow[V_2O_5]{400\sim450℃} \begin{array}{c} CH-CO \\ \| \\ CH-CO \end{array}\diagdown O + 2H_2O + 2CO_2$$

                   Maleic Anhydride

• 부텐의 산화법

$$CH_3 - CH = CH - CH_3 \xrightarrow{O_2} \begin{array}{c} CH - CO \\ \| \\ CH - CO \end{array}\diagdown O$$

   cat : V_2O_5 , P_2O_5

48 다음 중 옥탄가가 가장 높은 것은?

① 2 − Methylheptane   ② n − Hexane

③ Toluene   ④ 2 − Methylhexane

방향족 > 나프텐계 > 올레핀계 > 파라핀계

49 일산화탄소와 수소를 Co와 Fe 촉매 존재하에 반응시켜 파라핀과 올레핀계 탄화수소를 합성하는 반응은?

① Oxo 반응
② Bergius법
③ Hydroforming법
④ Fischer − Tropsch 반응

해설

Fisher − Tropsh 반응

$$nCO + (2n+1)H_2 \xrightarrow[\text{Cat}]{\text{Fe, Ni, Co}} C_nH_{2n+2} + H_2O$$

50 가솔린의 Anti − knocking성의 정도를 표시하는 척도는?

① 세탄가
② 옥탄가
③ 디젤 지수
④ 아닐린점

해설

옥탄가
• 가솔린의 성능을 나타내는 수치
• 안티노크성을 나타내는 지수
• 표준시료 중 iso − Octane의 %

51 다음 중 CFC − 113에 해당되는 것은?

① CFCl₃
② CFCl₂CF₂Cl
③ CF₃CHCl₂
④ CHClF₂

해설

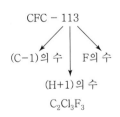

CFC − 113

(C−1)의 수   F의 수

(H+1)의 수

$C_2Cl_3F_3$

52 옥탄가가 낮은 나프타를 고옥탄가의 가솔린으로 변화시키는 공정을 무엇이라고 하는가?

① 스위트닝 공정
② MTG 공정
③ 가스화 공정
④ 개질 공정

해설

접촉개질법
옥탄가가 낮은 가솔린, 나프타 등을 촉매를 이용하여 방향족 탄화수소나 이소파라핀을 많이 함유하는 개질 가솔린으로 전환하는 공정

53 에틸렌과 프로필렌을 공이량화(Co − dimerization)시킨 후 탈수소시켰을 때 생성되는 주물질은?

① 이소프렌
② 클로로프렌
③ n − 펜탄
④ n − 헥센

해설

$$CH_3-CH=CH_2+CH_2=CH_2 \longrightarrow CH_2=\underset{\underset{CH_3}{|}}{C}-CH=CH_2$$
이소프렌

$$CH_3-CH=CH_2+CH_3-CH=CH_2$$

$$\xrightarrow{\text{이량화}} CH_2=\underset{\underset{CH_3}{|}}{C}-CH_2CH_2CH_3$$

$$\xrightarrow{\text{열분해}} CH_2=\underset{\underset{CH_3}{|}}{C}-CH=CH_2+CH_4$$
이소프렌

54 석유계 아세틸렌의 제조법이 아닌 것은?

① 아크분해법
② 부분연소법
③ 저온분유법
④ 수증기분해법

해설

아세틸렌(C_2H_2)의 제조
• 부분연소법 : 천연가스(메탄)를 원료로 하여 일부를 산소 또는 공기로 연소시켜, 그 연소열을 이용하여 남은 탄화수소를 변성
• 열분해법 : 메탄을 1,500℃의 고온에서 짧은 시간 동안 열분해시켜 제조
• 축열가마법 : 고온으로 가열된 내화벽돌로 만든 가마 속에 원료를 보내 분해하는 방법
• 아크분해법 : 직류 또는 교류 방전 시 생긴 아크 속에 원료를 공급, 분해하는 방법

55 다음 중 테레프탈산 합성을 위한 원료로 이용되지 않는 것은?

① p−자일렌　　　　② 톨루엔
③ 벤젠　　　　　　④ 무수프탈산

테레프탈산 합성
• p−자일렌(Xylene)

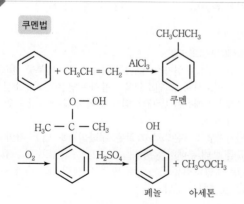

p−자일렌(크실렌)　　　　　　　　테레프탈산

• 무수프탈산

무수프탈산

56 벤젠을 산촉매를 이용하여 프로필렌에 의해 알킬화함으로써 얻어지는 것은?

① 프로필렌옥사이드　　② 아크릴산
③ 아크롤레인　　　　　④ 쿠멘

쿠멘법

페놀　　　아세톤

57 원유를 증류할 때 상압증류 공정의 탑저에서 나오는 잔유(Reduced Crude)나 감압증류 공정에서 나오는 유분을 경유 유분과 함께 제품 규격에 맞게 배합한 것은?

① 나프타
② 등유
③ 중유
④ 아스팔트

잔유(중질유)를 경유 유분과 함께 제품 규격에 맞게 배합한다.

58 석유화학 공정을 전화(Conversion)와 정제로 구분할 때 전화공정에 해당하지 않는 것은?

① 분해(Cracking)
② 알킬화(Alkylation)
③ 스위트닝(Sweetening)
④ 개질(Reforming)

스위트닝
부식성과 악취가 있는 메르캅탄, 황화수소, 황 등을 산화하여 이황화물로 만들어 없애는 방법이다.

석유의 전화
㉠ 분해
　• 열분해
　• 접촉분해
　• 수소화분해
㉡ 개질(리포밍, Reforming)
㉢ 알킬화법
㉣ 이성화법

59 아세틸렌을 원료로 하여 합성되지 않는 물질은?

① 아세트알데히드
② 염화비닐
③ 메틸알코올
④ 아세트산비닐

C_2H_2

- 아세트알데히드 : $CH \equiv CH + H_2O \longrightarrow CH_3CHO$
- 아세트산 : $CH_3CHO \xrightarrow{O_2} CH_3COOH$
- 부탄올 : $CH_3CHO + CH_3CHO \xrightarrow{\text{알돌 축합}} CH_3CH-CH_2CHO$
  $$\underset{\underset{OH}{|}}{}$$

  $\xrightarrow{-H_2O} CH_3CH=CHCHO$

  $\xrightarrow{H_2} CH_3CH_2CH_2CH_2OH$
  부탄올
- 염화비닐 : $CH \equiv CH + HCl \longrightarrow CH_2=CHCl$
- 폴리염화비닐 : $CH_2 + CH \longrightarrow \left[CH_2 - \underset{\underset{Cl}{|}}{CH} \right]_n$
  $$\underset{Cl}{|}$$

60 아세트알데히드는 Hoechst Wacker법을 이용하여 에틸렌으로부터 얻을 수 있다. 이때 사용되는 촉매에 해당하는 것은?

① 제올라이트
② NaOH
③ $PdCl_2$
④ $FeCl_3$

Hoechst – Wacker법

$$CH_2 = CH_2 \xrightarrow[PdCl_2 \cdot CuCl_2/HCl]{O_2} CH_3CHO$$

61 벤젠을 $400 \sim 500\,^{\circ}\!C$에서 V_2O_5 촉매상으로 접촉 기상 산화시킬 때의 주 생성물은?

① 나프탈렌
② 푸마르산
③ 프탈산 무수물
④ 말레산 무수물

벤젠을 $400 \sim 500\,^{\circ}\!C$, V_2O_5 촉매하에 반응시켜 말레산 무수물을 얻는다.

$$\text{(벤젠)} + 4.5O_2 \longrightarrow \text{(말레산 무수물)} + 2CO_2 + 2H_2O$$
말레산 무수물

62 아세틸렌을 출발물질로 하여 염화구리와 염화암모늄 수용액을 통해 얻은 모노비닐아세틸렌과 염산을 반응시키면 얻는 주 생성물은?

① 클로로히드린
② 염화프로필렌
③ 염화비닐
④ 클로로프렌

$$CH \equiv CH \xrightarrow[NH_4Cl]{CuCl} CH \equiv C - CH = CH_2$$
아세틸렌   모노비닐아세틸렌

$$\xrightarrow{HCl} CH_2 = C \overset{Cl}{\underset{Cl = CH_2}{<}}$$
클로로프렌
(합성고무의 제조원료)

63 원유의 증류 시 탄화수소의 열분해를 방지하기 위하여 사용되는 증류법은?

① 상압증류
② 감압증류
③ 가압증류
④ 추출증류

상압증류(토핑)
비점차로 나프타, 등유, 경유, 찌꺼기유로 분류한다.

감압증류
- 상압증류의 잔유에서 윤활유 같은 비점이 높은 유분을 얻을 때 사용한다.
- 찌꺼기유를 고온에서 증류하면 열분해하여 품질이 낮아지므로, $30 \sim 80$mmHg로 감압하면 끓는점이 낮아져 비교적 저온에서 증류할 수 있으므로 열분해를 방지할 수 있다.

PART 1
PART 2
PART 3
PART 4
PART 5

64 니트로화합물 중 트리니트로톨루엔에 관한 설명으로 틀린 것은?

① 물에 매우 잘 녹는다.
② 톨루엔을 니트로화하여 제조할 수 있다.
③ 폭발물질로 많이 이용된다.
④ 공업용 제품은 담황색 결정형태이다.

해설

TNT(Trinitrotoluene)
• 폭약의 원료로 사용된다.
• 물에 거의 녹지 않는다.
• 연한 노란색 막대모양의 결정이다.
• 톨루엔을 니트로화해서 제조할 수 있다.

65 나프타(Naphtha)를 열분해하여 석유화학공업의 원료로 만들 때 다음 중 가장 많이 얻어지는 것은?

① 아세틸렌
② 에틸렌
③ 부타디엔
④ 페놀

해설

에틸렌
석유화학공업의 원료로 나프타를 열분해하여 얻는다.

[03] 고분자공업

1. 고분자 화합물

고분자란 많은 수의 작은 분자들이 서로 연결되어 이루어진 거대분자를 의미하며, 일반적으로 분자량이 10,000 이상인 화합물을 말한다.

1) 용어 정의

(1) 단량체(Monomer, 단위체)

단량체는 중합반응을 거쳐 고분자가 된다.

예
$$CH_2 = CH_2 \xrightarrow{\text{중합}} \left[CH_2 - CH_2 \right]_n$$
에틸렌(단량체)   중합체

(2) 올리고머(Oligomer, 소중합체)

① 이량체(이합체, Dimer) : 단량체 2개가 반응하여 생성된 화합물

② 삼량체(삼합체, Trimer) : 이량체와 단량체가 반응하여 생성된 화합물

③ 소규모 중합에 의해 형성된 화합물로 고분자가 아니다.

(3) 중합도(DP)

단위체의 반복되는 횟수(n)

(4) 공중합체(Copolymer)

① 랜덤공중합체(Random Copolymer)

단량체들이 교대로 배열된 구조

$$-A-B-B-A-A-A-A-A-B-A-A-B-B-B-$$

② 교대공중합체(Alternating Copolymer)

단량체들이 교대로 배열된 구조

$$-A-B-A-B-A-B-$$

③ 블록공중합체(Block Copolymer)

한 단량체로 된 블록과 다른 단량체로 된 블록이 연결된 구조

$$-A-A-A-A-A-A-A-B-B-B-B-B-B-B-$$

TIP

고분자
㉠ 결정성 고분자
• 불투명
• 단단하다(기계적 강도가 강하다).
• 규칙적 배열 - 패킹이 잘된다.

쌓임구조

㉡ 무정형 고분자
• 투명
• 깨진다(기계적 강도가 약하다).
• 결정이 없다.
• 녹는점이 일정하지 않는 유리전이 온도를 갖는다.

실타래 모양
(비결정성)

◆ 덴드리머
• 분자의 사슬이 일정한 규칙에 따라 중심에서 바깥쪽으로 3차원으로 퍼진 형태의 분자
• 나뭇가지 모양을 지닌 최초의 인조 고분자

TIP

• 공중합체란 두 종류 이상의 단량체들로부터 만든 고분자를 말한다.
• 공업적으로 생산되는 고분자의 대다수가 공중합체이다.

④ 그라프트 공중합체(Graft Copolymer)

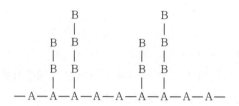

2) 고분자의 물성

(1) 고분자 분자량

① 시료 전체 무게

$$w = \sum w_i = \sum M_i N_i$$

여기서, M : 분자량

N : 몰수

② 수평균 분자량 ▮▯▯

$$\overline{M_n} = \frac{\text{총무게}}{\text{총몰수}} = \frac{w}{\sum N_i} = \frac{\sum M_i N_i}{\sum N_i}$$

③ 중량(무게)평균 분자량 ▮▯▯

$$\overline{M_w} = \frac{\sum M_i^2 N_i}{\sum M_i N_i}$$

각각 i 종의 평균값에 대한 기여도를 나타낸다.
(각각의 무게분율에 비례해서 나타낸 분자량)

(2) 분자량 측정방법 ▮▯▯

① 끓는점 오름법(비점상승법)과 어는점 내림법(빙점강하법) : 비교적 저분자의 분자량을 측정

② 삼투압측정법 : Van't Hoff 법칙 이용($\pi = CRT$)

③ 광산란법 : 중량(무게)평균 분자량을 측정하는 방법으로 이용

④ 겔투과 크로마토그래피(GPC) : 한 번의 측정으로 $\overline{M_n}$, $\overline{M_w}$를 모두 구할 수 있어서 편리 ▮▯▯

⑤ 말단기 분석법 : 폴리에스터, 폴리아미드 등의 반응성 말단기(카르복시기, 히드록시기, 아미노기)를 습식 분석으로 정량화, $\overline{M_n}$ 측정

☀ TIP ▥▥▥▥▥▥▥▥▥▥▥▥▥▥▥

다분산도(PD)

$$PD = \frac{\overline{M_w}}{\overline{M_n}}$$
$$= \frac{\text{중량평균 분자량}}{\text{수평균 분자량}}$$

분자특성이 불균일한 것을 다분산성이라 하고 분자량 분포가 대표적이다.

• 매우 넓은 분자량 분포를 가진 고분자는 분자량 분포가 좁은 고분자에 비해 결정화되기 쉽지 않으며 고체화되는 온도가 낮다.

• 다분산도 ≒ 1 : 분자량 분포가 좁다.

• 다분산도 ≥ 2 : 분자량 분포가 넓다.

❖ **중량평균 분자량 측정방법**
광산란법, GPC

❖ **수평균 분자량 측정방법**
GPC, 삼투압법, 핵자기공명법, 비점상승법, 말단기 분석법

(3) 고분자의 유리전이온도(T_g)

① 1차 전이온도 : 상전이가 일어나는 끓는점(b.p)이나 녹는점(m.p)을 말한다.

② 2차 전이온도(유리전이온도)

    ⊙ 용융된 중합체를 냉각시키면 고체상에서 액상으로 상변화를 거치기 전에 변화를 보이는 시점이 있는데, 이때의 온도를 유리전이온도라고 한다. 이때 물질은 탄성을 가진 고무처럼 변하게 된다.

    ⓒ 유리전이온도 이하가 되면 유리에서 볼 수 있는 성질, 즉 강하고 딱딱하며, 부스러지기 쉽고, 투명한 성질이 나타난다.

    ⓒ 고무상 물질(천연고무, 폴리이소부틸렌, 부타디엔스틸렌 고무 등)은 낮고, 곁사슬 간의 상호작용이 강한 물질(폴리염화비닐, 폴리비닐알코올, 폴리스티렌 등)은 높다.

    ⓔ 유리전이온도는 가교에 의해 높아지고, 가소제의 첨가에 의해 낮아진다.

③ 중합체의 유리전이온도(2차 전이온도)

중합체	유리전이온도(℃)
폴리이소프렌(천연고무)	−70
폴리에틸렌	−20
폴리염화비닐리덴	−7
폴리프로필렌	5
폴리비닐아세테이트	30
나일론 6.6	47
폴리염화비닐	75
폴리스티렌	100
폴리카보네이트	140~160

(4) 해중합(Depolymerization)

① 고분자는 물과 같이 상의 변화가 명확하지 않다. 그것은 선모양의 고분자는 결정영역과 비결정영역이 있어서 이것이 동시에 녹거나 고화되지 않기 때문이다. 즉, 무정형 상태의 고분자라도 부분적으로는 열에 의한 운동이 일정하지 않기 때문이다.

② 고분자는 가열하면 연화되기 시작하여 일정 온도 이상에서는 용융체가 되거나 분해된다.

③ 고분자의 분해는 분자량이 처음의 것보다 작아지는 것으로 이를 해중합이라 한다.

PART 1

PART 2

PART 3

PART 4

PART 5

TIP

결정성 고분자는 T_m(녹는점), T_g(유리전이온도)가 존재하며 무정형(비결정성) 고분자는 T_m은 없고 T_g가 존재한다.

TIP

유리전이온도 측정방법

DSC (Differential Scanning Calorimetry) 시차주사 열량분석	시료가 흡수, 방출한 열(에너지) 측정
TGA (Thermogravimetry Analysis)	시료의 무게 변화 측정
TMA (Thermomechanical Analysis)	시료의 치수/부피 변화 측정
DM(T)A (Dynamic Mechanical Thermal Analysis)	탄성·점도 변화 측정
DTA (Differential Thermal Analysis)	기준물질과 시료의 온도 차이 측정

3) 고분자의 중합방법 ▪▪▪

(1) 괴상중합(벌크 중합)

① 용매 또는 분산매를 사용하지 않고 단량체와 개시제만을 혼합하여 중합시키는 방법이다.

② 조성과 장치가 간단하고, 제품에 불순물이 적다.

③ 내부 중합열이 잘 제거되지 않아 부분과열되거나 자동촉진효과에 의해 반응이 폭주하여 반응의 선택성이 떨어지고 불용성 가교물 덩어리가 생성된다.

(2) 용액중합

① 단량체와 개시제를 용매에 용해시킨 상태에서 중합시키는 방법이다.

② 중화열의 제거는 용이하지만, 중합속도와 분자량이 작고, 중합 후 용매의 완전 제거가 어렵다.

③ 용매의 회수과정이 필요하므로 주로 물을 안정제로 쓸 수 없는 반응의 경우에 사용된다.

(3) 현탁중합(서스펜션 중합)

① 단량체를 녹이지 않는 액체에 격렬한 교반으로 분산시켜 중합한다.

② 강제로 분산된 단량체의 작은 방울에서 중합이 일어난다.

③ 개시제는 단량체에 녹는 것을 사용하며 단량체 방울이 뭉치지 않고 유지되도록 안정제(Stabilizer)를 사용한다.

④ 중합열의 분산이 용이하고 중합체가 작은 입자 모양으로 얻어지므로 분리 및 처리가 용이하다.

⑤ 세정 및 건조공정을 필요로 하고 안정제에 의한 오염이 발생한다.

(4) 유화중합(에멀션 중합)

① 비누 또는 세제 성분의 일종인 유화제를 사용하여 단량체를 분산매 중에 분산시키고 수용성 개시제를 사용하여 중합시키는 방법이다.

② 중합열의 분산이 용이하고, 대량 생산에 적합하다.

③ 세정과 건조가 필요하고 유화제에 의한 오염이 발생한다.

④ 중합도가 크고 다른 방법으로는 제조가 불가능한 공중합체의 형성이 가능하다.

⑤ 분자량이 크다.

구분	괴상중합	용액중합	현탁중합	유화중합
개시제	유용성	유용성	유용성	수용성
온도 조절	어려움	용이	용이	용이
장치	고온·강한 교반, 비교적 간단	용매 회수, 여러 설비 필요	세정, 건조	세정, 건조
분자량	분자량 분포가 넓음	작음	분자량 분포가 넓음	큼
반응 속도	중간	작음	중간	큼

4) 고분자화합물의 중합반응에 의한 분류

(1) 첨가중합

① **첨가중합** : 이중결합을 가진 화합물이 첨가반응에 의해 중합체를 만드는 중합반응

> **예** $n\mathrm{CH_2 = CH_2} \rightarrow \mathrm{CH_2 - CH_{2n}}$
> 에틸렌   폴리에틸렌
>
> $n\mathrm{CH_2 = CH - CH = CH_2} \rightarrow \mathrm{CH_2 - CH = CH - CH_{2n}}$
> (부타디엔)   (폴리부타디엔)

② **첨가중합체** : 첨가반응에 의해 만들어진 중합체

단위체		중합체	
구조식	이름	이름	용도
$\mathrm{H_2C = CH_2}$	에틸렌	폴리에틸렌(PE)	플라스틱, 가방, 병, 장난감
$\mathrm{H_2C = CHCH_3}$	프로필렌	폴리프로필렌(PP)	상자, 밧줄
$\mathrm{H_2C = CH}$ ⬡	스티렌	폴리스티렌(PS)	투명 용기, 플라스틱, 스티로폼
$\mathrm{H_2C = CHCl}$	염화비닐	폴리염화비닐 (PVC)	PVC관, 비옷, 커튼
$\mathrm{H_2C = CHCN}$	아크릴로니트릴	폴리아크릴로니트릴	양탄자, 반도체
$\mathrm{F_2C = CF_2}$	테트라플루오로에틸렌	테플론(불소수지)	베어링, 개스킷
$\mathrm{CH_2 = C - CH = CH_2}$ $\mid$ Cl	클로로프렌	네오프렌	인조고무

중합

㉠ 단계중합(Step Polymerization)
  • 축합중합
  • 작용기 간의 반응
  예 Polyamide, Polyester, 우레탄수지, 페놀수지, 멜라민수지, 요소수지

㉡ 사슬중합(Chain Polymerization)
  • 부가중합, 첨가중합
  • 자유라디칼 반응, 양이온 반응, 음이온 반응
  • 반응성이 매우 좋다.
  예 폴리스티렌, 폴리에틸렌, 폴리염화비닐, 폴리프로필렌

치환기의 위치에 따른 고분자 종류
• Isotactic : 같은 방향

$$H-C-C-C-C-C-C-H$$

• Syndiotactic : 규칙성 교대 배열

• Atactic : 불규칙, 랜덤(무정형)

◆ 폴리카보네이트의 축합반응

HO—⬡—C(CH₃)₂—⬡—OH + Cl—C(=O)—Cl

비스페놀A   포스겐

→ [O—⬡—C(CH₃)₂—⬡—O—C(=O)—]ₙ + HCl

폴리카보네이트

---

(2) 축합중합

① **축합중합** : 단위체들이 결합할 때 H_2O와 같은 작은 분자가 떨어져 나가면서 형성되는 중합

예

$$(n+1)H_2N(CH_2)_6NH_2 + (n+1)HOC(CH_2)_4COH$$

헥사메틸렌디아민   아디프산

$$\xrightarrow{-(2n+1)H_2O} \left[-C(CH_2)_4C-N(CH_2)_6N-\right]$$

나일론 6.6

② **축합중합체** : 축합반응에 의해 만들어진 중합체

중합체	단위체 I	단위체 II	성질	용도
나일론 6.6	$HOOC(CH_2)_4COOH$ (아디프산)	$H_2N(CH_2)_6NH_2$ (헥사메틸렌디아민)	열 가소성	섬유, 전선절연 재료, 칫솔
폴리에스테르	HOOC—⬡—COOH (테레프탈산)	$HOCH_2CH_2OH$ (에틸렌글리콜)	열 가소성	섬유, 사진 필름, 전기 절연 재료, 녹음 테이프
페놀수지	⬡—OH (페놀)	HCHO (포름알데히드)	열 경화성	절연 재료, 건축자재, 접착제
요소수지	H_2NCONH_2 (요소)	HCHO (포름알데히드)	열 경화성	목재의 접착제, 병마개, 도료, 실내건축 자재

(3) 혼성중합

두 가지 이상의 분자들이 첨가, 중합되는 반응으로 이렇게 생성된 중합체를 혼성중합체라 한다.

예

⬡(CH=CH₂) + n(CH₂=CH−CH=CH₂) ⟶ [⬡(CHCH₂CH₂CH=CHCH₂)]ₙ

스티렌

스티렌부타디엔 고무(SBR)

5) 고분자의 종류

(1) 천연고분자

① 셀룰로스

ⓒ 식물의 세포막의 주성분으로, 면화, 침엽수림, 짚류에 함유되어 있다.

ⓒ 셀룰로스는 순수한 상태로 존재하지 않으나 다른 탄수화물 등과 같이 산출하여 셀룰로스를 분리 · 정제할 수 있다.

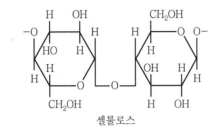

셀룰로스

② 녹말

ⓒ 클로로필(엽록소)을 가지는 식물의 잎(광합성)에서 합성하며, 감자, 고구마, 옥수수 등의 곡류에 함유되어 있다.

ⓒ 변화를 받기 쉬운 성질이 있다.

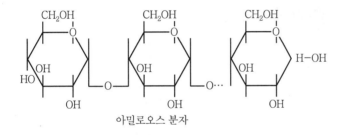

아밀로오스 분자

③ 천연고무

고무나무에서 얻어지는 유액을 라텍스라고 한다. 라텍스는 고무탄화수소, 그 외 소량의 단백질, 지방산으로 안정화되어 있다.

$$H_3C \diagdown_{C=C} \diagup^H \quad H_3C \diagdown_{C=C} \diagup^H$$
$$-CH_2 \qquad H_2C-CH_2 \qquad H_2C-$$

천연고무

④ 단백질

아미노산들이 화학결합을 통해 서로 연결되어 폴리펩티드를 만든다. 이때 아미노산들의 결합을 펩티드 결합이라 한다.

◆ 아미노산

$$R-\overset{H}{\underset{COOH}{C}}-NH_2$$

◆ 펩티드 결합

$$-\overset{}{\underset{O}{C}}-\overset{}{\underset{H}{N}}-$$

(2) 합성고분자

① 합성수지, 합성고무, 합성섬유로 구분한다.

② 첨가중합 · 축합중합 등으로 합성되며, 섬유 · 플라스틱 · 고무 등이 있다.

③ **예** 나일론, 폴리에틸렌

> **Reference**
>
> **고분자의 분류**
>
> | 구분 | 고분자 | 기타 |
> |---|---|---|
> | 천연
고분자 | • 단백질(누에고치, 양털)
• 녹말(곡류)
• 셀룰로스(목화, 목재)
• 천연고무(고무나무) | • 식물 세포막의 주성분
• 클로로필을 갖는 식물의 잎, 감자, 고구마 등, 아밀로오스
• 면화, 침엽수림, 짚류
• 고무탄화수소, 라텍스 |
> | 합성
고분자 | • 폴리에틸렌
• 나일론
• SBR(스티렌 – 부타디엔 고무) | • 합성수지(열가소성 수지)
• 합성섬유
• 합성고무 |

2. 합성수지공업

> **Reference**
>
> **열가소성 수지와 열경화성 수지**
>
> • 열가소성 수지(Thermoplastic Resin)
>   가열 시 연화되어 외력을 가할 때 쉽게 변형되므로, 성형 가공 후 냉각하면 외력을 제거해도 성형된 상태를 유지하는 수지
>   **예** 폴리염화비닐수지, 폴리에틸렌수지, 폴리프로필렌수지
> • 열경화성 수지(Thermosetting Resin)
>   가열 시 일단 연화되지만, 계속 가열하면 점점 경화되어, 나중에는 온도를 올려도 연화, 용융되지 않고, 원상태로 되지도 않는 성질의 수지
>   **예** 페놀수지, 요소수지, 멜라민수지, 에폭시수지, 알키드수지, 규소수지

☀ TIP

폴리에틸렌의 종류

PE의 종류	구조	특징
HDPE (High Density PE)	선형 (적은가지)	단단함 세제통, PET 뚜껑에 사용
LDPE (Low Density PE)	긴가지형	비닐장갑에 사용
LLDPE (Linear Low Density PE)	짧은가지형	LDPE보다 강도, 가공성 우수

선형 저밀도 PE(폴리에틸렌)는 LDPE
(저밀도 폴리에틸렌)보다 강도와 가공
성이 우수하며 촉매를 사용하여 부가중
합(단계중합)한다.

1) 열가소성 수지(Thermoplastic Resin)

가열 시 연화되어 외력을 가할 때 쉽게 변형되므로, 성형가공 후 냉각하면 외력을 제거해도 성형된 상태를 유지하는 수지

(1) 폴리에틸렌(PE : Polyethylene)

〈첨가중합반응〉

$$n\ CH_2 = CH_2 \longrightarrow \left[\!\!\left[CH_2 - CH_2 \right]\!\!\right]_n$$

① 대체로 무색무취이며, 상온에서 용매에 녹지 않는다.

② 용도 : 병, 단단한 그릇, 섬유, 로프, 어망

(2) 폴리프로필렌(PP : Polypropylene)

〈첨가중합반응〉

$$n \ \underset{\underset{CH_3}{|}}{CH} = CH_2 \ \xrightarrow[\text{cat}]{\text{Natta}} \ \left[\underset{\underset{CH_3}{|}}{CH_2} - CH_2 \right]_n$$

① 표면에 광택이 있고, 흠이 잘 나지 않지만, 낮은 온도에서 부서지기 쉽다.

② Ziegler $-$ Natta 촉매, $Al(CH_3CH_2)_3 - TiCl_3$ 이용

③ 용도 : 섬유, 가정용품, 식기류, 필름, 로프

(3) 폴리스티렌(PS : Polystyrene)

① 부가중합반응

$$n \ CH = CH_2 \ \xrightarrow{\text{cat}} \ \left[CH - CH_2 \right]_n$$

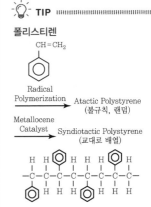

TIP ▨▨▨▨▨▨▨▨▨▨▨▨▨▨▨▨▨▨▨▨▨▨

폴리스티렌

$CH = CH_2$

Radical
Polymerization ⟶ Atactic Polystyrene
(불규칙, 랜덤)

Metallocene
Catalyst ⟶ Syndiotactic Polystyrene
(교대로 배열)

② 폴리스티렌 공중합체

ㄱ ABS 수지

• 아크릴로니트릴(Acrylonitrile), 부타디엔(Butadiene), 스티렌(Styrene)의 3원 혼성 중합체인 열가소성 수지

• 투명성을 손상시키지 않고 기계적 강도를 강화한 것

• 용도 : 화장품 용기

$$CH_2 = CH - CH = CH_2 + \underset{\text{스티렌}}{\overset{\overset{\displaystyle CH = CH_2}{|}}{\bigcirc}} + \underset{\text{아크릴로니트릴}}{CH_2 = CH - CN}$$

부타디엔

$$\longrightarrow \left[CH_2 - CH = CH - CH_2 \right]_l \left[\underset{\bigcirc}{CH} - CH_2 \right]_m \left[CH_2 - \underset{\underset{CN}{|}}{CH} \right]_n$$

ㄴ AS 수지

• 아크릴로니트릴 $-$ 스티렌의 공중합체

• 폴리스티렌의 투명성을 손상시키지 않고 기계적 강도를 강화한 것

• 용도 : 화장품 용기, 전기 · 전자부품, 배터리 케이스류, 기계부품류

(4) 폴리염화비닐(PVC)

$$CH = CH_2 \xrightarrow{\text{Z-N 촉매}} \begin{bmatrix} CH - CH_2 \\ | \\ Cl \end{bmatrix}_n$$

용도 : PVC관, 전선피복, 파이프, 어망, 방충망, 레코드판

(5) 폴리아세트산비닐(초산비닐, PVAc : Polyvinyl Acetate)

$$n \ CH_2 = CH \xrightarrow{\text{과산화물}} \begin{bmatrix} CH_2CH \\ | \\ OCCH_3 \\ \parallel \\ O \end{bmatrix}_n$$
$$\begin{array}{c} | \\ O - C - CH_3 \\ \parallel \\ O \end{array}$$

용도 : 도료(유화재료, 수성페인트), 접착제(종이, 목재, 옷감)

(6) 폴리비닐알코올(PVA)

① 직접 비누화 반응

$$\begin{bmatrix} CH_2 - CH \\ | \\ OCCH_3 \\ \parallel \\ O \end{bmatrix} + CH_3OH \xrightarrow{\text{NaOH}} \begin{bmatrix} CH_2 - CH \\ | \\ OH \end{bmatrix} + CH_3CONa$$

② 산, 염기에 의한 에스테르 교환 반응

$$\begin{bmatrix} CH_2CH \\ | \\ O - C - CH_3 \\ \parallel \\ O \end{bmatrix} + CH_3OH \xrightarrow{\text{산 또는 염기}} \begin{bmatrix} CH_2 - CH \\ | \\ OH \end{bmatrix} + CH_3COCH_3$$

③ 물에는 가용성, 유기용매에는 불용성의 백색 분말이다.
④ 용도 : 에멀션화제, 도료, 접착제, 필름에 사용

(7) 폴리테트라플루오로에틸렌(PTFE : Polytetrafluoroethylene, Teflon)

① 테플론의 제법

$$CF_2 = CF_2 \longrightarrow \begin{bmatrix} CF_2 - CF_2 \end{bmatrix}$$
$$\quad\text{TFE} \qquad\qquad\qquad \text{PTFE}$$

② 매우 안정된 화합물을 형성하며, 내약품성, 내열성, 비접착성을 띤다.
③ 용도 : 부식 방지용 내식재료

2) 열경화성 수지(Thermosetting Resin) ■■■

가열하면 일단 연화되지만, 계속 가열하면 점점 경화되어 나중에는 온도를 올려도 연화, 용융되지 않고 원상태로 되지도 않는 성질의 수지

(1) 페놀수지(Phenol Resin, 포르말린수지) ■■■

페놀수지는 페놀과 포름알데히드의 축합생성물이다. 염기촉매하에서 축합시켜 얻어진 생성물은 레졸(Resols)이라고 하며, 산촉매하에서 얻어진 생성물은 노볼락(Novolak)이라고 한다.

① 레졸(Resols)

② 노볼락(Novolak)

pH 7 이하의 포름알데히드와 카르보닐기에 양성자화 반응이 일어난 후 페놀의 Ortho, Para 위치에 친전자성 치환반응이 일어난다.

③ 기계적 강도, 내산성, 내열성, 전기절연성이 우수하다.

④ 용도 : 엔지니어링 플라스틱, 전지 · 전자 · 기계 · 자동차 부품

(2) 요소수지(Urea Resin)

①

$$H_2N - C - NH_2 + \underset{H}{\overset{H}{\diagdown}} C = O \longrightarrow NH_2 - C - NH - CH_2 - OH$$

요소　　　포름알데히드　　　　　　　모노메틸올 우레아

② 용도 : 목재에 대한 접착력이 우수

(3) 멜라민수지(Melamine Resin)

① 멜라민 수용액은 알칼리성으로 포름알데히드와 가열해 메틸올멜라민을 생성하며, 3차원 구조를 형성한다.

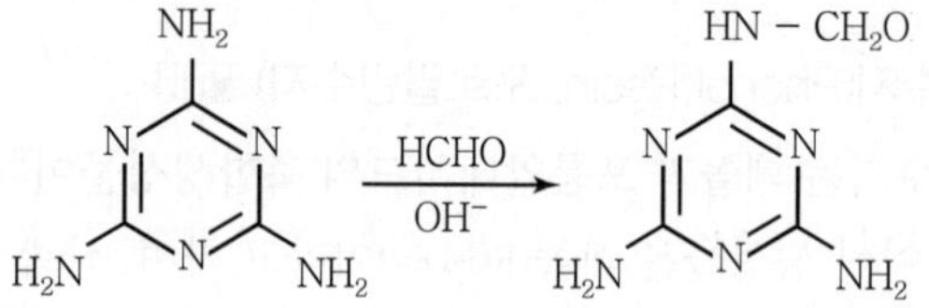

② 용도 : 목공용 접착제, 도료, 섬유, 종이 등의 수지 가공에 이용

(4) 우레탄수지(폴리우레탄, 이소시아네이트 고분자)

$$HO - R' - OH + O = C = N - R - N = C = O$$

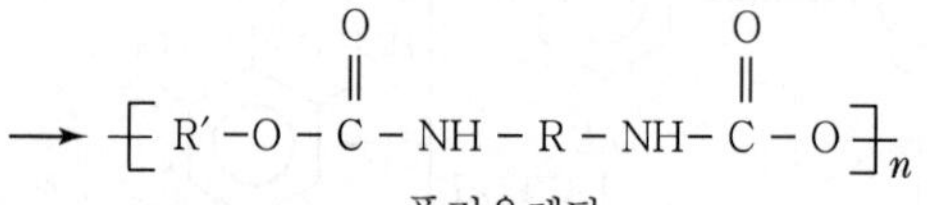

폴리우레탄

(5) 에폭시수지(Epoxy)

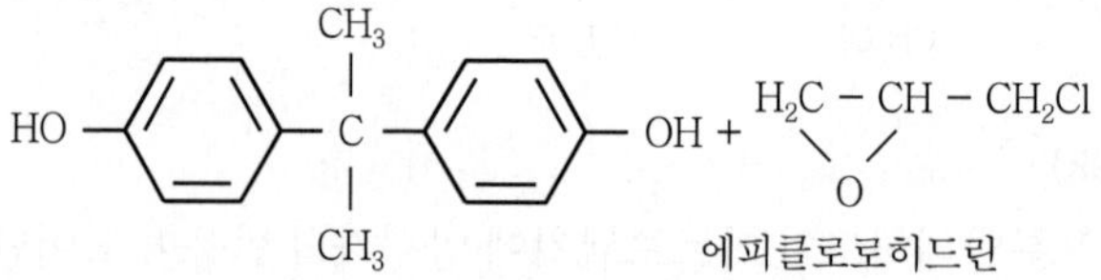

비스페놀 A · · · 에피클로로히드린

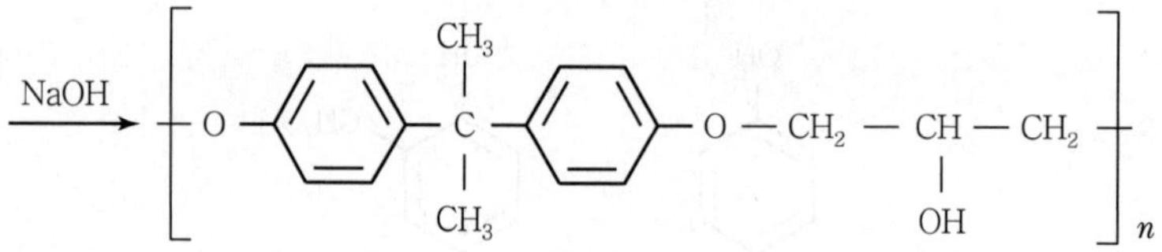

에폭시수지

(6) 불포화 폴리에스테르수지(Unsaturated Polyester Resin)

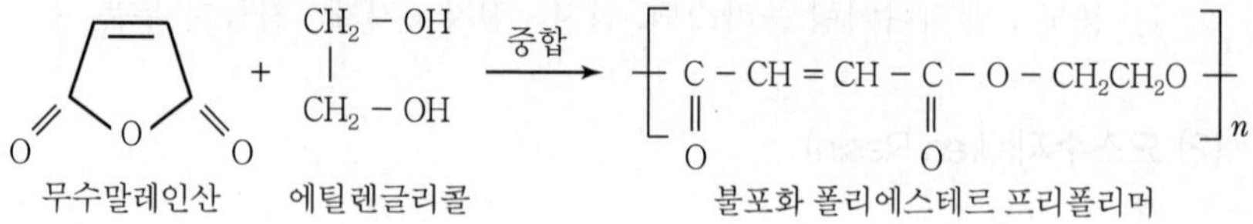

무수말레인산 · · · 에틸렌글리콜 · · · 불포화 폴리에스테르 프리폴리머

(7) 알키드수지(Alkyd Resin)

지방산, 무수프탈산, 글리세린에서의 축합반응에 의해 얻어진다.

❖ 알키드수지
무수프탈산과 같은 다가 염기산과 프로필렌글리콜, 글리세린과 같은 다가 알코올에 유 또는 지방산을 에스테르 축중합한 수지

(8) 규소소지(Silicon Resin, 폴리실록산)

① 실록산결합 $-Si-O-Si-O-$

② 실란(Silane)의 일반식은 Si_nH_{2n+2}이며, 수소와 결합을 형성한다.

열가소성 수지의 종류

• 열가소성 수지 : 가열 시 연화되어 외력을 가할 때 쉽게 변형되므로 이 상태로 성형, 가공한 후에 냉각하면 외력을 가하지 않아도 성형된 상태를 유지하는 수지

합성수지	단위체	성질	용도
폴리에틸렌 (PE : Polyethylene)	$CH_2=CH_2$	약품에 안정	병, 섬유, 로프, 어망, 그릇
폴리프로필렌 (PP : Polypropylene)	$CH_2=CH-CH_3$	부서지기 쉬우므로 프로필렌과 에틸렌의 공중합	섬유, 식기류, 필름
폴리염화비닐(PVC : Polyvinyl Chloride)	$CH_2=CH$ $\mid$ Cl	빛이나 열에 안정, 약품에 안정	Pipe 제조, 전선 피복
폴리스티렌	$CH_2=CH$ (벤젠고리)	무색투명하며, 약품에 안정	절연체, 화장품 용기, 플라스틱
아크릴수지	$CH_2=CH-CH_3$ $\mid$ $OCCH_3$ $\parallel$ O	무색투명	유리
불소수지	$CF_2=CF_2$	열, 약품에 안정	필름, Teflon
폴리비닐아세테이트 (PVAc)	$CH_2=CH$ $\mid$ $OCCH_3$ $\parallel$ O	대부분의 용제에 용해	도료, 접착제

열경화성 수지의 종류

• 열경화성 수지 : 가열하면 일단 연화되지만 계속 가열하면 점점 경화되어 나중에는 온도를 올려도 용해되지 않고, 원상태로도 되돌아가지 않는 수지

합성 수지	단위체	용도	기타
페놀 수지	$\bigcirc$—OH HCHO 페놀 포름알데히드	전기 절연체	노볼락 (Novolak), 레졸(Resol)
요소 수지	H_2NCONH_2 HCNO 요소	접착제, 버스 손잡이, 전기부품	$-CONH_2$
멜라민 수지	멜라민 구조 HCHO 멜라민	목공용 접착제, 도료, 섬유	메틸올멜라민
우레탄 수지	$HO-R'OH$ $O=C=N-R-N=C=O$ 이소시아네이트	우레탄폼 (스펀지), 섬유, 고무, 접착제, 도료, 합성피혁	
에폭시 수지	비스페놀 A $H_2C-CHCH_2Cl$ (에폭시) 비스페놀 A 에피클로로히드린	접착제, 마루재료	
알키드 수지	프탈산 무수물 CH_2-OH / $CH-OH$ / CH_2-OH 프탈산 무수물 글리세린	도료, 접착제	
규소 수지	$CH_3-Si-Cl$ (디메틸디클로로실란) 디메틸디클로로실란	윤활유, 전기절연체, 도료, 방수가공	실록산 결합 $-Si-O-Si-O$

3. 합성고무공업

1) 천연고무

(1) 생고무

라텍스에 포름산 또는 초산(아세트산)을 가하여 고형으로 가공한다.

(2) 천연고무의 제조

Isoprene(cis − 1,4 − Isoprene)

$$\left[\begin{array}{c} CH_2 \\ \\ CH_3 \end{array} \Big\rangle C = C \Big\langle \begin{array}{c} CH_2 \\ \\ H \end{array} \right]_n$$

① 기계적 특성과 내마모성이 우수하며 표면 감촉이 좋다.

② 용도 : 전선피복용, 자동차 타이어용, 벨트용, 신발창용, 공업용 부품

2) 스티렌 – 부타디엔 고무(SBR : Styrene – Butadiene Rubber)

SBR

$$\left[CH_2 - \underset{\underset{\bigcirc}{|}}{CH} \right]\left[CH_2 - CH = CH - CH_2 \right]$$

① 스티렌과 부타디엔의 공중합체

② 용도 : 호스, 벨트, 구두창, 마룻바닥, 피복제품, 전기절연체

3) 부타디엔 고무(BR : Butadiene Rubber)

cis − 1,4 − Polybutadiene Rubber

$$\left[\begin{array}{c} CH_2 \\ \\ H \end{array} \Big\rangle C = C \Big\langle \begin{array}{c} CH_2 \\ \\ H \end{array} \right]_n$$

① 지글러 촉매를 사용한다.

② 용도 : 타이어 고무의 원료

4) 니트릴 고무(NBR : Acrylonitrile – Butadiene Rubber)

$$\left[CH_2 - \underset{\underset{CN}{|}}{CH} \right]\left[CH_2 - CH = CH - CH_2 \right]$$

아크릴로니트릴 – 부타디엔 – 스티렌의 종합체(ABS 수지)가 많이 사용된다.

🔆 TIP ||||||||||||||||||||||||||||||||||
• 천연고무 : 이소프렌
• 네오프렌 고무 : 클로로프렌

🔆 TIP ||||||||||||||||||||||||||||||||||
• 스티렌
CH = CH_2

• 부타디엔
$CH_2 = CH - CH = CH_2$

5) 클로로프렌 고무(CR : Chloroprene Rubber)

$$n \; CH_2 = CH - \overset{\displaystyle Cl}{\underset{\displaystyle |}{C}} = CH_2 \quad \xrightarrow{\text{중합}} \quad \left[CH_2 - CH = \overset{\displaystyle Cl}{\underset{\displaystyle |}{C}} - CH_2 \right]_n$$

Chloroprene   네오프렌 합성고무의 일종

6) 실리콘 고무

$$\left[\begin{array}{c} CH_3 \\ | \\ Si - O \\ | \\ CH_3 \end{array} \right]_n + \left[\begin{array}{c} CH_3 \\ | \\ Si - O \\ | \\ CH \\ \| \\ CH_2 \end{array} \right]$$

메틸비닐 폴리실록산

① 넓은 온도 범위에서 내열성, 탄성이 좋고, 내수성, 내약품성, 전기적 성질이 우수하다.
② 용도 : 전기절연품, 유체의 도관, 전선 · 케이블의 피복, 유리와 금속의 접착제

4. 합성섬유공업

1) 폴리에스테르 섬유

• 주 사슬에 반복적으로 카르복실에스테르기를 갖는 중합체
• 테레프탈산과 에틸렌글리콜과의 공중합으로부터 생성된 섬유
• 에스테르＝에스터(Ester)

(1) PET 제법

$$HOOC - \bigcirc - COOH \; + \; HO - CH_2CH_2 - OH$$

$$\rightarrow \left[\overset{\displaystyle O}{\underset{\displaystyle \|}{C}} - \bigcirc - \overset{\displaystyle O}{\underset{\displaystyle \|}{C}} - O - CH_2 - CH_2 - O \right]_n$$

① 내수성이 강하고 주름이 잘 생기지 않아 섬유용으로 많이 사용한다.
② 용도 : 사진용 필름, 녹음테이프, 전기절연성 테이프

(2) PBT 제법

$$HOOC-\bigcirc-COOH+HO-CH_2CH_2CH_2CH_2-OH$$

1.4-부타디올

$$\rightarrow \left[\begin{array}{c} O \\ \parallel \\ C \end{array}-\bigcirc-\begin{array}{c} O \\ \parallel \\ C \end{array}-O-(CH_2)_4-O\right]_n$$

① 폴리에스테르와 나일론의 특성을 동시에 갖고 있다.
② 용도 : 스판텍스의 대체용

2) 폴리아미드(Polymide) 섬유 : 나일론

(1) 나일론 6.6 ▪▪▪

헥사메틸렌디아민과 아디프산의 축합 생성물

$$H_2N-(CH_2)_6-NH_2 + HO-\begin{array}{c} O \\ \parallel \\ C \end{array}-(CH_2)_4-\begin{array}{c} O \\ \parallel \\ C \end{array}-OH$$

헥사메틸렌디아민   아디프산

$$\rightarrow \left[\begin{array}{c} O \\ \parallel \\ C \end{array}-(CH_2)_4-\begin{array}{c} O \\ \parallel \\ C \end{array}-NH-(CH_2)_6-NH\right]$$

Nylon 6.6

용도 : 섬유, 로프, 타이어, 벨트, 천

(2) 나일론 6 ▪▪▪

카프로락탐의 개환중합(Ring-opening) 반응

$$\varepsilon-\text{Carprolactam} \xrightarrow{H_2O} H_2N-(CH_2)_5-\begin{array}{c} O \\ \parallel \\ C \end{array}-OH \rightarrow \left[\begin{array}{c} H \\ | \\ N \end{array}-(CH_2)_5-\begin{array}{c} O \\ \parallel \\ C \end{array}\right]_n$$

Nylon 6

① 성질은 나일론 6.6과 비슷하나 부드러우며 질긴 정도가 덜하다.
② 용도 : 대부분 섬유 생산에 이용, 플라스틱 제조

❖ 나일론(Nylon)
• $-CO-NH-$ 결합(아미드결합)으로 연결된 고분자 물질(아미드=아마이드)
• 폴리아미드계 섬유는 나일론(관용명)이라 불린다.

(3) 아크릴 섬유

아크릴로니트릴(Acrylonitrile)의 중합(현탁중합)

$$H_2C{=}CH \atop C{\equiv}N \longrightarrow \left[CH_2{-}CH \atop C{\equiv}N \right]_n$$

폴리아크릴로 니트릴

① 촉감이 양털과 비슷하고, 곰팡이가 생기지 않는다.

② 용도 : 카펫, 인조모피

(4) 폴리비닐알코올(PVA) 섬유(비닐론, Vinylon)

$$CH_2{=}CH \atop OCOCH_3 \longrightarrow \left[CH_2{-}CH{-}CH_2{-}CH \atop OCOCH_3 \quad OCOCH_3 \right]_n$$

비닐아세테이트   폴리비닐아세테이트

$$\left[CH_2{-}C{-}CH_2{-}CH \atop OCOCH_3 \quad OCOCH_3 \right]_n \xrightarrow[\text{(NaOH 이용 : 비누화)}]{CH_3OH \atop \text{알칼리}} \left[CH_2{-}CH{-}CH_2{-}CH \atop OH \quad OH \right]_n + n\ CH_3COOH$$

폴리비닐알코올

용도 : 직물섬유, 수용성 접착제, 에멀션화제, 수용성 포장 필름

Reference

- 유지 – 지방산과 글리세린의 에스테르

$$
\begin{array}{cccc}
CH_2{-}OH & RCOOH & & CH_2{-}OCR \\
CH{-}OH & + \quad R'COOH & \xrightleftharpoons[\text{가수분해}]{\text{에스테르화}} & CH{-}OCR' \quad + \quad 3H_2O \\
CH_2{-}OH & R''COOH & & CH_2{-}OCR'' \\
\text{글리세린} & \text{지방산} & &
\end{array}
$$

- 비누화값 : 시료 1g을 완전히 비누화시키는 데 필요한 수산화칼륨(KOH)의 mg 수
- 산값 : 시료 1g 속에 들어 있는 유리지방산을 중화시키는 데 필요한 KOH의 mg 수

실전문제

01 다음 중 Nylon 6 제조의 주된 원료로 사용되는 것은?

① 카프로락탐

② 세바크산

③ 아디프산

④ 헥사메틸렌디아민

해설

• Nylon 6 : 카프로락탐의 개환중합

• Nylon 6.6 : 헥사메틸렌디아민 + 아디프산의 축합생성물

02 PVC의 분자량 분포가 다음과 같을 때 수평균 분자량($\overline{M_n}$)과 중량평균 분자량($\overline{M_w}$)은?

분자량	분자 수
10,000	100
20,000	300
50,000	1,000

① $\overline{M_n} = 4.1 \times 10^4$, $\overline{M_w} = 4.6 \times 10^4$

② $\overline{M_n} = 4.6 \times 10^4$, $\overline{M_w} = 4.1 \times 10^4$

③ $\overline{M_n} = 1.2 \times 10^4$, $\overline{M_w} = 1.3 \times 10^4$

④ $\overline{M_n} = 1.3 \times 10^4$, $\overline{M_w} = 1.2 \times 10^4$

해설

• 수평균 분자량

$$\overline{M_n} = \frac{\sum M_i N_i}{\sum N_i}$$

$$= \frac{(10,000)(100) + (20,000)(300) + (50,000)(1,000)}{100 + 300 + 1,000}$$

$$= 40,714 ≒ 4.1 \times 10^4$$

• 중량평균 분자량

$$\overline{M_w} = \frac{\sum M_i^2 N_i}{\sum M_i N_i}$$

$$= \frac{(10,000)^2(100) + (20,000)^2(300) + (50,000)^2(1,000)}{(10,000)(100) + (20,000)(300) + (50,000)(1,000)}$$

$$= 46,140 ≒ 4.6 \times 10^4$$

03 중량평균 분자량 측정법에 해당하는 것은?

① 말단기 분석법

② 분리막 삼투압법

③ 광산란법

④ 비점상승법

해설

• 중량평균 분자량 측정법 : 광산란법, GPC

• 수평균 분자량 측정법 : GPC, 삼투압법, 핵자기공명법, 말단기 분석법, 비점상승법

04 생성된 입상 중합체를 직접 사용하여 연속적으로 교반하여 종합하며 중합열의 제어가 용이하지만 안정제에 의한 오염이 발생하므로 세척, 건조가 필요한 중합법은?

① 괴상중합

② 용액중합

③ 현탁중합

④ 축중합

해설

현탁중합(서스펜션 중합)

• 단량체를 녹이지 않는 액체에 격렬한 교반으로 분산시켜 중합한다.

• 강제로 분산된 단량체의 작은 방울에서 중합이 일어난다.

• 개시제는 단량체에 녹는 것을 사용하며, 단량체 방울이 뭉치지 않고 유지되도록 안정제를 사용한다.

• 중합열의 분산이 용이하고 중합체가 작은 입자 모양으로 얼어지므로 분리 및 처리가 용이하다.

• 세정 및 건조공정을 필요로 하고 안정제에 의한 오염이 발생한다.

정답 **01** ① **02** ① **03** ③ **04** ③

05 다음 중 열가소성 수지는?

① 요소수지　　　　② 페놀수지

③ 폴리스티렌수지　④ 알키드수지

해설

- 열가소성 수지 : 폴리에틸렌, 폴리스티렌
- 열경화성 수지 : 페놀수지, 요소수지, 멜라민수지, 우레탄수지, 에폭시수지, 알키드수지, 규소수지

06 다음 고분자 중 T_g(Glass Transition Tempera-ture)가 가장 낮은 것은?

① Polycarbonate　　② Polystyrene

③ Polyvinyl chloride　④ Polyisoprene

해설

Polyisoprene < Polyethylene < Polypropylene < Polyvinyl acetate < Nylon 6 < PVC < Polystyrene < Polycarbonate

07 Polyvinyl Alcohol의 주원료 물질에 해당하는 것은?

① 비닐알코올　　② 염화비닐

③ 초산비닐　　　④ 플루오린화비닐

해설

CH$_2$-CH + CH$_3$OH → ⟦ CH$_2$-CH ⟧ + CH$_3$CONa
  | |
  OCCH$_3$ OH
  ‖   폴리비닐알콜
  O
아세트산비닐(초산비닐)

08 다음 중 아세틸렌에 HCl이 부가될 때 주로 생성되는 물질과 관계 깊은 것은?

① 아세트알데히드　② PVC

③ PVA　　　　　　④ 아크릴로니트릴

해설

$$CH \equiv CH + HCl \rightarrow CH_2 = CH \xrightarrow{중합} \left[CH_2 - CH \right]_n$$
                                    | |
                                    Cl   Cl

PVC

09 분자량이 1.0×10^4g/mol인 고분자 100g과 분자량 2.5×10^4g/mol인 고분자 50g, 그리고 분자량 1.0×10^5g/mol인 고분자 50g이 혼합되어 있다. 이 고분자 물질의 수평균 분자량은?

① 16,000

② 28,500

③ 36,250

④ 57,000

해설

수평균 분자량

$$\overline{M_n} = \frac{\sum M_i N_i}{\sum N_i}$$

$$= \frac{(1 \times 10^4)(100/1 \times 10^4) + (2.5 \times 10^4)(50/2.5 \times 10^4) + (1.0 \times 10^5)(50/1 \times 10^5)}{(100/1 \times 10^4) + (50/2.5 \times 10^4) + (50/1 \times 10^5)}$$

$$= 16,000$$

10 물과 같은 연속상 안에서 단위체를 액적으로 분산시킨 상태에서 중합하는 방법으로 고순도의 폴리머가 직접 입상으로 얻어지며, 연속 교반이 필요하고 중합열의 제어가 용이한 것은?

① 괴상중합

② 용액중합

③ 현탁중합

④ 유화중합

정답 ▶ **05** ③ **06** ④ **07** ③ **08** ② **09** ① **10** ③

PART 2
PART 3
PART 4
PART 5

해설

현탁중합(서스펜션 중합)
- 단량체를 녹이지 않는 액체에 격렬한 교반으로 분산시켜 중합한다.
- 강제로 분산된 단량체의 작은 방울에서 중합이 일어난다.
- 개시제는 단량체에 녹는 것을 사용하며, 단량체 방울이 뭉치지 않고 유지되도록 안정제를 사용한다.
- 중합열의 분산이 용이하고 중합체가 작은 입자 모양으로 얻어지므로 분리 및 처리가 용이하다.
- 세정 및 건조공정을 필요로 하고 안정제에 의한 오염이 발생한다.

11 비닐고분자의 일종으로 비닐단량체(VCM)의 중합으로 형성되는 폴리염화비닐(PVC)에 해당하는 것은?

① 공중합체
② 축중합체
③ 환상중합체
④ 부가중합체

해설

- 첨가중합(부가중합) : 폴리에틸렌, 폴리프로필렌, 폴리스티렌, 폴리염화비닐, 폴리아크릴로니트릴, 테프론, 네오프렌
- 축합중합(축중합) : 나일론 6.6, 폴리에스테르, 페놀수지, 요소수지

12 페놀수지에 대한 설명 중 틀린 것은?

① 열경화성 수지이다.
② 우수한 기계적 성질을 갖는다.
③ 전기적 절연성, 내약품성이 강하다.
④ 알칼리에 강한 장점이 있다.

해설

페놀수지
- 열경화성 수지
- 페놀과 포름알데히드의 축합중합
- 염기촉매하에서 얻어진 생성물은 레졸이며, 산촉매하에서 얻어진 생성물은 노볼락이다.
- 전기절연체

13 다음 중 천연고무와 가장 관계가 깊은 것은?

① Propane
② Ethylene
③ Isoprene
④ Isobutene

해설

천연고무의 단위체 : 이소프렌

$$CH_2 = C - CH = CH_2 \longrightarrow \begin{bmatrix} CH_2 \diagdown \\ \diagup C = C \diagdown \\ CH_3 \diagup \quad \diagup \quad H \end{bmatrix}_n$$

$\quad\quad\quad |$
$\quad\quad CH_3$
이소프렌

14 폴리아미드계인 Nylon 6.6이 이용되는 분야에 대한 설명으로 가장 거리가 먼 것은?

① 용융방사한 것은 직물로 사용된다.
② 고온의 전열기구용 재료로 이용된다.
③ 로프 제작에 이용된다.
④ 사출성형에 이용된다.

해설

- 헥사메틸렌디아민 + 아디프산 → nylon 6.6
- 용도 : 섬유, 로프, 타이어

15 일반적으로 화장품, 의약품, 정밀화학 제조 등의 화학공업에 주로 사용되는 반응공정은 어떠한 형태인가?

① 회분식 반응공정
② 연속식 반응공정
③ 유동층 반응공정
④ 관형 반응공정

해설

회분식 반응공정 : 고부가가치의 소량생산에 이용

16 접착속도가 매우 빨라서 순간접착제로 사용되는 성분은?

① 시아노아크릴레이트
② 아크릴에멀션
③ 에폭시레진
④ 폴리이소부틸렌

정답 ▶ **11** ④ **12** ④ **13** ③ **14** ② **15** ① **16** ①

$$CH_2 = C \begin{smallmatrix} CN \\ \\ COOCH_2CH_3 \end{smallmatrix} \xrightarrow[\substack{순간적 \\ 음이온 \ 중합}]{H_2O} \left[CH_2 - \begin{smallmatrix} CN \\ | \\ C \\ | \\ COOCH_2CH_3 \end{smallmatrix} \right]_n$$

시아노
아크릴레이트

17 어떤 유지 2g 속에 들어 있는 유리지방산을 중화시키는 데 KOH가 200mg 사용되었다. 이 시료의 산가(Acid Value)는?

① 0.1 ② 1
③ 10 ④ 100

산가
• 시료 1g 속에 들어 있는 산을 중화시키는 데 필요한 KOH의 mg수
• 산가 $= \dfrac{200mg}{2g} = 100$

18 플라스틱의 분류에 있어서 열경화성 수지로 분류되는 것은?

① 폴리아미드 수지
② 폴리우레탄 수지
③ 폴리아세탈 수지
④ 폴리에틸렌 수지

열경화성 수지
페놀수지, 요소수지, 멜라민수지, 우레탄수지, 에폭시수지, 불포화에스테르수지, 알키드수지, 규소수지

19 다음 중 기하이성질체를 나타내는 고분자가 아닌 것은?

① 폴리부타디엔 ② 폴리클로로프렌
③ 폴리이소프렌 ④ 폴리비닐알코올

• 폴리부타디엔

$$\left[\begin{smallmatrix} CH_2 \\ \\ H \end{smallmatrix} C = C \begin{smallmatrix} CH_2 \\ \\ H \end{smallmatrix} \right]_n \qquad \left[\begin{smallmatrix} CH_2 \\ \\ H \end{smallmatrix} C = C \begin{smallmatrix} H \\ \\ CH_2 \end{smallmatrix} \right]_n$$

기하이성질체 : cis   trans

• 폴리비닐알코올

$$\left[\begin{smallmatrix} CH_2 - CH \\ | \\ OH \end{smallmatrix} \right]_n$$

cis와 trans가 존재하지 않으므로
기하이성질체를 나타내지 않는다.

20 아디프산과 헥사메틸렌디아민을 원료로 하여 제조되는 물질은?

① 나일론 6 ② 나일론 6.6
③ 나일론 11 ④ 나일론 12

• 나일론 6 : 카프로락탐의 개환중합

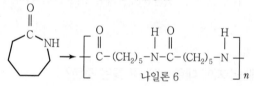

• 나일론 6.6
$HOOC(CH_2)_4COOH + H_2N(CH_2)_6NH_2$
아디프산   헥사메틸렌디아민

$$\longrightarrow \left[\begin{smallmatrix} O \\ \| \\ C \end{smallmatrix} - (CH_2)_4 - \begin{smallmatrix} O \\ \| \\ C \end{smallmatrix} - \begin{smallmatrix} H \\ | \\ N \end{smallmatrix} - (CH_2)_6 - \begin{smallmatrix} H \\ | \\ N \end{smallmatrix} \right]_n$$
나일론 6.6

21 염화비닐수지를 성형가공 시 가열에 의한 유동성을 향상시키기 위하여 사용하는 것은?

① 안정제 ② 가소제
③ 정촉매 ④ 부촉매

해설

가소제

염화비닐 같은 열가소성 플라스틱에 첨가하여 열가소성을 증대시킴으로써 고온에서 성형가공을 용이하게 하는 유기물질

22 성형할 수지, 충전제, 색소, 경화제 등의 혼합분말을 금형에 반 정도 채워 넣고 가압 · 가열하여 열경화시키는 방법은?

① 주조
② 압축성형
③ 제강
④ 제선

해설

압축성형

금형에 성형재료를 넣은 후에 금형을 폐쇄하고 압력과 열을 가하여 성형하는 방법으로 열경화성 고분자의 성형에 주로 사용한다.

23 다음 중 첨가중합을 하지 않는 것은?

① 폴리에틸렌
② 폴리스티렌
③ 폴리염화비닐
④ 페놀수지

해설

㉠ 첨가중합(부가중합)
  • 사슬중합
  • 자유라디칼 반응, 이온 반응
  • 반응성이 매우 좋다.
  예 폴리스티렌, 폴리에틸렌, 폴리염화비닐, 폴리프로필렌
㉡ 축합중합
  • 단계중합
  • 작용기 간의 반응
  예 Polyamide, Polyester, 우레탄수지, 페놀수지, 멜라민수지, 요소수지

24 다음 중 네오프렌 고무의 단량체(단위체)는?

① 클로로프렌
② 부타디엔
③ 프로필렌
④ 스티렌

해설

• 네오프렌 : 클로로프렌
• 천연고무 : 이소프렌

공업용수 · 폐수관리

[01] 공업용수 · 폐수관리

1. 폐수 · 하수처리 공정

1) 수처리

수중에 들어 있는 오염물질을 제거하여 하천이나 바다에 미치는 악영향을 제거하는 과정을 수처리라 한다.

TIP

경도

물의 세기 정도를 나타내는 것으로 주로 물에 녹아 있는 Ca과 Mg 이온에 의해 유발된다.

$$Ca^{2+} \times \frac{CaCO_3}{Ca^{2+}} + Mg^{2+} \times \frac{CaCO_3}{Mg^{2+}}$$
$$= Ca^{2+} \times \frac{100}{40} + Mg^{2+} \times \frac{100}{24.3}$$

2) 폐수 · 하수의 특성

(1) 산업폐수

① 중금속 및 화학약품이 포함된 폐수가 많아 생물학적 처리가 곤란하다.
② 미생물 성장에 필요한 N, P 등이 충분하지 않다.

(2) 도시하수

① 일반가정하수, 도시상하수
② pH 7~7.5이며, 유기물질이 많이 포함되어 있어 생물학적 처리가 가능하다.

(3) 분뇨 · 축산 폐수

① 수인성 질환. 기생충 질환을 유발하는 균을 함유하고 있다.
② 질소농도가 높다.
③ 토사류를 많이 포함하고 있다.

3) 폐수 · 하수의 처리법

(1) 수은 함유 폐수 : 이온교환수지법

① 이온교환에 의한 폐수처리는 소량이면서 독성이 강한 것의 처리에 적합하다.
② 유용물질의 회수, 재사용이 가능하며, 유해물질의 제거율이 매우 높다.

(2) 카드뮴 함유 폐수

① **침전분리법** : 알칼리를 가해 수산화물로 침전분리한다.

② **부상분리법** : 황화물로 석출시켜 포집제를 가해서 부상분리한다.

③ **흡착분리법** : 이온교환수지로 흡착시켜 분리한다.

(3) 납 함유 폐수

① 수산화물을 이용해 분리시킨다.

② 황화물 침전법, 이온교환수지법, 전기분해법, 추출분리법을 이용한다.

(4) 부유물이 많은 폐수

주로 침전법을 이용한다.

(5) 낙농업 폐수

pH는 중성이고 BOD가 높으므로 생물학적 처리방법이 좋다.

(6) 계면활성제 함유 폐수

① LAS(연성 세제)가 ABS(경성 세제)보다 미생물에 의한 분해가 쉽다.

② 가정오수, 세탁소 등에서 배출된다.

③ 지방과 유지를 유액상으로 만들기 때문에 물과 분리가 잘 안 된다.

④ 오존산화법, 활성탄흡착법을 이용한다.

(7) 부상분리법을 이용하는 폐수

유지제조업, 도료업, 석유정제공업, 제지공업에서의 초지의 폐수

4) 일반적인 수처리 공정

① **1차 처리**(물리적 처리) : 스크리닝, 부상, 여과, 원심분리, 침강분리, 소각 등

② **2차 처리**(생물학적 처리) : 호기성 처리, 혐기성 처리

③ **고도처리**(영양염류의 제거)

2. 물리적 처리

1) 스크리닝(Screening)

스크린은 수중에 함유되어 있는 비닐, 종이, 나뭇잎 등 부피가 비교적 큰 부유물질을 제거하기 위해 설치된 장치이다.

2) 침전

① **침사지** : 하수처리 과정에서 비중이 커 물속에 가라앉는 돌, 모래 등이나 비중이 작아 물 위에 뜨는 플라스틱병 등을 걸러내기 위해 만들어 놓은 연못을 말한다.

◆ **DO(용존산소)**
• 하천이나 호수의 물속에 용해되어 있는 산소
• 용존산소량은 오염도와 수온이 낮을수록 용해도가 증가한다.

◆ **COD(화학적 산소요구량)**
• 과망간산칼륨이나 중크롬산칼륨과 같은 강력한 산화제를 주입하여 환원성 물질을 분해시켜 소비한 산소량을 ppm으로 표시한 것
• 물의 오염 정도를 나타내는 기준

◆ **BOD(생화학적 산소요구량)**
미생물이 물속의 유기물을 분해할 때 쓰는 산소의 양

② 1차 침전지, 2차 침전지로 구분한다.

3) 부상분리법(Floatation)

부상분리법은 물의 비중보다 작은 입자들이 폐수·하수 내에 많이 포함되어 있을 때 이들 물질을 제거하기 위해 사용한다.

(1) 부상방법의 종류

① 공기부상(Air Floatation)

폭기와 동일하며 거품이 잘 발생하는 폐수에 효과적이다.

② 용존 공기부상(Dissolved Air Floatation)

공기가 대기로 노출되면서 발생하는 작은 공기방울을 이용한다.

③ 진공부상(Vacuum Floatation)

진공상태에서 포화된 공기가 작은 공기방울로 방출되는 것을 이용한다.

(2) 응집에 의한 부상처리의 목적

부상에 의한 처리 시 응집의 효과는 세균 수 감소, 색과 맛 제거, 부유물 제거 등이 있다.

(3) 부상의 효과

① 온도를 높인다.
② 접촉시간을 길게 한다.
③ 작은 거품을 발생시킨다.
④ 기포제를 주입한다.

4) 여과(Filteration)

① SS(부유물질)를 처리한다.
② 완속여과, 급속여과로 구분한다.

5) 흡착(Adsorption)

① 용액 중의 분자가 물리·화학적 결합력에 의해 고체표면에 붙는 현상을 이용하여 제거하는 방법이다. 흡착을 이용하는 폐수는 생물학적 분해가 불가능한 물질, 미량의 독성물질 등의 제거에 이용된다.
② 흡착성 고체분말에는 실리카겔, 활성탄, 알루미나, 합성제올라이트 등이 있다.

3. 생물학적 처리

1) 호기성 처리

(1) 활성슬러지법

① 하수의 유기물질에 공기를 불어 놓으면서 교반해 주면, 미생물에 의해 분해가 일어나면서 플럭(Pluck)을 형성한다. 플럭의 대부분은 미생물이며 이를 활성슬러지라고 한다.

② 현재 처리되고 있는 하수처리 방식의 주가 된다.

③ 표준활성슬러지법의 처리능력 결정인자는 F/M비(기질에 대한 미생물의 비)와 슬러지 체류시간이다.

    ㉠ F/M비가 높고 슬러지 체류시간이 낮으면 침전이 잘 되지 않는 사사성 미생물의 번식을 야기시킨다.

    ㉡ F/M비가 낮고 슬러지 체류시간이 높으면 미생물이 자신의 세포 내 유기물을 분해시키면서 에너지를 공급하게 되는 플럭이 파괴되는 현상을 일으킨다.

(2) 생물막법

① 자연수중에 자갈 등을 장시간 침적 방치하면 표면에 점성질의 얇은 미생물 슬림(Slim)이 형성된다. 이러한 생물막이 인위적으로 생물막을 증식시켜 하수처리에 이용하는 처리방식이다.

② 대기, 하수 및 생물막의 상호, 접촉 양식에 따라 살수여상법, 접촉산화법, 회전원판법, 침적 여과형의 호기성 여상법으로 분류된다.

2) 혐기성 처리

(1) 소화법(메탄발효법)

① 유기물 농도가 높은 폐수 · 하수를 혐기성 분해시킬 때 알칼리 발효기에서 메탄균이 메탄과 탄산가스 등을 생성하는 방법이다.

② 혐기성 소화법 중 가장 많이 이용되는 방법으로 부산물로 메탄이 발생하여 에너지원으로 사용할 수 있는 장점이 있다.

TIP

표준활성슬러지법
1차 침전지, 폭기조, 2차 침전지의 3단계로 구성되며, 제거율이 좋고 안정된 처리수를 얻는다.

3) 호기성 처리와 혐기성 처리의 비교

구분	호기성 처리	혐기성 처리
장점	• 냄새가 발생하지 않는다. • 퇴비화시키면 비료가치가 크다. • 혐기성보다 반응 기간이 짧다. • 처리수의 BOD, SS 농도가 낮다. • 시설비가 적게 든다.	• 산소 공급이 필요 없다. • 슬러지 생성량이 적다. • 운전비가 적게 든다(메탄올의 에너지원으로 이용). • 소화 슬러지에 수분이 적다. • 병원균이나 기생충란을 사멸시킨다. • 연속공정이 가능하다. • 유기물의 농도가 높은 폐수의 처리가 가능하다. • 유지관리가 용이하다.
단점	• 산소 공급을 별도로 하여야 한다. • 많은 동력비가 필요하다. • 운전비가 많이 든다. • 소화슬러지의 수분이 많다.	• 냄새가 심하다. • 비료로서 가치가 적다. • 반응기간이 호기성 반응보다 길다. • 상등액의 BOD가 높다. • 위생해충이 발생할 수 있다. • 시설비가 많이 든다.

4. 화학적 처리

1) 중화

① 산성폐수 중화제

예 가성소다($NaOH$), 소다회(Na_2CO_3), 소석회[$Ca(OH)_2$], 생석회(CaO), 석회석($CaCO_3$), 돌로마이트[dolomite, $CaMg(CO_3)_2$]

② 알칼리폐수 중화제

예 황산(H_2SO_4), 염산(HCl), 탄산가스(CO_2)

2) 응집침전

(1) 콜로이드(Colloid)

물속에 떠있는 고형물 중 $10^{-9} \sim 10^{-6}$m의 입자크기를 갖는 부유물질

① 폐수 중의 입자성 물질, 조류, 유기물, 색소, 콜로이드 등을 응집·침전시킨 후 제거한다.

② 콜로이드성 물질은 자연침전이 불가능하므로, 응집제를 사용하여 응집·침전시킨다. 응집제로 황산알루미늄[$Al_2(SO_4)_3$] 용액, 폴리염화알루미늄(PAC)과 같은 알루미늄염과 황산 제1철[$FeSO_4 \cdot 7H_2O$]과 같은 철염을 사용한다.

✦ 응집
콜로이드로 분산한 매립자가 콜로이드 상태가 파괴될 정도의 크기로 집합되는 것

③ 친수성 콜로이드와 소수성 콜로이드의 비교

특성	친수성(Hydrophilic)	소수성(Hydrophobic)
물리적 상태	부유상태	에멀션 상태
표면장력	용매와 거의 같음	용매보다 표면장력이 상당히 약함
점도	분산상의 점도와 유사함	점도가 증가함
틴들(Tyndall) 효과	현저히 나타남 ($Fe(OH)_3$는 예외)	약하거나 거의 없음
재생의 편이성	냉동이나 건조시킨 후 재생하기 어려움	쉽게 재생됨
전해질 반응	전해질에 의해 쉽게 응집됨	전해질에 대한 반응이 약함
종류	유화물, 할로겐은 화합물, SiO_2 금속 및 금속 산화물	단백질, 녹말, 비누, 점액

TIP

• Cd(카드뮴) : 부상분리법, 침전분리법[$Cd(OH)_2\downarrow$]
• Mn(망간) : 수용성 망간이온을 불용성 침전물로 전환시켜 제거
• Pb(납) : 탄산기에 의하여 $PbCO_3$로, 수산화기에 의해 $Pb(OH)_2$로 침전
• Cu(구리) : 침전, 이온교환, 증발, 전기투석과 같은 재생공정에 의해 제거

(2) 응집제

① 응집제 : 폐수처리에서 가장 널리 사용되는 응집제는 알루미늄염이나 철염이다. 이러한 염에 폐수의 특성을 고려하여 응집보조제와 함께 사용하여 그 효과를 증가시킨다.

② 주요 응집제의 종류

종류	화학식
고형 황산알루미늄	$Al_2(SO_4)_3 \cdot 18H_2O$
액체 황산알루미늄	$Al_2(SO_4)_3$ 용액
폴리염화알루미늄	$[Al_2(OH)_m \cdot Cl_{26-m}]_n$, $m = 2 \sim 4$
암모늄백반	$Al_2(SO_4)_3(NH_4)_2(SO_4) \cdot 24H_2O$
칼륨백반	$Al_2(SO_4)_3 \cdot K_2SO_4 \cdot 24H_2O$
황산 제1철	$FeSO_4 \cdot 7H_2O$
황산 제2철	$Fe_2(SO_4)_3$

3) 중금속의 처리

(1) Cr(크롬)의 처리

① 6가 크롬폐수의 처리방법

㉠ 환원침전법 : 아황산나트륨 등의 무기환원제를 사용하여 폐수 중의 크롬을 환원한다.

㉡ 이온교환수지법

㉢ 활성탄흡착법

② 환원제 : 6가 크롬(Cr^{6+})은 3가 크롬보다 독성이 매우 강하고 분해가 잘 되지 않는다. 따라서, $FeSO_4$, $NaHSO_4$, $Na_2S_2O_3$, SO_2 등의 환원제를 이용한다.

(2) As(비소)의 처리

염화 제2철, 석회와 같은 물질에 비소를 흡착시켜 제거한다.

4) 이온교환수지법

이온교환은 물 중의 염류를 제거하는 가장 적합한 처리방법으로, 이온교환 수지를 사용하여 용액 중 이온 상태의 불순물을 걸러내는 방법이다.

(1) 용액 중 이온이 제거되는 순서

① 음이온 순서 : $ClO_4^- > NO_3^- > Br^- > Cl^- > HCO_3^- > F^- > OH^-$

② 양이온 순서 : $Ba^{2+} > Sr^{2+} > Ca^{2+} > Co^{2+} > Cu^{2+} > Zn^{2+} > Mg^{2+} > Ag^+ > K^+ > Na^+ > H^+$

(2) 경수의 연수화

$$Ca^{2+} + 2Na \cdot E_x \rightleftharpoons Ca \cdot E_{x_2} + 2Na^+$$

$$Mg^{2+} + 2Na \cdot E_x \rightleftharpoons Mg \cdot E_{x_2} + 2Na^+$$

예 이온교환 고형물(제올라이트, 합성수지)

5. 고도처리(3차 처리)

질소와 인으로 대표되는 영양염류가 많아지면 하천이나 호수의 부영양화를 초래하므로 질소와 인을 제거하기 위하여 고도처리를 한다.

1) 생물학적 질소제거(탈질반응)

(1) 질산화반응

① 1단계(효소 : 아질산균) : $NH_4^+ + \frac{3}{2}O_2 \rightarrow NO_2^- + 2H^+ + H_2O$

② 2단계(효소 : 질산균) : $NO_2^- + \frac{1}{2}O_2 \rightarrow NO_3^-$

③ 전체 반응 : $NH_4^+ + 2O_2 \rightarrow NO_3^- + 2H^+ + H_2O$

(2) 탈질반응

$NO_3^- + H^+ + 유기질 \rightarrow N_2 \uparrow + H_2O$ (혐기성 반응)

2) 생물학적인 제거

활성슬러지 미생물의 인 과잉섭취 현상을 이용한 생물학적 인 제거법은 반응조 일부를 용존산소가 존재하는 호기성 상태와 용존산소가 없는 혐기성 상태를 유지, 반복시켜 활성슬러지 중의 인 함유율을 증가시킴으로써 인의 제거 효율을 높이는 것이다.

3) 암모니아 제거

(1) 이온교환법

① 2차 처리 유출수를 다중 여과와 탄소 흡착방법으로 처리한다.

② 천연 제올라이트를 사용하여 양이온 교환방법으로 암모니아를 제거한다.

(2) 파괴점 염소처리

① 염소가스나 차아염소산염을 사용하는 염소처리는 암모니아를 산화시켜 중간 생성물인 클로라민을 형성하고 최종적으로 질소가스와 염산을 생성시키는 것이다.

② 암모니아의 산화단계

ㄱ 1단계 : $Cl_2 + H_2O \rightarrow HOCl + HCl$

ㄴ 2단계 : $NH_4^+ + HOCl \rightarrow NH_2Cl + H_2O + H^+$

ㄷ 3단계 : $2NH_2Cl + HOCl \rightarrow N_2 \uparrow + 3HCl + H_2O$

ㄹ 전체 반응 : $3Cl_2 + 2NH_4^+ \rightarrow N_2 \uparrow + 6HCl + H^+$

> **Reference**
>
> **폐수처리공정의 광촉매(Photocatalyst) : TiO₂(산화타이타늄)**
> - 광촉매란 빛을 받아들여 화학반응을 촉진시키는 물질로 대표적으로 반도체, 색소, 엽록소가 있는데 반도체에서 산화타이타늄(TiO_2)이 대표적이다. 이런 반응을 광화학 반응이라 한다.
> - 폐수처리나 유해가스를 효과적으로 처리할 수 있는 광촉매를 이용한 처리기술이 발달되고 있는데, 광촉매로 사용되는 TiO_2에는 아나타제, 루틸 등의 결정상이 존재한다.
> - 산화타이타늄이 유해물질을 산화분해하는 기능을 이용하여 환경정화(환경오염을 제거하고 항균, 탈취하는 등의 효과)하는 데 이용하거나, 초친수성 기능(표면이 젖어도 물방울을 만들지 않고 얇은 막을 만들어 내는 성질)을 응용하여 셀프 크리닝 효과가 있는 유리와 타일, 청소기, 공기청정기, 냉장고, 도로 포장, 커텐, 벽지, 인공 관엽식물 등 다양한 제품에 적용되고 있다. 산화타이타늄은 자외선에 반응하지만 가시광선의 영역에도 반응하는 기술이 개발되고 있다.

실전문제

01 pH가 2인 공장폐수 내에 Cu^{2+}, Zn^{2+} 등의 중금속 이온이 다량 함유되어 있다. 이들을 중화처리할 때 중금속 이온은 수산화물 형태로 대부분 침전되어 제거되지만, 입자의 크기가 작은 경우에는 콜로이드 상태로 존재하게 되므로 응집제를 사용하여야 한다. 이와 같은 폐수처리 과정에서 필요한 물질들을 옳게 나열한 것은?

① $NaOH$, H_2SO_4

② H_2SO_4, $FeCl_3$

③ H_2SO_4, $Al_2(SO_4)_3 \cdot 18H_2O$

④ CaO, $Al_2(SO_4)_3 \cdot 18H_2O$

해설

• 응집제 : 폐수처리에서 가장 널리 사용되는 응집제는 알루미늄염이나 철염이다. 이들은 폐수의 특성을 고려하여 응집보조제와 함께 사용하면 그 효과가 증대된다.
• 응집제의 종류

종류	화학식
고형 황산알루미늄	$Al_2(SO_4)_3 \cdot 18H_2O$
액체 황산알루미늄	$Al_2(SO_4)_3$ 용액
폴리염화알루미늄	$[Al_2(OH)_m \cdot Cl_{26-m}]_n$
암모늄 백반	$Al_2(SO_4)_3(NH_4)_2(SO_4) \cdot 24H_2O$
칼륨 백반	$Al_2(SO_4)_3(NH_4)_2(SO_4) \cdot 24H_2O$
황산 제1철	$FeSO_4 \cdot 7H_2O$
황산 제2철	$Fe_2(SO_4)_3$

02 수(水)처리와 관련된 보기의 설명 중 옳은 것으로만 짝지어진 것은?

> ㉠ 물의 경도가 높으면 관 또는 보일러의 벽에 스케일이 생성된다.
> ㉡ 물의 경도는 석회소다법 및 이온교환법에 의하여 낮출 수 있다.
> ㉢ BOD는 생물학적인 산소요구량을 말한다.
> ㉣ 물의 온도가 증가할 경우 용존산소의 양은 증가한다.

① ㉠, ㉡, ㉢   ② ㉡, ㉢, ㉣

③ ㉠, ㉢, ㉣   ④ ㉠, ㉡, ㉣

해설

BOD
• 생화학적 산소요구량
• 호기성 미생물이 일정기간 물속에 있는 유기물을 분해할 때 사용되는 산소의 양
• 물의 오염 정도를 표시

03 폐수처리나 유해가스를 효과적으로 처리할 수 있는 광촉매를 이용한 처리기술이 발달되고 있는데, 다음 중 광촉매로 많이 사용되고 있는 물질로 아나타제, 루틸 등의 결정상이 존재하는 것은?

① MgO ② CuO

③ TiO_2 ④ FeO

해설

광촉매
빛을 받아들여 화학반응을 촉진시키는 물질로 TiO_2(산화타이타늄)는 환경오염을 제거하고 항균 · 탈취 효과가 있다.

정답 01 ④   02 ①   03 ③

04 알칼리성 폐수의 중화에 사용되는 것으로 가장 거리가 먼 것은?

① Na_2CO_3　　　　② CO_2

③ H_2SO_4　　　　④ HCl

> **해설**

- 산성 폐수 중화제
  NaOH(가성소다), Na_2CO_3(소다회), $Ca(OH)_2$(소석회), CaO(생석회), $CaCO_3$(석회석), Dolomite[돌로마이트, $CaMg(CO_3)_2$]
- 알칼리 폐수 중화제
  H_2SO_4(황산), HCl(염산), CO_2(탄산가스)

05 1,000ppm의 처리제를 사용하여 반도체 폐수 1,000m^3/day를 처리하고자 할 때 하루에 필요한 처리제는 몇 kg인가?

① 1　　　② 10　　　③ 100　　　④ 1,000

> **해설**

$$1,000ppm = 1,000mg/L \times 1,000L/m^3$$
$$= 10^6 mg/m^3$$

$$1,000m^3/day \times 10^6 mg/m^3 \times \frac{1g}{1,000mg} \times \frac{1kg}{1,000g}$$
$$= 1,000kg/day$$

06 폐수 내에 포함된 고순도의 Cu^{2+}를 pH를 조절하여 $Cu(OH)_2$ 형태로 일부 제거함으로써 Cu^{2+}의 농도를 63.55mg/L까지 감소시키고자 할 때, 폐수의 적절한 pH는?(단, Cu의 원자량은 63.55이다.)

$$Cu(OH)_2 \rightarrow Cu^{2+} + 2OH^-, \ K_{sp} = 2 \times 10^{-19}$$

① 4.4　　　　② 6.2

③ 8.1　　　　④ 99.4

> **해설**

$$[Cu^{2+}] = 63.55mg/L \times \frac{1g}{1,000mg} \times \frac{1mol}{63.55g}$$
$$= 1 \times 10^{-3} M(mol/L)$$

$$K_{sp} = [Cu^{2+}][OH^-]^2 = 2 \times 10^{-19}$$
$$[OH^-] = \sqrt{\frac{(2 \times 10^{-19})}{(1 \times 10^{-3})}} = 1.41 \times 10^{-8}$$
$$pOH = -\log[OH^-] = -\log(1.41 \times 10^{-8}) = 7.851$$
$$pH + pOH = 14$$
$$pH = 14 - 7.851 = 6.149$$

07 지하수 내에 Ca^{2+} 40mg/L, Mg^{2+} 24.3mg/L가 포함되어 있다. 지하수 경도를 mg/L $CaCO_3$로 옳게 나타낸 것은?(단, 원자량은 Ca 40, Mg 24.3이다.)

① 32.15　　　　② 64.3

③ 100　　　　④ 200

> **해설**

물의 경도
물에 포함되어 있는 알칼리토금속(칼슘 Ca^{2+}, 마그네슘 Mg^{2+})류의 양을 표준 물질의 중량으로 환산해서 표시한 것이다.

$$M^{2+}의 \ ppm \times \frac{CaCO_3의 \ 분자량}{M의 \ 원자량}$$
$$= 40mg/L \times \frac{100}{40} + 24.3 \times \frac{100}{24.3} = 200$$

08 수(水)처리와 관련된 보기의 설명 중 옳은 것으로만 나열한 것은?

> ㉠ 물의 경도가 높으면 관 또는 보일러의 벽에 스케일이 생성된다.
> ㉡ 물의 경도는 석회소다법 및 이온교환법에 의하여 낮출 수 있다.
> ㉢ COD는 화학적 산소요구량을 말한다.
> ㉣ 물의 온도가 증가할 경우 용존산소의 양은 증가한다.

① ㉠, ㉡, ㉢　　　　② ㉡, ㉢, ㉣

③ ㉠, ㉢, ㉣　　　　④ ㉠, ㉡, ㉣

> **해설**

- COD : 화학적 산소요구량
- BOD : 생물학적 산소요구량
- 용존산소량 : 온도가 오르면 감소하고, 기압이 오르면 증가한다.

정답 ▶ **04** ①　**05** ④　**06** ②　**07** ④　**08** ①

04 환경·안전관리

> **TIP**
>
> 화학물질관리법은 화학물질로 인한 국민건강 및 환경상의 위해를 예방하고 화학물질을 적절하게 관리하는 한편, 화학물질로 인하여 발생하는 사고에 신속히 대응함으로써 화학물질로부터 모든 국민의 생명과 재산 또는 환경을 보호하는 것을 목적으로 한다.

> **TIP**
>
> **유해화학물질의 분류**
> - 유독물질
> - 허가물질
> - 제한물질
> - 금지물질
> - 사고대비물질
> - 그 밖에 유해성 또는 위험성이 있거나 그러할 우려가 있는 화학물질

> **TIP**
>
> | 유별 | 성상 |
> |------|------|
> | 제1류 위험물 | 산화성 고체 |
> | 제2류 위험물 | 가연성 고체 |
> | 제3류 위험물 | 자연발화성·금수성 물질 |
> | 제4류 위험물 | 인화성 액체 |
> | 제5류 위험물 | 자기반응성 물질 |
> | 제6류 위험물 | 산화성 액체 |

■ 화학물질관리법(환경부)

1. 유해화학물질의 특성

   ① 유해성 : 화학물질의 독성 등 사람의 건강이나 환경에 좋지 않은 영향을 미치는 화학물질 고유의 성질

   ② 위해성 : 유해성이 있는 화학물질이 노출되는 경우 사람의 건강이나 환경에 피해를 줄 수 있는 정도

2. GHS(Globally Harmonized System of Classification and Labelling of Chemical)

   ① 유해화학물질의 분류·표시 및 경고표시는 GHS 국제 합의를 따른다.

   ② GHS에서 물질 유해성의 분류

   - 물리적 위험성
   - 건강유해성
   - 환경유해성

■ 위험물안전관리법(소방청)

① 화재·폭발과 관련이 있는 물질의 저장, 취급, 운반에 따른 안전관리를 목적으로 제정한 법이다.

② 인화성 또는 발화성 등의 성질이 있는 것으로 대통령령으로 정한 물질이다.

③ 기체상태의 위험물은 가스 관련 법에서 다루고, 액체·고체위험물은 위험물안전관리법에서 다룬다.

④ 위험물의 효율적인 안전관리를 위하여 유사한 성상끼리 모아 제1류~제6류로 구별하고 각 종류별로 대표적인 품명과 그에 따른 지정수량을 정하고 있다.

■ 산업안전보건법(고용노동부)

① 산업재해를 예방하고 쾌적한 작업환경을 조성함으로써 근로자의 안전과 보건을 유지·증진함을 목적으로 제정한 법이다.

② 근로자의 건강장해를 유발하는 화학물질 및 물리적 인자 등을 유해인자로 정의하고 분류하여 관리한다.

③ 화학물질 및 혼합물의 제조나 수입을 하는 사업자는 그 물질의 유해성과 위험성을 조사하여 물질안전보건자료(MSDS : Material Safety Data Sheet)를 작성하여 비치하고 경고 표시를 해야 할 의무가 있다. 이때 납품사나 제조사에게 물질안전보건자료를 요청할 수 있으며 납품사는 제공할 의무가 있다.

[01] 물질안전보건자료(MSDS)

1. 물질안전보건자료(MSDS)

1) 개요

화학물질의 유해성 · 위험성 · 응급조치요령, 취급방법 등을 설명한 자료로서 사업주는 MSDS상의 유해성 · 위험성 정보, 취급 · 저장방법, 응급조치요령, 독성 등의 정보를 통해 사업장에서 취급하는 화학물질에 대해 관리하고, 근로자는 직업병이나 사고로부터 스스로를 보호하며 불의의 화학사고에 신속히 대응할 수 있도록 설명한 자료이다.

◆ 물질안전보건자료

화학물질을 제조, 수입, 사용, 운반, 저장하는 사업주가 해당 물질에 대한 유해성 평가 결과를 근거로 작성한 자료

2) GHS 기준 적용 대상 물질

세계적으로 통일된 화학물질의 유해성 분류를 제시한 GHS(세계조화시스템 : Globally Harmonized System)의 기준에 따라 대상 물질을 아래와 같이 분류하고 있다.

TIP ‖‖‖‖‖‖‖‖‖‖‖‖‖‖‖‖‖‖‖‖‖‖‖‖‖

GHS

• 국제적으로 공통의 유해 · 위험성 정보 전달 시스템을 사용하므로 사람의 안전, 건강, 환경보호를 강화한다.
• 기존의 정보 전달 시스템이 없는 국가에 인정되는 기본체계를 제공하여 보호한다.
• 유해성을 국제적으로 적정하게 평가하여 확인된 화학물질은 국제교역에서 중복된 평가를 피하고, 간소화된 절차에 따라 교역이 쉽게 이루어지도록 한다.

(1) 물리적 위험성에 의한 분류

① **폭발성 물질** : 자체의 화학반응에 의하여 주위 환경에 손상을 입힐 수 있는 온도, 압력, 속도를 가진 가스를 발생시키는 고체 · 액체 물질이나 혼합물

② **인화성 가스** : 20℃, 표준 압력 101.3kPa에서 공기와 혼합하여 인화 범위에 있는 가스와 54℃ 이하 공기 중에서 자연발화하는 가스

③ **에어로졸** : 재충전이 불가능한 금속 · 유리 · 플라스틱 용기에 압축가스, 액화가스 또는 용해가스를 충전하고 내용물을 가스에 현탁시킨 고체나 입상 입자로 액상 또는 가스상에서 폼 · 페이스트 · 분말상으로 배출하는 분사장치를 갖춘 것

④ **산화성 가스** : 일반적으로 산소를 공급함으로써 공기와 비교하여 다른 물질의 연소를 더 잘 일으키거나 연소를 돕는 가스

⑤ **고압가스** : 200kPa 이상의 게이지 압력 상태로 용기에 충전되어 있는 가스 또는 액화되거나 냉동 액화된 가스

⑥ 인화성 액체 : 인화점이 60℃ 이하인 액체

⑦ 인화성 고체 : 쉽게 연소되는 고체나 마찰에 의하여 화재를 일으키거나 화재를 돕는 고체

⑧ 자기 반응성 물질 및 혼합물 : 열적으로 불안정하여 산소의 공급이 없어도 강하게 발열 분해하기 쉬운 액체·고체 물질이나 혼합물

⑨ 자연 발화성 액체 : 적은 양으로도 공기와 접촉하여 5분 안에 발화할 수 있는 액체

⑩ 자연 발화성 고체 : 적은 양으로도 공기와 접촉하여 5분 안에 발화할 수 있는 고체

⑪ 자기 발열성 물질 및 혼합물 : 자연 발화성 물질이 아니면서 주위에서 에너지의 공급 없이 공기와 반응하여 스스로 발열하는 고체·액체 물질이나 혼합물

⑫ 물 반응성 물질 및 혼합물 : 물과 상호 작용하여 자연 발화성이 되거나 인화성 가스를 위험한 수준의 양으로 발생하는 고체·액체 물질이나 혼합물

⑬ 산화성 액체 : 그 자체로는 연소하지 않더라도 일반적으로 산소를 발생시켜 다른 물질의 연소를 돕는 액체

⑭ 산화성 고체 : 그 자체로는 연소하지 않더라도 일반적으로 산소를 발생시켜 다른 물질의 연소를 돕는 고체

⑮ 유기과산화물 : 1개 또는 2개의 수소 원자가 유기라디칼에 의하여 치환된 과산화수소의 유도체인 2개의 $-O-O-$ 구조를 갖는 액체나 고체 유기물질

⑯ 금속 부식성 물질 : 화학 작용으로 금속을 손상 또는 파괴시키는 물질이나 혼합물

(2) 건강 유해성에 의한 분류

① 급성독성 물질 : 입이나 피부를 통하여 1회 또는 24시간 이내에 수회로 나누어 투여하거나 4시간 동안 흡입 노출시켰을 때 유해한 영향을 일으키는 물질

② 피부 부식성 또는 자극성 물질 : 최대 4시간 동안 접촉시켰을 때 비가역적인 피부 손상을 일으키는 물질(피부 부식성 물질) 또는 회복 가능한 피부 손상을 일으키는 물질(피부 자극성 물질)

③ 심한 눈 손상 또는 자극성 물질 : 눈 앞쪽 표면에 접촉시켰을 때 21일 이내 완전히 회복되지 않는 눈 조직 손상을 일으키거나 심한 물리적 시력 감퇴를 일으키는 물질(심한 눈 손상 물질) 또는 21일 이내 완전히 회복 가능하지만 눈에 어떤 변화를 일으키는 물질(눈 자극성 물질)

④ 호흡기 또는 피부 과민성 물질 : 호흡을 통하여 노출되어 기도에 과민 반응을 일으키거나 피부 접촉을 통하여 알레르기 반응을 일으키는 물질

⑤ 생식세포 변이원성 물질 : 자손에게 유전될 수 있는 사람의 생식세포에 돌연변이를 일으킬 수 있는 물질

⑥ 발암성 물질 : 암을 일으키거나 암의 발생을 증가시키는 물질

⑦ 생식독성 물질 : 생식 기능, 생식 능력 또는 태아 발육에 유해한 영향을 일으키는 물질

⑧ 특정 표적장기 독성물질(1회 노출) : 1회 노출에 의하여 특이한 비치사적 특정 표적장기 독성을 일으키는 물질

◈ 비치사적
죽음에 이르지 않는 정도

⑨ 특정 표적장기 독성물질(반복 노출) : 반복 노출에 의하여 특정 표적장기 독성을 일으키는 물질

⑩ 흡인 유해성 물질 : 액체나 고체 화학물질이 입이나 코를 통하여 직접적으로 또는 간접적으로 기관 및 더 깊은 호흡기관으로 유입되어 화학 폐렴, 다양한 폐 손상이나 사망과 같은 심각한 급성 영향을 일으키는 물질

(3) 환경 유해성에 의한 분류

① 수생 환경 유해성 물질 : 단기간 또는 장기간 노출에 의하여 물속에 사는 수생 생물과 수생생태계에 유해한 영향을 일으키는 물질

② 오존층 유해성 물질 : 몬트리올 의정서의 부속서에 등재된 모든 관리 대상 물질

3) 적용 비대상 물질

① 「원자력안전법」에 따른 방사성 물질

② 「약사법」에 따른 의약품, 의약외품

③ 「마약류 관리에 관한 법률」에 따른 마약류

④ 「화장품법」에 따른 화장품과 화장품에 사용하는 원료

⑤ 「농약관리법」에 따른 농약과 원제

⑥ 「비료관리법」에 따른 비료

⑦ 「식품위생법」에 따른 식품, 식품 첨가물, 기구 및 용기 · 포장

⑧ 「사료관리법」에 따른 사료

⑨ 「총포, 도검, 화약류 등 단속법」에 따른 화약류

⑩ 「군수관리법」, 「방위사업법」에 따른 군수품(「군수관리법」에 따른 통상품은 제외한다)

⑪ 「건강기능식품에 관한 법률」에 따른 건강기능식품

⑫ 「의료기기법」에 따른 의료기기

⑬ 「고압가스 안전관리법」에 따른 독성가스

⑭ 「친환경농어업 육성 및 유기식품 등의 관리 · 지원에 관한 법률」에 따른 유기식품, 비식용유가공품, 무농약원료가공식품, 유기농어업자재 및 허용 물질

4) 그림 문자 및 코드

① 유해성 항목 · 구분별로 약속된 9가지 그림과 코드를 사용한다.
② 흰색 바탕에 검은색 그림이 있으며, 빨간색 마름모 형태의 테두리 그림이다.
③ 그림 문자 및 코드와 의미

▼ 유독물 그림 문자

GHS01		GHS02		GHS03	
	폭발성		인화성 자연발화성 자기발열성 물반응성		산화성
GHS04		**GHS05**		**GHS06**	
	고압가스		금속부식성 피부부식성 또는 자극성 심한 눈손상 또는 자극성		급성독성
GHS07		**GHS08**		**GHS06**	
	경고		호흡기 과민성 발암성 병이원성 생식독성 표적장기독성 흡인유해성		수생환경 유해성

5) 유해 · 위험문구

① H200~H290 : 물리적 위험성 유해 · 위험문구
② H300~H373 : 건강유해성 유해 · 위험문구
③ H400, H410, H411, H412, H413, H420 : 환경유해성 유해 · 위험문구

6) 그 외 예방조치문구

① P101~P103 : 일반예방조치문구
② P201~P284 : 예방을 위한 예방조치문구
③ P301~P391 : 대응예방조치문구
④ P401~P420 : 저장을 위한 예방조치문구
⑤ P501~P502 : 폐기예방조치문구

7) 염류 화합물

① 염류(Salt) : 산과 염기의 중화반응에 의해 생성된 화합물질
② 화학물질 : 원소·화합물 및 그에 인위적인 반응을 일으켜 얻어진 물질과 자연상태에서 존재하는 물질을 화학적으로 변형시키거나 추출 또는 정제한 것
③ 혼합물 : 두 가지 이상의 물질로 구성된 물질 또는 용액

8) 물질안전보건자료 구성항목(16개)

① 화학제품과 회사에 관한 정보
② 유해성·위험성
③ 구성성분의 명칭 및 함유량
④ 응급조치요령
⑤ 폭발·화재 시 대처방법
⑥ 누출 사고 시 대처방법
⑦ 취급 및 저장방법
⑧ 노출 방지 및 개인보호구
⑨ 물리·화학적 특성
⑩ 안정성 및 반응성
⑪ 독성에 관한 정보
⑫ 환경에 미치는 영향
⑬ 폐기 시 주의사항
⑭ 운송에 필요한 정보
⑮ 법적 규제현황
⑯ 기타 참고사항

9) 물질안전보건자료 시스템

① MSDS 작성, 제공
② MSDS 게시, 비치
③ 경고표시
④ 취급 근로자 MSDS 교육
⑤ 기타사항

> **Reference**
>
> **물질안전보건자료 정보수집 방법**
> • 해당 화학물질을 제조, 수입, 공급하는 회사로부터 수집
> • 산업안전보건공단 홈페이지의 물질안전보건자료를 통해 수집

10) 물질안전보건자료 조사항목

목적별 물질안전보건자료 해당 항목을 16개 항목 중에서 조사한다.

(1) 공정물질에 대한 물성 정보가 필요한 경우
 ① 2번 항목(유해성 · 위험성)
 ② 9번 항목(물리 · 화학적 특성)
 ③ 10번 항목(안정성 및 반응성)
 ④ 11번 항목(독성에 관한 정보)

(2) 공정물질로 인하여 폭발, 화재 사고가 발생한 경우
 ① 2번 항목(유해성 · 위험성)
 ② 4번 항목(응급조치요령)
 ③ 5번 항목(폭발사고 시 대처 방법)
 ④ 10번 항목(안정성 및 반응성)

(3) 공정물질이 외부로 누출된 경우
 ① 2번 항목(유해성 · 위험성)
 ② 4번 항목(응급조치요령)
 ③ 6번 항목(누출 사고 시 대처 방법)
 ④ 12번 항목(환경에 미치는 영향)

(4) 공정물질에 대한 규제사항 정보가 필요한 경우
 ① 1번 항목(화학 제품과 회사에 관한 정보)
 ② 10번 항목(안정성 및 반응성)
 ③ 11번 항목(독성에 관한 정보)
 ④ 15번 항목(법적 규제사항)

(5) 공정물질을 취급, 사용하거나 이동, 폐기할 경우
 ① 7번 항목(취급 및 저장 방법)
 ② 8번 항목(노출 방지 및 개인보호구)
 ③ 13번 항목(폐기 시 주의사항)
 ④ 14번 항목(운송에 필요한 정보)

2. MSDS에 따른 물리 · 화학적 특성

1) 물질안전보건자료 대상 물질

① 물리적 위험성 물질
② 건강 및 환경유해성 물질

2) 물리 · 화학적 특성

(1) 물리적 특성

① 화학 및 분자 조성이 동일하게 유지되는 것이 물리적 특성이다.
② 물리적 특성은 물질 자체가 가지고 있는 물질 고유의 특성을 말한다.
　　예 상변화 : 얼음 ↔ 물 ↔ 수증기

(2) 화학적 특성

물질이 다른 물질과 반응이 일어나거나, 분해되어 물질의 화학구조가 바뀌는 변화를 통하여 다른 물질이 되는 화학적 변화가 일어나는 특성이다.
　　예 철 + 산소 → 녹 형성

(3) 물리 · 화학적 특성

물리적 특성과 화학적 특성을 모두 반영한 것이 물리 · 화학적 특성이다.

3) 물질안전보건자료의 물리 · 화학적 특성

① 외관
② 냄새
③ 냄새역치
④ pH
⑤ 녹는점/어는점
⑥ 초기 끓는점과 범위
⑦ 인화점
⑧ 증발속도
⑨ 인화점(고체, 기체)
⑩ 인화 또는 폭발범위의 상한/하한
⑪ 증기압
⑫ 용해도
⑬ 증기밀도
⑭ 비중
⑮ n − 옥탄올/물분배계수
⑯ 자연발화온도
⑰ 분해온도
⑱ 점도
⑲ 분자량

❖ 냄새역치
냄새가 나는 최소농도

4) 물리·화학적 특성의 위험성 정보

(1) 위험성 정보

물리·화학적 특성항목으로부터 위험성을 알 수 있다.

물리·화학적 특성		위험성 정보
번호	특성	
7	인화점	인화성 물질
10	폭발범위	폭발성 물질
16	자연발화온도	자기발열성 물질
17	분해온도	자기반응성 물질

(2) 물리·화학적 특성

벤젠을 예로 들어보면 다음과 같다.

① 외관
- 성상 : 액체
- 색상 : 무색~노란색(출처 : HSDB)

② 냄새
특유의 냄새(출처 : HSDB, IPCS)

③ 냄새역치
4.68ppm

④ pH
자료 없음

⑤ 녹는점/어는점
5.5℃(출처 : ChemIDplus)

⑥ 초기 끓는점과 끓는점 범위
80℃(출처 : HSDB, ChemIDplus)

⑦ 인화점
−11℃(출처 : IPCS)

⑧ 증발속도
자료 없음

⑨ 인화점(고체, 기체)
자료 없음

⑩ 인화 또는 폭발범위의 상한/하한
8.0/1.2%(출처 : IPCS)

❖ HSDB(Hazardous Substances Data Bank)
유해물질 데이터 뱅크

❖ IPCS
국제화학 안전 프로그램

❖ 냄새역치
냄새를 느낄 수 있는 최소 농도

⑪ 증기압

    94.8mmHg(25℃)(출처 : HSDB, ChemIDplus)

⑫ 용해도

    0.18g/100ml(25℃)(출처 : IPCS)

⑬ 증기밀도

    2.8(공기＝1)(출처 : HSDB)

⑭ 비중

    0.88(물＝1)(출처 : IPCS)

⑮ n－옥탄올/물분배계수(K_{ow})

    2.13(log K_{ow})(출처 : HSDB, ChemIDplus, IPCS)

⑯ 자연발화온도

    498℃(출처 : IPCS)

⑰ 분해온도

    －3,267.6kJ/mol(출처 : HSDB)

⑱ 점도

    604,000(25℃)(출처 : HSDB)

⑲ 분자량

    78.11(출처 : HSDB)

TIP

옥탄올－물분배계수(K_{ow})

- 어느 물질 A를 같은 양(부피, 무게)의 옥탄올과 물을 섞어 세 성분을 함께 잘 혼합해서 정치시킨 다음, 옥탄올에 녹아들어있는 A의 농도를 물에(이온화되지 않는 상태) 녹아들어있는 A의 농도로 나눈 값이다.

$$K_{ow} = \frac{\text{옥탄올에서의 농도}(C_o)}{\text{물에서의 농도}(C_w)}$$

- 분배계수값이 1보다 크다면 물보다 Octanol 성분에 더 잘 녹고, 분배계수값이 1보다 작다면 물에 더 잘 녹는다.
- 분배계수값이 1보다 크면 소수성이 강하며, 1보다 작으면 친수성이 강하다.

3. 폐기물 관리

1) 폐기물 처리방법

① **폐기물** : 쓰레기, 연소재, 오니, 폐유, 폐산, 폐알칼리, 동물의 사체 등으로 사람의 생활이나 사업활동에 필요하지 않게 된 물질

② **생활폐기물** : 사업장폐기물 외의 폐기물

③ **사업장폐기물** : 「대기환경보전법」, 「물환경보전법」, 「소음·진동관리법」에 따라 배출시설을 설치·운영하는 사업장이나 그 밖에 대통령령으로 정하는 사업장에서 발생하는 폐기물

④ **지정폐기물** : 사업장폐기물 중 폐유·폐산 등 주변환경을 오염시킬 수 있거나, 의료폐기물 등 인체에 위해를 줄 수 있는 해로운 물질로서, 대통령령으로 정하는 폐기물

⑤ **의료폐기물** : 보건·의료기관, 동물병원, 시험·검사기관 등에서 배출되는 폐기물 중 인체에 감염 등 위해를 줄 우려가 있는 폐기물로 인체조직 등 적출물, 실험동물의 사체 등 보건·환경보호상 특별한 관리가 필요하다고 인정되는 폐기물로 대통령령으로 정하는 폐기물

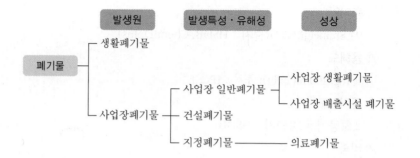

2) 폐기물 처리방법

(1) 지정폐기물

일반적인 사업장폐기물보다 엄격한 규제를 한다.

① 특정 시설에서 발생하는 폐기물 : 폐합성고분자화합물, 오니류
② 부식성이 큰 폐기물 : 폐산, 폐알칼리
③ 유해물질을 함유한 폐기물 : 광재, 분진, 폐내화물, 소각재, 안정화 또는 고형
    화 · 고화 처리물, 폐촉매, 폐흡착제, 폐흡수제
④ 폐유기용제류
⑤ 폐페인트, 폐래커, 폐유, 폐석면
⑥ 폴리클로리네이티드비페닐 함유 폐기물
⑦ 폐유독물질
⑧ 의료폐기물
⑨ 천연방사성 제품 폐기물
⑩ 수은 폐기물
⑪ 그 밖에 주변 환경을 오염시킬 수 있는 유해한 물질로서 환경부장관이 정하여
    고시하는 물질

(2) 유해폐기물의 처리방법

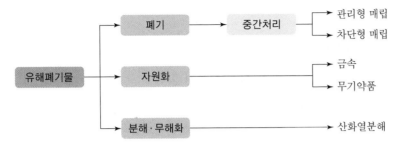

① 폐기처리

　　유해폐기물을 재활용하지 않고 중간처리(안정화, 고형화, 소각 등)를 하고
　　잔재물을 매립 처분한다. 성상에 따라서 직매립도 가능하다.

② 자원화

　　㉠ 유해폐기물을 처리하는 데에는 상당히 많은 비용이 소요되지만, 자원의
　　　회수에 의하여 유해물질을 제거할 수 있으며, 동시에 경제적인 이점까지
　　　얻을 수 있다.

　　㉡ 할로겐화합물 등은 그 성상의 특이성 때문에 용매로서 자원화하는 경우
　　　가 있고, 단일 중금속계 유해물질은 회수하는 것이 많다.

　　㉢ 최근에는 폐건전지 등에서 유가 금속을 회수하는 작업이 진행되고 있으
　　　며, 각종 광재 및 슬러지 중에 경제성이 있는 금속을 회수하고 있다.

③ 분해 · 무해화

　　㉠ 화합물 형태의 유해폐기물의 경우 분해 · 무해화가 원리적으로 가능하다.

　　㉡ 시안 화합물은 산화와 같은 강력한 수단에 의하여 CN 결합을 분해하여 탄
　　　산가스와 질소와 같은 무해한 물질로 변화시키는 것이 가능하다.

[02] 안전사고 대응

1. 안전위험요소 점검

1) 화학물질 취급 및 관리 시 안전점검 항목

- 제조사에 의해 표시된 화학물질의 위험성과 취급 시 주의사항을 읽어 본다.
- 화학물질의 위험특성 데이터북, 물질안전보건자료 등을 참고하여 화학물질의 위험성과 안전장비 및 사고에 대비하여 응급조치법을 숙지한다.

(1) 화학물질의 운반
  ① 화학물질을 손으로 운반할 경우, 운반용기에 넣어 운반한다.
  ② 바퀴가 달린 수레로 운반할 경우, 고른 회전을 할 수 있는 바퀴가 있어야 한다.
  ③ 가연성 액체의 운반
      ㉠ 증기를 발산하지 않는 내압성 보관용기로 운반한다.
      ㉡ 저장소 보관 시 창으로 환기가 잘 되도록 한다.
      ㉢ 점화원을 제거한다.
      ㉣ 용기를 개봉한 채로 운반해서는 안 된다.

(2) 화학물질의 저장
  ① 모든 화학물질은 특별한 저장공간이 있어야 한다.
  ② 모든 화학물질은 물질의 이름, 소유자, 구입날짜, 위험성, 응급절차를 나타내는 라벨을 부착해야 한다.
  ③ 일반적으로 위험한 물질은 직사광선을 피하고 냉소에 저장하며, 혼입하지 않으며, 화기나 열원에서 격리해야 한다.
  ④ 다량의 위험한 물질은 법령에 의하여 저장고에 종류별로 저장하고, 독극물은 약품선반에 잠금장치를 설치하여 보관한다.
  ⑤ 위험한 약품의 분실 및 도난 시 담당 책임자에게 보고해야 한다.

(3) 화학물질의 취급 및 사용
  ① 독성
      ㉠ 독성물질 취급 시 체내에 들어가는 것을 막는 조치를 해야 한다.
      ㉡ 대부분의 물질이 치명적인 호흡장애의 위험성을 가지므로 밀폐된 공간에서 많은 양을 사용해서는 안 되며, 항상 후드 내에서만 사용해야 한다.
        예 암모니아, 염소, 플루오린, 염산, 황산, 이산화황
      ㉢ 반응 후 부산물이 생기지 않도록 처리하는 것도 실험계획에 포함되어야 한다.

② 산과 염기

　㉠ 항상 물에 산을 가하면서 희석한다.

　　➡ 반대로 하면 안 된다!

　㉡ 가능하면 희석된 산, 염기를 사용한다.

　㉢ 강산, 강염기는 공기 중 수분과 반응하여 치명적인 증기를 생성하므로 사용하지 않을 때는 뚜껑을 닫아 놓는다.

　㉣ 산, 염기가 눈이나 피부에 묻었을 때에는 즉시 15분 정도 물로 씻어내고 도움을 요청한다.

　㉤ HF(플루오린화수소)는 가스 및 용액이 맹독성이므로 화상과 같은 즉각적인 증상이 없이 피부에 흡수되므로 취급에 주의한다.

　㉥ 과염소산은 강산이며, 유기화합물, 무기화합물 모두와 폭발성 물질을 생성하며 가열, 화기접촉, 충격, 마찰에 의해 또는 저절로 폭발하므로 특히 주의해야 한다.

③ 유기용제

대부분의 유기용제는 해로운 증기를 가지고 있어, 쉽게 스며들어 건강에 위험을 야기하므로 용제와 관련한 위험, 안전조치, 응급절차 등을 숙지해야 한다.

　㉠ 아세톤
　　• 독성, 가연성 증기
　　• 적절한 환기시설에서 보호장갑, 보안경, 보호구를 착용한다.
　　• 가연성 액체 저장실에 저장한다.

　㉡ 에탄올
　　• 현기증, 신경조직 약화, 떨림의 원인이 된다.
　　• 심하면 혼수상태에 이르고 결국 사망하는 경우도 있다.
　　• 약간의 노출에도 두통, 위장장애, 시력장애의 원인이 된다.
　　• 환기시설이 잘된 후드에서 사용하고 네오프렌 장갑을 착용한다.

　㉢ 벤젠
　　• 발암물질
　　• 적은 양을 오랜 기간 흡입하면 만성중독이 일어날 수 있다.
　　• 피부를 통해 침투한다.
　　• 증기는 가연성이므로 가연성 액체와 같이 저장한다.

TIP

산 · 염기 취급 시 안전사고의 유형
• 화상
• 해로운 증기의 흡입
• 강산의 희석 시 발생하는 열에 의해 야기되는 화재 · 폭발

TIP

유기용제는 휘발성이 매우 크며 증기는 가연성이다.

ⓔ 에테르

　　예 에틸에테르, 이소프로필에테르, 다이옥신, 테트라하이드로퓨란

- 농축되거나, 폭발할 수 있는 물질과 결합했을 때, 또는 고열, 충격, 마찰에 의해 공기 중 산소와 결합하여 불안정한 과산화물을 형성하여 매우 격렬하게 폭발할 수 있다.

　➡ 좀 더 안전한 대체물이 있으면 가급적 사용을 피한다.

- 과산화물을 생성하는 에테르는 공기를 완전히 차단하여 황갈색 유리병에 저장하여 암실이나 금속용기에 보관한다.
- 에틸에테르는 방폭용 냉장고에 보관한다.

　➡ 누출이 일어나면 인화점이 45℃ 이하인 에테르는 폭발성 화합물을 생성할 수 있다.

ⓜ 산화제

- 강산화제는 매우 적은 양(0.25g)으로 심한 폭발을 일으킬 수 있으므로 방화복, 가죽장갑, 안면보호대 같은 보호구를 착용하고 다루어야 한다.
- 많은 산화제 사용 시 폭발 방지용 방벽 등이 포함된 특별계획을 수립해야 한다.

ⓗ 금속분말

- 초미세분진은 폐에 들어가면 호흡기 질환을 일으킬 수 있다.
- 저장소에서 사용하는 분진마스크를 미세분말을 취급하는 작업장에서 사용하지 않는다.
- SiO_2 분말은 규폐증과 같은 폐질환의 원인이 된다.
- BeO, PbO는 독성이 강하므로 취급 시 주의한다.
- 후드에서 분말을 취급한다.
- 많은 미세분말은 자연발화성이며, 공기 중에 노출되면 폭발한다.

ⓢ 석면

- 발암성
- 피부에 묻거나 흡입하지 않도록 조심히 다룬다.

◆ 규폐증
규산성분의 폐침착으로 발생하는 폐질환

2. 전기 취급 시 안전점검 항목

1) 감전사고 방지

(1) 감전사고

전기가 흐르고 있는 전기기기에 사람이 접촉되어 인체에 전기가 흘러 일어나는 화상 또는 장애이며, 심한 경우 생명을 잃게 되는 현상이다.

(2) 감전사고 방지대책

① 전기기기 및 배선 등의 모든 충전부는 노출시키지 않는다.
② 전기기기 사용 시 반드시 접지시켜야 한다.
③ 누전 차단기를 설치하여 감전사고 시의 재해를 방지한다.
④ 전기기기의 스위치 조작은 아무나 함부로 해서는 안 된다.
⑤ 젖은 손으로 전기기기를 만지지 않는다.
⑥ 안전기(개폐기)에는 반드시 전격퓨즈를 사용하고, 구리선과 철선 등을 사용하지 않는다.
⑦ 불량이거나 고장 난 전기제품은 사용하지 않는다.
⑧ 배선용 전선은 중간에 연결한 접속부분이 있는 곳을 사용하지 않는다.

2) 전기화재 예방

(1) 전기화재

전기가 원인이 되어 일어나는 누전, 스파크 등에 의한 화재를 말한다.

(2) 전기화재 예방대책

① 단락 및 복잡한 접촉을 방지한다.
② 이동 전선을 철저히 관리한다.
③ 전선 인출부를 보강한다.
④ 규격 전선을 보강한다.
⑤ 전선 스위치 차단 후 실험을 수행한다.

3) 누전 방지

① 전선 접속부는 충분한 절연 효과가 있는 소정의 접속 기구 또는 테이프를 사용한다.
② 변압기 · 차단기 또는 탱크 · 건물 벽 등을 통과하는 곳에는 절연체인 부싱(Bushing)을 사용한다.
③ 누전 여부를 수시로 확인하고 누전 차단기를 설치한다.
④ 전선과 움직이는 물체의 접촉을 금지한다.
⑤ 전기를 사용하지 않을 경우 전원 스위치를 차단한다.

4) 과전류 방지

① 적정 용량의 퓨즈 또는 배선용 차단기를 사용하여 과전류를 확실하게 차단한다.

② 1개의 콘센트에 여러 개의 플러그를 사용하거나 문어발식 배선을 사용하지 않는다.

③ 스위치 등 접촉 부분의 접촉 불량을 점검한다.

④ 고장 난 전기기기나 누전되는 전기기기의 사용을 금지한다.

⑤ 하나의 전선관에 많은 전선을 삽입하지 않는다.

5) 전기 안전점검

① 전기 스위치 부근에 인화성, 가연성 용매 등을 놓아서는 안 된다.

② 분전함 내부에 공구, 성냥 등 불필요한 물건을 놓아서는 안 된다.

③ 전동기 등의 전기 장치에 스파크나 연기가 나면, 즉시 전원 스위치를 끄고 전기 담당자에게 연락한다.

④ 모든 스위치는 상용처의 이름을 명기하여야 한다.

⑤ 전기 수리 또는 점검할 때에는 '수리 중', '점검 중' 표시를 하고 관계자 이외에는 출입을 금지한다.

⑥ 접지를 올바른 곳에 확실하게 접속하여야 한다.

⑦ 스위치, 배전반, 전동기 등 전기기구에 불이나 기타 물체가 닿지 않도록 한다.

⑧ 배선의 용량을 초과하는 전류를 사용해서는 안 된다.

⑨ 승낙 없이 임의로 전기배선을 접속, 사용하지 않는다.

⑩ 결함이 있거나, 작동상태가 불량한 전기기구는 사용하지 않는다.

⑪ 전원에서 플러그를 뽑을 때 선을 잡아당기지 말고 플러그 전체를 잡아당겨야 한다.

3. 위험요소 점검 및 제거

① 실내, 밀폐공간 작업 시에는 창문을 열거나 강제 송풍 등 환기를 하여 유증기 등 인화성 가스 및 증기를 제거해야 한다.

② 유증기 등 인화성 물질이 존재하는 공간에서 작업을 하거나, 인화성 물질 취급 시 다음과 같은 조치를 취한다.

    ㉠ 용접 및 그라인딩 작업, 비방폭형 전기기기(손전등, 전동공구 등)의 사용을 금지한다.

    ㉡ 제전화, 제전복 착용으로 인체의 정전기를 방지한다.

    ㉢ 접지 클램프 사용 등 접지 조치로 설비의 정전기를 제거한다.

③ 화기작업 시 인화성 물질이 있는지 확인하고 주변에 불꽃이 날리지 않도록 조치해야 한다.

4. 각종 설비의 위험과 예방

1) 각종 설비에 안전장치 설치

다음과 같은 경우에는 폭발사고를 예방하기 위해 압력방출장치를 설치해야 한다.

① 화재 등의 열로 인해 압력용기나 열교환기가 가열되고, 반응 내용물이 팽창하여 압력이 증가하는 경우
② 고온 영역에서 높은 휘발성 물질이 혼입하여 다량의 증기 발생으로 압력 상승의 우려가 있는 경우
③ 용기나 장치 등의 출구가 폐쇄되어 유체의 흐름이 정지되어 압력이 증가하는 경우
④ 자동 제어계의 트러블 발생으로 유량, 온도, 압력 등이 제어되지 않아 압력 상승의 가능성이 있는 경우
⑤ 폭발성 물질이 용기 내에서 폭발을 일으켜 압력 상승이 일어날 수 있는 경우
⑥ 냉각수가 정지되어 응축이 멈추면서 압력이 상승할 수 있는 열교환기
⑦ 비응축성 가스가 축적되어 냉각이 불충분하게 되어 응축 불량이 일어나 시스템 내 온도 상승이 우려되는 열교환기
⑧ 튜브의 파손이나 누출로 인해 온도가 서로 다른 유체가 혼합되면서 휘발성이 높은 물질이 증발하여 압력 상승이 일어날 수 있는 열교환기

2) 각종 설비의 위험과 예방

(1) 열교환기류

① 배관의 손상, 열교환기 본체 및 부속 배관에서의 액체의 누출 등이 발생할 수 있다. 배관의 부식과 마모에 의한 균열, 진동에 의한 체결부의 헐거움은 화학물질의 누설로 이어질 수 있다.
② 화학물질의 누설 여부를 조기에 발견하기 위하여 열교환기의 배관 측과 본체 측의 압력, 온도, 유량을 가능한 한 상시 감시한다.
③ 열교환기 출구의 냉각 또는 가열 유체 분위기의 가스 농도를 연속분석계를 사용하거나 정기적 분석을 통하여 확인한다. 열교환기 출구의 피냉각 또는 피가열 유체 분위기의 가스 농도에 대해서도 동일한 분석을 통하여 확인한다.
④ 열교환기의 개방 시에 비파괴 검사법을 사용하여 균열 등을 체크한다.
⑤ 누설을 인지하였을 때에는 폭발성 혼합물의 생성에 주의하고 고온 물체, 강산화제와 접촉되지 않도록 한다.
⑥ 누설이 발견되면 우선 누설 지점에서 가장 가까운 밸브를 닫아 화학물질의 유출량을 적게 한다.
⑦ 열교환기를 개방하였을 때에는 충분한 퍼지를 통하여 잔유물이 없도록 한다.

⑧ 응축기에서 응축이 갑자기 일어나는 경우 강한 진동이나 음향이 발생할 수 있으며 이로 인한 열교환기와 배관의 진동에 주의한다.

(2) 윤활유 탱크

① 인화성 가스 압축기의 실링용 오일은 직접 압축기 시스템 내의 인화성 가스와 접촉하고 있기 때문에 실링용 오일 속에 미량의 인화성 가스가 용해된다. 이러한 실링용 오일은 윤활유 탱크에 피드백되어 오므로 폭발성 혼합기를 형성할 위험성이 있다.

② 윤활유에 인화성 가스가 미량 혼입할 경우 윤활유 탱크의 위험성이 있다고 판단해야 한다.

③ 인화성 가스 압축기의 윤활유 탱크는 항상 질소 충전을 하여 폭발 방지 조치를 해야 한다.

④ 안전대책을 위해 질소 충전용 설비를 설치하여도 항상 사용하지 않으면 효과를 기대할 수 없으며, 압축기의 유지 보수 등으로 충전용 질소 공급을 중단해야 하는 경우에는 가스 검지기로 가연성 가스가 남아 있지 않는 것을 확인하고 작업을 실시한다.

⑤ 실링용 오일이 포함되어 있는 시스템을 운전하는 경우에는 가열설비를 사용하여 윤활유 탱크의 온도를 실링용 오일의 물리적 특성에 맞추어 안전하게 관리한다.

⑥ 가연성 가스의 발생이 없을 것으로 예상되는 탱크에 대해서도 정기적인 가스 분석을 실시하여 폭발성 혼합기가 생성되는지를 확인한다.

(3) 감압증류 설비

① 감압증류의 진공도가 낮아지면 증류 온도가 상승하기 때문에 관리 한계 온도 및 관리 한계 진공도를 정하여 그 설정값 이하에서만 운전해야 한다.

② 감압증류 공정에서는 공기가 혼입하여 내용물이 산화반응을 일으키거나 폭발성 혼합기를 형성할 위험성이 있다.

③ 감압증류 시에는 정전에 의해 제어기기 및 진공펌프가 정지하지 않도록 비상용 발전기를 설치한다. 만일 진공펌프가 정지한 경우에는 원료 공급을 정지시키고 열원의 공급을 차단하는 등의 온도 상승을 방지하기 위한 대책을 강구한다.

④ 감압증류 공정에서는 기밀성 유지가 매우 중요하다. 공기가 혼입되는 것을 예방하지 못하면 증류잔유물에는 산화반응을 일으키기 쉬운 물질이 많기 때문에 제품의 품질을 유지할 수 없으며, 기기가 파손될 정도의 이상 반응이 일어나는 원인이 될 수 있다.

⑤ 감압증류 공정에서 소량의 공기 유입을 방지하고 유입 부분을 용이하게 발견하기 위한 방법으로서 플랜지 주변에 덕트 테이프(Duct Tape)를 사용하기도 한다.

(4) 반응기

① 반응기 내의 반응물 온도가 정상이라 하더라도 오조작에 의해 예상하지 못한 물질이 혼입하게 되면 급격한 발열반응을 일으킬 위험이 있으므로 이러한 원인이 되는 물질을 사전에 조사하여 혼입을 방지하는 것이 중요하다.

② 반응기에 혼입될 우려가 있는 불순물의 종류와 이러한 불순물의 혼입에 따른 위험성을 사전에 조사하여 둔다.

③ 원료 및 용제 속에 있는 미량성분의 종류와 양을 파악하기 위하여 정기적인 분석을 실시한다.

④ 회분식 공정의 반응기에서는 원료 투입 전에 잔사 및 세정 시의 수분, 그리고 세정제의 혼입을 방지하기 위하여 반응 개시 전에 반응기 내부의 점검을 실시한다.

⑤ 장치재료로부터 부식된 철, 열매유, 냉각수 등의 혼입을 방지하기 위하여 정기적으로 반응기 내부 및 냉각용 열교환기 등의 검사를 실시한다.

(5) 계기류

① 공정 설비의 운전 담당자는 항상 온도, 압력, 유량, 액면 등의 운전관리 범위를 파악하고 계기류의 지시값이 정상인가를 확인해야 한다. 또 현장 지시값과 계기실의 지시값이 일치하고 있는지를 정기적으로 체크해야 한다.

② 현장 계기류에는 일상적으로 사용하는 운전 지시값과 최댓값 및 최솟값을 표시해 두고 지시값이 정상인지를 명확하게 알 수 있도록 한다. 또한 압력계 등의 지시값을 기록하는 경우에는 단위를 혼동하지 않도록 확인해야 한다.

③ 액면계는 액면계 취출 노즐의 막힘에 의하여 그 지시값이 정상이 아닌 경우가 있으므로 주의해야 한다.

④ 중요한 현장 계측은 매일 확인해야 한다. 계기류의 고장이나 지시값 단위의 착오로 인한 조작으로 인하여 폭발을 초래하는 위험이 있으므로 운전 담당자는 항상 주의해야 한다.

⑤ 계기류의 지시값이 정상이 아닌 것을 알게 되었을 때에는 확인자가 혼자서 처리하지 말고 즉시 정비담당 책임자에게 연락한다.

⑥ 계기류의 수치 확인을 전달하는 경우에는 반드시 단위를 함께 기입하도록 한다.

3) 작업현장의 위험요인(4M)

작업현장의 위험요인을 점검하기 위하여 제품 제조공정, 현장설비 및 계기의 점검기준(P & ID), 운전 매뉴얼, 사용 화학물질의 MSDS 및 응급조치요령, 작업지시서를 파악한다.

(1) 4M

항목	위험요인
Machine (기계적)	• 기계 · 설계상의 결함 • 방호장치의 불량 • 안전화의 부족 • 사용 유틸리티(전기, 압축공기, 물)의 결함 • 설비를 이용한 운반수단의 결함 등
Media (물질 · 환경적)	• 작업공간(작업장 상태 및 구조)의 불량 • 가스, 증기, 분진, 퓸, 미스트 불량 • 산소결핍, 병원체, 방사선, 유해광선, 고온, 저온, 초음파, 소음, 진동, 이상기압 등에 의한 건강장해 • 취급 화학물질의 물질안전보건자료(MSDS) 확인
Man (인적)	• 근로자 특성(장애자, 여성, 고령자, 외국인, 비정규직, 미숙련자 등)에 의한 불안전 행동 • 작업정보의 부적절 • 작업자세, 작업동작의 결함 • 작업방법의 부적절
Management (관리적)	• 관리조직의 결함 • 규정, 매뉴얼의 미작성 • 안전관리계획의 미흡 • 교육 훈련의 부족 • 부하에 대한 감독 · 지도의 결여 • 안전수칙 및 각종 표지판 미게시 • 건강관리의 사후관리 미흡

(2) 위험요소와 사고 사례

위험요소	사고 사례	대책
원료 충전	혼합기에 드럼 내부의 원료를 강제 충전 중 드럼 상부 폭발	• 원료 주입을 위한 펌프 사용 또는 압력조절기 후단에 안전밸브 설치 • 밸브 조작 방법 및 순서 등의 안전수칙 게시
반응 공정	접착제 제조 반응기의 벤트 배관 차단 상태에서 반응 폭주에 의한 반응기 폭발	• 반응기 보호용 안전밸브 설치 • 안전운전 절차 준수 및 안전교육

위험요소	사고 사례	대책
용해 공정	용해조 운전 중 지속적인 열원 공급으로 내부압력 상승에 의한 용해조 폭발	• 파열판 및 안전밸브의 직렬 설치 • 용해조 온도 감시 및 제어장치 설치 • 운전원에 대한 공정안전교육 실시
장비 보수	반응기 상부의 염산 탱크 연결 덕트 보수공사 중 반응기 폭발	• 가연성 가스(수소) 발생 여부 확인 및 사전 제거 • 안전작업 허가절차 준수 • 정비보수업체 안전교육 및 관리 감독

(3) 노출기준

근로자가 유해인자에 노출되는 경우 노출기준 이하 수준에서는 거의 모든 근로자에게 건강상 나쁜 영향을 미치지 않는 기준

① TWA(Time Weighted Average) : 1일 작업시간 동안의 시간 가중 평균 노출기준

$$\text{TWA 환산값} = \frac{C_1 T_1 + C_2 T_2 + \cdots + C_n T_n}{8} \text{(1일 8시간 작업기준)}$$

여기서, C : 유해인자의 측정값(ppm, mg/m³)
T : 유해인자의 발생시간(시간)

② 단시간 노출기준(STEL)

㉠ 근로자가 1회에 15분간 유해인자에 노출되는 경우의 기준

㉡ 1회 노출간격이 1시간 이상인 경우 1일 작업시간 동안 4회까지 노출이 허용될 수 있는 기준이다.

③ 최고노출기준(C)

㉠ 근로자가 1일 작업시간 동안 잠시라도 노출되면 안 되는 기준

㉡ 노출기준 앞에 C를 붙여 표시한다.

(4) 소음

▼ 노출시간별 소음강도

1일 노출시간(hr)	소음강도 dB(A)
8	90
4	95
2	100
1	105
1/2	110
1/4	115

▼ 노출횟수별 충격소음강도

1일 노출횟수	충격소음강도 dB(A)
100	140
1,000	130
10,000	120

① 최대음압수준이 140dB(A)를 초과하는 충격소음에 노출되서는 안 된다.

② 충격소음은 최대음압수준에 120dB(A) 이상인 소음이 1초 이상의 간격으로 발생하는 것을 말한다.

③ 작업강도에 따른 고온의 노출 기준은 다음과 같다.

▼ 작업강도에 따른 노출기준(단위 : ℃, WBGT)

작업휴식시간비 \ 작업강도	경작업	중등작업	중작업
계속 작업	30.0	26.7	25.0
매시간 75% 작업, 25% 휴식	30.6	28.0	25.9
매시간 50% 작업, 50% 휴식	31.4	29.4	27.9
매시간 25% 작업, 75% 휴식	32.2	31.1	30.0

TIP

작업강도

• 경작업 : 200kcal까지의 열량이 소요되는 작업
  예 앉아서 또는 서서 기계를 조정하기 위해 팔을 가볍게 쓰는 일

• 중등작업 : 시간당 200~350kcal의 열량이 소요되는 작업
  예 물체를 들거나 밀면서 걸어다니는 일

• 중작업 : 시간당 350~500kcal의 열량이 소요되는 작업

5. 안전사고 대응법

1) 화재 발생

① 화재 발생 시 신속히 주위 사람에게 알리고, 출입문과 창을 닫아 연소의 확대를 방지한다.

② 화재경보기를 눌러 경보 사이렌을 작동시킨 후 소방서 등에 화재 발생을 신고한다. 만약, 안전하게 초기 진압이 가능한 소규모 화재로 판단될 경우에는 가까이에 있는 소화기를 사용하여 진화한다.

③ 화재 초기 진압이 어렵다고 판단되는 경우 가스 및 전기의 중앙 밸브를 잠그고 즉시 대피한다.

④ 화재 경보 사이렌을 듣고 즉시 시야가 확보된 비상 대피 경로를 이용하여 출구를 통해 지정된 집결 장소로 이동한다. 이때 승강기는 이용하지 않는다.

⑤ 대피 시 젖은 손수건 등으로 입과 코를 가리고 숨을 짧게 쉬며 낮은 자세로 벽을 더듬으며 이동한다.

⑥ 화재나 폭발 등으로 실험자의 머리나 옷에 불이 붙었을 경우에는 두 손으로 눈과 입을 가리고 멈춰 서기와 눕기 및 구르기를 하거나 담요나 물 등을 사용하여 옷이나 머리에 붙은 불을 끈다.

⑦ 지정된 집결 장소로 대피하고 안전관리자나 응급요원에게 화재 발생 장소, 고립된 사람, 위험물질, 관련 장비 등을 보고한다.

⑧ 화재가 진화된 후 전기 장치 및 배선 등의 안전에 대한 점검을 전문가를 통하여 반드시 실시한다.

⑨ 실험 장비와 열을 사용한 실험을 포함한 모든 실험 절차의 이행에 따른 위해성 평가를 실시한다.

2) 화상

(1) 열에 의한 극소 부위의 경미한 화상

① 얼음물에 화상 부위를 20~30분 동안 담근다.

② 소독 후 화상 연고를 바른다. 이때 물집은 강제로 터뜨리지 않는다.

(2) 중증 화상

① 환자를 젖은 천이나 수건으로 싸 주고 눕혀서 안정된 상태를 유지하게 한 후 응급구조대에 연락하여 즉시 전문가의 치료를 받게 한다.

② 화상 부위를 씻거나 옷이나 오염물질을 제거하지 않는다.

3) 화학약품에 피부가 노출된 경우

① 화학약품에 의해 오염된 의류는 탈의하여 흐르는 물로 씻어낸다.

② 화학약품이 묻은 부위를 적어도 15분 이상 물로 씻어낸다. 조금 묻은 경우 응급조치를 한 후 전문의에게 진료를 받는다. 많은 부위에 묻었다면 구급차를 부르도록 한다.

③ 위급한 경우 비상 샤워기, 수도 등을 이용한다.

④ 얼굴에 화학약품이 튀었을 때 보안경을 끼고 있었다면 시약이 묻은 부분은 완전히 세척하여 사용한다.

4) 화학약품이 눈에 튄 경우

① 물 또는 눈 세척제는 직접 눈을 향하게 하는 것보다는 코의 낮은 부분을 향하도록 하는 것이 좋다.

② 눈꺼풀은 강제로 열리도록 하여 눈꺼풀 뒤쪽도 효과적으로 세척한다.

③ 코의 바깥쪽에서 귀 쪽으로 세척하여 씻긴 화학물질이 거꾸로 눈 안이나 오염되지 않은 눈으로 들어가지 않도록 한다.

④ 물 또는 눈 세척제로 최소 15분 이상 눈과 눈꺼풀을 씻어낸다.

⑤ 유해한 화학물질로 오염된 눈을 씻을 때는 가능한 한 빨리 콘택트렌즈 등을 벗겨낸다.

⑥ 피해를 입은 눈은 깨끗하고 살균된 거즈로 덮는다.

⑦ 병원이나 구급대에 전화한다.

5) 출혈 발생 시

(1) 외부 출혈

① 환자를 반듯이 눕히고, 신속하게 주위에 도움을 요청한다.

② 상처 부위에 직접 압박을 하거나 지혈대를 사용하지 않는다.

③ 가능하면 소독된 붕대를 사용하고, 위생용 휴지, 깨끗한 손수건, 직접 손을 이용할 수도 있다.

④ 5~15분 동안 지속적으로 출혈 부위에 직접 강한 압박을 가한다.

⑤ 출혈 부위가 손, 팔, 발 및 다리 등일 때에는 이 부위를 심장보다 높게 올려 중력을 이용하여 출혈을 줄인다.

(2) 내부 출혈

① 기침과 토사물, 대변이나 소변에 혈액이 섞여 있거나 점액성의 검붉은 대변이 나올 경우 즉시 의료 기관의 검사를 받는다.

② 환자를 반듯하게 눕힌 후 깊게 숨을 쉬게 하고, 마음의 안정을 찾도록 안심시킨다.

③ 의사의 진찰이 있기 전까지 어떤 약물이나 음식물을 섭취하지 못하도록 한다.

④ 신속히 응급구조대에 도움을 요청한다.

6) 감전

① 전기가 소멸했다는 확신이 있을 때까지 감전된 사람을 건드리지 않는다.

② 플러그, 회로 폐쇄기, 퓨즈 상자 등의 전원을 차단한다.

③ 감전된 사람이 철사나 전선 등에 접촉하고 있다면 마른 막대기 등을 이용하여 철사나 전선을 멀리 치운다.

④ 환자가 호흡하고 있는지 확인하고, 만약 호흡이 약하거나 멈춘 상태인 경우에는 즉시 인공호흡을 수행한다.

⑤ 응급구조대에 도움을 요청한다.

⑥ 감전된 환자를 담요, 외투, 재킷 등으로 덮어서 따뜻하게 한다.

⑦ 감전된 환자가 의사에게 검진을 받을 때까지 음료수나 음식물 등을 섭취하지 않도록 한다.

7) 약품 섭취

① 의식이 있는 사람에 한하여 입안 세척 및 많은 양의 물 또는 우유를 마시게 하되 억지로 구토를 시키지 않는다.

② 독극물을 섭취한 경우, 독극물 치료 센터에 도움을 청하고, 부근에 이러한 기관이 없다면 응급구조대를 부른 후 의심되는 독극물의 종류와 용기를 가지고 간다.

③ 독극물 중독자가 의식 불명인 경우, 환자의 호흡을 확인하여 호흡 곤란이면 머리를 뒤로 기울여 인공호흡을 실시하되, 구강 대 구강 인공호흡은 하지 않는다. 이때 환자를 자극하지 않도록 주의하고, 즉시 응급구조대에 도움을 요청한다.

④ 독극물 중독자가 구토하는 경우에는 질식하지 않도록 구부려서 옆으로 눕게 한다.

8) 심장마비

① 환자가 아래와 같은 통증을 느끼면 즉시 응급조치를 취한다.

  ㉠ 가슴에 심한 통증

  ㉡ 가슴에서 팔, 목 및 턱으로 전파되는 통증

  ㉢ 발한, 오심, 구토 및 숨이 가빠짐

  ㉣ 어깨에서 등으로 퍼지는 통증

② 심장마비 환자의 생명을 위협하는 두 가지 증세

  ㉠ 호흡이 느려지거나 멈춤

  ㉡ 심장 박동이 느려지거나 멈춤

③ 환자가 호흡을 멈춘 경우 즉시 인공호흡을 실시하고, 응급조치를 위한 도움을 구한다.

④ 경동맥에서 맥박이 느려지지 않는 경우 능숙한 전문가가 인공호흡 및 심폐소생술을 시행한다.

9) 질식

① 환자가 말을 하며 기침 및 호흡을 할 수 있으면 그냥 지켜본다. 질식 정도가 차도 없이 계속되면 응급의료지원을 요청한다.

② 환자가 말을 하며 기침 및 호흡을 할 수 없으면 즉시 다음 조치를 취하고, 나머지 사람이 응급의료지원을 요청한다.

  ㉠ 환자를 세우거나 앉힌다.

ⓛ 환자의 머리를 낮추고 환자의 옆 또는 뒤에 서서 한 손으로 환자의 가슴을 지탱한다.

ⓒ 견갑골(목덜미 아래쪽의 날개뼈) 사이로 4회 타격한다.

ⓔ 환자의 뒤에 서서 환자의 중앙을 팔로 감싼다.

ⓜ 양쪽 손을 서로 잡고 위쪽으로 밀어 넣듯 누른다.

ⓗ 몇 번 반복한 후 차도가 없으면 질식 상태가 없어질 때까지 무의식 상태가 되지 않도록 등을 4회 타격하고, 가슴 쪽을 4회 누른다.

③ 무의식 상태의 환자인 경우

ㄱ 똑바로 눕힌 채 인공호흡을 실시한다.

ㄴ 환자가 공기를 들이쉬지 않으면 환자를 움직여 환자의 가슴이 치료자의 무릎에 닿게 한 후 견갑골 사이로 4회 타격한다.

ㄷ 환자가 여전히 숨을 쉬지 않으면, 다시 환자를 똑바로 눕힌 채 환자 복부에 양쪽 손을 겹쳐 놓은 후 한쪽으로 치우치지 않게 누른다.

6. 응급조치

1) 현장 파악

① 현장의 안전 상태와 위험 요소를 파악한다.

② 구조자 자신의 안전 여부를 확인한다.

③ 사고 상황과 부상자의 수를 파악한다.

④ 도움을 줄 수 있는 주변 인력을 파악한다.

⑤ 환자의 상태를 확인한다.

2) 구조 요청

① 현장 조사와 동시에 응급구조체계에 신고한다.

② 의식이 없는 경우 즉시 119에 구조 요청을 한다.

③ 자동 제세동기를 요청한다.

3) 환자 상태 파악과 기본 처치

① 재해자가 다수일 경우 우선순위에 따라 구조를 한다.

② 1차 조사 : 순환 – 기도 유지 – 호흡

③ 2차 조사 : 1차 조사에서 생명 유지와 직결되는 문제가 아닐 경우 전반적인 상태를 평가한다(골절, 외상, 변형 여부 등).

4) 환자의 안정

① 의식이 없으면 즉시 구조 요청 및 심폐소생술을 시행한다.

② 주변이 위험한 환경이면 즉시 안전한 위치로 환자를 이동 조치한다.

③ 의식이 있으면 따뜻한 음료를 소량씩 공급하여 체온 회복에 도움을 준다.

7. 안전장비(보호구) 사용법

보호구는 재해나 건강장해를 방지하기 위한 목적으로 작업자가 착용하여 작업을 하는 기구나 장치를 말한다.

1) 보호구의 구비 요건

① 착용하여 작업하기 쉬울 것

② 유해나 위험물로부터 보호성능이 충분할 것

③ 보호구의 재료는 작업자에게 해로운 영향을 주지 않을 것

④ 마무리가 양호할 것

⑤ 외관, 디자인이 양호할 것

2) 보호구의 종류 및 기능

(1) 안전모

① 작업내용에 적합한 안전모의 종류를 지급하며, 작업자는 착용한다.

② 안전모 착용 시 반드시 턱끈을 바르게 하며, 이를 위반 시 지도, 감독을 철저히 한다.

③ 자신의 머리 크기에 맞도록 착장제의 머리고정대를 조절한다.

④ 충격을 받은 안전모나 변형이 된 것은 폐기한다.

⑤ 모체에 구멍이 나서는 안 된다.

⑥ 탄성 감소, 색상 변화, 균열 발생이 일어나면 교체한다.

(2) 안전대

① 안전대를 설치할 수 있도록 안전대 걸이 설비를 설치하며, 안전대 죔줄과 동등 이상의 강도를 유지할 수 있게 한다.

② 걸이 설비의 위치는 가능한 한 높게 설치한다.

③ 로프 등 죔줄의 길이는 2.5m 이내로 가능한 한 짧게 사용한다.

④ 죔줄의 마모, 금속제의 변형 여부 등을 점검하여 훼손 시에는 교체한다.

(3) 안전화

① 작업 내용, 목적에 적합한 것을 선정하여 지급한다.

② 바닥이 미끄러운 경우 창의 마찰력이 큰 것을 지급한다.

③ 우레탄 소재 안전화는 고무에 비해 열과 기름에 약하므로 기름을 취급하거나 고열 등 화기를 취급하는 작업자는 사용을 피한다.

④ 정전화를 신으며, 충전부에 접촉을 금지한다.

(4) 눈 및 안면 보호구

① 차광 보안경은 용접, 용단 작업 등에 적합한 차광 번호를 선정한다.

② 측사광이 있는 경우 측판을 부착하거나 고글형을 사용한다.

③ 시력이 정상이 아닌 경우 도수 렌즈를 지급한다.

④ 사용 중 렌즈에 흠, 오염, 깨짐이 있는지 점검하여 이상이 있을 때는 교체한다.

(5) 방음 보호구(귀마개, 귀덮개)

소음 수준, 작업 내용, 개인의 상태에 따라 적합한 보호구를 선정한다.

① 오염되지 않도록 보관, 사용하고 귀마개 착용 시는 더러운 손으로 만지거나 귀에 이물질이 들어가지 않도록 주의한다.

② 귀마개는 언제든지 교체하여 사용할 수 있도록 작업장 내에 비치·관리한다.

③ 소음 수준이 85~115dB일 때는 귀마개 또는 귀덮개를 착용하고 110~120dB 이 넘을 때는 귀마개와 귀덮개를 동시에 착용한다.

④ 활동이 많은 작업인 경우에는 귀마개를, 활동이 적은 경우에는 귀덮개를 착용한다.

⑤ 중이염 등 귀에 이상이 있을 때 귀덮개를 착용한다.

⑥ 귀마개 중 EP-2형은 고음만 차단시키므로 대화가 필요한 작업에 착용한다.

(6) 호흡용 마스크

① 방진 마스크

  ㉠ 필터는 수시로 분진을 제거하여 사용하고 필터가 습하거나 흡·배기 저항 이 클 때는 교체한다.

  ㉡ 흡기 밸브, 배기 밸브는 청결하게 유지하고 안면부 손질에는 중성 세제를 사용한다.

  ㉢ 용접 퓸이나 미스트가 발생하는 장소에는 분진 포집효율이 높은 퓸용 방 진 마스크를 사용한다.

  ㉣ 다음 경우에는 방진 마스크의 부품을 교환하거나 마스크를 폐기한다.

    • 여과재의 뒷면이 변색되거나 근로자가 호흡할 때 이상한 냄새를 느끼는 경우

- 여과재의 수축, 파손, 현저한 변형이 발생한 경우, 흡기 저항의 현저한 상승, 분진 포집효율의 저하가 인정된 경우
- 체, 흡기 밸브, 배기 밸브 등의 파손, 균열, 현저한 변형 등이 있는 경우
- 머리끈의 탄성력이 떨어지는 등 신축성의 상태가 불량한 경우
- 기타 방진 마스크를 사용하기 곤란한 경우

② 방독 마스크
  ㉠ 정화통의 파과 시간 : 정화통 내의 정화제가 제독 능력을 상실하여 유해 가스를 그대로 통과시키기까지의 유효 시간
  ㉡ 대상 물질의 농도에 적합한 형식을 선택한다.

  ㉢ 다음 경우에는 송기 마스크를 사용한다.
    - 유해물질의 종류, 농도가 불분명한 장소
    - 작업강도가 매우 큰 작업을 할 경우
    - 산소 결핍의 우려가 있는 장소

  ㉣ 사용 전에는 흡·배기 상태, 유효 시간, 가스 종류와 농도, 정화통의 적합성 등을 점검한다.
  ㉤ 정화통의 유효 시간이 부정확할 때는 새로운 정화통으로 교체한다.
  ㉥ 정화통은 여유 있게 확보한다.
  ㉦ 그 외에는 방진 마스크 사용 방법에 따른다.

③ 송기 마스크
  ㉠ 신선한 공기의 공급 : 압축 공기관 내 기름 제거용으로 활성탄을 사용하고 분진, 유독 가스를 제거하기 위한 여과 장치를 설치한다. 송풍기는 산소 농도가 18% 이상이고 유해 가스나 악취 등이 없는 장소에 설치한다.
  ㉡ 폐력 흡인형 호스 마스크는 안면부 내가 음압 상태가 되어 흡기, 배기 밸브를 통해 누설되어 유해물질이 침입할 우려가 있으므로 위험도가 높은 장소에서는 사용을 피한다.
  ㉢ 수동 송풍기형은 장시간 작업 시 2명 이상 교대 작업한다.
  ㉣ 공급되는 공기의 압력을 1.75kg/cm^2 이하로 조절하며, 여러 사람이 동시에 사용할 경우 압력 조절에 유의한다.
  ㉤ 전동 송풍기형 호스 마스크를 장시간 사용할 때 여과재의 통기 저항이 증가하므로 여과재를 정기적으로 점검하여 청소를 하거나 교환한다.
  ㉥ 동력을 이용하여 공기를 공급하는 경우에는 전원이 차단될 것을 대비하여 비상전원에 연결하고, 손대지 못하도록 표시한다.

    ⊗ 공기 호흡기 또는 개방식인 경우에는 실린더 내의 공기 잔량을 점검하여 그에 맞게 대처한다.

    ◎ 작업 중 다음과 같은 이상 상태가 감지될 경우 즉시 대피한다.
- 송풍량의 감소 시
- 가스 냄새, 기름 냄새 발생 시
- 기타 이상 상태가 감지될 때

    ㋩ 송기 마스크의 보수 및 유지 관리 방법은 다음과 같다.
- 안면부, 연결관 등의 부품이 열화된 경우 새것으로 교환한다.
- 호스에 변형, 파열, 비틀림 등이 있는 경우 새것으로 교환한다.
- 산소통, 공기통 사용 시에는 잔량을 확인하여 사용 시간을 기록 · 관리한다.
- 사용 전 관리감독자가 점검하여 1개월에 1회 이상 정기 점검 및 정비를 하여 항상 사용할 수 있도록 한다.

(7) 특수 보호구

① 방열복
방열복은 고열로부터 화상이나 열중증을 예방하기 위하여 사용한다.

② 화학용 보호복/보호 장갑
피부를 통하여 흡수되거나 피부에 상해를 초래하는 유해물질로부터 피부를 보호하기 위하여 화학적 보호 성능을 갖는 보호복 및 보호 장갑을 착용한다. 화학용 보호복이 요구되는 작업은 다음과 같다.

    ㉠ 독성이 강한 농약 및 살충제 등을 살포하거나 가축 폐기 등의 방역 작업

    ㉡ 석면이 함유된 제품의 제조 또는 철거 작업

    ㉢ 제약회사, 식품 가공, 반도체 생산 등 청정 실내에서의 작업

    ㉣ 독성, 부식성 물질의 취급 및 제거, 세척, 정화 작업

    ㉤ 페인트 작업, 스프레이코팅 등 도장 스프레이 작업

    ㉥ 미생물 감염 방지, 땀 · 체액 등 인체 오염원에 의한 식품의 손상을 방지해야 하는 식품가공 작업

    ㉦ 방사성 분진 및 액체를 취급하는 작업

    ㉧ 제약산업

    ㉨ 사고에 의한 유해물질의 긴급처리

8. 소화설비

1) 소방시설의 종류

- 소화설비
- 경보설비
- 피난설비
- 소화용수설비
- 그 밖의 소화활동설비

PART 1
PART 2
PART 3
PART 4
PART 5

TIP ⫸⫸⫸⫸⫸⫸⫸⫸⫸⫸⫸⫸⫸⫸

화재의 종류

급수	종류	소화기 표시 색상	주된 소화 방법
A급	일반 화재	백색	냉각 소화
B급	유류 화재	황색	질식 소화
C급	전기 화재	청색	질식 소화
D급	금속 화재	무색	피복 소화

(1) 소화설비

물 또는 그 밖의 소화약제를 사용하여 소화하는 기계, 기구, 설비를 말한다.

① 소화기구

㉠ 분말소화기

적응화재	주성분	색	소화효과
ABC급	인산수소암모늄 $(NH_4H_2PO_4)$	담홍색	질식, 부촉매(억제)
BC급	탄산수소나트륨($NaHCO_3$) 탄산수소칼륨($KHCO_3$)	백색 담회색	

- 가압식 소화기 : 본체 용기에 규정량의 소화약제가 충전되어 있으며, 가압용 가스로는 소형은 이산화탄소, 대형은 이산화탄소 또는 질소가 스가 사용된다.
- 축압식 소화기 : 본체 용기에 규정량의 소화약제와 압력원인 질소가스 가 충전되어 있으며, 압력지시계가 부착되어 있고 사용 가능한 범위가 0.7~0.98MPa로 사용 가능 압력범위는 녹색이다.

㉡ 이산화탄소 소화기

- BC급 화재에 사용한다.
- 질식, 냉각효과로 소화한다.
- 밸브 본체에는 일정한 압력에서 작동하는 안전밸브가 설치되어 있다.
- 레버식(소형), 핸들식(대형)이 있다.

㉢ 할로겐 화합물 소화기

- 할론1211(소화약제 : CF_2ClBr), 할론 2402(소화약제 : $C_2F_4Br_2$) : 지시 압력계가 부착되어 있고 사용 가능한 압력범위가 녹색이다.
- 할론1301(소화약제 : CF_3Br) : 고압가스로 가스 자체의 압력으로 방사 하며(질소가스인 경우도 있음) 압력지시계가 없다. 할론소화약제 중 가 장 소화능력이 좋으며, 독성이 가장 적고 냄새가 없다.

소화기 사용법

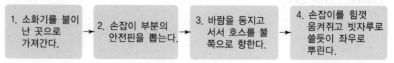

| 1. 소화기를 불이 난 곳으로 가져간다. | → | 2. 손잡이 부분의 안전핀을 뽑는다. | → | 3. 바람을 등지고 서서 호스를 불 쪽으로 향한다. | → | 4. 손잡이를 힘껏 움켜쥐고 빗자루로 쓸듯이 좌우로 뿌린다. |

② 옥내 소화전 설비

ⓐ 수조
- 소화전에 사용되는 수화수를 저장하는 수조
- 일반수조, 고가수조가 있다.

ⓑ 가압 송수 장치
- 기동용 수압 개폐 장치(압력 체임버)를 설치하여 소화전의 개폐 밸브를 개방하면 배관 내 압력 감소에 의해 압력 스위치가 작동하여 펌프를 기동하는 방식
- 고가수조로부터 자연 낙차 압력을 이용하는 방식으로 최고층의 소화전에 규정 방수 압력을 얻을 수 있는 높이에 수조를 설치해야 하므로 일반 건물에는 거의 사용되지 못하고 있다.

ⓒ 배관
펌프의 체절 운전 시 수온이 상승하여 펌프에 무리가 발생하므로 릴리프 밸브를 통해 과압을 방출하여 수온 상승을 방지하기 위한 배관을 설치한다.

ⓓ 기동용 수압 개폐 장치
- 배관 내 설정 압력 유지 : 기동용 수압 개폐 장치 및 압력 스위치를 사용하여 압력 체임버 내 수압의 변화를 감지하여 설정된 펌프의 기동, 정지점이 되면, 펌프를 자동으로 기동 또는 정지한다.
- 완충 작용 : 기동용 수압 개폐 장치를 사용하면 펌프의 기동 시 체임버 상부의 공기가 완충작용(압축 및 팽창)하여 급격한 압력 변화를 방지한다.

ⓔ 소화전함
- 옥내 소화전 설비의 함에는 그 표면에 '소화전'이라고 표시한 표지와 사용 요령을 기재한 표지판을 붙여야 한다.
- 방수구는 바닥으로부터 높이가 1.5m 이하의 위치에 설치해야 한다.

TIP

소화전을 위에서 보는 경우

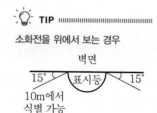

- 표시등은 부착면으로부터 15° 이상의 범위 안에서 부착 지점으로부터 10m 이내의 어느 곳에서도 쉽게 식별 가능해야 한다.
- 호스는 구경 40mm 이상의 것으로 물이 유효하게 뿌려질 수 있는 길이로 설치해야 한다.
- 관창은 소방 호스용 연결 금속구 또는 중간 연결 금속구 등의 끝에 연결하여 소화 용수를 방수하게 하는 토출 기구를 말하며, 방사 모양에 따라 봉상으로 방수되는 직사형과 봉상 및 분무 상태로 방수되는 방사형이 있다.

> **Reference**
>
> **옥내 소화전 사용법**
> - 화재가 발생하면 발신기 스위치를 눌러 화재 사실을 알리며, 소화전 문을 열고 관창(노즐, 물을 뿌리는 부분)과 호스를 꺼낸다.
> - 한 사람은 호스의 접힌 부분을 펴주고, 관창을 가지고 간 사람이 물을 뿌릴 준비가 되면, 소화전함 개폐밸브를 돌려 개방한다.
> - 관창을 잡고 불 쪽을 향하여 물을 뿌린다.

③ 옥외 소화전 설비
- ㉠ 소방 대상물의 각 부분으로부터 호스 접결구까지의 수평 거리가 40m 이하가 되도록 설치해야 하며, 수평거리가 40m 이상인 옥내 부분에는 지름 65m 이상의 방수구를 40m 이하마다 설치해야 한다.
- ㉡ 옥외 소화전 설비는 옥외 소화전에서 5m 이내의 장소에 소화전함을 설치해야 한다.
- ㉢ 가압 송수 장치의 조작부 또는 그 부근에는 가압 송수 장치의 기동을 명시하는 적색등을 설치해야 한다.
- ㉣ 호스는 구경 65mm 규격을 설치해야 한다.
- ㉤ 가압 송수 장치 등은 옥내 소화전과 동일하다.
- ㉥ 소화전함 표면에는 '옥외 소화전' 표시를 해야 한다.

(2) 경보설비
① 단독 경보형 감지기
② 비상 경보 설비
③ 시각 경보기
④ 자동화재탐지 설비
⑤ 비상 방송 설비, 확성장치
⑥ 자동 화재 속보 설비

⑦ 통합 감지 시설

⑧ 누전 경보기

⑨ 가스 누설 경보기, 안전장비(보호구)

(3) 피난설비

① 피난 기구

② 인명 구조 기구

③ 유도등

④ 비상 조명등 및 휴대용 비상 조명등

(4) 소화 용수 설비

① 상수도 소화 용수 설비

② 소화 수조 · 저수조, 그 밖의 소화 용수 설비

(5) 소화 활동 설비

① 제연 설비

② 연결 송수관 설비

③ 연결 살수 설비

④ 비상 콘센트 설비

⑤ 무선 통신 보조 설비

⑥ 연소 방지 설비

2) 화재 발생 시 자체 방재계획

1. 화재상황 전파	→	2. 화재신고	→	3. 초기진화	→	4. 대피유도 및 긴급피난
· "불이야"라고 큰소리로 외쳐 주변에 신속하게 알린다. · 화재경보 비상벨을 누른다.		· 119번을 누른다. · 화재발생장소, 주요 건축물, 화재의 종류 등을 침착하게 알린다. · 주소를 알려준다.		· 전기 스위치를 내린다. · 석유난로 등에 의한 화재는 담요나 이불을 물에 적셔 덮는다. · 가스밸브를 잠근다. · 소화기, 옥내소화전을 사용하여 초기진화한다.		· 엘리베이터는 절대 이용하지 않도록 하며 계단을 이용한다. · 아래층으로 대피가 어려울 때는 옥상으로 대피한다. · 연기가 있는 층 아래에는 맑은 공기층이 있다.

PART

02

반응운전

CHAPTER 01 반응시스템 파악
CHAPTER 02 반응기 설계
CHAPTER 03 반응기와 반응운전 효율화
CHAPTER 04 열역학 기초
CHAPTER 05 유체의 열역학과 동력
CHAPTER 06 용액의 열역학
CHAPTER 07 화학반응평형과 상평형

반응시스템 파악

[01] 화학반응 메커니즘 파악

1. 화학반응공학

다양한 출발물질로부터 일련의 처리과정을 거쳐 원하는 제품으로 생산하기 위하여 공업적 화학공정이 설계된다.

$$출발물질 \xrightarrow[\text{안전성}]{\text{경제성}} 원하는 제품$$

화학공정에서 원료는 여러 가지 물리적 처리과정을 거쳐서 화학적으로 반응할 수 있는 형태로 바뀐 후 반응기로 공급되고, 반응에 의해 얻은 생성물은 분리나 정제 등의 물리적 처리과정을 거쳐 비로소 원하는 최종 제품을 얻게 된다.

$$물리적 \ 처리 \longrightarrow 단위조작$$
$$화학적 \ 처리 \longrightarrow 반응공학$$

2. 화학반응의 분류

① 균일계 : 단일상에서만 반응이 일어나는 경우
② 불균일계 : 두 상 이상에서 반응이 진행되는 경우

▼ 화학반응의 분류 ⬛⬛⬛

구분	Noncatalytic(비촉매반응)	Catalytic(촉매반응)
Homogeneous (균일계)	대부분 기상반응	대부분 액상반응
	불꽃 연소반응과 같은 빠른 반응	• 콜로이드상에서의 반응 • 효소와 미생물의 반응
Heterogeneous (불균일계)	• 석탄의 연소 • 광석의 배소 • 산 + 고체의 반응 • 기액 흡수 • 철광석의 환원	• NH_3 합성 • 암모니아 산화 → 질산 제조 • 원유의 Cracking • $SO_2 \xrightarrow{\text{산화}} SO_3$

❖ 배소
광석을 쉽게 환원 처리하기 위해 금속을 가열하는 일

〈균일계와 불균일계의 분류가 불분명한 반응의 경우〉
- 효소−기질반응과 같은 생물학적 반응의 경우 균일계, 불균일계의 분류가 분명하지 않다. 효소는 단백질과 다른 생성물의 제조에서 촉매로 작용한다.
- 연소하는 기체화염(Gas Flame)과 같이 화학반응속도가 급격히 빠른 경우

3. 화학반응속도식

시간의 변화에 따라서 반응물의 농도는 감소하고, 생성물의 농도는 증가하는 현상을 이용하여 화학반응속도를 설명할 수 있다.
일반적으로 다음과 같은 화학반응을 생각해보자.

$$A \rightarrow B$$

위의 반응에서 생성물 B의 생성속도는 다음과 같이 나타낼 수 있다.

$$생성속도\ r_B = \frac{1}{V_R} \frac{dn_B}{dt}$$

여기서, r_B : 생성물의 생성속도(kmol/m³ · h)
n_B : 반응계 내의 생성물의 몰수(kmol)
V_R : 반응계의 용적(m³)
t : 시간(h)

반응계 내의 용적이 시간에 따라 변화하지 않는 경우

$C = \dfrac{n}{V}$ 가 되고 농도의 변화와 시간의 변화 함수로 나타낼 수 있다.

$$r_B = \frac{d(n_B / V_R)}{dt} = \frac{dC_B}{dt}$$

여기서, C_B : 시간에 따라 생성되는 생성물 B의 생성농도(n_B / V_R)

좀 더 복잡한 화학반응을 생각해 보자.

$$aA + bB + cC + \cdots = xX + yY + zZ + \cdots$$

$$-r_A = -\frac{1}{V_R} \frac{dn_A}{dt} = k(n_A, n_B, n_C \cdots)$$

여기서, k : 속도상수

$$-r_A = -\frac{dC_A}{dt} = K_C C_A{}^a C_B{}^b C_C{}^c \cdots$$

이상기체의 경우

$$P_i V = n_i RT$$

TIP

반응속도식의 표현

- $r_i = \dfrac{1}{V} \dfrac{dN_i}{dt}$

$= \dfrac{생성된\ i의\ 몰수}{(유체의\ 체적)(시간)}$

- $r_i{}' = \dfrac{1}{W} \dfrac{dN_i}{dt}$

$= \dfrac{생성된\ i의\ 몰수}{(고체의\ 질량)(시간)}$

- $r_i{}'' = \dfrac{1}{S} \dfrac{dN_i}{dt}$

$= \dfrac{생성된\ i의\ 몰수}{(고체의\ 표면적)(시간)}$

소모된 몰수로도 표현할 수 있다.

$-r_i = -\dfrac{1}{V} \dfrac{dN_i}{dt}$

$$C_i = \frac{n_i}{V} = \frac{P_i}{RT} = P_i(RT)^{-1}$$

$$-r_A = -\frac{1}{RT}\frac{dP_A}{dt} = \frac{1}{(RT)^{a+b+c}}K_C P_A{}^a P_B{}^b P_C{}^c \cdots = K_P P_A{}^a P_B{}^b P_C{}^c$$

$$\therefore K_P = \frac{1}{(RT)^{a+b+c\cdots}}K_C \rightarrow K_C = K_P(RT)^{a+b+c\cdots}$$

4. 온도에 의한 반응속도

일반적으로 온도가 상승하면 분자운동이 증가되어 에너지가 활성화됨으로써 반응
분자 간 충돌에너지를 증가시키므로 반응속도가 빨라진다.

그러나 복잡한 화학반응(확산, 흡착, 촉매반응)의 경우 온도가 증가하더라도 반응
속도가 반드시 증가하는 것은 아니다.

$$K \propto T^m e^{-E_a/RT}$$

여기서, $m = 0$: 아레니우스식

$m = \frac{1}{2}$: 충돌이론

$m = 1$: 전이이론

1) Arrhenius Equation

$$속도상수\ k = Ae^{-E_a/RT}$$

• 반응속도상수의 온도 의존성을 나타낸다.

• A : 빈도인자

$$\ln k = \ln A - \frac{E_a}{RT}$$

→ E_a(활성화 에너지)가 작고 T(절대온도)가 클 때 속도상수 k값이 커진다.

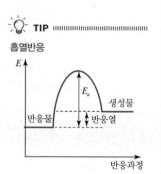
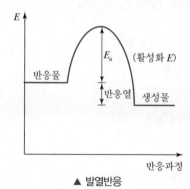

▲ 발열반응

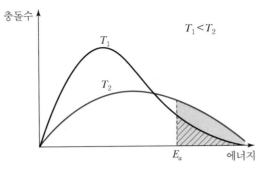

▲ 반응속도의 온도 의존성

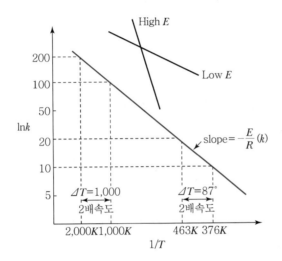

PART 1

PART 2

PART 3

PART 4

PART 5

경험법칙에 의하면 온도를 10℃ 증가하면 반응속도는 2배 증가한다.

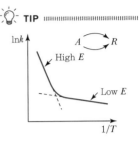

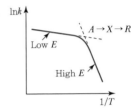

① $\frac{1}{T}$이 클수록(T가 작을수록) k의 변화가 크다. 즉, 저온일수록 k의 변화가 크다.

② T가 높아지면 $\ln k$도 높아진다.

③ 높은 온도보다 낮은 온도에 더 예민하다.

④ Slope가 가파를수록 E_a(활성화 에너지)가 크다.

⑤ E_a가 클수록 k는 작아져서 반응속도는 느리다.

　　E_a가 작을수록 k는 커져서 반응속도는 빠르다.

⑥ $k_1 = Ae^{-E_a/RT_1} \rightarrow \ln k_1 = \ln A - \dfrac{E_a}{RT_1}$ ··· ⓐ

　　$k_2 = Ae^{-E_a/RT_2} \rightarrow \ln k_2 = \ln A - \dfrac{E_a}{RT_2}$ ··· ⓑ

ⓐ$-$ⓑ 　$\ln \dfrac{k_1}{k_2} = -\dfrac{E_a}{R}\left(\dfrac{1}{T_1} - \dfrac{1}{T_2}\right)$

　　↳ 한 온도에서 k값을 알 때 다른 온도에서 k값을 구하는 식

5. 반응속도의 측정

화학반응 속도를 측정하는 목적은 반응기 설계를 위한 기초자료를 확보하기 위한 것이다.

1) 과량법을 이용한 반응차수 결정

$$A + B \rightarrow C$$

$$-r_A = k C_A^a C_B^b$$

① 과량의 B하에서 반응시킨다. ($C_B \simeq C_{Bo}$)

$$-r_A = k' C_A^a$$

$$k' = k C_B^b \simeq k C_{Bo}^b$$

여기서, a는 미분법으로 구할 수 있다.

② 과량의 A하에서 반응시킨다. ($C_A \simeq C_{Ao}$)

$$-r_A = k'' C_B^b$$

$$k'' = k C_A^a \simeq k C_{Ao}^a$$

여기서, b는 미분법으로 구할 수 있다.

③ a, b를 결정하고 특정한 A, B의 농도에서 반응속도($-r_A$)를 측정하여 k값을 구할 수 있다.

$$k = \frac{-r_A}{C_A^a C_B^b}$$

➡ 반응속도는 과량법과 미분법을 이용하여 구할 수 있다.

2) 적분해석법

반응차수가 0차, 1차, 2차라면 반응식을 계산하는 데 적분해석법이 빠른 방법으로 이용된다. 자세한 내용은 다음 단원에서 다루게 된다.

예 $A \rightarrow P$

1차 반응

$$-\frac{dC_A}{dt} = k C_A$$

$$\int_{C_{A0}}^{C_A} \frac{dC_A}{C_A} = \int_0^t -k dt$$

$$\ln \frac{C_A}{C_{A0}} = -kt$$

3) 미분해석법

$$-\frac{dC_A}{dt} = kC_A{}^n$$

$$\ln\left(-\frac{dC_A}{dt}\right) = \ln k + n \ln C_A$$

$$\hookrightarrow 기울기 = 차수$$

4) 비선형 회귀분석법

비선형 회귀분석법에서 속도식 매개변수들을 구하는 방법으로는 모든 자료에 대한 측정된 변수값과 계산된 변수값의 차의 제곱합을 최소가 되게 하는 매개변수값들을 찾는 방법이 있다.

예 랭뮤어 – 힌셜우드 모델 등을 식별하는 데 사용할 수 있다.

Reference

화학평형상수

$$aA + bB \underset{k_2}{\overset{k_1}{\rightleftharpoons}} cC + dD$$

$$K = \frac{[C]^c [D]^d}{[A]^a [B]^b}$$

㉠ $K = \dfrac{a_C{}^c a_D{}^d}{a_A{}^a a_B{}^b}$ a_I : 활동도

㉡ $\Delta G = -RT \ln K$ 평형상태 $-r_A = 0$

$\quad -r_A = k_1 C_A{}^a C_B{}^b - k_2 C_C{}^c C_D{}^d = 0$ (동적 평형)

㉢ $\dfrac{k_1}{k_2} = \dfrac{C_C{}^c C_D{}^d}{C_A{}^a C_B{}^b} = K_C$

$\quad \hookrightarrow 속도상수의 비 \quad \hookrightarrow 평형상수$

$$\therefore K_C = \frac{정반응속도상수}{역반응속도상수} = \frac{생성물\ 농도의\ 곱}{반응물\ 농도의\ 곱}$$

㉣ K_P와 K_C의 관계

$$C_i = \frac{P_i}{RT} 이므로$$

$$K_C = \frac{C_C{}^c C_D{}^d}{C_A{}^a C_B{}^b} = \frac{\left(\dfrac{P_C}{RT}\right)^c \left(\dfrac{P_D}{RT}\right)^d}{\left(\dfrac{P_A}{RT}\right)^a \left(\dfrac{P_B}{RT}\right)^b} = \left(\frac{1}{RT}\right)^{(c+d)-(a+b)} \frac{P_C{}^c P_D{}^d}{P_A{}^a P_B{}^b}$$

$$\therefore K_P = (RT)^{(c+d)-(a+b)} K_C$$

ⓟ K_P는 온도만의 함수 → K_P의 온도 의존성은 반트호프식으로 주어진다.

Van't Hoff eq. : $\dfrac{d\ln K}{dT} = \dfrac{\Delta H}{RT^2}$

$$K_P(T_2) = K_P(T_1)\exp\left[\dfrac{\Delta H}{R}\left(\dfrac{1}{T_1} - \dfrac{1}{T_2}\right)\right]$$

ⓑ 르샤틀리에 원리

- 발열 $\Delta H < 0$: T(온도)를 올리면 역반응이 우세. K가 작아지므로 X_e (평형 전화율)가 감소한다.
- 흡열 $\Delta H > 0$: T를 올리면 정반응이 우세. K가 커지므로 X_e가 증가한다.

실전문제

01 Arrhenius 법칙에 따라 반응속도상수 k의 온도 T에 대한 의존성을 옳게 나타낸 것은?(단, θ는 양수값의 상수이다.)

① $k \propto \exp(\theta T)$ ② $k \propto \exp(\theta / T)$
③ $k \propto \exp(-\theta T)$ ④ $k \propto \exp(-\theta / T)$

 해설

$k \propto T^m e^{-E_a/RT}$

02 다음 중 반응속도상수에 영향을 미치는 변수가 아닌 것은?

① 반응물의 몰수 ② 반응계의 온도
③ 반응활성화 에너지 ④ 반응에 첨가된 촉매

 해설

$k = k_0 e^{-E_a/RT}$

03 A → R인 액상 반응에 대한 25℃에서의 평형상수 K_{298}는 300이고 반응열 $\Delta H_{r_{298}} = -18{,}000\text{cal/mol}$이다. 75℃에서 평형전화율[%]은?

① 55 ② 69
③ 79 ④ 93

해설

$\ln \dfrac{k_2}{k_1} = \dfrac{\Delta H_r}{R}\left(\dfrac{1}{T_1} - \dfrac{1}{T_2}\right)$

$\ln \dfrac{k_2}{300} = -\dfrac{18{,}000}{1.987}\left(\dfrac{1}{298} - \dfrac{1}{348}\right)$

$k_2 = 3.8 \quad K = \dfrac{X_{Ae}}{1 - X_{Ae}} \quad 3.8 = \dfrac{X_{Ae}}{1 - X_{Ae}}$

$\therefore X_{Ae} = 0.79(79\%)$

04 다음 반응은 황산을 공업적으로 생산하는 현재 공정에서 일어나는 반응이다. 이 반응의 분류로 가장 적합한 것은?

$$2SO_2 + O_2 \rightarrow 2SO_3$$

① 균일, 비촉매반응 ② 균일, 촉매반응
③ 불균일, 비촉매반응 ④ 불균일, 촉매반응

해설

구분		비촉매	촉매
균일계		대부분 기상반응	대부분 액상반응
		불꽃 연소반응과 같은 빠른 반응	콜로이드상에서의 반응 효소와 미생물의 반응
불균일계		• 석탄의 연소 • 광석의 배소 • 산+고체의 반응 • 기액 흡수 • 철광석의 환원	• NH_3 합성 • 암모니아 산화 → 질산 제조 • 원유의 Cracking • $SO_2 \xrightarrow{\text{산화}} SO_3$

05 온도가 27℃에서 37℃로 될 때 반응속도가 2배 빨라지면 활성화 에너지는 약 몇 cal/mol인가?

① 1,281 ② 1,376
③ 12,810 ④ 13,760

해설

$\ln \dfrac{k_2}{k_1} = \dfrac{E_a}{R}\left(\dfrac{1}{T_1} - \dfrac{1}{T_2}\right)$

$\ln 2 = \dfrac{E_a}{1.987}\left(\dfrac{1}{300} - \dfrac{1}{310}\right)$

$\therefore E_a = 12{,}812\text{cal/mol}$

정답 ▶ **01** ④ **02** ① **03** ③ **04** ④ **05** ③

06 어떤 반응의 온도를 $24℃$에서 $34℃$로 증가시켰더니 반응속도가 2.5배로 빨라졌다면, 이때의 활성화 에너지는 몇 kcal인가?

① 10.8

② 12.8

③ 16.8

④ 18.6

$$\ln\frac{k_2}{k_1}=\frac{E_a}{R}\left(\frac{1}{T_1}-\frac{1}{T_2}\right)$$

$$\rightarrow \ln 2.5 = \frac{E_a}{1.987}\left(\frac{1}{297}-\frac{1}{307}\right)$$

$$\therefore E_a = 16.6\text{kcal/mol}$$

07 일반적으로 암모니아(Ammonia)의 상업적 합성반응은 다음 중 어느 화학반응에 속하는가?

① 균일(Homogeneous) 비촉매 반응

② 불균일(Heterogeneous) 비촉매 반응

③ 균일촉매(Homogeneous Catalytic) 반응

④ 불균일촉매(Heterogeneous Catalytic) 반응

구분	비촉매	촉매
균일계	대부분 기상반응	대부분 액상반응
	불꽃 연소반응과 같은 빠른 반응	콜로이드상에서의 반응 효소와 미생물의 반응
불균일계	• 석탄의 연소 • 광석의 배소 • 산+고체의 반응 • 기액 흡수 • 철광석의 환원	• NH_3 합성 • 암모니아 산화 → 질산 제조 • 원유의 Cracking • $SO_2 \xrightarrow{\text{산화}} SO_3$

08 기상 1차 반응에 관한 속도식을 $-\dfrac{dP_A}{dt}=3.5P_A$, 단위를 atm/h로 표시할 때 반응속도상수 3.5의 단위로 옳은 것은?

① h^{-1}

② $\text{atm}\cdot\text{h}$

③ $\text{atm}^{-1}\cdot\text{h}^{-1}$

④ $\text{atm}\cdot\text{h}^{-1}$

atm/h = [3.5]atm

[3.5]의 단위는 1/h이어야 한다.

09 우유를 $63℃$에서 저온살균하면 30분이 걸리고, $74℃$에서는 15초가 걸린다. 활성화 에너지는 약 몇 kJ/mol인가?

① 365

② 401

③ 422

④ 450

Arrhenius식

$$k=k_0 e^{-E_a/RT}$$

$$\ln k = \ln k_0 - \frac{E_a}{RT}$$

$$\ln\frac{k}{k_0}=\frac{E_a}{R}\left(\frac{1}{T_0}-\frac{1}{T_1}\right)$$

$$R=8.314\text{J/mol}\cdot\text{K}$$

$$\ln\frac{15}{1,800}=\frac{E_a}{8.314}\left(\frac{1}{347}-\frac{1}{336}\right)$$

$$\therefore E_a=422\text{kJ/mol}$$

10 화학반응에 점촉매를 사용하면 증가하는 것은?

① 평형농도

② 평형전화율

③ 반응속도

④ 반응온도

점촉매(무기촉매)

촉매를 사용하면 활성화 에너지를 낮추어 반응속도를 증가시킨다.

11 Cyclopentadiene 이량체의 기상분해에 대한 빈도인자(Frequency Factor) k_0는 $1.3\times10^{13}\text{s}^{-1}$이고 활성화 에너지 E는 35kcal/mol이다. 이때 $100℃$에서의 속도상수는 약 얼마인가?

① $4\times10^{-8}\text{s}^{-1}$

② $5\times10^{-10}\text{s}^{-1}$

③ $7\times10^{-5}\text{s}^{-1}$

④ $5\times10^{-5}\text{s}^{-1}$

해설

아레니우스식

$k = k_0 e^{-E_a/RT}$

$= 1.3 \times 10^{13} \text{ s}^{-1} \cdot \exp\left[-\dfrac{35 \times 1,000 \text{cal/mol}}{1.987 \text{cal/mol} \cdot \text{K} \times 373 \text{K}}\right]$

$= 4 \times 10^{-8} \text{ s}^{-1}$

12 Arrhenius 법칙에서 속도상수 k와 반응온도 T의 관계를 옳게 설명한 것은?

① k와 T는 직선관계가 있다.

② $\ln k$와 $1/T$는 직선관계가 있다.

③ $\ln k$와 $\ln(1/T)$은 직선관계가 있다.

④ $\ln k$와 T는 직선관계가 있다.

해설

Arrhenius식

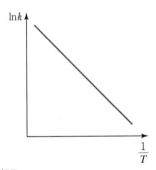

$k = A_0 \cdot e^{-E_a/RT}$

$\ln k = \ln A_0 - \dfrac{E_a}{RT}$

$\therefore \ln k \propto \dfrac{1}{T}$

13 다음 Arrhenius식에 대한 설명으로 옳지 않은 것은?

$$k_A(T) = Ae^{-E/RT}$$

① A는 지수 앞자리인자 또는 빈도인자이다.

② 활성화 에너지의 단위는 J/mol 또는 cal/mol이다.

③ $e^{-E/RT}$는 반응이 일어나기에 충분한 최소에너지 E를 가지는 분자들 사이의 충돌분율을 나타낸다.

④ 활성에너지 E는 전환이 된 후 분자들이 가져야 하는 최소에너지이다.

해설

활성화 에너지는 분자들이 반응할 수 있는 최소의 에너지이다.

14 같은 조건에서 반응온도를 10℃에서 20℃로 올렸을 때 반응속도가 3배로 되었다. 이때의 활성화 에너지는 약 몇 kcal/mol인가?

① 11.44　　② 18.18

③ 20.43　　④ 35.62

해설

$\ln \dfrac{k_2}{k_1} = \dfrac{E_a}{R}\left(\dfrac{1}{T_1} - \dfrac{1}{T_2}\right)$

$\ln 3 = \dfrac{E_a}{1.987}\left(\dfrac{1}{283} - \dfrac{1}{293}\right)$

$E_a = 18,100 \text{cal/mol} = 18.1 \text{kcal/mol}$

15 그림과 같은 반응물과 생성물의 에너지 상태가 주어졌을 때 반응열 관계로 옳은 것은?

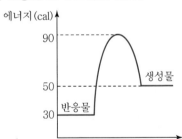

① 발열반응이며, 발열량은 20cal이다.

② 발열반응이며, 발열량은 50cal이다.

③ 흡열반응이며, 흡열량은 20cal이다.

④ 흡열반응이며, 흡열량은 50cal이다.

해설

흡열반응의 반응열(흡열량)은 20cal이고 활성화 에너지는 60 cal이다.

정답 **12** ② **13** ④ **14** ② **15** ③

16 아레니우스(Arrhenius)식을 이용하여 어떤 반응의 활성화 에너지를 구하려고 한다. 반대수 방안지(Semilog Graph)에 $\log K$와 $1/T$의 관계를 그렸을 때 그래프의 기울기는?(단, K는 반응속도상수이다.)

① $-\dfrac{E}{R}$ ② $+\dfrac{E}{R}$

③ $-\dfrac{E}{2.303R}$ ④ $+\dfrac{E}{2.303R}$

해설

Arrhenius Equation
반응속도상수의 온도 의존성

$$K = A \cdot e^{-\frac{E_a}{RT}}$$

여기서, A : 비례인자
E_a : 활성화 에너지

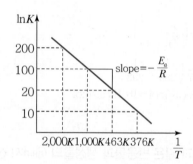

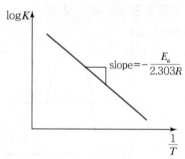

17 에탄이 273℃에서 열분해할 때의 활성화 에너지는 7,500cal이다. 546℃에서 열분해할 때는 273℃에서 열분해할 때보다 약 몇 배 더 빠르겠는가?

① 2.3 ② 5.0

③ 7.5 ④ 10.0

해설

$$\ln\frac{k_2}{k_1} = \frac{E_a}{R}\left(\frac{1}{T_1} - \frac{1}{T_2}\right)$$

$$\ln\frac{k_2}{k_1} = \frac{7,500}{1.987}\left(\frac{1}{546} - \frac{1}{819}\right)$$

$$\frac{k_2}{k_1} = \exp\left[\frac{7,500}{1.987}\left(\frac{1}{546} - \frac{1}{819}\right)\right] = 10$$

18 화학반응에 정촉매를 사용하면 증가하는 것은?

① 평형농도 ② 평형전화율

③ 반응속도 ④ 반응온도

해설

• 정촉매 : E_a ↓ 반응속도 ↑
• 부촉매 : E_a ↑ 반응속도 ↓

19 반응속도상수 K에서 $\log K$의 $1/T$에 대한 기울기가 $-5,000K$라면 이 경우 활성화 에너지는 약 몇 kcal/mol인가?

① 9.9 ② 16.9

③ 22.9 ④ 26.8

해설

$$K = K_0 e^{-E_a/RT}$$

$$\log K = \log K_0 + \log e^{-E_a/RT}$$

$$\log e^{-E_a/RT} = -\frac{E_a}{RT}\log e$$

$$= -\frac{E_a}{RT}\frac{\ln e}{\ln 10}$$

$$= -\frac{1}{2.303}\frac{E_a}{RT}$$

$$\therefore \log K = \log K_0 - \frac{1}{2.303}\frac{E_a}{RT}$$

기울기 $= -\dfrac{1}{2.303}\dfrac{E_a}{R} = -5,000$

여기서, $R = 1.987\text{cal/mol} \cdot \text{K}$

$$\therefore E_a = 22,880\text{cal/mol}$$
$$= 22.9\text{kcal/mol}$$

정답 **16** ③ **17** ④ **18** ③ **19** ③

20 Arrhenius식에서 반응속도상수 k를 옳게 나타낸 것은?(단, k_0는 빈도인자, E는 활성화 에너지, R은 기체상수, T는 절대온도이다.)

① $k = k_0\, e^{-E/RT}$　　② $k = Te^{-E/RT}$

③ $k = T^{\frac{1}{2}} e^{-E/RT}$　　④ $k = T^4\, e^{-E/RT}$

아레니우스식

$$k = k_0 e^{-E_a/RT}$$

21 화학평형에서 열역학에 의한 평형상수에 주된 영향을 미치는 것은?

① 계의 온도
② 불활성 물질의 존재 여부
③ 반응속도론
④ 계의 압력

$$\ln \frac{k_2}{k_1} = \frac{\Delta H}{R} \cdot \left(\frac{1}{T_1} - \frac{1}{T_2} \right)$$
↳ 평형상수

22 다음 중 활성화 에너지와 반응속도에 관한 내용으로 틀린 것은?

① 주어진 반응에서 반응속도는 항상 고온일 때가 저온일 때보다 온도에 더욱 민감하다.
② 활성화 에너지는 Arrhenius Plot으로부터 구할 수 있다.
③ 활성화 에너지가 커질수록 반응속도는 온도에 더욱 민감해진다.
④ 경험법칙에 의하면 온도가 $10\,℃$ 증가함에 따라 반응속도는 2배씩 증가하는 경우가 있다.

반응속도는 저온일 때가 고온일 때보다 온도에 민감하다.

23 다음 중 균일계 반응에 가장 가까운 반응은?

① 석탄의 연소반응
② 광석의 배소반응
③ 기체 – 액체의 흡수반응
④ 기체 – 기체의 가스반응

① 고체 – 기체
② 고체 – 기체
③ 기체 – 액체
④ 기체 – 기체

24 336K에서 원하는 전화율을 얻는 데 30분 걸리는 n차의 비가역 화학반응이 있다. 이 반응의 활성화 에너지가 422,000J/mol일 때 347K에서 같은 전화율을 얻는 데 약 몇 분의 시간이 걸리는가?

① 0.25　　② 0.50
③ 0.75　　④ 1.00

$$\ln \frac{k_2}{k_1} = \frac{E_a}{R} \left(\frac{1}{T_1} - \frac{1}{T_2} \right)$$
여기서, T_1 : 336K
$\qquad\quad T_2$: 347K
$\qquad\quad E_a$: 422,000J/mol

$$\frac{k_2}{k_1} = \exp\left[\frac{422,000}{8.314} \left(\frac{1}{336} - \frac{1}{347} \right) \right] = 120.18$$

즉, 120배 빨라진다. 그러므로 시간은 $\frac{1}{120}$ 배가 된다.

$$30\text{min} \times \frac{1}{120} = 0.25\text{min}$$

25 NO_2의 분해반응은 1차 반응이고 속도상수는 $694\,℃$에서 0.138s^{-1}, $812\,℃$에서는 0.37s^{-1}이다. 이 반응의 활성화 에너지는 약 몇 kcal/mol인가?

① 17.42　　② 27.42
③ 37.42　　④ 47.42

$$\ln \frac{k_2}{k_1} = \frac{E_a}{R} \left(\frac{1}{T_1} - \frac{1}{T_2} \right)$$

$$\ln \frac{0.37}{0.138} = \frac{E_a}{1.987\text{cal/mol} \cdot \text{K}} \left(\frac{1}{273+694} - \frac{1}{273+812} \right)$$

$$\therefore \ E_a = 17,424.44\text{cal/mol}$$
$$= 17.42\text{kcal/mol}$$

26 Arrhenius 법칙이 성립할 경우에 대한 설명으로 옳은 것은?(단, k는 반응속도상수이다.)

① k와 T는 직선관계에 있다.

② $\ln k$와 $\frac{1}{T}$은 직선관계에 있다.

③ $\frac{1}{k}$과 $\frac{1}{T}$은 직선관계에 있다.

④ $\ln k$와 $\ln T^{-1}$은 직선관계에 있다.

$$\ln k = \frac{-E_a}{RT}$$

$\ln k$와 $\frac{1}{T}$은 직선관계이고, 기울기는 $-\dfrac{E_a}{R}$이다.

[02] 반응조건 파악

1. 반응의 유형

① ┌ **균일반응** : 단 하나의 상을 수반하는 반응
   └ **불균일반응** : 2개 이상의 상을 수반하며, 일반적으로 반응은 상 사이의 계면에서 일어난다.

② ┌ **가역반응** : 정반응. 역반응이 동시에 진행되는 반응
   └ **비가역반응** : 한 방향으로만 진행하는 반응

③ ┌ **기초반응** : 반응차수가 양론적인 반응(Elementary Reaction)

   예 $A + 2B \rightarrow R \quad -r_A = kC_A C_B^2$

   └ **비기초반응** : 비양론적인 반응. 실험식에 의해 속도식 차수가 결정된다.

   예 $A + B \rightarrow R \quad -r_A = \dfrac{k_1 C_A^{\frac{1}{2}} C_B^2}{1 + KC_A}$

④ ┌ **단일반응** : 단일의 반응속도식
   └ **복합반응** : 연속반응($A \rightarrow R \rightarrow S$), 평행반응$\left(A {<}^{R}_{S} \right)$, 연속평행반응

2. 반응속도

$$aA + bB \xrightarrow{k} cC + dD$$

$$-\frac{r_A}{a} = -\frac{r_B}{b} = \frac{r_C}{c} = \frac{r_D}{d} \quad \text{(단일반응, 기초반응)}$$

예 $2NO + O_2 \rightleftarrows 2NO_2$

$$\frac{r_{NO}}{-2} = \frac{r_{O_2}}{-1} = \frac{r_{NO_2}}{2}$$

만일 $r_{NO_2} = 4mol/m^3 \cdot s$ 라면 $-r_{NO} = 4mol/m^3 \cdot s \quad -r_{O_2} = 2mol/m^3 \cdot s$

3. 반응차수와 속도법칙

TIP ‖‖‖‖‖‖‖‖‖‖‖‖‖‖‖‖‖‖‖‖‖‖‖‖

기초반응에서 반응물의 양론수가 반응
속도의 차수가 된다.

$aA + bB \rightarrow cC + dD$

$-r_A = A$ 의 소멸속도

　　　　온도와 조성에 의존

$-r_A = kC_A{}^\alpha C_B{}^\beta$

　　　　여기서, k : 속도상수

반응차수 $= \alpha + \beta$

기초반응이라면 반응차수 $= a + b$

1) 기초반응(Elementary Reaction)

$$A + B \underset{k_2}{\overset{k_1}{\rightleftharpoons}} R + S$$

평형상태 $(\Delta G)_{P.T} = 0$

$(\Delta G)_{P.T} = -RT \ln K \rightarrow K = 1$

정반응 속도 $=$ 역반응 속도

소모속도 $=$ 생성속도

$-r_A = k_1 C_A C_B - k_2 C_R C_S = 0$

$$K_e = \frac{k_1}{k_2} = \frac{C_R C_S}{C_A C_B}$$

◈ **평형상수**

$K = \dfrac{정반응의\ 속도상수}{역반응의\ 속도상수} = \dfrac{k_1}{k_2}$

2) 반응속도상수

$-r_A = kC_A{}^a C_B{}^b C_C{}^c \cdots C_M{}^m$

$n = a + b + c + \cdots + m$

(1) 속도상수 K의 단위 ▣▣▣

　　$[\mathrm{mol/L \cdot sec}] = K[\mathrm{mol/L}]^n$

　　　　여기서, K : 반응차수가 n차인 경우

$$K = \frac{[\mathrm{mol/L}][1/\mathrm{sec}]}{[\mathrm{mol/L}]^n} = [\mathrm{mol/L}]^{1-n}\left[\frac{1}{\mathrm{sec}}\right]$$

$$\therefore K = [농도]^{1-n}[시간]^{-1}$$

차수	속도식	K의 단위
0차($n=0$)	$-r_A = k$	mol/L $\cdot$ s
1차($n=1$)	$-r_A = kC_A$	1/s
2차($n=2$)	$-r_A = kC_A^2$	L/mol $\cdot$ s
3차($n=3$)	$-r_A = kC_A^3$	L^2/mol^2 $\cdot$ s

3) 기초반응의 표현

$A + 2B \rightarrow 3C$(기초반응)

$-r_A = k_A C_A C_B^2$

$-r_B = k_B C_A C_B^2$

$r_C = k_C C_A C_B^2$

여기서 $-r_A = -\dfrac{r_B}{2} = \dfrac{r_C}{3}$ 이므로

$-k_A = -\dfrac{k_B}{2} = \dfrac{k_C}{3}$

🔅 TIP ||||||||||||||||||||||||||||||||

기초반응의 분자도란 반응에 관여하는 분자의 수이고, 그 값은 1, 2 또는 드물게 3이다.
㏇ 기초반응에서 분자도는 반응물만의 몰수에 관계된다.

4) 비기초반응의 표현

비기초반응이란 화학양론과 속도 사이에 아무런 대응관계가 없을 때의 반응
㏇ 중간체가 있는 반응, 자유라디칼 반응

> **Reference**
>
> - 비연쇄반응
>   반응물 → (중간체)*
>   (중간체)* → 생성물
>
> - 연쇄반응
>   (개시단계) 반응물 → (중간체)*
>   (전파단계) (중간체)*+반응물 → (중간체)*+생성물
>   (정지단계) (중간체)* → 생성물
>   ㏇ $A_2 + B_2 \rightarrow 2AB$
> $A_2 \rightleftharpoons 2A^*$
> $A^* + B_2 \rightleftharpoons AB + B^*$
> $A^* + B^* \rightleftharpoons AB$

🔅 TIP ||||||||||||||||||||||||||||||||

반응기구

$A + B \rightleftharpoons AB$

$r_{AB} = kC_B^2$

$B + B \xrightarrow{1} B_2^*$

$A + B_2^* \xrightleftharpoons{3/4} AB + B$

(1) 자유라디칼, 연쇄반응기구

$H_2 + Br_2 \rightarrow 2HBr$

$$r_{HBr} = \frac{k_1 [H_2][Br_2]^{1/2}}{k_2 + [HBr]/[Br_2]}$$

k_2의 차원 : 무차원

$$Br_2 \rightleftharpoons 2Br \cdot \quad : \text{개시 및 정지단계}$$

$$Br \cdot + H_2 \rightleftharpoons HBr + H \cdot \quad : \text{전파단계}$$

$$H \cdot + Br_2 \rightleftharpoons HBr + Br \cdot \quad : \text{전파단계}$$

(2) 분자중간체, 비연쇄반응기구

효소 촉매 발효반응

$$A \xrightarrow{\text{enzyme}} R$$

$$-r_A = r_R = \frac{K[A][E_0]}{[M]+[A]}$$

$\quad\quad\quad\quad\quad\quad \hookrightarrow$ Michaelis 상수, $[E_0]$: 효소농도, $[A]$: A의 농도$(=C_A)$

$$A + \text{효소} \rightleftharpoons (A \cdot \text{효소})^*$$

$$(A \cdot \text{효소})^* \rightarrow R + \text{효소}$$

① A의 농도가 높을 때 : $[A]$에 무관하고 0차 반응에 가까워진다.

$$[M] + [A] \simeq [A]$$

$$-r_A = K[E_0]$$

② A의 농도가 낮을 때 : 반응속도$\propto [A]$

$$[M] + [A] \simeq [M]$$

$$-r_A = \frac{K[E_0]}{[M]}[A]$$

③ 나머지 : $[E_0]$에 비례

(3) PSSH(유사정상상태 가설)

극도로 짧은 시간 동안에 존재하는 기상활성중간체의 존재를 말하며 반응중간체가 형성되는 만큼 사실상 빠르게 반응하기 때문에 활성중간체(A^*) 형성의 알짜 생성속도는 0이다.

$$r_A{}^* = 0$$

4. 반응조건 파악

- 반응온도, 반응압력, 반응용매, 상변화, 촉매 등 화학반응의 최적조건 인자를 확인한다.
- 반응속도, 전환율, 수율 등을 예측하여 경제적인 반응공정을 개발한다.

1) 반응원료

충분히 정제된 원료를 구입하거나 사전에 정제하여 실험하며, 반응이 효율적으로 진행되는지를 판단하여 추가적으로 정제수준을 판단한다.

2) 반응온도

목적생성물이 최대가 되는 반응온도를 선택해야 한다.

3) 반응압력

기상반응의 경우, 반응압력에 따라 반응속도를 결정하기도 하며 평형반응은 온도에 따른 평형상수에 의해 정반응 또는 역반응으로 이동한다.

4) 반응용매

반응용매는 반응물질의 농도를 조절하여 반응속도를 조절하거나, 반응열을 제거 또는 공급하는 역할을 하며, 일반적으로 반응에 영향을 주지 않는 물질로 선택한다.

5) 상변화

반응은 기상, 액상, 고상으로 일어나기도 하지만, 기상 – 액상, 기상 – 고상, 액상 – 고상 등 다양한 형태로 일어날 수도 있다.

예 폴리에스터 반응 : 액상 → 고분자 멜트 형태(고점도 물질 생성)

6) 반응체류시간

① 반응이 진행되어 특정한 전환율에 도달하는 반응시간을 체류시간이라 한다.

　　㉠ 회분식 반응기 : 반응경과시간과 관련

　　㉡ 연속식 반응기 : 반응기 부피와 관련

② 반응속도는 촉매나 반응물의 농도로 조절하여 체류시간을 조절할 수 있다.

7) 촉매

원하는 목적 생성물에 맞게 촉매의 성능을 최대로 하는 반응조건을 반복실험으로 결정해야 한다.

[03] 촉매특성 파악

1. 촉매특성과 반응속도

1) 촉매(Catalyst)

- 촉매는 반응속도에는 영향을 주지만, 공정을 변화시키지 않는 물질이다.
- 균일·불균일 촉매

(1) 균일촉매(Homogeneous Catalyst)

촉매가 적어도 반응물질 중의 한 성분과 용해상태가 되는 공정

예 Oxo 공정

$$\text{프로필렌} + \text{일산화탄소} + \text{수소} \xrightarrow[\text{코발트착화합물}]{\text{cat : 액상}} \text{n} - \text{아이소뷰틸알데하이드}$$

(2) 불균일촉매(Heterogeneous Catalyst)

2개 이상의 상이 수반되며, 일반적으로 고체 촉매에 반응물이 액체 또는 기체의 형태인 것이 보통이다.

예 $\text{사이클로헥산} \xrightarrow[\text{탈수소화}]{\text{cat : 알루미나 담체상의 백금}} \text{벤젠} + \text{수소}$

2. 불균일촉매의 특성

1) 다공성촉매

다공성촉매(Porous Catalyst)는 세공에 의해 큰 면적을 가지는 촉매를 말한다.

예
- 식물성 및 동물성 기름의 수소화 반응 : 레이니 니켈(Raney Nickel)
- 높은 옥탄가를 얻기 위해 석유나프타의 개질반응 : 백금 - 알루미나 촉매
- 암모니아 합성 : 조촉매화된 철 촉매

2) 담지촉매

① 담지촉매는 담지(Support)라고 하는 활성이 작은 물질 위에 미세한 활성물질 입자가 분산형태로 이루어져 있다. 이때 활성물질은 주로 순수한 금속이거나 금속합금이 이용된다.

예 백금을 담지시킨 알루미나 촉매

② 조촉매 : 촉매의 활성을 증대시키기 위해 소량의 활성성분이 더해지는데, 이를 조촉매라 한다.

3) 촉매의 비활성화

① **노화(소결, Aging)현상** : 표면결정구조의 점차적인 변화
② **피독(Poisoning)** : 활성점 위에서의 물질의 비가역적 침적
③ **코크스화(Coking) 또는 오염(Fouling)** : 전체 표면상에서의 탄소 및 기타 물질의 침적에 의한 코크스화 또는 오염 등에 의해 야기된다.
④ **파울링(Fouling)** : 반응물이나 생성물의 일부나 녹(Rust) 등이 촉매입자를 덮는 현상이다.

4) 촉매의 흡착

▼ 물리흡착과 화학흡착의 비교

구분	물리흡착	화학흡착
흡착제	고체	대부분 고체
흡착질	임계온도 이하의 기체	화학적으로 활성인 기체
온도범위	낮은 온도	높은 온도
흡착열	낮음	높음
흡착속도	매우 빠름(E_a 값이 낮음)	활성흡착이면 E_a 값이 높음
흡착층	다분자층	단분자층
온도 의존성	온도증가에 따라 감소	다양
가역성	가역성이 높음	가역성이 낮음
결합력	반데르발스 결합, 정전기적 힘	화학결합, 화학반응

3. 촉매반응단계

1) 촉매반응단계

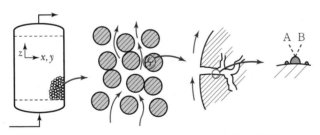

▲ 촉매 충전층 반응기의 스케일에 따른 물질 전달 및 반응

TIP ||||||||||||||||||||||||||||||||

율속단계 : 가장 느린 단계

총괄반응속도는 반응 메커니즘에서 가장 느린 단계의 속도에 의해서 한정된다. 확산단계가 반산단계에 비해 매우 빠를 때는 전달 확산단계들은 총괄반응속도에 영향을 미치지 않는다.
그러나 반응단계가 확산단계에 비해 훨씬 빠르면 물질 전달이 반응속도에 영향을 미치게 된다.

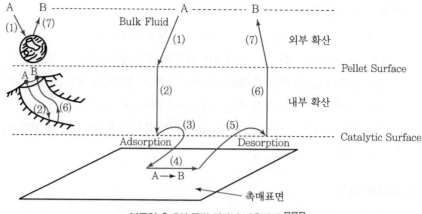

▲ 불균일 촉매의 물질 전달과 반응단계 ■■■

(1) 반응기 내의 유체 벌크에서 촉매의 펠릿 표면으로 물질(A) 전달하는 단계
(2) 촉매의 펠릿 표면에서 활성점 표면으로 세공 확산하는 단계
(3) 세공 확산된 반응물(A)이 촉매 활성점 표면에 흡착하는 단계
(4) 흡착된 반응물이 촉매 활성점 표면에서 반응하는 단계(A → B)
(5) 반응 생성물(B)이 촉매 활성점 표면에서 탈착하는 단계
(6) 입자 내부에서 촉매의 펠릿 표면으로 생성물이 세공 확산하는 단계
(7) 촉매의 펠릿 표면에서 반응기 유체 벌크로 생성물을 물질 전달하는 단계

(1) 세공 확산된 반응물(A)이 촉매 활성점 표면에 흡착하는 단계 : 흡착등온선

$$A(g) + S \underset{k_{-A}}{\overset{k_A}{\rightleftarrows}} A \cdot S$$

흡착속도 $= k_A P_A C_v$

탈착속도 $= k_{-A} C_{A \cdot S}$

총괄흡착속도 $r_{AD} = k_A P_A C_v - k_{-A} C_{A \cdot S}$

흡착평형상수 $K_A = \dfrac{k_A}{k_{-A}}$

$\therefore r_{AD} = k_A \left(P_A C_v - \dfrac{C_{A \cdot S}}{K_A} \right)$

평형에서 총괄흡착속도 $r_{AD} = 0$

$C_{A \cdot S} = K_A P_A C_v$

$C_t = C_v + C_{A \cdot S}$

$C_{A \cdot S} = K_A P_A (C_t - C_{A \cdot S})$

$$\therefore C_{A \cdot S} = \frac{K_A P_A C_t}{1 + K_A P_A} \rightarrow \text{랭뮤어 등온식}$$

TIP ▪▪▪▪▪▪▪▪▪▪▪▪▪▪▪▪▪▪▪▪

(흡착) $A + S \underset{k_1'}{\overset{k_1}{\rightleftarrows}} A \cdot S$

(표면반응) $A \cdot S \underset{k_2'}{\overset{k_2}{\rightleftarrows}} B \cdot S$

(탈착) $B \cdot S \underset{k_3'}{\overset{k_3}{\rightleftarrows}} B + S$

여기서, S : 활성자리
$\quad A \cdot S$: 화학적으로 흡착된 A
$\quad B \cdot S$: 화학적으로 흡착된 B

화학흡착속도는 물리흡착의 Langmuir 이론과 같이 취급하며 다음과 같다.
• 화학흡착속도
$\quad (r_1)_정 = k_1 P_A (1 - \theta_A - \theta_B)$
• A의 탈착속도
$\quad (r_1)_역 = k_1' \theta_A$
• A의 전흡착속도
$\quad r_1 = k_1 P_A (1 - \theta_A - \theta_B) - k_1' \theta_A$
(흡착된 A mol/시간 · 촉매량)
• 표면반응속도 $(r_2)_정 = k_2 \theta_A$
$\quad (r_2)_역 = k_2' \theta_B$
$\quad r_2 = k_2 \theta_A - k_2' \theta_B$
• 탈착의 전체 반응속도
$\quad r_3 = k_3 \theta_B - k_3' P_B (1 - \theta_A - \theta_B)$
여기서, θ : 피복률

TIP ▪▪▪▪▪▪▪▪▪▪▪▪▪▪▪▪▪▪▪▪

흡착질 B가 존재할 때
$C_{A \cdot S} = \dfrac{K_A P_A C_t}{1 + K_A P_A + K_B P_B}$

(2) 흡착된 반응물이 촉매 활성점 표면에서 반응하는 단계(A → B) : 표면반응

① 단일활성점

$$A \cdot S \rightleftharpoons B \cdot S$$

$$r_S = k_S C_{A \cdot S} - k_{-S} C_{B \cdot S} = k_S \left(C_{A \cdot S} - \frac{C_{B \cdot S}}{K_S} \right)$$

표면반응 평형상수 $K_S = \dfrac{k_S}{k_{-S}}$

$k_S = \dfrac{1}{s}$

$K_S = $ 무차원

② 이중활성점

㉠ 흡착된 A가 부근의 빈활성점과 반응하여 빈활성점과 생성물이 흡착된 활성점이 만들어지는 경우

$$A \cdot S + S \rightleftharpoons B \cdot S + S$$

$$r_S = k_S \left(C_{A \cdot S} C_v - \frac{C_{B \cdot S} C_v}{K_S} \right)$$

$r_S = $ mol/gcat · s

$k_S = $ gcat/mol · s

$K_S = $ 무차원

예

㉡ 이중활성점 메커니즘이 흡착된 두 물질 사이의 반응

$$A \cdot S + B \cdot S \rightleftharpoons C \cdot S + D \cdot S$$

$$r_S = k_S \left(C_{A \cdot S} C_{B \cdot S} - \frac{C_{C \cdot S} C_{D \cdot S}}{K_S} \right)$$

㉢ 이중활성점 메커니즘은 서로 다른 유형의 활성점 S와 S'에 흡착된 두 성분 사이의 반응

$$A \cdot S + B \cdot S' \rightleftharpoons C \cdot S' + D \cdot S$$

$$r_S = k_S \left(C_{A \cdot S} C_{B \cdot S'} - \frac{C_{C \cdot S'} C_{D \cdot S}}{K_S} \right)$$

$r_S = $ mol/gcat · s

$k_S = $ gcat/mol · s

$K_S = $ 무차원

예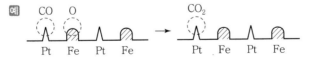

TIP

단일활성점 또는 이중활성점 메커니즘에 관련된 반응을 랭뮤어 - 힌셜우드 속도론에 따르는 반응이라고 한다.

$$k_S = \frac{1}{\text{atm} \cdot \text{s}}$$

$$k_{-S} = \frac{1}{\text{s}}$$

$$K_S = \frac{1}{\text{atm}}$$

③ 엘레이 – 리디얼(Eley – Rideal)

흡착된 분자와 기체상태 분자 간의 반응이다.

$$A \cdot S + B(g) \rightleftharpoons C \cdot S$$

$$r_S = k_S \left(C_{A \cdot S} P_B - \frac{C_{C \cdot S}}{K_S} \right)$$

예

(3) 반응 생성물(B)이 촉매 활성점 표면에서 탈착하는 단계 : 탈착

표면에 흡착된 표면반응 생성물은 그 다음에는 기체상태로 탈착된다.

$$C \cdot S \rightleftharpoons C + S$$

$$k_D = \frac{1}{\text{s}}$$

$$k_{-D} = \frac{1}{\text{atm} \cdot \text{s}}$$

$$K_D = \text{atm}$$

$$K_C = \frac{1}{\text{atm}}$$

탈착속도 $r_{DC} = k_D \left(C_{C \cdot S} - \dfrac{P_C C_v}{K_{DC}} \right)$

탈착평형상수 $K_{DC} = \dfrac{1}{K_C}$ (흡착평형상수)

$$\therefore r_{DC} = k_D (C_{C \cdot S} - K_C P_C C_v)$$

(4) 속도 제한단계

불균일 촉매반응이 정상상태일 때 연속적인 세 반응단계, 흡착, 표면반응, 탈착의 반응속도는 서로 같다.

$$-r_A = r_{AD} = r_S = r_D$$

연속된 반응단계 중에서 특정단계가 속도 제한단계 또는 속도 결정단계가 된다.

Reference

비가역적 표면반응이 속도 제한단계인 경우 총괄 반응속도

• 단일활성점

$$A \cdot S \to B \cdot S \qquad -r_A' = \frac{k P_A}{1 + K_A P_A + K_B P_B}$$

• 이중활성점

$$A \cdot S + S \to B \cdot S + S \qquad -r_A' = \frac{k P_A}{(1 + K_A P_A + K_B P_B)^2}$$

$$A \cdot S + B \cdot S \to C \cdot S + S \qquad -r_A' = \frac{k P_A P_B}{(1 + K_A P_A + K_B P_B + K_C P_C)^2}$$

• 엘레이 – 리디얼(Eley – Rideal)

$$A \cdot S + B(g) \to C \cdot S \qquad -r_A' = \frac{k P_A P_B}{1 + K_A P_A + K_C P_C}$$

---

4. 반응속도식의 결정 및 속도 제한단계

1) 쿠멘의 분해반응

$$C_6H_5CH(CH_3)_2 \xrightarrow{\text{cat : Pt}} C_6H_6 + C_3H_6$$
$$\text{쿠멘} \qquad\qquad\qquad \text{벤젠} \quad \text{프로필렌}$$

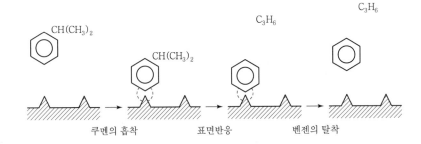

쿠멘의 흡착 　　　　　 표면반응 　　　　　 벤젠의 탈착

PART 1
PART 2
PART 3
PART 4
PART 5

> 💡 **TIP** ‖‖‖‖‖‖‖‖‖‖‖‖‖‖‖‖‖‖‖‖‖
>
> 랭뮤어 – 힌셸우드 반응속도 메커니즘에서의 반응단계
> - 표면에서 쿠멘의 흡착
>
> $$C + S \underset{k_{-A}}{\overset{k_A}{\rightleftharpoons}} C \cdot S$$
>
> - 흡착된 벤젠과 기상의 프로필렌을 생성하기 위한 표면반응
>
> $$C \cdot S \underset{k_{-S}}{\overset{k_S}{\rightleftharpoons}} B \cdot S + P$$
>
> - 표면에서의 벤젠의 탈착
>
> $$B \cdot S \underset{k_{-D}}{\overset{k_D}{\rightleftharpoons}} B + S$$

2) 쿠멘의 속도 제한단계

$$C + S \rightarrow C \cdot S$$
$$C \cdot S \rightarrow B \cdot S + P$$
$$B \cdot S \rightarrow B + S$$

여기서, C : 쿠멘
B ; 벤젠
P : 프로필렌

(1) 쿠멘의 흡착이 속도 제한단계인 경우

$$-r_C' = r_{AD} = k_A\left(P_C C_v - \frac{C_{C \cdot S}}{K_C}\right)$$

쿠멘의 흡착이 속도 제한단계인 경우 k_A는 작고 k_S, k_D는 크므로

$$\frac{r_S}{k_S} = \frac{r_D}{k_D} = 0 \text{이 되고}$$

$$\frac{r_{AD}}{k_A} \text{는 상대적으로 큰 값이 된다.}$$

① 표면반응속도

$$r_S = k_S\left(C_{C \cdot S} - \frac{C_{B \cdot S} P_P}{K_S}\right), \ \frac{r_S}{k_S} \simeq 0$$

$$\therefore C_{C \cdot S} = \frac{C_{B \cdot S} P_P}{K_S}$$

② 벤젠의 탈착속도

$$r_D = k_D(C_{B \cdot S} - K_B P_B C_v), \quad \frac{r_D}{k_D} \simeq 0$$

$$\therefore C_{B \cdot S} = K_B P_B C_v$$

$$\therefore C_{C \cdot S} = \frac{C_{B \cdot S} P_P}{K_S} = \frac{K_B P_B P_P C_v}{K_S}$$

③ 벤젠의 흡착속도

$$r_{AD} = k_A \left(P_C - \frac{K_B P_B P_P}{K_C K_S} \right) C_v \qquad \frac{K_C K_S}{K_B} = K_P$$

$$= k_A \left(P_C - \frac{P_B P_P}{K_P} \right) C_v$$

④ 평형이 되는 지점

$$r_{AD} = 0$$

$$C \rightleftarrows B + P$$

$$K_P = \frac{P_{Be} P_{Pe}}{P_{Ce}}$$

$$RT \ln k = -\Delta G^\circ$$

⑤ 활성점 전체농도

$$C_t = C_v + C_{C \cdot S} + C_{B \cdot S}$$

$$= C_v + \frac{K_B P_B P_P C_v}{K_S} + K_B P_B C_v$$

$$\therefore C_v = \frac{C_t}{1 + \dfrac{K_B P_B P_P}{K_S} + K_B P_B}$$

$$-r_C' = r_{AD} = \frac{k_A C_t (P_C - P_B P_P / K_P)}{1 + K_B P_B P_P / K_S + K_B P_B}$$

초기속도 $-r_{CO}' = k_A C_t P_{CO} = k P_{CO}$

(2) 표면반응이 속도 제한단계인 경우

$$-r_C' = r_S = k_S \left(C_{C \cdot S} - \frac{P_P C_{B \cdot S}}{K_S} \right)$$

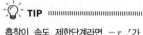

TIP

평형에서 $K_P = \dfrac{K_S K_C}{K_B}$ 이다.

TIP

활성점수지(Site Balance)

전체 활성점 = 빈 활성점 + 점유된 활성점

$C_t = C_v + C_{C \cdot S} + C_{B \cdot S}$

빈 활성점 점유된 활성점

TIP

흡착이 속도 제한단계라면 $-r_{co}'$가 P_{co}에 대해 선형적으로 증가한다.

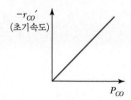

$$\frac{r_{AD}}{k_A} = \frac{r_D}{k_D} = 0$$

$$\therefore\ C_{C\cdot S} = K_C P_C C_v$$
$$\therefore\ C_{B\cdot S} = K_B P_B C_v$$

$$\therefore\ r_S = k_S\left(K_C P_C - \frac{K_B P_B P_P}{K_S}\right) C_v$$

① 활성점수지

$$C_t = C_v + C_{B\cdot S} + C_{C\cdot S}$$
$$= C_v + K_B P_B C_v + K_C P_C C_v$$

$$\therefore\ C_v = \frac{C_t}{1 + K_B P_B + K_C P_C}$$

$$r_S = \frac{k_S\left(K_C P_C - \dfrac{K_B P_B P_P}{K_S}\right)C_t}{1 + K_B P_B + K_C P_C} = \frac{k_S C_t K_C\left(P_C - \dfrac{K_B P_B P_P}{K_C K_S}\right)}{1 + K_B P_B + K_C P_C}$$

$$= \frac{\overset{k}{\overbrace{k_S C_t K_C}}(P_C - P_B P_P / K_P)}{1 + K_B P_B + K_C P_C}$$

② 초기속도

$$-r_{CO}' = \frac{\overset{k}{\overbrace{k_S C_t K_C}} P_{CO}}{1 + K_C P_{CO}} = \frac{k P_{CO}}{1 + K_C P_{CO}}$$

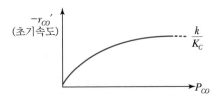

쿠멘의 분압이 낮을 때, $1 \gg K_C P_{CO}\ \cdots\ -r_{CO}' \simeq k P_{CO}$

쿠멘의 분압이 높을 때, $1 \ll K_C P_{CO}\ \cdots\ -r_{CO}' \simeq \dfrac{k P_{CO}}{K_C P_{CO}} = \dfrac{k}{K_C}$

초기속도는 쿠멘의 초기분압에 무관하다.

(3) 벤젠의 탈착이 속도 제한단계인 경우

$$r_D = k_D(C_{B\cdot S} - K_B P_B C_v)$$

$$\frac{r_{AD}}{k_A} = \frac{r_S}{k_S} = 0$$

$$\therefore \ C_{C \cdot S} = K_C P_C C_v$$

$$\therefore \ C_{B \cdot S} = \frac{K_S C_{C \cdot S}}{P_P} = \frac{K_S K_C P_C C_v}{P_P}$$

$$r_D = k_D \left(\frac{K_S K_C P_C}{P_P} - K_B P_B \right) C_v$$

① 활성점수지

$$C_t = C_v + C_{B \cdot S} + C_{C \cdot S}$$

$$= C_v + \frac{K_S K_C P_C C_v}{P_P} + K_C P_C C_v$$

$$C_v = \frac{C_t}{1 + K_S K_C P_C / P_P + K_C P_C}$$

$$\therefore \ r_D = \frac{k_D (K_S K_C P_C / P_P - K_B P_B) C_t}{1 + K_S K_C P_C / P_P + K_C P_C}$$

$$= \frac{k_D K_S K_C \left(P_C / P_P - \dfrac{K_B}{K_S K_C} P_B \right) C_t}{1 + K_S K_C P_C / P_P + K_C P_C}$$

$$= \frac{\overbrace{k_D C_t K_S K_C}^{k} \left(P_C / P_P - \dfrac{P_B}{K_P} \right)}{1 + K_S K_C P_C / P_P + K_C P_C}$$

$$= \frac{k_D C_t K_S K_P (P_C - P_B P_P / K_P)}{P_P + K_S K_C P_C + K_C P_C P_P}$$

$$\therefore \ r_D = \frac{\overbrace{k_D C_t K_S K_C}^{k} (P_C - P_B P_P / K_P)}{P_P + K_S K_C P_C + K_C P_C P_P}$$

② 초기속도

$$-r_{CO}' = k_D C_t \qquad P_B = P_P = 0$$

TIP IIIIIIIIIIIIIIIIIIIIIIIIIIIIIIIIII

탈착이 속도 결정단계의 경우 초기속도
가 쿠멘의 분압에 무관하다.

5. 율속단계 ▪▫▫

예 $A \to C$의 촉매반응에서 탈착반응이 율속단계인 경우

- 흡착 : $A + S \underset{k_1'}{\overset{k_1}{\rightleftharpoons}} A \cdot S$

- 표면반응 : $A \cdot S \underset{k_2'}{\overset{k_2}{\rightleftharpoons}} C \cdot S$

- 탈착 : $C \cdot S \underset{k_3'}{\overset{k_3}{\rightleftharpoons}} C + S$

---

① 흡착속도 : $r_1 = k_1 \left(C_A C_S - \dfrac{C_{A \cdot S}}{K_1} \right)$

② 표면반응속도 : $r_2 = k_2 \left(C_{A \cdot S} - \dfrac{C_{C \cdot S}}{K_2} \right)$

③ 탈착속도

$$r_3 = k_3 \left(C_{C \cdot S} - \dfrac{C_C C_S}{K_3} \right) \to 율속단계$$

여기서, $K_1 = \dfrac{k_1}{k_1'}$

k_1 : 정반응 속도상수

k_1' : 역반응 속도상수

K_1 : 평형상수

$\dfrac{r_1}{k_1} \fallingdotseq 0$: $C_{A \cdot S} = K_1 C_A C_S$

$\dfrac{r_2}{k_2} \fallingdotseq 0$: $C_{C \cdot S} = K_2 C_{A \cdot S} = K_1 K_2 C_A C_S$

$$r_3 = k_3 \left(C_{C \cdot S} - \dfrac{C_C C_S}{K_3} \right) = k_3 \left(K_1 K_2 C_A C_S - \dfrac{C_C C_S}{K_3} \right)$$
$$C_t = C_S + C_{A \cdot S} + C_{C \cdot S}$$
$$= C_S + K_1 C_A C_S + K_1 K_2 C_A C_S$$

여기서, C_t : 촉매의 농도

C_S : 빈활성점에서의 농도

$$\therefore \ C_S = \dfrac{C_t}{1 + K_1 C_A + K_1 K_2 C_A}$$

$$\therefore r_3 = \frac{k_3 K_1 K_2 C_t (C_A - C_C/K)}{1 + K_1 C_A + K_1 K_2 C_A}$$

$$K = K_1 K_2 K_3$$

6. 촉매특성

1) 촉매특성

(1) Langmuir 흡착등온식

[가정] 단분자층 흡착

$$A + S \rightleftharpoons A \cdot S$$

흡착 $\dfrac{d\theta}{dt} = k_a P_A (1-\theta)$

여기서, θ : 표면피복률

$1-\theta$: 빈자리율

탈착 $\dfrac{d\theta}{dt} = -k_d \theta$

$$\frac{v}{v_m} = \theta_A = \frac{K_A P_A}{1 + K_A P_A} \qquad K_A = \frac{k_a}{k_d}$$

여기서, v_m : 단분자층을 형성하는 데 필요한 흡착질의 양

총괄속도 $= k_a P_A (1-\theta) - k_d \theta$

평형 $0 = k_a P_A (1-\theta) - k_d \theta$

$$\therefore \theta = \frac{K_A P_A}{1 + K_A P_A}$$

(2) BET 흡착등온식

[가정] 다분자층 흡착

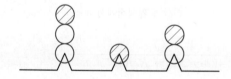

$$\therefore \frac{v}{v_m} = \frac{CZ}{(1-Z)\{1-(1-C)Z\}}$$

여기서, v : 흡착된 기체 전체의 부피

v_m : 교체 표면을 단분자층으로 완전히 덮는 흡착에 필요한 기체의 부피

$$Z = \frac{P}{P^\circ}$$

$$C = e^{(\Delta H_L - \Delta H_1)/RT}$$

$$\frac{V}{V_m} = \frac{CP/P_o}{(1-P/P_o)[1-(1-C)\dfrac{P}{P_o}]} = \frac{CP}{(P_o-P)(1-P/P_o+CP/P_o)}$$

$$\frac{P}{V(P_o-P)} = \frac{1-P/P_o+CP/P_o}{CV_m}$$

$$= \frac{1}{CV_m} + \frac{(C-1)P/P_o}{CV_m} = \frac{1}{CV_m} + \frac{(C-1)P}{CV_mP_o}$$

여기서, P_o : 포화증기압, V_m : 단분자층 용량

ΔH_L : 액화열, ΔH_1 : 흡착열

$$V = \frac{V_m Cx}{1-x}\left\{\frac{1+(n+1)x^n+nx^{n+1}}{1+(C-1)x-cx^{n+1}}\right\}$$

여기서, $x = \dfrac{P}{P_o}, c = \dfrac{y}{x}$

$n = 1$: Langmuir 흡착등온식

$n = \infty$: BET 흡착등온식

7. 표면속도론과 결합된 기공확산 저항

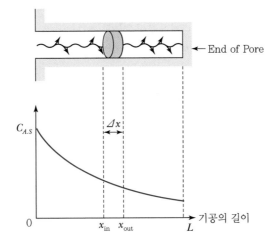

▲ 길이 L의 원통형 단일기공일 때 반응물의 농도

반응물 A가 기공 내로 확산되어 들어가 표면에서 1차 반응이 일어난다.

$A \rightarrow$ 생성물

$$-r_A'' = -\frac{1}{S}\frac{dN_A}{dt} = k'' C_A$$

$$\left(\frac{dN_A}{dt}\right)_{in} = -\pi r^2 D\left(\frac{dC_A}{dx}\right)_{in} \qquad \left(\frac{dN_A}{dt}\right)_{out} = -\pi r^2 D\left(\frac{dC_A}{dx}\right)_{out}$$

반응에 의해 표면에서 A의 소모속도 $= \left(\dfrac{소모속도}{단위표면적}\right)(표면적)$

$$= \left(-\frac{1}{S}\frac{dN_A}{dt}\right)(\text{Surface})$$

$$= k'' C_A (2\pi r \Delta x)$$

정상상태에서 물질수지식을 세우면

출력량 $-$ 입력량 $+$ 반응에 의한 소모량 $= 0$

$$-\pi r^2 D\left(\frac{dC_A}{dx}\right)_{out} + \pi r^2 D\left(\frac{dC_A}{dx}\right)_{in} + k'' C_A(2\pi r \Delta x) = 0$$

$$\frac{\left(\frac{dC_A}{dx}\right)_{out} - \left(\frac{dC_A}{dx}\right)_{in}}{\Delta x} - \frac{2k''}{Dr}C_A = 0$$

$\Delta x \rightarrow 0$인 극한에서

$$\frac{d^2 C_A}{dx^2} - \frac{2k''}{Dr}C_A = 0$$

여기서, k''의 단위 $=$ 길이/시간

$$kV = k'W = k''S$$

$$k = k''\left(\frac{\text{Surface}}{\text{Volume}}\right) = k''\left(\frac{2\pi r L}{\pi r^2 L}\right) = \frac{2k''}{r}$$

$$\frac{d^2 C_A}{dx^2} - \frac{k}{D}C_A = 0$$

$$\therefore C_A = M_1 e^{mx} + M_2 e^{-mx}$$

$$m = \sqrt{\frac{k}{D}} = \sqrt{\frac{2k''}{Dr}}$$

여기서, M_1, M_2 : 상수

$x = 0$, $C_A = C_{A \cdot S}$

$x = L$, $\dfrac{dC_A}{dx} = 0$

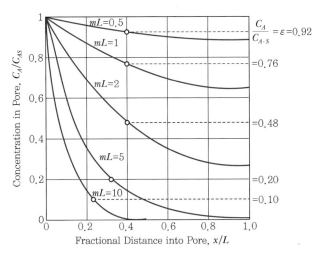

▲ 파라미터 $mL = L\sqrt{k/D}$ 의 함수로서 촉매 기공 내에서 반응물 농도의 분포와 평균값

➡ 기공 내부로 들어감에 따라 농도가 점차로 떨어지는데, Thiele 계수라고 불리는 무차원량 mL 에 의존한다.

$$\frac{C_A}{C_{A \cdot S}} = \frac{e^{m(L-x)} + e^{-m(L-x)}}{e^{mL} + e^{-mL}} = \frac{\cos h\, m(L-x)}{\cos h\, mL}$$

기공확산 저항에 따른 반응속도의 저하를 측정하기 위해 유효인자 ε 를 정의한다.

$$\text{Effective Factor(유효인자) } \varepsilon = \frac{\text{Actual Mean Reaction Rate Within Pore}}{\text{Rate if Not Slowed by Pore Diffusion}}$$

$$= \frac{\overline{r}_A \text{ With Diffusion}}{r_A \text{ Without Diffusion Resistance}}$$

특히, 1차 반응에서 반응속도가 농도에 비례하므로

$$\varepsilon = \frac{C_A}{C_{A \cdot S}}$$

$$\varepsilon_{first\,order} = \frac{\overline{C_A}}{C_{A \cdot S}} = \frac{\tanh mL}{mL} = \frac{\tanh \phi}{\phi}$$

여기서, $mL = \phi = $ Thiele 계수

TIP ⊪⊪⊪⊪⊪⊪⊪⊪⊪⊪⊪⊪⊪⊪⊪⊪⊪⊪⊪⊪⊪⊪

티엘수(Thiele Modulus, ϕ) ▮▮▯▯

반응속도 대비 분자확산계수의 비로 나타낸다.

• $\phi \ll 1$일 때 $\eta = 1$: 세공 확산의 제한이 없는 경우
• $\phi = 1$일 때 $\eta = 0.762$: 세공 확산의 제한이 약간 있는 경우
• $\phi \gg 1$일 때 $\eta = 1/\phi$: 세공 확산의 제한이 강한 경우

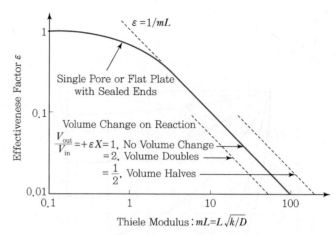

▲ Thiele 계수 mL 또는 M_T의 함수로서의 유효인자

Reference

기공확산의 영향

반응속도에 대한 기공확산의 영향은 mL의 크고 작음에 좌우된다.

$mL < 0.4$: $\varepsilon \cong 1$ 반응물의 농도가 기공 내에서 그다지 떨어지지 않기 때문에 기공확산에 의한 반응에의 저항은 무시할 수 있다.

$mL = L\sqrt{\dfrac{k}{D}}$ 로 값이 작으면 ① 기공이 짧거나, ② 반응속도가 느리거나, ③ 확산이 빠르다는 것을 의미한다. → 확산에 대한 저항을 낮추는 경향이 있다.

$mL > 4$: $\varepsilon = 1/mL$이고 반응물의 농도가 기공 내부로 들어감에 따라 급격히 0으로 떨어지기 때문에 확산이 반응속도에 미치는 영향이 크다. → 기공확산 저항이 크다.

---

8. 촉매의 비활성화

고정층 및 유동층 촉매반응기에서 사용하는 촉매는 촉매활성이 일정하게 유지되지 않고 시간에 따라 소결, 피독, 오염 등 다양한 원인에 의해 감소된다. 촉매의 활성도는 초기의 촉매의 성능 대비 촉매가 시간에 따라 비활성화되는 정도를 곱하여 나타낸다.

$$-r_A' = a(\text{과거 내력}) \times -r_A'(\text{새로운 촉매})$$

촉매의 활성도 $a(t) = \dfrac{-r_A'(t)}{-r_A'(t=0)}$ ← 시간에 따라 사용된 촉매의 반응속도
ㅤㅤㅤㅤㅤㅤㅤㅤㅤㅤㅤㅤㅤㅤㅤ← 새로운 촉매의 반응속도

실전문제

01 A에 대한 2차 반응속도상수가 5×10^{-7}L/mol·s 이며 최초 A의 농도가 0.4mol/L라면 초기 반응의 속도는 몇 mol/L·s인가?

① 5×10^{-8} ② 6×10^{-8}

③ 7×10^{-8} ④ 8×10^{-8}

해설

$$-r_A = kC_A^2 = 5 \times 10^{-7} \text{L/mol·s} \times 0.4^2 (\text{mol/L})^2$$
$$= 8 \times 10^{-8} \text{mol/L·s}$$

02 반응물 A와 B의 농도가 각각 1.2×10^{-2}mol/L, 4.0×10^{-3}mol/L, 속도정수가 1.0×10^{-2}L/mol·s 일 때 반응속도는 몇 mol/L·s이겠는가?(단, 반응차수 는 A와 B에 대해 각각 1차이다.)

① 2.4×10^{-5} ② 2.4×10^{-7}

③ 4.8×10^{-5} ④ 4.8×10^{-7}

해설

$$-r_A = kC_A C_B = (1 \times 10^{-2})(1.2 \times 10^{-2})(4 \times 10^{-3})$$
$$= 4.8 \times 10^{-7} \text{mol/L·s}$$

03 불균질(Heterogeneous) 반응속도에 대한 설명으로 가장 거리가 먼 것은?

① 상 사이의 물질 전달을 고려해야 한다.

② 여러 과정($1, 2, \cdots\cdots, n$)이 동시에 진행되고 있을 때 총 괄속도는 r(총괄)$=r_1 = r_2 = \cdots = r_n$이다.

③ 여러 과정의 속도를 나타내는 단위가 서로 같으면 총 괄속도식을 유도하기 편리하다.

④ 총괄속도식에서는 중간체의 농도항이 포함되어 있으 면 안 된다.

04 n차 반응에서 반응속도상수 k의 단위는?

① $[\text{mol/cm}^3]^{-1}[\text{s}]$

② $[\text{mol/cm}^3]^{n}[\text{s}]^{-1}$

③ $[\text{mol/cm}^3]^{1-n}[\text{s}]^{-1}$

④ $[\text{mol/cm}^3]^{n}[\text{s}]$

해설

$$k = [\text{mol/cm}^3]^{1-n}[1/\text{s}]$$

05 양론식 $A + 3B \rightarrow 2R + S$가 2차 반응 $-r_A = k_1 C_A C_B$일 때 r_A, r_B와 r_R의 관계식으로 옳은 것은?

① $r_A = r_B = r_R$

② $-r_A = -r_B = -r_R$

③ $-r_A = -(1/3)r_B = (1/2)r_R$

④ $-r_A = -3r_B = 2r_R$

해설

$$\frac{r_A}{-1} = \frac{r_B}{-3} = \frac{r_R}{2} = \frac{r_S}{1}$$

06 가장 일반적으로 사용되는 반응속도식은?

① $-r_A = k_0 T e^{-E/RT} C_A^a$

② $-r_A = k_0 T^{1/2} e^{-E/RT} C_A^a$

③ $-r_A = k_0 e^{-E/RT} C_A^a$

④ $-r_A = k_0 T^{-1/2} e^{-E/RT} C_A^a$

해설

$$-r_A = -\frac{dC_A}{dt} = kC_A^a \quad k = A \cdot T^m \cdot e^{-\frac{E_a}{RT}}$$

정답   **01** ④   **02** ④   **03** ②   **04** ③   **05** ③   **06** ③

- $m=0$: Arrhenius 법칙 → $k = A \cdot e^{-\frac{E_a}{RT}}$
- $m=1$: 전이상태이론
- $m=\frac{1}{2}$: 충돌이론

07 1atm, 610K에서 아래와 같은 가역 기초반응이 진행될 때 평형상수 K_P와 정반응 속도식 $k_{P_1}P_A{}^2$의 속도상수 k_{P_1}이 각각 0.5atm^{-1}과 $10\text{mol/L} \cdot \text{atm}^2 \cdot \text{h}$일 때 농도항으로 표시되는 역반응 속도상수는?(단, 이상기체로 가정한다.)

$$2A \rightleftharpoons B$$

① $1,000\text{h}^{-1}$ ② 100h^{-1}
③ 10h^{-1} ④ 0.1h^{-1}

해설

$2A \underset{k_2}{\overset{k_1}{\rightleftharpoons}} B$ (가역기초반응)

$K_p = \dfrac{k_{p_1}}{k_{p_2}} = \dfrac{10}{k_{p_2}} = 0.5\text{atm}^{-1}$

$\therefore k_{p_2} = 20\text{mol/L} \cdot \text{atm} \cdot \text{h}$

$-r_A = k_{p_1}P_A{}^2 = -k_{p_2}P_B$

$\qquad = -k_{p_2}C_B RT$

$\qquad = -k_{p_2}RTC_B = -k_{c_2}C_B$

$k_{c_2} = k_{p_2}RT$

$\qquad = 20\text{mol/L} \cdot \text{atm} \cdot \text{h} \times 0.082\text{L} \cdot \text{atm/mol} \cdot \text{K} \times 610\text{K}$

$\qquad = 1,000\text{h}^{-1}$

08 균일반응 $A + \dfrac{3}{2}B \to P$에서 반응속도가 옳게 표현된 것은?

① $r_A = \dfrac{2}{3}r_B$ ② $r_A = r_B$
③ $r_B = \dfrac{2}{3}r_A$ ④ $r_B = r_P$

해설

$-r_A = -\dfrac{r_B}{\dfrac{3}{2}} = r_P$

$\therefore -r_A = -\dfrac{2}{3}r_B = r_P$

09 PSSH(Pseudo Steady State Hypothesis)에 대한 설명으로 옳은 것은?

① 반응기 입구와 출구의 몰속도가 같다.
② 반응 중간체의 순 생성속도가 0이다.
③ 축방향의 농도구배가 없다.
④ 반응기 내의 온도구배가 없다.

해설

유사정상상태 가정(PSSH : Pseudo Steady State Hypothesis)
활성중간체의 이론에서 반응중간체가 형성되는 만큼 사실상 빠르게 반응하기 때문에 활성중간체($A*$) 형성의 알짜 생성속도는 0이다. 즉, $r_A* = 0$

10 다음 중 3차 반응의 속도상수 단위는?
① s^{-1} ② $[\text{mol/L}]^{-1}\text{s}^{-1}$
③ $[\text{mol/L}]^{-2}\text{s}^{-1}$ ④ $[\text{mol/L}]^{-3}\text{s}^{-1}$

해설

$K = [\text{농도}]^{1-n}[\text{시간}]^{-1}$
3차이므로 $K = [\text{mol/L}]^{-2}\text{s}^{-1}$

11 반응식 $2A + 2B \to R$일 때 각 성분에 대한 반응속도식의 관계로 옳은 것은?

① $-r_A = -r_B = r_R$
② $-2r_A = -2r_B = r_R$
③ $-\dfrac{1}{2}r_A = -\dfrac{1}{2}r_B = r_R$
④ $(-r_A)^2 = (-r_B)^2 = r_R$

해설

$aA + bB \xrightarrow{k} cC + dD$

$$-\frac{r_A}{a} = -\frac{r_B}{b} = \frac{r_C}{c} = \frac{r_D}{d}$$

$$\frac{-r_A}{2} = \frac{-r_B}{2} = \frac{r_R}{1}$$

12 다음 반응은 기초반응(Elementary Reaction)이다. 이 반응의 분자도(Molecularity)는?

$$2NO + O_2 \rightarrow 2NO_2$$

① 1   ② 2

③ 3   ④ 0

해설

• 기초반응 : 반응속도의 지수와 양론계수가 일치하는 반응
• 기초반응에서 분자도는 반응물만의 몰수

13 체적 $0.212m^3$의 로켓엔진에서 수소가 $6kmol/s$의 속도로 연소된다. 이때 수소의 반응속도는 약 몇 $kmol/m^3 \cdot s$인가?

① 18.0   ② 28.3

③ 38.7   ④ 49.0

해설

$$-r_{H_2} = -\frac{1}{V_R} \times \frac{dN_{H_2}}{dt}$$

$$= \frac{1}{0.212m^3} \left| \frac{6kmol}{s} \right.$$

$$= 28.30 kmol/m^3 \cdot s$$

14 n차 반응에 대한 반응속도상수 k의 차원은?

① $[\text{시간}]^{-n}[\text{농도}]^{-1}$

② $[\text{시간}]^{-1}[\text{농도}]^{n}$

③ $[\text{시간}]^{-1}[\text{농도}]^{(1-n)}$

④ $[\text{시간}]^{1-n}[\text{농도}]^{-1}$

해설

$k = [\text{농도}]^{1-n}[\text{시간}]^{-1}$

15 다음 중 비기초 반응의 중간체 물질로 적절하지 않은 것은?

① 자유라디칼(Free Radical)

② 양쪽성 물질

③ 이온성 물질

④ 효소 – 기질 복합체

해설

비기초 반응의 중간체 물질
㉠ 자유라디칼
㉡ 이온과 극성물질
㉢ 분자 : 연속반응에서 반응성이 커서 평균수명이 아주 짧고 농도가 측정할 수 없을 정도로 작은 중간체이다.
  • $A \rightarrow R \rightarrow S$
  • 효소촉매반응
    $A + E \rightleftarrows A \cdot E$
    $A \cdot E \rightleftarrows R + E$
  • 전이착제

16 PSSH(Pseudo Steady State Hypothesis) 설정은 다음 중 어떤 가정을 근거로 하는가?

① 반응기의 물질수지식에서 축적항이 없다.

② 반응기 내의 온도가 일정하다.

③ 중간 생성물의 생성속도와 소멸속도가 같다.

④ 반응속도가 균일하다.

해설

PSSH(유사정상상태 가정)

중간체는 대단히 소량 존재하므로 미소시간 경과 후 농도변화는 크지 않다. 그러므로 이 변화를 0으로 한다.

정답   **12** ③   **13** ②   **14** ③   **15** ②   **16** ③

17 $A + B \rightarrow AB$가 비가역반응이고, 그 반응속도식이 $r_{AB} = k_1 C_B{}^2$일 때 이 반응의 메커니즘은?(단, k_{-1}, k_{-2}는 각각 k_1, k_2의 역반응속도상수이고 표시 "*"는 중간체를 의미한다.)

① $A + A \underset{k_{-1}}{\overset{k_1}{\rightleftharpoons}} A_2{}^*$, $A_2{}^* + B \overset{k_2}{\longrightarrow} A + AB$

② $A + A \underset{k_{-1}}{\overset{k_1}{\rightleftharpoons}} A_2{}^*$, $A_2{}^* + B \underset{k_{-2}}{\overset{k_2}{\longrightarrow}} A + AB$

③ $B + B \underset{}{\overset{k_1}{\rightleftharpoons}} B_2{}^*$, $A + B_2{}^* \underset{k_{-2}}{\overset{k_2}{\longrightarrow}} AB + B$

④ $B + B \underset{k_{-1}}{\overset{k_1}{\rightleftharpoons}} B_2{}^*$, $A + B_2{}^* \underset{k_{-2}}{\overset{k_2}{\longrightarrow}} AB + B$

18 $A \rightleftharpoons B + C$ 평형반응이 1bar, 560℃에서 진행될 때 평형상수 $K_P = \dfrac{P_B P_C}{P_A}$가 100mbar이다. 평형에서 반응물 A의 전화율은?

① 0.12 ② 0.27

③ 0.33 ④ 0.48

$K_P = \dfrac{P_B P_C}{P_A} = 100\text{mbar} = 0.1\text{bar}$

$P_{AO} = 1\text{bar}\ (P_{BO} = P_{CO} = 0)$

$\therefore K_P = \dfrac{(P_{BO} + P_{AO} X_{Ae})(P_{CO} + P_{AO} X_{Ae})}{P_{AO}(1 - X_{Ae})}$

$= \dfrac{P_{AO}{}^2 X_{Ae}{}^2}{P_{AO}(1 - X_{Ae})} = \dfrac{P_{AO} X_{Ae}{}^2}{(1 - X_{Ae})}$

$0.1 = \dfrac{X_{Ae}{}^2}{(1 - X_{Ae})}$

$\therefore X_{Ae} = 0.27$

19 일반적인 기초반응의 분자도(Molecularity)에 해당하는 것은?

① 1.5 ② 2

③ 2.5 ④ 4

기초반응의 분자도는 반응에 관여하는 분자의 수이고, 그 값은 1, 2, 드물게 3이다.

20 400K에서 기상반응의 속도식 $-r_A = 3.66 P_A{}^2$ atm/h일 때 속도상수의 단위는?

① atm · h ② atm · $-h^{-1}$

③ $[\text{atm} \cdot \text{h}]^{-1}$ ④ $\text{atm}^{-1} \cdot \text{h}$

$-r_A = 3.66 P_A{}^2 \text{atm/h}$

$3.66 \times (\text{atm})^2 = \text{atm/h}$

$\therefore 3.66 = \dfrac{1}{\text{atm} \cdot \text{h}}$

21 A가 R이 되는 효소반응이 있다. 전체 효소농도를 $[E_0]$, 미카엘리스(Michaelis) 상수를 $[M]$이라고 할 때 이 반응의 특징에 대한 설명으로 틀린 것은?

① 반응속도가 전체 효소농도 $[E_0]$에 비례한다.

② A의 농도가 낮을 때 반응속도는 A의 농도에 비례한다.

③ A의 농도가 높아지면서 0차 반응에 가까워진다.

④ 반응속도는 미카엘리스 상수 $[M]$에 비례한다.

$A \xrightarrow{\text{enzyme}} R$

$-r_A = r_R = \dfrac{K[A][E_0]}{[M] + [A]}$

여기서, $[A]$: A의 농도, $[E_0]$: 효소농도

$[M]$: Michaelis 상수

A의 농도가 높을 때는 C_A에 무관하고 0차 반응에 가까워진다. A의 농도가 낮을 때 반응속도는 C_A에 비례한다. 그 외에는 C_{EO}에 비례한다.

22 다음 반응이 기초반응(Elementary Reaction)이라면 반응속도식으로 옳은 것은?(단, r_A는 반응물 A의 반응속도이다.)

$$A + 2B \rightarrow D$$

① $r_A = -kC_A C_B$

② $r_A = -kC_A C_B + k'C_D$

③ $r_A = -kC_A C_B^2$

④ $r_A = -kC_A C_B^2 + k'C_D$

> **해설**
>
> $r_A = -kC_A C_B^2$

23 1차 반응에서 반응속도가 $10 \times 10^{-5} \text{mol/cm}^3 \cdot \text{s}$ 이고 반응물의 농도가 $2 \times 10^{-2} \text{mol/cm}^3$이면 속도상수는 몇 s^{-1}이겠는가?

① 5×10^{-3}

② 5×10^{-4}

③ 10×10^{-3}

④ 10×10^{-4}

> **해설**
>
> $-r_A = kC_A$
>
> $10 \times 10^{-5} \text{mol/cm}^3 \cdot \text{s} = k \times (2 \times 10^{-2} \text{mol/cm}^3)$
>
> $\therefore k = 5 \times 10^{-3} \text{s}^{-1}$

24 $A \xrightarrow{\text{enzyme}} R$이 되는 효소반응과 관계없는 것은?

① 반응속도에 효소의 농도가 영향을 미친다.

② 반응물질의 농도가 높을 때 반응속도는 반응물질의 농도에 반비례한다.

③ 반응물질의 농도가 낮을 때 반응속도는 반응물질의 농도에 비례한다.

④ Michaelis–Menten 식이 관계된다.

> **해설**
>
> $A \xrightarrow{\text{enzyme}} R$
>
> $-r_A = r_R = \dfrac{K[A][E_0]}{[M] + [A]}$
>
> 여기서, $[A]$: A의 농도, $[E_0]$: 효소농도
>
> $\qquad\quad [M]$: Michaelis 상수
>
> A의 농도가 높을 때는 C_A에 무관하고 0차 반응에 가까워진다. A의 농도가 낮을 때 반응속도는 C_A에 비례한다. 그 외에는 C_{EO}에 비례한다.

25 HBr의 생성반응 속도식이 다음과 같을 때 k_2의 단위에 대한 설명으로 옳은 것은?

$$r_{\text{HBr}} = \frac{k_1 [\text{H}_2][\text{Br}_2]^{\frac{1}{2}}}{k_2 + [\text{HBr}]/[\text{Br}_2]}$$

① 단위는 $[\text{m}^3 \cdot \text{s/mol}]$이다.

② 단위는 $[\text{mol/m}^3 \cdot \text{s}]$이다.

③ 단위는 $[(\text{mol/m}^3)^{-0.5}(\text{s})^{-1}]$이다.

④ 단위는 무차원(Dimensionless)이다.

> **해설**
>
> k_2의 단위는 $[\text{HBr}]/[\text{Br}_2]$와 같아야 하므로 무차원이다.

26 체중 70kg, 체적 0.075m^3인 사람이 포도당을 산화시키는 데 하루에 12.8mol의 산소를 소모한다고 할 때 이 사람의 반응속도를 $\text{mol O}_2/\text{m}^3 \cdot \text{s}$로 표시하면 약 얼마인가?

① 2×10^{-4}

② 5×10^{-4}

③ 1×10^{-3}

④ 2×10^{-3}

> **해설**
>
> $r = \dfrac{12.8 \text{mol O}_2}{0.075 \text{m}^3 \cdot \text{day}} \times \dfrac{1 \text{day}}{24\text{h}} \times \dfrac{1\text{h}}{3,600}$
>
> $\quad = 2 \times 10^{-3} \text{mol O}_2/\text{m}^3 \cdot \text{s}$

27 효소반응속도 $-r_s = V_{max}(s)/[K_m + (s)]$ 에서 반응속도의 기질농도(s) 의존성을 옳게 설명한 것은? (단, V_{max}는 최대반응속도, K_m은 미카엘리스 상수이다.)

① 기질농도가 크면 반응속도는 무한히 증가한다.
② 기질농도가 크면 반응속도는 최대치로 간다.
③ 반응속도가 최대이면 기질농도는 작아진다.
④ 미카엘리스 상수는 총괄 효소농도에 항상 의존한다.

> **해설**

$$-r_s = \frac{V_{max}(s)}{K_m + (s)} \text{(Michaelis-Menten식)}$$

여기서, K_m : Michaelis-Menten 상수
(효소반응특성을 나타냄)

• 기질의 농도(s)가 아주 낮을 경우$(K_m \gg (s))$

$$-r_s \cong \frac{V_{max}(s)}{K_m}$$

∴ $-r_s$는 (s)에 대해 1차

• 기질의 농도(s)가 아주 높을 경우$((s) \gg K_m)$

$$-r_s \cong \frac{V_{max}(s)}{(s)} = V_{max}$$

∴ $-r_s$는 (s)에 대하여 0차 : (s)와 무관

28 다음과 같은 반응속도식에서 반응속도상수 k의 단위는?

$$r_A = kC_A{}^2$$

① $[mol/L]^{-1}$
② $[mol/L]^{-1}cm^{-2}$
③ $[mol/L]^{-1}cm^{-1}$
④ $[mol/L]^{-1}h^{-1}$

> **해설**

$k = [mol/L]^{1-n}[1/h]$
$= [mol/L]^{-1}[1/h]$

29 균일계 촉매반응과 불균일계 촉매반응에 대한 설명으로 옳지 않은 것은?

① 불균일계 촉매반응은 2개 이상의 상이 수반된다.
② 불균일계 촉매반응은 확산저항이 있다.
③ 불균일계 촉매반응에서는 촉매와 반응물의 계면이 존재한다.
④ 균일계 촉매반응에서는 흡착 및 확산이 일어나고 이것은 반응속도에 가장 중요한 변수이다.

30 촉매의 기능에 관한 설명으로 옳지 않은 것은?

① 촉매는 화학평형에 영향을 미치지 않는다.
② 촉매는 반응속도에 영향을 미친다.
③ 촉매는 화학반응의 활성화 에너지를 변화시킨다.
④ 촉매는 화학반응의 양론식을 변화시킨다.

> **해설**

촉매는 화학평형에는 영향을 미치지 않고, 활성화 에너지를 변화시켜 반응속도를 변화시킨다.

31 다음 중 불균일 촉매반응(Heterogeneous Catalytic Reaction)의 단계가 아닌 것은?

① 생성물의 탈착과 확산
② 반응물의 물질전달
③ 촉매 표면에 반응물의 흡착
④ 촉매 표면의 구조변화

> **해설**

촉매반응단계
① 벌크유체에서 촉매입자의 외부 표면으로 반응물 A의 물질전달(확산)
② 촉매 세공을 통한 세공 입구에서 촉매 내부 표면 가까이로 반응물 확산
③ 촉매 표면 위의 반응물 A의 흡착
④ 촉매의 표면에서 반응$(A \to B)$
⑤ 표면에서 생성물 B의 탈착
⑥ 입자 내부에서 외부 표면에 있는 세공 입구까지 생성물 확산
⑦ 입자 외부 표면에서 벌크유체로 생성물의 물질전달(확산)

32 물리적 흡착에 대한 설명으로 가장 거리가 먼 것은?

① 다분자층 흡착이 가능하다.

② 활성화 에너지가 작다.

③ 가역성이 낮다.

④ 고체에서 일어난다.

구분	물리흡착	화학흡착
흡착제	고체	대부분 고체
흡착질	임계온도 이하의 기체	화학적으로 활성인 기체
온도범위	낮은 온도	높은 온도
흡착열	낮음	높음
흡착속도 (활성화 에너지)	매우 빠름 (E_a 값이 낮음)	활성흡착이면 E_a 값이 높음
흡착층	다분자층	단분자층
온도 의존성	온도 증가에 따라 감소	다양
가역성	가역성이 높음	가역성이 낮음
결합력	반데르발스 결합, 정전기적 힘	화학결합, 화학반응

33 고체 촉매가 충전된 충전층 반응기를 이용한 비압축성 유체의 반응에서 반응속도에 영향이 적은 변수는?

① 반응 온도

② 반응 압력

③ 반응물의 농도

④ 촉매의 활성도

비압축성 유체는 밀도가 일정한 액체이므로 압력의 영향이 매우 적다.

34 기체－고체 비균일상 반응의 농도분포곡선이 다음 그림과 같으면, 이때 반응속도의 율속단계는 어떤 단계인가?

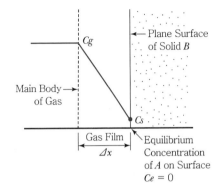

① 물질전달단계

② 흡착단계

③ 표면반응단계

④ 탈착단계

물질전달단계, 즉 확산단계에서 농도구배가 있으므로 율속단계이다.

35 다음과 같은 촉매반응이 일어날 때 Langmuir 이론에 의한 A의 흡착반응속도 r_A를 옳게 나타낸 것은?(단, k_a와 k_a'는 각 경로에서 흡착 및 탈착 속도상수, θ는 흡착분율, P_A는 A성분의 분압이다.)

$$A \underset{k_a'}{\overset{k_a}{\rightleftharpoons}} B$$

① $r_A = k_a P_A \theta_A \theta_B - k_a' \theta_B$

② $r_A = k_a' P_A \theta_A \theta_B - k_a' \theta_A$

③ $r_A = k_a P_A (1 - \theta_A - \theta_B) - k_a' \theta_A$

④ $r_A = k_a P_A (1 - \theta_A) - k_a' \theta_B$

A의 흡착속도

$A + S \rightleftharpoons A \cdot S$

$-r_A = k_a P_A C_v - k_{-a} C_A \cdot s$

$\quad = k_a P_A (1 - \theta_A - \theta_B) - k_a' \theta_A$

36 불균일 촉매반응에서 확산이 반응물 속 영역에 있는지를 알기 위한 식과 관계없는 것은?

① Thiele Modulus

② Weisz − Prater 식

③ Mears 식

④ Langmuir − Hinshelwood 식

Langmuir − Hinshelwood 식은 흡착등온식이다.

① Thiele Modulus(Thiele 계수 = $mL = \phi$)
촉매입자 내에서 확산하면서 반응이 일어나고 있을 때, 반응에 대한 확산의 상대적 중요성을 평가하는 무차원수

② Weisz − Prater 식(바이즈 − 프레이터 식)
내부 확산이 반응속도를 지배하는지의 여부를 결정

③ Mears 식(미어스 식)
벌크기상으로부터 촉매 표면으로의 물질전달 저항이 무시될 수 있는지 여부를 결정

37 $A \to C$의 촉매반응이 다음과 같은 단계로 이루어진다. 탈착반응이 율속단계일 때 Langmuir Hinshelwood 모델의 반응속도식으로 옳은 것은?(단, A는 반응물, S는 활성점, AS와 CS는 흡착 중간체이며, k는 속도상수, K는 평형상수, S_0는 초기 활성점, [ ]는 농도를 나타낸다.)

- 단계 1 : $A + S \xrightarrow{k_1} AS$, $[AS] = K_1[S][A]$
- 단계 2 : $AS \xrightarrow{k_2} CS$,
  $[CS] = K_2[AS] = K_2 K_1[S][A]$
- 단계 3 : $CS \xrightarrow{k_3} C + S$

① $r_3 = \dfrac{[S_0]k_1 K_1 K_2[A]}{1 + (K_1 + K_2 K_1)[A]}$

② $r_3 = \dfrac{[S_0]k_3 K_1 K_2[A]}{1 + (K_1 + K_2 K_1)[A]}$

③ $r_3 = \dfrac{[S_0]k_1 k_2 K_1 K_2[A]}{1 + (K_1 + K_2 K_1)[A]}$

④ $r_3 = \dfrac{[S_0]k_1 k_3 K_1 K_2[A]}{1 + (K_1 + K_2 K_1)[A]}$

$r_3 = k_3 C_{C \cdot S} = k_3[CS]$
$\quad = k_3 K_1 K_2[S][A]$

$[S_0] = [S] + [AS] + [CS]$
$\quad = [S] + K_1[S][A] + K_1 K_2[S][A]$
$\quad = [S](1 + K_1[A] + K_1 K_2[A])$

$\therefore [S] = \dfrac{[S_0]}{1 + K_1[A] + K_1 K_2[A]}$

$\therefore r_3 = \dfrac{k_3 K_1 K_2[S_0][A]}{1 + K_1[A] + K_1 K_2[A]} = \dfrac{[S_0]k_3 K_1 K_2[A]}{1 + (K_1 + K_1 K_2)[A]}$

38 기상 촉매반응의 유효인자(Effectiveness Factor)에 영향을 미치는 인자로 다음 중 가장 거리가 먼 것은?

① 촉매입자의 크기

② 촉매반응기의 크기

③ 반응기 내의 전체 압력

④ 반응기 내의 온도

$\varepsilon(\text{유효인자}) = \dfrac{\overline{r_A} \text{ With Diffusion}}{r_A \text{ Without Diffusion Resistance}}$

$\varepsilon_{1\text{st order}} = \dfrac{\overline{C_A}}{C_{AS}} = \dfrac{\tanh mL}{mL}$

ε는 반응기 내의 온도, 압력, 촉매입자의 크기에 관련된다.

39 비균일상 반응에 대한 설명으로 가장 거리가 먼 것은?

① 상 사이의 물질 전달을 고려해야 한다.

② 여러 과정이 동시에 진행되고 있을 때 총괄속도는 $r(\text{총괄}) = r_1 = r_2 = \cdots = r_n$이다.

③ 여러 과정의 속도식에 사용되는 단위는 반드시 같아야 한다.

④ 총괄 속도식에는 중간체의 농도항이 포함되어 있으면 안 된다.

총괄속도

- 평행경로 : $r_{\text{총괄}} = \displaystyle\sum_{i=1}^{n} r_i$
- 연속경로 : $r_{\text{총괄}} = r_1 = r_2 = \cdots = r_n$

정답 ▶ **36** ④ **37** ② **38** ② **39** ②

40 기상 1차 촉매반응 $A \to R$에서 유효인자가 0.8이면 촉매기공 내의 평균농도 $\overline{C_A}$와 촉매표면농도 C_{AS}의 농도비 $\overline{C_A}/C_{AS}$는?

① 0.2 ② 0.8
③ $\tanh(0.2)$ ④ $\tanh(0.8)$

해설

유효인자 $\varepsilon = \dfrac{\overline{C_A}}{C_{AS}} = \dfrac{\text{촉매기공 내의 평균농도}}{\text{촉매 표면에서 평균농도}}$
$\qquad\qquad = 0.8$

$\varepsilon(\text{1차 반응}) = \dfrac{\overline{C_A}}{C_{AS}}$
$\qquad\qquad = \dfrac{\tanh mL}{mL}$

41 고체 촉매반응에서 기공확산 저항에 대한 설명 중 옳은 것은?

① 유효인자(Effectiveness Factor)가 작을수록 실제 반응속도가 작아진다.
② 고체 촉매반응에서 기공확산 저항만이 율속단계가 될 수 있다.
③ 기공확산 저항이 클수록 실제 반응속도는 증가된다.
④ 기공확산 저항은 항상 고체입자의 형태와는 무관하다.

해설

$\text{Thiele 계수} = \dfrac{\text{표면반응속도}}{\text{확산속도}}$

$\text{유효인자 } \varepsilon = \dfrac{\text{실제 반응속도}}{\text{이상적인 반응속도}}$

촉매에서 Thiele 계수가 작다면 화학반응속도(표면 반응속도)가 확산속도에 비해 작아지고 촉매의 효율은 좋아진다.

42 유동층 반응기에 대한 설명 중 가장 거리가 먼 내용은?

① 유동층에서의 전화율은 고정층 반응기에 비하여 낮다.
② 유동화 물질은 대부분 고체이다.
③ 석유나프타의 접촉분해공정에 적합하다.
④ 작은 부피의 유체를 처리하는 데 적합하다.

해설

대량의 원료와 고체를 처리할 수 있다.

CHAPTER 02 반응기 설계

[01] 회분식 반응기(Batch Reactor)

1. 반응속도식의 결정(농도, 온도)

① 온도일정 → 농도 의존

② 반응속도 상수, 전화율 → 온도 의존

> **Reference**
>
> 정용계에서 얻은 전압 데이터의 해석
>
> $aA + bB \rightarrow rR + sS + \text{inert}$
>
> | $t=0$ | N_{A0} | N_{B0} | N_{R0} | N_{S0} | N_{inert} |
> |---|---|---|---|---|---|
> | $t=t$ | $-ax$ | $-bx$ | $+rx$ | $+sx$ | |
>
> $N_A = N_{A0} - ax \quad N_B = N_{B0} - bx \quad N_R = N_{R0} + rx \quad N_S = N_{S0} + sx$
>
> $N_0 = N_{A0} + N_{B0} + N_{R0} + N_{S0} + N_{\text{inert}}$
>
> $\therefore \ N = N_0 + (r+s-a-b)x = N_0 + x\Delta n$
>
> 여기서, $\Delta n = r+s-a-b$
>
> $C_A = \dfrac{P_A}{RT} = \dfrac{N_A}{V} = \dfrac{N_{A0} - ax}{V}$
>
> $\therefore \ C_A = \dfrac{N_{A0}}{V} - \dfrac{a}{V} \cdot \dfrac{N - N_0}{\Delta n} = C_{A0} - \dfrac{a}{\Delta n} \dfrac{N - N_0}{V}$
>
> $P_A = C_A RT = P_{A0} - \dfrac{a}{\Delta n}(\pi - \pi_0)$
>
> 여기서, π : 전압, π_0 : 초기전압, P_{A0} : 초기분압

2. 전화율(X_A : Conversion)

$$X_A = \frac{\text{반응한 } A \text{의 mol수}}{\text{초기에 공급한 } A \text{의 mol수}} = \frac{N_{A0} - N_A}{N_{A0}}$$

$$\therefore \ N_A = N_{A0}(1 - X_A)$$

TIP

Batch Reactor

- 실험실용. 소형 반응기
- 반응물질을 반응하는 동안에 담아두는 일정한 용기
- 소량 다품종 생산에 적합
- 비정상상태 : 시간이 지날수록 어느 한 지점에서 농도가 변화하며, 어느 한 순간 모든 곳의 조성은 일정하다.

TIP

$X_A = \dfrac{N_{A0} - N_A}{N_{A0}}$

$= 1 - \dfrac{N_A}{N_{A0}}$

$= 1 - \dfrac{C_A}{C_{A0}}$

$dX_A = -\dfrac{dC_A}{C_{A0}}$

여기서, N_A : 시간 t에서 존재하는 몰수

$\qquad$ N_{A0} : 시간 $t=0$에서 반응기 내에 존재하는 초기의 몰수

$V = \mathrm{Const}$인 경우

$$\therefore \; C_A = C_{A0}(1 - X_A) = C_{A0} - C_{A0}X_A$$

위의 식을 미분하면 $dC_A = -C_{A0}dX_A$

$dX_A = -\dfrac{dC_A}{C_{A0}}$ 로 나타낼 수 있다.

3. 정용 회분식 반응기(Constant - volume Batch Reactor)

- 일정한 용적(Constant - volume)
- 정용 회분식은 반응기의 부피가 아니라, 반응혼합물의 부피를 말한다.
- 정용 또는 정밀도 반응계를 의미한다.
- 일정한 부피의 용기(Bomb) 내에서 일어나는 모든 기상반응과 대부분의 액상반응은 이 경우에 해당된다.

$$-r_A = -\frac{1}{V}\frac{dN_A}{dt} = -\frac{dC_A}{dt} = C_{A0}\frac{dX_A}{dt} = kC_A{}^n$$

기상반응(이상기체)인 경우

$$-r_A = -\frac{1}{RT}\frac{dP_A}{dt}$$

1) 비가역 단분자형 0차 반응

① 반응속도가 물질의 농도에 관계가 없다면 0차 반응이다.

② 속도식 : $-r_A = -\dfrac{dC_A}{dt} = kC_A{}^0 = k$

$n = 0$

$-\displaystyle\int_{C_{A0}}^{C_A} dC_A = kdt$

$$-(C_A - C_{A0}) = kt$$

$C_A = -kt + C_{A0}$

TIP ‖‖‖‖‖‖‖‖‖‖‖‖‖‖‖‖‖‖‖‖

입량 − 출량 + 생성량 = 축적량

$F_{A0} - F_A + \displaystyle\int^V r_A dV = \frac{dN_A}{dt}$

$F_{A0} = F_A = 0$

$\dfrac{dN_A}{dt} = \displaystyle\int^V r_A dV$

$\qquad = r_A V$

$$\therefore C_{A0}X_A = kt$$

③ 반감기 : 남아 있는 농도가 처음 농도의 반이 되는 데 걸리는 시간
   전화율이 $X_A = 0.5$시간일 때

$$t_{1/2} = \frac{C_{A0}}{2k}$$

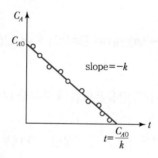 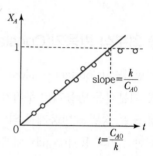

Reference

$$C_{A0} - C_A = C_{A0}X_A = kt \text{ for } t < \frac{C_{A0}}{k} \longrightarrow (반응 지속)$$

$$C_A = 0 \text{ for } t \geq \frac{C_{A0}}{k} \longrightarrow (반응 완료)$$

2) 비가역 단분자 1차 반응 🔲🔲🔲

$A \rightarrow R$

(1) 속도식

$$-r_A = -\frac{dC_A}{dt} = kC_A = kC_{A0}(1-X_A)$$

① $-\dfrac{dC_A}{C_A} = kdt$

$$-\int_{C_{A0}}^{C_A} \frac{dC_A}{C_A} = k\int_0^t dt$$

$$-\ln\frac{C_A}{C_{A0}} = kt$$

② $C_{A0}\dfrac{dX_A}{dt} = kC_{A0}(1-X_A)$

$$\int_0^{X_A} \dfrac{dX_A}{1-X_A} = \int_0^t kdt$$

$$-\ln(1-X_A) = kt$$

$$\therefore -\ln\dfrac{C_{A0}(1-X_A)}{C_{A0}} = -\ln(1-X_A) = kt$$

(2) 반감기

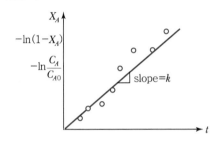

$$t_{1/2} = \dfrac{\ln 2}{k}$$

3) 비가역 2분자형 2차 반응 ▦▦▦

(1) $A + B \rightarrow R$

① 속도식

$$-r_A = -\dfrac{dC_A}{dt} = -\dfrac{dC_B}{dt} = kC_A C_B$$

시간 t에서 반응된 A와 B의 양이 같으며 이는 $C_{A0}X_A$로 나타낼 수 있다.

$$-r_A = C_{A0}\dfrac{dX_A}{dt} = k(C_{A0} - C_{A0}X_A)(C_{B0} - C_{A0}X_A)$$

초기 반응물의 몰비 $M = \dfrac{C_{B0}}{C_{A0}}$ 라 하면, 위의 식은 다음과 같다.

$$-r_A = C_{A0}\dfrac{dX_A}{dt} = kC_{A0}^2(1-X_A)(M-X_A)$$

변수분리하여 부분분수로 나누어 적분하면

$$\int_0^{X_A} \dfrac{dX_A}{(1-X_A)(M-X_A)} = C_{A0}k\int_0^t dt$$

💡 **TIP** |||||||||||||||||||||||||||||||||||||

$\displaystyle\int_0^{X_A} \dfrac{dX_A}{(1-X_A)(M-X_A)} = C_{A0}k\int_0^t dt$

$\dfrac{1}{M-1}\displaystyle\int_0^{X_A}\left(\dfrac{1}{1-X_A} - \dfrac{1}{M-X_A}\right)dX_A$

$= \dfrac{1}{M-1}\left[-\ln(1-X_A)\Big|_0^{X_A} + \ln\left(1-\dfrac{X_A}{M}\right)\Big|_0^{X_A}\right]$

$= \dfrac{1}{M-1}\ln\dfrac{M-X_A}{M(1-X_A)} = C_{A0}kt$

$\ln\dfrac{M-X_A}{M(1-X_A)} = \ln\dfrac{C_{B0} - C_{A0}X_A}{MC_{A0}(1-X_A)}$

$= \ln\dfrac{C_B}{MC_A} = \ln\dfrac{C_B C_{A0}}{C_{B0} C_A}$

$= \ln\dfrac{C_{B0}(1-X_B)}{\dfrac{C_{B0}}{C_{A0}}C_{A0}(1-X_A)} = \ln\dfrac{1-X_B}{1-X_A}$

$$\ln\frac{1-X_B}{1-X_A}=\ln\frac{M-X_A}{M(1-X_A)}=\ln\frac{C_B C_{A0}}{C_{B0} C_A}=\ln\frac{C_B}{MC_A}$$
$$=C_{A0}(M-1)kt=(C_{B0}-C_{A0})kt \quad M\neq 1$$

∴ $C_{B0}\gg C_{A0}$이면 C_B는 근사적으로 상수이고 1차 반응에 대한 식에 접근한다.

따라서 2차 반응은 유사 1차 반응이 된다.

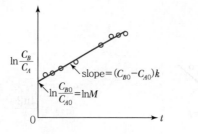 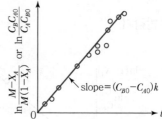

(2) $2A \rightarrow R$ ▣▣▣

$A + B \rightarrow R(C_{A0} = C_{B0})$

① 속도식

$$-r_A = -\frac{dC_A}{dt}=C_{A0}\frac{dX_A}{dt}=kC_A^2=kC_{A0}^2(1-X_A)^2$$

$$-\frac{dC_A}{C_A^2}=kdt$$

적분하면 $\dfrac{1}{C_A}-\dfrac{1}{C_{A0}}=\dfrac{1}{C_{A0}}\dfrac{X_A}{(1-X_A)}=kt$

② 반감기

$$t_{1/2}=\frac{1}{kC_{A0}}$$

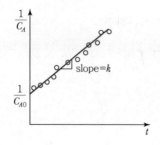 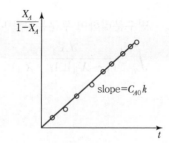

4) 일반적인 적분식과 반감기

(1) 속도식

$$-r_A = -\frac{dC_A}{dt} = kC_A^{\ n}$$

$$-\frac{dC_A}{C_A^{\ n}} = kdt$$

적분하면 $\dfrac{1}{n-1}C_A^{\ 1-n}\Big|_{C_{A0}}^{C_A} = kt$

$$\boxed{C_A^{\ 1-n} - C_{A0}^{\ 1-n} = k(n-1)t \quad (n \neq 1) \ \blacksquare\blacksquare\blacksquare}$$

(2) 반감기

$$\boxed{t_{1/2} = \frac{2^{n-1}-1}{k(n-1)}C_{A0}^{\ 1-n}}$$

$$\ln t_{1/2} = (1-n)\ln C_{A0} + \ln\frac{2^{n-1}-1}{k(n-1)} \ (n \neq 1)$$

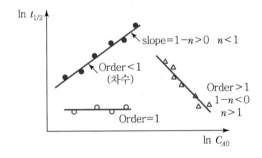

5) 비가역 평행반응(기초반응인 경우) ▦▦▦

$$A \overset{k_1}{\nearrow} R \quad \overset{k_2}{\searrow} S$$

$$-r_A = -\frac{dC_A}{dt} = k_1 C_A + k_2 C_A = (k_1 + k_2)C_A$$

$$r_R = \frac{dC_R}{dt} = k_1 C_A$$

> **TIP**
>
> 반응차수(n)
>
> $$n = 1 - \frac{\ln\left(\dfrac{t_{1/2 \cdot 2}}{t_{1/2 \cdot 1}}\right)}{\ln\left(\dfrac{C_{A0 \cdot 2}}{C_{A0 \cdot 1}}\right)}$$
>
> $$= 1 - \frac{\ln\left(\dfrac{t_{1/2 \cdot 2}}{t_{1/2 \cdot 1}}\right)}{\ln\left(\dfrac{P_{A0 \cdot 2}}{P_{A0 \cdot 1}}\right)}$$
>
> 기체의 경우 C_{A0} 대신 P_{A0}를 사용할 수 있다.

$$r_S = \frac{dC_S}{dt} = k_2 C_A$$

$$\therefore \frac{r_R}{r_S} = \frac{C_R - C_{R0}}{C_S - C_{S0}} = \frac{k_1}{k_2}$$

$$-\ln \frac{C_A}{C_{A0}} = (k_1 + k_2)t$$

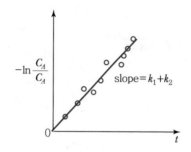 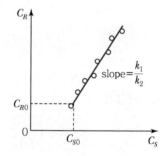

$$\frac{C_R - C_{R0}}{C_S - C_{S0}} = \frac{k_1}{k_2}$$

$C_{R0} = C_{S0} = 0$이고 $k_1 > k_2$인 경우 전형적 농도 대 시간곡선은 다음과 같다.

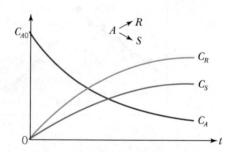

6) 비가역 연속반응

$$A \xrightarrow{k_1} R \xrightarrow{k_2} S$$

$$-r_A = -\frac{dC_A}{dt} = k_1 C_A \longrightarrow -\ln \frac{C_A}{C_{A0}} = k_1 t \qquad \therefore C_A = C_{A0} e^{-k_1 t}$$

$$r_R = \frac{dC_R}{dt} = k_1 C_A - k_2 C_R$$

$$r_S = \frac{dC_S}{dt} = k_2 C_R$$

$$\frac{dC_R}{dt} + k_2 C_R = k_1 C_A = k_1 C_{A0} e^{-k_1 t} \quad \cdots\cdots\cdots\cdots\cdots\cdots\cdots\cdots\cdots\cdots\cdots\cdots\cdots ⓐ$$

위의 식은 1차 선형 미분방정식이다. 적분인자 $e^{\int pdx}$를 곱하여 해를 구한다.

$$\frac{dy}{dx} + py = Q$$

$$ye^{\int pdx} = \int Qe^{\int pdx}\,dx + 상수$$

ⓐ식에 이러한 일반적인 과정을 적용하면 적분인자는 $e^{k_2 t}$이다.

적분상수는 초기조건 $t=0$에서 $C_{R0}=0$으로부터 $-k_1 C_{A0}(k_2-k_1)$임을 구할 수 있다. 그러므로 R의 농도변화에 대한 최종식은 다음과 같다.

$$C_R = C_{A0}k_1\left(\frac{e^{-k_1 t}}{k_2-k_1} + \frac{e^{-k_2 t}}{k_1-k_2}\right),\ C_S = C_{A0} - C_A - C_R$$

$$\frac{dC_R}{dt} = 0 \rightarrow R의\ 최대농도가\ 되는\ 시간 = t_{\max}$$

$$\therefore\ t_{\max} = \frac{1}{k_{\log mean}} = \frac{\ln(k_2/k_1)}{k_2-k_1} \quad \cdots\cdots\cdots\cdots\cdots\cdots\cdots\cdots\cdots ⓑ$$

ⓐ, ⓑ식을 결합하면

$$\frac{C_{R\max}}{C_{A0}} = \left(\frac{k_1}{k_2}\right)^{k_2/(k_2-k_1)}$$

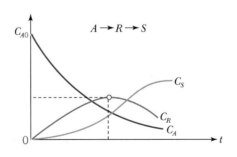

PART 1

PART 2

PART 3

PART 4

PART 5

TIP

라플라스 변환 이용

$$\frac{dC_R}{dt} + k_2 C_R = k_1 C_{A0} e^{-k_1 t}$$

$$s\,C_R(s) + k_2 C_R(s) = \frac{k_1 C_{A0}}{s+k_1}$$

$$C_R(s) = \frac{k_1 C_{A0}}{(s+k_1)(s+k_2)}$$

$$= \frac{k_1 C_{A0}}{k_2-k_1}\left(\frac{1}{s+k_1} - \frac{1}{s+k_2}\right)$$

$$= \frac{k_1 C_{A0}}{k_2-k_1}(e^{-k_1 t} - e^{-k_2 t})$$

$$\therefore\ C_R = k_1 C_{A0}\left(\frac{e^{-k_1 t}}{k_2-k_1} + \frac{e^{-k_2 t}}{k_1-k_2}\right)$$

$$\therefore\ C_S = C_{A0} - C_A - C_R$$

$$\therefore\ C_S = C_{A0}\left(1 + \frac{k_2}{k_1-k_2}e^{-k_1 t}\right.$$

$$\left. + \frac{k_1}{k_2-k_1}e^{-k_2 t}\right)$$

$k_2 \gg k_1$일 때 $C_S = C_{A0}(1 - e^{-k_1 t})$

$k_1 \gg k_2$일 때 $C_S = C_{A0}(1 - e^{-k_2 t})$

TIP

$k_1 = k_2 = k$인 경우

• $C_{R\max} = \dfrac{C_{A0}}{e}$

• $t_{\max} = \dfrac{1}{k}$

TIP

$A \rightarrow R \rightarrow S \rightarrow T \rightarrow U$

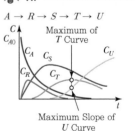

7) 자동촉매반응 ▪▪▪

반응 생성물 중의 하나가 촉매로 작용하는 반응

예 효소반응

$$A + R \rightarrow R + R$$

$$-r_A = -\frac{dC_A}{dt} = kC_A C_R$$

A가 모두 소모되어도 $A + R$의 총몰수는 변하지 않으므로

$$C_0 = C_A + C_R = C_{A0} + C_{R0} = (상수)$$

$$C_R = C_0 - C_A$$

$$\therefore 반응속도 -r_A = kC_A(C_0 - C_A)$$

$$-\frac{dC_A}{dt} = kC_A(C_0 - C_A)$$

$$\frac{dC_A}{C_A(C_0 - C_A)} = -kdt$$

$$\int_{C_{A0}}^{C_A} \frac{1}{C_0}\left(\frac{1}{C_A} + \frac{1}{C_0 - C_A}\right)dC_A = -k\int_0^t dt$$

$$\frac{1}{C_0}\left[\ln\frac{C_A}{C_{A0}} - \ln\frac{C_0 - C_A}{C_0 - C_{A0}}\right] = -kt$$

$$\boxed{\ln\frac{C_A/C_{A0}}{C_R/C_{R0}} = -kC_0 t = -k(C_{A0} + C_{R0})t}$$

 TIP ▪▪▪▪▪▪▪▪▪▪▪▪▪▪▪▪▪▪▪▪▪▪▪▪

• 자동촉매반응이 진행되려면 생성물 R이 존재하여야 한다.
• 극소량 농도의 R에 의해 반응이 시작 → R이 생성됨에 따라 반응속도는 증가한다. → A가 다 소모되면 반응 속도는 0이 된다.(정지)

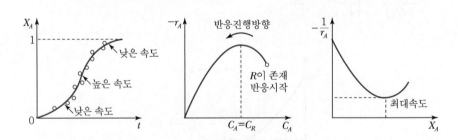

8) 균일 촉매반응(Homogeneous Catalyzed Reaction)

$$A \xrightarrow{k_1} R \quad -r_A = -\left(\frac{dC_A}{dt}\right)_1 = k_1 C_A$$

$$A + C \xrightarrow{k_2} R + C \quad -r_A = -\left(\frac{dC_A}{dt}\right)_2 = k_2 C_A C_C$$

촉매가 존재하지 않더라도 반응은 진행되고 촉매반응의 속도는 촉매농도에 비례한다.

반응물 A의 총괄소멸 속도는

$$-\frac{dC_A}{dt} = k_1 C_A + k_2 C_A C_C = (k_1 + k_2 C_C) C_A \text{이고,}$$

촉매의 농도는 변하지 않으므로 적분하면 다음과 같이 나타낼 수 있다.

$$-\ln \frac{C_A}{C_{A0}} = -\ln(1 - X_A) = (k_1 + k_2 C_C)t = k_{\text{observed}} t$$

9) 가역

(1) 1차 가역반응

$A \underset{k_2}{\overset{k_1}{\rightleftharpoons}} R$ $K_e = K =$ 평형상수이고, 반응속도식은 다음과 같다.

$$-r_A = -\frac{dC_A}{dt} = k_1 C_A - k_2 C_R = k_1 \left(C_A - \frac{C_R}{k_1/k_2} \right) = k_1 \left(C_A - \frac{C_R}{K_e} \right) = 0$$

평형에서 $\frac{dC_A}{dt} = 0$이므로

$$K_e = \frac{k_1}{k_2} = \frac{C_{Re}}{C_{Ae}} = \frac{C_{R0} - C_{R0} X_{Ae}}{C_{A0} - C_{A0} X_{Ae}} = \frac{C_{R0} + C_{A0} X_{Ae}}{C_{A0}(1 - X_{Ae})}$$

$$C_{R0} X_{Ae} = -C_{A0} X_{Ae}$$

$M = \dfrac{C_{R0}}{C_{A0}}$ 라 하자.

$$K_e = \frac{C_{A0}(M + X_{Ae})}{C_{A0}(1 - X_{Ae})} = \frac{M + X_{Ae}}{1 - X_{Ae}}$$

순수한 A, 즉 $C_{R0} = 0$인 경우 $K_e = \dfrac{X_{Ae}}{1 - X_{Ae}}$

$$-r_A = C_{A0} \frac{dX_A}{dt} = k_1 C_{A0} \frac{(M + 1)}{M + X_{Ae}} (X_{Ae} - X_A) \text{을 적분하면}$$

$$\therefore -\ln \left(1 - \frac{X_A}{X_{Ae}} \right) = -\ln \frac{C_A - C_{Ae}}{C_{A0} - C_{Ae}} = \frac{M + 1}{M + X_{Ae}} k_1 t$$

(2) 2차 가역반응

$$A + B \underset{k_2}{\overset{k_1}{\rightleftarrows}} R + S$$

$$2A \underset{k_2}{\overset{k_1}{\rightleftarrows}} 2R$$

$C_{A0} = C_{B0}$, $C_{R0} = C_{S0} = 0$인 경우에 반응속도식은 다음과 같이 동일하다.

$$\ln \frac{X_{Ae} - (2X_{Ae} - 1)X_A}{X_{Ae} - X_A} = 2k_1\left(\frac{1}{X_{Ae}} - 1\right)C_{A0}t$$

4. 변용 회분식 반응기

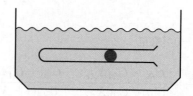

반응의 진행은 시간에 따른 구슬의 이동으로 알 수 있으며 움직이는 구슬(Bead)을 가진 모세관과 같은 미세가공 분야에서 사용된다.

$V_0 = $ 초기 반응기의 부피

$V = $ 시간 t에서의 부피

$$V = V_0(1 + \varepsilon_A X_A), \ X_A = \frac{V - V_0}{V_0 \varepsilon_A} \quad dX_A = \frac{dV}{V_0 \varepsilon_A}$$

여기서 ε_A는 반응물 A가 전혀 전화되지 않았을 때와 완전히 전환되었을 때 부피의 변화분율이다.

$$\varepsilon_A = \frac{V_{(X_A = 1)} - V_{(X_A = 0)}}{V_{(X_A = 0)}}$$
↳ 부피 변화의 분율

$$\varepsilon_A = y_{A0}\delta$$

예 등온기상 반응

$A \rightarrow 4R$

순수한 반응물 A만으로 시작하면 $\varepsilon_A = \dfrac{4 - 1}{1} = 3$이 된다.

TIP

변용 회분식 반응기

- $C_A = \dfrac{C_{A0}(1 - X_A)}{V_0(1 + \varepsilon_A X_A)}$
- $V = V_0(1 + \varepsilon_A X_A)$

그러나 처음에 50% 불활성 물질이 존재한다면,

즉 A : 불활성 물질$= 50\% : 50\% = 1 : 1$(몰비)로 존재하므로

$\varepsilon_A = \dfrac{5-2}{2} = 1.5$가 된다.

다시 말해서 몰분율이 0.5이므로 부피변화분율(양론비)로 0.5배가 된다.

$$\therefore \varepsilon_A = y_{A0}\delta$$

$$y_{A0} = \frac{N_{A0}}{N} = \frac{\text{반응물 } A\text{의 처음 몰수}}{\text{반응물 전체의 몰수}}$$

$$\delta = \frac{\text{생성물의 몰수} - \text{반응물의 몰수}}{\text{반응물 } A\text{의 몰수}}$$

다시 말해 $aA + bB \rightarrow cC + dD$라는 화학반응식에서

$\delta = \dfrac{c}{a} + \dfrac{d}{a} - \dfrac{b}{a} - 1$

$= \dfrac{\text{생성물의 몰수} - \text{반응물의 몰수}}{\text{반응물 } A\text{의 몰수}}$

$$\therefore \varepsilon_A = y_{A0}\delta = \frac{\text{반응물 } A\text{의 몰수}}{\text{반응물 전체 몰수}} \times \frac{\text{생성물 몰수} - \text{반응물 몰수}}{\text{반응물 } A\text{의 몰수}}$$
$$= \frac{\text{생성물 몰수} - \text{반응물 몰수}}{\text{반응물 전체 몰수}}$$

결론적으로 ε_A는 반응양론과 불활성 물질의 존재를 고려해야 된다는 것을 알 수 있다.

$N_A = N_{A0}(1 - X_A)$, $V = V_0(1 + \varepsilon_A X_A)$

$C_A = \dfrac{N_A}{V} = \dfrac{N_{A0}(1 - X_A)}{V_0(1 + \varepsilon_A X_A)} = C_{A0}\dfrac{(1 - X_A)}{(1 + \varepsilon_A X_A)} = \dfrac{C_{A0}(1 - X_A)}{1 + y_{A0}\delta X_A}$

변용(변밀도)계의 전화율과 농도의 관계식은 다음과 같다.

$\dfrac{C_A}{C_{A0}} = \dfrac{1 - X_A}{1 + \varepsilon_A X_A}$

일반적으로 반응속도식은 다음과 같이 나타낼 수 있다.

$-r_A = -\dfrac{1}{V}\dfrac{dN_A}{dt} = \dfrac{C_{A0} dX_A}{(1 + \varepsilon_A X_A)dt} = \dfrac{C_{A0} dV}{V_0 \varepsilon_A (1 + \varepsilon_A X_A)dt}$

$= \dfrac{C_{A0} dV}{V \varepsilon_A dt} = \dfrac{C_{A0}}{\varepsilon_A}\dfrac{d(\ln V)}{dt}$

TIP

ε_A(부피변화율, 확장인자)

예 $A \rightarrow 2R$ 기상반응에서 반응기에 50% A와 50% 비활성 물질이 도입되는 경우

$\varepsilon_A = \dfrac{1}{2} \cdot \dfrac{2-1}{1} = 0.5$

PART 1

PART 2

PART 3

PART 4

PART 5

1) 0차 반응

균일계 0차 반응에서 반응물 A의 변화속도는 물질의 농도에 무관하다.

$$-r_A = \frac{C_{A0}}{\varepsilon_A} \frac{d(\ln V)}{dt} = k$$

적분하면 $\quad \dfrac{C_{A0}}{\varepsilon_A} \ln \dfrac{V}{V_0} = kt$

$$-r_A = -\frac{1}{V} \frac{dN_A}{dt} = \frac{N_{A0} dX_A}{V_0(1+\varepsilon_A X_A)dt} = \frac{C_{A0}}{1+\varepsilon_A X_A} \frac{dX_A}{dt} = k \quad \cdots\cdots\cdots\cdots ⓒ$$

$$N_A = N_{A0}(1-X_A) \rightarrow dN_A = -N_{A0}dX_A$$

$$V = V_0(1+\varepsilon_A X_A)$$

ⓒ식을 적분하면

$$\frac{C_{A0}}{\varepsilon_A} \ln(1+\varepsilon_A X_A) = \frac{C_{A0}}{\varepsilon_A} \ln \frac{V}{V_0} = kt \text{가 된다.}$$

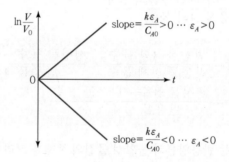

2) 1차 반응

$$-r_A = \frac{C_{A0}}{\varepsilon_A} \frac{d\ln V}{dt} = kC_A = k\frac{C_{A0}(1-X_A)}{1+\varepsilon_A X_A}$$

$$-r_A = -\frac{1}{V} \frac{dN_A}{dt} = \frac{N_{A0}dX_A}{V_0(1+\varepsilon_A X_A)dt} = \frac{C_{A0}dX_A}{(1+\varepsilon_A X_A)dt} = k\frac{C_{A0}(1-X_A)}{1+\varepsilon_A X_A}$$

$$\frac{dX_A}{1-X_A} = kdt$$

$$-\ln(1-X_A) = kt$$

$$V = V_0(1+\varepsilon_A X_A)$$

$$X_A = \frac{V-V_0}{V_0 \varepsilon_A} = \frac{\Delta V}{V_0 \varepsilon_A}$$

$$-\ln\left(1 - \frac{\Delta V}{V_0 \varepsilon_A}\right) = kt$$

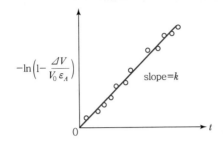

3) n차 반응

$$-r_A = -\frac{1}{V}\frac{dN_A}{dt} = kC_A^{\,n} = kC_{A0}^{\,n}\left(\frac{1 - X_A}{1 + \varepsilon_A X_A}\right)^n = \frac{C_{A0}dX_A}{(1 + \varepsilon_A X_A)dt}$$

$$\int_0^{X_A} \frac{\left(1 + \varepsilon_A X_A\right)^{n-1}}{\left(1 - X_A\right)^n}dX_A = C_{A0}^{\,n-1}kt$$

실전문제

01 반응계의 체적이 반응이 진행함에 따라 변하는 변용회분반응에서 반응물 농도(C_A)와 전화율(X_A)의 관계는?(단, ε_A는 반응물 A가 전화되지 않았을 때와 완전히 전화되었을 때 사이의 부피 변화분율, C_{A0}는 반응물 초기농도이다.)

① $C_A = C_{A0} \dfrac{1-X_A}{1+\varepsilon_A X_A}$ ② $C_A = C_{A0} \dfrac{1+X_A}{1-\varepsilon_A X_A}$

③ $C_A = C_{A0}(1-X_A)$ ④ $C_A = C_{A0} \dfrac{1-X_A}{\varepsilon_A X_A}$

> **해설**
>
> $C_A = \dfrac{N_A}{V} = \dfrac{N_{A0}(1-X_A)}{V_0(1+\varepsilon_A X_A)} = \dfrac{C_{A0}(1-X_A)}{1+\varepsilon_A X_A}$

02 체적이 변화하는 회분식 반응기에서 체적변화율(Fractional Change in Volume)을 ε_A라 할 때 화학반응 속도식은?(단, A는 한정반응물(Limiting Reactant)을 의미한다.)

① $-r_A = [C_{A0}/(1+\varepsilon_A X_A)] dX_A/dt$

② $-r_A = [C_{A0}/(1-\varepsilon_A X_A)] dX_A/dt$

③ $r_A = [C_{A0}/(1+\varepsilon_A X_A)] dX_A/dt$

④ $r_A = [C_{A0}/(1-\varepsilon_A X_A)] dX_A/dt$

> **해설**
>
> $-r_A = -\dfrac{1}{V}\dfrac{dN_A}{dt} = \dfrac{N_{A0}dX_A}{V_0(1+\varepsilon_A X_A)dt} = \dfrac{C_{A0}}{(1+\varepsilon_A X_A)}\dfrac{dX_A}{dt}$

03 회분계에서 반응물 A의 전화율 X_A를 옳게 나타낸 것은?(단, N_A는 A의 몰수, M_{A0}는 초기 A의 몰수이다.)

① $X_A = \dfrac{N_{A0}-N_A}{N_A}$ ② $X_A = \dfrac{N_A-N_{A0}}{N_A}$

③ $X_A = \dfrac{N_A-N_{A0}}{N_{A0}}$ ④ $X_A = \dfrac{N_{A0}-N_A}{N_{A0}}$

> **해설**
>
> $N_A = N_{A0}(1-X_A)$

04 체적이 일정한 등온 회분식 반응기에서 기체반응이 일어날 때 성분 i에 대한 화학반응속도 r_i는?(단, P : 전압, P_i : i의 분압, T : 온도, C_i : i의 농도, t : 시간)

① $-r_i = \left(\dfrac{P}{RT}\right)\dfrac{dP_i}{dt}$ ② $r_i = \left(\dfrac{1}{RT}\right)\dfrac{dP_i}{dt}$

③ $-r_i = \left(\dfrac{P}{RT}\right)\dfrac{dC_i}{dt}$ ④ $r_i = \left(\dfrac{P}{RT}\right)\dfrac{dC_i}{dt}$

> **해설**
>
> $-r_i = -\dfrac{dC_i}{dt} = -\dfrac{1}{RT}\dfrac{dP_i}{dt}$

05 다음과 같은 화학반응에서 생성되는 물질의 화학반응속도식을 옳게 표현한 것은?

$$R \rightarrow P$$

① $-r_R = \dfrac{1}{V}\dfrac{dN_R}{dt}$ ② $r_R = -\dfrac{1}{V}\dfrac{dN_R}{dt}$

③ $r_P = \dfrac{1}{V}\dfrac{dN_P}{dt}$ ④ $r_P = -\dfrac{1}{V}\dfrac{dN_P}{dt}$

> **해설**
>
> $-r_R = r_P = -\dfrac{1}{V}\dfrac{dN_R}{dt}$

정답 ▶ 01 ①   02 ①   03 ④   04 ②   05 ③

06 다음 연속(Series)반응이 회분식(Batch) 반응기에서 일어난다. 반응 초기 A 농도는 1.0mol/L이고, R과 S의 농도는 각각 0mol/L이다. R의 농도가 최고가 되는 t_{max}는?

$$A \xrightarrow{k_1} R \xrightarrow{k_2} S$$

여기서, $k_1 : 1.0\text{min}^{-1}$, $k_2 : 2.0\text{min}^{-1}$

① 0.793분 ② 0.693분
③ 0.593분 ④ 0.493분

해설

$$t_{max} = \frac{1}{k_{\log mean}} = \frac{\ln(k_2/k_1)}{k_2 - k_1} = \frac{\ln 2}{1} = 0.693분$$

07 부피가 5L인 회분식 반응기에 어떤 출발원료 200kg을 넣고 일정 시간 동안 반응시켰더니 5kg이 남아 있었다. 반응식이 $2A + B \rightarrow P$일 때 반응물질 A(출발원료)의 전화율은 몇 %인가?(단, A와 B의 초기 몰비 = 2 : 1)

① 92 ② 96.5
③ 97.5 ④ 98.5

해설

$$X_A = 1 - \frac{C_A}{C_{A0}} = 1 - \frac{5}{200} = 0.975$$

08 A가 분해되는 정용 회분식 반응기에서 $C_{A0} = $ 2mol/L이고, 8분 후 A의 농도 C_A를 측정한 결과 1mol/L이었다. 속도상수 k는 얼마인가?(단, 속도식 $-r_A = \dfrac{kC_A}{1 + C_A}$)

① 0.15min^{-1} ② 0.18min^{-1}
③ 0.21min^{-1} ④ 0.24min^{-1}

해설

$C_{A0} = 2$mol/L

8분 후 $C_A = 1$mol/L

$$-r_A = \frac{kC_A}{1 + C_A} = -\frac{dC_A}{dt}$$

$$-\int_{C_{A0}}^{C_A} \frac{1 + C_A}{C_A} dC_A = \int_0^t k dt$$

$$\ln C_A \Big|_{C_{A0}}^{C_A} + C_A \Big|_{C_{A0}}^{C_A} = -kt$$

$$\ln \frac{C_A}{C_{A0}} + C_A - C_{A0} = -kt$$

$$\ln \frac{1}{2} + 1 - 2 = -k \times 8$$

$$\therefore k = 0.21\text{min}^{-1}$$

09 기상 1차 반응이 부피가 일정한 등온 회분식 반응기에서 진행될 때의 특징이 아닌 것은?

① $\ln(1 - X_A)$와 시간 t의 관계를 그리면 직선이 된다.
② 전화율(Conversion)과 반감기는 초기농도와 관계없다.
③ 반응물질의 농도는 시간에 따라 지수함수(Exponential Function)로 감소한다.
④ 반응속도를 분압의 함수로 표시할 수 없다.

해설

$$-r_A = -\frac{dC_A}{dt} = -\frac{1}{RT}\frac{dP_A}{dt}$$

10 균일계 액상 반응이 회분식 반응기에서 등온으로 진행되고, 반응물의 20%가 반응하여 없어지는 데 필요한 시간이 초기농도 0.2mol/L, 0.4mol/L, 0.8mol/L일 때 모두 25분이었다면, 이 반응은 몇 차 반응인가?

① 0차 ② 1차
③ 2차 ④ 3차

해설

반응물의 초기농도에 무관하게 시간이 모두 25분으로 같았으므로 1차 반응이다.

※ 1차 반응은 초기농도와 무관하게 반응이 진행된다.

11 어떤 액상반응 $A \to R$이 1차 비가역으로 Batch Reactor에서 일어나 A의 50%가 전환되는 데 5분이 걸린다. 75%가 전환되는 데에는 약 몇 분이 걸리겠는가?

① 7.5분　　　　　② 10분
③ 12.5분　　　　　④ 15분

해설

$A \to R$ 1차 비가역 액상반응$(\varepsilon_A = 0)$
$\ln(1 - X_A) = -kt$
$\ln(1 - 0.5) = -k \times 5$ 　　　$\therefore k = 0.139$
$\ln(1 - 0.75) = -0.139 \times t$ 　　$\therefore t = 9.97 \fallingdotseq 10\,min$

12 회분식 반응기에서 반응시간이 t_F일 때 C_A / C_{A0}의 값을 F라 하면 반응 차수 n과 t_F의 관계를 옳게 표현한 식은?(단, k는 반응속도상수이고, $n \neq 1$이다.)

① $t_F = \dfrac{F^{1-n} - 1}{k(1-n)} C_{A0}^{1-n}$

② $t_F = \dfrac{F^{n-1} - 1}{k(1-n)} C_{A0}^{n-1}$

③ $t_F = \dfrac{F^{1-n} - 1}{k(n-1)} C_{A0}^{1-n}$

④ $t_F = \dfrac{F^{n-1} - 1}{k(n-1)} C_{A0}^{n-1}$

해설

반응시간 t_F에서 $\dfrac{C_A}{C_{A0}} = F$ 라 하면

$-r_A = -\dfrac{dC_A}{dt} = kC_A^{\,n}$

$\dfrac{1}{C_A^{\,n}} dC_A = -kdt$

$\displaystyle \int_{C_{A0}}^{C_A} C_A^{-n} dC_A = -k \int_0^{t_F} dt$

$\dfrac{1}{1-n} \left[C_A^{\,1-n} - C_{A0}^{\,1-n} \right] = -kt_F$

양변을 $C_{A0}^{\,1-n}$으로 나누면

$\dfrac{1}{1-n} \left[F^{\,1-n} - 1 \right] = -\dfrac{kt_F}{C_{A0}^{\,1-n}}$

$\therefore t_F = \dfrac{F^{1-n} - 1}{(n-1)k} C_{A0}^{1-n}$

13 다음 중 $A \to R$인 비가역 1차 반응에서 다른 조건이 모두 같을 때 초기농도 C_{A0}를 증가시키면 전화율은?

① 증가한다.
② 감소한다.
③ 일정하다.
④ 처음에는 증가하다 점차 감소한다.

해설

$-\ln \dfrac{C_A}{C_{A0}} = -\ln(1 - X_A) = kt$

전화율은 C_{A0}의 농도에 무관하다.

14 $A \to P$의 비가역 1차 반응에서 A의 전화율 관련식을 옳게 나타낸 것은?(단, N_{A0}는 초기의 몰수이고, N_A는 시간 t에서 존재하는 몰수이다.)

① $1 - \dfrac{N_{A0}}{N_A} = X_A$

② $1 - \dfrac{C_{A0}}{C_A} = X_A$

③ $N_A = N_{A0}(1 - X_A)$

④ $dX_A = \dfrac{dC_A}{C_{A0}}$

해설

$N_A = N_{A0}(1 - X_A)$

$X_A = 1 - \dfrac{N_A}{N_{A0}}$

15 N_2 20%, H_2 80%로 구성된 혼합 가스가 암모니아 합성 반응기에 들어갈 때 체적 변화율 ε_{N_2}는?

① -0.4　　　　　② -0.5
③ 0.4　　　　　④ 0.5

정답 ▶ **11** ② **12** ③ **13** ③ **14** ③ **15** ①

$N_2 + 3H_2 \rightarrow 2NH_3$

$\varepsilon_A = y_{A0}\delta$

$\varepsilon_{N_2} = 0.2 \times \dfrac{2-1-3}{1} = -0.4$

16 비가역 0차 반응에서 반응이 완결되는 데 필요한 반응시간은?

① 초기 농도의 역수와 같다.

② 초기 정수의 역수와 같다.

③ 초기 농도를 속도정수로 나눈 값과 같다.

④ 초기 농도에 속도정수를 곱한 값과 같다.

$C_{A0}X_A = kt$, 반응완결 $X_A = 1$이므로

$\therefore t = \dfrac{C_{A0}}{k}$

17 A 분해반응의 1차 반응속도상수는 0.345 1/min이고, 반응 초기의 농도 C_{A0}가 2.4mol/L이다. 정용 회분식 반응기에서 A의 농도가 0.9mol/L가 될 때까지의 시간은?

① 1.84min
② 2.84min
③ 3.84min
④ 4.84min

1차 : $-\ln\dfrac{C_A}{C_{A0}} = kt$

$-\ln\dfrac{0.9}{2.4} = 0.345 \text{ min}^{-1} \times t$

$\therefore t = 2.84\text{min}$

18 아세트산에틸의 가수분해는 1차 반응속도식에 따른다고 한다. 만일 어떤 실험조건하에서 정확히 20%를 분해시키는 데 50분이 소요되었다면 반감기는 약 얼마인가?

① 106.1분
② 121.3분
③ 139.2분
④ 155.3분

1차 : $-\ln(1-X_A) = kt$

$-\ln(1-0.2) = k \times 50\text{min}$

$\therefore k = 4.46 \times 10^{-3}$

$\therefore$ 반감기 $t_{1/2} = \dfrac{\ln 2}{k} = \dfrac{\ln 2}{4.46 \times 10^{-3}} = 155.4\text{min}$

19 $2A \rightarrow R$, $-r_A = kC_A{}^2$인 2차 반응의 반응속도상수 k를 결정하는 방법은?

① $X_A/(1-X_A)$를 t의 함수로 도시(Plot)하면 기울기가 k이다.

② $X_A/(1-X_A)$를 t의 함수로 도시하면 절편이 k이다.

③ $1/C_A$를 t의 함수로 도시하면 절편이 k이다.

④ $1/C_A$를 t의 함수로 도시하면 기울기가 k이다.

2차 : $\dfrac{1}{C_A} - \dfrac{1}{C_{A0}} = kt$

$\dfrac{1}{C_A}$ vs t $\cdots$ 기울기 k y절편 $\dfrac{1}{C_{A0}}$

20 어떤 성분 A가 분해되는 단일 성분의 비가역 반응에서 A의 초기 농도가 340mol/L인 경우 반감기가 100s이었다. A 기체의 초기 농도를 288mol/L로 할 경우에는 140s가 되었다면 이 반응의 반응차수는 얼마인가?

① 0차
② 1차
③ 2차
④ 3차

$C_{A0}1 = 340\text{mol/L}$ $t_{1/2 \cdot 1} = 100\text{s}$

$C_{A0}2 = 288\text{mol/L}$ $t_{1/2 \cdot 2} = 140\text{s}$

반응차수

$n = 1 - \dfrac{\ln\left(\dfrac{t_{1/2 \cdot 2}}{t_{1/2 \cdot 1}}\right)}{\ln\left(\dfrac{C_{A0 \cdot 2}}{C_{A0 \cdot 1}}\right)} = 1 - \dfrac{\ln\left(\dfrac{140}{100}\right)}{\ln\left(\dfrac{288}{340}\right)} = 3.03$

$\therefore$ 3차 반응이다.

정답 **16** ③ **17** ② **18** ④ **19** ④ **20** ④

21 $A \to B$ 1차 액상 등온반응이 진행될 때 반응속도, 전화율, 반응물 농도와의 관계를 옳게 설명한 것은?

① 반응물 농도가 크면 반응속도는 커진다.

② 전화율이 1이면 반응속도는 최대이다.

③ 반응물 농도가 0이면 반응속도는 커진다.

④ 전화율이 0이면 반응속도는 최소이다.

해설

1차 반응의 전화율, 반감기는 반응물 농도에 무관하나 초기농도가 크면 반응속도는 커진다.

22 $A \xrightarrow{1} R$의 0차 반응에서 초기농도 C_{A0}가 증가하면 반응속도는?(단, 다른 조건은 모두 같다고 가정한다.)

① 증가한다.

② 감소한다.

③ 일정하다.

④ 초기에는 증가하다 점차로 감소한다.

해설

$-r_A = k C_{A0}^0 = k$

반응속도는 반응물의 농도와 무관하다.

23 반응물 A의 농도를 C_A, 시간을 t라고 할 때 0차 반응이 직선으로 도시(Plot)되는 것은?

① C_A vs t ② $\ln C_A$ vs t

③ $\dfrac{1}{C_A}$ vs t ④ $\dfrac{1}{\ln C_A}$ vs t

해설

0차 : $C_{A0} X_A = kt$

24 일차 비가역반응에서 반감기 $t_{1/2}$은?(단, k는 반응상수, C_{A0}는 초기농도이다.)

① $t_{1/2} = \dfrac{C_{A0}}{2k}$ ② $t_{1/2} = \dfrac{\ln 2}{k}$

③ $t_{1/2} = \dfrac{1}{k C_{A0}}$ ④ $t_{1/2} = \dfrac{3}{2k C_{A0}^2}$

해설

$$-\ln \frac{C_A}{C_{A0}} = kt$$

$$-\ln(1 - X_A) = kt \quad X_A = \frac{1}{2} \quad t_{1/2} = \frac{\ln 2}{k}$$

25 다음 중 성분 A에 대한 반응속도 r_A의 정의로 적절하지 않은 것은?(단, 기체의 경우는 이상기체로 가정하고, N_A는 A의 몰수, P_A는 A의 분압, C_A는 A의 농도, X_A는 A의 전화율을 나타낸다.)

① $r_A = \dfrac{1}{V}\left(\dfrac{dN_A}{dt}\right)$ ② $r_A = \left(\dfrac{d(P_A/RT)}{dt}\right)$

③ $r_A = \left(\dfrac{dC_A}{dt}\right)$ ④ $r_A = \left(\dfrac{d(N_A/P_A)}{dt}\right)$

해설

$$r_A = \frac{1}{V}\left(\frac{dN_A}{dt}\right) = \frac{dC_A}{dt} = \frac{1}{RT}\frac{dP_A}{dt}$$

26 다음과 같은 연속(직렬)반응에서 A와 R의 반응속도가 $-r_A = k_1 C_A$, $r_R = k_1 C_A - k_2$일 때 회분식 반응기에서 C_R / C_{A0}를 구하면?(단, 반응은 순수한 A만으로 시작한다.)

$$A \to R \to S$$

① $1 + e^{-k_1 t} + \dfrac{k_2}{C_{A0}}t$ ② $1 + e^{-k_1 t} - \dfrac{k_2}{C_{A0}}t$

③ $1 - e^{-k_1 t} + \dfrac{k_2}{C_{A0}}t$ ④ $1 - e^{-k_1 t} - \dfrac{k_2}{C_{A0}}t$

해설

$A \xrightarrow{k_1} R \xrightarrow{k_2} S$: 연속반응

$-r_A = k_1 C_A$

$r_R = k_1 C_A - k_2$

$\therefore -r_A = -\dfrac{dC_A}{dt} = k_1 C_A \to \ln \dfrac{C_A}{C_{A0}} = -k_1 t$

정답   **21** ①   **22** ③   **23** ①   **24** ②   **25** ④   **26** ④

$$C_A = C_{A0}e^{-k_1t}$$

$$r_R = \frac{dC_R}{dt} = k_1C_A - k_2$$

$$\frac{dC_R}{dt} = k_1C_{A0}e^{-k_1t} - k_2$$

$$\xrightarrow{\text{적분}} C_R = \int_0^t k_1C_{A0}e^{-k_1t}dt - k_2\int_0^t dt$$

$$= -\frac{k_1}{k_1}C_{A0}e^{-k_1t}\Big|_0^t - k_2t$$

$$= -C_{A0}e^{-k_1t} + C_{A0} - k_2t$$

$$\therefore \frac{C_R}{C_{A0}} = -e^{-k_1t} + 1 - \frac{k_2t}{C_{A0}} = 1 - e^{-k_1t} - \frac{k_2}{C_{A0}}t$$

27 다음 그림으로 표시된 반응은?(단, C 는 농도, t 는 시간을 나타낸다.)

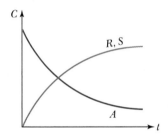

① $A + R \rightarrow S$ ② $A + S \rightarrow R$

③ $A \rightarrow R \rightarrow S$ ④ $A \begin{smallmatrix} \nearrow R \\ \searrow S \end{smallmatrix}$

해설

28 다음 중 회분식 반응기의 특징이 아닌 것은?

① 반응기 내의 모든 곳의 순간 조성이 일정하다.

② 일반적으로 소량 다품종 생산에 적합하다.

③ 반응속도가 큰 경우에 많이 이용된다.

④ 시간에 따라 조성이 변화하는 비정상상태로서 시간이 독립변수가 된다.

해설

회분식 반응기
• 실험실용, 소형 반응기
• 소량 다품종 생산에 적합
• 비정상상태 : 시간이 지날수록 어느 한 지점에서의 농도는 변화하고 어느 한 순간 모든 곳의 조성은 일정하다.

29 반응이 1차 반응일 때 속도상수가 $4 \times 10^{-3}\text{s}^{-1}$이고, 반응속도가 $10 \times 10^{-5}\text{mol/cm}^3 \cdot \text{s}$이라면 반응물의 농도는 몇 mol/cm^3인가?

① 2×10^{-2} ② 2.5×10^{-2}

③ 3.0×10^{-2} ④ 3.5×10^{-2}

해설

$$-r_A = -\frac{dC_A}{dt} = k_1C_A$$

$$10 \times 10^{-5}\text{mol/cm}^3 \cdot \text{s} = 4 \times 10^{-3}\text{s}^{-1} \times C_A$$

$$\therefore C_A = 2.5 \times 10^{-2}\text{mol/cm}^3$$

30 다음 반응의 경우 50℃에서 반응물 A 의 반감기는 초기농도에 관계없이 2시간으로 일정하다. 이 반응에서 반응물 A 의 반응속도는 A 의 농도에 관하여 몇 차 반응인가?

$A \rightarrow R$

① -1차   ② 0차

③ 1차   ④ 2차

해설

1차 $-\ln(1 - X_A) = kt$

$$t_{\frac{1}{2}} = \frac{\ln2}{k}$$

∴ 반감기는 초기농도에 무관하다.

31 체적이 일정한 회분식 반응기에서 다음과 같은 1차 가역반응이 초기농도가 $0.1\,\text{mol/L}$인 순수 A로부터 출발하여 진행된다. 평형에 도달했을 때 A의 분해율이 85%이면 이 반응의 평형상수 K_c는 얼마인가?

$$A \underset{k_1}{\overset{k_2}{\rightleftharpoons}} R$$

① 0.18   ② 0.57

③ 1.76   ④ 5.67

해설

$$A \underset{k_1}{\overset{k_2}{\rightleftharpoons}} R$$

$\varepsilon_A = 0 \quad C_{A0} = 0.1\,\text{mol/L} \quad C_{R0} = 0$

1차 가역반응

평형상수 $K_e = \dfrac{k_2}{k_1} = \dfrac{C_{Re}}{C_{Ae}} = \dfrac{C_{R0} + C_{A0}X_{Ae}}{C_{A0}(1 - X_{Ae})}$

$\qquad = \dfrac{X_{Ae}}{1 - X_{Ae}} = \dfrac{0.85}{1 - 0.85} = 5.67$

32 회분식 반응기에서 $A \to R$, $-r_A = 3C_A^{0.5}\,\text{mol/}$L·h, $C_{A0} = 1\,\text{mol/L}$의 반응이 일어날 때 1시간 후의 전화율은?

① 0   ② $\dfrac{1}{2}$

③ $\dfrac{2}{3}$ ④ 1

해설

$C_A^{1-n} - C_{A0}^{1-n} = k(n-1)t$

$t = \dfrac{C_{A0}^{1-n}}{(1-n)k}$ ($X_A = 1$일 때)

$t = \dfrac{(1)^{1-0.5}}{(1-0.5)\cdot 3} = 0.667 = \dfrac{2}{3}\,\text{h}$

$\dfrac{2}{3}\,\text{h}$이면 $X_A = 1$, 즉 반응이 종료된 상태이므로, 더 시간이 지난 1시간 후에도 $X_A = 1$이 된다.

33 어떤 반응에서 $\dfrac{1}{C_A}$을 시간 t로 플롯하여 기울기 1인 직선을 얻었다. 이 반응의 속도식은?

① $-r_A = C_A$ ② $-r_A = 2C_A$

③ $-r_A = C_A^2$ ④ $-r_A = 2C_A^2$

해설

$\therefore \dfrac{1}{C_A} \propto t$

$\therefore \dfrac{1}{C_A} - \dfrac{1}{C_{A0}} = kt$ (2차 반응식)

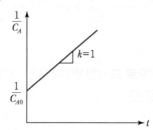

34 0차 반응의 반응물 농도와 시간의 관계를 옳게 나타낸 것은?

①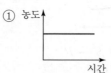

②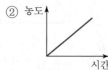

③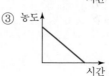

④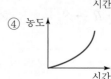

해설

0차 : $C_A - C_{A0} = -kt$

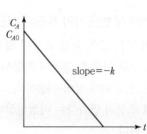

35 어떤 이상기체가 $600\,^\circ\mathrm{C}$에서 2차 반응 $2A \to C + D$가 일어날 때 반응속도상수 K_c가 $70\mathrm{L/mol \cdot s}$라면 반응물 A분압의 감소속도(atm/s)를 반응속도로 할 때 반응속도상수는 몇 $\mathrm{atm^{-1} \cdot min^{-1}}$인가?

① 58.67
② 68.67
③ 78.67
④ 88.67

해설

$$-r_A = -\frac{dC_A}{dt} = -\frac{dP_A}{dt} \cdot \frac{1}{RT} = k_c C_A^2$$

$$-\frac{dP_A}{dt} = RT k_c C_A^2$$

반응물 A분압의 감소속도

$$-r_A = -\frac{dP_A}{dt} = k_p P_A^2$$

$$-\frac{dP_A}{dt} = k_p P_A^2 = RT k_c C_A^2$$

$$C_A = \frac{P_A}{RT}\text{이므로}$$

$$k_p P_A^2 = RT k_c \frac{P_A^2}{(RT)^2} = \frac{k_c}{RT} P_A^2$$

$$\therefore \; k_p = \frac{k_c}{RT}\text{이므로}$$

$$k_p = \frac{70\mathrm{L/mol \cdot s}}{0.082\mathrm{Latm/mol \cdot K} \times 873\mathrm{K}} \times 60\mathrm{s/1min}$$

$$= 58.67 \; 1/\mathrm{atm \cdot min}$$

36 다음 반응에서 체적팽창률(Fractional Change in Volume, ε_A)의 값은?

$$\mathrm{C}(s) + \mathrm{O_2}(g) \to \mathrm{CO_2}(g)$$

① $-\dfrac{1}{2}$
② 0
③ $\dfrac{1}{2}$
④ 1

해설

$$\varepsilon_A = y_{A0}\delta$$

$$\varepsilon_A = \frac{1-1}{2} = 0 \quad \therefore \; \varepsilon_A = 0$$

37 어떤 단일성분 물질의 분해반응이 1차 반응으로 99%까지 분해하는 데 6,646초가 소요되었다면 30%까지 분해하는 데는 약 몇 초가 소요되는가?

① 515
② 540
③ 720
④ 813

해설

$$\ln(1 - X_A) = -kt$$

$$\ln(1 - 0.99) = -k \times 6,646 \qquad \therefore \; k = 6.93 \times 10^{-4}$$

$$\ln(1 - 0.3) = -6.93 \times 10^{-4} \times t \qquad \therefore \; t = 514.7\text{초}$$

38 다음과 같은 반응에서 최초 혼합물인 반응물 A가 25%, B가 25%인 것에 불활성 기체가 50% 혼합되었다고 한다. 반응이 완결되었을 때 용적변화율 ε_A는?

$$2A + B \to 2C$$

① -0.125
② -0.25
③ 0.5
④ 0.875

해설

$$\varepsilon_A = y_{A0} \cdot \delta$$

$$= 0.25 \times \frac{2-3}{2} = -0.125$$

39 정용 회분식 반응기에서 단분자형 0차 비가역반응에서의 반응이 지속되는 시간 t의 범위는?(단, C_{A0}는 A성분의 초기농도, k는 속도상수를 나타낸다.)

① $t \leq \dfrac{C_{A0}}{k}$
② $t \leq \dfrac{k}{C_{A0}}$
③ $t \leq k$
④ $t \leq \dfrac{1}{k}$

해설

비가역 단분자형 0차 반응

- $C_{A0} - C_A = C_{A0}X_A = kt \to t < \dfrac{C_{A0}}{k}$: 반응 지속

- $C_A = 0 \to t \geq \dfrac{C_{A0}}{k}$: 반응 완료

반응은 종료된 채 시간만 흐름

40 $A \rightarrow 3R$인 반응에서 A만으로 시작하여 완전히 전화되었을 때 계의 부피변화율은 얼마인가?

① 0.5

② 1.0

③ 1.5

④ 2.0

> **해설**

$$\varepsilon_A = y_{A0}\delta = 1 \times \frac{3-1}{1} = 2$$

41 비가역 1차 반응에서 속도정수가 $2.5 \times 10^{-3}\,\mathrm{s}^{-1}$이었다. 반응물의 농도가 $2.0 \times 10^{-2}\,\mathrm{mol/cm^3}$일 때의 반응속도는 몇 $\mathrm{mol/cm^3 \cdot s}$인가?

① 0.4×10^{-1}

② 1.25×10^{-1}

③ 2.5×10^{-5}

④ 5×10^{-5}

> **해설**

$$\begin{aligned}
-r_A &= kC_A \\
&= 2.5 \times 10^{-3}\,1/s \times 2 \times 10^{-2}\,\mathrm{mol/cm^3} \\
&= 5 \times 10^{-5}\,\mathrm{mol/cm^3 \cdot s}
\end{aligned}$$

42 균일 기상반응 $A \rightarrow 3R$에서 반응기에 60% A와 40% 비활성 물질의 원료를 유입할 때 A의 확장인자(Expansion Factor) ε_A는 얼마인가?

① 0.6

② 1.2

③ 2.0

④ 2.2

> **해설**

$$\varepsilon_A = y_{A0}\delta = 0.6 \times \frac{3-1}{1} = 1.2$$

43 평형상수 $K_c = 10$인 1차 가역반응 $A \rightleftarrows B$이 순수한 A로부터 반응이 시작되어 평형에 도달했다면 A의 평형 전화율 X_{Ae}는?

① 0.67

② 0.85

③ 0.91

④ 0.99

> **해설**

$$A \underset{k_2}{\overset{k_1}{\rightleftarrows}} R$$

평형상수 $K_e = \dfrac{k_1}{k_2} = \dfrac{C_{Re}}{C_{Ae}} = \dfrac{C_{R0} + C_{A0}X_{Ae}}{C_{A0}(1 - X_{Ae})}$

$$K_e = \frac{X_{Ae}}{1 - X_{Ae}}$$

$$X_{Ae} = \frac{K_e}{1 + K_e}$$

$$\therefore X_{Ae} = \frac{10}{1 + 10} = 0.91$$

44 $A \rightarrow B$와 같은 화학반응에서 밀도가 일정할 경우 생성물을 시간의 변화에 따른 농도 단위로 표시한 반응속도식은 다음 중 어느 것인가?(단, r : 반응속도, t : 반응시간, C : 농도)

① $r_A = \ln\dfrac{dC_A}{dt}$

② $r_A = \dfrac{dC_A}{dt}$

③ $r_B = -\dfrac{dC_B}{dt}$

④ $r_B = \dfrac{dC_B}{dt}$

> **해설**

$$-r_A = -\frac{dC_A}{dt} \qquad r_B = \frac{dC_B}{dt}$$

45 반응이 다음과 같은 기초 반응일 때 속도식으로 옳은 것은?

$$2A \xrightarrow{k_1} 2R$$

① $-r_A = r_R = k_1 C_A^2$

② $-r_A = -r_R = k_1 C_A^2$

③ $-r_A = r_R = k_1 C_A$

④ $-r_A = -r_R = k_1 C_A$

46 $A \to P$, $-r_A = kC_A^2$인 2차 액상 반응이 회분반응기에서 진행된다. 5분 후 A의 전화율 X_A가 0.50이면 전화율 X_A가 0.75로 되는 데 소요시간은 몇 분인가?

① 15   ② 20
③ 25   ④ 30

해설

$$\frac{X_A}{1-X_A} = kC_{A0}t$$

5분 후 : $\dfrac{0.5}{1-0.5} = kC_{A0} \cdot 5 \to kC_{A0} = 0.2$

$X_A = 0.75$이면

$$0.2t = \frac{0.75}{1-0.75}$$

$\therefore \ t = 15\text{min}$

47 1차 반응에서 속도상수가 $1.5 \times 10^{-3} \text{s}^{-1}$이면 이 반응의 반감기는 몇 초이겠는가?

① 162   ② 262
③ 362   ④ 462

해설

$$-\ln\frac{C_A}{C_{A0}} = kt$$

$$-\ln(1-X_A) = kt$$

$$t = \frac{\ln2}{k} = \frac{\ln2}{1.5 \times 10^{-3}} = 462\text{s}$$

48 다음 반응식 중 자동촉매반응을 나타내는 것은?

① $A + R \to R + R$

② $A \xrightarrow{k_1} R$, $A + R \xrightarrow{k_2} B + C$

③ $A \underset{k_2}{\overset{k_1}{\leftrightarrow}} R$

④ $A + B \underset{k_2}{\overset{k_1}{\leftrightarrow}} R + S$

해설

자동촉매반응 : $A + R \to R + R$

49 다음 반응의 경우 $50\,℃$에서 반응물 A의 반감기는 2시간으로 일정하다. 이 반응에서 반응물 A의 반응속도는 A의 농도에 관하여 몇 차 반응인가?

$A \to R$

① -1차   ② 0차
③ 1차   ④ 2차

해설

1차 반응 $t_{\frac{1}{2}} = \dfrac{\ln2}{k}$

$\therefore$ 반감기는 A의 농도에 무관하다.

50 $2A + B \to 2C$ 반응이 회분반응기에서 정압 등온으로 진행된다. A, B가 양론비로 도입되며 불활성물이 없고 임의 시간 전화율이 X_A일 때 초기전몰수 N_{t0}에 대한 전몰수 N_t의 비(N_t/N_{t0})를 옳게 나타낸 것은?

① $1 - \dfrac{X_A}{3}$ ② $1 + \dfrac{X_A}{4}$

③ $1 - \dfrac{X_A^2}{3}$ ④ $1 - \dfrac{X_A^2}{3}$

해설

	$2A$	$+$	B	$\to$	$2C$
	2		1		0
$+)$	$-2X_A$		$-X_A$		$2X_A$
	$(2-2X_A)$		$(1-X_A)$		$2X_A$

$$\frac{N_t}{N_{t0}} = \frac{3-X_A}{3} = 1 - \frac{X_A}{3}$$

51 방사능 물질의 감소는 1차 반응 공정을 따른다. 방사성 Kr-89(반감기=76min)을 1일 동안 두면 방사능은 처음값의 약 몇 배가 되는가?

① 1×10^{-6} ② 2×10^{-6}
③ 1×10^{-5} ④ 2×10^{-5}

해설

$$\left(\frac{1}{2}\right)^{\frac{1,440}{76}} = 2 \times 10^{-6}$$

52 등온균일 액상중합반응에서 34분 동안에 Monomer의 20%가 반응하였다. 이 반응이 1차 비가역 반응으로 진행된다고 가정할 때 속도식을 옳게 나타낸 것은?(단, C_A는 반응물 Monomer의 농도이다.)

① $-r_A = 6.56 \times 10^{-4} \text{min}^{-1} C_A \text{(mol/L)}$
② $-r_A = 6.56 \times 10^{-3} \text{min}^{-1} C_A \text{(mol/L)}$
③ $-r_A = 6.56 \times 10^{-2} \text{min}^{-1} C_A \text{(mol/L)}$
④ $-r_A = 6.56 \times 10^{-1} \text{min}^{-1} C_A \text{(mol/L)}$

해설

$\varepsilon_A = 0$
$-r_A = kC_A$
$-\ln(1-X_A) = kt$
$k = \dfrac{\ln(1-0.2)}{-34\text{min}} = 6.563 \times 10^{-3}(\text{min}^{-1})$
$\therefore -r_A = 6.563 \times 10^{-3} \times C_A(\text{mol/L} \cdot \text{min})$

53 $A + B \rightarrow R$인 2차 반응에서 C_{A0}와 C_{B0}의 값이 서로 다를 때 반응속도상수 k를 얻기 위한 방법은?

① $\ln\dfrac{C_B C_{A0}}{C_{B0} C_A}$와 t를 도시(Plot)하여 원점을 지나는 직선을 얻는다.

② $\ln\dfrac{C_B}{C_A}$와 t를 도시(Plot)하여 원점을 지나는 직선을 얻는다.

③ $\ln\dfrac{1-X_A}{1-X_B}$와 t를 도시(Plot)하여 절편이 $\ln\dfrac{C_{A0}^2}{C_{B0}}$인 직선을 얻는다.

④ 기울기가 $1 + (C_{A0} - C_{B0})^2 k$인 직선을 얻는다.

해설

$-r_A = -\dfrac{dC_A}{dt} = kC_A C_B$

$-r_A = C_{A0}\dfrac{dX_A}{dt} = kC_{A0}^2(1-X_A)(M-X_A)$

부분분수로 적분한다.

$\displaystyle\int_0^{X_A} \dfrac{dX_A}{(1-X_A)(M-X_A)} = C_{A0}k\int_0^t dt$

$\ln\dfrac{1-X_B}{1-X_A} = \ln\dfrac{M-X_A}{M(1-X_A)}$

$\qquad = \ln\dfrac{C_B C_{A0}}{C_{B0} C_A} = \ln\dfrac{C_B}{MC_A}$

$\qquad = C_{A0}(M-1)kt = (C_{B0} - C_{A0})kt$

$\therefore \ln\left(\dfrac{C_B C_{A0}}{C_{B0} C_A}\right) = (C_{B0} - C_{A0})kt$

54 가역 단분자 반응 $A \rightleftarrows R$에서 평형상수 K_c와 평형 전화율 X_{AB}의 관계는?(단, C_{R0}는 0이고, 팽창계수 ε_A는 0이다.)

① $\ln K_c = \dfrac{1}{X_{AB}}$ ② $K_c = \dfrac{X_{AB}}{1-X_{AB}}$

③ $K_c = \dfrac{X_{AB}}{1+X_{AB}}$ ④ $\ln K_c = \dfrac{X_{AB}}{1+X_{AB}}$

해설

$K_e = \dfrac{M + X_{Ae}}{1 - X_{Ae}}$
$C_{R0} = 0$
$\therefore K_e = \dfrac{X_{Ae}}{1 - X_{Ae}}$

정답 **51** ② **52** ② **53** ① **54** ②

55 회분식 반응기 내에서의 균일계 1차 반응 $A \rightarrow R$과 관계가 없는 것은?

① 반응속도는 반응물 A의 농도에 정비례한다.

② 반응률 X_A는 반응시간에 정비례한다.

③ $-\ln \dfrac{C_A}{C_{A0}}$와 반응시간과의 관계는 직선으로 나타난다.

④ 반응속도상수의 차원은 시간의 역수이다.

> **해설**
>
> 1차 반응
>
> $-\ln \dfrac{C_A}{C_{A0}} = -\ln(1 - X_A) = kt$

56 다음 반응에서 전화율 X_A에 따르는 반응 후 총 몰수를 구하면 얼마인가?(단, 반응 초기에 B, C, D는 없고, n_{A0}는 초기 A성분의 몰수, X_A는 A성분의 전화율이다.)

$$A \rightarrow B + C + D$$

① $n_{A0} + n_{A0}X_A$ ② $n_{A0} - n_{A0}X_A$

③ $n_{A0} + 2n_{A0}X_A$ ④ $n_{A0} - 2n_{A0}X_A$

> **해설**
>
> | A | $\rightarrow$ | B | $+$ | C | $+$ | D |
> |---|---|---|---|---|---|---|
> | n_{A0} | | 0 | | 0 | | 0 |
> | $+) -n_{A0}X_A$ | | $+n_{A0}X_A$ | | $+n_{A0}X_A$ | | $+n_{A0}X_A$ |
> | $n_{A0}(1-X_A)$ | | $+n_{A0}X_A$ | | $+n_{A0}X_A$ | | $+n_{A0}X_A$ |
>
> ∴ 반응 후 총몰수 : $n_{A0} + 2n_{A0}X_A$

57 어떤 물질의 분해반응이 비가역 1차 반응으로 90%까지 분해하는 데 8,123초가 소요되었다면 40% 분해하는 데 걸리는 시간은 약 몇 초인가?

① 1,802   ② 2,012

③ 3,267   ④ 4,128

> **해설**
>
> 1차 비가역 $X_1 = 0.9$, $t_1 = 8,123$s
> $X_2 = 0.4$일 때 t_2를 구하면
> $kt_1 = -\ln(1 - X_1)$
> $k \times 8,123 = -\ln(1 - 0.9)$
> $k = 2.83 \times 10^{-4}$
> $kt_2 = -\ln(1 - X_2)$
> $2.83 \times 10^{-4} t_2 = -\ln(1 - 0.4)$
> ∴ $t_2 = 1,805$s

58 비가역 0차 반응에서 전화율이 1로 반응이 완결되는 데 필요한 반응시간에 대한 설명으로 가장 옳은 것은?

① 초기농도의 역수와 같다.

② 속도상수 k의 역수와 같다.

③ 초기농도를 속도상수로 나눈 값과 같다.

④ 초기농도에 속도상수를 곱한 값과 같다.

> **해설**
>
> $-\dfrac{dC_A}{dt} = kC_A{}^0 = k$
> $kt = C_{A0} - C_A = C_{A0} \cdot X_A$
> ∴ $t = \dfrac{C_{A0}}{k}$

59 $A \xrightarrow{k_1} R$ 및 $A \xrightarrow{k_2} 2S$인 두 반응이 동시에 등온회분 반응기에서 진행된다. 50분 후 A의 90%가 분해되어 생성물 비는 9.1mol R/1mol S이다. 반응차수는 각각 1차일 때, 반응초기 속도상수 k_2는 몇 min^{-1}인가?

① 2.4×10^{-6} ② 2.4×10^{-5}

③ 2.4×10^{-4} ④ 2.4×10^{-3}

> **해설**
>
> $-\ln \dfrac{C_A}{C_{A0}} = (k_1 + k_2)t$
> $-\ln(1 - X_A) = (k_1 + k_2)t$
> $k_1 + k_2 = \dfrac{-\ln(1 - 0.9)}{50\text{min}} = 0.04605$

1mol S당 9.1mol R이 생성되므로
2mol S당 18.2mol R이 생성된다.

선택도 $S = \dfrac{r_R}{r_S} = \dfrac{k_1 C_A}{k_2 C_A} = \dfrac{k_1}{k_2} = 18.2$

$k_1 = 18.2k_2$

$k_1 + k_2 = 0.04605$

$\therefore\ k_2 = 2.4 \times 10^{-3}$

60 회분식 반응기에서 n차 반응이 일어날 때의 설명으로 옳은 것은?

① $n > 1$이면 반응물의 농도가 어떤 유한시간에 0이 되고 다음에는 음으로 된다.

② 0(Zero)차 반응의 반응속도는 농도의 함수이다.

③ $n < 1$이면 $t = \dfrac{C_{A0}^{1-n}}{(1-n)k}$ 일 때 $C_A = 0$이다.

④ 양대수방안지(Log−log Paper)에 n차 반응의 반감기를 초기농도의 함수로 표시하면 기울기가 $(n-1)^2$이다.

해설

① 농도가 음이 될 수 없다.

② 0차 반응 : $-r_A = kC_A^0 = k$ 반응속도는 농도에 무관

③ n차 반응 : $-r_A = -\dfrac{dC_A}{dt} = kC_A^n$

$-\displaystyle\int_0^t k\,dt = \int_{C_{A0}}^{C_A} C_A^{-n}\,dC_A$

$(n-1)kt = C_A^{1-n} - C_{A0}^{1-n}$

$(n-1)C_{A0}^{n-1}kt = \left(\dfrac{C_A}{C_{A0}}\right)^{1-n} - 1$

$\qquad\qquad = (1-x)^{1-n} - 1$

보기 ③에서 $t = \dfrac{C_{A0}^{1-n}}{(1-n)k}$를 위의 식에 대입하면

$\therefore\ x = 1 \rightarrow C_A = 0$이 된다.

④ $t_{1/2} = \dfrac{2^{n-1}-1}{k(n-1)} C_{A0}^{1-n}$ 양변에 log를 취하면

$\log t_{1/2} = \log \dfrac{2^{n-1}-1}{k(n-1)} + (1-n)\log C_{A0}$
$\qquad\qquad\qquad\quad$ 절편 $\qquad$ 기울기

61 부피가 일정한 회분식 반응기에서 반응 혼합물 A 기체의 최초 압력을 478mmHg로 할 경우에 반감기가 80s이었다고 한다. 만일 이 A 기체의 반응 혼합물에 최초 압력을 315mmHg로 하였을 때 반감기가 120s로 되었다면 반응의 차수는 몇 차 반응으로 예상할 수 있는가?(단, 반응물은 초기 조성이 같고, 비가역 반응이 일어난다.)

① 1차 반응
② 2차 반응
③ 3차 반응
④ 4차 반응

해설

$t(\text{반감기}) = \dfrac{2^{n-1}-1}{k(n-1)} C_{A0}^{1-n}$ 으로부터

$n = 1 - \dfrac{\ln(t_2/t_1)}{\ln\left(P_{A0_2}/P_{A0_1}\right)}$

$\quad = 1 - \dfrac{\ln(t_2/t_1)}{\ln\left(C_{A0_2}/C_{A0_1}\right)}$

$\quad = 1 - \dfrac{\ln(120/80)}{\ln(315/478)} = 1.87 \fallingdotseq 2\text{차 반응}$

62 어떤 반응에서 $-r_A = 0.05\,C_A\,\text{mol/cm}^3 \cdot \text{h}$일 때 농도를 mol/L, 시간을 min으로 나타낼 경우 속도상수는 어느 것인가?

① 7.33×10^{-4}
② 8.33×10^{-4}
③ 9.33×10^{-4}
④ 10.33×10^{-4}

해설

1차 반응

$k = 0.05/\text{h} \times 1\text{h}/60\text{min} = 8.33 \times 10^{-4}$

63 반응속도 $-r_A = 0.005\,C_A^2\,\text{mol/cm}^3 \cdot \text{min}$일 때 농도를 mol/L, 시간을 h로 나타내면 속도상수는?

① $1 \times 10^{-4}\text{L/mol} \cdot \text{h}$
② $2 \times 10^{-4}\text{L/mol} \cdot \text{h}$
③ $3 \times 10^{-4}\text{L/mol} \cdot \text{h}$
④ $4 \times 10^{-4}\text{L/mol} \cdot \text{h}$

정답 ▶ **60** ③ **61** ② **62** ② **63** ③

해설

$$k = 0.005 \frac{\text{cm}^3}{\text{mol} \cdot \text{min}} \times \frac{1\text{L}}{1000\text{cm}^3} \cdot \frac{60\text{min}}{1\text{hr}}$$

$$= 3 \times 10^{-4} \text{L/mol} \cdot \text{h}$$

64 효소반응에 의해 생체 내 단백질을 합성할 때에 대한 설명 중 틀린 것은?

① 실온에서 효소반응의 선택성은 일반적인 반응과 비교해서 높다.

② Michaelis – Menten 식이 사용될 수 있다.

③ 효소반응은 시간에 대해 일정한 속도로 진행된다.

④ 효소와 기질은 반응 효소 – 기질 복합체를 형성한다.

해설

$$-r_s = \frac{V_{\max}(s)}{K_m + (s)} : \text{Michaelis} - \text{Menten 식}$$

여기서, K_m : Michaelis – Menten 상수

[02] 단일이상반응기

TIP

이상반응기
- 회분식 반응기(Batch Reactor)
- 연속흐름반응기(PFR, 관형 반응기)
- 연속교반반응기(CSTR, 혼합흐름반응기, MFR)

1. 일반적인 물질 수지식(Material Balance)

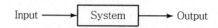

Input $-$ Output $+$ Generation $=$ Accumulation

(입량 $-$ 출량 $+$ 생성량 $=$ 축적량)

$$F_{A0} - F + \int^V r_A dV = \frac{dN_A}{dt}$$

생성속도 $G_A = r_A V (\text{mol/s}) = [(\text{mol/s} \cdot \text{m}^3) \cdot \text{m}^3]$

여기서, V : 반응부피, r_A : 성분 A의 생성속도

2. 회분식 반응기(Batch Reactor)

1) 특징

① 반응물을 처음에 용기에 채우고 잘 혼합한 후 일정시간 동안 반응시킨다. 이 결과로 생긴 혼합물은 방출시킨다.

② 시간에 따라서 조성이 변하는 비정상상태이다.

③ 회분식 반응기에서는 반응이 진행하는 동안 반응물, 생성물의 유입과 유출이 없다.

   $F_{A0} = F_A = 0$

④ 반응기 내에서 반응 혼합물이 완전혼합이면 반응속도 변화가 없다.

   $- r_A = \text{Const}$

⑤ 높은 전화율을 얻을 수 있다.

⑥ 소규모 조업, 새로운 공정의 시험, 연속조작이 용이하지 않은 공정에 이용한다.

⑦ 인건비가 비싸고 매회 품질이 균일하지 못할 수 있으며 대규모 생산이 어렵다.

2) 이상회분반응기의 성능식

Input $=$ Output $+$ Consumption $+$ Accumulation

(입량 $=$ 출량 $+$ 소모량 $+$ 축적량)

$$0 = 0 + (-r_A) V + \frac{dN_A}{dt}$$

$F_{A0} = F_A = 0$

여기서, F_A : A의 공급속도(mol/시간)

$$-r_A V = N_{A0} \frac{dX_A}{dt}$$

$\therefore$ 소모량＝축적량

(1) 정용

  ① 부피 일정

  ② $V = \mathrm{Const}$

  ③ $\varepsilon_A = 0$

$$t = N_{A0} \int_0^{X_A} \frac{dX_A}{(-r_A)V} = C_{A0} \int_0^{X_A} \frac{dX_A}{-r_A}$$

(2) 변용

  ① 부피변화

  ② $V \neq \mathrm{const}$

  ③ $\varepsilon_A \neq 0$

기상반응 밀도변화가 큰 경우

$V = V_0(1 + \varepsilon_A X_A)$

$$t = N_{A0} \int_0^{X_A} \frac{dX_A}{(-r_A)V_0(1+\varepsilon_A X_A)}$$
$$= C_{A0} \int_0^{X_A} \frac{dX_A}{(-r_A)(1+\varepsilon_A X_A)}$$

PART 1

PART 2

PART 3

PART 4

PART 5

TIP

$$-\frac{dN_A}{dt} = -r_A V$$

$$N_{A0}\frac{dX_A}{dt} = (-r_A)V_0(1+\varepsilon_A X_A)$$

$$t = N_{A0}\int_0^{X_A} \frac{dX_A}{(-r_A)V_0(1+\varepsilon_A X_A)}$$

• $\varepsilon_A \neq 0$인 경우

$$t = C_{A0}\int_0^{X_A} \frac{dX_A}{(-r_A)(1+\varepsilon_A X_A)}$$

• $\varepsilon_A = 0$인 경우

$$t = C_{A0}\int_0^{X_A} \frac{dX_A}{-r_A}$$

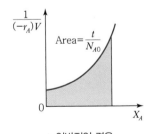

▲ 일반적인 경우

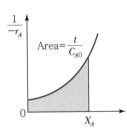

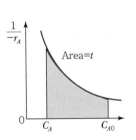

▲ 정용, 정밀도계

3. 반회분반응기

1) 특징

① 회분식 반응기와 흐름식 반응기의 중간 형태로서 시간에 따라 조성과 용적이 변한다.

② 한 반응물은 용기에 넣어두고 다른 반응물을 첨가시키면서 반응이 진행되므로 반응속도의 조절이 용이하다.

③ 선택도를 높일 수 있다.(부반응의 최소화)

2) 몰수지

$$A + B \rightarrow C$$

반회분반응기

(1) A에 관한 몰수지

유입속도 − 유출속도 + 생성속도 = 축적속도

$$0 - 0 + r_A V = \frac{dN_A}{dt}$$

$$r_A V = \frac{dC_A V}{dt} = V\frac{dC_A}{dt} + C_A \frac{dV}{dt} \quad \cdots\cdots\cdots\cdots\cdots\cdots\cdots\cdots ⓓ$$

입량 − 출량 + 생성량 = 축적량

$$\rho_0 v_0 - 0 + 0 = \frac{d(\rho V)}{dt}$$

$$\rho_0 = \rho$$

$$\frac{dV}{dt} = v_0$$

$$\therefore V = V_0 + v_0 t$$

ⓓ식을 정리하면 $r_A V = V\frac{dC_A}{dt} + C_A v_0$

$$r_A = \frac{dC_A}{dt} + C_A \frac{v_0}{V}$$

(2) B에 관한 몰수지

F_{B0}의 속도로 반응기에 도입

$$F_{B0} - 0 + r_B V = \frac{dN_B}{dt}$$

$$\frac{dN_B}{dt} = r_B V + F_{B0}$$

$$\frac{dC_B V}{dt} = C_B \frac{dV}{dt} + V \frac{dC_B}{dt} = r_B V + F_{B0}$$

$$\frac{dC_B}{dt} = r_B + \frac{F_{B0}}{V} - \frac{C_B}{V} \cdot \frac{dV}{dt}$$

$$= r_B + \frac{C_{B0} v_0}{V} - \frac{C_B v_0}{V}$$

$$\boxed{\frac{dC_B}{dt} = r_B + \frac{v_0(C_{B0} - C_B)}{V}}$$

(3) C에 관한 몰수지

$$\frac{dN_C}{dt} = r_C V = -r_A$$

$$\frac{dN_C}{dt} = \frac{d(C_C V)}{dt} = V \frac{dC_C}{dt} + C_C \frac{dV}{dt} = V \frac{dC_C}{dt} + v_0 C_C$$

$$\boxed{\frac{dC_C}{dt} = r_C - \frac{v_0 C_C}{V}}$$

4. 흐름식 반응기

1) 특징

① 일정한 조성을 갖는 반응물을 일정한 유량으로 공급한다.

② 연속적으로 많은 양을 처리할 수 있으며, 반응속도가 큰 경우에 많이 이용한다.

③ 반응기 내의 체류시간(τ)이 동일하다.

④ 반응물 조성이 시간에 따라 변화가 없다. → 정상상태

⑤ 종류

　㉠ PFR(Plug Flow Reactor) : 플러그흐름반응기

　　• 유지관리가 쉽고, 흐름식 반응기 중 반응기 부피당 전화율이 가장 높다.

　　• 반응기 내 온도조절이 어렵다.

ⓛ CSTR : 혼합흐름반응기, MFR

- 내용물이 잘 혼합되어 균일하게 되는 반응기
- 반응기에서 나가는 흐름은 반응기 내의 유체와 동일한 조성을 갖는다.
- 강한 교반이 요구될 때 사용한다.
- 온도조절이 용이한 편이다.
- 흐름식 반응기 중 반응기 부피당 전화율이 가장 낮다.

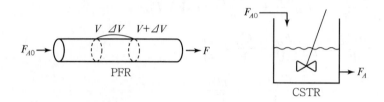

2) 공간시간과 공간속도

회분식 반응기에서 반응시간 t가 성능의 측정인 것과 같이 공간시간(Space-time)과 공간속도(Space-velocity)는 흐름반응기에 대한 성능의 측정이다.

(1) 공간시간(Space Time) : τ

$$\tau = \frac{1}{S} = \text{반응기 부피만큼의 공급물 처리에 필요한 시간} = [\text{시간}]$$

이 값이 클수록 생성물의 농도는 증가하고 양은 감소한다.

$$\tau = \frac{1}{S} = [\text{시간}] = \frac{\text{반응기 부피}}{\text{공급물 부피유량}} = \frac{V}{v_0} = \frac{C_{A0}V}{F_{A0}}$$

$$= \frac{\left(\dfrac{\text{들어가는 } A \text{의 몰수}}{\text{공급물의 부피}}\right)(\text{반응기의 부피})}{(\text{들어가는 } A \text{의 몰수/시간})}$$

(2) 공간속도(Space-velocity) : S

$$S = \frac{1}{\tau} = \text{단위시간당 처리할 수 있는 공급물의 부피를 반응기 부피로 나눈 값}$$
$$= [\text{시간}]^{-1}$$

$$S = \frac{1}{\tau} = [\text{시간}]^{-1} = \frac{\text{공급물의 부피}}{\text{시간} \cdot \text{반응기부피}}$$

이 값이 클수록 생성물의 농도는 묽어진다.

例 $\tau = 2\text{h}$: 반응기 부피만큼의 공급물을 처리하는 데 2시간이 걸린다.

$S = 0.5\text{h}^{-1}$: 시간당 반응기 부피의 0.5배만큼의 공급물이 처리된다.

3) 혼합흐름반응기(CSTR)

- 액상반응에 사용
- 정상상태에서 운전되며, 반응기 내부는 완전 혼합된다.
- CSTR 내에서 온도, 농도, 반응속도는 시간, 공간에 따라 변하지 않는다.

입량 = 출량 + 반응에 의한 소모량 + 축적량

$$F_{A0} = F_A + (-r_A)V + \frac{dN_A}{dt}$$

정상상태 $\dfrac{dN_A}{dt} = 0$

$$F_{A0} = F_A + (-r_A)V$$

$$F_{A0} = F_{A0}(1 - X_A) + (-r_A)V$$

$$\therefore F_{A0}X_A = (-r_A)V$$

위의 식을 다시 정리하면 다음을 얻게 된다. 🔲🔲🔲

$\varepsilon_A \neq 0$

$$\frac{V}{F_{A0}} = \frac{\tau}{C_{A0}} = \frac{\Delta X_A}{-r_A} = \frac{X_A}{-r_A}$$

$$\tau = \frac{1}{s} = \frac{V}{v_0} = \frac{VC_{A0}}{F_{A0}} = \frac{C_{A0}X_A}{-r_A}$$

$\varepsilon_A = 0$

$$\frac{V}{F_{A0}} = \frac{X_A}{-r_A} = \frac{C_{A0} - C_A}{C_{A0}(-r_A)}$$ ⓔ, ⓕ식에 의해

$$\tau = \frac{V}{v} = \frac{C_{A0}X_A}{-r_A} = \frac{C_{A0} - C_A}{-r_A}$$ ⓔ, ⓕ, ⓖ식에 의해

$$V = \frac{F_{A0}X_A}{(-r_A)}$$ ··· ⓔ

$$C_A = C_{A0}(1 - X_A)$$

$$X_A = \frac{C_{A0} - C_A}{C_{A0}}$$ ·· ⓕ

$$F_{A0} = v_0 C_{A0}$$

$$v_0 = \frac{F_{A0}}{C_{A0}}$$ ·· ⓖ

◆

$$F_{A0} = v_0 C_{A0}$$

◆

$$F_{A0}X_A = (-r_A)V$$

반응에 의한 A의 소모량(몰/시간)
$= (-r_A)V$
$= \left(\begin{array}{c} \text{반응하는} \\ \dfrac{A\text{의 몰수}}{\text{시간} \cdot \text{유체의}} \\ \text{부피} \end{array} \right) \cdot \left(\begin{array}{c} \text{반응기} \\ \text{부피} \end{array} \right)$

ⓔ, ⓕ, ⓖ식에 의해

$$\tau = \frac{V}{v_0} = \frac{\dfrac{F_{A0}X_A}{(-r_A)}}{\dfrac{F_{A0}}{C_{A0}}} = \frac{C_{A0}X_A}{(-r_A)} = \frac{C_{A0} - C_A}{-r_A} \ \text{가 된다.}$$

ⓔ, ⓕ식에 의해

$$V = \frac{F_{A0}X_A}{(-r_A)} \ , \ \frac{V}{F_{A0}} = \frac{X_A}{(-r_A)} = \frac{C_{A0} - C_A}{C_{A0}(-r_A)} \ \text{가 된다.}$$

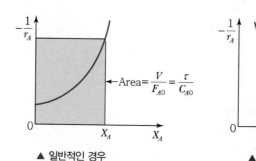

▲ 일반적인 경우   ▲ 정밀도, 정용계의 경우

(1) CSTR의 성능식

① CSTR 0차 반응

$$k\tau = C_{A0} - C_A = C_{A0}X_A$$

② CSTR 1차 반응

- $\varepsilon_A = 0$인 경우

$$\tau = \frac{C_{A0}X_A}{-r_A} = \frac{C_{A0} - C_A}{-r_A} = \frac{C_{A0} - C_{A0}(1 - X_A)}{kC_{A0}(1 - X_A)} = \frac{X_A}{k(1 - X_A)}$$

$$\therefore \ k\tau = \frac{X_A}{1 - X_A}$$

- $\varepsilon_A \neq 0$인 경우

$$\tau = \frac{C_{A0}X_A}{-r_A} = \frac{C_{A0}X_A}{\dfrac{kC_{A0}(1 - X_A)}{1 + \varepsilon_A X_A}}$$

$$\therefore \ k\tau = \frac{X_A}{1 - X_A}\left(1 + \varepsilon_A X_A\right)$$

TIP

CSTR 변용 n차 반응

$$k\tau C_{A0}^{n-1} = \frac{X_A}{(1 - X_A)^n}(1 + \varepsilon_A X_A)^n$$

❖

$$-r_A = kC_A = kC_{A0}(1 - X_A)$$

③ CSTR 2차 반응

$-r_A = kC_A{}^2$, $\varepsilon_A = 0$에 대하여 성능식은 다음과 같다.

$$k\tau = \frac{C_{A0} - C_A}{C_A{}^2} \text{ 또는 } C_A = \frac{-1 + \sqrt{1 + 4k\tau C_{A0}}}{2k\tau}$$

$$\frac{X_A}{(1 - X_A)^2} = C_{A0} k\tau$$

$$n\text{차 반응 } k\tau C_{A0}{}^{n-1} = \frac{X_A}{(1 - X_A)^n}$$

4) 연속흐름반응기(PFR) ▮▮▮

Input = Output + Consumption + Accumulation

(입량 = 출량 + 소모량 + 축적량)

축적량 = 0

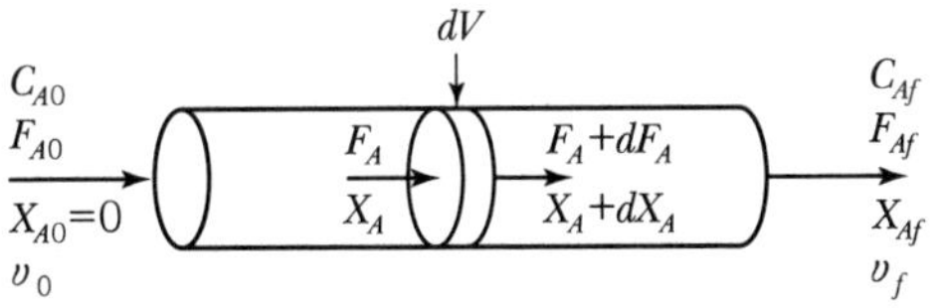

반응성분에 대한 물질수지식은 미소부피 dV에 대하여 세워야 한다.

그러므로 $F_A = (F_A + dF_A) + (-r_A)dV$

$dF_A = d[F_{A0}(1 - X_A)] = -F_{A0}dX_A$가 된다.

$$\therefore F_{A0}dX_A = (-r_A)dV$$

위의 식은 미소부피 dV에 대한 식이므로 반응기 전체에 대한 것은 위의 식을 적분하여야 한다.

$$\int_0^V \frac{dV}{F_{A0}} = \int_0^{X_{Af}} \frac{dX_A}{(-r_A)}$$

결국 다음과 같은 식을 얻게 된다.

- $\varepsilon_A = 0$인 경우

$$\frac{V}{F_{A0}} = \frac{\tau}{C_{A0}} = \int_0^{X_{Af}} \frac{dX_A}{-r_A} = -\frac{1}{C_{A0}} \int_{C_{A0}}^{C_{Af}} \frac{dC_A}{-r_A}$$

$$\tau = \frac{V}{v_0} = C_{A0} \int_0^{X_{Af}} \frac{dX_A}{-r_A} = -\int_{C_{A0}}^{C_{Af}} \frac{dC_A}{-r_A}$$

- $\varepsilon_A \neq 0$인 경우

$$\frac{V}{F_{A0}} = \frac{\tau}{C_{A0}} = \int_0^{X_{Af}} \frac{dX_A}{-r_A}$$

$$\tau = \frac{V}{v_0} = \frac{VC_{A0}}{F_{A0}} = C_{A0} \int_0^{X_{Af}} \frac{dX_A}{-r_A}$$

위의 식으로 원하는 전화율과 주어진 공급물 속도에 대한 반응기 크기를 결정할 수 있다.

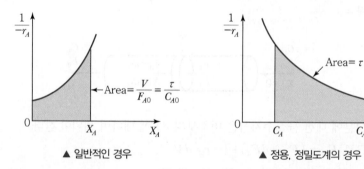

▲ 일반적인 경우   ▲ 정용, 정밀도계의 경우

(1) PFR의 성능식 ▦▦▦

① $\varepsilon_A = 0$

$V = \text{Const}$

$$\tau = -\int_{C_{A0}}^{C_A} \frac{dC_A}{-r_A} \quad\quad\cdots\cdots\cdots\cdots\cdots\cdots\cdots\cdots\cdots\cdots\cdots ⓗ$$

㉠ 비가역 0차 반응

$$k\tau = C_{A0} - C_A = C_{A0}X_A$$

ⓛ 비가역 1차 반응

$-r_A = kC_A$를 ⓗ식에 대입하여 푼다.

$$\tau = -\int_{C_{A0}}^{C_A} \frac{dC_A}{kC_A} = -\frac{1}{k}\ln C_A\Big|_{C_{A0}}^{C_A} = -\frac{1}{k}\ln\frac{C_A}{C_{A0}} = -\frac{1}{k}\ln(1-X_A)$$

$$k\tau = -\ln(1-X_A)$$

ⓒ 비가역 2차 반응

$-r_A = kC_A^2$를 ⓗ식에 대입하여 푼다.

$$\tau = -\int_{C_{A0}}^{C_A} \frac{dC_A}{kC_A^2} = \frac{1}{k}\frac{1}{C_A}\Big|_{C_{A0}}^{C_A} = \frac{1}{k}\left(\frac{1}{C_A}-\frac{1}{C_{A0}}\right)$$

$$= \frac{1}{kC_{A0}}\left(\frac{1}{1-X_A}-1\right)$$

$$= \frac{1}{kC_{A0}}\left(\frac{X_A}{1-X_A}\right)$$

$$k\tau C_{A0} = \frac{X_A}{1-X_A}$$

ⓔ 비가역 n차 반응

$$-r_A = kC_A^n$$

$$\tau = -\int_{C_{A0}}^{C_A} \frac{dC_A}{kC_A^n} = \frac{1}{k}\frac{C_A^{1-n}}{(n-1)}\Big|_{C_{A0}}^{C_A} = \frac{1}{k(n-1)}\left(C_A^{1-n}-C_{A0}^{1-n}\right)$$

$$\therefore \tau = \frac{C_{A0}^{1-n}}{k(n-1)}\left[\left(\frac{C_A}{C_{A0}}\right)^{1-n}-1\right]$$

② $\varepsilon_A \neq 0$

$V \neq \mathrm{Const}$

$$\tau = C_{A0}\int_0^{X_A}\frac{dX_A}{-r_A} \quad\text{.. ⓘ}$$

◆
$$C_A = C_{A0}(1-X_A)$$
$$\frac{C_A}{C_{A0}} = 1-X_A$$

◆ 0차 반응
$$k\tau = C_{A0}X_A$$

⊙ 비가역 1차 반응

$$-r_A = kC_A = kC_{A0}\frac{(1-X_A)}{1+\varepsilon_A X_A}$$ 를 ⓘ식에 대입하여 푼다.

$$\tau = C_{A0}\int_0^{X_A}\frac{dX_A}{\dfrac{kC_{A0}(1-X_A)}{1+\varepsilon_A X_A}} = \frac{1}{k}\int_0^{X_A}\frac{1+\varepsilon_A X_A}{1-X_A}dX_A$$

$$= \frac{1}{k}\int_0^{X_A}\left(\frac{1}{1-X_A}+\frac{\varepsilon_A X_A}{1-X_A}\right)dX_A$$

$$= \frac{1}{k}\left\{\left[-\ln(1-X_A)\right]_0^{X_A}+\varepsilon_A\int_0^{X_A}\frac{X_A}{1-X_A}dX_A\right\}$$

$$= \frac{1}{k}\left\{-\ln(1-X_A)+\varepsilon_A\left[(1-X_A)-1-\ln(1-X_A)\right]_0^{X_A}\right\}$$

$$= \frac{1}{k}\left\{-\ln(1-X_A)-\varepsilon_A\ln(1-X_A)-\varepsilon_A X_A\right\}$$

$$= \frac{1}{k}\left\{(1+\varepsilon_A)\ln\frac{1}{1-X_A}-\varepsilon_A X_A\right\}$$

$$\therefore \tau = \frac{1}{k}\left[(1+\varepsilon_A)\ln\frac{1}{1-X_A}-\varepsilon_A X_A\right]$$

⊙ 비가역 n차 반응

$$\tau = C_{A0}\int_0^{X_A}\frac{dX_A}{-r_A} = C_{A0}\int_0^{X_A}\frac{dX_A}{kC_A^n}$$

$$= C_{A0}\int_0^{X_A}\frac{dX_A}{\dfrac{kC_{A0}^n(1-X_A)^n}{(1+\varepsilon_A X_A)^n}} = \frac{1}{kC_{A0}^{n-1}}\int_0^{X_A}\frac{(1+\varepsilon_A X_A)^n}{(1-X_A)^n}dX_A$$

$$\therefore \tau = \frac{1}{kC_{A0}^{n-1}}\int_0^{X_A}\frac{(1+\varepsilon_A X_A)^n}{(1-X_A)^n}dX_A$$

💡 **TIP** ‖‖‖‖‖‖‖‖‖‖‖‖‖‖‖‖‖‖‖‖‖‖‖‖‖‖‖

치환적분

$1-X_A = t$로 치환

$-dX_A = dt$

$$\int_0^{X_A}\frac{X_A}{1-X_A}dX_A$$

$$= -\int\frac{1-t}{t}dt$$

$$= -\int\left(\frac{1}{t}-1\right)dt$$

$$= -\ln t + t$$

$$= -\left[\ln(1-X_A)-(1-X_A)\right]_0^{X_A}$$

$$= -\ln(1-X_A)+(1-X_A)-1$$

$$= -\ln(1-X_A)-X_A$$

💡 **TIP** ‖‖‖‖‖‖‖‖‖‖‖‖‖‖‖‖‖‖‖‖‖‖‖‖‖‖‖

정밀도계(정용회분 또는 정밀도 플러그 흐름반응기)에서는 플러그흐름반응기에 대한 τ가 회분반응기의 t와 동일하고, 변밀도계에서는 이들 성능식을 교환하여 사용할 수 없다.

담쾰러수 ■■■

Damköhler수 $= Da$(무차원수)

Da를 이용하면 연속흐름반응기에서 달성할 수 있는 전화율의 정도를 쉽게 추산할 수 있다.

$$Da = \frac{-r_{A0}V}{F_{A0}} = \frac{\text{입구에서 반응속도}}{A\text{의 유입유량}} = \frac{\text{반응속도}}{\text{대류속도}}$$

• 1차 비가역 반응

$$Da = \frac{-r_{A0}V}{F_{A0}} = \frac{k_1 C_{A0}V}{v_0 C_{A0}} = \tau k_1$$

• 2차 비가역 반응

$$Da = \frac{-r_{A0}V}{F_{A0}} = \frac{k_2 C_{A0}^2 V}{v_0 C_{A0}} = \tau k_2 C_{A0}$$

결과적으로 Da가 0.1 이하이면 전화율은 10% 이하가 되고, Da가 10 이상이면 전화율은 90% 이상이 된다.

$$\therefore \ Da \leq 0.1\text{이면 } X \leq 0.1$$
$$Da \geq 10\text{이면 } X \geq 0.9$$

예 CSTR 1차 액상반응인 경우 $k\tau = \dfrac{X_A}{1-X_A}$

즉 $Da = k\tau$이므로 $Da = \dfrac{X_A}{1-X_A}$가 되고

X_A에 관해 정리하면, $X_A = \dfrac{Da}{1+Da}$가 된다.

※ TIP |||||||||||||||||||||||||||||||

충전층을 통한 흐름

다공성 입자가 충전된 층에서의 압력강하를 계산하는 데 사용되는 식
→ 에르군식(Ergun Equation)

여기서, P : 압력

ϕ : 세공률 $= \dfrac{\text{공극의 부피}}{\text{전체 층의 부피}}$
$= $공극률

$1-\phi$: $\dfrac{\text{고체의 부피}}{\text{전체 층의 부피}}$

D_P : 층 내 입자의 직경

μ : 층을 통과하는 기체의 점도

z : 관의 충전층 길이

u : 공탑속도 $= \dfrac{\text{부피흐름속도}}{\text{관의 단면적}}$

g : 기체밀도

G : 공탑질량속도 $= \rho u$

$\rho = \rho_0 \dfrac{v_o}{v}$

$= \rho_0 \dfrac{P}{P_0}\left(\dfrac{T_0}{T}\right)\dfrac{F_{T0}}{F_T}$

회분식(비정상상태, $F_{A0} = F_A = 0$, 입량 = 출량 = 0)		
Input = Output + Consumption + Accumulation $F_{A0} = F_A + (-r_A)V + \dfrac{dN_A}{dt}$ $(-r_A)V = \dfrac{-dN_A}{dt}$ (소모량 = 축적량) $(-r_A)V = N_{A0}\dfrac{dX_A}{dt}$	$\varepsilon_A = 0$ $V = $Const $t = N_{A0}\displaystyle\int_0^{X_A}\dfrac{dX_A}{(-r_A)V}$ $= C_{A0}\displaystyle\int_0^{X_A}\dfrac{dX_A}{-r_A}$	$\varepsilon_A = 0$ • 0차 $-(C_A - C_{A0}) = kt$, $C_{A0}X_A = kt$ • 1차 $-\ln\dfrac{C_A}{C_{A0}} = kt = -\ln(1-X_A)$ • 2차 $\dfrac{1}{C_A} - \dfrac{1}{C_{A0}} = kt = \dfrac{X_A}{C_{A0}(1-X_A)}$ • n차 $C_A^{1-n} - C_{A0}^{1-n} = k(n-1)t$ $t = \dfrac{C_{A0}^{1-n}}{k(n-1)}\left[\left(\dfrac{C_A}{C_{A0}}\right)^{1-n} - 1\right]$
	$\varepsilon_A \neq 0$ $V \neq$ const 기체, 밀도변화	
	$t = N_{A0}\displaystyle\int_0^{X_A}\dfrac{dX_A}{(-r_A)V_0(1+\varepsilon_A X_A)}$ $= C_{A0}\displaystyle\int_0^{X_A}\dfrac{dX_A}{(-r_A)(1+\varepsilon_A X_A)}$	

CSTR(정상상태, $\dfrac{dN_A}{dt}=0$, 축적량$=0$)		
$F_{A0} = F_A + (-r_A)V + \dfrac{dN_A}{dt}$ $\therefore F_{A0} = F_{A0}(1-X_A) + (-r_A)V$ $\therefore F_{A0}X_A = (-r_A)V$	$\varepsilon_A = 0 \qquad V = \text{const}$ $\tau = \dfrac{C_{A0}V}{F_{A0}} = \dfrac{C_{A0}X_A}{-r_A}$ $\quad = \dfrac{C_{A0}-C_A}{-r_A}$ $F_{A0} = C_{A0}v_0$	$\varepsilon_A = 0$ • 0차 $k\tau = C_{A0}X_A = C_{A0}-C_A$ • 1차 $k\tau = \dfrac{X_A}{1-X_A} = \dfrac{C_{A0}-C_A}{C_A}$
	$\varepsilon_A \neq 0 \qquad V \neq \text{const}$ $\tau = \dfrac{C_{A0}V}{F_{A0}}$ $\dfrac{V}{F_{A0}} = \dfrac{\tau}{C_{A0}}$ $\quad = \dfrac{X_A}{-r_A} = \dfrac{\Delta X_A}{-r_A}$	• 2차 $k\tau C_{A0} = \dfrac{X_A}{(1-X_A)^2}$ • n차 $\tau = \dfrac{C_{A0}X_A}{kC_A^{\,n}} = \dfrac{C_{A0}^{1-n}}{k}\dfrac{X_A}{(1-X_A)^n}$ $k\tau C_{A0}^{\,n-1} = \dfrac{X_A}{(1-X_A)^n}$

PFR(정상상태, $\dfrac{dN_A}{dt}=0$, 축적량$=0$)		
$F_{A0} \rightarrow$ 〔F_A〕〔F_A+dF_A〕$\rightarrow F_{Af}$ $\overset{dV}{}$ $F_A = (F_A + dF_A) + (-r_A)dV$ $dF_A = -F_{A0}dX_A$ $\therefore F_{A0}dX_A = (-r_A)dV$	$\varepsilon_A = 0 \qquad V = \text{const}$ $\tau = \dfrac{V}{v_0} = C_{A0}\displaystyle\int_0^{X_A}\dfrac{dX_A}{-r_A}$ $\quad = -\displaystyle\int_{C_{A0}}^{C_A}\dfrac{dC_A}{-r_A}$	$\varepsilon_A = 0$ • 0차 $-(C_A - C_{A0}) = k\tau, \ C_{A0}X_A = k\tau$ • 1차 $k\tau = -\ln(1-X_A)$
	$\varepsilon_A \neq 0 \qquad V \neq \text{const}$ $\tau = C_{A0}\displaystyle\int_0^{X_A}\dfrac{dX_A}{-r_A}$	• 2차 $k\tau C_{A0} = \dfrac{X_A}{1-X_A}$ • n차 $\tau = \dfrac{C_{A0}^{1-n}}{k(n-1)}\left[\left(\dfrac{C_A}{C_{A0}}\right)^{1-n}-1\right]$

Batch(회분식) $\varepsilon_A \neq 0$

$$t = C_{A0}\int_0^{X_A} \frac{dX_A}{(-r_A)(1+\varepsilon_A X_A)}$$

- n차 $\quad kt\,C_{A0}^{\,n-1} = \int_0^{X_A} \frac{(1+\varepsilon_A X_A)^{n-1}}{(1-X_A)^n}dX_A$

PFR($\varepsilon_A \neq 0$)	CSTR, MFR($\varepsilon_A \neq 0$)

PFR($\varepsilon_A \neq 0$)

- $n=0 \quad \dfrac{k\tau}{C_{A0}} = X_A$

- $n=1 \quad k\tau = (1+\varepsilon_A)\ln\dfrac{1}{1-X_A} - \varepsilon_A X_A$

- $n=2 \quad k\tau C_{A0} = 2\varepsilon_A(1+\varepsilon_A)\ln(1-X_A) + \varepsilon_A^{\,2}X_A + (\varepsilon_A+1)^2\dfrac{X_A}{1-X_A}$

- $n=n \quad k\tau C_{A0}^{\,n-1} = \int_0^{X_A} \dfrac{(1+\varepsilon_A X_A)^n}{(1-X_A)^n}dX_A$

- $n=1 \;\left(A \underset{\frac{1}{2}}{\rightleftarrows} R\right) \quad \dfrac{k\tau}{X_{Ae}} = (1+\varepsilon_A X_{Ae})\ln\dfrac{X_{Ae}}{X_{Ae}-X_A} - \varepsilon_A X_A$
  $C_{R0} = 0$

- 일반식 $\tau = C_{A0}\displaystyle\int_0^{X_A} \dfrac{dX_A}{-r_A}$

CSTR, MFR($\varepsilon_A \neq 0$)

- $n=0 \quad \dfrac{k\tau}{C_{A0}} = X_A$

- $n=1 \quad k\tau = \dfrac{X_A(1+\varepsilon_A X_A)}{1-X_A}$

- $n=2 \quad k\tau C_{A0} = \dfrac{X_A(1+\varepsilon_A X_A)^2}{(1-X_A)^2}$

- $n=n \quad k\tau C_{A0}^{\,n-1} = \dfrac{X_A(1+\varepsilon_A X_A)^n}{(1-X_A)^n}$

- $n=1 \;\left(A \underset{\frac{1}{2}}{\rightleftarrows} R\right) \quad \dfrac{k\tau}{X_{Ae}} = \dfrac{X_A(1+\varepsilon_A X_A)}{X_{Ae}-X_A}$
  $C_{R0} = 0$

- 일반식 $\tau = \dfrac{C_{A0}X_A}{-r_A}$

▼ 정용회분반응기($\varepsilon_A = 0$, $V = $ Const)

구분	C vs t	X vs t	$t_{1/2}$	Graph
$n=0$	$-(C_A - C_{A0}) = kt$	$C_{A0}X_A = kt$	$t_{1/2} = \dfrac{C_{A0}}{2k}$	
$n=1$	$-\ln\dfrac{C_A}{C_{A0}} = kt$	$-\ln(1-X_A) = kt$	$t_{1/2} = \dfrac{\ln 2}{k}$	
$n=2$	$\dfrac{1}{C_A} - \dfrac{1}{C_{A0}} = kt$	$\dfrac{X_A}{C_{A0}(1-X_A)} = kt$	$t_{1/2} = \dfrac{1}{kC_{A0}}$	
$n=n$	$\begin{aligned} C_A^{\,1-n} - C_{A0}^{\,1-n} \\ = k(n-1)t \end{aligned}$	$F = \dfrac{C_A}{C_{A0}}$ 라 놓자. $t_F = \dfrac{F^{1-n}-1}{k(n-1)} C_{A0}^{\,1-n}$ $t = \dfrac{\left(\dfrac{C_A}{C_{A0}}\right)^{1-n} - 1}{k(n-1)} C_{A0}^{\,1-n}$	$t_{1/2} = \dfrac{2^{n-1}-1}{k(n-1)} C_{A0}^{\,1-n}$	$\ln t_{1/2} = (1-n)\ln C_{A0} + \ln\left(\dfrac{2^{n-1}-1}{k(n-1)}\right)$

실전문제

01 성분 A의 비가역 반응에 대한 연속교반 탱크반응기의 설계식으로 옳은 것은?(단, N_A는 A성분의 몰수, V는 반응기 부피, t는 시간, F_{A0}는 초기유입 A의 몰유량, F_A는 출구 A의 몰유량, r_A는 반응속도이다.)

① $\dfrac{dN_A}{dt^2} = r_A N$

② $V = \dfrac{F_{A0} - F_A}{-r_A}$

③ $\dfrac{dF_A}{dV} = r_A$

④ $-\dfrac{dN_A}{dt} = (-r_A)V$

해설

CSTR

정상상태 $\left(\dfrac{dN_A}{dt}\right) = 0$

입량 = 출량 + 반응에 의한 소모량 + 축적량

즉 $F_{A0} = F_A + (-r_A)V + \dfrac{dN_A}{dt}$

$\therefore F_{A0}X_A = (-r_A)V$

$\therefore V = \dfrac{F_{A0}X_A}{-r_A} = \dfrac{F_{A0} - F_A}{-r_A}$

02 다음 각 그림의 빗금 친 부분의 가운데 플러그 반응기의 공간시간 τ_p를 나타내는 것은?(단, 밀도변화가 없는 반응이다.)

①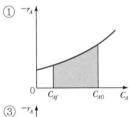

②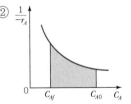

③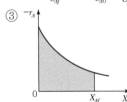

④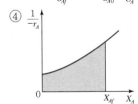

해설

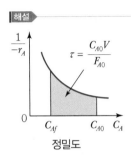

정밀도

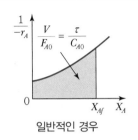

일반적인 경우

03 기체반응 $2A \rightarrow R + S$를 1atm, 100℃ 등온하의 회분식 반응기에서 반응시킨 결과, 20%의 Inert Gas를 포함한 반응물 A의 90%를 반응시키는 데 5분이 걸렸다. 동일 조성의 반응물을 1atm, 100℃하에서 운전되는 플러그흐름반응기에 100mol/h로 공급하여 90%의 전화율을 얻고자 한다면 반응기 체적은 약 몇 L로 해야 하는가?

① 255

② 319

③ 3,100

④ 4,220

해설

$2A \rightarrow R + S$

$\varepsilon_A = y_{A0}\delta = 0.8\dfrac{2-2}{2} = 0$

$t = \tau_p = 5\text{min} \ (X_A = 0.9)$

$\tau_p = \dfrac{V_P}{v_0} = \dfrac{C_{A0}V_P}{F_{A0}} \rightarrow V_P = \dfrac{\tau_p \cdot F_{A0}}{C_{A0}}$

$C_{A0} = \dfrac{P_{A0}}{RT} = \dfrac{1 \times 0.8}{0.082 \times 373} = 0.0261\text{mol/L}$

$\therefore V_P = \dfrac{\tau_p F_{A0}}{C_{A0}} = \dfrac{5\text{min} \times 100\text{mol/h} \times 1\text{h}/60\text{min}}{0.0261\text{mol/L}}$

$= 319.3\text{L}$

정답 01 ② 02 ② 03 ②

04 비가역 1차 액상반응 $A \rightarrow R$이 플러그흐름반응기에서 전화율이 50%로 반응된다. 동일 조건에서 반응기의 크기만 2배로 하면 전화율은 몇 %가 되겠는가?

① 67
② 70
③ 75
④ 100

해설

PFR 1차 반응($\varepsilon_A = 0$)
$\ln(1 - X_A) = -k\tau_p$
$\ln 0.5 = -k\tau_p$
만일 반응기의 크기가 2배이면 $V_2 = 2V_1$
$\ln(1 - X_A) = -2k\tau_p$
$\ln(1 - X_A) = 2 \cdot \ln 0.5$
$\therefore X_A = 0.75(75\%)$

05 회분반응기의 일반적인 특성을 설명한 것 중 가장 거리가 먼 것은?

① 일반적으로 소량 생산에 적합하다.
② 단위생산량당 인건비와 취급비가 적게 드는 장점이 있다.
③ 연속조작이 용이하지 않은 공정에 사용된다.
④ 하나의 장치에서 여러 종류의 제품을 생산하는 데 적합하다.

해설

회분식 반응기
• 실험실용, 소량 다품종 생산
• 인건비와 취급비가 많이 든다.

06 공간시간과 평균체류시간에 대한 설명 중 틀린 것은?

① 밀도가 일정한 반응계에서는 공간시간과 평균체류시간은 항상 같다.
② 부피가 팽창하는 기체반응의 경우 평균체류시간은 공간시간보다 적다.
③ 반응물의 부피가 전화율과 직선관계로 변하는 관형 반응기에서 평균체류시간은 반응속도와 무관하다.
④ 공간시간과 공간속도의 곱은 항상 1이다.

해설

액상 : τ(공간시간) $= \bar{t}$(평균체류시간)
기상 : τ(공간시간) $\neq \bar{t}$(평균체류시간)
τ(공간시간) $= \dfrac{1}{S(\text{공간속도})}$

07 0차 균질반응이 $-r_A = 10^{-3}\,\mathrm{mol/L \cdot s}$로 플러그흐름반응기에서 일어난다. A의 전화율이 0.9이고 $C_{A0} = 1.5\,\mathrm{mol/L}$일 때 공간시간은 몇 초인가?(단, 이때 용적변화율은 일정하다.)

① 1,300
② 1,350
③ 1,450
④ 1,500

해설

0차 PFR $\varepsilon_A = 0$
$-r_A = k$
$C_A - C_{A0} = -k\tau_p$
$\tau_p = \dfrac{C_{A0}X_A}{k} = \dfrac{1.5\,\mathrm{mol/L} \times 0.9}{10^{-3}\,\mathrm{mol/L \cdot s}} = 1,350\,\mathrm{s}$

08 어떤 $A \rightarrow R$의 반응이 용적 0.1L인 혼합흐름 반응기에서 반응속도 $-r_A = 50C_A^2\,(\mathrm{mol/L \cdot min})$으로 진행되었다. 초기농도가 0.1mol/L, 공급속도가 0.05L/min일 때 전화율은 약 몇 %인가?

① 91
② 73
③ 50
④ 35

해설

$-r_A = 50C_A^2$
$C_{A0} = 0.1\,\mathrm{mol/L}$, $v_0 = 0.05\,\mathrm{L/min}$, $V = 0.1\,\mathrm{L}$
CSTR $\tau_m = \dfrac{C_{A0}V_R}{F_{A0}} = \dfrac{C_{A0}X_A}{-r_A} = \dfrac{V_R}{v_0} = \dfrac{C_{A0}X_A}{50C_A^2}$
$\dfrac{X_A}{50C_{A0}(1-X_A)^2} = \dfrac{V_R}{v_0}$
$\tau_m = \dfrac{V_R}{v_0} = \dfrac{0.1\,\mathrm{L}}{0.05\,\mathrm{L/min}} = 2\,\mathrm{min}$
근의 공식 이용 $\dfrac{X_A}{(1-X_A)^2} = \dfrac{50 \times 0.1 \times 0.1}{0.05} = 10$

정답 ▶ **04** ③ **05** ② **06** ③ **07** ② **08** ②

$$10X_A^2 - 21X_A + 10 = 0$$

$$X_A = \frac{21 \pm \sqrt{21^2 - 4 \cdot 10 \cdot 10}}{20}$$

$$\therefore \ X_A = 0.73(73\%)$$

09 다음 비가역 기초반응에 의하여 연간 2억 kg 에틸렌을 생산하는 데 필요한 플러그흐름반응기의 부피는 몇 m³인가?(단, 압력은 8atm, 온도는 1,200K, 등온이며 압력강하는 무시하고 전화율 90%를 얻고자 한다.)

$$C_2H_6 \rightarrow C_2H_4 + H_2$$
속도상수 $k_{1,200K} = 4.07 s^{-1}$

① 2.82
② 28.2
③ 42.8
④ 82.2

해설

$$C_2H_6 \ \rightarrow \ C_2H_4 + H_2$$
$$30kg \ : \ 28kg$$
$$x \ : \ 2 \times 10^8 kg/y$$
$$\therefore \ x = 2.14 \times 10^8 kg/y$$

$$\frac{2.14 \times 10^8 \, kg}{y} \left| \frac{1y}{365d} \right| \frac{1d}{24h} \left| \frac{1h}{3,600s} \right| \frac{1kmol}{30kg} = 0.226 kmol/s$$

$$F_{A0} = \frac{0.226 kmol/s}{0.9} = 0.25 kmol/s$$

$$C_{A0} = \frac{P_{A0}}{RT} = \frac{8atm}{0.082 m^3 \cdot atm/kmol \cdot K \times 1,200K}$$
$$= 0.0813 kmol/m^3$$

$$\varepsilon_A = y_{A0}\delta = 1 \times \frac{2-1}{1} = 1$$

$$k\tau = (1 + \varepsilon_A)\ln\frac{1}{1 - X_A} - \varepsilon_A X_A$$

$$\tau = \frac{1}{4.07}\left[(1+1)\ln\frac{1}{1-0.9} - 1 \times 0.9\right] = 0.91s$$

$$\tau = \frac{C_{A0} V}{F_{A0}}$$

$$0.91s = \frac{0.0813 kmol/m^3 \times V}{0.25 kmol/s}$$

$$\therefore V = 2.8 m^3$$

10 다음 중 Space Velocity의 단위로 옳은 것은?

① time^{-1}
② time
③ mole/time
④ time/mole

해설

$$공간시간 \ \tau = \frac{1}{S(공간속도)} = time$$

$$\therefore \ S(공간속도) = \frac{1}{time}$$

11 CSTR에서 80%의 전화율을 얻는 데 필요한 공간시간이 5h이다. 공급물 2m³/min을 80%의 전화율로 처리하는 데 필요한 반응기의 부피는?

① 300m³
② 400m³
③ 600m³
④ 800m³

해설

$$\tau_m = 5h$$
$$v_0 = 2m^3/min$$
$$X_A = 0.8$$

$$\tau_m = \frac{V_R}{v_0} \rightarrow V_R = \tau_m v_0$$

$$\therefore \ V_R = 5h \times 2m^3/min \times 60min/1h = 600m^3$$

12 비가역 액상반응에서 공간시간 τ가 일정할 때 전화율이 초기 농도에 무관한 반응차수는?

① 0차
② 1차
③ 2차
④ 0차, 1차, 2차

해설

1차 반응
$$-\ln(1 - X_A) = k\tau$$
τ는 초기농도 C_{A0}와 무관하다.

13 공간시간이 5분이라고 할 때의 설명으로 옳은 것은?

① 5분 안에 100% 전화율을 얻을 수 있다.
② 반응기 부피의 5배가 되는 원료를 처리할 수 있다.
③ 5분 동안에 반응기 부피의 5배의 원료를 도입한다.
④ 매 5분마다 반응기 부피만큼의 공급물이 반응기에서 처리된다.

> **해설**
>
> 공간시간 $\tau = 5\text{min}$
> 반응기 부피만큼의 공급물을 처리하는 데 5min이 걸린다.
> 공간속도 $S = \dfrac{1}{\tau} = \dfrac{1}{5} = 0.2\text{min}^{-1}$

14 반응기에 유입되는 물질량의 체류시간에 대한 설명으로 옳지 않은 것은?

① 반응물 부피가 변하면 체류시간이 변한다.
② 반응물의 실제의 부피유량으로 흘러 들어가면 체류시간이 달라진다.
③ 액상반응이면 공간시간과 체류시간이 같다.
④ 기상반응이면 공간시간과 체류시간이 같다.

> **해설**
>
> • 액상반응 : 공간시간(τ) = 체류시간$(\bar{t})$
> • 기상반응 : 공간시간$(\tau) \neq$ 체류시간$(\bar{t})$

15 혼합흐름반응기에서 반응속도식이 $-r_A = kC_A^2$인 반응에 대해 50% 전화율을 얻었다. 모든 조건을 동일하게 하고 반응기의 부피만 5배로 했을 경우 전화율은?

① 0.6
② 0.73
③ 0.8
④ 0.93

> **해설**
>
> CSTR 2차이므로
> $$\frac{X_A}{(1-X_A)^2} = C_{A0}k\tau$$
> $$\frac{0.5}{(1-0.5)^2} = 2\text{이므로 } C_{A0}k\tau = 2\text{가 된다.}$$
> 반응기 부피 = 5배

$$5k\tau C_{A0} = \frac{X_A}{(1-X_A)^2} = 10$$

$$10X_A^2 - 21X_A + 10 = 0$$

$$X_A = \frac{21 \pm \sqrt{21^2 - 4 \cdot 10 \cdot 10}}{20}$$

$$\therefore X_A = 0.73$$

16 플러그흐름반응기에서 1차 비가역반응이 일어날 때의 관계식으로 옳은 것은?(단, k : 반응속도상수, τ : 공간시간, X_A : A의 전화율, C_{A0} : A의 초기농도)

① $k\tau = C_{A0}X_A$
② $k\tau = -\ln(1-X_A)$
③ $k\tau C_{A0} = \dfrac{X_A}{1-X_A}$
④ $k\tau = \ln(1-X_A)^3$

> **해설**
>
> 1차 반응
> $$-\ln(1-X_A) = -\ln\frac{C_A}{C_{A0}} = k\tau$$

17 CSTR 단일반응기에서 액상반응 $A \rightarrow B$인 1차 반응의 Damkohler수(Da)가 2이면 전화율 X_A는?(단, $Da = k\tau$)

① 0.1
② 0.33
③ 0.67
④ 0.75

> **해설**
>
> $$X_A = \frac{Da}{1+Da} = \frac{2}{1+2} = 0.67$$

18 순수한 기체반응물 A가 용적 1L인 혼합반응기에 1L/s로 보내진다. $A \rightarrow 4R$로 등온반응하여 A가 50% 반응했을 때의 체류시간(s)은?

① 0.8
② 0.6
③ 0.4
④ 0.2

13 ④ 14 ④ 15 ② 16 ② 17 ③ 18 ③

314 _ PART 02 반응운전

해설

$$\tau = \frac{V}{v_o} = \frac{1\text{L}}{1\text{L/s}} = 1\text{s}$$

$$\varepsilon_A = y_{Ao}\delta = \frac{4-1}{1} = 3$$

$$1 + \varepsilon_A X_A = 1 + 3 \times 0.5 = 2.5$$

$$\bar{t} = \frac{\tau}{1 + \varepsilon_A X_A} = \frac{1}{1 + 3 \times 0.5} = \frac{1}{2.5} = 0.4$$

19 반응물질 A는 1L/min 유속으로 부피가 2L인 혼합흐름반응기에 공급된다. 이때 A의 출구농도 $C_{Af} = 0.01\text{mol/L}$, 초기농도 $C_{A0} = 0.1\text{mol/L}$일 때 A의 반응속도는?

① 0.045mol/L · min 　② 0.062mol/L · min

③ 0.08mol/L · min 　④ 0.1mol/L · min

해설

CSTR

$$\tau = \frac{V}{v_0} = \frac{C_{A0} - C_A}{-r_A}$$

$$\frac{2\text{L}}{1\text{L/min}} = \frac{(0.1 - 0.01)\text{mol/L}}{-r_A}$$

$$\therefore -r_A = 0.045\text{mol/L} \cdot \text{min}$$

20 $A \rightarrow 2R$인 기체상 반응은 기초반응(Elementary Reaction)이다. 이 반응이 순수한 A로 채워진 부피가 일정한 회분식(Batch) 반응기에서 일어날 때 10분 반응 후 전화율이 80%였다. 이 반응을 순수한 A를 사용하며, 공간시간(Space Time)이 10분인 Mixed Flow 반응기에서 일으킬 경우 A의 전화율(%)은 약 얼마인가?

① 91.5 　　② 80.5

③ 65.5 　　④ 51.5

해설

$A \xrightarrow{k_1} 2R$: 기초반응이므로 1차 반응

$$\varepsilon_A = y_{A0}\delta = 1 \cdot \frac{2-1}{1} = 1$$

• Batch Reactor

$X_A = 0.8 \quad t = 10\text{min}$

$\ln(1 - X_A) = -kt \quad k = 0.161 \ 1/\text{min}$

• MFR

$\tau_m = 10\text{min} \quad X_A = ?$

$$k\tau_m = \frac{X_A}{(1 - X_A)}(1 + \varepsilon_A X_A)$$

$$(0.161)(10) = \frac{X_A}{1 - X_A}(1 + X_A)$$

$$\therefore X_A = 0.515(51.5\%)$$

21 H_2O_2를 촉매를 이용하여 회분식 반응기에서 분해시켰다. 분해반응이 시작된 t분 후에 남아있는 H_2O_2의 양을 $KMnO_4$ 표준용액으로 적정한 결과는 다음 표와 같다. 이 반응은 몇 차 반응이겠는가?

t	0	10	20
$v(\text{m}l)$	22.8	13.8	8.25

① 0차 반응 　　② 1차 반응

③ 2차 반응 　　④ 3차 반응

해설

n차 반응 $C_A^{1-n} - C_{A0}^{1-n} = (n-1)kt$

여기서 농도는 부피와 비례하므로

$13.8^{1-n} - 22.8^{1-n} = (n-1)k \times 10$ ·················· ㉠

$8.25^{1-n} - 22.8^{1-n} = (n-1)k \times 20$ ·················· ㉡

㉠, ㉡ 방정식을 풀면 $n = 1$차가 된다.

22 현재의 혼합흐름반응기를 부피가 2배인 것으로 교체하고자 한다. 같은 공급물을 동일한 공급속도로 공급한다면 교체 후의 새로운 전화율은 얼마인가?(단, 반응속도는 $A \rightarrow R$, $-r_A = kC_A$로 나타내며, 현재의 전화율은 50%이다.)

① 0.33 　　② 0.56

③ 0.67 　　④ 0.78

$$kτ_m = \frac{X_A}{1-X_A} = \frac{0.5}{1-0.5} = 1$$

$$k \cdot 2τ_m = \frac{X_A}{1-X_A} = 2$$

$$∴ X_A = \frac{2}{3} = 0.67$$

23 비가역 0차 반응에서 반응이 완전히 완결되는 데 필요한 반응시간은?

① 초기농도의 역수와 같다.

② 속도상수의 역수와 같다.

③ 초기농도를 속도상수로 나눈 값과 같다.

④ 초기농도에 속도상수를 곱한 값과 같다.

0차 반응 $C_{A0}X_A = kτ$

24 기체반응물 A가 2L/s의 속도로 부피 1L인 혼합반응기에 유입되고 있다. A는 $A → 3B$의 반응에 따라 분해되며, 전화율은 50%이다. 공간시간은 얼마인가?

① 0.5초   ② 1초

③ 1.5초   ④ 2초

$$τ = \frac{V}{v_0} = \frac{1L}{2L/s} = 0.5s$$

25 반응기에 대한 설명 중 옳지 않은 것은?

① 회분식 반응기에는 정압반응기가 있다.

② 혼합흐름반응기에서는 입구농도와 출구농도의 변화가 없다.

③ 이상적 관형 반응기에서 유체의 흐름은 플러그흐름이다.

④ 회분식 반응기에서는 위치에 따라 조성이 일정하다.

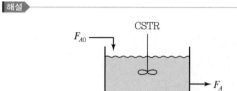

반응기 입구농도와 출구농도는 다르다.

26 $A → R, \ -r_A = kC_A$인 반응이 혼합반응기에서 50% 반응된다. 동일한 조건과 크기의 플러그흐름반응기에서 반응이 진행되면 전화율은 얼마가 되는가?(단, 정밀도계로 가정한다.)

① 0.333   ② 0.368

③ 0.632   ④ 0.667

• CSTR : $kτ = \dfrac{X_A}{1-X_A} = \dfrac{0.5}{1-0.5} = 1$

• PFR : $-\ln(1-X_A) = kτ$ $X_A = 0.632$

27 평균 체류시간이 같은 관형 반응기와 혼합흐름반응기에서 $A → R$로 표시되는 화학반응이 일어날 때 그 전화율이 서로 같다면 이 반응의 차수는 얼마인가?

① 0차   ② $\dfrac{1}{2}$차

③ 1차   ④ 2차

PFR과 CSTR은 0차일 때 전화율이 같다.

$C_{A0}X_A = kτ$

28 1차 액상반응이 진행되는 CSTR에서의 전화율에 대한 설명으로 가장 거리가 먼 것은?

① 초기 반응물 농도에 대한 사라진 농도의 비이다.

② 초기 반응물 몰유속에 대한 사라진 몰유속의 비이다.

③ 담쾰러 수(Damköhler)로 표시될 수 있다.

④ 속도상수와 공간시간의 합의 제곱으로 표시된다.

정답   23 ③   24 ①   25 ②   26 ③   27 ①   28 ④

$$kτ_m = \frac{X_A}{1-X_A} , X_A = \frac{Da}{1+Da}$$
$$↳ 담쾰러 수$$

29 Damköhler 수(Da)에 대한 설명으로 틀린 것은?

① 주어진 조건에 따라 $τk$ 또는 $τkC_{A0}$와 같이 표현된다.

② CSTR 반응기에서 전화율의 정도를 나타내는 지수로 활용된다.

③ 연속흐름반응기에서 일반적으로 Da가 크면 전화율이 크다.

④ Da를 이용하여 모든 반응기에서 얻을 수 있는 전화율을 쉽게 추산할 수 있다.

Da(담쾰러 수)

Da를 이용하면 연속흐름반응기에서 달성할 수 있는 전화율의 정도를 쉽게 추산할 수 있다.

1차 비가역반응 $Da = \frac{-r_{A0}V}{F_{A0}} = \frac{k_1 C_{A0} V}{v_o C_{A0}} = τk_1$

2차 비가역반응 $Da = \frac{-r_{A0}V}{F_{A0}} = \frac{k_2 C_{A0}^2 V}{v_o C_{A0}} = τk_2 C_{A0}$

$∴ Da < 0.1$이면 $X < 0.1$
$Da > 10$이면 $X > 0.9$

30 이상적 반응기 중 플러그흐름반응기에 대한 설명으로 틀린 것은?

① 반응기 입구와 출구의 몰속도가 같다.

② 정상상태 흐름 반응기이다.

③ 축방향의 농도구배가 없다.

④ 반응기 내의 온도구배가 없다.

PFR

• 정상상태 흐름
• 축방향의 농도구배는 없다.

$$\begin{matrix} C_{A0} & & C_A \\ F_{A0} & \longrightarrow & F_A \\ X_{A0}=0 & & X_A \end{matrix}$$

31 $A \to R$인 반응이 부피가 $0.1L$인 플러그흐름반응기에서 $-r_A = 50 C_A^2 \text{mol/L} \cdot \text{min}$로 일어난다. A의 초기농도 C_{A0}는 0.1mol/L이고 공급속도가 0.05L/min일 때 전화율은 얼마인가?

① 0.509   ② 0.609

③ 0.809   ④ 0.909

$C_{A0} = 0.1\text{mol/L} \quad A \to R$

$v_0 = 0.05\text{L/min} \quad -r_A = 50 C_A^2 \text{mol/L} \cdot \text{min}$

$τ = \frac{V}{v_0} = \frac{0.1L}{0.05\text{L/min}} = 2\text{min}$

(2차) $kτC_{A0} = \frac{X_A}{1-X_A}$

$(50)(2)(0.1) = \frac{X_A}{1-X_A}$

$∴ X_A = 0.909$

32 $A \to B$인 1차 반응에서 플러그흐름반응기의 공간시간(Space Time) $τ$를 옳게 나타낸 것은?(단, 밀도는 일정하고, X_A는 A의 전화율, k는 반응속도상수이다.)

① $τ = \frac{X_A}{1-X_A}$

② $τ = \frac{C_{A0}-C_A}{kC_A}$

③ $τ = \frac{-\ln(1-X_A)}{k}$

④ $τ = C_A + \ln(1-X_A)$

1차 반응

$$-\ln \frac{C_A}{C_{A0}} = -\ln(1-X_A) = kτ$$

33 다음과 같은 기상반응이 등온변용 플러그흐름반응기에서 이루어지고 있다. 반응기로 유입되는 Feed는 50%의 A와 50%의 불활성 물질로 구성되어 있다. A의 75%가 반응하는 데 소요되는 공간시간(Space Time)은 약 몇 초인가?

$$A \rightarrow P + Q, \ -r_A = \frac{1}{2} C_A \, \text{mol/L} \cdot \text{s}$$

① 1.5초 ② 2.1초
③ 3.4초 ④ 4.2초

해설

$$\tau = C_{A0} \int_0^{X_A} \frac{dX_A}{-r_A} = C_{A0} \int_0^{X_A} \frac{dX_A}{k C_{A0} \frac{(1 - X_A)}{(1 + \varepsilon_A X_A)}}$$

$$\varepsilon_A = y_{A0} \delta = (0.5)\left(\frac{2-1}{1}\right) = 0.5$$

$$\therefore \ \tau = \frac{1}{k}\left[(1 + \varepsilon_A)\ln\frac{1}{1 - X_A} - \varepsilon_A X_A\right]$$

$$= \frac{1}{0.5}\left[(1 + 0.5)\ln\frac{1}{0.25} - (0.5)(0.75)\right]$$

$$= 3.4\,\text{s}$$

34 80% 전화율을 얻는 데 필요한 공간시간이 4h인 혼합흐름반응기에서 3L/min을 처리하는 데 필요한 반응기 부피는 몇 L인가?

① 576 ② 720
③ 900 ④ 960

해설

$$\frac{3\text{L}}{\text{min}} \times \frac{60\text{min}}{1\text{hr}} \times 4\text{h} = 720\text{L}$$

35 반응차수가 1차인 반응의 반응물 A를 공간시간(Spacetime)이 같은 다음의 반응기에서 반응을 진행시킬 때 가장 유리한 반응기는?

① 이상혼합반응기
② 이상관형반응기
③ 이상관형반응기와 이상혼합반응기의 직렬 연결
④ 전화율에 따라 다르다.

해설

• 이상관형반응기(PFR)
$$k\tau = -\ln(1 - X_A)$$
• 이상혼합반응기(CSTR)
$$k\tau = \frac{X_A}{1 - X_A}$$

$n > 0$일 때 CSTR의 크기는 PFR보다 크다.
즉, 같은 부피일 때 PFR에서의 전환율이 크다.

[03] 단일반응기의 크기

1. 단일반응기의 크기 비교

1) 회분반응기(Batch Reactor)

① 장치비가 적게 들고 조업에 융통성(운전정지가 쉽고 빠름)이 있다.

② 인건비 취급비가 많이 들고, 반응기를 비우고 청소하고 다시 채우는 데 운전 정지시간이 길다.

③ 제품의 품질관리가 나쁘다.

④ 소량생산과 하나의 장치에서 여러 종류의 제품을 생산하는 데 적합하다.

🔆 TIP ∥∥∥∥∥∥∥∥∥∥∥∥∥∥∥∥∥∥

$\varepsilon = 0$에 대하여 회분반응기와 플러그 흐름반응기는 같은 시간 동안 반응하며, 주어진 작업에 필요한 반응기의 크기도 동일하다.

2) 혼합흐름반응기(CSTR)과 플러그흐름반응기(PFR)의 비교

$$-r_A = -\frac{1}{V}\frac{dN_A}{dt} = kC_A^n$$

$$\tau_m = \left(\frac{C_{A0}V}{F_{A0}}\right)_m = \frac{C_{A0}X_A}{-r_A} = \frac{X_A}{kC_{A0}^{n-1}}\frac{(1+\varepsilon_A X_A)^n}{(1-X_A)^n}$$

$$\tau_p = \left(\frac{C_{A0}V}{F_{A0}}\right)_p = C_{A0}\int_0^{X_A}\frac{dX_A}{-r_A} = \frac{1}{kC_{A0}^{n-1}}\int_0^{X_A}\frac{(1+\varepsilon_A X_A)^n}{(1-X_A)^n}dX_A$$

$$\therefore \frac{(\tau C_{A0}^{n-1})_m}{(\tau C_{A0}^{n-1})_p} = \frac{\left(\frac{C_{A0}^n V}{F_{A0}}\right)_m}{\left(\frac{C_{A0}^n V}{F_{A0}}\right)_p} = \frac{\left[X_A\left(\frac{1+\varepsilon_A X_A}{1-X_A}\right)^n\right]_m}{\left[\int_0^{X_A}\left(\frac{1+\varepsilon_A X_A}{1-X_A}\right)^n dX_A\right]_p}$$

밀도가 일정한 $\varepsilon_A = 0$인 경우에는 다음과 같은 식으로 나타낼 수 있다.

$$\frac{(\tau C_{A0}^{n-1})_m}{(\tau C_{A0}^{n-1})_p} = \frac{\left[\dfrac{X_A}{(1-X_A)^n}\right]_m}{\left[\dfrac{(1-X_A)^{1-n}-1}{n-1}\right]_p} \quad n \neq 1$$

$$\frac{(\tau C_{A0}^{n-1})_m}{(\tau C_{A0}^{n-1})_p} = \frac{\left(\dfrac{X_A}{1-X_A}\right)_m}{-\ln(1-X_A)_p} \quad n = 1$$

$n > 0$	CSTR의 크기 > PFR의 크기
	(V_m) (V_p)

① $n > 0$일 때 혼합흐름반응기의 크기는 항상 플러그흐름반응기의 크기보다 크다. 이 부피비는 반응차수가 증가할수록 커진다.

② 전화율이 클수록 부피비가 급격히 증가하므로 전화율이 높을 때에는 흐름 유형이 매우 중요하게 된다.

③ $n = 0$ $\dfrac{\tau_m}{\tau_p} = 1$

2차 반응을 생각해 보자.

$A + B \rightarrow$ 생성물

$M = C_{B0} / C_{A0}$

$-r_A = -r_B = kC_A C_B$

만일 반응물 비가 1이면 한 가지 성분의 2차 반응과 같은 거동을 한다.

$-r_A = kC_A C_B = kC_A^2,\ M = 1$

반면에 반응물 B가 과잉으로 사용된다면 농도는 많이 변하지 않고(즉 $C_B \cong C_{B0}$), 일정하다고 볼 수 있으므로 위의 반응은 한정성분 A에 대한 1차 반응 거동에 접근한다.

$-r_A = kC_A C_B = (kC_{B0})C_A = k'C_A \quad M \gg 1$

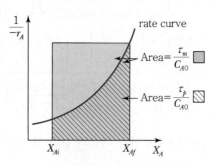

$\therefore V_{\mathrm{CSTR}} > V_{\mathrm{PFR}}$

▲ 혼합흐름반응기와 플러그흐름반응기의 성능비교

- 반응속도가 계속적으로 감소하여 평형이 되는 전형적인 경우($n > 0$인 모든 n차 반응)
- 주어진 작업을 수행하는 데 혼합흐름반응기가 플러그흐름반응기보다 항상 더 큰 부피를 필요로 한다.

2. 다중반응계

1) PFR(연속흐름반응기)

(1) 직렬연결

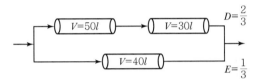

$$\text{Total Volume} = V = V_1 + V_2 + V_3 + \cdots + V_N$$

직렬로 연결된 N개의 PFR은 부피가 V인 한 개의 PFR과 같다. 즉, 동일한 전화율을 갖는다.

(2) 병렬연결 ▦

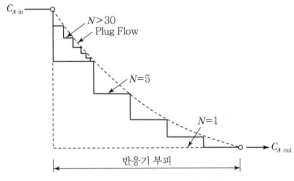

$$V_D = 80l$$

$$V_E = 40l$$

$$\left(\frac{V}{F}\right)_D = \left(\frac{V}{F}\right)_E$$

$$\frac{F_D}{F_E} = \frac{V_D}{V_E} = \frac{80l}{40l} = \frac{2}{1} = 2$$

(공급유량의 비 = 부피비)

① 직렬, 직렬 – 병렬로 연결된 플러그흐름반응기에 대하여 유체가 동일한 조성으로 만나도록 공급물을 분배시키는 경우에 전 체계를 각각의 총 부피와 같은 부피를 가진 한 개의 플러그흐름반응기로 취급할 수 있다.

② 병렬로 연결된 반응기들은 각각의 평행한 흐름에서 τ가 동일하여야 한다.

▲ N단 혼합흐름반응기와 단일혼합흐름반응기의 농도분포 비교

2) CSTR(혼합흐름반응기)

(1) 직렬연결

- 혼합흐름에서는 순간적으로 농도가 아주 낮게 떨어진다. 그러므로 $n>0$인 비가역 n차 반응과 같이 반응물의 농도가 증가함에 따라 반응속도가 증가하는 반응에 대해서는 플러그흐름반응기가 혼합흐름반응기보다 더 효과적이다.
  cf PFR에서는 반응물의 농도가 계를 통과하면서 점차로 감소

- N개의 동일한 크기의 CSTR을 직렬연결하면 반응기 수가 증가할수록 플러그흐름반응기에 근접한다. 밀도 변화를 무시하면 $\varepsilon_A = 0$이고 $\bar{t} = \tau$이다.

① 1차 반응

$$\tau_i = \frac{C_0 V_i}{F_0} = \frac{V_i}{v} = \frac{C_0(X_i - X_{i-1})}{-r_{Ai}}$$

$\varepsilon_A = 0$이므로 농도로 표시하면

$$\tau_i = \frac{C_0\left[(1 - C_i/C_0) - (1 - C_{i-1}/C_0)\right]}{k C_i} = \frac{C_{i-1} - C_i}{k C_i}$$

또는 $\dfrac{C_{i-1}}{C_i} = 1 + k\tau_i$가 된다.

$$C_N = \frac{C_0}{(1 + k\tau)^N}$$

공간시간 τ(체류시간 $\bar{t}$)는 부피가 V_i인 크기가 동일한 모든 반응기에 대해 같으므로 다음과 같이 구할 수 있다.

$$\frac{C_0}{C_N} = \frac{1}{1 - X_N} = \frac{C_0}{C_1} \cdot \frac{C_1}{C_2} \cdots \frac{C_{N-1}}{C_N} = (1 + k\tau_i)^N$$

$$\tau_N = \frac{N}{k}\left[\left(\frac{C_0}{C_N}\right)^{1/N} - 1\right]$$

$N \to \infty$인 극한에서는 PFR(플러그흐름)에 대한 식으로 변한다.

$$\tau_p = \frac{1}{k}\ln\frac{C_0}{C}$$

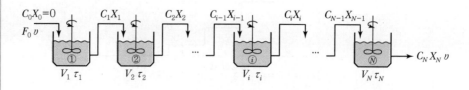

② 2차 반응

$$\frac{C_0}{C} = 1 + C_0 k\tau_p$$

- 가장 큰 변화는 한 개의 반응기계에 두 번째 반응기를 연결했을 때 일어난다.
- 두 번째 반응기를 첫 번째 반응기에 병렬로 연결하면 처리속도가 단지 2배가 된다.
- 직렬로 연결된 반응기의 수가 증가하면 주어진 전화율을 얻기 위한 이 계의 부피는 플러그흐름반응기의 부피에 근접한다.

(2) 직렬로 연결된 다른 크기의 혼합흐름반응기

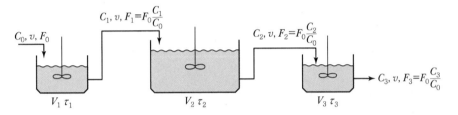

$\varepsilon = 0$

첫 번째 반응기에서 성분 A에 대하여

$$\tau_1 = \bar{t}_1 = \frac{V_1}{v} = \frac{C_0 - C_1}{(-r)_1} \text{ 또는 } -\frac{1}{\tau_1} = \frac{(-r)_1}{C_1 - C_0} \text{ 로 나타낼 수 있다.}$$

그러므로 일반식은 i번째 반응기에 대해 다음과 같이 나타낼 수 있다.

$$-\frac{1}{\tau_i} = \frac{(-r)_i}{C_i - C_{i-1}}$$

(3) 주어진 전화율에 대한 최상의 계 찾기

주어진 전화율을 달성하기 위하여 직렬로 연결된 두 개의 혼합흐름반응기의 크기를 최소화해야 한다.

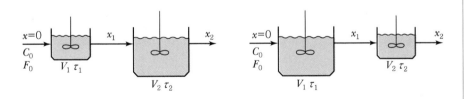

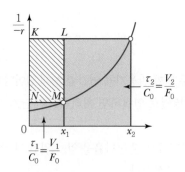

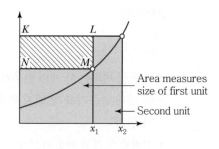

① 반응기 부피는 ☐ 의 총면적을 최소로 하면 작아지고, 이때의 직사각형 KLMN은 최대가 된다.

② 직렬로 연결된 두 개의 CSTR의 크기는 일반적으로 반응속도론과 전화율에 의해 결정된다.

> **Reference**
>
> **직렬로 연결된 두 개의 CSTR 크기** ▨▨▨
> - 1차 반응 : 동일한 크기의 반응기가 최적
> - $n > 1$인 반응 : 작은 반응기 → 큰 반응기 순서가 적합
> - $n < 1$인 반응 : 큰 반응기 → 작은 반응기 순서가 적합

③ 동일한 크기의 반응기계와 비교하면 최소 크기의 계의 이점은 아주 작으며, 전체적인 경제성을 고려할 때 동일한 크기의 반응기계가 권장된다.

3) 직렬로 연결된 다른 유형의 반응기

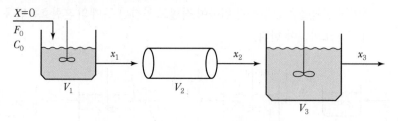

$$\frac{V_1}{F_0} = \frac{X_1 - X_0}{(-r)_1}, \quad \frac{V_2}{F_0} = \int_{X_1}^{X_2} \frac{dX}{-r}, \quad \frac{V_3}{F_0} = \frac{X_3 - X_2}{(-r)_3}$$

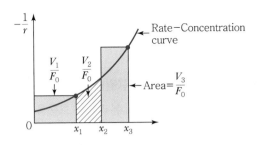

이상반응기 세트의 최적 배열 ▨▨▨

- 반응속도−농도곡선이 단조증가하는 반응($n > 0$인 n차 반응)에 대해서는 반응기들을 직렬로 연결해야 한다.
- 반응속도−농도곡선이 오목($n > 1$)하면 반응물의 농도를 가능한 한 크게, 볼록($n < 1$)하면 가능한 한 작게 배열한다.

> $n > 1$: PFR → 작은 CSTR → 큰 CSTR 순서로 배열
> $n < 1$: 큰 CSTR → 작은 CSTR → PFR 순서로 배열

4) 순환반응기 ▨▨▨

PFR(플러그흐름반응기)로부터 생성물 흐름을 분리하여 그중 일부를 반응기 입구로 순환시키는 것이 유리할 때가 있다.

이때 순환비 R(Recycle Ratio)은 다음과 같이 정의된다.

> 순환비 $R = \dfrac{\text{반응기 입구로 되돌아 가는 유체의 부피(환류량)}}{\text{계를 떠나는 부피}}$

순환비는 0에서 무한대까지 변화시킬 수 있으며 순환비를 증가시키면 플러그흐름($R = 0$)에서 혼합흐름($R = \infty$)으로 변화한다.

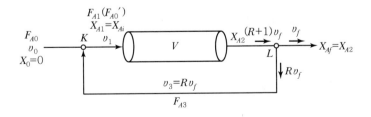

(1) 순환반응기

$$\frac{V}{F_{A0}{}'} = \int_{X_{A1}}^{X_{A2}=X_{Af}} \frac{dX_A}{-r_A}$$

$F_{A0}{}'$는 반응기에 들어가는 흐름(원래의 공급물과 순환물의 합)이 전화되기 전 A의 공급물 속도이다. L점에서 분리되는 흐름을 측정하면 다음과 같은 관계가 성립된다.

$$F_{A0}{}' = RF_{A0} + F_{A0} = (R+1)F_{A0}$$

$$X_{A1} = \frac{1 - C_{A1}/C_{A0}}{1 + \varepsilon_A C_{A1}/C_{A0}}$$

$$C_{A1} = \frac{F_{A1}}{v_1} = \frac{F_{A0} + F_{A3}}{v_0 + Rv_f} = \frac{F_{A0} + RF_{A0}(1-X_{Af})}{v_0 + Rv_0(1+\varepsilon_A X_{Af})}$$

$$= C_{A0}\left(\frac{1+R-RX_{Af}}{1+R+R\varepsilon_A X_{Af}}\right)$$

위의 두 식을 결합하면 다음과 같이 표현된다.

$$\therefore X_{A1} = \left(\frac{R}{R+1}\right)X_{Af}$$

(2) 순환반응기에 대한 성능식의 표현

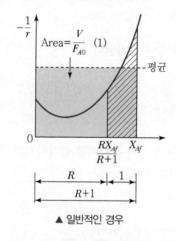 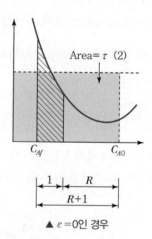

▲ 일반적인 경우 　　　▲ $\varepsilon = 0$인 경우

• $\varepsilon_A \neq 0$ 일반적인 경우

$$\frac{V}{F_{A0}} = (R+1)\int_{\left(\frac{R}{R+1}\right)X_{Af}}^{X_{Af}} \frac{dX_A}{-r_A} \quad (\varepsilon_A \neq 0)$$

- $\varepsilon = 0$인 경우 ◾◾◾

$$\tau = \frac{C_{A0}V}{F_{A0}} = -(R+1)\int_{\frac{C_{A0}+RC_{Af}}{R+1}=C_{Ai}}^{C_{Af}} \frac{dC_A}{-r_A}(\varepsilon_A = 0)$$

$$C_{Ai} = \frac{C_{A0}+RC_{Af}}{R+1}$$

◆ 순환반응기 ◾◾◾
- $R = 0$: PFR
- $R = \infty$: CSTR

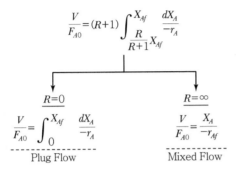

$$\frac{V}{F_{A0}} = (R+1)\int_{\frac{R}{R+1}X_{Af}}^{X_{Af}} \frac{dX_A}{-r_A}$$

$$\underline{R=0}$$

$$\frac{V}{F_{A0}} = \int_0^{X_{Af}} \frac{dX_A}{-r_A}$$

Plug Flow

$$\underline{R=\infty}$$

$$\frac{V}{F_{A0}} = \frac{X_A}{-r_{Af}}$$

Mixed Flow

① 1차 반응

$A \to$ 생성물

$\varepsilon_A = 0$인 경우 순환반응기의 식을 적분하면 다음과 같은 식이 성립한다.

$$\frac{k\tau}{R+1} = \ln\left[\frac{C_{A0}+RC_{Af}}{(R+1)C_{Af}}\right]$$

② 2차 반응

$2A \to$ 생성물

$-r_A = kC_A^2$ $\varepsilon_A = 0$인 경우 다음과 같은 식을 얻을 수 있다.

$$\frac{kC_{A0}\tau}{R+1} = \frac{C_{A0}(C_{A0}-C_{Af})}{C_{Af}(C_{A0}+RC_{Af})}$$

5) 자동촉매반응 ◾◾◾

회분식 반응기 n차$(n>0)$ 반응속도로 물질이 반응할 때 이 물질의 소모속도는 반응물의 농도가 높은 초기에는 빠르나, 반응물이 소모되면서 점차적으로 느려진다.

그러나 자동촉매반응에서는 처음에 생성물이 거의 존재하지 않으므로 반응속도가 아주 느리다가 생성물이 생기면서 최댓값까지 증가했다가 반응물이 소모되면서 다시 낮은 값으로 떨어진다.

$A + R \to R + R$

$$- r_A = kC_A{}^a C_R{}^r$$

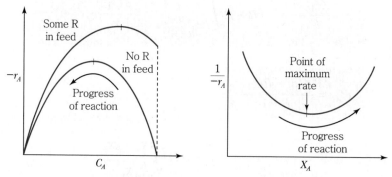

▲ 자동촉매반응의 전형적인 반응속도 대 농도곡선

예 유기공급물 + 미생물의 작용으로 일어나는 발효반응

① 순환이 없는 플러그흐름반응기(PFR)과 혼합흐름반응기(CSTR)의 비교 🔲🔲🔲
　　반응속도 vs 농도 곡선에서 면적을 비교하였을 때 최소부피의 반응기가 우수
　　한 반응기이다.

　　• 전화율이 낮을 때는 CSTR이 더 우수하다.

　　• 전화율이 충분히 높을 때는 PFR이 더 우수하다.

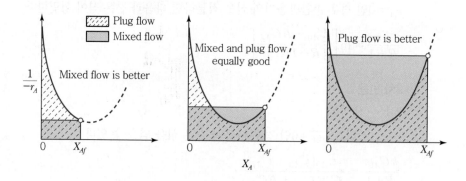

② 위와 같은 사실은 PFR이 항상 CSTR보다 효과적인 보통의 n차 반응($n > 0$)과
　　는 다르다. PFR을 순수한 반응물의 공급물로는 운전할 수 없으며, 이 경우 반
　　응물의 공급물에 계속 생성물을 첨가시켜야 하므로 순환반응기를 사용하는
　　것이 이상적이다.

③ 자동촉매반응은 전화율에 따라 반응기를 선택한다.

X_A가 낮을 때	X_A가 중간일 때	X_A가 높을 때
CSTR(MFR) 선택	PFR, CSTR 선택	PFR
$V_c < V_p$	$V_c \simeq V_p$	$V_c > V_p$

실전문제

01 플러그흐름반응기를 다음과 같이 연결할 때 D와 E에서 같은 전화율을 얻기 위해서는 D 쪽으로의 공급 속도분율 D/T는 어떻게 되어야 하는가?

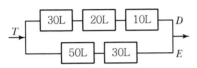

① 2/9

② 1/3

③ 3/7

④ 4/7

해설

$$\frac{D}{T} = \frac{30L + 20L + 10L}{30L + 20L + 10L + 50L + 30L} = \frac{6}{14} = \frac{3}{7}$$

02 다음과 같은 액상 1차 직렬반응이 관형 반응기와 혼합반응기에서 일어날 때 R 성분의 농도가 최대가 되는 관형 반응기의 공간시간 τ_p와 혼합반응기의 공간시간 τ_m에 관한 식으로 옳은 것은?

$$A \xrightarrow{k} R \xrightarrow{k} S, \ r_R = kC_A, \ r_S = kC_R$$

① $\frac{\tau_m}{\tau_p} > 1$

② $\frac{\tau_p}{\tau_m} > 1$

③ $\frac{\tau_p}{\tau_m} = 1$

④ $\frac{\tau_p}{\tau_m} = k$

해설

$k_1 = k_2 = k$이므로 $\frac{\tau_p}{\tau_m} = 1$

03 크기가 다른 두 혼합흐름반응기를 직렬로 연결한 반응기에 대한 설명으로 옳지 않은 것은?(단, n은 반응차수를 의미한다.)

① $n > 1$인 반응에서는 작은 반응기가 먼저 와야 한다.

② $n < 1$인 반응에서는 큰 반응기가 먼저 와야 한다.

③ 두 반응기의 크기 비는 일반적으로 반응속도와 전화율에 따른다.

④ 1차 반응에서는 다른 크기의 반응기가 이상적이다.

해설

1차 반응
동일한 크기의 반응기가 최적
• $n > 1$: 작은 반응기 → 큰 반응기 순서가 적합
• $n < 1$: 큰 반응기 → 작은 반응기 순서가 적합

04 다음과 같은 자동촉매 반응에 대한 전형적인 반응속도-농도 그래프를 나타낸 것은?

$$A + R \rightarrow R + R$$

①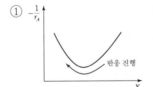

②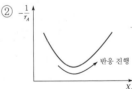

③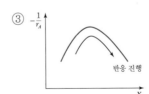

④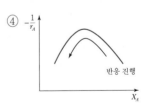

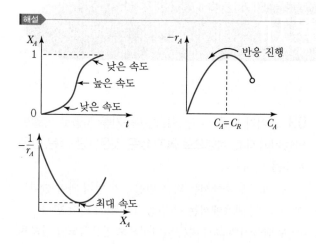

06 어떤 반응의 반응속도 $-r_A$와 농도 C_A와의 관계를 그림에 표시하였다. 다음 설명 중 틀린 것은?

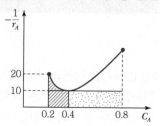

① 사용해야 할 반응기는 Plug Flow Reactor와 Mixed Flow Reactor이다.

② 반응기의 총 부피를 최소화하기 위해서는 플러그흐름 반응기 → 혼합흐름반응기 순으로 배치해야 한다.

③ Mixed Reactor의 Space Time은 4초이다.

④ 최대 효율을 가진 Reactor는 Separator가 장치된 Mixed Flow Reactor이다.

- 농도 0.4~0.2까지 PFR
- 농도 0.8~0.4까지 CSTR(MFR)

$$\tau = \frac{V}{v_o} = \frac{C_{A0}}{F_{A0}}V = \frac{C_{A0}X_A}{-r_A} = \frac{C_{A0}-C_A}{-r_A}$$
$$= 10(0.8-0.4) = 4s$$

05 관형 반응기를 다음과 같이 연결하였을 때 A 쪽 반응기들의 전화율과 B 쪽 반응기들의 전화율이 같기 위한 B 쪽으로의 전체 공급속도에 대한 분율은 얼마인가?

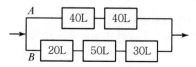

① $\dfrac{4}{5}$ ② $\dfrac{1}{3}$

③ $\dfrac{3}{7}$ ④ $\dfrac{5}{9}$

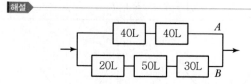

$$\frac{V_A}{F_A} = \frac{V_B}{F_B} \left(\begin{array}{l} V_A = 40+40 = 80l \\ V_B = 20+50+30 = 100l \end{array} \right)$$

$$\frac{80}{F_A} = \frac{100}{F_B} \rightarrow \frac{F_A}{F_B} = \frac{80}{100} = \frac{4}{5}$$

$$\therefore F_A = \frac{4}{5}F_B$$

$$F_T = F_A + F_B = \frac{9}{5}F_B$$

$$\therefore F_B = \frac{5}{9}F_T$$

07 $A \rightarrow R$ 반응의 속도식이 $-r_A = 1\text{mol/L} \cdot \text{s}$로 표현된다. 순환식 반응기에서 순환비를 3으로 반응시켰더니 출구 농도 C_{Af}가 5mol/L가 되었다. 원래 공급물에서의 A 농도가 10mol/L, 반응물의 공급속도가 10mol/s라면 반응기의 체적은 얼마인가?

① 3.0L   ② 4.0L

③ 5.0L   ④ 6.0L

$$\frac{V}{F_{A0}} = (R+1)\int_{\left(\frac{R}{R+1}\right)X_{Af}}^{X_{Af}} \frac{dX_A}{-r_A}$$

$-r_A = 1\text{mol/L} \cdot \text{s}, \ F_{A0} = 10\text{mol/s}, \ R = 3$

$C_{Af} = C_{A0}(1 - X_{Af})$

$5 = 10(1 - X_{Af}) \quad X_{Af} = 0.5$

$$\therefore \frac{V}{10\,\text{mol/s}} = (3+1)\int_{\frac{3}{4}\times 0.5}^{0.5} 1\,dX_A$$

$$\therefore V = 10(3+1)\left[0.5 - \frac{3}{4}\times 0.5\right] = 5\text{L}$$

---

08 액상 비가역 2차 반응 $A \rightarrow B$를 그림과 같이 순환비 R의 환류식 플러그흐름반응기에서 연속적으로 진행시키고자 한다. 이때 반응기 입구에서의 A의 농도 C_{Ai}를 옳게 표현한 식은?

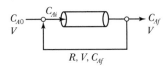

① $C_{Ai} = \dfrac{RC_{Af} + C_{A0}}{R+1}$

② $C_{Ai} = \dfrac{C_{Af} + RC_{A0}}{R+1}$

③ $C_{Ai} = RC_{Af} + C_{A0}$

④ $C_{Ai} = C_{Af} + RC_{A0}$

> **해설**
>
> $F_{A0} + RF_{Af} = F_{Ai}$
> $C_{A0}V + RC_{Af}V = C_{Ai}V_i = C_{Ai}(R+1)V$
>
> $C_{Ai} = \dfrac{RC_{Af} + C_{A0}}{R+1}$

---

09 자기 촉매반응에서 목표 전화율이 반응속도가 최대가 되는 반응 전화율보다 낮을 때 사용하기에 유리한 반응기는?(단, 반응 생성물의 순환이 없는 경우이다.)

① 혼합반응기
② 플러그반응기
③ 직렬 연결한 혼합반응기와 플러그반응기
④ 병렬 연결한 혼합반응기와 플러그반응기

> **해설**
>
> • 전화율이 낮을 때 : CSTR
> • 전화율이 중간일 때 : CSTR, PFR
> • 전화율이 높을 때 : PFR

---

10 $A \rightarrow P$ 1차 액상 반응이 부피가 같은 N개의 직렬 연결된 완전혼합 흐름 반응기에서 진행될 때 생성물의 농도 변화를 옳게 설명한 것은?

① N이 증가하면 생성물의 농도가 점진적으로 감소하다 다시 증가한다.
② N이 작으면 체적합과 같은 관형 반응기 출구의 생성물 농도에 접근한다.
③ N은 체적합과 같은 관형 반응기 출구의 생성물 농도에 무관하다.
④ N이 크면 체적합과 같은 관형 반응기 출구의 생성물 농도에 접근한다.

> **해설**
>
> CSTR N개의 직렬 연결
> $N \rightarrow \infty$이면 PFR과 같다.

---

11 어떤 액상 반응의 반응속도식이 $r = 0.253\,C_A$ mol/cm$^3 \cdot$ min이다. 2개의 2.5L Mixed Flow Reactor를 직렬로 연결해서 사용할 경우 전화율을 구하면?(단, C_A는 반응물의 농도를 나타내며, 공급속도는 400cm^3/min 이다.)

① 73%   ② 78%

③ 80%   ④ 85%

> **해설**
>
> $-r_A = 0.253\,C_A$, $v_0 = 400$cm^3/min
> 부피가 2.5L인 반응기 2개
>
> $X_{Af} = 1 - \dfrac{1}{(1+\tau k)^N}$
>
> 여기서, N : 반응기 개수
>
> $\tau = \dfrac{V}{v_0} = \dfrac{2500\text{cm}^3}{400\text{cm}^3/\text{min}} = 6.25$min
>
> $X_{Af} = 1 - \dfrac{1}{(1+6.25\times 0.253)^2} \fallingdotseq 0.85(85\%)$

정답 ▶ 08 ① 09 ① 10 ④ 11 ④

12 그림과 같이 3개의 플러그흐름반응기를 2개는 직렬로 연결한 뒤 다시 나머지 하나와 병렬로 연결된 반응조가 있다. 이때 반응물 A를 F_{A0}(mol/min)으로 F지점에서 공급했을 때 D와 E로 보내지는 반응물의 몰유량 $F_{A0, D}$와 $F_{A0, E}$를 옳게 나타낸 것은?(단, 반응이 완결된 뒤에 G지점에서의 전화율은 동일하다.)

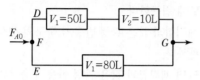

① $F_{A0, D} = \dfrac{3}{4}F_{A0}$, $F_{A0, E} = \dfrac{1}{4}F_{A0}$

② $F_{A0, D} = \dfrac{3}{7}F_{A0}$, $F_{A0, E} = \dfrac{4}{7}F_{A0}$

③ $F_{A0, D} = 3F_{A0}$, $F_{A0, E} = 4F_{A0}$

④ $F_{A0, D} = 3F_{A0}$, $F_{A0, E} = 1F_{A0}$

해설

$F_{A0} = 60 + 80 = 140$L

$F_{A0, D} = 60$L

$F_{A0, E} = 80$L

13 액상 반응을 위해 다음과 같이 CSTR 반응기를 연결하였다. 이 반응의 반응 차수는?

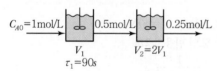

① 1

② 1.5

③ 2

④ 2.5

해설

CSTR 액상 반응

$\tau_1 = 90$

$\tau_2 = 2V_1$이므로 $\tau_2 = 180$s가 된다.

이 반응을 0, 1차로 예상하면 알맞지 않으므로 2차로 예상한다.

$$k\tau C_{A0} = \frac{X_A}{(1-X_A)^2}$$

$$k_1 = \frac{0.5}{90 \times 1 \times (1-0.5)^2} = 0.022 \text{L/mol} \cdot \text{s}$$

$$k_2 = \frac{0.5}{180 \times 0.5 \times (1-0.5)^2} = 0.022 \text{L/mol} \cdot \text{s}$$

$k_1 = k_2$이므로 이 반응의 차수는 2차가 된다.

[별해]

$$k\tau C_{A0}{}^{n-1} = \frac{X_A}{(1-X_A)^n}$$

$$k \times 90 \times 1 = \frac{0.5}{(1-0.5)^n}$$

$$k \times 180 \times 0.5^{n-1} = \frac{0.5}{(1-0.5)^n}$$

$$k \times 90 = k \times 180 \times 0.5^{n-1}$$

$$\therefore \ n = 2 \text{차}$$

14 일정한 온도로 조작되고 있는 순환비가 3인 순환플러그흐름반응기에서 1차 액체반응 $A \to R$이 40%까지 전환되었다. 만일 반응계의 순환류를 폐쇄시켰을 경우 전화율은 얼마인가?(단, 다른 조건은 그대로 유지한다.)

① 0.26　　　　② 0.36

③ 0.46　　　　④ 0.56

해설

$R = 3$, $X_A = 0.4 \to$ 순환류 폐쇄

$R \to 0$이므로 PFR에 접근

$$\frac{\tau_p}{C_0} = \frac{V_p}{F_{A0}} = (R+1)\int_{X_{Ai}}^{X_{Af}}\frac{dX_A}{-r_A}$$

$$= 4\int_{X_{Ai}}^{X_{Af}}\frac{dX_A}{kC_{A0}(1-X_A)}$$

$$= \frac{4}{kC_{A0}}\left[-\ln\frac{(1-X_{Af})}{(1-X_{Ai})}\right] = \frac{4}{kC_{A0}}\left(-\ln\frac{0.6}{0.7}\right)$$

여기서 $X_{Ai} = \dfrac{R}{R+1} X_{Af} = \dfrac{3}{3+1} \times 0.4 = 0.3$

$X_{Af} = 0.4$

$\therefore k\tau_p = 4\left(-\ln\dfrac{0.6}{0.7}\right) = 0.617$

1차 PFR

$-\ln(1-X_A) = k\tau_p = 0.617 \quad \therefore X_A = 0.46$

15 반응기 부피를 구하기 위하여 그린 다음 그림은 어떤 반응기를 연결한 것인가?(단, $-r_A$는 반응물 A의 반응 속도, X_A는 전화율이다.)

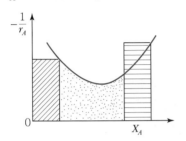

① Plug−Mixed−Plug

② Recycle−Plug−Mixed

③ Mixed−Plug−Mixed

④ Mixed−Recycle Mixed−Mixed

해설

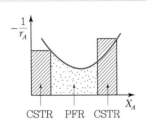

16 비가역 1차 액상 반응 $A \rightarrow P$를 직렬로 연결된 2개의 CSTR에서 진행시킬 때 전체 반응기 부피를 최소화하기 위한 조건에 해당하는 것은?(단, 첫 번째와 두 번째 반응기의 부피는 각각 V_{c1}, V_{c2}이다.)

① $V_{c1} = 2V_{c2}$ ② $2V_{c1} = V_{c2}$

③ $3V_{c1} = V_{c2}$ ④ $V_{c1} = V_{c2}$

해설

CSTR을 직렬연결하는 방법

• 1차 반응 : 동일한 부피의 CSTR 사용

• $n > 1$: 작은 반응기 → 큰 반응기

• $n < 1$: 큰 반응기 → 작은 반응기

17 직렬로 연결된 2개의 혼합반응기에 다음과 같은 액상반응이 진행될 때 두 반응기의 체적 V_1과 V_2의 합이 최소가 되는 체적비 V_1/V_2에 관한 설명으로 옳은 것은?(단, V_1는 앞에 설치된 반응기의 체적이다.)

$$A \rightarrow R(-r_A = kC_A^n)$$

① $0 < n < 1$이면 V_1/V_2는 항상 1보다 작다.

② $n = 1$이면 V_1/V_2는 항상 1이다.

③ $n > 1$이면 V_1/V_2는 항상 1보다 크다.

④ $n > 0$이면 V_1/V_2는 항상 1이다.

해설

• $n = 1$: 동일한 크기의 반응기가 최적($V_1 = V_2$)

• $n > 1$: 작은 반응기 → 큰 반응기

• $n < 1$: 큰 반응기 → 작은 반응기

18 반응차수 n이 1보다 큰 경우 이상반응기의 가장 효과적인 배열 순서는?(단, 플러그흐름반응기와 작은 혼합흐름반응기의 부피는 같다.)

① 플러그흐름반응기 → 큰 혼합흐름반응기 → 작은 혼합흐름반응기

② 큰 혼합흐름반응기 → 작은 혼합흐름반응기 → 플러그흐름반응기

③ 플러그흐름반응기 → 작은 혼합흐름반응기 → 큰 혼합흐름반응기

④ 작은 혼합흐름반응기 → 플러그흐름반응기 → 큰 혼합흐름반응기

해설

• $n > 1$: PFR → 작은 CSTR → 큰 CSTR

• $n < 1$: 큰 CSTR → 작은 CSTR → PFR

19 다음의 액체상 1차 반응이 Plug Flow 반응기(PFR)와 Mixed Flow 반응기(MFR)에서 각각 일어난다. 반응물 A의 전화율을 똑같이 80%로 할 경우 필요한 MFR의 부피는 PFR 부피의 약 몇 배인가?

$$A \rightarrow R, \ r_A = -kC_A$$

① 5.0　　　　② 2.5
③ 0.5　　　　④ 0.2

해설

액상 1차 반응 $x = 0.8$

- MFR(CSTR) : $k\tau_1 = \dfrac{X_A}{1 - X_A}$
- PER : $k\tau_2 = -\ln(1 - X_A)$

$\dfrac{k\tau_2}{k\tau_1} = \dfrac{-\ln(1 - X_A)}{\dfrac{X_A}{1 - X_A}} = \dfrac{-\ln(1 - 0.8)}{\dfrac{0.8}{0.2}} = 0.4$

$\tau_2 = \tau_1(0.4)$

$\therefore \ V_2 = V_1 \times 0.4$

$\therefore \ V_1 = 2.5 V_2$이므로 MFR이 PFR보다 2.5배 커야 한다.

20 자동촉매반응(Autocatalytic Reaction)에 대한 설명으로 옳은 것은?

① 전화율이 작을 때는 관형흐름반응기가 유리하다.
② 전화율이 작을 때는 혼합흐름반응기가 유리하다.
③ 전화율과 무관하게 혼합흐름반응기가 항상 유리하다.
④ 전화율과 무관하게 관형흐름반응기가 항상 유리하다.

해설

- 전화율이 작을 때 : CSTR
- 전화율이 중간일 때 : CSTR≒PFR
- 전화율이 클 때 : PFR

21 순환식 반응기에 대한 설명으로 옳은 것은?

① 순환비는 $\dfrac{\text{계를 떠난 양}}{\text{환류량}}$으로 표현된다.
② 순환비는 ∞인 경우, 성능식은 혼합흐름식 반응기와 같게 된다.
③ 반응기 출구에서의 전화율과 반응기 입구에서의 전화율의 비는 용적 변화율에 영향을 받는다.
④ 반응기 입구에서의 농도는 용적 변화율에 무관하다.

해설

순환비 $= \dfrac{\text{반응기 입구로 되돌아가는 유체의 양(환류량)}}{\text{계를 떠나는 양}}$

- 순환비 → 0 : PFR
- 순환비 → ∞ : CSTR

22 그림과 같이 직렬로 연결된 혼합흐름반응기에서 액상 1차 반응이 진행될 때 입구의 농도가 C_0이고 출구의 농도가 C_2일 경우 총 부피가 최소로 되기 위한 조건이 아닌 것은?

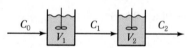

① $C_1 = \sqrt{C_0 C_2}$　　　　② $\dfrac{d(\tau_1 + \tau_2)}{dC_1} = 1$
③ $\tau_1 = \tau_2$　　　　④ $V_1 = V_2$

해설

$\dfrac{C_{i-1}}{C_i} = 1 + k\tau_i$

$\dfrac{C_{A0}}{C_{A1}} = 1 + k\tau_1$

$\dfrac{C_{A1}}{C_{A2}} = 1 + k\tau_2$

$C_{A1} = \sqrt{C_{A0} C_{A2}}$

$V_1 = V_2$

$\tau_1 = \tau_2$

23 다음의 액상균일반응을 순환비가 1인 순환식 반응기에서 반응시킨 결과 반응물 A의 전화율이 50%이었다. 이 경우 순환 Pump를 중지시키면 이 반응기에서 A의 전화율은 얼마인가?

$$A \rightarrow B, \quad r_A = -kC_A$$

① 45.6%　　　　② 55.6%

③ 60.6%　　　　④ 66.6%

해설

$$X_{Ai} = \frac{R}{R+1} X_{Af} = \frac{1}{2} \times 0.5 = 0.25$$

$$\frac{\tau}{C_{A0}} = \frac{V_p}{F_{A0}} = (R+1) \int_{X_{Ai}}^{X_{Af}} \frac{dX_A}{-r_A}$$

$$= 2 \int_{0.25}^{0.5} \frac{dX_A}{kC_{A0}(1-X_A)}$$

$$k\tau = -2\ln(1-X_A)\Big|_{0.25}^{0.5} = 0.812$$

순환 Pump 중지

PFR

$$-\ln(1-X_A) = k\tau_p$$

$$-\ln(1-X_A) = 0.812$$

$$\therefore X_A = 0.556(55.6\%)$$

24 평균 체류시간이 같은 관형 반응기와 혼합반응기에서 다음과 같은 화학반응이 일어날 때 관형 반응기의 전화율 X_P와 혼합반응기의 전화율 X_m의 비 $\dfrac{X_P}{X_m}$가 다음 중 가장 큰 반응차수는?

$$A \rightarrow B, \quad -r_A = -kC_A^{\,n}$$

① 0차　　　　② $\dfrac{1}{2}$차

③ 1차　　　　④ 2차

해설

- $n = 0$, $\dfrac{X_P}{X_m} = 1$
- $n > 0$, $\dfrac{X_P}{X_m}$가 증가 → 차수가 커질수록 $\dfrac{X_P}{X_m}$가 증가한다.

25 반응속도, 공간속도 및 공간시간에 대한 설명 중 틀린 것은?

① 공간시간이 커질수록 플러그흐름반응기 형태에 가까워진다.

② 공간속도가 커지면 생성물 농도가 낮아진다.

③ 자동촉매반응에서 반응물과 생성물의 농도가 같은 곳에서 최대 반응속도를 갖는다.

④ 공간시간과 체재시간이 항상 같지는 않다.

해설

① τ(공간시간)가 커질수록 CSTR에 가까워진다. (같은 전화율에서 $\tau_p = \tau_m$)

② S(공간속도)가 커지면 τ가 작아져($\tau = \dfrac{1}{S}$) X_A가 낮아지므로 생성물의 농도가 낮아진다.

26 기초 2차 액상 반응 $2A \rightarrow 2R$을 순환비가 2인 등온 플러그흐름반응기에서 반응시킨 결과 50%의 전화율을 얻었다. 동일 반응에서 순환류를 폐쇄시킨다면 전화율은?

① 0.6　　　　② 0.7

③ 0.8　　　　④ 0.9

해설

$$\frac{\tau_p}{C_{A0}} = (R+1) \int_{X_{Ai}}^{X_{Af}} \frac{dX_A}{-r_A} \text{ (순환반응기)}$$

$$X_{Ai} = \frac{R}{R+1} X_{Af} = \frac{2}{2+1}(0.5) = \frac{1}{3}$$

$$\frac{\tau_p}{C_{A0}} = 3 \int_{\frac{1}{3}}^{0.5} \frac{dX_A}{kC_{A0}^2(1-X_A)^2}$$

$$k\tau_p C_{A0} = 3\left[\frac{1}{1-X_A}\right]_{\frac{1}{3}}^{0.5} = 1.5$$

PFR(순환류 폐쇄)

$$\text{2차 } k\tau_p C_{A0} = \frac{X_A}{1-X_A}$$

$$1.5 = \frac{X_A}{1-X_A}$$

$$\therefore X_A = 0.6$$

27 PFR 반응기에서 순환비 R을 무한대로 하면 일반적으로 어떤 현상이 일어나는가?

① 전화율이 증가한다.

② 공간시간이 무한대가 된다.

③ 대용량의 PFR과 같게 된다.

④ CSTR과 같게 된다.

> **해설**

- $R \rightarrow 0$: PFR

- $R \rightarrow \infty$: CSTR

28 1개의 혼합흐름반응기에 크기가 2배 되는 반응기를 추가로 직렬로 연결하여 A 물질을 액상 분해반응시켰다. 정상상태에서 원료의 농도가 1mol/L이고, 제1반응기의 평균공간시간이 96초였으며 배출농도가 0.5 mol/L였다. 제2반응기의 배출농도가 0.25mol/L일 경우 반응속도식은?

① $1.25\,C_A^2\,\mathrm{mol/L \cdot min}$

② $3.0\,C_A^2\,\mathrm{mol/L \cdot min}$

③ $2.46\,C_A^2\,\mathrm{mol/L \cdot min}$

④ $4.0\,C_A^2\,\mathrm{mol/L \cdot min}$

> **해설**

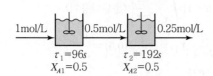

$$\tau_1 = 96s \qquad \tau_2 = 192s$$
$$X_{A1} = 0.5 \qquad X_{A2} = 0.5$$

$\tau k C_{A0}^{n-1} = \dfrac{X_A}{(1-X_A)^n}$ 에 넣어 확인한다.

2차로 예상

$96k_1 = 2 \cdots k_1 = 0.021$

$192k_2(0.5) = 2 \cdots k_2 = 0.021$

$\therefore -r_A = 0.021\,C_A^2\,\mathrm{mol/L \cdot s}$

$\qquad = 1.25\,C_A^2\,\mathrm{mol/L \cdot min}$

[별해]

$96k = \dfrac{0.5}{(1-0.5)^n}$, $192k(0.5)^{n-1} = \dfrac{0.5}{(1-0.5)^n}$

$96k = 192k(0.5)^{n-1}$

$0.5 = (0.5)^{n-1}$

$\therefore n = 2$차

03 반응기와 반응운전 효율화

[01] 복합반응

1. 평행반응

1)

A < $\xrightarrow{k_1}$ R(원하는 생성물)

$\xrightarrow{k_2}$ S(원하지 않는 생성물)

반응속도식은 다음과 같다.

$$r_R = \frac{dC_R}{dt} = k_1 C_A{}^{a_1}$$

$$r_S = \frac{dC_S}{dt} = k_2 C_A{}^{a_2}$$

R과 S의 상대적인 생성속도의 비를 구하고, 그 비를 가능한 한 크게 하고자 한다.

$$\frac{r_R}{r_S} = \frac{dC_R}{dC_S} = \frac{k_1}{k_2} C_A{}^{a_1 - a_2}$$

(1) $a_1 > a_2$(원하는 반응 > 원하지 않는 반응)

선택도 $\dfrac{R}{S}$ 의 비를 높이려면 반응물의 농도가 높아져야 한다. R을 생성하기 위해서는 회분반응기나 플러그흐름반응기가 좋다.

(2) $a_1 < a_2$(원하는 반응 < 원하지 않는 반응)

원하는 반응이 원하지 않는 반응보다 반응차수가 낮은 경우 R을 생성하기 위해서는 반응물의 농도가 낮아야 한다. 따라서 큰 혼합흐름반응기를 사용해야 한다.

(3) $a_1 = a_2$

두 반응의 반응차수가 같으므로

$$\frac{r_R}{r_S} = \frac{dC_R}{dC_S} = \frac{k_1}{k_2} = 상수$$

그러므로 반응기의 유형에는 무관하며 k_1 / k_2에 의해 결정된다.

💡 TIP

A $\xrightarrow[\substack{2 \\ 3}]{1}$ $\begin{matrix} R\text{(Desired)} \\ S \\ T \end{matrix}$

$E_1 > E_2,\ E_1 < E_3$
$k_1 = k_{10} e^{-E_1/RT}$

$E_1 > E_2$이면 고온, $E_1 < E_3$이면 저온이므로 가장 유리한 생성물 분모를 얻는 온도

$$\frac{1}{T_{opt}} = \frac{R}{E_3 - E_2} \ln\left(\frac{E_3 - E_1}{E_1 - E_2} \frac{k_{30}}{k_{20}} \right)$$

[k_1/k_2를 변화시키는 방법]

① 운전 온도를 변화시키는 방법으로 두 반응의 E_a(활성화 에너지)가 서로 다르면 k_1/k_2를 변화시킬 수 있다.

② 촉매를 사용하는 방법

(4) 농도 조절 ⬛⬛⬛

① C_A를 높게 유지하는 방법

- 회분식 반응기, 플러그흐름반응기(PFR) 사용
- X_A(전화율)을 낮게 유지
- 공급물에서 불활성 물질을 제거
- 기상계에서 압력을 증가

② C_A를 낮게 유지하는 방법

- CSTR(혼합흐름반응기) 사용
- X_A(전화율)을 높게 유지
- 공급물에서 불활성 물질 증가
- 기상계에서 압력 감소

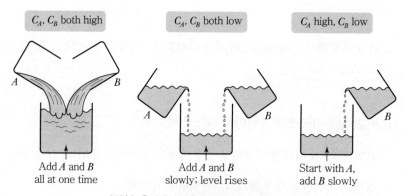

▲ 불연속 운전에서 반응물의 농도를 조절하는 방법

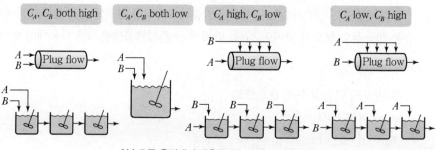

▲ 연속흐름 운전에서 반응물의 농도를 조절하는 방법

> **TIP**
>
> 평행반응에 있어서 반응물의 농도는 생성물의 분포를 조절하는 열쇠이다. 반응물의 농도가 높으면 고차의 반응에 유리하고, 반응물의 농도가 낮으면 저차의 반응에 유리하다. 반면 같은 차수의 반응인 경우 반응물의 농도가 생성물의 농도에 아무런 영향을 미치지 못한다.

2)

$$A+B \xrightarrow{k_1} R(\text{desired})$$
$$\xrightarrow{k_2} S$$

선택도 $S = \dfrac{r_R}{r_S} = \dfrac{dC_R}{dC_S} = \dfrac{k_1 C_A^{a_1} C_B^{b_1}}{k_2 C_A^{a_2} C_B^{b_2}} = \dfrac{k_1}{k_2} C_A^{a_1-a_2} C_B^{b_1-b_2}$

(1) $a_1 > a_2$, $b_1 > b_2$

    $C_A \uparrow$, $C_B \uparrow$

    ① Batch, PFR, 직렬로 연결된 CSTR

    ② 기상계에서 고압

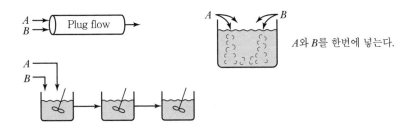

A와 B를 한번에 넣는다.

(2) $a_1 < a_2$, $b_1 < b_2$

    $C_A \downarrow$, $C_B \downarrow$

    ① 큰 CSTR에 A, B를 천천히 혼입한다.

    ② 기상계에서 저압

    ③ 불활성 물질을 넣는다.

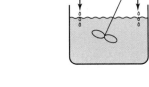

(3) $a_1 > a_2$, $b_1 < b_2$

    $C_A \uparrow$, $C_B \downarrow$

    많은 양의 A에 B를 천천히 넣는다.

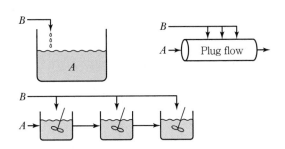

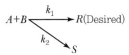

TIP ‖‖‖‖‖‖‖‖‖‖‖‖‖‖‖‖‖‖‖‖‖‖‖

평행반응에 대한 생성물 분포

$$A+B \xrightarrow{k_1} R(\text{Desired})$$
$$\xrightarrow{k_2} S$$

$\dfrac{dC_R}{dt} = 1.0 C_A^{1.5} C_B^{0.3}$

$\dfrac{dC_S}{dt} = 1.0 C_A^{0.5} C_B^{1.8}$

A와 B 흐름의 유량은 동일하게 반응기에 공급되고 각 흐름의 농도는 반응물에 대하여 20mol/L이다. $X_A = 90\%$일 때 C_R을 구하면

$\phi\left(\dfrac{R}{A}\right) = \dfrac{dC_R}{dC_R + dC_S}$

$\qquad = \dfrac{1.0 C_A^{1.5} C_B^{0.3}}{1.0 C_A^{1.5} C_B^{0.3} + 1.0 C_A^{0.5} C_B^{1.8}}$

$\qquad = \dfrac{C_A}{C_A + C_B^{1.5}} \ (C_A = C_B)$

$\qquad = \dfrac{1}{1 + C_A^{0.5}}$

㉠ PFR

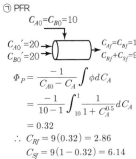

$\Phi_P = \dfrac{-1}{C_{A0} - C_A} \displaystyle\int \phi \, dC_A$

$\qquad = \dfrac{-1}{10 - 1} \displaystyle\int_{10}^{1} \dfrac{1}{1 + C_A^{0.5}} dC_A$

$\qquad = 0.32$

$\therefore C_{Rf} = 9(0.32) = 2.86$

$\quad\ C_{Sf} = 9(1 - 0.32) = 6.14$

㉡ CSTR

$\Phi_m = \dfrac{1}{1 + C_A^{0.5}} = 0.5$

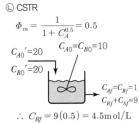

$\therefore C_{Rf} = 9(0.5) = 4.5 \text{mol/L}$

$\quad\ C_{Sf} = 9(1 - 0.5) = 4.5 \text{mol/L}$

(4) $a_1 < a_2$, $b_1 > b_2$

$C_A \downarrow$, $C_B \uparrow$

많은 양의 B에 A를 천천히 넣는다.

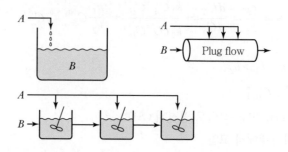

TIP

평행반응에 대한 운전의 최적조건

$A \swarrow^R_{\searrow^S_T}$

$r_R = 1$

$r_S = 2\,C_A$ (원하는 반응)

$r_T = C_A{}^2$

$C_{A0} = 2\,\mathrm{mol/L}$

$\phi(S/A) = \dfrac{dC_S}{dC_R + dC_S + dC_T}$

$\qquad = \dfrac{2\,C_A}{1 + 2\,C_A + C_A{}^2}$

$\qquad = \dfrac{2\,C_A}{(1 + C_A)^2}$

최댓값

$\dfrac{d\phi}{dC_A} = \dfrac{d}{dC_A}\left[\dfrac{2\,C_A}{(1 + C_A)^2}\right] = 0$

$C_A = 1$에서 $\phi = 0.5$

- CSTR

$C_{Sf} = \phi(S/A)(-\Delta C_A)$

$\qquad = \dfrac{2\,C_A}{(1 + C_A)^2}(C_{A0} - C_A)$

$\dfrac{dC_{Sf}}{dC_A}$

$= \dfrac{d}{dC_A}\left[\dfrac{2\,C_A}{(1 + C_A)^2}(2 - C_A)\right]$

$= 0$

$C_{Af} = \dfrac{1}{2}$에서 $C_{Sf} = \dfrac{2}{3}$

- PFR

$C_{Sf} = -\displaystyle\int_{C_{A0}}^{C_{Af}}\phi\left(\dfrac{S}{A}\right)dC_A$

$C_{Af} = 0$에서 $C_{Sf} = 0.867$

3) 수율

(1) 수율(생성물 분포와 반응기 크기의 결정)

> - 순간수율 $\phi = \left(\dfrac{\text{생성된 } R\text{의 몰수}}{\text{반응한 } A\text{의 몰수}}\right) = \dfrac{dC_R}{-dC_A}$
>
> - 총괄수율 $\Phi = \left(\dfrac{\text{생성된 전체 } R}{\text{반응한 전체 } A}\right) = \dfrac{C_{Rf} - C_{R0}}{C_{A0} - C_{Af}} = \dfrac{C_{Rf}}{-\Delta C_A} = \overline{\phi}$

순간수율은 C_A의 함수이므로 반응기를 통해 C_A는 변하므로 순간수율도 변한다. 따라서 반응한 전체 A중에서 R로 전화한 분율을 총괄수율이라 하며 이는 모든 순간수율의 평균이 된다. 반응기 출구에서 생성물의 분포를 나타내는 것이 총괄수율이므로 반응기 흐름 유형에 따라 적절한 ϕ의 평균을 구해 보자.

- PFR : $\Phi_p = \dfrac{-1}{C_{A0} - C_A}\displaystyle\int_{C_{A0}}^{C_{Af}}\phi\,dC_A = \dfrac{1}{\Delta C_A}\displaystyle\int_{C_{A0}}^{C_{Af}}\phi\,dC_A$

- CSTR(MFR) : 어디에서나 조성이 C_{Af}이므로 ϕ는 반응기 내에서 일정하다.

$\Phi_m = \phi_{C_{Af}}$

A의 농도가 C_{A0}에서 C_{Af}까지 변하는 혼합흐름반응기와 플러그흐름반응기에서의 총괄수율은 다음과 같다.

$\Phi_m = \left(\dfrac{d\Phi_p}{dC_A}\right)_{C_A = C_{Af}} \qquad \Phi_p = \dfrac{1}{\Delta C_A}\displaystyle\int_{C_{A0}}^{C_{Af}}\Phi_m\,dC_A$

(2) 선택도(S) ▨▨▨

$$\text{선택도} = \frac{\text{원하는 생성물이 형성된 몰수}}{\text{원하지 않는 생성물이 형성된 몰수}} = \frac{dC_R}{dC_S}$$

◈ 선택도(S) ▨▨▨

$S = \dfrac{r_R}{r_S} = \dfrac{dC_R}{dC_S}$

여기서, R : 원하는 반응물

S : 원하지 않는 반응물

(3) 반응기의 최적운전

① R의 총괄수율이 최대

$$\Phi\left(\frac{R}{A}\right) = \left(\frac{\text{생성된 } R\text{의 몰수}}{\text{소비된 } A\text{의 몰수}}\right)_{\max}$$

② R의 생성량이 최대

$$(prod \ R)_{\max} = \left(\frac{\text{생성된 } R\text{의 몰수}}{\text{계에 공급된 } A\text{의 몰수}}\right)_{\max}$$

평행반응에서는 R의 순간수율을 계산하는 것이 더 유용하다.

$$\phi\left(\frac{R}{A}\right) = \left(\frac{\text{생성된 } R\text{의 몰수}}{\text{소비된 } A\text{의 몰수}}\right)$$

$$(prod \ R)_{\max} = \Phi\left(\frac{R}{A}\right)_{opt}$$

2. 연속반응

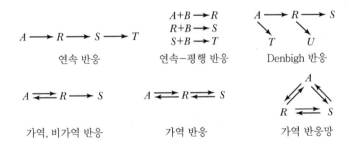

$A \longrightarrow R \longrightarrow S \longrightarrow T$	$A+B \rightarrow R$ $R+B \rightarrow S$ $S+B \rightarrow T$	$A \longrightarrow R \longrightarrow S$ $\searrow \quad \searrow$ $T \qquad U$
연속 반응	연속-평행 반응	Denbigh 반응
$A \rightleftarrows R \longrightarrow S$	$A \rightleftarrows R \rightleftarrows S$	
가역, 비가역 반응	가역 반응	가역 반응망

1) 비가역 연속 1차 반응 ▨▨▨

$$A \xrightarrow{\ k_1\ } R \xrightarrow{\ k_2\ } S$$

🔆 TIP ▥▥▥▥▥▥▥▥▥▥▥▥▥▥▥▥▥▥▥▥▥

연속반응의 예

$A \underset{n=1}{\overset{k_1}{\longrightarrow}} R \underset{n=0}{\overset{k_2}{\longrightarrow}} S$

$-r_A = k_1 C_A$

$r_R = k_1 C_A - k_2$

$C_{R0} = C_{S0} = 0$인 회분 또는 PFR

$\dfrac{C_A}{C_{A0}} = e^{-k_1 t}$

$\dfrac{C_R}{C_{A0}} = 1 - e^{-k_1 t} - \dfrac{k_2}{C_{A0}} t$

반응속도는 다음과 같이 표현된다.

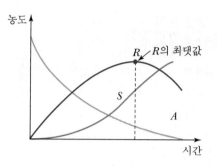

$$-r_A = k_1 C_A$$
$$r_R = k_1 C_A - k_2 C_R$$
$$r_S = k_2 C_R$$

TIP ⫸⫸⫸⫸⫸⫸⫸⫸⫸⫸⫸⫸⫸⫸⫸⫸⫸⫸⫸⫸

$$C_S = C_{A0} - C_A - C_R$$
$$= C_{A0} - C_{A0}e^{-k_1\tau}$$
$$- C_{A0}\left(\frac{k_1}{k_2 - k_1}\right)\left(e^{-k_1\tau} - e^{-k_2\tau}\right)$$

정리하면

$$\frac{C_S}{C_{A0}} = 1 + \frac{k_2}{k_1 - k_2}e^{-k_1\tau}$$
$$+ \frac{k_1}{k_2 - k_1}e^{-k_2\tau}$$

TIP ⫸⫸⫸⫸⫸⫸⫸⫸⫸⫸⫸⫸⫸⫸⫸⫸⫸⫸⫸⫸

$$A \xrightarrow{k_1 = 100} R \xrightarrow{k_2 = 1} S$$
$$A \xrightarrow{k} S$$
$$k = \frac{1}{\frac{1}{k_1} + \frac{1}{k_2}} = 0.99$$

(1) PFR ⬛⬛⬛

$$k\tau = -\ln(1 - X_A)$$

$$\frac{C_A}{C_{A0}} = e^{-k_1\tau}$$

$$\frac{C_R}{C_{A0}} = \frac{k_1}{k_2 - k_1}\left(e^{-k_1\tau} - e^{-k_2\tau}\right)$$

$$C_S = C_{A0} - C_A - C_R$$

중간체의 최고농도와 그때의 시간은 다음과 같이 구한다.

$$\frac{C_{R\max}}{C_{A0}} = \left(\frac{k_1}{k_2}\right)^{k_2/k_2 - k_1}$$

$$\tau_{p \cdot opt} = \frac{1}{k_{\log\text{mean}}} = \frac{\ln(k_2/k_1)}{k_2 - k_1} \quad \leftarrow \text{대수평균의 역수}$$

(2) CSTR ⬛⬛⬛

정상상태의 물질수지를 다음과 같이 나타낼 수 있다.

입력량＝출력량＋반응에 의한 소모량

$$F_{A0} = F_A + (-r_A)V$$
$$vC_{A0} = vC_A + k_1 C_A V$$
$$\frac{V}{v} = \tau_m = \bar{t}$$

$$\frac{C_A}{C_{A0}} = \frac{1}{1 + k_1\tau_m}$$

또한 성분 R에 대한 물질수지식은 다음과 같이 나타낼 수 있다.

$v C_{R0} = v C_R + (-r_R) V$

$0 = v C_R + (-k_1 C_A + k_2 C_R) V$

$$\therefore \frac{C_R}{C_{A0}} = \frac{k_1 \tau_m}{(1 + k_1 \tau_m)(1 + k_2 \tau_m)}$$

$C_A + C_R + C_S = C_{A0} =$ 일정

$$\therefore \frac{C_S}{C_{A0}} = \frac{k_1 k_2 \tau_m^2}{(1 + k_1 \tau_m)(1 + k_2 \tau_m)}$$

R의 최고농도와 이때의 시간은 $\dfrac{dC_R}{d\tau_m} = 0$으로 두면 구할 수 있다.

$$\tau_{m \cdot opt} = \frac{1}{\sqrt{k_1 k_2}} \quad \leftarrow \text{기하평균의 역수}$$

$$\frac{C_{R\max}}{C_{A0}} = \frac{1}{\left[(k_2/k_1)^{1/2} + 1\right]^2}$$

(3) 성능의 특성

  ① 원하는 생성물(R)의 최대농도를 얻는 데 $k_1 = k_2$인 경우를 제외하고는 항상 PFR이 CSTR보다 짧은 시간을 요하며, 이 시간차는 k_2/k_1이 1에서 멀어질수록 점차 커진다.

  ② PFR에서의 R의 수율이 CSTR에서 보다 항상 크다.

  ③ 반응의 $k_2/k_1 \ll 1$이면 A의 전화율을 높게 설계해야 하며 이때 미사용 반응물의 회수는 필요 없다.

  ④ $k_2/k_1 > 1$이면 A의 전화율을 낮게 설계해야 하며 R의 분리와 미사용 반응물의 회수가 필요하다.

2) 연속 · 평행반응 ▪▪▪

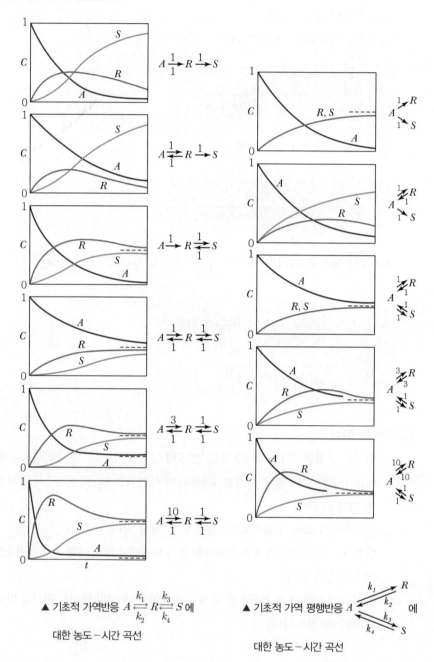

▲ 기초적 가역반응 $A \underset{k_2}{\overset{k_1}{\rightleftarrows}} R \underset{k_4}{\overset{k_3}{\rightleftarrows}} S$ 에 대한 농도−시간 곡선

▲ 기초적 가역 평행반응 $A \overset{k_1}{\underset{k_2}{\rightleftarrows}} R$, $A \overset{k_3}{\underset{k_4}{\rightleftarrows}} S$ 에 대한 농도−시간 곡선

실전문제

01 다음과 같은 균일계 등온 액상 병렬반응을 혼합흐름 반응기에서 A의 전화율 80%, R의 총괄수율 0.7로 진행한다면 반응기를 나오는 R의 농도는 얼마인가?(단, 초기 농도 $C_{A0} = 100\text{mol/L}$, $C_{R0} = S_{S0} = 0$)

① 56mol/L   ② 66mol/L

③ 76mol/L   ④ 86mol/L

총괄수율 $\Phi_m = \dfrac{\text{생성된 전체 } R}{\text{반응한 전체 } A} = \dfrac{C_{Rf}}{C_{A0} - C_{Af}}$

$0.7 = \dfrac{C_{Rf}}{100 \times 0.8}$

$\therefore C_{Rf} = 56\text{mol/L}$

02 혼합흐름반응기에서 다음과 같은 연속반응이 일어날 때 $\dfrac{C_R}{C_{A0}}$ 값이 최대인 시간은?(단, C_{A0}는 반응물 A의 초기 농도값이다.)

$$A \xrightarrow{k_1} R \xrightarrow{k_2} S$$

① $\dfrac{1}{(k_1 + k_2)}$ ② $\dfrac{1}{(k_1 + k_2)^{\frac{1}{2}}}$

③ $\dfrac{1}{(k_1 k_2)^{\frac{1}{2}}}$ ④ $\dfrac{1}{k_1 k_2}$

해설

• Batch Reactor, PFR

$$\frac{C_{R\max}}{C_{A0}} = \left(\frac{k_1}{k_2}\right)^{k_2/k_2 - k_1}$$

$$t_{\max} = \frac{1}{K_{\log\text{mean}}} = \frac{\ln\left(\dfrac{k_2}{k_1}\right)}{k_2 - k_1}$$

• CSTR

$$\frac{C_{R\max}}{C_{A0}} = \frac{1}{\left[(k_2/k_1)^{1/2} + 1\right]^2}$$

$$\tau_{mopt} = \frac{1}{\sqrt{k_1 k_2}}$$

03 혼합흐름반응기에서 다음과 같은 연속반응이 일어날 때 P의 농도 C_p가 최대로 되는 시간은 얼마인가? (단, $k_1 = k_2 = 1\text{s}^{-1}$)

$$A \xrightarrow{k_1} P \xrightarrow{k_2} Q$$

① 1초   ② 2초

③ 3초   ④ 4초

해설

$$\tau_m = \frac{1}{\sqrt{k_1 k_2}} = 1$$

정답 01 ① 02 ③ 03 ①

04 균일계 액상 병렬 반응이 다음과 같을 때 R의 순간 수율 ϕ에 해당하는 것은?

$$A+B \xrightarrow{k_1} R, \quad \frac{dC_R}{dt} = 1.0\, C_A C_B^{0.5}$$

$$A+B \xrightarrow{k_2} S, \quad \frac{dC_S}{dt} = 1.0\, C_A^{0.5} C_B^{1.5}$$

① $\dfrac{1}{1+C_A^{-0.5} C_B}$

② $\dfrac{1}{1+C_A^{0.5} C_B^{-1}}$

③ $\dfrac{1}{C_A C_B^{0.5} + C_A^{-0.5} C_B^{1.5}}$

④ $C_A^{0.5} C_B^{-1}$

해설

$\phi = \dfrac{dC_R}{-dC_A}$

$= \dfrac{C_A C_B^{0.5}}{C_A C_B^{0.5} + C_A^{0.5} C_B^{1.5}}$

$= \dfrac{1}{1+C_A^{-0.5} C_B}$

05 비가역 직렬 반응 $A \rightarrow R \rightarrow S$에서 1단계는 2차 반응, 2단계는 1차 반응으로 진행되고, R이 원하는 제품일 경우 다음 설명 중 옳은 것은?

① A의 농도를 높게 유지할수록 좋다.

② 반응 온도를 높게 유지할수록 좋다.

③ 혼합반응기가 플러그반응기보다 성능이 더 좋다.

④ A의 농도는 R의 수율과 직접 관계가 없다.

해설

$S = \dfrac{dC_R}{dC_S} = \dfrac{k_1 C_A^2}{k_2 C_A} = \dfrac{k_1}{k_2} C_A$

C_A의 농도를 높게 유지한다.

06 다음 반응식과 같이 A와 B가 반응하여 필요한 생성물 R과 불필요한 물질 S가 생길 때, R로의 전화율을 높이기 위해서 반응 물질의 농도(C)를 어떻게 조정해야 하는가?(단, 반응 1은 A 및 B에 대하여 1차 반응이고 반응 2도 1차 반응이다.)

$$A+B \xrightarrow{1} R, \qquad A \xrightarrow{2} S$$

① C_A의 값을 C_B의 2배로 한다.

② C_B의 값을 크게 한다.

③ C_A의 값을 크게 한다.

④ C_A와 C_B의 값을 같게 한다.

해설

$S = \dfrac{dC_R}{dC_S} = \dfrac{k_1 C_A C_B}{k_2 C_A} = \dfrac{k_1}{k_2} C_B$

C_B의 농도를 크게 한다.

07 다음 그림에서 플러그흐름반응기의 면적이 혼합흐름반응기의 면적보다 크다면 어떤 반응기를 사용하는 것이 좋은가?

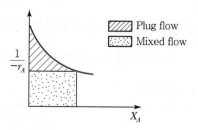

① 플러그흐름반응기

② 혼합흐름반응기

③ 어느 것이나 상관없음

④ 플러그흐름반응기와 혼합흐름반응기를 연속으로 연결

해설

• PFR : 적분면적 V_P

• CSTR : 사각형면적 V_m

$V_P > V_m$ 이므로 CSTR을 사용한다.

08 직렬 반응 $A \rightarrow R \rightarrow S$의 각 단계에서 반응속도 상수가 같으면 회분식 반응기 내의 각 물질의 농도는 반응시간에 따라서 다음 중 어느 그래프처럼 변화하는가?

①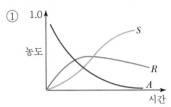

②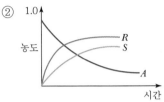

③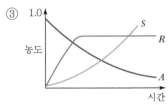

④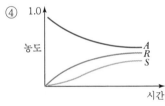

해설

① $A \rightarrow R \rightarrow S$

② $A \nearrow^{R} \searrow_{S}$

④ $A \underset{1}{\overset{1}{\rightleftarrows}} R \underset{1}{\overset{1}{\rightleftarrows}} S$

09 다음과 같은 기초반응이 동시에 진행될 때 R의 생성에 가장 유리한 반응조건은?

$$A + B \rightarrow R$$
$$A \rightarrow S$$
$$B \rightarrow T$$

① A와 B의 농도를 높인다.
② A와 B의 농도를 낮춘다.
③ A의 농도는 높이고 B의 농도는 낮춘다.
④ A의 농도는 낮추고 B의 농도는 높인다.

10 목적물이 R인 연속반응 $A \rightarrow R \rightarrow S$에서 $A \rightarrow R$의 반응속도상수를 k_1이라 하고, $R \rightarrow S$의 반응속도상수를 k_2라 할 때 연속반응의 설계에 대한 다음 설명 중 틀린 것은?

① 목적하는 생성물 R의 최대 농도를 얻는 데는 $k_1 = k_2$인 경우를 제외하면 혼합흐름반응기보다 플러그흐름반응기가 더 짧은 시간이 소요된다.

② 목적하는 생성물 R의 최대 농도는 플러그흐름반응기에서 혼합흐름반응기보다 더 큰 값을 얻을 수 있다.

③ $\dfrac{k_2}{k_1} \ll 1$이면 반응물의 전화율을 높게 설계하는 것이 좋다.

④ $\dfrac{k_2}{k_1} > 1$이면 미반응물을 회수할 필요는 없다.

해설

① 원하는 생성물(R)의 최대농도를 얻는 데 있어서 $k_1 = k_2$인 경우를 제외하고는 항상 PFR이 CSTR보다 짧은 시간을 요하며, k_2/k_1이 1에서 멀어질수록 점차 커진다.
② PFR에서의 R의 수율이 CSTR보다 항상 크다.
③ $k_2/k_1 \ll 1$이면 A의 전화율을 높게 설계해야 하며 미사용 반응물의 회수는 필요 없다.
④ $k_2/k_1 > 1$이면 A의 전화율을 낮게 설계해야 하며 R의 분리와 미사용 반응물의 회수가 필요하다.

11 반응식 $A \rightarrow R$에서 속도식이 $-r_A = \dfrac{k_1 C_A}{1 + k_2 C_A}$로 주어졌을 때 반응 초기(고농도의 C_A)의 속도식은 몇 차이며, 속도상수값은 얼마인가?

① 0차 반응, 속도상수 $= k_1$

② 0차 반응, 속도상수 $= \dfrac{k_1}{k_2}$

③ 1차 반응, 속도상수 $= k_1$

④ 1차 반응, 속도상수 $= \dfrac{k_1}{k_2}$

반응 초기에 고농도로 주어졌으므로 $1 + k_2 C_A \approx k_2 C_A$로 볼 수 있다.

그러므로 $-r_A = \dfrac{k_1 C_A}{k_2 C_A} = \dfrac{k_1}{k_2} = \dfrac{k_1}{k_2} C_{A0}^0$

---

12 아래의 시간에 따른 농도변화 그림에서 반응식을 옳게 나타낸 것은?

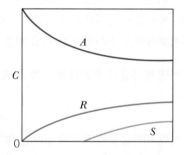

① $A \rightleftarrows R \rightleftarrows S$ 　　② $A \rightarrow R \rightleftarrows S$

③ $A \rightleftarrows R,\ A \rightleftarrows S$ 　　④ $A \rightarrow R,\ A \rightleftarrows S$

- R이 생성된 후 S가 생성되므로 연속반응이다. $A \rightarrow R \rightarrow S$
- A의 농도 감소가 적으므로 $A \rightleftarrows R$이며, R의 농도가 감소하지 않으므로 $R \rightleftarrows S$이다.
- ∴ $A \rightleftarrows R \rightleftarrows S$

---

13 다음의 반응에서 반응속도상수 간의 관계는 $k_1 = k_{-1} = k_2 = k_{-2}$이며, 초기 농도는 $C_{A0} = 1$, $C_{R0} = C_{S0} = 0$일 때 시간이 충분히 지난 뒤 농도 사이의 관계를 옳게 나타낸 것은?

$$A \underset{k_{-1}}{\overset{k_1}{\rightleftarrows}} R \underset{k_{-2}}{\overset{k_2}{\rightleftarrows}} S$$

---

① $C_A \neq C_R = C_S$　　② $C_A = C_R \neq C_S$

③ $C_A = C_R = C_S$　　④ $C_A \neq C_R \neq C_S$

가역반응이므로 시간이 충분히 지난 뒤 평형을 이루어 $C_A = C_R = C_S$가 된다.

---

14 다음의 균일계 액상평행반응에서 S의 순간수율을 최대로 하는 C_A의 농도는?(단, $r_R = C_A$, $r_S = 2 C_A^2$, $r_T = C_A^3$이다.)

① 0.25

② 0.5

③ 0.75

④ 1

순간수율 $\phi = \dfrac{dC_S}{-dC_A}$

$-r_A = C_A + 2 C_A^2 + C_A^3$

$r_S = 2 C_A^2$

∴ $\phi = \dfrac{2 C_A^2}{C_A + 2 C_A^2 + C_A^3}$

$\dfrac{d\phi}{dC_A} = \dfrac{2(1 + C_A)^2 - 2 C_A \cdot 2(1 + C_A)}{(1 + C_A)^4} = \dfrac{2 - 2 C_A}{(1 + C_A)^3} = 0$

$C_A = 1$일 때 순간수율이 가장 높다.

∴ $\phi = 0.5$

---

15 다음과 같은 평행반응이 진행되고 있을 때 원하는 생성물이 S라면 반응물의 농도는 어떻게 조절해 주어야 하는가?

$$A + B \xrightarrow{k_1} R,\quad \dfrac{dC_R}{dt} = k_1 C_A^{0.5} C_B^{1.8}$$
$$A + B \xrightarrow{k_2} S,\quad \dfrac{dC_S}{dt} = k_2 C_A C_B^{0.3}$$

① C_A를 높게, C_B를 낮게　② C_A를 낮게, C_B를 높게

③ C_A와 C_B를 높게　　④ C_A와 C_B를 낮게

해설

선택도 $= \dfrac{dC_S}{dC_R} = \dfrac{k_2 C_A C_B^{0.3}}{k_1 C_A^{0.5} C_B^{1.8}} = \dfrac{k_2}{k_1} C_A^{0.5} C_B^{-1.5}$

선택도를 최대로 하려면 C_A는 높게 C_B는 낮게 해야 한다.

16 다음 그림의 사선 부분은 생성물을 최대로 하였을 때의 반응형태이다. 이 반응에 가장 적합한 반응기의 종류는?(단, C_{A0}는 초기(또는 공급물) 농도이고, C_{Af}는 최종(또는 출구) 농도이다.)

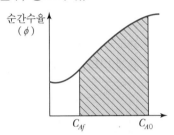

① 플러그흐름반응기 ② 혼합흐름반응기
③ 다단식 반응기 ④ 조형 반응기

해설

$\Phi_P = \dfrac{\text{생성된 } R}{\text{반응한 } A} = \dfrac{C_{Rf}}{C_{A0} - C_{Af}} = \dfrac{C_{Rf}}{-\Delta C_A}$

$\Phi_P = \dfrac{-1}{C_{A0} - C_{Af}} \displaystyle\int_{C_{A0}}^{C_{Af}} \phi \, dC_A = \dfrac{1}{\Delta C_A} \int_{C_{A0}}^{C_{Af}} \phi \, dC_A = \overline{\phi}$

$\therefore \ \Phi_P(C_{A0} - C_{Af}) = \Phi_P(-\Delta C_A) = C_{Rf}$

17 균일계 병렬반응이 다음과 같을 때 R을 최대로 얻을 수 있는 반응방식은?

$$A + B \xrightarrow{k_1} R, \ \dfrac{dC_R}{dt} = k_1 C_A^{0.5} C_B^{1.5}$$

$$A + B \xrightarrow{k_2} S, \ \dfrac{dC_S}{dt} = k_2 C_A C_B^{1.5}$$

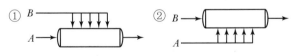

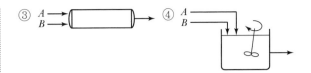

해설

$S = \dfrac{dC_R}{dC_S} = \dfrac{k_1 C_A^{0.5} C_B^{1.5}}{k_2 C_A C_B^{1.5}} = \dfrac{k_1}{k_2} \dfrac{1}{C_A^{0.5}}$

$\therefore \ C_A$의 농도를 낮게 유지해야 한다.

18 플러그흐름반응기에서 다음과 같은 1차 연속반응이 일어날 때 중간 생성물 R의 최대농도 $C_{R,\max}$와 그때의 공간시간 $\tau_{p,\text{opt}}$는?(단, k_1과 k_2의 값은 서로 다르다.)

$$A \xrightarrow{k_1} R \xrightarrow{k_2} S$$

① $C_{R,\max} = C_{A0} \left(\dfrac{k_2}{k_1}\right)^{k_2/(k_2 - k_1)}$

$\tau_{p,\text{opt}} = \dfrac{\ln(k_2/k_1)}{k_2 - k_1}$

② $C_{R,\max} = C_{A0} \left(\dfrac{k_1}{k_2}\right)^{k_2/(k_2 - k_1)}$

$\tau_{p,\text{opt}} = \dfrac{\ln(k_2/k_1)}{k_2 - k_1}$

③ $C_{R,\max} = C_{A0} \left(\dfrac{k_1}{k_2}\right)^{k_2/(k_2 - k_1)}$

$\tau_{p,\text{opt}} = \dfrac{\ln(k_1/k_2)}{k_2 - k_1}$

④ $C_{R,\max} = C_{A0} \left(\dfrac{k_2}{k_1}\right)^{k_2/(k_2 - k_1)}$

$\tau_{p,\text{opt}} = \dfrac{\ln(k_1/k_2)}{k_2 - k_1}$

정답 **16** ① **17** ② **18** ②

$$C_{R,\,max} = C_{A0}\left(\frac{k_1}{k_2}\right)^{\frac{k_2}{k_2 - k_1}}$$

$$\tau_{P,\,opt} = \frac{1}{k_{\log \cdot mean}} = \frac{\ln(k_2/k_1)}{k_2 - k_1}$$

19 $A \to R$, $r_R = k_1 C_A^{a_1}$이 원하는 반응이고 $A \to S$, $r_S = k_1 C_A^{a_2}$이 원하지 않는 반응일 때 R을 더 많이 얻기 위한 방법으로 옳은 것은?

① $a_1 = a_2$일 때는 A의 농도를 높인다.

② $a_1 > a_2$일 때는 A의 농도를 높인다.

③ $a_1 < a_2$일 때는 A의 농도를 높인다.

④ $a_1 = a_2$일 때는 A의 농도를 낮춘다.

$$S = \frac{r_R}{r_S} = \frac{k_1 C_A^{a_1}}{k_2 C_A^{a_2}} = \frac{k_1}{k_2} C_A^{a_1 - a_2}$$

- $a_1 > a_2$: C_A를 높게 유지
- $a_1 = a_2$: 농도에 관계없이 속도상수로 결정
- $a_1 < a_2$: C_A를 낮게 유지

20 크기가 같은 관형 반응기와 혼합반응기에서 다음과 같은 액상 1차 직렬반응이 일어날 때 관형 반응기에서의 R의 성분수율 Φ_P와 혼합반응기에서의 R의 성분수율 Φ_m에 관한 설명으로 옳은 것은?

$$A \to R \to S\,(r_R = k_1 C_A,\ r_S = k_2 C_R)$$

① $k_1 = k_2$이면 $\Phi_P = \Phi_m$이다.

② $k_1 < k_2$이면 $\Phi_P < \Phi_m$이다.

③ Φ_P는 항상 Φ_m보다 크다.

④ Φ_m는 항상 Φ_P보다 크다.

- 관형 반응기의 수율

$$\Phi_P = \frac{1}{C_{Af} - C_{A0}} \int_{C_{A0}}^{C_{Af}} \phi \, dC_A$$

순간수율 $\phi = \dfrac{dC_R}{-dC_A}$

- 혼합반응기의 수율

$$\Phi_m = \frac{C_{Rf}}{C_{A0} - C_{Af}}$$

$$\therefore \Phi_P > \Phi_m$$

21 다음 그림은 농도－시간의 곡선이다. 이 곡선에 해당하는 반응식을 옳게 나타낸 것은?

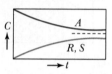

① $A \underset{}{\overset{}{\rightleftarrows}} \begin{matrix} R \\ S \end{matrix}$

② $A \underset{}{\overset{}{\rightleftarrows}} \begin{matrix} R \\ S \end{matrix}$

③ $A \nearrow\!\!\!\searrow \begin{matrix} R \\ S \end{matrix}$

④ $A \rightleftarrows R \to S$

시간이 경과함에 따라 A, R, S 모두 평형상태에 도달한다.

22 다음 반응에서 생성속도의 비를 가장 정확하게 나타낸 식은?(단, k_1, k_2는 각 경로에서의 속도 상수이고 각각의 반응 차수는 a_1, a_2이다.)

① $\dfrac{r_S}{r_R} = \dfrac{k_2}{k_1} C_A^{(a_2 - a_1)}$　② $\dfrac{r_S}{r_R} = \dfrac{k_1}{k_2} C_A^{(a_2 - a_1)}$

③ $\dfrac{r_S}{r_R} = \dfrac{k_2}{k_1} C_A^{(a_1 - a_2)}$　④ $\dfrac{r_S}{r_R} = \dfrac{k_1}{k_2} C_A^{(a_1 - a_2)}$

해설

$$r_R = k_1 C_A^{a_1} \qquad r_S = k_2 C_A^{a_2} \qquad \frac{r_S}{r_R} = \frac{k_2}{k_1} C_A^{a_2 - a_1}$$

23 다음과 같은 반응이 일정한 밀도에서 비가역적이고, 2분자적(Bimolecular)으로 일어난다. 이때 R과 A의 반응속식식의 비 r_R / r_A을 옳게 나타낸 것은?(단, R은 목적하는 생성물이고, S는 목적하지 않은 생성물이다.)

$$A + B \xrightarrow{k_1} R \qquad R + B \xrightarrow{k_2} S$$

① $r_R / r_A = 1 + \dfrac{k_2 C_R}{k_1 C_A}$

② $r_R / r_A = -1 + \dfrac{k_2 C_R}{k_1 C_A}$

③ $r_R / r_A = 1 + \dfrac{k_1 C_R}{k_2 C_A}$

④ $r_R / r_A = -1 + \dfrac{k_1 C_R}{k_2 C_A}$

해설

$$r_A = -k_1 C_A C_B$$
$$r_R = k_1 C_A C_B - k_2 C_R C_B$$
$$\therefore \frac{r_R}{r_A} = \frac{k_1 C_A C_B - k_2 C_R C_B}{-k_1 C_A C_B} = -1 + \frac{k_2 C_R}{k_1 C_A}$$

24 다음과 같은 균일계 액상 반응에서 첫 단계는 2차 반응, 두 번째 단계는 1차 반응으로 진행되고, R이 원하는 제품일 때의 설명으로 옳은 것은?

$$A \xrightarrow{k_1} R \xrightarrow{k_2} S$$

① 반응물 A의 농도는 높게 유지할수록 좋다.
② 반응물 A의 농도는 R의 수율과 무관하다.

③ 반응온도를 높게 유지할수록 좋다.
④ 혼합흐름반응기를 사용하는 것이 좋다.

해설

$$S = \frac{dC_R}{dC_S} = \frac{k_1 C_A^2}{k_2 C_A} = \frac{k_1}{k_2} C_A$$
$$\therefore C_A \text{를 높게 유지한다.}$$

25 액상 반응물 A가 다음과 같이 반응할 때 원하는 물질 R의 순간수율 $\phi\left(\dfrac{R}{A}\right)$을 옳게 나타낸 것은?

$$A \xrightarrow{k_1} R, \ r_R = k_1 C_A$$
$$2A \xrightarrow{k_2} S, \ r_S = k_2 C_A^2$$

① $\dfrac{1}{1 + (k_2/k_1) C_A}$

② $\dfrac{1}{1 + (k_1/k_2) C_A}$

③ $\dfrac{1}{1 + (2k_1/k_2) C_A}$

④ $\dfrac{1}{1 + (2k_2/k_1) C_A}$

해설

$$\frac{k_1 C_A}{k_1 C_A + 2k_2 C_A^2} = \frac{1}{1 + (2k_2/k_1) C_A}$$

26 다음과 같은 1차 병렬 반응이 일정한 온도의 회분식 반응기에서 진행되었다. 반응시간이 1,000s일 때 반응물 A가 90% 분해되어 생성물은 R이 S의 10배로 생성되었다. 반응 초기에 R과 S의 농도를 0으로 할 때, k_1 및 k_1/k_2는 각각 얼마인가?

$$A \rightarrow R, \ r_{A1} = k_1 C_A$$
$$A \rightarrow 2S, \ r_{A2} = k_2 C_A$$

① $k_1 = 0.131/\text{min}, \ k_1/k_2 = 20$

② $k_1 = 0.046/\text{min}, \ k_1/k_2 = 10$

③ $k_1 = 0.131/\text{min}, \ k_1/k_2 = 10$

④ $k_1 = 0.046/\text{min}, \ k_1/k_2 = 20$

$-\ln(1-X_A) = (k_1 + k_2)t$

$-\ln(1-0.9) = kt$

$\therefore \ k = 0.138 \ 1/\text{min}$

$-r_A = r_R = \dfrac{r_S}{2}$ 이므로 반응속도가 같다면

$R : S = 1 : 2$로 생성되어야 하지만, R이 S의 10배로 생성되었으므로 $R : S = 10 : 1$, 즉 $k_1 : k_2 = 20 : 1$이 된다.

$\therefore \ \dfrac{k_1}{k_2} = 20$

$k = k_1 + k_2 = 0.138$

$20k_2 + k_2 = 0.138$

$k_2 = 0.00657$

$k_1 = 0.131$

---

27 다음과 같은 연속 반응에서 각 반응은 요소 반응이라고 할 때 R의 생성을 가장 많이 할 수 있는 반응계는 어느 것인가?(단, 각 경우 전체 반응기의 부피는 같다.)

$$A \rightarrow R \rightarrow S$$

①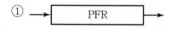

②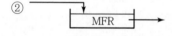

③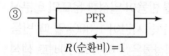

④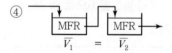

28 자동촉매반응 $A + R \rightarrow R + R$이 회분식 반응기에서 일어날 경우 반응속도가 가장 빠를 때는?(단, 초기 반응기 내에는 A가 대부분이고 소량의 R이 존재한다.)

① 반응 초기

② 반응 말기

③ A와 R의 농도가 서로 같을 때

④ A의 농도가 R의 농도의 2배일 때

반응속도는 $C_A = C_R$일 때 가장 빠르다.

[02] 온도와 압력의 영향

1. 단일반응

1) 반응열

$aA \rightarrow rR + sS$

$\Delta H_{rT} \left[\begin{array}{l} \Delta H_{rT} > 0 : 흡열반응 \\ \Delta H_{rT} < 0 : 발열반응 \end{array} \right.$

온도 T_1에서의 반응열을 알고 있는 경우에 온도 T_2에서의 반응열을 계산해 보자.

$$\begin{pmatrix} 온도\ T_2의 \\ 반응과정에서 \\ 흡수된\ 열 \end{pmatrix} = \begin{pmatrix} 반응물의\ 온도를 \\ T_2에서\ T_1으로 \\ 변화시키는\ 데\ 가한\ 열 \end{pmatrix} + \begin{pmatrix} 온도\ T_1의 \\ 반응과정에서 \\ 흡수된\ 열 \end{pmatrix} + \begin{pmatrix} 생성물의\ 온도를 \\ T_1에서\ T_2로 \\ 되돌리는\ 데\ 가한\ 열 \end{pmatrix}$$

$\Delta H_{r2} = -\left(H_2 - H_1\right)_{reactant} + \Delta H_{r1} + \left(H_2 - H_1\right)_{product}$

이 식을 비열(Specific Heat)로 나타내면 다음과 같이 된다.

$\Delta H_{r2} = \Delta H_{r1} + \displaystyle\int_{T_1}^{T_2} \nabla C_p dT$

🔆 TIP ‖‖‖‖‖‖‖‖‖‖‖‖‖‖‖‖‖‖‖‖‖‖‖‖‖

$\Delta H_r = (H_1 - H_2)_{reactant}$
$\Delta H_p = (H_2 - H_1)_{product}$

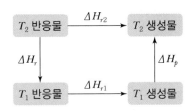

$\nabla C_p = r C_{pR} + s C_{pS} - a C_{pA}$

비열이 온도의 함수이면

$C_{pA} = \alpha_A + \beta_A T + \gamma_A T^2$

$C_{pR} = \alpha_R + \beta_R T + \gamma_R T^2$

$C_{pS} = \alpha_S + \beta_S T + \gamma_S T^2$

다음 식을 얻게 된다.

$$\Delta H_{r2} = \Delta H_{r1} + \int_{T_1}^{T_2} (\nabla\alpha + \nabla\beta T + \nabla\gamma T^2) dT$$

$$= \Delta H_{r1} + \nabla\alpha (T_2 - T_1) + \frac{\nabla\beta}{2}(T_2^2 - T_1^2) + \frac{\nabla\gamma}{3}(T_2^3 - T_1^3)$$

Exercise 01

25℃에서 다음의 기상반응의 반응열을 계산했더니 큰 발열반응이다. 이 반응을 1,025℃에서 진행시켰을 때의 반응열과 발열반응인지를 구하여라.

$$A + B \rightarrow 2R \cdots \Delta H_{r\ 298K} = -50,000 \text{J}$$

단, 25℃에서 1,025℃ 사이의 평균비열은 다음과 같다.

- $\overline{C_{pA}} = 35 \text{J/mol} \cdot \text{K}$,
- $\overline{C_{pB}} = 45 \text{J/mol} \cdot \text{K}$,
- $\overline{C_{pR}} = 70 \text{J/mol} \cdot \text{K}$

풀이

$$\Delta H_r = \Delta H_2 + \Delta H_3 + \Delta H_4$$
$$= \left(n\overline{C_p}\Delta T\right)_{\substack{\text{reactant}\\ A+B}} + \Delta H_{r\ 25℃} + \left(n\overline{C_p}\Delta T\right)_{\substack{\text{product}\\ 2R}}$$
$$= (1)(35)(25-1,025) + (1)(45)(25-1,025) + (-50,000) + (2)(70)(1,025-25)$$
$$= 10,000 \text{J}$$

$$\therefore \Delta H_{r\ 1025℃} = 10,000 \text{J} \quad \text{즉, 흡열반응}$$

2) 평형상수

$$aA \rightarrow rR + sS$$

온도 T에서 표준자유에너지 $\Delta G°$는 다음과 같다.

$$\Delta G° = -RT\ln k$$

$$\Delta G° = rG_R° + sG_S° - aG_A° = -RT\ln k = -RT\ln\frac{\left(\dfrac{f}{f°}\right)_R^r \left(\dfrac{f}{f°}\right)_S^s}{\left(\dfrac{f}{f°}\right)_A^a}$$

여기서, f : 평형조건에서 각 성분의 Fugacity
$f°$: 온도 T에서 임의로 선택한 표준상태에서 각 성분의 퓨가시티
$G°$: 표준 자유에너지
K : 반응의 열역학적 평형상수

$$K_f = \frac{f_R^r f_S^s}{f_A^a},\ K_p = \frac{p_R^r p_S^s}{p_A^a},\ K_y = \frac{y_R^r y_S^s}{y_A^a},\ K_c = \frac{C_R^r C_S^s}{C_A^a}$$

여기서, 생성물과 반응물의 몰수차 : $\Delta n = r + s - a$

기체의 반응에서 표준상태는 보통 1기압이다. 이와 같이 낮은 압력에서 이상성으로부터의 편차는 아주 작으므로 퓨가시티와 압력은 동일하여 $f° = p° = 1$ 기압이 된다. 따라서 평형상수는 다음과 같다.

$$K = e^{-\Delta G°/RT} = K_p\{p° = 1\text{atm}\}^{-\Delta n}$$

이상기체의 경우
$$f_i = p_i = y_i\pi = C_iRT\text{이다.}$$

여기서, π : 전압

그러므로 $K_f = K_p$이고, 평행상수 사이의 관계는 다음과 같다.

$$K = \frac{K_p}{\{p° = 1\text{atm}\}^{\Delta n}} = \frac{K_y\pi^{\Delta n}}{\{p° = 1\text{atm}\}^{\Delta n}} = \frac{K_c(RT)^{\Delta n}}{\{p° = 1\text{atm}\}^{\Delta n}}$$

$$K_c = \frac{C_R^r C_S^s}{C_A^a} = \frac{\left(\dfrac{p_R}{RT}\right)^r \left(\dfrac{p_S}{RT}\right)^s}{\left(\dfrac{p_A}{RT}\right)^a} = \left(\frac{1}{RT}\right)^{r+s-a} K_c = RT^{-\Delta n}K_p$$

$$\therefore\ K_p = (RT)^{\Delta n}K_c$$

3) 평형전화율

평형상수에 의해 결정되는 평형조성은 온도에 따라 변화되며 열역학으로부터 변화율은 다음과 같이 주어진다.

$$\frac{d(\ln K)}{dT} = \frac{\Delta H_r}{RT^2} \rightarrow 반트호프식(Van't\ Hoff\ eq.)$$

$$\ln\frac{K_2}{K_1} = \frac{\Delta H_r}{R}\left(\frac{1}{T_1} - \frac{1}{T_2}\right)$$

$$\Delta H_r = \Delta H_0 + \int_{T_0}^{T} \nabla C_p dT$$

C_P의 온도 의존성을 이용하여 적분 정리하면 다음과 같이 구할 수 있다.

$$R\ln\frac{K_2}{K_1} = \nabla\alpha\ln\frac{T_2}{T_1} + \frac{\nabla\beta}{2}(T_2 - T_1) + \frac{\nabla\gamma}{6}\left(T_2^2 - T_1^2\right)$$

$$+ \left(-\Delta H_{r0} + \nabla\alpha T_0 + \frac{\nabla\beta}{2}T_0^2 + \frac{\nabla\gamma}{3}T_0^3\right)\left(\frac{1}{T_2} - \frac{1}{T_1}\right)$$

(1) X_{Ae} (평형전화율)에 미치는 영향

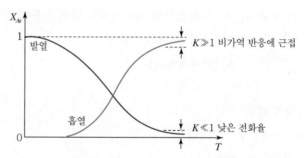

▲ 평형전화율에 미치는 온도의 영향(압력은 일정)

① 열역학에 의한 평형상수는 온도만의 함수이다. 계의 압력, 불활성 물질 존재 여부, 반응속도론에는 영향을 받지 않고 계의 온도에 의해서만 영향을 받는다.

② 열역학에 의한 평형상수는 압력이나 불활성 물질에 영향을 받지 않지만 반응물의 평형농도나 평형전화율은 이들 변수에 영향을 받는다.

③ $K \gg 1$이면 완전한 전화가 가능하여 비가역반응으로 간주할 수 있다. $K \ll 1$이면 반응이 많이 진행되지 않는다.

④ 온도가 증가하면 흡열반응의 평형전화율은 증가하고 발열반응의 평형전화율은 낮아진다.

⑤ 기체반응에서 압력이 증가할 경우, 반응에 따른 몰수가 감소하면 전화율은 증가하고, 반응에 따른 몰수가 증가하면 전화율은 떨어진다.

⑥ 모든 반응에서 불활성 물질의 감소는 기체반응에서 압력이 증가하는 것과 같은 작용을 한다.

4) 단열조작 ▤▤▤

 TIP ‖‖‖‖‖‖‖‖‖‖‖‖‖‖‖‖‖‖

단열조작선
불활성 물질의 첨가로 C_p가 증가하면 곡선은 수직선에 가까워지며 이 수직선은 반응의 진행에 대하여 온도가 불변이다.

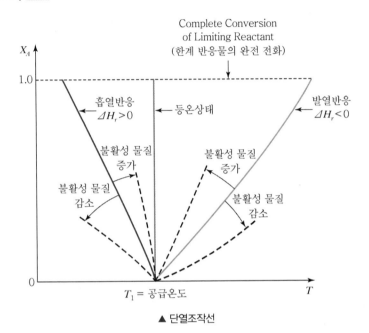

▲ 단열조작선

(1) 유입되는 공급물의 엔탈피

$$H_1' = C_p'(T_1 - T_1) = 0$$

(2) 유출되는 흐름의 엔탈피

$$H_2''X_A + H_2'(1 - X_A) = C_p''(T_2 - T_1)X_A + C_p'(T_2 - T_1)(1 - X_A)$$

여기서, C_p' : 미반응 공급물 / 반응물 1mol

C_p'' : 완전 전화된 생성물

(3) 반응에 의해 흡수된 엔탈피

$$\Delta H_{r1}X_A$$

입량 = 출량 + 반응에 의한 소모량 + 축적량

$$0 = C_p''(T_2 - T_1)X_A + C_p'(T_2 - T_1)(1 - X_A) + \Delta H_{r1}X_A$$

$$\therefore X_A = \frac{C_p'(T_2 - T_1)}{-\Delta H_{r1} - (C_p'' - C_p')(T_2 - T_1)}$$

$$= \frac{C_p'\Delta T}{-\Delta H_{r1} - (C_p'' - C_p')\Delta T}$$

$$X_A = \frac{C_p' \Delta T}{-\Delta H_{r2}} = \frac{\text{공급물을 } T_2 \text{까지 올리는 데 필요한 열}}{T_2 \text{에서 반응에 의해 방출되는 열}}$$

① $\dfrac{C_p}{-\Delta H_r}$ 이 작은 경우(순수한 기체반응물)에는 혼합흐름반응기가 최적이다.

② $\dfrac{C_p}{-\Delta H_r}$ 이 큰 경우(불활성 물질이 대량 포함된 기체 또는 액체계)에는 플러그흐름반응기가 최적이다.

5) 비단열조작

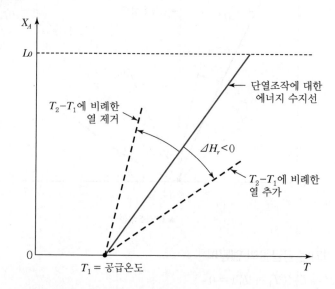

$$Q = C_p''(T_2 - T_1)X_A + C_p'(T_2 - T_1)(1 - X_A) + \Delta H_{r1} X_A$$

여기서, Q : 유입되는 반응물 A의 1몰에 대하여 반응기에 가해지는 총 열량

C_p' : 유입되는 반응물 A의 1몰에 대한 미반응 공급물 흐름의 평균비열

C_p'' : 유입되는 반응물 A의 1몰에 대한 완전 전화된 생성물 흐름의 평균비열

$$\Delta H_r = \Delta H_0 + \int_{T_0}^{T} \nabla C_p \, dT$$

$$X_A = \frac{C_p' \Delta T - Q}{-\Delta H_{r2}}$$

$$= \frac{\text{공급물을 } T_2 \text{까지 올리기 위한 열전달 후에도 필요한 순수한 열}}{T_2 \text{에서 반응 시 발생한 열}}$$

$$C_p{''} = C_p{'}$$

$$X_A = \frac{C_p \Delta T - Q}{- \Delta H_r}$$

열의 입력량이 온도차 $\Delta T_2 = T_2 - T_1$에 비례하면 에너지수지선은 T_1에서 회전한다.

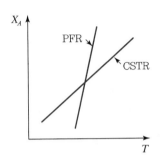

2. 다중정상상태(MSS)

- 1차 반응이 일어나는 CSTR의 정상상태, 단열상태조작
- 일정 범위의 공간시간을 갖도록 유량을 변화시키면서 다중정상상태 온도를 관찰
- 파라미터 하나를 약간 변화시키면서 에너지수지와 몰수지 곡선의 교점이 하나 이상일 때, 에너지수지와 몰수지를 동시에 만족시키는 조건이 2개 이상이므로 조작 가능한 반응기의 정상상태가 다수가 된다.

몰수지

$$X_{MB} = \frac{\tau k}{1 + \tau k} = \frac{\tau A e^{- E/RT}}{1 + \tau A e^{- E/RT}}$$

에너지수지

$$X_{EB} = \frac{\sum \Theta_i C_{Pi}(T - T_{io})}{- [\Delta H_{RX}^\circ (T_R) + \Delta C_P (T - T_R)]}$$

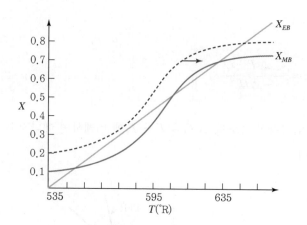

$$-X\Delta H_{RX}^{\circ} = C_{P0}(1+\kappa)(T-T_c)$$

$$C_{P0} = \sum \Theta_i C_{Pi}$$

$$\kappa = \frac{UA}{C_{P0}F_{A0}}$$

$$\text{CSTR} \quad X = \frac{-r_A V}{F_{A0}}$$

$$\left(\frac{-r_A V}{F_{A0}}\right)(-\Delta H_{RX}^{\circ}) = C_{P0}(1+\kappa)(T-T_c)$$

발생열 $\quad G(T) = (-\Delta H_{RX}^{\circ})\left(\dfrac{-r_A V}{F_{A0}}\right)$

제거열 $\quad R(T) = C_{P0}(1+\kappa)(T-T_c)$

1) 제거열 $R(T)$

(1) 유입온도 변화

$R(T)$는 온도에 따라서 선형적으로 증가하고, 그 기울기는 $C_{P0}(1+\kappa)$이다. 유입온도 T_0가 증가함에 따라 선분은 동일한 기울기를 유지하면서 오른쪽으로 이동한다.

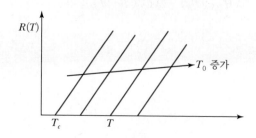

(2) 비단열 매개변수 κ 변화

　　몰유량 F_{A0}를 감소시키거나 열교환면적을 증가시켜 κ를 증가시키면 기울기가

　　증가하게 되고, 절편은 왼쪽으로 이동한다.

　　① $T_a < T_o$: $\kappa = 0$이면, $T_c = T_o$

　　　　　　　　　$\kappa = \infty$이면, $T_c = T_a$

　　② $T_a > T_o$: 교점은 κ가 증가함에 따라 오른쪽으로 이동한다.

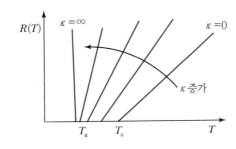

2) 발생열 $G(T)$

$$G(T) = (-\Delta H^{\circ}_{RX})X$$

1차 CSTR 액상반응

$$V = \frac{F_{A0}X}{kC_A} = \frac{v_0 C_{A0} X}{kC_{A0}(1-X)}$$

$$\therefore \ X = \frac{\tau k}{1+\tau k}$$

$$\therefore \ G(T) = \frac{-\Delta H^{\circ}_{RX}\tau k}{1+\tau k}$$

$$G(T) = \frac{-\Delta H^{\circ}_{RX}\tau A e^{-E/RT}}{1+\tau A e^{-E/RT}}$$

① 아주 낮은 온도 : $G(T) = -\Delta H^{\circ}_{RX}\tau A e^{-E/RT}$

② 아주 높은 온도 : $G(T) = -\Delta H^{\circ}_{RX}$

3) 점화 – 소화 곡선

　　$R(T)$와 $G(T)$의 교점들은 반응기가 정상상태에서 조작될 수 있는 온도를 얻

　　는다.

TIP

2차 액상반응

$$X = \frac{(2\tau k C_{A0} + 1) - \sqrt{4k\tau C_{A0} + 1}}{2\tau k C_{A0}}$$

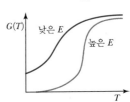

▲ 활성화에너지에 따른 $G(T)$의 변화

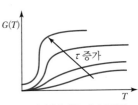

▲ 공간시간에 따른 $G(T)$의 변화

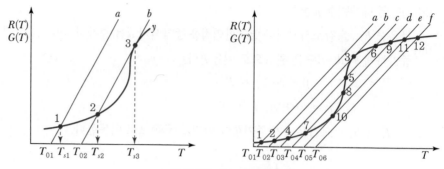

▲ T_0 변화에 따른 다중정상상태

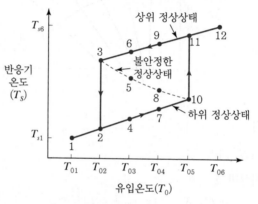

▲ 온도 점화–소화 곡선

① 낮은 온도 T_{01}에서 반응기에 원료를 공급하면 교점은 점 1 한 개만 생기고, 이 교점으로부터 반응기 내의 정상상태온도 T_{s1}을 찾을 수 있다. 이 온도는 T축을 따라 수직으로 읽어 내려가면 된다.

② 유입온도를 T_{02}로 증가시키면 $G(T)$ 곡선은 변하지 않으나 $R(T)$ 곡선은 오른쪽으로 이동하여 점 2에서 $G(T)$와 만나고 점 3에서 접하게 된다. 여기서 정상상태온도는 T_{s2}와 T_{s3}의 2개가 있다.

③ 유입온도가 증가함에 따라 정상상태온도는 T_{05}에 도달할 때까지 바닥선을 따라 증가한다.

④ T_{05}를 넘는 온도에서는 약간만 증가해도 정상상태 반응기 온도는 T_{s11}로 도약하게 된다. 이와 같이 도약이 일어나는 온도를 점화온도라 한다.

⑤ 반응기가 T_{s12}에서 조작되고, 유입온도가 T_{06}으로부터 냉각되기 시작하면 유입온도 T_{02}에 해당하는 정상상태 반응기 온도 T_{s3}에 도달하게 된다. 온도가 T_{02} 이하로 서서히 감소하면 정상상태 반응기 온도는 T_{s2}로 떨어지게 된다. 이 온도 T_{02}를 소화온도라 한다.

3. 복합반응

1) 생성물 분포와 온도

복합반응에서 경쟁적인 두 단계의 반응속도상수를 k_1, k_2라 할 때, 이 두 단계의 상대적 반응속도는 다음과 같다.

$$\frac{k_1}{k_2} = \frac{k_1' e^{-E_1/RT}}{k_2' e^{-E_2/RT}} = \frac{k_1'}{k_2'} e^{(E_2-E_1)/RT} \propto e^{(E_2-E_1)/RT}$$

온도가 상승할 때

$\therefore$ $E_1 > E_2$이면 k_1/k_2는 증가

 $E_1 < E_2$이면 k_1/k_2는 감소

① 활성화 에너지가 큰 반응이 온도에 더 민감하다.
② 활성화 에너지가 크면 고온이 적합하고 활성화 에너지가 작으면 저온이 적합하다.

2) 평행반응

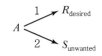

1단계는 촉진시키고 2단계는 억제함으로써 k_1/k_2의 값이 커진다.

$\therefore$ $E_1 > E_2$이면 고온 사용

 $E_1 < E_2$이면 저온 사용

3) 연속반응

$$A \xrightarrow{\ 1\ } R_{desired} \xrightarrow{\ 2\ } S$$

k_1/k_2를 증가시키면 R의 생산이 증가한다.

$\therefore$ $E_1 > E_2$이면 고온 사용

 $E_1 < E_2$이면 저온 사용

TIP |||||||||||||||||||||||||||||||||||||||||

1이 목적생성물인 경우 ▩▩▩

• $E_1 > E_2$: 고온 사용
• $E_1 < E_2$: 저온 사용

4) 연속평행반응 ▣▣▣

$$A \begin{array}{c} \nearrow^{1} R \xrightarrow{\ 3\ } U \\ \\ \searrow_{2} T \xrightarrow{\ 4\ } S \end{array} \Bigg\downarrow 5$$

$\left(\begin{array}{l} E_1 < E_2 < E_3 < E_4 \\ E_5 = 0 \end{array}\right)$ 라고 하자.

① 원하는 생성물이 중간체 R인 경우 : 1단계가 2단계, 3단계에 비하여 빨라야 한다.

$E_1 < E_2$, $E_1 < E_3$이므로 저온과 플러그 흐름을 사용한다.

② 원하는 생성물이 최종생성물 S인 경우 : 속도가 중요하므로 고온과 플러그 흐름을 사용한다.

③ 원하는 생성물이 중간체 T인 경우 : 2단계가 1단계, 4단계에 비하여 빨라야 한다.

$E_2 > E_1$, $E_2 < E_4$이므로 강온(Falling Temperature)과 플러그흐름을 사용한다.

④ 원하는 생성물이 중간체 U인 경우 : 1단계가 2단계보다 빠르고, 3단계가 5단계보다 빨라야 한다. $E_1 < E_2$이므로 승온(Rising Temperature)과 플러그흐름을 사용한다.

☀️ TIP ‖‖‖‖‖‖‖‖‖‖‖‖‖‖‖‖‖‖‖‖‖‖‖‖‖

정규분포곡선

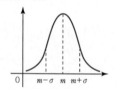

여기서, σ : 표준편차

> **Reference**
>
> ### 비이상 흐름(RTD)
> - 이상반응기로부터의 편기는 유체의 편류, 유체의 순환 및 용기 내의 정체구역의 형성으로 일어난다.
> - 체류시간 분포(RTD : Residence Time Distribution)
>   반응기를 통하여 각각 다른 경로를 갖는 유체의 원소들이 반응기를 통과하는 시간이 다르며 반응기를 떠나는 유체의 흐름에 대한 시간의 분포를 출구 수명분포 E 또는 유체의 체류시간 분포 RTD라 한다.

실전문제

01 표준반응열($\Delta H°$)과 생성물의 표준생성열($(\Delta H_f)_P$), 반응물의 표준생성열($(\Delta H_f)_R$) 간의 관계를 옳게 나타낸 것은?

① $\Delta H° = \sum (\Delta H_f)_R - \sum (\Delta H_f)_P$

② $\Delta H° = \sum (\Delta H_f)_P - \sum (\Delta H_f)_R$

③ $\Delta H° = \sum (\Delta H_f)_R \times \sum (\Delta H_f)_P$

④ $\Delta H° = \sum (\Delta H_f)_P + \sum (\Delta H_f)_R$

▎해설▕

표준반응열($\Delta H°$)

$\therefore \ \Delta H° = \sum (\Delta H_f)_P - \sum (\Delta H_f)_R$

$\therefore \ \Delta H° = \sum (\Delta H_c)_R - \sum (\Delta H_c)_P$

여기서, H_f : 생성열 H_c : 연소열

02 다음의 반응에서 R이 목적생성물일 때 활성화 에너지 E가 $E_1 < E_2$, $E_1 < E_3$이면 온도를 유지하는 가장 적절한 방법은?

$$A \xrightarrow{1} R \xrightarrow{3} S$$
$$A \xrightarrow{2} U$$

① 저온에서 점차적으로 고온으로 전환한다.

② 온도를 높게 유지한다.

③ 온도는 낮게 유지한다.

④ 고온 → 저온 → 고온으로 전환을 반복한다.

▎해설▕

$E_1 < E_2$, $E_1 < E_3$이므로 저온을 유지한다.

03 다음은 단열 조작선의 그림이다. 조작선의 기울기는 $\dfrac{C_p}{-\Delta H_r}$로 나타내는데 이 기울기가 큰 경우에는 어떤 형태의 반응기가 가장 좋겠는가?(단, C_p : 정압 열용량, ΔH_r : 반응열)

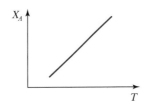

① 플러그흐름(Plug Flow) ② 혼합흐름(Mixed Flow)

③ 교반형 ④ 회분식

▎해설▕

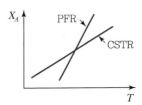

04 다음 반응에서 원하는 생성물을 많이 얻기 위해서 반응온도를 높게 유지하였다. 반응속도상수 k_1, k_2, k_3의 활성화 에너지 E_1, E_2, E_3를 옳게 나타낸 것은?

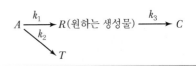

① $E_1 < E_2$, $E_1 > E_3$ ② $E_1 > E_2$, $E_1 < E_3$

③ $E_1 > E_2$, $E_1 > E_3$ ④ $E_1 < E_2$, $E_1 > E_3$

▎해설▕

반응온도를 높게 유지하였으므로 $E_1 > E_2$, $E_1 > E_3$이다.

▎정답▕ **01** ② **02** ③ **03** ① **04** ③

05 그림은 단열조작에서 에너지수지식의 도식적 표현이다. 발열반응의 경우 불활성 물질을 증가시켰을 때 단열 조작선은 어느 방향으로 이동하겠는가?(단, 실선은 불활성 물질이 없는 경우를 나타낸다.)

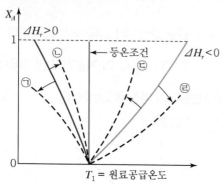

① ㉠

② ㉡

③ ㉢

④ ㉣

해설

- ㉡, ㉢은 Inert(불활성 물질)을 증가시킨 경우
- ㉠, ㉣은 Inert(불활성 물질)을 제거한 경우

06 단열 반응조작에서 에너지수지의 도식 표현이 다음 그림과 같을 때 발열반응을 나타내는 것은?

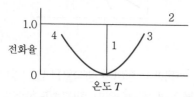

① 직선 1

② 직선 2

③ 직선 3

④ 직선 4

해설

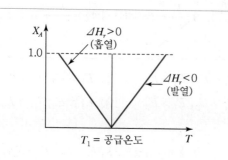

단열조작에서 에너지수지식의 도식적 표현

$$X_A = \frac{C_p \Delta T}{-\Delta H_r}$$

07 화학양론적으로 표시된 $aA + bB \rightleftarrows cC + dD$의 반응에서 반응물과 생성물이 표준상태에 있는 경우 반응의 자유에너지 변화 $\Delta G°$는 평형상수 K와 어떤 관계가 성립되는가?

① $\Delta G° = RT \ln K$

② $\Delta G° = -RT \ln K$

③ $\Delta G° = -\ln \dfrac{K}{RT}$

④ $\Delta G° = K \ln RT$

해설

$$\ln K = -\frac{\Delta G°}{RT}$$

08 $A \xrightarrow{1} R \xrightarrow{2} S$ 인 반응에서 $E_1 > E_2$일 때 R의 생성량을 높이기 위해서는 어떤 조건이 적당한가?

① 높은 온도

② 중간 온도

③ 낮은 온도

④ 온도와 무관

해설

원하는 물질이 생성되기 위한 활성화 에너지가 다른 반응에 비해 크면 온도를 높인다.

09 다음 반응에 대해 C_S를 최대로 하기 위한 최적의 온도 조건으로 적당한 것은?

$$A \xrightarrow[2]{1} R \xrightarrow[4]{3} S \xrightarrow[6]{5} T$$
$$\phantom{A \xrightarrow[2]{1}} L \phantom{R \xrightarrow[4]{3}} M \phantom{S \xrightarrow[6]{5}} N$$

$E_1 = 10$, $E_2 = 25$, $E_3 = 20$, $E_4 = 15$,
$E_5 = 25$, $E_6 = 30$

① 저온 - 고온 - 저온

② 고온 - 저온 - 고온

③ 저온 - 고온 - 고온

④ 고온 - 저온 - 저온

해설

$E_1 < E_2 \rightarrow$ 저온, $E_3 > E_4 \rightarrow$ 고온, $E_3 < E_5 \rightarrow$ 저온

정답 **05** ③ **06** ③ **07** ② **08** ① **09** ①

10 체류시간 분포함수가 정규분포함수에 가장 가깝게 표시되는 반응기는?

① 플러그 흐름(Plug Flow)이 이루어지는 관형 반응기
② 분산이 작은 관형 반응기
③ 완전혼합(Perfect Mixing)이 이루어지는 하나의 혼합 반응기
④ 3개가 직렬로 연결된 혼합반응기

해설

㉠ PER, ㉡ 분산이 작은 PFR

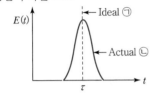

㉢ CSTR

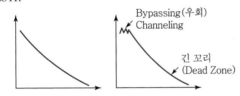

11 반응기 중 체류시간 분포가 가장 좁게 나타나는 것은?

① 완전 혼합형 반응기
② Recycle 혼합형 반응기
③ Recycle 미분형 반응기(Plug Type)
④ 미분형 반응기(Plug Type)

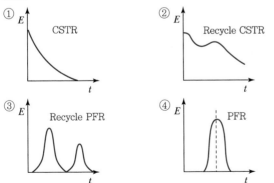

04 열역학 기초

[01] 열역학

1. 열역학

열역학은 19세기에 증기기관의 운전을 묘사하고, 그 증기기관이 이루어 낼 수 있는 일의 한계를 규명하기 위한 목적으로 생겨났다. 열역학이란 이름 그 자체는 열에서 생겨난 동력을 의미한다. 즉, 열역학(Thermodynamics)은 열(Thermo)과 동력(Dynamics)의 합성어로서 열과 역학적 일의 기본적인 관계를 다루는 학문 분야이다.

2. 기본단위

1) 차원과 단위

(1) 차원 : 물리량이 내포하는 기본 개념

① 길이의 차원[L] : m, cm, ft

② 질량의 차원[M] : kg, g, lb

③ 시간의 차원[T] : h, s

(2) 단위 : 물리량의 기본 크기

① SI 단위

• 길이 : m	• 질량 : kg
• 시간 : s	• 온도 : K
• 물질의 양 : mol	• 전류 : A
• 광도 : cd	

② 절대단위

㉠ CGS(cm, g, s)

㉡ MKS(m, kg, s)

㉢ FPS(ft. lb, s)

TIP

• 기본단위 : m, kg, s
• 유도단위 : 기본단위의 조합으로 이루어진 단위
   예 밀도 g/cm³, 힘 kg · m/s²

◆ 힘($F = mg$)
• 단위 : kg · m/s²
• 차원 : [MLT⁻²]

◆ 압력($P = \dfrac{F}{A}$)
• 단위 : N/m² = kg · m/s² · m²
• 차원 : [MLT⁻²T⁻²]

---

④ 중력단위

　kg$_f$, g$_f$ 등 중력의 크기를 중심으로 한 단위

▼ 단위의 비교

영국단위		SI 단위		
이름	단위	이름	기호	단위
넓이	ft^2			m^2
부피	ft^3			m^3
속도	ft/s			m/s
가속도	ft/s^2			m/s^2
밀도	lb$_m$/ft^3			kg/m^3
점도	lb$_m$/ft $\cdot$ s			kg/m $\cdot$ s
진동(수)	s^{-1}	Hertz	Hz	s^{-1}
힘	lb$_m$ $\cdot$ ft/s^2, lb$_f$	Newton	N	kg $\cdot$ m/s^2＝N
압력	lb$_m$/ft $\cdot$ s^2, lb$_f$/ft^2	Pascal	Pa	kg/m $\cdot$ s^2＝N/m^2＝Pa
에너지(일)	lb$_m$ $\cdot$ ft^2/s^2, lb$_f$ $\cdot$ ft	Joule	J	kg $\cdot$ m^2/s^2＝N $\cdot$ m＝J
동력	lb$_m$ $\cdot$ ft^2/s^3, lb$_f$ $\cdot$ ft/s^3	Watt	W	kg $\cdot$ m^2/s^3＝J/s＝W

cf 점도 g/cm $\cdot$ s＝Poise, 동점도 cm^2/s＝stokes

2) 단위의 종류

(1) 질량

　① 물체가 가지는 고유한 양

　② 장소에 따라 변하지 않는다.

　③ kg, g, lb

(2) 무게

　① 중력이 물체를 끌어당기는 힘의 크기

　② 질량 1kg이 갖는 무게＝1kg$_f$

　③ $W = mg = 1\text{kg} \times 9.8\text{m/s}^2 = 9.8\text{kg} \cdot \text{m/s}^2 = 9.8\text{N}$

(3) 힘(무게)

　Newton의 제2법칙

　$F = ma = 1\text{kg} \times 9.8\text{m/s}^2 = 9.8\text{N}$

　$F = \dfrac{mg}{g_c} = \dfrac{1\text{kg} \times 9.8\text{m/s}^2}{g_c} = 1\text{kg}_f$

　$\therefore g_c = \dfrac{9.8\text{kg} \cdot \text{m/s}^2}{1\text{kg}_f} = 9.8\text{kg} \cdot \text{m/kg}_f \cdot \text{s}^2$

　　여기서, g_c : 중력상수

◆
- 1kg = 1,000g
- 1lb = 453.6g = 0.4536kg

◆
무게＝힘

중력상수 ▪▪▪

- 중력상수 $g_c = 9.8 kg \cdot m/kg_f \cdot s^2 = 980 g \cdot cm/g_f \cdot s^2 = 32.174 lb_m \cdot ft/lb_f \cdot s^2$

- g_c는 SI 단위에서는 사용하지 않고 중력단위를 사용할 때 이용한다.

- 중력의 크기는 장소에 따라 변하므로 중력가속도가 변할 때 사용한다.

$$\text{SI 단위} \xrightleftharpoons[\times g_c]{\div g_c} \text{중력 단위}$$

Exercise 01

중력가속도가 $32 ft/s^2$인 곳에서 질량 $10\ lb_m$인 물체의 중력의 크기는 얼마인가?

풀이 $F = \dfrac{ma}{g_c} = \dfrac{mg}{g_c} = \dfrac{10 lb_m \times 32 ft/s^2}{32.174 lb_m \cdot ft/lb_f \cdot s^2} = 9.95 lb_f$

Exercise 02

$19.6N$의 힘을 kg_f로 나타내면?

풀이

- $\dfrac{19.6N}{} \bigg| \dfrac{1 kg_f}{9.8N} = 2 kg_f$

- SI 단위 $\xrightleftharpoons[\times g_c]{\div g_c}$ 중력단위

$\dfrac{19.6N}{9.8 kg \cdot m/kg_f \cdot s^2} = \dfrac{19.6 kg \cdot m/s^2}{9.8 kg \cdot m/kg_f \cdot s^2} = 2 kg_f$

TIP ▪▪▪▪▪▪▪▪▪▪

섭씨온도와 화씨온도 간격 ▪▪▪

```
    ←─ 100등분 ─→
  0℃           100℃
    ←─ 180등분 ─→
  32°F          212°F
```

$\Delta t(℃) = \Delta T(°K)$

$\Delta t(℃) = 1.8 \Delta t'°(F)$

$\Delta T(°K) = 1.8 \Delta T(°R)$

(4) 온도

물체의 차고 뜨거운 정도. 에너지의 흐름 방향을 결정하는 물리량

① **섭씨온도(℃)** : 1atm에서 물의 어는 온도를 0℃, 끓는 온도를 100℃로 하여 그 사이를 100등분한 온도

② **화씨온도(°F)** : 1atm에서 물의 어는 온도를 32°F, 끓는 온도를 212°F로 하여 그 사이를 180등분한 온도

$$t'(°F) = \frac{9}{5} t(℃) + 32$$

$$t(℃) = \frac{5}{9}(t'(°F) - 32)$$

③ 절대온도 ▪▪▪

$$T(°\text{K}) = t(°\text{C}) + 273$$
$$T(°\text{R}) = t(°\text{F}) + 460$$

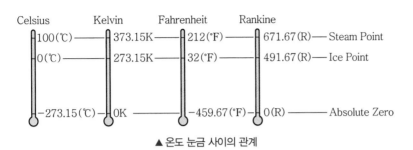

▲ 온도 눈금 사이의 관계

Exercise **03**

섭씨온도와 화씨온도가 같아지는 온도는?

🔍풀이　$t'(°\text{F}) = \dfrac{9}{5} t(°\text{C}) + 32$

$t'(°\text{F}) = t(°\text{C})$

$\dfrac{9}{5} t(°\text{C}) + 32 = t(°\text{C})$

$\dfrac{4}{5} t(°\text{C}) = -32$

$t(°\text{C}) = -40$

∴ $-40°\text{C}$, $-40°\text{F}$

(5) 압력 ▪▪▪

단위넓이에 작용하는 힘

① 정의

$$P = \frac{F}{A}$$

여기서, P : 압력(N/m², kgf/m²)

　　　　F : 힘(N, kgf)

　　　　A : 넓이(m²)

$$P = \frac{F}{A} = \frac{mg}{A} = \frac{mg}{A} \frac{h}{h} = \frac{mg\,h}{V} = \rho g h$$

$$\therefore\ P = \frac{\rho g h}{g_c}$$

◆
N/m² = Pa

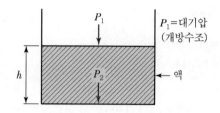

$$\therefore P_2 = P_1 + \frac{\rho g h}{g_c}$$

여기서, P_1 : 대기압

ρ : 밀도

h : 액체층의 깊이

② 유체기둥의 높이로 측정

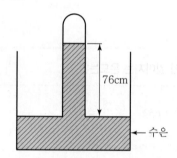

$1\text{atm} = 76\text{cmHg} = 760\text{mmHg} = 10.33\text{mH}_2\text{O}$

$1\text{atm} = 760\text{mmHg} = 760\text{torr} = 14.7\text{lb}_f/\text{in}^2 = 14.7\text{psi}$
$= 101.325\text{kPa} = 1.01325 \times 10^5\text{Pa(N/m}^2) = 1.01325\text{bar}$
$= 1.0332\text{kg}_f/\text{cm}^2$

③ 압력의 종류

㉠ 절대압력 = 게이지압 + 대기압

㉡ 진공압 = 대기압 − 절대압력

　단, 절대압이 대기압보다 작을 때

㉢ 진공도 = $\dfrac{\text{진공압}}{\text{대기압}} \times 100(\%)$

(6) 일(Work)

계에서 외부에 변화를 주거나, 외부에 의해 계가 변화하는 현상

$W = F \times s\,(\text{N} \cdot \text{m} = \text{J})$

$W = \displaystyle\int_{V_1}^{V_2} P dV\,(\text{atm} \cdot \text{L})$

(7) 에너지

일을 할 수 있는 능력(N · m, J, cal)

$$E_k = \frac{1}{2}mv^2 \qquad E_P = mgh$$

(8) 열

물체의 온도를 높이거나, 상태를 변화시키는 원인(kcal, cal, N · m, J, BTU, CHU)

① 1kcal : 표준대기압하에서 순수한 물 1kg의 온도를 1℃ 높이는 데 필요한 열량

② 1cal : 표준대기압하에서 순수한 물 1g의 온도를 1℃ 높이는 데 필요한 열량

③ 1BTU : 표준대기압하에서 순수한 물 1lb의 온도를 1℉ 높이는 데 필요한 열량

(9) 동력 단위시간당의 일

$$P = \frac{W}{t} [\text{J/s} = \text{W(Watt)}]$$

Reference

동력의 단위

- 1kW = 1,000J/s(W) = 860kcal/h = 102kg$_f$ · m/s

  1HP = 76kg$_f$ · m/s

  1PS = 75kg$_f$ · m/s

- 1kWh = 1kW × 1h = 860kcal

일 = 에너지 = 열
차원 및 단위가 같다.

- 1BTU = 252cal = 778lb$_f$ · ft
- 1kcal = 427kg$_f$ · m
- 1CHU = 453.6cal

◆ 1CHU

순수한 물 1lb를 1℃ 높이는 데 필요한
열량. kcal와 BTU의 조합

실전문제

01 물리량에 대한 단위가 틀린 것은?

① 힘 : $kg \cdot m/s^2$

② 일 : $kg \cdot m^2/s^2$

③ 기체상수 : $atm \cdot L/mol$

④ 압력 : N/m^2

해설

$$R = \frac{PV}{nT} = atm \cdot L/mol \cdot K$$

02 다음 중 압력의 단위가 아닌 것은?

① Pa ② $kg/m \cdot s^2$

③ J/s ④ J/m^3

해설

$$P = \frac{F}{A}$$

$N/m^2 = Pa, kg_f/m^2$

03 $60lb/ft^3$인 물체의 밀도를 g/cm^3로 환산하면?

① 1.0 ② 2.0

③ 3.0 ④ 4.0

해설

$$\frac{60lb}{ft^3}\left|\frac{453.6g}{1lb}\right|\frac{1ft^3}{(30.48cm)^3} = 0.961g/cm^3$$

04 표준대기압을 나타낸 것이 아닌 것은?

① 1.1atm ② 760mmHg

③ $1.033kg_f/cm^2$ ④ 14.7psi

해설

$1atm = 760mmHg = 14.7psi = 10.33mH_2O = 1.0332kg_f/cm^2$

05 대기압이 14.7psi이고, 게이지압력이 23.2psi이면 절대압력은 얼마인가?

① 37.9psi ② 42psi

③ 46.9psi ④ 52.9psi

해설

$P_{abs} = P_{atm} + P_g = 14.7 + 23.2 = 37.9psi$

06 중력가속도가 $32.0ft/s^2$인 곳에서 질량이 10lb인 물체의 중력(lb_f)은 얼마인가?

① 9.94 ② 10.94

③ 11.94 ④ 12.94

해설

$$F = \frac{mg}{g_c} = \frac{10lb \times 32ft/sec^2}{32.174lb \cdot ft/lb_f \cdot sec^2} = 9.94lb_f$$

07 연료의 발열량이 10,000kcal/kg일 때 이 연료 1kg이 연소해서 30%가 유용한 일로 전환된다면 500kg의 물체를 얼마만큼 높이 올릴 수 있겠는가?

① 25m ② 250m

③ 2.5km ④ 25km

해설

연료 1kg의 발열량 = 10,000kcal

유용한 일 = $10,000 \times 0.3$

$\qquad = 3,000kcal \times \dfrac{4.2 \times 10^3 J}{1kcal}$

$\qquad = 12.6 \times 10^6 J$

$E_P = mgh$

$12.6 \times 10^6 J = 500kg \times 9.8m/s^2 \times h$

$\therefore h = 2,571m = 2.57km$

정답 01 ③ 02 ③ 03 ① 04 ① 05 ① 06 ① 07 ③

08 −20℃의 얼음 10g을 40℃의 물로 만드는 데 필요한 열량은 얼마인가?(단, 얼음의 비열 0.5, 융해열 80cal/g)

① 700
② 900
③ 1,100
④ 1,300

해설

$Q = mc\Delta t$
$\quad = 10g \times 0.5cal/g \cdot ℃ \times 20℃ + 10g \times 80cal/g$
$\quad\quad + 10g \times 1cal/g \cdot ℃ \times 40℃$
$\quad = 1,300cal$

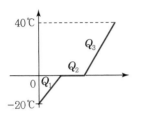

09 0℃ 얼음 1g을 1atm하에서 100℃의 수증기로 전환시키는 데 필요한 열량은 얼마인가?(단, 융해열 : 80 cal/g, 기화열 : 540cal/g)

① 850cal
② 720cal
③ 940cal
④ 640cal

해설

$Q = mc\Delta t$
$\quad = 1 \times 80 + 1 \times 1 \times (100 - 0) + 1 \times 540$
$\quad = 720cal$

10 500℃를 K, °F, °R으로 환산하면 얼마인가?

① 773K, 932°F, 1,392°R
② 773K, 900°F, 1,360°R
③ 500K, 932°F, 1,392°R
④ 500K, 900°F, 1,360°R

해설

$t(°F) = \dfrac{9}{5}t(℃) + 32 = \dfrac{9}{5} \times 500 + 32 = 932°F$
$t(°R) = 932(°F) + 460 = 1,392°R$
$T(K) = 500 + 273 = 773K$

11 1kW는 몇 $kg_f \cdot m/s$인가?

① 242
② 102
③ 76
④ 427

12 엘리베이터의 정원은 20명이다. 한 사람의 무게를 60kg으로 하고 운전속도를 60m/min으로 할 때 필요한 동력은 몇 PS인가?(엘리베이터에 의한 중력은 무시한다.)

① 14PS
② 15PS
③ 16PS
④ 17PS

해설

$W = 20 \times 60kg_f = 1,200kg_f$
$\therefore \; PS = \dfrac{1,200kg_f \times 1m/sec}{75} = 16PS$

13 10kg의 물질(비열=0.2kcal/kg · ℃)을 100℃로 가열한 후 이것을 20℃의 물 100kg 중에 냉각시킬 때 최종 도달온도(℃)는 얼마인가?(단, 물의 비열 : 1kcal/kg · ℃)

① 22.6℃
② 20.6℃
③ 19.6℃
④ 21.6℃

해설

$Q = mc\Delta t$
$\quad = 10kg \times 0.2kcal/kg \cdot ℃ \times (100 - t)℃$
$\quad = 100kg \times 1 \times (t - 20)$
$\therefore \; t = 21.6℃$

14 피스톤지름이 2in인 사하중게이지를 사용하여 압력을 측정하려고 한다. 피스톤 위의 10lb인 물체와 균형을 이루고 있다면 게이지압력은 몇 psi인가?(단, 중력가속도는 32.174ft/s²이고 피스톤의 중력은 무시한다.)

① 1.2
② 2.2
③ 3.2
④ 4.2

해설

$P = \dfrac{F}{A} = \dfrac{mg}{Ag_c}$

$\quad = \dfrac{10\,lb \times 32.174ft/sec^2}{\dfrac{\pi}{4} \times 2^2 in^2 \times 32.174 lb \cdot ft/lb_f \cdot sec^2} = 3.184 lb_f/in^2$

PART 1
PART 2
PART 3
PART 4
PART 5

15 지상 60m 높이에서 물체가 떨어지고 있다. 지상에서 20m인 위치에서의 물체의 속도(m/s)는 얼마인가? (단, 공기의 저항은 무시한다.)

① 28m/s   ② 30m/s
③ 31m/s   ④ 32m/s

해설

$$mgh = mgh_1 + \frac{1}{2}mv_1^2$$

$$9.8\text{m/s}^2 \times 60\text{m} = 9.8 \times 20 + \frac{1}{2} \times v_1^2$$

$$v_1 = 28\text{m/s}$$

16 어떤 유체가 장치 속으로 1.8km/min의 유속으로 들어간다. 들어가고 나갈 때 그 유체의 운동에너지 차가 1kcal/kg이 되려면 유체가 장치를 나갈 때의 속도는 약 몇 km/min이어야 하는가?

① 5.77   ② 6.24
③ 9.63   ④ 11.57

해설

$$E_{k2} - E_{k1} = 1\text{kcal/kg} = 4{,}184\text{J/kg}$$

$$v_1 = 1.8\text{km/min}$$
$$= \frac{1.8\text{km}}{\text{min}} \left| \frac{1{,}000\text{m}}{1\text{km}} \right| \frac{1\text{min}}{60\text{s}}$$
$$= 30\text{m/s}$$

$$\frac{1}{2}v_2^2 - \frac{1}{2}(30)^2 = 4{,}184\text{J}$$

$$v_2 = 96.3\text{m/s}$$
$$= \frac{96.3\text{m}}{s} \left| \frac{60\text{s}}{1\text{min}} \right| \frac{1\text{km}}{1{,}000\text{m}}$$
$$= 5.78\text{km/min}$$

[02] 열역학 제1법칙과 기본개념

1. 열역학 제1법칙(에너지 보존의 법칙)

1) 계(System)

열역학적 대상이 되는 임의의 공간 범위

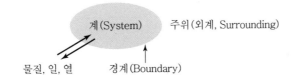

계(System)   주위(외계, Surrounding)

물질, 일, 열   경계(Boundary)

> **Reference**
>
> **계의 종류** ▪▪▪
> - 닫힌계(Closed System) : 계와 외계 사이에 물질 이동이 불가능한 계(에너지 이동은 가능)
> - 열린계(Open System) : 계와 외계 사이에 물질과 에너지의 이동이 가능한 계
> - 고립계(Isolated System) : 계와 외계 사이에 어떤 작용도 일어나지 않는 계(물질, 열 이동 불가능)
> - 단열계(Adiabatic System) : 열의 이동이 없는 계

2) 열역학 제1법칙(에너지 보존의 법칙)

(1) 정의 ▪▪▪

에너지는 여러 형태로 존재하지만 에너지의 총량은 일정하다. 즉, 열과 일은 생성·소멸되는 것이 아니라 서로 전환하는 것이다.(에너지가 다른 형태의 에너지로 전환)

(2) 관계식

Δ(계의 에너지) + Δ(주위의 에너지) = 0

Δ(계의 에너지) = $\Delta U + \Delta E_K + \Delta E_P$

Δ(주위의 에너지) = $\pm Q \pm W$

열 Q는 주위로부터 계로 이동했을 때 $+$로 하고

일 W도 주위에서 계로 이동할 때 $+$로 한다.

$$\therefore \Delta U + \Delta E_K + \Delta E_P = Q + W$$

여기서, U : 내부에너지, E_K : 운동에너지, E_P : 위치에너지

◆ **내부에너지(U)**
물질을 구성하고 있는 분자들에 의한 에너지

예 운동 E, 위치 E, 진동 E, 회전 E, 결합 E

계가 외계에서 열 Q를 흡수하여 계의 전체에너지가 ΔE 만큼 증가하고, 동시에 W 만큼의 일을 했다면 열역학 제1법칙은 다음과 같이 나타낼 수 있다.

$$Q + W = \Delta E$$

계의 전체에너지 $E = U + E_K + E_P$

내부에너지만 변화하고 외계의 에너지 변화가 일어나지 않을 때에는 다음과 같다.

$$Q + W = \Delta U$$ 🔳🔳🔳

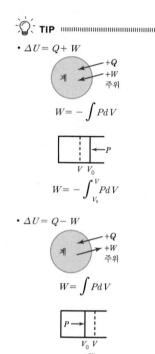
2. 비흐름 공정과 정상상태 흐름 공정

1) 비흐름 공정(Nonflow Process)

(1) 조건

① 닫힌계(Closed System)

② 내부에너지 이외의 에너지 변화가 계에 일어나지 않는 경우

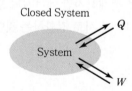

$$\Delta U = Q + W$$

미분하면, $dU = dQ + dW$(미소변화)

2) 정상상태 흐름 공정(Steady State Flow Process)

(1) 정상상태

변수가 시간에 따라 변하지 않는다.

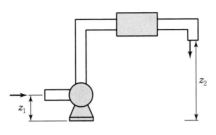

$$\Delta U + \Delta(PV) + \frac{\Delta u^2}{2g_c} + \frac{g}{g_c}\Delta Z = Q + W_s$$

엔탈피 $\Delta H = \Delta U + \Delta PV$이므로

$$\Delta H + \frac{\Delta u^2}{2g_c} + \frac{g}{g_c}\Delta Z = Q + W_s$$

(2) 엔탈피(H)

엔탈피 변화는 가역 정압공정하에서 가해지는 열과 같다.

$H = U + PV$

$\Delta H = \Delta U + \Delta PV$

$dH = dU + d(PV)$

$\quad = dQ - dW + d(PV)$

$\quad = dQ - PdV + PdV + VdP$

$\quad = dQ + VdP$

$\quad = dQ_p$

일정압력($P = \text{Const}, dP = 0$)에서

$dH = dQ_p$

$\Delta H = Q_p$

3. 상태함수와 경로함수

1) 상태함수와 경로함수

(1) 상태함수(State Function)

경로에 관계없이 시작점과 끝점의 상태에 의해서만 영향을 받는 함수

예 T(온도), P(압력), ρ(밀도), μ(점도), U(내부에너지), H(엔탈피), S(엔트로피), G(자유에너지)

(2) 경로함수(Path Function)

경로에 따라 영향을 받는 함수

예 Q(열), W(일)

TIP

$W = W_s - P_2 V_2 + P_1 V_1$

$\Delta U + \frac{\Delta u^2}{2} + g\Delta z = Q + W$

$\Delta U + \Delta(PV) + \frac{\Delta u^2}{2} + g\Delta z = Q + W_s$

$\Delta H + \frac{\Delta u^2}{2} + g\Delta z = Q + W_s$

TIP

• $\Delta H > 0, \ Q < 0$: 흡열반응
• $\Delta H < 0, \ Q > 0$: 발열반응

2) 시강변수와 시량변수 ▩▩▩

(1) 시강변수(세기성질, Intensive Properties)

물질의 양과 크기에 따라 변화하지 않는 물성

⬛ T(온도), P(압력), $\overline{U}$(몰당 내부에너지), $\overline{V}$(몰당 부피), d(밀도), $\overline{G}$(몰당 깁스자유에너지)

(2) 시량변수(크기성질, Extensive Properties)

물질의 양과 크기에 따라 변화하는 물성

⬛ V(부피), m(질량), n(몰), U(내부에너지), H(엔탈피), G(깁스자유에너지)

$$\frac{크기성질}{다른\ 크기성질} = 세기성질$$

$$\frac{V}{n} = \overline{V}(몰당\ 부피)$$

$$\frac{m}{V} = d(밀도)$$

4. 평형 ▩▩▩

① 거시적인 척도에서 변화가 일어나려는 경향이 없다는 것을 의미, 즉 변화가 없음을 의미한다.

② 평형에 있는 계는 변화가 일어나려는 경향이 없다는 뜻이다.

③ 변화가 일어나려는 경향, 즉 구동력이 없다는 것을 의미한다. 그러므로 평형에 있는 계에서는 모든 힘이 정확하게 균형을 이루고 있다.

⬛ 정반응속도 = 역반응속도

5. 상률 ▩▩▩

① 두 개의 열역학적 세기성질이 특정한 값으로 정해지면 순수한 균질유체의 상태는 고정된다.

$$F = 2 - P + C$$

여기서, F : Degree of Freedom(자유도)
P : Phase(상)
C : Component(성분)

② 2개의 상들이 평형을 이루고 있을 때에는 단 하나의 성질만 지정되면 그 계의 상태는 고정된다.

예 101.3kPa의 압력에서 수증기와 물의 혼합물이 평형을 이루려면 온도는 100℃
이어야 한다.

$$F = 2 - 2 + 1 = 1$$

압력도 함께 변화시키지 않고 증기와 액체가 계속 평형상태를 유지하면서 온
도를 변화시킬 수는 없다.

 TIP ||||||||||||||||||||||||||||||

물의 삼중점
- 물, 얼음, 수증기가 공존
- $F = 2 - P + C$
  $= 2 - 3 + 1 = 0$
- 0.01℃, 0.0061bar에서 삼중점이 나
  타난다. 이 조건 중에서 어떤 변화가
  생기면 적어도 하나의 상은 사라진다.

Exercise **01**

다음 각 계의 자유도를 구하여라.
① 수증기, 질소의 혼합물과 평형을 이루고 있는 액체물
② 자체 증기와 평형을 이루고 있는 알코올 수용액
③ 삼중점에서의 물

- -

풀이 ① $F = 2 - P + C = 2 - 2 + 2 = 2$
② $F = 2 - 2 + 2 = 2$
∴ T, P가 정해지면 조성도 고정된다.
③ $F = 2 - P + C = 2 - 3 + 1 = 0$

6. 가역공정

① 마찰이 없다.
② 평형으로부터 미소한 폭 이상으로 벗어나지 않는다.
③ 연속적으로 일련의 평형상태를 거친다.
④ 구동력은 그 크기가 미소하다.
⑤ 외부조건의 미소변화에 의하여 어느 지점에서라도 역전될 수 있다.
⑥ 역전되면 공정이 지나온 경로를 다시 되돌아가서 계와 외계는 초기 상태를 회복
하게 된다.

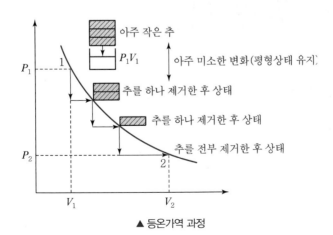

▲ 등온가역 과정

7. 일정부피와 일정압력 공정

1) 일정부피

$$dU = dQ - PdV(dV = 0)$$

$$dU = dQ_V (Q = mc\Delta t)$$

➡ 정용과정에서 내부에너지 변화는 가한 열량과 같다.

$$dU = C_v dT = dQ_V$$

$$\therefore C_v = \frac{dQ_V}{dT} = \frac{dU}{dT} = \left(\frac{\partial U}{\partial T}\right)_V$$

여기서, C_v : 정용 열용량

2) 일정압력

$$dU = dQ - PdV$$

$$dU + PdV = dQ$$

$$\Delta U + P\Delta V = Q$$

$$(U_2 - U_1) + P(V_2 - V_1) = Q_P$$

$$(U_2 + PV_2) - (U_1 + PV_1) = Q_P (\Delta H = \Delta U + \Delta PV)$$

$$H_2 - H_1 = \Delta H = Q_P$$

$$\Delta H = Q_P$$

➡ 가역적인 정압과정에서 계의 엔탈피 변화는 가한 열량과 같다.

$$dH = dQ_P$$

$$dH = C_P dT (Q = mc\Delta t)$$

$$\therefore C_P = \frac{dQ_P}{dT} = \frac{dH}{dT} = \left(\frac{\partial H}{\partial T}\right)_P$$

여기서, C_P : 정압 열용량

🔅 TIP ‖‖‖‖‖‖‖‖‖‖‖‖‖‖‖‖‖‖‖‖‖‖‖‖

열용량과 비열

• 열용량 $C = mc =$ 질량×비열
• 비열 : 단위질량당 열용량
  (kcal/kg · ℃, cal/g · ℃)
  물질 1kg을 1℃ 높이는 데 필요한 열량
  $Q = mc\Delta t$
예 물의 비열 = 1cal/g · ℃
         = 1BTU/lb · ℉
         = 4.184J/g · ℃
  물의 mol 열용량 = 18cal/mol · ℃

8. 열용량과 비열

1) 열용량

물질의 일정량을 1℃ 높이는 데 필요한 열량

$$dQ = CdT$$

여기서, C : 열용량(kcal/℃)

2) 비열(열용량)

① 정적(정용)비열 $C_V = \left(\dfrac{dQ}{dT}\right)_V$ ② 정압비열 $C_P = \left(\dfrac{dQ}{dT}\right)_P$

3) 열용량 계산

① 정적상태($dV = 0$)

$$\Delta U = Q_V = C_V dT$$

가해진 열 = 내부에너지 변화량

② 정압상태($dP = 0$)

$$\Delta H = Q_P = C_P dT$$

가해진 열 = 엔탈피 변화량

9. 이상기체의 C_V와 C_P의 관계

$$C_V = \left(\frac{\partial U}{\partial T}\right)_V$$

$$C_P = \left(\frac{\partial H}{\partial T}\right)_P = \left(\frac{\partial U}{\partial T}\right)_P + P\left(\frac{\partial V}{\partial T}\right)_P \ (\because \ H = U + PV)$$

이상기체 1mol에 대하여 $PV = RT$이므로 $\left(\dfrac{\partial V}{\partial T}\right)_P = \dfrac{R}{P}$이다.

$$\therefore \ C_P = C_V + R$$

기체분자 운동론에 의해 E(내부에너지) $= \dfrac{3}{2}RT$(1mol 단원자 분자)

$$C_V = \frac{3}{2}R$$

$$C_P = C_V + R = \frac{5}{2}R$$

$$\frac{C_P}{C_V} = \gamma(\text{비열비})$$

▼ 주요 기체의 비열비

기체의 구분	기체의 종류	비열비
단원자 분자	He, Ne, Ar, Kr	1.67
이원자 분자	H_2, N_2, O_2	1.4
삼원자 분자	H_2O, CO_2, SO_2, O_3	1.33

TIP
- 단원자 분자
  $C_V = \dfrac{3}{2}R,\ C_P = \dfrac{5}{2}R,\ U = \dfrac{3}{2}nRT$
- 이원자 분자
  $C_V = \dfrac{5}{2}R,\ C_P = \dfrac{7}{2}R,\ U = \dfrac{5}{2}nRT$
- 삼원자 분자
  $C_V = \dfrac{6}{2}R,\ C_P = \dfrac{8}{2}R,\ U = \dfrac{6}{2}nRT$

실전문제

01 다음 중 상태함수로 볼 수 없는 것은?

① 내부에너지　　　　② 열
③ 압력　　　　　　　④ 엔탈피

해설

경로함수 : 일, 열

---

02 수증기와 질소의 혼합기체가 물과 평형에 있을 때 자유도수는?

① 0　　　　　　　　② 1
③ 2　　　　　　　　④ 3

해설

$F = 2 - P + C = 2 - 2 + 2 = 2$
　여기서, P : 상의 수
　　　　　C : 성분의 수

---

03 압력이 1atm인 공기가 가역 정압과정으로 $1m^3$에서 $11m^3$로 변화했을 때 계가 한 일의 크기는 약 몇 kcal인가?

① 242　　　　　　　② 1,033
③ 2,420　　　　　　④ 103,300

해설

정압과정에서의 일

$W = \int PdV = P\int dV = P\Delta V$

$= \dfrac{(1\text{atm})(11-1)\text{m}^3}{} \left| \dfrac{101.3\text{kPa}}{1\text{atm}} \right| \dfrac{J}{\text{Pa} \cdot \text{m}^3} \left| \dfrac{1\text{kcal}}{4.184\text{kJ}} \right.$

$= 242.11\text{kcal}$

---

04 열역학 제1법칙에 대한 설명 중 틀린 것은?

① 에너지는 여러 가지 형태를 가질 수 있지만 에너지의 총량은 일정하다.
② 계의 에너지 변화량과 외계의 에너지 변화량의 합은 영(Zero)이다.
③ 한 형태의 에너지가 없어지면 동시에 다른 형태의 에너지로 나타난다.
④ 닫힌계에서 내부에너지 변화량은 영(Zero)이다.

해설

닫힌계에서도 열출입은 가능하므로 내부에너지 변화량은 0이라고 할 수 없다.

---

05 주어진 상태에 도달하게 된 경로에 의존하여 그 값이 정해지는 함수는?

① 엔탈피　　　　　② 엔트로피
③ 열량　　　　　　④ 자유에너지

해설

• 경로함수 : 열량(Q), 일(W)
• 상태함수 : T, P, U, H, S, G

---

06 열역학 제1법칙에 대한 설명과 가장 거리가 먼 것은?

① 받은 열량을 모두 일로 전환하는 기관을 제작하는 것은 불가능하다.
② 에너지의 형태는 변할 수 있으나 총량은 불변한다.
③ 열량은 상태량이 아니지만 내부에너지는 상태량이다.
④ 계가 외부에서 흡수한 열량 중 일을 하고 난 나머지는 내부에너지를 증가시킨다.

해설

①은 열역학 제2법칙에 대한 설명이다.

정답 01 ② 　02 ③ 　03 ① 　04 ④ 　05 ③ 　06 ①

07 액체상태의 물이 수증기와 평형을 이루고 있다. 이 계의 자유도수를 구하면?

① 0
② 1
③ 2
④ 3

$F = 2 - P + C = 2 - 2 + 1 = 1$

08 벤젠, 톨루엔, 크실렌의 3성분 용액이 기상과 액상으로 평형을 이루고 있을 때 이 계에 대한 자유도수는?

① 0
② 1
③ 2
④ 3

$F = 2 - P + C = 2 - 2 + 3 = 3$

09 세기성질(Intensive Property)에 해당하는 것은?

① 온도
② 부피
③ 에너지
④ 질량

• 세기성질 : T, P, $\overline{V}$, $\overline{U}$, $\overline{H}$, $\overline{G}$, d
• 크기성질 : m, n, V, U, H, G

10 열용량에 관한 설명으로 옳은 것은?

① 이상기체의 정용(定容)에서의 몰열용량은 엔탈피 관련 함수로 정의된다.
② 이상기체의 정압에서의 몰열용량은 내부에너지 관련 함수로 정의된다.
③ 이상기체의 정용(定容)에서의 몰열용량은 온도변화와 관계없다.
④ 이상기체의 정압에서의 몰열용량은 온도변화와 관계 있다.

$\Delta U = n C_V \Delta T$
$\Delta H = n C_P \Delta T$
C_V, C_P, U, $H = f(T)$

11 상태함수에 대한 설명으로 옳은 것은?

① 최초와 최후의 상태에 관계없이 경로의 영향으로만 정해지는 값이다.
② 점함수라고도 하며, 일에너지를 말한다.
③ 내부에너지만 정해지면 모든 상태를 나타낼 수 있는 함수를 말한다.
④ 계의 상태를 나타내는 함수로서 계의 특성치이며 그래프에서 선도상 점으로 표시되는 함수이다.

• 상태함수(점함수) : U, H, S, G
• 경로함수 : 열(Q), 일(W)

12 다음 열역학적 특성값 중 상태함수가 아닌 것은?

① 엔트로피
② 내부에너지
③ 비체적
④ 열량

• 상태함수(점함수) : U, H, S, G
• 경로함수 : 열(Q), 일(W)

13 완전히 절연된 통 속(단열용기)에 물을 넣고 회전교반기로 저어주면 물의 온도가 상승하게 된다. 그 후 찬 물체를 물에 담가 처음 온도로 복귀시킨다. 온도가 처음 온도로 되돌아오는 동안 에너지는 어떤 형태로 존재하였는가?

① 일
② 열
③ 내부에너지
④ 압력

$\Delta U = Q + W = 0 + W$
회전교반기로 저어주면서 일을 하면 그 에너지는 내부에너지로 존재한다.

14 다음 열역학적 성질에 관한 설명 중 틀린 것은?

① 일은 상태함수가 아니다.

② 이상기체에 있어서 $C_p - C_v = R$의 식이 성립한다.

③ 크기성질은 그 물질의 양과 관계가 있다.

④ 변화하려는 경향이 최대일 때 그 계는 평형에 도달하게 된다.

해설

변화하려는 경향이 최소일 때 그 계는 평형에 도달한다.

15 열과 일 사이의 에너지 보존 원리를 표현한 법칙은?

① 일정성분비의 법칙

② 열역학 제1법칙

③ 열역학 제2법칙

④ 엔트로피 법칙

해설

• 열역학 제1법칙 : 에너지 보존 법칙
• 열역학 제2법칙 : 엔트로피 법칙

16 다음 중 시강변수에 해당되는 것은?

① 비중   ② 엔트로피

③ 무게   ④ 엔탈피

해설

• 시강변수 : 양에 관계없는 특성치
　예 비중, 비열, 조성, 온도, 압력

• 시량변수 : 양에 관계있는 특성치
　예 엔트로피, 엔탈피, 내부에너지, 질량

17 열역학 기본관계식 중 엔탈피(H)를 옳게 표현한 식은?

① $H = U - PV$

② $H = U + TS$

③ $H = U + PV$

④ $H = U - TS$

18 폐쇄계(Closed System)에 관한 설명 중 틀린 것은?

① 외부와 열전달이 일어날 수 있다.

② 외부와 물질전달이 일어날 수 있다.

③ 내부에서 화학반응이 일어날 수 있다.

④ 여러 상(Phase)이 존재할 수 있다.

해설

• 닫힌계(폐쇄계, Closed System) : 물질이동 없음, 에너지이동 있음
• 열린계(Open System) : 물질이동 있음, 에너지이동 있음
• 고립계(Isolated System) : 물질이동 없음, 에너지이동 없음
• 단열계(Adiabatic System) : 에너지이동 없음

19 이상기체의 엔탈피에 관한 설명 중 옳은 것은?

① 압력만의 함수이다.

② 온도만의 함수이다.

③ 온도와 압력의 함수이다.

④ 온도 · 압력에 무관하다.

해설

이상기체의 내부에너지, 엔탈피는 온도만의 함수이다.

20 수평한 파이프 속으로 이상기체가 정상상태(Steady State)로 흐를 때, 유속이 점점 빨라진다. 이 기체의 온도는?

① 상승한다.   ② 감소한다.

③ 변함없다.   ④ 알 수 없다.

해설

베르누이 정리에 의해 유속이 빨라져 운동에너지가 증가하면 압력이 감소하며 그 결과 온도가 감소한다.

21 1기압 100℃ 액체상태의 물은 그 내부에너지가 420 Joule/g이다. 이 조건에서 물의 비용은 $1.0435cm^3/g$이다. 엔탈피(Joule/g)를 구하면?

① 420.11J/g   ② 423.12J/g

③ 418.89J/g   ④ 425.12J/g

정답 ▶ **14** ④ **15** ② **16** ① **17** ③ **18** ② **19** ② **20** ② **21** ①

$H = U + PV$
$\quad = 420\text{J/g} + (1\text{atm})(1.0435\text{cm}^3/\text{g})$
$\quad = 420\text{J/g} + 0.106\text{J/g}$
$\quad = 420.11\text{J/g}$

$$PV = \frac{(1\text{atm})(1.0435\text{cm}^3/\text{g})}{} \left|\frac{101.3 \times 10^3 \text{N/m}^2}{1\text{atm}}\right| \frac{1\text{m}^3}{10^6 \text{cm}^3}$$
$$\quad = 0.106\text{J/g}$$

---

22 1mol의 이상기체가 100atm, 527℃에서 내부에너지는 얼마인가?(단, $H = 3,512\text{cal/gmol}$)

① 1,722cal/gmol   ② 1,922.4cal/gmol

③ 3,512cal/gmol   ④ 2,122.4cal/gmol

$H = U + PV$
$\therefore U = H - nRT$
$\quad = 3,512\text{cal/gmol} - (1\text{mol})(1.987\text{cal/mol} \cdot \text{K})(800\text{K})$
$\quad = 1,922.4\text{cal/gmol}$

---

23 1mol의 이상기체가 5℃에서 65℃로 등적변화할 때 내부에너지 변화량과 엔탈피 변화량을 구하면 얼마인가?($C_v = 3$, $C_p = 5$)

① 160, 280   ② 200, 340

③ 180, 300   ④ 200, 300

정용과정에서 $W = 0$이므로
$Q = \Delta U = C_v \Delta T = 3(65 - 5) = 180\text{cal}$
$\Delta H = C_p \Delta H = 5(65 - 5) = 300\text{cal}$

---

24 이상기체가 가역공정을 할 경우 내부에너지의 변화와 엔탈피 변화가 항상 같은 공정은?

① 일정부피공정   ② 일정압력공정

③ 일정온도공정   ④ 단열공정

이상기체 $U = f(T)$, $H = f(T)$
등온공정일 경우 $\Delta U = 0$, $\Delta H = 0$이 된다.

[03] 순수한 유체의 부피특성

1. 순수한 물질의 PVT 거동

1) 순수물질에 대한 $P - T$ 선도 🔲🔲🔲

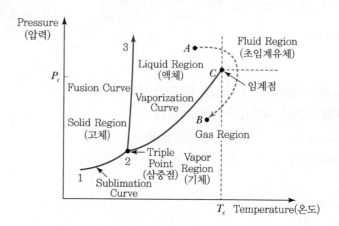

(1) 1-2

승화곡선(고체와 기체의 평형상태)

고체(Solid) ⇄ 승화 / 승화 기체(Gas)

(2) 2-3

용융곡선, 응고곡선(고체와 액체의 평형상태)

고체(Solid) ⇄ 융해(용융) / 응고 액체(Liquid)

(3) 2-C

기화곡선, 액화곡선(액체와 기체의 평형상태)

액체(Liquid) ⇄ 기화 / 액화 기체(Gas)

(4) 삼중점(Triple Point) : 2점 🔲🔲🔲

① 세 곡선은 세 가지 상이 평형상태로 공존하는 삼중점에서 만난다.

② 상률에 따라 삼중점은 불변이다($F=0$).

③ 삼중점이 그림의 선 중 어느 한 점에 존재한다면 1변수계($F=1$)이고, 어떤
단일상 영역 내에 존재한다면 2변수계($F=2$)이다.

(5) 임계점(Critical Point) : C점 ■■■

① C점은 임계점이며 이때의 온도와 입력을 임계온도(T_c), 임계압력(P_c)이라 한다.

② P_c, T_c는 순수한 화학물질이 증기 액체 평형을 이룰 수 있는 최고의 온도, 압력을 나타낸다.

③ 임계온도 이상에서는 순수한 기체를 아무리 압축하여도 액화시킬 수 없다. 그러므로 수학적으로 다음 조건을 만족한다.

$$\left(\frac{\partial P}{\partial V}\right)_{T_c} = 0$$

$$\left(\frac{\partial^2 P}{\partial V^2}\right)_{T_c} = 0$$

④ 그림의 점선으로 표시된 T_c, P_c 보다 큰 온도와 압력의 영역에서는 상경계선이 나타나지 않으며 액체나 기체라는 단어로는 규정할 수 없다. 따라서 점선 위의 부분에서는 기화나 응축이 일어나지 않아 이 영역을 유체라고 한다.

⑤ 온도가 T_c보다 큰 영역에 존재하는 유체를 초임계라고 한다.

📌 예 대기

(6) 증기

점선의 왼쪽 영역의 기체는 일정한 온도에서 압축되거나 일정한 압력에서 냉각에 의해 응축될 수 있으며 그 기체를 증기라 한다.

2) 순수한 물질의 $P - V$ 선도

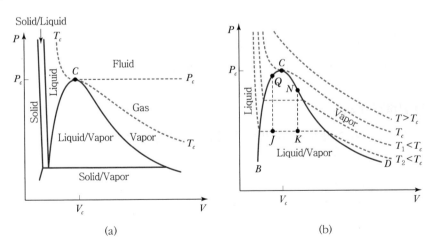

(a)　　　　　　　(b)

① $P - V$ 선도에서 상경계들은 면적으로 나타나는데 이 면적들은 고체 – 액체, 고체 – 기체, 액체 – 기체의 두 상들이 평형상태로 공존하는 영역을 나타낸다.

> ☀️ TIP ⅢⅢⅢⅢⅢⅢⅢⅢⅢⅢⅢⅢ
>
> • 일정온도에서 감압에 의해 기화가 일어날 경우 그 상은 액체로 간주된다.
> • 일정압력에서 온도 저하에 따라 응축이 일어나는 경우 그 상은 기체로 간주된다.

② 삼중점은 수평선으로 나타나며, 세 개의 상이 단일온도와 압력에서 공존하게 된다.

③ $P-T$ 선도에서 등온선은 수직이며 T_c보다 큰 온도에서는 상경계면을 통과하지 않는다. 따라서 $T > T_c$인 경우 등온선은 매끄럽다(b).

④ T_1과 T_2로 표시된 곡선 등은 임계점보다 낮은 등온선이며 분명하게 3개의 영역으로 구분된다.

ⓞ $B-C$는 기화온도에서의 단일상의 (포화)액체를 나타낸다(포화액체곡선).

ⓛ $C-D$는 응축온도에서 단일상의 증기를 나타낸다(포화증기곡선).

ⓓ BCD 액체와 증기는 포화되었다.

2. 순수한 유체의 부피 특성

$$V = V(T \cdot P)$$

$$dV = \left(\frac{\partial V}{\partial T}\right)_P dT + \left(\frac{\partial V}{\partial P}\right)_T dP$$

- 부피 팽창률 $\beta = \dfrac{1}{V}\left(\dfrac{\partial V}{\partial T}\right)_P \rightarrow$ 단위부피당 부피팽창계수

- 등온압축률 $\kappa = -\dfrac{1}{V}\left(\dfrac{\partial V}{\partial P}\right)_T \rightarrow$ 단위부피당 등온압축계수

$$\therefore \frac{dV}{V} = \beta \, dT - \kappa \, dP$$

$$\ln \frac{V_2}{V_1} = \beta(T_2 - T_1) - \kappa(P_2 - P_1)$$

TIP

- 부피팽창계수 $= (\frac{\partial V}{\partial T})_P$
- 등온압축계수 $= -(\frac{\partial V}{\partial P})_T$
- 부피가 일정한 공정
$\beta(T_2 - T_1) = \kappa(P_2 - P_1)$

3. 실제기체

실제기체는 분자 상호 간 인력 · 부피가 존재한다.

1) 압축인자

실제기체가 이상기체에서 벗어난 정도를 나타내는 수치

$$PV = ZnRT$$

$$Z = \frac{PV}{nRT} = \frac{P\overline{V}}{RT}$$

압축인자 $Z = 1$이면 이상기체이다.

2) Virial 방정식

$$Z = \frac{PV}{RT}$$

$$Z = 1 + B'P + C'P^2 + D'P^3 + \cdots$$

$$Z = 1 + \frac{B}{V} + \frac{C}{V^2} + \frac{D}{V^3} + \cdots$$

$$B' = \frac{B}{RT} \quad C' = \frac{C - B^2}{(RT)^2} \quad D' = \frac{D - 3BC + 2B^3}{(RT)^3}$$

여기서, $B, C, D \cdots$, $B', C', D' \cdots$ 등을 비리얼계수라 한다.

B', B : 제2비리얼계수

C', C : 제3비리얼계수

비리얼계수는 온도만의 함수이다.

3) 반데르발스 상태방정식(Van der Waals Equation)

기체 분자 간 인력과 분자 자체의 크기를 고려하면,

1mol에 대하여

$$\left(P + \frac{a}{V^2}\right)(V - b) = RT$$

$n$mol에 대하여

$$\boxed{\left(P + \frac{n^2 a}{V^2}\right)(V - nb) = nRT}$$

↳ 분자 자체 크기 고려

↳ 분자 간 인력

여기서, a, b : Van der Waals 상수

기체의 종류에 따라 다른 값을 갖는다.

임계조건과 연관시켜 보면,

$$P_c = \frac{RT_c}{V_c - b} - \frac{a}{V_c^2}$$

$$\left(\frac{\partial P}{\partial V}\right)_{T_c} = 0 = \frac{-RT_c}{(V_c - b)^2} + \frac{2a}{V_c^3}$$

$$\left(\frac{\partial^2 P}{\partial V^2}\right)_{T_c} = 0 = \frac{2RT_c}{(V_c - b)^3} - \frac{6a}{V_c^4}$$

위의 세 방정식을 풀면,

$$V_c = 3b, \; P_c = \frac{a}{27b^2}, \; T_c = \frac{8a}{27bR}$$

TIP

Virial Equation

기체 1mol을 등온가역과정 시 일(W)의 크기

$$Z = \frac{PV}{RT} = 1 + BP$$

$$PV = RT + BPRT$$

$$(V - BRT)P = RT$$

$$\therefore P = \frac{RT}{V - BRT}$$

$$V - BRT = \frac{RT}{P}$$

$$\therefore W = \int_{V_1}^{V_2} P \, dV$$

$$= \int_{V_1}^{V_2} \frac{RT}{V - BRT} dV$$

$$= RT \ln \frac{V_2 - BRT}{V_1 - BRT}$$

$$= RT \ln \frac{RT/P_2}{RT/P_1}$$

$$= RT \ln \frac{P_1}{P_2}$$

TIP

Van der Waals Equation

등온가역과정 시 일의 크기

$$P = \frac{RT}{V - b} - \frac{a}{V^2}$$

$$\therefore W = \int_{V_1}^{V_2} P \, dV$$

$$= \int_{V_1}^{V_2} \left(\frac{RT}{V - b} - \frac{a}{V^2}\right) dV$$

$$= RT \ln \frac{V_2 - b}{V_1 - b}$$

$$+ a\left(\frac{1}{V_2} - \frac{1}{V_1}\right)$$

TIP

등온팽창 시 일의 크기

$$P(V - b) = RT$$

$$P = \frac{RT}{V - b}$$

$$\therefore W = \int_{V_1}^{V_2} P \, dV$$

$$= \int_{V_1}^{V_2} \frac{RT}{V - b} dV$$

$$= RT \ln \frac{V_2 - b}{V_1 - b}$$

$$= RT \ln \frac{RT/P_2}{RT/P_1}$$

$$= RT \ln \frac{P_1}{P_2}$$

$$a = 3P_c V_c^2 = \frac{27}{64} \frac{R^2 T_c^2}{P_c}$$

$$b = \frac{1}{8} \frac{RT_c}{P_c} = \frac{1}{3} V_c$$

여기서, T_c : 임계온도

P_c : 임계압력

V_c : 임계용적

4) 기타 상태방정식

(1) Berthelot 상태방정식

1mol에 대하여

$$\left(P + \frac{a}{TV^2}\right)(V - b) = RT$$

정리하면,

$$PV = RT + Pb - \frac{a}{TV} + \frac{ab}{TV^2}$$

$n$mol에 대하여

$$\left(P + \frac{n^2 a}{TV^2}\right)(V - nb) = nRT$$

(2) Benedict－Webb－Rubin 상태방정식

$$P = \frac{RT}{V} + \frac{B_o RT - A_o - \dfrac{C_o}{T^2}}{V^2} + \frac{bRT - a}{V^2} + \frac{\alpha a}{V^6} + \frac{C}{V^3 T^2}\left(1 + \frac{\gamma}{V^2}\right)\exp\frac{-\gamma}{V^2}$$

(3) Beattie－Bridgeman 상태방정식

$$PV^2 = RT\left\{V + B_o\left(1 - \frac{b}{V}\right)\right\}\left(1 - \frac{C}{VT^3}\right) - A_o\left(1 - \frac{a}{V}\right)$$

여기서, a, b, A_o, B_o, c : 상수

(4) Redlich－Kwong식

$$P = \frac{RT}{V - b} - \frac{a(T)}{\sqrt{T}\, V(V + b)}$$

5) 대응상태의 원리 🔳🔳🔳

① 기체의 PVT 대신에 P_r, V_r, T_r을 사용하여 기체의 종류에 상관없는 하나의 식을 만들 수 있다.

$$P_r = \frac{P}{P_c}, \quad V_r = \frac{V}{V_c}, \quad T_r = \frac{T}{T_c}$$

> 여기서, P_r : 환산압력
> V_r : 환산비용
> T_r : 환산온도

② 대응상태의 원리를 이용하여 Z값을 동일한 T_r, P_r에서 구하면 기체의 종류에 관계없이 거의 같은 Z값을 갖게 될 것이다.

③ ω : 이심인자(Acentric Factor)

모든 유체들은 같은 환산온도와 환산압력을 비교하면 대체로 거의 같은 압축인자를 가지며 이상기체 거동에서 벗어나는 정도도 거의 비슷하다.

이 정리는 단순유체(Ar, Kr, Xe)에 대해 거의 정확하지만, 복잡한 유체에 대해서 구조적인 편차를 나타낸다. 분자구조의 특징을 나타내는 제3의 대응상태 매개변수를 도입하여 훨씬 개선된 결과를 얻을 수 있는데 흔히 사용되는 매개변수는 K, S Pitzer의 이심인자이다.

④ 순수한 화학종의 이심인자는 그 증기압을 기준으로 정의된다.

순수한 유체의 증기압의 로그값은 절대온도의 역수와 거의 선형관계를 갖는다.

즉, $\dfrac{d \log P_r^{sat}}{d(1/T_r)} = S$

> 여기서, P_r^{sat} : 환산증기압
> T_r : 환산온도
> S : $\log P_r^{sat}$ vs $1/T_r$, 즉 그래프의 기울기

만일 두 개의 매개변수를 가진 대응상태의 정리가 타당하다면 기울기 S는 모든 순수한 유체에 대해 같은 값을 가질 것이나 실은 그렇지 않다.

유체들은 각각 자신의 고유한 S의 값을 가지므로 이 값을 제3의 대응상태 매개변수로 사용할 수 있다. 그러나 Pitzer는 단순유체(Ar, Kr, Xe)에 대한 모든 증기압 자료는 $\log P_r^{sat}$ 대 $1/T_r$의 도표로 나타내었을 때 동일선상에 위치하며 그 선은 $T_r = 0.7$일 때 $\log P_r^{sat} = -1.0$을 지난다.

◆ 단순유체
• Ar : 아르곤
• Kr : 크립톤
• Xe : 제논(크세논)

다른 유체들에 대한 자료는 다른 직선으로 표시되는데 이 직선들은 단순유체 (*SF*)에 대한 직선과 관련하여 다음과 같은 차분에 의해 그 위치가 결정된다.

$$\log P_r^{sat}(SF) - \log P_r^{sat}$$

이심인자는 $T_r = 0.7$에서 계산된 이 차분으로 정의된다.

$$\omega \equiv -1.0 - \log\left[P^{sat}(T_r = 0.7)/P_c\right]$$
$$\omega = -1.0 - \log\left(P_r^{sat}\right)_{T_r = 0.7}$$

단순유체의 경우 $\omega = 0$일 때

$$\frac{P^{sat}}{P_c} = 0.1$$이고 $T_r = 0.7$이다.

$$\left(P_r^{sat} = \frac{P^{sat}}{P_c} = 0.1, \ T_r = \frac{T}{T_c} = 0.7\right)$$

동일한 ω값을 갖는 모든 유체들은 같은 T_r, P_r에서 비교했을 때 거의 동일한 Z값을 가지며 이상기체 거동에서 벗어나는 정도도 거의 같다.

❖

$Z_m = \sum y_i z_i$

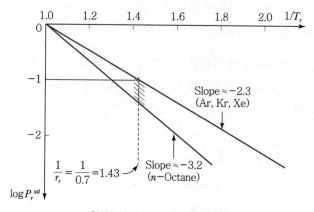

▲ 환산증기압의 근사적인 온도 의존성

4. 이상기체

1) 이상기체

$$Z = \frac{PV}{RT} = 1 + \frac{B}{V} + \frac{C}{V^2} + \frac{D}{V^3} + \cdots$$

실제기체의 압력을 등온상태에서 감소시키면 부피는 증가

∴ $P \to 0$이면 $V \to \infty$ 이므로 2번째 항부터 0이 된다.

∴ $Z = 1$ $PV = RT$ ⋯ 이상기체

(1) 특징

① 분자 자신의 부피 무시

② 분자 사이에 작용하는 힘 무시

③ 분자 사이의 상호작용 무시

④ 완전 탄성 충돌

⑤ 실제기체가 이상기체에 가까워질 조건 : 온도↑, 압력↓ ▣▣▣

2) 이상기체 법칙

(1) Boyle – Charles의 법칙 ▣▣▣

$$\frac{P_1 V_1}{T_1} = \frac{P_2 V_2}{T_2} = \cdots = \frac{PV}{T} = R \,(일정)\ (1\text{mol인 경우})$$

이상기체 상태방정식은 1mol인 경우

$$PV = RT$$

동일한 조건에서 $n$mol인 경우 상태방정식은 다음과 같다.

$$PV = nRT \quad n = \frac{W}{M}$$

$$PV = nRT = \frac{W}{M}RT, \quad d = \frac{W}{V} = \frac{PM}{RT}$$

여기서, P : 압력

R : 기체상수

V : 부피

T : 절대온도

n : mol

M : 분자량

W : 기체의 질량

3) 이상기체 혼합물

(1) Dalton의 분압법칙

$$P = P_A + P_B + P_C + \cdots$$

여기서, P : 전체압력

$P_A, P_B \cdots$: 부분압력

이상기체 혼합물의 전체 압력은 혼합물과 같은 온도, 부피에서 기체가 단독으로 차지할 때 나타내는 압력, 즉 순성분 압력(분압)의 합과 같다.

TIP ▣▣▣▣▣▣▣▣▣▣▣▣▣▣▣▣▣▣▣▣▣

• 기체상수 ▣▣▣

$R = 0.082\text{L} \cdot \text{atm/mol} \cdot \text{K}$

$= 0.082\text{m}^3 \cdot \text{atm/kmol} \cdot \text{K}$

$= 8.314\text{J/mol} \cdot \text{K}$

$= 1.987\text{cal/mol} \cdot \text{K(에너지/몰} \cdot \text{온도)}$

• 0℃, 1atm에서 1mol의 기체가 가지는 부피는 22.4L

❖ Boyle's Law

$P_1 V_1 = P_2 V_2 = 일정$

❖ Charles's Law

$\dfrac{V_1}{T_1} = \dfrac{V_2}{T_2} = 일정$

$$\frac{P_A}{P} = \frac{n_A}{n} = x_A$$

여기서, n : 전체 mol수

n_A : 성분 A의 mol수

x_A : 성분 A의 mol분율

(2) Amagat의 분용법칙

$$V = v_A + v_B + v_C + \cdots$$

여기서, V : 전체 부피

$v_A, v_B \cdots$: 분용

기체혼합물이 차지하는 전체 부피는 순수한 성분 부피(분용)의 합과 같다. 분용이란 기체혼합물과 같은 온도 및 압력에서 성분기체가 단독으로 존재할 때 차지하는 부피이다.

$$\frac{v_A}{V} = \frac{n_A}{n} = x_A$$

$$\therefore \frac{P_A}{P} = \frac{v_A}{V} = \frac{n_A}{n} = x_A$$

압력분율＝부피분율＝몰분율

💡 TIP ▥▥▥▥▥▥▥▥▥▥▥▥▥▥▥▥▥▥▥▥▥▥▥

이상기체의 등온과정

$\Delta U = 0$

$\Delta H = 0$

4) 이상기체의 공정 ▥▥▥

(1) 등온공정(Constant Temperature Process)

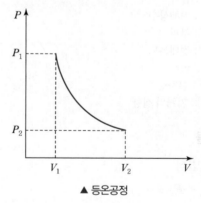

▲ 등온공정

$T = \mathrm{Const}$

$dU = 0$

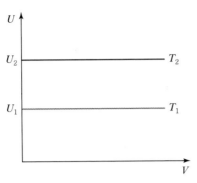

▲ 이상기체에 대한 내부에너지 변화

일정온도에서 U는 V에 무관

등온 $\Delta U = 0$

$\Delta H = 0$

$dU = dQ + dW = 0$

$Q = -W$

$Q = -W = \int_1^2 P dV = \int_1^2 RT \frac{dV}{V}$

$$\therefore Q = -W = RT \ln \frac{V_2}{V_1} = RT \ln \frac{P_1}{P_2}$$

(2) 등압과정(Constant Pressure Process)

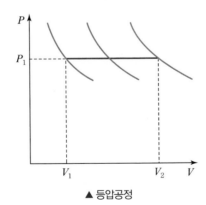

▲ 등압공정

$P = \text{Const}$

가역정압변화 $dP = 0$

$dH = dQ = C_P dT$

☼ TIP ‖‖‖‖‖‖‖‖‖‖‖‖‖‖‖‖‖‖‖‖‖

일의 크기

$W = |-W|$

예 일정온도 25℃에서 4기압에서 2기압으로 팽창될 때 일의 크기

$\Delta U = Q + W = 0$

$Q = -W = \int_{V_1}^{V_2} P dV$

$= RT \ln \frac{V_2}{V_1} = RT \ln \frac{P_1}{P_2}$

$= 8.314 \text{J/mol} \cdot \text{K}$

$\times (273 + 25) \text{K} \times \ln \frac{4}{2}$

$= 1,717.32 \text{J/mol}$

일의 크기는 1.72kJ/mol이다.

$$\Delta H = Q = \int_{T_1}^{T_2} C_P dT$$

$$\therefore \Delta H = Q = \int_{T_1}^{T_2} C_P dT = C_P(T_2 - T_1) = C_P \Delta T$$

이상기체의 에너지는 온도만의 함수이므로 H는 온도만의 함수이다.

$$\Delta U = \int_{T_1}^{T_2} C_V dT$$

$$\Delta H = Q = \int_{T_1}^{T_2} C_P dT$$

$$dH = dU + PdV = dU + RdT$$

$$\therefore C_P dT = C_V dT + RdT$$

$$\therefore C_P = C_V + R$$

(3) 정적공정(Constant Volume Process)

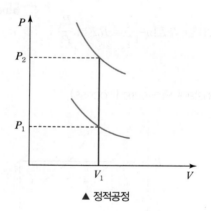

▲ 정적공정

$V = \text{Const}$

$dV = 0$

$dU = dQ = C_V dT$

$$\Delta U = Q = C_V(T_2 - T_1) = C_V \Delta T \quad \cdots \text{내부에너지는 온도만의 함수}$$

(4) 단열공정 ■■■

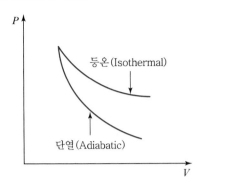 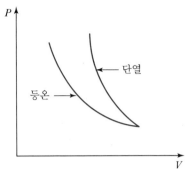

$\therefore$ Slope : 단열 > 등온

① 단열변화는 계(System)와 주위(Surrounding)의 사이에 열이동이 없는 변화이다.

$Q = 0$

가역단열과정에 제1법칙을 적용하면

$dU = dW = -PdV$

$C_V dT = -PdV$

$P = \dfrac{RT}{V}$ 대입

$\dfrac{dT}{T} = -\dfrac{R}{C_V}\dfrac{dV}{V}$

열용량의 비(비열비) $= \dfrac{C_P}{C_V} = \gamma$라 하면

$\gamma = \dfrac{C_V + R}{C_V} = 1 + \dfrac{R}{C_V}$

$\therefore \dfrac{R}{C_V} = \gamma - 1$

$\dfrac{dT}{T} = -(\gamma - 1)\dfrac{dV}{V}$

$\ln\dfrac{T_2}{T_1} = -(\gamma - 1)\ln\dfrac{V_2}{V_1}$

$$\therefore \left(\dfrac{T_2}{T_1}\right) = \left(\dfrac{V_1}{V_2}\right)^{\gamma - 1}$$

↳ 열용량이 일정한 이상기체가 가역단열변화를 할 때 T vs V의 관계식

> 💡 **TIP** ⫼⫼⫼⫼⫼⫼⫼⫼⫼⫼⫼⫼⫼⫼⫼⫼⫼⫼⫼
>
> **관계식** ■■■
>
> $T_2 V_2^{\gamma-1} = T_1 V_1^{\gamma-1} = $ 일정
>
> $T_2 P_1^{\frac{\gamma-1}{\gamma}} = T_1 P_2^{\frac{\gamma-1}{\gamma}} = $ 일정
>
> $P_1 V_1^{\gamma} = P_2 V_2^{\gamma} = $ 일정

$$\frac{P_1 V_1}{T_1} = \frac{P_2 V_2}{T_2}$$

$\dfrac{V_1}{V_2} = \left(\dfrac{T_1}{T_2}\right)\left(\dfrac{P_2}{P_1}\right)$를 대입하면 다음과 같은 식이 성립된다.

$$\therefore \ \frac{T_2}{T_1} = \left(\frac{P_2}{P_1}\right)^{\frac{\gamma-1}{\gamma}}$$

$$\frac{P_2}{P_1} = \left(\frac{V_1}{V_2}\right)^{\gamma}$$

Reference

가역단열과정에서의 $P-V-T$ 관계식

- 온도 vs 부피 : $\dfrac{T_2}{T_1} = \left(\dfrac{V_1}{V_2}\right)^{\gamma-1}$

- 온도 vs 압력 : $\dfrac{T_2}{T_1} = \left(\dfrac{P_2}{P_1}\right)^{\frac{\gamma-1}{\gamma}}$

- 부피 vs 압력 : $\left(\dfrac{V_1}{V_2}\right)^{\gamma-1} = \left(\dfrac{P_2}{P_1}\right)^{\frac{\gamma-1}{\gamma}}$

$$P_1 V_1^{\gamma} = P_2 V_2^{\gamma} = 상수(일정)$$

② 단열공정에서의 일

$$W = C_V \Delta T = \frac{R\Delta T}{\gamma-1}$$

$$W = \frac{RT_2 - RT_1}{\gamma-1} = \frac{P_2 V_2 - P_1 V_1}{\gamma-1}$$

$$\therefore \ W = \frac{P_1 V_1}{\gamma-1}\left[\left(\frac{P_2}{P_1}\right)^{\frac{\gamma-1}{\gamma}} - 1\right] = \frac{RT_1}{\gamma-1}\left[\left(\frac{P_2}{P_1}\right)^{\frac{\gamma-1}{\gamma}} - 1\right]$$

5) 폴리트로픽 공정(Polytropic Process) ◨◨◨

폴리트로픽 공정은 여러 방법으로 변하는 것을 의미한다.

$$PV^\delta = 일정(C)$$

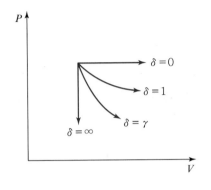

$$\begin{cases} \delta = 0 : \text{정압과정 } (P = C) \\ \delta = 1 : \text{등온과정 } (PV = C) \\ \delta = \gamma : \text{단열과정 } (PV^\gamma = C) \\ \delta = \infty : \text{정용과정 } (V = C) \end{cases}$$

6) 비가역 공정

비가역 공정의 일은 2단계를 거쳐 계산

① 실제의 비가역 공정과 동일한 상태변화를 일으키는 역학적으로 가역인 공정에 대한 일을 구한다.

② 이 결과에 효율을 곱하거나 나누어서 실제 일을 구한다.

- 만일 공정을 통해 일이 수행된다면 가역공정에 대하여 계산한 값의 크기가 커서 효율을 곱해야 한다.
- 만일 일이 소요되는 공정이라면 가역공정에 대하여 계산한 값이 작으므로 효율로 나누어 주어야 한다.

실전문제

01 25℃에서 1몰의 이상기체가 20atm에서 1atm로 단열·가역적으로 팽창하였을 때 최종온도는 약 몇 K인가?(단, 비열비 $\dfrac{C_P}{C_V} = \dfrac{5}{3}$)

① 100

② 90

③ 80

④ 70

|해설▶

$$\frac{T_2}{T_1} = \left(\frac{V_1}{V_2}\right)^{\gamma-1} = \left(\frac{P_2}{P_1}\right)^{\frac{\gamma-1}{\gamma}}$$

$$\therefore\ T_2 = T_1\left(\frac{P_2}{P_1}\right)^{\frac{\gamma-1}{\gamma}}$$

$$= (273+25)\left(\frac{1}{20}\right)^{\frac{5}{3}-1/\frac{5}{3}}$$

$$= 89.9\text{K}$$

02 1kg의 질소가스가 2.3atm, 367K에서 $PV^{1.3} =$ const의 폴리트로픽 공정 중 정적과정으로, 압력이 2배가 될 때 이 가스의 내부에너지 변화는 약 몇 kcal/kg인가?(단, 가스의 정압비열 $C_p = 0.25$kcal/kg·K, 정적비열 $C_v = 0.18$kcal/kg·K)

① 0.18

② 0.25

③ 1.34

④ 11.46

|해설▶

$\Delta U = Q - W$ 정적과정이므로 $W = 0$

$\therefore\ \Delta U = Q = C_V \Delta T = C_V(T_2 - T_1)$

$$\frac{T_2}{T_1} = \left(\frac{P_2}{P_1}\right)^{\frac{\gamma-1}{\gamma}}$$

$$T_2 = T_1\left(\frac{P_2}{P_1}\right)^{\frac{\gamma-1}{\gamma}} = 367\left(\frac{4.6}{2.3}\right)^{\frac{1.3-1}{1.3}} = 430.66\text{K}$$

$$\therefore\ \Delta U = 0.18\text{kcal/kg·K}(430.66\text{K} - 367\text{K})$$
$$= 11.46\text{kcal/kg}$$

03 반데르발스(Van der Waals)식이 다음과 같을 때 임계점에서의 값을 옳게 나타낸 것은?(단, T_c는 임계온도, a, b는 상수이다.)

① $\left(\dfrac{\partial P}{\partial V}\right)_{T_c} = 0,\ \left(\dfrac{\partial^2 P}{\partial V^2}\right)_{T_c} = 0$

② $\left(\dfrac{\partial P}{\partial V}\right)_{T_c} = RT,\ \left(\dfrac{\partial^2 P}{\partial V^2}\right)_{T_c} = T$

③ $\left(\dfrac{\partial P}{\partial V}\right)_{T_c} = \dfrac{R}{V},\ \left(\dfrac{\partial^2 P}{\partial V}\right)_{T_c} = 0$

④ $\left(\dfrac{\partial P}{\partial V}\right)_{T_c} = 3b,\ \left(\dfrac{\partial^2 P}{\partial V}\right)_{T_c} = R$

|해설▶

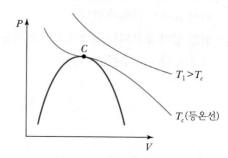

임계등온선은 임계점에서 변곡하기 때문에 다음과 같은 수학적 표현이 가능하다.

$$\left(\frac{\partial P}{\partial V}\right)_{T_c} = 0,\ \left(\frac{\partial^2 P}{\partial V^2}\right)_{T_c} = 0$$

한 번 미분한 값 = 0
두 번 미분한 값 = 0

정답▶ **01** ② **02** ④ **03** ①

04 제2비리얼 상태방정식을 사용할 때 300K, 12atm에 있는 기체의 몰부피는 약 몇 cm^3/mol인가?(단, 이 온도에서 기체의 제2비리얼계수 B값은 $-140cm^3/mol$이다.)

① 1,911.5   ② 2,191.5
③ 3,460.2   ④ 3,749.2

해설

$$Z = \frac{PV}{RT} = 1 + \frac{BP}{RT}$$

$$V = \frac{RT}{P} + B$$

$$= \frac{(0.082)(300)}{12} L/mol \times \frac{1,000cm^3}{1L} + (-140)cm^3/mol$$

$$= 1,910cm^3/mol$$

05 실제기체가 이상기체의 상태식을 근사적으로 만족시킬 수 있는 조건이 아닌 것은?

① 분자량이 작을수록   ② 압력이 낮을수록
③ 온도가 낮을수록   ④ 비체적이 클수록

해설

실제기체가 이상기체가 되기 위한 조건
T(온도) ↑ P(압력) ↓

06 2atm, 35℃의 이상기체를 가역 등온압축하여 5atm, 35℃로 하였을 때 소요되는 일의 크기는 약 몇 cal/mol인가?

① 361   ② 429
③ 561   ④ 629

해설

$$Q = W = nRT \ln\frac{V_2}{V_1} = nRT \ln\frac{P_1}{P_2}$$

$$= 1.987cal/mol \cdot K \times (273+35)K \cdot \ln\left(\frac{2}{5}\right)$$

$$= -560.8cal/mol$$

∴ 560.8cal/mol이 소요된다.

07 C_P는 $\frac{7}{2}R$이고 C_V는 $\frac{5}{2}R$인 1몰의 이상기체가 압력 10bar, 부피 0.005m³에서 압력 1bar로 정용과정을 거쳐 변화한다. 기계적인 가역과정으로 가정하고 내부에너지 변화 ΔU와 엔탈피 변화 ΔH는 각각 몇 J인가?

① $\Delta U = -11,250J$, $\Delta H = -15,750J$
② $\Delta U = -11,250J$, $\Delta H = -9,750J$
③ $\Delta U = -7,250J$, $\Delta H = -15,750J$
④ $\Delta U = -7,250J$, $\Delta H = -9,750J$

해설

$$\Delta U = nC_V\Delta T$$

$$\Delta H = nC_P\Delta T$$

$$PV = nRT \Rightarrow T = \frac{PV}{nR}$$

$$1bar = 10^5 Pa(N/m^2)$$

$$\therefore T_1 = \frac{1,000,000N/m^2 \cdot 0.005m^3}{8.314J/mol \cdot K} = 601.4K$$

$$T_2 = \frac{100,000N/m^2 \cdot 0.005m^3}{8.314} = 60.14K$$

$$\Delta U = \frac{5}{2} \cdot 8.314 \cdot (60.14-601.4) = -11,250J$$

$$\Delta H = \frac{7}{2} \cdot 8.314 \cdot (60.14-601.4) = -15,750J$$

08 부피를 온도와 압력의 함수로 나타낼 때 부피팽창률(a)과 등온압축률(b)의 관계로 나타낸 식 중 옳은 것은?

① $\frac{dV}{V} = (a)dT - (b)dP$

② $\frac{dV}{V} = (a)dT + (b)dP$

③ $\frac{dV}{V} = (b)dP - (a)dT$

④ $\frac{dV}{V} = (b)dP + (a)dT$

정답   **04** ①   **05** ③   **06** ③   **07** ①   **08** ①

$V = V(T \cdot P)$

$dV = \left(\dfrac{\partial V}{\partial T}\right)_P dT + \left(\dfrac{\partial V}{\partial P}\right)_T dP$

• 부피팽창률 $a = \dfrac{1}{V}\left(\dfrac{\partial V}{\partial T}\right)_P$

• 등온압축률 $b = -\dfrac{1}{V}\left(\dfrac{\partial V}{\partial P}\right)_T$

$\therefore \dfrac{dV}{V} = adT - bdP$

09 이상기체의 단열변화를 나타내는 식 중 옳은 것은?(단, γ는 비열비이다.)

① $TP^{\frac{\gamma-1}{1}} = $일정

② $T_1 P_2^{\frac{\gamma-1}{\gamma}} = T_2 P_1^{\frac{\gamma-1}{\gamma}}$

③ $TP^{\frac{1}{\gamma-1}} = $일정

④ $P_1 T_2^{\frac{\gamma-1}{\gamma}} = P_2 T_1^{\frac{\gamma-1}{\gamma}}$

$T_2 V_2^{\gamma-1} = T_1 V_1^{\gamma-1} = TV^{\gamma-1} = $일정

$T_2 P_1^{\frac{\gamma-1}{\gamma}} = T_1 P_2^{\frac{\gamma-1}{\gamma}} = $일정

$P_1 V_1^{\gamma} = P_2 V_2^{\gamma} = PV^{\gamma} = $일정

10 $C_P = 5$cal/mol · K인 이상기체를 $25℃$, 1기압으로부터 단열, 가역과정을 통해 10기압까지 압축시킬 경우, 기체의 최종 온도는 약 몇 ℃인가?

① 60   ② 470

③ 745   ④ 1,170

$\left(\dfrac{T_2}{T_1}\right) = \left(\dfrac{P_2}{P_1}\right)^{\frac{\gamma-1}{\gamma}}$

$\gamma = \dfrac{C_P}{C_V} = \dfrac{C_P}{C_P - R} = \dfrac{5}{5 - 1.987} = 1.66$

$T_2 = T_1\left(\dfrac{P_2}{P_1}\right)^{\frac{\gamma-1}{\gamma}} = (25 + 273)\left(\dfrac{10}{1}\right)^{\frac{0.66}{1.66}}$

$\qquad = 744K(471℃)$

11 기체상의 부피를 구하는 데 사용되는 식과 가장 거리가 먼 것은?

① Van der Waals Equation

② Rackett Equation

③ Peng－Robinson Equation

④ Bendict－Webb－Rubin Equation

Rackett Equation : 포화액체의 몰당 부피를 계산

$V^{sat} = V_c Z_c^{(1 - T_r)^{0.2857}}$

12 1atm, $100℃$에서 1mol의 수증기와 물과의 내부에너지의 차는 약 몇 cal인가?(단, 수증기는 이상기체로 생각하고 주어진 압력과 온도에서 물의 증발잠열은 539 cal/g이다.)

① 189,070   ② 87,090

③ 19,110   ④ 8,960

$H = U + PV$

$U = H - PV = H - nRT$

$\quad = 539$cal/g × 18g $- 1.987$cal/mol · K × 1mol × 373K

$\quad = 9,702 - 741.1 ≒ 8,960$

13 이상기체에 대하여 일(W)이 다음과 같은 식으로 나타나면 이 계는 어떤 과정으로 변화하였는가?(단, Q는 열, P_1은 초기압력, P_2는 최종압력, T는 온도이다.)

$$Q = W = RT\ln\left(\dfrac{P_1}{P_2}\right)$$

① 정온과정   ② 정용과정

③ 정압과정   ④ 단열과정

해설

$\Delta U = Q - W$

등온 $\Delta U = 0$

$Q = W = \int P dV = \int \frac{RT}{V} dV$

$\quad = RT \ln \frac{V_2}{V_1} = RT \ln \frac{P_1}{P_2}$

14 다음 중 부피팽창률(β)의 표시로 옳은 것은?

① $\beta = \left(\frac{\partial V}{\partial T} \right)_P$ ② $\beta = \frac{1}{V} \left(\frac{\partial V}{\partial P} \right)_T$

③ $\beta = \frac{1}{V} \left(\frac{\partial V}{\partial T} \right)_P$ ④ $\beta = \left(\frac{\partial V}{\partial P} \right)_T$

해설

부피팽창률 $\beta = \frac{1}{V} \left(\frac{\partial V}{\partial T} \right)_P$

등온압축률 $\kappa = -\frac{1}{V} \left(\frac{\partial V}{\partial P} \right)_T$

15 다음 그림과 같이 상태 A로부터 상태 C로 변화하는데 A → B → C의 경로로 변하였다. B → C의 과정은 어느 것인가?

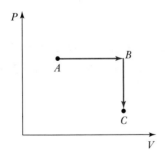

① 등온과정   ② 정압과정

③ 정용과정   ④ 단열과정

해설

AB : 등압과정, BC : 등적(정용)과정

16 정압열용량 C_P는 $\frac{7}{2} R$이고 정적열용량 C_V는 $\frac{5}{2} R$인 1몰의 이상기체가 압력 10bar, 부피 0.005m^3에서 압력 1bar로 정용과정을 거쳐 변화할 때 기계적인 가역과정으로 가정하면 이 계에 부가된 열량 Q와 이 계가 한 일 W는 각각 얼마인가?

① $Q = -11,250 \text{J}, \ W = 0$

② $Q = -15,750 \text{J}, \ W = 0$

③ $Q = 0, \ W = -11,250 \text{J}$

④ $Q = 0, \ W = -15,750 \text{J}$

해설

정용과정 $\Delta U = Q + W (W = P dV = 0)$

$\therefore \ Q = \Delta U = C_V \Delta T$

$PV = nRT \Rightarrow T = \frac{PV}{nR}$

$1 \text{bar} = 10^5 \text{Pa} (\text{N/m}^2)$

$R = 8.314 \text{J/mol} \cdot \text{K}$

$T_1 = \frac{(1,000,000 \text{Pa})(0.005 \text{m}^3)}{(8.314 \text{J/mol} \cdot \text{K})} = 601.4 \text{K}$

$T_2 = \frac{(100,000 \text{Pa})(0.005 \text{m}^3)}{(8.314 \text{J/mol} \cdot \text{K})} = 60.14 \text{K}$

$Q = \Delta U = 1 \text{mol} \left(\frac{5}{2} \right)(8.314 \text{J/mol} \cdot \text{K})(60.14 - 601.4) \text{K}$

$\quad = -11,250 \text{J}$

$W = 0$

17 열과 일 사이의 에너지 보존원리를 표현한 것은?

① 열역학 제0법칙

② 열역학 제1법칙

③ 열역학 제2법칙

④ 열역학 제3법칙

- 열역학 제0법칙 : 온도계의 원리
- 열역학 제1법칙 : 에너지 보존의 법칙
- 열역학 제2법칙 : 엔트로피의 법칙
- 열역학 제3법칙 : $\lim_{T \to 0} \Delta S = 0$

18 1atm, 25℃에서 물의 등온압축률 κ 는 4.5×10^{-5} (atm)$^{-1}$이다. 25℃ 등온하에서 물의 밀도를 1% 증가시키기 위해서는 약 몇 기압까지 물을 압축시켜야 하는가?(단, 압력변화에 관계없이 $\kappa = -\dfrac{1}{V}\left(\dfrac{\partial V}{\partial P}\right)_T$ 로서 일정하다.)

① 22

② 44

③ 222

④ 2,244

해설

$\kappa = -\dfrac{1}{V}\left(\dfrac{\partial V}{\partial P}\right)_T$

$\displaystyle\int \kappa dP = -\int \dfrac{dV}{V}$

$\kappa(P_2 - P_1) = -\ln\dfrac{V_2}{V_1} = \ln\dfrac{V_1}{V_2}$

$d_1 = \dfrac{m}{V_1}, \ d_2 = \dfrac{m}{V_2}$

$1.01 d_1 = \dfrac{m}{V_2}$

$1.01 \dfrac{m}{V_1} = \dfrac{m}{V_2}$

$\therefore \ \dfrac{V_1}{V_2} = 1.01$

$\kappa(P_2 - P_1) = \ln 1.01$

$P_2 - P_1 = \dfrac{\ln 1.01}{4.5 \times 10^{-5}} = 221$

$P_1 = 1atm$이므로

$\therefore \ P_2 = 222atm$

19 단열과정을 나타내는 식이 아닌 것은?(단, γ는 비열비이다.)

① $TV^{\gamma - 1} = \text{constant}$

② $\dfrac{T_2}{T_1} = \left(\dfrac{V_1}{V_2}\right)^{\frac{\gamma - 1}{\gamma}}$

③ $\left(\dfrac{V_1}{V_2}\right)^{\gamma - 1} = \left(\dfrac{P_2}{P_1}\right)^{\frac{\gamma - 1}{\gamma}}$

④ $PV^{\gamma} = \text{constant}$

해설

$\dfrac{T_2}{T_1} = \left(\dfrac{V_1}{V_2}\right)^{\gamma - 1}$

$PV^{\gamma} = \text{constant}$이므로

$\left(\dfrac{T_2}{T_1}\right) = \left(\dfrac{P_2}{P_1}\right)^{\frac{\gamma - 1}{\gamma}}$

20 정압열용량 C_P를 옳게 나타낸 것은?

① $C_P = \left(\dfrac{\partial V}{\partial T}\right)_P$

② $C_P = \left(\dfrac{\partial H}{\partial P}\right)_P$

③ $C_P = \left(\dfrac{\partial H}{\partial T}\right)_P$

④ $C_P = \left(\dfrac{\partial U}{\partial T}\right)_P$

해설

$C_P = \left(\dfrac{\partial H}{\partial T}\right)_P \qquad C_V = \left(\dfrac{\partial U}{\partial T}\right)_V$

21 1기압의 A기체 5L와 0.5기압의 B기체 10L를 전 부피 15L인 병에 넣었다. 온도가 일정하다면 전 압력은 몇 기압이 되는가?

① 0.67

② 0.75

③ 1.0

④ 1.5

해설

$P_1 V_1 + P_2 V_2 = PV$

$1 \times 5 + 0.5 \times 10 = P \times 15$

$\therefore \ P = 0.67$기압

22 $Z=1+BP$와 같은 비리얼 방정식(Virial Equation) 으로 표시할 수 있는 기체 1몰을 등온 가역과정으로 입력 P_1에서 P_2까지 변화시킬 때 필요한 일 W를 옳게 나타 낸 식은?(단, Z는 압축인자이고 B는 상수이다.)

① $W=RT\ln\dfrac{P_1}{P_2}$

② $W=RT\ln\dfrac{P_1}{P_2}+B$

③ $W=RT\ln\dfrac{P_1}{P_2}+BRT$

④ $W=1+RT\ln\dfrac{P_1}{P_2}$

> 해설

$Z=\dfrac{PV}{RT}=1+BP$

$\dfrac{PV}{RT}-BP=1$

$P\left(\dfrac{V-BRT}{RT}\right)=1$

$P=\dfrac{RT}{V-BRT}$

등온과정 $W=\displaystyle\int_{V_1}^{V_2}PdV=\int_{V_1}^{V_2}\dfrac{RT}{V-BRT}dV$

$\qquad\qquad =RT\ln\left(\dfrac{V_2-BRT}{V_1-BRT}\right)$

$\qquad\qquad =RT\ln\left(\dfrac{RT/P_2}{RT/P_1}\right)$

$\qquad\qquad =RT\ln\dfrac{P_1}{P_2}$

23 초임계 유체에 대한 설명으로 틀린 것은?

① 비등현상이 없다.

② 액상과 기상의 구분이 없다.

③ 열을 가하면 온도는 변하지 않고 체적만 증가한다.

④ 온도가 임계온도보다 높고, 압력도 임계압력보다 높 은 범위이다.

> 해설

초임계유체
- 액상과 기상의 구분이 없다.
- 임계온도, 임계압력보다 높은 범위이다.

24 물 50g을 10℃에서 60℃까지 가열하는 데 2,500kcal 의 열을 가했다. 가해진 열은 어떤 형태로 저장되는가?

① 물의 내부에너지
② 물의 위치에너지
③ 물의 운동에너지
④ 물의 화학에너지

> 해설

$\Delta U=Q+W$

25 어떤 기체의 상태방정식은 $P(V-b)=RT$이다. 이 기체 1mol이 V_1에서 V_2로 등온팽창할 때 행한 일의 크기는?(단, b는 정수이고 $0<b<V$이다.)

① $RT\ln\left(\dfrac{V_2-b}{V_1-b}\right)$

② $\ln\left(\dfrac{V_1-b}{V_2-b}\right)$

③ $RTb\ln\left(\dfrac{V_1}{V_2}\right)$

④ $RT\ln\dfrac{V_1}{V_2}+\ln b$

> 해설

$P=\dfrac{RT}{V-b}$

등온팽창 $Q=W=\displaystyle\int PdV=\int_{V_1}^{V_2}\dfrac{RT}{V-b}dV$

$\qquad\qquad =RT\ln\left(\dfrac{V_2-b}{V_1-b}\right)$

26 계의 질량이 2배로 되면 세기성질(Intensive Pro −perty)의 값은 어떻게 되는가?

① 변화 없다.
② 4배로 된다.
③ $\dfrac{1}{2}$로 된다.
④ 2배로 된다.

> 해설

세기성질은 물질의 양에 무관하다.

27 이상기체의 내부에너지에 대한 설명으로 옳은 것은?

① 온도만의 함수이다.

② 압력만의 함수이다.

③ 압력과 온도의 함수이다.

④ 압력이나 온도의 함수가 아니다.

> **해설**
>
> • $\Delta U = f(T)$: 온도만의 함수
> • $\Delta H = f(T)$: 온도만의 함수

28 어떤 기체의 제2비리얼계수 B가 $-400\text{cm}^3/\text{mol}$ 이다. 300K, 1기압하에서 비리얼식으로 계산한 이 기체의 압축인자(Compressibility Factor)는 약 얼마인가?

① 0.984

② 0.923

③ 1.016

④ 0.016

> **해설**
>
> $$Z = \frac{PV}{RT} = 1 + \frac{B}{V}$$
>
> $$\overline{V} = \frac{RT}{P} = \frac{0.082\text{L} \cdot \text{atm}/\text{mol} \cdot \text{K} \times 300\text{K}}{1\text{atm}}$$
>
> $$= 24.6\text{L}/\text{mol}$$
>
> $$= 24,600\text{cm}^3/\text{mol}$$
>
> $$Z = 1 + \frac{(-400)}{24,600} = 0.984$$

29 비리얼계수에 대한 다음 설명 중 옳은 것을 모두 나열한 것은?

> ㉠ 단일기체의 비리얼계수는 온도만의 함수이다.
> ㉡ 혼합기체의 비리얼계수는 온도 및 조성의 함수이다.

① ㉠

② ㉡

③ ㉠, ㉡

④ 모두 틀림

> **해설**
>
> 단일기체의 비리얼계수는 온도만의 함수이고, 혼합기체의 비리얼계수는 온도와 조성의 함수이다.

30 다음 중 실제기체가 이상기체에 가장 가까울 때의 조건은?

① 저압 · 저온

② 고압 · 저온

③ 저압 · 고온

④ 고압 · 고온

31 이상기체로 가정한 2몰의 질소를 250℃에서 역학적으로 가역인 정압과정으로 430℃까지 가열 팽창시켰을 때 엔탈피 변화량 ΔH는 약 몇 kJ인가?(단, 이 온도영역에서 일정압력 열용량 값은 일정하며, 20.785 J/mol · K이다.)

① 3.75

② 7.5

③ 15.0

④ 30.0

> **해설**
>
> $$H = U + PV \xrightarrow{\text{정압}} \Delta H = \Delta U + P\Delta V$$
>
> $$= Q - W + W = Q_P = nC_P\Delta T$$
>
> $$\therefore \Delta H = Q_P = nC_P\Delta T$$
> $$= 2\text{mol} \times 20.785\text{J}/\text{mol} \cdot \text{K} \times (430 - 250)$$
> $$= 7,482.6\text{J}$$
> $$= 7.48\text{kJ}$$

32 절대온도 T의 일정온도에서 이상기체를 1기압에서 10기압으로 가역적인 압축을 한다면 외부가 해야 할 일의 크기는?

① $RT \cdot \ln 10$

② RT^2

③ $9RT$

④ $10RT$

> **해설**
>
> $$-W = \int PdV = \int \frac{RT}{V}dV$$
>
> $$= RT\ln\frac{V_2}{V_1} = RT\ln\frac{P_1}{P_2} = RT\ln\frac{1}{10}$$
>
> $$W = RT\ln 10$$

정답 27 ① 28 ① 29 ③ 30 ③ 31 ② 32 ①

33 20℃, 1atm에서 아세톤의 부피팽창계수 β는 $1.487 \times 10^{-3}℃^{-1}$, 등온압축계수 κ는 $62 \times 10^{-6}atm^{-1}$이다. 아세톤을 정적하에서 20℃, 1atm으로부터 30℃까지 가열하였을 때 압력은 약 몇 atm인가?(단, β와 κ의 비는 항상 일정하다고 가정한다.)

① 12.1 ② 24.1

③ 121 ④ 241

해설

$V = f(P, T)$를 전미분하면

$$dV = \left(\frac{\partial V}{\partial T}\right)_P dT + \left(\frac{\partial V}{\partial P}\right)_T dP$$

양변을 $\div V$하면

$$\frac{dV}{V} = \frac{1}{V}\left(\frac{\partial V}{\partial T}\right)_P dT + \frac{1}{V}\left(\frac{\partial V}{\partial P}\right)_T dP$$

$\dfrac{dV}{V} = \beta dT - \kappa dP$를 적분하면

정적가열이므로 $0 = \beta(T_2 - T_1) - \kappa(P_2 - P_1)$

$$\therefore P_2 = P_1 + \frac{\beta(T_2 - T_1)}{\kappa}$$

$$= 1 + \frac{1.487 \times 10^{-3}℃^{-1}(30 - 20)℃}{62 \times 10^{-6}atm^{-1}} = 240.84atm$$

34 다음 중 반데르발스(Van der Waals) 실제 기체방정식이 이상기체의 성질에 근접하기 위해 가장 가까운 조건은?

① 온도가 낮고 압력이 낮아야 한다.

② 온도가 높고 압력이 낮아야 한다.

③ 온도가 낮고 압력이 높아야 한다.

④ 온도가 높고 압력이 높아야 한다.

해설

이상기체에 가까울 조건 : 온도↑, 압력↓

35 반데르발스(Van der Waals)의 상태식에 따르는 n mol의 기체가 최초의 용적 V_1에서 최후용적 V_2로 정온가역적으로 팽창할 때 행한 일의 크기를 나타낸 식은?

① $W = nRT\ln\dfrac{V_1 - nb}{V_2 - nb} - n^2 a\left(\dfrac{1}{V_1} - \dfrac{1}{V_2}\right)$

② $W = nRT\ln\dfrac{V_2 - nb}{V_1 - nb} - n^2 a\left(\dfrac{1}{V_1} + \dfrac{1}{V_2}\right)$

③ $W = nRT\ln\dfrac{V_2 - nb}{V_1 - nb} + n^2 a\left(\dfrac{1}{V_2} - \dfrac{1}{V_1}\right)$

④ $W = nRT\ln\dfrac{V_2 - nb}{V_1 - nb} + n^2 a\left(\dfrac{1}{V_1} + \dfrac{1}{V_2}\right)$

해설

Van der Waals 식

$$\left(P + \frac{n^2 a}{V^2}\right)(V - nb) = nRT$$

$$P = \frac{nRT}{V - nb} - \frac{n^2 a}{V^2}$$

정온가역적 팽창할 때

$\Delta U = Q - W = 0$

$$Q = W = \int_{V_1}^{V_2} P dV$$

$$= \int_{V_1}^{V_2}\left(\frac{nRT}{V - nb} - \frac{n^2 a}{V^2}\right)dV$$

$$= nRT\ln\frac{V_2 - nb}{V_1 - nb} + n^2 a\left(\frac{1}{V_2} - \frac{1}{V_1}\right)$$

36 이상기체에 대한 설명 중 틀린 것은?(단, U는 내부에너지, C_P는 정압비열, C_V는 정적비열, R은 기체상수이다.)

① 이상기체의 등온가역과정에서는 PV값은 일정하다.

② 이상기체의 경우 $C_P - C_V = R$이다.

③ 이상기체의 단열가역과정에서 TV값은 일정하다.

④ 이상기체의 경우 $\left(\dfrac{\partial U}{\partial V}\right)_T = 0$이다.

해설

$$\frac{T_2}{T_1} = \left(\frac{V_1}{V_2}\right)^{\gamma - 1}$$

- 등온 : $PV = RT =$ 일정
- 이상기체 : $C_P = C_V + R$
- 단열가역과정 : $T_1 V_1^{\gamma-1} = T_2 V_2^{\gamma-1} = TV^{\gamma-1} =$ 일정
- 이상기체 등온과정 : $dU = 0$, $dH = 0$

37 이상기체를 등온공정(Isothermal Process)으로 압력을 2배 증가시키면 엔탈피 변화(ΔH)는?

① 1/2로 감소한다.
② 일정하다.
③ 2배 증가한다.
④ 4배 증가한다.

[해설]

이상기체의 ΔH는 온도만의 함수이다.

38 1atm의 외압 조건에 있는 1mol의 이상기체 온도를 7.5K만큼 상승시켰다면 이상기체가 외계에 대하여 한 최대 일의 크기는 몇 cal인가?

① 14.90
② 15.55
③ 17.08
④ 18.21

[해설]

$PV = nRT = W$
$W = nR\Delta T$
$= 1\text{mol} \times 1.987\text{cal/mol} \cdot \text{K} \times 7.5\text{K}$
$= 14.9\text{cal}$

39 초임계유체(Supercritical Fluid) 영역의 특징 중 올바르지 않은 것은?

① 초임계유체 영역에서는 가열해도 온도는 증가하지 않는다.
② 초임계유체 영역에서는 액상이 존재하지 않는다.
③ 초임계유체 영역에서는 액체와 증기의 구분이 없다.
④ 임계점에서는 액체의 밀도와 증기의 밀도가 같아진다.

[해설]

초임계유체는 액체와 증기의 구분이 없다.

40 실제 가스에 관한 설명 중 틀린 것은?

① 압축인자는 항상 1보다 작거나 같다.
② 혼합가스의 2차 비리얼(Virial) 계수는 온도와 조성의 함수이다.
③ 잔류(Residual) 엔탈피나 엔트로피는 압력이 영(Zero)에 접근하면 영(Zero)으로 접근한다.
④ 조성이 주어지면 혼합물의 임계값(T_c, P_c, Z_c)은 일정하다.

[해설]

압축인자는 1보다 작거나 같을 수도 있고 클 수도 있다.

41 다음 중 400K에서 비리얼 가스 n-부탄의 몰용적이 2,000cm^3/mol일 때 압력은 약 몇 atm인가?(단, 기체상수는 82.0567cm$^3 \cdot$atm/K$\cdot$mol, 제2비리얼계수와 제3비리얼계수는 각각 -250cm^3/mol, 30,000cm^6/mol^{2}이고, 비리얼 식은 부피에 대한 전개식이다.)

① 13.123
② 14.483
③ 16.411
④ 17.521

[해설]

$Z = 1 + \dfrac{B}{V} + \dfrac{C}{V^2}$
$= 1 + \dfrac{-250}{2,000} + \dfrac{30,000}{2,000^2} = 0.8825$
$PV = ZnRT$
$P = \dfrac{ZnRT}{V}$
$= \dfrac{(0.8825)(1\text{mol})(82.0567)(400)}{(2,000)} = 14.483$

42 절대압 3.5기압하에서 비점이 77.8℃인 액체의 비체적이 0.00177m^3/kg, 비엔탈피는 43.1kcal/kg이며 동일 압력하에서 포화증기의 비체적은 0.104m^3/kg, 비엔탈피 118.1kcal/kg일 때 증발과정의 내부에너지 변화는 약 몇 kcal/kg인가?

① 60
② 66
③ 75
④ 82

해설

$\Delta H = \Delta U + P\Delta V$

$\Delta H = (118.1 - 43.1)\text{kcal/kg}$

$P\Delta V = \dfrac{3.5\text{atm}}{}\left|\dfrac{101.3 \times 10^3 \text{N/m}^2}{1\text{atm}}\right|\dfrac{1\text{J}}{1\text{N} \cdot \text{m}}\left|\dfrac{1\text{cal}}{4.184\text{J}}\right.$

$\qquad\qquad \left|\dfrac{1\text{kcal}}{1,000\text{cal}}\right|\dfrac{(0.104 - 0.00177)\text{m}^3}{\text{kg}}\left|\right.$

$\qquad = 8.663\text{kcal/kg}$

$\therefore\ \Delta U = \Delta H - P\Delta V$

$\qquad\quad = 75\text{kcal/kg} - 8.663\text{kcal/kg} = 66.3\text{kcal/kg}$

43 단열된 피스톤 내에 압력 $20\text{kg}_f/\text{cm}^2$으로 부피 1L 의 기체가 천천히 두 배로 팽창했다. 이 과정이 진행되는 동안 $PV = K$로 일정하다. 이 기체가 한 일은 얼마인가?

① $200\text{kg}_f \cdot \text{m}$ ② $135.63\text{kg}_f \cdot \text{m}$

③ $138.63\text{kg}_f \cdot \text{m}$ ④ $100\text{kg}_f \cdot \text{m}$

해설

등온과정 $dT = 0$

$\Delta U = 0$

$P_1 = 20 \times 10^4 \text{kg}_f/\text{m}^2$

$V_1 = 10^{-3}\text{m}^3$

$V_2 = 2V_1$

$\therefore\ Q = W = RT\ln\dfrac{V_2}{V_1}$

$\qquad = P_1 V_1 \ln\dfrac{V_2}{V_1} = (20 \times 10^4)(10^{-3})\ln\dfrac{2}{1}$

$\qquad = 138.63\text{kg}_f \cdot \text{m}$

44 단열과정에서 압력(P), 부피(V), 온도(T)의 관계 가 올바르게 표현된 것은?(단, $\gamma = \dfrac{C_P}{C_V}$, C_P : 정압열 용량, C_V : 정용열용량)

① $\dfrac{P_1}{P_2} = \dfrac{V_2}{V_1}$ ② $\left(\dfrac{P_1}{P_2}\right) = \left(\dfrac{V_1}{V_2}\right)^\gamma$

③ $\dfrac{T_1}{T_2} = \left(\dfrac{V_1}{V_2}\right)^{\frac{\gamma-1}{\gamma}}$ ④ $\dfrac{T_1}{T_2} = \left(\dfrac{P_1}{P_2}\right)^{\frac{\gamma-1}{\gamma}}$

해설

$\left(\dfrac{T_2}{T_1}\right) = \left(\dfrac{P_2}{P_1}\right)^{\frac{\gamma-1}{\gamma}}$

$\left(\dfrac{T_2}{T_1}\right) = \left(\dfrac{V_1}{V_2}\right)^{\gamma-1}$

$\left(\dfrac{P_2}{P_1}\right) = \left(\dfrac{V_1}{V_2}\right)^{\gamma}$

45 $PV^n = $상수인 폴리트로픽 변화에서 정용과정인 변화는?(단, n은 정수)

① $n = 0$ ② $n = 1$

③ $n = \infty$ ④ $n = \gamma$

해설

$PV^n = \text{Const}$

- $n = 0$ $P = \text{Const}$ $\Rightarrow$ 정압과정
- $n = \infty$ $V = \text{Const}$ $\Rightarrow$ 정용과정
- $n = 1$ $PV = \text{Const}$ $\Rightarrow$ 정온과정
- $n = \gamma$ $PV^\gamma = \text{Const}$ $\Rightarrow$ 단열과정

46 단순한 유체에 대하여 Pitzer의 이심계수(Acentric Factor)는 다음의 어떤 사항을 이용한 것인가?

① $\dfrac{T}{T_c} = 0.5$일 때 $\dfrac{P^{sat}}{P_c} = 0.5$이다.

② $\dfrac{T}{T_c} = 0.7$일 때 $\dfrac{P^{sat}}{P_c} = 0.5$이다.

③ $\dfrac{T}{T_c} = 0.7$일 때 $\dfrac{P^{sat}}{P_c} = 0.1$이다.

④ $\dfrac{T}{T_c} = 0.5$일 때 $\dfrac{P^{sat}}{P_c} = 0.1$이다.

해설

Pitzer의 이심인자

$\omega = -1 - \log_{10}\left[\dfrac{P^{sat}(T_r = 0.7)}{P_c}\right]$

단순한 유체 Ar, Kr, Xe에 대하여 $\omega = 0$이므로

정답 43 ③ 44 ④ 45 ③ 46 ③

$$\log_{10}\left[\frac{P^{sat}(T_r = 0.7)}{P_c}\right] = -1$$

$T_r = 0.7$일 때 $\dfrac{P^{sat}}{P_c} = 0.1$

47 이상기체의 정압열용량(C_P)이 $8.987\text{cal/mol} \cdot \text{K}$
이다. 정용열용량(C_V)은 얼마인가?

① $3\text{cal/mol} \cdot \text{K}$ ② $5\text{cal/mol} \cdot \text{K}$
③ $7\text{cal/mol} \cdot \text{K}$ ④ $9\text{cal/mol} \cdot \text{K}$

 해설

$C_V = C_P - R = 8.987 - 1.987 = 7\text{cal/mol} \cdot \text{K}$

48 동일한 ω(Acentric Factor)의 값을 갖는 유체의 설명 중 옳은 것은?

① 같은 P_c, T_c에서 Z값은 같다.
② 같은 P_r, T_r에서 Z값은 같다.
③ 같은 V_r, T_r에서 Z값은 같다.
④ 같은 V_r, T_c에서 Z값은 같다.

해설

이심인자(ω)
같은 ω값을 갖는 모든 유체들은 같은 T_r, P_r에서 같은 Z값을 갖는다.

49 등온과정에서 300K일 때 압력이 10atm에서 1atm으로 변했다면 행한 일은?

① 687.6cal ② 1,372.6cal
③ 1,172cal ④ 5,365cal

해설

$$\omega = nRT\ln\frac{V_2}{V_1} = nRT\ln\frac{P_1}{P_2}$$

$$= 1\text{mol} \times 1.987\text{cal/mol} \cdot \text{K} \times 300\text{K} \times \ln\frac{10}{1}$$

$$= 1{,}372.6\text{cal}$$

50 순물질의 상태도에 관한 설명 중 틀린 것은?

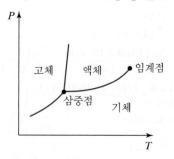

① 증발곡선은 3중점에서 시작하는 무한곡선이다.
② 용융곡선상에 존재하는 상의 수는 2이다.
③ 액체로 존재할 수 있는 최대온도는 임계온도이다.
④ 증기로 존재할 수 있는 최대압력은 임계압력이다.

해설

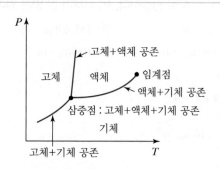

[04] 열효과

- **현열효과** : 물질에 의하여 흡수 또는 방출되는 열이 온도변화로 나타난다.
- **잠열효과** : 열이 상변화에 사용된다.
- **반응열** : 화학반응이 일어날 때 동반되는 열

1. 기체의 열용량

1) 현열효과

상변화가 없고, 화학반응도 없으며 조성의 변화도 없는 System으로 열이 전달되면 그 계의 온도변화가 일어나는데, 이를 현열효과라고 한다. 이는 열이 전달된 양과 그 결과로 나타나는 온도변화 사이의 관계를 나타낸 것이다.

하나의 균질상 물질이라면 상률에 의해 2개의 시강성질의 값이 정해지면 그 계의 상태는 결정된다.

(1) $U = U(T,\ V)$

$$dU = \left(\frac{\partial U}{\partial T}\right)_V dT + \left(\frac{\partial U}{\partial V}\right)_T dV$$

$$C_V = \left(\frac{\partial U}{\partial T}\right)_V$$

$$\therefore\ dU = C_V dT + \left(\frac{\partial U}{\partial V}\right)_T dV$$

Reference

$\left(\dfrac{\partial U}{\partial V}\right)_T$ 가 0이 되는 경우

㉠ 물질에 관계없이 일정부피 공정
㉡ 공정에 상관없이 물질의 내부에너지가 부피에 무관할 경우
 - 이상기체, 비압축성 유체 : 비교적 정확하게 맞는다.
 - 저압기체 : 근사적으로 맞는다.

$$dU = C_V dT$$

$$\Delta U = \int_{T_1}^{T_2} C_V dT$$

$$Q_v = \Delta U = \int_{T_1}^{T_2} C_V dT$$

(2) $H = H(T, P)$

$$dH = \left(\frac{\partial H}{\partial T}\right)_P dT + \left(\frac{\partial H}{\partial P}\right)_T dP$$

$$dH = C_P dT + \left(\frac{\partial H}{\partial P}\right)_T dP$$

> **Reference**
> --
>
> $\left(\dfrac{\partial H}{\partial P}\right)_T$ **가 0이 되는 경우** ▮▯▯▯
>
> ㉠ 물질에 관계없이 일정압력 공정
> ㉡ 공정에 상관없이 물질의 엔탈피가 압력에 무관한 경우
> - 이상기체 : 정확하게 맞는다.
> - 저압기체 : 근사적으로 맞는다.
>
> --

$$dH = C_P dT$$

$$Q_p = \Delta H = \int_{T_1}^{T_2} C_P dT$$

(3) 비열의 온도의존성

$$\frac{C_P}{R} = \alpha + \beta T + \gamma T^2$$

$$\frac{C_P}{R} = a + bT + cT^{-2}$$

여기서, $\alpha, \beta, \gamma, a, b, c$: 물질의 고유상수

$\dfrac{C_P}{R}$ 이 무차원이므로 R의 선택에 따라 C_P의 단위가 결정된다.

(4) 이상기체의 열용량

$$\frac{C_V^{ig}}{R} = \frac{C_P^{ig}}{R} - 1$$

$$C_P = \alpha + \beta T + \gamma T^2$$

$$dH = C_P dT$$

$$H_2 - H_1 = \int_{T_1}^{T_2} C_P dT = \alpha(T_2 - T_1) + \frac{\beta}{2}(T_2^2 - T_1^2) + \frac{\gamma}{3}(T_2^3 - T_1^3)$$

$$= \overline{C_P}(T_2 - T_1)$$

$$\int_{T_0}^{T} C_P dT = C_{Pmean}^*(T - T_0)$$

$$= \alpha(T - T_0) + \frac{\beta}{2}(T^2 - T_0^2) + \frac{\gamma}{3}(T^3 - T_0^3)$$

$$= \alpha(T - T_0) + \frac{\beta}{2}(T - T_0)(T + T_0)$$

$$+ \frac{\gamma}{3}(T - T_0)(T^2 + TT_0 + T_0^2)$$

각 항을 $\div(T - T_0)$하면

$$C_{Pmean}^* = \alpha + \frac{\beta}{2}(T + T_0) + \frac{\gamma}{3}(T^2 + TT_0 + T_0^2)$$

$\quad\downarrow T_0 = 298K(25℃)$과 같은 기준온도로 일정하고 T가 변하는 경우

하한온도가 기준온도가 아닌 경우

$$\int_{T_1}^{T_2} C_P^* dT = \int_{T_0}^{T_2} C_P^* dT - \int_{T_0}^{T_1} C_P^* dT$$

성분이 A, B, C이고 각 성분의 몰분율이 y_A, y_B, y_C인 혼합기체 1mol의 몰열용량은 각 성분의 몰열용량에 몰분율을 곱한 값의 총합과 같다.

$$C_{Pmix}^* = y_A C_{PA}^* + y_B C_{PB}^* + y_C C_{PC}^*$$

$$C_P - C_V = R$$

$$Q_V = U_2 - U_1 = \int_{T_1}^{T_2} C_V dT = (C_P - R)\int_{T_1}^{T_2} dT$$

2) 액체, 고체의 열용량

비열 : 단위질량당 열용량

(1) 액체의 비열

문헌에서 찾아볼 수 있으며 대부분 Perry가 요약하였다.

(2) 고체의 비열

① Dulong – Petit의 법칙

원자량 × 비열 = 6.4cal/℃

② Kopp의 법칙

실험값이 없는 경우에 이용

20℃의 몰열용량은 그 화합물의 각 구성원소의 원자열용량의 총합과 같다.

> **Reference**
>
> **원자 열용량**
>
> 분자량이 큰 원소는 모두 6.4, 붕소는 2.7, 탄소는 1.8, 불소는 5.9, 수소는 2.3, 인은 5.4, 산소는 4.0, 규소는 3.5, 황은 5.4로서 그 몰값은 근사값에 불과하다.

3) 잠열효과

물질의 상태변화 시 열을 가하더라도 온도변화는 없다.

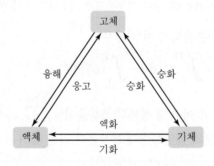

잠열이란 상태변화에 이용되는 열을 말한다.

예 융해열, 응고열, 증발열(증발잠열)

(1) Clausius – Clapeyron 식

상변화가 일어날 때 온도변화는 없으나, 일정한 양의 열이 주위로부터 그 물질로 이동한다. 이러한 변화의 특징은 두 개의 상이 공존하며 하나의 세기성질(시강특성)만 결정되면 그 상태가 결정된다($F = 1$).

그러므로 상변화에 수반되는 잠열은 온도만의 함수이다.

◆ **전이열**

고체에서 다른 고체로 변화할 때 수반되는 열

사방유황 $\xrightarrow[360\text{J/g 흡수}]{95℃\ 1\text{bar}}$ 단사유황

$$\Delta H = T \Delta V \frac{dP^{sat}}{dT}$$

여기서, ΔH : 잠열, 증발엔탈피
ΔV : 상변화 시 부피변화
P^{sat} : 증기압

$$\frac{dP^{sat}}{dT} = \frac{\Delta H}{T \Delta V} \quad \Delta V = \frac{RT}{P} \text{이므로}$$

$$\frac{dP^{sat}}{P} = \frac{\Delta H}{RT^2} dT$$

$$\int_{P_1}^{P_2} d\ln P = \frac{\Delta H}{R} \int_{T_1}^{T_2} \frac{dT}{T^2}$$

$$\ln \frac{P_2}{P_1} = -\frac{\Delta H}{R}\left(\frac{1}{T_2} - \frac{1}{T_1}\right) = \frac{\Delta H}{R}\left(\frac{1}{T_1} - \frac{1}{T_2}\right)$$

(2) Trouton 식

$$\frac{\Delta H}{T} = k$$

표준끓는점에서 몰증발잠열과 그 절대온도의 비는 일정하다.

(3) Watson 식

$$\frac{\Delta H_2}{\Delta H_1} = \left(\frac{1 - Tr_2}{1 - Tr_1}\right)^{0.38}$$

여기서, ΔH_2 : 환산온도 $\left(Tr_2 = \dfrac{T_2}{T_C}\right)$ 에서 몰증발열

(4) Ridel 식

표준끓는점에서 증발열을 예측하는 방법

$$\frac{\Delta H_n}{RT_n} = \frac{1.092(\ln P_C - 1.013)}{0.930 - T_{rn}}$$

여기서, T_n : 표준끓는점
ΔH_n : T_n에서의 몰당 증발잠열
P_C : 임계압력 bar
T_{rn} : T_n의 환산온도

물의 경우

$$\frac{\Delta H_n}{T_n} = R\left[\frac{1.092(\ln 220.55 - 1.013)}{0.930 - 0.577}\right] = 13.56R$$

여기서, $R = 8.314\text{J/mol} \cdot \text{K}$, 물의 표준끓는점 $100\,℃$ 또는 375.15K

$$\therefore \Delta H_n = (13.56)(8.314)(373.15) = 42{,}065\text{J/mol} \rightarrow \text{오차 } 3.4\%$$

계산값 $2{,}334\text{J/g}(42{,}065\text{J/mol})$, 실험값 $2{,}257\text{J/g}$

4) 반응열

(1) 반응열

반응물과 생성물의 에너지 차이로 인하여 열의 발생이나 흡수가 일어난다.

(2) 표준상태

어떤 성분의 온도가 T이고 압력, 조성 및 물리적 상태가 기체·액체·고체와 같은 특정한 조건하에 있을 때의 상태를 말한다.

① **기체** : 1bar의 압력하에서 이상기체의 순수한 물질

② **액체 · 고체** : 1bar의 압력하에서 실제의 순수한 액체 및 순수한 고체

표준상태의 물성값은 기호(°)로 표시한다.

(3) 표준반응열

표준반응열은 온도 T에서 표준상태에 있는 반응물 A의 a몰과 B의 b몰이 반응하여 같은 온도 T에서 표준상태에 있는 생성물 C의 c몰과 D의 d몰이 생성될 때에 나타나는 엔탈피로 정의한다.

$$aA + bB \rightarrow cC + dD$$

예 $\frac{1}{2}\text{N}_2 + \frac{3}{2}\text{H}_2 \rightarrow \text{NH}_3 \qquad \Delta H_{298}° = -46{,}110\text{J}$

$\text{N}_2 + 3\text{H}_2 \rightarrow 2\text{NH}_3 \qquad \Delta H_{298}° = -92{,}220\text{J}$

(4) Hess의 법칙

화학반응과정에서 발생 또는 흡수되는 열량은 최초상태와 최종상태에 의해 결정되며 그 도중의 경로에는 무관하다는 법칙

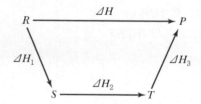

$$\therefore \Delta H = \Delta H_1 + \Delta H_2 + \Delta H_3$$

Reference

반응열 구하기 ▮▮▮

- 생성열 이용

  $\Delta H = \sum (\Delta H_f)_P - \sum (\Delta H_f)_R =$ 생성물의 생성열 − 반응물의 생성열

- 연소열 이용

  $\Delta H = \sum (\Delta H_c)_R - \sum (\Delta H_c)_P =$ 반응물의 연소열 − 생성물의 연소열

💡 **TIP** ▮▮▮▮▮▮▮▮▮▮▮▮▮▮▮▮▮▮▮
- 홑원소물질의 생성열 = 0
  예 Cl_2, O_2
- CO_2, H_2O의 연소열 = 0
  이미 연소가 끝난 물질의 연소열은
  0이다.

(5) 표준생성열 ▮▮▮

표준상태(1기압, 25℃)에서 원소로부터 화합물이 생성될 때 흡수되는 1몰당의
열량이다.

〈생성열 계산〉

25℃에서 $CO_2(g) + H_2(g) \rightarrow CO(g) + H_2O(g)$의 반응이 일어난다고 하자.

$CO_2(g)$: $C(s) + O_2(g) \rightarrow CO_2(g)$ 　　　　$\Delta H_{298}° = -393,509J$

$H_2(g)$: 수소가 홑원소물질이므로 　　　　$\Delta H_{298}° = 0$

$CO(g)$: $C(s) + \dfrac{1}{2}O_2(g) \rightarrow CO(g)$ 　　　$\Delta H_{298}° = -110,525J$

$H_2O(g)$: $H_2(g) + \dfrac{1}{2}O_2(g) \rightarrow H_2O(g)$ 　$\Delta H_{298}° = -241,818J$

〈정리〉

$CO_2(g) \rightarrow C(s) + O_2(g)$ 　　　　　　$\Delta H_{298}° = 393,509J$

$C(s) + \dfrac{1}{2}O_2 \rightarrow CO(g)$ 　　　　　$\Delta H_{298}° = -110,525J$

$+ \Big) \ H_2(g) + \dfrac{1}{2}O_2 \rightarrow H_2O(g)$ 　　　$\Delta H_{298}° = -241,818J$

――――――――――――――――――――――

$CO_2(g) + H_2(g) \rightarrow CO(g) + H_2O(g)$ 　$\Delta H_{298}° = 41,166J$ (흡열)

CO 1mol의 엔탈피에 H_2O 1mol의 엔탈피를 합한 것은 CO_2 1mol, H_2 1mol의 엔탈
피의 합보다 41,166J만큼 더 크다는 것을 의미한다. 이때 각 반응물과 생성물은
1 bar의 이상기체 상태에 있는 25℃의 순수한 기체라고 간주한다.

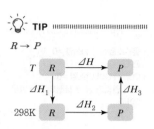

$R \rightarrow P$

$$
\begin{array}{ccc}
T & \boxed{R} & \xrightarrow{\Delta H} & \boxed{P} \\
& {\scriptstyle \Delta H_1}\downarrow & & \uparrow{\scriptstyle \Delta H_3} \\
298K & \boxed{R} & \xrightarrow{\Delta H_2} & \boxed{P}
\end{array}
$$

$\therefore \Delta H = \Delta H_1 + \Delta H_2 + \Delta H_3$

(6) 표준연소열

표준상태(1기압, 25℃)에서 그 물질과 산소분자와의 산화반응에 의하여 생성되는 반응열 1mol의 물질이 연소하는 것을 기준으로 한다.
$4C(s) + 5H_2(g) \rightarrow C_4H_{10}(g)$라는 반응식을 생각하자.

〈정리〉

$$4C(s) + 4O_2(g) \rightarrow 4CO_2(g) \qquad\qquad \Delta H_{298}° = (4)(-393,509)$$

$$5H_2(g) + \frac{5}{2}O_2(g) \rightarrow 5H_2O(l) \qquad\qquad \Delta H_{298}° = (5)(-285,830)$$

$$+\bigg) \ 4CO_2(g) + 5H_2O(l) \rightarrow C_4H_{10}(g) + 6\frac{1}{2}O_2(g) \qquad \Delta H_{298}° = 2,877,396$$

$$4C(s) + 5H_2(g) \rightarrow C_4H_{10}(g) \qquad\qquad \Delta H_{298}° = -125,790J$$

(7) $\Delta H°$의 온도의존성

① 실제로 반응을 25℃보다 높은 온도 T에서 표준생성열을 계산하려면
〈1단계〉 반응물 온도 $T \rightarrow$ 298K까지 냉각

$$\Sigma H_R° = \sum_{반응물} \left(n\int_T^{298} C_P° dT \right)$$

〈2단계〉 298K에서 등온반응을 시켜 표준상태의 생성물이 되게 한다. 이때의 반응열, 즉 엔탈피 변화는 298K의 표준반응열 $\Delta H_{298}°$이다.

〈3단계〉 표준상태에 있는 생성물에 열을 가하여 온도를 298K에서 T까지 올린다.

$$\Sigma H_P° = \sum_{생성물} \left(n\int_{298}^T C_P° dT \right)$$

$$\therefore \ \Delta H_T° = \Delta H_R° + \Delta H_{298}° + \Delta H_P°$$

② 화학반응식과 양론계수

일반적인 화학반응식을 아래와 같이 나타낼 수 있다.

$$|\nu_1|A_1 + |\nu_2|A_2 + \cdots \rightarrow |\nu_3|A_3 + |\nu_4|A_4 + \cdots$$

여기서, $|\nu_i|$: 양론계수(반응물 : −, 생성물 : +)

A_i : 화학식

부호를 가지고 있는 ν_i 값들 : 양론수

$$N_2 + 3H_2 \rightarrow 2NH_3$$

양론수 : $\nu_{N_2} = -1$, $\nu_{H_2} = -3$, $\nu_{NH_3} = 2$

표준반응열 $\Delta H^\circ = \sum_i \nu_i H_i^\circ$

여기서, H_i° : 표준상태에서 i 성분의 엔탈피

모든 원소들의 표준상태 엔탈피를 0으로 놓는다면 각 화합물의 표준상태 엔탈피는 그 생성열과 같다.

$\Delta H^\circ = \sum_i \nu_i \Delta H_{fi}^\circ$

$4HCl(g) + O_2(g) \rightarrow 2H_2O(g) + 2Cl_2(g)$의 반응식에 적용해보면

$\Delta H^\circ = 2\Delta H_{fH_2O}^\circ - 4\Delta H_{fHCl}^\circ$

실전문제

01 Fisher-Tropsh 합성반응의 수소원(水素源)은 메탄가스의 열분해에 의한 C와 H_2이다. 다음에서 메탄의 분해열은?

> ㉠ $C(s) + O_2(g) \rightarrow CO_2(g)$
>
> $\Delta H = -94.0 \text{kcal}$
>
> ㉡ $H_2(g) + \frac{1}{2}O_2(g) \rightarrow H_2O(l)$
>
> $\Delta H = -68.3 \text{kcal}$
>
> ㉢ $CH_4(g) + 2O_2(g) \rightarrow CO_2(g) + 2H_2O(l)$
>
> $\Delta H = -212.8 \text{kcal}$

① -50.5kcal/mol
② 17.8kcal/mol
③ 176kcal/mol
④ 442.9kcal/mol

해설

$$CH_4(g) + 2O_2(g) \rightarrow CO_2(g) + 2H_2O(l)$$
$$: \Delta H = -212.8 \text{kcal}$$
$$CO_2(g) \rightarrow C(s) + O_2(g) \quad : \Delta H = 94 \text{kcal}$$
$$+\overline{)2H_2O(l) \rightarrow 2H_2(g) + O_2(g) : \Delta H = 68.3 \times 2}$$
$$CH_4(g) \rightarrow C(s) + 2H_2(g) \quad : \Delta H = 17.8 \text{kcal/mol}$$

02 Clausius-Clapeyron 상관식을 통하여 보았을 때 다음 중 증기압과 직접적으로 밀접한 관련이 있는 물성은?

① 점도
② 확산계수
③ 열전도도
④ 증발잠열

해설

$$\ln \frac{P_2^{sat}}{P_1^{sat}} = \frac{\Delta H}{R}\left(\frac{1}{T_1} - \frac{1}{T_2}\right)$$

여기서, P^{sat} : 증기압

ΔH : 증발잠열

T : 절대온도

03 27℃에서의 반응열이 다음과 같이 주어졌을 때 $C_2H_4(g) + H_2(g) \rightarrow C_2H_6(g)$에 대한 ΔH_{total}는 얼마인가?

> ㉠ $H_2(g) + \frac{1}{2}O_2(g) \rightarrow H_2O(l)$
>
> $\Delta H_1 = -68.3 \text{kcal}$
>
> ㉡ $C_2H_4(g) + 3O_2(g) \rightarrow 2CO_2(g) + 2H_2O(l)$
>
> $\Delta H_2 = -337.3 \text{kcal}$
>
> ㉢ $C_2H_6(g) + \frac{7}{2}O_2(g) \rightarrow 2CO_2(g) + 3H_2O(l)$
>
> $\Delta H_3 = -372.8 \text{kcal}$

① -32.8kcal
② -641.8kcal
③ $+32.8 \text{kcal}$
④ $+641.8 \text{kcal}$

해설

$$C_2H_4(g) + 3O_2(g) \rightarrow 2CO_2(g) + 2H_2O(l)$$
$$: \Delta H_2 = -337.3 \text{kcal}$$
$$2CO_2(g) + 3H_2O(l) \rightarrow C_2H_6(g) + \frac{7}{2}O_2(g)$$
$$: \Delta H_3 = 372.8 \text{kcal}$$
$$+\overline{)H_2(g) + \frac{1}{2}O_2(g) \rightarrow H_2O(l) : \Delta H_1 = -68.3 \text{kcal}}$$
$$C_2H_4(g) + H_2(g) \rightarrow C_2H_6(g) : \Delta H = -32.8 \text{kcal}$$

04 G(kg)의 물체가 온도 t_1(℃)에서 t_2(℃)까지 상승하는 데 필요한 열량을 Q(kcal)라 할 때 성립되는 관계식은?(단, C_m은 평균 비열이다.)

① $Q = G(t_2 - t_1) \cdot \dfrac{1}{C_m}$

② $Q = G(t_1 - t_2) \cdot C_m$

③ $Q = (G + C_m)(t_2 + t_1)$

④ $Q = G(t_2 - t_1) \cdot C_m$

정답 01 ② 02 ④ 03 ① 04 ④

$Q = G(\text{kg})\, C_m (t_2 - t_1)$

05 다음 중 잠열(Latent Heat)에 해당되지 않는 것은?

① 승화열 　　　　② 연소열

③ 증발열 　　　　④ 용융열

연소열은 현열이다.

06 100K로부터 1,500K 사이에서 이상기체의 포화증기압 P^{sat}이 다음 식으로 주어질 때 이상기체의 클라우지우스-클레이페이론(Clausius-Clapeyron) 식을 이용한 증발잠열 ΔH은 약 몇 J/mol인가?(단, 기체상수 R은 8.314J/mol이며, 동일 온도영역에서 증발잠열값은 일정하다.)

$$\ln P^{sat} = 33.3 - \frac{3.5}{T}$$

① -29.1 　　　　② -20.8

③ 20.8 　　　　④ 29.1

$\ln P_1^{sat} = 33.3 - \dfrac{3.5}{100} = 33.265$

$\ln P_2^{sat} = 33.3 - \dfrac{3.5}{1,500} = 33.297$

$\ln \dfrac{P_2}{P_1} = \dfrac{\Delta H}{R}\left(\dfrac{1}{T_1} - \dfrac{1}{T_2}\right)$

$\ln P_2 - \ln P_1 = \dfrac{\Delta H}{R}\left(\dfrac{1}{T_1} - \dfrac{1}{T_2}\right)$

$0.0327 = \dfrac{\Delta H}{8.314\text{J/mol} \cdot \text{K}}\left(\dfrac{1}{100} - \dfrac{1}{1,500}\right)$

$\therefore \Delta H = 29.1\text{J/mol}$

07 반응 $CO(g) + H_2O(g) \rightarrow CO_2(g) + H_2(g)$의 표준반응열은 -15kcal이다. 1,000K일 때 반응열은?(단, 25℃와 727℃ 사이의 평균분자 정압열용량 $\overline{C_P}(CO) = 7.249$, $\overline{C_P}(H_2) = 7.249$, $\overline{C_P}(H_2O) = 8.598$, $\overline{C_P}(CO_2) = 9.247$cal/mol · ℃)

① -14.54 　　　　② -8.54

③ 14.54 　　　　④ 8.54

$\begin{aligned}
\Delta H_{1,000K}^{\circ} &= \Delta H_{298}^{\circ} + \left[\sum (nC_P)_{생성물} - \sum (nC_P)_{반응물}\right](t_2 - t_1) \\
&= -15\text{kcal} + [(0.009247 + 0.007249) \\
&\quad - (0.007249 + 0.008598)](727 - 25) \\
&= -14.54\text{kcal}
\end{aligned}$

08 다음 반응에 있어서 25℃에서의 표준반응열의 값은?(단, HCl과 H_2O의 표준생성열은 각각 $-92,307$J과 $-241,818$J이다.)

$$4HCl(g) + O_2(g) \rightarrow 2H_2O(l) + 2Cl_2(g)$$

① $-852,864$J 　　　　② $852,864$J

③ $-114,408$J 　　　　④ $114,408$J

$\Delta H_R = (2)(-241,818) - (4)(-92,307) = -114,408$J

09 $CO(g)$의 표준생성열은 -32.4kcal/mol이고, 표준연소열은 -54.3kcal/mol이다. 탄산가스의 분해열은 몇 kcal/mol인가?

① 41.2 　　　　② 86.7

③ -41.2 　　　　④ -86.7

$\begin{array}{lr}
C + \frac{1}{2}O_2 \rightarrow CO & \Delta H = -32.4\text{kcal/mol} \\
+)\ CO + \frac{1}{2}O_2 \rightarrow CO_2 & \Delta H = -54.3\text{kcal/mol} \\
\hline
C + O_2 \rightarrow CO_2 & \Delta H = -86.7\text{kcal/mol}
\end{array}$

$\therefore$ CO_2의 분해열은 $CO_2 \rightarrow C + O_2$이므로
$\Delta H = 86.7$kcal/mol이 된다.

10 다음 식 중에서 증발잠열을 구할 수 없는 방정식은?

① Clapeyron Equation
② Watson Equation
③ Riedel Equation
④ Gibbs-Duhem 식

해설

① Clapeyron 식 : $\Delta H = T \Delta V \dfrac{dP^{sat}}{dT}$

② Watson 식 : $\dfrac{\Delta H_2}{\Delta H_1} = \left(\dfrac{1 - T_{r2}}{1 - T_{r1}} \right)^{0.38}$

③ Riedel 식 : $\dfrac{\Delta H_n}{RT_n} = \dfrac{1.092(\ln P_C - 1.013)}{0.930 - T_{rn}}$

④ Gibbs-Duhem 식 : $\sum x_i \cdot d\overline{M_i} = 0 \, (T, \, P = \text{Const})$

11 1kmol의 이상기체를 $P_1 = 15$atm, $V_1 = 4.72$L에서 정용변화시켜 $P_2 = 1$atm까지 가역변화시켰다. 이때 엔탈피 변화는 얼마인가?(단, $C_P = 5$kcal/kmol $\cdot$ K)

① $-4,029$cal
② $-3,029$cal
③ $-5,029$cal
④ $-6,029$cal

해설

$P_1 = 15$atm, $V_1 = 4.72$L

$\therefore T_1 = \dfrac{P_1 V_1}{nR} = \dfrac{15\text{atm} \times 4.72\text{L}}{1,000\text{mol} \times 0.082\text{L} \cdot \text{atm/mol} \cdot \text{K}}$
$= 0.8634$K

$P_2 = 1$atm, $V_2 = V_1 = 4.72$L

$\therefore T_2 = \dfrac{P_2 V_2}{nR} = \dfrac{1\text{atm} \times 4.72\text{L}}{1,000\text{mol} \times 0.082\text{L} \cdot \text{atm/mol} \cdot \text{K}}$
$= 0.0576$K

$\therefore \Delta H = n C_P \Delta T = 1\text{kmol} \times 5\text{kcal/kmol} \cdot \text{K}$
$\times (0.0576 - 0.8634)$K
$= -4.029$kcal
$= -4,029$cal

12 연소반응에 있어서 연소의 고위발열량과 저위발열량(진발열량)과의 차이를 구분하는 방법을 가장 옳게 설명한 것은?

① 연소 시 필요한 산소의 양의 차이로 구분한다.
② 연소로 인해 생긴 물을 액체로 보느냐 또는 기체로 보느냐에 따라서 생기는 잠열의 차이로 구분한다.
③ 연소 생성물로 생기는 이산화탄소의 양의 차이로 구분한다.
④ 연소가 되는 물질의 차이로 구분한다.

해설

• 고위발열량 : 연소생성물이 $H_2O(l)$를 기준으로 한 열량
• 저위발열량 : 연소생성물이 $H_2O(g)$를 기준으로 한 열량

13 다음 실험 데이터로부터 CO의 표준생성열(ΔH)을 구하면 몇 kcal/mol인가?

$$\boxed{\begin{array}{l} \text{㉠} \; C(s) + O_2(g) \rightarrow CO_2(g) \\ \quad \Delta H = -94.052\text{kcal/mol} \\ \text{㉡} \; CO(g) + \dfrac{1}{2}O_2(g) \rightarrow CO_2(g) \\ \quad \Delta H = -67.636\text{kcal/mol} \end{array}}$$

① -26.452
② -41.22
③ 26.452
④ 41.22

해설

$\begin{array}{ll} C(s) + O_2(g) \rightarrow CO_2(g) & : \Delta H = -94.052 \\ + \; CO_2(g) \rightarrow CO(g) + \dfrac{1}{2}O_2(g) & : \Delta H = 67.636 \\ \hline C(s) + \dfrac{1}{2}O_2(g) \rightarrow CO(g) & : \Delta H = -26.4\text{kcal/mol} \end{array}$

14 다음 반응이 표준상태에서 행하여졌다. 정용반응열이 $-26,711$kcal/kmol일 때 정압반응열은 약 몇 kcal/kmol인가?(단, 기체는 이상기체라고 가정한다.)

$$\boxed{\; C(s) + \dfrac{1}{2}O_2(g) \rightarrow CO(g) \;}$$

① 296

② −296

③ 26,415

④ −26,415

$Q_V = -26,711 \text{kcal/kmol}$

$\Delta H = \Delta U + \Delta(PV)$

$Q_P = Q_V + \Delta n_g RT$

$\qquad = -26,711 + \left(1 - \dfrac{1}{2}\right)\text{kcal} \times 1.987\text{kcal/kmol} \cdot \text{K} \times 298\text{K}$

$\qquad = -26,415\text{kcal/kmol}$

15 다음 식을 이용해 100g N_2를 $100\,^\circ\text{C}$에서 $200\,^\circ\text{C}$까지 가열하는 데 필요한 열량을 구하면 약 몇 kcal인가?

$$C_P[\text{cal/mol} \cdot \text{K}] = 6.46 + 1.39 \times 10^{-3} T$$

① 1.0

② 1.5

③ 2.0

④ 2.5

$Q_P = n \displaystyle\int_{373}^{473} (6.46 + 1.39 \times 10^{-3} T)\,dT$

$\qquad = \dfrac{100\text{g}}{28\text{g/mol}} \left[6.46(473 - 373) + 1.39 \times 10^{-3} \right.$

$\qquad \left. \times \dfrac{1}{2}(473^2 - 373^2) \right]$

$\qquad = 2,517\text{cal}$

$\qquad = 2.5\text{kcal}$

16 증발잠열 $\Delta \overline{H}_V$는 Clausius−Clapeyron식에서 추정할 수 있다. 증기압이 453K에서 2atm, 523K에서 5atm일 때 증발잠열의 크기는?

① 5,162cal/mol

② 6,162cal/mol

③ 8,042cal/mol

④ 10,824cal/mol

$\ln \dfrac{5}{2} = \dfrac{\Delta \overline{H}_V}{1.987}\left(\dfrac{1}{453} - \dfrac{1}{523}\right)$

$\therefore \Delta \overline{H}_V = 6,162\text{cal/mol}$

[05] 열역학 제2법칙 ■■■

열역학 제0법칙	A와 B의 온도가 동일하고, B와 C의 온도가 동일하면, A와 C의 온도는 동일하다.	온도계의 원리
열역학 제1법칙	에너지의 총량은 일정하다. 즉, 열과 일은 생성, 소멸되는 것이 아니라 서로 전환하는 것이다.	에너지 보존의 법칙
열역학 제2법칙	자발적 변화는 비가역 변화이며, 엔트로피 (무질서도)는 증가하는 방향으로 진행된다. → 열을 완전히 일로 전환시킬 수 있는 공정은 없다.	엔트로피의 법칙
열역학 제3법칙	$T = 0K$에서 완전한 결정 상태를 유지하는 경우 엔트로피는 0이다.	

$$\lim_{T \to 0} \varDelta S = 0 \cdots\cdots \text{Nernst 열정리}$$

1. 열역학 제2법칙 ■■■

① 외부로부터 흡수한 열을 완전히 일로 전환시킬 수 있는 공정은 없다. 즉, 열에 의한 전환효율이 100%가 되는 열기관은 존재하지 않는다. → 제2종 영구기관은 불가능하다. $\lim_{1 \to 0}$

② 자발적 변화는 비가역변화이며, 엔트로피는 증가하는 방향으로 진행된다.

③ 열은 저온에서 고온으로 흐르지 못한다.

❖ 제1종 영구기관
에너지의 공급 없이 계속 일을 할 수 있는 기관→ 열역학 제1법칙에 위배

2. 열기관

1) 순환과정으로 열에서 일을 생성하는 기관

예 수증기 동력장치

보일러에서 연료를 연소시켜 Q_1의 열을 흡수, 고온 고압수증기로 전환시키고, 이 수증기는 터빈을 작동시켜 축일의 형태로 외계에 전달되며, 배출 수증기는 저온 저압의 형태로 Q_2 낮은 열을 냉각수에 전달시키고 응축된다. 응축액은 펌프에 의해 단열적으로 보일러에 수동되어 순환과정이 완성된다.

2) 열기관

고온에서 열을 흡수하고 저온에서 열을 방출하여 일을 만들어 내는 것은 모든 열기관 사이클의 과정이다.

➡ $|Q_1|$의 열을 흡수하여 $|W|$만큼의 순일을 하고, $|Q_2|$의 열을 방출한 다음 처음 상태로 되돌아간다.

3) 열효율

$$|W| = |Q_h| - |Q_c|$$

$$열효율 \ \eta = \frac{생산된 \ 순일}{공급된 \ 열}$$

$$= \frac{|W|}{|Q_h|} = \frac{|Q_h| - |Q_c|}{|Q_h|} = 1 - \frac{|Q_c|}{|Q_h|}$$

$$= \frac{T_h - T_c}{T_h}$$

➡ η(효율)이 1(100% 효율)이 되기 위해서는 $|Q_c| = 0$이어야 한다.
전환효율이 100%인 열기관은 존재할 수 없다.

4) Carnot 사이클

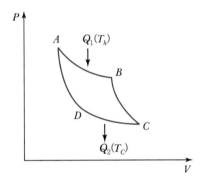

제1과정 : 등온팽창
제2과정 : 단열팽창
제3과정 : 등온압축
제4과정 : 단열압축

💡 TIP ‖‖‖‖‖‖‖‖‖‖‖‖‖‖‖‖‖‖‖‖‖‖

Carnot 사이클($T - S$ 선도)

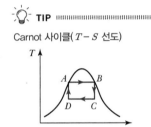

(1) 제1과정 : 등온팽창($A \rightarrow B$)

$$dU = dQ + dW$$

$$dU = 0$$

$$-dW = dQ = PdV = \frac{RT}{V}dV$$

$$-W_1 = RT_h \ln \frac{V_B}{V_A} = RT_h \ln \frac{P_A}{P_B}$$

(2) 제2과정 : 단열팽창($B \rightarrow C$)

$$dQ = 0$$

$$dU = dW$$

$$U = W_2 = \int_{T_h}^{T_c} C_V dT$$

(3) 제3과정 : 등온압축($C \rightarrow D$)

$$-W_3 = Q = RT_c \ln \frac{V_D}{V_C} = RT_c \ln \frac{P_C}{P_D}$$

(4) 제4과정 : 단열압축($D \rightarrow A$)

$$dQ = 0$$

$$dU = dW = C_V dT$$

$$W_4 = \int_{T_c}^{T_h} C_V dT$$

$$\therefore W_{net} = W_1 + W_2 + W_3 + W_4$$

$$= RT_h \ln \frac{P_B}{P_A} - \int_{T_h}^{T_c} C_V dT + RT_c \ln \frac{P_D}{P_C} - \int_{T_c}^{T_h} C_V dT$$

$$= RT_h \ln \frac{P_B}{P_A} + RT_c \ln \frac{P_D}{P_C}$$

$$\eta = \frac{W_{net}}{Q_1} = \frac{RT_h \ln \dfrac{P_B}{P_A} + RT_c \ln \dfrac{P_D}{P_C}}{RT_h \ln \dfrac{P_B}{P_A}} = \frac{RT_h \ln \dfrac{P_B}{P_A} - RT_c \ln \dfrac{P_B}{P_A}}{RT_h \ln \dfrac{P_B}{P_A}}$$

$$\frac{P_B}{P_A} = \frac{P_C}{P_D}$$

$$\boxed{\eta = \frac{T_h - T_c}{T_h} = \frac{Q_1 - Q_2}{Q_1}}$$

$$\therefore \frac{Q_2}{Q_1} = \frac{T_c}{T_h} = \frac{T_2}{T_1}$$

➡ 카르노 엔진의 열효율은 온도의 높고 낮음에만 관계되고, 엔진에 사용되는 작동물질에는 무관하다. 즉, 가역기관에 있어서 열을 일로 전환시키는 효율은 두 열원에 대한 온도만의 함수이며 그때 효율은 최대이다. 열역학적 온도 척도와 이상기체 온도 척도가 같다는 결과이다.

$$\therefore \eta = 1 - \frac{T_2}{T_1}$$

$\dfrac{T_2}{T_1}$ 는 0이 될 수 없다.

따라서 100% 열기관은 만들 수 없다.

3. 엔트로피(Entropy)

1) Carnot 엔진

$$\frac{|Q_H|}{T_H} = \frac{|Q_C|}{T_C}$$

절댓값이 없는 부호식으로 나타내면 $\dfrac{Q_H}{T_H} = \dfrac{-Q_C}{T_C}$

또는 $\dfrac{Q_H}{T_H} + \dfrac{Q_C}{T_C} = 0$이 된다.

그러므로 Carnot 엔진의 완전한 사이클에 대해 작동유체에 의해 열이 흡수되고 방출될 때 두 개의 $\dfrac{Q}{T}$의 합은 0이 된다.

Carnot 엔진의 작동유체는 주기적으로 그 원상태로 되돌아가기 때문에 온도·압력 및 내부에너지와 같은 성질들도 비록 그 값이 사이클 경로에 따라 변환하기는 하지만 원래의 값으로 되돌아간다. 열역학적 성질들의 중요한 특징은 완전한 사이클의 경우 그 변화의 합은 0이 된다.

우리의 목적은 가역적인 Carnot 사이클뿐 아니라 다른 가역적인 사이클에도 적용할 수 있다는 것을 밝히는 것이다.

아래 그림의 $P - V^t$ 선도상에 닫힌 곡선은 임의의 유체에 대한 임의의 가역사이클을 나타낸다.

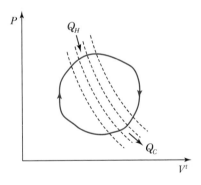

그림에서 완전히 둘러싸인 면적을 일련의 가역단열곡선으로 나누어보자.

단열곡선들이 아주 인접해 있어서 그 등온단계가 무한히 작을 때 열량 dQ_H, dQ_C는 다음과 같이 나타낼 수 있다.

$$\frac{dQ_H}{T_H} + \frac{dQ_C}{T_C} = 0$$

전체 사이클에 대해 적분하면

$$\oint \frac{dQ_{rev}}{T} = 0$$이 된다.

계가 순환공정을 거치도록 하는 일련의 가역공정들에 대하여 $\dfrac{dQ_{rev}}{T}$ 로 표시하며 그 양을 합하면 0이 된다.

이러한 성질을 엔트로피라 하며 그 미분적 변화는 다음과 같이 정의된다.

$$dS^t = \frac{dQ_{rev}}{T}$$

$$dQ_{rev} = TdS^t$$

여기서, S^t : 계의 총 엔트로피
rev : 가역과정

2) 엔트로피의 개념

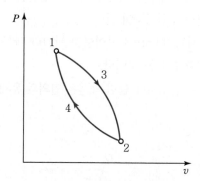

$$\int \frac{dQ}{T} = \int_{1-3}^{2} \frac{dQ}{T} + \int_{2-4}^{1} \frac{dQ}{T} = 0$$

$$\int_{1-3}^{2} \frac{dQ}{T} - \int_{1-4}^{2} \frac{dQ}{T} = 0$$

$$\therefore \int_{1-3}^{2} \frac{dQ}{T} = \int_{1-4}^{2} \frac{dQ}{T}$$

상태점 1과 2 사이의 가역변화에 대해 어떤 경로를 가든지 항상 $\displaystyle\int \frac{dQ}{T}$ 의 값이 같음을 알 수 있다.

즉, $\displaystyle\int \frac{dQ}{T}$ 의 값은 처음 상태와 마지막 상태에 의해서만 결정된다.

이 새로운 비가역성의 정도를 나타내는 상태량을 엔트로피(Entropy)라 부르고 S (kcal/K, J/K)로 나타낸다. 단위량에 대해서는 kcal/kg · K, J/kg · K로 나타낸다.

3) 엔트로피의 변화 ■■■

(1) 등온과정(가역등온과정)

$$\Delta S = \int_1^2 \frac{dQ_{rev}}{T}$$

$$= \frac{1}{T}\int_1^2 dQ_{rev} = \frac{Q_{rev}}{T}(\because \text{등온과정})$$

가역등온팽창이므로 $\Delta U = 0$

$$q_{rev} = W_{rev} = nRT\ln\frac{V_2}{V_1}$$

$$\therefore \Delta S = nR\ln\frac{V_2}{V_1} = nR\ln\frac{P_1}{P_2}$$

(2) 단열과정

$$dQ = 0$$

$$\therefore \Delta S = \frac{Q_{rev}}{T} = 0$$

➡ 등엔트로피 과정 $S_1 = S_2$

(3) 이상기체의 엔트로피 변화

$$dU = dQ_{rev} - PdV$$

$$H = U + PV$$

$$dH = dU + PdV + VdP$$

$$= dQ_{rev} + VdP(\because dH = C_P dT, \ V = \frac{RT}{P})$$

$$\therefore dQ_{rev} = C_P dT - \frac{RT}{P}dP$$

각 항 $\div T$

$$\frac{dQ_{rev}}{T} = C_P\frac{dT}{T} - R\frac{dP}{P}$$

$$dS = C_P\frac{dT}{T} - R\frac{dP}{P}$$

$$\therefore \Delta S = C_p\ln\frac{T_2}{T_1} - R\ln\frac{P_2}{P_1}$$

$$\therefore \Delta S = C_p \ln \frac{T_2}{T_1} + R \ln \frac{V_2}{V_1}$$

(4) 이상기체 혼합에 의한 엔트로피 변화

같은 온도, 같은 압력하에 있는 A, B 두 종류의 기체 n_A(mol), n_B(mol)을 일정온도에서 혼합했을 경우

$$\Delta S_M = \Delta S_A + \Delta S_B$$

$$\Delta S_A = n_A R \ln \frac{V_M}{V_A} = n_A R \ln \frac{(n_A + n_B)}{n_A} = -n_A R \ln y_A$$

$$\Delta S_B = n_B R \ln \frac{V_M}{V_B} = n_B R \ln \frac{(n_A + n_B)}{n_B} = -n_B R \ln y_B$$

$$\therefore \Delta S_M = -(n_A R \ln y_A + n_B R \ln y_B)$$

$$\therefore \Delta \overline{S_M} = -(y_A R \ln y_A + y_B R \ln y_B)$$

(5) 상변이 온도에서 엔트로피 변화

$$q = \Delta H_{tran}$$

$$\Delta S = \frac{\Delta H_{tran}}{T}$$

- 발열 $\Delta H < 0$ ⋯ 엔트로피가 음이 됨
- 흡열 $\Delta H > 0$ ⋯ 엔트로피가 양이 됨

고온물체 $\Delta S_1 = \dfrac{-dQ}{T_1}$, 저온물체 $\Delta S_2 = \dfrac{dQ}{T_2}$

$$\Delta S = S_1 + S_2 = \frac{-Q}{T_1} + \frac{Q}{T_2} = Q\left(\frac{T_1 - T_2}{T_1 T_2}\right)$$

$T_1 > T_2$ 이므로

$$\Delta S = Q\left(\frac{T_1 - T_2}{T_1 T_2}\right) > 0$$

$$T_1 \simeq T_2$$

T_1이 T_2보다 미소한 양만큼 높을 경우 열전달은 가역적이며 $\Delta S_t \simeq 0$에 접근한다.

$$\therefore \Delta S_t \geq 0$$

4) 제2법칙의 수학적인 서술

$$\Delta S_H = \frac{-|Q|}{T_H} \quad \cdots \text{ 고온의 열저장고에서 엔트로피 변화}$$

$$\Delta S_C = \frac{|Q|}{T_C} \quad \cdots \text{ 저온의 열저장고에서 엔트로피 변화}$$

$$\Delta S_{total} = \Delta S_H + \Delta S_C = \frac{-|Q|}{T_H} + \frac{|Q|}{T_C} = |Q|\left(\frac{T_H - T_C}{T_H T_C}\right)$$

- $T_H > T_C$이므로 이 비가역 공정에 의해 생긴 총 엔트로피 변화는 양수이다.
- ΔS_{total}은 온도차 $T_H - T_C$의 값이 작아짐에 따라 작아진다. T_H가 T_C보다 미소한 양만큼 높을 경우 열전달은 가역적이며 ΔS_{total}은 0에 접근한다.

$$\therefore \; \Delta S_t \geq 0$$

이것은 제2법칙을 수학적으로 표현한 것으로, 모든 공정에서 총엔트로피 변화량이 양의 값을 갖는 방향으로 진행되며, 0은 오직 가역공정에서만 도달된다는 사실을 확인해 준다. 총 엔트로피가 감소하는 공정은 이루어질 수 없다.

4. 열역학 제3법칙

같은 화학물질이지만, 다른 결정형태를 갖는 경우, 0K에서의 엔트로피는 모든 형태에 대하여 그 값이 다 같게 나타난다.

절대엔트로피는 절대온도 0도에 있는 모든 완전한 결정형 물질에 대하여 0이라고 가정할 수 있다. 이러한 개념들은 20세기 초 Nernst와 Planck에 의해 발전되었다. 만일 $T = 0$K에서 엔트로피가 0이라면, 적분의 하한으로 $T = 0$을 사용하면, 열량 측정자료를 기초로 하여 온도 T에서 기체의 절대엔트로피는 다음과 같이 주어진다.

$$S = \int_o^{T_f} \frac{(C_P)_s}{T} dT + \frac{\Delta H_f}{T_f} + \int_{T_f}^{T_v} \frac{(C_P)_l}{T} dT + \frac{\Delta H_v}{T_v} + \int_{T_v}^{T} \frac{(C_P)_g}{T} dT$$

1) Nernst 식

1906년 Nernst는 0K에서 완전한 결정 사이의 반응에 의한 엔트로피의 변화 ΔS는 없다고 가정하였다. 이것을 Nernst 열정리라고 한다.

$$\lim_{T \to 0} \Delta S = 0$$

2) Boltzmann 식

만일 $T=0$에서 엔트로피가 0이라면 절대엔트로피를 계산할 수 있다.

이 물질이 완전한 결정이라면 고체의 입자 각각은 최저의 양자 상태에 놓여 있을 것이다. 그러므로 결정 속의 입자가 배치될 수 있는 방법은 하나밖에 없다.

즉, 열역학적 확률 Ω은 1이다.

만약 상태를 절대 0도에 취했다면 임의의 다른 상태에서의 엔트로피는 다음과 같이 나타낸다.

$$S = k \ln \Omega$$

↳ Boltzmann식

5. 미시적 관점의 엔트로피

단열된 용기를 같은 체적의 2개의 방으로 나누기 위해 칸막이를 설치하고 한 칸에는 Avogadro 수 N_A 만큼의 이상기체 분자가 들어 있고 다른 칸은 비어 있다. 칸막이를 제거한다면 분자들은 용기 전체에 빠른 속도로 균일하게 분포된다.

이 공정은 일을 수반하지 않는 단열팽창이다.

$$\Delta U = C_V \Delta T = 0$$

온도는 변하지 않고 기체의 압력이 반으로 줄어들게 되므로 엔트로피 변화는 아래와 같다.

$$\Delta S = - R \ln \frac{P_2}{P_1} = R \ln 2$$

이것은 총 엔트로피 변화이므로 비가역적이다.

$$\Omega = \frac{n_!}{(n_1!)(n_2!)(n_3!) \cdots}$$

여기서, n : 전체 입자의 수

$n_1, n_2, n_3 \cdots$: 1, 2, 3 … 등의 "상태들"에 있는 입자 수

위의 경우 용기의 한 쪽 반과 다른 쪽 반을 나타내는 2가지 "상태들"밖에 없다. 입자의 총 수는 N_A개의 분자이며 초기에는 한 가지 "상태"에 있다.

Boltzmann 상수

$$k = \frac{R}{N_A} = \frac{8.314 \text{J/mol} \cdot \text{K}}{6.023 \times 10^{23} \text{개/mol}}$$
$$= 1.38 \times 10^{-23} \text{J/K}$$

TIP

$$\Delta S = R \ln \frac{V_2}{V_1} = R \ln \frac{P_1}{P_2}$$

$$= R \ln \frac{2V_1}{V_1} = R \ln 2$$

$$\Omega_1 = \frac{N_A!}{(N_A!)(0!)} = 1$$

최종 상태에서는 용기 양쪽 부분에 분자들이 균일하게 분포된다고 가정하면

$n_1 = n_2 = \dfrac{N_A}{2}$ 가 되고 $\Omega_2 = \dfrac{N_A!}{[(N_A/2)!]^2}$

Boltzmann이 설정한 엔트로피 S와 Ω 사이의 관계는 다음과 같다.

$$S = k\ln\Omega$$

여기서, k : Boltzmann 상수 $= \dfrac{R}{N_A}$

상태 1과 상태 2 사이의 엔트로피 차는

$$S_2 - S_1 = k\ \ln\frac{\Omega_2}{\Omega_1}$$

$$S_2 - S_1 = k\ \ln\frac{N_A!}{[(N_A/2)!]^2} = k\left[\ln N_A! - 2\ln\left(\frac{N_A}{2}\right)!\right]$$

N_A는 매우 큰 값이기 때문에 큰 계수의 계승(Factorial)의 로그에 대한 Stirling의 공식을 이용하는 것이 편리하다.

즉, $\ln X! = X\ln X - X$

$$S_2 - S_1 = k\left[N_A\ln_A N_A - N_A - 2\left(\frac{N_A}{2}\ln\frac{N_A}{2} - \frac{N_A}{2}\right)\right]$$

$$= kN_A\ln\frac{N_A}{N_A/2} = kN_A\ln 2 = R\ln 2$$

TIP

잃은 일

$\dot{W}_{lost} = \dot{W}_s - \dot{W}_{ideal}$

여기서, $\dot{W}$: 속도로 표시

$\dot{W}_s = \Delta[(H + \frac{1}{2}u^2 + gz)\dot{m}]_{fs} - \dot{Q}$

여기서, $\dot{W}_s$: 실제 일

fs : 모든 흐름

$\dot{W}_{ideal} = \Delta\left[(H + \frac{1}{2}u^2 + gz)\dot{m}\right]_{fs}$

$\qquad - T_\sigma\Delta(S\dot{m})_{fs}$

$\therefore\ \dot{W}_{lost} = T_\sigma\Delta(S\dot{m})_{fs} - \dot{Q}$

주위의 온도가 T_σ뿐이면

$\Delta\dot{S}_G = \Delta(S\dot{m})_{fs} - \dfrac{\dot{Q}}{T_\sigma}$

$\therefore\ T_\sigma\dot{S}_G = T_\sigma\Delta(S\dot{m})_{fs} - \dot{Q}$

$\therefore\ \dot{W}_{lost} = T_\sigma\dot{S}_G = T_o S_{total}$

여기서, $\dot{S}_G = S_{total}$: 생성엔트로피의 전체 변화율

$T_\sigma = T_o$: 계의 주위는 일정온도 T_o의 열원

실전문제

01 열역학 제2법칙에 관한 사항 중 옳지 않은 것은?

① 같은 온도에서 가역 사이클로 작동하는 기관의 열효율이 가장 크다.

② 이 법칙을 위반하면서 작동하는 기관을 제2종 영구기관이라 한다.

③ 계 내의 에너지 총량 보존을 설명하는 법칙이다.

④ 외부에서 일이 가해지지 않으면 열은 낮은 곳에서 높은 곳으로 흐를 수 없다.

해설

열역학 제2법칙
- 열은 고온에서 저온으로 흐른다.
- 열에서 일로 100% 전환이 불가능하다.
- 제2종 영구기관은 불가능하다.
- 자발적 변화는 비가역이다.
- 총 엔트로피는 증가하는 방향으로 흐른다.

02 어떤 과학자가 자기가 만든 열기관이 80℃와 10℃ 사이에서 작동하면서 100cal의 열을 받아 20cal의 유용한 일을 할 수 있다고 주장한다. 이 과학자의 주장에 대한 판단으로 옳은 것은?

① 열역학 제0법칙에 위배된다.

② 열역학 제1법칙에 위배된다.

③ 열역학 제2법칙에 위배된다.

④ 타당하다.

해설

$$\eta = \frac{W}{Q_1} = \frac{Q_1 - Q_2}{Q_1} = \frac{T_1 - T_2}{T_1}$$
$$= \frac{(273+80)-(273+10)}{(273+80)} = 0.198$$
$$W = \eta Q_H = 0.198 \times 100\text{cal} = 19.8\text{cal}$$

∴ 19.8cal가 최대의 일이므로 20cal의 유용한 일은 할 수 없다.

03 비가역과정에 있어서 다음 식 중 옳은 것은?(단, S는 엔트로피, Q는 열량, T는 절대온도이다.)

① $\Delta S > \int \dfrac{dQ}{T}$　　② $\Delta S = \int \dfrac{dQ}{T}$

③ $\Delta S < \int \dfrac{dQ}{T}$　　④ $\Delta S = 0$

해설

$\Delta S \geq \dfrac{Q}{T}$ (등호는 가역과정)

04 우주를 고립계라고 할 때 다음 중 옳은 것은?

① 우주 내의 엔트로피는 증가하고 있다.

② 우주 내의 엔트로피는 감소하고 있다.

③ 우주 내의 엔트로피는 감소도 증가도 하지 않는다.

④ 우주 내의 엔트로피는 그 정확한 값을 예측할 수 있다.

해설

$\Delta S \geq 0$

05 다음 중 카르노 사이클(Carnot Cycle)의 가역과정 순서를 옳게 나타낸 것은?

① 단열압축 → 단열팽창 → 등온팽창 → 등온압축

② 등온팽창 → 등온압축 → 단열팽창 → 단열압축

③ 단열팽창 → 등온팽창 → 단열압축 → 등온압축

④ 단열압축 → 등온팽창 → 단열팽창 → 등온압축

해설

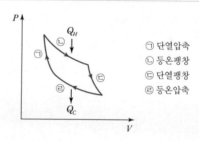

ⓐ 단열압축
ⓑ 등온팽창
ⓒ 단열팽창
ⓓ 등온압축

정답 01 ③ 02 ③ 03 ① 04 ① 05 ④

06 엔트로피와 에너지에 관한 설명 중 틀린 것은?

① 절대온도 0K에서 완벽한 결정구조체의 엔트로피는 0 이다.
② 시스템과 주변환경을 포함하여 엔트로피가 감소하는 공정은 있을 수 없다.
③ 고립된 계의 에너지는 항상 일정하다.
④ 고립된 계의 엔트로피는 항상 일정하다.

> **[해설]**
>
> ① 열역학 제3법칙
> ② $\Delta S^t \geq 0$: 열역학 제2법칙
> ③ 열역학 제1법칙(에너지 보존의 법칙)
> ④ 엔트로피는 증가하는 방향으로 흐른다.

07 열역학 제2법칙에 관한 설명 중 틀린 것은?

① 열은 뜨거운 물체에서 찬 물체로 흐른다.
② 두 개의 열원 사이에서 얻을 수 있는 일의 양은 카르노 사이클의 이상엔진보다 높을 수 없다.
③ 엔트로피는 상태함수이며, 그 변화는 초기조건과 최종조건만으로 계산이 가능하다.
④ 모든 공정에서 시스템의 엔트로피 변화는 항상 양의 값을 가진다.

> **[해설]**
>
> 계의 엔트로피 변화는 음의 값을 가질 때도 있다.
> 그러나 $\Delta S_{total} \geq 0$이 된다.

08 10kPa인 이상기체 1mol이 등온하에서 1kPa로 팽창될 때, 엔트로피의 변화는 약 몇 J/K인가?

① -4.58
② 4.58
③ -19.14
④ 19.14

> **[해설]**
>
> $$\Delta S = \frac{Q_{rev}}{T} = \frac{nRT \ln \dfrac{V_2}{V_1}}{T} = nR \ln \frac{P_1}{P_2}$$
>
> $$= (1\text{mol})(8.314\text{J/mol} \cdot \text{K}) \cdot \ln \frac{10}{1} = 19.14\text{J/K}$$

09 다음 $P-V$ 선도와 같이 점 1에서 점 2로 변화되는 2개의 과정이 있다. 과정 A는 가역적인 변화이고, 과정 B는 비가역적인 변화일 때 엔트로피 변화에 대한 설명으로 옳은 것은?

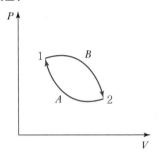

① 과정 A의 엔트로피 변화는 과정 B의 엔트로피 변화보다 크다.
② 과정 A의 엔트로피 변화는 과정 B의 엔트로피 변화보다 작다.
③ 과정 A의 엔트로피 변화와 과정 B의 엔트로피 변화는 같다.
④ 주어지는 다른 조건에 따라 각 과정의 엔트로피 변화의 크기는 달라질 수 있다.

> **[해설]**
>
> ΔS는 상태함수이므로 $\displaystyle\int_1^2 \frac{dQ}{T} = \int_2^1 \frac{dQ}{T}$

10 $C_V = 23.44\text{J/mol} \cdot \text{K}$, $C_P = 35.12\text{J/mol} \cdot \text{K}$의 값을 갖는 이상기체 1mol이 초기상태 340K, 500kPa에서 단열가역 팽창하여 최종적으로 부피가 증가하였다. 이 기체의 엔트로피 변화는 얼마인가?

① 0J/K
② 5.7628J/K
③ 8.1643J/K
④ 12.2325J/K

> **[해설]**
>
> 단열가역과정이므로 $\Delta S = 0$

[정답] **06** ④ **07** ④ **08** ④ **09** ③ **10** ①

11 다음 중 열역학 제2법칙의 수학적인 표현으로 옳은 것은?

① $\Delta U + \Delta E_K + \Delta E_P = Q - W$

② $\Delta S_{total} \geq 0$

③ $\lim_{T \to 0} \Delta S = 0$

④ $dU = dQ - dW$

해설

• 열역학 제1법칙 : $\Delta U = Q - W$

• 열역학 제2법칙 : $\Delta S_{total} \geq 0$

12 다음 Carnot 열기관에 대한 설명 중 틀린 것은?

① 이상적인 기관이다.

② 열기관의 효율은 고열원과 저열원의 두 온도만의 함수이다.

③ 같은 온도 구간에서 운전되는 어떤 열기관보다 효율이 좋다.

④ 마찰 없는 기계를 만들 수 있다면 100% 효율도 가능하다.

해설

열을 100% 일로 바꾸는 열기관은 불가능하다. 따라서 제2종 영구기관은 열역학 제2법칙에 위배된다.

※ 제1종 영구기관 : 에너지의 공급 없이 계속 일을 할 수 있는 기관 → 열역학 제1법칙에 위배

13 열역학 제2법칙에 관한 표현 중 틀린 것은?

① 고립계로 생각되는 우주의 엔트로피는 계속 증가한다.

② 우주 내에 있어서 일로 이용될 수 있는 에너지는 점차로 감소한다.

③ 열이 고온부로부터 저온부로 옮기는 현상은 비가역적 현상이다.

④ 일이 열로 변하는 현상은 가역적이라고 할 수 있다.

해설

• 일이 열로 변하는 현상 : 열역학 제1법칙(에너지 보존의 법칙)

• 열이 100% 일로 변하는 열기관은 불가능 : 열역학 제2법칙

14 일정 압력하에서 320K의 물 1kg에 40kcal의 열을 가하면 물의 엔트로피(Entropy) 변화는 몇 kcal/K인가?(단, 물의 비열은 1kcal/ kg · ℃로 일정하다.)

① 0.0118

② 0.118

③ 1.18

④ 11.80

해설

일정 압력하에서

$Q = \Delta H = C_P \Delta T$

$\Delta T = \dfrac{Q}{C_P} = \dfrac{40\text{kcal}}{1\text{kcal/kg} \cdot \text{K} \times 1\text{kg}} = 40\text{K}$

$\therefore T_2 = 360\text{K}$

$\Delta S = C_P \ln \dfrac{T_2}{T_1} = 1 \cdot \ln \dfrac{360}{320} = 0.118$

15 엔트로피에 관한 설명으로 옳지 못한 것은?

① 엔트로피는 혼돈도(Randomness)를 나타내는 함수이다.

② 융점에서 고체가 액화될 때의 엔트로피 변화는

$\Delta S = \dfrac{\Delta H_m}{T_m}$로 표시할 수 있다.

③ 위치에너지의 감소는 열역학적으로 엔트로피 감소에 대응된다.

④ 엔트로피 감소는 질서도(Orderliness)의 증가를 의미한다.

16 가역단열과정은 다음 어느 과정과 같은가?

① 등엔탈피 과정

② 등엔트로피 과정

③ 등압과정

④ 등온과정

해설

가역단열과정($Q = 0$) : 등엔트로피 과정($\Delta S = \dfrac{Q}{T} = 0$)

정답 11 ② 12 ④ 13 ④ 14 ② 15 ③ 16 ②

17 30kg의 강철 주물(비열 0.12kcal/kg · ℃)이 450 ℃로 가열되었다. 이것을 20℃의 기름(비열 0.6kcal/ kg · ℃) 120kg 속에 넣으면 주물의 엔트로피 변화는 약 몇 kcal/K인가?(단, 주위와 완전히 단열되어 있다고 가정한다.)

① −1.0 ② −3.0
③ 1.0 ④ 3.0

해설

단열이므로 $Q = \Delta H = 0$
$\Delta H = m C \Delta T(주물) + m C \Delta T(오일)$
$(30)(0.12)(450 - t) = (120)(0.6)(t - 20)$
$t = 40.476℃ = 313K$

엔트로피 변화 $\Delta S = m C_P \ln \dfrac{T_2}{T_1}$

$\qquad = (30kg)(0.12kcal/kg · ℃)\ln \dfrac{313}{723}$

$\qquad = -3.01$

18 27℃의 물 1g을 1atm하에서 100℃의 물이 되도록 가열할 때 엔트로피의 변화는 몇 cal/K인가?(단, 물은 액체상태로 상변화는 일어나지 않는다.)

① 0.018 ② 0.118
③ 0.218 ④ 0.318

해설

정압하이므로

$\Delta S = m C_P \ln \dfrac{T_2}{T_1} = (1g)(1cal/g · K)\ln \dfrac{373}{300} = 0.218$

19 다음 설명 중 이상기체의 성질이 아닌 것은?

① 내부에너지는 온도만의 함수이다.
② 엔탈피는 온도만의 함수이다.
③ 엔트로피는 온도만의 함수이다.
④ 분자 간의 인력이 0이다.

해설

• 분자 자신의 부피 무시
• 분자 사이에 작용하는 힘 무시

• 분자 사이의 상호작용 무시
• 완전탄성충돌
• 실제기체가 이상기체에 가까워질 조건 : 온도↑, 압력↓
• 내부에너지, 엔탈피는 온도만의 함수이다.

20 열교환기를 사용하여 기름을 150℃로부터 40℃까지 냉각시키려고 한다. 냉각액은 기름과 병류로 10kmol/h의 속도로 흘러들어 20℃로부터 40℃가 되어 나간다. 시간당 기름 및 냉각액의 엔트로피 변화와 전체 엔트로피 변화는 각각 얼마인가?(단, 기름의 정압비열은 5kcal/kmol · K, 냉각액의 정압비열은 8kcal/kmol · K, 그리고 열교환기로부터 대기 중으로의 열손실은 없는 것으로 가정한다.)

① $\Delta S_{기름} = -4.38kcal/K$
$\Delta S_{냉각액} = 5.28kcal/K$
$\Delta S_{전체} = 0.90kcal/K$

② $\Delta S_{기름} = 5.28kcal/K$
$\Delta S_{냉각액} = -4.38kcal/K$
$\Delta S_{전체} = 0.90kcal/K$

③ $\Delta S_{기름} = -4.38kcal/K$
$\Delta S_{냉각액} = 10.56kcal/K$
$\Delta S_{전체} = 6.18kcal/K$

④ $\Delta S_{기름} = 4.38kcal/K$
$\Delta S_{냉각액} = -10.56kcal/K$
$\Delta S_{전체} = -6.18kcal/K$

해설

$\Delta H = \Delta H_{기름} + \Delta H_{냉각수}$
기름이 잃은 열 = 냉각수가 얻은 열
$n(5)(40 - 150) + (10)(8)(40 - 20) = 0$
∴ $n = 2.91kmol/h(기름)$

$\Delta S_{기름} = n C \ln \dfrac{T_2}{T_1} = (2.91kmol/h)(5kcal/kmol · K)\ln \dfrac{313}{423}$

$\qquad = -4.38kcal/K$

$\Delta S_{냉각수} = (10kmol/h)(8kcal/kmol · K)\ln \dfrac{313}{293} = 5.28kcal/K$

∴ $\Delta S_{total} = \Delta S_{기름} + \Delta S_{냉각수} = (-4.38) + (5.28) = 0.9kcal/K$

정답 **17** ② **18** ③ **19** ③ **20** ①

21 열역학 제2법칙에 대한 설명이 아닌 것은?

① 가역공정에서 총 엔트로피 변화량은 0이 될 수 있다.
② 외부로부터 아무런 작용을 받지 않는다면 열은 저열원에서 고열원으로 이동할 수 없다.
③ 효율이 1인 열기관을 만들 수 있다.
④ 자연계의 엔트로피 총량은 증가한다.

> **해설**
>
> 효율이 1인 열기관, 즉 열을 일로 100% 전환할 수 있는 열기관은 만들 수 없다.

22 엔트로피에 대한 설명으로 옳지 않은 것은?(단, k는 Boltzmann 상수이고, Ω는 열역학적 확률이다.)

① 계의 엔트로피 변화는 항상 양수이다.
② S는 $k \ln \Omega$으로 표현될 수 있다.
③ 열역학 제2법칙을 수학적으로 표현하면, $\Delta S_{total} \geq 0$이다.
④ 자발적 반응에서는 비가역으로 증가한다.

> **해설**
>
> 엔트로피 변화가 음수인 경우도 있다. 다만 그 계의 Total 엔트로피가 0보다 큰 값을 갖는다.
> $\Delta S_{total} \geq 0$

23 다음 중 등엔트로피 과정이라고 할 수 있는 것은?

① 가역 단열과정   ② 가역과정
③ 단열과정   ④ 비가역 단열과정

> **해설**
>
> 등엔트로피 과정 = 단열과정

24 등온과정에서 이상기체의 초기압력이 1atm, 최종압력이 10atm일 때 엔트로피 변화 ΔS를 옳게 나타낸 것은?

① $\Delta S = -R$ ② $\Delta S = -2.303R$
③ $\Delta S = 4.606R$ ④ $\Delta S = RT \ln 5$

> **해설**
>
> 등온과정
>
> $$\Delta S = \frac{Q_{rev}}{T} = nR \ln \frac{P_1}{P_2} = nR \ln \frac{1}{10} = -nR \ln 0$$
>
> $n = 1$mol이라 하면,
> $\therefore \Delta S = -R \ln 10 = -2.303R$

25 카르노 사이클(Carnot Cycle)에 관한 설명 중 틀린 것은?

① 순환 가역과정
② 등엔트로피 과정은 2개이다.
③ 등온과정은 2개이다.
④ 등압과정은 2개이다.

> **해설**
>
> 2개의 단열과정과 2개의 등온과정으로 되어 있다.
> 단열과정 = 등엔트로피 과정

26 기체가 단열팽창한다면 엔트로피는 어떻게 되는가?

① 감소 또는 불변   ② 증가 또는 불변
③ 불변   ④ 증가와 감소를 반복

> **해설**
>
>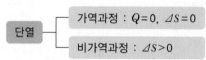

27 그림과 같이 계가 일을 할 때 이 계의 효율을 옳게 나타낸 것은?

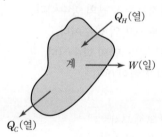

① $\dfrac{|W|}{Q_C}$　　　　② $\dfrac{|W|}{Q_H - Q_C}$

③ $\dfrac{|W|}{Q_H}$　　　　④ $\dfrac{Q_C}{Q_H - |W|}$

해설

$$\eta(효율) = \frac{Q_H - Q_C}{Q_H} = \frac{T_H - T_C}{T_H} = \frac{W}{Q_H}$$

28 0℃ 순수한 물 50kg과 100℃ 물 50kg을 대기압하에서 혼합할 때 엔트로피의 변화량은?

① 0　　　　② 약 1.2kcal 증가

③ 약 20kcal 증가　　　　④ 약 120kcal 감소

해설

$50 \times 1 \times (t-0) = 50 \times 1 \times (100-t)$

$t = 50℃(323\text{K})$

$\Delta S_t = \Delta S_1 + \Delta S_2$

$\Delta S_1 = m C_P \ln \dfrac{T_2}{T_1} - R \ln \dfrac{P_2}{P_1}$

대기압하이므로 $\ln \dfrac{P_2}{P_1} = \ln 1 = 0$

$\begin{aligned} \Delta S_1 &= (50\text{kg})(1\text{kcal/kg} \cdot ℃) \ln \dfrac{323}{273} \\ &= 8.41 \text{kcal}/℃ \end{aligned}$

$\Delta S_2 = (50)(1) \ln \dfrac{323}{373} = -7.2 \text{kcal}/℃$

$\therefore \Delta S = 8.41 + (-7.2) = 1.2 \text{kcal}/℃$

29 고립계의 총 엔트로피의 증가에 대한 설명으로 가장 관련이 없는 것은?

① 넓은 의미로서 안정도와 확률이 증가되는 것

② 좁은 의미로 볼 때 더욱 무질서해진다는 것

③ 열이 일로 전환할 때 일부가 열의 형태로 고립계에 축적된다는 것

④ 열이 일로 가역적으로 전환된다는 것

해설

열은 일로 비가역적으로 전환된다. $(\Delta S > 0)$

30 단열된 상자가 2개의 같은 부피로 양분되었고, 한쪽에는 아보가드로(Avogadro) 수의 이상기체 분자가 들어 있고 다른 쪽에는 아무 분자도 들어 있지 않다고 한다. 칸막이가 터져서 기체가 양쪽에 차게 되었다면 이때 엔트로피 변화값 ΔS에 해당하는 것은?

① $\Delta S = RT \ln 2$　　　　② $\Delta S = -R \ln 2$

③ $\Delta S = R \ln 2$　　　　④ $\Delta S = -RT \ln 2$

해설

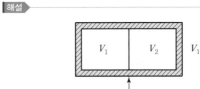

$V_1 = V_2$

$\Delta S = C_P \ln \dfrac{T_2}{T_1} - R \ln \dfrac{P_2}{P_1} = -R \ln \dfrac{1}{2} = R \ln 2$

31 기체가 단열 비가역팽창을 한다면 기체의 엔트로피(Entropy)는 어떻게 되는가?

① 감소한다.

② 증가한다.

③ 불변이다.

④ 엔트로피 변화와는 무관하다.

해설

- 단열 가역팽창 $\Delta S = 0$
- 단열 비가역팽창 $\Delta S > 0$

32 500K의 열저장고로부터 열을 받아서 일을 하고 300K의 외계에 열을 방출하는 카르노(Carnot)기관의 효율은?

① 0.4　　　　② 0.5

③ 0.88　　　　④ 1

해설

$$\eta = \frac{500-300}{500} = 0.4$$

500K → (원) → W_t → 300K

33 한 물체의 가역적인 단열변화에 대한 엔트로피(Entropy)의 변화 ΔS는?

① $\Delta S = 0$ ② $\Delta S > 0$
③ $\Delta S < 0$ ④ $\Delta S = \infty$

해설

가역 단열변화＝등엔트로피 변화($\Delta S = 0$)

34 한 발명가가 300℃의 뜨거운 열저장고 사이에서 10kJ의 열을 얻어서 4.2kJ의 일을 생산하고 5.8kJ의 열을 30℃의 차가운 열저장고로 방출하는 사이클 엔진을 발명하였다면, 열역학 법칙이 성립하는지를 옳게 설명한 것은?

① 열역학 제1법칙과 열역학 제2법칙 모두 성립한다.
② 열역학 제1법칙은 성립하고 열역학 제2법칙은 위배된다.
③ 열역학 제1법칙은 위배되고 열역학 제2법칙은 성립한다.
④ 열역학 제1법칙과 열역학 제2법칙 모두 위배된다.

해설

$$\eta = \frac{W_{net}}{Q_H} = \frac{Q_H - Q_C}{Q_H}$$
$$= \frac{T_H - T_C}{T_H} = \frac{573 - 303}{573}$$
$$= 0.47$$

$T_H = 300℃$
$Q_H = 10kJ$
E → $W_t = 4.2kJ$
$Q_C = 5.8kJ$
$T_C = 30℃$

∴ 이 사이클이 최대로 할 수 있는 일은 $10kJ \times 0.47 = 4.7kJ$이다.
 → 열역학 제2법칙 성립

∴ $W_{net} = Q_H - Q_C = 10kJ - 5.8kJ = 4.2kJ$
 → 열역학 제1법칙 성립

35 다음의 엔트로피 관련식 중 옳은 것은?(단, S : 엔트로피, V : 부피, P : 압력, U : 내부에너지, T : 온도, Q : 열이다.)

① $dS = dU + VdP$ ② $dS = dQ - VdP$
③ $dS = \dfrac{dU}{T} + \dfrac{P}{T}dV$ ④ $dS = \dfrac{dU}{T} - \dfrac{T}{P}dV$

해설

$$dU = dQ - dW = TdS - PdV$$
$$dS = \frac{dU}{T} + \frac{PdV}{T}$$

36 2성분계 이상용액에 관한 설명 중 틀린 것은?

① 라울의 법칙이 성립한다.
② 두 성분을 혼합하여 용액을 만들 때 부피 변화가 없다.
③ 두 성분을 혼합하여 용액을 만들 때 엔탈피 변화가 없다.
④ 두 성분을 혼합하여 용액을 만들 때 엔트로피 변화가 없다.

해설

이상용액
• Raoult's Law가 성립한다.
• 두 성분을 혼합하여 용액을 만들 때 부피 변화가 없다.
  $\Delta V^{id} = 0$
• 두 성분을 혼합하여 용액을 만들 때 엔탈피 변화가 없다.
  $\Delta H^{id} = 0$
• 두 성분을 혼합하여 용액을 만들 때 엔트로피 변화
  $\Delta S^{id} = -R\sum x_i \ln x_i > 0$
• 두 성분을 혼합하여 용액을 만들 때 깁스에너지 변화
  $\Delta G^{id} = RT \sum x_i \ln x_i$

37 120℃와 30℃ 사이에서 증기기관이 작동하고 있을 때 1,000J의 일을 얻으려면 열원에서의 열량은 약 몇 J인가?

① 1,540 ② 4,367
③ 5,446 ④ 6,444

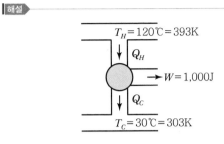

효율 $\eta = 1 - \dfrac{T_C}{T_H} = 1 - \dfrac{Q_C}{Q_H} = \dfrac{W}{Q_H}$

$= 1 - \dfrac{303}{393} = 0.229$

$\eta = \dfrac{W}{Q_H} \rightarrow Q_H = \dfrac{W}{\eta} = \dfrac{1,000J}{0.229} = 4,367J$

38 액체에서 증기로 바뀌는 정압 경로를 밟는 순수한 물질에 대한 엔트로피 S와 절대온도 T의 그래프를 가장 옳게 표시한 것은?

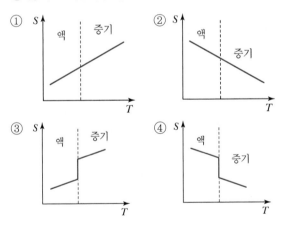

해설

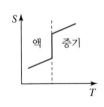

$\Delta S_{증기} > \Delta S_{액}$

39 물 10kg을 10℃에서 90℃까지 가열하였을 경우의 물의 엔트로피 증가는 얼마인가?(단, 물의 비열은 1이다.)

① 5.49kcal/K
② 2.49kcal/K
③ 3.49kcal/K
④ 4.49kcal/K

해설

$\Delta S = m C_P \ln \dfrac{T_2}{T_1}$

$= 10kg \times 1kcal/kg \cdot K \times \ln \dfrac{363}{283}$

$= 2.49kcal/K$

40 420K, 10atm에 있는 헬륨기체 1gmol이 터빈 내에서 등온팽창하여 5atm이 되었다. 가역과정일 경우 터빈에서 생성되는 일의 양과 엔트로피 변화는 얼마인가? (단, $\ln 5 = 1.609$)

① $W = 578.5cal$ $\Delta S = 1.38cal/K$
② $W = 289.25cal$ $\Delta S = 0cal/K$
③ $W = 578.5cal$ $\Delta S = 0cal/K$
④ $W = 289.25cal$ $\Delta S = 1.38cal/K$

해설

$Q = W = RT \ln \dfrac{P_1}{P_2}$

$= (1.987)(420) \ln \dfrac{10}{5}$

$= 578.5cal$

가역과정일 경우
$\Delta S = \dfrac{Q}{T} = \dfrac{578.5}{420} = 1.38cal/K$

유체의 열역학과 동력

[01] 유체의 열역학적 성질

1. 균질상에 대한 열역학적 성질들 간의 관계식

n mol의 닫힌계에 대한 제1법칙은 가역공정의 경우 다음과 같이 나타낼 수 있다.

$$d(nU) = dQ_{rev} + dW_{rev}$$

$$dW_{rev} = -Pd(nV)$$

$$dQ_{rev} = Td(nS)$$

$$\therefore \; d(nU) = Td(nS) - Pd(nV) \quad \cdots\cdots\cdots\cdots\cdots\cdots\cdots\cdots \text{ⓐ}$$

여기서, U, S, V : 각각 몰당 내부에너지, 엔트로피, 부피

제1법칙과 제2법칙을 결합하여 얻은 식이며, 가역공정에 대하여 유도된 것이다. 이 식은 계의 성질들만 포함한다. 계의 성질들은 상태에만 의존하며, 그 상태에 이르게 하는 공정의 종류와는 무관하다. 그러므로 위의 식은 가역공정에만 국한되지는 않는다. 한 평형상태에서 다른 평형상태로 미소변화하는 일정 질량계의 어떤 변화공정에도 적용된다. 계는 단일상으로 구성될 수 있고(균질계), 몇 개의 상으로 구성될 수도 있다(비균질계). 또한 계는 화학반응을 일으킬 수도 있고, 일으키지 않을 수도 있다.

> **유일한 필요조건**
> ㉠ 닫힌계
> ㉡ 변화는 평형상태 사이에서 일어나야 한다.

모든 열역학적 성질들(P, V, T, U, S)이 ⓐ식에 포함되어 있다.
이 1차적인 성질과 관련하여 추가적인 성질을 정의할 필요가 있다.

$$H \equiv U + PV \quad \cdots \text{엔탈피}(H)$$

TIP

관계식

$$d(nU) = Td(nS) - Pd(nV)$$
$$d(nH) = Td(nS) + (nV)dP$$
$$d(nA) = -(nS)dT - Pd(nV)$$
$$d(nG) = -(nS)dT + (nV)dP$$

$$A \equiv U - TS \quad \cdots \text{Helmholtz 에너지}(A)$$

$$G \equiv H - TS \quad \cdots \text{Gibbs 에너지}(G)$$

각 항에 n을 곱하고 미분하면

$$d(nH) = d(nU) + Pd(nV) + (nV)dP$$

위 식에 ⓐ식을 대입하면

$$d(nH) = Td(nS) + (nV)dP$$

같은 방식으로

$$d(nA) = -Pd(nV) - (nS)dT$$
$$d(nG) = (nV)dP - (nS)dT$$

위의 식들은 임의의 닫힌계의 총 질량에 대하여 사용된다.

이 식들을 일정한 조성을 갖는 균질유체의 1mol(또는 단위질량)에 대하여 적용하면 다음과 같이 나타낼 수 있다.

$$dU = TdS - PdV$$
$$dH = TdS + VdP$$
$$dA = -PdV - SdT$$
$$dG = VdP - SdT$$

1) 기본관계식 정리

[조건] 닫힌계, 평형상태

- $U = Q + W$
- $H = U + PV$
- $A = U - TS \cdots$ Helmholtz 자유에너지
- $G = H - TS \cdots$ Gibbs 자유에너지

① $dU = dQ + dW$

$\quad = TdS - PdV$

② $dH = dU + d(PV)$

$\quad = TdS - PdV + PdV + VdP$

$\quad = TdS + VdP$

③ $dA = dU - d(TS)$

$\quad = TdS - PdV - TdS - SdT$

$\quad = -SdT - PdV$

④ $dG = dH - d(TS)$

$\quad = TdS + VdP - TdS - SdT$

$\quad = -SdT + VdP$

- $dU = TdS - PdV$
- $dA = -SdT - PdV$

$T = \left(\dfrac{\partial U}{\partial S}\right)_V = \left(\dfrac{\partial H}{\partial S}\right)_P$

$-P = \left(\dfrac{\partial U}{\partial V}\right)_S = \left(\dfrac{\partial A}{\partial V}\right)_T$

- $dH = TdS + VdP$
- $dG = -SdT + VdP$

$V = \left(\dfrac{\partial H}{\partial P}\right)_S = \left(\dfrac{\partial G}{\partial P}\right)_T$

$-S = \left(\dfrac{\partial A}{\partial T}\right)_V = \left(\dfrac{\partial G}{\partial T}\right)_P$

---

2) Maxwell 관계식

(1) 미분표현의 완전성

$F = F(x,\ y)$

F를 전미분하면 $dF = \left(\dfrac{\partial F}{\partial x}\right)_y dx + \left(\dfrac{\partial F}{\partial y}\right)_x dy$

$dF = Mdx + Ndy$

$M = \left(\dfrac{\partial F}{\partial x}\right)_y \qquad N = \left(\dfrac{\partial F}{\partial y}\right)_x$

$\left(\dfrac{\partial M}{\partial y}\right)_x = \left(\dfrac{\partial^2 F}{\partial y\,\partial x}\right),\ \left(\dfrac{\partial N}{\partial x}\right)_y = \left(\dfrac{\partial^2 F}{\partial x\,\partial y}\right)$

$\left(\dfrac{\partial M}{\partial y}\right)_x = \left(\dfrac{\partial N}{\partial x}\right)_y$

$dF = \left(\dfrac{\partial F}{\partial x}\right)_y dx + \left(\dfrac{\partial F}{\partial y}\right)_x dy$

$\left(\dfrac{\partial^2 F}{\partial x\,\partial y}\right) = \left(\dfrac{\partial^2 F}{\partial x\,\partial y}\right)$

(2) Euler's Chain Rule

$\left(\dfrac{\partial x}{\partial y}\right)_z \left(\dfrac{\partial y}{\partial z}\right)_x \left(\dfrac{\partial z}{\partial x}\right)_y = -1$

(3) Maxwell 관계식 ▥▥▥

미분표현의 완전성

$$dU = TdS - PdV \quad \Rightarrow \quad \left(\frac{\partial T}{\partial V}\right)_S = -\left(\frac{\partial P}{\partial S}\right)_V$$

$$dH = TdS + VdP \quad \Rightarrow \quad \left(\frac{\partial T}{\partial P}\right)_S = \left(\frac{\partial V}{\partial S}\right)_P$$

$$dA = -SdT - PdV \quad \Rightarrow \quad \left(\frac{\partial S}{\partial V}\right)_T = \left(\frac{\partial P}{\partial T}\right)_V$$

$$dG = -SdT + VdP \quad \Rightarrow \quad -\left(\frac{\partial S}{\partial P}\right)_T = \left(\frac{\partial V}{\partial T}\right)_P$$

3) T와 P의 함수로서의 엔탈피와 엔트로피 ▥▥▥

$H = f(T, P) \quad S = f(T, P)$

$P = \text{const}$ 온도에 대한 엔탈피 변화

$$\left(\frac{\partial H}{\partial T}\right)_P = C_P$$

$dH = TdS + VdP$

$\div dT$하면

여기서, 일정압력 $dP = 0$

$$\left(\frac{\partial H}{\partial T}\right)_P = T\left(\frac{\partial S}{\partial T}\right)_P$$

$$\therefore \frac{C_P}{T} = \left(\frac{\partial S}{\partial T}\right)_P \quad \cdots\cdots\cdots\cdots\cdots\cdots\cdots\cdots\cdots\cdots\cdots\cdots\cdots\cdots\cdots\cdots\text{ⓑ}$$

Maxwell 관계식 중

$$\left(\frac{\partial S}{\partial P}\right)_T = -\left(\frac{\partial V}{\partial T}\right)_P \quad \cdots\cdots\cdots\cdots\cdots\cdots\cdots\cdots\cdots\cdots\cdots\cdots\cdots\cdots\text{ⓒ}$$

$dH = TdS + VdP$

$\div dP$하면

여기서, $T = \text{Const}$

$$\left(\frac{\partial H}{\partial P}\right)_T = T\left(\frac{\partial S}{\partial P}\right)_T + V$$

$$\left(\frac{\partial H}{\partial P}\right)_T = - T\left(\frac{\partial V}{\partial T}\right)_P + V \qquad \text{.......................................} \ⓓ$$

$$\therefore \ dH = \left(\frac{\partial H}{\partial T}\right)_P dT + \left(\frac{\partial H}{\partial P}\right)_T dP$$

$$dS = \left(\frac{\partial S}{\partial T}\right)_P dT + \left(\frac{\partial S}{\partial P}\right)_T dP$$

$$\therefore \ dH = C_P dT + \left[V - T\left(\frac{\partial V}{\partial T}\right)_P\right] dP \qquad \text{.......................................} \ⓔ$$

$$dS = C_P \frac{dT}{T} - \left(\frac{\partial V}{\partial T}\right)_P dP$$

↳ 일정조성의 균질유체가 갖는 엔탈피와 엔트로피를 T, P의 함수로 표시한 일반식

4) 이상기체 상태

$$PV^{ig} = RT \Rightarrow \left(\frac{\partial V^{ig}}{\partial T}\right) = \frac{R}{P}$$

ⓔ식에 대입하면

$$\therefore \ dH^{ig} = C_P^{ig} dT$$

$$dS^{ig} = C_P^{ig} \frac{dT}{T} - R\frac{dP}{P}$$

5) 액체에 대한 또 다른 형식

ⓓ식 $\left(\frac{\partial H}{\partial P}\right)_T = V - T\left(\frac{\partial V}{\partial T}\right)_P$

$$\left(\frac{\partial V}{\partial T}\right)_P = \beta V$$

$$\left(\frac{\partial S}{\partial P}\right)_T = - \left(\frac{\partial V}{\partial T}\right)_P$$

• 부피팽창률 $\beta = \frac{1}{V}\left(\frac{\partial V}{\partial T}\right)_P$

• 등온압축률 $\kappa = - \frac{1}{V}\left(\frac{\partial V}{\partial P}\right)_T$

$$\left(\frac{\partial H}{\partial P}\right)_T = (1 - \beta T)\, V$$

$$\left(\frac{\partial S}{\partial P}\right)_T = -\,\beta V$$

TIP

$$\left(\frac{\partial V}{\partial P}\right)_T = -\,\kappa V$$

$$\left(\frac{\partial U}{\partial P}\right)_T = (\kappa P - \beta T)\, V$$

Reference

- P의 함수로서의 내부에너지

$$U = H - PV$$

$$\left(\frac{\partial U}{\partial P}\right)_T = \left(\frac{\partial H}{\partial P}\right)_T - P\left(\frac{\partial V}{\partial P}\right)_T - V$$

$$\left(\frac{\partial U}{\partial P}\right)_T = -\, T\left(\frac{\partial V}{\partial T}\right)_P - P\left(\frac{\partial V}{\partial P}\right)_T$$

- $dH = C_P dT + (1 - \beta T)\, VdP$

$$dS = C_P \frac{dT}{T} - \beta VdP$$

6) T와 V의 함수로서의 내부에너지와 엔트로피

$$dU = TdS - PdV$$

$$\left(\frac{\partial U}{\partial T}\right)_V = T\left(\frac{\partial S}{\partial T}\right)_V \quad\cdots\cdots\cdots\cdots\cdots\cdots\cdots\cdots\cdots\cdots\cdots\cdots\cdots ⓕ$$

$$\left(\frac{\partial U}{\partial V}\right)_T = T\left(\frac{\partial S}{\partial V}\right)_T - P$$

Maxwell 방정식 $\left(\dfrac{\partial P}{\partial T}\right)_V = \left(\dfrac{\partial S}{\partial V}\right)_T$

$$\therefore \left(\frac{\partial U}{\partial V}\right)_T = T\left(\frac{\partial P}{\partial T}\right)_V - P$$

$C_V = \left(\dfrac{\partial U}{\partial T}\right)_V$ 이므로 ⓕ식은 $\left(\dfrac{\partial S}{\partial T}\right)_V = \dfrac{C_V}{T}$

$$U = U(T,\ V)$$

$$S = S(T,\ V)$$

$$dU = \left(\frac{\partial U}{\partial T}\right)_V dT + \left(\frac{\partial U}{\partial V}\right)_T dV$$

$$dS = \left(\frac{\partial S}{\partial T}\right)_V dT + \left(\frac{\partial S}{\partial V}\right)_T dV$$

$$\therefore dU = C_V dT + \left[T\left(\frac{\partial P}{\partial T}\right)_V - P\right] dV$$

$$dS = C_V \frac{dT}{T} + \left(\frac{\partial P}{\partial T}\right)_V dV$$

$$\frac{dV}{V} = \beta dT - \kappa dP$$

일정부피라면 $\left(\dfrac{\partial P}{\partial T}\right)_V = \dfrac{\beta}{\kappa}$ 이므로

$$\therefore dU = C_V dT + \left(\frac{\beta}{\kappa} T - P\right) dV$$

$$dS = C_V \frac{dT}{T} + \left(\frac{\beta}{\kappa}\right) dV$$

TIP ▨▨▨▨▨▨▨▨▨▨▨▨▨▨▨▨▨

C_P 와 C_V 의 관계

$$C_P = C_V + T\left(\frac{\partial P}{\partial T}\right)_V \left(\frac{\partial V}{\partial T}\right)_P$$

$$\left(\frac{\partial P}{\partial T}\right)_V \left(\frac{\partial T}{\partial V}\right)_P \left(\frac{\partial V}{\partial P}\right)_T = -1$$

$$\left(\frac{\partial P}{\partial T}\right)_V = -\frac{\left(\frac{\partial V}{\partial T}\right)_P}{\left(\frac{\partial V}{\partial P}\right)_T} = \frac{\beta}{\kappa}$$

7) 생성함수로서의 Gibbs 에너지

$$dG = VdP - SdT$$

$$G = G(P, T)$$

$$d\left(\frac{G}{RT}\right) = \frac{1}{RT}dG - \frac{G}{RT^2}dT$$

$$d\left(\frac{G}{RT}\right) = \frac{V}{RT}dP - \frac{H}{RT^2}dT \qquad \cdots\cdots\cdots\cdots\cdots\cdots\cdots ⓖ$$

↳ 모든 항들은 무차원

위의 식들은 실제 문제에 적용하기에는 너무 일반적이므로 제한된 형태로 표현하면 쉽게 응용할 수 있다.

$$\frac{V}{RT} = \left[\frac{\partial(G/RT)}{\partial P}\right]_T$$

$$\frac{H}{RT} = -T\left[\frac{\partial(G/RT)}{\partial T}\right]_P$$

$\dfrac{G}{RT}$ 를 T 와 P 의 함수로 나타낼 수 있으면, $\dfrac{V}{RT}$, $\dfrac{H}{RT}$ 는 $\dfrac{G}{RT}$ 를 간단히 하여 얻을 수 있다. 나머지 성질들은 각각의 정의식들로부터 결정된다.

$$\frac{S}{R} = \frac{H}{RT} - \frac{G}{RT}, \ \frac{U}{RT} = \frac{H}{RT} - \frac{PV}{RT}$$

➡ $\dfrac{G}{RT} = g(T, P)$ 가 주어지면 다른 열역학적 성질들을 간단한 수학적 연산으로 계산할 수 있다.

그러므로 Gibbs 에너지는 T 와 P 의 함수로 주어지는 경우 다른 열역학적 성질들에 대한 생성함수(Generating Function)로서의 역할을 하며, 열역학적 성질에 대한 완전한 정보를 함축적으로 나타낸다.

2. 잔류성질

$G, \dfrac{G}{RT}$ 의 값을 측정하기 위한 실험방법이 없으며 Gibbs 에너지와 직접적으로 연관된 식들은 실용적이지 못하다. 그러나 생성함수로서의 Gibbs 에너지의 개념은 쉽게 값을 구할 수 있으면서, 밀접한 관계를 갖는 성질에 적용될 수 있다.

1) 잔류 Gibbs 에너지 ▮▮▮

$$G^R \equiv G - G^{ig}$$

G 와 G^{ig} 는 각각 같은 온도와 압력에서 Gibbs 에너지의 실제값과 이상기체의 값이다.

위와 같은 방법으로 잔류부피를 다음과 같이 나타낼 수 있다.

$$V^R \equiv V - V^{ig}$$
$$= V - \frac{RT}{P} = \frac{ZRT}{P} - \frac{RT}{P}$$
$$= \frac{RT}{P}(Z-1)$$

잔류성질들을 일반적으로 정의하면 다음과 같다.

$$\therefore \ M^R \equiv M - M^{ig}$$

M 은 V, U, H, S, G 와 같은 시량 열역학적 성질의 1몰당의 값을 나타낸다.

$$G^R = G - G^{ig}$$

PART 1

PART 2

PART 3

PART 4

PART 5

TIP ▮▮▮▮▮▮▮▮▮▮▮▮▮▮▮▮▮▮▮▮▮

Gibbs 자유에너지
- $G = H - TS$
  $dG = dH - TdS - SdT$
  $= TdS + VdP - TdS - SdT$
  $= -SdT + VdP$
- 등온상태
  $dG = VdP$
  $V = \dfrac{nRT}{P}$ 이므로
  $dG = nRT\dfrac{dP}{P}$
  $\therefore \ G = nRT\ln\dfrac{P_2}{P_1}$
- $\left(\dfrac{\partial G}{\partial T}\right)_P = -S$
  자발적 반응 : $\Delta S > 0, \ \Delta G < 0$
- 생성함수

$$dG = VdP - SdT$$

$$\frac{dG^{ig}}{RT} = \frac{V^{ig}}{RT}dP - \frac{H^{ig}}{RT^2}dT \ \text{(앞의 ⑧식 이용)}$$

$$\frac{dG^R}{RT} = \frac{V^R}{RT}dP - \frac{H^R}{RT^2}dT$$

$T = \text{Const}$일 때,

$$d\left(\frac{G^R}{RT}\right) = \frac{V^R}{RT}dP$$

$V = \dfrac{ZRT}{P}$, $V^{ig} = \dfrac{RT}{P}$, 적분하면

$$\therefore \frac{G^R}{RT} = \int_o^P (Z-1)\frac{dP}{P} \quad\text{......................................} ⓗ$$

여기서, $T = \text{Const}$

$$\frac{V^R}{RT} = \left[\frac{\partial(G^R/RT)}{\partial P}\right]_T$$

$$\frac{H^R}{RT} = -T\left[\frac{\partial(G^R/RT)}{\partial T}\right]_P \quad\text{.................} ⓘ$$

$G^R = H^R - TS^R$ 식으로부터 잔류 엔트로피를 구하면 다음과 같다.

$$\frac{S^R}{R} = \frac{H^R}{RT} - \frac{G^R}{RT} \quad\text{..............................} ⓙ$$

잔류 Gibbs 에너지는 다른 잔류성질들을 생성시켜주는 함수로서의 역할을 한다. 그러므로 ⓗ식을 이용하여 ⓘ식을 정리하면 다음과 같다.

$$\frac{H^R}{RT} = -T\int_o^P \left(\frac{\partial Z}{\partial T}\right)_P \frac{dP}{P} \ (\text{Const } T)$$

$$\frac{S^R}{R} = -T\int_o^P \left(\frac{\partial Z}{\partial T}\right)_P \frac{dP}{P} - \int_o^P (Z-1)\frac{dP}{P} \ (\text{Const } T)$$

압축인자의 정의는 $Z = \dfrac{PV}{RT}$ 이다.

Z와 $\left(\frac{\partial Z}{\partial T}\right)_P$의 값은 실험적인 PVT 자료로부터 계산되며 엔탈피와 엔트로피에 적용하면,

$H = H^{ig} + H^R$, $S = S^{ig} + S^R$으로 나타낼 수 있다.

즉, H와 S는 이상기체의 성질과 잔류성질을 더하면 구할 수 있다.

$$H^{ig} = H_o^{ig} + \int_{T_o}^{T} C_P^{ig} dT$$

$$S^{ig} = S_o^{ig} + \int_{T_o}^{T} C_P^{ig} \frac{dT}{T} - R\ln\frac{P}{P_o}$$

$$\therefore \ H = H_o^{ig} + \int_{T_o}^{T} C_P^{ig} dT + H^R$$

$$S = S_o^{ig} + \int_{T_o}^{T} C_P^{ig} \frac{dT}{T} - R\ln\frac{P}{P_o} + S^R$$

위의 식들을 평균열용량을 사용하여 다음과 같이 나타낼 수 있다.

$$H = H_o^{ig} + \left\langle C_P^{ig} \right\rangle_H (T - T_o) + H^R$$

$$S = S_o^{ig} + \left\langle C_P^{ig} \right\rangle_S \ln\frac{T}{T_o} - R\ln\frac{P}{P_o} + S^R$$

3. 2상계(기상 – 액상)에서의 열역학적 성질 ▣▣▣

$P - T$ 선도는 순수한 물질의 상경계를 나타내는 곡선들을 보여준다. 이 곡선들 중 하나를 지날 때마다 일정온도와 일정압력에서 상전이가 일어나며, 그 결과 열역학적 크기성질 1몰당값(단위질량당값)들이 급격하게 변하게 된다. 즉, 같은 T, P에서 포화액체 1몰당의 부피는 포화증기의 값과 상당히 다르다. 내부에너지, 엔탈피, 엔트로피도 마찬가지이다.

그러나 1몰당(단위질량당) Gibbs 에너지는 순수한 물질에 대하여 상변화(융해, 기화, 승화) 시 그 값이 변하지 않는다.

$$G^\alpha \equiv G^\beta$$

여기서, G^α : 기상의 자유에너지
$\qquad\quad G^\beta$: 액상의 자유에너지

$$dG^\alpha = dG^\beta$$

$$dG^\alpha = V^\alpha dP^{sat} - S^\alpha dT$$

$$dG^\beta = V^\beta dP^{sat} - S^\beta dT$$

$$V^\alpha dP^{sat} - S^\alpha dT = V^\beta dP^{sat} - S^\beta dT$$

$$\therefore \ \frac{dP^{sat}}{dT} = \frac{S^\beta - S^\alpha}{V^\beta - V^\alpha} = \frac{\Delta S^{\alpha\beta}}{\Delta V^{\alpha\beta}}$$

여기서, $\Delta S^{\alpha\beta}$: 평형온도 T, P^{sat}에서 상변화 시 엔트로피 변화
$\qquad\quad \Delta V^{\alpha\beta}$: 평형온도 T, P^{sat}에서 상변화 시 부피 변화

$$\Delta S^{\alpha\beta} = \frac{\Delta H^{\alpha\beta}}{T} \text{ 이므로}$$

$$\therefore \frac{dP^{sat}}{dT} = \frac{\Delta H^{\alpha\beta}}{T\Delta V^{\alpha\beta}} = \frac{\Delta H^{vap}}{T\Delta V^{vap}}$$

↳ Clapeyron 방정식

$$\Delta V^{vap} = V_g = \frac{RT}{P^{sat}}$$

$$\frac{dP^{sat}}{dT} = \frac{\Delta H^{vap}}{RT^2/P^{sat}}$$

$$\therefore \Delta H^{vap} = \frac{R\dfrac{dP^{sat}}{P^{sat}}}{\dfrac{dT}{T^2}} = -R\frac{d\ln P^{sat}}{d\left(\dfrac{1}{T}\right)}$$

↳ Clausius − Clapeyron 방정식

① 증발잠열이 P^{sat}(증기압) vs. T의 곡선에 직접 관계되며 부피에 대한 데이터는 필요 없다.

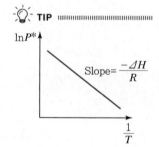

② $\ln P^{sat}$ vs $\dfrac{1}{T}$의 그래프는 기울기가 $-\dfrac{\Delta H^{vap}}{R}$가 된다. 이 그래프는 거의 직선에 가깝다. 따라서 $\ln P^{sat} = A - \dfrac{B}{T}$로 나타낼 수 있다.

이와 유사하며 보다 만족스러운 식은 Antoine 식으로 다음과 같이 나타낸다.

$$\ln P^{sat} = A - \frac{B}{T+C}$$

↳ Antoine 식

포화액체상과 포화증기상이 평형상태에서 공존하는 2상계의 크기성질의 전체값은 각각 상에 대한 그 성질의 값을 합한 것과 같다.

$$V = V^l(1-x) + V^v x$$

여기서, x : 증기의 몰분율 질(Quality)

열역학적 크기성질에 대하여 일반식은 다음과 같다.

$$M = (1 - x^v) M^l + x^v M^v$$

여기서, $M : V, U, H, S$ 등이다.

4. 열역학적 선도

열역학적 선도란 어떤 물질의 온도·압력·부피·엔탈피·엔트로피를 하나의 도표상에 그림으로 나타낸 것을 말한다. 대표적인 선도는 온도-엔트로피($T-S$) 선도, 압력-엔탈피($P-H$), 엔탈피-엔트로피($H-S$) 선도이다. 특히 $H-S$ 선도를 Mollier 선도라고 한다.

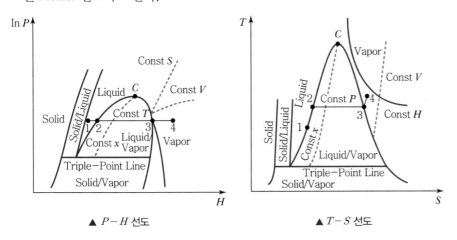

▲ $P-H$ 선도   ▲ $T-S$ 선도

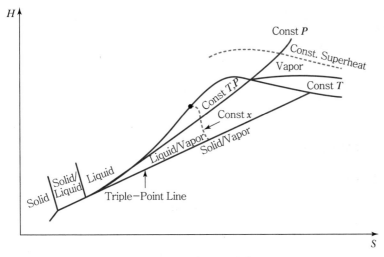

▲ $H-S$ 선도(Mollier 선도)

$G = G(x, y)$

$\partial G = \left(\dfrac{\partial G}{\partial x}\right)_y dx + \left(\dfrac{\partial G}{\partial y}\right)_x dy$

$\dfrac{\partial}{\partial y}\left(\dfrac{\partial G}{\partial x}\right) = \dfrac{\partial}{\partial x}\left(\dfrac{\partial G}{\partial y}\right)$

$dG = Mdx + Ndy$

$\left(\dfrac{\partial M}{\partial y}\right)_x = \left(\dfrac{\partial N}{\partial x}\right)_y$

$dG = 0$으로 놓고 정리하면

$-\left(\dfrac{\partial y}{\partial x}\right)_G = \dfrac{\left(\dfrac{\partial G}{\partial x}\right)_y}{\left(\dfrac{\partial G}{\partial y}\right)_x}$

5. 정압비열과 정용비열의 관계

$$dS = \frac{C_P}{T}dT - \left(\frac{\partial V}{\partial T}\right)_P dP$$

양변을 $\div dT$, $V = \text{const}$

$$\left(\frac{\partial S}{\partial T}\right)_V = \frac{C_P}{T} - \left(\frac{\partial V}{\partial T}\right)_P\left(\frac{\partial P}{\partial T}\right)_V$$

$$\left(\frac{\partial S}{\partial T}\right)_V = \frac{C_V}{T} \text{로부터 } \frac{C_P}{T} - \left(\frac{\partial V}{\partial T}\right)_P\left(\frac{\partial P}{\partial T}\right)_V = \frac{C_V}{T}$$

즉, $C_P - C_V = T\left(\dfrac{\partial V}{\partial T}\right)_P\left(\dfrac{\partial P}{\partial T}\right)_V$

$P = f(V \cdot T)$를 미분형으로 하면

$$\left(\frac{\partial P}{\partial T}\right)_V = -\left(\frac{\partial V}{\partial T}\right)_P\left(\frac{\partial P}{\partial V}\right)_T \text{의 관계가 있으므로}$$

$$C_P - C_V = -T\left(\frac{\partial V}{\partial T}\right)_P^2\left(\frac{\partial P}{\partial V}\right)_T$$

$$\left(\frac{\partial S}{\partial T}\right)_V = \frac{C_V}{T} \text{로부터 } \frac{C_P}{C_V} = \frac{\left(\dfrac{\partial S}{\partial T}\right)_P}{\left(\dfrac{\partial S}{\partial T}\right)_V}$$

$$\left(\frac{\partial S}{\partial T}\right)_P = -\left(\frac{\partial P}{\partial T}\right)_S\left(\frac{\partial S}{\partial P}\right)_T$$

$$\left(\frac{\partial S}{\partial T}\right)_V = -\left(\frac{\partial V}{\partial T}\right)_S\left(\frac{\partial S}{\partial V}\right)_T$$

$$\therefore \frac{C_P}{C_V} = \frac{\left(\dfrac{\partial S}{\partial P}\right)_T\left(\dfrac{\partial P}{\partial T}\right)_S}{\left(\dfrac{\partial S}{\partial V}\right)_T\left(\dfrac{\partial V}{\partial T}\right)_S} = \left(\frac{\partial V}{\partial P}\right)_T\left(\frac{\partial P}{\partial V}\right)_S$$

6. 열역학적 성질의 표

1) 수증기표

증기의 값을 수록한 표를 수증기표(Steam Table)라고 한다.

① 평형에 있는 포화액체 및 수증기의 특성값을 표시한다.

② 과열수증기, 즉 포화온도보다 높은 온도에서 수증기의 특성값을 나타낸다.

이것은 실제로 기상영역이다.

압력 및 온도를 독립변수로 하고 부피, 엔탈피, 엔트로피를 여러 온도에서 압력의 함수로 하여 표로 만들었다.

▼ 포화수증기

P (kg/cm²)	t(℃)	V(m³/kg)		H(kcal/kg)		S(kcal/kg · °K)	
		액	증기	액	증기	액	증기
0.05	32.55	0.0010052	28.70	32.55	611.3	0.1126	2.0058
1.0	99.09	0.0010428	1.725	99.12	638.5	0.3096	1.7586
5.0	151.11	0.0010918	0.3818	152.04	656.1	0.4425	1.6305
10.0	179.04	0.0011262	0.1981	181.19	663.2	0.5086	1.5745
200.0	364.09	0.002004	0.00616	433.0	582.0	0.9540	1.1878
225.65	374.15	0.00318	0.00318	505.6	505.6	1.0642	1.0642

▼ 과열수증기

P (kg/cm²)		t(℃)					
		50	100	200	300	400	500
0.05	V	30.37	35.10	44.52	53.94	63.35	72.77
	H	619.3	642.1	687.9	734.8	783.1	832.9
	S	2.0313	2.0967	2.0967	2.2954	2.3730	2.4420
1.0	V		1.729	2.216	2.691	3.164	3.636
	H		638.9	686.8	734.3	782.8	832.7
	S		1.7598	1.9645	1.9645	2.0425	2.1116
5.0	V			0.4337	0.5332	0.6296	0.7250
	H			682.2	731.9	781.4	831.7
	S			1.6886	1.7841	1.8636	1.9334
10.0	V			0.2103	0.2633	0.3128	0.3611
	H			675.7	728.9	779.6	830.6
	S			1.6015	1.7038	1.7852	1.8558

7. 순수성분의 퓨가시티와 퓨가시티 계수

1) 퓨가시티(Fugacity)

$$f = \phi P$$

여기서, ϕ : 실제기체와 이상기체 압력의 관계를 나타내는 계수
f : 실제기체에 사용하는 압력

이상기체 상태의 순수성분 i에 대해서 성립하는 식에서 비롯된다.

실제기체에 대해서는 유사한 식

$G_i \equiv \Gamma_i(T) + RT\ln f_i$로 나타낸다.

$$G_i^{ig} \equiv \Gamma_i(T) + RT\ln P$$

TIP IIIIIIIIIIIIIIIIIIIIIIIIIIIIII

$dG = -SdT + VdP$
$T = \text{Const}$
$dG = VdP = \dfrac{RT}{P}dP$
$G = RT\ln P + \Gamma_i(T)$

$$G_i - G_i^{ig} = G_i^R \text{ : 잔류 Gibbs 에너지}$$

$$G_i^R = RT\ln\frac{f_i}{P}$$

➡ 무차원화된 비 f_i/P는 Fugacity Coefficient(퓨가시티 계수)$= \phi_i$이다.

$$G_i^R = RT\ln\phi_i$$

➡ $\phi_i = f_i/P$

이상기체의 경우

$$f_i^{ig} = P \quad G_i^R = 0 \quad \phi_i = 1$$

$$\phi_i = \frac{f_i}{P} \quad \ln\phi_i = \frac{G_i^R}{RT}\text{이므로}$$

$$\ln\phi_i = \int_o^P (Z_i - 1)\frac{dP}{P} \ (T\text{=Const})$$

순수한 성분의 퓨가시티 계수는 PVT실험값 또는 상태방정식으로 계산된다.

$$Z_i - 1 = \frac{B_{ii}P}{RT}$$

여기서, B_{ii} : 제2비리얼계수(조성이 일정한 기체의 경우 온도만의 함수)

$$\ln\phi_i = \frac{B_{ii}}{RT}\int_o^P dP \ (T\text{=Const})$$

$$\therefore \ \ln\phi_i = \frac{B_{ii}P}{RT}$$

2) 순수성분에 대한 기액평형

$$G_i^v = \Gamma_i(T) + RT\ln f_i^v$$

$$G_i^l = \Gamma_i(T) + RT\ln f_i^l$$

$$\therefore \ G_i^v - G_i^l = RT\ln\frac{f_i^v}{f_i^l}$$

$$G_i^v - G_i^l = 0(\therefore \ G_i^v = G_i^l), \ \frac{f_i^v}{f_i^l} = 1$$

$$f_i^v = f_i^l = f_i^{sat}$$

$$\phi_i^{sat} = \frac{f_i^{sat}}{P^{sat}}$$

$$\therefore \ \phi_i^v = \phi_i^l = \phi_i^{sat}$$

순수한 성분의 경우, 공존하는 액체와 기체상은 각 상의 T, P, f 가 같아야 평형상태에 있다.

Reference

포화증기의 Fugacity Coefficient

$$\phi_i^v = \phi_i^{sat}, \ P = P^{sat}$$

$$f_i = f_i^{sat} = \phi_i^{sat} P_i^{sat}$$

$$\ln \phi_i^{sat} = \int_o^{P_i^{sat}} (Z_i^v - 1) \frac{dP}{P} \ \ (T = \text{Const})$$

$$G_i - G_i^{sat} = \int_{P_i^{sat}}^P V_i dP = RT \ln \frac{f_i}{f_i^{sat}} \ \ (T = \text{Const})$$

$$\therefore \ \ln \frac{f_i}{f_i^{sat}} = \frac{1}{RT} \int_{P_i^{sat}}^P V_i dP = \frac{V_i^l(P - P_i^{sat})}{RT}$$

$$f_i = \phi_i^{sat} P_i^{sat} \exp \frac{V_i^l(P - P_i^{sat})}{RT}$$

$\therefore$ 지수함수는 Poynting 인자

$$Z_i^v - 1 = \frac{B_{ii}P}{RT}, \quad \phi_i^{sat} = \exp \frac{B_{ii}P_i^{sat}}{RT}$$

$$f_i = P_i^{sat} \exp \frac{B_{ii}P_i^{sat} + V_i^\ell(P - P_i^{sat})}{RT}$$

Reference

Van der Waals 식에서 압력보정을 f로 할 경우

$$\left(P + \frac{n^2 a}{V^2}\right)(V - nb) = nRT$$

$P(V - b) = RT$에서

$$P = \frac{RT}{V - b} \qquad V = \frac{RT}{P} + b$$

$$Z = \frac{PV}{RT} = \frac{P}{RT}\left(\frac{RT}{P} + b\right) = 1 + \frac{bP}{RT}$$

$$Z - 1 = \frac{bP}{RT}$$

$$\ln\phi = \int_o^P \frac{bP}{RT}\frac{dP}{P} = \int_o^P \frac{b}{RT}dP = \frac{b}{RT}P$$

$$\quad = \frac{b}{RT}\frac{RT}{V - b} = \frac{b}{V - b}$$

실전문제

01 비압축성 유체(Incompressible Fluid)의 성질을 나타내는 식이 아닌 것은?

① $\left(\dfrac{\partial V}{\partial T}\right)_P = 0$ ② $\left(\dfrac{\partial V}{\partial P}\right)_T = 0$

③ $\left(\dfrac{\partial U}{\partial P}\right)_T = 0$ ④ $\left(\dfrac{\partial H}{\partial P}\right)_T = 0$

해설

비압축성 유체 : T, P에 의해 부피변화가 없다.

즉, $\left(\dfrac{\partial V}{\partial T}\right)_P = 0$, $\left(\dfrac{\partial V}{\partial P}\right)_T = 0$

$\left(\dfrac{\partial U}{\partial P}\right)_T = -T\left(\dfrac{\partial V}{\partial T}\right)_P - P\left(\dfrac{\partial V}{\partial P}\right)_T = 0$

$\left(\dfrac{\partial H}{\partial P}\right)_T = V - T\left(\dfrac{\partial V}{\partial T}\right)_P = V$

02 어떤 물질의 부피팽창률은 $\dfrac{a}{V}$, 등온압축률은 $\dfrac{b}{V}$ 일 때 이 물질의 상태방정식은?(단, a, b 는 상수이다.)

① $V = aT + bP + \mathrm{Const}.$
② $V = aT - bP + \mathrm{Const}.$
③ $V = bT + aP + \mathrm{Const}.$
④ $V = bT - aP + \mathrm{Const}.$

해설

부피팽창계수(부피팽창률) $\beta = \dfrac{1}{V}\left(\dfrac{\partial V}{\partial T}\right)_P = \dfrac{a}{V}$

등온압축계수(등온압축률) $\kappa = -\dfrac{1}{V}\left(\dfrac{\partial V}{\partial P}\right)_T = \dfrac{b}{V}$

$V = f(P \cdot T)$

$dV = \left(\dfrac{\partial V}{\partial T}\right)_P dT + \left(\dfrac{\partial V}{\partial P}\right)_T dP$

$\therefore \; dV = a\,dT - b\,dP$

$\therefore \; V = aT - bP + C$

03 1몰의 이상기체에 대하여 $\left(\dfrac{\partial S}{\partial P}\right)_T$ 와 같은 값을 가지는 것은?(단, R은 기체상수, C_P는 정압비열이다.)

① $C_P \ln\dfrac{T_2}{T_1}$ ② $-R\ln\dfrac{P_2}{P_1}$

③ $-\dfrac{R}{P}$ ④ $C_P \ln\dfrac{T_2}{T_1} - R\ln\dfrac{P_2}{P_1}$

해설

$\left(\dfrac{\partial S}{\partial P}\right)_T = -\left(\dfrac{\partial V}{\partial T}\right)_P$ … 맥스웰 방정식

$PV = nRT$

$n = 1$이면 $\left(\dfrac{\partial V}{\partial T}\right)_P = \dfrac{R}{P}$

$\therefore \left(\dfrac{\partial S}{\partial P}\right)_T = -\dfrac{R}{P}$

04 $\left(\dfrac{\partial P}{\partial V}\right)_T\left(\dfrac{\partial S}{\partial T}\right)_P\left(\dfrac{\partial T}{\partial P}\right)_S$ 와 동일한 열역학 식은?

① $\left(\dfrac{\partial S}{\partial V}\right)_T$ ② $\left(\dfrac{\partial P}{\partial T}\right)_S$

③ $\left(\dfrac{\partial V}{\partial T}\right)_P$ ④ $-\left(\dfrac{\partial P}{\partial T}\right)_V$

해설

오일러의 연쇄법칙

$\left(\dfrac{\partial x}{\partial y}\right)_z\left(\dfrac{\partial y}{\partial z}\right)_x\left(\dfrac{\partial z}{\partial x}\right)_y = -1$

$\left(\dfrac{\partial P}{\partial V}\right)_T\left(\dfrac{\partial S}{\partial T}\right)_P\left(\dfrac{\partial T}{\partial P}\right)_S = \left(\dfrac{\partial P}{\partial S}\right)_T\left(\dfrac{\partial S}{\partial T}\right)_P\left(\dfrac{\partial T}{\partial P}\right)_S\left(\dfrac{\partial S}{\partial V}\right)_T$

$\qquad\qquad = -\left(\dfrac{\partial S}{\partial V}\right)_T$

맥스웰 방정식에 의해 $\left(\dfrac{\partial S}{\partial V}\right)_T = \left(\dfrac{\partial P}{\partial T}\right)_V$

$\therefore \left(\dfrac{\partial P}{\partial V}\right)_T\left(\dfrac{\partial S}{\partial T}\right)_P\left(\dfrac{\partial T}{\partial P}\right)_S = -\left(\dfrac{\partial S}{\partial V}\right)_T = -\left(\dfrac{\partial P}{\partial T}\right)_V$

정답 ▶ **01** ④ **02** ② **03** ③ **04** ④

PART 1

PART 2

PART 3

PART 4

PART 5

05 압력 240kPa에서 어떤 액체의 상태량이 V_f는 0.00177m³/kg, V_g는 0.105m³/kg, H_f는 181kJ/kg, H_g는 496kJ/kg일 때 이 압력에서의 U_{fg}는 약 몇 kJ/kg인가?(단, V는 비체적, U는 내부에너지, H는 엔탈피, 하첨자 f는 포화액, g는 건포화증기를 나타내고 U_{fg}는 $U_g - U_f$이다.)

① 24.8 ② 290.2
③ 315.0 ④ 339.8

$H = U + PV$

$U = H - PV$

$U_f = 181,000\text{J/kg} - 240,000\text{N/m}^2 \times 0.00177\text{m}^3/\text{kg}$
$= 180,575.2\text{J/kg}$

$U_g = 496,000\text{J/kg} - 240,000\text{N/m}^2 \times 0.105\text{m}^3/\text{kg}$
$= 470,800\text{J/kg}$

$U_{fg} = U_g - U_f = 470,800 - 180,575.2$
$= 290,224.8\text{J/kg}$
$= 290.2\text{kJ/kg}$

06 $P - H$ 선도에서 등엔트로피선 기울기 $\left(\dfrac{\partial P}{\partial H}\right)_S$의 값은?

① V ② $-V$
③ $\dfrac{1}{V}$ ④ $-\dfrac{1}{V}$

$dH = TdS + VdP$

양변을 $\div dP$, 등엔트로피

$\left(\dfrac{\partial H}{\partial P}\right)_S = V$

$\therefore \left(\dfrac{\partial P}{\partial H}\right)_S = \dfrac{1}{V}$

07 열역학적 성질을 정의한 것 중 옳은 것은?

① $H \equiv U - PV$ ② $H \equiv G - TS$
③ $G \equiv H - TS$ ④ $G \equiv A - PV$

- $U = Q + W$
- $H = U + PV$
- $A = U - TS$
- $G = H - TS$

08 압력과 온도의 변화에 따른 엔탈피 변화가 다음과 같은 식으로 표시될 때 □에 해당하는 것으로 옳은 것은?

$$dH = \square dP + C_P dT$$

① V ② $\left(\dfrac{\partial V}{\partial T}\right)$
③ $T\left(\dfrac{\partial V}{\partial T}\right)_P$ ④ $V - T\left(\dfrac{\partial V}{\partial T}\right)_P$

$dH = \left(\dfrac{\partial H}{\partial T}\right)_P dT + \left(\dfrac{\partial H}{\partial P}\right)_T dP$

$dH = C_P dT + \left[V - T\left(\dfrac{\partial V}{\partial T}\right)_P\right]dP$

09 다음 중 등온과정의 부피 V에 대한 엔트로피 S의 변화는 맥스웰(Maxwell) 관계식에서 어떻게 나타나는가?

① $-\left(\dfrac{\partial P}{\partial S}\right)_V$ ② $\left(\dfrac{\partial V}{\partial S}\right)_P$
③ $\left(\dfrac{\partial P}{\partial T}\right)_V$ ④ $\left(\dfrac{\partial V}{\partial T}\right)_P$

Maxwell 관계식

$\left(\dfrac{\partial T}{\partial V}\right)_S = -\left(\dfrac{\partial P}{\partial S}\right)_V$ $\left(\dfrac{\partial S}{\partial V}\right)_T = \left(\dfrac{\partial P}{\partial T}\right)_V$

$\left(\dfrac{\partial T}{\partial P}\right)_S = \left(\dfrac{\partial V}{\partial S}\right)_P$ $-\left(\dfrac{\partial S}{\partial P}\right)_T = \left(\dfrac{\partial V}{\partial T}\right)_P$

10 20℃에 있어서 아세톤의 대략적인 증발잠열을 클라우시우스-클레이페이론(Clausius-Clapeyron)식을 이용하여 구하면 약 몇 cal/mol인가?(단, 20℃에서 아세톤의 증기압은 179.3mmHg이고 표준 끓는점은 56.5℃이다.)

① 759
② 1,000
③ 7,590
④ 10,000

해설

$$\ln\frac{P_2}{P_1} = \frac{\Delta H^V}{R}\left(\frac{1}{T_1} - \frac{1}{T_2}\right)$$

$$\ln\frac{760}{179.3} = \frac{\Delta H^V}{1.987\text{cal/mol}\cdot\text{K}}\left(\frac{1}{293} - \frac{1}{329.5}\right)$$

$$\therefore \Delta H^V = 7,590\text{cal/mol}$$

11 다음 중 Maxwell의 관계식이 아닌 것은?

① $\left(\frac{\partial T}{\partial V}\right)_S = -\left(\frac{\partial P}{\partial S}\right)_V$
② $\left(\frac{\partial S}{\partial P}\right)_T = -\left(\frac{\partial V}{\partial T}\right)_P$

③ $\left(\frac{\partial S}{\partial V}\right)_T = \left(\frac{\partial P}{\partial T}\right)_V$
④ $\left(\frac{\partial H}{\partial T}\right)_P = T\left(\frac{\partial T}{\partial S}\right)_P$

해설

Maxwell 관계식

$$\left(\frac{\partial T}{\partial V}\right)_S = -\left(\frac{\partial P}{\partial S}\right)_V \qquad \left(\frac{\partial S}{\partial V}\right)_T = \left(\frac{\partial P}{\partial T}\right)_V$$

$$\left(\frac{\partial T}{\partial P}\right)_S = \left(\frac{\partial V}{\partial S}\right)_P \qquad -\left(\frac{\partial S}{\partial P}\right)_T = \left(\frac{\partial V}{\partial T}\right)_P$$

12 수학적으로 $(U+PV)$로 정의되는 양은 무엇인가?

① 내부에너지
② 엔탈피
③ 엔트로피
④ 일

해설

- $H = U + PV$
- $A = U - TS$
- $G = H - TS$

13 다음 중 맥스웰(Maxwell)의 관계식으로 틀린 것은?

① $\left(\frac{\partial T}{\partial V}\right)_S = -\left(\frac{\partial P}{\partial S}\right)_V$
② $\left(\frac{\partial T}{\partial P}\right)_S = -\left(\frac{\partial P}{\partial S}\right)_V$

③ $\left(\frac{\partial S}{\partial V}\right)_T = \left(\frac{\partial P}{\partial T}\right)_V$
④ $-\left(\frac{\partial S}{\partial P}\right)_T = \left(\frac{\partial V}{\partial T}\right)_P$

해설

Maxwell 관계식

$$\left(\frac{\partial T}{\partial V}\right)_S = -\left(\frac{\partial P}{\partial S}\right)_V \qquad \left(\frac{\partial S}{\partial V}\right)_T = \left(\frac{\partial P}{\partial T}\right)_V$$

$$\left(\frac{\partial T}{\partial P}\right)_S = \left(\frac{\partial V}{\partial S}\right)_P \qquad -\left(\frac{\partial S}{\partial P}\right)_T = \left(\frac{\partial V}{\partial T}\right)_P$$

14 다음의 관계식을 이용하여 기체의 정압 열용량과 정적 열용량 사이의 일반식을 구하면?

$$dS = \left(\frac{C_P}{T}\right)dT - \left(\frac{\partial V}{\partial T}\right)_P dP$$

① $C_P - C_V = \left(\frac{\partial T}{\partial V}\right)_P\left(\frac{\partial T}{\partial P}\right)_V$

② $C_P - C_V = T\left(\frac{\partial T}{\partial V}\right)_P\left(\frac{\partial T}{\partial P}\right)_V$

③ $C_P - C_V = \left(\frac{\partial V}{\partial T}\right)_P\left(\frac{\partial P}{\partial T}\right)_V$

④ $C_P - C_V = T\left(\frac{\partial V}{\partial T}\right)_P\left(\frac{\partial P}{\partial T}\right)_V$

해설

$$dS = \left(\frac{C_P}{T}\right)dT - \left(\frac{\partial V}{\partial T}\right)_P dP$$

$$\left(\frac{\partial S}{\partial T}\right)_V = \left(\frac{C_P}{T}\right) - \left(\frac{\partial V}{\partial T}\right)_P\left(\frac{\partial P}{\partial T}\right)_V = \left(\frac{C_V}{T}\right)$$

$$C_P - C_V = T\left(\frac{\partial V}{\partial T}\right)_P\left(\frac{\partial P}{\partial T}\right)_V$$

15 몰리에 선도(Mollier Diagram)는 어떤 성질들을 기준으로 만든 도표인가?

① 압력과 부피
② 온도와 엔트로피
③ 엔탈피와 엔트로피
④ 압력과 엔트로피

Mollier Diagram은 $H-S$ 선도를 말한다.

16 다음 중 상태함수가 아닌 것은?

① 엔탈피   ② 내부에너지

③ 일에너지   ④ 깁스자유에너지

해설 ▶

• 상태함수 : U, H, G

• 경로함수 : W(일), Q(열)

17 205℃, 10.2atm에서의 과열수증기의 퓨가시티 계수가 0.9415일 때의 퓨가시티(Fugacity)는 약 얼마인가?

① 9.6   ② 10.6

③ 11.6   ④ 12.6

해설 ▶

퓨가시티 계수 $\phi_i = \dfrac{f_i}{P_i} = 0.9415$

∴ 퓨가시티 $f_i = (0.9415)(10.2\text{atm}) = 9.6\text{atm}$

18 상태식 $P(V-b) = RT$에 따라 거동하는 기체가 있을 때 $\left(\dfrac{\partial U}{\partial P}\right)_T$ 값을 옳게 나타낸 것은?

① $\left(\dfrac{\partial U}{\partial P}\right)_T < 0$ ② $\left(\dfrac{\partial U}{\partial P}\right)_T > 0$

③ $\left(\dfrac{\partial U}{\partial P}\right)_T = 0$ ④ $\left(\dfrac{\partial U}{\partial P}\right)_T = 1$

해설 ▶

$P(V-b) = RT$

$V = \dfrac{RT}{P} + b$

$\left(\dfrac{\partial V}{\partial T}\right)_P = \dfrac{R}{P}$, $\left(\dfrac{\partial V}{\partial P}\right)_T = -\dfrac{RT}{P^2}$

$dU = Tds - PdV$

$\left(\dfrac{\partial U}{\partial P}\right)_T = T\left(\dfrac{\partial S}{\partial P}\right)_T - P\left(\dfrac{\partial V}{\partial P}\right)_T$

$\qquad = -T\left(\dfrac{\partial V}{\partial T}\right)_P - P\left(\dfrac{\partial V}{\partial P}\right)_T$

$\qquad = -\dfrac{RT}{P} + P \cdot \dfrac{RT}{P^2}$

$\qquad = 0$

19 어떤 조건하에서 한 기체의 몰용적 V는 다음의 미분방정식으로 표시된다. 이때의 관계식 중 틀린 것은?

$$dV = R\dfrac{dT}{P} - \dfrac{RT}{P^2}dP$$

① $P\dfrac{dV}{dT} + \dfrac{RT}{P}\dfrac{dP}{dT} = R$

② $PdV = RdT - \dfrac{RT}{P}dP$

③ $\left(\dfrac{\partial V}{\partial T}\right)_P = \dfrac{R}{P}$

④ $\dfrac{dV}{dT} = \dfrac{RT}{P}\dfrac{dP}{dT} + \dfrac{R}{P}$

해설 ▶

$dV = R\dfrac{dT}{P} - \dfrac{RT}{P^2}dP$

양변을 $\div dT$ 하면

$\left(\dfrac{\partial V}{\partial T}\right) = \dfrac{R}{P} - \dfrac{RT}{P^2}\dfrac{dP}{dT}$

20 몰리에(Mollier) 선도를 나타낸 것은?

① $P-V$ 선도   ② $T-S$ 선도

③ $H-S$ 선도   ④ $P-H$ 선도

해설 ▶

Molier 선도 = $H-S$ 선도

21 퓨가시티(Fugacity)에 관한 설명 중 틀린 것은?(단, G_i 는 성분 i 의 깁스자유에너지, f 는 퓨가시티이다.)

① 이상기체의 압력 대신 비이상기체에서 사용된 새로운 함수이다.

② $dG_i = RT\dfrac{dP}{P}$ 에서 퓨가시티를 쓰면 이 식은 실제 기체에 적용할 수 있다.

③ $\lim\limits_{P \to 0}\dfrac{f}{P} = \infty$ 의 등식이 성립된다.

④ 압력과 같은 차원을 갖는다.

해설

$$\lim_{P \to 0}\frac{f}{P} = 1$$

22 다음 중 맥스웰(Maxwell) 관계식을 옳게 나타낸 것은?

① $\left(\dfrac{\partial T}{\partial V}\right)_S = -\left(\dfrac{\partial P}{\partial S}\right)_V$

② $\left(\dfrac{\partial P}{\partial T}\right)_V = -\left(\dfrac{\partial S}{\partial V}\right)_T$

③ $\left(\dfrac{\partial V}{\partial T}\right)_P = \left(\dfrac{\partial S}{\partial P}\right)_T$

④ $\left(\dfrac{\partial T}{\partial V}\right)_P = -\left(\dfrac{\partial S}{\partial P}\right)_T$

해설

Maxwell 관계식

$\left(\dfrac{\partial T}{\partial V}\right)_S = -\left(\dfrac{\partial P}{\partial S}\right)_V$ $\qquad$ $\left(\dfrac{\partial S}{\partial V}\right)_T = \left(\dfrac{\partial P}{\partial T}\right)_V$

$\left(\dfrac{\partial T}{\partial P}\right)_S = \left(\dfrac{\partial V}{\partial S}\right)_P$ $\qquad$ $-\left(\dfrac{\partial S}{\partial P}\right)_T = \left(\dfrac{\partial V}{\partial T}\right)_P$

23 다음 $T-S$ 선도에서 건도 x 인 (1)에서의 습증기 1kg당 엔트로피는 어떻게 표시되는가?(단, 건도 x 는 습증기 중 증기의 질량분율이고, V 는 증기, L 은 액체를 나타낸다.)

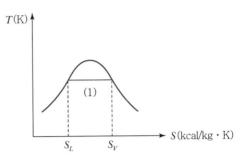

① $S_V + x(S_V - S_L)$

② $S_L + xS_V$

③ $S_V x + S_L(1-x)$

④ $S_L x + S_V(1-x)$

24 다음 그림의 빗금친 부분이 가리키는 것은?(단, 그래프에서 실선은 등온과정이다.)

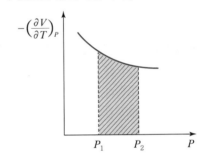

① Ω

② W

③ ΔS

④ ΔH

해설

$$\int_{P_1}^{P_2}\left(-\frac{\partial V}{\partial T}\right)_P dP = \int_{P_1}^{P_2}\left(\frac{\partial S}{\partial P}\right)_T dP = \Delta S$$

25 다음 식 중 옳은 것은?

① $P = \left(\dfrac{\partial H}{\partial S}\right)_P$

② $V = \left(\dfrac{\partial A}{\partial V}\right)_T$

③ $T = \left(\dfrac{\partial U}{\partial S}\right)_V$

④ $S = \left(\dfrac{\partial G}{\partial T}\right)_V$

해설

$dU = TdS - PdV$ $\qquad\qquad$ $dH = TdS + VdP$
$dA = -PdV - SdT$ $\qquad\quad$ $dG = VdP - SdT$

$$dU=\left(\frac{\partial U}{\partial S}\right)_V dS+\left(\frac{\partial U}{\partial V}\right)_S dV$$

$$dH=\left(\frac{\partial H}{\partial S}\right)_P dS+\left(\frac{\partial H}{\partial P}\right)_S dP$$

$$dA=\left(\frac{\partial A}{\partial V}\right)_T dV+\left(\frac{\partial A}{\partial T}\right)_V dT$$

$$dG=\left(\frac{\partial G}{\partial P}\right)_T dP+\left(\frac{\partial G}{\partial T}\right)_P dT$$

$$\therefore\ T=\left(\frac{\partial U}{\partial S}\right)_V=\left(\frac{\partial H}{\partial S}\right)_P$$

$$-P=\left(\frac{\partial U}{\partial V}\right)_S=\left(\frac{\partial A}{\partial V}\right)_T$$

$$-S=\left(\frac{\partial A}{\partial T}\right)_V=\left(\frac{\partial G}{\partial T}\right)_P$$

$$V=\left(\frac{\partial H}{\partial P}\right)_S=\left(\frac{\partial G}{\partial P}\right)_T$$

26 이상기체의 Fugacity에 대한 설명 중 옳은 것은?

① 압력과 같은 값을 갖는다.

② 체적과 같은 값을 갖는다.

③ 절대온도와 같은 값을 갖는다.

④ 몰분율과 같은 값을 갖는다.

> 해설

Fugacity : 실제기체에서의 압력

27 혼합기체 1L 속에 A가 25% 들어 있다. 2기압에서 A의 퓨가시티 계수가 0.8일 때 용액 중 퓨가시티는 몇 기압인가?

① 0.25   ② 0.4

③ 0.5   ④ 0.8

> 해설

ϕ_A(Fugacity Coefficient) $=\dfrac{f_A}{P_A}=0.8$

$x_A=0.25\quad P=2\text{atm}$

$f_A=\phi_A x_A P$

$\quad=0.8\times0.25\times2$

$\quad=0.4$

28 다음 중 상태함수가 아닌 것은?

① 내부에너지   ② 엔트로피

③ 자유에너지   ④ 일

> 해설

• 상태함수 : $T,\ P,\ U,\ H,\ S,\ G$

• 경로함수 : $Q,\ W$

29 부피팽창계수 a와 등온압축계수 b의 비 $\dfrac{b}{a}$의 값은?

① $\left(\dfrac{\partial T}{\partial P}\right)_V$ ② $\left(\dfrac{\partial V}{\partial P}\right)_T$

③ $\left(\dfrac{\partial V}{\partial T}\right)_P$ ④ $\left(\dfrac{\partial P}{\partial V}\right)_T$

> 해설

$$a=\beta=\frac{1}{V}\left(\frac{\partial V}{\partial T}\right)_P$$

$$b=\alpha=-\frac{1}{V}\left(\frac{\partial V}{\partial P}\right)_T$$

$$\frac{b}{a}=\frac{-\left(\frac{\partial V}{\partial P}\right)_T}{\left(\frac{\partial V}{\partial T}\right)_P}=\frac{\left[\left(\frac{\partial T}{\partial P}\right)_V\left(\frac{\partial V}{\partial T}\right)_P\right]}{\left(\frac{\partial V}{\partial T}\right)_P}=\left(\frac{\partial T}{\partial P}\right)_V$$

$$※\ \left(\frac{\partial V}{\partial P}\right)_T\left(\frac{\partial P}{\partial T}\right)_V\left(\frac{\partial T}{\partial V}\right)_P=-1$$

$$\therefore\ \left(\frac{\partial V}{\partial P}\right)_T=-\frac{1}{\left(\frac{\partial P}{\partial T}\right)_V\left(\frac{\partial T}{\partial V}\right)_P}=-\left(\frac{\partial T}{\partial P}\right)_V\left(\frac{\partial V}{\partial T}\right)_P$$

30 일반적으로 몰리에(Mollier) 도표에 포함되지 않는 것은?

① 압력(P)   ② 온도(T)

③ 내부에너지(U)   ④ 엔트로피(S)

> 해설

$H-S$ 선도(Mollier 선도)

$T,\ P,\ H,\ S$ 포함

[02] 흐름공정 열역학

1. 압축성 유체의 도관흐름

축일과 위치에너지의 변화가 없는 압축성 유체의 단열, 정상상태, 일차원 흐름을 고려하자.

에너지수지식 $\boxed{\Delta H + \dfrac{\Delta u^2}{2} = 0}$ .... ⓐ

$Q,\ W_S,\ \Delta Z = 0$

$dH = -u\,du$ .... ⓑ

연속방정식을 적용한다. $\dot{m}$이 일정하므로

$d\left(\dfrac{uA}{V}\right) = 0$ 또는

$\dfrac{dV}{V} - \dfrac{du}{u} - \dfrac{dA}{A} = 0$ .... ⓒ

$dH = T\,dS + V\,dP$ .... ⓓ

유체의 비부피는 엔트로피와 압력의 함수로 간주할 수 있다.

$V = V(S,\ P)$

$dV = \left(\dfrac{\partial V}{\partial S}\right)_P dS + \left(\dfrac{\partial V}{\partial P}\right)_S dP$

$\left(\dfrac{\partial V}{\partial S}\right)_P = \left(\dfrac{\partial V}{\partial T}\right)_P \left(\dfrac{\partial T}{\partial S}\right)_P = \dfrac{\beta V T}{C_P}$

$c^2 = -V^2 \left(\dfrac{\partial P}{\partial V}\right)_S$

> 여기서, β : 부피팽창계수
> c : 유체 중의 음속

$\therefore \left(\dfrac{\partial V}{\partial P}\right)_S = -\dfrac{V^2}{c^2}$

$\dfrac{dV}{V} = \dfrac{\beta T}{C_P} dS - \dfrac{V}{c^2} dP$ .... ⓔ

ⓑ, ⓓ식에서

$T\,dS + V\,dP = -u\,du$ .... ⓕ

ⓔ, ⓕ식을 이용하여 ⓓ식으로부터 dV와 du를 소거하여 정리하면

$(1 - M^2)\,V\,dP + \left(1 + \dfrac{\beta u^2}{C_P}\right)T\,dS - \dfrac{u^2}{A}\,dA = 0$ .... ⓖ

> 여기서, M : 마하수

◆ 제어부피(Control Volume)
- 제어표면에 의하여 둘러싸인 임의의 공간
- 제어표면을 흐름의 방향에 수직이 되도록 두는 것이 일반적이다.

💡 TIP ‖‖‖‖‖‖‖‖‖‖‖‖‖‖‖‖‖‖‖‖
- 일반적 수지식
$$\dfrac{d(mU)_{cv}}{dt} + \Delta\left[\left(H + \tfrac{1}{2}u^2 gz\right)\dot{m}\right]_{fs} = \dot{Q} + \dot{W}$$
- 정상흐름공정에서의 수지식
$$\Delta\left[\left(H + \tfrac{1}{2}u^2 + gz\right)\dot{m}\right]_{fs} = \dot{Q} + \dot{W}_S$$
$$\dfrac{d(mU)_{cv}}{dt} = 0$$

◆ 마하수
유체 내에서 음속에 대한 덕트 내 유체에서의 음속의 비
$$M = \dfrac{u}{c}$$

- $udu - \left(\dfrac{\dfrac{\beta u^2}{C_P} + M^2}{1 - M^2}\right) TdS$

  $+ \left(\dfrac{1}{1 - M^2}\right)\dfrac{u^2}{A}dA = 0$

- $V(1 - M^2)\dfrac{dP}{dx}$

  $+ T\left(1 + \dfrac{\beta u^2}{C_P}\right)\dfrac{dS}{dx} - \dfrac{u^2}{A}\dfrac{dA}{dx} = 0$

- $u\dfrac{du}{dx} - T\left(\dfrac{\dfrac{\beta u^2}{C_P} + M^2}{1 - M^2}\right)\dfrac{dS}{dx}$

  $+ \left(\dfrac{1}{1 - M^2}\right)\dfrac{u^2}{A}\dfrac{dA}{dx} = 0$

TIP ⫶⫶⫶⫶⫶⫶⫶⫶⫶⫶⫶⫶⫶⫶⫶⫶⫶⫶⫶⫶

$\dfrac{dA}{dz} = 0$일 때

- $\dfrac{dP}{dx} = -\dfrac{T}{V}\left(\dfrac{1 + \dfrac{\beta u^2}{C_P}}{1 - M^2}\right)\dfrac{dS}{dx}$

- $u\dfrac{du}{dx} = T\left(\dfrac{\dfrac{\beta u^2}{C_P} + M^2}{1 - M^2}\right)\dfrac{dS}{dx}$

❖ 노즐

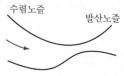

수렴노즐   발산노즐

열역학 제2법칙에 의해 단열흐름에서 유체 마찰에 의한 비가역성은 흐름방향으로 유체 내의 엔트로피를 증가시킨다. 극한적으로 가역성에 접근하면 엔트로피의 증가는 0에 이르게 된다.

$$\dfrac{dS}{dx} \geq 0$$

1) 관흐름

단면적이 일정한 수평관을 흐르는 정상상태 단열흐름의 경우 $\dfrac{dA}{dx} = 0$이다.

음속보다 낮은 속도의 흐름에 대해서 $M^2 < 1$, 우변의 양 > 0

$\therefore \dfrac{dP}{dx} < 0, \dfrac{du}{dx} > 0$

① 흐름방향으로의 압력은 감소하고 속도는 증가한다.(단, 속도가 음속을 초과하면 부등호는 반대가 된다.)

② 단면적이 일정한 관에서 도달할 수 있는 속도는 음속이며, 관의 출구에서 도달 가능하다.

2) 노즐

- 노즐은 유체가 흐를 수 있는 단면적을 변화시킴으로써 유체의 운동에너지가 내부에너지의 상호교환을 유발시키는 장치이다.
- 잘 설계된 노즐에서는 단면적과 길이에 따라 흐름이 거의 마찰없이 흐른다.
- 가역흐름이 되는 극한에서 엔트로피의 증가속도는 0에 이른다.($\dfrac{dS}{dx} = 0$)

$$\dfrac{dP}{dx} = \dfrac{u^2}{VA}\left(\dfrac{1}{1 - M^2}\right)\dfrac{dA}{dx}, \quad \dfrac{du}{dx} = -\dfrac{u}{A}\left(\dfrac{1}{1 - M^2}\right)\dfrac{dA}{dx}$$

▼ 노즐에 대한 흐름의 특성

구분	아음속 : $M < 1$		초음속 : $M > 1$	
	수렴	발산	수렴	발산
$\dfrac{dA}{dx}$	−	+	−	+
$\dfrac{dP}{dx}$	−	+	+	−
$\dfrac{dU}{dx}$	+	−	−	+

① 아음속 수렴노즐

　　㉠ 단면적이 감소하면 속도는 증가하고 압력은 감소한다.

　　㉡ 도달 가능한 최대유속은 음속으로 노즐의 목에서 이 속도에 이른다.

　　㉢ 유속을 더 증가시키고 압력을 감소시키려면 단면적의 증가, 즉 발산영역
　　　이 요구된다.

② 초음속 발산노즐

　　㉠ 목에서 음속에 도달했을 때 압력이 더 감소하기 위해서는 단면적이 증가하
　　　는 발산부가 필요하다.

　　㉡ 이 부분에서 속도는 계속 증가하여 $\dfrac{dA}{dx} = 0$이 되는 목에서 전이가 일어난다.

③ 목의 압력이 충분히 낮아서 $\dfrac{P_2}{P_1}$의 임계값에 도달할 때에만 수렴·발산 노즐

의 목에서 음속에 도달한다.

　　　　여기서, 1 : 입구조건, 2 : 출구조건

④ 노즐 내의 압력강하가 충분하지 못해서 유속이 음속에 도달하지 못하면 노즐
의 발산부분은 확산기(Diffuser)의 역할을 한다. 즉, 목에 도달한 후 압력은 증
가하고 속도는 감소한다.

$$udu = -VdP$$

$$u_2^2 - u_1^2 = -2\int_{P_1}^{P_2} VdP = \frac{2\gamma P_1 V_1}{\gamma - 1}\left[1 - \left(\frac{P_2}{P_1}\right)^{\frac{\gamma-1}{\gamma}}\right]$$

$$PV^\gamma = \text{Const}$$

u_2가 음속이 되는 경우

$$u_2^2 = c^2 = -V^2\left(\frac{\partial P}{\partial V}\right)_S$$

$$\left(\frac{\partial P}{\partial V}\right)_S = -\frac{\gamma P}{V}$$

$$\therefore \ u_2^2 = \gamma P_2 V_2$$

$u_1 = 0$으로 두면 목부분에서 압력비는 $\dfrac{P_2}{P_1} = \left(\dfrac{2}{\gamma+1}\right)^{\frac{\gamma}{\gamma-1}}$

3) 조름공정

・ 유체가 오리피스, 부분적으로 닫힌 밸브, 다공성 마개와 같은 제한 요소를 통하
여 흐를 때 운동에너지나 위치에너지의 변화가 거의 없다면 이 공정의 1차적인
결과는 유체의 압력강하이다.

- 조름공정은 축일을 생성하지 않는다. 열전달이 없다고 하면 이 공정은 일정 엔탈피에서 이루어진다.

  $\Delta H = 0$, $H_1 = H_2$
- 이상기체의 엔탈피는 온도에만 의존하므로 조름공정은 이상기체의 온도를 변화시키지 않는다.
- 실제기체에 대하여 일정 엔탈피에서의 압력감소는 온도의 감소를 가져온다. 온도강하가 큰 것은 액체의 기화에 기인한다.

(1) Joule – Thomson 계수 ▢▢▢

① Joule – Thomson 계수

$$\mu = \left(\frac{\partial T}{\partial P} \right)_H$$

엔탈피가 일정한 팽창을 Joule – Thomson 팽창이라고 한다.

$\mu > 0 : P \downarrow \ T \downarrow$ 팽창 시 온도가 감소한다.
$\mu < 0 : P \downarrow \ T \uparrow$ 팽창 시 온도가 증가한다.

② 조름공정

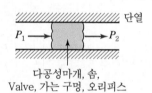

다공성마개, 솜,
Valve, 가는 구멍, 오리피스

기체를 가는 구멍이나 다공성 마개를 통과시키면 온도가 변하는 현상이다.
- 단열과정이므로 $Q = 0$
- 기체에 가한 일 $= P_1 V_1$
- 기체가 하는 일 $= P_2 V_2$
- $W = P_1 V_1 - P_2 V_2$

  $\Delta U = U_1 - U_2 = Q - W = -W$

  $\quad = U_1 - U_2 = -P_1 V_1 + P_2 V_2$

  $U_1 + P_1 V_1 = U_2 + P_2 V_2$

  $\therefore H_1 = H_2$ ➡ 등엔탈피 과정

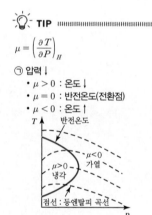

(2) Joule $-$ Thomson 계수의 표현 ▣▣▣

$$\mu = \left(\frac{\partial T}{\partial P}\right)_H = - \frac{\left(\frac{\partial H}{\partial P}\right)_T}{\left(\frac{\partial H}{\partial T}\right)_P} = - \frac{1}{C_P}\left(\frac{\partial H}{\partial P}\right)_T$$

$$\left(\frac{\partial x}{\partial y}\right)_z \left(\frac{\partial y}{\partial z}\right)_x \left(\frac{\partial z}{\partial x}\right)_y = -1 \text{이므로}$$

$$\left(\frac{\partial T}{\partial P}\right)_H \left(\frac{\partial P}{\partial H}\right)_T \left(\frac{\partial H}{\partial T}\right)_P = -1$$

$$\mu = \left(\frac{\partial T}{\partial P}\right)_H = - \frac{\left(\frac{\partial H}{\partial P}\right)_T}{\left(\frac{\partial H}{\partial T}\right)_P} = - \frac{1}{C_P}\left(\frac{\partial H}{\partial P}\right)_T$$

$$\mu = \left(\frac{\partial T}{\partial P}\right)_H = \frac{T\left(\frac{\partial V}{\partial T}\right)_P - V}{C_P} \quad \cdots\cdots\cdots\cdots\cdots\cdots\cdots ⓗ$$

$H = f(T, P)$

$$dH = \left(\frac{\partial H}{\partial T}\right)_P dT + \left(\frac{\partial H}{\partial P}\right)_T dP$$

$dH = TdS + VdP$

$T = \text{Const}(\text{일정}), \div dP$하면

$$\left(\frac{\partial H}{\partial T}\right)_P = C_P$$

$$\left(\frac{\partial H}{\partial P}\right)_T = V + T\left(\frac{\partial S}{\partial P}\right)_T = V - T\left(\frac{\partial V}{\partial T}\right)_P$$

$$\beta = \frac{1}{V}\left(\frac{\partial V}{\partial T}\right)_P \;\Rightarrow\; \text{부피팽창계수}$$

$$dH = C_P dT + \left[V - T\left(\frac{\partial V}{\partial T}\right)_P\right]dP$$

$$\mu = \left(\frac{\partial T}{\partial P}\right)_H = \frac{T\left(\frac{\partial V}{\partial T}\right)_P - V}{C_P} = \frac{T\beta V - V}{C_P} = \frac{V(\beta T - 1)}{C_P}$$

$$\mu = \left(\frac{\partial T}{\partial P}\right)_H = \frac{V(\beta T - 1)}{C_P}$$

이상기체인 경우 ⓗ식에서 $T\left(\dfrac{\partial V}{\partial T}\right)_P = \dfrac{RT}{P} = V$이므로 $\mu = 0$이 된다.

2. 터빈(팽창기)

1) 터빈(팽창기)

① 노즐 내에서 기체가 팽창되어 고속의 흐름이 이루어지는 과정은 내부에너지를 운동에너지로 변환시키는 과정이다.

② 흐름이 회전축에 부착된 날개에 충돌할 때 운동에너지는 축일로 변화된다.

③ 터빈(팽창기)은 여러 세트의 노즐과 회전날개로 구성되며, 이를 통과하여 기체가 정상상태의 팽창과정을 거치면서 흐른다.

④ 터빈 : 발전소에서 수증기가 동력을 제공할 때의 장치

⑤ 팽창기 : 화학공장, 석유화학공장에서 암모니아, 에틸렌 등의 고압의 기체가 작동유체로 사용되는 장치

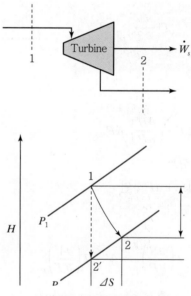

▲ 터빈(팽창기)에서의 단열팽창과정

$$\dot{W}_S = \dot{m}\Delta H = \dot{m}(H_2 - H_1)$$

$$W_S = \Delta H = H_2 - H_1$$

여기서, 1 : 입구조건
2 : 출구조건

만일 유체가 가역 단열팽창과정을 거친다면 등엔트로피 과정이므로 $S_1 = S_2$이다.

$$W_S(\text{isentropic}) = (\Delta H)_S$$

축일 $|W_S(\text{isentropic})|$은 입구의 조건(T_1, P_1)과 출구압력(P_2)이 주어진 단열 터빈으로부터 얻을 수 있는 최대의 일이다.

터빈의 효율 $\eta \equiv \dfrac{W_S}{W_S(\text{isentropic})}$

여기서, W_S : 실제축일

$$\eta = \frac{\Delta H}{(\Delta H)_S} \ (\eta = 0.7 \sim 0.8)$$

2) 압축공정

(1) 압축기

① 기체의 압축은 터빈을 역으로 운전하는 것과 같다.

② 회전날개가 있는 장치에 의해 또는 왕복피스톤이 있는 실린더에 의해 이루어 진다.
   ㉠ 회전형 장치 : 방출압력이 높지 않은 대량의 흐름에 사용
   ㉡ 왕복형 압축기 : 고압의 경우

③ 압축과정에서 등엔트로피 일은 주어진 초기상태의 기체를 주어진 방출압력 까지 압축시키는 데 필요한 최소한의 축일이다.

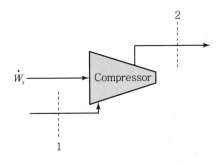

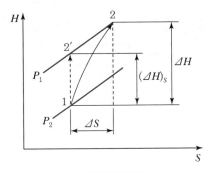

▲ 단열압축공정

$$압축기 효율 \ \eta = \frac{W_S(\text{isentropic})}{W_S}$$

$$\eta = \frac{(\Delta H)_S}{\Delta H}$$

과정의 비가역 정도가 커질수록 2점은 P_2등압선의 오른쪽으로 치우치게 되고 과정의 효율 η은 더욱 작아진다.

(2) 펌프

① 액체는 펌프에 의해 수송된다.

② $W_S(\text{Isentropic}) = (\Delta H)_S = \int_{P_1}^{P_2} VdP$

(3) 분사기(Ejector)

진공실로부터 증기 또는 기체를 제거하고 압축하여 더 높은 압력으로 방출한다.

[03] 동력 생성

1. 수증기 동력 플랜트

작동유체(수증기)가 정상상태에서 펌프, 보일러, 터빈, 응축기를 주기적 과정으로 계속적으로 흐르는 대규모 열기관이다.

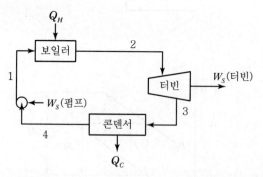

1) Rankine 사이클 ▨▨▨

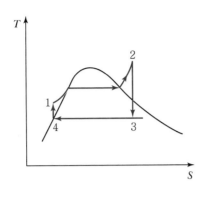

▲ Rankine 사이클

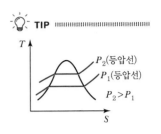

TIP ⅢⅢⅢⅢⅢⅢⅢⅢⅢⅢⅢ

P_2(등압선)
P_1(등압선)

$P_2 > P_1$

(1) 1 → 2

　① 정압가열과정

　② 경로는 등압선(보일러의 압력)상에 있으며 3개의 부분으로 구성되어 있다.

　　㉠ 과냉각된 물을 포화온도까지 가열하는 과정

　　㉡ 일정온도, 일정압력에서 기화하는 과정

　　㉢ 포화온도 이상의 온도로 증기를 가열하는 과정

(2) 2 → 3

　터빈 내에서 증기를 응축기의 압력으로 가역·단열(등엔트로피) 팽창시키는 과정

(3) 3 → 4

　응축기 내에서 4위치의 포화액체를 생산하는 정압·정온과정

(4) 4 → 1

　포화액체를 보일러의 압력까지 가역·단열(등엔트로피) 이송하여 압축된(과냉각된) 액체를 생성하는 과정

2. 내연기관

1) Otto 기관

(1) Otto 기관의 사이클

　보편적인 내연기관은 자동차에 이용되는 Otto 기관이다. 이 기관의 사이클은 4개의 행정(Stroke)으로 구성되어 있다.

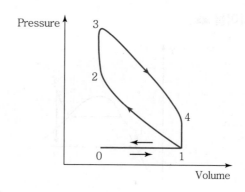

[정리]

① 0 : 연료투입

② 1 : 단열압축

③ 2 : 연소가 빠르게 진행되므로 부피는 거의 일정하나 압력은 상승

④ 3 : 단열팽창 : 일생산

⑤ 4 : 밸브가 열리면서 일정부피에서 압력 감소

[설명]

① 0 → 1

일정압력에서 흡입행정으로 시작되는데 흡입행정에서는 피스톤이 바깥쪽으로 이동하며 연료－공기의 혼합물이 실린더로 흘러들어간다.

② 1 → 2 → 3

㉠ 두 번째 행정에서는 모든 밸브는 닫히고 연료－공기의 혼합물은 선 1 → 2를 따라 거의 단열적으로 압축된다.

㉡ 다음으로 혼합물이 점화되는데 연소가 매우 빠르게 진행되므로 압력은 선 2 → 3을 따라 상승하지만 부피는 거의 일정하다.

③ 3 → 4 → 1

㉠ 세 번째 행정에서 일이 생산된다.

㉡ 고온·고압의 연소생성물은 선 3 → 4를 따라 거의 단열적으로 팽창한다.

㉢ 다음으로 방출밸브가 열리며, 거의 일정한 부피에서 압력이 4 → 1을 따라 급격하게 감소된다.

④ 1 → 0

㉠ 마지막 행정에서는 피스톤이 실린더로부터 남아 있는 연소기체를(틈새에 있는 부분 제외) 밀어낸다.

㉡ 앞의 그림에 표시된 부피는 엔진의 피스톤과 실린더 상단(Head) 사이에 있는 기체의 총부피이다.

TIP

압축비를 증가시키면 엔진의 효율, 즉 단위연료당 생산된 일을 증가시키는 효과를 가져온다.

※ 압축비 : 1 → 2로의 압축행정의 시작과 끝의 부피비

(2) 공기표준 사이클 ▪▪▪

일정한 열용량을 갖는 이상기체로 간주되는 공기를 작동유체로 하는 열기관 사이클로 2개의 단열과정과 등부피과정으로 구성된다.

TIP ▪▪▪▪▪▪▪▪▪▪▪▪▪▪▪▪▪▪▪▪▪

Otto 사이클의 $T - S$ 선도

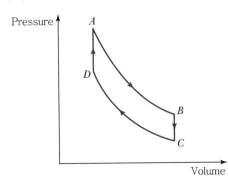

▲ 공기표준 Otto 사이클

여기서, CD : 가역단열압축과정

DA 단계 : 일정한 부피에서 공기에 의해 충분한 열이 흡수되어 공기의 온도와 압력을 실제 Otto기관의 연소에서 얻는 값만큼 상승시킨다.

AB 단계 : 가역 · 단열 · 팽창

BC 단계 : 일정한 부피에서 C의 초기상태로 냉각된다.

공기표준 사이클의 열효율 η 은 다음과 같이 표현된다.

$$\eta = \frac{|W_{(net)}|}{Q_{DA}} = \frac{Q_{DA} + Q_{BC}}{Q_{DA}}$$

열용량이 일정한 공기 1mol에 대하여

$$Q_{DA} = C_V(T_A - T_D)$$

$$Q_{BC} = C_V(T_C - T_B)$$

$$\therefore \eta = \frac{C_V(T_A - T_D) + C_V(T_C - T_B)}{C_V(T_A - T_D)}$$

즉, $\eta = 1 - \dfrac{T_B - T_C}{T_A - T_D}$

(3) 열효율

열효율은 압축비 $r = \dfrac{V_C}{V_D}$ 와 관계가 있다.

각 온도를 이상기체 방정식에 따라 적절한 $\dfrac{PV}{R}$ 로 대체한다.

$$T_B = \frac{P_B V_B}{R} = \frac{P_B V_C}{R}, \ T_C = \frac{P_C V_C}{R}$$

$$T_A = \frac{P_A V_A}{R} = \frac{P_A V_D}{R}, \ T_D = \frac{P_D V_D}{R}$$

$$\therefore \ \eta = 1 - \frac{V_C}{V_D}\left(\frac{P_B - P_C}{P_A - P_D}\right) = 1 - r\left(\frac{P_B - P_C}{P_A - P_D}\right)$$

[단열가역과정]

$$PV^\gamma = 일정$$

$$P_A V_D{}^\gamma = P_B V_C{}^\gamma \ (V_D = V_A, \ V_C = V_B)$$

$$\frac{P_B}{P_C} = \frac{P_A}{P_D}, \ \ \frac{P_C}{P_D} = \left(\frac{V_D}{V_C}\right)^\gamma = \left(\frac{1}{r}\right)^\gamma$$

$$\eta = 1 - r\frac{(P_B/P_C - 1)P_C}{(P_A/P_D - 1)P_D} = 1 - r\frac{P_C}{P_D}$$

$$\eta = 1 - r\left(\frac{1}{r}\right)^\gamma = 1 - \left(\frac{1}{r}\right)^{\gamma - 1}$$

여기서, r : 압축비

γ : 비열비

2) 디젤기관

- Diesel 기관은 압축 후 온도가 충분히 높아서 연소가 순간적으로 시작된다.
- 연소가 등압하에서 이루어지므로 등압 사이클이다.

> 압축비가 같다면 Otto 기관이 Diesel 기관보다 효율이 높다. 그러나 Otto 기관에서는 미리 점화하는 현상 때문에 얻을 수 있는 압축비에 한계가 있다. Diesel 기관은 더 높은 압축비에서 운전되며, 더 높은 효율을 얻는다.

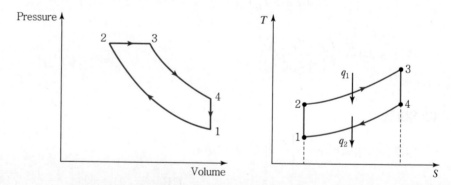

여기서, 1－2 : 단열압축, 2－3 : 등압가열(Q_1)

3－4 : 단열팽창, 4－1 : 등적방열(Q_2)

(1) 압축비(r), 팽창비(r_e)

① 압축비(r)

$$r = \frac{V_1}{V_2} = \frac{V_4}{V_2}$$

② 팽창비(r_e)

$$r_e = \frac{V_4}{V_3}$$

(2) 효율

$$\eta = \frac{W}{Q_1} = \frac{C_P(T_3 - T_2) - C_V(T_4 - T_1)}{C_P(T_3 - T_2)}$$

$$= 1 - \frac{C_V}{V_P}\frac{T_4 - T_1}{T_3 - T_2} = 1 - \frac{1}{\gamma}\left(\frac{T_4 - T_1}{T_3 - T_2}\right)$$

가역단열과정 $\dfrac{T_2}{T_1} = \left(\dfrac{V_1}{V_2}\right)^{\gamma - 1}$

$3 \rightarrow 4$ (가역단열팽창) : $T_3\,V_3^{\,\gamma - 1} = T_4\,V_4^{\,\gamma - 1}$

$1 \rightarrow 2$ (가역단열압축) : $T_2\,V_2^{\,\gamma - 1} = T_1\,V_1^{\,\gamma - 1}$

압축비 $r = \dfrac{V_1}{V_2}$, 팽창비 $r_e = \dfrac{V_4}{V_3}$

$$T_4 = T_3\left(\frac{1}{r_e}\right)^{\gamma - 1}$$

$$T_1 = T_2\left(\frac{1}{r_e}\right)^{\gamma - 1}$$

$$\eta = 1 - \frac{1}{\gamma}\left[\frac{T_3(\frac{1}{r_e})^{\gamma - 1} - T_2(\frac{1}{r_e})^{\gamma - 1}}{T_3 - T_2}\right]$$

$$\frac{T_3}{T_2} = \frac{V_2}{V_3} = \frac{V_2/V_1}{V_3/V_4} = \frac{r_e}{r}$$

$$\therefore\ \eta = 1 - \frac{1}{\gamma}\left[\frac{(1/r_e)^\gamma - (1/r)^\gamma}{1/r_e - 1/r}\right]$$

3) 기체터빈 기관

기체터빈 기관에서 내연기관의 장점과 터빈의 장점이 결합된다. 압축기·연소기·터빈의 3대 기본요소로 구성된다.

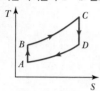
(1) 가스터빈 사이클 ▯▯▯

등압연소 사이클로 공기표준가스터빈 사이클을 Brayton 사이클이라 한다.

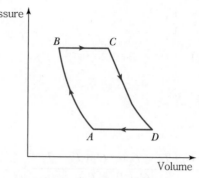

▲ 이상적인 사이클 : Brayton 사이클

여기서, AB : 공기를 P_A(대기압) → P_B 까지 가역단열압축(등엔트로피)

           BC : 일정압력, 연소를 대체하는 열량 Q_{BC} 가 가해져서 공기의 온도를 높여준다.

           CD : 공기의 등엔트로피 팽창으로 일이 생성되면서 압력이 $P_C → P_D$ (대기압)으로 감소한다.

           DA : 정압냉각과정

$$\eta = \frac{|W_{(net)}|}{Q_{BC}} = \frac{|W_{CD}| - W_{AB}}{Q_{BC}}$$

$$= \frac{C_P(T_C - T_D) - C_P(T_B - T_A)}{C_P(T_C - T_B)}$$

$$\eta = 1 - \frac{T_D - T_A}{T_C - T_B}$$

AB와 CD는 등엔트로피 과정이므로 온도와 압력의 관계는 다음과 같이 나타낼 수 있다.

$$\left(\frac{T_B}{T_A}\right) = \left(\frac{P_B}{P_A}\right)^{\frac{\gamma-1}{\gamma}}$$

$$\frac{T_D}{T_C} = \left(\frac{P_D}{P_C}\right)^{\frac{\gamma-1}{\gamma}} = \left(\frac{P_A}{P_B}\right)^{\frac{\gamma-1}{\gamma}}$$

이 식에서 T_A 와 T_D 를 소거하면 다음과 같다.

$$\eta = 1 - \left(\frac{P_A}{P_B}\right)^{\frac{\gamma-1}{\gamma}}$$

실전문제

01 이상기체의 줄-톰슨 계수의 값은?

① 0
② 0.5
③ 1
④ ∞

> **해설**

$$\mu = \left(\frac{\partial T}{\partial P}\right)_H = \frac{T\left(\frac{\partial V}{\partial T}\right)_P - V}{C_P}$$

$$T\left(\frac{\partial V}{\partial T}\right)_P = \frac{RT}{P} = V \quad \mu = 0$$

이상기체에서 $\mu = 0$이다.

02 Otto 사이클의 효율(η)을 표시하는 식으로 옳은 것은?(단, k=비열비, r_v=압축비, r_f=팽창비이다.)

① $\eta = 1 - \left(\dfrac{1}{r_v}\right)^{k-1}$

② $\eta = 1 - \left(\dfrac{1}{r_v}\right)^{k}$

③ $\eta = 1 - \left(\dfrac{1}{r_v}\right)^{(k-1)/k}$

④ $\eta = 1 - \left(\dfrac{1}{r_v}\right)^{k-1} \cdot \dfrac{r_f^{\,k-1}}{k(r_f - 1)}$

> **해설**

Otto Cycle

$$\eta = 1 - \frac{1}{r}^{\gamma - 1}$$

　여기서, r : 압축비
　　　　　γ : 비열비

03 다음 Cycle이 나타내는 내연기관은?

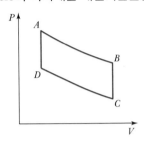

① 공기표준 오토엔진
② 공기표준 디젤엔진
③ 가스터빈
④ 제트엔진

> **해설**

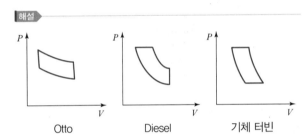

04 Otto 엔진과 Diesel 엔진에 대한 설명 중 틀린 것은?

① Diesel 엔진에서는 압축과정의 마지막에 연료가 주입된다.
② Diesel 엔진의 효율이 높은 이유는 Otto 엔진보다 높은 압축비로 운전할 수 있기 때문이다.
③ Diesel 엔진의 연소과정은 압력이 급격히 변화하는 과정 중에 일어난다.
④ Otto 엔진의 효율은 압축비가 클수록 좋아진다.

> **해설**

Diesel 엔진의 연소과정은 정압하에서 일어난다.

정답 ▶ **01** ① **02** ① **03** ① **04** ③

05 조름밸브(Throttling Valve)의 과정에서는 다음 중 어느 것이 성립하는가?(단, 열전달이 없고, 위치 및 운동에너지는 일정하다.)

① 엔탈피의 변화가 없다.
② 엔트로피의 변화가 없다.
③ 압력의 변화가 없다.
④ 내부에너지의 변화가 없다.

> **해설**

등엔탈피 변화
$$\mu = \left(\frac{\partial T}{\partial P}\right)_H$$

06 다음 중 Joule−Thomson의 계수(μ_T)에 대한 설명으로 옳은 것은?

① $\mu_T = \left(\frac{\partial P}{\partial T}\right)$로 정의된다.
② 항상 양(+)의 값을 갖는다.
③ 전환점(Inversion Point)에서는 1의 값을 갖는다.
④ 이상기체의 경우는 값이 0이다.

> **해설**

$$\mu = \left(\frac{\partial T}{\partial P}\right)_H$$

압력강하 시
• $\mu > 0$: 온도하강
• $\mu = 0$: 반전온도
• $\mu < 0$: 온도상승

07 Joule−Thomson 계수(μ_T)에 대한 표현으로 옳은 것은?

① $\mu = \frac{1}{C_P}\left[T\left(\frac{\partial V}{\partial T}\right)_P - V\right]$
② $\mu = -\frac{1}{C_P}\left[T\left(\frac{\partial V}{\partial T}\right)_P - V\right]$
③ $\mu = \frac{1}{C_P}\left[V - T\left(\frac{\partial T}{\partial V}\right)_P\right]$
④ $\mu = \frac{1}{C_P}\left[V - T\left(\frac{\partial V}{\partial T}\right)_P\right]$

> **해설**

Joule−Thomson 계수
$$\mu = \left(\frac{\partial T}{\partial P}\right)_H = \frac{T\left(\frac{\partial V}{\partial T}\right)_P - V}{C_P}$$

08 내연기관 중 자동차에 사용되고 있는 것으로 흡입행정은 거의 정압에서 일어나며, 단열압축과정 후 전기점화에 의해 단열팽창하는 사이클은 어떤 사이클인가?

① 오토(Otto)
② 디젤(Diesel)
③ 카르노(Carnot)
④ 랭킨(Rankin)

> **해설**

• $0 \rightarrow 1$: 일정압력, 흡입행정
• $1 \rightarrow 2$: 단열압축
• $2 \rightarrow 3$: 연소가 빠르게 진행되므로 부피는 거의 일정하나 압력은 상승
• $3 \rightarrow 4$: 단열팽창
• $4 \rightarrow 1$: 밸브가 열리면서 일정 부피에서 압력감소

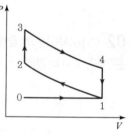

09 다음 그림은 열기관 사이클이다. T_1에서 열을 받고 T_2에서 열을 방출할 때 이 사이클의 열효율은 얼마인가?

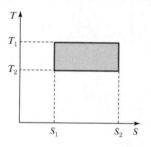

① $\dfrac{T_2}{T_1 - T_2}$
② $\dfrac{T_2}{T_2 - T_1}$
③ $\dfrac{T_2 - T_1}{T_1}$
④ $\dfrac{T_1 - T_2}{T_1}$

$$\eta = \frac{|W|}{Q_H} = \frac{Q_h - Q_C}{Q_H} = \frac{T_H - T_C}{T_H} = \frac{T_1 - T_2}{T_1}$$

10 공기표준 디젤 사이클의 구성요소로서 그 과정이 옳은 것은?

① 단열압축 → 정압가열 → 단열팽창 → 정적방열
② 단열압축 → 정적가열 → 단열팽창 → 정적방열
③ 단열팽창 → 정적가열 → 단열팽창 → 정압방열
④ 단열팽창 → 정압가열 → 단열압축 → 정적방열

• 디젤기관 : 단열압축 → 정압가열 → 단열팽창 → 정적방열
• 오토기관 : 단열압축 → 등적가열 → 단열팽창 → 등적냉각

11 표준 디젤 사이클의 $P - V$ 선도에 해당하는 것은?

①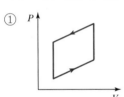
②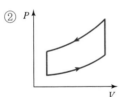
③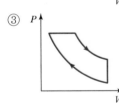
④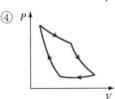

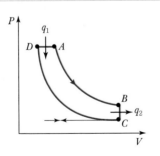

• C → D : 단열압축
• A → B : 단열팽창
• D → A : 등압가열
• B → C : 등부피 방열

12 이상적인 기체 터빈 동력장치에서 압력비는 6이고 압축기로 들어가는 온도는 27℃이며 터빈의 최대 허용 온도는 816℃이다. 가역조작으로 진행될 때 이 동력장치의 효율은 약 얼마인가?(단, 비열비는 1.4이다.)

① 20%
② 30%
③ 40%
④ 50%

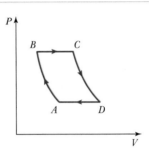

$$\eta = \frac{W}{Q_{BC}} = \frac{Q_{BC} - Q_{DA}}{Q_{BC}}$$

$$Q_{BC} = C_P(T_C - T_B) \qquad Q_{DA} = C_P(T_D - T_A)$$

$$\eta = 1 - \frac{(T_D - T_A)}{(T_C - T_B)}$$

$$\left(\frac{T_B}{T_A}\right) = \left(\frac{P_B}{P_A}\right)^{\frac{\gamma - 1}{\gamma}}$$

$$\frac{T_D}{T_C} = \left(\frac{P_D}{P_C}\right)^{\frac{\gamma - 1}{\gamma}} = \left(\frac{P_A}{P_B}\right)^{\frac{\gamma - 1}{\gamma}}$$

$$\eta = 1 - \left(\frac{P_A}{P_B}\right)^{\frac{\gamma - 1}{\gamma}} = 1 - \left(\frac{1}{6}\right)^{\frac{1.4 - 1}{1.4}} = 0.4$$

∴ 40%

13 줄−톰슨 계수(μ)에 관한 설명 중 틀린 것은?

① $\mu = \left(\dfrac{\partial T}{\partial P}\right)_H$ 로 정의된다.

② 일정 엔탈피에서 발생되는 변화에 대한 값이다.

③ 이상기체의 점도에 비례한다.

④ 실제 기체에서도 그 값은 0이 될 수 있다.

해설

$$\mu = \left(\frac{\partial T}{\partial P}\right)_H$$

압력강하 시
- $\mu > 0$: 온도하강
- $\mu = 0$: 반전온도
- $\mu < 0$: 온도상승

14 랭킨 사이클로 작용하는 증기 원동기에서 $25\text{kg}_f/\text{cm}^2$, $400\,^\circ\text{C}$의 증기가 증기 원동기소에 들어가고 배기압 0.04 kg_f/cm^2로 배출될 때 펌프일을 구하면 약 몇 $\text{kg}_f \cdot \text{m/kg}$인가?(단, $0.04\text{kg}_f/\text{cm}^2$에서 액체물의 비체적은 0.001 m^3/kg이다.)

① 24.96 ② 249.6
③ 46.96 ④ 499.6

해설

$$(25 - 0.04)\text{kg}_f/\text{cm}^2 \times 0.001\text{m}^3/\text{kg} \times \frac{100^2\text{cm}^2}{1\text{m}^2}$$

$$= 249.6\text{kg}_f \cdot \text{m/kg}$$

15 줄-톰슨(Joule-Thomson) 계수 μ를 다음과 같이 나타낼 때 이상기체일 경우 μ값은?

$$\mu = \left(\frac{\partial T}{\partial P}\right)_H = \frac{T\left(\frac{\partial V}{\partial T}\right)_P - V}{C_P}$$

① 1 ② 0
③ -1 ④ ∞

해설

$$\mu = \left(\frac{\partial T}{\partial P}\right)_H = \frac{T\left(\frac{\partial V}{\partial T}\right)_P - V}{C_P}$$

이상기체의 경우

$$T\left(\frac{\partial V}{\partial T}\right)_P = T\frac{R}{P} = V$$

$$\therefore \mu = \frac{V - V}{C_P} = 0$$

16 공기표준 오토 사이클에 대한 설명으로 옳은 것은?

① 2개의 단열과정과 2개의 정적과정으로 이루어진 불꽃점화 기관의 이상 사이클이다.
② 정압, 정적, 단열 과정으로 이루어진 압축 정화 기관의 이상 사이클이다.
③ 2개의 단열과정과 2개의 정압과정으로 이루어진 가스 터빈의 이상 사이클이다.
④ 2개의 정압과정과 2개의 정적과정으로 이루어진 증기 원동기의 이상 사이클이다.

해설

2개의 단열과정 + 2개의 정적과정

17 줄-톰슨(Joule-Thomson) 계수 μ는 $1.084\,^\circ\text{C}$ $/\text{atm}$이고, 정압 열용량 C_P는 $8.75 \text{ cal/mol} \cdot \,^\circ\text{C}$일 때 CO_2 50g이 $25\,^\circ\text{C}$, 1atm에서 10atm까지 등온압축할 때의 엔탈피 변화량은 몇 cal인가?(단, 이 압력의 범위에서 C_P는 일정하다.)

① 85.3 ② -85.3
③ 97 ④ -97

해설

$$\mu = \left(\frac{\partial T}{\partial P}\right)_H = -\frac{1}{C_P}\left(\frac{\partial H}{\partial P}\right)_T$$

$$\left(\frac{\partial H}{\partial P}\right)_T = -\mu C_P$$

$$\Delta H = -\mu C_P \Delta P$$

$$= \frac{-1.084\,^\circ\text{C}}{\text{atm}}\left|\frac{8.75\text{cal}}{\text{mol} \cdot \,^\circ\text{C}}\right|\frac{(10-1)\text{atm}}{}\left|\frac{1\text{mol}}{44\text{g}}\right|\frac{50\text{g}}{}$$

$$= -97\text{cal}$$

18 디젤기관(Diesel Cycle)과 오토기관(Otto Cycle)에 대한 설명으로 옳은 것은?

① 두 기관 모두 효율은 압축비와 무관하게 결정된다.
② 디젤기관(Diesel Cycle)은 2개의 정용과정이 있으며, 오토기관(Otto Cycle)은 1개의 정용과정과 1개의 정압 과정이 있다.

정답 14 ② 15 ② 16 ① 17 ④ 18 ④

③ 같은 압축비에 대하여는 디젤기관(Diesel Cycle)은 오토 기관(Otto Cycle)보다 효율이 좋다.

④ 디젤기관(Diesel Cycle)은 오토기관(Otto Cycle)보다 큰 압축비를 낼 수 있으므로 결과적으로 더 큰 효율을 얻을 수 있다.

> **해설**
>
> 압축비가 같다면 Otto 기관이 Diesel 기관보다 효율이 높다. 그러나 Otto 기관에서는 미리 점화하는 현상 때문에 얻을 수 있는 압축비에 한계가 있다. Diesel 기관은 더 높은 압축비에서 운전되며, 더 높은 효율을 얻는다.

19 그림과 같은 공기표준 오토 사이클의 효율을 옳게 나타낸 식은?(단, a는 압축비이고, γ는 비열비이다.)

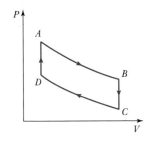

① $1 - a^\gamma$
② $1 - a^{\gamma - 1}$
③ $1 - \left(\dfrac{1}{a}\right)^\gamma$
④ $1 - \left(\dfrac{1}{a}\right)^{\gamma - 1}$

> **해설**
>
> • 오토 사이클 : $\eta = 1 - \left(\dfrac{1}{a}\right)^{\gamma - 1}$
>
> • 브레이턴 사이클 : $\eta = 1 - \left(\dfrac{P_A}{P_B}\right)^{\frac{\gamma - 1}{\gamma}}$

20 줄-톰슨(Joule-Thomson)의 계수 $\mu = \left(\dfrac{\partial T}{\partial P}\right)_H$ 에 관한 설명으로 틀린 것은?

① 조름(Throttling) 공정에 의한 온도변화 방향을 예상할 수 있다.

② $\mu < 0$인 기체가 단열팽창 시에는 온도가 증가된다.

③ $\mu > 0$인 기체가 단열팽창 시에는 온도가 증가된다.

④ $\mu = 0$인 기체는 단열팽창 시 온도의 변화가 없다.

> **해설**
>
> $$\mu = \left(\frac{\partial T}{\partial P}\right)_H$$
>
> 압력강하 시
> • $\mu > 0$: 온도하강 • $\mu = 0$: 반전온도 • $\mu < 0$: 온도상승

21 그림에 표시된 $T-S$ 도표는 어떤 사이클을 나타내고 있는가?

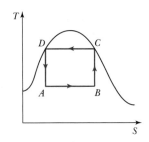

① 카르노(Carnot) 열기관 사이클
② 카르노(Carnot) 냉동 사이클
③ 브레이턴(Brayton) 사이클
④ 랭킨(Rankine) 사이클

> **해설**
>
> ① 카르노 열기관 사이클
>
>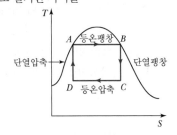
>
> ② 카르노 냉동 사이클(역열기관 사이클)
>
>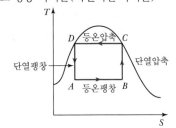

③ 브레이턴(Brayton) 사이클

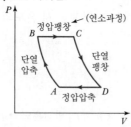

④ 랭킨(Rankine) 사이클

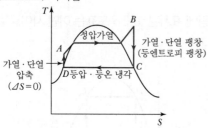

기체 – 터빈 동력장치의 이상적인 Cycle이다.

22 다음 중 디젤(Diesel) 기관에 관한 설명으로 옳지 않은 것은?

① 디젤(Diesel) 기관은 압축과정에서의 온도가 충분히 높아서 연소가 순간적으로 시작한다.

② 같은 압력비를 사용하면 오토(Otto) 기관이 디젤 (Diesel) 기관보다 효율이 높다.

③ 디젤(Diesel) 기관은 오토(Otto) 기관보다 미리 점화하게 되므로 얻을 수 있는 압축비에 한계가 있다.

④ 디젤(Diesel) 기관은 연소공정이 거의 일정한 압력에서 일어날 수 있도록 서서히 연료를 주입한다.

> 해설

디젤기관
• 연소가 등압하에서 이루어지는 등압 사이클이다.
• 압축비가 같다면 Otto 기관이 Diesel 기관보다 효율이 높다. 그러나 Otto 기관에서는 미리 점화하는 현상 때문에 얻을 수 있는 압축비에 한계가 있다. Diesel 기관은 더 높은 압축비에서 운전되며, 더 높은 효율을 얻는다.

23 공기표준 오토 사이클(Otto Cycle)에 해당하는 선도는?

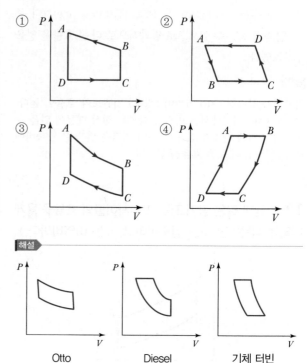

> 해설

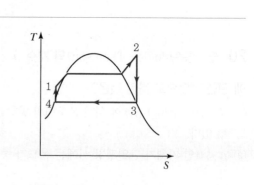

24 Rankine 사이클에 대한 설명으로 옳지 않은 것은?

① 보일러에서 정압가열과정이 일어난다.

② 터빈에서 증기는 응축기 압력으로 가역 단열팽창한다.

③ 응축기에서 과냉각액체를 생산하는 정압·정온 과정이 일어난다.

④ 보일러의 압력까지 가역 단열 이송하여 과냉각된 액체를 생성한다.

> 해설

- 1 − 2 : 정압가열과정
- 2 − 3 : 가역단열팽창
- 3 − 4 : 포화액체 생산, 정압, 정온 과정
- 4 − 1 : 포화액체를 보일러 압력까지 가역단열 이송하여 과 냉각된 액체 생성

25 랭킨 사이클로 작용하는 증기원동기에서 $50kg_f/cm^2$, $400℃$의 증기가 증기원동기소에 들어가고 배기압 0.04 kg_f/cm^2로 배출될 때 펌프 일을 계산하면 약 몇 $kg_f \cdot m/kg$인가?(단, $0.04kg_f/cm^2$에서 액체물의 비체적은 0.001 m^3/kg이다.)

① 24.98
② 249.8
③ 49.96
④ 499.6

해설

$(50 - 0.04)kg_f/cm^2 \times 100^2cm^2/m^2 \times 0.001m^3/kg$
$= 499.6kg_f \cdot m/kg$

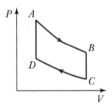

26 압축 또는 팽창에 대해 가장 올바르게 표현한 내용은? (단, 첨자 S는 등엔트로피를 의미한다.)

① 압축기의 효율은 $\eta = \dfrac{(\Delta H)_S}{\Delta H}$로 나타낸다.

② 노즐에서 에너지수지식은 $W_S = -\Delta H$이다.

③ 터빈에서 에너지수지식은 $W_S = -\displaystyle\int u\,du$이다.

④ 조름공정에서 에너지수지식은 $dH = -u\,du$이다.

해설

• 압축기
$$\eta = \frac{W_S(등엔트로피)}{W_S} = \frac{(\Delta H)_S}{\Delta H}$$
• 도관
$$\Delta H + \frac{\Delta u^2}{2} = 0$$

$$dH = -u\,du$$

• 노즐
$$\Delta H + \frac{\Delta u^2}{2} + g\Delta Z = Q + W_S$$
$$\Delta H + \frac{\Delta u^2}{2} = 0$$
$$dH = -u\,du$$

• 터빈
$$\Delta H + \frac{\Delta u^2}{2} + g\Delta Z = Q + W_S$$
$$\Delta H = W_S$$
$$\eta = \frac{W_S}{W_S(등엔트로피)} = \frac{\Delta H}{(\Delta H)_S}$$

• 조름공정
$$\Delta H = 0$$

정답 **25** ④ **26** ①

[04] 냉동과 액화

◆
냉동기관 ↔ 열기관

냉동(Refrigeration)이란 주위의 온도보다 낮게 온도를 유지하는 것이다. 냉동에서는 저온에서의 열의 연속적인 흡수가 필요하며, 정상상태의 흐름공정에서 액체의 증발에 의해 이루어진다.

1. Carnot 냉동기

- 이상적인 냉동기
- 냉동공정에서 낮은 온도에서 흡수된 열을 더 높은 온도에서 외계로 연속적으로 방출한다.
- 냉동 사이클은 역열기관 사이클이다.
- 저온 T_C 에서 열량 Q_C 가 흡수되고, 고온 T_H 에서 열량 Q_H 가 방출되는 2개의 등온과정과 2개의 단열과정으로 이루어진다.
- 이 사이클은 알짜일(Net Work) W 를 계에 가해주어야 한다. 사이클에서 작동유체의 ΔU 는 0이므로 제1법칙에 의해 다음과 같이 나타낼 수 있다.

$$W = |Q_H| - |Q_C|$$

1) 성능계수(Coefficient of Performance) : ω ■■■

냉동기의 성능을 비교하는 기준은 성능계수 ω 이다.

$$\omega = \frac{\text{저온에서 흡수된 열}}{\text{알짜일}} = \frac{|Q_C|}{W}$$

각 항을 $|Q_C|$ 로 나누면

$$\frac{W}{|Q_C|} = \frac{|Q_H|}{|Q_C|} - 1$$

$$\frac{|Q_H|}{|Q_C|} = \frac{T_H}{T_C}$$

$$\therefore \frac{W}{|Q_C|} = \frac{T_H}{T_C} - 1 = \frac{T_H - T_C}{T_C}$$

$$\therefore \omega = \frac{T_C}{T_H - T_C}$$

이 식은 Carnot 사이클로 작동되는 냉동기에만 적용되며, 주어진 T_H 와 T_C 사이에 작동되는 임의의 냉동기에 대해 ω 는 가능한 최댓값이 된다.

2) 냉동기효율

단위일에 대한 냉동기의 효율은 냉동기의 온도 T_C가 감소할수록, 열방출온도 T_H가 증가할수록 감소한다.

Exercise 01

주의의 온도가 30℃이고, 온도수준이 5℃인 냉동에 대하여 Carnot 성능계수는?

🔍 **풀이** $\quad \omega = \dfrac{5+273.15}{(30+273.15)-(5+273.15)} = 11.13$

---

2. 증기압축 사이클(Vapor – Compression Cycle) ▉▉▉

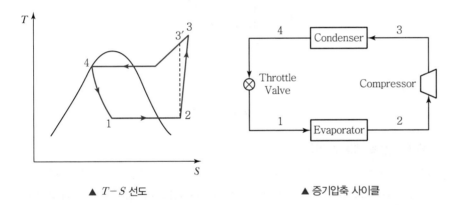

▲ $T-S$ 선도   ▲ 증기압축 사이클

〈증기 – 압축 냉동 사이클〉

선 1 → 2는 일정압력에서 증발되는 액체가 일정한 저온에서 열을 흡수한다. 생성된 증기는 고압으로 압축된 다음, 냉각되고 응축되면서 보다 높은 온도에서 열을 방출한다. 응축기에서 나온 액체는 팽창과정에 의해 원래의 압력으로 되돌아간다. 부분적으로 열린 밸브를 통한 조름과정(Throttling)에 의해 이루어진다. 이러한 비가역과정에서의 압력강하는 밸브에서의 유체 마찰로 인한 것이다.

조름과정은 일정엔탈피에서 이루어지며 선 4 → 1에서 나타난다. 선 2 → 3′는 등엔트로피 압축경로이고, 선 2 → 3은 실제 압축과정을 나타내는 선으로 엔트로피가 증가하는 방향으로 기울어지며 과정의 비가역성을 나타낸다.

1) 성능계수

단위질량의 유체를 기준으로 증발기에서 흡수된 열과 응축기에서 방출된 열
$$|Q_C| = H_2 - H_1, \quad |Q_H| = H_3 - H_4$$

압축일

$$W = (H_3 - H_4) - (H_2 - H_1) = H_3 - H_2 \ (H_1 = H_4)$$

성능계수(COP)

$$\omega = \frac{H_2 - H_1}{H_3 - H_2}$$

2) 냉매의 순환유량 $\dot{m}$

$$\dot{m} = \frac{|Q_C|}{H_2 - H_1}$$

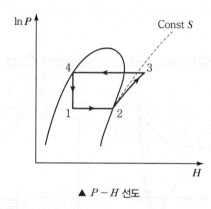

▲ $P - H$ 선도

〈증기 - 압축 냉동 사이클〉

$P - H$ 선도는 필요한 엔탈피 값을 직접 나타내므로 냉동공정을 나타내는 데에는 $T - S$ 선도보다는 $P - H$ 선도를 더 널리 이용한다. 증발과 응축과정이 일정 압력 경로에 의해 나타나지만 유체의 마찰로 인해 압력강하가 조금 일어난다.

주어진 T_C 와 T_H 에 대하여 ω 의 최댓값은 Carnot 냉동기에서 얻어진다. 비가역 압축과 조름밸브에서의 비가역팽창으로 증기 - 압축 사이클의 ω 값은 다소 낮아진다.

3. 공기 - 냉동 사이클

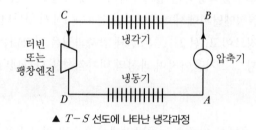

▲ $T - S$ 선도에 나타난 냉각과정

- 냉동실 내에서 공기가 대체로 일정한 압력 P_1에서 차가운 공기로부터 열을 흡수하고 냉각기에서 주위보다 높은 일정한 압력에서 열을 배출한다.
- 공기는 일정한 엔트로피 하에서 이상적으로 A에서 B로 되는데, 이때 필요한 에너지의 일부분은 팽창공정 CD로부터 얻는다.

1) 공기 – 냉동 사이클의 단점

① 가역적이라도 효율이 낮다.

② 냉동실, 냉각기에서 열이 기체의 경막(Film)을 통해 전달된다. 기체경막의 열전달 계수는 작으므로 공기와 냉동실 사이의 온도차는 커야 한다.

2) 공기 – 냉동 사이클에 대한 열역학적 해석

기체의 비열이 일정하다고 가정하고, 냉동실에서 흡수되는 열량과 배제된 열량은 다음과 같다.

$$Q_2 = mC_P(T_A - T_D)$$
$$Q_1 = mC_P(T_B - T_C)$$

2개의 가역단열과정 CD와 AB는 다음과 같이 나타낼 수 있다.

$$\frac{T_C}{T_D} = \left(\frac{P_2}{P_1}\right)^{\frac{\gamma-1}{\gamma}} = \frac{T_B}{T_A}$$

$W = mC_P[(T_B - T_C) - (T_A - T_D)]$이므로 효율은 다음과 같다.

$$\frac{W}{Q_2} = \frac{T_B}{T_A} - 1$$

냉동기의 성능은 성능계수(Coefficient of Performance)로 표시되며 $\dfrac{Q_2}{W}$, 즉 소요된 일에 대한 냉동의 비로 나타난다.(COP라고 한다.)

$$\text{COP} = \frac{Q_2}{W} = \frac{T_A}{T_B - T_A}$$

4. 냉매의 선택 ▨▨▨

① Carnot 열기관의 효율은 기관의 작동매체와 무관하며, Carnot 냉동기의 성능계수도 냉매와는 무관하다.

② 증기 – 압축 사이클은 비가역성으로 인하여 실제 냉동기의 성능계수는 냉매의 영향을 받는다.

③ 독성, 가연성, 비용, 부식성, 온도에 따른 증기압과 같은 특성이 냉매 선택의 중요한 요인이다.

④ 공기가 냉동시스템으로 새어 들어가지 않게 하기 위해서는 증발기온도에서의 냉매의 증기압은 대기압보다 높아야 한다.

⑤ 응축기 내 증기압이 너무 높으면 안 된다. 증기압이 높으면 고압장치의 초기 투자비용과 운전비용이 많이 소요된다.

냉매의 종류

• 암모니아, 염화메틸, 이산화탄소, 프로판, 그 밖의 다른 탄화수소
• 할로겐화 탄화수소
　예 CCl_3F(삼염화불화메탄, CFC – 11)
　　 CCl_2F_2(이염화이불화메탄, CFC – 12)
• 대체물질
　오존의 감소를 약하게 일으키는 불완전하게 할로겐화된 염화불화 탄화수소계나 염소를 포함하지 않아 오존의 감소를 일으키지 않는 탄화수소계
　예 $CHCl_2CF_3$(이염화삼불화에탄, HCFC – 123)
　　 CF_3CH_2F(사불화에탄, HFC – 134)
　　 CHF_2CF_3(오불화에탄, HFC – 125)

5. 흡수냉동

증기 – 압축냉동에서 압축일은 대부분 전동기에 의해 얻어진다. 그러나 전동기의 전기에너지는 발전기를 구동하기 위해 사용된 열기관(중앙 동력 플랜트)이다. 따라서 냉동에 필요한 일은 고온의 열을 사용한다.

온도 T_C에서 열을 흡수하고 주위의 온도 T_S에서 열을 방출하는 Carnot 냉동기에서 요구되는 일은 다음과 같다.

$$W = \frac{T_S - T_C}{T_C}|Q_C|$$

여기서, $|Q_C|$: 흡수된 열

열원이 주위의 온도보다 높은 온도, T_H에서 이용 가능하다면 이 온도와 주위의 온도 T_S 사이에서 작동하는 Carnot 기관에 의하여 일을 얻을 수 있다.

일 $|W|$을 생산하기 위해 필요한 열량 $|Q_H|$는 다음과 같다.

$$\eta = \frac{|W|}{|Q_H|} = 1 - \frac{T_S}{T_H}$$

$$|Q_H| = |W|\frac{T_H}{T_H - T_S}$$

여기서, $|W|$를 소거하면 $|Q_H| = |Q_C| \dfrac{T_H}{T_H - T_S} \cdot \dfrac{T_S - T_C}{T_C}$

실질적으로 Carnot 사이클이 실현될 수 없으므로 이 식에서 얻어지는 $\dfrac{|Q_H|}{|Q_C|}$ 의 값은 최솟값이 된다.

Exercise 02

대기압에서 응축되는 수증기를 열원(T_H=373.15K)으로 하는 $-10℃$(T_C=263.15K)의 온도수준에서의 냉동을 고려해보자. 주위의 온도가 30℃(T_S=303.15K)일 때 $\dfrac{|Q_H|}{|Q_C|}$ 의 최솟값은 얼마인가?

🔍 풀이 $\dfrac{|Q_H|}{|Q_C|} = \left(\dfrac{373.15}{373.15 - 303.15} \right)\left(\dfrac{303.15 - 263.15}{263.15} \right) = 0.81$

6. 열펌프(Heat Pump)

1) 열펌프
① 열펌프는 열기관의 반대로 겨울에는 주택·상업용 건물을 난방하고, 여름에는 냉방을 하는 장치이다.
② 겨울에는 주위로부터 열을 흡수하여 건물 내에 열을 방출한다. 지하나 외기에 설치한 코일 속에서 냉매가 증발하며 증기는 압축되고 열이 전달된 공기나 물은 건물의 난방에 이용된다. 이때 냉매의 응축온도가 원하는 건물의 온도보다 높아지는 압력까지 압축이 일어나야 한다.
③ 여름에는 냉방장치로도 이용할 수 있다. 건물로부터 열을 흡수하여 지하의 코일을 통하여 방출하거나 외부공기로 방출한다.

2) 운전비용
① 운전비용은 압축기를 작동하는 데 필요한 전력비이다. 만일 어떤 장치의 성능계수가 $\dfrac{|Q_C|}{W} = 4$라고 하면, 주택의 난방에 사용할 수 있는 열량 Q_H는 압축기에 대한 동력의 5배가 된다.
② 난방기구로서의 열펌프의 경제성은 기름, 천연가스 등의 연료비와 비교하여 전력비가 얼마나 높은가에 달려 있다.

7. 액화공정 ▪▪▪

기체가 2상 영역의 온도로 냉각되면 액화가 일어난다.

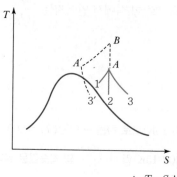

▲ $T-S$ 선도에 나타낸 냉각과정

> **액화과정 ▪▪▪**
> - 일정 압력하에서 열교환에 의하여 발생
> - 일이 얻어지는 팽창공정에 의하여 발생
> - 조름공정에 의하여 발생

정압과정 1은 주어진 온도강하에 대하여 가장 근접하게 2상 영역(액화)에 접근한다. 조름공정 3에서는 초기상태가 등엔탈피 경로가 2상 영역 내로 연장될 정도로 충분히 높은 압력과 충분히 낮은 온도에 있지 않으면 액화되지 않는다. 만일 초기상태가 A이면 공정 3에 의해 액화는 일어나지 않는다. 초기상태가 A와 같은 온도지만, 압력이 훨씬 높은 A'라면 공정 3에 의해 등엔탈피 과정으로 액화시킬 수 있다. 즉, 상태 A에서 B로 압축하고, 그 다음 일정 압력하에서 A'까지 냉각함으로써 쉽게 달성할 수 있다.

과정 2의 등엔트로피 팽창에 의한 액화는 주어진 온도에 대하여 조름공정에서보다 낮은 압력에서 가능하다. 초기상태 A로부터 2과정을 계속 진행하면 결국 액화에 이르게 된다.

TIP ▪▪▪▪▪▪▪▪▪▪▪▪▪▪▪▪▪▪▪▪▪▪▪▪▪▪▪▪▪▪
- Linde 공정 : 오로지 조름팽창에만 의존
- Claude 공정 : 조름밸브 대신에 팽창기관 또는 터빈을 사용한다는 점을 제외하고는 Linde 공정과 동일하다.

> **Reference**
>
> **냉동능력**
> - 냉동기 : 냉동기는 열을 저온에서 고온으로 이동시키는 것으로 단위시간에 흡수하는 열량을 냉동능력이라 한다.
> - 단위 : kcal/h, 냉동톤
> - 1냉동톤 : 0℃의 물 1,000kg을 24시간에 0℃의 얼음으로 만드는 데 필요한 냉각용량이다.
> - 얼음의 융해열 : 79.7kcal/kg, 1,000kg의 물을 24시간에 얼음으로 만드는 능력은
>
> $$1냉동톤 = 79.7 \times \frac{1,000}{24} = 3,320 \text{kcal/h}$$
>
> 미국이나 영국 단위로는
>
> $$1냉동톤 = \frac{144 \times 2,000}{24} = 12,000 \text{BTU/h} = 3,024 \text{kcal/h}$$

실전문제

01 30℃와 −10℃에서 작동하는 이상적인 냉동기의 성능계수는 약 얼마인가?

① 6.58
② 7.58
③ 13.65
④ 14.65

▶해설◀

냉동기의 성능계수

$$\omega = \frac{Q_C}{W} = \frac{Q_C}{Q_H - Q_C} = \frac{T_C}{T_H - T_C}$$

$$= \frac{263}{303 - 263} = 6.575 \fallingdotseq 6.58$$

02 가스의 액화와 관계없는 사항은?

① 압축
② 등압냉각
③ 줄−톰슨 팽창
④ 등온팽창

▶해설◀

액화과정
• 등압하에서 열교환
• 일이 얻어지는 팽창공정
• 조름공정

03 다음 그림은 역카르노 사이클이다. 이 사이클의 성능계수는 어떻게 표시되는가?(단, T_1에서 열이 방출되고, T_2에서 열이 흡수된다.)

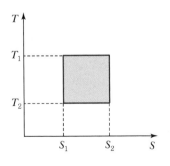

① $\dfrac{T_2}{T_1 - T_2}$
② $\dfrac{T_1}{T_2 - T_1}$
③ $\dfrac{T_2 - T_1}{T_1}$
④ $\dfrac{T_1 - T_2}{T_1}$

▶해설◀

성능계수 $COP = \dfrac{T_2}{T_1 - T_2}$

04 포화액체가 낮은 압력으로 조름팽창되면 상태는 어떻게 변하는가?

① 온도는 변화가 없고 엔탈피는 감소한다.
② 엔탈피가 증가한다.
③ 액체의 일부가 기화한다.
④ 액체의 온도가 증가한다.

▶해설◀

조름공정은 등엔탈피 공정이다.

05 어떤 냉동기는 매 냉동톤당 2kW의 전력이 소요된다. 이 냉동기의 성능계수(COP)는 얼마인가?(단, 1냉동톤=12,000BTU/h, 1kW=3,400BTU/h)

① 0.88
② 1.76
③ 3.54
④ 7.03

▶해설◀

$$COP = \frac{|Q_C|}{W}$$

1냉동톤 : 0℃의 물 1,000kg을 24h에 0℃의 얼음으로 만드는 데 필요한 냉각용량

$$1냉동톤 = 12,000BTU/h \times \frac{1kW}{3,400BTU/hr} = 3.53kW$$

$$COP = \frac{3.53kW}{2kW} = 1.765$$

정답 **01** ① **02** ④ **03** ① **04** ③ **05** ②

06 다음 도표상의 점 A로부터 시작되는 여러 경로 중 액화가 일어나지 않는 공정은?

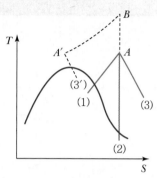

① A → (1)
② A → (2)
③ A → (3)
④ A → B → A′ → (3′)

액화과정
• A → (1) : 일정 압력하에서 열교환에 의해 발생
• A → (2) : 일이 얻어지는 팽창공정에 의해 발생
• A → B → A′ → 3′ : 조름공정에 의해 발생

07 증기압축 사이클로 이루어진 냉동기의 $T-S$ 선도가 다음 그림처럼 주어질 때 냉매가 증발되는 과정과 응축되는 과정을 올바르게 짝지어진 항은?

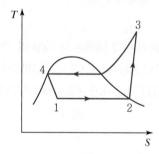

① 1 → 2, 3 → 4
② 2 → 1, 4 → 3
③ 1 → 4, 3 → 2
④ 4 → 1, 2 → 3

• 1 → 2 : 증발
• 2 → 3 : 압축
• 3 → 4 : 응축
• 4 → 1 : 조름공정

08 다음 중 역행응축(Retrograde Condensation) 현상을 가장 유용하게 쓸 수 있는 경우는?

① 기체를 임계점에서 응축시켜 순수성분을 분리시킨다.
② 천연가스 채굴 시 동력 없이 액화천연가스를 얻는다.
③ 고체 혼합물을 기체화시킨 후 다시 응축시켜 비휘발성 물질만을 얻는다.
④ 냉동의 효율을 높이고 냉동제의 증발잠열을 최대로 이용한다.

다성분계, 임계점 근처에서 압력이 감소하는데도 응축이 일어나는 이상한 응축현상

09 저온체로부터 $|Q_L|$의 열을 흡수하여 고온체에서 $|Q_H|$의 열을 방출하는 냉동기관의 성능계수를 옳게 나타낸 것은?

① $\dfrac{|Q_L|}{|Q_H|-|Q_L|}$

② $\dfrac{|Q_L|}{|Q_H|}$

③ $\dfrac{|Q_H|}{|Q_H|-|Q_L|}$

④ $\dfrac{|Q_H|-|Q_L|}{|Q_H|}$

$$COP = \frac{Q_L}{Q_H - Q_L}$$

10 어떤 냉동기가 20℃ 물에서 −10℃ 얼음 1ton을 제조하는 데 50kWh의 동력이 소비된다면 이 냉동기의 성능계수(COP)는?

① 1.44
② 3.44
③ 2.44
④ 4.44

$W = 50\text{kWh} \times 860\text{kcal/kWh} = 43{,}000\text{kcal}$

$Q = m\,C\Delta t$
$\quad = m\,C_1\Delta t_1 + m\,C + m\,C_2\Delta t_2$
$\quad = 1{,}000\text{kg} \times 0.5\text{kcal/kg} \cdot \text{℃} \times 10\text{℃} + 1{,}000\text{kg} \times 80\text{kcal/kg}$
$\qquad + 1{,}000\text{kg} \times 1\text{kcal/kg} \cdot \text{℃} \times 20\text{℃}$
$\quad = 105{,}000\text{kcal}$

$\therefore\ COP = \dfrac{Q}{W} = \dfrac{105{,}000}{43{,}000} = 2.44$

11 증기압축 냉동 사이클의 냉매로 사용하기에 적절하지 않은 것은?

① 증발온도에서 냉매의 증기압은 대기압보다 높아야 한다.

② 응축온도에서 냉매의 증기압은 너무 높지 않아야 한다.

③ 냉매의 증발열은 커야 한다.

④ 냉매증기의 비체적은 커야 한다.

해설

냉매의 조건
증기의 비체적은 작아야 하며 불활성이고 안정하며, 비가연성이어야 한다.

12 성능계수(COP)가 5인 냉동기가 분당 2,400kJ의 열을 흡수한다. 이 냉동기가 작동하기 위한 동력은?

① 5kW
② 4kW
③ 8kW
④ 10kW

해설

$COP = \dfrac{Q}{W} = \dfrac{2{,}400\text{kJ/min} \times 1\text{min/60s}}{W} = 5$

$\therefore\ W = 8\text{kW}$

13 냉매의 조건과 관련이 없는 것은?

① 불활성이고, 안정하며 비가연성이다.

② 증발온도에서 높은 증발열을 가져야 한다.

③ 열전도율이 높아야 한다.

④ 비체적이 커야 한다.

해설

냉매의 조건
증기의 비체적은 작아야 하며 불활성이고 안정하며, 비가연성이어야 한다.

CHAPTER 06 용액의 열역학

[01] 용액의 열역학

1. 화학퍼텐셜(Chemical Potential)

1) 화학퍼텐셜 ▣▣▣

Gibbs 에너지

$$d(nG) = (nV)dP - (nS)dT$$

화학반응이 일어나지 않는 닫힌계의 단상유체(Single-phase Fluid)에 적용될 수 있다.(조성 일정)

$$\left[\frac{\partial(nG)}{\partial P}\right]_{T,\,n} = nV \quad \left[\frac{\partial(nG)}{\partial T}\right]_{P,\,n} = -nS$$

여기서, n : 계의 총 몰수
n_i : 화학성분 i의 몰수

보다 일반적인 경우

$$nG = G(T,\ P,\ n_1,\ n_2 \cdots n_i \cdots)$$

전미분하면

$$d(nG) = \left[\frac{\partial(nG)}{\partial P}\right]_{T,\,n}dP + \left[\frac{\partial(nG)}{\partial T}\right]_{P,\,n}dT + \sum\left[\frac{\partial(nG)}{\partial n_i}\right]_{T,\,P,\,n}dn_i$$

$$\therefore \mu_i = \left[\frac{\partial(nG)}{\partial n_i}\right]_{P,\,T,\,n_j}$$

여기서, μ_i : 화학퍼텐셜

$$d(nG) = (nV)dP - (nS)dT + \sum\mu_i dn_i$$

$$dG = VdP - SdT + \sum\mu_i dx_i$$

$$V = \left(\frac{\partial G}{\partial P}\right)_{T,\,x} \quad -S = \left(\frac{\partial G}{\partial T}\right)_{P,\,x}$$

2) 조성이 변하는 계

등온, 등압, 물질의 변화가 있는 경우

$$d(nU) = Td(nS) - Pd(nV) + \sum \mu_i dn_i$$

$$d(nH) = Td(nS) + (nV)dP + \sum \mu_i dn_i$$

$$d(nA) = -(nS)dT - Pd(nV) + \sum \mu_i dn_i$$

$$d(nG) = -(nS)dT + nVdP + \sum \mu_i dn_i$$

$$\therefore \ \mu_i = \left[\frac{\partial(nU)}{\partial n_i} \right]_{nS, nV, n_j} = \left[\frac{\partial(nH)}{\partial n_i} \right]_{nS, P, n_j}$$

$$= \left[\frac{\partial(nA)}{\partial n_i} \right]_{nV, T, n_j} = \left[\frac{\partial(nG)}{\partial n_i} \right]_{T, P, n_j}$$

여기서, n_j : n_i 이외의 모든 몰수가 일정하다는 의미

3) 상평형과 화학퍼텐셜

〈전제조건〉
• 평형에 있는 두 상으로 구성된 닫힌계(Closed System)
• T, P는 계 전체에서 균일

$$d(nG)^\alpha = (nV)^\alpha dP - (nS)^\alpha dT + \sum \mu_i^\alpha dn_i^\alpha$$

$$d(nG)^\beta = (nV)^\beta dP - (nS)^\beta dT + \sum \mu_i^\beta dn_i^\beta$$

$$nM = (nM)^\alpha + (nM)^\beta$$

$$d(nG) = (nV)dP - (nS)dT + \sum \mu_i^\alpha dn_i^\alpha + \sum \mu_i^\beta dn_i^\beta$$

평형에서 $\displaystyle\sum_i \mu_i^\alpha dn_i^\alpha + \sum_i \mu_i^\beta dn_i^\beta = 0$

질량 보존의 법칙 $dn_i^\alpha = -dn_i^\beta$

따라서 $\sum (\mu_i^\alpha - \mu_i^\beta)dn_i^\alpha = 0$

$\mu_i^\alpha = \mu_i^\beta (i = 1, 2, 3, \cdots, N)$

여기서, N : 성분의 수

$$\mu_i^\alpha = \mu_i^\beta = \cdots = \mu_i^\pi$$

여기서, $\alpha, \ \beta, \ \cdots, \pi$: 상

- T, P가 같아야 한다.
- 같은 T, P에 있는 여러 상은 각 성분의 화학퍼텐셜($\mu_i^\alpha = \mu_i^\beta$)이 모든 상에서 같다.

2. 용액 중 성분의 퓨가시티와 퓨가시티 계수

1) 화학퍼텐셜

$$\mu_i = \Gamma_i(T) + RT\ln\hat{f}_i$$

여기서, $\hat{f}_i$: 성분 i의 Fugacity

$$\hat{f}_i^\alpha = \hat{f}_i^\beta = \cdots = \hat{f}_i^\pi$$

2) 상평형의 기준

각 구성성분의 Fugacity가 모든 상에서 동일할 때 T와 P에서 다상계는 평형에 있다.

$$\hat{f}_i^v = \hat{f}_i^l$$

잔류성질 $M^R = M - M^{ig}$

$$nM^R = nM - nM^{ig}$$

$$\left[\frac{\partial(nM^R)}{\partial n_i}\right]_{P,\,T,\,n_j} = \left[\frac{\partial(nM)}{\partial n_i}\right]_{P,\,T,\,n_j} - \left[\frac{\partial(nM^{ig})}{\partial n_i}\right]_{P,\,T,\,n_j}$$

$$\overline{M}_i^R = \overline{M}_i - \overline{M}_i^{ig}$$

$$\overline{G}_i^R = \overline{G}_i - \overline{G}_i^{ig}$$

$$\overline{G}_i^R = \mu_i - \mu_i^{ig} = RT\ln\frac{\hat{f}_i}{y_i P}$$

$$\mu_i \equiv \overline{G}_i$$

$$\overline{G}_i^R = RT\ln\hat{\phi}_i$$

■■■

$$\hat{\phi}_i = \frac{\hat{f}_i}{y_i P}$$

↳ Fugacity Coefficient(휘산도 계수)

cf $\hat{f}_i^{ig} = y_i P$

$\hat{\phi}_i^{ig} = 1 \quad \overline{G}^R = 0$

3. 혼합물의 성질

1) 부분 성질 ▪▪▪

$$\overline{M}_i = \left[\frac{\partial (nM)}{\partial n_i} \right]_{P,\, T,\, n_j}$$

여기서, $\cdots$ $T,\, P = \text{Const}$

일정량의 용액에 미분량의 성분 i를 첨가할 때 용액의 총 성질 nM의 변화를 나타내는 응답함수

- 용액성질 M 예 $V,\, U,\, H,\, S,\, G$
- 부분몰성질 $\overline{M}_i$ 예 $\overline{V}_i,\, \overline{U}_i,\, \overline{H}_i,\, \overline{S}_i,\, \overline{G}_i$
- 순수성분성질 M_i 예 $V_i,\, U_i,\, H_i,\, S_i,\, G_i$

$$M = \sum x_i \overline{M}_i$$

① $\overline{G}_i = \left[\dfrac{\partial (nG)}{\partial n_i} \right]_{P,\, T,\, n_j} \equiv \mu_i$

    $\therefore \ \mu_i \equiv \overline{G}_i$

② 몰성질과 부분몰성질의 관계식

$$nM = M(T,\, P,\, n_1,\, n_2,\, \cdots,\, n_i)$$

$$d(nM) = \left[\frac{\partial (nM)}{\partial P} \right]_{T,\, n} dP + \left[\frac{\partial (nM)}{\partial T} \right]_{P,\, n} dT + \sum \left[\frac{\partial (nM)}{\partial n_i} \right]_{P,\, T,\, n_j} dn_i$$

$$d(nM) = n\left(\frac{\partial M}{\partial P} \right)_{T,\, x} dP + n\left(\frac{\partial M}{\partial T} \right)_{P,\, x} dT + \sum \overline{M}_i dn_i$$

$n_i = x_i n$이므로

$$dn_i = x_i dn + n dx_i$$

$$d(nM) = n dM + M dn$$

$$n dM + M dn = n\left(\frac{\partial M}{\partial P} \right)_{T,\, x} dP + n\left(\frac{\partial M}{\partial T} \right)_{P,\, x} dT + \sum \overline{M}_i (x_i dn + n dx_i)$$

$$\left[dM - \left(\frac{\partial M}{\partial P} \right)_{T,\, x} dP - \left(\frac{\partial M}{\partial T} \right)_{P,\, x} dT - \sum \overline{M}_i dx_i \right] n + \left[M - \sum \overline{M}_i x_i \right] dn = 0$$

$$\therefore \ dM = \left(\frac{\partial M}{\partial P} \right)_{T,\, x} dP + \left(\frac{\partial M}{\partial T} \right)_{P,\, x} dT + \sum \overline{M}_i dx_i \ \cdots\cdots\cdots\cdots\cdots\cdots ⓐ$$

$$M = \sum \overline{M}_i x_i \rightarrow nM = \sum n_i \overline{M}_i$$

$$dM = \sum x_i d\overline{M}_i + \sum \overline{M}_i dx_i \quad \text{··} ⓑ$$

ⓐ, ⓑ식에서 Gibbs 에너지식을 얻는다.

$$\left(\frac{\partial M}{\partial P}\right)_{T,x} dP + \left(\frac{\partial M}{\partial T}\right)_{P,x} dT - \sum x_i d\overline{M}_i = 0$$

↳ Gibbs−Duhem 식

T, P가 일정하면

$$T, P = \text{Const}$$
$$\sum x_i d\overline{M}_i = 0$$

➡ 상평형에서 유용
➡ 용액이 성분 i로 순수해지는 극한에서

$$\lim_{x_i \to 1} M \quad = \quad \lim_{x_i \to 1} \overline{M}_i \quad = \quad M_i$$
$$\downarrow \qquad\qquad \downarrow \qquad\qquad \downarrow$$
용액의 물성 　　　부분몰성질 　　　순수성분성질

$$\sum x_i d\mu_i = 0$$
$$\sum x_i d\ln f_i = 0$$
$$\sum x_i d\ln \gamma_i = 0$$

4. 이상기체 혼합물

성분 i의 부분압력은 성분 i가 단독으로 혼합물의 몰부피만큼을 차지할 때 가해지는 압력으로 정의한다.

$$P_i = \frac{y_i RT}{V^{ig}} = y_i P$$

이상기체 혼합물에서 한 구성성분의 부분몰성질(부피 제외)은 혼합물과 같은 온도, 혼합물에서의 그 성분의 분압과 같은 압력의 순수이상기체에 상응하는 그 성분의 몰성질과 같다.

$$\overline{M}_i^{ig}(T, P) = M_i^{ig}(T, P_i)$$

이상기체의 엔탈피는 압력에 무관하므로

$$\overline{H}_i^{ig}(T, P) = H_i^{ig}(T, P_i) = H_i^{ig}(T, P)$$

$$\therefore \ \overline{H}_i^{ig} = H_i^{ig}$$

여기서, H_i^{ig} : 혼합물의 T, P에서의 순수성분의 값을 의미

$$dS^{ig} = C_P^{ig}\frac{dT}{T} - R\frac{dP}{P}$$

이상기체의 엔트로피는 압력에 의존하며 일정온도에서

$$dS^{ig} = -Rd\ln P \ (T = \text{Const})$$

P_i에서 P까지 적분하면

$$S_i^{ig}(T, P) - S_i^{ig}(T, P_i) = -R\ln\frac{P}{P_i} = -R\ln\frac{P}{y_i P} = R\ln y_i$$

$$S_i^{ig}(T, P_i) = S_i^{ig}(T, P) - R\ln y_i$$

$$\overline{S}_i^{ig}(T, P) = S_i^{ig}(T, P) - R\ln y_i$$

즉, $\boxed{\overline{S}_i^{ig} = S_i^{ig} - R\ln y_i}$

여기서, S_i^{ig} : 혼합물의 T, P에서의 순수 성분의 값

$$\overline{G}_i^{ig} = \overline{H}_i^{ig} - T\overline{S}_i^{ig}$$

$$\overline{G}_i^{ig} = H_i^{ig} - TS_i^{ig} + RT\ln y_i$$

$$\mu_i^{ig} \equiv \overline{G}_i^{ig} = G_i^{ig} + RT\ln y_i$$

위의 식들을 종합해보면

$$H^{ig} = \sum_i y_i H_i^{ig}$$

$$S^{ig} = \sum_i y_i S_i^{ig} - R\sum_i y_i \ln y_i$$

$$G^{ig} = \sum_i y_i G_i^{ig} + RT\sum_i y_i \ln y_i$$

5. 이상용액

1) 이상용액

용액의 각성분의 부분 몰부피가 동일한 온도와 압력에서 순수성분의 부피와 같은 혼합물을 말한다.

$$\mu^{id} = \overline{G}^{id} = G_i(T, P) + RT\ln x_i \quad \cdots\cdots\cdots\cdots\cdots\cdots\cdots\cdots\cdots\cdots\cdots\cdots\cdots\cdots ⓒ$$

예 벤젠과 톨루엔(A와 B의 혼합물인 경우)

$$\overline{V}_i = \left[\frac{\partial(nV)}{\partial n_i}\right]_{T,P,n_j} = V_i$$

$$dV = \left[\frac{\partial(nV)}{\partial n_A}\right]_{P,T,n_B} dn_A + \left[\frac{\partial(nV)}{\partial n_B}\right]_{P,T,n_A} dn_B$$

$$= V_A dn_A + V_B dn_B$$

$$dV = V_A dn_A + V_B dn_B$$

$$V = V_A n_A + V_B n_B$$

$$nV = \sum n_i V_i \quad V = \sum x_i V_i$$

위의 식은 엔탈피, 내부에너지에는 적용되나 엔트로피, Gibbs 에너지에 대해서는 적용되지 않는다.

$$\overline{V}_i^{id} = V_i, \quad V^{id} = \sum_i x_i \overline{V}_i^{id} = \sum x_i V_i$$

$$\overline{H}_i^{id} = H_i, \quad H^{id} = \sum_i x_i \overline{H}_i^{id} = \sum x_i H_i$$

$$G^{id} = \sum x_i G_i + RT\sum_i x_i \ln x_i$$

$$S^{id} = \sum x_i S_i - R\sum_i x_i \ln x_i$$

2) Lewis – Randall 법칙 ▦▦▦

$$\mu_i = G_i + RT\ln\left(\frac{\hat{f}_i}{f_i}\right)$$

이상용액일 경우 $\mu_i^{id} = \overline{G}_i^{id} = G_i + RT\ln\left(\dfrac{\hat{f}_i^{id}}{f_i}\right)$ ················· ⓓ

ⓒ, ⓓ식에서

$$\therefore \hat{f}_i^{id} = x_i f_i$$

$\hookrightarrow$ Lewis Randall's Law

이상용액 중의 각 성분의 Fugacity는 그 성분의 몰분율에 비례하며 비례상수는 같은 T, P에서 용액과 같은 물리적 상태에서의 순수성분의 휘산도(Fugacity)임을 보여준다.

$$\frac{\hat{f}_i^{id}}{x_i P} = \frac{f_i}{P} = \hat{\phi}_i^{id} = \phi_i$$

$$\therefore \ \hat{\phi}_i^{id} = \phi_i$$

이상용액 중의 한 성분 i의 Fugacity Coefficient(퓨가시티 계수)는 용액과 같은 $T,\ P$ 같은 물리적 상태에서 순수성분 i의 Fugacity 계수와 같다.

Raoult's Law은 액상의 거동이 이상용액과 같다.

Raoult's Law을 따르는 계들은 모두 이상용액이 된다.

분자들의 크기가 비슷하고 화학적 성질이 유사한 액체들로 이루어진 상들은 이상용액에 접근한다.

6. 과잉물성 ▤▤▤

1) 과잉물성

과잉물성 = 실제 물성 − 이상용액물성(같은 $T,\ P,\ n_j$)

$$M^E = M - M^{id}$$

여기서, $M : V,\ U,\ H,\ S,\ G$ 등

$$G^E = G - G^{id} = G - \sum_i x_i G_i - RT \sum_i x_i \ln x_i$$

$$S^E = S - S^{id} = S - \sum_i x_i S_i + R \sum_i x_i \ln x_i$$

$$V^E = V - \sum_i x_i V_i$$

$$H^E = H - \sum x_i H_i$$

$$M^E - M^R = (M - M^{id}) - (M - M^{ig}) = -(M^{id} - M^{ig})$$

$$M^{id} - M^{ig} = \sum x_i M_i - \sum x_i M_i^{ig} = \sum x_i M_i^R$$

$$\therefore \ M^E = M^R - \sum x_i M_i^R$$

같은 $T,\ P$에서

여기서, M : 몰당(또는 단위질량당) 용액의 성질

M_i : 몰당(또는 단위질량당) 순수한 성분의 성질

$$G^E = \Delta G - RT \sum x_i \ln x_i$$
$$S^E = \Delta S + R \sum x_i \ln x_i$$
$$V^E = \Delta V$$
$$H^E = \Delta H$$

$$\Delta M = M - \sum x_i M_i$$

여기서, ΔM : 혼합에 의한 물성변화

2) 과잉 Gibbs 에너지와 활동도 계수

$$\overline{G}_i = \Gamma_i(T) + RT \ln \hat{f}_i$$

$$\overline{G}_i^{id} = \Gamma_i(T) + RT \ln x_i f_i$$

$$\overline{G}_i - \overline{G}_i^{id} = RT \ln \frac{\hat{f}_i}{x_i f_i}$$

$$\therefore \gamma_i = \frac{\hat{f}_i}{x_i f_i}$$

$$\therefore \overline{G}_i^E = RT \ln \gamma_i$$

$$\overline{G}_i - \overline{G}_i^{id} = RT \ln \gamma_i$$

$$\overline{G}_i = \mu_i = G_i + RT \ln \gamma_i x_i$$

$$\mu_i^{ig} = G_i^{ig} + RT \ln y_i$$
$$\mu_i^{id} = G_i + RT \ln x_i$$
$$\mu_i = G_i + RT \ln \gamma_i x_i$$

$$\ln \gamma_1 = B \frac{n_2^{\ 2}}{n^2} + C$$
$$= B x_2^{\ 2} + C$$

◆ 활동도 계수

$$\gamma_i = \frac{\hat{a}_i}{x_i} = \frac{\hat{f}_i}{x_i f_i}$$

여기서, γ_i : 활동도 계수
a_i : 활동도

$$\frac{G^E}{RT} = B x_1 x_2 + C$$
$$= B \frac{n_1 \times n_2}{n \times n} + C$$
$$\frac{n G^E}{RT} = B \frac{n_1 n_2}{n_1 + n_2} + C$$
$$\frac{\partial \left(\dfrac{n G^E}{RT} \right)}{\partial n_1} = B \frac{n_2(n_1 + n_2) - n_1 n_2}{(n_1 + n_2)^2}$$
$$= B \frac{n_2^{\ 2}}{n^2} = B x_2^{\ 2}$$

7. 혼합에 의한 물성 변화

1) 과잉성질의 정의식

$$G^E = G - \sum_i x_i G_i - RT \sum_i x_i \ln x_i$$

$$S^E = S - \sum_i x_i S_i + R \sum x_i \ln x_i$$

$$V^E = V - \sum x_i V_i$$

$$H^E = H - \sum x_i H_i$$

우변에 $M - \sum x_i M_i$로 표시되는 값을 혼합에 의한 물성 변화라고 하며 ΔM으로 표시한다.

$$\Delta M = M - \sum_i x_i M_i$$

↳ 혼합의 물성 변화
↳ 같은 T, P에서
　　여기서, M : 몰당(또는 단위질량당) 용액의 성질
　　　　　　M_i : 몰당(또는 단위질량당) 순수성분의 성질

$$G^E = \Delta G - RT \sum_i x_i \ln x_i$$

$$S^E = \Delta S + R \sum_i x_i \ln x_i$$

$$V^E = \Delta V$$

$$H^E = \Delta H$$

　　여기서, ΔG, ΔS, ΔV, ΔH : 혼합에 의한 Gibbs 에너지 변화
　　　　　　혼합에 의한 엔트로피 변화, 혼합에 의한 부피 변화, 혼합에 의한 엔탈피 변화
　　　　　　이다.

이상용액에 대해 과잉성질은 0이다.

$$\Delta G^{id} = RT \sum x_i \ln x_i$$

$$\Delta S^{id} = -R \sum x_i \ln x_i$$

$$\Delta V^{id} = 0$$

$$\Delta H^{id} = 0$$

TIP

$$\Delta G = G - \sum x_i G_i$$
$$\Delta S = S - \sum x_i S_i$$
$$\Delta V = V - \sum x_i V_i$$
$$\Delta H = H - \sum x_i H_i$$

2) 혼합에 의한 물성 변화

2성분계 혼합과정에서 혼합과정 중 계는 압력이 일정하도록 피스톤이 이동하여 팽창 또는 압축한다. 또한 일정 온도를 유지하기 위해 열이 추가되거나 제거된다. 혼합이 완료되면 계의 총 부피 변화는

$\Delta V^t = (n_1 + n_2)V - n_1 V_1 - n_2 V_2$이다.

이 과정은 정압과정이므로 총 전달열량 Q는 계의 엔탈피와 같다.

$Q = \Delta H^t = (n_1 + n_2)H - n_1 H_1 - n_2 H_2$

위의 두 식을 $(n_1 + n_2)$로 나누면

$$\Delta V = V - x_1 V_1 - x_2 V_2 = \frac{\Delta V^t}{(n_1 + n_2)}$$

$$\Delta H = H - x_1 H_1 - x_2 H_2 = \frac{Q}{n_1 + n_2}$$

따라서 혼합에 의한 부피 변화(Volume Change of Mixing) ΔV와 엔탈피 변화 (Enthalpy Change of Mixing) ΔH는 ΔV와 Q를 측정함으로써 구해진다.

ΔH는 Q와의 관련성 때문에 혼합열(Heat of Mixing)이라 한다.

8. 혼합과정의 열효과

1) 혼합열

$$\Delta H = H - \sum_i x_i H_i$$

이 식은 순수성분이 일정한 T, P에서 1몰(또는 단위질량)의 용액으로 혼합될 때의 엔탈피 변화이다. 2성분계에서 위의 식은 다음과 같이 나타낼 수 있다.

$H = x_1 H_1 + x_2 H_2 + \Delta H$

n몰이라면

$nH = n_1 H_1 + n_2 H_2 + n\Delta H$로 나타낼 수 있다.

2) 용해열

① 고체 또는 기체가 액체에 녹을 때의 열효과를 용해열(Heat of Solution)이라 하며, 용질 1몰이 용해될 때의 값을 기준으로 한다.

② 성분 1을 용질이라 한다면 x_1은 용액몰당 용질의 몰수이다.

ΔH가 용액몰당 열효과이므로 $\dfrac{\Delta H}{x_1}$은 용질 몰당 열효과이다.

$$\widetilde{\Delta H} = \frac{\Delta H}{x_1}$$

여기서, $\widetilde{\Delta H}$: 용질 1몰을 기준으로 한 용해열

③ 용해과정 : 화학반응식과 유사한 물리변화 식으로 나타낸다.

　예 1mol의 LiCl이 12mol의 H_2O에 녹는다면 용해과정은 다음과 같이 나타낸다.

$$LiCl(s) + 12H_2O(l) \longrightarrow LiCl(12H_2O)$$

　• $LiCl(12H_2O)$는 생성물이 H_2O 12mol에 LiCl 1mol이 용해된 용액임을 의미한다.

　• 25℃ 1bar에서 $\widetilde{\Delta H} = -33,614J$이다.

즉, 혼합용액은 1mol의 순수한 $LiCl(s)$과 12mol의 순수한 $H_2O(l)$의 엔탈피를 합한 것보다 33,614J만큼 작은 엔탈피를 갖는다.

④ 이상용액

$$H_S = n_A H_A + n_B H_B + n_B \Delta H_{SB}$$

위의 식에서 $\Delta H = 0$이면 용액의 엔탈피는 간단히 용액을 이루는 순수한 성분들의 엔탈피의 합이 된다.

즉, $H_S = n_A H_A + n_B H_B$

위와 같은 경우를 이상용액이라 한다.

3) 엔탈피 – 농도 선도

엔탈피 – 농도 선도에서 등온선은 $x_A = 0$인 순수한 B의 엔탈피와 $x_A = 1$인 순수한 A의 엔탈피를 잇는 직선이 된다.

두 성분의 용액을 각각 1, 2로 표시하고, 1, 2를 혼합하여 얻은 용액을 3으로 표시할 때

$$n_1 + n_2 = n_3$$
$$x_{A1}n_1 + x_{A2}n_2 = x_{A3}n_3$$

여기서, n : 몰수

x_A : 성분 A의 몰(또는 질량)분율

위 과정은 단열이고, 일도 없으므로 흐름과정과 정압비흐름과정에 있어서 제1법칙을 적용하면 $\Delta H = 0$이다. 따라서 에너지수지식으로부터 단열혼합에 있어서 생성용액의 엔탈피는 처음 용액의 엔탈피 합과 같다.

$$n_1 H_1 + n_2 H_2 = n_3 H_3$$

H는 각 용액의 mol당(또는 단위질량당) 엔탈피이다.

$$n_1(x_{A1} - x_{A3}) = n_2(x_{A3} - x_{A2})$$

$$n_1(H_1 - H_3) = n_2(H_3 - H_2)$$

$$\frac{x_{A1} - x_{A3}}{H_1 - H_3} = \frac{x_{A3} - x_{A2}}{H_3 - H_2}$$

최종용액의 조성 x_{A3}와 그 엔탈피 H_3와의 관계를 나타낸 것으로, 두 최초 용액이 주어졌을 때 그 외 다른 항은 모두 일정하다.

이 식은 혼합과정에서 용액의 양과는 무관한 일반식이다.

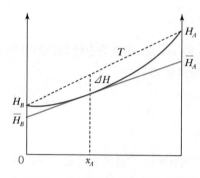

▲ 엔탈피−농도 선도의 기본적인 관계

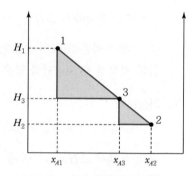

▲ $H-x$ 선도에 표시한 단열혼합

4) 부분몰랄엔탈피

용액의 엔탈피는 같은 온도, 압력에서 순수한 성분의 엔탈피의 총합만은 아니고, 용액 중에 존재한 상태에서의 엔탈피 합이어야 한다.

용액 중의 성분의 특성과 순수한 것을 구별하기 위해 기호 위에 −를 붙인다.

즉, H_A는 용액 중 A의 엔탈피를 나타내고, 부분엔탈피(Partial Enthalpy) 또는 부분몰랄엔탈피(Partial Molal Enthalpy)라 한다.

$$H_S = x_A H_A + x_B H_B + \Delta H$$

$$= x_A \overline{H}_A + x_B \overline{H}_B$$

여기서, H_S : 용액의 몰랄엔탈피

$\overline{H}_A$, $\overline{H}_B$: 성분 A, B의 부분몰랄엔탈피

$\overline{H}_A$, $\overline{H}_B$의 값을 구하는 데는 엔탈피−농도 선도를 이용하면 편리하다.

엔탈피−농도 선도에서 x_A에 있어 등온선에 접선을 긋고 $x_A = 0$과 y의 교차점을 성분 B의 부분몰랄엔탈피 $\overline{H}_B$를 나타낸다. $x_A = 1.0$과 y의 교차점이 $\overline{H}_A$를 나타낸다.

동일 조성의 3성분계에 있어서 성분별 2차비리얼계수 $B_{ij}(ij = 1,\ 2,\ 3)$의 값이 다음과 같이 주어졌을 때 전체 비리얼계수의 값은 얼마인가?

$$B_{11} = -20 \qquad B_{22} = -241 \qquad B_{33} = -621$$
$$B_{12} = -75 \qquad B_{13} = -122 \qquad B_{23} = -399$$

풀이 $\displaystyle\sum_i \sum_j y_i y_j y_{ij}$

B_{11}, B_{22}, B_{33} : 순수성분의 비리얼계수

B_{12}, B_{13}, B_{23} : 혼합물의 비리얼계수

동일 조성이므로

$y_1 = y_2 = y_3 = \dfrac{1}{3} = 0.333$

$\therefore$ 전체 비리얼계수 값 $= y_1 y_1 B_{11} + y_1 y_2 B_{12} + y_1 y_3 B_{13} + y_3 y_1 B_{31}$
$\qquad\qquad\qquad\qquad + y_2 y_1 B_{21} + y_2 y_2 B_{22} + y_3 y_3 B_{33}$
$\qquad\qquad\qquad\qquad + y_2 y_3 B_{23} + y_3 y_2 B_{32}$

$y_1 y_1 B_{11} + 2 y_1 y_2 B_{12} + 2 y_1 y_3 B_{13} + y_2 y_2 B_{22} + 2 y_2 y_3 B_{23} + y_3 y_3 B_{33}$
$= y_1^2 B_{11} + 2 y_1 y_2 B_{12} + 2 y_1 y_3 B_{13} + y_2^2 B_{22} + 2 y_2 y_3 B_{23} + y_3^2 B_{33}$
$= (0.333)^2(-20) + 2(0.333)^2(-75) + 2(0.333)^2(-122)$
$\quad + (0.333)^2(-241) + 2(0.333)^2(-399) + (0.333)^2(-621)$
$= -230$

실전문제

01 이상용액에 관한 식 중 틀린 것은?

① $H^{id} = \sum_i x_i H_i$

② $S^{id} = \sum_i S_i + R\sum_i x_i \ln x_i$

③ $G^{id} = \sum_I x_i G_i + RT\sum_i x_i \ln x_i$

④ $\overline{G_i^{id}} = G_i + RT \ln x_i$

해설

$V^{id} = \sum x_i V_i$

$H^{id} = \sum x_i H_i$

$S^{id} = \sum x_i S_i - R\sum x_i \ln x_i$

$G^{id} = \sum x_i G_i + RT\sum x_i \ln x_i$

02 다음 중 이상용액의 혼합에 의한 물성변화로 적합하지 않은 것은?(단, H^E : 과잉 엔탈피, V^E : 과잉 부피, S^E : 과잉 엔트로피, G_P^E : 과잉 정압열용량)

① $H^E = 0$ ② $V^E = 0$

③ $S^E = 0$ ④ $G_P^E = 0$

해설

$V^E = V - \sum x_i V_i = \Delta V$

$H^E = H - \sum x_i H_i = \Delta H$

$S^E = S - \sum x_i S_i + R\sum x_i \ln x_i$
$\quad = \Delta S + R\sum x_i \ln x_i$

$G^E = G - \sum x_i G_i - RT\sum x_i \ln x_i$
$\quad = \Delta G - RT\sum x_i \ln x_i$

이상용액에서 과잉물성(M^E) = 0

$\Delta V^{id} = 0$

$\Delta H^{id} = 0$

$\Delta S^{id} = -R\sum x_i \ln x_i$

$\Delta G^{id} = RT\sum x_i \ln x_i$

03 실제기체의 압력이 0에 접근할 때 잔류(Residual) 특성에 대한 설명으로 옳은 것은?(단, 온도는 일정하다.)

① 잔류 엔탈피는 무한대에 접근하고, 잔류 엔트로피는 0에 접근한다.

② 잔류 엔탈피와 잔류 엔트로피 모두 무한대에 접근한다.

③ 잔류 엔탈피와 잔류 엔트로피 모두 0에 접근한다.

④ 잔류 엔탈피는 0에 접근하고, 잔류 엔트로피는 무한대에 접근한다.

해설

$M^R = M - M^{ig} = M^{ig} - M^{ig} = 0$

04 이상용액에 대한 다음 설명 중 틀린 것은?

① 혼합에 따른 엔탈피 및 엔트로피의 변화는 없다.

② 모든 농도범위에서 루이스 – 랜들(Lewis – Randall) 법칙이 성립된다.

③ 용액 중 한 성분의 부분 몰용적은 그 성분이 순수한 상태에서 갖는 몰용적과 같다.

④ 용액 속에서의 분자 간의 인력은 서로 같은 분자 간의 인력이나 서로 다른 분자 간의 인력이 모두 같다.

해설

① 이상용액 관련식
$\Delta V^{id} = 0$, $\Delta H^{id} = 0$
$\Delta S^{id} = R\sum x_i \ln x_i$, $\Delta G^{id} = RT\sum x_i \ln x_i$

② Lewis – Randall 이상용액 $\hat{f_i}^{id} = x_i f_i$

③ $V^{id} = \sum x_i \overline{V_i}^{id}$
$\Delta V^{id} = 0$

④ 이상용액 : 분자들의 크기가 같고, 성질이 비슷하며 분자 간의 힘이 비슷한 용액

정답 ▶ 01 ② 02 ③ 03 ③ 04 ①

05 다음 중 과잉 물성치를 가장 옳게 설명한 것은?

① 실제 물성치와 동일한 온도·압력 및 조성에서 이상용액 물성치와의 차이이다.

② 이상용액의 물성치와 표준상태에서의 실제 물성치와의 차이이다.

③ 표준상태에서의 이상용액 물성치와 특정상태에서의 실제 물성치와의 차이이다.

④ 실제 물성치와 표준상태에서의 실제 물성치와의 차이이다.

> **해설**
>
> 과잉물성 = 실제물성 − 이상용액물성
> $M^E = M - M^{id}$

06 깁스−두헴(Gibbs−Duhem) 식이 다음 식으로 표시될 경우는?(단, x_i는 i성분의 조성, $\overline{M_i}$는 i성분의 부분몰 특성이다.)

$$\sum_i (x_i d\overline{M_i}) = 0$$

① 압력과 몰수가 일정할 경우

② 몰수와 성분이 일정할 경우

③ 몰수와 성분이 같을 경우

④ 압력과 온도가 일정할 경우

> **해설**
>
> Gibbs−Duhem 식 유도
> 몰성질과 부분몰성질의 관계식
> $M = \sum x_i \overline{M_i}$
> $dM = \left(\dfrac{\partial M}{\partial P}\right)_{T,x} dP + \left(\dfrac{\partial M}{\partial T}\right)_{P,x} dT + \sum \overline{M_i} dx_i$
> $dM = \sum x_i d\overline{M_i} + \overline{M_i} dx_i$
> ∴ 위의 두 식에서
> $\left(\dfrac{\partial M}{\partial P}\right)_{T,x} dP + \left(\dfrac{\partial M}{\partial T}\right)_{P,x} dT - \sum x_i d\overline{M_i} = 0$
> ∴ $\sum (x_i d\overline{M_i}) = 0\,(T, P$ 일정$)$

07 두 성분이 완전 혼합되어 하나의 이상용액을 형성할 때 한 성분 i의 화학퍼텐셜 μ_i는 $\mu_i^\circ(T, P) + RT \cdot \ln x_i$로 표시할 수 있다. 동일 온도와 압력하에서 한 성분 i의 순수한 화학퍼텐셜 μ_i^{Pure}는 어떻게 나타낼 수 있는가? (단, x_i는 i성분의 몰분율, $\mu_i^\circ(T, P)$는 같은 T와 P에 있는 이상용액 상태의 순수성분 i의 화학퍼텐셜이다.)

① $\mu_i^{Pure} = \mu_i^\circ(T, P) + RT + \ln x_i$

② $\mu_i^{Pure} = RT \ln x_i$

③ $\mu_i^{Pure} = \mu_i^\circ(T, P) + RT$

④ $\mu_i^{Pure} = \mu_i^\circ(T, P)$

> **해설**
>
> $\mu_i^{Pure} = \mu_i^\circ(T, P) + RT \ln x_i$
>
> 순수한 화학퍼텐셜 μ_i^{Pure}, 즉 $x_i = 1$일 때,
> $\mu_i^{Pure} = \mu_i^\circ(T, P)$가 된다.

08 같은 온도, 같은 압력의 두 종류의 이상기체를 혼합하면 어떻게 되는가?

① 엔트로피(Entropy)가 감소한다.

② 헬름홀츠(Helmholtz) 자유에너지는 증가한다.

③ 엔탈피(Enthalpy)는 증가한다.

④ 깁스(Gibbs) 자유에너지는 감소한다.

> **해설**
>
> 이상기체의 혼합
> $\Delta G^{id} = RT \sum x_i \ln x_i \quad \Delta G^{id} < 0$
> $\Delta S^{id} = -R \sum x_i \ln x_i \quad \Delta S^{id} > 0$
> $\Delta V^{id} = 0$
> $\Delta H^{id} = 0$

09 f_i°를 기준상태하에서의 순수한 i 성분의 퓨가시티라고 하면 그 함수형을 옳게 나타낸 것은?(단, y는 기상 몰분율을 나타낸다.)

① $f_i^\circ = f(T, P, y_1, y_2, \cdots\cdots y_{n-1})$

② $f_i^\circ = f(T, y_1, y_2, \cdots\cdots y_{n-1})$

③ $f_i^\circ = f(T)$

④ $f_i^\circ = f(T, P)$

10 A, B 성분의 이상용액에서 혼합에 의한 함수변화 값을 나타낸 것 중 틀린 것은?(단, x_A, x_B는 액상의 몰분율을 나타낸다.)

① $\Delta G = RT(x_A \ln x_A + x_B \ln x_B)$

② $\Delta V = 0$

③ $\Delta H = \infty$

④ $\Delta S = -R\sum_i x_i \ln x_i$

11 이상기체 혼합물에 대한 설명 중 옳지 않은 것은? (단, y_i는 이상기체 혼합물 중 성분 i의 몰분율이다.)

① 이상기체의 혼합에 의한 엔탈피 변화는 0이다.

② 이상기체의 혼합에 의한 엔트로피 변화는 0이다.

③ 동일한 T, P에서 순수한 것과 혼합물의 몰부피는 같다.

④ 이상기체 혼합물의 깁스(Gibbs) 에너지는

$G^{ig} = \sum_i y_i G_i(T) + RT\sum_i y_i \ln(y_i)$이다.

12 다음 그림은 A, B 2성분 용액의 $H - X$ 선도이다. $x_A = 0.4$일 때의 A의 부분몰 엔탈피 $\overline{H_A}$는 몇 cal/mol 인가?

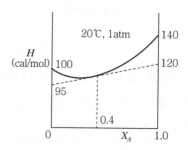

① 95

② 100

③ 120

④ 140

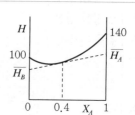
13 순수한 메탄올 30mol을 물에 섞어서 $25℃$, 10atm 에서 메탄올이 30mol%인 수용액을 만들었다. 용액은 약 몇 L가 되겠는가?(단, $25℃$, 1atm에서 순수성분 및 30 mol% 수용액의 부분몰 부피는 표와 같으며, 용액은 100 mol을 기준으로 한다.)

구분	물	메탄올
순수성분 부피(cm^3/mol)	18.1	40.7
부분몰 부피(cm^3/mol)	17.8	38.6

① 1.22   ② 2.40

③ 3.76   ④ 5.83

해설

$M = \sum x_i \overline{M_i}$

여기서, M : 용액의 성질, $\overline{M_i}$: 부분성질, x_i : 몰분율

$V = \sum x_i \overline{V_i} = 0.3 \times 38.6 + 0.7 \times 17.8 = 24.04 \text{cm}^3$

$24.04 \times 100\text{mol} \times \dfrac{1\text{L}}{1,000\text{cm}^3} = 2.404\text{L}$

---

14 혼합물에서 과잉물성(Excess Property)에 관한 설명으로 가장 옳은 것은?

① 실제 용액의 물성값에 대한 이상용액의 물성값의 차이다.

② 실제 용액의 물성값과 이상용액의 물성값의 합이다.

③ 이상용액의 물성값에 대한 실제 용액의 물성값의 비이다.

④ 이상용액의 물성값과 실제 용액의 물성값의 곱이다.

해설

과잉성질

M^E(과잉성질) $= M$(실제용액성질) $- M^{id}$(이상용액성질)

예 과잉깁스에너지 $G^E = G - G^{id}$

---

15 용액 내에서 한 성분의 퓨가시티 계수를 표시한 식은?(단, ϕ_i : 퓨가시티 계수, $\hat{\phi}_i$: 용액 중의 i성분의 퓨가시티 계수, f_i : 순수 성분 i의 퓨가시티, $\hat{f}_i$: 용액 중의 성분 i의 퓨가시티, x_i : 용액의 몰분율)

① $\hat{\phi}_i = f_i P$ ② $\hat{\phi}_i = \dfrac{f_i}{P}$

③ $\hat{\phi}_i = \dfrac{\hat{f}_i}{x_i P}$ ④ $\hat{\phi}_i = \dfrac{P\hat{f}_i}{x_i}$

해설

$\hat{\phi}_i = \dfrac{\hat{f}_i}{x_i P}$ $\phi_i = \dfrac{f_i}{P}$

---

16 다음 그림은 A, B−2성분계 용액에 대한 1기압하에서의 온도−농도 간의 평형관계를 나타낸 것이다. A의 몰분율이 0.4인 용액을 1기압하에서 가열할 경우, 이 용액의 끓는 온도는 몇 ℃인가?

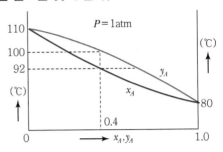

① 80℃

② 80℃부터 92℃까지

③ 92℃부터 100℃까지

④ 110℃

---

17 Gibbs−Duhem 식이 다음 식으로 표시될 경우는?

$$\sum (x_i d\overline{M_i}) = 0$$

① 압력과 몰수가 일정할 경우

② 몰(mol)수와 온도가 일정할 경우

③ 몰(mol)수와 성분이 같을 경우

④ 압력과 온도가 일정할 경우

해설

Gibbs−Duhem 식

$\left(\dfrac{\partial M}{\partial P}\right)_{T,x} dP + \left(\dfrac{\partial M}{\partial T}\right)_{P,x} dT - \sum x_i d\overline{M_i} = 0$

$T, P =$ 일정 $\sum x_i d\overline{M_i} = 0$

---

18 다음 중 Gibbs−Duhem 방정식이 아닌 것은?(단, 온도와 압력은 일정하다.)

① $\sum x_i d\ln\gamma_i = 0$ ② $\sum x_i d\ln f_i = 0$

③ $\sum x_i d\mu_i = 0$ ④ $\sum x_i d\ln x_i = 0$

정답   **14** ①   **15** ③   **16** ③   **17** ④   **18** ④

$$\sum x_i \, d\mu_i = 0$$
$$\sum x_i \, d\ln f_i = 0$$
$$\sum x_i \, d\ln\gamma_i = 0$$

19 균일 혼합물의 열역학적 특성치 중에 i 성분의 화학 퍼텐셜로 틀린 것은?

① $\mu_i = \left[\dfrac{\partial(nA)}{\partial n_i}\right]_{nV,\,T,\,n_j}$

② $\mu_i = \left[\dfrac{\partial(nS)}{\partial n_i}\right]_{nV,\,T,\,n_j}$

③ $\mu_i = \left[\dfrac{\partial(nH)}{\partial n_i}\right]_{nS,\,P,\,n_j}$

④ $\mu_i = \left[\dfrac{\partial(nU)}{\partial n_i}\right]_{nS,\,nV,\,n_j}$

$$\mu_i = \left[\dfrac{\partial(nU)}{\partial n_i}\right]_{nS,\,nV,\,n_j} = \left[\dfrac{\partial(nH)}{\partial n_i}\right]_{nS,\,P,\,n_j}$$
$$= \left[\dfrac{\partial(nA)}{\partial n_i}\right]_{nV,\,T,\,n_j} = \left[\dfrac{\partial(nG)}{\partial n_i}\right]_{T,\,P,\,n_j}$$

20 50mol% 메탄과 50mol% n-헥산의 증기혼합물의 제2비리얼계수(B)는 50℃에서 $-517\text{cm}^3/\text{mol}$이다. 같은 온도에서 메탄 25mol%, n-헥산 75mol%가 들어 있는 혼합물에 대한 제2비리얼계수(B)는 약 몇 cm^3/mol인가?(단, 50℃에서 메탄에 대해 $B_1 = -33 \text{cm}^3/\text{mol}$, n-헥산에 대해 $B_2 = -1,512\text{cm}^3/\text{mol}$이다.)

① $-1,530$ ② $-1,322$

③ $-1,113$ ④ -951

$$B = y_1 y_1 B_{11} + y_1 y_2 B_{12} + y_2 y_1 B_{21} + y_2 y_2 B_{22}$$
$$-517 = (0.5)^2(-33) + 2(0.5)^2 B_{12} + (0.5)^2(-1,512)$$
$$\therefore \; B_{12} = -261.5$$
$$B = (0.25)^2(-33) + 2(0.25)(0.75)(-261.5)$$
$$\qquad + (0.75)^2(-1,512)$$
$$\qquad = -950.6 \coloneqq -951$$

화학반응평형과 상평형

PART 1

PART 2

PART 3

PART 4

PART 5

[01] 상평형

1. 평형

계 내의 어떤 물질이 시간에 따라 변하지 않는 상태를 평형(Equilibrium)이라 한다. 이는 한 상에서 다른 상으로의 물질이동이 없는 상태를 의미하는 것이 아니라, 상 간에 이동되는 양이 서로 같게 되는 동적 평형(Dynamic Equilibrium)을 의미한다.

1) 평형과 안정성

온도와 압력이 균일한 계가 평형상태에 있다고 하면 열전달과 팽창일은 가역적으로 일어난다. 이러한 상황에서 외계의 엔트로피 변화는 다음과 같다.

$$dS_{surr} = \frac{dQ_{surr}}{T_{surr}} = \frac{-dQ}{T}$$

제2법칙에 의해

$$dS^t + dS_{surr} \geq 0$$

$$dQ \leq TdS^t$$

제1법칙을 적용하면

$$dU^t = dQ + dW = dQ - PdV^t$$

$$dQ = dU^t + PdV^t$$

$$dU^t + PdV^t \leq TdS^t$$

$$dU^t + PdV^t - TdS^t \leq 0$$

부등호는 비평형상태 사이에서 발생하는 계의 모든 미소변화에 대해 적용되고 등호는 평형상태 사이의 변화(가역과정)에 대해 적용된다.

$$(dU^t)_{S^t V^t} \leq 0$$

하첨자 S^t, V^t는 일정하게 유지한다는 의미이다.

$$(dS^t)_{U^t V^t} \geq 0$$

고립계는 반드시 일정한 내부에너지와 부피를 갖도록 제한된다.

어떤 과정이 일정한 T와 P에서 일어나도록 제한하면 식을 다음과 같이 나타낼 수 있다.

$$dU^t_{T,P} + d(PV^t)_{T,P} - d(TS^t)_{T,P} \leq 0$$

$$d(U^t + PV^t - TS^t)_{T,P} \leq 0$$

Gibbs 에너지를 정의하는 식으로부터 다음을 얻을 수 있다.

$$G^t = H^t - TS^t = U^t + PV^t - TS^t$$

$$\therefore (dG^t)_{T,P} \leq 0$$

위의 식은 일정한 T와 P에서 일어나는 모든 비가역과정을 Gibbs 에너지를 감소시키는 방향으로 진행한다는 것을 의미한다.

닫힌계의 평형상태는 주어진 T와 P에서의 모든 변화에 대하여 전체 Gibbs 에너지가 최소인 상태이다.

2) 상평형의 조건

주어진 계에서 각각 다른 상들이 서로 평형상태를 유지하기 위한 조건은 각 상의 온도와 압력이 동일해야 하며 각 성분의 화학퍼텐셜(Chemical Potential)이 모든 상에서 같아야 한다.

$$\mu_i^{(1)} = \mu_i^{(2)} = \cdots = \mu_i^{(M)} \ (i = 1, 2, \cdots N)$$

$$P^{(1)} = P^{(2)} = \cdots = P^{(M)}$$

$$T^{(1)} = T^{(2)} = \cdots = T^{(M)}$$

여기서, 상첨자 $(1), (2), \cdots (M)$은 각 상을 표시
하첨자 i는 성분을 표시

다성분계에서 μ_i는 Gibbs에 의해 다음과 같이 정의한다.

$$\mu_i = \left(\frac{\partial G}{\partial n_i} \right)_{P, T, n_j \neq 1}$$

↳ 부분몰랄자유에너지

$$\mu = \overline{G}$$

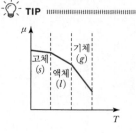

상의 자유에너지(G)는 T, P 및 몰수의 함수이므로 전미분하면 다음과 같다.

$$dG = \left(\frac{\partial G}{\partial T}\right)_P dT + \left(\frac{\partial G}{\partial P}\right)_T dP + \left(\frac{\partial G}{\partial n_1}\right)_{P,T} dn_1 + \left(\frac{\partial G}{\partial n_2}\right)_{P,T} dn_2$$

$$+ \cdots + \left(\frac{\partial G}{\partial n_N}\right)_{P,T} dn_N$$

$$dG = -SdT + VdP + \mu_1 dn_1 + \mu_2 dn_2 + \cdots + \mu_N dn_N$$

$$dG^{(1)} = -S^{(1)}dT + V^{(1)}dP + \mu_1^{(1)}dn_1^{(1)} + \mu_2^{(1)}dn_2^{(1)} + \cdots + \mu_N^{(1)}dn_N^{(1)}$$

$$dG^{(2)} = -S^{(2)}dT + V^{(2)}dP + \mu_1^{(2)}dn_1^{(2)} + \mu_2^{(2)}dn_2^{(2)} + \cdots + \mu_N^{(2)}dn_N^{(2)}$$

각 상의 온도와 압력이 같으므로 온도변화와 압력변화가 없으므로 $dT = 0$, $dP = 0$이고, 계 전체의 자유에너지는 평형일 때 최소가 되므로 계 전체의 자유에너지 변화는 0이다.

$$dG = dG^{(1)} + dG^{(2)} = 0$$

$$(\mu_1^{(1)}dn_1^{(1)} + \cdots + \mu_N^{(1)}dn_N^{(1)}) + (\mu_1^{(2)}dn_1^{(2)} + \cdots + \mu_N^{(2)}dn_N^{(2)}) = 0$$

계 전체를 통한 몰수의 변화가 없으므로

$$dn_i^{(1)} + dn_i^{(2)} = 0 \ (i = 0, 1, \cdots N)$$

$$(\mu_1^{(2)} - \mu_1^{(1)})dn_1^{(2)} + (\mu_2^{(2)} - \mu_2^{(1)})dn_2^{(2)} + \cdots + (\mu_N^{(2)} - \mu_N^{(1)})dn_N^{(2)} = 0$$

그러므로 $\mu_1^{(1)} = \mu_1^{(2)}$, $\mu_2^{(1)} = \mu_2^{(2)}$, $\cdots \mu_N^{(1)} = \mu_N^{(2)}$가 성립된다.

다상평형계에서도 동일한 방법으로 증명할 수 있다.

2. 기액평형(VLE : Vapor − Liquid Equilibrium)

1) 기액평형

$$\hat{f}_i^v = \hat{f}_i^l \qquad (i = 1, 2, \cdots N)$$

여기서, v : 증기상
l : 액상

$$\hat{f}_i^v = \hat{\phi}_i^v y_i P$$

$$\hat{f}_i^l = x_i \gamma_i f_i$$

$$\therefore \ y_i \hat{\phi}_i P = x_i \gamma_i f_i$$

양변을 $\div \phi_i^{sat}$ 하면

$$y_i \Phi_i P = x_i \gamma_i P_i^{sat}$$

TIP

$$\hat{\phi}_i^v = \frac{\hat{f}_i^v}{y_i P}$$

$$\gamma_i = \frac{\hat{f}_i^l}{x_i f_i}$$

2) 라울의 법칙(Raoult's Law)

증기상의 이상기체 : $\hat{\phi}_i^v = 1$

액상의 Lewis – Randall 법칙에 맞는 이상용액 :

$$\hat{\phi}_i^l = \frac{\hat{f}_i^l}{x_i P} = \frac{x_i f_i^l}{x_i P} = \frac{f_i^l}{P} = \phi_i$$

여기서, f_i^l : 계의 T, P 하에 있는 순액 i의 Fugacity

$$f_i^l = f_i^{sat}$$

여기서, f_i^{sat} : 계의 온도 T와 이 온도에서 순 i의 증기압인 P_i^{sat}에서 계산된다.

기상의 이상기체이므로 $\phi_i^{sat} = 1$이 되고 위의 식은 다음과 같다.

$$f_i^{sat} = P_i^{sat}, \, f_i^l = P_i^{sat}$$

$$\therefore \hat{\phi}_i^l = \frac{P_i^{sat}}{P}, \, y_i = \frac{x_i P_i^{sat}}{P}$$

여기서, $i = 1, 2, \cdots N$

3) 활동도와 활동도 계수

$$활동도 \, \alpha_i = \frac{f_i}{f_i^\circ}$$

이상적인 혼합물에서 활동도는 몰분율과 일치한다.
이상적인 혼합물로부터 벗어남을 표시하는 양을 활동도 계수라 하며, 이것은 활동도와 몰분율의 비이다.

$$\gamma_i = \frac{\alpha_i}{n_i / \sum n_i} = \frac{f_i}{f_i^\circ n_i / \sum n_i}$$

이상적인 혼합물에서 활동도 계수는 1이다.

특히 낮은 압력인 액상의 경우 f_i가 p_i이고 f_i°가 P_i°로 되므로 다음과 같은 식이 성립된다.

$$p_i = \gamma_i P_i^\circ x_i$$

4) Clausius – Clapeyron 방정식

$$\frac{dP}{dT} = \frac{\Delta H}{(V^\alpha - V^\beta) T}$$

여기서, α : 기상, β : 액상

$V^{\alpha} \gg V^{\beta}$이므로 $V^{\alpha} - V^{\beta} ≒ V^{\alpha} = V$로 나타내면

$$\frac{dP}{dT} = \frac{\Delta H}{VT}$$

이상기체 법칙에 의해 $V = \frac{RT}{P}$이므로

$$\frac{dP}{dT} = \frac{\Delta HP}{RT^2} \ \text{또는} \ \frac{d\ln P}{dT} = \frac{\Delta H}{RT^2}$$

또는

$$\frac{d\log P}{d\left(\dfrac{1}{T}\right)} = -\frac{\Delta H}{2.303R}$$

$$\log \frac{P_2}{P_1} = \frac{\Delta H_v}{2.303R}\left(\frac{1}{T_1} - \frac{1}{T_2}\right)$$

❖ Clausius − Clapeyron 식
$$\ln \frac{P_2}{P_1} = \frac{\Delta H}{R}\left(\frac{1}{T_1} - \frac{1}{T_2}\right)$$

5) Gibbs − Duhem 방정식

$$dG = VdP - SdT + \mu_1 dn_1 + \mu_2 dn_2$$

온도와 압력이 일정하면 다음과 같이 된다.

$$dG = \mu_1 dn_1 + \mu_2 dn_2$$

$$G = \mu_1 n_1 + \mu_2 n_2$$

$$dG = \mu_1 dn_1 + n_1 d\mu_1 + \mu_2 dn_2 + n_2 d\mu_2$$

$$n_1 d\mu_1 + n_2 d\mu_2 = 0$$

이 식을 Gibbs − Duhem 방정식이라 하며, 두 성분계의 기액평형관계의 기초식이다.

$$x_1 + x_2 = 1$$

$$x_1 d\mu_1 + x_2 d\mu_2 = 0$$

$$x_1 d\mu_1 + (1 - x_1)d\mu_2 = 0$$

dx_1으로 나누고 온도, 압력 변화가 일정하다고 하면 다음과 같이 나타낼 수 있다.

$$x_1\left(\frac{\partial \mu_1}{\partial x_1}\right)_{P,T} + (1 - x_1)\left(\frac{\partial \mu_2}{\partial x_1}\right)_{P,T} = 0$$

$$x_1\left(\frac{\partial \ln f_1}{\partial x_1}\right)_{P,T} + (1 - x_1)\left(\frac{\partial \ln f_2}{\partial x_1}\right)_{P,T} = 0$$

$$x_1\left(\frac{\partial \ln \gamma_1}{\partial x_1}\right)_{P,T} + (1 - x_1)\left(\frac{\partial \ln \gamma_2}{\partial x_1}\right)_{P,T} = 0$$

6) Margules 방정식

$$\ln\gamma_1 = x_2{}^2[A_{12} + 2(A_{21} - A_{12})x_1]$$

$$\ln\gamma_2 = x_1{}^2[A_{21} + 2(A_{12} - A_{21})x_2]$$

$$\ln\gamma_1{}^\infty = A_{12}\,(x_1 = 0)$$

$$\ln\gamma_2{}^\infty = A_{21}\,(x_2 = 0)$$

7) Van Laar 방정식

$$\ln\gamma_1 = A'\left(1 + \frac{A'x_1}{B'x_2}\right)^{-2}$$

$$\ln\gamma_2 = B'\left(1 + \frac{B'x_2}{A'x_1}\right)^{-2}$$

$$\ln\gamma_1{}^\infty = A'\,(x_1 = 0)$$

$$\ln\gamma_2{}^\infty = B'\,(x_2 = 0)$$

3. 상률과 Duhem의 정리

1) 상률(자유도)

평형상태에서 π상 N성분계에서 상률의 변수는 압력 P와 온도 T 그리고 각 상에서의 $N-1$개의 몰분율이므로, $2 + (N-1)\pi$개의 변수가 있다. 그런데 평형의 조건에서 식의 수는 $(\pi-1)(N)$이다.

따라서 자유도 $F = 2 + (N-1)\pi - (\pi-1)(N)$이 된다.

$$F = 2 - \pi + N$$

2) Duhem의 정리

계의 세기상태와 마찬가지로 크기상태가 고정되어 있는 닫힌 평형계에 적용된다. 그러한 계의 상태는 완전히 결정되어 있다고 하며 $2 + (N-1)\pi$개의 상률변수와 상들의 질량(또는 몰수)들로 나타내는 π개의 크기변수들에 의해 특징지어진다.

변수들의 총수는 $2 + (N-1)\pi + \pi = 2 + N\pi$ 가 된다.

N개의 화학성분이 있으며 $(\pi-1)N$개의 상평형식들의 합이 독립적인 식의 총수이다.

$$(\pi-1)N + N = \pi N$$

따라서 변수의 수와 식의 수의 차는 $2 + N\pi - \pi N = 2$가 된다.

Duhem의 정리는 초기에 미리 정해진 화학성분들의 주어진 질량으로 구성된 어떤 닫힌계에 대해서, 임의의 두 개의 변수를 고정하면 평형상태는 완전히 결정된다는 것이다.

Reference

역행응축

압력을 감소시키면 액체의 증발이 일어나는데 다성분계의 임계점 부근에서 압력을 감소시킬 때 액화가 일어나는 이상한 응축현상

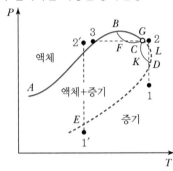

- ABC : 액체가 끓기 시작하는 곳(기화선)
- EDC : 증기가 응축하기 시작하는 곳(응축선)
- D : 액체상이 존재할 수 있는 최고온도 ⎤
- B : 증기가 존재할 수 있는 최고압력　임계점
- C : 액체와 증기와의 구별이 없어지는 임계점 ⎦

임계온도보다 높은 온도에 있는 1의 증기를 등온에서 압축하여 가면 곡선 ED에서 응축하기 시작하여 압력상승에 따라 액체부분이 증가하는데, K에서 최고가 된 후, 다시 액체부분이 줄어 DC상의 L점에 이르러 액체부분은 완전히 없어진다.

∴ 압력이 증가하는데 증발이 추진되고 압력이 감소하는데 응축이 일어나는, 보통과 반대의 현상을 "역행응축"이라 한다.

예 • 천연가스 채굴 시 동력 없이 액화천연가스를 얻는다.
　 • 지하 유정에서 가스를 끌어올릴 때 가벼운 가스를 다시 넣어주어 압력을 높인다.

실전문제

01 정압과정으로 액체로부터 증기로 바뀌는 순수한 물질에 대한 깁스자유에너지 G와 온도 T의 그래프를 옳게 나타낸 것은?

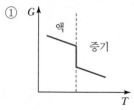

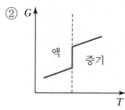

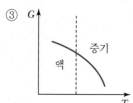

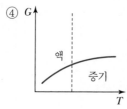

해설

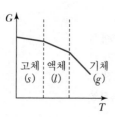

02 물질의 성질 중에서 그 양에 따라 변하는 상태량을 크기인자(Extensive Factor)라 하고, 양에 무관한 상태량을 세기인자(Intensive Factor)라고 한다. 다음 중 크기인자가 아닌 것은?

① 열용량
② 엔탈피
③ 내부에너지
④ 화학퍼텐셜

해설

• 세기인자 : $T,\ P,\ d,\ \overline{V},\ \overline{U},\ \overline{H},\ \overline{G},\ \mu_i$
• 크기인자 : $V,\ U,\ H,\ G,\ C$(열용량)

03 퓨가시티(Fugacity) f 및 퓨가시티 계수 ϕ에 관한 설명 중 옳은 것은?(단, $\phi = \dfrac{f}{P}$ 이다.)

① 이상기체에 대한 $\dfrac{f}{P}$ 의 값은 무한대가 된다.
② 잔류 Gibbs 에너지 G^R과 ϕ와의 관계는 $G^R = RT\ln\phi$ 로 표시된다.
③ 퓨가시티 계수 ϕ의 단위는 압력의 단위를 가진다.
④ 주어진 성분의 퓨가시티가 모든 상에서 서로 다른 값을 가지면 접촉하고 있는 상들은 평형에 도달할 수 있다.

해설

• $f_i{}^{ig} = P$
$$\phi = \frac{f_i}{P} = \frac{P}{P} = 1$$
• $G_i{}^R = RT\ln\phi_i$
ϕ_i : 무차원
• 평형상태
$T,\ P,\ \widehat{f_i}{}^{\alpha} = \widehat{f_i}{}^{\beta}$

04 융해, 기화, 승화 시 변하지 않는 열역학적 성질에 해당하는 것은?

① 엔트로피
② 내부에너지
③ 화학퍼텐셜
④ 엔탈피

해설

상변화 시 $T,\ P,\ \mu_i$가 같다.

05 다음 온도–엔트로피 선도에서 3중점(Triple Point) Line에 해당하는 것은?

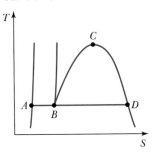

① 곡선 CD
② 직선 ABD
③ 곡선 BC
④ 곡선 BCD

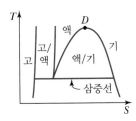

06 이상용액의 활동도 계수 γ는 어느 값을 갖는가?

① $\gamma > 1$
② $\gamma < 1$
③ $\gamma = 0$
④ $\gamma = 1$

해설

$$\gamma_i = \frac{\hat{f}_i}{x_i f_i} \begin{array}{l} \rightarrow 실제혼합물 \ 중 \ 성분 \ i의 \ 퓨가시티 \\ \rightarrow 이상혼합물 \ 중 \ 성분 \ i의 \ 퓨가시티 \end{array}$$

이상용액에 대해서
$\hat{f}_i = x_i f_i$이므로 $\gamma_i = 1$이 된다.

07 순수한 물질 1몰의 깁스자유에너지와 같은 것은?

① 내부에너지
② 헬름홀츠자유에너지
③ 화학퍼텐셜
④ 엔탈피

해설

$$\overline{G} = \left[\frac{\partial(nG)}{\partial n_i} \right]_{P,T,n_j} = \mu_i$$

08 기–액상에서 두 성분이 한 가지의 독립된 반응을 하고 있다면 이 계의 자유도는?

① 0
② 1
③ 2
④ 3

해설

$$F = 2 - P + C - r - s$$
$$= 2 - 2 + 2 - 1 = 1$$

09 30몰%의 A, B 2성분계 용액이 30℃에서 기–액 평형하에 있다. 증기를 이상기체라 할 때 이 용액의 평형 압력은 약 몇 mmHg인가?

성분	A	B
포화증기압	30mmHg	180mmHg
활동도 계수	2.8	1.2

① 75
② 135
③ 176
④ 260

해설

$$P = P_A + P_B$$
$$= P_A^* \gamma_A x_A + P_B^* \gamma_B x_B$$
$$= (30)(2.8)(0.3) + (180)(1.2)(0.7)$$
$$= 176.4$$

10 A기체 3.0몰과 B기체 1.0몰의 혼합기체가 1.0 bar, 0℃에 있다. 혼합기체 내에서 A의 퓨가시티는 10bar이고 순수한 A의 퓨가시티는 20.0bar이다. 이때 혼합기체 내의 A의 활동도 계수(Activity Coefficient)를 구하면?

① 0.38
② 0.50
③ 0.67
④ 2.67

해설

$$r_A = \frac{\hat{f}_A}{y_A f_A^\circ} = \frac{10}{0.75 \times 20} = 0.67$$

정답 05 ② 06 ④ 07 ③ 08 ② 09 ③ 10 ③

11 3성분계의 기체와 액체가 공존하는 시스템이 존재한다. 이 시스템을 열역학적으로 완전히 표시하려면 다음 중 최소한 어떤 조건이 주어져야 완전한 계산이 가능한가?(단, 반응이 없는 것으로 본다.)

① 온도와 압력
② 온도 및 조성 1개
③ 온도, 압력 및 조성 1개
④ 온도, 압력 및 조성 2개

▶해설

$F = 2 - P + C = 2 - 2 + 3 = 3$

12 2성분계 용액(Binary Solution)이 그 증기와 평형상태하에 놓여 있을 경우 그 계 안에서 반응이 없다면 평형상태를 결정하는 데 필요한 독립변수의 수는?

① 1　　　　　　　　② 2
③ 3　　　　　　　　④ 4

▶해설

$F = 2 - P + C = 2 - 2 + 2 = 2$

　　여기서, P : 상의 수
　　　　　C : 성분의 수

13 20mol%, 35mol%, 45mol% C를 포함하는 3성분 기체 혼합물이 있다. 60atm, 75℃에서 이 혼합물의 성분 A, B, C의 퓨가시티 계수가 각각 0.7, 0.6, 0.9일 때 이 혼합물의 퓨가시티는 얼마인가?

① 34.6atm　　　　　② 44.6atm
③ 54.6atm　　　　　④ 64.6atm

▶해설

$\hat{f}_i = \hat{\phi}_i y_i P$

$\hat{f}_A = 0.7 \times 0.2 \times 60 = 8.4\text{atm}$

$\hat{f}_B = 0.6 \times 0.35 \times 60 = 12.6\text{atm}$

$\hat{f}_C = 0.9 \times 0.45 \times 60 = 24.3\text{atm}$

$\therefore \hat{f} = 8.4 + 12.6 + 24.3 = 45.3\text{atm}$

14 평형에 대한 다음의 조건 중 틀린 것은?(단, ϕ_i는 순수성분의 퓨가시티 계수, f_i는 혼합물에서 성분 i의 퓨가시티 계수, γ_i는 활동도 계수, $\hat{\phi}_i$는 성분 i의 퓨가시티 계수, x_i는 액상의 성분 i의 조성이다. 상첨자 V는 기상, L은 액상, S는 고상, Ⅰ과 Ⅱ는 두 액상을 나타낸다.)

① 순수성분 기-액 평형 : $\phi_i^V = \phi_i^L$
② 2성분 혼합물 기-액 평형 : $\hat{\phi}_i^V = \hat{\phi}_i^L$
③ 2성분 혼합물 액-액 평형 : $x_i^{\,\text{I}} \gamma_i^{\,\text{I}} = x_i^{\,\text{II}} \gamma_i^{\,\text{II}}$
④ 2성분 혼합물 고-기 평형 : $\hat{f}_i^V = \hat{f}_i^S$

▶해설

① 순수성분 기-액 평형
　　$\phi_i^V = \phi_i^L$
② 2성분 기-액 평형
　　$\hat{f}_i^V = \hat{f}_i^L$
　　$\hat{f}_i^V = y_i \hat{\phi}_i P$
　　$\hat{f}_i^L = x_i \gamma_i f_i$
　　$\therefore y_i \hat{\phi}_i P = x_i \gamma_i f_i \qquad y_i \hat{\phi}_i^V = x_i \hat{\phi}_i^L$
③ 2성분 액-액 평형
　　$\hat{f}_i^\alpha = \hat{f}_i^\beta$
　　$x_i^\alpha \gamma_i^\alpha f_i^\alpha = x_i^\beta \gamma_i^\beta f_i^\beta \,(f_i^\alpha = f_i^\beta)$
　　$\therefore x_i^\alpha \gamma_i^\alpha = x_i^\beta \gamma_i^\beta$
④ 2성분 고-기 평형
　　$\hat{f}_i^V = \hat{f}_i^S$

15 $\Delta G_f^\circ(g, CO_2)$, $\Delta G_f^\circ(l, H_2O)$, $\Delta G_f^\circ(g, CH_4)$ 값이 각각 -94.3kcal/mol, -56.7kcal/mol, -12kcal/mol일 때, 298K에서 다음 반응의 표준 깁스에너지 변화 ΔG° 값은 약 몇 kcal/mol인가?(단, ΔG_f°는 298K에서의 표준생성에너지이다.)

$$CH_4(g) + 2O_2(g) \rightarrow CO_2(g) + 2H_2O(l)$$

① -180.5　　　　　② -195.6
③ -220.3　　　　　④ -340.2

해설

$$\Delta G = (\Sigma \Delta G_f)_P - (\Sigma \Delta G_f)_R$$
$$\Delta G = -94.3 + 2 \times (-56.7) - (-12)$$
$$= -195.7 \text{kcal/mol}$$

16 평형(Equilibrium)에 대한 정의가 아닌 것은?(단, G는 깁스(Gibbs)에너지, Mix는 혼합에 의한 변화를 의미한다.)

① 계(System) 내의 거시적 성질들이 시간에 따라 변하지 않는 경우
② 정반응의 속도와 역반응의 속도가 동일할 경우
③ $\Delta G_{T,P} = 0$
④ $\Delta V_{mix} = 0$

해설

평형
정반응속도 = 역반응속도
$(dG)_{T,P} = 0$

17 25℃, 10atm에서 성분 1, 2로 된 2성분 액체 혼합물 중 성분 1의 퓨가시티가 다음 식으로 주어진다. 순성분 1의 퓨가시티 f_1 값은?(단, x_1은 성분 1의 몰분율이고, $\hat{f}$은 atm 단위를 갖는다.)

$$\hat{f}_1 = 40x_1 - 50x_1^2 + 20x_1^3$$

① 10
② 20
③ 40
④ 50

해설

$$\hat{f}_i^{id} = x_i f_i$$
$$\left(\frac{d\hat{f}_i}{dx_i} \right)_{x_i = 1} = \lim_{x_i \to 1} \frac{\hat{f}_i}{x_i} = f_i$$

순성분 $x_1 = 1$이므로 $\hat{f}_1 = 10$이 된다.

18 역행응축(逆行凝縮, Retrograde CondenSation) 현상을 가장 유용하게 쓸 수 있는 경우는?

① 천연가스 채굴 시 동력 없이 많은 양의 액화천연가스를 얻는다.
② 기체를 임계점에서 응축시켜 순수성분을 분리시킨다.
③ 고체 혼합물을 기체화시킨 후 다시 응축시켜 비휘발성 물질만을 얻는다.
④ 냉동의 효율을 높이고 냉동제의 증발잠열을 최대로 이용한다.

해설

역행응축
압력을 감소시키면 액체의 증발이 일어나는데 다성분계의 임계점 부근에서 압력을 감소시킬 때 액화가 일어나는 이상한 응축현상

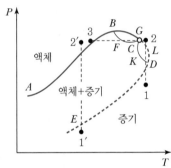

• ABC : 액체가 끓기 시작하는 곳(기화선)
• EDC : 증기가 응축하기 시작하는 곳(응축선)
• D : 액체상이 존재할 수 있는 최고온도 ⎤
• B : 증기가 존재할 수 있는 최고압력 ⎬ 임계점
• C : 액체와 증기와의 구별이 없어지는 임계점 ⎦
임계온도보다 높은 온도에 있는 1의 증기를 등온에서 압축하여 가면 곡선 ED에서 응축하기 시작하여 압력상승에 따라 액체부분이 증가하는데, K에서 최고가 된 후, 다시 액체부분이 줄어 DC상의 L점에 이르러 액체부분은 완전히 없어진다.
∴ 압력이 증가하는데 증발이 추진되고 압력이 감소하는데 응축이 일어나는, 보통과 반대의 현상을 "역행응축"이라 한다.
예 • 천연가스 채굴 시 동력 없이 액화천연가스를 얻는다.
　　• 지하 유정에서 가스를 끌어올릴 때 가벼운 가스를 다시 넣어주어 압력을 높인다.

정답 16 ④　17 ①　18 ①

19 발열반응인 경우 표준 엔탈피 변화($\Delta H°$)는 ($-$)의 값을 갖는다. 이때 온도증가에 따라 평형상수(K)는 어떻게 되는가?(단, 현열은 무시한다.)

① 증가
② 감소
③ 감소했다 증가
④ 증가했다 감소

해설

$$\frac{d\ln K}{dT} = \frac{\Delta H}{RT^2}$$

- $\Delta H < 0$(발열반응) : $T\uparrow$, $K\downarrow$
- $\Delta H > 0$(흡열반응) : $T\uparrow$, $K\uparrow$

20 $\mu(s)$, $\mu(l)$, $\mu(g)$를 각각 고체, 액체, 기체의 화학퍼텐셜이라고 할 때 다음 설명 중 옳지 않은 것은?

① $\mu(l) > \mu(s)$일 경우 고체가 안정한 상이다.
② 어떤 온도와 압력에서 $\mu(l)$가 다른 것보다 낮을 경우, 액체가 안정한 상(Stable Phase)이다.
③ $\mu(l) > \mu(s)$일 경우 액체와 고체가 공존하며 이때의 온도가 녹는점이다.
④ $\mu(l) = \mu(s)$일 경우 이 온도에서 액체와 고체가 공존하며 이때의 온도가 녹는점이다.

해설

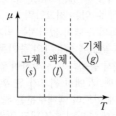

[02] 화학반응평형

1. 화학반응평형

① 원료물질을 화학반응에 의해 가치 있는 생성물로 변화시키는 것은 매우 중요한 공업이다.

② 화학반응속도와 평형전화율은 온도·압력 및 반응물의 조성에 의존한다.

③ 정반응의 속도＝역반응의 속도 : 동적 평형 상태

2. 반응 좌표 ▣▣▣

일반적으로 화학반응을 다음과 같이 표현한다.

$$|\nu_1|A_1 + |\nu_2|A_2 + \cdots \rightarrow |\nu_3|A_3 + |\nu_4|A_4 + \cdots$$

여기서, ν_i : 양론계수

A_i : 화학식

- 반응물 : $(-)$부호, 소모의 의미
- 생성물 : $(+)$부호, 생성의 의미

여기서, 양론수는 반응물은 음의 부호$(-)$, 생성물은 양의 부호$(+)$로 나타낸다.

예를 들어 $CH_4 + H_2O \rightleftarrows CO + 3H_2$인 식을 보자.

$\nu_{CH_4} = -1$, $\nu_{H_2O} = -1$, $\nu_{CO} = 1$, $\nu_{CO} = 1$, $\nu_{H_2} = 3$이 된다.

만약에 CH_4 1몰이 소모되었다면 H_2O도 1몰 소모되며, 1몰의 CO와 3몰의 H_2가 생성된다는 의미이다.

이 원리를 미소한 양의 반응에 적용하면

$$\frac{dn_1}{\nu_1} = \frac{dn_2}{\nu_2} = \frac{dn_3}{\nu_3} = \frac{dn_4}{\nu_4} = \cdots = d\varepsilon$$

위의 식에서 모든 항들이 동일하므로 임의의 단일량 $d\varepsilon$로 정의할 수 있다.

따라서 미분변화 dn_i와 $d\varepsilon$ 사이의 일반적인 관계는 다음과 같이 나타낼 수 있다.

$dn_i = \nu_i d\varepsilon (i = 1, 2, \cdots N)$

이 새로운 변수 ε은 반응좌표라 하며, 반응이 일어난 정도를 나타낸다. ε은 반응이 일어나기 전, 계의 초기상태에서는 0으로 둔다.

위의 식을 초기의 반응이 일어나지 않는 상태에서 임의의 양만큼 반응이 일어난 상태까지 적분하면

$$\int_{n_{i0}}^{n_i} dn_i = \nu_i \int_0^\varepsilon d\varepsilon$$

$$n_i = n_{i0} + \nu_i \varepsilon$$

여기서, $i = 1, 2, \cdots N$

모든 화학종에 대하여 합하면 다음과 같이 나타낼 수 있다.

$$n = \sum_i n_i = \sum_i n_{i0} + \varepsilon \sum_i \nu_i$$

여기서, $n \equiv \sum_i n_i$, $n_0 \equiv \sum_i n_{i0}$, $\nu \equiv \sum_i \nu_i$ 이다.

그러므로 존재하는 화학종의 몰분율 y_i는 ε과 다음의 관계를 갖는다.

$$y_i = \frac{n_i}{n} = \frac{n_{i0} + \nu_i \varepsilon}{n_0 + \nu \varepsilon}$$

Exercise **01** ▨▨▨

$CH_4 + H_2O \rightarrow CO + 3H_2$ 반응 초기에 2mol CH_4, 1mol H_2O, 1mol CO, 4mol H_2가 존재한다면 몰분율 y_i를 ε의 함수로 나타내어라.

🔍 **풀이** $\nu = -1 - 1 + 1 + 3 = 2$

$n_0 = 2 + 4 + 1 + 1 = 8 \text{mol}$

$y_i = \dfrac{n_i}{n} = \dfrac{n_{i0} + \nu_i \varepsilon}{n_0 + \nu \varepsilon}$ 이므로

$y_{CH_4} = \dfrac{2 - \varepsilon}{8 + 2\varepsilon}$, $y_{H_2O} = \dfrac{1 - \varepsilon}{8 + 2\varepsilon}$, $y_{CO} = \dfrac{1 + \varepsilon}{8 + 2\varepsilon}$, $y_{H_2} = \dfrac{4 + 3\varepsilon}{8 + 2\varepsilon}$

3. 화학반응평형의 판정

1) Gibbs 에너지 ▣▣▣

일정한 T, P에 있는 닫힌계에서 전체 Gibbs 에너지는 비가역공정에서 감소해야 하고, 평형조건은 G^t가 최솟값을 가질 때 도달한다.

$$(dG^t)_{T,P} = 0$$

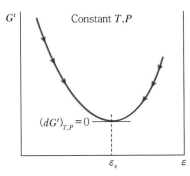

▲ 반응좌표에 대한 전체 Gibbs 에너지

 TIP |||||||||||||||||||||||||||||||||||

주어진 T와 P에서 평형상태의 특성
- 전체 Gibbs 에너지 G^t는 최소이다.
- 이것의 미분은 0이다.

2) 자발적인 화학반응

$$A \rightarrow B$$

$$\frac{dn_A}{-1} = \frac{dn_B}{1} = d\varepsilon$$

$$\therefore dn_A = -d\varepsilon, \, dn_B = d\varepsilon$$

$$\begin{aligned} dG &= \mu_A dn_A + \mu_B dn_B \\ &= -\mu_A d\varepsilon + \mu_B d\varepsilon \\ &= (\mu_B - \mu_A)d\varepsilon \end{aligned}$$

$$\left(\frac{\partial G}{\partial \varepsilon}\right)_{T,P} = \mu_B - \mu_A$$

$\Delta G < 0$: 자발적인 반응

$\Delta G > 0$: 비자발적인 반응

$\Delta G = 0$: $\mu_A = \mu_B$ ··········· 평형

 **TIP** |||||||||||||||||||||||||||||||||||

- $\mu_A > \mu_B$ $A \rightarrow B$
- $\mu_A < \mu_B$ $A \leftarrow B$
- $\mu_A = \mu_B$ 평형상태

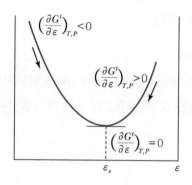

4. 표준 Gibbs 에너지 변화와 평형상수

1) 평형의 조건

단일상 계에 대한 기본적 성질 관계식인 Gibbs 에너지의 전미분식은 다음과 같다.

$$d(nG) = (nV)dP - (nS)dT + \sum \mu_i dn_i$$

닫힌계에서 단일화학반응 결과로 몰수 n_i가 변하면 $dn_i = \nu_i d\varepsilon$로 치환할 수 있다.

$$d(nG) = (nV)dP - (nS)dT + \sum \mu_i \nu_i d\varepsilon$$

$$\therefore \sum \nu_i \mu_i = \left[\frac{\partial(nG)}{\partial \varepsilon} \right]_{T,P} = \left[\frac{\partial G^t}{\partial \varepsilon} \right]_{T,P}$$

> **Reference**
>
> **평형상태** ▣▣▣
>
> $$\left[\frac{\partial G^t}{\partial \varepsilon} \right]_{T,P} = 0, \ \sum \nu_i \mu_i = 0$$
>
> 평형상태의 판정기준 : $\sum \nu_i \mu_i = 0$

2) 평형상수

용액에서 화학종 i의 퓨가시티는 다음과 같다.

$$\mu_i = \Gamma_i(T) + RT \ln \hat{f}_i$$

표준상태의 순수한 화학종 i에 대하여

$$G_i^\circ = \Gamma_i(T) + RT \ln f_i^\circ$$

두 식의 차는 다음과 같다.

$$\mu_i - G_i^\circ = RT \ln \frac{\widehat{f}_i}{f_i^\circ}$$

$$\therefore \quad \mu_i = G_i^\circ + RT \ln \frac{\widehat{f}_i}{f_i^\circ}$$

$$\sum_i \nu_i \mu_i = 0$$

$$\sum_i \nu_i \left(G_i^\circ + RT \ln \frac{\widehat{f}_i}{f_i^\circ} \right) = 0$$

$$\sum_i \nu_i G_i^\circ + RT \sum \nu_i \ln \frac{\widehat{f}_i}{f_i^\circ} = 0$$

$$\sum_i \ln \left(\frac{\widehat{f}_i}{f_i^\circ} \right)^{\nu_i} = - \frac{\sum_i \nu_i G_i^\circ}{RT}$$

여기서, $\widehat{a}_i = \left(\dfrac{\widehat{f}_i}{f_i^\circ} \right)$: 용액 중 성분 i의 활동도

$$\ln \prod_i (\widehat{a}_i)^{\nu_i} = - \frac{\sum \nu_i G_i^\circ}{RT}$$

$$\ln \prod_i \left(\frac{\widehat{f}_i}{f_i^\circ} \right)^{\nu_i} = - \frac{\sum_i \nu_i G_i^\circ}{RT}$$

여기서, $\displaystyle\prod_i$는 모든 화학종 i의 곱을 나타낸다.

이 식을 지수함수 형식으로 나타내면

$$\prod_i \left(\frac{\widehat{f}_i}{f_i^\circ} \right)^{\nu_i} = K$$

$$K \equiv \exp \left(\frac{-\Delta G^\circ}{RT} \right)$$

$$\ln K = \frac{-\Delta G^\circ}{RT}$$

① 평형상수 K는 온도만의 함수
② $\Delta G° = \sum \nu_i G_i°$은 반응의 표준 Gibbs 에너지 변화이다.

3) 평형상수에 대한 온도의 영향

표준상태의 온도가 평형혼합물의 온도이므로 $\Delta G°$, $\Delta H°$와 같은 반응의 표준 물성변화는 평형온도에 따라 변하게 된다.

$\Delta G°$의 T에 대한 의존성은 다음과 같이 나타낼 수 있다.

$$\frac{d(\Delta G°/RT)}{dT} = -\frac{\Delta H°}{RT^2}$$

$$\frac{d\ln K}{dT} = \frac{\Delta H°}{RT^2}$$

위의 식은 평형상수, 평형수율에 미치는 온도의 영향을 나타내며 $\Delta H°$가 음수이면, 즉 발열반응인 경우, 온도가 증가하면서 평형상수는 감소한다. 반대로 흡열반응인 경우 온도가 증가하면 K도 증가한다.

표준반응엔탈피 $\Delta H°$가 T와 무관하다고 가정하면 다음과 같이 간단히 적분할 수 있다.

$$\ln\frac{K}{K_1} = -\frac{\Delta H°}{R}\left(\frac{1}{T} - \frac{1}{T_1}\right)$$

위의 식을 $\ln K$를 절대온도 T의 역수에 대해 도시하면 직선이 된다. 만일 반응에 관계하는 성분들의 몰비열이 온도함수로 주어지면 임의의 온도에 있어서 반응열은 다음과 같이 나타낼 수 있다.

$$\Delta H° = \Delta H° + \Delta\alpha T + \frac{\Delta\beta T^2}{2} + \frac{\Delta\gamma T^3}{3}$$

위의 식을 $\dfrac{d\ln K}{dT} = \dfrac{\Delta H°}{RT^2}$에 대입하고 적분하면

$$\ln K = \frac{-\Delta H°}{RT} + \frac{\Delta\alpha}{R}\ln T + \frac{\Delta\beta}{2R}T + \frac{\Delta\gamma}{6R}T^2 + C$$

여기서, 적분상수 C는 임의의 온도에서 평형상수값을 알면 계산된다.

$$\Delta G° = -RT\ln K$$

$$\Delta G° = \Delta H° - \Delta\alpha T\ln T - \frac{\Delta\beta}{2}T^2 - \frac{\Delta\gamma}{6}T^3 - CRT$$

4) 평형상수의 계산

$$aA + bB \rightarrow cC + dD$$

평형상수 $K = \dfrac{a_C{}^c \, a_D{}^d}{a_A{}^a \, a_B{}^b}$

5) 평형상수와 조성의 관계 ▮▯▯

(1) 기상반응

① 기체의 표준상태는 표준압력 $P° = 1\text{bar}$의 순수한 기체의 이상기체 상태이다.

② 이상기체의 Fugacity는 압력과 같으므로 $f_i° = P°(1\text{bar})$이다.

$$\hat{a}_i = \frac{\hat{f}_i}{f_i°} = \frac{\hat{f}_i}{P°}$$

$\therefore K = \displaystyle\prod_i \left(\frac{\hat{f}_i}{f_i°} \right)^{\nu_i}$ 이므로 다음과 같이 나타낼 수 있다.

$$\therefore K = \prod_i \left(\frac{\hat{f}_i}{P°} \right)^{\nu_i}$$

평형상수 K는 온도만의 함수

$$\hat{f}_i = \hat{\phi}_i y_i P \rightarrow \frac{\hat{f}_i}{P°} = \hat{\phi}_i y_i \frac{P}{P°}$$

그러므로 $\quad \therefore \displaystyle\prod_i (y_i \hat{\phi}_i)^{\nu_i} = \left(\frac{P}{P°} \right)^{-\nu} K \quad$ 이다.

여기서, $\nu \equiv \sum \nu_i$
$P° = $ 표준압력 1bar

ϕ_i는 조성에 무관하므로 평형 T, P가 명시되면 일반화된 상관관계에서 계산될 수 있다. 압력이 충분히 낮거나, 온도가 충분히 높으면 평형혼합물은 이상기체와 비슷한 거동을 하게 된다. 이 경우 $\hat{\phi}_i = 1$이고 위의 식은 다음과 같이 나타낼 수 있다.

$$\prod_i (y_i)^{\nu_i} = \left(\frac{P}{P°} \right)^{-\nu} K$$

위의 식에서 온도·압력·조성에 의존하는 항들은 서로 구분이 되고, 다른 두 개가 주어지면 ε_e, T, P 중 하나에 대한 풀이는 직접 구해진다.

💡 **TIP** ‖‖‖‖‖‖‖‖‖‖‖‖‖‖‖‖‖‖‖‖

$\Pi (y_i)^{\nu_i} = P^{-\nu} K$
- 총양론수 $\nu (= \sum \nu_i) < 0$이면
  Const T, $P \uparrow \rightarrow \Pi (y_i)^{\nu_i} \uparrow$
  $\rightarrow$ 정반응($\varepsilon_e \uparrow$)
- 총양론수 $\nu (= \sum \nu_i) > 0$이면
  Const T, $P \uparrow \rightarrow \Pi (y_i)^{\nu_i} \downarrow$
  $\rightarrow$ 역반응($\varepsilon_e \downarrow$)

Reference ┄┄┄┄┄┄┄┄┄┄┄┄┄┄┄┄┄┄┄┄┄┄┄┄┄┄┄

K의 온도와 압력의 영향 ▦▦▦

㉠ $\dfrac{d\ln K}{dT} = \dfrac{\Delta H^\circ}{RT^2}$ 에 의하면 평형상수 K에 대한 온도의 영향은 ΔH°의 부호에 의해 결정된다.

- $\Delta H^\circ > 0$이면, 즉 표준반응이 흡열반응이면 온도가 증가할 때 K가 증가하고 일정 P에서 K값이 증가하면 $\prod_i (y_i)^{\nu_i}$가 증가한다. 이것은 반응이 오른쪽으로 이동하고 ε_e값이 증가한다는 것을 의미한다.

- 반대로 $\Delta H^\circ < 0$이면, 즉 표준반응이 발열반응이면 온도가 증가할 때 K가 감소하고 일정 P에서 $\prod_i (y_i)^{\nu_i}$가 감소한다. 이것은 반응이 왼쪽으로 이동하고 ε_e값이 감소한다는 것을 의미한다.

㉡ 총양론계수 $\nu \left(\equiv \sum_i \nu_i \right)$

- ν가 음수이면 일정 T에서 압력이 증가할 때 $\prod_i (y_i)^{\nu_i}$가 증가하여 반응이 오른쪽으로 이동하고, ε_e값은 증가한다.

- ν가 양수이면 일정 T에서 압력이 증가할 때 $\prod_i (y_i)^{\nu_i}$가 감소하여 반응이 왼쪽으로 이동하고, ε_e값은 감소한다.

┄┄

(2) 액상반응

$$\prod_i \left(\hat{f}_i / f_i^\circ \right)^{\nu_i} = K$$

액체의 일반적인 표준상태에서, 즉 계의 온도와 1bar에서 f_i°는 순수한 액체 i의 퓨가시티(휘산도)이다.

$$\hat{f}_i = \gamma_i x_i f_i$$

f_i는 평형혼합물의 온도와 압력하에 있는 순수한 액체 i의 휘산도이다.

휘산도(퓨가시티)의 비 $\dfrac{\hat{f}_i}{f_i^\circ} = \dfrac{\gamma_i x_i f_i}{f_i^\circ} = \gamma_i x_i \left(\dfrac{f_i}{f_i^\circ} \right)$

액체의 퓨가시티는 압력에 약한 함수이므로 $\dfrac{f_i}{f_i^\circ}$는 1로 취급할 수 있지만 다음과 같이 쉽게 구해질 수 있다.

$$G_i - G_i^\circ = RT\ln \dfrac{f_i}{f_i^\circ}$$

일정온도 T에서 순수액체 i가 $P^\circ \rightarrow P$까지 변하는 과정에 대해 적분하면

$$G_i - G_i^\circ = \int_{P^\circ}^{P} V_i dP$$

$$\ln \frac{f_i}{f_i^\circ} = \frac{V_i(P - P^\circ)}{RT}$$

$$\prod_i (x_i \gamma_i)^{\nu_i} = K \exp\left[\frac{(P^\circ - P)}{RT} \sum_i \nu_i V_i \right]$$

고압일 때를 제외하고는 지수함수의 항 ≒ 1

$$\therefore \prod_i (x_i \gamma_i)^{\nu_i} = K$$

평형혼합물이 이상용액이면 $\gamma_i = 1$이므로 다음과 같다.

$$\prod_i (x_i)^{\nu_i} = K$$

↳ 질량작용의 법칙

위와 같은 간단한 식을 질량작용의 법칙(Law of Mass Action)이라고 한다.

① 고농도의 성분인 경우

$\dfrac{\hat{f}_i}{f_i} = x_i$라는 식이 근사적으로 성립한다.

➡ Lewis − Randall 법칙은 농도가 $x_i = 1$에 접근하는 성분에 대해 유효하기 때문이다.

② 저농도의 성분인 경우

$\dfrac{\hat{f}_i}{f_i}$와 x_i가 같지 않으므로 다른 방법을 택한다.

➡ 이 방법은 용질에 대해 가상적인 표준상태를 사용한다.

용질의 표준상태는 용질이 몰랄농도(molality) m의 값이 1까지 Henry's Law을 만족한다면 존재하는 상태이다.

Henry's Law $\hat{f}_i = k_i m_i$

농도가 0에 접근하는 성분에 대해 항상 성립한다.
용질이 Henry의 법칙을 1몰랄농도까지 따를 때의 성질을 계산할 수 있다. 이 가상적인 상태는 용질의 편리한 표준상태가 된다.
표준상태의 퓨가시티는 아래와 같다.

$$\hat{f}_i^\circ = k_i m_i^\circ = k_i \times 1 = k_i$$

Henry의 법칙을 따르는 아주 낮은 농도의 성분에 대해서는 다음과 같다.

$$\hat{f}_i = k_i m_i = \hat{f}_i^{\,\circ} m_i$$

$$\frac{\hat{f}_i}{\hat{f}_i^{\,\circ}} = m_i$$

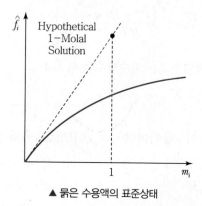

▲ 묽은 수용액의 표준상태

- 이 표준상태의 장점은 활동도와 농도의 단순한 관계를 나타낸다.
- 1몰랄농도까지 확장되지는 않지만 Henry의 법칙이 1몰랄농도까지 확장되는 경우 용질의 실제상태가 표준상태가 된다.
- ΔG°자료가 1몰랄 표준상태일 때만 유용하다.

  그렇지 않으면 $K = \exp\left(\dfrac{-\Delta G^{\circ}}{RT}\right)$으로 계산될 수 없다.

$$\hat{a}_i = \frac{\hat{f}_i}{f_i^{\,\circ}} = m_i$$

6) 평형상수와 반응지수

$$\Delta G = RT \ln \frac{Q}{K}$$

$K = Q$: 평형상태	$\Delta G = 0$
$K > Q$: 자발적 반응, 오른쪽으로 이동	$\Delta G < 0$
$K < Q$: 역반응	$\Delta G > 0$

7) 반응계에 대한 상률과 Duhem의 정리

상률은 π상과 N개의 화학성분으로 구성된, 반응이 일어나지 않는 계에서는 $F = 2 - \pi + N$이다. 그러나, 화학반응이 일어나는 계에 대해서는 상률이 수정되어야 한다. 상률변수는 온도, 압력, $(N-1)$몰분율이며 이 변수들의 합은

2＋$(N-1)\pi$이다. 동일한 상평형 관계식이 적용되면 그 수는 $(\pi-1)(N)$이다. 계 내가 평형일 때 r개의 독립적인 화학반응이 존재하면 모두 $(\pi-1)(N)+r$의 독립적인 식들이 상률변수와 관련된다.

변수의 수와 식의 수의 차에서
$$F=[2+(N-1)(\pi)]-[(\pi-1)(N)+r]$$
$$\therefore \ F=2-\pi+N-r$$

특별한 제한 조건에서 연유한 식의 수가 s일 때 더 일반적인 형식의 상률은 다음과 같다.

$$F=2-\pi+N-r-s$$

여기서, π : 상의 수
N : 성분의 수
r : 화학반응식의 수
s : 특별한 제한 조건의 수

TIP

$CaCO_3$를 진공에서 완전분해하여 만들어진 계
$$F=2-\pi+N-r-s$$
$$=2-2+2-0-0$$
$$=2$$

Exercise 02

다음의 자유도 F를 결정하여라.
① $CaCO_3$를 진공에서 부분적으로 분해하여 만들어진 계
② NH_4Cl을 진공에서 부분적으로 분해하여 만들어진 계

- -

풀이 ① $CaCO_3(s) \longrightarrow CaO(s)+CO_2(g)$
$N=3,\ \pi=3,\ r=1,\ s=0$
$\therefore \ F=2-\pi+N-r-s$
$\quad =2-3+3-1-0=1$

② $NH_4Cl(s) \longrightarrow NH_3(g)+HCl(g)$
$N=3,\ \pi=2,\ r=1,\ s=1(NH_3$와 HCl의 등몰혼합물$)$
$\therefore \ F=2-\pi+N-r-s$
$\quad =2-2+3-1-1=1$

화학평형에 있는 CO, CO_2, H_2, H_2O 및 CH_4 기체로 구성된 계

① $C + \dfrac{1}{2}O_2 \rightarrow CO$　　　　　　　　　② $C + O_2 \rightarrow CO_2$

③ $H_2 + \dfrac{1}{2}O_2 \rightarrow H_2O$　　　　　　　　④ $C + 2H_2 \rightarrow CH_4$

계에 존재하지 않는 원소 C와 O_2를 제거하면

　　②−① : $CO + \dfrac{1}{2}O_2 \rightarrow CO_2$ ·· ⑤

　　②−④ : $CH_4 + O_2 \rightarrow 2H_2 + CO_2$ ······························· ⑥

$r=2$　③−⑤ : $CO_2 + H_2 \rightarrow CO + H_2O$ ······························· ⑦

　　⑥−③×2 : $CH_4 + 2H_2O \rightarrow CO_2 + 4H_2$ ······················· ⑧

$\therefore F = 2 - P + c - r - s$

　　$= 2 - 1 + 5 - 2 - 0 = 4$

실전문제

01 $CH_4 + H_2O \rightarrow CO + 3H_2$와 같은 반응이 일어나는 계에 대해 처음에 CH_4 2mol, CO 1mol, H_2O 1mol, H_2 4mol이 있었다고 한다. 평형 몰분율 y_i를 반응좌표 ε의 함수로 표시하려고 할 때 우선 총 몰수($\sum n_i$)를 ε의 함수로 옳게 나타낸 것은?

① $\sum n_i = 2\varepsilon_1$

② $\sum n_i = 2 + \varepsilon_1$

③ $\sum n_i = 4 + 3\varepsilon_1$

④ $\sum n_i = 8 + 2\varepsilon_1$

> **해설**
>
> $\nu = -1 - 1 + 1 + 3 = 2$
> $n_0 = \sum n_{i0} = 2 + 1 + 1 + 4 = 8mol$
> $n_i = n_{i0} + \nu\varepsilon$
> $\therefore \sum n_i = \sum n_{i0} + \nu\varepsilon$
> $\qquad\quad = 8mol + 2\varepsilon$

02 화학반응이 자발적으로 일어날 때 깁스(Gibbs)에너지와 엔트로피의 변화량을 바르게 표시한 것은?(단, $\Delta G_{계}$: 계의 깁스자유에너지 변화, ΔS_{total} : 계와 주위 전체의 엔트로피 변화)

① $(\Delta G_{계})_{T,P} < 0, \Delta S_{total} > 0$

② $(\Delta G_{계})_{T,P} > 0, \Delta S_{total} > 0$

③ $(\Delta G_{계})_{T,P} = 0, \Delta S_{total} = 0$

④ $(\Delta G_{계})_{T,P} > 0, \Delta S_{total} < 0$

> **해설**
>
> 자발적 반응일 때
> $(\Delta G)_{T,P} < 0$
> $\Delta S_{total} > 0$

03 동일 조건에서 $C_2H_2 \rightarrow 2C + H_2$ 반응과 $2C + 2H_2 \rightarrow C_2H_4$ 반응의 평형상수가 각각 K_1과 K_2일 때, $C_2H_2 + H_2 \rightarrow C_2H_4$ 반응의 평형상수는 어떻게 표현되는가?

① $\dfrac{K_1}{K_2}$

② $K_1 + K_2$

③ $K_1 \cdot K_2$

④ $\dfrac{K_2}{K_1}$

> **해설**
>
> $\Delta G = -RT \ln K$
> $\ln K = -\dfrac{\Delta G}{RT}$
>
> $\begin{array}{l} C_2H_2 \rightarrow 2C + H_2 \qquad K_1 \\ + \underline{\, 2C + 2H_2 \rightarrow C_2H_4 \quad K_2 \,} \\ \quad C_2H_2 + H_2 \rightarrow C_2H_4 \quad K \end{array}$
>
> $-RT \ln K = -RT \ln K_1 - RT \ln K_2$
> $\ln K = \ln K_1 + \ln K_2$
> $K = K_1 \cdot K_2$

04 일정한 T, P에 있어 닫힌계가 평형상태에 도달하는 조건에 해당하는 것은?

① $(dG^t)_{T,P} = 0$

② $(dG^t)_{T,P} > 0$

③ $(dG^t)_{T,P} < 0$

④ $(dG^t)_{T,P} = 1$

> **해설**
>
>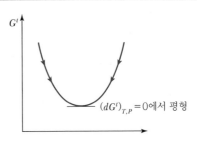
>
> $(dG^t)_{T,P} = 0$에서 평형

05 어떤 화학반응이 평형상수에 대한 온도의 미분계수가 $\left(\dfrac{\partial \ln K}{\partial T}\right)_P > 0$로 표시된다. 이 반응에 대하여 옳게 설명한 것은?

① 이 반응은 흡열반응이며, 온도상승에 따라 K값은 커진다.

② 이 반응은 발열반응이며, 온도상승에 따라 K값은 커진다.

③ 이 반응은 흡열반응이며, 온도상승에 따라 K값은 작아진다.

④ 이 반응은 발열반응이며, 온도상승에 따라 K값은 작아진다.

> **해설**
>
> $$\frac{d\ln K}{dT} = \frac{\Delta H}{RT^2}$$
>
> - $\Delta H < 0$(발열반응) : $T\uparrow$, $K\downarrow$
> - $\Delta H > 0$(흡열반응) : $T\uparrow$, $K\uparrow$

06 화학반응에서 정방향으로 자발적 반응이 일어나는 경우 Gibbs 에너지 변화(ΔG)의 표현으로 맞는 것은?

① $\Delta G > 0$　　　② $\Delta G < 0$

③ $\Delta G = 0$　　　④ $\Delta G = \infty$

> **해설**
>
> - $\Delta G = 0$: 평형
> - $\Delta G < 0$: 정반응(자발적 반응)
> - $\Delta G > 0$: 역반응(비자발적 반응)

07 화학반응의 평형상수 K의 정의로부터 다음의 관계식을 얻을 수 있을 때 이 관계식에 대한 설명 중 틀린 것은?

$$\boxed{\dfrac{d\ln K}{dT} = \dfrac{\Delta H°}{RT^2}}$$

① 온도에 대한 평형상수의 변화를 나타낸다.

② 발열반응에서는 온도가 증가하면 평형상수가 감소함을 보여준다.

③ 주어진 온도구간에서 $\Delta H°$가 일정하면 $\ln K$를 T의 함수로 표시했을 때 직선의 기울기가 $\dfrac{\Delta H°}{R^2}$이다.

④ 화학반응의 $\Delta H°$를 구하는 데 사용할 수 있다.

> **해설**
>
> $$\frac{d\ln K}{dT} = \frac{\Delta H}{RT^2}$$
>
> 흡열반응에서 온도 T가 증가하면 K 증가
>
> $$\ln\frac{K_2}{K_1} = -\frac{\Delta H}{R}\left(\frac{1}{T_2} - \frac{1}{T_1}\right) = \frac{\Delta H}{R}\left(\frac{1}{T_1} - \frac{1}{T_2}\right)$$
>
> $\therefore$ 직선의 기울기 $= -\dfrac{\Delta H}{R}$

08 액상과 기상이 서로 평형이 되어 있을 때에 대한 설명으로 틀린 것은?

① 두 상의 온도는 서로 같다.

② 두 상의 압력은 서로 같다.

③ 두 상의 엔트로피는 서로 같다.

④ 두 상의 화학퍼텐셜은 서로 같다.

> **해설**
>
> 기액평형은 T, P, μ_i가 같다.

09 화학반응 평형의 조건으로 가장 타당한 식은?(단, μ_i는 화학퍼텐셜, f_i는 퓨가시티, ν_i는 양론수이다.)

① $\displaystyle\sum_i \nu_i \cdot \mu_i = 0$　　② $RT\displaystyle\sum_i \ln\mu_i = 0$

③ $\mu_0 + RT\ln f_i = 0$　　④ $\displaystyle\prod_i \nu_i \cdot \mu_i = 0$

> **해설**
>
> 평형조건
>
> $(dG^t)_{T,P} = 0$
>
> $dG = -SdT + VdP + \sum \mu_i dn_i$
>
> 닫힌계 내에서의 단일화학반응 n_i에 변화가 있었다면
>
> $dn_i = \nu_i d\varepsilon$
>
> $\therefore dG = -SdT + VdP + \sum(\nu_i\mu_i)d\varepsilon$
>
> $\sum(\nu_i\mu_i) = \left(\dfrac{dG}{d\varepsilon}\right)_{T,P}$
>
> $\sum(\nu_i\mu_i) = 0$일 때 화학평형이 된다.

10 이상기체 간의 반응 $A + B \rightleftarrows R$이 125℃에서 일어난다. 이 반응의 표준 자유에너지 변화가 1,500cal/mol일 경우 이 반응의 평형상수값은?

① 0.00238　　　　　② 0.15

③ −0.864　　　　　④ −1.9

해설

$\Delta G = -RT\ln K$

$K = \exp\left[-\dfrac{\Delta G}{RT}\right]$

$\quad = \exp\left[\dfrac{-1,500\text{cal/mol}}{(1,987\text{cal/mol} \cdot \text{K})(273+125)}\right] = 0.15$

11 다음과 같은 반응이 진행될 때 기상에 대하여는 이상기체 법칙이 적용되고 고체 요오드가 평형으로 존재한다면, 2기압 25℃에서의 평형상수 값은 얼마인가?

$$\frac{1}{2}\text{H}_2(g) + \text{I}(s) \rightarrow \text{HI}(g)$$

$$\Delta G_{298}° = 315\text{cal/mol}$$

① 0.53　　　　　② 0.59

③ 0.63　　　　　④ 0.69

해설

$\Delta G° = -RT\ln K$

$\ln K = \dfrac{\Delta G°}{-RT}$

$K = \exp\left[-\dfrac{\Delta G°}{RT}\right] = \exp\left[-\dfrac{315}{1.987 \times 298}\right] = 0.587 = 0.59$

12 초기에 메탄, 물, 이산화탄소, 수소가 각각 1몰씩 존재하고 다음과 같은 반응이 이루어질 경우 물의 몰분율을 반응좌표 ε로 옳게 나타낸 것은?

$$\text{CH}_4 + 2\text{H}_2\text{O} \rightarrow \text{CO}_2 + 4\text{H}_2$$

① $y_{\text{H}_2\text{O}} = \dfrac{1-2\varepsilon}{4+2\varepsilon}$　　② $y_{\text{H}_2\text{O}} = \dfrac{1+\varepsilon}{4-2\varepsilon}$

③ $y_{\text{H}_2\text{O}} = \dfrac{1+2\varepsilon}{4-\varepsilon}$　　④ $y_{\text{H}_2\text{O}} = \dfrac{1-2\varepsilon}{4+\varepsilon}$

해설

CH_4	+	$2\text{H}_2\text{O}$	→	CO_2	+	4H_2
1mol		1mol		1mol		1mol

$n_{\text{total}} = n_0 + \nu\varepsilon = 4 + 2\varepsilon$

$n_{\text{H}_2\text{O}} = 1 - 2\varepsilon$

$\therefore y_{\text{H}_2\text{O}} = \dfrac{1-2\varepsilon}{4+2\varepsilon}$

13 다음의 반응이 760℃, 1기압에서 일어난다. 반응한 몰분율을 X라 하면 이때의 평형상수 K_P를 구하는 식은?(단, 초기에 CO_2와 H_2는 각각 1몰씩이며, 초기의 CO와 H_2O는 없다고 가정한다.)

$$\text{CO}_2 + \text{H}_2 \rightarrow \text{CO} + \text{H}_2\text{O}$$

① $\dfrac{X^2}{1-X^2}$　　　　② $\dfrac{X^2}{(1-X)^2}$

③ $\dfrac{X}{1-X}$　　　　④ $\dfrac{1-X}{X}$

해설

	CO_2	+	H_2	→	CO	+	H_2O
	1mol		1mol		0		0
+	$-X$		$-X$		$+X$		$+X$
	$(1-X)$		$(1-X)$		X		X

$K = \dfrac{X^2}{(1-X)^2}$

14 다음 반응식과 같이 진공에서 CaCO_3가 부분적으로 열분해하여 평형을 이루고 있는 계의 자유도는?

$$\text{CaCO}_3(s) \rightarrow \text{CaO}(s) + \text{CO}_2(g)$$

① 0　　　　　② 1

③ 2　　　　　④ 3

해설

$F = 2 - \pi + N - r - s$

$\quad = 2 - 3 + 3 - 1 = 1$

정답 **10** ② **11** ② **12** ① **13** ② **14** ②

15 어떤 화학반응의 평형상수의 온도에 대한 미분계수가 0보다 작다고 한다. 즉, $\left(\dfrac{\partial \ln K}{\partial T}\right)_P < 0$이다. 이때에 대한 설명으로 옳은 것은?

① 이 반응은 흡열반응이며, 온도가 증가하면 K값은 커진다.

② 이 반응은 발열반응이며, 온도가 증가하면 K값은 작아진다.

③ 이 반응은 발열반응이며, 온도가 증가하면 K값은 커진다.

④ 이 반응은 흡열반응이며, 온도가 증가하면 K값은 작아진다.

해설

$$\frac{d\ln K}{dT} = \frac{\Delta H}{RT^2}$$

• $\Delta H < 0$(발열반응) : $T\uparrow$, $K\downarrow$
• $\Delta H > 0$(흡열반응) : $T\uparrow$, $K\uparrow$

16 다음과 같은 반응이 평형상태에 도달하였다. 500℃에서 평형상수가 e^{28}이라면 25℃에서의 평형상수는 약 얼마인가?(단, 이 온도범위에서 반응열 ΔH는 $-68,000$ cal/mol로 일정하다.)

$$CO(g) + \frac{1}{2}O_2(g) \rightarrow CO_2(g)$$

① e^{28} ② $e^{70.6}$

③ $e^{98.6}$ ④ e^{120}

해설

$$\ln\frac{K_2}{K_1} = \frac{\Delta H}{R}\left(\frac{1}{T_1} - \frac{1}{T_2}\right)$$

$$\ln\frac{K_2}{e^{28}} = \frac{-68,000}{1.987}\left(\frac{1}{773} - \frac{1}{298}\right)$$

$$\therefore K_2 = e^{98.6}$$

17 에너지에 관한 설명으로 옳은 것은?

① 계의 최소 깁스(Gibbs) 에너지는 항상 계와 주위의 엔트로피를 합한 것의 최대에 해당한다.

② 계의 최소 헬름홀츠(Helmholtz) 에너지는 항상 계와 주위의 엔트로피를 합한 것의 최대에 해당한다.

③ 온도와 압력이 일정할 때 자발적 과정에서 깁스(Gibbs) 에너지는 감소한다.

④ 온도와 압력이 일정할 때 자발적 과정에서 헬름홀츠(Helmholtz) 에너지는 감소한다.

해설

① T와 P가 일정한 닫힌계의 평형에서 G가 최소이다.
② T와 P가 일정한 닫힌계의 평형에서 A가 최소이다.

$$(dG^t)_{T,P} < 0$$
$$(dA^t)_{T,V^t} < 0$$
$$(dU^t)_{S^t,V^t} \leq 0$$
$$(dH^t)_{S^t,P} \leq 0$$
$$(dS^t)_{U^t,V^t} \geq 0$$
$$(dS^t)_{H^t,P} \geq 0$$

18 기상반응계에서 평형상수 $K = P^\nu \prod_i (y_i)^\nu$로 표시될 경우는?(단, ν_i는 성분 i의 양론수, $\nu = \Sigma \nu_i$, $\prod_i$는 모든 화학종 i의 곱을 나타낸다.)

① 평형 혼합물이 이상기체와 같은 거동을 할 때

② 평형 혼합물이 이상용액과 같은 거동을 할 때

③ 반응에 따른 몰수 변화가 없을 때

④ 반응열이 온도에 관계없이 일정할 때

해설

• 기상(이상기체) : $\prod (y_i)^{\nu_i} = \left(\dfrac{P}{P^\circ}\right)^{-\nu}$
• 액상(이상용액) : $\prod (x_i)^{\nu_i} = K$
• $\therefore K = P^\nu \prod (y_i)^{\nu_i}$

19 일정온도와 일정압력에서 일어나는 화학반응의 평형판정기준을 옳게 표현한 식은?(단, tot는 총변화량을 나타낸다.)

① $(\Delta G_{\text{tot}})_{T, P} = 0$　　② $(\Delta H_{\text{tot}})_{T, P} > 0$

③ $(\Delta G_{\text{tot}})_{T, P} < 0$　　④ $(\Delta H_{\text{tot}})_{T, P} = 0$

해설

- $\Delta G = 0$: 평형
- $\Delta G < 0$: 정반응(자발적 반응)
- $\Delta G > 0$: 역반응(비자발적 반응)

20 화학반응의 평형상수(K)에 관한 내용 중 틀린 것은?

① $K = \pi a_i^{\nu i}$

② $\ln K = -\dfrac{\Delta G}{RT^2}$

③ K는 온도만의 함수이다.

④ K는 무차원이다.

해설

$$\ln K = \frac{-\Delta G}{RT}$$

K는 온도만의 함수이다.

21 다음은 물질의 활성화 상태를 나타낸 그림으로 맞지 않는 것은?

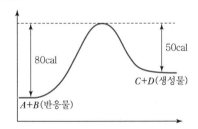

① 역반응의 활성화 에너지는 50cal이다.
② 정반응의 활성화 에너지는 80cal이다.
③ 반응열은 발열이고 30cal이다.
④ 반응열은 흡열이고 30cal이다.

해설

반응열(흡열) = 80 − 50 = 30cal
활성화 에너지 = 80cal

22 에탄올은 에틸렌의 기상수화반응에 의해 제조할 수 있다. 에틸렌 25%, 수증기 75%를 포함한 혼합물을 반응기 속으로 들여보낸다. 반응이 398K, 101.3kPa일 때 반응평형상수는 얼마인가?(단, 이 온도와 압력에서 $\Delta G° = 4,530\text{J/mol}$이다.)

① 0.254　　② 0.0254

③ 2.54　　④ 25.4

해설

$$\Delta G° = -RT \ln K_P$$

$$\ln K_P = -\frac{\Delta G°}{RT} = -\frac{4,530\text{J/mol}}{8.314\text{J/mol} \cdot \text{K} \times 398\text{K}}$$

$$= -1.369$$

$$\therefore K_P = e^{-1.369} = 0.254$$

23 α 상과 β 상이 서로 평형상태에 있다. 다음 조건 중 옳지 않은 것은?

① $(dG^t)_{T, P} = 0$

② $f_i^{\alpha} = f_i^{\beta}$

③ $\mu_i^{\alpha} = \mu_i^{\beta}$

④ $\mu_i = 0, \ \nu_i = 0$

해설

평형상태에서 $\sum \mu_i \nu_i = 0$이 된다.

24 $CH_4 + H_2O \rightleftarrows CO + 3H_2$의 반응에서 반응초기에 CH_4가 2mol, H_2O 1mol, CO 1mol 그리고 H_2 4mol이 있다고 가정하여 반응좌표 $\varepsilon = 1$일 경우 CO는 몇 mol이 되겠는가?

① 1　　② 2

③ 0　　④ 7

$n_i = n_{i0} + \nu_i \varepsilon$

$\varepsilon = 1$

$n_{CH_4} = 2 - \varepsilon = 1$

$n_{H_2O} = 1 - \varepsilon = 0$

$n_{CO} = 1 + \varepsilon = 2$

$n_{H_2} = 4 + 3\varepsilon = 7$

25 다음 중 평형상수 K_P와 반응열 ΔH와의 관계식은 어느 것인가?

① $\dfrac{d\ln K_P}{dT} = \dfrac{\Delta H^2}{RT}$

② $\dfrac{d\ln K_P}{dT} = -\dfrac{\Delta H}{RT}$

③ $\dfrac{d\ln K_P}{dT} = -\dfrac{\Delta H}{RT^2}$

④ $\dfrac{d\ln K_P}{dT} = \dfrac{\Delta H}{RT^2}$

$\dfrac{d\ln K}{dT} = \dfrac{\Delta H}{RT^2}$

PART

03

단위공정 관리

CHAPTER 01 물질수지 기초지식
CHAPTER 02 에너지수지
CHAPTER 03 유동현상
CHAPTER 04 열전달
CHAPTER 05 증류
CHAPTER 06 추출
CHAPTER 07 물질전달 및 흡수
CHAPTER 08 습도
CHAPTER 09 건조
CHAPTER 10 기계적 분리

물질수지 기초지식

[01] 단위환산

1. 차원과 단위

1) 차원(Dimension)

◆ 단위
길이[cm, ft, m], 질량[kg, lb, g]과 같은 차원을 나타내주는 수단

길이[L], 시간[T], 질량[M], 온도[t]와 같은 측정의 기본 개념

① [L] : m, cm, ft, in

② [M] : kg, g, lb

③ [t] : ℃, ℉, K, R

④ [T] : s, h

2) 단위(unit)

차원을 나타내는 수단

TIP

단위를 차원으로 나타내기

물리량	단위	차원
힘	$kg \cdot m/s^2$	$[MLT^{-2}]$
밀도	g/cm^3	$[ML^{-3}]$
압력	N/m^2 $=kg/m \cdot s^2$	$[ML^{-1}T^{-2}]$

시간은 [T] 또는 [t]로 나타낸다.

(1) SI 단위(국제표준단위)

물리량	질량	길이	시간	온도	물질의 양	전류	광도
단위	kg	m	s	K	mol	A	cd
이름	킬로그램	미터	초	켈빈	몰	암페어	칸델라

(2) 단위

① 기본단위 : 길이, 질량, 시간, 온도

② 유도단위 : 기본단위를 곱하거나 나누어서 얻은 새로운 단위

예 밀도(g/cm^3), 힘($kg \cdot m/s^2$), 가속도(m/s^2)

3) 단위계

(1) 절대 단위계

MLT를 기본 단위로 하는 단위계를 절대 단위계라 한다.

단위	양	차원	CGS 단위계	MKS 단위계	FPS 단위계
기본 단위	질량	M	g	kg	lb
	길이	L	cm	m	in, ft
	시간	T	s	s, h	s, h
유도 단위	넓이	L^2	cm^2	m^2	in^2, ft^2
	부피	L^3	cm^3	m^3	in^3, ft^3
	밀도	ML^{-3}	g/cm^3	kg/m^3	lb/ft^3
	속도	LT^{-1}	cm/s	m/s	ft/s
	가속도	LT^{-2}	cm/s^2	m/s^2	ft/s^2
	힘	MLT^{-2}	$g \cdot cm/s^2$	$kg \cdot m/s^2$	$lb \cdot ft/s^2$
	일	ML^2T^{-2}	$g \cdot cm^2/s^2$	$kg \cdot m^2/s^2$	$lb \cdot ft^2/s^2$

(2) 중력 단위계

질량 대신 힘이 기본이 되는 단위계(kg_f, g_f, lb_f)

$$F = ma$$

$F = mg = 1kg \times 9.8m/s^2 = 9.8N$(절대단위) … 유도단위

$1kg$이 갖는 무게(힘) $= 1kg_f$(중량단위)

$F = mg = 1lb \times 32.174ft/s^2 = 32.174 \, lb \cdot ft/s^2 = 1lb_f$

단위	양	차원	CGS 단위계	MKS 단위계	PFS 단위계
기본 단위	힘(무게)	F	g_f(g중)	kg_f(kg중)	lb_f
	길이	L	cm	m	ft
	시간	T	s	s, h	s, h
유도 단위	질량	$FL^{-1}T^2$	$g_f \cdot s^2/cm$	$kg_f \cdot s^2/m$	$lb_f \cdot s^2/ft$
	밀도	$FL^{-4}T^2$	$g_f \cdot s^2/cm^4$	$kg_f \cdot s^2/m^4$	$lb_f \cdot s^2/ft^4$
	압력	FL^{-2}	g_f/cm^2	kg_f/m^2	lb_f/ft^2
	일	FL	$g_f \cdot cm$	$kg_f \cdot m$	$lb_f \cdot ft$

(3) 공학 단위계

① 절대단위계 + 중력단위계

② 힘, 질량, 길이, 시간을 기본단위로 하는 단위계

단위	양	차원	CGS 단위계	MKS 단위계	PFS 단위계
기본 단위	질량	M	g	kg	lb
	힘(무게)	F	g_f	kg_f	lb_f
	길이	L	cm	m	ft
	시간	T	s	s, h	s, h
유도 단위	밀도	ML^{-3}	g/cm^3	kg/m^3	lb/ft^3
	점도	$ML^{-1}T^{-1}$	$g/cm \cdot s$	$kg/m \cdot s$	$lb/ft \cdot s$
	압력	FL^{-2}	g_f/cm^2	kg_f/m^2	$lb_f/ft^2(in^2)$
	일	FL	$g_f \cdot cm$	$kg_f \cdot m$	$lb_f \cdot ft$
	동력	FLT^{-1}	$g_f \cdot cm/s$	$kg_f \cdot m/s$	$lb_f \cdot ft/s$

2. 단위

1) 질량

① 물체가 가지는 고유한 양

② 장소에 따라 변하지 않는다.

③ 단위 : kg, g, lb

2) 무게

① 중력이 물체를 끌어당기는 힘의 크기

② 장소에 따라 변한다.

③ 단위 : [힘의 단위] N, kg_f, g_f, lb_f, dyne

3) 힘(무게)

물체의 운동상태나 형태를 변화시키는 원인이 되는 물리량

① Newton의 제2법칙

$$F = ma = mg = 1kg \times 9.8m/s^2 = 9.8N$$

1kg이 갖는 무게(힘) = $1kg_f$

∴ $1kg_f = 9.8N$

1kg = 1,000g
1lb = 453.6g = 0.4536kg

무게 = 힘
$1kg_f$ = 질량 1kg이 갖는 무게 = 9.8N

g의 단위 = $9.8m/s^2$
= $980cm/s^2$
= $32.174ft/s^2$

$$F = \frac{mg}{g_c}$$

$g_c = $ 중력상수

$$g_c = \frac{mg}{F} = \frac{1\text{kg} \times 9.8\text{m/s}^2}{1\text{kg}_f} = 9.8\text{kg} \cdot \text{m/kg}_f \cdot \text{s}^2$$

$$F = \frac{mg}{g_c} = \frac{1\text{kg} \times 9.8\text{m/s}^2}{9.8\text{kg} \cdot \text{m/kg}_f \cdot \text{s}^2} = 1\text{kg}_f$$

❖ 중력상수
$g_c = 9.8\text{kg} \cdot \text{m/kg}_f \cdot \text{s}^2$
$= 980\text{g} \cdot \text{cm/g}_f \cdot \text{s}^2$
$= 32.174\text{lb} \cdot \text{ft/lb}_f \cdot \text{s}^2$

절대단위	$\xrightleftharpoons[\times g_c]{\div g_c}$	중력단위
$F = ma = mg$		$F = \dfrac{mg}{g_c}$
N, dyne		kg$_f$, g$_f$, lb$_f$

Exercise 01

중력가속도가 32ft/s^2인 곳에서 질량 $10\,\text{lb}$인 물체의 중력의 크기는?

풀이 $\quad F = \dfrac{mg}{g_c} = \dfrac{10\ \text{lb} \times 32\text{ft/s}^2}{32.174\ \text{lb ft/lb}_f \cdot \text{s}^2} = 9.95\text{lb}_f$

4) 온도

- 물체의 차고 뜨거운 정도를 나타낸다.
- 열의 이동의 원인이 된다.(추진력)
- 에너지 흐름을 결정하는 물리량(고온 → 저온)이다.

(1) 섭씨온도(℃)

$$\underset{\substack{\text{1atm에서}\\\text{물의 어는 온도}\\(0℃)}}{\qquad} \xrightarrow{\text{100등분}} \underset{\substack{\text{물의 끓는 온도}\\(100℃)}}{\qquad}$$

$$T(\text{K}) = t(℃) + 273$$

(2) 화씨온도(℉)

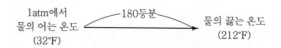

1atm에서
물의 어는 온도
(32℉)

━━━180등분━━━

물의 끓는 온도
(212℉)

$$T(\degree R) = t(\degree F) + 460$$

$$t'(\degree F) = \frac{9}{5}t(\degree C) + 32$$

$$t(\degree C) = \left(\frac{5}{9}\right)[t'(\degree F) - 32]$$

Exercise 02

수은의 비점은 630K이다. ℃, ℉, ℉로 나타내어라.

풀이　℃ → 630 − 273 = 357℃

$$\degree F \rightarrow \frac{9}{5}t(\degree C) + 32 = \frac{9}{5} \times 357(\degree C) + 32 = 674.6\degree F$$

$$\degree R \rightarrow 674.6(\degree F) + 460 = 1,134.6\degree R$$

Exercise 03

어떤 금속의 열전도도 K값이 16.2BTU/ft · h · ℉이다. cal/cm · s · ℃로 나타내어라.

풀이　$\dfrac{16.2\text{BTU}}{\text{ft} \cdot \text{hr} \cdot \text{F}} \Big| \dfrac{252\text{cal}}{1\text{BTU}} \Big| \dfrac{1\text{ft}}{30.48\text{cm}} \Big| \dfrac{1\text{h}}{3,600\text{sec}} \Big| \dfrac{1.8\degree F}{\degree C} = 0.067\text{cal/cm} \cdot \text{s} \cdot \degree C$

1BTU = 252cal
1m = 100cm
1ft = 30.48cm = 0.3048m

물의 밀도 = 1g/cm³
　　　　= 1,000kg/m³
　　　　= 62.43lb/ft³

5) 밀도

단위부피에 대한 질량의 비

$$d = \frac{m}{V}$$

(단위) g/cm³, kg/m³, lb/ft³

6) 비중 ▣▣▣

기준물질의 밀도에 대한 목적물질 A의 밀도의 비(단위 없음, 무차원)

$$sp \cdot gr = \frac{\text{목적물질 A의 밀도}}{\text{기준물질의 밀도}}$$

> **Reference** ------------------------------------
>
> **기준물질**
> - 액체, 고체 : 물
> - 기체 : 공기
> ---

Exercise 04

액체 A의 밀도는 $5g/cm^3$이다. A의 비중은?

🔍 **풀이** A의 비중$= \dfrac{5g/cm^3}{1g/cm^3} = 5$

Exercise 05

비중이 0.8인 액체의 밀도는 몇 kg/m^3인가?

🔍 **풀이** $d = 0.8 \times 1{,}000kg/m^3 = 800kg/m^3$

(1) Baumé 비중도(°Bé)

$$\rho < 1 : \text{Baumé도} = \frac{140}{sp \cdot gr} - 130$$

$$\rho > 1 : \text{Baumé도} = 145 - \frac{145}{sp \cdot gr}$$

(2) API도(American Petroleum Institute)

$$\text{API도} = \frac{141.5}{sp \cdot gr(60°F/60°F)} - 131.5$$

석유공업, 석유제품의 비중에 사용

(3) Tw도(Twaddell)

$$\text{Tw도} = 200(sp \cdot gr - 1)$$

물보다 무거운 액체에 이용

7) 비용

단위질량당 부피(cm³/g)

$$v = \frac{1}{밀도} = \frac{1}{\rho} = \frac{V}{m}$$

8) 압력 ■■■

단위면적에 작용하는 힘

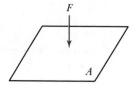

$$P = \frac{F(\mathrm{N})}{A(\mathrm{m}^2)}$$

(단위) N/m² = Pa, kg$_f$/m², kg$_f$/cm²

$$P = \frac{F}{A} = \frac{mg}{A} = \frac{mg \times h}{A \times h} = \frac{mgh}{Ah} = \frac{mgh}{V} = \rho gh$$

$$\therefore P = \rho gh = \rho \frac{g}{g_c} h$$

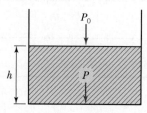

$$\therefore P = P_o + \rho \frac{g}{g_c} h$$

여기서, P_o : 대기압

ρ : 액체의 밀도

h : 액의 깊이(높이)

- 절대압력 = 대기압 + 게이지압
- 진공압 = 대기압 − 절대압
- 진공도 = $\dfrac{진공압}{대기압} \times 100(\%)$

Reference

압력의 측정 – 유체기둥의 높이 🔲🔲🔲

대기압 $1atm = 76cmHg = 760mmHg$
$\qquad = 10.33mH_2O$

$1atm = 76cmHg = 760mmHg = 760torr$
$\qquad = 14.7\ lb_f/in^2(psi) = 10.33mH_2O$
$\qquad = 1.0332kg_f/cm^2 = 1.0332 \times 10^4 kg_f/m^2$
$\qquad = 101.3kPa = 1.013 \times 10^5 Pa(N/m^2)$
$\qquad = 1.013bar$

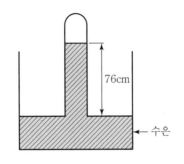

76cm

← 수은

Exercise 06

표준대기압에서 150mmHg 진공을 나타내었다. 이때의 절대압은?

🔍**풀이**　진공압 = 대기압 − 절대압
$\qquad 150mmHg = 760mmHg - P$
$\qquad \therefore\ P = 610mmHg$

Exercise 07

밑바닥의 압력이 $1.23kg_f/cm^2$, 비중이 0.8인 액주의 높이는 얼마인가?

🔍**풀이**　$P = P_o + \rho \dfrac{g}{g_c} h$

$\qquad \dfrac{1.23kg_f}{cm^2} \left| \dfrac{100^2 cm^2}{1m^2} \right. = 1.23 \times 10^4 kg_f/m^2$

$\qquad P_o = \dfrac{1.013 \times 10^5 N}{m^2} \left| \dfrac{1kg_f}{9.8N} \right. = 1.033 \times 10^4 kg_f/m^2$

$\qquad \therefore\ 1.23 \times 10^4 kg_f/m^2 = 1.033 \times 10^4 + 800kg/m^3 \times \dfrac{kg_f}{kg} \times h$

$\qquad \therefore\ h = 2.5m$

---

9) 일(Work)

물체에 작용한 힘에 그 방향으로 움직인 거리를 곱한 것

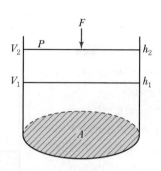

$$W = F \times S(\mathrm{N \cdot m})(\mathrm{J}) = \int_{v_1}^{v_2} P dV (\mathrm{atm \cdot L})$$

$1\mathrm{J} = 1\mathrm{N \cdot m}$

$1\mathrm{erg} = 1\mathrm{dyne \cdot cm}$

$$1\mathrm{J} = 1\mathrm{N \cdot m} = 10^7 \mathrm{erg} = 10^7 \mathrm{dyne \cdot cm}$$

Exercise 08

1atm · L를 J로 나타내어라.

 풀이 $\dfrac{1\mathrm{atm \cdot L}}{} \left| \dfrac{1.013 \times 10^5 \mathrm{N/m^2}}{1\mathrm{atm}} \right| \dfrac{1\mathrm{m^3}}{1,000\mathrm{L}} = 101.3\mathrm{N \cdot m} = 101.3\mathrm{J}$

10) 에너지

일을 할 수 있는 능력(J)

$$E_k = \frac{1}{2}mv^2$$

$$E_p = mgh$$

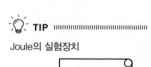
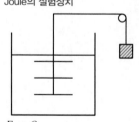
11) 열

물체의 온도를 올리거나 내리는 원인(온도차에 따른 열흐름을 의미)

① 1kcal : 표준대기압하에서 순수한 물 1kg을 1℃ 높이는 데 필요한 열량

② 1cal : 표준대기압하에서 순수한 물 1g을 1℃ 높이는 데 필요한 열량

③ 1BTU : 표준대기압하에서 순수한 물 1lb를 1°F 높이는 데 필요한 열량

$1\mathrm{BTU} = 252\mathrm{cal}$

$1\mathrm{cal} = 4.184\mathrm{J}$

12) 동력

단위시간에 하는 일

$$\text{일률 } P = \frac{W}{t} \text{J/s(W)}$$

1W(Watt)의 일률로 1h 동안 하는 일의 양=1Wh

[단위] W, $kg_f \cdot m/s$, HP, PS

$$1kW = 1,000W(J/s) = 860kcal/h = 102kg_f \cdot m/s$$
$$1HP = 76kg_f \cdot m/s$$
$$1PS = 75kg_f \cdot m/s$$

13) 점도

$$\mu = 1g/cm \cdot s = 1Poise$$
$$1Poise = 100cP = 0.0672 \, lb/ft \cdot s = 0.1kg/m \cdot s$$

$$\text{동점도 } \nu = \frac{\mu}{\rho} \text{ cm}^2/\text{s(stokes)}$$

Exercise 09

질량 10kg의 물체가 120m의 높이에서 지상으로 떨어질 때 에너지를 열로 환산하면 몇 kcal인가?

풀이 $E_p = mgh$

$$10kg \times 9.8m/s^2 \times 120m = 11,760J$$

$$\frac{11,760J}{} \left| \frac{1 \, cal}{4.184J} \right| \frac{1kcal}{1,000cal} = 2.81kcal$$

Exercise 10

$1kg_f/cm^2$의 압력을 N/m^2의 단위로 나타내어라.

풀이

$$\frac{1kg_f}{cm^2} \left| \frac{100^2 cm^2}{1m^2} \right. = 10^4 kg_f/m^2$$

$$\frac{10^4 kg_f}{m^2} \left| \frac{9.8N}{1kg_f} \right. = 9.8 \times 10^4 N/m^2$$

압력 2atm, 부피 1,000L의 기체가 정압하에서 부피가 반으로 줄었다. 이때 작용한 일의 크기는 몇 kcal인가?

풀이 $W = \int_{v_1}^{v_2} P dV = P\Delta V = 2atm(1,000-500)L = 1,000atm \cdot L$

$\dfrac{1,000atm \cdot L}{} \left| \dfrac{101.3 \times 10^3 N/m^2(Pa)}{1atm} \right| \dfrac{1m^3}{1,000L} \left| \dfrac{1J}{1N \cdot m} \right| \dfrac{1cal}{4.184J} \left| \dfrac{1kcal}{1,000cal} \right. = 24.2kcal$

힘의 차원을 질량 M, 길이 L, 시간 T로 나타내어라.

풀이 MLT^{-2}

3. 기본성질

1) 크기성질과 세기성질

(1) 크기성질(시량변수, Extensive Properties)

물질의 양과 크기에 따라 변하는 물성

예 V(부피), m(질량), n(몰), U(내부에너지), H(엔탈피), A(헬름홀츠자유에너지), G(깁스자유에너지)

(2) 세기성질(시강변수, Intensive Properties)

물질의 양과 크기에 상관없는 물성

예 T(온도), P(압력), d(밀도), $\overline{U}$(몰당 또는 질량당 내부에너지), $\overline{H}$(몰당 또는 질량당 엔탈피), $\overline{V}$(몰당 또는 질량당 부피), $\overline{G}$(몰당 또는 질량당 깁스자유에너지)

$d = \dfrac{m \rightarrow 시량변수}{V \rightarrow 시량변수}$

$\overline{V} = \dfrac{V \rightarrow 시량변수}{n \rightarrow 시량변수}$

$$\dfrac{크기성질(시량변수)}{다른 크기성질(시량변수)} = 세기성질(시강변수)$$

2) 상태함수와 경로함수 🔲🔲🔲

(1) 상태함수(State Function)

경로에 관계없이 처음과 끝의 상태에만 영향을 받는 함수

예 T(온도), P(압력), d(밀도), U(내부에너지), H(엔탈피), A(헬름홀츠자유에너지), G(깁스자유에너지)

(2) 경로함수(Path Function)

경로에 영향을 받는 함수

예 Q(열), W(일)

4. 데이터(Data)의 수학적 처리

1) 평균값(Mean)

① 산술평균 : $\dfrac{a+b}{2}$

② 대수평균 : $\dfrac{b-a}{\ln\dfrac{b}{a}} = \dfrac{b-a}{2.303\log\dfrac{b}{a}}$

③ 기하평균 : $\sqrt{ab}$

④ 기대치 : $\bar{y} = \dfrac{\displaystyle\int_{x_1}^{x_2} y\,dx}{\displaystyle\int_{x_1}^{x_2} dx} = \dfrac{\displaystyle\int_{x_1}^{x_2} y\,dx}{x_2 - x_1}$

2) 방정식과 Graph 용지

(1) 그래프 용지의 종류

① 보통 그래프 용지

② 대수 그래프 용지($\log - \log$ 그래프 용지)

③ 반대수 그래프 용지($\mathrm{semi} - \log$ 그래프 용지)

(2) 방정식에 따른 그래프 용지(직선을 얻기 위함) 🔲🔲🔲

① $y = ax + b$: 보통 그래프 용지 y 대 x

② $y = ax^n$: $\log y = \log a + n \log x$ 이므로

　　　　보통 그래프 용지에서 $\log y$ 대 $\log x$

　　　　대수 그래프 용지($\log - \log$)에서 y 대 x

③ $y = c + ax^n$: 보통 그래프 용지에서 $\log(y-c)$ 대 $\log x$, y 대 x^n

　　　　대수 그래프 용지($\log - \log$)에서 $(y-c)$ 대 x

④ $y = ae^{bx}$: 보통 그래프 용지에서 $\log y$ 대 x

반대수 그래프 용지(semi-log)에서 y 대 x

⑤ $y = b + \dfrac{a}{x}$: 보통 그래프 용지에서 y 대 $\dfrac{1}{x}$

Exercise **13**

편대수(Semi-log) 용지에 그래프를 그릴 때 직선으로 나타내는 식은?

① $y = ab^x$

② $y = ax^n$

③ $y = c + ax^n$

④ $y = \dfrac{x}{c + ax}$

🔍**풀이** ① $\log y = \log a + x \log b$이므로 $\log y$ 대 x를 그리면 직선이 된다. 그러므로 반대수(편대수) 용지에서는 y 대 x를 그리면 직선이 된다.

실전문제

01 에너지의 차원을 질량 M, 길이 L, 시간 T로 옳게 표시한 것은?

① $ML^{-1}T^{-1}$

② $ML^{-1}T^{-2}$

③ MLT^{-2}

④ ML^2T^{-2}

해설

$E=J=Nm=kgm/s^2 \cdot m=kgm^2/s^2$

차원$[ML^2T^{-2}]$

02 $L \cdot atm$과 단위가 같은 것은?

① 힘

② 질량

③ 속도

④ 에너지

해설

$$\frac{1L \cdot atm}{} \left| \frac{1m^3}{1,000L} \right| \frac{1.013 \times 10^5 N/m^2}{1atm} \left| \frac{1cal}{4.184J[Nm]} \right.$$

$=24.2cal$(에너지, 일, 열)

03 다음 중 가장 낮은 압력을 나타내는 것은?

① 760mmHg

② 101.3kPa

③ 14.2psi

④ 1bar

해설

$1atm=760mmHg=101.3kPa=1.013bar=14.7psi$

04 양대수좌표(Log−log Graph)에서 직선이 되는 식은?

① $Y=bx^a$

② $y=be^{ax}$

③ $Y=bx+a$

④ $\log Y=\log b+ax$

해설

① $\log Y=\log b+a\log x$

　∴ log−log 용지에서 직선

② $\log Y=\log b+ax$

　∴ 반대수 용지에서 직선

③ 보통 그래프 용지에서 직선

05 다음 중 경로함수끼리 짝지어진 것은?

① 내부에너지 − 일

② 위치에너지 − 엔탈피

③ 엔탈피 − 내부에너지

④ 일 − 열

해설

경로함수 : Q(열), W(일)

06 다음 중 세기성질(Intensive Property)이 아닌 것은?

① 내부에너지

② 온도

③ 압력

④ 질량/길이³

해설

• 크기성질(시량변수) : 물질의 양과 크기에 따라 변하는 물성

　예 $V,\ m,\ n,\ U,\ H,\ G$

• 세기성질(시강변수) : 물질의 양과 크기에 상관없는 물성

　예 $T,\ P,\ d,\ \overline{V},\ \overline{U},\ \overline{H}$

07 다음 중 진공(Vacuum) 210mmHg에 해당하는 절대압력은?(단, 대기압은 760mmHg이다.)

① 970mmHg

② 550mmHg

③ 210mmHg

④ 420mmHg

해설

절대압＝대기압＋게이지압

진공압＝대기압−절대압

$210=760-P$

∴ $P=550mmHg$

정답 01 ④　02 ④　03 ③　04 ①　05 ④　06 ①　07 ②

08 1Poise를 lb/ft · s로 환산하면 얼마인가?

① 1 lb/ft · s
② 62.43 lb/ft · s
③ 0.0672 lb/ft · s
④ 32.174 lb/ft · s

해설

$$\frac{1g}{cm \cdot s}\left|\frac{1b}{453.6g}\right|\frac{30.48cm}{1ft}=0.0672 \text{ lb/ft} \cdot s$$

09 다음에서 Joule 단위를 가장 정확하게 표현한 것은?

① $10^7 g \cdot cm^2/s^2$

② $10^7 g \cdot cm/s^2$

③ $10^5 dyne \cdot cm^2/s$

④ $10^5 dyne \cdot cm/s$

해설

$$\begin{aligned}1\text{Joule} &= 10^7 erg\\ &= 10^7 dyne \cdot cm\\ &= 10^7 g \cdot cm/s^2 \cdot cm\\ &= 10^7 g \cdot cm^2/s^2\end{aligned}$$

※ $1N = 10^5 dyne$

10 섭씨온도와 화씨온도가 같아지는 온도는 몇 도인가?

① $0℃, 0℉$
② $-40℃, -40℉$
③ $-20℃, -20℉$
④ $-273℃, -273℉$

해설

$$t'(℉)=\frac{9}{5}t(℃)+32$$

$$\frac{9}{5}t(℃)+32=t(℃)$$

$$\frac{4}{5}t(℃)=-32$$

$$\therefore t(℃)=-40℃, -40℉$$

11 질량 20kg의 물체가 20m/s로 움직일 때의 운동에 너지는 몇 kcal인가?

① 0.656
② 0.756
③ 0.856
④ 0.956

해설

$$E_k=\frac{1}{2}mv^2$$

$$=\frac{1}{2}\times 20kg \times (20m/s)^2 = 4,000J$$

$$4,000J \times \left(\frac{1cal}{4.184J}\right)\left(\frac{1kcal}{1,000cal}\right)=0.956kcal$$

12 지구표면에서 높이 10m의 위치에 놓인 쇠구슬이 10kg일 때 위치에너지는 몇 kg_f · m인가?

① $1kg_f \cdot m$
② $10kg_f \cdot m$
③ $100kg_f \cdot m$
④ $1,000kg_f \cdot m$

해설

$$E_p=mgh$$

$$=10kg \times 9.8m/s^2 \times 10m$$

$$=980kg \cdot m^2/s^2 = 980J$$

$$E_p=m\frac{g}{g_c}h$$

$$=10kg \times \frac{kg_f}{kg} \times 10m = 100kg_f \cdot m$$

13 비중이 0.8인 액체가 뚜껑이 없는 통에 담겨 있다. 통 밑바닥의 압력이 $1.23kg_f/cm^2$일 때, 통에 담겨 있는 액체 기둥의 높이는 몇 m인가?

① 2.5
② 25
③ 1.54
④ 15.4

해설

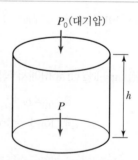

$$P = P_o + \rho \frac{g}{g_c} h$$

$$1.23\text{kg}_\text{f}/\text{cm}^2 = 1.033\text{kg}_\text{f}/\text{cm}^2 + \rho \frac{g}{g_c} h$$

$$0.197\text{kg}_\text{f}/\text{cm}^2 = \rho \frac{g}{g_c} h$$

$$0.197\text{kg}_\text{f}/\text{cm}^2 \times \frac{100^2\text{cm}^2}{1\text{m}^2} = 800\text{kg}/\text{m}^3 \times \frac{\text{kg}_\text{f}}{\text{kg}} \times h$$

$$\therefore h = 2.46\text{m}$$

14 1기압(760mmHg)을 $\text{kg}_\text{f}/\text{cm}^2$ 단위로 환산하면?

① 14.7   ② 1.0336

③ 29.92   ④ 1013

 해설

$1\text{atm} = 760\text{mmHg} = 1.0336\text{kg}_\text{f}/\text{cm}^2$

15 압축공기 탱크의 압력계가 $8.75\text{kg}_\text{f}/\text{cm}^2$를 나타내고 있다. 이때 기압계의 눈금은 745mmHg이다. 탱크 내의 절대압력은 몇 atm인가?

① 9.5atm   ② 7.56atm

③ 8.45atm   ④ 9.45atm

해설

$$P_{abs} = P_g + P_a$$

절대압 = 게이지압 + 대기압

$$= 8.75\text{kg}_\text{f}/\text{cm}^2 \times \frac{1\text{atm}}{1.0336\text{kg}_\text{f}/\text{cm}^2}$$

$$+ 745\text{mmHg} \times \frac{1\text{atm}}{760\text{mmHg}}$$

$$= 9.446\text{atm}$$

16 단위환산 관계를 옳게 나타낸 것은?(단, Δ는 온도 차이 값을 나타낸다.)

① $\Delta\,℃ = \Delta\,1.8℉$ ② $\Delta\,℉ = \Delta\,1.8\text{K}$

③ $\Delta\,℉ = \Delta\,1.8℉$ ④ $\Delta\,\text{K} = \Delta\,1.8℃$

17 모터로 무게 800N인 벽돌집을 30초 내에 15m 높이로 올리려고 한다. 모터가 필요로 하는 최소한의 일률(W)은?

① 400W   ② 160W

③ 53.3W   ④ 27W

해설

$$\frac{800\text{N} \times 15\text{m}}{30\sec} = 400\text{J/s} = 400\text{W}$$

18 다음 중 원유의 비중을 나타내는 지표로 사용되는 것은?

① Baume   ② Twaddell

③ API   ④ Sour

 해설

API도

석유공업, 석유제품의 비중을 나타낸다.

$$\text{API도} = \frac{141.5}{\text{sp.gr}} - 131.5$$

19 2성분계 용액(Binary Solution)이 그 증기와 평형 상태하에 놓여 있을 경우 그 계 안에서 반응이 없다면 평형상태를 결정하는 데 필요한 독립변수의 수는?

① 1   ② 2

③ 3   ④ 4

해설

$\text{F} = 2 - \pi + \text{C} = 2 - 2 + 2 = 2$

20 다음 중 경로함수(Path Function)에 해당하는 것은?

① 내부에너지

② 위치에너지

③ 열

④ 운동에너지

해설

• 상태함수 : 온도, 압력, 내부에너지, 엔탈피, 엔트로피, 자유에너지

• 경로함수 : 일, 열

21 진공 건조기를 450mmHg의 진공으로 하여 사용한다. 내부의 절대압력이 아닌 것은?(단, 그 곳의 기압은 1,010mbar이다.)

① 560mbar

② 0.405atm

③ 41.08kPa

④ 0.418kg$_f$/cm^2

진공도＝대기압－절대압

절대압＝대기압－진공도

$$P = 1,010\text{mbar} - 450\text{mmHg} \times \frac{1,013\text{mb}}{760\text{mmHg}} = 410.2\text{mb}$$

$$410.2\text{mb} \times \frac{1\text{atm}}{1,013\text{mb}} = 0.405\text{atm}$$

$$410.2\text{mb} \times \frac{101.3\text{kPa}}{1,013\text{mb}} = 41.02\text{kPa}$$

$$410.2\text{mb} \times \frac{1.0336\text{kgf/cm}^2}{1,013\text{mb}} = 0.418\text{kg}_f/\text{cm}^2$$

22 상태함수의 정의를 올바르게 설명한 것은?

① 최초와 최후의 상태에 관계없이 경로의 영향으로만 정해지는 값이다.

② 점함수라고도 하며, 일에너지를 말한다.

③ 내부에너지만 정해지면 모든 상태를 나타낼 수 있는 함수를 말한다.

④ 계의 상태를 나타내는 함수로서 계의 특성치이며 그래프에서 선도상 점으로 표시되는 함수이다.

• 상태함수(점함수) : 경로에 관계없이 처음과 끝의 상태에만 영향을 받는 함수 예 T, P, d, U, H, S, G

• 경로함수 : 경로에 영향을 받는 함수 예 Q, W

23 다음 중 에너지의 단위가 아닌 것은?

① N·m

② L·atm

③ kcal

④ J/s

에너지의 단위

kcal, J, L·atm, N·m

24 51psia의 압력은 약 몇 mmHg에 해당하는가?

① 749

② 2,637

③ 3,870

④ 38,760

$$51\text{psia} \times \frac{760\text{mmHg}}{14.7\text{psia}} = 2,636.7\text{mmHg}$$

25 1,000g의 물체가 50m 높이에서 지상으로 떨어질 때 발생하는 열량은 몇 J인가?

① 4.9

② 49

③ 490

④ 4,900

$$E_p = mgh = 1\text{kg} \times 9.8\text{m/s}^2 \times 50\text{m} = 490\text{J}$$

26 70% H_2SO_4 용액 1,000kg이 차지하는 부피는 약 몇 m^{3}인가?(단, 이 용액의 비중은 1.62이다.)

① 0.617

② 0.882

③ 1.582

④ 1.620

$$\rho = \frac{w}{V} = \frac{\text{질량}}{\text{부피}}$$

$$V = \frac{w}{\rho} = \frac{1,000\text{kg}}{1.62 \times 10^3 \text{kg/m}^3} = 0.617\text{m}^3$$

27 기체상수의 값(psia·ft^3/lbmol·°R)은 얼마인가?

① 0.73

② 0.08205

③ 10.73

④ 1.987

$$R = 0.082\text{L·atm/mol·K}$$
$$= 0.082\text{m}^3 \cdot \text{atm/kmol·K}$$
$$= 1.987\text{cal/mol·K}$$
$$= 8.314\text{J/mol·K}$$
$$= 10.73\text{psi·ft}^3/\text{lbmol·°R}$$

정답 ▶ **21** ① **22** ④ **23** ④ **24** ② **25** ③ **26** ① **27** ③

28 기체상수 R의 값 중 옳지 않은 것은?

① $0.082m^3 \cdot atm/kmol \cdot K$

② $10.73psia \cdot ft^3/lbmol \cdot °R$

③ $1.987cal/mol \cdot °K$

④ $82.05L \cdot atm/mol \cdot K$

> **해설**

$R = 0.082L \cdot atm/mol \cdot K$

$= 0.082m^3 \cdot atm/kmol \cdot K$

$= 1.987cal/mol \cdot K$

$= 8.314J/mol \cdot K$

$= 10.73psi \cdot ft^3/lbmol \cdot °R$

29 다음 중 이상기체 혼합물에 대하여 옳게 나타낸 것은?

① 몰% = 부피% = 중량%

② 몰% = 중량% = 분압%

③ 몰% = 분압% = 부피%

④ 몰% = 부피% = 질량%

> **해설**

mol% = 압력% = 부피%

$$\frac{n_A}{n} = \frac{p_A}{P} = \frac{v_A}{V} = y_A$$

30 다음 중 시량변수와 시강변수에 대한 설명으로 옳은 것은?

① 시량변수에는 체적, 온도, 비체적이 있다.

② 시강변수에는 온도, 질량, 밀도가 있다.

③ 계의 크기에 영향을 받지 않는 변수가 시강변수이다.

④ 시강변수는 계의 상태를 규정할 수 없다.

> **해설**

- 크기성질(시량변수) : 물질의 양과 크기에 따라 변하는 물성
  예 V, m, n, U, H, G
- 세기성질(시강변수) : 물질의 양과 크기에 상관없는 물성
  예 T, P, d, $\overline{V}$, $\overline{U}$, $\overline{H}$

정답 28 ④ 29 ③ 30 ③

[02] 기체의 성질 및 법칙

1. 농도

1) 농도

(1) 1mol

  6.023×10^{23}개(아보가드로수)의 분자(입자)

(2) 몰부피

  1mol의 부피

> **Reference**
>
> **표준상태(STP) 0℃, 1atm에서 기체 1mol이 차지하는 부피 = 22.4L**
> 1mol → 22.4L
> 1kmol → 22.4m³
> 1lbmol → 359ft³

(3) 농도

  ① Weight Percent(wt%)(중량백분율)

  $$중량분율(\text{wt\%}) = \frac{i\,성분의\,무게}{전체의\,무게} \times 100$$

  ② Volume Percent(V%)(부피백분율)

  $$부피분율(\text{V\%}) = \frac{i\,성분의\,부피}{전체의\,부피} \times 100$$

  ③ mol%(몰백분율) 🔲🔲🔲

  $$n_i = \frac{W_i}{M_i} \qquad 몰수 = \frac{질량}{분자량}$$

  - i 성분의 몰분율 $= \dfrac{i\,성분의\,몰수}{전체의\,몰수} = \dfrac{n_i}{\displaystyle\sum_{i=A}^{i} n_i} = \dfrac{\dfrac{W_i}{M_i}}{\dfrac{W_A}{M_A} + \dfrac{W_B}{M_B} + \cdots + \dfrac{W_i}{M_i}}$

  $$= \frac{n_i}{n_A + n_B + \cdots + n_i}$$

  - 몰백분율(mol%) = mol분율(mol fraction) $\times$ 100

◆
%농도(기준 : 100)
Fraction(분율)(기준 : 1)
※ %농도 = 분율×100

Exercise 01 ⬛⬛⬛

1atm에서 산소 8g과 질소 4.2g을 함유하는 혼합기체가 있다. 산소의 몰분율과 몰%를 구하여라.

풀이
$$y_{o_2} = \frac{n_{o_2}}{n_{o_2} + n_{N_2}} = \frac{8g/32g}{8g/32g + 4.2g/28g} = 0.625$$

$$O_2 mol\% = 0.625 \times 100 = 62.5\%$$

④ ppm : $1/10^6$

⑤ Molar 농도(몰농도) : 용액 1L 속 용질의 mol 수

$$M = \frac{용질의\ 질량(g)}{용질의\ 분자량 \times 용액의\ 부피(L)} = \frac{용질의\ mol\ 수}{용액의\ 부피(L)}$$

⑥ Molal 농도(몰랄농도) : 용매 1kg 속 용질의 mol 수

$$m = \frac{용질의\ 질량(g)}{용질의\ 분자량 \times 용매의\ 질량(kg)} = \frac{용질의\ mol\ 수}{용매의\ 질량(kg)}$$

Exercise 02

25℃, 20wt% H_2SO_4 수용액 100g($V = 87.99cm^3$)의 몰농도와 몰랄농도를 구하여라.

풀이
$$20g \times \frac{1mol}{98g} = 0.204mol$$

• 몰농도 $= \frac{0.204mol}{87.99cm^3} \left| \frac{1,000cm^3}{1L} \right. = 2.32M(mol/L용액)$

• 몰랄농도 $= \frac{0.204mol}{80g} \left| \frac{1,000g}{1kg} \right. = 2.55m(mol/kg용매)$

Exercise 03

NH_3 68g은 몇 mol인가?

풀이
$$n = \frac{W}{M} = \frac{68g}{17g/mol} = 4mol$$

⑦ **노르말농도**(N) : 용액 1L 속에 녹아 있는 용질의 g 당량수

$$N = \frac{용질의\ g\ 당량수}{용액의\ 부피(L)}$$

◆ 당량
• 산 · 염기의 당량 : 수소이온(H^+), 수 산화이온(OH^-)과 반응할 수 있는 물 질량
• 1당량 : H^+, OH^- 1mol과 반응하는 양
• 2당량 : H^+, OH^- 2mol과 반응하는 양

반응이 진행될 때 가장 먼저 소모되는 반응물

• 과잉공기량(%)
$$= \frac{공급공기량-이론공기량}{이론공기량} \times 100(\%)$$

• 과잉산소량(%)
$$= \frac{공급산소량-이론산소량}{이론산소량} \times 100(\%)$$

• 이론공기(이론산소)
완전연소를 위해 공정으로 공급되어야 하는 공기(산소)의 양

2) 화학 양론적 기본사항 □□□

① 한정반응물 : 반응완결도
② 과잉반응물 : 과잉백분율

Exercise 04 □□□

어느 평형조건에서 N_2와 H_2가 반응하여 NH_3를 생성한다. N_2 140kg, H_2 32kg을 반응기에 넣어 50℃, 300atm에서 반응시켰더니 평형점에서 반응기 속에는 19kmol의 기체가 있었다. 과잉백분율과 수소의 전환율 및 반응완결도를 구하여라.

$$N_2 + 3H_2 \rightleftarrows 2NH_3$$

🔍풀이
$$\begin{array}{ccc} 한정반응물 & & 과잉반응물 \\ N_2 \ + \ 3H_2 & \rightleftarrows & 2NH_3 \\ 1kmol \quad 3kmol \end{array}$$

$$\therefore N_2 = 140kg \times \frac{1kmol}{28kg} = 5kmol \rightarrow 한정반응물$$

$$H_2 = 32kg \times \frac{1kmol}{2kg} = 16kmol \rightarrow 과잉반응물$$

• 과잉백분율(%) $= \dfrac{과잉량}{필요한 \ 양} \times 100 = \dfrac{공급량-이론량}{이론량} \times 100\%$

$$\therefore 과잉백분율 = \frac{16-15}{15} \times 100 = 6.67\%$$

• 평형점에서 N_2, H_2, NH_3의 몰수
$$\begin{array}{ccc} N_2 \ + & 3H_2 & \rightleftarrows \quad 2NH_3 \\ 5 & 16 & 0 \\ +) \ -\alpha & -3\alpha & +2\alpha \\ \hline (5-\alpha) & (16-3\alpha) & (2\alpha) \end{array}$$

전체 몰수=19kmol이므로
$$(5-\alpha) + (16-3\alpha) + 2\alpha = 19kmol \quad \therefore \ \alpha = 1$$
$$\therefore N_2 : 4kmol \quad H_2 : 13kmol \quad NH_3 : 2kmol$$

• 전환율 $= \dfrac{반응에 \ 사용된 \ 양}{공급된 \ 양} \times 100$

$$\therefore 수소의 \ 전환율 = \frac{3kmol}{16kmol} \times 100 = 18.75\%$$

• 반응완결도 $= \dfrac{한정반응물의 \ 반응량}{한정반응물의 \ 공급량} \times 100$

$$\therefore 반응완결도 = \frac{1kmol}{5kmol} \times 100 = 20\%$$

2. 기체의 법칙

1) 기체의 기본법칙

(1) 보일의 법칙(Boyle's Law)
$$PV = C$$
$$P_1 V_1 = P_2 V_2 \, (T = \mathrm{Const})$$

(2) 샤를의 법칙(Charle's Law)
$$\frac{V}{T} = C, \; \frac{V_1}{T_1} = \frac{V_2}{T_2} \, (P = \mathrm{Const})$$

(3) 보일 – 샤를의 법칙(Boyle – Charle's Law)
$$\frac{PV}{T} = C, \; \frac{P_1 V_1}{T_1} = \frac{P_2 V_2}{T_2}$$

(4) 아보가드로의 법칙(Avogadro's Law)
온도와 압력이 일정하면 모든 기체는 같은 부피 속에 같은 수의 분자가 들어 있다. 즉, STP(0℃, 1atm) 조건하에서 1몰이 차지하는 부피는 22.4L이며 그 속에는 6.023×10^{23}개의 분자가 들어 있다.

-☆- TIP ‖‖‖‖‖‖‖‖‖‖‖‖‖‖‖‖‖‖‖‖‖‖

아보가드로수
- 6.023×10^{23}개
- 1몰에 들어 있는 분자수(원자수, 이온수, 입자수)

(5) 돌턴(Dalton)의 분압법칙
$$P(\text{전압}) = P_1 + P_2 + P_3 + \cdots + P_n$$
    ↳ 성분 1의 분압

(6) 아마갓(Amagat)의 분용법칙
$$V = v_1 + v_2 + v_3 + \cdots + v_n$$
    ↳ 성분 1의 부피

2) 이상기체의 법칙 ▨▨▨

(1) 이상기체
① 분자 상호 간 인력 무시
② 분자 자체의 부피 무시
③ 실제 기체의 온도가 높을수록, 압력은 낮을수록 이상기체에 가깝다.

④ 이상기체 상태방정식
$$PV = nRT$$
$$PV = \frac{W}{M}RT \rightarrow PM = \frac{W}{V}RT \qquad \therefore d = \frac{PM}{RT}$$

⑤ 기체상수 $R = \dfrac{PV}{nT}$

$$R = 0.082\text{L} \cdot \text{atm/mol} \cdot \text{K} = 1.987\text{cal/mol} \cdot \text{K}$$
$$= 10.73\text{psi} \cdot \text{ft}^3/\text{lbmol} \cdot \text{R}° = 8.314\text{J/mol} \cdot \text{K}$$

(2) 이상기체 혼합물

① Dalton의 분압법칙 : 기체의 전압은 각 성분기체의 분압을 모두 합한 것과 같다.

$$P_T = p_A + p_B + p_C + \cdots$$

여기서, P_T : 전압(전체압력)

$p_A, p_B, \cdots$: 분압(부분압력)

$$\therefore \frac{p_A}{P_T} = \frac{n_A}{n_T} = 몰분율 = y_A$$

$$p_A = P_T y_A$$

② Amagat의 분용법칙

$$V = v_A + v_B + v_C + \cdots$$

여기서, V : 전체부피

$v_A, v_B, \cdots$: 부분부피

$$Pv_A = n_A RT$$

$$PV = n_T RT 이므로$$

$$\frac{v_A}{V} = \frac{n_A}{n_T} = \frac{p_A}{P_T} = 몰분율 = y_A$$

③ 혼합기체의 평균분자량(M_{av})

$$n = \frac{W}{M} \rightarrow M = \frac{W}{n}$$

$$평균분자량 = \frac{혼합기체의\ 전체\ 질량}{혼합기체의\ 전체\ 몰수} = \frac{\sum n_i M_i}{\sum n_i} = \frac{n_A M_A + n_B M_B}{n_A + n_B}$$

$$(\text{A와 B의 혼합물}) = x_A M_A + x_B M_B$$

$$\therefore M_{av} = \frac{\sum n_i M_i}{\sum n_i} = \sum_u x_i M_i$$

예 공기의 평균분자량(N_2 79% O_2 21%)

$$M_{av} = 28 \times 0.79 + 32 \times 0.21 = 28.84$$

3) 실제 기체의 법칙

(1) 실제 기체

- 분자 상호 간 인력 존재
- 분자 자체의 부피

① 반데르발스(Van der Waals) 식 ■■■

$$\left(P + \frac{n^2}{V^2}a\right)(V - nb) = nRT$$

여기서, nb : 부피(크기)에 대한 보정항

$\left(\dfrac{n^2}{V^2}a\right)$: 인력에 대한 보정항

$$a = \frac{27R^2 T_c^{\,2}}{64 P_c}\left[\text{atm}\left(\frac{\text{cm}^3}{\text{mol}}\right)^2\right], \ b = \frac{RT_c}{8P_c}(\text{cm}^3/\text{mol})$$

여기서, P_c(임계압력) : 임계온도에서 액화시킬 수 있는 압력

T_c(임계온도) : 액화시킬 수 있는 최고의 온도

1mol에 대하여

$\left(P + \dfrac{a}{V^2}\right)(V - b) = RT$로 나타낼 수 있다.

② 상태방정식 ■■■

$$PV = ZnRT$$

여기서, Z : 압축인자 $\quad Z = \dfrac{PV}{nRT}$

③ 대응상태의 원리 ■■■

기체의 종류에 상관없이 같은 환산온도$\left(T_r = \dfrac{T}{T_c}\right)$와 환산압력$\left(P_r = \dfrac{P}{P_c}\right)$

에서는 동일한 압축인자를 갖는다.

(2) 실제 기체 혼합물

$$Z_m = Z_A y_A + Z_B y_B + \cdots$$

여기서, Z_m : 혼합물에서의 압축인자

$\therefore Z_m = \sum Z_i y_i$

TIP

상수 a, b는 기체 $P - V$ 곡선이 임계점에서 변곡점을 나타내므로 $\left(\dfrac{\partial P}{\partial V}\right)_c = 0$, $\left(\dfrac{\partial^2 P}{\partial V^2}\right)_c = 0$에서 구할 수 있다.

◆ 전제조건

$$Z = \frac{V}{\frac{RT}{P}} = \frac{PV}{RT}$$

여기서, Z : 실제기체 부피와 이상기체 부피의 비

① Dalton의 분압 법칙

$$P = p_A + p_B + p_C + \cdots$$

$$P = \frac{Z_m n R T}{V} \rightarrow 50\text{atm 이하에서 적합}$$

② Amagat의 분용의 법칙

$$V = v_A + v_B + v_C + \cdots$$

$$V = \frac{Z_n n R T}{P} \rightarrow 300\text{atm 이상에서 적합}$$

③ 유사임계점법(Kay의 방법)(Pseudo Critical Properties)

기체혼합물의 정확한 임계압력과 임계온도를 결정할 수 있으면 압축인자 도표를 사용하여 간단하게 $P - V - T$ 관계를 결정할 수 있다.

각 성분의 임계값을 적당히 조합하여 혼합물 임계값을 구하려는 시도를 하게 되었다. 기체혼합물의 유사임계값은 혼합물 중 각 성분의 몰수에 비례해서 혼합물의 유사임계값에 기여한다고 하면 유사임계압력($P_C{'}$)과 유사임계온도($T_C{'}$)는 다음과 같이 나타낼 수 있다.

$$P_c{'} = P_{CA} y_A + P_{CB} y_B + \cdots + P_{CN} y_N$$

$$T_c{'} = T_{CA} y_A + T_{CB} y_B + \cdots + T_{CN} y_N$$

➡ Dalton과 Amagat의 법칙을 적용하기 어려운 50~300atm에서 혼합물의 압축인자를 결정할 수 있는 방법이다.

(3) Henry의 법칙

① 일정온도에서 액체 내에 용해되어 있는 기체의 증기압은 액상에서의 그 성분의 농도에 비례한다.

$$P = HC$$

② 일정온도에서 일정량의 용매에 용해하는 기체의 질량은 그 기체의 기상에서의 분압에 비례한다.

③ 헨리의 법칙은 대체로 용질의 농도가 낮은 경우나 용해도가 작은 기체에 적합하다.

④ 일정온도, 압력하에서 용액과 평형을 이루고 있는 증기 중의 한 성분의 분압은 그 용액 중에 있는 그 성분의 몰분율에 비례한다.

$$P_A = H x_A$$

여기서, H : Henry 법칙의 정수
P_A : 용질기체 A의 분압
x_A : 액상 중 용질의 몰분율

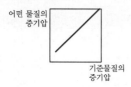

TIP

H 는 헨리상수이고, 실험적으로 구해지는 값으로서 P (압력), C (농도)의 단위에 따라 단위가 달라질 수 있다.

◆ Clausius – Clapeyron 식

$$\ln \frac{P_2{^*}}{P_1{^*}} = \frac{\Delta H}{R} \left(\frac{1}{T_1} - \frac{1}{T_2} \right)$$

◆ Cox 선도

기준물질의 증기압에 대한 어떤 물질의 증기압을 나타낸 선도

어떤 물질의 증기압

기준물질의 증기압

(4) 라울(Raoult)의 법칙 ▣▣▣

용액 중 한 성분의 증기분압은 용액과 같은 온도에서 그 성분의 순수증기압과 액 조성(몰분율)의 곱과 같다.

$$p_A = P_A x_A$$

$$y_A = \frac{P_A x_A}{P}$$

여기서, p_A : 몰분율(mol fraction)이 x_A인 용액 중 A의 증기분압

P_A : 같은 온도에서 순수한 액체 A가 나타내는 증기압

(5) 증기압(Vapor Pressure)

일정온도, 일정압력에서 증발과 응축이 평형상태에 있을 때 평형압력을 증기압이라 한다.

> **Reference** ▬▬▬▬
>
> **Antoine식** ▣▣▣
>
> $$\log P^* = A - \frac{B}{C+t}$$
>
> 여기서, t : 온도(℃)
>
> A, B, C : 상수

◆ Dühring 선도

40% NaOH
30% NaOH
용액의 비점
50% NaOH
20% NaOH
용매의 비점

◆ 총괄성

용액의 성질이 용질의 종류에 관계없이 용질의 입자수에 의해서만 달라지는 성질

• 증기압 내림 = 순수용매의 증기압 ×용질의 몰분율
• 끓는점 오름 = 몰랄오름상수 ×몰랄농도
• 어는점 내림 = 몰랄내림상수 ×몰랄농도
• 삼투압(Π) = CRT
  여기서, C : 몰농도

3. 용해도

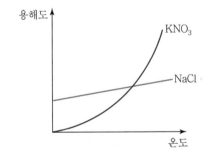

1) 고체의 용해도

일정한 온도에서 용매 100g에 녹을 수 있는 용질의 최대 g수를 나타낸다. (포화용액)

① 온도 상승에 따라 용해도 증가 : KCl, KNO_3, $NaNO_3$

② 온도 상승에 따라 용해도 감소 : $CaSO_4$

③ 온도 상승에 따라 용해도 변화 없음 : NaCl

2) 액체의 용해도

극성 액체는 극성 용매에, 무극성 액체는 무극성 용매에 용해한다.

3) 기체의 용해도

① 온도가 상승하면 감소한다.
② 기체의 부분압력에 비례하여 증가한다. ➡ Henry의 법칙

4) 결정화

과포화 상태를 만들어 결정화시키는 조작
① 용매를 증발시킨다.
② 온도를 내린다(용해도를 감소시킨다).

$$결정화수율 = \frac{석출한\ 용질의\ 양}{처음\ 용질의\ 양}$$

Exercise 05

1.2kg의 $Ba(NO_3)_2$를 물에 용해시켜 90℃에서 포화용액이 되게 하였다. 이 온도에서 $Ba(NO_3)_2$의 용해도는 30.6g/100gH_2O이다. 이 용액을 20℃로 냉각시킬 때 얻는 결정의 양은 몇 kg인가?(단, 20℃에서 용해도는 8.6g/100gH_2O이다.)

풀이

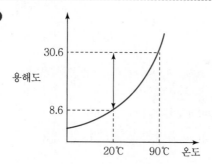

용해도는 물 100g에 용해한 용질의 g을 의미한다. 90℃ → 20℃
(30.6g - 8.6g) = 22g/100gH_2O이 녹지 않고 석출된다.

1.2kg $Ba(NO_3)_2$가 90℃에서 포화용액이므로
100g : 30.6g = x : 1,200g   ∴ x = 3,921g

즉, 물 3,921g에 $Ba(NO_3)_2$(용질) 1,200g이 용해된 것이므로
20℃에서는 100g : 8.6g = 3,921g : y   ∴ y = 337g
20℃에서 물 3,921g에 $Ba(NO_3)_2$이 337g까지 용해될 수 있다.

그러므로 1,200g - 337g = 863g은 녹지 않고 결정으로 석출된다.
∴ 0.863kg

4. 상률(Phase Rule) ▨▨▨

$$F = 2 - P + C$$

여기서, P : 상의 수, C : 성분의 수

자유도(Degree of Freedom)는 두 개의 열역학적 세기성질이 특정한 값으로 정해지면 순수한 균질 유체의 상태는 고정된다. 2개의 상이 평형에 있을 때 단 하나의 성질만 지정되면 그 계의 상태는 고정된다. 평형상태에 있는 여러 상의 계에 대해 계의 세기 상태를 결정하기 위해 임의로 고정시켜야 하는 독립변수의 수는 상률에 의하여 결정된다.

Exercise **06**

3성분계에서 액체와 증기가 평형에 있을 때 자유도는?

🔍**풀이** $F = 2 - P + C$
$\qquad = 2 - 2 + 3 = 3$

Exercise **07**

물의 삼중점에서의 자유도는?

🔍**풀이** $F = 2 - P + C$
$\qquad = 2 - 3 + 1 = 0$

---

5. 상평형 ▨▨▨

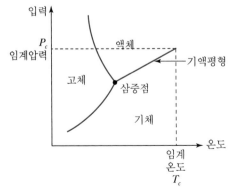

▲ 순수한 물질의 상도

◈ 기체 – 액체 평형
임계온도보다 낮은 온도에서 기체와 액체는 평형상태로 공존할 수 있다.

순수한 물질에서 임계온도보다 높은 온도에서는 기체와 액체가 평형상태로 공존할 수 없으며 기 – 액평형선은 임계온도까지이다.

① T_c(임계온도) : 기체와 액체가 공존할 수 있는 최고 온도

② 삼중점(Triple Point) : 기체, 액체, 고체가 공존하는 점($F=0$)

③ 증기압 : 기체와 액체가 평형에 있을 때의 압력

실전문제

01 다음의 조성을 갖는 연료가스(Fuel Gas)의 평균분자량은 얼마인가?

• CO_2 : 11.9%	• CO : 1.6%
• O_2 : 4.1%	• N_2 : 82.4%

① 18.25   ② 28.84

③ 30.07   ④ 35.05

해설

$\overline{M_{av}} = 44 \times 0.119 + 28 \times 0.016 + 32 \times 0.041 + 28 \times 0.824$
$\qquad = 30.07$

02 0℃, 2atm하에 산소가 있다. 이 기체를 같은 압력하에서 10℃ 가열했다면 처음 체적의 몇 %가 증가하는가?

① 0.54   ② 3.66

③ 7.33   ④ 103.66

해설

$\dfrac{P_1 V_1}{T_1} = \dfrac{P_2 V_2}{T_2}$ ($P_1 = P_2$이므로)

$\dfrac{V_1}{T_1} = \dfrac{V_2}{T_2}$

$\dfrac{V_1}{273} = \dfrac{V_2}{283}$ ∴ $V_2 = 1.0366 V_1$

그러므로 처음 부피의 3.66%가 증가함

03 473K, 505kPa에서 공기밀도로 옳은 것은?(단, 공기의 평균분자량은 29이다.)

① 3.725kg/m³   ② 0.128kg/m³

③ 1.128g/cm³   ④ 3,725g/cm³

해설

$PV = nRT = \dfrac{W}{M} RT$

$P = \dfrac{W}{V} \dfrac{RT}{M}$

$\rho = \dfrac{PM}{RT}$

$\therefore \rho = \dfrac{505\text{kPa} \times 29\text{kg/kmol}}{8.314\text{kJ/kgmol} \cdot \text{K} \times 473\text{K}}$

$\qquad = \dfrac{505,000\text{N/m}^2 \times 29\text{kg/kgmol}}{8.314 \times 10^3 \text{N} \cdot \text{m/kgmol} \cdot \text{K} \times 473\text{K}}$

$\qquad = 3.724\text{kg/m}^3$

04 C_2H_4 40kg을 연소시키기 위해 800kg의 공기를 공급하였다. 과잉공기 백분율은 약 몇 %인가?

① 45.2   ② 35.4

③ 25.2   ④ 12.2

해설

$C_2H_4 + 3O_2 \rightarrow 2CO_2 + 2H_2O$

28kg : 3 × 32kg

40kg : x

$\therefore x = 137\text{kgO}_2$ 필요

$137\text{kgO}_2 \times \dfrac{1\text{kgmolO}_2}{32\text{kgO}_2} \times \dfrac{100\text{kgmolAir}}{21\text{kgmolO}_2} \times \dfrac{29\text{kgAir}}{1\text{kgmolAir}}$

$= 591\text{kgAir}$가 필요하다.

과잉공기 백분율 $= \dfrac{\text{과잉량}}{\text{이론량}} \times 100 = \dfrac{800 - 591}{591} \times 100$

$\qquad\qquad\qquad = 35.4\%$

05 Na_2SO_4 30wt%를 포함하는 수용액의 조성을 mol 백분율로 표시하면 약 몇 mol%인가?

① 5.1   ② 21.8

③ 26.4   ④ 30.0

정답 ▶ **01** ③ **02** ② **03** ① **04** ② **05** ①

Basis : 100g 기준

Na_2SO_4 30g

물 70g

$$\therefore n_{Na_2SO_4} = \frac{30g}{142g/mol} = 0.211mol$$

$$n_{H_2O} = \frac{70g}{18g/mol} = 3.889mol$$

$$x = \frac{0.211}{0.211 + 3.889} \times 100 = 5.1\%$$

06 NaOH 12g을 물에 녹여 전체 용액 100mL를 만들었다면 이 용액의 몰농도는?

① 0.12M ② 0.3M
③ 3M ④ 12M

$$M = \frac{mol}{1L\ 용액} = \frac{12g/(40g/mol)}{0.1L} = 3mol/L$$

07 탄소 3g을 산소 16g 중에서 완전연소시켰을 때 연소 후 혼합기체의 부피는 표준상태에서 몇 L인가?

① 5.6 ② 11.2
③ 19.8 ④ 22.4

$$\frac{3gC}{} \left| \frac{1molC}{12gC} = 0.25molC \right.$$

$$\frac{16gO_2}{} \left| \frac{1molO_2}{32gO_2} = 0.5molO_2 \right.$$

$C + O_2 \rightarrow CO_2$

처음 농도)	0.25mol	0.5mol	0
반응 농도)	-0.25	-0.25	$+0.25mol$
평형 농도)	0	0.25mol	0.25mol

$\therefore$ 연소 후 혼합기체의 부피

$$0.5mol \times \frac{22.4L}{1mol} = 11.2L$$

08 1mol의 NH_3를 산화시킬 때 O_2를 30% 과잉사용하였다. 만일 반응의 완결도가 85%라 하면 남아 있는 산소는 몇 mol인가?

$$NH_3 + 2O_2 \rightarrow HNO_3 + H_2O$$

① 0.3 ② 0.7
③ 0.85 ④ 0.9

	NH_3	+	$2O_2$	$\rightarrow$	HNO_3	+	H_2O
처음 농도)	1mol		2.6mol(30% 과잉)				
반응 농도)	-1×0.85		-2×0.85		1×0.85		1×0.85
평형 농도)	0.15		0.9		0.85		0.85

$\therefore$ 산소는 평형상태에서 0.9mol이 남는다.

09 분자량이 119인 화합물을 분석한 결과 질량 %로 C : 70.6%, H : 4.2%, N : 11.8%, O : 13.4%이었다면 분자식은?

① $C_6H_5NO_2$ ② $C_6H_4N_2O$
③ $C_6H_5N_2O_2$ ④ C_7H_5NO

$$C = \frac{70.6}{12} = 5.88 \qquad H = \frac{4.2}{1} = 4.2$$

$$N = \frac{11.8}{14} = 0.8428 \qquad O = \frac{13.4}{16} = 0.8375$$

가장 작은 수인 0.8375로 나누면
- $C = 5.88 \div 0.8375 = 7$
- $H = 4.2 \div 0.8375 = 5$
- $N = 0.8428 \div 0.8375 = 1$
- $O = 1$

$\therefore C_7H_5NO$

10 표준상태(STP)에서 200L의 C_2H_6 가스를 완전 액화한다면 몇 g의 액체 C_2H_6이 되겠는가?(단, C_2H_6의 압축인자는 0.95이다.)

① 141g ② 134g
③ 282g ④ 268g

해설

$$PV = Z\frac{W}{M}RT$$

$$W = \frac{PVM}{ZRT} = \frac{1 \times 200 \times 30}{0.95 \times 0.082 \times 273} = 282g$$

11 27℃, 750mmHg에서 공기의 밀도는 몇 g/L인가?(단, 공기의 평균분자량은 28.84이다.)

① 1.157g/L

② 2.157g/L

③ 3.157g/L

④ 4.157g/L

해설

$$P = \frac{nRT}{V} = \frac{W}{M}\frac{RT}{V} = \rho\frac{RT}{M}$$

$$\therefore \frac{PM}{RT} = \rho$$

$$\rho = \frac{750mmHg \times \frac{1atm}{760mmHg} \times 28.84g/mol}{0.082L \cdot atm/mol \cdot K \times 300K} = 1.157g/L$$

12 25wt% NaOH 수용액에서 NaOH의 몰분율은?

① 0.13

② 1.3

③ 1.6

④ 10

해설

$$NaOH의 몰분율 = \frac{25/40}{25/40 + 75/18} = 0.13$$

※ 몰% = 0.13 × 100 = 13%

13 공장의 폐수 중에 독성이 있는 성분을 분석하니 3,000ppm이었다. 이를 %로 나타내면?

① 0.3%

② 3%

③ 30%

④ 300%

해설

$$3,000ppm = \frac{3,000}{1,000,000} = \frac{3}{1,000}$$

$$\therefore \frac{3}{1,000} \times 100 = 0.3\%$$

14 100℃에서 물이 수증기로 변화할 때 부피는 몇 배 증가하는가?(단, 수증기를 이상기체로 생각한다.)

① 1,500배

② 1,600배

③ 1,700배

④ 1,800배

해설

$$\frac{P_1 V_1}{T_1} = \frac{P_2 V_2}{T_2}$$

기준) 물 1mol 18g 기준
물의 밀도 = 1g/cm³이므로, 물 18g = 18cm³

$$\frac{1 \times 22.4L/mol}{273} = \frac{1 \times V}{373}$$

$$\therefore V = 30.6L = 30,600cm^3/mol$$

$$\therefore \frac{수증기의 부피}{물의 부피} = \frac{30,600cm^3}{18cm^3} = 1,700배$$

15 0℃, 1atm에서 2L의 산소와 0℃ 2atm에서 3L의 질소를 혼합하여 1L로 하면 압력은 몇 atm이 되는가?

① 2atm

② 4atm

③ 6atm

④ 8atm

해설

$$PV = P_1 V_1 + P_2 V_2$$

$$P = \frac{P_1 V_1 + P_2 V_2}{V}$$

$$= \frac{1atm \times 2L + 2atm \times 3L}{1L} = 8atm$$

16 어떤 기체의 성분을 조사해 보니 CO_2 25mol%, CO 18mol%, O_2 8mol%, N_2 49mol%이었다. 이 기체 혼합물의 평균분자량은?

① 26.32

② 28.84

③ 30.2

④ 32.32

해설

$$\overline{M}_{av} = 44 \times 0.25 + 28 \times 0.18 + 32 \times 0.08 + 28 \times 0.49$$
$$= 32.32$$

17 40℃에서 20g의 수산화나트륨을 80mL의 물에 녹였다. 용액의 밀도를 $1.2g/cm^3$라고 할 때 용액의 부피는 물 80mL보다 몇 mL 증가하겠는가?(단, 물의 비중은 1이다.)

① 2.6　　　　② 3.3

③ 4.8　　　　④ 5.4

해설

$$\frac{80mL H_2O}{}\left|\frac{1g}{mL}\right. = 80g H_2O$$

$$\rho_{용액} = \frac{m}{V}$$

$$= \frac{20g NaOH + 80g H_2O}{V} = 1.2g/cm^3$$

∴ $V = 83.33cm^3$(용액의 부피)

∴ 물의 부피보다 $3.33cm^3$ 증가

18 20℃에서 순수한 $MnSO_4$의 물에 대한 용해도는 62.9이다. 20℃에서 포화용액을 만들기 위해서는 100g의 물에 몇 g의 $MnSO_4 \cdot 5H_2O$를 녹여야 하는가?(단, Mn의 원자량=55)

① 120.6　　　② 140.6

③ 160.6　　　④ 180.6

해설

20℃에서 $MnSO_4$의 용해도가 62.9이므로 물 100g에 $MnSO_4$ 62.9g을 녹이면 포화용액이 된다.

$$162.9 : 62.9 = (100 + x) : x \times \frac{151}{241}$$

　여기서, x : $MnSO_4 \cdot 5H_2O$의 양

∴ $x = 160.6g$

19 100℃, 765mmHg에서 기체혼합물의 분석값이 CO_2 14vol%, O_2 6vol%, N_2 80vol%이다. 이때 CO_2의 분압은 몇 mmHg인가?

① 107.1mmHg　　② 45.9mmHg

③ 765mmHg　　　④ 612mmHg

해설

$765mmHg \times 0.14 = 107.1mmHg$

20 반데르발스(Van der Waals) 식을 다음과 같이 나타낼 때 상수 a의 단위는?(단, P의 단위 : N/m^2, n의 단위 : kmol, V의 단위 : m^3, T의 단위 : K)

$$\left(P + \frac{n^2 a}{V^2}\right)(V - nb) = nRT$$

① $N\left(\dfrac{m^3}{kmol}\right)^2$　　② $N\left(\dfrac{m}{kmol}\right)^2$

③ $N\left(\dfrac{m^2}{kmol}\right)^2$　　④ $N\left(\dfrac{m^2}{kmol}\right)^3$

해설

$$\frac{n^2 a}{V^2} = 압력의 단위 = N/m^2$$

$$a = \frac{V^2}{n^2} \cdot N/m^2 = \frac{m^6}{kmol^2} \cdot \frac{N}{m^2} = \frac{m^4 \cdot N}{kmol^2}$$

$$= N\left(\frac{m^2}{kmol}\right)^2$$

21 제논(Xe, 원자량 : 131.3) 1mol은 12.47MPa, 320K에서 0.42의 압축인자를 갖는다. 이 조건에서 제논의 비용(m^3/kg)을 구하는 식은?

① $\dfrac{(0.42)(8.314)(320)}{(12.47 \times 10^6)(0.1313)}$

② $\dfrac{(12.47 \times 10^6)(0.1313)}{(0.42)(8.314)(320)}$

③ $\dfrac{(8.314)(320)}{(0.42)(12.47 \times 10^6)(0.1313)}$

④ $\dfrac{(0.42)(12.47 \times 10^6)(0.1313)}{(8.314)(320)}$

해설

$$PV = ZnRT \quad PV = Z\frac{W}{M}RT \quad \frac{V}{W} = \frac{ZRT}{PM}$$

$$\therefore \frac{V}{W} = v = \frac{ZRT}{PM} = \frac{(0.42)(8.314)(320)}{(12.47 \times 10^6)(0.1313)}$$

22 다음에서 $F_1 + F_2$는 얼마인가?

- F_1 : 액체물과 수증기가 평형상태에 있을 때의 자유도
- F_2 : 소금결정과 포화수용액이 평형상태에 있을 때의 자유도

① 0   ② 1

③ 2   ④ 3

해설

$$F = F_1 + F_2$$
$$F_1 = 2 - P + C = 2 - 2 + 1 = 1$$
$$F_2 = 2 - 2 + 2 = 2$$
$$F = F_1 + F_2 = 3$$

23 반데르발스(Van der Waals) 상태방정식에 관한 설명 중 틀린 것은?

① 고압으로 갈수록 실제기체에 잘 맞는다.
② 분자 간 인력에 대한 보정항이 있다.
③ 분자 자체 부피에 대한 보정항이 있다.
④ 보정상수 a의 단위는 $Pa \cdot m^6 \cdot kmol^{-2}$이다.

해설

반데르발스 상태방정식

$$\left(P + \frac{n^2}{V^2}a\right)(V - nb) = nRT$$

- a의 단위 : $\dfrac{Pa \cdot (m^3)^2}{kmol^2}$
- 실제기체에 관한 법칙으로 고온, 저압에서 이상기체에 가깝다.

24 물질의 증발잠열을 예측하는 데 사용되는 식은?

① Raoult의 식
② Fick의 식
③ Clausius − Clapeyraon 식
④ Fourier의 식

해설

① Raoult's Law

$$y_A P = P_A^{sat} x_A$$

② Fick's Law

$$N_A = -D_{AB}A\frac{dC_A}{dx}$$

③ Clausius − Clapeyron 식

$$\ln\frac{P_2^{sat}}{P_1^{sat}} = \frac{\Delta H}{R}\left(\frac{1}{T_1} - \frac{1}{T_2}\right)$$

④ Fourier's Law

$$q = -kA\frac{dt}{dl}$$

25 2kmol의 탄소를 모두 연소시켜 CO_2를 생성하였으나 일부는 불완전연소하여 CO가 되었다. 생성가스의 분석결과 CO_2가 1.5kmol이었을 때 CO의 양은 몇 kg인가?

① 14   ② 24

③ 42   ④ 66

해설

$$C + O_2 \rightarrow CO_2$$

2kmol $C \rightarrow$ 2kmol CO_2 생성
그러나 생성가스 분석결과 CO_2 1.5kmol이 생성되었으므로 C의 1.5kmol만 CO_2로 변하고, 나머지 0.5kmol은 CO가 된 것이다.

$$C + \frac{1}{2}O_2 \rightarrow CO$$

0.5kmol C가 반응하면 0.5kmol CO가 생성되므로

$$0.5\text{kmol } CO \times \frac{28\text{kg } CO}{1\text{kmol } CO} = 14\text{kg } CO$$

26 질소와 수소 혼합가스가 1,000기압을 유지하고 있으며 수소의 분압이 750기압이라면 혼합가스의 평균분자량은?

① 4.3

② 6.4

③ 8.5

④ 9.6

해설

$2 \times 0.75 + 28 \times 0.25 = 8.5$

27 물의 삼중점에 대한 설명 중 옳은 것은?

① 삼중점이 존재하는 상태를 규정하기 위한 변수는 2개이다.

② 삼중점이 존재하는 상태는 임의로 변화될 수 있다.

③ 삼중점에서 계의 자유도는 1로서 압력만이 독립변수이다.

④ 기체 – 고체, 기체 – 액체, 고체 – 액체 선이 서로 교차하는 점이다.

해설

물의 삼중점
- 기체, 액체, 고체가 공존하는 점
- $F = 0$
- 자유도가 0이므로, 어느 한 상태도 임의로 변화될 수 없다.

28 질산나트륨 표준 포화용액을 불포화용액으로 만들 수 있는 방법으로 가장 적절한 것은?

① 온도를 올린다.

② 압력을 증가시킨다.

③ 용질을 가한다.

④ 물을 증발시킨다.

해설

포화용액을 불포화용액으로 만드는 방법
- 온도를 올린다.
- 용매를 가한다.
- 용질을 제거한다.

29 100g의 Na_2SO_4를 200g의 물에 녹인 다음 이 용액을 냉각시켜 100g의 $Na_2SO_4 \cdot 10H_2O$를 결정화시켜 제거했다면 남아 있는 용액 중 Na_2SO_4의 양은?(단, Na와 S의 원자량은 각각 23, 32이다)

① $100 - 100 \times \dfrac{142}{322}$

② $100 - 200 \times \dfrac{142}{322}$

③ $100 - 100 \times \dfrac{142}{180}$

④ $100 - 200 \times \dfrac{142}{180}$

해설

용액 중 남아 있는 Na_2SO_4의 양
= 처음 Na_2SO_4의 양 – 석출된 Na_2SO_4의 양
$= 100g - 100g \times \dfrac{142}{322} = 55.9g$

30 70℃에서 메탄올의 증기압은 1.14bar이고, 에탄올의 증기압은 0.72bar이다. 70℃, 1bar에서 혼합증기와 평형을 이루고있는 혼합용액 중 메탄올의 몰분율은? (단, 혼합용액은 이상용액으로 한다.)

① 0.2777

② 0.612

③ 0.667

④ 0.79

해설

$P = P_A + P_B = P_A{}^* x_A + P_B{}^* (1 - x_A)$

$1bar = 1.14bar\ x_A + 0.72(1 - x_A)$

$x_A = 0.667$

31 82℃에서 벤젠의 증기압은 811mmHg, 톨루엔의 증기압은 314mmHg이다. 벤젠 25몰%와 톨루엔 75몰%를 82℃에서 증발시키면 평형상태의 증기 중에서 톨루엔의 몰분율은 얼마인가?(단, 라울의 법칙이 성립한다고 간주한다.)

① 0.39

② 0.49

③ 0.54

④ 0.65

정답 **26** ③ **27** ④ **28** ① **29** ① **30** ③ **31** ③

해설

$P_B^* = 811\text{mmHg}, \; P_T^* = 314\text{mmHg}$

$P = 811 \times 0.25 + 314 \times 0.75 = 438.25\text{mmHg}$

라울의 법칙에 의해

$P_A = P_A^* x_A = P \times y_A$

$314 \times 0.75 = 438.25 \times y_A$

$\therefore \; y_A = 0.537$

32 NH_3 10kg을 20℃에서 $0.1m^3$로 압축하려면 약 몇 kg_f/cm^2의 압력을 가하여야 하는가?

① 146 ② 183
③ 190 ④ 198

해설

$PV = nRT$

$P \times 0.1m^3 = \dfrac{10\text{kg}}{17\text{kg}/\text{kmol}} \times 0.082 m^3 \cdot \text{atm}/\text{kmol} \cdot \text{K} \\ \times (273 + 20)\text{K}$

$\therefore \; P = 141.33\text{atm}$

$141.33\text{atm} \times \dfrac{1.0332\text{kg}_f/\text{cm}}{1\text{atm}} = 146\text{kgf}/\text{cm}^2$

33 20℃에서 물 100g에 녹는 결정 황산나트륨(Na_2SO_4, $10H_2O$)은 56.4g이다. 이 온도에서 황산나트륨의 용해도$\left(\dfrac{\text{g} \, Na_2SO_4}{100\text{g} \, H_2O}\right)$는 약 얼마인가?(단, Na의 원자량은 23, S의 원자량은 32이다.)

① 0.189 ② 0.249
③ 18.9 ④ 24.9

해설

$56.4\text{g} \times \dfrac{142\text{g}Na_2SO_4}{322\text{g}Na_2SO_4 \cdot 10H_2O} = 24.87\text{g}Na_2SO_4$

$56.4\text{g} - 24.87\text{g} = 31.53\text{g}$

$\therefore \; 31.53\text{g}$의 H_2O

$131.53\text{g} : 24.87\text{g} \, Na_2SO_4 = 100\text{g} : x$

$\therefore \; x = 18.9\text{g}$

34 표준상태에서 $56m^3$의 용적을 가진 프로판 기체를 완전히 액화하였을 때 얻을 수 있는 액체 프로판은 몇 kg인가?

① 28.6 ② 110
③ 125 ④ 246

해설

$PV = \dfrac{W}{M} RT$

$W = \dfrac{PVM}{RT} = \dfrac{10\text{atm} \times 56m^3 \times 44\text{kg}/\text{kgmol}}{0.082 m^3 \cdot \text{atm}/\text{kgmol} \cdot \text{K} \times 273\text{K}} = 110\text{kg}$

35 과잉공기 백분율(%) 계산식을 옳게 나타낸 것은?

① 과잉공기(%) $= \dfrac{\text{과잉 공기량}}{\text{실제 소비된 공기량}} \times 100$

② 과잉공기(%) $= \dfrac{\text{과잉 공기량}}{\text{완전연소에 필요한 공기량}} \times 100$

③ 과잉공기(%) $= \dfrac{\text{공급된 총 공기량}}{\text{실제 소비된 공기량}} \times 100$

④ 과잉공기(%) $= \dfrac{\text{공급된 공기량}}{\text{완전연소에 필요한 공기량}} \times 100$

해설

과잉공기(%) $= \dfrac{\text{공급공기량} - \text{이론공기량}}{\text{이론공기량}} \times 100\%$
$= \dfrac{\text{과잉공기량}}{\text{이론공기량}} \times 100\%$

36 표준상태에서 공기의 밀도는 몇 g/L인가?(단, 공기 몰백분율은 80%의 질소와 20%의 산소로 구성되어 있다.)

① 1.12 ② 1.21
③ 1.29 ④ 1.52

해설

$d = \dfrac{PM}{RT}$

$M = 공기분자량 = 28 \times 0.8 + 32 \times 0.2 = 28.84$

표준상태(0℃, 1atm)

$d = \dfrac{1\text{atm} \times 28.8}{0.082 \times 273} = 1.29\text{g/L}$

PART 1
PART 2
PART 3
PART 4
PART 5

37 대기압이 760mmHg이고, 기온이 20℃인 공기의 밀도는 약 몇 kg/m^3인가?

① 1.109
② 1.206
③ 1.513
④ 1.825

해설

$$PV=nRT=\frac{W}{M}RT$$

$$d=\frac{PM}{RT}$$

$$=\frac{1atm \times 29kg/kmol}{0.082m^3 \cdot atm/kmol \cdot K \times 293K}=1.207kg/m^3$$

38 온도 0℃, 압력 10mmHg, 체적 10L의 이상기체에는 몇 개의 분자가 들어 있는가?

① 3.54×10^{18}
② 3.54×10^{19}
③ 3.54×10^{20}
④ 3.54×10^{21}

해설

$$PV=nRT$$

$$n=\frac{PV}{RT}=\frac{10 \times \frac{1}{760} \times 10L}{0.082 \times 273}=0.00588mol$$

분자수 $=0.00588 \times 6.023 \times 10^{23}=3.54 \times 10^{21}$

39 100℃, 765mmHg에서 기체 혼합물의 분석값이 CO_2 : 14vol%, O_2 : 6vol%, N_2 : 80vol%이었다. 이때 O_2 분압은 약 몇 mmHg인가?

① 14
② 31
③ 45.9
④ 765

해설

$P_{O_2}=765mmHg \times 0.06=45.9mmHg$

40 15℃에서 포화된 NaCl 수용액 1kg에 녹아 있는 NaCl의 무게는 약 몇 g인가?(단, 15℃에서의 NaCl의 용해도는 6.12mol/1,000gH_2O이다.)

① 264
② 281
③ 308
④ 335

해설

$1kgH_2O$에 $6.12mol \times \frac{58.5g}{1mol}$ NaCl이 녹아 있다.

즉, 물 1,000g에 NaCl 358.02g이 녹아 있으므로

1,358.02g 용액 : 358.02g NaCl=1,000g : xgNaCl

∴ $x=264g$

41 다음 반응을 위해 H_2 25mol/h와 Br_2 20mol/h이 반응기에 공급되고 있다. 과잉반응물의 과잉백분율(%)은?

$H_2+Br_2 \rightarrow 2HBr$

① 0.2
② 0.5
③ 25
④ 55

해설

$$\frac{5}{20} \times 100=25\%$$

42 C_2H_4 40kg을 연소시키기 위해 800kg의 공기를 공급하였다. 과잉공기 백분율은 약 몇 %인가?

① 45.2
② 35.2
③ 25.2
④ 12.2

해설

$C_2H_4+3O_2 \rightarrow 2CO_2+2H_2O$
28kg : $3 \times 32kg$
40kg : x
∴ $x=137.14kg$

질소 : 산소=79 : 21(부피비)
질소 : 산소=76.7 : 23.3(질량비)

$137.14kgO_2 \times \frac{100kgAir}{23.3kgO_2}=588.58kgAir$

과잉공기 백분율 $=\frac{800-588.58}{588.58} \times 100=35.9\%$

정답 **37** ② **38** ④ **39** ③ **40** ① **41** ③ **42** ②

43 공기가 질소 79vol%, 산소 21vol%로 이루어져 있다고 가정할 때 70°F, 750mmHg에서 공기의 밀도는 약 얼마인가?

① 1.10g/L   ② 1.14g/L

③ 1.18g/L   ④ 1.22g/L

$$d = \frac{PM_{av}}{RT}$$

$$M_{av} = 0.79 \times 28 + 0.21 \times 32 = 28.84 \text{g/gmol}$$

$$t(℃) = \frac{t(°F) - 32}{1.8} = \frac{70 - 32}{1.8} ≒ 21℃$$

$$d = \frac{\dfrac{750\text{mmHg}}{760\text{mmHg}} \times 28.84\text{g/gmol}}{0.082 \text{L} \cdot \text{atm/mol} \cdot \text{K} \times (273 + 21)\text{K}}$$
$$= 1.18\text{g/L}$$

44 압력 2atm, 부피 1,000L의 기체가 정압하에서 부피가 반으로 줄었다. 이때 작용한 일의 크기는 몇 kcal인가?

① 121.1   ② 24.2

③ 48.4   ④ 96.8

$$W = \int_{V_1}^{V_2} P dV = 2\text{atm} \cdot (1,000 - 500)\text{L}$$
$$= 1,000\text{L} \cdot \text{atm}$$

$$\frac{1,000\text{L} \cdot \text{atm}}{} \left| \frac{1\text{m}^3}{1,000\text{L}} \right| \frac{101.3 \times 10^3 \text{N/m}^2}{1\text{atm}} \left| \frac{\text{J}}{\text{N} \cdot \text{m}} \right| \frac{1\text{cal}}{4.184\text{J}}$$
$$= 24.2 \times 10^3 \text{cal}$$
$$∴ 24.2\text{kcal}$$

45 20℃에서 용액 1L당 NaCl 230g을 함유하고 있는 NaCl 수용액이 있다. 이 온도에서 수용액의 밀도가 1.148g/mL라면 NaCl의 중량%는 약 얼마인가?

① 10   ② 20

③ 30   ④ 40

$$\frac{\text{용액 } 1\text{L}}{} \left| \frac{1.148\text{g}}{\text{mL}} \right| \frac{1,000\text{mL}}{1\text{L}} = 1,148\text{g 수용액}$$

$$∴ \text{NaCl의 중량\%} = \frac{230\text{g}}{1148\text{g}} \times 100 ≒ 20\%$$

46 순수한 FeS_2 20kg을 10%의 과잉공기로 배소(焙燒)시켜 SO_2를 제조하려면 필요한 공기량은 표준상태에서 약 몇 m³인가?(단, 생성물은 Fe_2O_3와 SO_2이며, FeS_2의 분자량은 120이다.)

① 26.7   ② 36.7

③ 43.8   ④ 53.8

$$FeS_2 + \frac{11}{4}O_2 \rightarrow \frac{1}{2}Fe_2O_3 + 2SO_2$$

$$FeS_2 \text{ 20kg} \rightarrow \frac{20,000\text{g}}{120\text{g/mol}} = 166.67\text{mol}$$

$$\text{필요한 } O_2 = 166.67\text{mol} \times \frac{11}{4} = 458.34\text{mol}$$

$$458.34\text{mol} \times \frac{100\text{mol}}{21\text{mol}} = 2,182.6\text{mol Air}$$

10% 과잉공기이므로

$$2,182.6\text{mol Air} \times 1.1 = 2,400\text{mol} = 2.4\text{kmol}$$

$$V = \frac{nRT}{P}$$
$$= \frac{2.4\text{kmol} \times 0.082\text{m}^3 \cdot \text{atm/kmol} \cdot \text{K} \times 273\text{K}}{1\text{atm}}$$
$$= 53.7\text{m}^3$$

47 60℃에서 $NaHCO_3$ 포화수용액 10,000kg이 있다. 이 수용액을 20℃로 냉각하면 약 몇 kg의 $NaHCO_3$가 결정으로 석출되는가?(단, $NaHCO_3$의 용해도는 60℃에서 16.4g $NaHCO_3$/100g H_2O이고, 20℃에서 9.6g $NaHCO_3$/100g H_2O이다.)

① 682   ② 584

③ 485   ④ 276

해설

용매 100g당 $16.4 - 9.6 = 6.8g$ 석출

$NaHCO_3$ 10,000kg 수용액 중 용매의 양

$10,000 - 10,000 \times \dfrac{16.4g}{116.4g} = 8,591.07kg$

$100g : 6.8g = 8591.07kg : x\,kg$ $\therefore x = 584.2kg$

48 이상기체 1몰이 300K에서 100kPa로부터 400kPa로 가역과정으로 등온압축되었다. 이때 작용한 일의 크기를 옳게 나타낸 것은?

① $(1)(8.314)(300)\ln\dfrac{400}{100}\,(J)$

② $(1)(8.314)\left(\dfrac{1}{300}\right)\ln\dfrac{400}{100}\,(J)$

③ $(1)\left(\dfrac{1}{8.314}\right)(300)\ln\dfrac{400}{100}\,(kJ)$

④ $(1)\left(\dfrac{1}{8.314}\right)\left(\dfrac{1}{300}\right)\ln\dfrac{400}{100}\,(kJ)$

해설

$\Delta U = Q + W = 0$

$Q = -W = -\displaystyle\int_{V_1}^{V_2} P\,dV = -nRT\,\ln\dfrac{V_2}{V_1}$

$= -nRT\,\ln\dfrac{P_1}{P_2} = nRT\,\ln\dfrac{P_2}{P_1}$

$= (1mol)(8.314 J/mol \cdot K)(300K)\ln\dfrac{400}{100}$

일의 크기 $= |-W| = W$

49 70℃에서 메탄올의 증기압은 1.14bar이고 에탄올의 증기압은 0.72bar이다. 70℃, 1bar에서 혼합증기와 평형을 이루고 있는 혼합용액 중 에탄올의 몰분율은? (단, 혼합용액은 이상용액으로 간주한다.)

① 0.277

② 0.612

③ 0.667

④ 0.333

해설

$P = P_A x_A + P_B(1 - x_A)$

$1 = 1.14x + 0.72(1 - x)$

$x = 0.667$

$x_E = 1 - 0.667 = 0.333$

50 NaCl 수용액이 15℃에서 포화되어 있다. 이 용액 1kg을 65℃로 가열하면 약 몇 g의 NaCl을 더 용해시킬 수 있는가?(단, 15℃에서의 용해도는 358g/1,000g H_2O이고, 65℃에서의 용해도는 373/1,000g H_2O이다.)

① 7.54

② 11.05

③ 15.05

④ 20.3

해설

NaCl 수용액이 15℃에서 포화되려면

15℃ 1,000g H_2O에 358g NaCl이 용해하면 포화수용액이 된다.

$1,358 : 358g = 1,000g : x$

$\therefore x = 263.62g$ NaCl

15℃ NaCl 포화수용액 1,000g 중 $\left[\begin{array}{l} 263.62g\ NaCl \\ 736.38g\ H_2O \end{array}\right.$

65℃ 1,000g H_2O에 373g NaCl이 용해되므로

$1,000g : 373g = 736.38 : y$

$\therefore y = 274.67g$

$\therefore 274.67g - 263.62g = 11.05g$이 더 녹을 수 있다.

51 NH_3를 다음의 반응에 의해 NO로 산화한다. 시간당 NO 30kg을 생성하기 위하여 30% 과잉산소를 공급할 때 공급산소의 양은 시간당 몇 kg인가?

$4NH_3 + 5O_2 \rightarrow 4NO + 6H_2O$

① 52

② 40

③ 27

④ 20

해설

$4NH_3 + 5O_2 \rightarrow 4NO + 6H_2O$

    $5 \times 32kg$: $4 \times 30kg$

        x :   30kg

$\therefore x = 40kg$

공급산소의 양 : $40kg\ O_2 \times 1.3 = 52kg\ O_2$

$\begin{bmatrix} 03 \end{bmatrix}$ 습도

1. 개요

1) 함수율(건량기준)

건조된 물질 1kg당 수분함량

$$w = \frac{수분량(\mathrm{kgH_2O})}{건조된 \; 물질(\mathrm{kg})} = \frac{W - W_0}{W_0}$$

여기서, W_0 : 완전히 건조된 물질의 양

W : 전체 물질의 양

2) 수분율(습량기준)

$$w = \frac{W - W_0}{W} \frac{(\mathrm{kgH_2O})}{(\mathrm{kg})}$$

3) 습량기준과 건량기준의 수분환산

$$X = \frac{W - W_0}{W} = \frac{W_{\mathrm{H_2O}}}{1 + W_{\mathrm{H_2O}}}$$

$$X = \frac{W_{\mathrm{H_2O}}}{1 + W_{\mathrm{H_2O}}} \times 100\% (건조물질 \; 1\mathrm{kg} \; 기준)$$

여기서, $W_{\mathrm{H_2O}}$: 수분의 양

X : 습량기준 물의 분율 또는 %

$$W_{\mathrm{H_2O}} = \frac{X}{1 - X}, \; W_{\mathrm{H_2O}} = \frac{X}{100 - X}$$

4) 자유함수율 – 제거할 수 있는 수분

$$F = W - W_e$$

여기서, W_e : 평형 함수율

2. 습도(포화도)

1) 절대습도

건조공기 1kg에 존재하는 증기의 양(kg)

$$H = \frac{W_A}{W_B} = \frac{M_A n_A}{M_B n_B} = \frac{18}{29} \frac{p_A}{P - p_A} = \frac{18}{29} \frac{p_v}{P - p_v} \text{(kg H}_2\text{O/kg Dry Air)}$$

2) 포화습도

건조공기 1kg에 존재하는 포화수증기의 양(kg)

$$H_S = \frac{\text{포화증기의 kg 수}}{\text{건조기체의 kg 수}} = \frac{18}{29} \frac{p_S}{P - p_S}$$

여기서, p_S : 혼합물의 온도에서 포화증기압

3) 몰습도

$$H_m = \frac{\text{증기의 분압}}{\text{건조기체의 분압}} = \frac{p_A}{P - p_A}$$

4) 상대습도(관계습도)

$$H_R = \frac{\text{증기의 분압}}{\text{포화증기압}} \times 100 = \frac{p_A}{p_S} \times 100(\%)$$

5) 비교습도

$$H_P = \frac{\text{절대습도}}{\text{포화습도}} \times 100(\%) = \frac{H}{H_S} \times 100 = \frac{\dfrac{18}{29} \dfrac{p_A}{P - p_A}}{\dfrac{18}{29} \dfrac{p_S}{P - p_S}} \times 100$$

$$= \frac{p_A}{p_S} \times \frac{P - p_S}{P - p_A} \times 100(\%) = H_R \times \frac{P - p_S}{P - p_A}$$

$p_s > p_A$ 이므로 $H_P < H_R$ 이다.

즉, H_R(상대습도)가 100%인 경우를 제외하면 $H_P < H_R$ 이다.

80℃, 1atm의 젖은 공기(Wet Gas) 279kg이 있다. 이 중에 수증기 18kg을 함유한다. 다음을 계산하여라.
(단, 80℃ 물의 증기압＝355.3mmHg)
① 절대습도　　② 수증기분압　　③ 상대습도　　④ 비교습도　　⑤ 몰습도

풀이　① 절대습도

$$H = \frac{W_A}{W - W_A} = \frac{18}{279 - 18} = 0.069\text{kg H}_2\text{O/kg Dry Air}$$

② 수증기분압

$$p_A = \left(\frac{18\text{kg} \times \dfrac{1\text{kmol}}{18\text{kg}}}{18 \times \dfrac{1}{18} + (279 - 18) \times \dfrac{1}{29}} \right) \times 1\text{atm} = 0.1\text{atm}$$

↳ 수증기 몰분율

$$n_{\text{H}_2\text{O}} = 18\text{kg} \times \frac{1\text{kmol}}{18\text{kg}} = 1\text{kmol}$$

$$n_{\text{DryAir}} = 261\text{kg} \times \frac{1\text{kmol}}{29\text{kg}} = 9\text{kmol}$$

$$x_{\text{H}_2\text{O}} = \frac{1}{10} = 0.1$$

$$x_{\text{DryAir}} = \frac{9}{10} = 0.9$$

$$\therefore\ p_{\text{H}_2\text{O}} = Px_{\text{H}_2\text{O}} = 1\text{atm} \times 0.1 = 0.1\text{atm}$$

③ 상대습도

$$H_R = \frac{p_A}{p_S} \times 100 = \frac{0.1}{\dfrac{355.3}{760}} \times 100 = 21.4\%$$

④ 비교습도

$$H_P = \frac{H}{H_S} \times 100 = H_R \times \frac{P - p_S}{P - p_A} = 21.4 \times \frac{1 - \dfrac{355.3}{760}}{1 - 0.1} = 12.7\%$$

⑤ 몰습도

$$H_m = \frac{p_A}{P - p_A} = \frac{0.1}{1 - 0.1} = 0.11\text{kmol H}_2\text{O/kmol Dry Air}$$

실전문제

01 아세톤 13mol%를 함유하고 있는 질소의 혼합물이었다. 19℃, 700mmHg에서 이 혼합물의 상대포화도(%)는?(단, 19℃에서 아세톤의 증기압은 182mmHg)

① 13 ② 26
③ 50 ④ 60

▶ 해설

상대습도 $H_R = \dfrac{p_V}{p_S} \times 100\%$

$= \dfrac{700 \times 0.13}{182} \times 100 = 50\%$

02 20℃, 760mmHg에서 상대습도가 75%인 공기의 mol 습도는?(단, 물의 증기압은 20℃에서 17.5mmHg)

① 0.0176 ② 0.0276
③ 0.0376 ④ 0.0476

▶ 해설

$H_R = \dfrac{p_V}{p_S} \times 100 = 75\%$

$\dfrac{p_V}{17.5} = 0.75 \quad \therefore p_V = 13.125 \text{mmHg}$

$H_m = \dfrac{p_V}{P - p_V} = \dfrac{13.125}{760 - 13.125} = 0.0176 \text{mol } H_2O/\text{mol 건조공기}$

03 습윤공기 1mol당 증기가 0.1mol이었다. 절대습도는 얼마인가?

① 0.069 ② 0.1
③ 0.191 ④ 0.2

▶ 해설

$H = \dfrac{18}{29} \times \dfrac{p_V}{P - p_V} = \dfrac{18}{29} \dfrac{0.1}{0.9} = 0.069 \text{kg } H_2O/\text{kg 건조공기}$

04 75℃, 1.1bar, 30% 상대습도를 갖는 습공기가 1,000m³/h로 한 단위공정에 들어갈 때 이 습공기의 비교습도는 약 몇 %인가?(단, 75℃에서 포화증기압은 289mmHg이다.)

① 21.8 ② 22.8
③ 23.4 ④ 24.5

▶ 해설

$H_R = \dfrac{p_V}{p_S} \times 100 = 30\%$

$\dfrac{p_V}{289} = 0.3 \quad \therefore p_V = 86.7 \text{mmHg}$

$H_P = \dfrac{H}{H_S} \times 100 = H_R \times \dfrac{P - p_S}{P - p_V}$

$= 30 \times \dfrac{825.27 - 289}{825.27 - 86.7} = 21.8\%$

$1.1\text{bar} \times \dfrac{760 \text{mmHg}}{1.013 \text{bar}} = 825.27 \text{mmHg}$

05 어느 날 기압이 720.2mmHg인 공기의 상대습도가 60%였을 때 공기 중의 수분함량은 몇 kg H_2O/kg 건조공기인가?(단, 같은 날 기온에서 물의 포화증기압은 25mmHg이다.)

① 0.019 ② 0.013
③ 1.9 ④ 1.3

▶ 해설

$H_R(\text{상대습도}) = \dfrac{p_V}{p_S} \times 100 = \dfrac{p_V}{25} \times 100 = 60\%$

$\therefore p_V = 15 \text{mmHg}$

$H(\text{절대습도}) = \dfrac{18}{29} \times \dfrac{p_V}{P - p_V} = \dfrac{18}{29} \times \dfrac{15}{720.2 - 15}$

$= 0.013 \text{kg } H_2O/\text{kg 건조공기}$

정답 **01** ③ **02** ① **03** ① **04** ① **05** ②

06 29.5℃에서 물의 증기압은 0.04bar이다. 29.5℃, 1.0bar에서 공기의 상대습도가 70%일 때 절대습도를 구하는 식은?(단, 절대습도의 단위는 kgH$_2$O/kg 건조공기이며 공기의 분자량은 29이다.)

① $\dfrac{(0.028)(18)}{(1.0-0.028)(29)}$

② $\dfrac{(1-0.028)(29)}{(0.028)(18)}$

③ $\dfrac{(0.028)(18)}{(1.0-0.04)(29)}$

④ $\dfrac{(0.04)(29)}{(1.0-0.04)(18)}$

해설

$p_S = 0.04\text{bar}$

$H_R = \dfrac{p_V}{p_S} \times 100\%$

$\dfrac{p_V}{0.04} \times 100 = 70(\%) \rightarrow p_V = 0.028$

$H = \dfrac{18}{29} \times \dfrac{p_V}{P-p_V} = \dfrac{18}{29} \times \dfrac{0.028}{1-0.028}$

07 30℃, 760mmHg에서 공기의 수증기압이 25mmHg이고, 이 온도에서 포화수증기압은 0.0433kg$_f$/cm^{2}이다. 이때 상대습도는 약 몇 %인가?

① 71.6

② 78.5

③ 87.4

④ 92.7

해설

$H_R = \dfrac{p_V}{p_S} \times 100$

$= \dfrac{25\,\text{mmHg}}{0.0433 \times \dfrac{760}{1.0336}} \times 100 = 78.5\%$

08 14.8vol%의 아세톤을 함유하는 질소 혼합기체가 20℃, 745mmHg하에 있다. 비교습도는 약 얼마인가?(단, 20℃에서 아세톤의 포화증기압은 184.8mmHg이다.)

① 92%

② 88%

③ 53%

④ 20%

해설

$p_V = 745 \times 0.148 = 110.26$

$H_P = \dfrac{P-p_S}{P-p_V} \times \dfrac{p_V}{p_S} \times 100$

$= \dfrac{745-184.8}{745-110.26} \times \dfrac{110.26}{184.8} \times 100 = 52.56\%$

09 습윤공기 1atm, 20℃에서의 수증기의 분압이 5.25mmHg일 때 비교습도(Percentage Humidity)는 얼마인가?(단, 20℃에서의 포화증기압은 17.5mmHg이다.)

① 42.8%

② 35.5%

③ 30.0%

④ 29.5%

해설

$p_V = 5.25\text{mmHg}, \ p_S = 17.5\text{mmHg}$

$H_P = \dfrac{P-p_S}{P-p_V} \times \dfrac{p_V}{p_S} \times 100$

$= \dfrac{760-17.5}{760-5.25} \times \dfrac{5.25}{17.5} \times 100 = 29.5\%$

10 상대습도가 85%이고 대기압이 750mmHg이며 기온이 30℃일 때 절대습도는 얼마인가?(단, 30℃에서 수증기의 포화증기압=31.8mmHg)

① 0.0116kg H$_2$O/kg 건조공기

② 0.0157kg H$_2$O/kg 건조공기

③ 0.0204kg H$_2$O/kg 건조공기

④ 0.0232kg H$_2$O/kg 건조공기

해설

$H_R = \dfrac{p_V}{p_S} \times 100 = \dfrac{p_V}{31.8} \times 100 = 85\%$

$\therefore \ p_V = 27.03\text{mmHg}$

$H = \dfrac{18}{29} \dfrac{p_V}{P-p_V} = \dfrac{18}{29} \cdot \dfrac{27.03}{750-27.03}$

$= 0.0232\text{kg H}_2\text{O/kg 건조공기}$

11 30℃, 742mmHg에서 수증기로 포화된 H_2 가스가 2,300cm³의 용기 속에 들어 있다. 30℃, 742mmHg에서 순 H_2 가스의 용적은 약 몇 cm³인가?(단, 30℃에서 포화수증기압은 32mmHg이다.)

① 2,200
② 2,090
③ 1,880
④ 1,170

$P = P_{H_2} + P_{H_2O}$

$742\text{mmHg} = P_{H_2} + 32$

$\therefore P_{H_2} = 742 - 32 = 710\text{mmHg}$

$y_{H_2} = \dfrac{P_{H_2}}{P} = \dfrac{710}{742} = 0.957$

몰% = 압력% = 부피%
몰분율 = 압력분율 = 부피분율

$V_{H_2} = 2,300\text{cm}^3 \times y_{H_2} = 2,300\text{cm}^3 \times 0.957$
$\qquad = 2,201.1\text{cm}^3$

12 불포화 상태 공기의 상대습도 H_R와 비교습도 H_P의 관계를 옳게 나타낸 것은?(단, 습도가 0%, 100%인 경우 제외)

① $H_P = H_R$
② $H_P > H_R$
③ $H_P < H_R$
④ $H_P + H_R = 0$

해설

$H_P = \dfrac{H}{H_S} \times 100(\%) = \left(\dfrac{P - p_S}{P - p_V}\right) \times H_R$

$p_S > p_V$이므로 $H_P < H_R$이 된다.

13 20℃, 730mmHg에서 상대습도가 75%인 공기가 있다. 공기의 mol 습도는?(단, 20℃에서 물의 증기압은 17.5mmHg이다.)

① 0.0012
② 0.0076
③ 0.00183
④ 0.00375

$H_R = \dfrac{p_V}{17.5} \times 100 = 75\% \quad \therefore p = 13.13$

$H_m = \dfrac{p_V}{P - p_V} = \dfrac{13.13}{730 - 13.13}$
$\qquad = 0.0183\text{mol H}_2\text{O/mol Dry Air}$

14 불포화 상태와 포화 상태에 대한 설명 중 옳은 것은?

① 포화 상태에서 건구온도와 습구온도가 다르다.
② 불포화 상태에서 습구온도가 건구온도보다 크다.
③ 포화 상태의 상대습도는 1이다.
④ 이슬은 불포화 상태에서 생긴다.

해설

① 포화 상태 : 건구온도 = 습구온도
② 불포화 상태 : 건구온도 > 습구온도
③ 포화 상태에서의 상대습도

$\quad H_R = \dfrac{p_v}{p_s} \times 100 = \dfrac{p_s}{p_s} \times 100\% = 100\%\,(1이다.)$

④ 이슬은 포화 상태에서 생긴다.

15 어느 날 기압이 720.2mmHg인 공기의 상대습도가 60%였을 때 공기 중의 수분함량은 몇 kg H_2O/kg 건조공기인가?(단, 같은 날의 기온에서 물의 포화증기압은 25mmHg이다.)

① 0.019
② 0.013
③ 1.9
④ 1.3

해설

$H_R\,(상대습도) = \dfrac{p_V}{p_s} \times 100 = 60\%$

$\therefore p_v = 0.6 \times 25 = 15\text{mmHg}$

$H\,(절대습도) = \dfrac{18}{29} \times \dfrac{p_V}{P - p_V}$
$\qquad\qquad = \dfrac{18}{19} \times \dfrac{15}{720.2 - 15}$
$\qquad\qquad = 0.0132$

11 ① **12** ③ **13** ③ **14** ③ **15** ②

[04] 물질수지

1. 기본법칙 – 질량 보존의 법칙

1) 물질수지식

> Input − Consumption + Generation − Output = Accumulation
> 입량 − 소모량 + 생성량 − 출량 = 축적량

2) 물질수지 문제 풀이 요령

Exercise 01

8% 식염수와 5% 식염수를 혼합해서 6% 식염수 100g을 만들려면 각각 몇 g의 식염수가 필요한가?

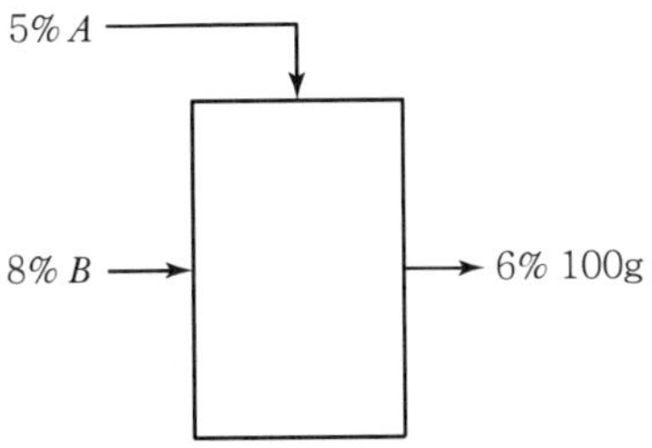

풀이 ① 문제를 이해하고 그림을 그린다.
② 입량, 출량을 적는다.
③ 농도(%, Fraction)나 질량(%, Fraction)을 적는다.
④ 화학반응식(반응이 일어나는 경우)을 적는다.
⑤ 대응성분(Tie Element)을 정하고 물질수지식을 세워서 푼다.

물질수지 식) ㉠ A + B = 100

㉡ $\dfrac{5}{100} \times A + \dfrac{8}{100} \times B = \dfrac{6}{100} \times 100$

$0.05A + 0.08B = 6$

㉠, ㉡으로부터 방정식을 풀면 A = 66.7g, B = 33.3g이 나온다.

(그림: 5% A → / 8% B → □ → 6% 100g)

---

2. 공정

1) 조건에 의한 분류

(1) 정상 공정
① 계의 어느 한 지점에서 조건(온도, 압력)이 시간에 따라 변하지 않는 공정
② 축적량이 0인 공정

(2) 비정상 공정
조건이 시간에 따라 변하는 공정

2) 조작에 의한 분류

(1) 회분식(Batch) 공정

반응물질을 용기 내에 넣어 물리적 · 화학적 변화를 일으킨 다음 생성물을 모두 회수한 후 다시 시작하는 공정을 말한다.

(2) 연속식 공정

원료가 연속적으로 계에 공급되며 동시에 제품이 연속적으로 나오도록 된 공정

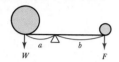
3. 지렛대 법칙

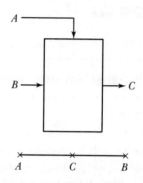

A와 B의 흐름이 C가 될 때 양적인 관계는 다음과 같다.

$$\frac{A}{B} = \frac{\overline{BC}}{\overline{AC}}, \ \frac{A}{C} = \frac{\overline{BC}}{\overline{AB}}, \ \frac{C}{B} = \frac{\overline{AB}}{\overline{AC}}$$

4. 분류와 순환

1) 분류(Bypass)

흐름의 일부가 공정을 거치지 않고 나온 흐름과 합하여 나가는 조작

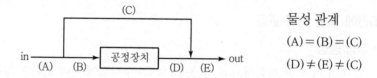

물성 관계

(A) = (B) = (C)

(D) ≠ (E) ≠ (C)

2) 순환(Recycle)

공정을 거쳐 나온 흐름의 일부를 다시 되돌아가게 하여 공정으로 들어가는 흐름에 결합하여 공정에 들어가는 조작

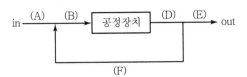

$(A) \neq (B) \neq (F)$

$(D) = (E) = (F)$

5. 증발과 증류 ▦▦▦

1) 증발

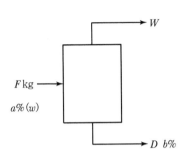

$F = W + D$

$\dfrac{a}{100} \times F = (F - W) \times \dfrac{b}{100}$

$aF = bF - bW$

$(b - a)F = bW$

$$\therefore \quad W = \left(1 - \dfrac{a}{b}\right)F\,(\text{kg})$$

Exercise **02**

20% 비휘발성 물질을 35%로 농축하려고 한다. 농축액 1,000kg/h당 증발량은?

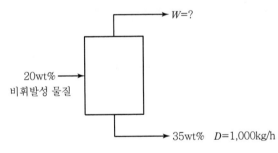

🔍 **풀이** $0.2 \times F = 0.35 \times 1{,}000\text{kg/h}$

    $\therefore \ F = 1{,}750\text{kg/h}$

    $W = 750\text{kg/h}$

[별해]

$W = \left(1 - \dfrac{20}{35}\right) \times 1{,}750 = 750\text{kg/h}$

cf 대응성분(Tie Component)

이 문제에서 비휘발성 물질이 대응성분이므로, 비휘발성 물질에 대한 물질수지식을 세우면 간략하다.

$0.2F = 1{,}000 \times 0.35$

2) 증류

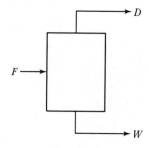

$$F = D + W$$
$$Fx_F = Dx_D + Wx_W$$
$$x_F(D + W) = Dx_D + Wx_W$$
$$(x_F - x_W)W = (x_D - x_F)D$$
$$\therefore \frac{W}{D} = \frac{x_D - x_F}{x_F - x_W}$$

Exercise **03**

n−pentane 70%와 iso−pentane 30%의 혼합물을 100kg/h로 공급하여 탑상제품 iso−pentane 90%와
탑저제품 n−pentane 90%을 얻고자 한다. Bypass되는 양은 얼마인가?

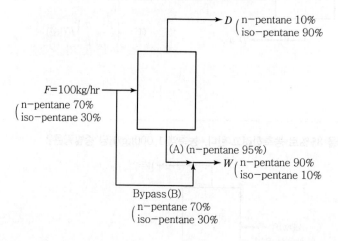

🔑 **풀이** Basis) $F = 100$kg/h

• 총괄물질수지(Overall Balance)

$F = D + W = 100$

n−pentane Balance

$0.7 \times F = 0.1 \times D + 0.9 \times W$

$0.7 \times 100 = 0.1 \times D + 0.9(100 - D)$

$\therefore D = 25$kg/h, $W = 75$kg/h

• A지점에서 n−pentane Balance

$A + B = W = 75$kg/h

$0.95 \times A + 0.7 \times B = 75 \times 0.9$

$0.95 \times (75 - B) + 0.7 \times B = 67.5$

$\therefore B = 15$kg/h

Exercise 04 ■■■

Benzene과 Toluene은 90℃에서 포화증기압이 각각 1,023mmHg, 406mmHg이다. 이 온도에서 기액평형에 있는 벤젠의 액상, 기상 몰분율을 구하여라. (단, 전압은 760mmHg이다.)

풀이 x_B : 액상에서 벤젠의 몰분율

y_B : 기상에서 벤젠의 몰분율

Raoult's Law이 성립하면
벤젠, 톨루엔의 분압은 각각 $p_B = P_B x_B$, $p_T = P_T(1 - x_B)$가 된다.

Dalton's Law
$P = p_B + p_T$

$760 \text{mmHg} = 1,023 \times x_B + 406(1 - x_B)$

$\therefore x_B = 0.574 \quad x_T = 0.426$

$\therefore p_B = P y_B$

$y_B = \dfrac{p_B}{P} = \dfrac{1,023 \times 0.574}{760} = 0.773$

Exercise 05 ■■■

에틸렌 20kg을 400kg의 공기로 연소하고 44kg의 이산화탄소와 12kg의 CO를 얻었다. 과잉공기는 몇 %인가?

풀이 Basis) C_2H_4 20kg

$C_2H_4 + 3O_2 \longrightarrow 2CO_2 + 2H_2O$

28kg   3kmol

20kg $x = \dfrac{20 \times 3}{28} = 2.14 \text{kmol}$

공급한 산소 $400 \text{kg Air} \times \dfrac{1 \text{kmol Air}}{29 \text{kg Air}} \times \dfrac{21 \text{kmol O}_2}{100 \text{kmol Air}} = 2.9 \text{kmol O}_2$

과잉공기 $\% = \dfrac{\text{과잉량}}{\text{이론량}} \times 100 = \dfrac{2.9 - 2.14}{2.14} \times 100 = 35.5\%$

cf 이론공기량은 완전연소에 필요한 공기의 양이다.

Exercise 06 ■■■

55%의 수분을 함유한 젖은 펄프가 있다. 이것을 건조기에 통과시켜 원래 수분의 25%를 탈수시켰다. 건조된 펄프의 조성은 젖은 펄프를 기준으로 얼마나 되는가?

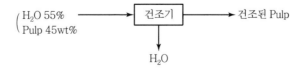

풀이 Basis) Wet Pulp : 100kg

대응성분 : Pulp

100kg
H₂O 55kg
Pulp 45kg

$\longrightarrow$ 건조기 $\longrightarrow$ Pulp 45kg
H₂O x=41.25kg

$\downarrow$
H₂O
55kg×0.25 =13.75kg

$55kg \times 0.25 = 13.75kg$

x = 남은 수분량 = $55 - 13.75 = 41.25kg$

$\therefore$ Pulp의 조성(Wet 기준) = $\dfrac{45}{45+41.25} \times 100 = 52.17\%$

수분율(%) = $\dfrac{41.25}{45+41.25} \times 100 = 47.83\%$

함수율 = $\dfrac{41.25}{45} = 0.917 kgH_2O/kg$ 건조 Pulp

수분율 = $\dfrac{41.25}{45+41.25} = 0.4783 kgH_2O/kg$ Wet Pulp

0.4783kgH₂O/kg Wet Pulp

6. 유속

질량유속 : $\dot{m} = \dfrac{질량}{시간}$ 부피유속 : $\dot{V} = \dfrac{부피}{시간}$

$\therefore \rho = \dfrac{\dot{m}}{\dot{V}} = \dfrac{m}{V}$

Reference

연속정리 ▣▣▣

질량보존의 법칙에 의해

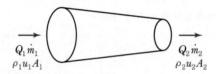

$Q_1 \dot{m}_1$
$\rho_1 u_1 A_1$

$Q_2 \dot{m}_2$
$\rho_2 u_2 A_2$

㉠ $\dot{m} = w = \rho_1 u_1 A_1 = \rho_2 u_2 A_2$

$G_1 A_1 = G_2 A_2$

$\rho_1 Q_1 = \rho_2 Q_2$

㉡ $\rho_1 = \rho_2$ 라면

$u_1 A_1 = u_2 A_2 (u_1 D_1^2 = u_2 D_2^2)$

$\therefore Q_1 = Q_2 (\dot{V}_1 = \dot{V}_2)$

Exercise 07 ▪▪▪

20m 파이프 속 유체의 유속이 3m/s이면 30m 파이프 속의 유속은 얼마인가?

풀이 $u_1 A_1 = u_2 A_2$

$$\frac{u_1}{u_2} = \frac{A_2}{A_1} = \frac{\frac{\pi}{4} D_2^{\ 2}}{\frac{\pi}{4} D_1^{\ 2}}$$

$$\therefore \ u_2 = u_1 \left(\frac{D_1}{D_2}\right)^2$$

$$u_2 = 3\text{m/s} \times \left(\frac{20}{30}\right)^2 = \frac{4}{3}\text{m/s}$$

Exercise 08

원관을 사용하여 비중 0.88인 기름을 매시간 2,000kg씩 흘려보내려고 한다. 평균유속을 약 1m/s로 하려면 관의 지름을 몇 m로 하면 되겠는가?

풀이 $\dot{m} = \rho u A = \rho Q = GA$

$$A = \frac{\dot{m}}{\rho u} = \frac{2{,}000\text{kg/h}}{(0.88 \times 1{,}000\text{kg/m}^3)(1\text{m/s})(3{,}600\sec/1\text{h})} = 0.000632\text{m}^2$$

$$A = \frac{\pi}{4} D^2$$

$$D = \sqrt{\frac{4A}{\pi}} = \sqrt{\frac{4 \times 0.000632}{\pi}} = 0.0284\text{m}$$

Exercise 09 ▪▪▪

산소 함량이 9ppm인 보일러 공급수 2,000ton이 있다. $Na_2SO_3(MW = 126)$를 가하여 공급수 중의 산소를 제거하려고 한다. $2Na_2SO_3 + O_2 \rightarrow 2Na_2SO_4$와 같이 진행된다고 할 때 공급수 중의 산소 제거에 필요한 순도 80%의 Na_2SO_3의 양은 얼마인가?

풀이 $2Na_2SO_3 + O_2 \rightarrow 2Na_2SO_4$

2×126 32

x $2{,}000 \times 10^3\text{kg} \times 9 \times 10^{-6}$

$$\therefore \ x = \frac{2 \times 126 \times 2{,}000 \times 10^3 \times 9 \times 10^{-6}}{32} = 141.75\text{kg}$$

순도 80%이므로 $\dfrac{141.75}{0.8} = 177.2\text{kg}$

실전문제

01 다음 그림과 같은 순환조작에서 각 흐름의 질량관계를 옳지 않게 나타낸 것은?

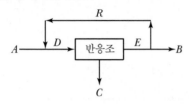

① $D = B + C$ ② $A + R = D$

③ $A + R = E + C$ ④ $E = R + B$

해설

환류

• 질량관계

  $A + R = D$

  $E = R + B$

  $A = B + C$

• 조성관계

  $E = R = B$

02 그림과 같은 증류장치에서는 원료액(F) 100kg당 몇 kg의 증류액(D)을 얻을 수 있는가?

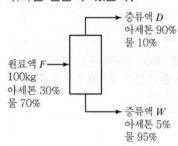

① 29.41   ② 34.52

③ 70.63   ④ 90.04

해설

$F = D + W$

$100 = D + W$

$Fx_F = Dy + Wx_W$

$100 \times 0.3 = D \times 0.9 + (100 - D) \times 0.05$

$\therefore D = 29.41kg$

03 1,000kg/h의 유속으로 각각 50wt% 벤젠과 톨루엔의 혼합용액이 유입하여 벤젠은 상층에서 450kg/h, 톨루엔은 하층에서 475kg/h로 분리되고 있다. 상층에 섞여 있는 톨루엔(q_1)과 하층에 섞여 있는 벤젠(q_2)은 각각 몇 kg/h인가?

① $q_1 = 25, q_2 = 50$ ② $q_1 = 50, q_2 = 25$

③ $q_1 = 25, q_2 = 75$ ④ $q_1 = 75, q_2 = 25$

해설

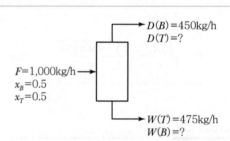

$F(B) = 1,000kg/h \times 0.5 = 500kg/h$

$F(B) = D(B) + W(B)$

$500kg/h = 450kg/h + W(B)$

$\therefore W(B) = 50kg/h = q_2$

$F(T) = D(T) + W(T)$

$500kg/h = D(T) + 475kg/h$

$\therefore D(T) = 25kg/h = q_1$

04 30℃, 1atm의 건조한 공기가 일정한 속도로 관속을 흐르고 있다. 건조공기의 유량을 조사하기 위해 매분 5kg의 속도로 NH_3 가스를 넣으면 혼합되어 나가는 기체의 분석결과는 다음 그림과 같이 나타낼 수 있다. 이때 건조공기는 몇 m^3/min의 속도로 흐르겠는가?(단, 혼합기체의 비율은 mol%로 나타낸다.)

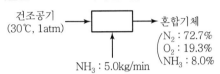

건조공기
(30℃, 1atm) → □ → 혼합기체
$\begin{pmatrix} N_2 : 72.7\% \\ O_2 : 19.3\% \\ NH_3 : 8.0\% \end{pmatrix}$

$NH_3 : 5.0kg/min$

① 54   ② 64
③ 74   ④ 84

해설

NH_3 질량유량 → 부피유량

$$\frac{5kg}{min} \left| \frac{1kgmol}{17kg} \right| \frac{22.4m^3}{1kgmol} \left| \frac{303K}{273K} \right. = 7.31m^3/min$$

NH_3 성분에 대한 물질수지식
혼합기체를 x라 하면
$7.31m^3/min = x \times 0.08$ ∴ $x = 91.4m^3/min$
건조공기 $= 91.4 \times 0.92 = 84.09m^3/min$

05 15wt% 황산용액에 80wt% 황산용액 100kg을 혼합했더니 20wt% 황산용액이 되었다면 15wt% 황산용액의 무게는?

① 1,100kg   ② 1,200kg
③ 1,300kg   ④ 1,400kg

해설

$0.15 \times x + 0.8 \times 100 = 0.2 \times (x + 100)$
$0.05x = 60$
∴ $x = 1,200kg$

06 H_2SO_4 15%인 폐산에 90% 농황산을 가하여 45%의 산 1,500kg을 만들려고 한다. 폐산 몇 kg에 농황산 몇 kg을 혼합해야하는가?

① 750kg 폐산, 750kg 농황산
② 850kg 폐산, 650kg 농황산

③ 600kg 폐산, 900kg 농황산
④ 900kg 폐산, 600kg 농황산

해설

폐산을 x라 하면
$0.15 \times x + 0.9(1,500 - x) = 0.45 \times 1,500$
∴ $x = 900kg$
농황산 $= 1,500 - 900 = 600kg$

07 보일러에 Na_2SO_3를 가하여 공급수 중의 산소를 제거한다. 보일러 공급수 100톤에 산소함량이 4ppm일 때 이 산소를 제거하는 데 필요한 Na_2SO_3의 이론량(kg)은?

① 3.15   ② 4.15
③ 5.15   ④ 6.15

해설

산소의 양 $100,000kg \times \dfrac{4}{10^6} = 0.4kg$

$$Na_2SO_3 + \frac{1}{2}O_2 \rightarrow Na_2SO_4$$

$x$kg : 0.4kg
126kg : 16kg
∴ $x = 3.15kg$

08 펄프를 건조기 속에 넣어 수분을 증발시키는 공정이 있다. 이때 펄프가 70wt%의 수분을 포함하고 건조기에서 100kg의 수분을 증발시켜 수분 30wt%의 펄프가 되었다면 원래의 펄프 무게는 몇 kg인가?

① 125   ② 150
③ 175   ④ 200

해설

Basis : 대응성분 = Pulp
$F \times 0.3 = D \times 0.7$
$F \times 0.3 = (F - 100) \times 0.7$
$F = 175kg$

W
100kg
H_2O

F
pulp
H_2O 70wt%
pulp 30wt%

건조기

D
pulp
H_2O 30%

09 메탄올 42mol%, 물 58mol%의 혼합액 100mol을 증류하여 메탄올 96mol%의 유출액과 메탄올 6mol%의 관출액으로 분리하였다. 유출액을 통한 메탄올의 회수율은?

① 0.615 ② 0.713
③ 0.864 ④ 0.914

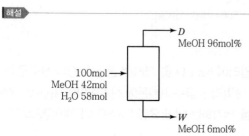

$$100 = D + W$$
$$100 \times 0.42 = D \times 0.96 + (100 - D) \times 0.06$$
$$\therefore D = 40\text{mol}$$
$$\text{회수율} = \frac{40 \times 0.96}{42} = 0.914$$

10 600ppm의 소금이 함유된 염수를 증발시켜 얻은 수증기를 냉각해서 관개용수로 쓰고자 한다. 관개용수는 소금 48ppm까지 허용되기 때문에 다음 그림과 같이 염수의 일부를 분류(Bypass)시킨다. 생산되는 관개용수에 대하여 분류되는 염수의 분율(Fraction)은 얼마인가?

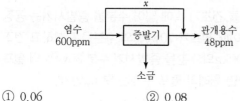

① 0.06 ② 0.08
③ 0.10 ④ 0.13

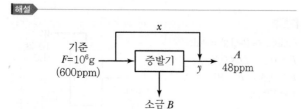

$$F = A + B$$

• 소금의 물질수지
$$10^6 \times \frac{600}{10^6} = A \times \frac{48}{10^6} + (10^6 - A)$$

$$A = 999,448\text{g}$$
$$B = 552\text{g}$$

• y지점에서의 물질수지
$$x \times \frac{600}{10^6} = A \times \frac{48}{10^6} = 999,448\text{g} \times \frac{48}{10^6}$$
$$\therefore x = 79,955.84\text{g}$$

• 분류되는 염수의 분율 $= \frac{x}{F} = \frac{79,955.84\text{g}}{10^6\text{g}} = 0.08$

[별해]
y에서 물질수지 48ppm A의 양을 1이라 하면
$$600 \times x = 48 \times 1$$
$$\therefore x = 0.08$$

11 500mL의 플라스크에 4g의 N_2O_4를 넣고 50℃에서 해리시켜 평형에 도달하였을 때의 전압이 3.63atm이었다. 이때 해리도는 약 몇 %인가?(단, 반응식 : $N_2O_4 \rightarrow 2NO_2$)

① 28.5 ② 37.5
③ 47.5 ④ 57.5

$$N_2O_4 \rightarrow 2NO_2$$
$$N_2O_4 \ 4\text{g} \times \frac{1\text{mol}}{92\text{g}} = 0.0435\text{mol}$$

반응 후 총몰수 : $n = \dfrac{PV}{RT} = \dfrac{3.63\text{atm} \times 0.5\text{L}}{0.082 \times 323\text{K}} = 0.0685$

$$
\begin{array}{ccc}
N_2O_4 & \rightarrow & 2NO_2 \\
0.0435 & & 0 \\
-\alpha & & +2\alpha \\
\hline
\end{array}
$$
$$(0.0435 - \alpha) + 2\alpha = 0.0685$$
$$\therefore \alpha = 0.025$$

※ 해리도 $= \dfrac{\text{해리된 양}}{\text{처음의 양}} \times 100 = \dfrac{0.025}{0.0435} \times 100 = 57.5\%$

12 그림과 같은 순환조작에서 A, B, C, D, E의 각 흐름의 조성관계를 옳게 나타낸 것은?

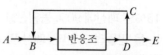

① $A = B = C$ ② $C = D = E$
③ $A = B = D$ ④ $A = D = E$

순환(조성관계)

$D = C = E$

13 50wt% 수분을 함유한 목재를 수분함량이 5%가 되도록 건조하려고 한다. 원목재 1kg당 증발된 물의 양은 얼마인가?

① 174g

② 274g

③ 374g

④ 474g

해설

Basis : 습목재 1kg

Tie Element(대응성분) : 목재

$0.5 \times 1 = D \times 0.95$ ∴ $D = 0.526kg$

증발된 물의 양 $W = 1 - D = 1 - 0.526 = 0.474kg$

∴ 원목재 1kg당 증발된 물의 양 $= 474g$

14 다음 그림과 같이 데이터가 증류탑에 대해 주어졌을 때 유출물에 대한 환류비[Reflux Ratio$\left(\dfrac{R}{D}\right)$]는 얼마인가?(단, 탑정의 흐름, 유출물, 환류액의 조성은 같다.)

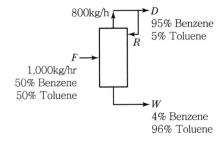

① 0.583

② 0.779

③ 0.856

④ 0.978

해설

$800kg/h = D + R$

$1,000kg/h = D + W$

$1,000 \times 0.5 = D \times 0.95 + (1,000 - D) \times 0.04$

$D = 505.5$

∴ $R = 800 - D = 294.5$

환류비 $\dfrac{R}{D} = \dfrac{294.5}{505.5} = 0.583$

15 다음 그림과 같은 습윤공기의 흐름이 있다. A공기 100kg당 B공기 몇 kg을 섞어야겠는가?

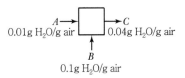

① 200

② 100

③ 60

④ 50

해설

$100kg + B = C$

$100kg \times 0.01 + B \times 0.1 = 0.04 \times C$

∴ $B = 50kg$

16 질량분율 X_F의 유입량 F가 계로 유입되어 질량분율 X_L의 배출량 L과 질량분율 X_V의 배출량 V가 계를 떠날 때 직각 삼각형에서 표시될 수 있는 지렛대의 원리에 적합하지 않은 것은?

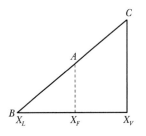

① $\dfrac{F}{V} = \dfrac{\overline{AB}}{\overline{AC}}$

② $\dfrac{L}{V} = \dfrac{\overline{AC}}{\overline{AB}}$

③ $\dfrac{L}{F} = \dfrac{\overline{AC}}{\overline{BC}}$

④ $\dfrac{V}{F} = \dfrac{\overline{AB}}{\overline{BC}}$

해설

$\dfrac{F}{V} = \dfrac{\overline{BC}}{\overline{AB}}$

17 2wt% NaOH 수용액을 10wt% NaOH 수용액으로 농축하기 위해 농축 증발관에 2wt% NaOH 수용액을 1,000kg/h 공급하면 시간당 증발되는 수분의 양은 몇 kg인가?

① 200   ② 400
③ 600   ④ 800

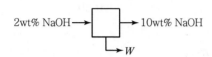

$$1,000\text{kg/h} \times 0.02 = x\,\text{kg/h} \times 0.1$$
$$x = 200$$
$$\therefore\ W = 1,000 - 200 = 800\text{kg/h}$$

[별해] $W = F\left(1 - \dfrac{a}{b}\right) = 1,000\text{kg/h}\left(1 - \dfrac{2}{10}\right) = 800\text{kg/h}$

18 82℃에서 벤젠의 증기압은 811mmHg, 톨루엔의 증기압은 314mmHg이다. 벤젠 25mol%와 톨루엔 75mol%를 82℃에서 증발시키면 평형상태의 증기중에서 톨루엔의 몰분율은 약 얼마인가?(단, 라울의 법칙이 성립한다고 본다.)

① 0.39   ② 0.49
③ 0.54   ④ 0.65

$$P_B{}^* = 811\text{mmHg}, \quad P_T{}^* = 314\text{mmHg}$$
$$P = P_B{}^* \cdot x_B + P_T{}^*\left(1 - x_B\right)$$
$$= 811 \times 0.25 + 314 \times 0.75 = 438.25\text{mmHg}$$

$$P_T = P_T{}^* \cdot x_T = P \cdot y_T \text{ 이므로}$$

$$\therefore\ y_T = \frac{P_T{}^* x_T}{P} = \frac{314 \times 0.75}{438.25} = 0.537$$

19 수분 37wt%를 함유한 목재 1kg을 수분함량 10wt%가 되도록 건조하려면 약 몇 kg의 물을 증발시켜야 하는가?

① 0.18   ② 0.27
③ 0.30   ④ 0.40

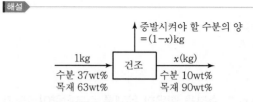

$$1\text{kg} \times 0.63 = x \times 0.9, \quad x = 0.7$$
$$\therefore\ \text{증발시켜야 할 수분의 양} = 1 - x = 0.3\text{kg}$$

[별해] $W = F\left(1 - \dfrac{a}{b}\right) = 1\text{kg}\left(1 - \dfrac{0.63}{0.9}\right) = 0.3\text{kg}$

20 연속 정류탑에 의하여 알코올을 정류한다. 알코올 농도는 Feed에서 35wt%, 탑상 유출물에서는 85wt%, 탑저에서는 5wt%로 분류된다면, Feed 1kg당 탑상 유출물은 몇 kg인가?

① 0.215   ② 0.375
③ 0.450   ④ 0.530

$$F = D + W$$
$$1 = D + W$$
$$Fx_F = Dx_D + Wx_W$$
$$1 \times 0.35 = D \times 0.85 + (1 - D) \times 0.05$$
$$\therefore\ D = 0.375$$

21 50mol%의 알코올 수용액 10mol을 증류하여 95mol%의 알코올 용액 x(mol)과 5mol%의 알코올 수용액 y(mol)로 분리한다면 x와 y는 각각 얼마인가?

① $x = 5,\ y = 5$
② $x = 9,\ y = 1$
③ $x = 9.5,\ y = 0.5$
④ $x = 0.5,\ y = 9.5$

$$10\text{mol} = x + y$$
$$10 \times 0.5 = x \times 0.95 + 0.05 \times (10 - x)$$

22 내경 5cm의 파이프에 비중 1.2인 원유가 3.5m/s의 속도로 흐를 때 단위면적당 질량속도는 몇 $kg/m^2 \cdot s$ 인가?

① 1,336   ② 2,356

③ 3,150   ④ 4,200

해설

$\dot{m} = \rho \bar{u} A = GA$ 이므로

$G = \rho \bar{u} = 1.2 \times 10^3 kg/m^3 \times 3.5 m/s = 4,200 kg/m^2 \cdot s$

23 계의 축적량이 없는 공정을 무엇이라고 하는가?

① 회분 공정(Batch Process)

② 연속 공정(Continuous Process)

③ 정상 공정(Steady State Process)

④ 비정상 공정(Unsteady State Process)

해설

① 회분식 공정 : 반응물질을 용기 내에 넣어 반응시킨 다음 생성물을 모두 회수한 후 다시 시작하는 공정

② 연속식 공정 : 원료가 연속적으로 계에 공급되며 동시에 제품이 연속적으로 나오도록 된 공정

③ 정상 공정 : 계의 어느 한 지점에서 조건(온도, 압력)이 시간에 따라 변하지 않는 공정, 축적량이 0인 공정

④ 비정상 공정 : 조건이 시간에 따라 변하는 공정

24 2kmol의 탄소를 모두 연소시켜 CO_2를 생성하였으나 일부를 불완전연소를 하여 CO가 되었다. 생성 가스의 분석결과 CO_2가 1.5kmol이었을 때 CO의 양은 몇 kg인가?

① 14   ② 24

③ 42   ④ 66

해설

	$C + O_2 \rightarrow CO_2$		$C + \frac{1}{2}O_2 \rightarrow CO$	
반응 전)	2kmol	0	0.5kmol	0
반응 후)	−1.5kmol	+1.5kmol	−0.5kmol	+0.5kmol

0.5kmol이 불완전연소

CO 0.5kmol이 생성되었으므로

질량은 $0.5 kmol \times \dfrac{28kg}{1kmol} = 14kg$ 이 된다.

25 포스겐가스를 만들기 위하여 CO 가스 1.2몰과 Cl_2 가스 1몰을 다음 반응식과 같이 촉매하에서 반응시킬 때 전환율이 90%라면 반응 후 총 몰수는 몇 mol인가?

$$CO(g) + Cl_2(g) \rightarrow COCl_2(g)$$

① 1.1   ② 1.2

③ 1.3   ④ 1.4

해설

	$CO(g)$	+	$Cl_2(g)$	$\rightarrow$	$COCl_2(g)$
반응 전)	1.2mol		1mol		0
반응 후)	−0.9mol		−0.9mol		+0.9mol
	0.3mol		0.1mol		0.9mol

∴ 반응 후 총몰수 = 0.3 + 0.1 + 0.9 = 1.3mol

26 유체가 유로의 확대된 부분을 정상상태로 흐를 때 변화하지 않는 것은?

① 유량   ② 유속

③ 압력   ④ 유동단면적

해설

$\dot{m} = \rho u A$

$\rho_1 u_1 A_1 = \rho_2 u_2 A_2$

• 질량 $\dot{m}$ 은 변화하지 않는다. $\dot{m_1} = \dot{m_2}$

• 유로가 확대되면 유속은 줄어든다. (직경의 제곱에 반비례)

27 농도가 5%인 소금수용액 1kg을 1%인 소금수용액으로 희석하여 3%인 소금수용액을 만들고자 할 때 필요한 1% 소금수용액의 질량은 몇 kg인가?

① 1.0   ② 1.2

③ 1.4   ④ 1.6

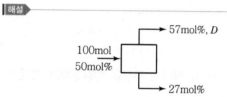

$$(0.05 \times 1) + (0.01 \times x) = (0.03)(1+x)$$
$$\therefore \ x = 1\text{kg}$$

28 50mol% 에탄올 수용액을 밀폐용기에 넣고 가열하여 일정온도에서 평형이 되었다. 이때 용액은 에탄올 27mol%이고, 증기 조성은 에탄올 57mol%이었다. 원용액의 몇 %가 증발되었는가?

① 23.46
② 30.56
③ 76.66
④ 89.76

▌해설

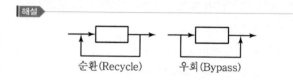

Basis : $F = 100\text{mol}$
$$0.5 \times 100 = 0.57 \times D + 0.27 \times (100 - D)$$
$$\therefore \ D = 76.67\text{mol}$$
$$\frac{76.67}{100} \times 100 = 76.67\%$$

29 수분이 60wt%인 어묵을 500kg/h의 속도로 건조하여 수분을 20wt%로 만들 때 수분의 증발속도는 몇 kg/h인가?

① 200
② 220
③ 240
④ 250

▌해설

$$500\text{kg/h} \times 0.4 = (500 - W) \times 0.8$$
$$\therefore \ x = 250\text{kg}$$

30 순환(Recycle)과 우회(Bypass)에 대한 다음 설명 중 틀린 것은?

① 순환(Recycle)은 공정을 거쳐 나온 흐름의 일부를 원료로 함께 공정에 공급한다.
② 우회(Bypass)는 원료의 일부를 공정을 거치지 않고, 그 공정에서 나오는 흐름과 합류시킨다.
③ 순환(Recycle)과 우회(Bypass) 조작은 연속적인 공정에서 행한다.
④ 우회(Bypass)와 순환(Recycle) 조작에 의한 조성의 변화는 같다.

▌해설

순환(Recycle)   우회(Bypass)

31 10wt%의 식염수 100kg을 20wt%로 농축하려면 몇 kg의 수분을 증발시켜야 하는가?

① 25
② 30
③ 40
④ 50

▌해설

$$W = F\left(1 - \frac{a}{b}\right) = 100\left(1 - \frac{10}{20}\right) = 50\text{kg}$$

32 질소 1mol과 수소 3mol의 혼합가스를 100기압하에서 500℃로 유지하여 평형에 도달되었을 때 0.43mol의 암모니아가 생성되었다면 이때의 가스 몰조성은?

① N_2 : 11%, H_2 : 33%, NH_3 : 56%
② N_2 : 15%, H_2 : 45%, NH_3 : 40%
③ N_2 : 22%, H_2 : 50%, NH_3 : 28%
④ N_2 : 22%, H_2 : 66%, NH_3 : 12%

$$N_2 \quad + \quad 3H_2 \quad \rightarrow \quad 2NH_3$$

1mol	3mol	0
$-x$	$-3x$	$+2x$
$(1-x)$	$(3-3x)$	$2x$

$2x = 0.43\text{mol}$

$\therefore \ x = 0.215\text{mol}$

$n_{N_2} = 0.785\text{mol} \qquad n_{H_2} = 2.355\text{mol}$

$n_{NH_3} = 0.43\text{mol} \qquad n_T = 3.57$

$\therefore \ y_{N_2} = \dfrac{0.785}{3.57} \times 100 = 22\%$

$\quad y_{H_2} = \dfrac{2.355}{3.57} \times 100 = 66\%$

$\quad y_{NH_3} = \dfrac{0.43}{3.57} \times 100 = 12\%$

또는 $100\% - (22+66)\% = 12\%$

33 지름이 10cm인 파이프 속에서 기름의 유속이 10m/s일 때 지름이 2cm인 파이프 속에서의 유속은 몇 m/s인가?

① 50 　　　　　　② 100

③ 250 　　　　　　④ 500

$$\overline{u}_2 = \overline{u}_1 \left(\dfrac{D_1}{D_2}\right)^2 = 10\text{m/s} \left(\dfrac{10}{2}\right)^2 = 250\text{m/s}$$

34 산의 질량분율이 X_A인 수용액 $L\,\text{kg}$과 X_B인 수용액 $N\,\text{kg}$을 혼합하여 X_M인 산 수용액을 얻으려고 한다. L과 N의 비 L/N을 구한 것은?

① $\dfrac{X_B + X_M}{X_M - X_A}$ 　　　　② $\dfrac{X_A + X_M}{X_B - X_A}$

③ $\dfrac{X_A + X_B}{X_M - X_B}$ 　　　　④ $\dfrac{X_M - X_B}{X_A - X_M}$

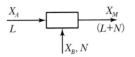

물질수지식 $LX_A + NX_B = (L+N)X_M$

정리하면, $\dfrac{L}{N} = \dfrac{X_M - X_B}{X_A - X_M}$

35 일반적인 물질수지의 항에서 계 내의 축적량 A를 옳게 나타낸 식은?(단, I는 계에 들어오는 양, O는 계에서 나가는 양, F는 계 내의 생성량, C는 계 내의 소모량이다.)

① $A = I - O - F + C$

② $A = I + F - C - O$

③ $A = I - O - F - C$

④ $A = O - I - F - C$

Accumulation(축적량) = Input(입량) − Output(출량)
　　　　　　　　　− Consumption(소모량)
　　　　　　　　　+ Generation(생성량)

36 10% 주정용액 1,000kg을 증류하여 60% 주정용액 100kg을 얻었을 때 탑 밑 용액의 주정함량은 몇 %인가?

① 4.44 　　　　　　② 6.67

③ 12.30 　　　　　　④ 17.82

$1{,}000 \times 0.1 = 100 \times 0.6 + 900 \times x$

$x = 0.0444$

$\therefore \ 4.44\%$

37 톨루엔 속에 녹은 40%의 이염화에틸렌 용액이 매시간 100mol씩 증류탑 중간으로 공급되고 탑 속의 축적량 없이 두 곳으로 나간다. 위로 올라가는 것을 증류물이라 하고, 밑으로 나가는 것을 잔류물이라 한다. 증류물은 이염화에틸렌 95%를 가졌고 잔류물은 이염화에틸렌 10%를 가졌다고 할 때 각 흐름의 속도는 약 몇 mol/h인가?

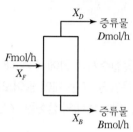

① $D=0.35$, $B=0.64$
② $D=64.7$, $B=35.3$
③ $D=35.3$, $B=64.7$
④ $D=0.64$, $B=0.35$

> 해설

$100 = D + W$
$100 \times 0.4 = D \times 0.95 + (100 - D) \times 0.1$
$\therefore D = 35.3 \text{mol/h}$
$W = 100 - 35.3 = 64.7 \text{mol/h}$

38 25wt%의 NaOH 용액 100kg을 농축하여 60wt%의 NaOH 용액을 얻었다. 증발된 수분은 약 몇 kg인가?

① 30.2
② 40.6
③ 52.5
④ 58.3

> 해설

증발되는 물의 양 $= x \text{kg}$
NaOH의 물질수지
$100 \text{kg} \times 0.25 = (100 - x) \times 0.6$
$0.6x = 35$
$\therefore x = 58.3 \text{kgH}_2\text{O}$

39 증류탑을 이용하여 에탄올 25wt%와 물 75wt%의 혼합액 50kg/h을 증류하여 에탄올 85wt%의 조성을 가지는 상부액과 에탄올 3wt%의 조성을 가지는 하부액으로 분리하고자 한다. 상부액에 포함되는 에탄올은 초기 공급되는 혼합액에 함유된 에탄올 중의 몇 wt%에 해당하는 양인가?

① 85
② 88
③ 91
④ 93

> 해설

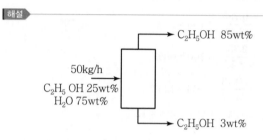

$F = D + W$
$50 \text{kg/h} = D + W$
$50 \times 0.25 = D \times 0.85 + (50 - D) \times 0.03$
$\therefore D = 13.4 \text{kg/h}$

$W = 50 - 13.4 = 36.6 \text{kg/h}$
$\therefore$ 에탄올의 회수율 $= \dfrac{13.4 \times 0.85}{50 \times 0.25} = 0.91 = 91\%$

에너지수지

[01] 에너지수지

1. 열역학

1) 계(System) ▪▪▪

연구대상이 되는 영역

물질, 일, 열

계
(System)

주위
(외계, Surrounding)

① 닫힌계(Closed System) : 열의 이동은 있으나 물질의 이동이 없다.
② 고립계(Isolated System) : 열의 이동, 물질의 이동이 모두 없다.
③ 열린계(Open System) : 열의 이동, 물질의 이동이 있다.
④ 단열계(Adiabatic System) : 열의 이동이 없다.

2) 열역학적 특성치 ▪▪▪

(1) 시량특성치(Extensive Property, 크기성질)

크기, 양에 따라 변하는 값

예 m(질량), n(몰), V(부피), U(내부에너지), S(엔트로피), H(엔탈피),
G(깁스자유에너지)

(2) 시강특성치(Intensive Property, 세기성질)

크기, 양에 관계없이 일정한 값

예 T(온도), P(압력), d(밀도), $\overline{V}$(몰 또는 질량당 부피), $\overline{H}$(몰 또는 질량당 엔탈피),
$\overline{U}$(몰 또는 질량당 내부에너지)

3) 유체의 에너지수지식

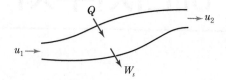

(1) 일반적인 에너지수지식(정상흐름과정) ▧▧▧

$$\Delta H + \frac{\Delta u^2}{2g_c} + \frac{g}{g_c}\Delta Z = Q + W_s$$

여기서, H : 엔탈피
u : 유속
g : 중력가속도
Z : 높이
Q : 열
W_s : 유용한 일

(2) 기계적 에너지수지식

$$\frac{\Delta u^2}{2g_c} + \frac{g}{g_c}\Delta Z + \int_{p_1}^{p_2} vdp + W_s + F = 0$$

여기서, F : 기계적 에너지 손실

(3) 유체가 비압축성 유체(Non–Compressible Fluid)인 경우 ▧▧▧
즉, 액체의 밀도가 일정하면

$$\int_{p_1}^{p_2} vdp = v(p_2 - p_1) = \frac{p_2 - p_1}{\rho} \text{이 되므로}$$

$$\frac{\Delta u^2}{2g_c} + \frac{g}{g_c}\Delta Z + \frac{\Delta p}{\rho} + W_s + F = 0$$

$$\text{즉, } \frac{u_1^2}{2g_c} + \frac{g}{g_c}z_1 + \frac{p_1}{\rho} + W_p = \frac{u_2^2}{2g_c} + \frac{g}{g_c}z_2 + \frac{p_2}{\rho} + \sum F$$

➡ Bernoulli 정리

(4) 두(Head) ▧▧▧

유의식 각 항에 $\frac{g_c}{g}$ 를 곱하면 각 항은 길이의 차원[L]을 갖게 된다. 이것을 두

(Head)라 하며 $\frac{\overline{u}^2}{2g}$: 속도두, Z : 위치두, $\frac{g_c}{g}Pv$: 정압두, $\frac{g_c}{g}\sum F$: 두손실

(Head Loss)이라고 한다.

(5) Bernoulli 정리

만일 액체가 비압축성이고 마찰에 의한 에너지 손실이 없다고 하면

$$\frac{\Delta u^2}{2} + g\Delta Z + \frac{\Delta p}{\rho} = 0$$

즉, $\boxed{\dfrac{p}{\rho} + \dfrac{u^2}{2} + gZ = 일정}$ ➡ Bernoulli 정리 🔳🔳🔳

4) Torricelli의 정리 🔳🔳🔳

탱크에 액체가 깊이 Z (m)로 들어 있고 밑으로 유속 u (m/s)로 액이 유출된다면 (두손실이 없는 경우) 다음과 같은 식을 얻을 수 있다.

💡 **TIP** ‖‖‖‖‖‖‖‖‖‖‖‖‖‖‖‖‖‖

F (마찰손실)가 있을 때 Torricelli 정리

$$u = \sqrt{2(gz - g_c F)}$$

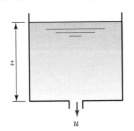

$$u = \sqrt{2gZ}$$

2. 열역학 법칙

1) 열역학 제1법칙 = 에너지 보존의 법칙

Δ (계의 에너지) + Δ (주위의 에너지) = 0

Δ (계의 에너지) = $\Delta U + \Delta E_k + \Delta E_p$

Δ (주위의 에너지) = $\pm Q \pm W$

$\therefore \ \Delta U + \Delta E_k + \Delta E_p = \pm Q \pm W$

열이 주위로부터 계로 이동하였을 때 $+$, 일이 계로부터 주위로 이동할 때 $+$로 한다.

$\therefore \ \Delta U + \Delta E_k + \Delta E_p = Q + W$

내부에서 이 외에 계의 에너지 변화가 일어나지 않을 때는 다음과 같다.

$\Delta U = Q + W$

$dU = dQ + dW$ (미소변화에 대하여)

2) 열역학적 과정 🔳🔳🔳

(1) 정용변화(Constant Volume Process)

$dW = -PdV = 0$

$dU = dQ_v = C_v dT$

$$\therefore \ C_v = \left(\frac{\partial Q}{\partial T}\right)_v = \left(\frac{\partial U}{\partial T}\right)_v$$

(2) 정압변화(Constant Pressure Process)

$$-dW = PdV = d(PV)$$

$$dU + d(PV) = dH = dQ_p = C_p dT$$

$$\therefore \ C_p = \left(\frac{\partial Q}{\partial T}\right)_p = \left(\frac{\partial H}{\partial T}\right)_p$$

(3) 정온변화(Constant Temperature Process) ▩▩▩

이상기체의 내부에너지는 온도만의 함수이므로

$$dU = dQ - PdV = 0$$

$$\therefore \ Q = -W = P\int_{v_1}^{v_2} dV$$

$$Q = -W = \int_{v_1}^{v_2} PdV = \int_{v_1}^{v_2} \frac{RT}{V} dV = RT\ln\frac{V_2}{V_1}$$

$$\therefore \ Q = -W = nRT\ln\frac{V_2}{V_1} = nRT\ln\frac{P_1}{P_2}$$

(4) 단열변화(Reversible Adiabatic Process) ▩▩▩

$$dU = dQ + dW = dW = -PdV(Q=0)$$

$$C_v dT = -PdV$$

$$P = \frac{RT}{V} \text{이므로}$$

$$\frac{dT}{T} = -\frac{R}{C_v}\frac{dV}{V}$$

열용량의 비 $\dfrac{C_p}{C_v} = \gamma$라 놓으면

$$C_p = C_v + R$$

$$\gamma = \frac{C_v + R}{C_v} = 1 + \frac{R}{C_v}$$

$\dfrac{R}{C_v} = \gamma - 1$ 이 된다.

$$\dfrac{dT}{T} = -(\gamma - 1)\dfrac{dV}{V}$$

$$\ln\dfrac{T_2}{T_1} = -(\gamma - 1)\ln\dfrac{V_2}{V_1}$$

$$\dfrac{T_2}{T_1} = \left(\dfrac{V_1}{V_2}\right)^{\gamma - 1}$$

$P - V - T$ 관계 ■■■

$$\dfrac{T_2}{T_1} = \left(\dfrac{V_1}{V_2}\right)^{\gamma - 1}$$

$$\dfrac{T_2}{T_1} = \left(\dfrac{P_2}{P_1}\right)^{\frac{\gamma - 1}{\gamma}}$$

$$\left(\dfrac{V_1}{V_2}\right)^{\gamma - 1} = \left(\dfrac{P_2}{P_1}\right)^{\frac{\gamma - 1}{\gamma}}$$

또는 $P_1 V_1{}^\gamma = P_2 V_2{}^\gamma = PV^\gamma = C$, $\left(\dfrac{P_2}{P_1}\right) = \left(\dfrac{V_1}{V_2}\right)^\gamma$

$$\Delta U = W = C_v \Delta T$$

$$W = C_v \Delta T = \dfrac{R}{\gamma - 1}\Delta T$$

$$= \dfrac{RT_2 - RT_1}{\gamma - 1} = \dfrac{P_2 V_2 - P_1 V_1}{\gamma - 1} = C_v(T_2 - T_1)$$

$$\therefore \ W = \dfrac{P_1 V_1}{\gamma - 1}\left[\left(\dfrac{P_2}{P_1}\right)^{\frac{\gamma - 1}{\gamma}} - 1\right] = \dfrac{RT_1}{\gamma - 1}\left[\left(\dfrac{P_2}{P_1}\right)^{\frac{\gamma - 1}{\gamma}} - 1\right]$$

(5) Joule – Thomson 효과 ■■■

세공을 통해서 양쪽에 압력차를 주어 일정하게 유지하고 기체를 단열적으로 팽창시키면 기체의 온도가 변한다.

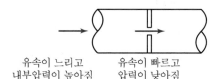

유속이 느리고　　　유속이 빠르고
내부압력이 높아짐　　압력이 낮아짐

$$\mu = \left(\frac{\partial T}{\partial P}\right)_H$$

여기서, μ : Joule−Thomson 계수. 이상기체에서 $\mu = 0$

3) 열역학 제2법칙

- 외계로부터 얻은 열을 완전히 일로 전환시킬 수 있는 장치는 만들 수 없다.
- 열을 저온에서 고온으로 전달하는 과정은 불가능하다.
- 비가역적이며, 엔트로피는 증가하는 방향으로 흐른다.

(1) 열기관의 효율 ■■■

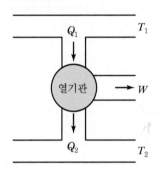

$$\mu = \frac{Q_1 - Q_2}{Q_1} = \frac{T_1 - T_2}{T_1}$$

> **Reference**
>
> **카르노 사이클**(Carnot Cycle)
>
>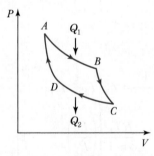
>
> 여기서, AB : 등온팽창 과정
> BC : 단열팽창 과정
> CD : 등온압축 과정
> DA : 단열압축 과정
>
> 카르노 사이클은 이상기체를 정온팽창 → 단열팽창 → 정온압축 → 단열압축하는 4단계로 이루어진 가역 사이클이다.

(2) 엔트로피(Entropy) ■■■

계의 온도 T에서 흡수된 미소열량을 dQ라 하면 $dS = \dfrac{dQ}{T}$ 로 나타내는 S를 엔트로피라 한다. 가역변화에는 계와 그의 외계에서의 엔트로피 변화의 합은 0 이나 비가역변화, 즉 자연에서 일어나는 변화는 전 엔트로피가 증가한다.
$TdS = dQ$(등온가역과정)

$TdS > dQ$ (비가역과정)

$$\therefore \ dS \geq \frac{dQ}{T}$$

(3) 엔트로피 변화

① 증발　　　　　$\Delta S = \dfrac{Q}{T}$

　　　　　　　　여기서, Q : 잠열

② 계의 온도변화　$\Delta S = \displaystyle\int_{T_1}^{T_2} C \frac{dT}{T}$

③ 정용변화　　　$\Delta S = \displaystyle\int_{T_1}^{T_2} C_v \frac{dT}{T} = \int_{T_1}^{T_2} C_v d(\ln T) = C_v \ln \frac{T_2}{T_1}$

④ 정압변화　　　$\Delta S = \displaystyle\int_{T_1}^{T_2} C_p \frac{dT}{T} = \int_{T_1}^{T_2} C_p d(\ln T) = C_p \ln \frac{T_1}{T_2}$

⑤ 단열과정

$$Q = 0 \quad \Delta S = 0$$

　↳ 등엔트로피 과정($S_1 = S_2$)

⑥ 이상기체의 엔트로피 변화

$$dU = dQ - PdV$$

$$C_v \frac{dT}{T} = \frac{dQ}{T} - \frac{PdV}{T}$$

$$\frac{dQ}{T} = C_v \frac{dT}{T} + R \frac{dV}{V}$$

$$\Delta S = \int_{T_1}^{T_2} C_v \frac{dT}{T} + \int_{v_1}^{v_2} R \frac{dV}{V} = C_v \ln \frac{T_2}{T_1} + R \ln \frac{V_2}{V_1}$$

$$\Delta S = \int_{T_1}^{T_2} C_p \frac{dT}{T} - \int_{p_1}^{p_2} R \frac{dP}{P} = C_p \ln \frac{T_2}{T_1} - R \ln \frac{P_2}{P_1}$$

⑦ 혼합에 의한 엔트로피 변화

　　같은 T, P하에서 기체 $A \, n_A \, \mathrm{mol} + B n_B \, \mathrm{mol}$을 혼합했을 때

$$\Delta S_M = \Delta S_A + \Delta S_B$$

$$\Delta S_A = n_A R \ln \frac{V_M}{V_A} = n_A R \ln \frac{V_A + V_B}{V_A} = -n_A R \ln x_A$$

$$\Delta S_B = n_B R \ln \frac{V_M}{V_B} = n_B R \ln \frac{V_A + V_B}{V_B} = -n_B R \ln x_B$$

$$\therefore \ \Delta S_M = -(n_A R \ln x_A + n_B R \ln x_B)$$

혼합기체 1mol에 대하여

$$\Delta \overline{S}_M = -R(x_A \ln x_A + x_B \ln x_B)$$

❖ 자유에너지
어떤 화학반응이 계속 진행할 때 유효한
일을 하는 에너지

⑧ Helmholtz 자유에너지(일함수)

$$A = U - TS$$

$$dA = dU - d(TS)$$

$$= TdS - PdV - TdS - SdT$$

$$= -SdT - PdV$$

$$\therefore \ dA = -SdT - PdV$$

⑨ Gibbs 자유에너지

$$G = H - TS = U + PV - TS$$

$$dG = dH - TdS - SdT$$

$$= TdS + VdP - TdS - SdT$$

$$= -SdT + VdP$$

$$\therefore \ dG = -SdT + VdP$$

$$dG = VdP(\text{온도 일정})$$

이상기체 1mol : $\Delta G = RT \ln \dfrac{P_2}{P_1}$

$U = Q - W$	$dU = TdS - PdV$
$H = U + PV$	$dH = TdS + VdP$
$A = U - TS$	$dA = -SdT - PdV$
$G = H - TS$	$dG = -SdT + VdP$

4) 열역학 제3법칙

0K에서 순물질의 엔트로피는 0이다.

3. 열효과

1) 현열(Sensible Heat)

상의 변화 없이 물질의 온도를 변화시키기 위하여 가해진 에너지

$$\Delta H = \int_{T_1}^{T_2} C_p dT$$

$$= \int_{T_1}^{T_2} (a + bT + cT^2) dT$$

$$= a(T_2 - T_1) + \frac{b}{2}\left(T_2^2 - T_1^2\right) + \frac{c}{3}\left(T_2^3 - T_1^3\right)$$

$$\Delta H = C_{pm} \Delta T$$

$$C_{pm} = \frac{\Delta H}{T_2 - T_1}$$

$$= \frac{a(T_2 - T_1) + \frac{b}{2}(T_2 - T_1)(T_2 + T_1) + \frac{c}{3}(T_2 - T_1)\left(T_2^2 + T_1 T_2 + T_1^2\right)}{(T_2 - T_1)}$$

$$= a + \frac{b}{2}(T_2 + T_1) + \frac{c}{3}\left(T_2^2 + T_1 T_2 + T_1^2\right)$$

2) 현열효과

$$Q = mc\Delta t = C\Delta T$$

(1) 열용량

어떤 물질을 1℃ 또는 1℉ 올리는 데 필요한 열량(cal, BTU)

① 정압열용량(C_p)

$$(dQ)_p = C_p dt$$

$$\therefore C_p = \left(\frac{dQ}{dt}\right)_p = \left(\frac{dH}{dt}\right)_p$$

② 정용열용량(C_v)

$$(dQ)_v = C_v dt$$

$$\therefore C_v = \left(\frac{dQ}{dt}\right)_v = \left(\frac{dU}{dt}\right)_v$$

◆
열용량 = 질량×비열
= 몰×몰비열

0℃ 얼음 → 120℃ 수증기

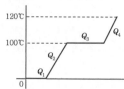

0℃ 얼음 → 0℃ 물 → 100℃ 물
→ 100℃ 수증기 → 120℃ 수증기

$Q_1 = 80\text{cal/g}$

$Q_2 = mc\Delta t$

$\quad = 1\text{cal/g} \cdot ℃ \times 100℃$

$\quad = 100\text{cal/g}$

$Q_3 = 539\text{cal/g}$

$Q_4 = mc\Delta t$

$\quad = 0.45\text{cal/g} \cdot ℃ \times 20℃$

$\quad = 9\text{cal/g}$

$\therefore\ Q = Q_1 + Q_2 + Q_3 + Q_4$

$\quad = 80 + 100 + 539 + 9$

$\quad = 728\text{cal/g}$

(2) 비열

단위질량당 열용량

$$Q = mc\Delta t$$

여기서, $c(\text{cal/g} \cdot ℃,\ \text{BTU/lb} \cdot ℉)$

$\quad\quad\quad m\,(\text{g, lb})$

(3) 몰열용량

$$Q = nc\Delta t$$

여기서, $c(\text{cal/mol} \cdot ℃,\ \text{BTU/lbmol} \cdot ℉)$

$\quad\quad\quad n\,(\text{mol})$

① 고체의 열용량

- Dulong−Petit 법칙 적용 : 원자열용량 $= 6.2 \pm 0.4(\text{cal}/℃,\ \text{atm})$
- Kopp의 법칙 : Dulong−Petit의 법칙을 확장시킨 법칙

  고체나 액체의 열용량은 그 화합물을 구성하는 개개 원소의
  열용량의 합과 같다.

② **수용액의 비열** : 물의 비열에 물의 중량분율을 곱한 것과 같다.

③ **기체의 비열** : 1g의 기체를 1℃ 높이는 데 필요한 열량으로 기체의 종류에 따라 다르며 온도의 함수이다.

$$C_p = a + bT + cT^2$$

여기서, T : 절대온도

$\quad\quad\quad a, b, c$: 상수

(4) C_p 와 C_v 의 관계 🔲🔲🔲

$$dH = dU + d(PV) = dU + RdT$$

$$C_p dT = C_v dT + RdT$$

$$C_p = C_v + R$$

$$\frac{C_p}{C_v} = \gamma (\text{비열비})$$

기체의 구분	기체의 종류	비열비(γ)
단원자 분자	He, Ne, Ar	1.67
이원자 분자	H_2, N_2, O_2	1.4
삼원자 분자	H_2O, CO_2, SO_2, O_3	1.33

(5) 기체의 단열변화

$$P_1 V_1{}^\gamma = P_2 V_2{}^\gamma$$

$$PV^\gamma = \text{Const}$$

$$\therefore \frac{P_2}{P_1} = \left(\frac{V_1}{V_2} \right)^\gamma$$

(6) 현열

① 정압과정에서 T_1 에서 T_2 까지 올리는 데 필요한 현열 Q

$$Q = \Delta H = n \int_{T_1}^{T_2} C_p dT \Rightarrow \text{mol 기준(기체)}$$

$$Q = \Delta H = m \int_{T_1}^{T_2} C_p dT \Rightarrow \text{질량 기준(액체, 고체)}$$

② 평균열용량 $\overline{C_p}$

$$\int_{T_0}^{T} C_p dT = \overline{C_{p(T)}} (T - T_0)$$

여기서, $\overline{C_{p(T)}}$: T_0 에서 T 사이의 평균 열용량

$$\int_{T_1}^{T_2} C_p dT = \int_{T_0}^{T_2} C_p dT - \int_{T_0}^{T_1} C_p dT$$

$$= \overline{C_{p(T_2)}} (T_2 - T_0) - \overline{C_{p(T_1)}} (T_1 - T_0)$$

③ 정용과정에서 T_1 에서 T_2 까지 올리는 데 필요한 현열 Q

$$Q = \Delta U = n \int_{T_1}^{T_2} C_v dT \Rightarrow \text{mol 기준(기체)}$$

$$Q = \Delta U = m \int_{T_1}^{T_2} C_v dT = m \int_{T_1}^{T_2} C_p dT \ (C_p \fallingdotseq C_v) \Rightarrow \text{질량 기준(액체, 고체)}$$

3) 잠열

온도변화 없이 상변화를 일으키는 데 필요한 에너지

예 물

기화열 = 액화열 : 539cal/g

융해열 = 응고열 : 80cal/g

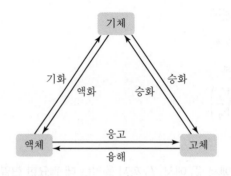

(1) 잠열

$$Q = H_2 - H_1 = \Delta H$$

(2) Clausius – Clapeyron 방정식 ▨▨▨

상변화 시 $\quad \ln \dfrac{P_2}{P_1} = \dfrac{\Delta H}{R} \left(\dfrac{1}{T_1} - \dfrac{1}{T_2} \right)$

여기서, ΔH : 잠열
$\qquad$ R : 기체상수

4) 습비용과 습비열

(1) 습비용(V_H)

건조기체 1kg과 이에 포함된 증기가 차지하는 부피

$$V_H = 22.4 \left(\frac{273 + t_G}{273} \right) \left(\frac{760}{P} \right) \left(\frac{1}{29} + \frac{H}{18} \right) (\text{공기} - \text{물})$$

여기서, H : 절대습도

(2) 습비열(C_H)

건조기체 1kg과 이에 포함된 증기를 1℃ 높이는 데 필요한 열량

$$C_H = C_g + C_v H$$

여기서, C_g : 건조기체의 비열
$\qquad$ C_v : 증기의 비열
$\qquad$ $C_H = 0.24 + 0.45H(\text{공기} - \text{물})$

4. 열화학

- 화학반응에 수반되는 열효과를 취급
- 물질의 상태(고체, 액체, 기체)
- 물리적 조건(온도, 압력)
- 열의 이동관계($\Delta H < 0$, $Q > 0$: 발열 $\Delta H > 0$, $Q < 0$: 흡열)

1) 반응열

화학반응 시 방출되거나 흡수되는 열

> **Reference**
>
> **표준반응열(ΔH_R°) : 1atm, 25℃에서의 반응열**
>
> ㉠ **생성열** : 물질 1mol을 그의 성분 원소로부터 만들 때 발생 또는 흡수되는 열량
> ㉡ **분해열** : 물질 1mol을 그의 성분 원소로 분해하는 데 발생 또는 흡수되는 열량
> ㉢ **연소열** : 1mol의 물질을 완전연소시키는 데 필요한 열량
> - **총발열량(고발열량)** : 연소해서 생성된 물이 액체일 때의 발열량
> - **진발열량(저발열량)** : 연소해서 생성된 물이 수증기일 때의 발열량
>
> ㉣ **용해열** : 1mol의 물질을 많은 물에 완전 용해하는 데 필요한 열량
> 　　　　단, 이상용액의 용해열(혼합열)은 0이다.
> ㉤ **중화열** : 산 1g당량과 염기 1g당량을 중화하는 데 필요한 열량

2) 반응열 계산 ▣▣▣

Reactant(반응물) → Product(생성물)

$$\text{표준반응열} : \Delta H_R{}^\circ{}_{298} = \sum \left(n\Delta H_f{}^\circ{}_{298}\right)_{\text{product}} - \sum \left(n\Delta H_f{}^\circ{}_{298}\right)_{\text{reactant}}$$
$$= \sum \left(n\Delta H_c{}^\circ{}_{298}\right)_{\text{reactant}} - \sum \left(n\Delta H_c{}^\circ{}_{298}\right)_{\text{product}}$$

여기서, H_f : 생성열
　　　　H_c : 연소열

반응열 ΔH_R = 생성물의 생성열 − 반응물의 생성열
　　　　　　= 반응물의 연소열 − 생성물의 연소열

> **TIP**
> - 홑원소물질의 생성열 = 0
>   📌 C, O₂, H₂
> - CO_2, H_2O의 연소열 = 0
>   이미 연소가 끝난 물질이므로 더 이상 연소하지 않는다.

Exercise 01

$C(s) + O_2(g) \to CO_2(g)$의 ΔH는 −94kcal이다. CO_2의 생성열, C의 연소열을 각각 구하여라.

🔍 **풀이**　$C + O_2 \to CO_2$　　　　$\Delta H = -94\text{kcal}$
　　　　CO_2의 생성열　　　$\Delta H = -94\text{kcal}$
　　　　C의 연소열　　　　$\Delta H = -94\text{kcal}$

$CH_4(g) + 2O_2(g) \rightarrow CO_2(g) + 2H_2O(l)$의 반응열은?(단, $CH_4(g)$의 생성열 $= -17kcal/mol$, $CO_2(g)$의 생성열 $= -94kcal/mol$, $H_2O(l)$의 생성열 $= -68.4kcal/mol$)

🔍풀이 반응열 $\Delta H_R = -94 - 68.4 \times 2 - (-17) = -213.8kcal$

∴ O_2의 생성열 $= 0$(홑원소물질)

액체 벤젠의 표준총발열량은 $-780,980cal/mol$이다. 진발열량은?(단, $H_2O(l) \rightarrow H_2O(g)$, $\Delta H = 10,519cal$)

🔍풀이

$$C_6H_6(l) + \frac{15}{2}O_2(g) \rightarrow 6CO_2(g) + 3H_2O(l) \qquad \Delta H_1 = -780,980cal$$

$$+ \underline{\quad 3H_2O(l) \rightarrow 3H_2O(g) \qquad\qquad\qquad\quad \Delta H_2 = 3 \times 10,519cal \quad}$$

$$C_6H_6(l) + \frac{15}{2}O_2(g) \rightarrow 6CO_2(g) + 3H_2O(g) \qquad \Delta H = -749,423cal$$

3) Hess의 법칙 ▪▪▪

반응열은 처음과 마지막 상태에 의해서만 결정되며 도중의 경로와는 무관하다.

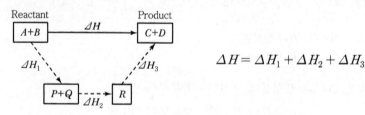

$$\Delta H = \Delta H_1 + \Delta H_2 + \Delta H_3$$

4) 공업적 과정에서의 열효과

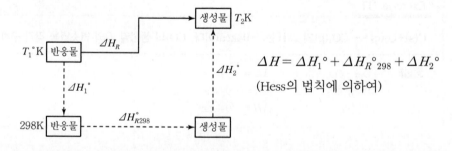

$$\Delta H = \Delta H_1^\circ + \Delta H_{R\ 298}^\circ + \Delta H_2^\circ$$
(Hess의 법칙에 의하여)

Exercise **04**

1atm, 32°F의 물을 1atm, 260°F의 수증기로 변환시키는 데 필요한 열량은?(단, $\overline{C}_p(l) = 1\text{BTU/lb} \cdot °\text{F}$, $\overline{C}_p(v) = 0.47\text{BTU/lb} \cdot °\text{F}$, $\Delta H_v(1\text{atm, }212°\text{F}) = 970.3\text{BTU/lb}$)

풀이 정압공정

$$Q = \Delta H = \overline{C}_p(l)(212 - 32) + \Delta H_v + \overline{C}_p(v)(260 - 212)$$
$$= 1 \times (212 - 32) + 970.3 + 0.47(260 - 212)$$
$$= 1,172.9\text{BTU/lb}$$

Exercise **05**

CO의 $C_p = 6.935 + 6.77 \times 10^{-4}t + 1.3 \times 10^{-7}t^2(\text{cal/mol} \cdot °\text{C})$일 때 500°C와 1,000°C 사이의 평균분자열용량을 계산하여라.

풀이

$$C_{pm} = \frac{\int_{t_1}^{t_2} C_p dt}{t_2 - t_1} = \frac{\int_{500°C}^{1,000°C} C_p dt}{1,000 - 500}$$

$$= \frac{1}{500}\left[6.935(1,000 - 500) + \frac{6.77 \times 10^{-4}}{2}(1,000^2 - 500^2) + \frac{1.3 \times 10^{-7}}{3}(1,000^3 - 500^3)\right]$$

$$= \frac{1}{500}(3,467.5 + 253.875 + 37.917)$$

$$= 7.518\text{cal/mol} \cdot °\text{C}$$

Exercise **06**

수소, 탄소, 아세틸렌의 연소열이 다음과 같을 때 아세틸렌의 생성열을 구하여라.

ㄱ $H_2 + \frac{1}{2}O_2 \rightarrow H_2O$ $\Delta H = -68.4\text{kcal/mol}$

ㄴ $C + O_2 \rightarrow CO_2$ $\Delta H = -97.3\text{kcal/mol}$

ㄷ $C_2H_2 + \frac{5}{2}O_2 \rightarrow 2CO_2 + H_2O$ $\Delta H = -310\text{kcal/mol}$

풀이 $2C + H_2 \rightarrow C_2H_2$

ㄴ $\times 2 +$ ㄱ $-$ ㄷ $= -97.3 \times 2 - 68.4 - (-310) = 47\text{kcal/mol}$

100psia에서 10ft/s의 유속으로 물을 흡입하여 30ft 높이로 20ft/s의 유속으로 내보내려면 1lb/s의 물을 펌핑하기 위해 몇 마력의 Motor가 필요한가?

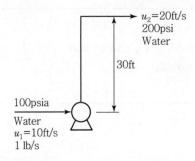

u_2=20ft/s
200psi
Water

30ft

100psia
Water
u_1=10ft/s
1 lb/s

🔍**풀이** 1lb/s × 0.4536kg/lb = 0.4536kg/s

$$W_p = \frac{\Delta u^2}{2} + g\Delta z + \frac{\Delta P}{\rho} + F$$

㉠ $\dfrac{\Delta u^2}{2} = \dfrac{20^2 - 10^2}{2} = 150\left(\dfrac{ft^2}{s^2}\right)\left(\dfrac{0.3048^2 m^2}{1ft^2}\right) = 13.94 m^2/s^2 (J/kg)$

〈참고〉 J = N · m = kg · m²/s²
J/kg = m²/s²

㉡ $g\Delta z = 9.8 m/s^2 \times 30ft \times \left(\dfrac{0.3048m}{1ft}\right) = 89.6 J/kg$

㉢ $\dfrac{\Delta p}{\rho} = \displaystyle\int_{p_1}^{p_2} VdP = \dfrac{(200-100)psi \times \left(\dfrac{1.013 \times 10^5 N/m^2}{14.7 psi}\right)}{1,000 kg/m^3} = 689 J/kg$

∴ $W_p = ㉠ + ㉡ + ㉢ = 13.94 + 89.6 + 689 = 792.54 J/kg$

∴ Motor의 Power는 $792.54 J/kg \times 0.4536 kg/s \times \dfrac{1 kg_f \cdot m}{9.8 N \cdot m} \times \dfrac{1HP}{76 kg_f \cdot m/s} = 0.48HP$

실전문제

01 다음 중 세기성질(Intensive Property)이 아닌 것은?

① 내부에너지 　　　　② 온도

③ 압력 　　　　　　　④ (질량)(길이)$^{-3}$

해설

- 세기성질 : T, P, d, $\overline{U}$, $\overline{H}$
- 크기성질 : n, m, v, U, H

02 어떤 기체의 열용량 C_p 를 다음과 같이 나타낼 때 C 의 단위는?(단, 온도 T의 단위는 K, C_p의 단위는 cal/mol · K이다.)

$$C_p = a + bT + cT^2$$

① cal/mol · K 　　　　② cal/mol · K^2

③ cal/mol · K^3 　　　④ 무차원이다.

해설

cal/mol · K $= C(\mathrm{K})^2$

$\therefore C = $ cal/mol · K^3

03 표준상태에서 반응이 이루어졌다. 정용반응열이 $-26{,}711$kcal/kmol일 때 정압반응열은 약 몇 kcal/kmol인가?(단, 이상기체라고 가정한다.)

$$C(s) + \frac{1}{2}O_2(g) \rightarrow CO(g)$$

① 296 　　　　　　　② -296

③ 26,415 　　　　　④ $-26{,}415$

해설

$C + \dfrac{1}{2}O_2 \rightarrow CO$

$Q_v = -26{,}711\text{kcal/kmol}$

$\Delta H = \Delta U + \Delta(PV)$

$Q_p = Q_v + \Delta n_g RT$

$\quad = -26{,}711\text{kcal/kmol} + \left(1 - \dfrac{1}{2}\right)\text{kmol} \times 1.987\text{kcal/kmol} \cdot \text{K}$

$\qquad \times 298\text{K}$

$\quad = -26{,}415\text{kcal}$

04 다음 실험 데이터로부터 CO의 표준생성열(ΔH)을 구하면 몇 kcal/mol인가?

$$C(s) + O_2(g) \rightarrow CO_2(g)$$
$$\Delta H = -94.052\text{kcal/mol}$$
$$CO(g) + \frac{1}{2}O_2(g) \rightarrow CO_2(g)$$
$$\Delta H = -67.636\text{kcal/mol}$$

① -52.832 　　　　② -26.416

③ 52.832 　　　　　④ 26.416

해설

$$
\begin{array}{ll}
C + O_2 \rightarrow CO_2 & \Delta H = -94.052 \\
+\ \ CO_2 \rightarrow CO + \dfrac{1}{2}O_2 & \Delta H = +67.636 \\
\hline
C + \dfrac{1}{2}O_2 \rightarrow CO & \Delta H = -26.416
\end{array}
$$

05 25℃에서 정용반응열 ΔH_v가 -326.1kcal일 때 같은 온도에서 정압반응열 ΔH_p는 얼마인가?

$$C_2H_5OH(l) + 3O_2(g) \rightarrow 3H_2O(l) + 2CO_2(g)$$

① -325.5kcal 　　　② $+325.5$kcal

③ -326.7kcal 　　　④ $+326.7$kcal

정답 　01 ① 　02 ③ 　03 ④ 　04 ② 　05 ③

해설

$\Delta H_v = -326.1\text{kcal}$

$\Delta H = \Delta U + \Delta(PV)$

$Q_p = Q_v + \Delta n_g RT$

$\quad = -326.1\text{kcal} + (2-3)\text{mol} \times 1.987\text{cal/mol} \cdot \text{K} \times 298\text{cal}$

$\quad \times \dfrac{1\text{kcal}}{1,000\text{cal}}$

$\quad = -326.7\text{kcal}$

06 온도는 일정하고 물질의 상이 바뀔 때 흡수하거나 방출하는 열을 무엇이라고 하는가?

① 잠열
② 현열
③ 반응열
④ 흡수열

해설

• 잠열 : 물질의 상이 변화할 때 흡수하거나 방출하는 열
• 현열 : 물질의 상은 변화시키지 않고 물질의 온도를 변화시키는 데 필요한 열량

07 다음 중 내부에너지를 나타내는 단위가 아닌 것은?

① BTU
② cal
③ Joule
④ Newton

해설

에너지의 단위

cal, kcal, J, N · m, BTU, kg$_f$ · m

08 에너지수지식은 다음 중 어느 법칙에 기인하는 것인가?

① 열역학 제1법칙
② 열역학 제2법칙
③ 열역학 제3법칙
④ 열역학 제0법칙

해설

• 열역학 제0법칙 : 온도계의 원리
• 열역학 제1법칙 : 에너지 보존의 법칙
• 열역학 제2법칙 : 엔트로피의 법칙
• 열역학 제3법칙 : $\lim\limits_{T\to 0}\Delta S = 0$

09 Dulong−Petit의 법칙에 대한 설명으로 옳은 것은?

① 온도가 증가하면 열용량은 감소한다.
② 절대온도 0K에서 열용량은 0이 된다.
③ 온도가 감소하면 열용량은 감소한다.
④ 결정성 고체원소의 그램원자 열용량은 일정하다.

해설

Dulong−Petit 법칙

원자열용량 $= 6.2 \pm 0.4$

10 18℃에서 액체 A의 엔탈피를 0이라 가정하고, 150℃에서 A 증기의 엔탈피를 구하면 약 몇 cal/g인가?(단, 액체 A의 비열 $=0.44\text{cal/g} \cdot$ ℃, 증기 A의 비열 $=0.32$ cal/g · ℃, 100℃에서 증발열 $=86.5\text{cal/g}$)

① 70
② 139
③ 200
④ 280

해설

$\overset{Q_1}{} \qquad \overset{Q_2}{} \qquad \overset{Q_3}{}$

18℃ 액체 → 100℃ 액체 → 100℃ 증기 → 150℃ 증기

전체 엔탈피 $= Q_1 + Q_2 + Q_3$

$\quad = (0.44)(100-18) + 86.5 + (0.32)(150-100)$

$\quad = 138.58\text{cal/g}$

11 20℃의 물 1kg을 150℃ 수증기로 변화시키는 데 필요한 열량은 약 몇 cal인가?(단, 물의 비열은 18cal/mol · K이고, 수증기의 비열은 8.0cal/mol · K로 일정하며, 물의 증발열은 9.7×10^3cal/mol이다.)

① 5.41×10^5
② 6.41×10^5
③ 7.41×10^5
④ 8.41×10^5

해설

$\overset{Q_1}{} \qquad \overset{Q_2}{} \qquad \overset{Q_3}{}$

20℃ 물 → 100℃ 물 → 100℃ 수증기 → 150℃ 수증기

$Q = Q_1 + Q_2 + Q_3$

$\quad = (55.6)(18)(100-20) + (55.6)(9.7 \times 10^3)$

$\qquad + (55.6)(8)(150-100)$

$\quad = 641,624\text{cal}$

(물 $1kg = 1,000g$, $\dfrac{1,000g}{18g/mol} = 55.6mol$)

12
"고체나 액체의 열용량은 그 화합물을 구성하는 개개원소의 열용량의 합과 같다."는 누구의 법칙인가?

① Dulong Petit   ② Kopp

③ Trouton   ④ Hougen Watson

> **해설**
>
> Kopp의 법칙
> 고체나 액체의 열용량은 그 화합물을 구성하는 개개원소의 열용량의 합과 같다.

13
고립계에서 $0℃$의 얼음 $10g$에 $40℃$인 물 $50g$을 가하였다. 최종 평형온도는 몇 $℃$인가?(단, 얼음의 융해열은 $336J/g$이다.)

① 10.2   ② 20.2

③ 23.1   ④ 26.1

> **해설**
>
> 얼음이 얻은 열 = 물이 잃은 열
> $10g \times 336J/g + 10g \times 4.184J/g \cdot ℃ \times (t-0)$
> $= 50 \times 4.184 \times (40-t)$
> $\therefore t = 20℃$

14
다음 반응이 $20℃$에서 일어날 때 정압 반응열과 정적 반응열의 차이는 몇 cal인가?(단, 기체는 이상기체로 가정한다.)

$$C(s) + \frac{1}{2}O_2(g) \rightarrow CO(g)$$

① 91   ② 191

③ 291   ④ 391

> **해설**
>
> $\Delta H = \Delta U + \Delta(PV)$
> $\Delta H - \Delta U = \Delta(PV) = \Delta nRT$
> $\Delta nRT = \left(1 - \dfrac{1}{2}\right) \times 1.987 \times (273+20) = 291cal$

15
어떤 물질의 온도가 Dew Point 온도보다 높은 상태는 어떤 상태를 의미하는가?(단, 압력은 동일하다.)

① 포화   ② 과열

③ 과냉각   ④ 임계

> **해설**
>
> 이슬점은 대기 속의 수증기가 포화되어 그 수증기의 일부가 물로 응결할 때의 온도이므로 이슬점보다 높은 온도에서는 과열 상태가 된다.

16
$10g$의 금속을 $100℃$로 가열한 후 단열된 컵에 있는 $56g$의 물에 넣었더니 물의 온도가 $25℃$에서 $26.5℃$로 상승하였다. 이 금속의 비열은 약 몇 $J/g \cdot ℃$인가?

① 0.139   ② 0.239

③ 0.339   ④ 0.478

> **해설**
>
> $10g \times C \times (100-26.5) = 56 \times 4.184 \times (26.5-25)$
> $C = 0.478J/g \cdot ℃$

17
이상기체 A의 정압 열용량을 다음 식으로 나타낸다고 할 때 $1mol$을 대기압하에서 $100℃$에서 $200℃$까지 가열하는 데 필요한 열량은 약 몇 cal/mol인가?

$$C_p(cal/mol \cdot K) = 6.6 + 0.96 \times 10^{-3}T$$

① 401   ② 501

③ 601   ④ 701

> **해설**
>
> $Q = n\displaystyle\int C_p dT$
> $= \displaystyle\int_{373}^{473}(6.6 + 0.96 \times 10^{-3}T)\,dT$
> $= 6.6(473-373) + \dfrac{0.96}{2} \times 10^{-3}(473^2 - 373^2)$
> $= 700.6cal/mol$

정답   **12** ②   **13** ②   **14** ③   **15** ②   **16** ④   **17** ④

18 $CH_4(g)$의 표준생성열은 몇 kcal/mol인가?(단, C와 O_2의 반응으로부터 구한 $CO_2(g)$의 표준생성열은 -94.1 kcal/mol, H_2와 O_2의 반응으로부터 구한 $H_2O(l)$의 표준생성열은 -68.3kcal/mol, $CH_4(g)$의 표준연소열은 -212.8kcal/mol이다.)

① -17.9 ② 17.9

③ 35.8 ④ -35.8

> **해설**

$$C + 2H_2 \rightarrow CH_4 \qquad \Delta H = ?$$
$$C + O_2 \rightarrow CO_2 \qquad \Delta H_f = -94.1 \text{kcal/mol}$$
$$H_2 + \frac{1}{2}O_2 \rightarrow H_2O(l) \qquad \Delta H_f = -68.3 \text{kcal/mol}$$
$$CH_4 + 2O_2 \rightarrow CO_2 + 2H_2O \quad \Delta H_f = -212.8 \text{kcal/mol}$$

$\therefore CO_2 + 2H_2O \rightarrow CH_4 + 2O_2 \quad \Delta H = +212.8$

$$+\begin{cases} C + O_2 \rightarrow CO_2 & \Delta H = -94.1 \\ 2H_2 + O_2 \rightarrow 2H_2O & \Delta H = -68.3 \times 2 \end{cases}$$

$\overline{\quad C + 2H_2 \rightarrow CH_4 \qquad \Delta H = -17.9 \text{kcal/mol}}$

19 질소의 정압 몰열용량 C_p(J/mol · K)가 다음과 같고 1mol의 질소를 1atm하에서 600℃로부터 20℃로 냉각하였을 때 발생하는 열량은 약 몇 J인가?(단, R은 이상기체상수이다.)

$$\frac{C_p}{R} = 3.3 + 0.6 \times 10^{-3}T$$

① $17,600$ ② $27,600$

③ $37,600$ ④ $47,600$

> **해설**

$$Q = m\overline{C_p}\Delta T = m\int_{T_1}^{T_2} C_d \, dT$$

$$Q = R\frac{\int_{273+20}^{273+600}(3.3 + 0.6 \times 10^{-3}T)dT}{(T_2 - T_1)} \times (T_2 - T_1)$$

$$= R\int_{293}^{873}(3.3 + 0.6 \times 10^{-3}T)\,dT$$

$$= 8.314 \text{J/mol} \cdot \text{K}\left[3.3 \times 580 + \frac{0.6 \times 10^{-3}}{2}(873^2 - 293^2)\right]$$

$$= 17,599.8 \text{J}$$

$$\fallingdotseq 17,600 \text{J}$$

20 다음 반응식에서 298K에서의 C_2H_6 표준 생성열을 구하면 얼마인가?(단, CO_2의 298K에서 표준생성열 : -393.5kJmol^{-1}, $H_2O(l)$의 298K에서 표준 생성열 : -285.8kJmol^{-1})

$$C_2H_6 + \frac{7}{2}O_2 \rightleftharpoons 2CO_2 + 3H_2O(l)$$
$$\Delta H°(298K) = -1,560.1 \text{kJ/mol}$$

① -25.1kJmol^{-1} ② -46.3kJmol^{-1}

③ -62.8kJmol^{-1} ④ -84.3kJmol^{-1}

> **해설**

$$-1,560.1 \text{kJ/mol} = (2)(-393.5) + (3)(-285.8)$$
$$\qquad\qquad - \Delta H_f(C_2H_6)$$
$$\therefore \Delta H_f(C_2H_6) = -84.4 \text{kJ/mol}$$

21 20L/min의 물이 그림과 같이 원관에 흐를 때 ㉠ 지점에서 요구되는 압력은 약 몇 kPa인가?(단, ㉠ 지점과 ㉡ 지점의 높이 차이는 50m이고, 마찰손실은 무시한다.)

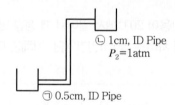

㉡ 1cm, ID Pipe
$P_2 = 1$atm

㉠ 0.5cm, ID Pipe

① 45 ② 202

③ 456 ④ 742

> **해설**

$$\frac{p_2 - p_1}{\rho} + \frac{g}{g_c}(Z_2 - Z_1) + \frac{u_2^2 - u_1^2}{2g_c} = 0$$
$$Q = 20\text{L/min}$$
$$Q = uA$$
$$u_1 A_1 = u_2 A_2$$

$$u_1 = \frac{20\text{L}}{\text{min}}\left|\frac{1\text{m}^3}{1,000\text{L}}\right|\frac{1}{\frac{\pi}{4}\times 0.005\text{m}^2}\left|\frac{1\text{min}}{60\sec}\right. = 17\text{m/s}$$

$$u_2 = u_1\left(\frac{D_1}{D_2}\right)^2 = 17\times\left(\frac{0.5}{1}\right)^2 = 4.25\text{m/s}$$

$$\therefore \frac{10,336 - p_1}{1,000\text{kg/m}^3} + 50 + \frac{4.25^2 - 17^2}{2\times 9.8} = 0$$

$$p_1 = 46,512\text{kg}_f/\text{m}^2$$

$$= \frac{46,512\text{kg}_f}{\text{m}^2}\left|\frac{1\text{m}^2}{100^2\text{cm}^2}\right|\frac{101.3\text{kPa}}{1.0336\text{kg}_f/\text{cm}^2} = 456\text{kPa}$$

22 이상기체를 T_1에서 T까지 일정압력과 일정용적에서 가열할 때 열용량에 관한 식 중 옳은 것은?(단, C_p는 정압 열용량이고, C_v는 정적 열용량이다.)

① $C_v + C_p = R$

② $C_v \cdot \Delta T = (C_p - R)\cdot \Delta T$

③ $\Delta U = C_v \cdot \Delta T - W$

④ $\Delta U = R \cdot \Delta T \cdot C_p$

해설

$C_p = C_v + R$

$\Delta U = C_v \Delta T \qquad \Delta H = C_p \Delta T$

23 25℃에서 10L의 이상기체를 1.5L까지 정온압축시켰을 때 주위로부터 2,250cal의 일을 받았다면 이 이상기체는 몇 mol인가?

① 0.5mol

② 1mol

③ 2mol

④ 3mol

해설

$$W = -\int PdV = -\int nRT\frac{dV}{V} = -nRT\ln\frac{V_2}{V_1}$$

$$2,250\text{cal} = -n\times 1.987\text{cal/mol}\cdot\text{K}\times 298\text{K}\times\ln\frac{1.5}{10}$$

$$\therefore n = 2\text{mol}$$

24 상변화에 수반되는 열을 결정하는 데 사용되는 Clausius–Clapeyron식에 대한 설명 중 옳은 것은?

① 온도에 대한 포화증기압 도시(Plot)의 최댓값으로부터 잠열을 결정할 수 있다.

② 온도에 대한 포화증기압 도시(Plot)의 최솟값으로부터 잠열을 결정할 수 있다.

③ 온도 역수에 대한 포화증기압 대수치 도시(Plot)의 기울기로부터 잠열을 구할 수 있다.

④ 온도 역수에 대한 포화증기압 대수치 도시(Plot)의 절편으로부터 잠열을 구할 수 있다.

해설

Clausius–Clapeyron 식

$$\ln\frac{P_2}{P_1} = -\frac{\Delta H}{R}\left(\frac{1}{T_2} - \frac{1}{T_1}\right)$$

여기서, P : 증기압

25 내부에너지에 대한 설명으로 가장 거리가 먼 것은?

① 분자들의 운동에 기인한 에너지이다.

② 분자들의 전자기적 상호작용에 기인한 에너지이다.

③ 분자들의 병진, 회전 및 진동 운동에 기인한 에너지이다.

④ 내부에너지는 압력에 의해서만 결정된다.

해설

내부에너지는 온도만의 함수이다.

26 다음 실험 데이터로부터 CO의 표준생성열(ΔH)을 구하면 얼마인가?

$$C(s) + O_2(g) \rightarrow CO_2(g)$$
$$\Delta H = -94,052\text{kcal/mol}$$
$$CO(g) + \frac{1}{2}O_2(g) \rightarrow CO_2(g)$$
$$\Delta H = -67,636\text{kcal/mol}$$

① -26.42kcal/mol

② -41.22kcal/mol

③ 26.42kcal/mol

④ 41.22kcal/mol

정답 ▶ **22** ② **23** ③ **24** ③ **25** ④ **26** ①

$$C(g) + O_2(g) \rightarrow CO_2(g) \qquad \Delta H = -94.052$$

$$CO_2(g) \rightarrow CO(g) + \frac{1}{2}O_2(g) \qquad \Delta H = 67.636$$

$$C + \frac{1}{2}O_2 \rightarrow CO \qquad \Delta H = -26.416 \text{kcal/mol}$$

27 10℃, 2기압의 어떤 기체 1kmol을 등압으로 150℃까지 가열하였더니 엔탈피 변화가 2,200kcal/kmol이었다. 정압비열(C_p)은 몇 kcal/kmol · ℃인가?

① 7.42
② 7.85
③ 14.67
④ 15.71

$$\Delta H = n \int C_p dT$$

$$2,200 \text{kcal/kmol} = \int_{283}^{423} C_p dT = C_p(423 - 283)$$

$$\therefore C_p = 15.71 \text{kcal/kmol} \cdot \text{℃}$$

28 다음의 반응에서 표준 반응열은 몇 kcal/mol인가?(단, 각각의 표준 생성열은 HCl(g) : −22.063kcal/mol, NH₃(g) : −11.040kcal/mol, NH₄Cl(s) : −75.380 kcal/mol이다.)

$$HCl(g) + NH_3(g) \rightarrow NH_4Cl(s)$$

① 42.277
② −42.277
③ 75.380
④ −75.380

반응열 = 생성열(생성물) − 생성열(반응물)
    $= -75.380 - [(-22.063) + (-11.040)]$
    $= -42.277$

29 0℃, 1atm에서 어떤 가스 22.4m³를 정압하에서 1,000kcal의 열을 주었을 때 이 가스의 온도는 몇 ℃가 되겠는가?(단, 이 가스는 이상기체로 가정하고, 정압 평균분자 열용량 C_p는 7.2kcal/kmol · ℃이다.)

① 13.9
② 44.6
③ 139
④ 321

$$Q = nC_p \Delta T$$

$$n = \frac{PV}{RT} = \frac{1 \text{atm} \times 22.4 \text{m}^3}{0.082 \text{m}^3 \cdot \text{atm/kmol} \cdot \text{K} \times 273 \text{K}}$$
$$= 1 \text{kmol}$$

$$\therefore Q = 1 \text{kmol} \times 7.2 \text{kcal/kmol} \cdot \text{℃} \times (t - 0\text{℃})$$
$$= 1,000 \text{kcal}$$

$$\therefore t = 139 \text{℃}$$

30 카르노 기관이 열을 고열원에서 125kcal를 받고, 저열원에서 75kcal를 배출할 때, 이 열기관의 효율은?

① 20%
② 30%
③ 40%
④ 50%

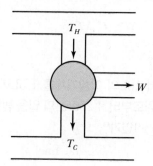

$$\eta(\text{효율}) = \frac{W}{Q_H} = \frac{Q_H - Q_C}{Q_H} = \frac{T_H - T_C}{T_H}$$

$$\eta(\%) = \frac{125 - 75}{125} \times 100 = 40\%$$

31 200kPa, 300K의 이상기체 1mol을 정온가역 과정으로 2,000kPa까지 압축하였을 때 일의 양을 구하면 몇 J인가?

① 2,743

② 3,743

③ 4,743

④ 5,743

해설

$$W = nRT\ln\frac{V_2}{V_1} = nRT\ln\frac{P_1}{P_2}$$

$$= 1\text{mol} \times 8.314\text{J/mol} \cdot \text{K} \times 300\text{K} \times \ln\frac{200}{2,000}$$

$$= 5,743\text{J}$$

32 Methyl Acetate가 다음 반응식과 같이 고압촉매 반응에 의하여 합성될 때 이 반응의 표준 반응열을 계산하면 약 몇 kcal/mol인가?(단, 표준 연소열은 CO가 -67.6 kcal/mol, CH_3OCH_3는 -348.8kcal/mol, CH_3COOCH_3는 -397.5kcal/mol이다.)

$$CH_3OCH_3(g) + CO(g) \rightarrow CH_3COOCH_3(g)$$

① -18.9

② 28.9

③ -614

④ 814

해설

반응열
• 생성열 : 생성물 − 반응물
• 연소열 : 반응물 − 생성물
$\Delta H = (-348.8 - 67.6) - (-397.5) = -18.9\text{kcal/mol}$

33 물질의 증발잠열(Heat of Vaporization)을 예측하는 데 사용되는 식은?

① Raoult의 식

② Fick의 식

③ Clausius − Clapeyron의 식

④ Fourier의 식

해설

① Raoult's Law : $y_A P = x_A P_A{}^*$

② Fick의 법칙 : $N_A = -D_{AB}A\dfrac{dC_A}{dx}$

③ Clausius − Clapeyron식 : $\ln\dfrac{P_2{}^{sat}}{P_1{}^{sat}} = \dfrac{\Delta H}{R}\left(\dfrac{1}{T_1} - \dfrac{1}{T_2}\right)$

④ Fourier의 법칙 : $q = -kA\dfrac{dt}{dl}$

34 다음과 같은 베르누이 방정식이 적용되는 조건이 아닌 것은?

$$\frac{P}{\gamma} + \frac{V^2}{2g} + Z = 일정$$

① 정상상태의 흐름

② 이상유체의 흐름

③ 압축성 유체의 흐름

④ 동일 유선상의 유체

해설

베르누이 방정식의 조건
• 정상상태의 흐름
• 이상유체의 흐름
• 비압축성 유체의 흐름
• 동일 유선상의 유체
• 비점성 액체

35 다음 중 $-10℃$ 고체를 가열하여 $10℃$ 액체로 융해하였을 때 내부에너지 변화에 대한 설명으로 옳은 것은?

① 내부에너지의 변화는 엔탈피 변화와 거의 같다.

② 내부에너지의 변화가 없다.

③ 내부에너지의 변화는 부피의 변화값에만 의존한다.

④ 내부에너지의 변화는 없으나 엔탈피는 변한다.

해설

$\Delta H = \Delta U + \Delta PV$
고체에서 액체의 상변화 시 $\Delta V \fallingdotseq 0$
∴ $\Delta H = \Delta U$

36 단열 과정에서 P, V, T 관계를 옳게 나타낸 것은? $\left(\text{단, 비열비 } \gamma = \dfrac{C_p}{C_V}\right)$

① $\dfrac{T_1}{T_2} = \left(\dfrac{P_1}{P_2}\right)^{\frac{\gamma-1}{\gamma}}$ ② $\dfrac{P_1}{P_2} = \left(\dfrac{V_1}{V_2}\right)^{\gamma-1}$

③ $\dfrac{T_1}{T_2} = \left(\dfrac{V_2}{V_1}\right)^{\gamma}$ ④ $\dfrac{V_2}{V_1} = \left(\dfrac{P_1}{P_2}\right)^{\frac{\gamma-1}{\gamma}}$

해설

단열 과정에서의 $P - V - T$의 관계

$$\frac{T_2}{T_1} = \left(\frac{V_1}{V_2}\right)^{\gamma-1} = \left(\frac{P_2}{P_1}\right)^{\frac{\gamma-1}{\gamma}}$$

$$\therefore \ \frac{T_1}{T_2} = \left(\frac{P_1}{P_2}\right)^{\frac{r-1}{\gamma}}$$

37 열에 관한 용어의 설명 중 틀린 것은?

① 표준 생성열은 표준조건에 있는 원소로부터 표준조건에 있는 혼합물로 생성될 때의 반응열이다.

② 표준 연소열은 25℃, 1atm에 있는 어떤 물질과 산소분자와의 산화반응에서 생기는 반응열이다.

③ 표준 반응열이란 25℃, 1atm 상태에서의 반응열을 말한다.

④ 진발열량이란 연소해서 생성된 물이 액체 상태일 때의 발열량이다.

해설

- 총발열량(고발열량) : 연소생성물 중의 H_2O가 물인 상태일 때의 발열량
- 진발열량(저발열량) : 연소생성물 중의 H_2O가 수증기인 상태일 때의 발열량

38 증발잠열 $\Delta \overline{H}_V$는 Clausius–Clapeyron 식에서 추정할 수도 있다. 어떤 증기압이 453K에서 2atm, 490K에서 5atm일 때 이 범위에서 $\Delta \overline{H}_V$가 일정하다고 가정하면 다음 중 옳게 나타낸 식은?

① $\log\dfrac{2}{5} = \dfrac{\Delta \overline{H}_V}{(2.3)(1.987)}\left(\dfrac{1}{490} - \dfrac{1}{453}\right)$

② $\log\dfrac{5}{2} = \dfrac{\Delta \overline{H}_V}{(2.3)(1.987)}\left(\dfrac{1}{490} - \dfrac{1}{453}\right)$

③ $\log\dfrac{2}{5} = \dfrac{\Delta \overline{H}_V}{(2.3)(0.082)}\left(\dfrac{1}{490^2} - \dfrac{1}{453^2}\right)$

④ $\log\dfrac{5}{2} = \dfrac{\Delta \overline{H}_V}{(2.3)(0.082)}\left(\dfrac{1}{490^2} - \dfrac{1}{453^2}\right)$

해설

$$\ln\frac{P_2}{P_1} = \frac{\Delta H}{R}\left(\frac{1}{T_1} - \frac{1}{T_2}\right)$$

$$\log\frac{P_2}{P_1} = \frac{\Delta H}{2.303R}\left(\frac{1}{T_1} - \frac{1}{T_2}\right)$$

39 가역적인 일정압력의 닫힌계에서 전달되는 열의 양과 값은?

① 깁스자유에너지 변화

② 엔트로피 변화

③ 내부에너지 변화

④ 엔탈피 변화

해설

$$\Delta H + \Delta E_k + \Delta E_p = Q + W_s$$

$$\Delta H = Q = nC_p\Delta T$$

40 다음 중 Hess의 법칙과 가장 관련이 있는 함수는?

① 비열 ② 열용량

③ 엔트로피 ④ 반응열

해설

Hess의 법칙

반응열은 처음과 마지막 상태에 의해서만 결정되며 도중의 경로에는 무관하다.

정답 **36** ① **37** ④ **38** ① **39** ④ **40** ④

41 100℃ 기준으로 물질 A의 평균 열용량은 다음 표와 같다. 물질 A 10g을 200℃에서 400℃까지 가열하기 위하여 필요한 열량은 몇 cal인가?

온도(℃)	C_p(cal/g · ℃)
100	1.2
200	1.5
400	1.7

① 3,000

② 3,400

③ 3,600

④ 3,800

해설

$Q = mc\Delta t$

$= \int_{100}^{400} 1.7 dT - \int_{100}^{200} 1.5 dT$

$= 10(1.7 \times 300 - 1.5 \times 100) = 3,600cal$

42 다음과 같은 반응의 표준반응열은 몇 kcal/mol인가?(단, C_2H_5OH, CH_3COOH, $CH_3COO-C_2H_5$의 표준연소열은 각각 $-326,700kcal/mol$, $-208,340kcal/mol$, $-538,750kcal/mol$이다.)

$C_2H_5OH(l) + CH_3COOH(l)$
$\qquad \rightarrow CH_3COOC_2H_5(l) + H_2O(l)$

① $-14,240$

② $-3,710$

③ 3,710

④ 14,240

해설

ΔH_R(반응열) $= \Delta H_C$(반응물의 연소열)

$\qquad\qquad - \Delta H_C$(생성물의 연소열)

$= [-326,700 + (-208,340)]$

$\qquad - (-538,750)kcal/mol$

$= 3,710kcal/mol$

CHAPTER 03 유동현상

[01] 서론(Introduction)

1. 화학공학

단위조작(Unit Operation) + 단위공정(Unit Process)
① 단위조작 : 분쇄, 여과, 증발, 증류, 추출 등과 같은 기계적 · 물리적 조작을 말한다.
② 단위공정 : 화학반응을 중심으로 연구

2. 단위와 차원

1) SI 단위

양	단위	기호	양	단위	기호
길이	미터	m	물질의 양	몰	mol
질량	킬로그램	kg	전류	암페어	A
시간	초	s	광도	칸델라	cd
온도	켈빈	K			

▼ SI 접두사

크기	접두사	기호	크기	접두사	기호
$10^1 = 10$	deca	da	10^{-1}	deci	d
10^2	hecto	h	10^{-2}	centi	c
10^3	kilo	k	10^{-3}	milli	m
10^6	mega	M	10^{-6}	micro	μ
10^9	giga	G	10^{-9}	nano	n
10^{12}	tera	T	10^{-12}	pico	p
10^{15}	peta	P	10^{-15}	femto	f
10^{18}	exa	E	10^{-18}	atto	a

2) 단위

(1) 기본단위

길이[L], 질량[M], 시간[t], 온도[T]

① 길이 m, cm, ft = [L]

② 질량 kg, g, lb = [M]

(2) 유도단위

밀도(Density), 압력(Pressure)

① 밀도$(g/cm^3) = [M/L^3] = [ML^{-3}]$

② 압력$(N/m^2 = kg/ms^2) = [M/LT^2] = [ML^{-1}T^{-2}]$

3) 질량단위와 중량단위

(1) 질량단위

질량(Mass)은 물질의 고유한 양으로 측정장소, 중력의 크기와는 무관하다. 질량, 길이, 시간을 기본양으로 하는 단위계를 질량단위계라 한다.

Newton의 제2법칙 $F = mg (kg \cdot m/s^2)$

즉, 1kg의 질량에 $1m/s^2$의 가속도를 갖게 하는 힘을 $1newton(kg \cdot m/s^2, N)$이라 한다.

(2) 중량단위

Newton의 제2법칙 $F = mg (kg \cdot m/s^2)$

즉, 1kg의 물체에 $9.8m/s^2$의 가속도를 갖는 힘의 크기를 $1kg_f$라 한다.

$1kg \times 9.8m/s^2 = 9.8kg \cdot m/s^2 = 9.8N = 1kg_f$

TIP ||||||||||||||||||||||||||||||||||||

차원

• 밀도$[ML^{-3}]$
• 압력$[ML^{-1}T^{-2}]$
• 힘$[MLT^{-2}]$
• 일$[ML^2T^{-2}]$

Reference

중력환산 계수(g_c)

$$F = m\frac{a}{g_c} = m\frac{g}{g_c}$$

• $g_c = \dfrac{ma}{F} = \dfrac{mg}{F} (kg \cdot m/s^2 \cdot kg_f)$

• $\dfrac{g}{g_c} = \dfrac{m/s^2}{kg \cdot m/s^2 \cdot kg_f} = \dfrac{kg_f}{kg}$

∴ $g_c = 9.8kg \cdot m/kg_f \cdot s^2 = 980g \cdot cm/g_f \cdot s^2 = 32.174lb \cdot ft/lb_f \cdot s^2$

4) 힘

① 힘=중량

② N, dyne, lb_f, kg_f

5) 온도

$$t'(°F) = \frac{9}{5}t(℃) + 32$$

① 절대온도

$T(K) = t(℃) + 273.16$

$T(°R) = t'(°F) + 460$

◆ 압력
단위면적에 작용하는 힘

6) 압력(Pressure) ▪▪▪

$N/m^2 = Pa$, $dyne/cm^2$, kg_f/cm^2

① 표준대기압=1atm=760mmHg=1.0332kg_f/cm^2=10.33mH_2O

  =1,013mb=29.92inHg=14.7lb_f/in^2=14.7psi

  =1.013×$10^5N/m^2$=1.013×10^5Pa=1.013bar

② 절대압=게이지압+대기압

진공압=대기압−절대압

절대압이 대기압보다 낮을 때 그 차를 진공압(Vacuum)이라 한다.

진공도=$\dfrac{진공압}{대기압}$×100(%)

7) 밀도와 비중 ▪▪▪

(1) 밀도(Density)

단위부피당 질량(kg/m^3, g/cm^3)

$$\rho_{H_2O} = 1g/cm^3 = 1,000kg/m^3 = 62.43lb/ft^3$$

💡 **TIP** ▥▥▥▥▥▥▥▥▥▥▥▥▥

액체 A의 밀도가 0.8g/cm^3일 때 A의 비중

A의 비중 = $\dfrac{A의\ 밀도}{물의\ 밀도}$

  = $\dfrac{0.8g/cm^3}{1g/cm^3}$ = 0.8

(2) 비중(sp · gr : Specific Gravity)

① 표준물질의 밀도에 대한 어떤 물질의 밀도의 비(무차원)

② **표준물질** : 액체, 고체(4℃ 물), 기체(공기, 수소)

➡ 무차원(Dimensionless) : 단위가 없다.

(3) 비용

$$비용 = \frac{1}{\rho}, \text{ 단위질량당 부피}(\text{m}^3/\text{kg})$$

(4) 비중량

단위체적당 중량$(\text{kg}_\text{f}/\text{m}^3)$

8) 일과 동력 ▪▪▪

(1) 일(Work) = 힘(F) × 거리(S)

$$1\text{Joule} = 1\text{N} \times 1\text{m} = 1\text{N} \cdot \text{m} = 1\text{kg} \cdot \text{m}^2/\text{s}^2$$

$$1\text{kg}_\text{f} \times 1\text{m} = 1\text{kg}_\text{f} \cdot \text{m}$$

(2) 동력(Power) = 일/시간

단위시간에 한 일 $\text{kg}_\text{f} \cdot \text{m/s, PS, HP, J/s} = \text{W(Watt)}$

$$1\text{PS} = 75\text{kg}_\text{f} \cdot \text{m/s}$$

$$1\text{HP} = 76\text{kg}_\text{f} \cdot \text{m/s}$$

$$1\text{kW} = 102\text{kg}_\text{f} \cdot \text{m/s}$$

9) 열(Heat) = 일(Work)

고온 —열이동/온도변화→ 저온

① 1cal = 1g의 물을 1℃ 올리는 데 필요한 열량
② 1BTU = 1lb의 물을 1℉ 올리는 데 필요한 열량

> 1kcal = 1,000cal
> 1cal = 4.184J
> $1\text{BTU} = 252\text{cal} = 778\text{ft} \cdot \text{lb}_\text{f}$

10) 점도 ▪▪▪

(1) 점도(μ)

센티포아즈(cP) : Poise의 $\frac{1}{100}$

> $1\text{Poise} = 100\text{cP} = 1\text{g/cm} \cdot \text{s} = 0.1\text{kg/m} \cdot \text{s}$
> $\qquad\qquad = 0.0672\,\text{lb/ft} \cdot \text{s}$

TIP

물의 점도 ▪▪▪

1cP = 0.01P
   = 0.01g/cm · s
   = 0.001kg/m · s

(2) 동점도(ν)

$$운동점도, 동점도(\nu) = \frac{점도}{밀도} = \frac{\mu}{\rho}$$

$$1\text{Stokes(cm}^2\text{/s)} = 100\text{cst}$$

3. 기본법칙

1) 몰(mol)

$$\text{mole수} = \frac{질량}{분자량}$$

$$n_A = \frac{m_A}{M_A}, \; n_B = \frac{m_B}{M_B}$$

여기서, M : 분자량
m : 질량

2) 평균분자량 ▨▨▨

$$M_{av} = \frac{m_A + m_B + m_C + \cdots}{\dfrac{m_A}{M_A} + \dfrac{m_B}{M_B} + \dfrac{m_C}{M_C} + \cdots} = \frac{m_A + m_B + m_C + \cdots}{n_A + n_B + n_C + \cdots}$$

$$= M_A x_A + M_B x_B + M_C x_C + \cdots$$

▣ 공기의 평균 분자량

O_2 21%, N_2 79%

$M_{av} = 32 \times 0.21 + 28 \times 0.79 = 28.84$

3) 몰분율(mole fraction)

$$x_A = \frac{n_A}{n_A + n_B + n_C + \cdots}$$

mole 분율 × 100 = mol%

4) mol 부피 ▨▨▨

① 기체 1mol이 차지하는 부피
② 표준상태(0℃, 1atm)에서 1mol이 차지하는 부피는 22.4L, 1kmol이 차지하는 부피는 22.4m³이고, 1lbmol이 차지하는 부피는 359ft³이다.
③ 표준상태 1mol, 22.4L 안에는 6.02×10^{23}개(아보가드로수)의 분자(입자)를 갖고 있다.

$$\frac{P_1 V_1}{T_1} = \frac{P_2 V_2}{T_2} \ (\text{Boyle}-\text{Charle's Law})$$

$$PV = nRT \ (\text{이상기체 상태방정식})$$

$$P = \frac{n}{V}RT = CRT$$

$$PV = \frac{W}{M}RT \rightarrow \frac{W}{V} = \frac{PM}{RT}$$

$$\therefore \ d = \frac{PM}{RT}$$

R(기체상수) $= 0.082\text{L} \cdot \text{atm/mol} \cdot \text{K} = 0.082\text{m}^3 \cdot \text{atm/kmol} \cdot \text{K}$

$\quad = 1.987\text{cal/mol} \cdot \text{K}$

$\quad = 8.314\text{J/mol} \cdot \text{K} = 10.73\text{psi} \cdot \text{ft}^3\text{/lbmol} \cdot \,^{\circ}\text{R}$

TIP

- P : 압력
- V : 부피
- n : 몰
- M : 분자량
- W : 질량
- d : 밀도

4. 혼합 기체의 법칙

1) Dalton의 분압의 법칙

이상기체 혼합물의 전압은 각 성분기체의 분압의 합과 같다.

$$P = p_A + p_B + p_C + \cdots$$

2) Amagat의 분용의 법칙

혼합기체가 차지하는 전체의 부피는 각 성분의 분용(순성분 부피)의 합과 같다.

$$V = v_A + v_B + v_C + \cdots$$

이상기체 법칙과 결합하면

$$\frac{v_A}{V} = \frac{n_A}{n} = y_A$$

$$\frac{p_A}{P} = \frac{v_A}{V} = \frac{n_A}{n} = y_A$$

$\therefore$ 부피분율 $=$ 압력분율 $=$ 몰분율

$\quad$ Volume% $=$ Pressure% $=$ mol%

5. 물질수지와 에너지수지

1) 정상상태

입량(Input)＝출량(Output)

2) 비정상상태

Input＝Output＋Accumulation(축적량)

3) 에너지 보존의 법칙

에너지는 많은 형태가 있는데 이들은 상호 전환될 수 있으며, 에너지 총합은 같다.

6. 평형

1) 평형상태

정반응의 속도와 역반응의 속도가 같은 상태. 동적 평형

2) 전달속도

$$전달속도 = \frac{추진력}{저항} \begin{array}{l} \rightarrow \text{농도차 · 온도차와 같이 전달속도를 지배하는 것} \\ \rightarrow \text{전달속도를 방해하는 것} \end{array}$$

◆ 자유도(F)
온도 · 압력 · 농도와 같이 계의 평형상태를 정의하기 위해서 고정되어야 하는 독립적 세기변수의 수

3) 자유도

$$F = 2 - P + C$$

여기서, F : 자유도
P : 상의 수
C : 성분의 수

실전문제

01 동점성계수의 단위에 해당하는 것은?

① m^2/kg
② m^2/s
③ $kg/m \cdot s$
④ $kg/m \cdot s$

해설

$$\nu = \frac{\mu}{\rho} = \frac{g/cm \cdot s}{g/cm^3} = cm^2/s$$

$$\nu = \frac{kg/m \cdot s}{kg/m^3} = m^2/s$$

02 상평형 관계에서 $\phi = C - P + 2$가 성립하는데 자유도 ϕ가 의미하는 것은?(단, C는 성분수, P는 상(phase)의 수이다.)

① 계의 평형상태를 정의하기 위해 고정되어야 하는 독립적 세기 변수의 수
② 상태를 나타내는 데 필요한 성분의 수
③ 평형상태에서 상의 수에 성분 수를 더한 수
④ 주어진 성분으로 평형을 나타내는 데 가능한 상태의 수

해설

자유도
계의 평형상태를 정의하기 위해서 고정되어야 하는 독립적 세기변수의 수

03 벤젠과 톨루엔의 2성분계 정류조작에 있어서의 자유도(Degrees of Freedom)는?

① 0
② 1
③ 2
④ 3

해설

$$F = 2 - P + C$$
$$= 2 - 2 + 2 = 2$$

04 $L \cdot atm$과 단위가 같은 것은?

① 힘
② 질량
③ 속도
④ 에너지

해설

에너지의 단위
cal, kcal, J, $kg_f \cdot m$, $L \cdot atm$

05 섭씨온도 눈금과 화씨온도 눈금의 수치가 일치되는 온도는?

① $40℉$
② $25℉$
③ $-25℉$
④ $-40℉$

해설

$$t'(℉) = \frac{9}{5}t(℃) + 32$$

$$t = \frac{9}{5}t + 32$$

$$\therefore t = -40℉ = -40℃$$

06 점도가 5cP인 액체가 있다. 이것을 $kg/m \cdot h$로 환산하면 얼마가 되는가?

① 15
② 18
③ 21
④ 24

해설

$$5cP \times \frac{0.01P}{1cP} \times \frac{1g/cm \cdot s}{1P} \times \frac{1kg}{1,000g} \times \frac{100cm}{1m}$$

$$\times \frac{3,600s}{1h} = 18kg/m \cdot h$$

정답 01 ② 02 ① 03 ③ 04 ④ 05 ④ 06 ②

07 0℃, 1atm에 있는 기체 2L를 273℃, 4기압으로 할 때 부피는?

① 1L   ② 2L
③ 3L   ④ 4L

해설

$$\frac{P_1 V_1}{T_1} = \frac{P_2 V_2}{T_2}$$

$$V_2 = V_1 \times \frac{P_1}{P_2} \times \frac{T_2}{T_1} = 2L \times \frac{1}{4} \times \frac{546}{273} = 1L$$

08 1kg의 질량에 1m/s²의 가속도를 주는 힘은 어느 것인가?

① 1dyne   ② 1joule
③ 1newton   ④ 1erg

해설

$$F = ma = 1kg \times 1m/s^2 = 1kg \cdot m/s^2 = 1N$$

09 공기는 질소 79vol%, 산소 21vol%로 이루어져 있다. 70℉, 750mmHg에서 공기의 밀도는 얼마인가?

① 1.10g/L   ② 1.14g/L
③ 1.18g/L   ④ 1.22g/L

해설

$$\overline{M_w} = 0.79 \times 28 + 0.21 \times 32 = 28.84$$

$$70℉ = \frac{9}{5}t(℃) + 32$$

$$\therefore t(℃) = 21℃ \rightarrow T(K) = 294K$$

$$PV = nRT \rightarrow PV = \frac{w}{M}RT \rightarrow \frac{w}{V} = d = \frac{PM}{RT}$$

$$\therefore d = \frac{750mmHg \times \frac{1}{760} \times 28.84g/mol}{0.082L \cdot atm/mol \cdot K \times 294K} = 1.18g/L$$

10 다음 중 가장 낮은 압력을 나타내는 것은?

① 760mmHg   ② 101.3kPa
③ 14.2psi   ④ 1bar

해설

1atm=760mmHg=101.3kPa=14.7psi=1.013bar

11 비중이 1.64인 물질의 밀도를 g/cm³, kg/m³ 및 lb/ft³으로 표시할 때 다음 중 옳은 것은?

① 1.64g/cm³, 1.64kg/m³, 62.43lb/ft³
② 1.64g/cm³, 164kg/m³, 1,024lb/ft³
③ 1.64g/cm³, 1,640kg/m³, 102.4lb/ft³
④ 1.64g/cm³, 1.64kg/m³, 62.43lb/ft³

해설

비중=1.64
밀도=1.64g/cm³=1,640kg/m³=102.4lb/ft³
※ 물의 밀도=1g/cm³=1,000kg/m³=62.43lb/ft³

12 10kg의 물체에 9.6m/s²의 가속도를 주었을 때 힘의 크기는 얼마인가?

① 9.6N   ② 9.8kg_f
③ 9.8N   ④ 98kg_f

해설

$$F = ma = 10kg \times 9.6m/s^2 = 96kg \cdot m/s^2 = 96N$$

$$F = m\frac{a}{g_c} = 10kg \times \frac{9.6kg_f}{9.8kg} = 9.79kg_f \fallingdotseq 9.8kg_f$$

13 NaCl 30wt%를 포함하는 수용액의 조성을 mol%로 표시하면 약 얼마인가?

① 11.6%   ② 30%
③ 51.2%   ④ 100%

해설

NaCl 30g, H₂O 70g(기준 : 100g)

$$NaCl\ 30g \times \frac{1mol}{58.5g} = 0.512mol$$

$$H_2O\ 70g \times \frac{1mol}{18g} = 3.89mol$$

$$\therefore NaCl = \frac{0.512}{0.512 + 3.89} \times 100 = 11.6\%$$

정답 ▶ 07 ① 08 ③ 09 ③ 10 ③ 11 ③ 12 ② 13 ①

14 절대점도가 2cP이고 비중이 0.5인 유체의 동점도 (Kinematic Viscosity)는 몇 cst인가?

① 0.02
② 0.04
③ 2
④ 4

해설

$$\nu = \frac{\mu}{\rho} = \frac{0.02\text{g/cm} \cdot \text{s}}{0.5\text{g/cm}^3} = 0.04\text{cm}^2/\text{s (st)} \fallingdotseq 4\text{cst}$$

15 다음 중 $1\text{kg}_\text{f}/\text{cm}^2$의 압력과 가장 가까운 값은?

① $102\text{kg}_\text{f}/\text{m}^2$
② 9.8N/m^2
③ 9.8N/cm^2
④ $9.8 \times 10^4\text{N/cm}^2$

해설

$$1\text{kg}_\text{f}/\text{cm}^2 \times \frac{101.3 \times 10^3\,\text{N/m}^2}{1.0332\text{kg}_\text{f}/\text{cm}^2} = 10^5\,\text{N/m}^2 \times \frac{1\text{m}^2}{100^2\,\text{cm}^2}$$
$$= 10\text{N/cm}^2$$
$$1\text{kg}_\text{f}/\text{cm}^2 \times \frac{100^2\,\text{cm}^2}{1\text{m}^2} = 10^4\,\text{kg}_\text{f}/\text{m}^2$$

[02] 유체의 유동

TIP

유체
- 압축성 유체
  온도와 압력에 따라 밀도가 크게 변하는 유체(기체)
- 비압축성 유체
  온도와 압축에 따라 밀도가 거의 변하지 않는 유체(액체)

1. 유체(Fluids)

- 외부로부터 어떤 힘을 받았을 때 변형에 대하여 영구적으로 저항하지 않는 물질, 즉 외부의 힘에 의해 쉽게 변형할 수 있는 물질을 의미한다.
- 유체의 모양을 변화시키려면 새로운 모양이 이루어질 때까지 한 유체층이 다른 유체층 위를 미끄러져 간다. 모양이 변하는 동안 전단응력(Shear Stress)이 존재하며, 그 크기는 유체의 점도와 미끄러짐의 속도에 관계된다. 새로운 모양이 이루어지면, 전단응력은 없어지며 평형에 있는 유체도 전단응력이 없다.
- 유체를 액체(비압축성 유체)와 기체(압축성 유체)의 총칭으로 사용한다.

2. 유체의 수송

TIP

배관 설계 시 고려해야 할 사항
- 마찰저항으로 인한 압력손실을 고려한다.
- 되도록 같은 지름의 파이프를 쓰고 굽힘부분을 적게 한다.
- 배관의 위치와 구조는 작업, 수리 등에 편리하게 배치한다.
- 관로는 색깔로써 유체의 종류가 분별되게 한다.
- 기체의 응축에 의한 부하 발생을 고려하고 수격 작용, 사이펀 작용을 제거한다.
- 관로는 절연체로 싸주며 신축이음을 만들어 준다.

◈ 수격작용(Water Hammering)
관로 내의 물(유체)의 운동상태를 갑자기 변화시켰을 때 생기는 물(유체)의 급격한 압력변화 현상

◈ 사이펀 작용
사이펀(액체를 높은 곳으로 빨아올린 후 낮은 곳으로 흐르게 하기 위한 곡관)에 가득 찬 액체가 높은 곳에서 낮은 곳으로 계속 흘러가는 작용

1) 관(Pipe, Tube)

① 관은 재질에 따라 강관, 주철관, 구리관, 납관, 알루미늄관 등의 철 및 비철금속관과 합금관, 도기관, 콘크리트관, 플라스틱관, 유리관, 고무관 등으로 분류된다.

② 수송유체의 특성에 맞게 관을 선택하여 사용한다.

③ 관의 규격
- 강관, 주철관의 규격 : ASA(미국규격협회, American Standard Association)에서 만든 규격을 주로 사용하며 관의 두께, 강도는 규격번호(Schedule Number)로 표시한다.

$$\text{Schedule No.} = 1,000 \times \frac{\text{내부작업 압력}}{\text{재료의 허용응력}}$$

- Schedule No.에서는 번호가 클수록 두께가 커진다.

> **Reference**
>
> **Schedule No.에 따른 관의 두께**
>
> - Sch No.가 크다.(80)
>   ➡ 외경은 같고 두께가 두껍다.
>
> - Sch No.가 작다.(40)
>   ➡ 외경은 같고 두께가 얇다.
>
> 　　　　　
>
> - BWG(Birmingham Wire Gauge) : 응축기, 열교환기 등에서 사용되는 배관용 동관류는 BWG로 표시한다. BWG 값이 작을수록 관벽이 두꺼운 것이다.

2) 관부속품 ▨▨▨

(1) 두 개의 관을 연결할 때

플랜지(Flange), 유니온(Union), 니플(Nipple), 커플링(Coupling), 소켓(Socket)

(2) 관선의 방향을 바꿀 때

엘보(Elbow), Y − 지관(Y − Branch), 십자(Cross), 티(Tee)

(3) 관선의 직경을 바꿀 때

리듀서(Reducer), 부싱(Bushing)

(4) 지선을 연결할 때

티(Tee), Y − 지관(Y − Branch), 십자(Cross)

(5) 유로를 차단할 때

플러그(Plug), 캡(Cap), 밸브(Valve)

(6) 유량을 조절할 때

밸브(Valve)

Reference

Valve의 종류 ▨▨▨

ㄱ Gate Valve(문밸브)
- 유체의 흐름과 직각으로 문의 상하운동에 의해 유량을 조절한다.
- 저수지 수문과 같이 문의 완전 개폐에 이용된다.
- 섬세한 유량조절이 어렵다.

ㄴ Glove Valve(구형 밸브) : 가정에서 사용하는 수도꼭지
- 섬세한 유량 조절 가능
  예 Stop Valve, Angle Valve, Needle Valve

ㄷ Check Valve(막음밸브) : 유체의 역류를 방지하고, 유체를 한 방향으로만 보내고자 할 때 사용한다.

ㄹ Cock Valve(콕밸브), Plug Valve(플러그 밸브) : 작은 관에서 사용하는 것으로 유량 조절이 용이하며 유로의 완전 개폐에 사용한다.

---

3) 액체수송 – Pump의 이용

(1) Pump의 종류

① 왕복펌프 : 왕복운동으로 점성 액체의 수송이나 고압을 얻는 데 적합하다.
- 피스톤 펌프(Piston Pump) : 일반용
- 플런저 펌프(Plunger Pump) : 고압용

② **회전펌프** : 회전자의 회전으로 점도가 큰 유체를 수송한다.
- Gear Pump(기어 펌프)
- Screw Pump(스크류 펌프)
- Lobe Pump(로브 펌프)

③ **원심펌프** : 임펠러(Impeller)의 회전에 의한 원심력에 의해 유체를 밀어낸다.
- Volute Pump(볼류트 펌프)
- Turbine Pump(터빈 펌프) : 고압용
- Propeller Pump(프로펠러 펌프)

④ **특수펌프**
- 애시드에그 펌프(Acid Egg Pump) : 황산, 질산 등을 수송하는 도자기용제
- 에어리프트 펌프(Air Lift Pump) : 지하수를 끌어 올리는 데 사용
- 제트 펌프(Jet Pump, Ejector) : 유체를 분산시켜 압력차에 의해 제2의 유체를 수송하는 장치

(2) 왕복펌프

피스톤, 플런저 등의 왕복운동에 의해 액체를 수송하는 것으로 피스톤 플런저가 1회 왕복할 때 1회 흡입·토출하는 것을 단동식, 2회 흡입·토출하는 것을 복동식이라 한다. 왕복펌프에 의한 액체 수송은 맥동(Pulse)을 피할 수 없기 때문에 이것을 방지하기 위해 공기실을 설치한다.

① 내산펌프 : 산 펄프 오염액의 부식성 액체나 고체 현탁액에 사용
② 격막펌프(Diaphragm Pump) : 부식 및 마식에 강한 고무, 가죽, 플라스틱 등 가소성 재료의 격막으로 피스톤을 보호한 펌프
③ 버킷펌프 : 수동펌프와 깊은 우물에 사용

(3) 원심펌프 ▦▦▦

① **장점**

구조가 간단하고 가격이 저렴하며 설치장소가 작게 필요하다. 고장이 잘 안 나고 수리가 용이하다. 맥동이 없으며, 진흙과 펄프의 수송도 가능하다.

② **단점**

㉠ 에어바인딩(Air Binding) 현상
- 펌프보다 수원이 낮을 경우, 펌프 케이싱 내부에 물이 없으면 펌프를 작동시키더라도 실제로 물이 나오지 않는 현상을 말한다.
- 처음 운전할 때 펌프 속에 들어 있는 공기에 의해 수두의 감소가 일어나 펌핑이 정지되는 현상으로, 이를 방지하기 위해 배출 시작 전에 액을 채워 공기를 제거해야 한다.

• 자동유출펌프

ⓛ 공동현상(Cavitation)

원심펌프를 높은 능력으로 운전할 때 임펠러 흡입부의 압력이 낮아지게 되는 현상이다. 다시 말해 공동현상은 빠른 속도로 액체가 운동할 때 액체의 압력이 증기압 이하로 낮아져서 액체 내에 증기기포가 발생하는 현상이다.

증기기포가 벽에 닿으면 부식이나 소음 등이 발생하므로 설계자는 공동현상을 피하도록 설계해야 한다. 공동화를 피하려면 펌프 흡입부의 압력이 증기압보다 어느 정도 커야 하는데, 이를 유효흡입두(NPSH : Net Positive Suction Head, 유효흡입양정)라 한다.

$$NPSH = \frac{1}{g}\left(\frac{p_a' - p_v}{\rho} - h_{fs}\right) \pm Z_a$$

여기서, p_a' : 저장조 표면의 절대압력

p_v : 증기압

h_{fs} : 흡입관에서의 마찰손실

Z_a : 흡입수면에서 펌프 중심까지의 높이(흡입이면 −, 가압이면 +)

TIP

압축비

$$압축비 = n\sqrt{\frac{P_2}{P_1}}$$

여기서, n : 단수

P_1 : 흡입압

P_2 : 토출압

Exercise 01

압축기를 사용하여 공기의 절대압력을 1기압에서 64기압까지 3단으로 압축할 때 각 단의 압축비는?

풀이 $3\sqrt{\dfrac{64}{1}} = 4$

---

4) 기체수송

기체수송기도 원리적으로는 액체수송기와 같다. 기체는 압축기(Compressor)와 송풍기(Blower)에 의해 수송된다.

(1) 왕복압축기

실린더 내 피스톤의 왕복에 의하여 기체를 흡입, 압송한다.

(2) 원심송풍기

원심력을 이용

① 터보압축기(Turbo Compressor) : 배출압력이 1.5기압 이상

② 터보송풍기(Turbo Blower) : 배출압력이 15~1,500mmHg 범위의 것

③ 터보팬(Turbo Fan) : 배출압력이 500mmH₂O 이하의 것

(3) 회전송풍기(Rotary Blower)

   ① 로브펌프(Lobe Pump)

   ② 나시펌프(Nash pump) : 물이나 다른 액체를 넣은 타원형 용기를 회전하여 그 용적변화를 이용하여 기체를 수송하는 장치로, 유독성 기체를 수송하는 데 사용

(4) 진공펌프(Vacuum Pump)

   왕복식, 회전식, 제트식이 있으며 그 구조는 압축기와 유사하다.

3. 유체의 유동 ▪▪▪

1) 유체의 속도

$$\overline{u} = \frac{Q}{A} = \frac{Q}{\dfrac{\pi D^2}{4}} \, (\mathrm{m/s})$$

여기서, $\overline{u}$: 평균유속(m/s)

      Q : 유량(m³/s)

      A : 유로의 단면적(m²)

      D : 관의 내부 지름(m)

2) O. Reynolds

① 층류(Laminar Flow) : 유체가 관벽에 직선으로 흐른다. 선류, 점성류, 평행류라고 한다.

② 난류(Turbulent Flow) : 유체가 불규칙적으로 흐른다.

> **Reynolds Number** ▪▪▪
>
> $$N_{Re} = \frac{D\overline{u}\rho}{\mu}$$
>
> $$(단위) = \frac{(\mathrm{m})(\mathrm{m/sec})(\mathrm{kg/m^3})}{(\mathrm{kg/m \cdot sec})} = 1(무차원수)$$
>
> 여기서, D : 직경
>
> $\overline{u}$: 평균유속
>
> ρ : 밀도
>
> μ : 점도
>
> • 층류 : $N_{Re} < 2,100$
>
> • 임계영역 : $2,100 < N_{Re} < 4,000$
>
> • 난류 : $N_{Re} > 4,000$

◈ 층류

유체가 관벽과 같은 고체에 영향을 받아 흐르는 흐름

◈ 난류

㉠ 벽난류 : 흐르는 유체가 고체경계와 접촉했을 때 생성되는 난류

㉡ 자유난류

  • 두 층의 유체가 서로 다른 속도로 흐를 때 생성되는 난류

  • 정체류 내를 제트류가 흐른다거나 고체벽으로부터 유체경계층이 분리되고 유체 내부를 따라 흐를 때 생성

◈ TIP ▫▫▫▫▫▫▫▫▫▫▫

CGS(g, cm, s)로 나타낸 N_{Re}가 1,000일 때 MKS(kg, m, s), FPS(lb, ft, s)로 나타내도 1,000이다.

③ Plug Flow : 유속의 분포가 항상 일정한 흐름

$\overline{u} = U_{max} = \text{Const}$

④ Creeping Flow : $N_{Re} < 0.1$

3) 최대속도(U_{max}) 🔳🔳🔳

①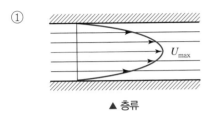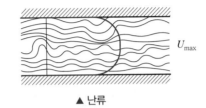

▲ 층류

평균속도 : $\overline{u} = \dfrac{1}{2}U_{max}$

▲ 난류

평균속도 : $\overline{u} = 0.8 U_{max}$

②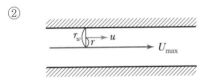

$$\frac{u}{U_{max}} = 1 - \left(\frac{r}{r_w}\right)^2$$

③

임계속도 : N_{Re}가 2,100일 때의 유속

4) 전이길이(L_t : Transition Length) 🔳🔳🔳

완전발달된(Fully Development) 흐름이 될 때까지의 길이(유량계는 이 길이를 지나 장치함)

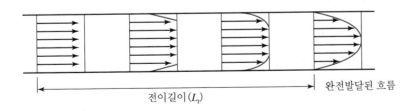

① 층류 : $L_t = 0.05 N_{Re} D$
② 난류 : $L_t = 40 \sim 50 D$

5) 유량 W(kg/s) = 질량유량

$$W = \rho Q = \rho \overline{u} A \,(\text{kg/s}) = GA$$

여기서, ρ : 밀도(kg/m³)

G : 질량속도, 단위면적당 질량유량(kg/m² · s)

6) 유체의 성질

(1) 점도(Viscosity) : 뉴턴의 점성법칙 ▨▨▨

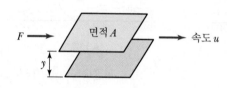

$$\tau = \frac{F}{A} = \mu \frac{du}{dy} \,(\text{kg/m} \cdot \text{s}^2)$$

여기서, τ : 전단응력(Shear Stress)

μ : 점성계수(점도)

① 절대점도 μ (g/cm · s)

1Poise = 1g/cm · s

1P = 100cP = 0.1kg/m · s = 1g/cm · s

② 운동점도 ν : 유체의 점도를 밀도로 나눈 값

$$\nu = \frac{\mu}{\rho} \,(\text{cm}^2/\text{s} = \text{Stokes})$$

③ 비점도 : 기준물질에 대한 점도비

$$비점도 = \frac{어떤 \; 물질의 \; 점도}{기준물질의 \; 점도}$$

7) 유체의 종류 ▨▨▨

(1) 뉴턴유체

내부 마찰력이 속도구배 $\left(\dfrac{du}{dy}\right)$에 비례하는 유체

(2) 유체의 종류

$$(\tau - k)^n = \mu \frac{du}{dy}$$

여기서, k, n : 유체의 고유상수

(k : 유동이 일어나지 않는 τ의 한계로 항복점이라 한다.)

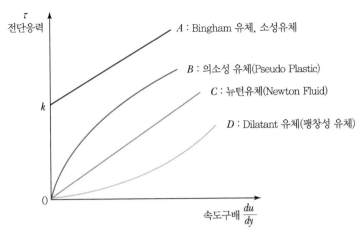

▲ 뉴턴 유체와 비뉴턴 유체의 전단응력과 속도구배의 관계

① 점성 유체($k = 0$)

- $n = 1$: Newton Fluid $\tau = \mu\left(\dfrac{du}{dy}\right)$: 비교질성 액체. 대부분의 용액

- $n \neq 1$: Non Newton 유체(비뉴턴 유체)

  $n > 1$: Pseudo Plastic(의소성 유체) : 고분자 용액, 펄프 용액

  $n < 1$: Dilatant Fluid(딜라탄트 유체) : 수지, 고온유리, 아스팔트

② 소성 유체($k \neq 0$)

- $n = 1$: Bingham 유체 : 슬러리, 왁스

- $n \neq 1$: Non Bingham 유체

8) 프란틀(Prandtl) 경계층

유체의 흐름은 고형물이나 도관의 벽에 영향을 받는다. 이와 같이 유체의 운동이 고체의 영향을 받으면서 흐르는 유체의 영역을 경계층이라 한다.

유체가 흐르는 방향과 평행인 고체벽(판)을 지나서 흐를 때의 속도변화는 다음과 같다.

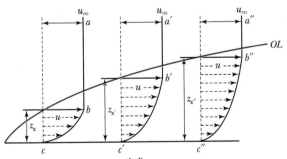

여기서, x : 벽(판)에서부터의 거리

U_∞ : 고체벽(판)에 의한 영향이 없는 유속

Z_x : 경계층의 두께

OL : 경계층의 한계

u : 국부속도

$abc, a'b'c', a''b''c''$: 국부 속도의 변화 곡선

◆ 표면마찰(Skin Friction)
- 경계층 분리가 일어나지 않았을 때의 마찰
- 흐르는 유체와 벽면과의 마찰

◆ 형태마찰(Form Friction)
- 경계층 분리가 일어났을 때의 마찰
- 관의 위치와 모양에 따른 마찰

① 고체판 상류에서 유체의 흐르는 속도는 전부 일정하다.(U_∞)

유체가 고체판에 접하게 되면 그 계면에서의 속도는 0이 되고 판에서부터 멀어질수록 속도는 증가하게 된다. 어느 정도 떨어진 곳에서의 유속은 고체판의 영향을 받지 않으므로 고체판 상류에서의 유속과 같아진다.

② 곡선 OL의 내부는 국부속도가 고체판의 영향으로 변화하는 부분을 나타낸 것이고 이 영역은 고체판의 앞 끝에서 멀어질수록 두꺼워진다. 이 영역, 다시 말해서 선분 OL과 고체판 사이의 국부속도가 변하는 층을 프란틀의 경계층이라고 한다.

③ 이 경계층 내의 속도분포를 보면 고체판 가까이에서는 유속이 아주 작으므로 층류를 이루지만 어느 정도 떨어지면 층류에서 난류로 변화하는 완충역(Buffer Region)이 존재하며, 그보다 더 떨어지면 난류로 흐르게 된다.

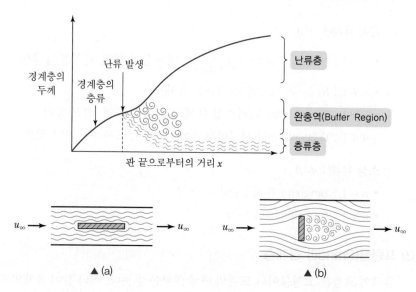

④ 유체가 평행한 고체판을 다 지나게 되면 속도구배는 점차 사라지고 처음 상태로 되돌아온다. [위 그림 (a) 참조]

⑤ 경계층의 분리(Boundary Layer Separation) [위 그림 (b) 참조] ▦▦▦

고체판이 유체가 흐르는 방향에 수직으로 있을 때 판의 표면에서는 경계층이 생기나 유체가 판 끝에 도달하게 되면 판의 뒷부분을 따라 흐르지 못하고(운동량 때문에), 판에서 떨어지며 판 뒤에서 속도가 줄면서 소용돌이를 형성하게 되는데, 이러한 현상을 "경계층의 분리"라고 한다.

소용돌이와 유체의 흐름 사이에는 전단응력이 존재하여 소용돌이가 계속 유지되며, 이때 기계적 에너지가 상당히 소모된다. 그 결과로 인해 유로의 압력손실을 가져오게 된다.

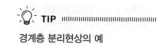

🔆 TIP ▥▥▥▥▥▥▥▥▥▥▥▥▥▥

경계층 분리현상의 예

• 유로의 갑작스러운 확대 또는 축소
• 유로방향의 급변

➡ 경계층 분리현상은 유체의 속도나 방향이 크게 변화하여 유체가 고체판(벽)을 따라서 흐를 수 없게 될 때 발생한다.
➡ 열전달을 촉진시키거나 액체를 혼합할 때는 경계층 분리현상이 바람직한 일이다.

4. 유체역학 ▪▪▪

1) 연속식

질량보존의 법칙을 기반으로 하며, 정상류(Steady State Flow)인 경우 질량유량 (Mass Flow Rate) w는 일정하다.

$$w = \rho_1 \overline{u}_1 A_1 = \rho_2 \overline{u}_2 A_1 = G_1 A_1 = G_2 A_2$$

여기서, G : 질량속도$(kg/m^2 \cdot s)$
$G = \rho u$

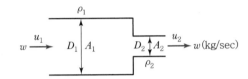

비압축성 유체 $\rho_1 = \rho_2$

$$\frac{\overline{u}_1}{\overline{u}_2} = \frac{A_2}{A_1} = \left(\frac{D_2}{D_1}\right)^2$$

2) U자관 마노미터(Manometer)

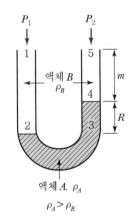

① 액체 A와 액체 B는 섞이지 않는다.
② 압력차 $P_1 - P_2$ 때문에 U자관의 두 경계면이 다르다. (4의 위치가 2보다 높다.)

$$\therefore \Delta P = P_1 - P_2 = R(\rho_A - \rho_B)\frac{g}{g_c}$$

🔅 **TIP** ▪▪▪▪▪▪▪▪▪▪▪▪▪▪▪▪▪▪▪▪▪▪▪▪

G = 질량속도
= 단면적당 질량유량$(kg/m^2\ s)$

경사마노미터에서 압력차

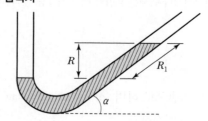

$R = R_1 \sin\alpha$ 이므로

$$\Delta P = P_1 - P_2 = R_1 \sin\alpha (\rho_A - \rho_B)\frac{g}{g_c}$$

3) 유체의 에너지수지

(1) 전체 에너지수지식

① 운동에너지(Kinetic Energy) : $\dfrac{m\overline{u}^2}{2}(\mathrm{kg \cdot m^2/s^2})$, $\dfrac{m\overline{u}^2}{2g_c}(\mathrm{kg_f \cdot m})$

② 위치에너지(Potential Energy) : $mgz\,(\mathrm{kg \cdot m^2/s^2})$, $m\dfrac{g}{g_c}z\,(\mathrm{kg_f \cdot m})$

③ 압력에너지(Pressure Energy) : $mpv\,(\mathrm{kg_f \cdot m})$

$$v(\text{비용}) = \frac{1}{\rho}\,(\mathrm{m^3/kg})$$

④ 내부에너지(Internal Energy) : $mU\,(\mathrm{kcal})$, $JmU\,(\mathrm{kg_f \cdot m})$
여기서, J : 열의 일당량

- $1\mathrm{cal} = 4.184\mathrm{J}$
- $1\mathrm{Btu} = 778\mathrm{lb_f \cdot ft}$
- $1\mathrm{kcal} = 4,184\mathrm{J} = 427\mathrm{kg_f \cdot m}$

⑤ 다음 그림에서 (1)~(2) 구간 유체 1kg에 대해 펌프로부터 $W_p(\mathrm{kg_f \cdot m/kg})$의 에너지를 받고 열교환기에서 $Q\,(\mathrm{kcal/kg})$의 열을 받았다고 하면 전체 에너지 수지식은 다음과 같이 나타낼 수 있다.

$$\frac{\overline{u}_1^{\,2}}{2g_c} + \frac{g}{g_c}z_1 + p_1 v_1 + JU_1 + w_p + JQ = \frac{\overline{u}_2^{\,2}}{2g_c} + \frac{g}{g_c}z_2 + p_2 v_2 + JU_2$$

$pv + JU = JH(\text{Enthalpy})$이므로

$$\frac{\overline{u_1}^2}{2g_c} + \frac{g}{g_c}z_1 + JH_1 + w_p + JQ = \frac{\overline{u_2}^2}{2g_c} + \frac{g}{g_c}z_2 + JH_2 \,(\text{kg}_\text{f} \cdot \text{m/kg})$$

TIP

α(운동에너지 보정인자)

$$W_p = \alpha\frac{u_2^2 - u_1^2}{2g_c} + \frac{g}{g_c}(z_2 - z_1)$$
$$+ \frac{p_2 - p_1}{\rho} + \sum F$$
여기서, 난류 : $\alpha = 1$
층류 : $\alpha = 2$

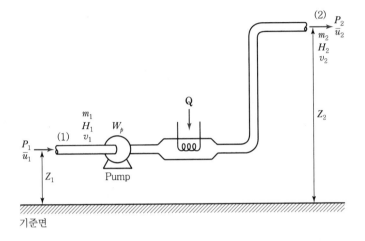

(2) 기계적 에너지수지

유체가 (1)에서 (2)로 흐르는 동안 기계적 에너지의 일부가 마찰이나 다른 원인에 의해 열에너지로 변화한다. 이 에너지의 크기를 $\sum F(\text{kg}_\text{f} \cdot \text{m/kg})$라고 하면 이 에너지와 열교환기에서 얻은 열량 $JQ\,(\text{kg}_\text{f} \cdot \text{m/kg})$ 때문에 유체 내부에너지가 증가하게 되며, 팽창으로 인한 일을 하게 된다.

유체 1kg이 압력 P에 대하여 v_1에서 v_2로 팽창할 때 외부에 대하여 행하는 일은 $\int_{v_1}^{v_2} Pdv(\text{kg}_\text{f} \cdot \text{m/kg})$이므로 에너지 보존의 법칙에 적용하면 다음과 같은 식으로 나타낼 수 있다.

$$\frac{\overline{u_1}^2}{2g_c} + \frac{g}{g_c}z_1 + p_1v_1 + W_p + \int_{v_1}^{v_2} Pdv = \frac{\overline{u_2}^2}{2g_c} + \frac{g}{g_c}z_2 + p_2v_2 + \sum F \quad \cdots\cdots \text{ⓐ}$$

$p_2v_2 - p_1v_1 = \int_1^2 d(Pv) = \int_{v_1}^{v_2} Pdv + \int_{p_1}^{p_2} vdp$이므로 위의 식은 다음과 같다.

$$\frac{\overline{u_1}^2}{2g_c} + \frac{g}{g_c}z_1 + W_p = \frac{\overline{u_2}^2}{2g_c} + \frac{g}{g_c}z_2 + \int_{p_1}^{p_2} vdp + \sum F(\text{kg}_\text{f} \cdot \text{m/kg}) \quad \cdots\cdots \text{ⓑ}$$

식 ⓐ와 ⓑ를 기계적 에너지수지식이라 하며 Bernoulli 식의 일반형이다.

위의 식을 정리하면 다음과 같다.

$$W_p = \frac{\overline{u_2}^2 - \overline{u_1}^2}{2g_c} + \frac{g}{g_c}(z_2 - z_1) + \int_{p_1}^{p_2} vdp + \sum F(\text{kg}_f \cdot \text{m/kg})$$

↳ 유체를 흐르게 하기 위해 Pump가 해야 할 일의 크기

유체가 만일 비압축성 유체(Non − compressible Fluid), 즉 액체인 경우, 밀도가

일정하므로 $\displaystyle\int_{p_1}^{p_2} vdp = v(p_2 - p_1) = \dfrac{p_2 - p_1}{\rho}$ 가 되므로

$$\frac{\overline{u_1}^2}{2g_c} + \frac{g}{g_c}z_1 + \frac{p_1}{\rho} + w_p = \frac{\overline{u_2}^2}{2g_c} + \frac{g}{g_c}z_2 + \frac{p_2}{\rho} + \sum F(\text{kg}_f \cdot \text{m/kg}) \quad \cdots\cdots ©$$

이 된다.   ↳ "Bernoulli 정리"라고 한다.

Exercise 02

펌프를 사용하여 비중 1.84인 유체를 저장조에서 고가탱크로 퍼올린다. 흡입부는 3in 규격 40강관, 배출부는 2in 규격 40강관이며, 흡입부 유속은 0.914m/s, 펌프의 효율은 60%, 관 전체의 마찰손실은 29.9J/kg이다. (단, 3in 관의 단면적은 0.0513ft²이고, 2in 관의 단면적은 0.0223ft²이다.)
① 유체에 전달되는 동력을 구하시오.
② 펌프가 내야 할 압력을 구하시오.

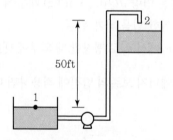

풀이 (1) $u_1 A_1 = u_2 A_2$

$0.914\text{m/s} \times 0.0513\text{ft}^2 = u_2 \times 0.0223\text{ft}^2$

$\therefore u_2 = 2.1\text{m/s}$

$$W_p = \frac{u_2^2 - u_1^2}{2} + g(z_2 - z_1) + \frac{p_2 - p_1}{\rho} + \sum F$$

$$= \frac{2.1^2 - 0}{2} + 9.8 \times 50\text{ft} \times \frac{0.3048\text{m}}{1\text{ft}} + 29.9\text{J/kg}$$

$$= 181.457\text{J/kg}$$

$$\dot{m} = \rho u A = 1.84 \times 1,000 \mathrm{kg/m^3} \times 2.1 \mathrm{m/s} \times 0.0223 \mathrm{ft^2} \times \frac{0.3048^2 \mathrm{m^2}}{1\,\mathrm{ft^2}}$$

$$= 8.0 \mathrm{kg/s}$$

$$\therefore p = \frac{\dot{m}\,W_p}{\eta} = \frac{8.0 \mathrm{kg/s} \times 181.457 \mathrm{J/kg}}{0.6}$$

$$= 2,419.43 \mathrm{J/s} = 2.42 \mathrm{kW}$$

(2) $\dfrac{p_2 - p_1}{\rho} = \dfrac{u_1{}^2 - u_2{}^2}{2} + W_p$

$$p_2 - p_1 = 1.84 \times 1,000 \mathrm{kg/m^3} \left(\frac{0.914^2 - 2.1^2}{2} + 181.457 \right)$$

$$= 330,592 \mathrm{N/m^2}$$

$$= 330.59 \mathrm{kPa}$$

Reference

Bernoulli 정리 ▨▨▨

$$\left(\frac{g}{g_c} \right)(z_2 - z_1) + \frac{\overline{u}_2{}^2 - \overline{u}_1{}^2}{2g_c} + p_2 v_2 - p_1 v_1 = 0$$

$$\frac{\Delta u^2}{2g_c} + \frac{g}{g_c}\Delta z + \frac{\Delta p}{\rho} = \text{일정}$$

$$\div \left(\frac{g}{g_c} \right)$$

$$z + \frac{u^2}{2g} + \frac{p}{\rho} = \text{일정}$$

ⓐ식의 각 항에 $\dfrac{g_c}{g}$ (kg/kg$_\mathrm{f}$)를 곱하면 다음과 같이 된다.

$$\frac{\overline{u}_1{}^2}{2g} + z_1 + \frac{g_c}{g}p_1 v_1 + \frac{g_c}{g}w_p + \frac{g_c}{g}\int_{v_1}^{v_2} p\,dv$$

$$= \frac{\overline{u}_2{}^2}{2g} + z_2 + \frac{g_c}{g}p_2 v_2 + \frac{g_c}{g}\sum F \,(\mathrm{m})$$

위의 식 각 항은 모두 길이[L]의 차원을 가지며 각각의 에너지를 위치에너지로, 그 유체의 기준면으로 부터의 높이에 의해 나타낸 것이다. 이것을 두(頭. Head) 라 한다.

$\dfrac{\overline{u}^2}{2g}$: 속도두, z : 위치두, $\dfrac{g_c}{g}pv$: 정압두, $\dfrac{g_c}{g}\sum F$: 두손실(Head Loss)이라 한다.

밀도가 $\rho(kg/m^3)$인 액체의 두(頭) H와 압력 P 사이의 관계는 $P = \rho H$이다.

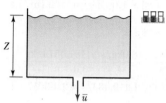

$$\frac{\bar{u}^2}{2g_c} = \frac{g}{g_c} - \sum F$$

$$\therefore \ \bar{u} = \sqrt{2(gz - g_c F)}$$

위의 식에서 분출속도는 액의 높이에 따라 결정되며, 액의 종류는 무관함을 나타낸다. 이 식을 "Torricelli의 정리"라고 한다.

만일 두손실이 없다면 다음과 같이 나타낼 수 있다.

$$\bar{u} = \sqrt{2gz}$$

4) 유체 수송동력

(1) 이론 소요동력

TIP
1HP = 76kg$_f$m/s
1PS = 75kg$_f$m/s
1kW = 102kg$_f$m/s

$$P = Ww(kg_f \cdot m/s) = \frac{Ww}{75}(PS) = \frac{Ww}{76}(HP) = \frac{Ww}{102}(kW)$$

여기서, W : 1kg을 수송하는 데 한 일(에너지)($kg_f \cdot m/kg$)
w : 유체의 질량유량(kg/s)
P : 동력

(2) 효율이 η일 경우, 실제 소요동력

$$P_T = \frac{Ww}{\eta}(kg_f \cdot m/s) = \frac{Ww}{75\eta}(PS) = \frac{Ww}{76\eta}(HP) = \frac{Ww}{102\eta}(kW) = \frac{\Delta PQ}{\eta}$$

여기서, ΔP : 압력차(kg_f/m^2)
Q : 체적유량(m^3/s)

5) 유체 수송에 있어서의 두손실(Head Loss)

(1) 직관에서의 두손실

① 층류 : Hagen – Poiseuille 법칙

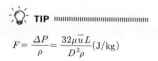
TIP
$$F = \frac{\Delta P}{\rho} = \frac{32\mu \bar{u} L}{D^2 \rho}(J/kg)$$

$$F = \frac{\Delta P}{\rho} = \frac{32\mu \bar{u} L}{g_c D^2 \rho}(kg_f \cdot m/kg)$$

여기서, L : 직관의 길이

$$f(\text{마찰계수}) = \frac{16}{N_{Re}} \leftarrow \text{패닝마찰계수}$$

② 난류 : Fanning 식

$$F = \frac{\Delta P}{\rho} = \frac{2f\bar{u}^2 L}{g_c D}(\text{kg}_f \cdot \text{m/kg})$$

Reference

유로가 원형이 아닌 경우 상당직경 사용

$$\text{상당직경} = 4 \times \frac{\text{유로의 단면적}}{\text{유체가 접한 총 길이}}$$

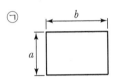

ㄱ

$$\text{상당직경} = 4 \times \frac{ab}{2(a+b)} = \frac{2ab}{a+b}$$

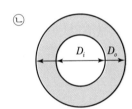

ㄴ

$$\text{상당직경} = 4 \times \frac{\frac{\pi}{4}D_0^2 - \frac{\pi}{4}D_i^2}{\pi D_0 + \pi D_i} = \frac{D_0^2 - D_i^2}{D_0 + D_i} = D_0 - D_i$$

(2) 관의 축소·확대에 의한 두손실

① 관의 확대에 의한 두손실(F_e)

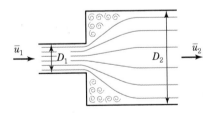

$$F_e = \frac{(\bar{u}_1 - \bar{u}_2)^2}{2g_c} = \left(1 - \frac{A_1}{A_2}\right)^2 \frac{\bar{u}_1^2}{2g_c}$$

TIP

$$F = \frac{\Delta P}{\rho} = \frac{2f\bar{u}^2 L}{D}(\text{J/kg})$$

TIP

Hagen – Poiseuille의 법칙

$$f = \frac{16}{N_{Re}} = \frac{16\mu}{Du\rho}$$

$$F = \frac{32\mu u L}{g_c D^2 \rho} = \frac{2 \times 16\frac{\mu}{Du\rho}u^2 L}{g_c D\rho}$$

$$= \frac{2fu^2 L}{g_c D} = \text{패닝식}$$

TIP

난류에서의 마찰계수(f)

$$f(\text{마찰계수}) = f(N_{Re}, \text{상대조도})$$

상대조도 = 거칠기

$$= \frac{\text{조도}}{\text{관의 지름}} = \frac{k}{D}$$

• N_{Re} 수가 일정한 난류인 경우 거친 관의 마찰계수는 매끈한 관의 마찰계수보다 크다.
• 거친 표면을 매끈하게 만들면 마찰계수가 감소한다.

TIP

• 층류에서 조도계수가 너무 커 관지름을 추정하기 어려운 경우를 제외하고는 조도는 마찰계수에 크게 영향을 미치지 않는다.
• 수력학적으로 매끈한 관 : N_{Re}가 일정할 때 관을 터 매끈하게 하여도 마찰계수가 더 이상 감소하지 않는 경우를 의미한다.

PART 1
PART 2
PART 3
PART 4
PART 5

$$F_e = K_e \frac{\overline{u_1}^2}{2g_c} (\text{kg}_f \cdot \text{m/kg})$$

여기서, K_e : 확대손실계수 $K_e = \left(1 - \frac{A_1}{A_2}\right)^2$

② 관의 축소에 의한 두손실(F_c)

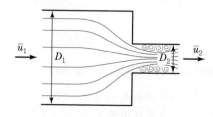

$$F_c = K_c \frac{\overline{u_2}^2}{2g_c}$$

여기서, K_c : 축소손실계수 $K_c = 0.4\left(1 - \frac{A_2}{A_1}\right)$

(3) 관부속품에 의한 두손실 ▨▨▨

관로에 엘보, 티, 밸브 등의 관부속물 등이 있을 때 두손실이 생긴다. 이 경우 상당길이(Equivalent Length) L_e를 구해서 직원관과 같이 Fanning 식으로 계산한다.

$$F_t = 4f\left(\frac{L_e}{D}\right)\left(\frac{\overline{u}^2}{2g_c}\right) = k_f \frac{\overline{u}^2}{2g_c} (\text{kg}_f \cdot \text{m/kg})$$

$\frac{L_e}{D}$ 의 값에서 L_e를 구하며, 관로와 관부속품에 대한 두손실은 $\sum L = L + L_e$를 대입하여 구한다.

$$\therefore F_t = 4f\left(\frac{L + L_e}{D}\right)\left(\frac{\overline{u}^2}{2g_c}\right)$$

한편, 상당길이 L_e 대신 손실계수(저항계수) k_f를 사용하면 다음과 같다.

$$\sum F = F + F_e + F_c + F_f$$
$$= \left(\frac{4fL}{D} + k_e + k_c + k_f\right)\frac{\overline{u}^2}{2g_c} (\text{kg}_f \cdot \text{m/kg})$$

6) 유량측정방법

(1) 오리피스미터(Orifice Meter)

① 가장 간단한 장치, 가운데 원형의 구멍을 날카롭게 뚫은 옛날 엽전 같은 모양

② 오리피스판을 유로의 흐름에 직각으로 장치하면 경계층 분리현상이 일어나 형태 마찰에 의한 압력손실이 발생한다.

③ 흐름이 가장 좁은 부분, 축류부(Vena Contracta) 근처와 오리피스 상류의 한 점에 마노미터를 연결하여 압력강하의 크기를 측정하여 유량을 구한다.

> **Reference**
>
> 축류부 = 최소 축소부 = Vena Contract = 단면이 최소인 부분

④ 개구비 m : 오리피스 직경과 관 내경의 비

$$m = \frac{A_0}{A_1} = \left(\frac{D_0}{D_1}\right)^2$$

$$U_0 = \frac{C_0}{\sqrt{1-m^2}} \sqrt{\frac{2g_c(P_A - P_B)}{\rho}}$$

$$= \frac{C_0}{\sqrt{1-m^2}} \sqrt{\frac{2g(\rho_A - \rho_B)R}{\rho_B}} \; (\text{m/s})$$

$$Q_0 = A_0\overline{u_0} = \frac{\pi}{4}D_0{}^2 \frac{C_0}{\sqrt{1-m^2}} \sqrt{\frac{2g(\rho_A - \rho_B)R}{\rho_B}} \; (\text{m}^3/\text{s})$$

여기서, ρ_A : 마노미터 봉액의 밀도(kg/m³)

ρ_B : 유체의 밀도(kg/m³)

R : 마노미터 읽음(m)

m : 개구비

$N_{Re} > 30,000$이면 $C_0 \fallingdotseq 0.61$, $m \fallingdotseq 0$

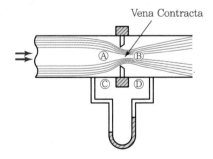

Vena Contracta

◆ 차압유량계
• 오리피스미터
• 벤투리미터
• 플로우 노즐

◆ 유량계
• 오리피스
• 벤투리
• 피토관
• 로터미터

◆ 압력계
마노미터

(2) 벤투리미터(Venturi Meter) ▮▮▮

① 노즐 후방에 확대관을 두어 두손실을 적게 하고 압력을 회복하도록 한 것이다. 수축부의 각도는 $20°\sim30°$, 확대부의 각도는 $6°\sim13°$, 인후부의 직경은 관경의 $\frac{1}{2}\sim\frac{1}{4}$ 범위로 한다.

② $\overline{u}_v = \dfrac{C_v}{\sqrt{1-m^2}}\sqrt{\dfrac{2g_c \Delta P}{\rho}} = \dfrac{C_v}{\sqrt{1-m^2}}\sqrt{\dfrac{2g(\rho_A - \rho_B)R}{\rho_B}}$

③ $Q_v = \dfrac{\pi D_v{}^2}{4}\dfrac{C_v}{\sqrt{1-m^2}}\sqrt{\dfrac{2g(\rho_A - \rho_B)R}{\rho_B}}$ (m³/s)

여기서　C_v : 유량계수

④ $m = \dfrac{1}{4}\sim\dfrac{1}{6}$, $N_{Re} > 10^4$ 범위에서 $C_v = 0.98$

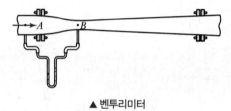

▲ 벤투리미터

(3) 피토관(Pitot Tube) ▮▮▮

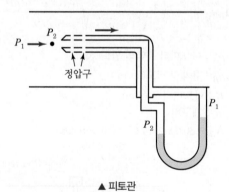

▲ 피토관

① 국부속도를 측정할 수 있다.

② 중심이 같은 2중 원관으로 되어 있으며, 외관의 끝 부분에는 흐름에 수직으로 작은 구멍이 뚫려 있다. 따라서 내관에서는 유체 운동의 동압, 외관에서는 정압을 측정하도록 되어 있고 이것을 각각 마노미터의 두 끝에 연결하여 압력차를 읽을 수 있다. 흐름의 속도구배가 있을 경우 피토관의 위치에 따라 동압이 변하므로 그 부분에서의 국부속도(Local Velocity)만을 측정할 수 있다.

③ $u = \sqrt{\dfrac{2g(\rho_A - \rho_B)R}{\rho_B}}$

(4) 로터미터(Rotameter)

① 면적유량계

② 유체를 밑에서 위로 올려보내면서 부자(Float)를 띄워 유체의 부자중력(부자의 무게 – 부자의 부력)과 부자의 상하 압력차에 의해 부자를 밀어올리는 상향력과 평행을 이루는 위치에서 정지하게 되는데 이 위치를 유리관의 눈금으로 읽어 유량을 알 수 있다.

③ 유량을 직접 읽을 수 있고 두손실이 적다.

(5) 습식 가스유량계(Wet Gas Meter)

어떤 기간 내의 전유량을 측정한다.

(6) 둑(Weir)

도랑에 흐르는 액체의 수위를 높이고 또한 유량을 측정할 목적으로 흐르는 유체 단면에 홈이 파인 벽을 설치한다. 이를 둑 또는 언(Weir)이라 한다.

로터미터의 측정원리

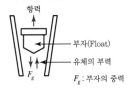

항력

부자(Float)

유체의 부력

F_g : 부자의 중력

실전문제

01 파이프 속을 층류상태로 흐르는 어떤 점성액체의 평균속도가 10cm/s이고, 파이프 양끝의 압력차와 파이프의 내경은 각각 0.6기압, 2cm이다. 만일 동일한 길이로 파이프 양끝의 압력차를 0.3기압으로 줄이고 내경이 4cm인 것으로 바꾸면 액체의 평균속도는 몇 cm/s가 되겠는가?

① 10 ② 20
③ 40 ④ 80

해설

Hagen – Poiseuille 법칙

$$F = \frac{\Delta P}{\rho} = \frac{32\mu\bar{u}L}{g_c D^2 \rho}$$

여기서, ρ : 일정, L : 일정, μ : 일정

$$\therefore \bar{u} \propto (\Delta P)(D^2)$$

$$\therefore \bar{u}_2 = \bar{u}_1 \left(\frac{\Delta P_2}{\Delta P_1}\right)\left(\frac{D_2}{D_1}\right)^2$$

$$= 10\text{cm/s} \left(\frac{0.3}{0.6}\right)\left(\frac{4}{2}\right)^2 = 20\text{cm/s}$$

02 비중 0.9, 점도 1Poise의 유체를 직경 30.6cm의 배관을 통하여 10m³/h로 수송한다. 이때 레이놀즈 수는 약 얼마인가?

① 104 ② 232
③ 1,160 ④ 2,321

해설

$$N_{Re} = \frac{D\bar{u}\rho}{\mu}$$

$D = 30.6\text{cm}$

$Q = \bar{u} \cdot A$

$$\frac{10\text{m}^3}{\text{hr}}\left|\frac{(100\text{cm})^3}{1\text{m}^3}\right|\frac{1\text{hr}}{3,600\text{s}} = \bar{u} \times \left(\frac{\pi}{4} \times 30.6^2\text{cm}^2\right)$$

$$\therefore \bar{u} = 3.8\text{cm/s}$$

$$\therefore N_{Re} = \frac{(30.6\text{cm})(3.8\text{cm/s})(0.9\text{g/cm}^3)}{(1\text{g/cm} \cdot \text{sec})}$$
$$= 104.6(\text{무차원})$$

03 다음 중 점도가 큰 액체를 이송하는 데 가장 적합한 정변위 펌프는?

① 제트 펌프(Jet Pump)
② 기어 펌프(Gear Pump)
③ 에어 리프트 펌프(Air Lift Pump)
④ 터빈 펌프(Turbine Pump)

해설

회전펌프
회전자의 회전으로 점도가 큰 유체 수송
예 기어펌프, 스크루펌프, 로브펌프

04 다음 그림과 같은 축소관에 물이 흐르고 있다. 1지점에서의 안지름이 0.25m, 평균유속이 2m/s일 때, 안지름이 0.125m인 2지점에서의 평균유속은 몇 m/s인가?(단, 축소에 의한 손실은 없다고 가정한다.)

① 4 ② 6
③ 8 ④ 12

해설

$$\bar{u}_2 = \bar{u}_1 \left(\frac{D_1}{D_2}\right)^2 = 2\text{m/s} \times \left(\frac{0.25}{0.125}\right)^2 = 8\text{m/s}$$

05 비중 0.8, 점도 40cP의 원유를 36m³/h로 100m 떨어진 탱크에 보낸다. 이때 사용된 직원관의 내경은 30cm이고 수평이다. 이 관로의 압력손실은 약 몇 kg_f/cm^2인가?

① 0.002 　　　　② 0.05

③ 0.15 　　　　④ 0.2

> **해설**

Hagen – Poiseuille 법칙(층류)

$$F = \frac{\Delta P}{\rho} = \frac{32\mu\bar{u}L}{g_c D^2 \rho}$$

$$\Delta P = \frac{32\mu\bar{u}L}{g_c D^2}$$

$$\therefore \bar{u} = \frac{Q}{A} = \frac{36\text{m}^3}{\text{h}} \left| \frac{1}{\frac{\pi}{4} \times 0.3^2 \text{m}^2} \right| \frac{1\text{h}}{3,600\text{s}} = 0.14\text{m/s}$$

$$\therefore \Delta P = \frac{32 \times 0.4 \text{g/cm} \cdot \text{s} \times \left| \frac{1\text{kg} \times 100\text{cm}}{1,000\text{g} \times 1\text{m}} \right| \times 0.14\text{m/s} \times 100\text{m}}{9.8\text{kg} \cdot \text{m/kg}_f \cdot \text{s}^2 \times 0.3^2\text{m}^2}$$
$$= 20\text{kg}_f/\text{m}^2 = 0.002\text{kg}_f/\text{cm}^2$$

06 비중 1.0, 점도가 1cP인 물이 내경 5cm 관을 4m/s의 유속으로 흐르다가 내경이 10cm인 관을 통해 흐르고 있다. 이 경우 확대손실은 약 몇 $kg_f \cdot m/kg$인가?

① 0.23 　　　　② 0.46

③ 0.82 　　　　④ 0.91

> **해설**

$$u_1 = 4\text{m/s}$$

$$u_2 = u_1 \left(\frac{D_1}{D_2} \right)^2 = 4 \left(\frac{5}{10} \right)^2 = 1\text{m/s}$$

확대손실 $F_e = \dfrac{(\bar{u}_1 - \bar{u}_2)^2}{2g_c}$

$$= \frac{(4-1)^2 \text{m}^2/\text{s}^2}{2 \times 9.8\text{kg} \cdot \text{m/kg}_f \cdot \text{s}^2}$$
$$= 0.46\text{kg}_f \cdot \text{m/kg}$$

07 안지름이 52.9mm인 관에서 비중이 0.9, 점도가 2P인 기름과 비중이 1.0, 점도가 1cP인 물의 임계속도는 각각 약 몇 m/s인가?(단, 레이놀즈 수의 임계값은 2,100이다.)

① 기름 : 6.24, 물 : 0.04 　② 기름 : 8.82, 물 : 0.08

③ 기름 : 8.82, 물 : 0.04 　④ 기름 : 6.24, 물 : 0.08

> **해설**

$$N_{Re} = \frac{D\bar{u}\rho}{\mu} = 2,100$$

(기름) $\dfrac{0.0529 \times \bar{u}_1 \times 900}{2 \times 0.1} = 2,100$　$\therefore \bar{u}_1 = 8.82\text{m/s}$

(물) $\dfrac{0.0529 \times \bar{u}_2 \times 1,000}{0.01 \times 0.1} = 2,100$　$\therefore \bar{u}_2 = 0.04\text{m/s}$

08 다음 중 압력강하를 일정하게 유지하는 데 필요한 유로의 면적 변화를 측정하여 유량을 구하는 것은?

① 오리피스미터 　　② 벤투리미터

③ 피토관 　　　　④ 로터미터

> **해설**

①, ② 차압식 유량계
③ 국부속도측정
④ 면적유량계

09 원심펌프를 동작할 때 공동화(Cavitation)가 일어나는 주된 이유는?

① 임펠러 흡입부의 압력이 유체의 증기압보다 클 때
② 임펠러 흡입부의 압력이 대기압보다 클 때
③ 임펠러 흡입부의 압력과 유체의 증기압의 합이 0일 때
④ 임펠러 흡입부의 압력이 유체의 증기압보다 작을 때

> **해설**

Cavitation(공동화 현상)
• 원심펌프를 높은 능력으로 운전할 때 임펠러 흡입부의 압력이 낮아지는 현상
• 빠른 속도로 액체가 운동할 때 액체의 압력이 증기압 이하로 낮아져 액체 내에 증기 기포가 발생하는 현상

10 유체 흐름에 대한 설명 중 틀린 것은?

① 유체의 유동에 대한 저항을 점도라 한다.

② 흐르는 액체 중의 한 면에 있어서의 전단응력은 속도 구배에 비례한다.

③ 절대점도를 유체의 밀도로 나눈 값을 운동점도라 한다.

④ 비중과 점도와의 관계를 비점도라 한다.

해설

$$비점도 = \frac{비교물질\ 점도}{기준물질\ 점도}$$

11 어떤 저수탱크의 수면에서 2m 아래에 직경이 5cm의 구멍으로부터 물이 유출된다. 이때의 유출량은 몇 m³/h인가?(단, 마찰 및 기타 두손실은 무시한다.)

① 44.25

② 63.72

③ 112.51

④ 157.95

해설

$$u = \sqrt{2gh} = \sqrt{2 \times 9.8 \times 2}$$
$$= 6.3\text{m/s}$$
$$= 22,680\text{m/h}$$

$$Q = uA = 22,680\text{m/h} \times \frac{\pi}{4} \times 0.05^2\text{m}^2$$
$$= 44.5\text{m}^3/\text{h}$$

12 비중이 1.2인 어떤 유체가 안지름이 0.05m, 길이가 1.5m인 수평관을 흐를 때 압력강하가 0.75kg_f/cm² 이었다. 이때의 표면마찰손실은 몇 kg_f · m/kg인가?

① 0.625

② 6.25

③ 90

④ 900

해설

$$F = \frac{\Delta P}{\rho}$$
$$= \frac{0.75\text{kg}_f/\text{cm}^2 \times (100\text{cm})^2/1\text{m}^2}{1.2 \times 1,000\text{kg/m}^3}$$
$$= 6.25\text{kg}_f \cdot \text{m/kg}$$

13 관내 유체의 국부유속을 측정할 수 있는 장치로 2중 원관으로 되어 있고 전압과 정압의 차를 측정하여 유속을 구하는 것은?

① 벤투리미터

② 피토관

③ 로터미터

④ 오리피스미터

해설

피토관 : 전압과 정압의 차를 측정하여 국부유속을 구한다.

14 안지름 4cm의 원관에 동점도 2.5St인 유체가 2 m/s의 평균유속으로 흐르고 있을 때 레이놀즈 수는?

① 320

② 620

③ 1,400

④ 5,600

해설

$$N_{Re} = \frac{Du\rho}{\mu} = \frac{Du}{\nu} = \frac{4 \times 200}{2.5} = 320$$

15 비압축성(Incompressible) 유체가 완전 발달 흐름(Fully Developed Flow) 형태로 흐르고 있으며 이때 레이놀즈수(Reynolds Number)가 392이었다. 이 유체의 흐름에서 Fanning 마찰계수(Friction Factor)는 얼마인가?

① 0.00204

② 0.00408

③ 0.0204

④ 0.0408

해설

$$f = \frac{16}{N_{Re}} = \frac{16}{392} = 0.0408$$

16 천연가스를 상온 · 상압에서 300m³/min를 파이프로 통하여 수송한다. 이 조건에서 공정 파이프라인(Line)의 최적 유속을 2m/s로 하려면 사용관의 직경을 약 몇 m로 하여야 하는가?

① 1.4m

② 1.8m

③ 2.1m

④ 2.5m

해설

$Q = uA$

$300\text{m}^3/\text{min} \times 1\text{min}/60\text{s} = 2\text{m/s} \times A$

$\therefore A = 2.5\text{m}^2$

$A = \dfrac{\pi}{4}D^2 = 2.5$

$\therefore D = 1.78\text{m} \doteqdot 1.8\text{m}$

17 안지름이 5cm인 관에서 레이놀즈(Reynolds) 수가 1,500일 때, 관 입구로부터 최종 속도분포가 완성되기까지의 전이 길이(Transition Length)는 약 몇 m인가?

① 2.75   ② 3.75

③ 5.75   ④ 6.75

해설

전이길이
완전 발달된 흐름이 될 때까지의 길이

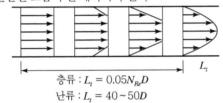

층류 : $L_t = 0.05 N_{Re} D$
난류 : $L_t = 40 \sim 50 D$

$L_t = 0.05 \times 1,500 \times 0.05 = 3.75\text{m}$

18 오리피스 유량계의 양단의 압력이 각각 $0.14\text{kg}_f/\text{cm}^2$, 25mmHg이다. U자관에는 수은이 들어 있으며 유량계에는 물이 흐른다. U자관의 읽음은 약 몇 cm인가?

① 2.8   ② 3.6

③ 7.3   ④ 8.4

해설

$\Delta P = R(\rho_A - \rho_B)\dfrac{g}{g_c}$

$25\text{mmHg} \times \dfrac{1.0332\text{kg}_f/\text{cm}^2}{760\text{mmHg}} = 0.034\text{kg}_f/\text{cm}^2$

$(0.14 - 0.034)\text{kg}_f/\text{cm}^2 \times \dfrac{100^2\text{cm}^2}{1\text{m}^2}$

$= R(13.6 - 1) \times 1,000\text{kg/m}^3 \times \dfrac{\text{kg}_f}{\text{kg}}$

$R = 0.084\text{m} = 8.4\text{cm}$

19 직경 5cm인 스테인리스관을 어떤 액체가 $36\text{m}^3/\text{h}$로 흐를 때 평균속도는 약 몇 m/s인가?

① 0.25   ② 0.5

③ 2.5   ④ 5.0

해설

$Q = \bar{u}A$

$\bar{u} = \dfrac{36\text{m}^3/\text{h} \times 1\text{h}/3,600\text{s}}{\dfrac{\pi}{4} \times 0.05^2\text{m}^2} = 5.09\text{m/s}$

20 유체의 성질에 대한 설명으로 가장 거리가 먼 것은?

① 유체란 비틀림(Distortion)에 대하여 영구적으로 저항하지 않는 물질이다.

② 이상유체에도 전단응력 및 마찰력이 있다.

③ 전단응력의 크기는 유체의 점도와 미끄럼 속도에 따라 달라진다.

④ 유체의 모양이 변형할 때 전단응력이 나타난다.

해설

• 유체 : 외부로부터 어떤 힘을 받았을 때 변형에 대하여 영구적으로 저항하지 않는 물질

• 이상유체(완전유체) : 점성이 없고, 마찰이 없으며, 비압축성 유체이다.

21 내경 10cm인 관을 통해 층류로 물이 흐르고 있다. 관의 중심유속이 1cm/s일 경우 관벽에서 2cm 떨어진 곳의 유속은 약 몇 cm/s인가?

① 0.21   ② 0.43

③ 0.64   ④ 0.84

해설

$\dfrac{U}{U_{\max}} = 1 - \left(\dfrac{r}{r_w}\right)^2 = 1 - \left(\dfrac{3}{5}\right)^2 = 0.64$

$\therefore U = U_{\max} \times 0.64 = 1\text{cm/s} \times 0.64 = 0.64\text{cm/s}$

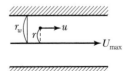

정답   **17** ②   **18** ④   **19** ④   **20** ②   **21** ③

22 관에 비압축성 유체가 흘러가고 있고 유량이 일정할 때, 같은 조건에서 관의 지름이 2배가 되면 평균 유속은 어떻게 되는가?

① $\frac{1}{4}$로 줄어든다. ② $\frac{1}{2}$로 줄어든다.

③ 2배로 커진다. ④ 4배로 커진다.

> **해설**

$Q = \bar{u}_1 A_1 = \bar{u}_2 A_2$

$\bar{u}_1 D_1{}^2 = \bar{u}_2 D_2{}^2$

유속은 지름의 제곱에 반비례한다.

23 오리피스미터(Orifice Meter)에 U자형 마노미터를 설치하였고 마노미터는 수은이 채워져 있으며, 그 위의 액체는 물이다. 마노미터에서의 압력차가 30.87kPa이면 마노미터의 읽음은 약 몇 mm인가?

① 150 ② 200

③ 250 ④ 300

> **해설**

$\Delta P = R(\rho_A - \rho_B)g$

$30.87 \times 10^3 \text{Pa} = R(13.6-1) \times 1{,}000 \text{kg/m}^3 \times 9.8 \text{m/s}^2$

$\therefore R = 0.25\text{m} = 25\text{cm} = 250\text{mm}$

24 유체가 이동하고 있을 때 유압이 증가하면 유속이 감소하고 유속이 증가하면 유압이 감소한다는 원리를 나타내는 식은?

① 레이놀즈(Reynolds)의 식
② 경계층(Boundary Layer)의 식
③ 베르누이(Bernoulli)의 식
④ 푸리에(Fourier)의 식

> **해설**

베르누이 방정식

$$z\frac{g}{g_c} + \frac{u^2}{2g_c} + \frac{p}{\rho} = \text{일정}$$

25 직경이 15cm인 파이프에 비중이 0.7인 디젤유가 280ton/h의 유량으로 이송되고 있다. 1,509m의 배관거리를 통과하는 데 소요되는 시간은 약 몇 분인가?

① 1 ② 2

③ 3 ④ 4

> **해설**

질량유량 $W = \rho \bar{u} A$

$280 \times 10^3 \text{kg/h} \times 1\text{h}/60\text{min} = 700\text{kg/m}^3 \times \bar{u} \times \frac{\pi}{4} \times 0.15^2 \text{m}^2$

$\therefore \bar{u} = 377.4 \text{m/min}$

$\dfrac{1{,}509\text{m}}{377.4\text{m/min}} = 4\text{min}$

26 다음 중 유체의 역류를 방지하고 유체를 한 방향으로만 보내고자 할 때에 주로 사용하는 것은?

① 체크밸브 ② 게이트밸브

③ 니들밸브 ④ 앵글밸브

> **해설**

• 체크밸브 : 유체의 역류 방지, 유체를 한 방향으로만 보내고자 할 때 사용
• 게이트밸브 : 유체의 흐름 직각으로 문의 상하운동에 의해 유량을 조절한다.
• 글로브밸브(구형밸브) : 가정에서 사용하는 수도꼭지, Stop Valve, Angle Valve, Needle Valve

27 직선 원형관으로 유체가 흐를 때 유체의 레이놀즈 수가 1,500이고, 이 관의 안지름이 50mm일 때 전이 길이가 3.75m이다. 동일한 조건에서 100mm의 안지름을 가지고 같은 레이놀즈 수를 가진 유체 흐름에서의 전이 길이는 약 몇 m인가?

① 1.88 ② 3.75

③ 7.5 ④ 15

> **해설**

$N_{Re} = 1{,}500, \quad D = 50\text{mm}$

층류에서 $L_t = 0.05 N_{Re} D = (0.05)(1{,}500)(0.05) = 3.75\text{m}$

$\therefore L_t = (0.05)(1{,}500)(0.1) = 7.5\text{m}$

정답 ▶ **22** ① **23** ③ **24** ③ **25** ④ **26** ① **27** ③

28 안지름이 50mm인 파이프 속으로 2cm/s의 평균속도로 흐르는 물의 Fanning 마찰계수는 약 얼마인가? (단, 물의 점도는 1cP이다.)

① 0.001
② 0.016
③ 0.1
④ 10

해설

$$N_{Re} = \frac{Du\rho}{\mu} = \frac{(5cm)(2cm/s)(1g/cm^3)}{0.01g/cm \cdot s} = 1,000$$

$$f = \frac{16}{N_{Re}} = \frac{16}{1,000} = 0.016$$

29 비중 0.7인 액체가 내경이 5cm인 강관에 흐른다. 중간부 2cm에 구멍을 가진 오리피스를 설치했더니 수은 마노미터의 압력차가 10cm가 되었다. 이때 흐르는 액체의 유량은 몇 m^3/h인가?(단, 오리피스의 유량계는 0.61이다.)

① 4.19
② 16.15
③ 25.9
④ 36.7

해설

$$Q_0 = A_0 \overline{u}_0 = \frac{\pi}{4} D_0^2 \frac{C_0}{\sqrt{1-m^2}} \sqrt{\frac{2g(\rho_A - \rho_B)R}{\rho_B}}$$

여기서, m : 개구비

$$m = \frac{A_0}{A_1} = \left(\frac{D_0}{D_1}\right)^2 = \left(\frac{2}{5}\right)^2 = 0.16$$

$$\therefore Q = \frac{\pi}{4} \times 0.02^2 \times \frac{0.61}{\sqrt{1-0.16^2}}$$

$$\times \sqrt{\frac{2 \times 9.8 \times (13.6-0.7) \times 1,000 \times 0.1}{0.7 \times 1,000}}$$

$$= 1.166 \times 10^{-3} m^3/s \times 3,600s/1h$$

$$= 4.19 m^3/h$$

30 관에서 유체가 층류로 흐를 때 일반적으로 평균유속과 최대유속의 비(평균유속/최대유속)는 얼마인가?

① 2.0
② 1.0
③ 0.5
④ 0.1

해설

층류 : $\overline{u} = \frac{1}{2} U_{max}$　　　　난류 : $\overline{u} = 0.8 U_{max}$

31 큰 저수지에 있는 물을 안지름 100mm인 파이프를 통하여 높이 150m에 있는 물 탱크에 72m^3/h의 유속으로 수송하려 할 때 이론상 필요한 펌프의 마력은 약 얼마인가? (단, 물의 비중은 1로 하며, 1마력은 76$kg_f \cdot$m/s로 하고 탱크 내부의 압력은 대기압이며, 마찰손실은 무시한다.)

① 0.04
② 40
③ 144
④ 164

해설

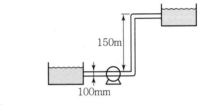

$$\frac{\Delta u^2}{2g_c} + \frac{g}{g_c}\Delta z + \frac{\Delta p}{\rho} + \sum F = W_p$$

$$Q = 72 m^3/h \times 1h/3,600s = 0.02 m^3/s$$

$$\overline{u} = \frac{Q}{A} = \frac{0.02 m^3/s}{\frac{\pi}{4} \times 0.1^2 m^2} = 2.55 m/s$$

$$\therefore W_p = \frac{2.55^2 - 0^2}{2 \times 9.8} + 150 = 150.33 kg_f \cdot m/kg$$

$$\dot{m} = \rho \overline{u} A = \rho Q = 1,000 kg/m^3 \times 0.02 m^3/s = 20 kg/s$$

$$P = \frac{W_p \dot{m}}{76} = \frac{(150.33)(20)}{(76)} = 39.6HP \fallingdotseq 40HP$$

32 오리피스 유량계에서 유체가 난류($Re > 30,000$)로 흐르고 있다. 사염화탄소(비중 1.6) 마노미터를 설치하여 60cm의 읽음을 얻었다. 유체의 비중은 0.8이고 점도가 15cP일 때 오리피스를 통과하는 유체의 유속은 약 몇 m/s인가?(단, 오리피스 계수는 0.61이고, 개구비는 0.09이다.)

① 2.1
② 4.2
③ 12.1
④ 15.2

> 해설

$$\bar{u}_0 = \frac{C_0}{\sqrt{1-m^2}} \sqrt{\frac{2g(\rho_A - \rho_B)R}{\rho_B}}$$

$$= \frac{0.061}{\sqrt{1-0.09^2}} \sqrt{\frac{2 \times 9.8 \times (1.6-0.8) \times 1,000 \times 0.6}{800}}$$

$$= 2.1 \, \text{m/s}$$

33 가로 30cm, 세로 60cm인 직사각형 단면을 갖는 도관에 세로 45cm까지 액체가 차서 흐르고 있다. 상당직경(Equivalent Diameter)은?

① 60cm
② 45cm
③ 30cm
④ 15cm

> 해설

상당직경 $D_{eq} = 4 \times \dfrac{\text{유로의 단면적}}{\text{유체가 젖은 벽의 총길이}}$

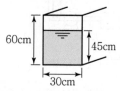

$$D_{eq} = 4 \times \frac{30 \times 45}{2 \times 45 + 30} = 45 \text{cm}$$

34 다음 중 유체의 유속(유량)을 측정하는 장치가 아닌 것은?

① 피토관(Pitot Tube)
② 벤투리미터
③ 오리피스미터
④ 멀티미터

> 해설

유량(유속) 측정장치
• 벤투리미터
• 오리피스미터
• 피토관

35 원관 내를 유체가 난류로 흐를 때 점성 전단(Viscous Shear)은 거의 무시되고 에디 점성(Eddy Viscosity)이 지배적인 부분은?

① 점성 하층(Viscous Sublayer)
② 완충층(Buffer Layer)
③ 난류 중심(Turbulent Core)
④ 대수층(Logarithmic Layer)

> 해설

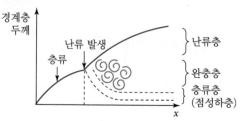

36 고체면에 접하는 유체의 흐름에 있어서 경계층이 분리되고 웨이크(Wake)가 형성되어 발생하는 마찰현상을 나타내는 용어는?

① 표면마찰(Skin Friction)
② 두손실(Head Loss)
③ 자유난류(Free Turbulent)
④ 형태마찰(From Friction)

> 해설

• 표면마찰 : 경계층이 분리되지 않을 때의 마찰. 유체의 표면을 따라 흐르는 유체가 그 점성 때문에 받는 마찰응력
• 형태마찰 : 경계층이 분리되어 Wake가 형성되면 이 Wake 안에서 에너지가 손실된다.
• 벽난류 : 흐르는 유체가 고체 경계와 접촉될 때 생성되는 난류
• 자유난류 : 두 층의 유체가 서로 다른 속도로 흐를 때 생기는 난류

37 내경 10cm, 두께 4mm의 외관에 내경 2cm, 두께 2mm의 관이 들어 있는 2중 열교환기의 두 동심관 사이의 환부로 20℃의 물이 10cm/s의 속도로 흐를 때 레이놀즈 수를 구하면?(단, 20℃ 물의 점도는 1cP이고 물의 밀도는 1g/cm³이다.)

① 7,000
② 7,600
③ 8,000
④ 8,400

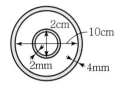

$D = D_0 - D_{in} = 10\text{cm} - 2.4\text{cm} = 7.6\text{cm}$

$N_{Re} = \dfrac{D\bar{u}\rho}{\mu} = \dfrac{7.6 \times 10 \times 1}{0.01} = 7,600(\text{난류})$

38 U자관 마노미터를 벤투리 유량계 양단에 설치했다. 마노미터에는 비중 13.6인 수은이 들어 있고 수은 상부에는 비중 1.3인 식염수가 들어 있다. 마노미터 읽음이 20cm일 때 압력차는 약 몇 mH₂O인가?

① 0.81   ② 1.25

③ 1.89   ④ 2.46

해설

$\Delta P = R(\rho_A - \rho_B)g/g_c$

$= 0.2(13.6 - 1.3) \times 10^3 \times 1 = 2,460\text{kg}_f/\text{m}^2$

$\dfrac{2,460\text{kg}_f}{\text{m}^2} \left| \dfrac{1\text{m}^2}{10,000\text{cm}^2} \right| \dfrac{10.33\text{mH}_2\text{O}}{1.0336\text{kg}_f/\text{cm}^2} = 2.46\text{mH}_2\text{O}$

39 퍼텐셜 흐름(Potential Flow)에 대한 설명이 아닌 것은?

① 이상유체(Ideal Fluid)의 흐름이다.

② 고체벽에 인접한 유체층에서의 흐름이다.

③ 비회전 흐름(Irrotational Flow)이다.

④ 마찰이 생기지 않는 흐름이다.

해설

퍼텐셜 흐름
- 이상유체의 흐름
- 점성이 없는 유체의 흐름
- 비회전 흐름
- 마찰이 없는 흐름

40 라울(Raoult)의 법칙에 대한 설명이 아닌 것은?

① 라울(Raoult)의 법칙을 따르는 용액을 이상용액(Ideal Solution)이라 한다.

② 액체 혼합물에서 한 성분이 나타내는 증기압은 그 온도에서의 순성분 증기압에 액상 혼합물 중의 몰분율을 곱한 것과 같다.

③ 라울(Raoult)의 법칙을 따르는 용액은 벤젠-톨루엔계와 같이 구조가 유사한 물질로 된 2성분계이다.

④ 액체에 녹는 기체의 질량은 온도에 비례하고 압력에 반비례한다.

해설

Raoult's Law
- 라울의 법칙을 따르는 용액을 이상용액이라 한다.
- 이상용액 : 구조, 크기, 성질이 비슷한 물질로 된 혼합물
  예 벤젠+톨루엔
- 관계식

$P = P_A x_A + P_B x_B$

$y_A = \dfrac{P_A x_A}{P}$

41 단면이 반원(반경 r)인 관 속을 액체가 흐를 때 그 상당지름은?

① $2r$ ② $\dfrac{\pi r}{2\pi + 4}$

③ $\dfrac{2\pi r}{\pi + 2}$ ④ $\dfrac{\pi r}{\pi + 2}$

해설

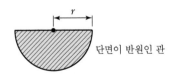

단면이 반원인 관

상당직경 $D_{eq} = 4 \times \dfrac{\dfrac{1}{2}\pi r^2}{2\pi r \times \dfrac{1}{2} + 2r} = \dfrac{2\pi r^2}{\pi r + 2r} = \dfrac{2\pi r}{\pi + 2}$

42 비중 0.9인 액체의 절대압력이 $3.6\text{kg}_\text{f}/\text{cm}^2$일 때 두(Head)로 환산하면 약 몇 m에 해당하는가?

① 3.24   ② 4

③ 25   ④ 40

해설

$$\Delta p = \rho \frac{g}{g_c} h$$

$$\therefore h = \frac{\Delta p g_c}{\rho g} = \frac{3.6 \times 10^4 \text{kg}_\text{f}/\text{m}^2}{900 \text{kg}/\text{m}^3} \cdot \frac{\text{kg}}{\text{kg}_\text{f}} = 40\text{m}$$

43 수조에서 5m 높이의 개방탱크에 내경이 5cm인 관을 사용하여 3.13m/s의 유속으로 물을 퍼올린다. 유로의 마찰손실을 무시할 때 펌프가 하는 일은 몇 $\text{kg}_\text{f} \cdot$ m/kg인가?

① 5.5   ② 9.9

③ 55   ④ 99

해설

$$\therefore W = \frac{u_2{}^2 - u_1{}^2}{2g_c} + \frac{g}{g_c}(Z_2 - Z_1) + \frac{P_2 - P_1}{\rho}$$

$$= \frac{3.13^2}{2 \times 9.8} + 5 = 5.5\text{kg}_\text{f} \cdot \text{m/kg}$$

44 점도 0.00018Poise, 밀도 $1.44\text{kg}/\text{m}^3$인 유체가 내경 50mm인 관을 평균속도 15m/s로 흐르고 있을 때 레이놀즈 수를 구하면?

① 20,000   ② 40,000

③ 60,000   ④ 80,000

해설

$$N_{Re} = \frac{Du\rho}{\mu} = \frac{0.05 \times 15 \times 1.44}{0.000018} = 60,000$$

45 원관 내의 유체 흐름에 따른 패닝(Fanning) 마찰계수 f에 대한 설명으로 틀린 것은?

① 층류흐름일 경우 f와 N_{Re}는 반비례한다.

② 층류흐름일 경우 f는 관 거칠기에 큰 영향을 받지 않는다.

③ f는 속도두에 반비례한다.

④ 층류흐름일 경우 난류의 경우보다 작은 f 값을 갖는다.

해설

마찰계수(f)는 레이놀즈 수와 조도(거칠기)의 함수이다.

46 내경이 10cm인 관에 비중이 0.9, 점도가 1.5cP인 액체가 흐르고 있다. 임계속도는 몇 m/s인가?

① 0.035   ② 3.5

③ 0.562   ④ 5.62

해설

$N_{Re} = 2,100$일 때의 속도가 임계속도이므로

$$\frac{D\bar{u}\rho}{\mu} = 2,100$$

$$\therefore \bar{u} = \frac{2,100 \times \mu}{D\rho} = \frac{2,100 \times 0.0015}{0.1 \times 900} = 0.035\text{m/s}$$

47 5m/s의 평균유속으로 내경 3cm 관을 흐르는 물이 내경이 6cm로 확대된 관을 흐를 때 급격한 확대에 의한 손실은 약 몇 $\text{kg}_\text{f} \cdot$ m/kg인가?

① 0.19   ② 0.32

③ 0.72   ④ 1.43

해설

확대 마찰손실(F_e) $= K_e \times \dfrac{u_1{}^2}{2g_c}$

$$K_e = \left(1 - \frac{A_1}{A_2}\right)^2 = \left(1 - \frac{D_1{}^2}{D_2{}^2}\right)^2 = \left(1 - \frac{9}{36}\right)^2 = \frac{9}{16}$$

$$\therefore F_e = \frac{9}{16} \times \frac{25}{2 \times 9.8} \fallingdotseq 0.72\text{kg}_\text{f} \cdot \text{m/kg}$$

48 파이프(Pipe)와 튜브(Tube)에 대한 설명 중 틀린 것은?

① 파이프의 벽두께는 Schedule Number로 표시할 수 있다.
② 튜브의 벽두께는 BWG(Birmingham Wire Gauge) 번호로 표시할 수 있다.
③ 동일한 외경에서 Schedule Number가 클수록 벽두께가 두껍다.
④ 동일한 외경에서 BWG가 클수록 벽두께가 크다.

해설

㉠ Schedule No. $= \dfrac{\text{내부작업 압력}}{\text{재료의 허용응력}} \times 1{,}000$

  Sch No.가 클수록 두께가 두꺼워진다.

㉡ BWG
  • 숫자가 크면 두께가 얇아진다.
  • 열전달이 잘되기 위해서는 BWG의 두께가 얇아야 한다.

49 폭이 3m인 상부 통로를 통해서 폭포수가 낙하하고 있다. 한 시간당 낙하수량이 100ton이라면 그 액부하(Liquid Loading)는 몇 kg/m·s인가?

① 3.70
② 5.50
③ 7.56
④ 9.26

해설

액부하 $x\left(\dfrac{\text{kg}}{\text{m}\cdot\text{s}}\right) = \dfrac{100\text{ton}}{\text{h}}\left|\dfrac{1{,}000\text{kg}}{1\text{ton}}\right|\dfrac{1\text{h}}{3{,}600\text{sec}}\left|\dfrac{}{3\text{m}}\right.$
$= 9.26\text{kg/m}\cdot\text{s}$

50 직경 5cm인 스테인리스관을 비중이 0.9인 액체가 36m³/h로 흐를 때 평균속도는 약 몇 m/s인가?

① 0.25
② 0.51
③ 2.5
④ 5.1

해설

$q = A\bar{u}$

$\bar{u} = \dfrac{q}{A} = \dfrac{36\text{m}^3/\text{h}}{\dfrac{\pi}{4}(0.05)^2\text{m}^2}\left|\dfrac{1\text{h}}{3{,}600\text{sec}}\right. \fallingdotseq 5.1\text{m/s}$

51 내경 150mm, 길이 150m의 수평관에 비중이 0.8의 기름을 평균 1m/s의 속도로 보낼 때 레이놀즈 수(Reynolds Number)를 측정하였더니 1,600이었다. 이때 생기는 마찰손실은 약 몇 kgf·m/kg인가?

① 2.04
② 4.0
③ 9.1
④ 21

해설

$F = \dfrac{\Delta p}{\rho} = 4f\dfrac{L}{D}\dfrac{u^2}{2g_c}$ $f = \dfrac{16}{N_{Re}} = \dfrac{16}{1{,}600} = 0.01$

$F = (4)(0.01)\left(\dfrac{150}{0.15}\right)\left(\dfrac{1^2}{2\times 9.8}\right) = 2.04\text{kgf}\cdot\text{m/kg}$

52 단면이 가로 5cm, 세로 20cm인 직사각형 관로의 상당 직경은 몇 cm인가?

① 16
② 12
③ 8
④ 4

해설

$D_{eq} = 4 \times \dfrac{100}{50} = 8\text{cm}$

53 안지름 20cm의 원관 내를 5m/s의 평균유속으로 흐르는 비중 0.8인 유체가 안지름 10cm의 원관 내를 흐른다면 평균유속은 몇 m/s인가?

① 10
② 20
③ 30
④ 40

해설

$\bar{u}_1 A_1 = \bar{u}_2 A_2 \rightarrow \bar{u}_1 D_1{}^2 = \bar{u}_2 D_2{}^2$

$5\text{m/s} \times (0.2)^2 = \bar{u}_2 \times (0.1)^2$ $\therefore \bar{u}_2 = 20\text{m/s}$

54 비중이 0.7이고 점도가 0.0125cP인 가솔린이 내경 5.08cm이고 길이가 50m인 관을 평균 100cm/s로 흐르고 있다. 마찰계수가 0.0065일 때 Fanning식을 이용해 압력손실을 구하면 몇 Pa인가?

① 91.04
② 291.14
③ 1,868.52
④ 8,956.69

Fanning식

$$F = \frac{\Delta p}{\rho} = 4f \frac{L}{D} \cdot \frac{u^2}{2}$$

$$\Delta p = 4f \frac{L}{D} \cdot \frac{u^2 \cdot \rho}{2}$$

$$= 4 \times 0.0065 \times \frac{50}{0.0508} \times \frac{1^2 \times 700}{2} = 8,956.69\text{Pa}$$

55 매초당 1kg의 건조공기가 수평관에 들어간다. 입구의 평균유속 10m/s, 압력 20kg_f/cm^2 abs, 온도 80℃이고, 출구에서는 평균유속 30m/s, 압력 8kg_f/cm^2 abs, 온도 30℃라면 관로에서 잃은 열량은 얼마인가?(단, 공기의 정압비열 $C_p = 7.0$kcal/kmol · ℃이다.)

① 11kcal/kg   ② 12kcal/kg

③ 13kcal/kg   ④ 14kcal/kg

$$\frac{\overline{u_1}^2}{2g_c} + \frac{g}{g_c}Z_1 + JH_1 + W_p + JQ = \frac{\overline{u_2}^2}{2g_c} + \frac{g}{g_c}Z_2 + JH_2$$

$$JQ = J(H_2 - H_1) + \frac{\overline{u_2}^2 - \overline{u_1}^2}{2g_c}$$

수평관이므로 $Z_1 = Z_2$, $W_p = 0$

$$J(H_2 - H_1) = \frac{7}{29}\text{kcal/kg} \cdot ℃ \times (30 - 80)℃$$

$$= -12.07\text{kcal/kg}$$

$$JQ = \frac{30^2 - 10^2}{2}\text{J/kg} \times \frac{1\text{cal}}{4.184\text{J}} \times \frac{1\text{kcal}}{1,000\text{cal}} - 12.07\text{kcal/kg}$$

$$= -12\text{kcal/kg}$$

56 비중 0.8, 점도 5cP인 유체를 10cm/s의 평균속도로 안지름 10cm의 원관을 사용하여 수송한다. Fanning식의 마찰계수값은 약 얼마인가?

① 0.1   ② 0.01

③ 0.001   ④ 0.0001

$$f = \frac{16}{N_{Re}}$$

$$N_{Re} = \frac{D\overline{u}\rho}{\mu} = \frac{10 \times 10 \times 0.8}{0.05} = 1,600 < 2,100(\text{층류})$$

$$\therefore f = \frac{16}{1,600} = 0.01$$

57 다음과 같은 일반적인 베르누이의 정리에 적용되는 조건이 아닌 것은?

$$\frac{P}{\rho g} + \frac{V^2}{2g} + Z = \text{Constant}$$

① 직선관에서만의 흐름이다.

② 마찰이 없는 흐름이다.

③ 정상상태의 흐름이다.

④ 같은 유선상에 있는 흐름이다.

베르누이 정리의 조건
- 정상상태
- 비압축성 유체
- 비점성 유체
- 같은 유선상에서의 흐름

열전달

[01] 열전달

1. 열전달 기구

1) 전도(Conduction)

같은 물체나 접촉하고 있는 다른 물체 사이에 온도차가 있으면, 유체의 경우 분자의 운동이나 직접충돌에 의해, 금속의 경우 전자의 이동에 의해 고온부에서 저온부로 열전달이 일어나는 현상으로 분자 자신은 진동만 하며 이동하지 않는다.
에 금속과 같은 고체벽을 통한 열전달

2) 대류(Convection)

고온의 유체분자가 직접 이동하여 밀도차에 의한 혼합에 의해 열전달이 일어나는 현상이다.
에 실내공기의 가열, 물의 가열

3) 복사(Radiation)

모든 물체는 절대 0도가 아닌 한 그 온도에 해당하는 열에너지를 표면으로부터 모든 방향에 전자파로 복사한다.

위의 세 가지 열전달 기구는 단독으로 일어나기보다는 동시에 일어나는 경우가 많고 300℃ 이하에서는 전도와 대류로 열전달이 주로 이루어지며 1,000℃ 이상에서는 복사가 지배적이다.

2. 전도

1) Fourier의 법칙과 열전도도 ▣▣▣

(1) Fourier's Law

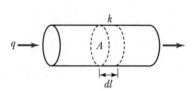

💡 **TIP** ▐▌▐▌▐▌▐▌▐▌▐▌▐▌▐▌▐▌▐▌

속도 = $\dfrac{추진력}{저항}$

💡 **TIP** ▐▌▐▌▐▌▐▌▐▌▐▌▐▌▐▌▐▌▐▌

Fourier's Law
열전달속도는 온도구배에 비례하고 열
전달에 수직인 면적에 비례하며 비례상
수가 열전도도이다.

$$q = \frac{dQ}{d\theta} = -kA\frac{dt}{dl}$$

여기서, q, $\dfrac{dQ}{d\theta}$: 열전달속도(kcal/h)

$\quad$ k : 열전도도(kcal/m · h · ℃)

$\quad$ A : 열전달면적(m²)

$\quad$ dl : 미소거리(m)

$\quad$ dt : 온도차(℃)

(2) 열전도도

k(kcal/m · h · ℃)

$$q = \frac{k_{av}(t_1 - t_2)}{\displaystyle\int_{l_1}^{l_2}\frac{dl}{A}}\,(\text{kcal/h})$$

평균열전도도 : $k_{av} = \dfrac{k_1 + k_2}{2}$

(3) 열플럭스(Heat Flux)

$\dfrac{q}{A}$: 단위면적당 열전달속도를 말한다.(kcal/h · m²)

2) 단면적이 일정한 도체에서의 열전도 ▣▣▣

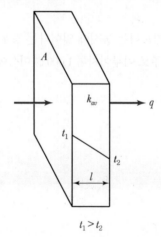

$$q = k_{av}A\frac{t_1 - t_2}{l} = \frac{t_1 - t_2}{\dfrac{l}{k_{av}A}} = \frac{\Delta t}{R}\,(\text{kcal/h})$$

여기서, Δt : 온도차(추진력)

$\quad$ R : 열저항$\left(R = \dfrac{l}{k_{av}A}\right)$

3) 원관벽을 통한 열전도 ▨▨▨

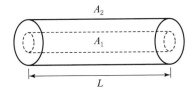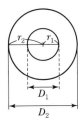

$$q = \frac{k_{av}\overline{A}_L(t_1 - t_2)}{l} = \frac{t_1 - t_2}{\dfrac{l}{k_{av}\overline{A}_L}} = \frac{\Delta t}{R} \, (\text{kcal/h})$$

$$l = r_2 - r_1$$

$$\overline{A_L} = 2\pi\overline{r}L = \pi\overline{D}L = \frac{A_2 - A_1}{\ln\dfrac{A_2}{A_1}}$$

> **Reference**
>
> **평균전열면적($\overline{A}_L$)**
>
> $$\frac{A_2}{A_1} < 2 \rightarrow 산술평균 \ \overline{A} = \frac{A_1 + A_2}{2} = \frac{\pi L(D_1 + D_2)}{2}$$
>
> $$\frac{A_2}{A_1} \geq 2 \rightarrow 대수평균 \ \overline{A}_L = \frac{A_2 - A_1}{\ln\dfrac{A_2}{A_1}} = \frac{\pi L(D_2 - D_1)}{\ln\dfrac{D_2}{D_1}}$$

4) 여러 층으로 된 벽에서의 열전도 ▨▨▨

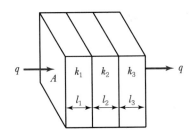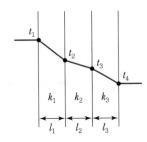

단면적이 A인 재질이 서로 다른 3종류의 평면벽 정상상태에서 $q_1 = q_2 = q_3 = q$
로 나타낼 수 있다.

$$q = q_1 + q_2 + q_3 = \frac{\Delta t_1 + \Delta t_2 + \Delta t_3}{R_1 + R_2 + R_3}$$

$$= \frac{\Delta t_1 + \Delta t_2 + \Delta t_3}{\dfrac{l_1}{k_1 A} + \dfrac{l_2}{k_2 A} + \dfrac{l_3}{k_3 A}}$$

$$= \frac{(t_1 - t_2) + (t_2 - t_3) + (t_3 - t_4)}{R_1 + R_2 + R_3}$$

$$\therefore q = \frac{t_1 - t_4}{R_1 + R_2 + R_3}$$

① 전체저항 : $R = R_1 + R_2 + R_3$

② $\Delta t : \Delta t_1 : \Delta t_2 = R : R_1 : R_2$

➡ 고체벽면 사이의 온도를 구할 때 사용

5) 중공구벽의 전도(구상벽) ▨▨▨

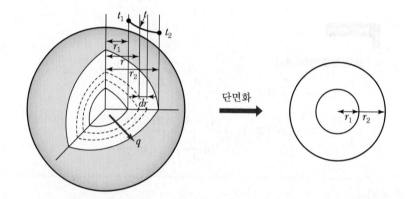

단면화

$$q = k_{av} \frac{\sqrt{A_1 A_2}}{r_2 - r_1} (t_1 - t_2) = \frac{t_1 - t_2}{\dfrac{l}{k_{av} A_{av}}} = \frac{\Delta t}{R}$$

$A = 4\pi r^2 (\text{m}^2)$

$A = \sqrt{A_1 A_2}$ ➡ 기하평균

$l = r_2 - r_1$

Exercise **01** ▣▣▣

3층의 벽돌로 쌓은 노벽이 있다. 내부에서 차례로 열저항이 각각 1.5, 1.2, 0.25h · ℃/kcal이다. 내부온도가 760℃, 외부온도가 38℃일 때 둘째 벽과 셋째 벽 사이의 온도는?

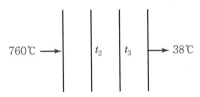

풀이 $R = R_1 + R_2 + R_3 = 2.95$

$\Delta t \, : \, \Delta t_3 = R \, : \, R_3$

$(760 - 38) \, : \, (t_3 - 38) = 2.95 \, : \, 0.25$

$722 \, : \, \Delta t_3 = 2.95 \, : \, 0.25$

$\Delta t_3 = 61.2$

$\Delta t_3 = t_3 - 38 = 61.2$

$\therefore \ t_3 = 99.2℃$

3. 대류

- 대류
  - 자연대류 : 가열이나 그 외의 원인으로 유체 내에 밀도차가 생겨 자연적으로 분자가 이동한다.
  - 강제대류 : 유체를 교반하거나 펌프 등의 기구를 이용하여 기계적으로 열을 이동시킨다.
- 경막(Viscous Film)

  유체가 고체벽에 접해 있을 때, 유체가 난류를 형성하고 있더라도 고체 표면에 근접하고 있는 부분은 거의 움직이지 않거나, 아니면 층류를 이루는 분자의 얇은 막이 존재한다. 경막은 대단히 얇은 막(Thin Film)이지만 큰 저항을 나타내고, 실제로 고체와 유체 사이의 전열에서 온도강하는 주로 이 경막에서 일어난다.

1) 고체와 유체 사이의 열전달 ■■■■

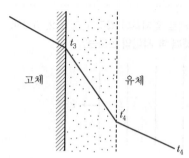

$$q = hA(t_3 - t_4) = hA\Delta t \,(\text{kcal/h})$$

여기서, Δt : 고체벽과 유체 사이의 온도차
h : 경막 열전달계수(경막계수)

$$h = \frac{k}{l} \,(\text{kcal/m}^2 \cdot \text{h} \cdot \text{℃})$$

2) 고체벽을 사이에 둔 두 유체 간의 열전달 ■■■

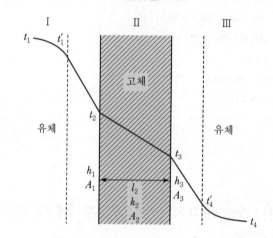

(1) 유체 I

$$q = h_1 A_1 (t_1 - t_2) = \frac{t_1 - t_2}{\dfrac{1}{h_1 A_1}} \,(\text{kcal/h})$$

(2) 고체 II

$$q = k_2 A_2 \frac{(t_2 - t_3)}{l_2} = \frac{t_2 - t_3}{\dfrac{l_2}{k_2 A_2}} \,(\text{kcal/h})$$

(3) 유체 III

$$q = h_3 A_3 (t_3 - t_4) = \frac{t_3 - t_4}{\dfrac{1}{h_3 A_3}} \,(\text{kcal/h})$$

$$\therefore q = \frac{t_1 - t_4}{\left(\dfrac{1}{h_1 A_1}\right) + \left(\dfrac{l_2}{k_2 A_2}\right) + \left(\dfrac{1}{h_3 A_3}\right)} = \frac{\Delta t}{R_1 + R_2 + R_3}$$

위 식의 분자, 분모에 A_1을 곱하면 다음과 같다.

$$q = \frac{A_1(t_1 - t_4)}{\left(\dfrac{1}{h_1}\right) + \left(\dfrac{l_2}{k_2}\right)\left(\dfrac{A_1}{A_2}\right) + \left(\dfrac{1}{h_3}\right)\left(\dfrac{A_1}{A_3}\right)}$$

$$U_1 = \frac{1}{\left(\dfrac{1}{h_1}\right) + \left(\dfrac{l_2 A_1}{k_2 A_2}\right) + \left(\dfrac{A_1}{h_3 A_3}\right)} \ (\text{kcal/m}^2 \cdot \text{h} \cdot \text{℃})$$

↳ 총괄열전달계수. 단위는 h와 동일

$$U_1 = \frac{1}{\left(\dfrac{1}{h_1}\right) + \left(\dfrac{l_2}{k_2}\right)\left(\dfrac{D_1}{D_2}\right) + \left(\dfrac{1}{h_3}\right)\left(\dfrac{D_1}{D_3}\right)} \ (\text{kcal/m}^2 \cdot \text{h} \cdot \text{℃})$$

$$\therefore q = UA\Delta t \, (\text{kcal/h})$$

① 접촉면이 일정한 경우

$$U = \frac{1}{\dfrac{1}{h_1} + \dfrac{l_2}{k_2} + \dfrac{1}{h_3}} \ (\text{kcal/m}^2 \cdot \text{h} \cdot \text{℃})$$

② 한 유체의 경막계수 h_1의 값이 다른 값에 비해 아주 작을 경우

$\dfrac{1}{h_1}$이 지배저항이 되어 $U_1 \fallingdotseq h_1$이 된다.

TIP

$A = \pi DL$

관의 길이 L은 일정하므로 $\dfrac{A_1}{A_2} = \dfrac{D_1}{D_2}$

가 된다.

3) 경막 열전달계수(Film Heat Transfer Coefficient)

열전달에 관계되는 무차원수

(1) Reynolds No.(N_{Re})

$$N_{Re} = \frac{Du\rho}{\mu} = \frac{DG}{\mu} = \frac{Du}{\nu} = \frac{\text{관성력}}{\text{점성력}}$$

(2) Nusselt No.(N_{Nu})

$$N_{Nu} = \frac{hD}{k} = \frac{\text{대류 열전달}}{\text{전도 열전달}} = \frac{\text{전도 열저항}}{\text{대류 열저항}}$$

(3) Prandtl No.(N_{Pr})

$$N_{Pr} = \frac{C_p \mu}{k} = \frac{\nu}{\alpha} = \frac{\text{운동량 확산도(전달)}}{\text{열확산도(전달)}}$$

TIP

- Biot No.(N_{Bi})

$$N_{Bi} = \frac{h\frac{V}{A}}{k} = \frac{hL}{k}$$

$$= \frac{대류에 의한 열전달}{전도에 의한 열전달}$$

$$= \frac{내부열저항}{외부열저항}$$

$$= \frac{고체표면에서의 대류열전달계수}{고체내부거리\ L을 통한 열전도도}$$

- Fourier No.(N_{Fo})

$$N_{Fo} = \frac{4kL}{C_p \rho D^2 u}$$

$$= \frac{거리\ L을 통해 전도되는 열}{거리\ L에 걸쳐 저장되는 열}$$

- Sherwood No.(N_{Sh})

$$N_{Sh} = \frac{k_c L}{D_{AB}}$$

- Schmidt No.(N_{Sc})

$$N_{Sc} = \frac{\mu}{\rho D_{AB}}$$

- Lewis No.(N_{Le})

$$N_{Le} = \frac{\alpha}{D_{AB}} = \frac{k}{\rho C_p D_{AB}}$$

TIP

$$\beta = \frac{1}{V}\left(\frac{\partial V}{\partial T}\right)_p$$

N_{Re}은 주로 강제대류, N_{Gr}은 자연대류

(4) Grashof No.(N_{Gr})

$$N_{Gr} = \frac{gD^3 \rho^2 \beta \Delta t}{\mu^2} = \frac{부력}{점성력}$$

(5) Peclet No.(N_{Pe})

$$N_{Pe} = \frac{Du\rho C_p}{k} = \frac{DGC_p}{k} = N_{Re} \times N_{Pr}$$

(6) Stanton No.(N_{St})

$$N_{St} = \frac{N_{Nu}}{N_{Re} \times N_{Pr}} = \frac{\dfrac{hD}{k}}{\dfrac{Du\rho}{\mu} \times \dfrac{C_p \mu}{k}} = \frac{h}{C_p \rho u} = \frac{h}{C_p G}$$

(7) Graetz No.(N_{Gz})

$$N_{Gz} = \frac{wC_p}{kL}$$

여기서, k : 열전도도(kcal/m·h·℃)

u : 유속(m/s)

ρ : 밀도(kg/m³)

μ : 점도(kg/m·s)

Δt : 온도차(℃)

C_p : 정압비열(kcal/kg·℃)

α : 열확산계수 $\alpha = \dfrac{k}{\rho C_p}$ (m²/h)

β : 부피팽창계수(1/℃)

w : 질량유량(kg/h)

L : 흐름진로의 길이(m)

D : 직경

(8) 비등, 응축을 수반하지 않는 경우

비등, 응축을 수반하지 않는 열전달의 경우 차원해석을 하면 다음과 같은 관계식을 얻는다.

$$\left(\frac{hD}{k}\right) = K\left(\frac{DG}{\mu}\right)^a \left(\frac{C_p \mu}{k}\right)^b \left(\frac{gD^3 \rho^2 \beta \Delta t}{\mu^2}\right)^c \left(\frac{D}{L}\right)^d$$

즉, $N_{Nu} = K N_{Re}{}^a N_{Pr}{}^b N_{Gr}{}^c \left(\dfrac{D}{L}\right)^d$

층류의 경우 $\left(\dfrac{D}{L}\right)$의 영향이 크다.

K, a, b, c, d는 실험값이다.

4) 상변화를 동반하지 않는 강제대류에서의 경막계수

(1) 유체가 관 내로 흐르는 경우

① $N_{Re} > 10,000$

Dittus Boelter식

$$\frac{hD}{k} = 0.023 \left(\frac{Du\rho}{\mu} \right)^{0.8} \left(\frac{C_p\mu}{k} \right)^n$$

여기서, $N_{Pr}{}^n$ 가열 시 $n = 0.4$, 냉각 시 $n = 0.3$이다.

$$N_u = 0.023 N_{Re}{}^{0.8} N_{Pr}{}^{1/3}$$

스탠톤 수(Stanton Number) N_{St}는

$$N_{St} = 0.023 (N_{Re})^{-0.2} (N_{Pr})^{-\frac{2}{3}}$$

$$N_{St} = \frac{h}{C_p G} = \frac{(hD/k)}{(DG/\mu)(C_p\mu/k)}$$

$$= \frac{N_{Nu}}{N_{Re} \cdot N_{Pr}}$$

② $2,700 < N_{Re} < 10,000$

$$\left(\frac{hD}{k} \right) \left(\frac{\mu_s}{\mu} \right)^{0.14} \left(\frac{C_p\mu}{k} \right)^{-\frac{1}{3}} = f\left(\frac{Du\rho}{\mu} \right)$$

여기서, μ_s : 표면 온도에서의 점도

③ $0.003 < \dfrac{C_p\mu}{k} < 0.1$(액체금속)

$$\frac{hD}{k} = 7 + 0.025 N_{Pe}{}^{0.8}$$

페클렛 수(Peclet Number) N_{Pe}는

$$N_{Pe} = N_{Pr} \times N_{Re}$$

$$= \frac{C_p\mu}{k} \times \frac{Du\rho}{\mu} = \frac{Du\rho C_p}{k}$$

④ 층류인 경우

$$\frac{hD}{k} = 1.86 \left[\left(\frac{Du\rho}{\mu} \right) \left(\frac{C_p\mu}{k} \right) \left(\frac{D}{L} \right) \right]^{1/3} \left(\frac{\mu}{\mu_s} \right)^{0.14}$$

$$= 1.86 N_{Gz}^{1/3} \left(\frac{\mu}{\mu_s} \right)^{0.14}$$

$$N_{Gz} = \frac{w C_p}{kL}$$

$$= \frac{\pi}{4} N_{Re} \cdot N_{Pr} \cdot \frac{D}{L}$$

◆ 형태인자
유로의 단면적을 열전달면의 둘레로 나눈 것

상당직경
$D_e = 4 \times$ 형태인자

$\quad = 4 \times \dfrac{\text{유로의 단면적}}{\text{열전달면의 둘레}}$

(2) 유체가 원형 이외의 유로를 흐를 경우 ▨▨▨

① 상당직경(D_e)을 사용

$$D_e = 4 \times \frac{\text{유로의 단면적}}{\text{열전달면의 둘레}}$$

② 다관식 열교환기

내경 D_s의 투관(Jacket) 가운데 외경 D의 전열관이 n개 있을 때

$$D_e = 4 \times \frac{\frac{\pi}{4}\left(D_s^{\,2} - nD^2 \right)}{n\pi D} = \frac{D_s^{\,2} - nD^2}{nD}$$

(3) 유체가 관 외를 직각으로 흐를 경우

① 단일 원관 외에 직각인 흐름 – Ulsamer 식

$$\frac{hD}{k_f} = K \left(\frac{DG}{\mu_f} \right)^n \left(\frac{C_p\mu}{k_f} \right)^m$$

여기서, 하첨자 f : 물성정수를 점성막의 평균온도에서 산출함을 나타낸다.
K, n, m : 상수

② 관군과 직각으로 흐르는 경우 – McAdams 식

$$\left(\frac{hD_0}{k_f} \right) \left(\frac{C_p\mu_f}{k_f} \right)^{-1/3} = f \left(\frac{D_0 G_{\max}}{\mu_f} \right)$$

f는 착렬관군에 대한 k값 그래프에서 알 수 있으며 관군이 10줄 이상일 때 적용된다. 관군이 10줄 이하일 때는 보정계수를 곱해 주어야 한다.

5) 상변화를 동반하지 않는 자연대류에서의 경막계수

$$N_{Nu} = f(N_{Gr} \cdot N_{Pr})$$

(1) 수평원주면

$$N_{Gr} \cdot N_{Pr} = 10^3 \sim 10^9, \ h = 1.1\left(\frac{\Delta t}{D}\right)^{1/4} \ \cdots\cdots\cdots\cdots\cdots\cdots \text{ⓓ}$$

$$N_{Gr} \cdot N_{Pr} = 10^9 \sim 10^{12}, \ h = 1.1(\Delta t)^{1/3} \ (D < 25\text{cm}) \ \cdots\cdots\cdots\cdots \text{ⓔ}$$

(2) 수직면

ⓓ식에서 D 대신 L을 쓴다.

6) 증기가 응축할 때의 경막계수(상변화 동반)

(1) 포화증기의 응축 ▮▮▮

① 막상응축(Film Condensation) : 응축한 액이 피막상으로 벽면에 붙어 중력에 의하여 흘러내리는 현상

② 적상응축(Dropwise Condensation) : 응축액이 적상이 되어 벽면을 미끄러져 내려오는 현상

   ㄱ 적상응축의 열전달속도는 막상응축의 2배 이상이 된다(h가 2배). 그러므로 전열을 좋게 하기 위해서는 적상응축이 되게 하는 것이 좋다.

   ㄴ 적상응축 촉진 방법
- 동관에 크롬도금을 한다.
- 벽면에 기름을 바른다.
- 증기 중에 소량의 유분을 가한다.

   ㄷ 수직관(벽) $h = 0.943\left(\dfrac{k^3 \rho^2 g \lambda}{L \mu \Delta t}\right)^{1/4}$

   ㄹ 수평관(벽) $h = 0.725\left(\dfrac{k^3 \rho^2 g \lambda}{D \mu \Delta t}\right)^{1/4}$

        여기서, λ : 증기의 증발잠열(kcal/kg)
               L : 관의 높이
               Δt : 증기와 벽면의 온도차(℃)

(2) 증기가 비응축 기체를 포함하고 있는 경우

① 탈기구(Vent)를 설치한다.

② 수증기 중 0.5% 정도의 공기 함유 시 h는 1/2로 감소한다.

③ 응축액, 비응축 기체의 신속한 제거가 필요하다.

TIP ▮▮▮▮▮▮▮▮▮▮▮▮▮▮

적상응축에 대한 평균 열전달계수는 막상응축의 5~8배가 된다.

(3) 비등곡선 ▣▣▣

포화온도의 물속에 수평가열관을 담궈 가열할 경우의 비등특성곡선이다.

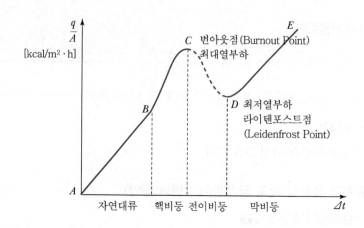

① AB 구간(자연대류영역)
- 비등을 수반하지 않고 가열관의 온도가 액체의 비점에 도달하면 기포가 발생한다.
- 기포가 발생하면 교란효과가 있어 열전달계수 h가 매우 증가하여 q/A(열부하, Heat Flux)가 직선적으로 급격히 증가한다.

② BC 구간(핵비등영역)
- AB보다 기울기가 더 큰 직선으로 표시된다.
- 기포의 발생이 더욱 활발해져 열전달계수와 q/A가 증가하여 최대점 C(번아웃점, Burnout Point)에 도달하게 된다. C점에서의 Δt를 임계온도차(Critical Temperature Drop), q/A를 최대열부하라고 한다.

③ CD 구간(전이비등영역)
열전달면에 불안정한 증기막이 형성되어 q/A(열부하)가 감소하여 최소점 D(Leidenfrost점)에 도달한다.

④ DE 구간(막비등)
- 표면온도가 다시 증가하면 가열표면은 증기막으로 덮이며 이 층을 통과하는 열은 전도와 복사에 의해 전달된다.
- q/A(열부하)는 계속 상승하여 최대열부하를 갖게 된다.
- 이 현상은 비등열전달의 특징이며, 복사 열전달이 전도 열전달보다 중요하게 취급되는 구간이다.

🔅 열부하가 C점 이상으로 증가하면 가열면 온도는 E점에 도달하고, 이 온도는 대부분의 경우 금속의 융점 이상이므로 C점 이상으로 열부하를 증가시키면

열전달면은 타버리게 된다. C점 이상의 열부하에 액체의 물성값이나 열전달면의 재질에 따라서 물리적 파손이 반드시 일어난다고는 할 수 없지만, 설계상의 한도를 나타내는 것이다.

7) 열교환기의 평균온도차

뜨거운 유체로부터 고체벽을 통해 차가운 유체로 열이 전달되는 경우, 일반식은 다음과 같다.

$q = U_{av}A_{av}\Delta t_{av}$(kcal/h)

고온 : $q = WC(T_1 - T_2)$

저온 : $q = wc(t_1 - t_2)$

여기서, Δt : 평균온도차

C : 비열(kcal/kg · ℃)

∴ 열전달속도 : $q = UA\Delta t = WC(T_1 - T_2) = wc(t_1 - t_2)$

포화증기가 T_1에서 응축하여 그 온도의 액체로 되어 나갈 경우 열전달속도는 $q = w'\lambda = wc(t_2 - t_1)$과 같다.

여기서, λ : T_1에서 증발(응축)잠열(kcal/kg)

w' : 증기의 응축량(kg/h)

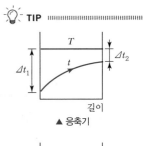

▲ 응축기

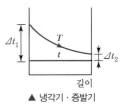

▲ 냉각기 · 증발기

Reference

평균온도차 ▯▯▯

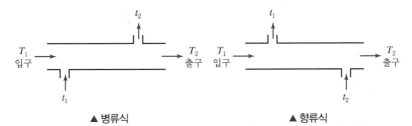

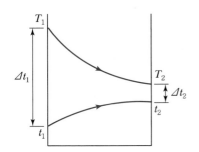

▲ 병류식

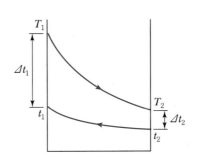

▲ 향류식

- 병류＝평행류
- 향류 : 열전달속도가 빠르고 효율이 우수

$$\frac{\Delta t_1}{\Delta t_2} < 2 \rightarrow \Delta \bar{t}_m = \frac{\Delta t_1 + \Delta t_2}{2}$$

$$\frac{\Delta t_1}{\Delta t_2} \geq 2 \rightarrow \Delta \bar{t}_m = \frac{\Delta t_1 - \Delta t_2}{\ln \dfrac{\Delta t_1}{\Delta t_2}}$$

Exercise 02

이중 열교환기에서 외관의 고온유체가 입구에서 110℃, 출구에서 100℃이며 저온유체가 내관에서 입구온도 20℃, 출구온도가 75℃이다. 병류 및 향류의 평균온도차는?

🔍 풀이

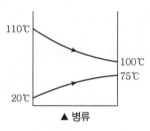

▲ 병류

$\Delta t_1 = 90℃$

$\Delta t_2 = 25℃$

$\Delta t_{\ln} = \dfrac{90 - 25}{\ln \dfrac{90}{25}} = 50.7℃$

▲ 향류

$\Delta t_1 = 35℃$

$\Delta t_2 = 80℃$

$\Delta t_{\ln} = \dfrac{80 - 35}{\ln \dfrac{80}{35}} = 54.4℃$

4. 복사

1) 흑체(Perfect Black Body)

① 흡수율(α)＝1인 물체로서 받은 복사에너지를 전부 흡수하고 반사나 투과는 전혀 없다.($\gamma = 0$, $\delta = 0$)

② 흑체는 실제로는 없지만, 하나의 작은 구멍에서 들여다보는 공동의 내부는 흑체라고 할 수 있다.

③ 벽돌로 둘러싸인 연소로의 내부, 검은 펠트(Felt)의 표면도 흑체에 가깝다.

2) 복사에너지

$$1 = \gamma + \delta + \alpha = 반사율 + 투과율 + 흡수율$$

여기서, α : 복사에너지 중 그 물체에 흡수된 비율(흡수율, 흡수능)

γ : 복사에너지 중 그 물체에 반사된 비율(반사율, 반사능)

δ : 복사에너지 중 그 물체에 투과된 비율(투과율, 투과능)

3) 흑체복사의 기본법칙

(1) 슈테판 – 볼츠만(Stefan – Boltzmann)의 법칙

완전 흑체에서 복사에너지는 절대온도의 4승에 비례하고 열전달 면적에 비례한다.

$$q_B = 4.88A\left(\frac{T}{100}\right)^4 (\text{kcal/h}) = \sigma A T^4 = 4.88 \times 10^{-8} A T^4$$

실제 물체(Real Body)의 복사에너지는 같은 온도에 있는 흑체의 복사에너지보다 적으며, $q = \varepsilon q_B = 4.88\varepsilon A\left(\frac{T}{100}\right)^4$ 로 나타낼 수 있다.

Reference

ε(복사능, 흑도, Emissivity)

같은 온도에서 흑체와 그 물체의 복사능의 비

$$\varepsilon = \frac{W}{W_b} \quad 0 < \varepsilon < 1$$

여기서, W : 물체의 복사강도

W_b : 흑체의 복사강도

cf 회색체(Gray Body) : 표면에서 복사능이 같은 물체

(2) 빈(Wien)의 법칙

$$\lambda_{\max} T = C$$

주어진 온도에서 최대복사강도에서의 파장 $\lambda_{\max}$ 는 절대온도에 반비례한다.

T (K)일 때 $C = 0.2898\text{cm}$

(3) 플랑크(Planck)의 법칙

Planck는 흑체가 내놓는 스펙트럼(Spectrum)에서의 에너지 분포, 즉 흑체의 단색광 복사능을 양자론으로부터 유도하였다.

$$W_{b\lambda} = \frac{2\pi h C^2 \lambda^{-5}}{e^{hc/k\lambda T} - 1} = \frac{C_1 \lambda^{-5}}{e^{hc/k\lambda T} - 1}$$

여기서, $W_{b\lambda}$: 흑체의 단색광 방사력, h : 플랑크 상수

C : 광속(2.898×10^8m/s), λ : 복사파장

k : Boltzmann 상수, T : 절대온도

$C_1 : 2\pi h C^2 = 3.22 \times 10^{-16}\text{kcal/m}^2 \cdot \text{h}$

$= 3.742 \times 10^{-16}\text{W} \cdot \text{m}^2$

◆ Stefan – Boltzmann 상수

$\sigma = 4.88 \times 10^{-8}\text{kcal/m}^2 \cdot \text{h} \cdot \text{K}^4$

$= 0.1713 \times 10^{-8}\text{BTU/ft}^2 \cdot \text{h} \cdot \text{°R}^4$

$= 5.672 \times 10^{-8}\text{W/m}^2 \cdot \text{K}^4$

PART 1

PART 2

PART 3

PART 4

PART 5

◆

$1\text{Å} = 10^{-10}\text{m}$

 TIP

Wien의 법칙

↑ 미분

Plank의 법칙

↓ 적분

Stefan – Boltzmann의 법칙

4) 불투명체에 의한 복사선의 흡수

(1) 코사인 법칙

반사율과 흡수율이 입사각에 무관하다고 가정한다. 이 법칙의 의미는 확산표면에 대해 표면을 떠나는 복사선의 강도가 그 면을 바라보는 각도에 무관하다는 뜻이다.

(2) 키르히호프(Kirchhoff)의 법칙 ▣▣▣

온도가 평형에 있을 때, 어떤 물체에 대한 전체복사력과 흡수능의 비는 그 물체의 온도에만 의존한다.

복사력 W_1, W_2, 흡수능 α_1, α_2 일 때

$$\frac{W_1}{\alpha_1} = \frac{W_2}{\alpha_2} = \frac{W_b}{1}$$

$$\alpha_1 = \frac{W_1}{W_b} = \varepsilon_1, \ \alpha_2 = \frac{W_2}{W_b} = \varepsilon_2$$

어떤 물체가 주위와 온도평형에 있으면 그 물체의 복사능과 흡수능은 같다.

흑체의 복사력 $= W_b$, 흑체의 흡수율 $\alpha = 1$

$$\therefore \varepsilon_1 = \alpha_1, \ \varepsilon_2 = \alpha_2, \ \varepsilon_n = \alpha_n$$

∴ 온도평형에서 복사능 = 흡수능

5) 두 물체 사이의 복사전열

- **회색체(Gray Body)** : 표면의 흡수율이 모든 파장에 걸쳐 같은, 온도에 따라 변하지 않는 이상적인 물체
- **복사원** : 마주보는 두 물체에서 복사선을 더 많이 방출하는 물체
- **수체** : 에너지를 받아들이는 쪽
- **시각(Angle of Vision)** : 수체(복사선을 받는 물체)가 복사원을 보는 각도

(1) 두 흑체표면 간의 복사 열전달

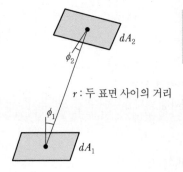

r : 두 표면 사이의 거리

$$dq_{1.2} = \sigma \frac{\cos\phi_1 \cos\phi_2 dA_1 dA_2}{\pi r^2} \left(T_1^{\ 4} - T_2^{\ 4} \right)$$

여기서, σ : Stefan − Boltzmann 상수
$= 4.88 \times 10^{-8} \text{kcal/m}^2 \cdot \text{h} \cdot \text{K}^4$
T_1, T_2 : 표면 dA_1, dA_2에서의 절대온도
ϕ_1, ϕ_2 : 두 표면을 연결하는 선과 각 표면에서
법선이 이루는 각도

Reference

시각인자(F) : 표면의 기하학적 형태에 따라서 달라지는 상수

$$q_{1.2} = \sigma A_1 F_{1.2} \left(T_1^{\ 4} - T_2^{\ 4} \right)$$

$$q_{1.2} = \sigma A_2 F_{2.1} \left(T_1^{\ 4} - T_2^{\ 4} \right)$$

$$q_{1.2} = \sigma A F \left(T_1^{\ 4} - T_2^{\ 4} \right)$$

$$\therefore A_1 F_{1.2} = A_2 F_{2.1}$$

여기서, $F_{1.2}$: A_1에서 발산된 복사선 중에서 A_2가 차단하는 분율

A_1이 A_2만 본다면 $F_{1.2} = 1$이 되고, 만일 여러 표면을 본다면

$$F_{1.1} + F_{1.2} + F_{1.3} + F_{1.4} + \cdots = 1$$

여기서, $F_{1.1}$: A_1이 자기 자신의 일부를 보는 분율

(2) 흑체가 아닌 경우(회색체인 경우) ▣▣▣

$$\mathscr{F}_{1.2} = \cfrac{1}{\cfrac{1}{F_{1.2}} + \left(\cfrac{1}{\varepsilon_1} - 1 \right) + \cfrac{A_1}{A_2} \left(\cfrac{1}{\varepsilon_2} - 1 \right)}$$

여기서, $\mathscr{F}$: 총괄적 교환인자(Overall Interchange Factor)

① 무한히 큰 두 평면이 서로 평행하게 있을 경우($A_1 \cong A_2$)

$$\mathscr{F}_{1.2} = \cfrac{1}{1 + \left(\cfrac{1}{\varepsilon_1} - 1 \right) + \left(\cfrac{1}{\varepsilon_2} - 1 \right)} = \cfrac{1}{\cfrac{1}{\varepsilon_1} + \cfrac{1}{\varepsilon_2} - 1}$$

A_1이 A_2만 보므로 $F_{1.2} = 1$

$$\therefore q = 4.88 A_1 \cfrac{1}{\cfrac{1}{\varepsilon_1} + \cfrac{1}{\varepsilon_2} - 1} \left[\left(\frac{T_1}{100} \right)^4 - \left(\frac{T_2}{100} \right)^4 \right] \text{(kcal/h)}$$

② 한쪽 물체에 다른 물체가 둘러싸인 경우($A_2 > A_1$)

$$\therefore q = 4.88 A_1 \cfrac{1}{\cfrac{1}{\varepsilon_1} + \cfrac{A_1}{A_2} \left(\cfrac{1}{\varepsilon_2} - 1 \right)} \left[\left(\frac{T_1}{100} \right)^4 - \left(\frac{T_2}{100} \right)^4 \right]$$

③ 큰 공동 내에 작은 물체가 있을 경우($A_2 \gg A_1$)

$$\therefore q = 4.88 A_1 \varepsilon_1 \left[\left(\frac{T_1}{100} \right)^4 - \left(\frac{T_2}{100} \right)^4 \right] \text{(kcal/h)}$$

6) 기체 중 온도계의 오차

① 기체온도(t_g) > 벽의 온도(t_w)인 경우 대류 · 복사로 실제의 t_g보다 약간 낮게 된다.

② 고온기체의 진온도를 측정하려면 복사방패나 빠른 기체 속도가 필요하다.(닦은 금속)

③ $q = (h_c + h_r)A\Delta t$

여기서, h_c : 대류전열계수

h_r : 복사전열계수$\left(h_r = \dfrac{(T_w{}^4 - T^4)}{T_w - T}\right)$

5. 열전달장치

1) 열교환기

두 물질 간에 열에너지의 수수(授受)가 되며 그 작용을 유효하게 할 목적의 장치로 이중관식 열교환기, 다관식 열교환기가 있다.

2) 열교환기의 설계

(1) 열전달량

$$q = WC_p(T_1 - T_2) = wC_p(t_2 - t_1)$$

$$q = w\lambda$$

(2) 평균온도차

다회 통과(다유로)의 경우 대수평균온도차 $\Delta\overline{T_L}$에 보정계수 F를 곱한다.

(3) 총괄열전달계수(U_{av})

관석의 영향으로 오염계수(Fouling Factor, h_d)를 고려해야 한다.

$$U_1 = \cfrac{1}{\dfrac{1}{h_1} + \dfrac{1}{h_{d1}} + \dfrac{l_2}{k_2}\left(\dfrac{D_1}{D_2}\right) + \dfrac{1}{h_{d3}}\left(\dfrac{D_1}{D_3}\right) + \dfrac{1}{h_3}\left(\dfrac{D_1}{D_3}\right)}$$

(4) 열전달면적

$q = U_{av}\overline{A_L}\Delta t$에서 구한다.

🔆 **TIP** ‖‖‖‖‖‖‖‖‖‖‖‖‖‖‖‖‖‖‖‖‖‖

오염계수(h_d)

열전달표면에 Scale 등으로 인해 열흐름에 부가적 저항이 생겨 총괄계수는 감소한다.

$$U_i = \cfrac{1}{\dfrac{1}{h_i} + \dfrac{1}{h_{di}} + \dfrac{l}{k}\left(\dfrac{D_i}{D_L}\right) + \dfrac{1}{hd_o}\left(\dfrac{D_i}{D_o}\right) + \dfrac{1}{h_o}\left(\dfrac{D_i}{D_o}\right)}$$

$$U_o = \cfrac{1}{\dfrac{1}{h_i}\left(\dfrac{D_o}{D_i}\right) + \dfrac{1}{h_{di}}\left(\dfrac{D_o}{D_i}\right) + \dfrac{l}{k}\left(\dfrac{D_o}{D_L}\right) + \dfrac{1}{hd_o} + \dfrac{1}{h_o}}$$

실전문제

01 N_{Nu}(Nusselt Number)의 정의로서 옳은 것은? (단, N_{St} : Stanton 수, N_{Pr} : Prandtl 수, k : 열전도도, D : 지름, h : 개별 열전달계수, N_{Re} : 레이놀즈 수)

① $\dfrac{kD}{h}$

② $\dfrac{전도저항}{대류저항}$

③ $\dfrac{전체의 온도구배}{표면에서의 온도구배}$

④ $\dfrac{N_{St}}{N_{Re} \cdot N_{Pr}}$

해설

$$N_{Nu} = \frac{hD}{k} = \frac{전도저항}{대류저항} = \frac{대류열전달}{전도열전달}$$
$$= \frac{표면에서의 온도구배}{총 온도구배}$$

02 확산에 의한 물질전달현상을 나타낸 Fick의 법칙처럼 전달속도, 구동력 및 저항 사이의 관계식으로 일반화되는 점에서 유사성을 갖는 법칙은 다음 중 어느 것인가?

① Stefan-Boltzman 법칙

② Henry 법칙

③ Fourier 법칙

④ Raoult 법칙

해설

- Fick's Law : $J_A = -D_{AB} \cdot \dfrac{dC_A}{dx}$

- Fourier's Law : $\dfrac{dq}{dA} = -k\dfrac{dt}{dx}$

03 면적이 0.25m^2인 250°C 상태의 물체가 있다. 50°C 공기가 그 위에 있을 때 전열속도는 약 몇 kW인가?(단, 대류에 의한 열전달계수 $= 30\text{W/m}^2 \cdot \text{°C}$)

① 1.5

② 1,875

③ 1,500

④ 1,875

해설

공기 50°C, $h = 30\text{W/m}^2 \cdot \text{°C}$
$A = 0.25\text{m}^2$, 250°C

$$q = hA(T_2 - T_1)$$
$$= 30 \times 0.25 \times (250 - 50)$$
$$= 1{,}500\text{W} = 1.5\text{kW}$$

04 평면판에서 유동 경계층(Hydrodynamic Boundary Layer)과 열 경계층(Thermal Boundary Layer)이 같아질 때 프란틀 수(Prandtl No.)는 어떤 값을 가지는가?

① ∞

② 100

③ 1

④ 0

해설

$$N_{Pr} = \frac{\nu}{\alpha} = \frac{\dfrac{\mu}{\rho}}{\dfrac{k}{\rho C_p}} = \frac{C_p \mu}{k} = \frac{운동량의 전달(확산)}{열에너지의 전달(확산)}$$

05 원관 내 25°C의 물을 65°C까지 가열하기 위해서 100°C의 포화수증기를 관 외부로 도입하여 그 응축열을 이용하고 100°C의 응축수가 나오도록 하였다. 이때 대수평균온도차는 몇 °C인가?

① 0.56

② 0.85

③ 52.5

④ 55.5

정답 ▶ **01** ② **02** ③ **03** ① **04** ③ **05** ③

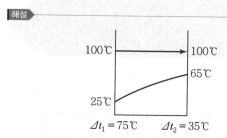

$$\therefore \overline{t} = \frac{75-35}{\ln \frac{75}{35}} = 52.5$$

06 스팀의 평균온도가 120℃이고, 물의 평균온도가 60℃이며 총괄열전달계수가 3,610kcal/m² · h · ℃, 열전달 표면적이 0.0535m²인 회분식 열교환기에서 매 시간당 전달된 열량은 약 몇 kcal인가?

① 3,753   ② 8,542
③ 10,451   ④ 11,588

 해설

$q = UA\Delta T = (3,610)(0.0535)(120-60) = 11,588\text{kcal}$

07 3중 효용관의 첫 증발관에 들어가는 수증기의 온도는 108℃이고 맨 끝 효용관에서 용액의 비점은 52℃이다. 각 효용관의 총괄열전달계수(W/m² · ℃)가 2,500, 2,000, 1,000일 때 2효용관의 끓는점은 약 몇 ℃인가? (단, 비점상승이 매우 작은 액체를 농축하는 경우이다.)

① 52.6   ② 81.5
③ 96.2   ④ 106.6

해설

$$R_1 : R_2 : R_3 = \frac{1}{U_1} : \frac{1}{U_2} : \frac{1}{U_3}$$
$$= \frac{1}{2,500} : \frac{1}{2,000} : \frac{1}{1,000}$$
$$= 4 : 5 : 10$$

108℃ → | I | II | III | → 52℃

$$\therefore q = \frac{t_1 - t_4}{R_1 + R_2 + R_3} = \frac{(108-52)}{19} = 2.95$$

$\Delta t : \Delta t_1 : \Delta t_2 = R : R_1 : R_2$
$56℃ : \Delta t_1 = 19 : 4 \rightarrow \Delta t_1 = 11.8℃$
$\Delta t_1 = t_1 - t_2 = 108 - t_2 = 11.8℃ \quad \therefore t_2 = 96.2℃$

$\Delta t_1 : \Delta t_2 = R_1 : R_2$
$11.8 : \Delta t_2 = 4 : 5 \rightarrow \Delta t_2 = 14.75℃$
$\Delta t_2 = t_2 - t_3 = 96.2 - t_3 = 14.75 \quad \therefore t_3 = 81.45℃$

08 흑체의 전 복사능은 절대온도의 4승에 비례한다는 것을 나타내는 식은?

① 키르히호프(Kirchhoff)의 식
② 슈테판 – 볼츠만(Stefan – Boltzmann)의 식
③ 플랑크(Planck)의 식
④ 빈(Wien)의 식

해설

• Kirchhoff 법칙

$$\frac{W_1}{\alpha_1} = \frac{W_2}{\alpha_2} = \frac{\text{복사력}}{\text{흡수능}}$$

어떤 물체가 주위와 온도평형에 있으면
$\varepsilon_1 = \alpha_1, \varepsilon_2 = \alpha_2$, 복사능 = 흡수능

• Stefan – Boltzmann 법칙

$$q = 4.88A \left(\frac{T}{100} \right)^4$$

• 빈(Wien)의 법칙
$\lambda_{max} T = C$

09 완전 복사체로부터의 에너지 방사속도를 나타내는 식은?(단, σ는 슈테판–볼츠만 상수, T는 절대온도이다.)

① σT ② σT^2
③ σT^3 ④ σT^4

해설

Stefan – Boltzmann 법칙

$$q = 4.88A \left(\frac{T}{100} \right)^4$$

10 냉각하는 벽에서 응축되는 증기의 형태는 막상응축(Film Type Condensation)과 적상응축(Drop Wise Condensation)으로 나눌 수 있다. 적상응축의 전열계수는 막상응축에 비하여 대략 몇 배가 되는가?

① 1~2배   ② 5~8배
③ 12~20배   ④ 50~80배

해설

막상응축과 적상응축
- 막상응축(Film Condensation) : 응축한 액이 피막상으로 벽면에 붙어 중력에 의해 흘러내리는 현상
- 적상응축(Dropwise Condensation) : 응축액이 적상이 되어 벽면을 미끄러져 내려오는 현상으로 h는 막상응축일 때보다 약 2배 이상 크다.
- 적상응축에 대한 평균 열전달계수는 막상응축 시의 5~8배가 된다.

전열을 좋게 하기 위한 방법
- 동관에 크롬도금을 한다.
- 벽면에 기름을 바른다.
- 증기 중에 소량의 유분을 가한다.

11 향류 열교환기에서 온도 300K의 냉각수 30kg/s을 사용하여 더운물 20kg/s을 370K에서 340K으로 연속 냉각시키려고 한다. 총괄전열계수를 2.4kW/m² · K로 가정하였을 때 전열면적은 약 몇 m²인가?

① 23.39   ② 34.15
③ 41.27   ④ 50.22

해설

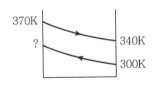

$q = UA\Delta \bar{t} \rightarrow A = q/U\Delta \bar{t}$

- $q = m\,C_p\Delta t$
$= 4.184\text{kJ/kg} \cdot \text{℃} \times 20\text{kg/s} \times (370-340)\text{℃}$
$= 2,510\text{kJ/s} = 2,510\text{kW}$

- $q = m\,C_p\Delta t$
$= 4.184\text{kJ/kg} \cdot \text{℃} \times 30\text{kg/s} \times \Delta t = 2,510\text{kJ/s}$
$\Delta t = t - 300 = 20$
$\therefore t = 320\text{K}$

- $\Delta \bar{t} = \dfrac{50-40}{\ln\dfrac{50}{40}} = 44.81\text{K}$

- $A = \dfrac{q}{U\Delta \bar{t}} = \dfrac{2,510\text{kW}}{2.4\text{kW/m}^2 \cdot \text{K} \times 44.81\text{K}}$
$= 23.3\text{m}^2$

12 외경이 5cm인 철관 내를 흐르는 물을 외측의 기체로서 가열한다. 물 쪽의 경막계수는 2,440kcal/m² · h · ℃이고, 기체 쪽의 경막계수는 29.2kcal/m² · h · ℃이며, 철관의 열전도도는 37.2kcal/m · h · ℃이다. 철관의 두께가 3mm일 때 총괄전열계수는 약 몇 kcal/m² · h · ℃인가?(단 관의 내면적과 외면적의 차이는 무시한다.)

① 0.035   ② 0.715
③ 28.8   ④ 148.2

해설

$u = \dfrac{1}{\dfrac{1}{h_1} + \dfrac{l}{k} + \dfrac{1}{h_3}}$

$= \dfrac{1}{\dfrac{1}{2,440} + \dfrac{0.003}{37.2} + \dfrac{1}{29.2}}$

$= 28.8\text{kcal/m}^2 \cdot \text{h} \cdot \text{℃}$

13 다음 중에서 Nusselt 수(N_{Nu})를 나타내는 것은? (단, h는 경막 열전달계수, D는 관의 직경, k는 열전도도이다.)

① $k \cdot D \cdot h$ ② $k \cdot D$
③ $\dfrac{D}{k \cdot h}$ ④ $\dfrac{D \cdot h}{k}$

해설

$N_{Nu} = \dfrac{hD}{k}$

정답   **10** ②   **11** ①   **12** ③   **13** ④

14 전열면적이 $2m^2$인 나무의 열전도도가 $100℃$에서 $0.06W/m \cdot K$이다. 이 나무의 두께가 $100mm$일 때 이 온도에서 열전도 저항은 약 몇 K/W인가?(단, W는 $Watt(J/s)$이다.)

① 0.83
② 1.51
③ 2.52
④ 4.24

$$q = \frac{\Delta t}{R} = \frac{t_1 - t_2}{\dfrac{l}{k_{av}A}}$$

$$\therefore R = \frac{l}{k_{av}A} = \frac{0.1}{0.06 \times 2} = 0.83$$

15 수평가열관 중에 정상상태로 흐르고 있는 액체가 $40℃$에서 질량유속 $2kg/s$로 유입되어 $140℃$로 배출된다. 액체의 평균 열용량은 $4.2kJ/kg \cdot ℃$일 때 관벽을 통하여 전달되는 열전달속도는 몇 kW인가?

① 84
② 100
③ 420
④ 840

$$Q = \dot{m}c\Delta t$$
$$= (2kg/s)(4.2kJ/kg \cdot ℃)(140-40)℃$$
$$= 840kW$$

16 벽의 외부는 두께 $6cm$의 벽돌로 되어 있고 내부는 두께 $10cm$의 콘크리트로 되어 있다. 바깥 표면의 온도가 $0℃$이고 안쪽 표면의 온도가 $18℃$로 유지될 때 단위면적당 열손실속도는 몇 $cal/cm^2 \cdot s$인가?(단, 벽돌과 콘크리트의 열전도도는 각각 $0.0015cal/cm \cdot s \cdot ℃$와 $0.002cal/cm \cdot s \cdot ℃$이다.)

① 5×10^{-3}
② 4×10^{-3}
③ 3×10^{-3}
④ 2×10^{-3}

$$q = \frac{t_1 - t_2}{R_1 + R_2} = \frac{t_1 - t_2}{\dfrac{l_1}{k_1 A_1} + \dfrac{l_2}{k_2 A_2}} = \frac{18}{\dfrac{6}{0.0015} + \dfrac{10}{0.002}}$$
$$= 2 \times 10^{-3} cal/cm^2 \cdot s$$

17 복사능 0.5, 전열면적 $2m^2$인 물질이 복사능 0.8, 전열면적 $10m^2$인 물질 속에 둘러싸여 복사전열이 일어날 때의 총괄교환인자($\mathcal{F}_{1.2}$)는 약 얼마인가?

① 0.35
② 0.49
③ 0.65
④ 0.79

$$\mathcal{F}_{1.2} = 1(1이 2만 보고 있으므로)$$
$$\mathcal{F}_{1.2} = \frac{1}{\dfrac{1}{F_{1.2}} + \left(\dfrac{1}{\varepsilon_1} - 1\right) + \dfrac{A_1}{A_2}\left(\dfrac{1}{\varepsilon_2} - 1\right)}$$
$$= \frac{1}{\dfrac{1}{1} + \left(\dfrac{1}{0.5} - 1\right) + \dfrac{2}{10}\left(\dfrac{1}{0.8} - 1\right)}$$
$$= 0.487$$

18 무한히 큰 두 개의 평면이 서로 평행하게 있을 때 각각의 표면온도가 $200℃$, $600℃$라고 한다면 복사에 의한 단위면적당의 전열량은 약 몇 $kcal/m^2 \cdot h$인가?(단, 방사율은 각각 1이라고 가정한다.)

① 25,902
② 21,625
③ 17,032
④ 14,520

$$q_{1.2} = 4.88 A_1 \frac{1}{\left(\dfrac{1}{\varepsilon_1} + \dfrac{1}{\varepsilon_2} - 1\right)}\left[\left(\dfrac{T_1}{100}\right)^4 - \left(\dfrac{T_2}{100}\right)^4\right]$$
$$= 4.88\left[\left(\dfrac{873}{100}\right)^4 - \left(\dfrac{473}{100}\right)^4\right]$$
$$= 25,900.6 kcal/m^2 \cdot h$$

정답 14 ① 15 ④ 16 ④ 17 ② 18 ①

19 노벽의 두께가 200mm이고, 그 외측은 75mm의 석면판으로 보온되어 있다. 노벽의 내부온도가 400℃이고, 외측 온도가 38℃일 경우 노벽의 면적이 10m²라면 열손실은 약 몇 kcal/h인가?(단, 노벽과 석면판의 평균 열전도도는 각각 3.3kcal/m·h·℃, 0.13kcal/m·h·℃이다.)

① 3,070
② 5,678
③ 15,300
④ 30,600

> 해설

$$q = \frac{\Delta t}{\dfrac{l_1}{k_1 A_1} + \dfrac{l_2}{k_2 A_2}} = \frac{(400-38)}{\dfrac{0.2}{(3.3)(10)} + \dfrac{0.075}{(0.13)(10)}}$$

$$= 5,678 \text{kcal/h}$$

20 고체벽의 양쪽에 두 유체가 흐르면 전열이 일어난다. 벽 외형 기준 총괄전열계수가 1,000kcal/m²·h·℃이고, 외경이 10cm라면 내경 8cm 기준 총괄전열계수는 약 몇 kcal/m²·h·℃인가?

① 625
② 800
③ 1,050
④ 1,250

> 해설

$$q = \frac{t_1 - t_4}{\left(\dfrac{1}{h_1 A_1}\right) + \left(\dfrac{l_2}{k_2 A_2}\right) + \left(\dfrac{1}{h_3 A_3}\right)} = UA\Delta t$$

$$U = \frac{q}{A\Delta t}$$

$$A = \pi D L$$

$U \propto \dfrac{1}{D}$ 이므로 $1,000 \times \dfrac{10}{8} = 1,250$

21 노벽의 두께가 100mm이고, 그 외측은 50mm의 석면으로 보온되어 있다. 벽의 내면온도가 400℃, 석면의 바깥쪽 온도가 20℃일 경우 두 벽 사이의 온도는 약 몇 ℃인가?(단, 노벽과 석면의 평균 열전도도는 각각 5.5kcal/m·h·℃, 0.15kcal/m·h·℃이다.)

① 380.5
② 350.5
③ 300.5
④ 250.5

> 해설

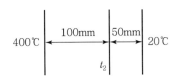

$$q = \frac{\Delta t}{R_1 + R_2} = \frac{(400-20)}{\dfrac{0.1}{5.5} + \dfrac{0.05}{0.15}} = 1,081 \text{kcal/m}^2 \cdot \text{h}$$

$$\Delta t : \Delta t_1 = R : R_1$$

$$380 : (400 - t_2) = 0.35 : 0.018$$

$$t_2 = 380.45℃$$

22 열확산계수(Thermal Diffusivity)와 동일한 단위를 갖는 물리량은?

① 질량속도
② 운동량
③ 열플럭스
④ 동점도

> 해설

$$\alpha = \frac{k}{\rho C_p} (\text{cm}^2/\text{s}) \qquad \nu = \frac{\mu}{\rho} (\text{cm}^2/\text{s})$$

23 열전달과 가장 관련이 작은 무차원수는?

① Schmidt수
② Reynolds수
③ Nusselt수
④ Prandtl수

> 해설

$$N_{Pr} = \frac{C_p \mu}{k}, \quad N_{Nu} = \frac{hD}{k}$$

24 내경 0.05m, 외경 0.15m의 원통벽의 열전도도가 0.1kcal/m·h·℃이고, 내면온도가 120℃, 외면온도가 20℃일 때 원통 1m당 열손실은 몇 kcal/h인가?

① 57
② 140
③ 152
④ 165

$$A_1 = \pi D_1 L = \pi \times 0.05 \times 1$$
$$A_2 = \pi D_2 L = \pi \times 0.15 \times 1$$
$$\overline{A}_{av} = \frac{\pi(0.15 - 0.05)}{\ln\dfrac{\pi(0.15)}{\pi(0.05)}} = 0.286$$
$$q = k\overline{A}\frac{\Delta t}{l} = \frac{(0.1)(0.286)(120-20)}{(0.05)} = 57.2\text{kcal/h}$$

25 외측 반경 100mm, 내측 반경 50mm의 중공 구상벽 (中空 球狀壁, $k_{av} = 0.04\text{kcal/m} \cdot \text{h} \cdot \text{℃}$)이 있다. 외벽 및 내벽의 온도를 각각 20℃, 200℃라고 할 때 이 구 (球)에서의 열손실은 약 몇 kcal/h인가?

① 10.24
② 9.05
③ 8.65
④ 5.05

해설

$$q = k_{av}\frac{\sqrt{A_1 A_2}}{r_2 - r_1}(t_1 - t_2)$$
$$A = 4\pi r^2$$
$$A_1 = 4\pi(0.05)^2 = 0.0314$$
$$A_2 = 4\pi(0.1)^2 = 0.1256$$
$$\therefore \ q = (0.04)\frac{\sqrt{(0.0314)(0.1256)}}{0.05}(200-20) = 9.04\text{kcal/h}$$

26 3중 효용관의 처음 증발관에 들어가는 수증기의 온도는 130℃이고 맨 끝 효용관 용액의 비점은 52℃이다. 각 효용관의 총괄전열계수는 각각 500, 200, 100kcal/$m^2 \cdot \text{h} \cdot \text{℃}$일 때 제1효용관 액의 비점은 몇 ℃인가?

① 120.8
② 118.5
③ 115.8
④ 112.8

해설

$$\Delta t : \Delta t_1 : \Delta t_2 = R : R_1 : R_2$$
$$R : R_1 : R_2 = \frac{1}{U} : \frac{1}{U_1} : \frac{1}{U_2} = \frac{1}{500} : \frac{1}{200} : \frac{1}{100} = 2 : 5 : 10$$
$$(130 - 52) : \Delta t_1 = (2+5+10) : 2$$
$$\therefore \ \Delta t_1 = 130 - t_2 = 9.18$$
$$\therefore \ t_2 = 120.82\text{℃}$$

27 자연대류의 원인이 되는 것은?

① 농도 차이
② 밀도 차이
③ 압력 차이
④ 점도 차이

해설

- 자연대류 : 가열이나 그 외에 의해 유체 내에 밀도차가 생겨 자연적으로 분자가 이동한다.
- 강제대류 : 유체를 교반하거나 펌프들의 기구를 이용하여 기계적으로 열을 이동시킨다.

28 관 직경을 D, 유체의 밀도를 ρ, 정압비열을 C_p, 점도를 μ, 단위면적과 단위시간당 질량속도를 G, 열전도도를 k, 열전달계수를 h라 할 때 무차원이 되지 않는 것은?

① $\dfrac{h}{C_p G}$
② $\dfrac{C_p \mu}{k}$
③ $\dfrac{k}{\rho C_p}$
④ $\dfrac{hD}{k}$

해설

- $N_{Pr} = \dfrac{C_p \mu}{k}$

- $N_{Nu} = \dfrac{hD}{k}$

- $N_{Le} = \dfrac{k}{\rho C_p D_{AB}} = \dfrac{\alpha}{D_{AB}}$

- $N_{St} = \dfrac{h}{C_p G} = \dfrac{h}{C_p u \rho}$

29 다음 중 프라우드 수(Froude Number)에 해당하는 것은?(단, g는 중력가속도, V는 속도, L은 길이이다.)

① $\dfrac{V^2}{\sqrt{gL}}$
② $\dfrac{\sqrt{gL}}{V^2}$
③ $\dfrac{V}{\sqrt{gL}}$
④ $\dfrac{\sqrt{gL}}{V}$

해설

프라우드 수 $Fr = \dfrac{V}{\sqrt{gL}}$

정답 25 ② 26 ① 27 ② 28 ③ 29 ③

30 다음 중 2중 원관 열교환기 내에서 100℃의 수증기로 내관의 물을 가열하고 있다. 물은 입구온도가 25℃이고 출구온도는 65℃이다. 수증기의 출구온도가 100℃일 때 대수평균온도(℃)를 구하면 얼마인가?

① 45.5 　　　　　　② 50.6
③ 52.5 　　　　　　④ 55.5

▶ 해설

$$\Delta \bar{t} = \frac{75 - 35}{\ln \frac{75}{35}} = 52.5℃$$

31 다음 중 무차원이 아닌 것은?(단, D는 직경, G는 단위면적당 질량속도, μ는 점도, C_P는 비열, L은 두께, h는 열전달계수, A는 전열면적, k는 열전도도이다.)

① $\dfrac{DG}{\mu}$ 　　　　　② $\dfrac{C_P \mu}{k}$
③ $\dfrac{L}{kA}$ 　　　　　④ $\dfrac{hD}{k}$

▶ 해설

$$R(저항) = \frac{L}{kA} \ (\text{h} \cdot ℃/\text{kcal})$$

32 두께가 50mm이고 열전달 표면적이 2.85m²이며 평균 열전도도가 0.052kcal/m·h·℃인 평판 보온재가 있다. 이 보온재의 단위면적당 저항은 몇 h·℃/kcal인가?

① 0.34 　　　　　② 0.54
③ 0.7 　　　　　④ 0.9

▶ 해설

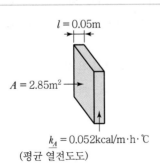

$l = 0.05\text{m}$

$A = 2.85\text{m}^2$

$k_A = 0.052\text{kcal/m·h·℃}$
(평균 열전도도)

$$R = \frac{l}{kA} = \frac{0.05}{0.052 \times 2.85} ≒ 0.34\text{h} \cdot ℃/\text{kcal}$$

33 전열면적이 1m²인 나무의 평균 열전도도가 100℃에서 0.06W/m·℃이다. 이 나무의 두께가 100mm일 때 100℃에서 열저항(Thermal Resistance)은 약 몇 ℃/W인가?

① 0.83 　　　　　② 1.67
③ 2.52 　　　　　④ 4.24

▶ 해설

$$q = kA\frac{\Delta t}{l} = \frac{\Delta t}{\frac{l}{kA}} = \frac{\Delta t}{R}$$

$$\therefore R = \frac{l}{kA} = \frac{0.1\text{m}}{0.06\text{W/m} \cdot ℃ \times 1\text{m}^2} = 1.67$$

34 이중 열교환기의 총괄전열계수가 69kcal/m²·h·℃이고 더운 액체와 찬 액체를 향류로 접촉시켰더니 더운 면의 온도가 65℃에서 25℃로 내려가고 찬 면의 온도가 20℃에서 53℃로 올라갔다. 단위 면적당의 열교환량은 약 몇 kcal/m²·h인가?

① 498.2 　　　　　② 551.7
③ 2415 　　　　　④ 2,760

▶ 해설

$$q = UA\Delta t$$

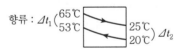

향류 : $\Delta t_1 \begin{pmatrix} 65℃ \\ 53℃ \end{pmatrix}$ 　 $\begin{pmatrix} 25℃ \\ 20℃ \end{pmatrix} \Delta t_2$

$\Delta t_1 = 12℃$ 　 $\Delta t_2 = 5℃$

$$\therefore \Delta \bar{t} = \frac{12 - 5}{\ln \frac{12}{5}} ≒ 8℃$$

$$\therefore q/A = U\Delta t = 69\text{kcal/m}^2 \cdot \text{h} \cdot ℃ \times 8℃$$
$$= 551.7\text{kcal/m}^2 \cdot \text{h}$$

35 두께 30cm의 벽돌로 된 평판노벽을 두께 9cm 석면으로 보온하였다. 내면온도와 외면온도가 각각 $1,000°C$와 $40°C$일 때 벽돌과 석면 사이의 계면온도는 몇 $°C$인가? (단, 벽돌노벽과 석면의 열전도도는 각각 3.0, 0.1kcal$/m \cdot h \cdot °C$이다.)

① 296　　　　　　② 632

③ 864　　　　　　④ 904

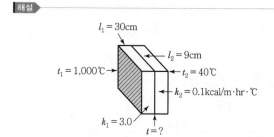

$$q = \frac{\Delta t}{R_1 + R_2} = \frac{\Delta t}{\frac{l_1}{k_1 A_1} + \frac{l_2}{k_2 A_2}} = \frac{(1,000 - 40)°C}{\frac{0.3}{3 \times 1} + \frac{0.09}{0.1 \times 1}}$$

$$= 960 \text{kcal/h} \cdot m^2$$

$\Delta t : \Delta t_1 = R : R_1$

$960 : \Delta t_1 = 1 : 0.1 \rightarrow \Delta t_1 = 96°C$

$\Delta t_1 = 1,000 - t = 96°C$

$\therefore t = 904°C$

36 콘크리트벽의 두께가 10cm이고, 바깥 표면의 온도는 $5°C$이며, 안쪽 표면의 온도가 $20°C$일 때 벽을 통한 열손실은 몇 kcal$/m^2 \cdot h$인가?(단, 콘크리트의 열전도도는 0.002cal$/cm \cdot s \cdot °C$이다.)

① 0.03　　　　　　② 0.003

③ 10.8　　　　　　④ 108

$$q = \frac{(20 - 5)°C}{\frac{0.1}{0.72 \times 1}} = 108 \text{kcal/m}^2 \cdot h$$

$$k = 0.002 \text{cal/cm} \cdot s \cdot °C \times \frac{1\text{kcal}}{1,000\text{cal}} \times \frac{100\text{cm}}{1\text{m}} \times \frac{3,600\text{s}}{1\text{h}}$$

$$= 0.72 \text{kcal/m} \cdot h \cdot °C$$

37 완전 흑체에서 복사에너지에 관한 설명으로 옳은 것은?

① 복사면적에 반비례하고 절대온도에 비례

② 복사면적에 비례하고 절대온도에 비례

③ 복사면적에 반비례하고 절대온도의 4승에 비례

④ 복사면적에 비례하고 절대온도의 4승에 비례

$$q = 4.88 A \left(\frac{T}{100} \right)^4 \text{kcal/m}^2 \cdot h$$

38 복사에서 슈테판–볼츠만(Stefan–Boltzmann) 법칙에 대한 설명에 해당하는 것은?

① 온도평형에서 그 물체의 흡수율에 대한 총복사력의 비는 그 물체의 온도에만 의존한다.

② 어떤 주어진 온도에서 최대 단색광 복사력은 절대온도에 역비례한다.

③ 큰 표면에 의해 차단되는 작은 표면으로부터 나오는 에너지는 오직 시간에만 의존한다.

④ 흑체의 총복사력은 절대온도의 4승에 비례한다.

$$q = 4.88 A \left(\frac{T}{100} \right)^4 \text{kcal/m}^2 \cdot h$$

39 열복사 현상의 일종인 온실효과에 대한 설명으로 옳지 않은 것은?

① 대기 중의 CO_2 또는 H_2O에 의해서도 발생될 수 있다.

② 긴 파장의 복사선은 유리와 같은 매개체를 쉽게 통과할 수 있다.

③ 물체는 낮은 온도에서 긴 파장의 복사선을 방출한다.

④ 온도에 따라 방출되는 복사선의 파장 차에 의해 나타나는 현상이다.

해설

온실효과
- 대기 중의 온실가스로 단파복사에너지(태양복사에너지)는 통과하는데 장파복사에너지(지구복사에너지)가 빠져나가지 못해 기온이 상승하는 현상

자외선 – 가시광선 – 적외선
(단파)　　　　(장파)

- 온실가스 : CO_2, CH_4, N_2O, CFC(프레온가스)

40 관벽을 통해 일어나는 열전달에 있어 총괄열전달계수에 영향을 미치지 않는 인자는?

① 관벽의 열전도도
② 관 밖의 열전달계수
③ 관의 외경
④ 온도차

해설

총괄열전달계수

$$U_i = \cfrac{1}{\cfrac{1}{h_i} + \cfrac{l}{k}\left(\cfrac{D_i}{\overline{D}_{Lm}}\right) + \cfrac{1}{h_o}\left(\cfrac{D_i}{D_o}\right)}$$

41 열교환기의 열전달계수가 $50\text{kcal/m}^2 \cdot \text{h} \cdot \text{℃}$이고 향류(Counter Current)로 흐를 때 더운 액체의 온도가 65℃에서 22℃로 내려가고 찬 액체의 온도가 20℃에서 45℃로 올라갔다. 단위면적 당 열교환율은 몇 kcal/$\text{m}^2 \cdot \text{h}$인가?

① 48　　　　　　② 75
③ 311　　　　　　④ 391

해설

향류흐름

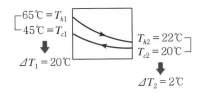

$$Q = UA\Delta T_m$$

• 대수평균온도차(ΔT_m)

$$\Delta T_m = \cfrac{\Delta T_1 - \Delta T_2}{\ln\left(\cfrac{\Delta T_1}{\Delta T_2}\right)} = \cfrac{20-2}{\ln\cfrac{20}{2}} = 7.82\text{℃}$$

• $\dfrac{Q}{A} = 50 \times 7.82 ≒ 391\text{kcal/h} \cdot \text{m}^2$

42 증기를 응축할 때 응축을 용이하게 할 수 있는 방법이 아닌 것은?

① 벽면에 기름을 바른다.
② 증기 중 소량의 유분을 가한다.
③ 동관에 크롬 도금을 한다.
④ 응축한 액이 피막상으로 되게 한다.

해설

적상응축
응축한 액이 적상이 되어 벽면을 미끄러져 내려오는 현상
- 벽면에 기름을 바른다.
- 증기 중에 소량의 유분을 가한다.
- 동관에 크롬도금을 한다.

43 메틸알코올이 이중관 열교환기의 내관에 흐르고 있으며 외관과 내관 사이에 흐르는 물에 의해 냉각된다. 내관은 1in 규격 40의 파이프이며 열전도도는 26BTU/ft $\cdot$ h $\cdot$ °F이다. 내관의 외면을 기준으로 한 총괄전열계수(U_o)는?(단, 1in 규격 40 파이프의 $D_i = 1.049/12 = 0.0874\text{ft}$, $D_o = 1.315/12 = 0.1096\text{ft}$, 알코올 측 $h_i = 180$, 내측 오염계수 $hd_i = 1,000$, 물 측 $h_o = 300$, 외측 오염계수 $hd_o = 500$이다.)

① 71.3　　　　　② 48.3
③ 59.2　　　　　④ 82.1

$$U_o = \cfrac{1}{\cfrac{1}{h_i}\left(\cfrac{D_o}{D_i}\right)+\cfrac{1}{hd_i}\left(\cfrac{D_o}{D_i}\right)+\cfrac{l_2}{k_2}\left(\cfrac{D_o}{\overline{D_L}}\right)+\cfrac{1}{h_o}+\cfrac{1}{hd_o}}$$

$$\overline{D_L}=\cfrac{D_o-D_i}{\ln\cfrac{D_o}{D_i}}=\cfrac{0.1096-0.0874}{\ln\cfrac{0.1096}{0.0874}}=0.098\,\text{ft}$$

$$l_2 = 0.0111\,\text{ft}$$

$$\therefore\ U_o = \cfrac{1}{\cfrac{1}{180}\left(\cfrac{0.1096}{0.0874}\right)+\cfrac{1}{1,000}\left(\cfrac{0.1096}{0.0874}\right)}{}$$

$$+\ \cfrac{0.0111}{26}\left(\cfrac{0.1096}{0.098}\right)+\cfrac{1}{300}+\cfrac{1}{500}$$

$$= 71.3\,\text{BTU/ft}^2\cdot\text{h}\cdot°\text{F}$$

44 길이 7m의 2중관식 열교환기가 있다. 외관의 내부 직경 105.3mm, 외부 직경 114.3mm, 내관의 내부 직경 52.9mm, 외부 직경 60.5mm이다. 이 열교환기의 환상부 (Annular Space)에 냉각수를 20m³/h의 속도로 보낼 때 생기는 압력 손실을 구하기 위해 사용될 상당직경은 몇 mm인가?

① 44.8
② 52.4
③ 53.8
④ 61.4

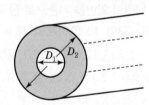

$$D_{eq}=4\times\cfrac{\cfrac{\pi}{4}D_2{}^2-\cfrac{\pi}{4}D_1{}^2}{\pi D_2+\pi D_1}=\cfrac{\pi(D_2+D_1)(D_2-D_1)}{\pi(D_2+D_1)}$$

$$=D_2-D_1$$

$$=105.3-60.5$$

$$=44.8\,\text{mm}$$

[02] 증발

1. 증발관의 특성 및 종류

1) 증발(Evaporation)

① 용액을 가열하여 용매만을 기화시켜 용액을 분리 농축하는 조작
② 휘발성 용매와 비휘발성 용질의 혼합용액에서 휘발성 물질을 분리 · 제거하고 용액을 농축하는 조작

2) 증발관의 분류

(1) 직화가열식

(2) 이중벽 내에 열매체를 통과시키는 방식

(3) 다관식 수증기 가열

　① 수평관식 증발관 : 조작이 불편하나 거품이 나기 쉬운 액체를 증발할 때 적당
　　㉠ 침수식
　　㉡ 액막식
　　　• 액의 깊이에 의한 비점상승도가 매우 적다.
　　　• 끓는 온도에 있는 시간이 짧으므로 온도에 예민한 물질을 처리할 수 있다.
　　　• 거품이 생기기 쉬운 용액의 증발이 가능하다.
　　　• 침수식보다 조작이 어렵다.

　② 수직관식 증발관
　　㉠ 표준형
　　㉡ Basket형 : 소제(청소)할 때 Basket을 밖으로 뺄 수 있는 점이 편리하다.
　　㉢ 장관형 : 거품을 잘 일으키는 액체, 점성이 큰 액체, 가열표면에 관석이나 결정을 잘 석출시키는 액체의 증발에 이용한다.
　　㉣ 강제순환식 : 액의 속도를 크게 해서 관석의 생성을 억제한다.

▼ **증발관의 비교**

수평관식	수직관식
• 액층이 깊지 않아 비점상승도가 작다.	• 액의 순환이 좋으므로 열전달계수가 커서 증발효과가 크다.
• 비응축 기체의 탈기효율이 우수하다.	• Down Take : 관군과 동체 사이에 액의 순환을 좋게 하기 위해 관이 없는 빈 공간을 설치한다.
• 관석의 생성 염려가 없는 경우에 사용한다.	• 관석이 생성될 경우 가열관 청소가 쉽다. • 수직관식이 더 많이 사용된다.

◆ **침수식**
용액 속에 잠겨 있는 수평관 내를 수증기가 통과하는 방식

◆ **액막식**
수증기 속을 원액이 통과하는 방식

③ 특수관식 : 경사관식, 코일(Coil)형, Hair Pin 형

3) 증발관의 구성

① 가열면 ② 수증기 입구
③ 응축수 출구 ④ 비응축 기체의 탈기구
⑤ 원액의 입구 ⑥ 농축액의 출구
⑦ 발생 증기의 출구 ⑧ 비말동반을 제거하는 곳

2. 증발관의 운전

1) 증발관의 능력

증발관의 능력은 열전달속도(q)로 결정된다.

$$q = UA\Delta t(\text{kcal/h})$$

여기서, U : 총괄열전달계수(kcal/m² · h · ℃)
A : 가열면적(m²)
Δt : 유효온도차(℃)

> **Reference**
>
> **유효온도차 = 겉보기온도차 − 비점상승도**
>
>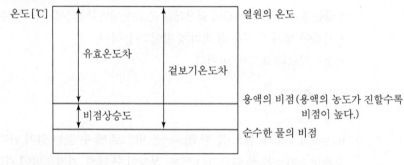

가열면적은 주어진 증발관에서 일정하며, UA 값을 크게 해야 한다.

$$\frac{1}{UA} = \frac{1}{A_1 h_1} + \frac{l_2}{A_2 k_2} + \frac{l_s}{A_s k_s} + \frac{1}{A_3 h_3}$$

여기서, $\dfrac{1}{UA}$: 총괄저항, $\dfrac{1}{A_1 h_1}$: 응축증기저항, $\dfrac{l_2}{A_2 k_2}$: 금속벽의 저항

$\dfrac{l_s}{k_s A_s}$: 관석(Scale)의 저항($\dfrac{1}{A_s h_d}$: 오염저항), $\dfrac{1}{A_3 h_3}$: 비등액저항

여기서 지배저항은 액 측 저항과 관석의 저항이다.
유효온도차 Δt는 보통 증기의 온도와 비등액의 온도차로 한다.

❖ 내경 기준 총괄열전달계수
$$U_i = \frac{1}{\frac{1}{h_i} + \frac{l}{k}\left(\frac{D_i}{D_L}\right) + \frac{1}{h_o}\left(\frac{D_i}{D_o}\right)}$$

❖ 외경 기준 총괄열전달계수
$$U_o = \frac{1}{\frac{1}{h_i}\left(\frac{D_o}{D_i}\right) + \frac{l}{k}\left(\frac{D_o}{D_L}\right) + \frac{1}{h_o}}$$

2) 증발관의 열원

열원으로 수증기를 사용할 때, 수증기의 응축잠열이 금속벽을 통해서 액으로 전달되어 용액의 비등이 일어난다.

(1) 수증기를 열원으로 사용할 경우 이점 🔲🔲🔲

① 가열이 균일하여 국부적인 과열의 염려가 없다.
② 압력조절밸브의 조절에 의해 쉽게 온도를 변화, 조절할 수 있다.
③ 증기기관의 폐증기를 이용할 수 있다.
④ 물은 다른 기체, 액체보다 열전도도가 크므로, 열원 측의 열전달계수가 커진다.
⑤ 다중효용, 자기증기 압축법에 의한 증발을 할 수 있다.

◈ 수증기표(Steam Table)
물의 포화증기압, 증발잠열, 증기의 비용, 엔탈피(Enthalpy), 엔트로피(Entropy) 등을 종합하여 표시한 표

3) 증발조작에서 일어나는 현상

(1) 비점상승

일정온도에서 순수한 용매에 용질을 첨가하면 그 용액의 증기압은 용매의 증기압보다 낮아진다. 따라서 용액의 비점은 순용매의 비점보다 높아지며 이것을 비점상승이라 한다.

> **Reference**
>
> **Dühring의 법칙 🔲🔲🔲**
> 일정한 농도의 용액과 순용매가 동일한 증기압을 나타내는 온도는 서로 직선관계에 있다. 일정농도에서 용액의 비점과 용매의 비점을 플롯하면 직선이 되는데, 이 그림을 Dühring 선도라 한다.

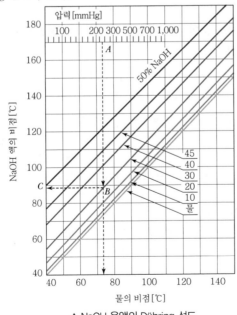

▲ NaOH 용액의 Dühring 선도

(2) 비말동반(Entrainment)

- 증기 속에 존재하는 액체 방울의 일부가 증기와 함께 밖으로 배출되는 현상
- 기포가 액면에서 파괴될 때 생성되는 현상
- 비말동반은 용액의 손실, 응축액의 오염, 장치의 부식을 초래

① **지배적 요인**

액면에서의 증기발생속도, 액의 밀도, 표면장력, 점도, 장치의 구조

② **비말분리법**

㉠ 침강법 : 증발관의 상부에 큰 공간을 두고 증기의 속도를 느리게 하여 큰 비말을 떨어뜨린다.

㉡ 방해판 : 유로에 방해판을 설치하여 급격한 방향 전환으로 분리한다.

㉢ 원심력 : 증기에 회전운동을 주어 원심력에 의해 분리하는 방법이다.

(3) 거품(Foam)

끓는 액체의 표면에 안정한 기체담요를 형성

① **발생원인**

액체 표면의 표면장력이 주부 액체와 다른 액체를 형성하는 것과 표면층을 안정하게 하는 미세 고체나 콜로이드 물질에 의하여 생성된다.

② **제거방법**

㉠ 거품을 가열표면까지 끌어올려 뜨거운 표면과 접촉하여 부서지게 하는 방법

㉡ 거품층에 수증기를 분출하여 파괴하는 방법

㉢ 거품을 운반하는 액체를 고속으로 방해판에 분출시켜 기계적으로 부수는 방법

㉣ 황하피마자유, 면실유 등의 식물유 등을 첨가(소포제)

㉤ 액체를 방해판에 고속도로 분출시켜 파괴

㉥ 강제순환식 증발관, 장관식 수직증발관 사용

(4) 관석(Scale)

관벽에 침전물이 단단하고 강하게 부착되는 현상

① **역용해도곡선**

대부분의 용질은 온도가 증가함에 따라 용해도가 증가하는데 $CaCO_3$, $CaSO_4$, Na_2SO_4, Na_2CO_3 등은 온도가 올라가면 용해도가 오히려 감소한다. 그러므로 이러한 염류가 포함된 용액을 가열하면 관벽에 침전이 석출하게 된다. 이것을 관석(Scale)이라 한다.

② 제거방법

    ㉠ 기계적 방법 : 관석 제거기구를 사용

    ㉡ 화학적 방법 : 산, 알칼리 등 화학약품으로 처리

    ㉢ 강제순환식 증발관 : 액체 순환속도를 크게 하여 관석의 생성속도를 감소
시킨다.

3. 다중효용증발

1) 다중효용증발의 원리와 목적

(1) 다중효용증발

증발의 열효율을 증가시키기 위해 여러 개의 증발관을 연결하여 일정량의 열원
으로 수회 증발한다.

① 비점상승을 무시할 수 있는 경우(순수한 물)

$$t_1 = T_2,\ t_2 = T_3,\ t_3 = T_4$$

각 관에서의 증기는 모두 포화증기

∴ 각 관에서의 유효온도차

$$(\Delta t_1) = T_1 - t_1 = T_1 - T_2$$
$$(\Delta t_2) = T_2 - t_2 = T_2 - T_3$$
$$(\Delta t_3) = T_3 - t_3 = T_3 - T_4$$

② 비점상승을 무시할 수 없는 경우

$P_0,\ P_1,\ P_2,\ P_3$이 정해지면 농축온도 $T_1,\ T_2,\ T_3,\ T_4$가 정해진다.

액의 비점은 각 관에서의 비점상승도만큼 높아진다.

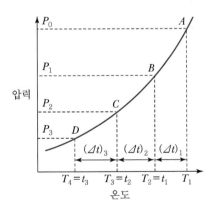

▲ 다중효용증발의 압력과 온도분포

(끓는점 상승 무시)

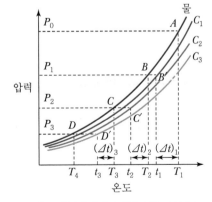

▲ 다중효용증발에서의 압력과 온도의 분포

(비점상승이 있을 경우)

(2) 다중효용 증발관의 능력

1kg의 가열증기에 대해 각 관에서 약 1kg의 물을 증발시키므로 n중 효용에서는 $n(kg)$을 증발시킬 수 있다. 각 관에서의 온도차는 평균 약 $1/n$로 되므로 증발능력은 $1/n$이 되며, 전 증발능력은 단일효용관과 거의 같아진다. → 다만, 수증기를 $1/n$로 절약할 수 있다.

(3) 경제성

시설비, 고정비는 효용수에 비례하여 커지고 운전비는 작아진다.

(4) 최적효용수

경제적으로 가장 적당한 효용수는 2~4이며, 비점상승도가 무시할 수 있을 정도로 적을 경우 5~6이다.

(5) 비용절감

증발관은 크기와 모양이 같은 것을 여러 개 사용하여 시설비, 부속품, 보수재료에 대한 비용을 절약하며, 조작이 간단하다.

2) 급액방법

(1) 순류식 급액(Forward Feed)

가장 큰 농도의 액이 가장 낮은 온도에 있는 관에서 끓는다. 점도가 큰 물질, 거품이 나는 물질에는 부적당하다.

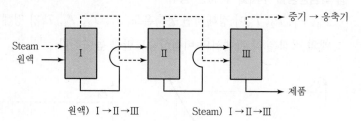

(2) 역류식 급액(Backward Feed)

순류식의 결점을 보강한 것으로 원액을 마지막 관에서 급송한다. 액이 저압에서 고압으로 흐르므로 각 관마다 Pump가 필요하다.

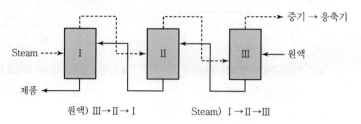

(3) 혼합식 급액(Mixed Feed)

순류식과 역류식의 결점을 제거한 방식이다.

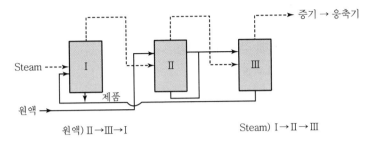

원액) Ⅱ→Ⅲ→Ⅰ　　　　　　　Steam) Ⅰ→Ⅱ→Ⅲ

(4) 평행식 급액(Parallel Feed)

원액을 각 증발관에 공급하고 수증기만을 순환시키는 방법이다. 이때 각 관은 단일효용관과 같은 역할을 한다.

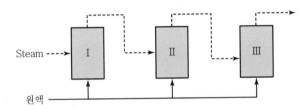

(5) 각 관에서 응축수, 비응축 기체의 처리

① 응축수 : 감압밸브

② 비응축 기체 : 탈기구(Vent)

4. 증발관의 설계

1) 단일효용증발의 계산

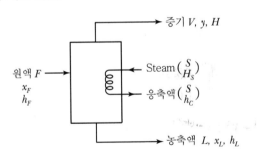

(1) 물질수지식

$$F = L + V$$

용질의 물질수지식 $Fx_F = Lx_L + Vy$

(2) 열수지식

$$Fh_F + SH_S = VH + Lh_L + Sh_C$$

$$Fh_F + S(H_S - h_C) = VH + Lh_L$$

(3) 증발기의 가열면에 주어지는 열량

$$q = S(H_S - h_C) = S\lambda_S$$

$$q = S(H_S - h_C) = FC(t_2 - t_1) + V\lambda_V$$

여기서, λ_S : 수증기잠열(kcal/kg)

λ_V : t_2에서 용액의 증발잠열

C : 원액 $t_1 \sim t_2$ 사이의 평균비열(kcal/kg·℃)

t_1 : 원액의 온도

t_2 : 장치 내 액의 비점

H_S, h_C : 같은 온도에서 포화증기와 응축수의 엔탈피

$H_S - h_C = \lambda_S$: 물의 증발잠열

Exercise **01**

어떤 증발관에 1wt%의 용질을 가진 용액을 10,000kg/h로 급송하여 2wt%까지 농축한다고 할 때, 다음을 구하여라.(단, 급액온도는 70℃이고, 1기압에서 조작하며, 액의 비점은 100℃, 포화수증기의 온도는 111℃이다.)

① 증발한 증기의 양을 구하여라.

② 증발하기 위해 가열표면에 0.5kg$_f$/cm^2 gauge의 포화수증기로 공급한다면, 증발에 필요한 수증기의 양을 구하여라.(단, 급송액의 엔탈피=70, 농축액의 엔탈피=100, 증발증기의 엔탈피=639, 가열수증기의 엔탈피=643, 응축액의 엔탈피=111kcal/kg이다.)

③ 총괄전열계수 U가 600일 때 필요한 면적은 얼마인가?

풀이 ① $10,000 \times 0.01 = 0.02 \times L$

$\therefore L = 5,000$kg/h

$V = 10,000 - 5,000 = 5,000$kg/h

② $Fh_F + SH_S = VH + Lh_L + Sh_C$

$$S = \frac{(5,000)(739) - (10,000)(70)}{(643 - 111)} = 5,620\text{kg/h}$$

③ $q = UA\Delta t$

$q = (5,620)(643 - 111) = 2,995,000$kcal/h

$\Delta t = 111 - 100 = 11$℃

$$A = \frac{q}{U\Delta t} = \frac{2,995,000}{600 \times 11} = 454\text{m}^2$$

① 유효온도차

온도차란 가열증기의 온도와 용액의 비점의 차를 말한다.

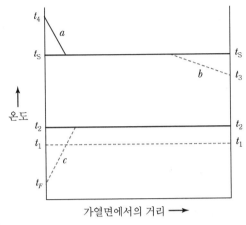

▲ 증발기 내의 온도차

여기서, t_F : 급액의 온도(℃)

t_1 : 순수의 비등점, 용액이 대단히 묽어서 비점상승이 없을 때는 용액의 비점
이 된다.

t_2 : 비점상승이 있는 용액의 비점

t_4 : 과열수증기가 t_4에서 들어온다.

t_s : 포화온도

t_3 : 응축액은 가열표면을 나가기 전에 t_3로 냉각된다.

$\therefore \Delta t = t_s - t_2$ ➡ 진유효온도차

$\Delta t_{app} = t_s - t_1$ ➡ 겉보기온도차

② 엔탈피 – 농도 도표

비점상승은 용액의 여러 가지 열역학적 특성(비열, 용액의 발열량)이 순용매
와 다르다는 것을 나타낸다. 각 농도에 대한 열역학적 특성값이 모두 다르므
로 증발관의 설계 시 이것을 고려해야 한다. 용액의 이러한 특성값을 고려하
여 얻은 도표가 엔탈피 – 농도 도표이다.

2) 다중효용 증발관의 능력 계산

$q = q_1 + q_2 + q_3$

$\quad = U_1 A_1 \Delta t_1 + U_2 A_2 \Delta t_2 + U_3 A_3 \Delta t_3 \qquad A_1 = A_2 = A_3 = A$

모든 효용관이 같은 면적을 가지고, 평균 열전달계수 U_{av}를 이용하면,

$q = U_{av} A (\Delta t_1 + \Delta t_2 + \Delta t_3)$가 된다.

즉, $q = U_{av} A \Delta t$가 되어 단일 효용관의 증발능력과 같다.

비점상승이 적은 액체이면

$q_1 = q_2 = q_3$, 즉 $U_1 A_1 \Delta t_1 = U_2 A_2 \Delta t_2 = U_3 A_3 \Delta t_3$

각 관의 가열면적이 모두 같으므로 $U_1 \Delta t_1 = U_2 \Delta t_2 = U_3 \Delta t_3$가 된다.

5. 특수증발

1) 진공증발

(1) 원리 ▨▨▨

① 열원으로 폐증기를 이용할 경우, 온도가 낮으므로 농도가 높고 비점이 큰 용액의 증발은 불가능할 때가 많다. 이러한 경우에 진공펌프를 이용해서 관 내의 압력을 낮추고 비점을 낮추어 유효한 증발을 할 수 있다.

② 진공증발이란 저압에서의 증발을 의미하며 증기의 경제가 주목적이다.

③ 과즙이나 젤라틴과 같이 열에 예민한 물질을 증발할 경우 진공증발을 함으로써 저온에서 증발시킬 수 있어 열에 의한 변질을 방지할 수 있다.

(2) 진공증발장치

① 응축기

증발기로부터 발생되는 수증기는 버리지만 진공증발의 경우 증기를 냉각해서 응축시켜야 한다.

㉠ 표면응축기 : 금속면을 통해 간접적으로 증기와 냉각수를 접촉시킨다.

㉡ 접촉응축기 : 증기와 냉각수를 직접 접촉시킨다.

- 병류식 : 물과 비응축 기체를 동시에 같은 펌프로 배출
- 향류식 : 비응축 기체는 상부에서, 응축액은 하부에서 따로 배출

② 진공펌프

최종관에서 발생한 증기는 응축기에서 응축시킨 후 진공펌프로 연결된다. 응축기 자체만으로도 진공을 유지하는 것이 가능하지만 수증기 중에 비응축 기체가 축적되기 때문에 진공펌프를 설치하는 것이 좋다.

③ 대기각(Barometric Leg)

배출펌프 대신 사용되며 물기둥 10.3m(1기압) 정도의 수직관을 응축기 밑에 붙여 그 하단을 물탱크에 담가 응축액이 대기와 평형이 되는 높이를 유지하면서 자동적으로 일류하게 된다.

④ 가스배기구(Gas Vent)

증발기 내 비응축 가스(공기 등)가 고이게 되는데 이는 전열속도를 감소시키고 감압조작을 방해하므로 비응축 기체의 탈기구로서 설치할 필요가 있다.

2) 자기증기압축법에 의한 증발

(1) 원리

증발관에서 발생한 증기를 압축해서 고온이 되면 다시 그 증기를 증발관에 보내 열원으로 이용하는 방법이다.

(2) 압축방식

① 기계적 압축법

ㄱ 동력을 사용하여 증기를 압축시킨다.

ㄴ 전력이 싼 곳에서 유리하다.

② 이젝터(Ejector)에 의한 압축법

ㄱ 이젝터에서 사용한 증기의 3배가량을 증발시킬 수 있다.

ㄴ 고온·고압의 증기가 필요하므로 동력기관의 폐증기를 이용할 수 없다.

실전문제

01 단일효용 증발관(Single Effect Evaporator)에서 어떤 물질 10% 수용액을 50% 수용액으로 농축한다. 공급용액은 55,000kg/h, 공급용액의 온도는 52℃, 수증기의 소비량은 4.75×10^4kg/h일 때 이 증발기의 경제성은?

① 0.895   ② 0.926

③ 1.005   ④ 1.084

해설

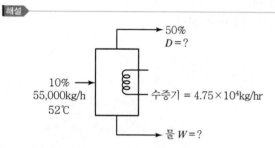

$55,000 \times 0.1 = D \times 0.5$

$\therefore D = 11,000$kg/h

$W = 55,000 - 11,000 = 44,000$kg/h

경제성 $= \dfrac{\text{증발된 양}}{\text{수증기 소비량}} = \dfrac{44,000\text{kg/h}}{47,500\text{kg/h}} = 0.926$

02 다음 중 증발관의 증발능력이 작게 되는 요인은?

① 용액의 농도가 낮을 때

② 전열면적이 클 때

③ 비등점이 상승할 때

④ 총괄열전달계수가 클 때

해설

증발관의 능력은 열전달속도(q)로 결정된다.

$q = UA\Delta t$

여기서, U : 총괄열전달계수(kcal/m²·h·℃)

A : 가열면적(m²)

Δt : 유효온도차(℃)

유효온도차 = 겉보기온도차 − 비점상승도

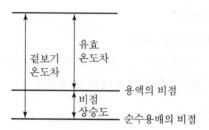

비점상승도 大 → 유효온도차 ↓ → 열전달속도 ↓ → 증발관 능력 ↓

03 다음 중 효용 증발기에 대한 급송방법 중 한 효용관에서 다른 효용관으로의 용액 이동이 요구되지 않는 것은?

① 순류식 급송(Forward Feed)

② 역류식 급송(Backward Feed)

③ 혼합류식 급송(Mixed Feed)

④ 병류식 급송(Parallel Feed)

해설

병류식(평행식) 급송

원액을 각 증발관에 공급하고 수증기만을 순환시킨다.

04 수증기를 증발관의 열원으로 이용할 때의 장점이 아닌 것은?

① 가열이 균일하여 국부적인 과열의 염려가 적다.

② 증기 기관의 폐증기를 이용할 수 있다.

③ 비교적 값이 싸며, 쉽게 얻을 수 있다.

④ 열전도가 작고, 열원 쪽의 열전달계수가 작다.

해설

수증기를 증발관의 열원으로 사용 시 장점

• 국부적인 과열의 염려가 없다.

• 압력조절밸브에 의해 쉽게 온도를 조절할 수 있다.

• 증기기관의 폐증기 이용이 가능하다.

정답 ▶ 01 ②   02 ③   03 ④   04 ④

- 열전도도가 크므로 열원 측의 열전달계수가 크다.
- 다중효용, 자기증기압축법에 의한 증발을 할 수 있다.

05 과즙이나 젤라틴 등을 농축하는 데 가장 적합한 증발법은 어느 것인가?

① 진공증발
② 고온증발
③ 다중효용증발
④ 고압증발

> 해설

과즙이나 젤라틴과 같이 열에 예민한 물질을 진공증발함으로써 저온도에서 증발시켜 열에 의한 변질을 방지할 수 있다.

06 증발관의 열원으로서 수증기의 장점으로 가장 거리가 먼 것은?

① 가열이 균일하여 국부적 과열 위험이 적다.
② 수증기의 표준상태 부피는 일정하다.
③ 열전달계수가 커서 열전달 효율이 좋다.
④ 조절밸브로 온도를 쉽게 조절할 수 있다.

> 해설

수증기를 증발관의 열원으로 사용 시 장점
- 국부적인 과열의 염려가 없다.
- 압력조절밸브에 의해 쉽게 온도를 조절할 수 있다.
- 증기기관의 폐증기 이용이 가능하다.
- 열전도도가 크므로 열원 측의 열전달계수가 크다.
- 다중효용, 자기증기압축법에 의한 증발을 할 수 있다.

07 진공증발법(Vacuum Evaporation)에 대한 설명 중 틀린 것은?

① 과즙, 젤라틴 등과 같은 물질 처리에 이용될 수 있다.
② 증기의 경제적 이용이 가능하다.
③ 고온에서 증발하므로 많은 열이 필요하다.
④ 제품의 변질을 방지하는 데 유리하다.

> 해설

진공증발법
- 열원으로 온도가 낮은 폐증기를 이용한다.
- 진공펌프를 이용해 압력을 낮추고 비점을 낮추어 증발시킨다.
- 과즙, 젤라틴과 같은 열에 예민한 물질의 증발에 이용한다.

08 응축액 오염과 증발할 액체의 손실의 원인이 되는 것으로, 기포가 액면에서 파괴될 때 생성되는 현상은 무엇인가?

① 관석
② 발포
③ 콜로이드화
④ 비말 동반

> 해설

비말 동반
- 증기 속에 존재하는 작은 액체 방울
- 증발할 액체의 손실
- 응축액을 더럽힘

09 다중효율 증발관에 있어서 비점상승은 경제성과 용량에 어떤 영향을 미치는가?(단, 공급물 온도 및 증발열의 변화와 같은 미소 인자는 무시한다.)

① 경제성은 큰 영향을 받지 않고, 용량은 증가한다.
② 경제성은 큰 영향을 받지 않고, 용량은 감소한다.
③ 경제성은 나빠지고, 용량은 큰 영향을 받지 않는다.
④ 경제성은 좋아지고, 용량은 큰 영향을 받지 않는다.

> 해설

- 용량(Capacity) : 시간당 증발된 물의 질량으로, 용량은 비점상승에 의해 감소한다.
- 경제성(Economy) $= \dfrac{\text{증발된 질량}}{\text{공급된 수증기 질량}}$

10 다음 중 진공증발에서 진공으로 조작할 때 진공펌프 대신 향류식 응축기에서 사용할 수 있는 것은 무엇인가?

① 하강관(Down Take)
② 대기각(Barometric Leg)
③ 접촉응축기(Contact Condenser)
④ 표면응축기(Surface Condenser)

> 해설

대기각
배출펌프 대신 물기둥 10.3m(1기압) 정도의 수직관을 응축기 밑에 붙여 그 하단을 물탱크에 담가 응축액이 대기와 평형이 되는 높이를 유지하면서 자동적으로 일류하게 된다.

11 3중 효율 증발기에서 순류공급(Forward Feed)과 역류공급(Backward Feed)에 대한 설명으로 옳은 것은?

① 순류공급과 역류공급은 모두 효용관 간의 송액용 펌프가 필요하다.

② 순류공급은 효용관 간의 송액용 펌프가 필요 없다.

③ 순류공급과 역류공급은 모두 효용관 간의 송액용 펌프가 필요 없다.

④ 역류공급은 효용관 간의 송액용 펌프가 필요 없다.

해설

• 순류식 급송 : 가장 큰 농도의 액이 가장 낮은 온도에 있는 관에서 끓는다.
• 역류식 급송 : 저압에서 고압으로 액체가 흐르기 때문에 각 효용관 사이에는 펌프가 필요하다.

12 증발관의 효율을 크게 하기 위한 방법으로 가장 거리가 먼 것은?

① 관석을 제거하거나 생성속도를 늦춘다.

② 감압하여 비점을 떨어뜨린다.

③ 증발관을 열전도도가 큰 금속으로 만든다.

④ 액측 경막열전달계수를 작게 한다.

해설

$q = UA\Delta t$

경막열전달계수$(h) \uparrow \to U \uparrow \to q \uparrow$

13 낮은 온도에서 증발이 가능해서 증기의 경제적 이용이 가능하고 과즙, 젤라틴 등과 같이 열에 민감한 물질을 처리하는 데 주로 사용되는 것은?

① 다중효용증발

② 고압증발

③ 진공증발

④ 압축증발

14 다중효용 증발관에 있어서 원액의 점도가 낮고 첫 효용관에서 마지막으로 가면서 점도가 커지는 방법으로 공급하는 방식으로 희박액 공급과 농축액 배출에 펌프가 필요하나 효용관 사이에는 펌프가 필요 없는 것은?

① 순류

② 역류

③ 병류

④ 착류

해설

순류식 공급 : Feed와 Steam의 방향이 같다.

15 다음 중 증발에 관련된 내용으로 틀린 것은?

① 역용해도 곡선을 보이는 용액에서 용질의 용해도는 관벽에서 최소가 된다.

② 증발기의 경제성에 영향을 미치는 주 인자는 효용관 개수이다.

③ 효용관 수 증가에 따라 다중 효용 증발기의 운전비용은 증가하고 경제성은 감소한다.

④ 일정농도에서 용액의 끓는점과 용매의 끓는점을 도시하면 선형관계를 보인다.

해설

㉠ 관석(Scale) : 온도가 최고인 관벽에서 용질의 용해도가 최소가 될 때 관벽에 침전이 생기는데 이를 관석이라 한다.
  • 역용해도 곡선을 나타내는 물질 : Na_2SO_4
  • 관석은 증발능력을 감소시킨다.
㉡ 증발관 경제성에 영향을 미치는 인자는 효용관의 개수와 공급물의 온도이다.
㉢ 다중효용 증발관
  • 각 관의 온도차가 평균 약 $\frac{1}{n}$이므로 증발능력은 $\frac{1}{n}$이 된다. 따라서 전체증발능력은 단일효용관과 같아진다.
  • 열원인 수증기를 $\frac{1}{n}$로 절약할 수 있다.
  • 경제성
    - 시설비, 고정비는 효용수에 비례하여 커진다.
    - 운전비는 효용수가 커지면 작아진다.
    - 최적효용수는 2~4 정도이다.
㉣ Dühring 법칙 : 일정농도에서 용액의 비점과 용매의 비점을 Plot하면 동일 직선이 된다.

16 증발관 내에서 포말(Foam) 제거방법과 관계없는 것은?

① 액체를 가열표면까지 올려 뜨거운 표면과 접촉하여 파괴한다.
② 수증기를 분출하여 파괴한다.
③ 피마자유, 면실유 등 식물유를 첨가한다.
④ 증발관 상부에 큰 공간을 둔다.

> **해설**
> ④는 비말 동반 제거방법이다.

17 3중 효용관의 Economy가 이론상 단일효용관과의 관계는?

① $\frac{1}{2}$ 배
② $\frac{1}{4}$ 배
③ $\frac{1}{3}$ 배
④ $\frac{1}{5}$ 배

> **해설**
> 다중효용관의 증발능력은 단일효용관의 증발능력과 같다. 다만 수증기를 $\frac{1}{n}$로 절약할 수 있다.

18 다음 중 액막식 증발장치의 장점이 아닌 것은?

① 액의 깊이에 의한 비점상승도가 작다.
② 온도에 예민한 물질을 처리할 수 있다.
③ 거품이나 관석이 생기기 쉬운 물질에도 사용할 수 있다.
④ 조작이 간단하다.

> **해설**
> 액막식
> • 액의 깊이에 의한 비점상승도가 매우 작다.
> • 끓는 온도에 있는 시간이 짧으므로 온도에 예민한 물질을 처리할 수 있다.
> • 거품이 생기기 쉬운 용액의 증발이 가능하다.
> • 침수식보다 조작이 어렵다.

19 수증기만을 순환시키는 급액방법은?

① 순류식 급액
② 역류식 급액
③ 평행식 급액
④ 혼합식 급액

> **해설**
> • 순류식 : Feed, Steam의 방향이 같다.
> • 역류식 : Feed와 Steam의 방향이 반대이다. 액이 저압에서 고압으로 흐르므로 Pump가 필요하다.
> • 평행식 : 원액은 각 관에 넣고 Steam만 순환시킨다.
> • 혼합식 : 순류식 + 역류식

20 용액의 비등점과 용매의 비등점을 일정온도에서 도시했을 때 얻은 직선은 무엇인가?

① Cox Chart
② 비등점곡선
③ Othmer Chart
④ Dühring Chart

> **해설**
> Dühring 선도
> 용액의 비점과 용매의 비점을 Plot하면 직선이 된다.

21 다음 중 진공증발의 주목적이 아닌 것은?

① 고온에서 증발
② 저온에서 증발
③ 증기의 경제성
④ 과즙, 젤라틴의 증발

> **해설**
> 진공증발
> • 저온의 폐증기 이용
> • 압력을 낮추어 비점을 낮게 하여 증발
> • 과즙, 젤라틴과 같이 열에 예민한 물질의 증발에 이용

22 다중효용증발의 목적으로 알맞은 것은?

① 증발능력을 올릴 수 있다.
② 열효율을 증가시켜 수증기의 양을 절약할 수 있다.
③ 증발능력도 올리고 수증기의 양도 절약할 수 있다.
④ 효용수가 많으면 많을수록 경제적이다.

> **해설**
> 수증기의 경제성이 목적이며 증발능력은 단일효용관과 같다.

23 증발관에서 관군과 동체 사이에 액의 순환을 좋게 하는 장치는?

① Vent
② 비말분리기
③ 방해판
④ Down Take

Down Take

증발관에서 관군과 동체 사이에 액의 순환을 좋게 하기 위해 관이 없는 빈 공간을 설치

24 각 관마다 Pump 시설을 필요로 하는 급액 방식은?

① 순류식 급액
② 역류식 급액
③ 혼합식 급액
④ 평행식 급액

역류식

Feed와 Steam의 방향이 반대이다. 액이 저압에서 고압으로 흐르므로 Pump가 필요하다.

25 증발할 액체의 손실이 되고 응축액을 더럽히며 기포가 액면에서 파괴될 때 생성되는 현상은?

① 비말 동반
② 관석
③ 콜로이드
④ 거품

비말 동반

• 증기 속에 존재하는 액체방울의 일부가 증기와 함께 밖으로 배출되는 현상
• 기포가 액면에서 파괴될 때 생성
• 용액의 손실과 응축액의 오염을 초래

26 어떤 증발관에서 1wt%의 용질을 가진 용액을 10,000kg/h로 급송하여 2wt%까지 농축한다. 가열기에 들어가는 수증기량은 5,620kg/h, 열량은 643kcal/kg, 가열기에서 나오는 응축액은 143kcal/kg이다. 이때 농축액의 비점은 102℃, 가열수증기의 포화온도는 112℃이다. 총괄열전달계수가 500kcal/m² · h · ℃일 때 가열면적은 얼마인가?

① 281m²
② 562m²
③ 375m²
④ 1,124m²

$$q = W_S(H_S - h_C)$$
$$= 5,620 kg/h(643 - 143)kcal/kg$$
$$= 2,810,000 kcal/h$$
$$q = UA\Delta t = UA(t_s - t)$$
$$= 500 \times A \times (112 - 102)$$
$$= 2,810,000$$
$$\therefore A = 562 m^2$$

27 1기압, 150℃에서 2kg의 수증기가 가지는 Enthalpy는 얼마인가?(단, 수증기의 비열은 0.45kcal/kg이다.)

① 1,250
② 1,123
③ 1,323
④ 1,420

$$Q = 2 \times 1 \times (100 - 0) + 2 \times 539 + 2 \times 0.45 \times 50 = 1,323 kcal$$

28 3중 효용관의 처음 증발관에 들어가는 수증기의 온도는 110℃이고 맨끝 효용관의 진공도는 660mmHg(51℃)이다. 각 효용관의 총괄전열계수가 500, 300, 200일 때 제2효용관 액의 비점은 몇 ℃인가?

① 11.4℃
② 98.6℃
③ 19℃
④ 79.6℃

$$\Delta t : \Delta t_1 : \Delta t_2 = \frac{1}{U_1} : \frac{1}{U_2} : \frac{1}{U_3}$$
$$= \frac{1}{500} : \frac{1}{300} : \frac{1}{200}$$
$$= 6 : 10 : 15$$
$$(110 - 51) : \Delta t_1 = (6 + 10 + 15) : 6$$
$$\therefore \Delta t_1 = 110 - t_2 = 11.4$$
$$\therefore t_2 = 98.6℃$$

05 증류

[01] 증류

1. 증류와 분류

1) 증류(Distillation)

① 혼합액을 분리시키는 대표적인 조작 방법
② 2종 이상의 휘발 성분을 함유한 액체 혼합물을 가열하여 발생하는 증기의 조성은 액체(원액)의 조성과는 다르다(휘발성 성분의 함량이 훨씬 많다).

2) 분류(Fractional Distillation)

① 2가지 이상의 휘발성 액체의 혼합물을 기화시켜 각 성분을 순수한 상태로 분리하는 방법
② 증기압이 큰 성분, 즉 비점이 낮은 성분이 휘발하기 쉬우므로 먼저 분리된다.

2. 기액평형 ▮▯▯

1) 비점 도표(Boiling Point Diagram)

① 일정한 압력에서 일정 온도로 비등하고 있을 때 액체의 조성과 증기의 조성, 그때의 온도를 도시한 곡선
② 이때 액체의 조성(x)과 기체의 조성(y)은 평형상태에 있다.

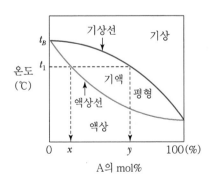

2) 기액평형 도표($x-y$ 도표)

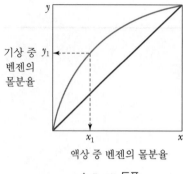

기상 중
벤젠의
몰분율 y_1

x_1

액상 중 벤젠의 몰분율

▲ $x-y$ 도표

여기서, 액상 중 벤젠의 몰분율 : 비점
도표를 이용하여 평형상태에
있는 액상의 조성(x)과 기상
의 조성(y)를 동일 도표에 도
시한 것

3) 증기압 도표

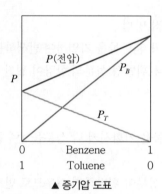

P(전압)

P_B

P

P_T

| 0 | Benzene | 1 |
| 1 | Toluene | 0 |

▲ 증기압 도표

여기서, P_B : Benzene의 부분압
P_T : Toluene의 부분압
P : 전압

4) 라울의 법칙(Raoult's Law) ▪▪▪

① 특정 온도에서 혼합물 중 한 성분의 증기분압은 그 성분의 몰분율에 같은 온
도에서 그 성분의 순수한 상태에서의 증기압을 곱한 것과 같다.

$$p_A = P_A x \ , \ p_B = P_B(1-x)$$

여기서, p_A, p_B : A,B의 증기분압
x : A의 몰분율
P_A, P_B : 각 성분의 순수한 상태의 증기압
A : 저비점 성분
B : 고비점 성분

$$P = p_A + p_B = P_A x + P_B(1-x)$$

Dalton의 분압법칙 ▨▨▨

$$y_A = \frac{p_A}{p_A + p_B} = \frac{P_A x}{P_A x + P_B(1-x)} = \frac{P_A x}{P}$$

여기서, y_A : 증기상 A의 몰분율

증기 중 성분 A의 몰분율인 y_A는 전압에 대한 A의 분압의 비와 같다.

② 이상용액(Ideal Solution) : Raoult's Law에 적용되는 용액을 이상용액이라 한다.
구조가 비슷한 것으로 이루어진 2성분계 용액은 라울의 법칙에 적용된다.

　例 Benzene－Toluene, Methane－Ethane, Methanol－Ethanol

◆ 이상용액
분자의 구조가 비슷하고 크기가 비슷하며 성질이 비슷한 성분들의 혼합물
例 벤젠－톨루엔

5) 비휘발도(Relative Volatility, 상대휘발도) ▨▨▨

비휘발도가 클수록 증류에 의한 분리가 용이하다.

$$\alpha_{AB} = \frac{y_A/y_B}{x_A/x_B} = \frac{y_A/(1-y_A)}{x_A/(1-x_A)}$$

액상과 평형상태에 있는 증기상에 대하여 성분 B에 대한 성분 A의 비휘발도 α_{AB}를 위와 같이 나타낸다.

만일 액상이 Raoult's Law를 따르고, 기상이 Dalton의 법칙을 따른다고 하면,

$$y = \frac{P_A x}{P}, \ 1-y = \frac{P_B(1-x)}{P}, \ \alpha_{AB} = \frac{P_A}{P_B} \ \text{이므로}$$

다음과 같은 관계식이 성립한다.

$$\therefore \ y = \frac{\alpha x}{1 + (\alpha - 1)x}$$

3. 휘발도의 이상성과 공비혼합물

1) 휘발도

(1) 실제 용액의 증기압

$$p_A = \gamma_A P_A x = k_A x$$
$$p_B = \gamma_B P_B(1-x) = k_B(1-x)$$
$$P = p_A + p_B = \gamma_A P_A x + \gamma_B P_B(1-x)$$

액상이 비이상용액이고, 기상이 이상기체인 경우

$$\alpha_{AB} = \frac{\gamma_A P_A}{\gamma_B P_B} = \frac{k_A}{k_B}$$

여기서, γ_A, γ_B : 활동도 계수

k_A, k_B : 휘발도, 평형 계수

> **Reference** --
>
> **Raoult's Law**
> 이상용액 $\gamma_A = \gamma_B = 1$
> 휘발도가 이상적으로 낮은 경우 $\gamma_A < 1$, $\gamma_B < 1$
> 휘발도가 이상적으로 높은 경우 $\gamma_A > 1$, $\gamma_B > 1$
> $p_A = P_A x$
>
> --

> **Reference** --
>
> • **Henry's Law** ▩▩▩
> x가 0에 근접할 때, 즉 휘발성의 용질을 포함한 묽은 용액이 기상과 평형에 있을 때 기상 내의 용질의 분압 p_A는 액상의 몰분율 x_A에 비례한다.
> $p_A = Hx$
> 　여기서, H : 헨리상수
>
> x가 0에 근접할 때 γ_A는 정수, x가 1에 근접할 때 γ_B는 정수
>
> --

2) 휘발도가 이상적으로 낮은 경우 → 최고공비혼합물 ▩▩▩

(1) 공비점
한 온도에서 평형상태에 있는 증기의 조성과 액의 조성이 동일한 점

(2) 공비혼합물
공비점을 가진 혼합물

(3) 최고공비혼합물
① $\gamma_A < 1$, $\gamma_B < 1$인 경우 전압은 Raoult's Law보다 작아진다.
② 최고공비혼합물 – 최고비점을 갖는 혼합물
③ 증기압 도표 – 극소점, 비점 도표 – 극대점

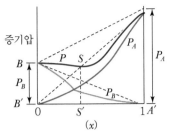

▲ 최고공비혼합물의 증기압 도표

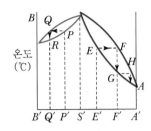

▲ 최고공비혼합물의 끓는점 도표

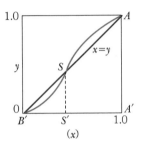

▲ 최고공비혼합물의 $x - y$ 도표

정리

- 휘발도가 이상적으로 낮은 경우($\gamma_A < 1$, $\gamma_B < 1$)
- 증기압은 낮아지고 비점은 높아진다.
- 같은 분자 간 친화력 < 다른 분자 간 친화력
  예 물－HCl, 물－HNO₃, 물－H₂SO₄, Chloroform－Acetone

---

3) 휘발도가 이상적으로 높은 경우 → 최저공비혼합물

① $\gamma_A > 1$, $\gamma_B > 1$인 경우

② 최저공비혼합물 – 최저비점을 갖는 혼합물

③ 증기압 도표 – 극대점, 비점 도표 – 극소점

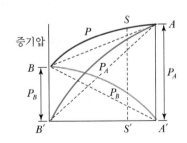

▲ 최저공비혼합물의 증기압 도표

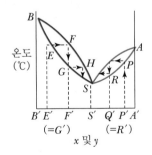

▲ 최저공비혼합물의 끓는점 도표

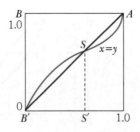

▲ 최저공비혼합물의 $x-y$ 도표

> **정리**
> • 휘발도가 이상적으로 높은 경우($\gamma_A > 1,\ \gamma_B > 1$)
> • 증기압은 높아지고 비점은 낮아진다.
> • 같은 분자 간 친화력 > 다른 분자 간 친화력
> 📖 물−Ethyl alcohol, 에탄올−벤젠, 아세톤−CS_2

4) 상호 용해에 한도가 있는 경우

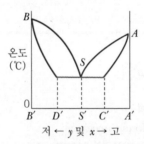

저 ← y 및 x → 고

▲ 상호 용해한도 끓는점 도표

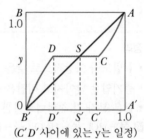

($C'D'$ 사이에 있는 y는 일정)

▲ 상호 용해한도 $x-y$ 도표

4. 증류방법

1) 평형증류(Flash 증류) ▪▪▪

원액을 연속적으로 공급하여 발생증기와 잔액이 평형을 유지하면서 증류하는 조작

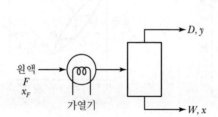

원액
F
x_F

가열기

D, y

W, x

$$F = D + W\,(\text{kmol/h})$$

$$Fx_F = Dy + Wx_w$$

$$\frac{W}{D} = \frac{y - x_F}{x_F - x_w}$$

$$\frac{D}{F} = f\,\text{라 하면}$$

$$y = -\frac{1-f}{f}x + \frac{x_F}{f}\,\text{가 된다.}$$

💡 **TIP** ▬▬▬▬▬▬▬▬▬▬▬▬▬

$1 \times x_F = fy + (1-f)x$

$x_F = fy + x - fx$

$\therefore\ y = \frac{1-f}{f}x + \frac{x_F}{f}$

2) 미분증류(단증류, 회분단증류) ▨▨▨

액을 끓여 발생증기가 액과 접촉하지 못하게 하여 발생한 것들을 응축시키는 조작

Rayleigh 식

$$\int_{w_1}^{w_0} \frac{dW}{W} = \ln \frac{w_0}{w_1} = \int_{x_1}^{x_0} \frac{dx}{y - x}$$

$$y = \frac{\alpha x}{1 + (\alpha - 1)x}$$

$$\ln \frac{w_0}{w_1} = \frac{1}{\alpha - 1}\left(\ln \frac{x_0}{x_1} + \alpha \ln \frac{1 - x_1}{1 - x_0}\right)$$

여기서, w_0 : 초기량, w_1 : 말기량, α : 비휘발도

x_0 : 초기 농도, x_1 : 말기 농도

cf 단증류는 Coaltar 등과 같은 다성분계의 예비분리를 위해 사용한다.

3) 수증기증류 ▨▨▨

(1) 수증기증류의 목적

① 윤활유, 아닐린, 니트로벤젠, 글리세린 및 고급지방산과 같이 증기압이 낮아
서 비점이 높은 물질, 즉 상압에서 증류에 의해 비휘발성 물질로부터 분리하
기가 쉽지 않은 경우

② 비점이 높아서 분해하는 물질(고온에서)

③ 물과 섞이지 않는 물질

cf 수증기는 열원과 증류물질의 분압을 낮추어 비점을 떨어뜨리는 역할을 한다.

(2) 진공수증기 증류

고급지방산과 같이 비점이 아주 높은 물질은 상압 수증기에 의해 증류하면 P_A
가 아주 작아서 W_A / W_B, 즉 수증기 1kg에 동반되는 목적성분량이 아주 작아서
실용가치가 없다. 이 경우 진공펌프를 사용하고 온도도 될수록 높이며, 더욱 가
열수증기를 사용한다.

> **수증기증류의 원리**
> $$P = P_A + P_B$$
> 여기서, P : 전압, P_A : 수증기의 증기압
> P_B : 증류목적물의 증기압
>
> $$\frac{W_A}{W_B} = \frac{P_A M_A}{P_B M_B}$$
> 여기서, W_A, W_B : 증류목적물의 양, 수증기량
> M_A, M_B : 증류목적물의 분자량, 수증기분자량

PART 1
PART 2
PART 3
PART 4
PART 5

💡 TIP ▨▨▨▨▨▨▨▨▨▨▨▨▨▨▨▨▨▨▨▨▨

Rayleigh 식

$$\int_{w_1}^{w_0} \frac{dw}{w} = \int_{x_1}^{x_0} \frac{dx}{y - x}$$

$$\ln \frac{w_0}{w_1} = \int_{x_1}^{x_0} \frac{dx}{\frac{\alpha x}{1 + (\alpha - 1)x} - x}$$

$$= \int_{x_1}^{x_0} \frac{1 + (\alpha - 1)x}{\alpha x - x - \alpha x^2 + x^2}dx$$

$$= \int_{x_1}^{x_0} \frac{1 + (\alpha - 1)x}{x(\alpha - 1)(1 - x)}dx$$

$$= \int_{x_1}^{x_0} \frac{1}{x(\alpha - 1)(1 - x)}dx$$
$$+ \int_{x_1}^{x_0} \frac{1}{1 - x}dx$$

$$= \frac{1}{\alpha - 1}\int_{x_1}^{x_0} \frac{1}{x(1 - x)}dx$$
$$+ \int_{x_1}^{x_0} \frac{1}{1 - x}dx$$

$$= \frac{1}{\alpha - 1}\int_{x_1}^{x_0}\left(\frac{1}{x} + \frac{1}{1 - x}\right)dx$$
$$- \ln \frac{1 - x_0}{1 - x_1}$$

$$= \frac{1}{\alpha - 1}\left(\ln \frac{x_0}{x_1} - \ln \frac{1 - x_0}{1 - x_1}\right)$$
$$- \ln \frac{1 - x_0}{1 - x_1}$$

$$= \frac{1}{\alpha - 1}\ln \frac{x_0}{x_1} - \frac{1}{\alpha - 1}\ln \frac{1 - x_0}{1 - x_1}$$
$$- \ln \frac{1 - x_0}{1 - x_1}$$

$$= \frac{1}{\alpha - 1}\ln \frac{x_0}{x_1}$$
$$- \frac{\alpha}{\alpha - 1}\ln \frac{1 - x_0}{1 - x_1}$$

$$= \frac{1}{\alpha - 1}\left(\ln \frac{x_0}{x_1} + \alpha \ln \frac{1 - x_1}{1 - x_0}\right)$$

4) 공비혼합물의 증류 ⬛⬛⬛

(1) 추출증류

공비혼합물 중의 한 성분과 친화력이 크고 비교적 비휘발성 물질을 첨가하여 액액추출의 효과와 증류의 효과를 이용하여 분리하는 조작이다.

📘 물－HNO_3에 황산 첨가, Benzene－Cyclohexane에 Furfural 사용

(2) 공비증류

첨가하는 물질이 한 성분과 친화력이 크고 휘발성이어서 원료 중의 한 성분과 공비혼합물을 만들어 고비점 성분을 분리시키고 다시 새로운 공비혼합물을 분리시키는 조작이다. 이때 사용된 첨가제를 공비제(Entrainer)라고 한다.

📘 벤젠 첨가에 의한 알코올의 탈수증류

5) 정류(Rectification)

정류탑에서 나온 증기를 응축기에서 응축시킨 후 그 응축액의 상당량을 정류탑으로 되돌아가게 환류(Reflux)시켜 이 액이 상승하는 증류탑 내의 증기와 충분한 향류식 접촉을 시켜 각 성분의 순수한 물질로 분리시키는 조작

(1) 정류탑

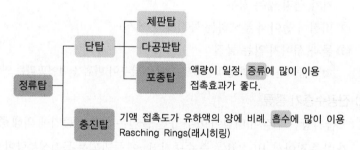

(2) 정류장치

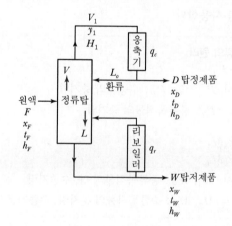

① 원료공급단(Feed Plate), 급송단 : 원료가 공급되는 단

② 농축부 정류부 : 원료공급단의 윗부분

③ 회수부 : 급송단의 아랫부분

④ 유출액 : 저비점 성분

⑤ 관출액 : 고비점 성분

5. 정류탑의 설계

1) 이상탑의 이론단수

(1) Ponchon – Savarit법

엔탈피, 농도 도표를 이용한다.

① 농축부

㉠ 물질수지 $V_{n+1} = D + L_n$ (kmol/h)

㉡ 저비점 물질수지 $V_{n+1} y_{n+1} = Dx_D + L_n x_n$

㉢ 열수지 $V_{n+1} H_{n+1} = Dh_D + L_n h_n + q_c$

$q_C = q_{CD} \cdot D$

$\therefore V_{n+1} H_{n+1} = L_n h_n + D(h_D + q_{CD})$

㉣ 지렛대의 법칙

$$\frac{L_0}{D} = \frac{(h_D + q_{CD}) - H_1}{H_1 - h_D}$$

환류비 : $\dfrac{L_0}{D}$

② 회수부

$V_{m+1}' = L_m' - W$ (kmol/h)

$V_{m+1}' y_{m+1} = L_m' x_m - Wx_w$

$V_{m+1}' H_{m+1} = L_m' h_m - Wh_w + q_r$ (kcal/h)

$q_r = q_{rw} \cdot W$

$V_{m+1}' H_{m+1} = L_m' h_m - W(h_w - q_{rw})$

③ 전체 물질수지 및 열수지

$F = D + W$ (kmol/h)

$Fx_F = Dx_D + Wx_w$

$Fh_F + q_r = Dh_D + Wh_w + q_c$

$Fh_F = D(h_D + q_{CD}) + W(h_w - q_{rw})$

❖ 이상탑

각 단상에 있어서 증기와 액의 접촉이 완전하여 각 단상의 액과 이 단으로부터 상승하는 증기와 평형관계에 있는 탑으로, 이때 소요되는 단수를 이론단수라 한다.

💡 TIP

증류탑 설계

㉠ 단수와 탑지름을 결정하는 것

㉡ 2성분계 단수 결정
- Ponchon – Savarit법 : 엔탈피 – 농도 도표 이용
- McCabe – Thiele법 : 몰분율과 $x - y$ 도표 이용

④ 도해적 풀이

전체 Tie Line의 수를 이론단수라 하고 재비기가 있으면 한 단을 빼준다.

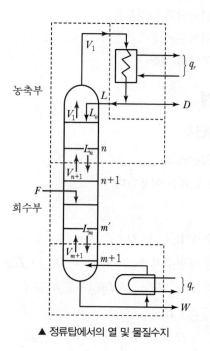

▲ 정류탑에서의 열 및 물질수지

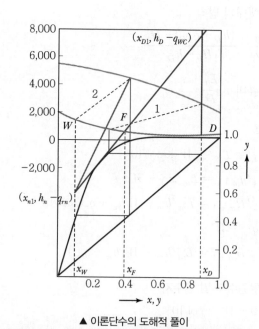

▲ 이론단수의 도해적 풀이

(2) McCabe – Thiele 법

$x - y$ 도표를 이용하여 도해적 풀이로 이론단수를 결정한다.

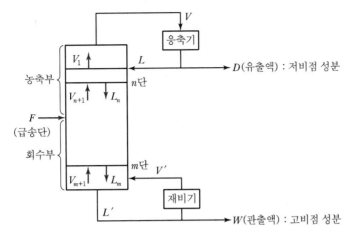

McCabe – Thiele법의 가정
- 관벽에 의한 열손실이 없으며 혼합열도 적어서 무시한다.
- 각 성분의 분자증발 잠열 λ 및 액체의 엔탈피 h는 탑 내에서 같다.
- 상승증기의 몰수와 강하액의 몰수가 농축부와 회수부에서 각각 일정하다.

① 농축부에서의 물질수지

총괄물질수지 $V_{n+1} = D + L_n \,(\mathrm{kmol/h})$

저비점 성분 $V_{n+1} y_{n+1} = D x_D + L_n x_n$

$$y_{n+1} = \frac{L_n}{V_{n+1}} x_n + \frac{D}{V_{n+1}} x_D$$

$$= \frac{L_0}{D + L_0} x_n + \frac{D}{D + L_0} x_D$$

환류비 : $R_D = \dfrac{L_0}{D}$

$$\therefore \; y_{n+1} = \frac{R_D}{R_D + 1} x_n + \frac{x_D}{R_D + 1}$$

↳ 농축 조작선의 방정식(정류부) : $(x_D \, x_D)$를 지나며, 기울기가 $\dfrac{R_D}{R_D + 1}$ 이고,

y절편이 $\dfrac{x_D}{R_D + 1}$ 인 직선의 방정식

☀️ TIP ⫿⫿⫿⫿⫿⫿⫿⫿⫿⫿⫿⫿⫿⫿⫿⫿⫿⫿⫿⫿

일정몰 넘침
- 탑의 정류부와 탈거부에서 각각 증기와 액체의 몰유량이 거의 일정
- 정분자 일류
$V_1 = V_2 = \cdots = V_n = V_{n+1} = V$
$V_1' = V_2' = \cdots = V_m' = V_{m+1}' = V'$
- 정분자 증발
$L_o = L_1 = \cdots = L_n = L$
$L_1' = L_2' = \cdots = L_m = L'$

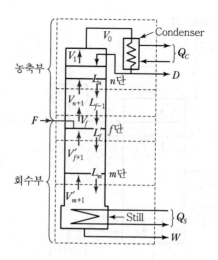

② 회수부에서의 물질수지

$$V_{m+1}' = L_m' - W \,(\text{kmol/h})$$

$$V_{m+1}'y_{m+1} = L_m'x_m - Wx_w$$

$$y_{m+1} = \frac{L_m'}{V_{m+1}'}x_m - \frac{W}{V_{m+1}'}x_w$$

$$= \frac{L_m'}{L_m' - W}x_m - \frac{W}{L_m' - W}x_w$$

공급액 중 액량의 분율을 q라 하면 $L' - L = qF$ 이므로 대입하면 다음을 얻을 수 있다.

$$\therefore y_{m+1} = \frac{L + qF}{L + qF - W}x_m - \frac{W}{L + qF - W}x_w$$

↳ 회수조작선(Stripping Operation Line)의 방정식

③ 급송단(원료선)의 방정식 – q선의 방정식 ▪▪▪

$$qF + L = L' \qquad V = (1-q)F + V'$$

$$L' - L = qF \qquad V - V' = (1-q)F$$

F에서 원료 1mol 중 $q$mol의 액과 $(1-q)$mol의 증기가 탑에 공급

$$y = \frac{q}{q-1}x - \frac{x_f}{q-1}$$

↳ q-line(Feed Line) 방정식 : 급액선, 원료선의 방정식

💡 TIP ▪▪▪▪▪▪▪▪▪▪▪▪▪▪▪▪▪▪▪▪▪▪▪▪▪▪▪▪▪▪▪▪▪▪▪▪▪

$$y = -\frac{1-f}{f}x + \frac{x_F}{f}$$
여기서, $q + f = 1$
　　q : 액의 몰분율
　　f : 증기의 몰분율

q 선도 ▨▨▨

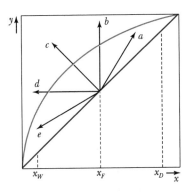

구분	q : 공급원료 1mol을 원료공급단에 넣었을 때 그중 탈거부로 내려가는 액체의 mol수	f : 증기의 mol수	q 선도 기울기 $\left(\dfrac{q}{q-1}\right)$
a	$q>1$: 차가운 원액	$f<0$	slope > 1
b	$q=1$: 비등에 있는 원액(포화원액)	$f=0$	slope = ∞
c	$0<q<1$: 부분적으로 기화된 원액	$0<f<1$	slope < 0
d	$q=0$: 노점에 있는 원액(포화증기)	$f=1$	slope = 0
e	$q<0$: 과열증기 원액	$f>1$	slope > 0

$$q = \frac{H_f - h_H}{H_f - h_f} = \frac{\text{원료 1kmol을 실제로 증발시키는 데 필요한 열량}}{\text{원료의 비점에서의 분자증발잠열}}$$

여기서, h_H : 원료 중 액과 기체의 엔탈피의 합

H_f : 원료 중 기체의 엔탈피

h_f : 원료 중 액체의 엔탈피

④ q ▨▨▨

㉠ 원액이 비점 이하

$$q = 1 + \frac{C_{PL}(t_b - t_F)}{\lambda}$$

㉡ 원액이 과열증기일 때

$$q = - \frac{C_{pv}(t_F - t_d)}{\lambda}$$

여기서, C_{pv}, C_{PL} : 증기, 액체의 비열(kcal/kg · ℃)

t_F : 급액온도

t_b, t_d : 원액의 비점과 노점

λ : 증발잠열

⑤ 도해적 풀이

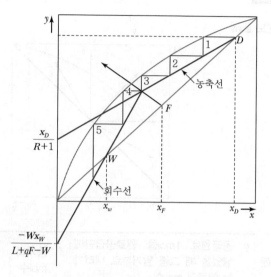

ㄱ $y = x$

ㄴ $D(x_D, x_D)$를 지나고 절편이 $\dfrac{x_D}{R_D + 1}$인 직선을 그린다. ➡ 농축조작선

ㄷ 점 $F(x_F, x_F)$를 지나고 기울기가 $\dfrac{q}{q-1}$인 직선을 그려 농축조작선과의 교점을 구한다. ➡ 농축선과 회수선의 교점

ㄹ $W(x_w, x_w)$를 지나고 위의 교점과 연결하여 회수조작선을 그린다.

ㅁ 계단 작도 ➡ 계단의 수＝이론단수(재비기가 있을 때는 단수 하나를 뺀다.)

⑥ 환류비의 영향

ㄱ 이론단수 : N.T.P

ㄴ 최소이론단수(Minimum Number of Theoretical Plate, N_m)

$\dfrac{R_D}{R_D + 1}$(농축부 조작선의 기울기)는 환류비가 증가함에 따라 증가한다.

$R_D = \infty$, 즉 전환류일 때 최소단수가 되며 이때 기울기는 1이 되고 조작선은 대각선과 같은 선이 된다.

$R_D = \infty$(전환류)일 때 단수는 최소가 되고 탑상유출물＝0이며 탑저유출물은 급액량과 같다. ➡ 최소이론단수＝$N_{\min}$

$$\text{Fenske 식 } N_{\min} + 1 = \log\left(\frac{x_D}{1-x_D} \cdot \frac{1-x_w}{x_w}\right)/\log \alpha_{av}$$

여기서, α_{av} : 평균 비휘발도

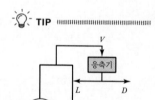

ⓒ 최소환류비(R_{Dm})

$R_D = 0$, 이론단수가 최대 → 최소환류비 R_m, 단수는 ∞

$$R_{Dm} = \frac{x_D - y_f}{y_f - x_f}$$

$x = x_f$일 경우 $y = \dfrac{\alpha x}{1 + (\alpha - 1)x}$에서 y_f를 구한다.

ⓓ 최적환류비

최적환류비 = 최소환류비 $\times$ 1.2~2배(약 1.5배)

Reference

환류비(Veflux Ratio : R)

- $R = \dfrac{L_0}{D} = \dfrac{\text{환류량}}{\text{유출량}}$
- R이 클수록 각 성분의 분리도가 좋다.
- $R \to \infty$, $D = 0$: 전환류 = 최소이론단수, 정류효과는 최대지만, 제품을 얻지 못한다.
- $R \to 0$, D는 증가 : 정류는 나빠진다. 무한대 단수이며, 환류는 하지 않고 증류한다.
- R이 클수록 이론단수는 줄어든다.
- 최소환류비($R_{\min}$)일 때 무한대 단수가 필요하다.

⑦ **탑효율**

ⓐ 총괄효율 $= \dfrac{N_t(\text{이론단수})}{N_a(\text{실제단수})}$

ⓑ Murphree 단효율

$$\eta = \frac{y_n - y_{n+1}}{y_n{}^* - y_{n+1}}$$

여기서, y_n : 단을 떠나는 증기의 조성

y_{n+1} : 단으로 들어가는 증기의 조성

$y_n{}^*$: 단을 떠나는 액과 평형에 있는 증기의 조성

ⓒ 국부(Local)효율

한 국부에서 성립되는 Murphree 효율을 의미한다.

TIP

최소환류비

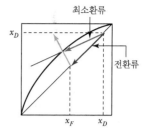

$$\frac{R_m}{R_m + 1} = \frac{x_D - y'}{x_D - x'}$$

$$\therefore R_m = \frac{x_D - y'}{y' - x'}$$

$$x' = x_F,\ y' = y_F$$

TIP

		제품순도 ↑
$R \to \infty$	최소 이론 단수	제품량 = ∞
		가열증기량 ↑
		응축기 ↑
		탑지름 ↑
$R \to 0$	최대 단수	제품순도 ↓
		제품량 ↑

⑧ 정류탑의 직경

Gilliland 식(허용증기속도)

$$U_c(\text{m/s}) = C\left(\frac{\rho_L - \rho_V}{\rho_V}\right)^{1/2}$$

여기서, ρ_L : 강하액의 밀도(kg/m³)

ρ_V : 증기의 밀도(kg/m³)

C : 비례상수

U_c : 경험상

• 상압탑 : 0.3~0.4m/s

• 감압탑 : 1.2~1.5m/s

Gilliland 식 허용증기속도 U_c(m/s)로 상승증기량(m³/s)을 나누어 탑면적을 구하면 탑경을 알 수 있다.

TIP

다성분계의 종류

n 개의 전성분을 분리하려면 ($n-1$)개의 탑이 필요하다.

예 석유의 정제, 알코올 증류에 있어서 Fusel Oil(퓨젤유)의 분리

실전문제

01 상대휘발도에 관한 설명 중 틀린 것은?

① 휘발도는 어느 성분의 분압과 몰분율의 비로 나타낼 수 있다.

② 상대휘발도는 2물질의 순수성분 증기압의 비와 같다.

③ 상대휘발도가 클수록 증류에 의한 분리가 용이하다.

④ 상대휘발도는 액상과 기상의 조성에는 무관하다.

해설

상대휘발도 $\alpha_{AB} = \dfrac{y_A/y_B}{x_A/x_B}$

상대휘발도(비휘발도)는 액상과 기상의 조성과 관련된 함수이다.

02 다음 $x-y$ 도표에서 최소 환류비를 결정하기 위한 농축부 조작선은 어느 것인가?

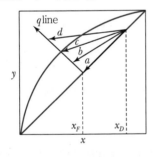

① a
② b
③ c
④ d

해설

• c : 최소환류비
• a : $R \to \infty$

03 1기압에서 메탄올의 몰분율이 0.5인 수용액을 증류하면 평형 증기에서 메탄올의 몰분율이 0.8로 된다. 메탄올의 물에 대한 상대휘발도는 얼마인가?

① 2
② 4
③ 6
④ 10

해설

$$\alpha_{AB} = \frac{y_A/y_B}{x_A/x_B} = \frac{y_A/(1-y_A)}{x_A/(1-x_A)} = \frac{0.8/0.2}{0.5/0.5} = 4$$

04 다음 중 공비혼합물을 분리시키는 특수한 증류방법이 아닌 것은?

① 푸르푸랄을 이용한 벤젠과 사이클로헥산의 분리

② 추출증류를 이용한 분리

③ 벤젠을 이용한 에탄올과 물의 분리

④ 수증기증류를 이용한 분리

해설

㉠ 추출증류
  • 황산에 의한 질산수용액의 증류
  • Benzene − Cyclohexane에 Furfural 사용
㉡ 공비증류
  벤젠첨가에 의한 알코올의 탈수증류

05 농축 조작선 방정식에 환류비가 R일 때 조작선의 기울기를 옳게 나타낸 것은?(단, X_W는 탑저제품 몰분율이고, X_D는 탑상 제품 몰분율이다.)

① $\dfrac{1}{R+1}$
② $\dfrac{x_W}{R+1}$
③ $\dfrac{x_D}{R+1}$
④ $\dfrac{R}{R+1}$

정답 01 ④ 02 ③ 03 ② 04 ④ 05 ④

상부조작선(농축조작선)의 방정식

$$y_{n+1} = \frac{R}{R+1}x_n + \frac{x_D}{R+1}$$

- 기울기 : $\dfrac{R}{R+1}$

- y절편 : $\dfrac{x_D}{R+1}$

06 대기압에서 에탄올과 물의 혼합물이 그 증기와 기액평형을 이루고 있을 때 기상의 조성은 에탄올 3.3몰, 수증기 1.7몰이고 이때 액상에서의 에탄올 몰분율이 0.52라면 에탄올의 물에 대한 상대휘발도는?

① 0.51
② 1.08
③ 1.79
④ 1.94

$$\alpha = \frac{y_A/y_B}{x_A/x_B}$$

$$y_A = \frac{3.3}{3.3+1.7} = 0.66$$

$$\therefore \alpha = \frac{0.66/1-0.66}{0.52/1-0.52} = 1.79$$

07 정류에 있어서 전 응축기를 사용할 경우 환류비를 3으로 할 때 유출되는 탑위제품 1mol/h당 응축기에서 응축해야 할 증기량은 몇 mol/h인가?

① 3.5
② 4
③ 4.5
④ 5

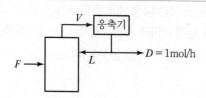

환류비 $R = \dfrac{L}{D} = 3$

$$\therefore L = 3D = 3 \times 1 = 3$$
$$V = L + D = 3 + 1 = 4\text{mol/h}$$

08 에탄올 수용액이 증기와 평형을 이루고 있다. 증기상의 에탄올 몰분율은 0.8이고, 액체상의 에탄올 몰분율은 0.4일 때 상대휘발도($\alpha_{\text{에탄올}-\text{물}}$)는 얼마인가?

① 1
② 2
③ 3
④ 6

$$\alpha = \frac{y_A/x_A}{y_B/x_B} = \frac{0.8/0.4}{0.2/0.6} = 6$$

09 메탄올 40mol%, 물 60mol%의 혼합액을 정류하여 메탄올 95mol%의 유출액과 5mol%의 관출액으로 분리한다. 유출액 100kmol/h를 얻기 위해서는 공급액의 양을 몇 kmol/h로 하면 되는가?

① 175
② 190
③ 226
④ 257

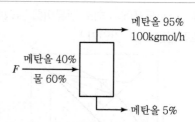

$$F \times 0.4 = 100 \times 0.95 + (F-100) \times 0.05$$
$$F = 257\text{kmol/h}$$

10 증류탑에서 환류비에 대한 설명으로 틀린 것은?

① 환류비를 크게 하면 이론단수가 줄어든다.
② 환류비를 최소로 하면 유출량이 0에 가깝게 되어 실제로는 사용되지 않는다.
③ 환류비를 크게 하면 제품의 순도가 높아진다.
④ 환류비가 무한대일 때의 이론단수를 최소 이론단수라고 한다.

$$R = \frac{L}{D}$$

최소환류비는 이론단수 최대, 환류량(L)이 0에 가까워진다.

11 증류탑에 공급되는 원료가 끓는 상태의 포화액체일 경우, q값은?(단, q는 공급원료 1몰을 원료공급단에 넣었을 때 그중 탈거부로 내려가는 액체의 몰수로 정의된다.)

① $q=1$　　　② $q=0$

③ $q<0$　　　④ $q>0$

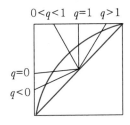

$0<q<1$　$q=1$　$q>1$

$q=0$
$q<0$

- $q>1$: 차가운 액체
- $q=1$: 포화액체(비등액체)
- $0<q<1$: 부분적으로 기화된 액체
- $q=0$: 포화증기
- $q<0$: 과열증기

12 멕케이브－티일레(McCabe－Thiele) 법에서 필요한 가정이 아닌 것은?

① 정류탑 관벽을 통한 열손실을 무시한다.

② 각 성분의 혼합열은 무시한다.

③ 각 성분의 엔탈피를 알고 있다.

④ 각 성분의 증발잠열은 탑 내에서 일정하다.

McCabe－Thiele 법의 가정
- 관벽에 의한 열손실은 없으며 혼합열도 적어서 무시한다.
- 각 성분의 분자증발잠열 λ 및 액체의 엔탈피 h는 탑 내에서 같다.

13 증류에서 일정한 비휘발도 값으로 2를 가지는 2성분 혼합물을 90mol%인 탑위제품과 10mol%인 탑밑제품으로 분리하고자 한다. 최소 이론단수는 얼마인가?

① 3　　　② 4

③ 6　　　④ 7

Fenske 식

$$N_{min}+1=\log\left(\frac{x_D}{1-x_D}\cdot\frac{1-x_w}{x_w}\right)/\log\alpha$$

$$=\log\left(\frac{0.9}{0.1}\cdot\frac{0.9}{0.1}\right)/\log 2=6.34$$

$$\therefore N_{min}=5.34\to 6단$$

14 다음 중 머프리(Murphree) 단효율을 정의한 것은?(단, $y_n{}^*$은 n단을 나가는 액과 평형인 증기조성, y_n은 n단을 나가는 증기조성, y_{n+1}은 n단으로 들어가는 증기조성을 나타낸다.)

① $\dfrac{y_n{}^*-y_{n+1}}{y_n-y_{n+1}}$　　　② $\dfrac{y_n-y_{n+1}}{y_n{}^*-y_{n+1}}$

③ $\dfrac{y_n{}^*-y_n}{y_n{}^*-y_{n+1}}$　　　④ $\dfrac{y_n{}^*-y_n}{y_{n+1}{}^*-y_{n+1}}$

Murphree 단효율

$$\eta=\frac{y_n-y_{n+1}}{y_n{}^*-y_{n+1}}\times100$$

여기서, y_n : 단을 떠나는 증기의 조성
y_{n+1} : 단으로 들어가는 증기의 조성
$y_n{}^*$: 단을 떠나는 액과 평형에 있는 증기의 조성

15 충전높이가 4.5m인 탑에서 n－헵탄과 메틸사이클로헥산의 혼합물을 정류하려 한다. 전환류 조건에서 탑상제품 중 n－헵탄의 몰분율은 0.780이고 탑저제품에서는 0.15이다. 한 개 이론단의 상당높이(HETP)는 약 몇 m인가?(단, 상대휘발도의 평균값은 1.07이고, 라울의 법칙이 성립한다.)

① 0.023　　　② 0.056

③ 0.104　　　④ 0.158

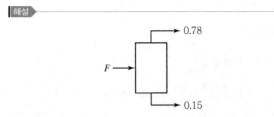

Fenske 식

$$N_{\min} + 1 = \log\left(\frac{0.78}{0.22} \cdot \frac{0.85}{0.15}\right)/\log 1.07 = 44.34$$

$$\therefore N_{\min} = 43.34 \fallingdotseq 44단$$

$$Z = HETP \times N_p$$

$$4.5m = HETP \times 44$$

$$\therefore HETP = 0.102$$

16 70℃에서 메탄올의 증기압은 857mmHg, 에탄올의 증기압은 543mmHg이다. 이 두 화합물이 혼합되어 70℃에서 전압 700mmHg의 상태에 있을 때 이 혼합액 중 메탄올의 몰분율은?(단, 이 혼합액은 이상용액으로 간주한다.)

① 0.45 ② 0.50
③ 0.64 ④ 0.83

Raoult's Law

$$P = P_A x_A + P_B x_B$$

$$700mmHg = 857x + 543(1-x) \qquad \therefore x = 0.5$$

17 40mol%의 암모니아와 물의 혼합물을 Flash 증류하였더니 암모니아의 조성이 기상에서 80mol%, 액상에서 20mol%이었다면 Feed 중 약 얼마 정도가 증발하였는가?

① 33mol% ② 52mol%
③ 67mol% ④ 72mol%

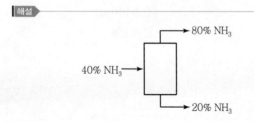

Basis : $F = 100kmol$

$$Fx_F = Dx_D + (F-D)x_w$$

$$100 \times 0.4 = D \times 0.8 + (100-D) \times 0.2$$

$$\therefore D = 33.3mol$$

$$\frac{D}{F} = \frac{33.3}{100} \times 100 = 33.3\%$$

18 증류의 이론단수 결정에서 McCabe−Thiele의 방법을 사용할 경우 필요한 가정에 해당하는 것이 아닌 것은?

① 각 단에서 증기와 액의 현열 변화는 무시한다.
② 혼합열과 탑 주위로의 복사열은 무시한다.
③ 각 단에서 증발잠열은 같다.
④ 모든 단에서 증기의 조성은 같다.

McCabe−Thiele 법
• 관벽에 대한 열손실은 무시, 혼합열도 적어서 무시한다.
• 각 성분의 분자 증발잠열 λ 및 액체의 엔탈피 h는 탑 내에서 같다.
• 정분자 일류, 정분자 증발 → 각 단의 상승증기와 강하액의 몰수가 농축부와 회수부에서 각각 일정하다.
• 탑 내 각 단의 현열이 일정하다.

19 증류탑의 단효율이 60%, 이론단수가 15일 때 설계하여야 할 단수는 얼마인가?

① 20 ② 25
③ 32 ④ 40

$$효율 = \frac{이론단수}{실제단수} \qquad 0.6 = \frac{15}{x} \qquad \therefore x = 25$$

20 장치 설계에서 이론단수(Theoretical Stage)가 의미하는 것은?

① 각 단에서 평형이 얻어질 때의 단수
② 장치 조작에 필요한 단수
③ 증기를 처리하는 단수
④ 탑의 실제 단수

해설 ▶

이론단수

이상탑은 각 단상에 있어서 증기와 액의 접촉이 완전하여 각 단의 액과 이 단으로부터 상승하는 증기와 평형상태에 있는 탑으로, 이때 소요되는 단수를 이론단수(이상단수)라 한다.

---

21 벤젠 – 톨루엔 혼합물 중 벤젠이 40mol%인 용액을 정류하여 탑 상부에서 벤젠 98mol%와 탑 하부에서 톨루엔 98mol%인 용액으로 분리하고자 한다. 이 두 물질의 탑 내 평균 비휘발도가 2.5로 일정하다고 할 때 필요한 최소 이론단수는 얼마인가?

① 6단　　　　　　② 8단
③ 10단　　　　　　④ 12단

해설 ▶

Fenske 식

$$N_m + 1 = \frac{\log\left(\dfrac{x_D}{1-x_D} \cdot \dfrac{1-x_w}{x_w}\right)}{\log \alpha_{av}}$$

$\alpha_{av} = 2.5, \quad x_D = 0.98, \quad x_w = 0.02$

$$N_m + 1 = \frac{\log\left(\dfrac{0.98}{1-0.98} \cdot \dfrac{1-0.02}{0.02}\right)}{\log 2.5} \fallingdotseq 8.5$$

$\therefore N_m = 8.5 - 1 = 7.5\,(8단)$

---

22 용매와 유사한 핵심성분은 다른 성분보다 용액 속에서 더 낮은 활동도 계수를 가지므로 분리능이 향상되는 것을 이용한 방법으로 벤젠과 사이클로헥산을 분리할 때 푸르푸랄(Furfural)과 같은 첨가제를 사용하는 증류는?

① 수증기증류　　　② 추출증류
③ 공비증류　　　　④ 평형증류

해설 ▶

㉠ 추출증류
　• 황산에 의한 질산수용액의 증류
　• Benzene – Cyclohexane에 Furfural 사용
㉡ 공비증류
　벤젠첨가에 의한 알코올의 탈수증류

---

23 공비혼합물(Azeotropic Mixture)에 대한 설명으로 가장 옳은 것은?

① 공비혼합물은 최소 3개의 성분으로 이루어져 있다.
② 공비혼합물 조성과 공비점은 무관하다.
③ 비등점이 같은 물질로 이루어진 혼합물을 의미한다.
④ 제3의 성분을 첨가하면 공비증류에 의한 분리가 가능하다.

해설 ▶

• 추출증류 : 공비혼합물 중의 한 성분과 친화력이 크고 비교적 비휘발성 물질을 첨가하여 액액추출의 효과와 증류의 효과를 이용하여 분리하는 조작
　예 물 – HNO_3에 H_2SO_4(황산) 첨가
　　　Benzene – Cyclohexane에 Furfural 사용
• 공비증류 : 첨가하는 물질이 한 성분과 친화력이 크고 휘발성이어서 원료 중의 한 성분과 공비혼합물을 만들어 고비점 성분을 분리시키고 다시 새로운 공비혼합물을 분리시키는 조작으로, 이때 사용된 첨가제를 공비제라 한다.
　예 벤젠첨가에 의한 알코올의 탈수증류

---

24 증류탑의 이론단수가 최대가 되기 위한 환류비(Reflux Ratio)는?

① 최소 환류비　　　② 평균 환류비
③ 전 환류비　　　　④ 최적 환류비

해설 ▶

이론단수 최대 → 최소 환류비

---

25 증류탑에서 정류부(Rectifying) 및 탈거부(Stripping)의 각각의 조작선 기울기에 대한 설명 중 옳은 것은?

① 정류부 조작선의 기울기와 탈거부 조작선의 기울기는 항상 1보다 크다.
② 정류부 조작선의 기울기와 탈거부 조작선의 기울기는 항상 1보다 작다.
③ 정류부 조작선의 기울기는 항상 1보다 크고, 탈거부 조작선의 기울기는 항상 1보다 작다.
④ 정류부 조작선의 기울기는 항상 1보다 작고, 탈거부 조작선의 기울기는 항상 1보다 크다.

정답 ▶　**21** ②　**22** ②　**23** ④　**24** ①　**25** ④

해설

정류부(농축부)

$$y_{n+1} = \frac{R}{R+1}x_n + \frac{x_D}{R+1}$$

↳ 기울기 < 1

회수부(탈거부)

$$y_{m+1} = \frac{L+qF}{L+qF-W}x_m - \frac{W}{L+qF-W}x_w$$

↳ 기울기 > 1

26 x(액상 몰분율)−y(기상 몰분율) 선도에서 전환류(Total Reflux)일 때 조작선을 나타내는 것은?(단, x_D, x_F, x_B는 각각 탑상제품, 원료, 탑저제품의 몰분율이며, 선 $\overline{cdef}$는 원료 공급선이다.)

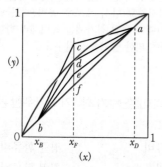

① $\overline{acb}$ ② $\overline{adb}$
③ $\overline{aeb}$ ④ $\overline{afb}$

해설

- 전환류 : 조작선이 대각선과 같다 → f
- 최소환류 → d

27 증류의 단효율을 고려할 때 다음 중 단의 특정 지역이나 탑 전체에 관계된 것이 아니라 단(Stage) 한 개에 관계되는 효율을 나타내는 것은?

① 총괄(Overall) 효율
② 국부(Local) 효율
③ 머프리(Murphree) 효율
④ 기액 접촉 효율

해설

효율
- 총괄효율
- 머프리효율
- 국부효율

28 증류에 대한 설명으로 가장 거리가 먼 것은?(단, q는 공급원료 1몰을 원료 공급단에 넣었을 때 그중 탈거부로 내려가는 액체의 몰수이다.)

① 최소 환류비일 경우 이론단수는 무한대로 된다.
② 포종(Bubble−Cap)을 사용하면 기액 접촉의 효과가 좋다.
③ McCabe−Thiele법에서 q값은 액체와 증기의 혼합원료일 때 1보다 크다.
④ Ponchon−Savarit법은 엔탈피−농도 도표와 관계가 있다.

해설

액체와 증기의 혼합원료 : $0 < q < 1$

29 벤젠 40mol%와 톨루엔 60mol%의 혼합물을 200kmol/h의 속도로 정류탑에 비점으로 공급한다. 유출액의 농도는 95mol%, 벤젠과 관출액의 농도는 98mol%의 톨루엔이다. 이때 최소 환류비를 구하면 얼마인가?(단, 벤젠과 톨루엔의 순 성분 증기압은 각각 1,180mmHg, 481mmHg이다.)

① 1.5   ② 1.7
③ 1.9   ④ 2.1

해설

$$R_{Dm} = \frac{x_D - y_f}{y_f - x_f} = \frac{0.95 - 0.62}{0.62 - 0.4} = 1.5$$

라울의 법칙
$1,180 \times 0.4 + 481 \times 0.6 = 760 \text{mmHg}$

$$y_A = \frac{P_A x_A}{P} = \frac{1,180 \times 0.4}{760} = 0.62$$

정답 ▶ **26** ④ **27** ② **28** ③ **29** ①

30 증류에서 환류비가 최소로 되면 다음 중 어느 경우가 되겠는가?

① 이론단수가 최소
② 이론단수가 최대
③ 탑상 제품의 순도가 향상
④ 탑상 제품의 유출이 없음

해설

최소 환류비 → 이론단수 최대

31 벤젠과 톨루엔이 몰분율로 각각 0.21, 0.79인 액상 혼합물이 있다. 벤젠 증기의 mol%는 약 얼마인가?(단, 벤젠의 증기압과 톨루엔의 증기압은 각각 780mmHg, 480mmHg이다.)

① 10
② 20
③ 30
④ 40

해설

$$P = P_A x_A + P_B(1-x_A)$$
$$= (780)(0.21) + (480)(0.79) = 543\text{mmHg}$$
$$y = \frac{P_A x_A}{P} = \frac{(780)(0.21)}{(543)} = 0.3(30\%)$$

32 벤젠 45mol%, 톨루엔 55mol%의 혼합물을 100 kmol/h로 증류탑에 급송하여 증류한다. 유출액의 농도는 벤젠이 96mol%이고, 관출액은 벤젠이 3mol%이다. 공급액은 비점에서 공급되며, 벤젠의 액조성이 45mol%일 때 기-액 평형상태의 증기 조성은 70mol%이다. 이때 최소 환류비를 구하면 얼마인가?

① 1.04
② 1.08
③ 1.10
④ 1.15

해설

$$R_{Dm} = \frac{x_D - y_f}{y_f - x_f} = \frac{0.96 - 0.7}{0.7 - 0.45} = 1.04$$

33 벤젠을 이용한 에탄올과 물의 분리는 다음 중 어떤 증류에 가장 가까운가?

① 수증기증류
② 평형증류
③ 공비증류
④ 미분증류

해설

㉠ 추출증류
 • 황산에 의한 질산수용액의 증류
 • Benzene – Cyclohexane에 Furfural 사용
㉡ 공비증류
 벤젠첨가에 의한 알코올의 탈수증류

34 메탄올 30mol%, 물 70mol%의 혼합물을 증류하여 메탄올은 95mol%의 유출액과 5mol%의 관출액으로 분리한다. 관출액이 80kmol/h일 때 공급액의 양은 몇 kmol/h인가?

① 2.86
② 11.8
③ 110.8
④ 288

해설

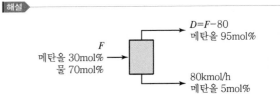

$$F \times 0.3 = (F - 80) \times 0.95 + 80 \times 0.05$$
$$\therefore \ F = 110.8 \,\text{kmol/h}$$

35 라울(Raoult)의 법칙을 이용하여 혼합물 중 한 성분의 증기분압을 구하려고 한다. 이때 액상에서의 그 성분의 몰분율과 동일 온도에서 그 성분의 순수한 상태가 나타내는 어떤 값을 곱해야 하는가?

① 휘발도
② 밀도
③ 증기압
④ 질량분율

해설

$$P = P_A x_A + P_B x_B \qquad y_A = \frac{P_A x_A}{P}$$

36 그림은 증류조작에 있어서 q선에 미치는 급송물의 조건을 나타낸 평형도이다. 그림 중에서 급송물(Feed)이 비점에 있을 때의 q선은?

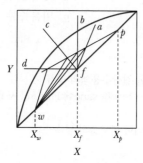

① $f-a$
② $f-b$
③ $f-c$
④ $f-d$

해설

① $q>1$: 차가운 원액
② $q=1$: 비등에 있는 원액
③ $0<q<1$: 부분적으로 기화된 원액
④ $q=0$: 노점에 있는 원액

37 최소 이론단수와 관계가 없는 것은?

① 전환류
② 최소 환류비
③ 펜스키(Fenske)의 식
④ 조작선의 기울기가 1

해설

최소 이론단수 → 무한대 환류 → 조작선의 기울기 = 1

38 2가지 이상의 휘발성 물질의 혼합물을 분리시키는 조작은?

① 증류
② 추출
③ 침출
④ 증발

해설

증류
휘발성 차이(비점 차이)를 이용하여 액체혼합물을 각 성분으로 분리하는 조작

39 다음 $x-y$ 도표에서 최소 환류비를 결정하기 위한 농축부 조작선은 어느 것인가?

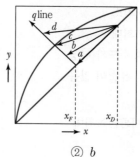

① a
② b
③ c
④ d

해설

• 최소 환류비 : 단수가 ∞로 가야 한다. →c
• 전환류 : 최소 이론단수 →a

40 고급 지방산이나 글리세린과 같이 비점이 높은 물질들은 비휘발성 불순물로부터 분리하기가 쉽지 않다. 이와 같이 비점이 높아서 분해의 우려가 있으며 전열이 나쁜 물질 중의 비휘발성 불순물의 분리를 목적으로 할 때 다음 중 가장 적합한 방법은 무엇인가?

① 수증기증류
② 단증류
③ 추출증류
④ 공비증류

해설

수증기 증류
• 윤활유, 아닐린, 니트로벤젠, 글리세린, 고급지방산과 같이 증기압이 낮아서 비점이 높은 물질, 즉 상압에서 증류에 의해 비휘발성 물질로부터 분리하기가 쉽지 않은 경우
• 비점이 높아서 분해하는 물질
• 물과 섞이지 않는 물질

41 멕케이브-틸레(McCabe-Thiele) 법으로 최소이론단수가 되려면 정류부의 조작선 기울기값은 얼마이어야 하는가?

① 0
② 1
③ 1.5
④ 무한대(∞)

해설

최소 이론단수 → 무한대 환류 → 조작선의 기울기 = 1

42 증류에 대한 설명으로 옳지 않은 것은?

① 환류비가 커질수록 단수도 많아진다.
② 휘발성의 차이를 이용하여 액체 혼합물을 분리하는 데 이용된다.
③ 환류액량과 유출액량의 비를 환류비라고 한다.
④ 환류비를 크게 하면 제품의 순도는 높아진다.

해설
증류
• 휘발성 차이(비점 차이)를 이용하여 액체혼합물을 각 성분으로 분리하는 조작
• 환류비가 커지면 제품의 순도는 높아지고 단수는 작아진다.

43 다음 방정식 중 원료공급선(Feed Line)은?(단, f : 원료의 흐름 중 기화된 증기분율, y : 기체분율, x : 액체분율)

① $y = -\dfrac{1-f}{f}x + \dfrac{x_F}{f}$

② $y = \dfrac{1+f}{f}x - \dfrac{x_F}{f}$

③ $y = -\dfrac{f}{1-f}x + \dfrac{x_F}{1-f}$

④ $y = \dfrac{f}{1+f}x - \dfrac{x_F}{1+f}$

해설

$y = \dfrac{q}{q-1}x - \dfrac{x_F}{q-1}$

$q + f = 1$

$y = -\dfrac{1-f}{f}x + \dfrac{x_F}{f}$

44 정류탑에서 증기유량 V, 탑상 제품유량 D 및 환류액의 질량유량 L에서 환류비 R에 대한 식으로 틀린 것은?

① $R_D = \dfrac{L}{D}$

② $R_D = \dfrac{V}{V-D}$

③ $R_V = \dfrac{L}{V}$

④ $R_V = \dfrac{L}{L+D}$

해설

$R_D = \dfrac{L}{D} = \dfrac{V-D}{D}$

$R_L = \dfrac{L}{V} = \dfrac{L}{L+D}$

45 벤젠, 톨루엔의 혼합물로 그 비점에서 정류탑에 공급한다. 원액 중 벤젠의 몰분율은 0.2, 유출액은 0.96, 관출액은 0.04의 조건에서 매시 90kmol을 처리한다. 환류비는 최소 환류비의 1.5배이다. 상부 조작선의 방정식을 옳게 나타낸 것은?(단, 벤젠의 액조성이 0.2일 때 평형증기의 조성은 0.375이다.)

① $y_{n+1} = 3.34x_n + 0.834$

② $y_{n+1} = 0.833x_n + 0.834$

③ $y_{n+1} = 3.34x_n + 0.16$

④ $y_{n+1} = 0.833x_n + 0.16$

해설

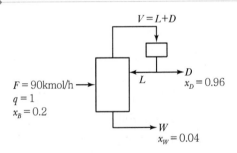

• $R = \dfrac{L}{D} = R_{\min} \times 1.5$

$R_{\min} = \dfrac{x_D - y_f}{y_f - x_f} = \dfrac{0.96 - 0.375}{0.375 - 0.2} = 3.34$

∴ $R = 3.34 \times 1.5 = 5.01$

• 상부조작선의 방정식

$y_{n+1} = \dfrac{R}{R+1}x_n + \dfrac{x_D}{R+1}$

$= \dfrac{5}{6}x_n + \dfrac{0.96}{6} = 0.833x_n + 0.16$

∴ $y_{n+1} = 0.833x_n + 0.16$

46 McCabe – Thiele의 최소 이론단수를 구한다면 정류부 조작선의 기울기는?

① 1.0
② 0.5
③ 2.0
④ 0

최소 이론단수 → 무한대 환류 → 조작선의 기울기 = 1

47 증류조작에서 전환류(Total Reflux)로 조작할 때에 대한 설명으로 틀린 것은?

① 탑정제품의 유출이 없다.
② 탑의 지름이 최소가 된다.
③ 최소의 이상단을 갖는다.
④ 가열 증기량이 커진다.

전환류 → 제품의 순도↑, 유출물이 없다. → 최소 이론단수
→ 탑의 지름↑

48 다음 중 다단증류 조작에서 각 단의 효율을 높이기 위한 방법으로 가장 타당한 것은?

① 단수를 증가시켜야 한다.
② 액상과 기상의 접촉이 잘 되도록 해야 한다.
③ 환류비를 크게 해야 한다.
④ 단축순화를 시켜야 한다.

다단증류 조작에서 기액의 접촉이 잘 되도록 해야 한다.

49 환류비에 대한 설명으로 옳지 못한 것은?

① 환류비가 커지면 이론단수는 감소한다.
② 환류비가 무한대일 때 나타나는 단수를 최소이론단수라 한다.
③ 환류비가 크면 클수록 실용적이다.
④ 최적 환류비는 시설비와 운전비의 경제성 등을 고려해 구한다.

환류비 $R \uparrow$ → 연수 ↓ → 가열증기량은 커지며 응축기와 탑지름이 커져야 한다.

50 증류탑에서 단효율에 관한 설명 중 틀린 것은?

① 단에서 기 – 액상이 평형이면 총괄효율은 감소한다.
② 머프리 효율은 증기농도를 이용하여 구할 수 있다.
③ 단효율을 알면 이상단을 실제단으로 고칠 수 있다.
④ 국부효율은 100 %보다 클 수 없다.

① 총괄효율 $= \dfrac{\text{이론단수}}{\text{실제단수}}$

　→ 기액평형이면 실제단수가 감소하여 총괄효율은 증가

② 머프리 효율 $= \dfrac{y_n - y_{n+1}}{y_n{}^* - y_{n+1}} < 1$

③ 국부효율 $= \dfrac{y_n{}' - y_{n+1}{}'}{y_{en}{}' - y_{n+1}{}'} < 1$

51 A와 B의 혼합용액에서 γ를 활동도 계수라 할 때 최고공비혼합물이 가지는 γ 값의 범위를 옳게 나타낸 것은?

① $\gamma_A = 1, \ \gamma_B = 1$
② $\gamma_A < 1, \ \gamma_B > 1$
③ $\gamma_A < 1, \ \gamma_B < 1$
④ $\gamma_A > 1, \ \gamma_B > 1$

- 최고공비혼합물 – 휘발도가 이상적으로 낮은 경우
  $\gamma_A < 1, \ \gamma_B < 1$
  예 물 – HCl, 물 – HNO_3, 황산수용액
- 최저공비혼합물 – 휘발도가 이상적으로 높은 경우
  $\gamma_A > 1, \ \gamma_B > 1$
  예 물 – 에탄올계
- 이상상태
  $\gamma_A = 1, \ \gamma_B = 1$

정답 46 ① 47 ② 48 ② 49 ③ 50 ① 51 ③

52 증류에서 환류비를 나타낸 것 중 옳지 않은 것은? (단, V는 탑상 증기의 Flow Rate, D는 탑상 제품의 Flow Rate, L는 환류액의 Flow Rate이다.)

① $R_D = \dfrac{L}{D}$

② $R_V = \dfrac{L}{V}$

③ $R_D = \dfrac{V-D}{D}$

④ $R_V = \dfrac{L}{L-D}$

$V = D + L$

$R_D = \dfrac{L}{D}$

$R_V = \dfrac{L}{V} = \dfrac{L}{L+D}$

53 정류탑에 원액을 500kmol/h로 공급할 때 정류부에서의 증기유량이 40kmol/h라면 환류량은 몇 kmol/h인가?(단, 환류비는 3이다.)

① 10

② 20

③ 25

④ 30

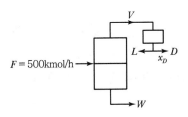

$V = L + D = 40\text{kmol/h}$

$R = \dfrac{L}{D} = 3 \rightarrow L = 3D$

$\therefore L = 30\text{kmol/h}, \ D = 10\text{kmol/h}$

54 다단 증류조작에서 환류비가 증가하는 경우에 대한 설명으로 옳은 것은?

① 정류탑의 단수가 늘어난다.

② 일정한 처리량을 위해서는 정류탑의 지름이 커져야 한다.

③ 제품의 순도는 낮아진다.

④ 유출액 양이 증가한다.

환류비(R_D) 증가 시

단수↓, 순도↑, 유출량↓, 응축기 용량↑, 탑 직경↑, 냉각·가열 비용↑

55 공비혼합물 중 한 성분과 친화력이 크고 비교적 비휘발성인 첨가제를 가해 그 성분의 증기분압을 낮춰 분리시키는 방법은?

① 진공증류

② 수증기증류

③ 공비증류

④ 추출증류

• 추출증류 : 공비혼합물 중의 한 성분과 친화력이 크고 비교적 비휘발성 물질을 첨가하여 액액추출의 효과와 증류의 효과를 이용하여 분리하는 조작

　예 물 − HNO_3에 H_2SO_4(황산) 첨가

　　　Benzene − Cyclohexane에 Furfural 사용

• 공비증류 : 첨가하는 물질이 한 성분과 친화력이 크고 휘발성이어서 원료 중의 한 성분과 공비혼합물을 만들어 고비점 성분을 분리시키고 다시 새로운 공비혼합물을 분리시키는 조작으로, 이때 사용된 첨가제를 공비제라 한다.

　예 벤젠첨가에 의한 알코올의 탈수증류

56 증류탑에 공급되는 원료가 차가운 액체 상태일 때 공급선(Feed Line)의 기울기 m을 옳게 나타낸 것은?

① $1.0 < m < \infty$

② $-\infty < m < 0$

③ $m = 0$

④ $0 < m < 1$

$y = \dfrac{q}{q-1}x - \dfrac{x_f}{q-1}$ (q : 원료 중액 체분율)

원료가 차가운 액체 상태 : $q > 1$

기울기 : $\dfrac{q}{q-1} > 1$　$\therefore 1 < m < \infty$

57 증류에 있어서 원료 흐름 중 기화된 증기의 분율을 f라 할 때 f에 대한 표현 중 틀린 것은?

① 원료가 포화액체일 때 $f=0$

② 원료가 포화증기일 때 $f=1$

③ 원료가 증기와 액체 혼합물일 때 $0<f<1$

④ 원료가 과열증기일 때 $f<1$

해설

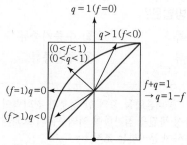

∴ 원료가 과열일 때 $f>1$, $q<0$

58 공비혼합물의 성질 중 틀린 것은?

① 보통의 증류방법으로 고순도의 제품을 얻을 수 없다.

② 비점 도표에서 극소 또는 극대점을 나타낼 수 있다.

③ 상대휘발도가 1이다.

④ 전압을 변화시켜도 공비혼합물의 조성과 비점이 변하지 않는다.

해설

공비혼합물
끓는점이 다른 두 물질의 혼합 시 끓는점이 같아지는 혼합물 (상대휘발도＝1)

59 다음 x(액상 조성)－y(기상 조성) 도표에서 원료가 비점 이하로 공급될 때의 급액선(q－line)은?

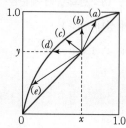

① (a)　　　　　② (b)

③ (c)　　　　　④ (d)

해설

q선(원료선)의 방정식

$$y = \frac{q}{q-1}x - \frac{x_F}{q-1}$$

기울기＝$\dfrac{q}{q-1}$　　y절편＝$-\dfrac{x_F}{q-1}$

• (a) : 원료가 비점 이하로 공급될 때

　$q>1$, $\dfrac{q}{q-1}>1$

• (b) : 원료가 비점일 때(포화액체)

　$q=1$, $\dfrac{q}{q-1}=\infty$

• (c) : 원료가 기·액 공존일 때

　$0<q<1$, $\dfrac{q}{q-1}<0$

• (d) : 원료가 노점으로 공급될 때(포화증기)

　$q=0$, $\dfrac{q}{q-1}=0$

• (e) : 원료가 과열증기일 때

　$q<0$, $\dfrac{q}{q-1}>1$

60 상대휘발도 a_{AB}를 옳게 나타낸 것은?(단, P_A, P_B는 각 A와 B 순수 성분의 증기압, x와 y는 액상, 기상의 몰분율을 나타내고 $P_A > P_B$이다.)

① $a_{AB} = \dfrac{P_A}{P_B}$

② $a_{AB} = \dfrac{P_B(1-P_B)}{P_A}$

③ $a_{AB} = \left(\dfrac{x_A}{y_A}\right)\left(\dfrac{1-x_A}{1-y_A}\right)$

④ $a_{AB} = P_A \dfrac{P_B}{x_A}$

해설

상대휘발도(a_{AB})

$$a_{AB} = \frac{P_A^*}{P_B^*} = \frac{y_A/(1-y_A)}{x_B/(1-x_B)} = \frac{y_A/y_B}{x_A/x_B} = \frac{증기조성}{액조성}$$

CHAPTER 06 추출

[01] 추출

1. 추출(Extraction)

고체나 액체 중 가용성 성분을 적당한 용제로 용해, 분리하는 조작

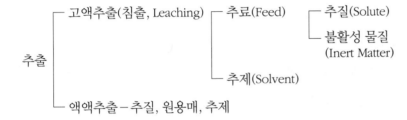

① 추출상(Extract Phase) : 추제가 풍부한 상
② 추잔상(Raffinate) : 불활성 물질이 풍부한 상, 원용매가 풍부한 상

2. 추출장치

1) 고액추출

(1) 굵은입자

① 다중단 추출장치, 침출조

② 연속추출기

ㄱ Bollmann형(Basket)

ㄴ Hildbrandt형(Screw)

ㄷ Rotocel형(회전)

(2) 잔물질

Dorr 교반기

TIP
- 비등점 차가 큰 경우 : 증류
- 비등점 차가 작은 경우 : 선택적 용해성을 이용해서 분리, 선택성이 있는 용제(추제) 사용

TIP
추출

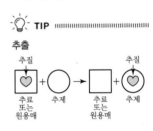

2) 액액추출

(1) 혼합침강기(Mixer - Settler)

혼합조와 침강조가 연결된 것으로 장치의 구조가 간단하여 고정비가 적게 들고 조작조건과 추료나 추제의 종류도 광범위하다.

(2) 분무탑 · 충전탑

① 액체의 연속추출장치이다.

② 무거운 액을 상부로부터, 가벼운 액을 하부로부터 접촉시킨다.

(3) 다공판탑 · 방해판탑

① 다공판을 통해 액체 방울의 재형성, 재분산이 일어나도록 여러 번 반복하여 효율을 높이는 것이다.

② 다공판탑의 변형인 방해판탑은 부식에 의해 구멍이 커지거나 막히는 일이 없으므로 현탁된 고체를 함유한 용액의 취급에 적당하다.

(4) Scheibel 탑

교반형 날개가 있으며 많이 사용된다.

(5) Podbielniak 추출기

비중차가 적은 액체에 이용된다.

3. 추출 계산

1) 고액추출

(1) 다회추출 ▨▨▨

동일한 추료에 추제를 나누어 반복처리하는 것이다.

① 추제비

분리된 추제의 양(V)과 남은 추제의 양(v)의 비, 즉 $\alpha = \dfrac{V}{v}$를 추제비라 한다.

$$\text{추잔율} : \frac{a_n}{a_0} = \frac{1}{(\alpha + 1)^n}$$

$$\text{추출률} : \eta = 1 - \frac{1}{(\alpha + 1)^n}$$

② 추제를 m등분하여 m회 추출하는 경우

$$추잔율 : \frac{a_m}{a_0} = \frac{1}{\left(\dfrac{\alpha}{m}+1\right)^m}$$

(2) 향류 다단식 추출 계산

① 이상단

고체 – 액체 추출에서 추출상으로 나가는 용액의 농도와 추잔상의 고체에 붙어 있는 용액의 농도가 같은 것

② 고 – 액 추출(3성분)

ⓐ 추질(Solute, A)

ⓑ 불활성 물질(Intert Matter, B)

ⓒ 추제(Solvents, C)

③ 물질수지

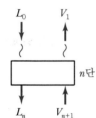

총괄물질수지 $L_0 + V_{n+1} = L_n + V_1$

$$추잔율 : \frac{a_p}{a_0} = \frac{1}{1+\alpha+\alpha^2+\cdots+\alpha^p} = \frac{(\alpha-1)}{(\alpha^{p+1}-1)}$$

2) 액액추출

(1) 추질(Solute), 원용매(Diluent), 추제(Solvent)

초산수용액 + 벤젠 ⟶ 초산 + 벤젠
(추료)　　(추제)

초산이 벤젠에 용해

초산 + 물 ⟶(벤젠(추제)) 초산 + 벤젠
(추질)　(원용매)

추잔상
: 불활성 물질이 풍부한 상
: 원용매가 풍부한 상

추출상
: 추제가 풍부한 상

(2) 초산 – 물 – 벤젠의 평형 도표

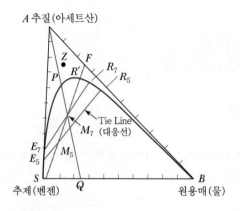

여기서, PE : 추출상
PR : 추잔상

① **용해도 곡선**

용액이 완전용해하여 균일상이 되는 점을 연결한 곡선(SPB 곡선)

② M_7 : 두 액상의 중량비

$$\frac{E_7}{R_7} = \frac{\overline{R_7 M_7}}{\overline{M_7 E_7}}$$

③ P : 상계점(Plait Point), 임계점(Critical Point), 상접점 ▦▦▦

㉠ 추출상과 추잔상에서 추질의 조성이 같은 점

㉡ Tie Line(대응선)의 길이가 0이 된다.

④ **용해도 곡선 내의 한 점 M_7**

두 액상이 되며, 추제가 많은 E_7(추출상)과 원용매가 많은 R_7(추잔상)이 평형상태이다.

⑤ **평형곡선**

추잔상에서 추질의 농도를 x, 추출상에서 추질의 농도를 y로 하여 액 – 액 평형치를 나타낸 것을 평형곡선 또는 $x - y$ 곡선이라 한다.

⑥ **분배율과 분배법칙** ▦▦▦

농도가 묽을 경우 추출액상에서의 용질의 농도와 추잔액상의 용질의 농도의 비는 일정하다. 이 법칙을 분배법칙이라 하고, 그 비를 분배율이라 한다.

$$k = \frac{y}{x} = \frac{\text{추출상}}{\text{추잔상}} \ \Rightarrow \ \text{추제의 능력을 판단}$$

⑦ **공액선**

대응선의 양 점으로부터 수직 · 수평선을 그어 만나는 점을 공액선이라 하고, 이것과 용해도 곡선의 교점이 상계점이다.

(3) 추제의 선택 ▣▣▣

① 선택도가 커야 한다.

$$선택도\ \beta = \frac{y_A/y_B}{x_A/x_B} = \frac{y_A/x_A}{y_B/x_B} = \frac{k_A}{k_B}$$

여기서, y : 추출상(wt%)
x : 추잔상(wt%)
k : 분배계수
A : 추질
B : 원용매
S : 추제

상계점에서 $\beta = 1$로 분리가 불가능하다.

② 회수가 용이해야 한다.

③ 값이 싸고 화학적으로 안정해야 한다.

④ 비점 및 응고점이 낮으며 부식성과 유동성이 적고 추질과의 비중차가 클수록 좋다.

(4) 액액 추출계산

① 병류다단 추출 ▣▣▣

n단 추출에 대한 추잔율

$$\eta = \frac{x_n}{x_F} = \frac{1}{\left(1 + m\dfrac{S}{B}\right)^n}$$

② 향류다단 추출

최소추제량 $S_{\min} = F\dfrac{\overline{FM_{\min}}}{\overline{M_{\min}S}}$

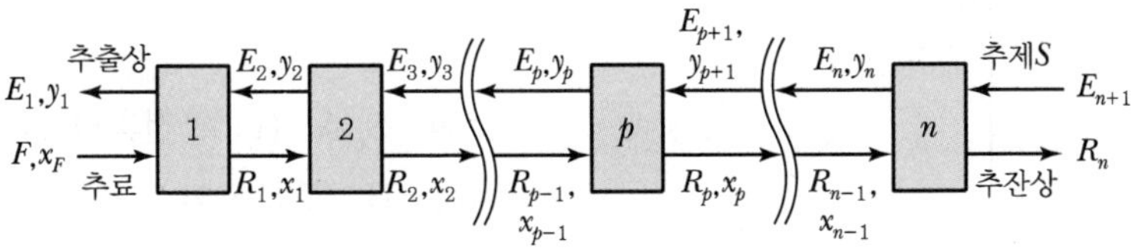

추잔율 $\eta = \dfrac{\alpha - 1}{\alpha^{p+1} - 1}$

추출률 $\eta' = 1 - \eta = 1 - \dfrac{\alpha - 1}{\alpha^{p+1} - 1}$

③ 회분단 추출

$$F + S = M = E + R$$

$$Mx_\mathrm{M} = Ex_E + Rx_R = Ey + Rx$$

$$\frac{R}{E} = \frac{y - x_M}{x_M - x}$$

④ 삼각 도표 ▦▦▦

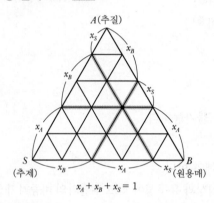
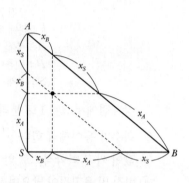

$$x_A + x_B + x_S = 1$$

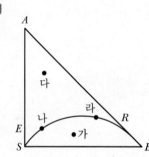

예

㉠ 가 : 층상분리
- 벤젠(추제)이 많은 액 : 추출액
- 물(원용매)이 많은 액 : 추잔액

㉡ 나, 라 : 초산이 다 용해된 균일상이 되는 점
- 나 : 추제가 풍부한 상(추출상)
- 라 : 원용매가 풍부한 상(추잔상)

㉢ 다 : 전부 용해

예

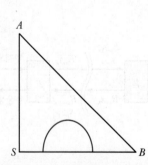

㉠ A−S, A−B : 완전혼합
㉡ S−B : 부분혼합

실전문제

01 상계점(Plait Point)에 대한 설명으로 옳지 않은 것은?

① 이 점에서 2상이 1상이 된다.

② 이 점에서는 추출이 불가능하다.

③ 대응선(Tie Line)의 길이가 0이다.

④ 이 점을 경계로 추제성분이 많은 쪽이 추잔상이다.

해설

상계점
• 추출상과 추잔상의 조성이 같아지는 점
• Tie Line 길이가 0인 점
• 균일상 불균일상으로 되는 경계점
• 추제성분이 많은 쪽 – 추출상
• 원용매가 많은 쪽 – 추잔상

02 추출에서 추료(Feed)에 추제(Extracting Solvent)를 가하여 잘 접속시키면 2상으로 분리된다. 이 중 불활성 물질이 많이 남아 있는 상을 무엇이라고 하는가?

① 추출상(Extract)

② 추잔상(Raffinate)

③ 추질(Solute)

④ 슬러지(Sludge)

해설

• 추출상 : 추제가 풍부한 상
• 추잔상 : 불활성 물질이 풍부한 상

03 그림은 어떤 회분 추출공정의 조성 변화를 보여주고 있다. 평형에 있는 추출 및 추잔상의 조성이 E 와 R 인 계에 추제를 더 추가하면 M 점은 그림 a, b, c, d 중 어느 쪽으로 이동하겠는가?(단, F 는 원료의 조성이다.)

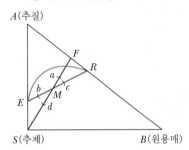

① a

② b

③ c

④ d

해설

M점에서 추제를 가하면 추제가 증가하는 d로 이동한다.

04 상계점(Plait Point)에 대한 설명으로 옳지 않은 것은?

① 추출상과 추잔상의 조성이 같아지는 점이다.

② 상계점에서 2상이 1상이 된다.

③ 추출상과 평형에 있는 추잔상의 대응선(Tie Line)의 길이가 가장 길어지는 점이다.

④ 추출상과 추잔상이 공존하는 점이다.

해설

• 상계점에서 추출상과 추잔상의 조성은 같다.
• 상계점을 경계로 추제성분이 많은 쪽이 추출상이다.

정답 01 ④ 02 ② 03 ④ 04 ③

05 다음 그림은 A, B, C의 3성분계 평형곡선이다. 다음 설명 중 옳지 않은 것은?

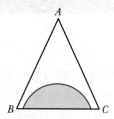

① A와 B는 완전 혼합한다.
② 음영부분에서만 A, B, C 성분이 완전히 혼합한다.
③ A와 C는 완전 혼합한다.
④ B와 C는 부분(성분) 혼합한다.

■해설

• AB, AC : 완전혼합
• BC : 부분혼합

06 향류 다단추출에서 추제비 4와 단수 2로 조작할 때, 추잔율은?

① 0.05   ② 0.11
③ 0.89   ④ 0.95

■해설

$$\text{추잔율} = \frac{\alpha - 1}{\alpha^{p+1} - 1} = \frac{4 - 1}{4^{2+1} - 1} = 0.0476 \fallingdotseq 0.05$$

07 초산과 물의 혼합액에 벤젠을 추제로 가하여 초산을 추출한다. 추출상의 wt%가 초산 3, 물 0.5, 벤젠 96.5이고 추잔상은 wt%가 초산 27, 물 70, 벤젠 3일 때 초산에 대한 벤젠의 선택도는 약 얼마인가?

① 8.95   ② 15.6
③ 72.5   ④ 241.5

■해설

$$\text{선택도 } \beta = \frac{\text{추출상}}{\text{추잔상}} = \frac{y_A/y_B}{x_A/x_B} = \frac{y_A/x_A}{y_B/x_B} = \frac{k_A}{k_B}$$

여기서, y : 추출상 x : 추잔상
         A : 추질 B : 원용액 S : 추제

$$\beta = \frac{3/0.5}{27/70} = 15.6$$

08 액－액 추출기가 아닌 것은?

① Mixer－Settler
② 충전 및 분무 추출탑
③ Bollmann
④ 맥동탑

■해설

Bollmann : 고액추출장치

09 다음 추출에서 추제의 선택도(β)에 대한 설명 중 틀린 것은?

① β가 클수록 분리효과가 좋다.
② β가 1.0일 때 분리효과가 최대이다.
③ β가 클수록 추제의 양이 적게 든다.
④ β를 구하는 것은 추질과 원용매의 분배계수에서 한다.

■해설

선택도 β가 커야 좋다.

10 고－액 추출이나 액－액 추출에서 추제가 갖추어야 할 조건으로 옳지 않은 것은?

① 선택도가 커야 한다.
② 회수가 용이해야 한다.
③ 응고점이 낮고 부식성이 적아야 한다.
④ 추질과의 비중 차가 작아야 한다.

■해설

추제의 조건
• 선택도가 커야 한다.
• 회수가 용이해야 한다.
• 값이 싸고 화학적으로 안정해야 한다.
• 비점 및 응고점이 낮아야 한다.
• 부식성과 유독성이 작아야 한다.
• 추질과의 비중차가 커야 한다.

11 추출에서는 3성분계로 추질 a를 포함하는 용액(추료) b를 용매 S로서 추출하면 서로 혼합되지 않는 두 상, 즉 추출액과 추잔액의 두 층으로 나뉜다. 이 평형계는 3상이 서로 용존해 있으므로 그림과 같이 삼각 좌표를 사용한다. 점 P에서의 용매 S의 성분은?

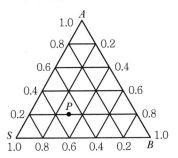

① 60%
② 50%
③ 30%
④ 20%

해설

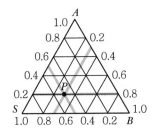

$S : 50\%$, $A : 20\%$, $B : 30\%$

12 향류 다단추출에서 추제비 4, 단수 3으로 조작할 때 추출률은?

① 0.21
② 0.431
③ 0.572
④ 0.988

해설

향류 다단추출에서 α(추제비)=4, 단수=3

$$\frac{a_p}{a_0} = \frac{\alpha - 1}{\alpha^{p+1} - 1} = \frac{4 - 1}{4^4 - 1} = 0.0118\text{(추진율)}$$

$$\therefore \text{추출률} = 1 - \frac{a_p}{a_0} = 1 - 0.0118 = 0.988$$

13 A, B, C 3성분의 액체 혼합물이 그림과 같이 평형에 도달되어 있다. A, P, Q, C로 표시되는 액체 중에서 2개의 상으로 분리되는 곳은?

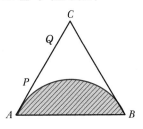

① Q와 C
② P와 Q
③ P와 C
④ A와 P

해설

$\overline{AC}$: 완전혼합
$\overline{BC}$: 완전혼합
$\overline{AB}$: 부분혼합

14 분배의 법칙이 성립하는 경우는?

① 농도가 묽은 경우
② 화학적으로 반응할 경우
③ 결합력이 큰 경우
④ 농도가 진한 경우

해설

분배 법칙
• 농도가 묽을 경우
• 분배계수 $k = \dfrac{y}{x}$ ← 추출상에서의 용질의 농도
 ← 추잔상에서의 용질의 농도

15 다음 조건에서 선택도는 어느 것인가?

추출상(wt%)			추잔상(wt%)		
A	B	S	A	B	S
26.65	0.85	72.5	64.5	23.5	12

① 31.4
② 10.4
③ 11.4
④ 21.4

해설

$$\beta = \frac{y_A/x_A}{y_B/x_B} = \frac{26.65/64.5}{0.85/23.5} = 11.4$$

PART 1
PART 2
PART 3
PART 4
PART 5

16 고－액추출에서 $\alpha = 5$일 경우 남는 추제의 양이 10kg/h이라면 분리된 추제의 양은 얼마인가?

① 20kg/h ② 30kg/h
③ 40kg/h ④ 50kg/h

$$\alpha = \frac{V}{v}$$
$$V = \alpha v = 5 \times 10kg/h = 50kg/h$$

17 다음 삼각좌표의 D점에서 용매 S의 성분은 몇 % 인가?

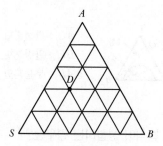

① 30% ② 40%
③ 50% ④ 60%

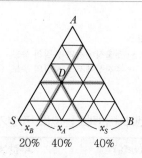

20% 40% 40%

18 추제비가 3이고 용제 V mL로 1회 추출할 경우 추출률은?

① 0.5 ② 0.65
③ 0.6 ④ 0.75

추출률 $\eta = 1 - \dfrac{1}{(\alpha + 1)^n} = 1 - \dfrac{1}{(3+1)^1} = 0.75$

19 11kg의 아세트알데히드와 10kg의 아세톤으로 된 용액을 17℃의 물 80kg로 추출한다. 이 온도에서 추출액과 추잔액의 평형관계는 $y = 2.2x$이다. 1회 추출액에서 추출되는 아세트알데히드는 몇 kg인가?

① 9.4 ② 10.4
③ 11 ④ 11.6

$$추출률 = 1 - \frac{1}{\left(1 + m\dfrac{S}{B}\right)^n}$$
$$= 1 - \frac{1}{\left(1 + 2.2\dfrac{80}{10}\right)^1}$$
$$= 0.945$$

$$\therefore 추출된 양 = 11kg \times 0.945$$
$$= 10.4kg$$

07 물질전달 및 흡수

[01] 물질전달 및 흡수

1. 물질전달

1) 물질전달

같은 상이나 서로 다른 상 사이의 경계면에서 물질이 서로 이동하는 것 → 확산
① 종류 : 등몰확산
② 증발, 추출, 흡수, 건조, 조습 : 일방확산

2) 확산

① 분자확산 : 물질 자신의 분자운동에 의해 일어난다.
② 난류확산 : 교반이나 빠른 유속에 의한 난류상태에서 일어나는 확산

2. 물질전달 속도

1) 기상 내의 물질전달 속도

(1) 물질전달 속도식

$$\frac{dn_A}{d\theta} = k_G A \left(p_{A_1} - p_{A_2} \right) = k_G AP \left(y_1 - y_2 \right)$$

여기서, n_A : 1 → 2로 전달된 A 의 몰수(kmol)
θ : 시간(h)
A : 물질전달방향에 직각인 넓이
p_A : 성분 A 의 분압
y : A 성분의 몰분율
k_G : 기상물질전달계수(kmol/h · m² · atm)

◆ Fick의 제1법칙

$$J_A = -D_{AB}\frac{dC_A}{dx}$$

여기서, J_A : 성분 A의 몰플럭스
(kmol/m² · h)

$$J_A = \frac{N_A}{A}$$

◆ Fick의 제2법칙

$$\frac{\partial C_A}{\partial t} = D_{AB}\frac{\partial^2 C_A}{\partial x^2}$$

비정상상태 조건에서 어떤 위치에서 시간에 따른 농도의 변화는 농도의 위치에 대해 두 번 미분한 값과 비례한다.

☀ TIP ||||||||||||||||||||||||||||||

• 일방확산(A : 확산 B : 정지)

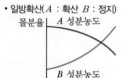

• 등몰확산($N_A = -N_B$)

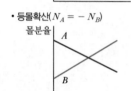

(2) 확산

① Fick의 제1법칙 ▣▣▣

$$N_A = \frac{dn_A}{d\theta} = -D_G A \frac{dC_A}{dx}\,(\text{kmol/h})$$

여기서, D_G : 분자확산계수(m²/h)

분자확산은 각 분자가 무질서한 개별 운동에 의해 유체 속을 운동 또는 이동해 나가는 것이다.

② 일방확산

㉠ 확산 : $N_A = -D_G A \dfrac{dC_A}{dx} + (N_A + N_B)\dfrac{p_A}{P}$

$\underbrace{\qquad\qquad}_{\text{분자확산}}$ $\underbrace{\qquad\qquad}_{\text{난류확산}}$

㉡ 일방확산 : $N_B = 0$

$$p_A = Py_A \quad C_A = Cy_A$$

$$N_A = -D_G A \frac{dC_A}{dx} + N_A \frac{p_A}{P}$$

$$N_A - y_A N_A = -D_G A C \frac{dy_A}{dx}$$

$$N_A \int_0^x dx = -D_G A C \int \frac{dy_A}{1 - y_A} = D_G A C \ln\frac{1 - y_{A_2}}{1 - y_{A_1}}$$

$$\therefore N_A x = D_G A C \ln\frac{y_{B_2}}{y_{B_1}}$$

$$y_{BM} = \frac{y_{B_2} - y_{B_1}}{\ln\dfrac{y_{B_2}}{y_{B_1}}}, \ C = \frac{P}{RT}, \ 몰분율 = 압력분율이므로$$

$$N_A x = D_G A C \frac{(y_{B_2} - y_{B_1})}{y_{BM}}$$

$$= D_G A \frac{P}{RT} \frac{(p_{B_2} - p_{B_1})}{p_{BM}}$$

$$= D_G A \frac{P}{RT} \frac{(p_{A_1} - p_{A_2})}{p_{BM}}$$

$$\therefore N_A = \frac{D_G P A (p_{B_2} - p_{B_1})}{RTx\, p_{BM}}$$

ⓒ 기상물질전달계수 $k_G = \dfrac{D_G P}{RTx\, p_{BM}}$ (kmol/h $\cdot$ m² $\cdot$ atm)

③ 등몰확산

$N_A = -N_B$

$\therefore N_A = \dfrac{D_G A\left(p_{A_1} - p_{A_2}\right)}{RTx}$

$k_G = \dfrac{D_G}{RTx}$

④ 기체확산계수(D_G)

Gilliland 추산식

$$D_G = \frac{0.043\, T^{1.5}}{P\left(V_A^{\,1/3} + V_B^{\,1/3}\right)^2} \sqrt{\frac{1}{M_A} + \frac{1}{M_B}}\ (\text{cm}^2/\text{s})$$

$$D_G = \frac{C T^{1.5}}{P}$$

여기서, C : 물질 고유의 상수

⑤ 기상물질전달계수의 관계식

㉠ Gilliland와 Sherwood

$$\frac{D}{x} = 0.023\left(\frac{DG}{\mu}\right)^{0.83}\left(\frac{\mu}{\rho D_G}\right)^{0.44}$$

$$\frac{k_G R T P_{Blm} D}{D_G P} = 0.023\underbrace{\left(\frac{DG}{\mu}\right)^{0.83}}_{\text{Reynold수}}\underbrace{\left(\frac{\mu}{\rho D_G}\right)^{0.44}}_{\text{Schmidt수}}$$

Reference

Dittus $-$ Boelter 식 : $\dfrac{hD}{k} = 0.023\left(\dfrac{Du\rho}{\mu}\right)^{0.8}\left(\dfrac{C_p\mu}{k}\right)^{\frac{1}{3}}$

㉡ Colburn 유사성

$$J_M = \frac{f}{2} = 0.023\left(\frac{DG}{\mu}\right)^{-0.2} = 0.023\,N_{Re}^{\,-0.2}$$

2) 액상 내의 물질전달 속도

(1) 물질전달 속도식

$$\frac{dn_A}{d\theta} = k_L A\left(C_{A_1} - C_{A_2}\right)(\text{kmol/h})$$

$$= k_L A \rho_m\left(x_{A_1} - x_{A_2}\right)$$

여기서, ρ_m : 액상의 몰밀도 $= \dfrac{A, B \text{ 몰수의 합}}{\text{전체 부피}}$

(2) 확산

① 일방확산

$$N_A = \frac{D_L P A\left(C_{A_1} - C_{A_2}\right)}{x\, p_{BM}}(\text{kmol/h})$$

$$= \frac{D_L}{x}\frac{\rho_m}{C_{BM}}A\left(C_{A_1} - C_{A_2}\right)$$

$$= \frac{D_L}{x}\frac{\rho_m}{x_{BM}}A\left(x_{A_1} - x_{A_2}\right)$$

C_A의 농도가 아주 묽을 경우 $\rho_m \fallingdotseq C_{BM}$, $x_{BM} = 1$이므로

$$N_A = \frac{D_L}{x}A\left(C_{A_1} - C_{A_2}\right)$$

$$= \frac{D_L}{x}A\rho_m\left(x_{A_1} - x_{A_2}\right)$$

$$k_L{'} = \frac{D_L \cdot \rho_m}{x \cdot x_{BM}}$$

묽을 경우 $k_L{'} = \dfrac{D_L \rho_m}{x}$ 가 된다.

② 등몰상호확산

$$N_A = \frac{D_L}{x}A\left(C_{A_1} - C_{A_2}\right)$$

$$= \frac{D_L \rho_m}{x}A\left(x_{A_1} - x_{A_2}\right)(\text{kmol/h})$$

$$k_L = \frac{D_L}{x}$$

◆ 몰밀도(ρ_m)

$\rho_m = \dfrac{n}{V} = C$(농도)

3) 경막에 있어서 물질전달 속도

(1) 기–액 두 경막을 통한 기체의 확산속도

① 확산에 관한 이중경막설(Lewis – Whitman)

두 상이 접할 때 두 상이 접한 경계면 양측에 경막이 존재한다는 가정을 Lewis – Whitman의 이중경막설(Double Film Theory)이라 하며 이때 확산을 일으키는 추진력은 두 상에서의 확산물질의 농도차 또는 분압차이며 주어진 온도와 압력에서 평형상태가 되면 물질의 이동은 정지한다. 확산기체의 분압 p_i (atm)과 확산기체의 농도 C_i(kmol/m³)와는 다음 관계가 성립한다.

$$C_i = Hp_i$$

여기서, H : Henry 상수

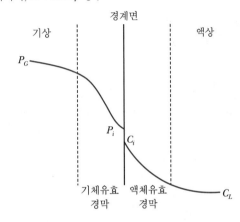

㉠ 흡수가 정상상태에서 이루어진다고 하면

$$N_A = k_G A(p_G - p_i) = k_L A(C_i - C_L)$$

$$\frac{p_G - p_i}{C_L - C_i} = -\frac{k_L}{k_G}$$

㉡ 액체 중 한 성분의 농도 C_L과 평형이 되는 분압을 p^*라 하면 $C_L = Hp^*$ (Henry's Law)가 된다. 만일 $p_G > p^*$이면, 그 성분이 이동한다.

추진력 $= p_G - p^*$

$$\therefore N_A = K_G A(p_G - p^*)$$

여기서, K_G : 총괄기상물질전달계수(kmol/m² · h · atm)

㉢ 가스 본체 중의 분압 p_G와 평형이 되는 액농도를 C^*라 하면 $C^* = Hp_G$이다. 만일 $C^* > C_L$이면 물질이동이 일어난다.

$$\therefore N_A = K_L A(C^* - C_L)(\text{kmol/h})$$

여기서, K_L : 총괄액상물질전달계수(kmol/m² · h, kmol/m³)

ⓔ 총괄물질전달계수

C^* : p_G와 평형에 있는 액의 농도 $C^* = Hp_G$

p^* : C_L와 평형에 있는 기상의 분압 $C_L = Hp^*$

$$N_A = K_L A(C^* - C_L) = K_L A \rho_m (x^* - x_L)$$

$$\frac{1}{K_L} = \frac{C^* - C_L}{N_A} = \frac{Hp_G - Hp^*}{N_A} = \frac{H(p_G - p^*)}{N_A}$$

$$= \frac{H(p_G - p_i)}{N_A} + \frac{H(p_i - p^*)}{N_A}$$

$$= \frac{H}{k_G} + \frac{1}{k_L}$$

$$\therefore \frac{1}{K_L} = \frac{H}{k_G} + \frac{1}{k_L}$$

TIP ||||||||||||||||||||||||||||||||||||||||

$C_i = Hp_i \qquad p_i = \dfrac{C_i}{H}$

$C_L = Hp^* \qquad p^* = \dfrac{C_L}{H}$

$$N_A = K_G A(p_G - p^*) = K_G A P(y - y^*)$$

$$\frac{1}{K_G} = \frac{p_G - p^*}{N_A} = \frac{p_G - p_i + p_i - p^*}{N_A} = \frac{p_G - p_i}{N_A} + \frac{p_i - p^*}{N_A}$$

$$= \frac{p_G - p_i}{N_A} + \frac{C_i - C_L}{H \cdot N_A}$$

$$= \frac{1}{k_G} + \frac{1}{Hk_L}$$

$$\therefore \frac{1}{K_G} = \frac{1}{k_G} + \frac{1}{Hk_L}$$

Reference

K_G의 값

- 기체경막저항 : 용해도가 대단히 큰 경우(H가 큰 경우)

  $1/k_G \gg 1/Hk_L$이므로 $K_G = k_G$(기체경막저항 지배)

- 액경막저항 : 용해도가 대단히 작은 경우(H가 작은 경우)

  $H/k_G \ll 1/k_L$이므로 $K_L = k_L$(액경막저항 지배)

(2) 물질전달계수를 구하는 방법

유벽탑(Wetted Wall Tower)에 의한 차원해석으로부터 다음 관계가 성립한다.

$$\frac{k_c D}{D_{AB}} = \phi \left(\frac{Du\rho}{\mu} \cdot \frac{\mu}{\rho D_{AB}} \right) = \phi(N_{Re} \, N_{Sc})$$

N_{Sc} 는 슈미트 수(Schmidt Number)이며 열전달에서 N_{Pr} 에 해당한다.

또한, $\dfrac{k_c D}{D_{AB}}$ 는 셔우드 수(Sherwood Number)로 열전달에서 N_{Nu} 에 해당한다.

$$N_{Sh} = \frac{k_L D}{D_{AB}}$$

물질이동계수 $j_M = \dfrac{f}{2} = \dfrac{k_c{}'}{u} (N_{Sc})^{2/3} = \dfrac{k_G{}'P}{G_M} (N_{Sc})^{2/3}$

여기서, $G_M = \dfrac{u\rho}{M_{av}} = uc(\text{kmol/m}^2 \cdot \text{s})$: 몰속도

j_M 인자는 열전달에서 j_H 인자에 대응하며 다음과 같은 관계가 있다.

$$\frac{f}{2} = j_H = \frac{h}{C_p G} (N_{Pr})^{2/3} = j_M = \frac{k_c{}'}{u} (N_{Sc})^{2/3}$$

원관 내 $N_{Re} > 2,100$ 인 기체·액체의 난류 흐름에 대하여 Gilliland−Sherwood 식이 일반적으로 사용된다.

$$N_{Sh} = k_c{}' \frac{D}{D_{AB}} = \frac{p_{BM}}{P} \frac{k_C D}{D_{AB}} = 0.023 \left(\frac{Du\rho}{\mu} \right)^{0.83} \left(\frac{\mu}{\rho D_{AB}} \right)^{0.33}$$

$N_{Sc} = 0.6 \sim 3,000$ 의 범위에 잘 적용된다. 기체의 경우 $N_{Sc} = 0.5 \sim 3$, 액체의 경우 $N_{Sc} > 100$ 이 보통이다. 열전달에서 Dittus−Boelter 식과 잘 일치하는데 이것으로 두 전달과정의 유사성을 확인할 수 있다.

3. 흡수장치

1) 흡수(Absorption)

혼합기체 중에서 한 성분을 액에 흡수시켜 분리하는 조작

2) 흡수장치

액과 기체를 접촉시키는 방법에 따라 구분
① 기포탑(Bubble Tower) : 밑으로부터 기체를 강하하는 액중으로 상승공급시켜 향류 접촉시킨다.

② 액저탑(Spray Tower) : 상승하는 기류 중에 액이 분산하며 강하하여 흡수가 일어나도록 한다.

③ 충진탑(Packed Tower) : 충진물질을 채워 접촉면적을 크게 한다.

3) 흡수속도를 크게 하기 위한 방법

① K_L, K_G를 크게 한다.

② 접촉면적 및 접촉시간을 크게 한다.

③ 농도차나 분압차를 크게 한다.

4) 충진물의 조건

① 큰 자유부피를 가질 것(공극률이 클 것)

② 비표면적이 클 것

③ 가벼울 것

④ 기계적 강도가 클 것

⑤ 화학적으로 안정할 것

⑥ 값이 싸고 구하기 쉬울 것

5) 충진물질

① 라시히 링(Rasching Ring)

② 인터록스 새들(Intolox Saddle)

③ 폴 링(Pall Ring)

④ 사이클로헬릭스 링(Cyclohelix Ring)

⑤ 벌 새들(Berl Saddle)

⑥ 레싱 링(Lessing Ring)

⑦ 십자간격 링(Cross – partion Ring)

6) 충진탑의 성질

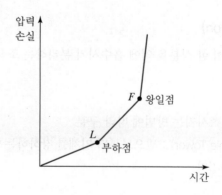

▲ 라시히 링   ▲ 인터록스 새들

▲ Pall Ring   ▲ Tellerette

▲ 벌 새들(안장형)   ▲ 레싱 링

(1) 편류(Channeling, 채널링)

① 액이 한곳으로만 흐르는 현상

② 방지법

  ㉠ 탑의 지름을 충진물 지름의 8~10배로 할 것
  ㉡ 불규칙 충전할 것

(2) 부하속도(Loading Velocity)

기체의 속도가 차차 증가하면 탑 내의 액체유량이 증가하는데, 이때의 속도를 부하속도라 한다. 흡수탑의 작업은 부하속도를 넘지 않는 속도범위에서 해야 한다.

(3) 왕일점(Flooding Point, 범람점)

기체의 속도가 아주 커서 액이 거의 흐르지 않고 넘치는 점으로, 향류 조작이 불가능하다.

TIP

- $\dfrac{D}{d} = 8 \sim 10$: 채널링 최소
- $\dfrac{D}{d} < 8 \sim 10$: 액이 벽으로 모이는 경향
- $\dfrac{D}{d} > 8 \sim 10$: 액이 중앙으로 모이는 경향

4. 흡수원리

1) 기체의 용해도 평형

$C = HP$ (Henry의 법칙)

  여기서, H : 용해도계수, 헨리상수

용해도가 작은 산소, 수소, 탄산가스에는 이 법칙이 잘 따르나, 용해도가 큰 NH_3, HCl 등은 H가 변한다.

Reference

- Busen의 용해도계수(α)

  $$H = \frac{\alpha}{22.4} \, (\text{kmol/m}^3 \cdot \text{atm})$$

  기체의 분압이 1atm일 때 액체의 단위부피에 용해한 기체의 표준상태에서의 부피

- 평형선 방정식

  $$y = \frac{\rho_m}{HP} x = mx$$

  방산도 : $m = \dfrac{\rho_m}{HP}$

2) 흡수속도

(1) R. Higbie의 침투설(Penetration Theory)

기액접촉이 시작된 이후, 농도분포가 시간에 따라 변한다.

(2) Fick의 확산 제2법칙

$$\frac{\partial C}{\partial t} = D_L \frac{\partial^2 C}{\partial x^2}$$

단위면적당 흡수속도 : $\dfrac{N_A}{A} = 2\sqrt{\dfrac{D_L}{\pi t}}\,(C_i - C_o) = k_L(C_i - C)$

$$k_L = 2\sqrt{\frac{D_L}{\pi t}}\ (\text{m/h})$$

여기서, D_L : 분자확산계수(m²/h)

$$t = \frac{d_B}{v_B} = \frac{기포의\ 직경(\text{m})}{기포의\ 액\ 중\ 상승속도(\text{m/h})}$$

5. 충진탑(충전탑)의 설계

충전탑의 설계는 단면적과 충전탑의 높이가 중요한 문제이다. 충전탑의 높이는 평형곡선 조작선 외에도 용량계수, 이론단의 상당높이(HETP : Height Equivalent Theoritical Plate) 또는 이동단위높이(HTU : Height of Transfer Unit) 중 하나를 알아야 한다. 그런데 이 값들은 여러 조건에 따라 그 값이 달라진다.

충전탑의 높이를 구하는 원리는 물질수지, 평형관계, 흡수속도를 적용하여 높이와 흡수량의 관계를 유도하고 이것을 도해적 또는 해석적으로 적분하는 것이다.

1) 충전탑의 물질수지

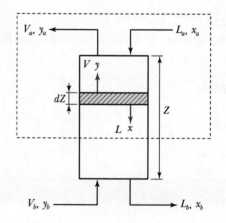

탑 내의 한부분에 대한 물질수지식

$L_a + V = L + V_a$

$L_a x_a + Vy = Lx + V_a y_a$

$$\therefore\ y = \frac{V}{L}x + \frac{V_a y_a - L_a x_a}{V}$$

↳ 조작선의 식

여기서, V : 기상의 몰유속
L : 액상의 몰유속

충전탑 내의 미소부분 dZ에서 일어나는 흡수를 생각해보자. 충전탑 내 임의의 단면에서 액의조성을 x, 기체의 조성을 y라고 하고, 순용매의 통과속도를 $L_M{'}(=L)$ (kmol/m² · h), 동반기체의 통과속도를 $G_M{'}(=V)$(kmol/m² · h)라 하면 단위시간당 흡수된 기체의 흡수속도 N_A는

$$N_A = G_M{'}S\left(\frac{y}{1-y} - \frac{y_2}{1-y_2}\right) = L_M{'}S\left(\frac{x}{1-x} - \frac{x_2}{1-x_2}\right) \quad\text{.......................} \ \text{ⓕ}$$

$y = \dfrac{p}{P}$, $x = \dfrac{C}{\rho_m}$ 이므로

$$N_A = G_M{'}S\left(\frac{p}{P-p} - \frac{p_2}{P-p_2}\right) = L_M{'}S\left(\frac{C}{\rho_m - C} - \frac{C_2}{\rho_m - C_2}\right)(\text{kmol/h}) \ \cdots \ \text{ⓖ}$$

ⓕ식에 의해 $x-y$ 관계곡선, ⓖ식에 의해 $p-C$ 관계곡선, 즉 조작선의 방정식을 얻을 수 있다. x, y 또는 p, C가 작을 때는 분모가 거의 1이 되어 조작선은 거의 직선이 된다.

액체와 기체의 농도가 희박할 경우 $G_M{'}$, $L_M{'}$ 대신 탑의 전체 단면적을 기준으로 한 전체 기체, 전체 액체의 몰질량속도 G_M, L_M을 사용하면 조작선의 방정식은 다음과 같다.

$$N_A = G_M S(y - y_2) = L_M S(x - x_2)$$

$$N_A = \frac{G_M S}{P}(p - p_2) = \frac{L_M S}{\rho_m}(C - C_2)$$

조작선과 평형곡선의 간격이 클수록 흡수의 추진력이 커지므로 흡수탑의 높이는 작아도 된다.

- L/V값이 커지면 조작선과 평형곡선의 간격이 크다.
- L이 감소하면 조작선 위의 끝은 평형선 쪽으로 움직이고 x_b가 증가한다.

◆ 기액한계비

$$\left(\frac{L}{V}\right)_{\min} = \left(\frac{L_M}{G_M}\right)_{\min}$$

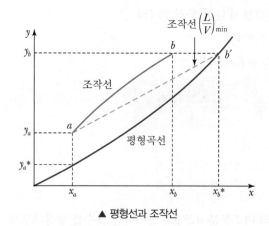

▲ 평형선과 조작선

농도가 묽은 경우 조작선의 경사는 $\dfrac{dy}{dx} = \dfrac{L}{V} = \dfrac{L_M}{G_M}$ 이 되는데 이를 용제비(기액 몰유량비)라 한다.

위 그림에서 점선 ab'는 최소용제비 $\left(\dfrac{L}{V}\right)_{\min}$, 즉 기액한계비를 나타내며 이것으로 흡수에 필요한 최소용제량 $L_{\min}$ 을 구할 수 있다.

2) 용량계수에 의한 충전탑의 높이 결정

단위체적당 유효 접촉면적을 a라 하자.

즉, $a = \dfrac{A(\mathrm{m}^2)}{V(\mathrm{m}^3)}$

$aV = A$

$$N_A = k_G a V(P_G - P^*) = k_L a V(C^* - C_L)$$

여기서, $k_G a$: 기체경막용량계수(kmol/h · m³ · atm)

$k_L a$: 액체경막용량계수(kmol/m³ · h, kmol/m³)

$$\text{탑의 높이}(Z) = \frac{G_M}{K_G a P} \int_{y_2}^{y_1} \frac{dy}{y - y^*} = \frac{L_M}{K_L a \rho_m} \int_{x_2}^{x_1} \frac{dx}{x^* - x}$$

여기서, $K_G a$: 총괄기상용량계수(kmol/m³ · h · atm)

$K_L a$: 총괄액상용량계수(kmol/m³ · h, kmol/m³)

① 총괄용량계수

$$\frac{1}{K_L a} = \frac{1}{k_L a} + \frac{H}{k_G a} = \frac{1}{k_L a} + \frac{\rho_m}{k_G a m P}$$

$$\frac{1}{K_G a} = \frac{1}{k_G a} + \frac{1}{H k_L a} = \frac{1}{k_G a} + \frac{m P}{k_L a \rho_m}$$

② $\int_{y_2}^{y_1} \dfrac{dy}{y - y^*}$ 계산법

$$\int_{y_2}^{y_1} \frac{dy}{y - y^*} = \frac{y_1 - y_2}{\dfrac{(y_1 - y_1{}^*) - (y_2 - y_2{}^*)}{\ln \dfrac{y_1 - y_1{}^*}{y_2 - y_2{}^*}}} = \frac{y_1 - y_2}{\Delta y_{LM}}$$

3) 이동단위수(NTU) 및 이동단위높이(HTU)에 의한 충전탑의 높이 결정

❖ 최소이론단수(Fenske 식)

$$N_{\min} + 1 = \frac{\ln\left(\dfrac{x_D}{1 - x_D} \cdot \dfrac{1 - x_w}{x_w}\right)}{\ln\alpha}$$

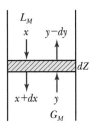

탑 내 임의의 미소높이 dZ에 있어서 탑의 단위면적당의 흡수속도를 dN이라 하면 다음과 같다.

$$dN = G_M dy = L_M dx$$

탑의 단면적을 S라 하면 $dV = SdZ$, $S = 1\text{m}^2$이므로

$$dN = K_G a\, dZ(P_G - P^*)$$
$$\quad = K_G a\, dZ\, P(y - y^*)$$

$$dZ = \frac{G_M}{K_G aP} \frac{dy}{y - y^*}$$

양변을 적분하면

$$Z = \underbrace{\frac{G_M}{K_G aP}}_{H_{OG}} \underbrace{\int_{y_2}^{y_1} \frac{dy}{y - y^*}}_{N_{OG}}$$

$$Z = \frac{G_M}{K_G aP} \frac{y_1 - y_2}{\Delta y_{LM}} = \frac{N_A}{K_G aP y_{LM}}$$

$$Z = \frac{L_M}{K_L a\rho_m} \frac{x_1 - x_2}{\Delta x_{LM}} = \frac{N_A}{K_L a\rho_m x_{LM}}$$

$$Z = \frac{G_M}{K_G aP} \frac{p_1 - p_2}{\Delta P_{LM}} = \frac{N_A}{K_G aP_{LM}}$$

$$Z = \frac{L_M}{K_L a\rho_m} \frac{c_1 - c_2}{\Delta C_{LM}} = \frac{N_A}{K_L aC_{LM}}$$

$$Z = H_{OG} \times N_{OG}$$

여기서, Z : 충전층의 높이
H_{OG} : 총괄이동단위높이(HTU)
N_{OG} : 총괄이동단위수(NTU)

4) HETP에 의한 충전탑의 높이 결정 ▨▨▨

등이론단높이(HETP : Height Equivalent to a Theoretical Plate) : 탑의 이상단 한 단과 같은 작용을 하는 충전탑의 높이

$$HETP = \frac{Z}{N_P} = \frac{Z}{NTP}$$

여기서, NTP : 이론단수

5) 충전탑의 직경

① 탑의 직경은 단위시간당 기체량과 이에 대한 유량속도에 의해 결정된다.
② 보통 탑경의 최솟값으로 왕일점(Flooding Poin)의 50~75%로 한다.
③ 탑경은 부하점 이상으로 크지 않도록 필요최소직경으로 한다.
④ 충전물 표면을 충분히 적시는 데 필요한 최소 액량 이상이 필요하며 경험상 액량은 $4\text{m}^3/\text{m}^2 \cdot \text{h}$ 이상이 필요하다.

> **Reference** ---
>
> • **이동현상 공정의 유사성** ▨▨▨
>
> | 이동현상 | 법칙 | 식 | 단위 |
> |---|---|---|---|
> | 운동량전달 | Newton의 법칙 | $\tau = \dfrac{F}{A} = -\mu \dfrac{du}{dy}$ | N/m² |
> | 열전달 | Fourier의 법칙 | $q = \dfrac{Q}{A} = -k \dfrac{dt}{dl}$ | kcal/h · m² |
> | 물질전달 | Fick의 법칙 | $J_A = \dfrac{dn_A}{d\theta} = -D_{AB} \dfrac{dC_A}{dx}$ | kmol/h · m² |
>
> • 이동공정의 전달속도$= \dfrac{\text{추진력}}{\text{저항}}$
>
> • 이동공정의 추진력이 각각 속도차, 온도차, 농도차임을 알 수 있고 비례상수는 점도, 열전도도, 분자확산계수이다.
> --

실전문제

01 액체와 기체 간의 접촉을 위한 일반적인 기체흡수탑에서 편류(Channeling)를 최소화하는 방법으로 가장 적절한 것은?

① 탑 지름을 충전물 지름과 같게 한다.
② 탑 지름을 충전물 지름의 2배 이하로 한다.
③ 탑 지름을 충전물 지름의 2~4배가 되게 한다.
④ 탑 지름을 충전물 지름의 8~10배 정도로 한다.

> **해설**
> 편류 방지
> • 탑 지름은 충전물 지름의 8~10배 정도로 한다.
> • 불규칙 충전을 한다.

02 흡수탑에서 전달단위수(NTU)는 10이고 전달단위높이(HTU)가 0.5m일 경우, 필요한 충전물의 높이는 몇 m인가?

① 0.5   ② 5
③ 10   ④ 20

> **해설**
> $Z = (NTU)(HTU) = (10)(0.5) = 5\text{m}$

03 다음 중 물질전달이 포함되지 않는 단위조작은?

① 증류   ② 흡수
③ 전도   ④ 증습

> **해설**
> 전도는 열전달에 해당한다.

04 픽(Fick)의 법칙에서 확산속도에 대한 설명으로 옳은 것은?

① 확산속도는 농도구배에 반비례한다.
② 확산속도는 농도구배에 비례한다.
③ 확산속도는 온도구배에 반비례한다.
④ 확산속도는 온도구배에 비례한다.

> **해설**
> Fick의 법칙
> $$N_A = -D_{AB}A\frac{dC_A}{dx}(\text{kmol/h})$$

05 흡수 충전탑에서 조작선(Operating Line)의 기울기를 $\dfrac{L}{V}$이라 할 때 틀린 것은?

① $\dfrac{L}{V}$의 값이 커지면 탑의 높이는 짧아진다.

② $\dfrac{L}{V}$의 값이 작아지면 탑의 높이는 길어진다.

③ $\dfrac{L}{V}$의 값은 흡수탑의 경제적인 운전과 관계가 있다.

④ $\dfrac{L}{V}$의 최솟값은 흡수탑 하부에서 기액 간의 농도차가 가장 클 때의 값이다.

> **해설**
> $$y = \frac{L}{V}x + \frac{V_ay_a - L_ax_a}{V}$$
> $\dfrac{L}{V}$의 최솟값은 흡수탑 하부에서 농도차가 0이 되어 무한대로 기다란 충전층이 필요하다.

정답 01 ④ 02 ② 03 ③ 04 ② 05 ④

06 공극률(Porosity)이 0.4인 충전탑 내를 유체가 유효속도(Superficial Velocity) 0.8m/s로 흐르고 있을 때 충전탑 내의 평균속도는 몇 m/s인가?

① 0.3   ② 0.8

③ 1.2   ④ 2.0

해설

$$평균속도 = \frac{공탑속도}{세공도}$$

$$\bar{u} = \frac{0.8m/s}{0.4} = 2m/s$$

---

07 일반적으로 편류를 최소로 줄이기 위한 가장 적절한 충전물의 크기는 탑 지름의 어느 정도인가?

① $\frac{1}{2}$ ② $\frac{1}{4}$

③ $\frac{1}{6}$ ④ $\frac{1}{8}$

해설

• 편류(Channeling) : 액이 한곳으로만 흐르는 현상(방지법 : 탑의 지름을 충진물 지름의 8~10배로 하거나 불규칙 충전을 한다.)
• 부하속도(Loading Velocity) : 기체의 속도가 증가하면 탑 내 액체유량이 증가한다. 이때의 속도를 부하속도라 하며 흡수탑의 작업은 부하속도를 넘지 않는 속도범위에서 해야 한다.
• 왕일점(Flooding Point) : 기체의 속도가 아주 커서 액이 거의 흐르지 않고 넘치는 점(범람점)으로, 향류조작이 불가능하다.

---

08 큰 탑에서 액체와 기체의 접촉이 잘 되지 않아서 분배되었던 액체가 작은 물줄기로 모여 어느 한쪽의 경로를 따라 충전물을 통해 흐르는 현상을 무엇이라 하는가?

① Channeling

② Loading

③ Stripping

④ Flooding

해설

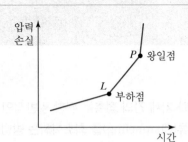

• 편류(Channeling) : 액이 한곳으로만 흐르는 현상(방지법 : 탑의 지름을 충진물 지름의 8~10배로 하거나 불규칙 충전을 한다.)
• 부하속도(Loading Velocity) : 기체의 속도가 증가하면 탑 내 액체유량이 증가한다. 이때의 속도를 부하속도라 하며 흡수탑의 작업은 부하속도를 넘지 않는 속도범위에서 해야 한다.
• 왕일점(Flooding Point) : 기체의 속도가 아주 커서 액이 거의 흐르지 않고 넘치는 점(범람점)으로, 향류조작이 불가능하다.

---

09 흡수 충전탑 내에서 부하점을 넘어서 기체 속도가 더욱 증가하여 압력강하가 매우 커지고, 비말 동반(Entrain−ment) 현상이 일어나는 점을 무엇이라 하는가?

① 최적점(Optimal Point)

② 범람점(Flooding Point)

③ 최소점(Minimal Point)

④ 평균점(Average Point)

해설

왕일점(범람점, Flooding Point)
• 기체의 속도가 아주 커서 액이 거의 흐르지 않고 넘치는 점
• 부하점(부하속도)을 넘어서 기체속도가 더욱 증가하면 액체의 정체량도 급격하게 많아져 압력강하가 더욱 커지는 점
• 배출기체는 비말 동반을 일으킨다.
• 향류조작이 불가능하다.

정답 ▶ 06 ④   **07** ④   **08** ①   **09** ②

10 기체흡수에 관한 다음 설명 중 옳은 것은?

① 기체속도가 일정하고 액 유속이 줄어들면 조작선의 기울기는 증가한다.

② 액체와 기체의 몰 유량비(L/V)가 크면 조작선과 평형곡선의 거리가 줄어들어 흡수탑의 길이를 길게 하여야 한다.

③ 액체와 기체의 몰 유량비(L/V)는 맞흐름 탑에서 흡수의 경제성에 미치는 영향이 크다.

④ 물질전달에 대한 구동력은 조작선과 평형선 간의 수직거리에 반비례한다.

> **해설**
> L/V가 클수록 흡수의 추진력(구동력)이 커지므로 탑의 높이는 작아도 된다. 그러나 기체의 회수비용은 커진다.

11 다음 그림은 충전 흡수탑에서 기체의 유속변화에 따른 압력 강하를 나타낸 것이다. Loading Point에 해당하는 곳은?

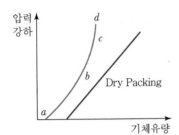

① a

② b

③ c

④ d

> **해설**
> • b : 부하점(Loading Point)
> • c : 범람점(왕일점, Flooding Point)

12 기본적인 이동 공정 중 물질전달과 가장 거리가 먼 것은?

① 흡수

② 증류

③ 건조

④ 복사

> **해설**
> 열전달
> 전도, 대류, 복사

13 흡수탑에 사용되는 충전물의 조건으로 적합하지 않은 것은?

① 공극률이 작을 것

② 비표면적이 클 것

③ 기계적 강도가 클 것

④ 가벼울 것

> **해설**
> 충전물의 조건
> • 공극률이 클 것
> • 기계적 강도가 클 것
> • 값이 싸고 구하기 쉬울 것
> • 비표면적이 클 것
> • 화학적으로 안정할 것

14 기체 흡수 시 흡수량이나 흡수속도를 크게 하기 위한 조건이 아닌 것은?

① 접촉시간을 크게 한다.

② 흡수계수를 크게 한다.

③ 농도와 분압 차를 작게 한다.

④ 기 – 액 접촉면을 크게 한다.

> **해설**
> 흡수속도를 크게 하는 방법
> • K_L, K_G를 크게 한다.
> • 접촉면적과 접촉시간을 크게 한다.
> • 농도차나 분압차를 크게 한다.

15 Fick의 법칙에 대한 설명으로 옳은 것은?

① 확산속도는 농도구배 및 면적에 반비례한다.

② 확산속도는 농도구배 및 면적에 비례한다.

③ 확산속도는 농도구배에 반비례하고, 면적에 비례한다.

④ 확산속도는 농도구배에 비례하고, 면적에 반비례한다.

> **해설**
> 확산속도는 농도구배와 면적에 비례하고 거리에 반비례하며 비례상수가 분자확산계수이다.
> $$N_A = -D_{AB}A\frac{dC_A}{dx}$$

16 흡수탑의 높이가 18m, 전달단위수 NTU(Number of Transfer Unit)가 3일 때 전달단위높이 HTU(Height of a Transfer Unit)는 몇 m인가?

① 54
② 6
③ 2
④ 1/6

$Z = NTU \times HTU$

$\therefore HTU = \dfrac{Z_p}{NTU} = \dfrac{18}{3} = 6\text{m}$

17 일반적으로 기체 흡수 등을 위한 충전탑 설계에서 액체와 기체가 잘 접촉하도록 하기 위해서는 탑 속에 매 몇 m마다 충전층 바로 위에 액체용 재분배장치를 설치할 필요가 있는가?

① 0.1m 이하
② 0.2~0.5m
③ 3~10m
④ 30m 이상

18 기체 흡수에서 편류(Channeling)에 대한 설명으로 가장 적절한 것은?

① 액체가 작은 물줄기로 모여 어느 한쪽의 경로를 따라 충전물을 통해 흐르는 현상
② 충전탑에서 기체속도가 높아져 액체가 범람하는 현상
③ 액체로의 용질흡수량이 증가하여 액체의 온도가 올라가는 현상
④ 액체의 유량을 증가시키면 탈거(Stripping)에 의한 용질 회수가 더욱 어려워지는 현상

편류(Channeling)
액이 한 곳으로만 흐르는 현상

19 탑 내에서 기체속도를 점차 증가시키면 탑 내 액정체량(Hold Up)이 증가함과 동시에 압력손실은 급격히 증가하여 액체가 아래로 이동하는 것을 방해할 때의 속도를 무엇이라고 하는가?

① 평균속도
② 부하속도
③ 초기속도
④ 왕일속도

• 부하속도(Loading Velocity) : 기체의 속도가 증가하면 탑 내 액체유량이 증가한다. 이때의 속도를 부하속도라 하며 흡수탑의 작업은 부하속도를 넘지 않는 속도범위에서 해야 한다.
• 왕일점(Flooding Point) : 기체의 속도가 아주 커서 액이 거의 흐르지 않고 넘치는 점(범람점)으로, 향류조작이 불가능하다.

20 흡수용액으로부터 기체를 탈거(Desorption)하는 일반적인 방법에 대한 설명으로 틀린 것은?

① 좋은 조건을 위해 온도와 압력을 높여야 한다.
② 액체와 기체가 맞흐름을 갖는 탑에서 이루어진다.
③ 탈거매체로는 수증기나 불활성 기체를 이용할 수 있다.
④ 용질의 제거율을 높이기 위해서는 여러 단을 사용한다.

탈거, 탈착
• 온도를 높이거나 압력을 감소시켜야 한다.
• 액체와 기체가 맞흐름탑에서 이루어진다.
• 불활성 기체나 수증기가 탈거매체로 이용될 수 있다. 그러나 수증기가 이용되면 응축될 수 있기 때문에 용질 회수가 쉬워진다.

21 물속에 용해된 성분 A를 플레이트 탑에서 순수 O_2 가스를 사용하여 제거하고자 한다. 두 흐름은 향류 조작으로 하며 도입되는 H_2O 용액에서의 성분 A의 농도는 0.01몰분율이었다. 배출되는 H_2O 용액에서의 A 농도를 0.001몰분율로 하고자 한다. 평형관계가 $y = 3x$이며, $\dfrac{L}{V}$이 3인 희석용액이라 가정할 때, 머프리(Murphree) 단효율이 0.75라면 필요한 실제 단수는?(단, y, x는 A의 증기상과 액체상의 몰분율이고 L, V는 액체유량과 증기유량을 나타낸다.)

① 9단 ② 10단
③ 11단 ④ 12단

해설

$y = 3x$ ∴ 기울기 $= 3$

$\dfrac{L}{V} = 3 = \dfrac{y_b - y_a}{x_b - x_a} = \dfrac{0 - y_a}{0.001 - 0.01}$

∴ $y_a = 0.027$

$y_a{}^* = 3x_a = 3 \times 0.01 = 0.03$

$N = \dfrac{y_b - y_a}{y_a - y_a{}^*} = \dfrac{0 - 0.027}{0.027 - 0.03} = 9$

$\eta = \dfrac{\text{이론단수}(N_t)}{\text{실제단수}(N_r)}$

$0.75 = \dfrac{9}{N_r}$

∴ $N_r(\text{실제단수}) = \dfrac{9}{0.75} = 12$단

22 다음 중 헨리의 법칙이 성립하는 영역으로 가장 적절한 것은?

① 화학적으로 반응할 경우
② 농도가 묽은 경우
③ 결합력이 상당히 클 경우
④ 온도가 높은 경우

해설

헨리의 법칙
기체의 용해도는 용액 위에 있는 기체의 압력에 정비례한다는 법칙으로 용매에서 해리되지 않거나, 반응하지 않는 기체의 묽은 용액에서 적용한다.

23 공극률(Porosity)이 0.3인 충전탑 내를 유체가 유효 속도(Superficial Velocity) 0.9m/s로 흐르고 있을 때 충전탑 내의 평균 속도는 몇 m/s인가?

① 0.2 ② 0.3
③ 2.0 ④ 3.0

해설

$\bar{u} = \dfrac{\text{유효속도}}{\text{공극률}} = \dfrac{0.9}{0.3} = 3$

24 그림은 분자확산 때의 농도구배를 그린 것이다. A와 B를 옳게 나타낸 것은?

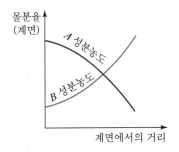

① A : 확산, B : 정지
② A : 정지, B : 확산
③ A, B : 동방향 확산
④ A, B : 반대방향 확산

해설

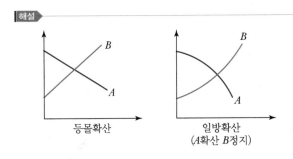

등몰확산   일방확산
             (A확산 B정지)

[01] 습도 및 공기조습

- 습도(Humidity) : 공기 중에 포함되어 있는 수증기량

  공기 ┬ 습한공기 · 습윤공기(Wet Air) : 수증기를 포함한 공기
      └ 건조공기(Dry Air) : 수증기를 포함하지 않는 공기

- 공기조습(Air Conditioning) : 공기 중 습도 및 온도를 적절히 조절하는 것

1. 습도

1) 절대습도(Absolute Humidity) ▨▨▨

건조공기 1kg에 수반되는 수증기의 kg 수(kg 수증기/kg 건조공기)

$$w = w_v + w_a$$

여기서, w : 습윤공기의 양
  w_v : 수증기의 양
  w_a : 건조공기의 양

$$\therefore H = \frac{w_v}{w_a} = \frac{w_v}{w - w_v} = \frac{M_v}{M_g}\frac{p_v}{P - p_v} = \frac{18}{29}\frac{p_v}{P - p_v}(\text{kg}\,H_2O/\text{kg}\,Dry\,Air)$$

$$\frac{w_v/18}{w_a/29} = \frac{p_v}{P - p_v}$$

여기서, M_v, M_g : 수증기, 공기의 분자량
  P : 전압, p_v : 수증기의 분압

2) 몰습도(Mole Humidity) ▨▨▨

건조기체 1kmol에 수반되는 수증기의 kmol 수

$$\therefore H_m = \frac{p_v}{P - p_v}(\text{kmol}\,H_2O/\text{kmol}\,Dry\,Air)$$

3) 포화습도(Saturated Humidity) ▪▪▪

일정 온도에서 공기가 함유할 수 있는 최대 수증기량

$$\therefore \ H_s = \frac{18p_s}{29(P-p_s)} (\text{kg H}_2\text{O/kg Dry Air})$$

여기서, p_s : 포화수증기압

4) 상대습도(관계습도, Relative Humidity) ▪▪▪

공기 중의 수증기분압 p_v와 그 온도에서의 포화수증기압 p_s의 비를 백분율로 표시한 것

$$\therefore \ H_R = \frac{p_v}{p_s} \times 100(\%)$$

5) 비교습도(Percentage Humidity) ▪▪▪

공기의 절대습도 H와 그 온도에 따른 포화습도 H_s의 비를 백분율로 표시한 것

$$\therefore \ H_P = \frac{H}{H_s} \times 100(\%) = H_R \times \frac{P-p_s}{P-p_v}$$

※ 일반적으로 $p_s > p_v$이므로 $H_P < H_R$이다.

6) 습비열(Humid Heat, C_H)

건조 기체 1kg과 이에 포함되는 증기를 1℃ 올리는 데 필요한 열량

$$C_H = C_g + C_v H$$

여기서, C_g : 건조기체의 비열(kcal/kg · ℃)
C_v : 증기의 비열

〈공기－수증기〉
$C_H = 0.24 + 0.45H$

PART 1
PART 2
PART 3
PART 4
PART 5

TIP

$$H_P = \frac{H}{H_s} \times 100\%$$

$$= \frac{\frac{M_v}{M_g}\frac{p_v}{P-p_v}}{\frac{M_v}{M_g}\frac{p_s}{P-p_s}} \times 100$$

$$= \frac{p_v}{p_s}\frac{P-p_s}{P-p_v} \times 100$$

$$= \frac{p_v}{p_s} \times 100 \times \frac{P-p_s}{P-p_v}$$

$$= H_R \times \frac{P-p_s}{P-p_v}$$

7) 습비용(Humid Volume, V_H)

건조기체 1kg과 이에 포함되는 증기가 차지하는 부피

$$v_H = 22.4 \left(\frac{273 + t_G}{273} \right) \left(\frac{760}{P} \right) \left(\frac{1}{M_g} + \frac{H}{M_v} \right)$$

〈공기－수증기〉 1atm에서

$$V_H = (0.082 t_G + 22.4) \left(\frac{1}{29} + \frac{H}{18} \right) (\mathrm{m^3/kg} \ \text{건조공기})$$

8) 습윤기체의 엔탈피

건조기체 1kg과 이에 포함된 증기의 엔탈피

$$i = C_g(t_G - t_o) + \{ C_v(t_G - t_o) + \lambda_{t_o} \} H$$
$$\quad = C_H(t_G - t_o) + \lambda_{t_o} H$$

여기서, λ_{t_o} : 온도 t_o에서 액체의 잠열

$$i = (0.24 + 0.45H)t + 595H$$

여기서, H : 절대습도

0℃ 물의 증발잠열 : 595kcal/kg

9) 노점(Dew Point, 이슬점)

일정 습도를 가진 증기와 기체혼합물을 냉각시켜 포화상태가 될 때의 온도

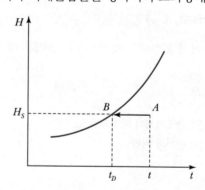

① 이슬이 맺히기 시작하는 온도(노점 이하에서는 일부 증기가 응축된다.)
② 대기 중의 수증기분압이 그 온도에서 포화증기압과 같아지는 온도
③ 상대습도가 100%가 되는 온도
④ 습도가 그 온도에서 포화습도로 되는 점
⑤ B점에서 $H_p = 100\%$(일정압력)

2. 습도 도표

1) 습구온도 및 등습구 온도선

(1) 습구온도

① 습구온도 : 대기와 평형 상태에 있는 액체의 온도

② 건구온도 : 기체 혼합물의 처음 온도, 즉 대기온도

(2) 액적이 얻은 열량

기체의 온도를 $t_G(℃)$, 액적의 표면온도를 $t_s(℃)$라 하면 액적이 주위로부터 받는 열량 q는 다음과 같다.

$$q = (h_G + h_r)A(t_G - t_s)(\text{kcal/h})$$

여기서, h_G : 대류열전달계수, h_r : 복사열전달계수

(3) 등습구 온도선

$$p_w - p = \frac{h_G}{M_v \lambda_w k_G}(t_G - t_w) ≒ 0.5(t_G - t_w)$$

여기서, p_w : 습구온도에서의 증기압

혼합물 중의 증기의 분압이 작을 경우 절대습도는 다음과 같다.

$$H = \frac{M_v}{M_g} \cdot \frac{p}{P}$$

$$H_w - H = \left(\frac{h_G}{k_G M_g P}\right)\left(\frac{1}{\lambda_w}\right)(t_G - t_w)$$

$k_G M_g P = k_H$: 습도차 기준 물질전달계수$(\text{kg/m}^2 \cdot \text{h} \cdot \Delta H)$

$$H_w - H = \frac{h_G}{k_H \lambda_w}(t_G - t_w)$$

$$\frac{h_G}{k_H} = 습구계수$$

(4) 단열포화온도

$$H_s - H = \frac{C_H}{\lambda_s}(t_G - t_s)$$

여기서, t_s : 단열포화온도

$$\frac{h_G}{k_H \lambda_w} = \frac{C_H}{\lambda_s} 이면 \left(\because \text{Lewis 관계} \frac{h_G}{k_H} = C_H\right)$$

물-공기계에서 단열포화온도는 습구온도와 일치한다.

단열냉각선 ≃ 등습구온도선

2) 습도 도표(Humidity Chart)

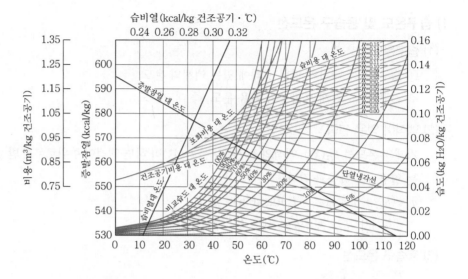

기준 : 전압 760mmHg, 건조공기 1kg

① 온도 대 습도($t-H$)

② 습도 대 습비열($H-C_H$)

③ 온도 대 습비용($t-V_H$)

④ 단열냉각선

    등습구온도선(공기−물계에서는 단열냉각선과 일치)

⑤ 온도 대 증발잠열($t-\lambda$)

⑥ 습도 대 수증기분압($H-p$)

3) 습도 측정

(1) 노점법(이슬점법)

시료기체에 접촉된 고체벽을 냉각하여 이슬점에 도달했을 때 표면온도를 측정하면 그 온도에서 물의 포화증기압과 시료 중의 증기분압이 같다는 원리를 이용한다.

(2) 건습구 습도계법

수면에서 물의 증발은 공기가 건조할수록 빠르다는 것을 이용한 건습구 습도계로 측정한다.

(3) 직접법

흡착제로 흡수하고 정량한다.

실전문제

01 불포화 상태 공기의 상대습도(Relative Humidity)를 H_r, 비교습도(Percentage Humidity)를 H_p로 표시할 때 그 관계를 옳게 나타낸 것은?(단, 습도가 0% 또는 100%인 경우는 제외한다.)

① $H_p = H_r$

② $H_p > H_r$

③ $H_p < H_r$

④ $H_p + H_r = 0$

해설

$$H_p = \frac{H}{H_s} \times 100 = \frac{P_t - P_s}{P_t - P_w} \times \frac{P_w}{P_s} \times 100 (\%)$$

$$= H_R \times \left(\frac{P_t - P_s}{P_t - P_w} \right)$$

$P_s > P_w$이므로 $H_p < H_r$

02 온도 20℃, 압력 760mmHg인 공기 중의 수증기 분압은 20mmHg이다. 이 공기의 습도를 건조공기 kg당 수증기의 kg으로 표시하면 얼마인가?(단, 공기의 분자량은 30으로 한다.)

① 0.016

② 0.032

③ 0.048

④ 0.064

해설

절대습도 $H = \dfrac{W}{W_{air}} = \dfrac{M_{H_2O}}{M_{air}} \times \dfrac{p_{H_2O}}{P - p_{H_2O}}$

$$= \frac{18}{30} \cdot \frac{20}{760 - 20}$$

$$= 0.0162$$

03 다음 중 상대습도를 나타내는 관계식은 어느 것인가?(단, P는 수증기분압, P_s는 포화증기압, H는 습도, H_s는 포화습도이다.)

① $\dfrac{P}{P_s} \times 100$

② $\dfrac{P_s}{P - P_s}$

③ $\dfrac{1 - P_s}{1 - P}$

④ $\dfrac{P_s}{P} \times 100$

해설

상대습도 $H_R = \dfrac{p_v}{p_s} \times 100\%$

04 대기압에서 어떤 습공기의 온도 중 가장 낮은 온도는?

① 건구온도

② 습구온도

③ 노점

④ 비점

해설

건구온도 > 습구온도 > 노점

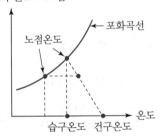

05 30℃, 1atm에서 건조장치로부터 유출된 습한 공기 210kg에 수증기 10kg이 함유되어 있을 때 절대습도는?

① 0.0476

② 0.0445

③ 0.0500

④ 0.0545

정답 ▶ **01** ③ **02** ① **03** ① **04** ③ **05** ③

$$H = \frac{W_{H_2O}}{W_{air}} = \frac{10}{200} = 0.05$$

06 질소에 아세톤이 14.8vol/% 포함되어 있다. 20℃, 745mmHg에서 이 혼합물의 상대포화도는 약 몇 %인가?(단, 20℃에서 아세톤의 포화증기압은 184.8mmHg이다.)

① 73
② 60
③ 53
④ 40

$$P_s = 184.8 \text{mmHg}$$
$$P = 745 \text{mmHg} \times 0.148 = 110.26 \text{mmHg}$$
$$H_R = \frac{110.26}{184.8} \times 100 = 59.7\% \fallingdotseq 60\%$$

07 20℃, 760mmHg에서 상대습도가 75%인 공기의 mol 습도는?(단, 물의 증기압은 20℃에서 17.5mmHg이다.)

① 0.0176
② 0.0276
③ 0.0376
④ 0.0476

$$H_R(\text{상대습도}) = \frac{p_v}{p_s} \times 100 = 75\%$$

$$\therefore \frac{p_v}{17.5} = 0.75 \rightarrow p_v = 13.125 \text{mmHg}$$

$$H_m(\text{몰습도}) = \frac{p_v}{P_t - p} = \frac{13.125}{760 - 13.125} = 0.0176$$

08 아세톤 13mol%를 함유하고 있는 질소의 혼합물이 있다. 19℃, 700mmHg에서 이 혼합물의 상대포화도(%)는?(단, 19℃에서 아세톤 증기압은 182mmHg이라고 가정한다.)

① 13
② 26
③ 50
④ 60

$$H_R = \frac{p_v}{p_s} \times 100 = \frac{700 \times 0.13}{182} \times 100 = 50\%$$

09 75℃, 1.1bar, 30% 상대습도를 갖는 습공기가 1,000m³/h로 한 단위공정에 들어갈 때 이 습공기의 비교습도는 약 몇 %인가?(단, 75℃에서의 포화증기압은 289mmHg이다.)

① 21.8
② 22.8
③ 23.4
④ 24.5

$$H_R = \frac{p_v}{p_s} \times 100 = 30\%$$

$$p_s = 289 \text{mmHg}$$

$$p_v = 289 \times 0.3 = 86.7 \text{mmHg}$$

$$H_P(\text{비교습도}) = \frac{H}{H_s} \times 100$$
$$= \frac{p}{p_s} \times \frac{P_t - p_s}{P_t - p_v} \times 100$$
$$= H_R \times \frac{P_t - p_s}{P_t - p_v}$$
$$= 30 \times \frac{825.27 - 289}{825.27 - 86.7} = 21.8\%$$

$$\therefore P_t = 1.1 \text{bar} \times \frac{760 \text{mmHg}}{1.013 \text{bar}} = 825.27 \text{mmHg}$$

10 1atm, 40℃, 절대습도는 0.02인 공기의 습비열은 얼마인가?

① 0.149kcal/kg 건조공기 · ℃
② 0.249kcal/kg 건조공기 · ℃
③ 0.349kcal/kg 건조공기 · ℃
④ 0.449kcal/kg 건조공기 · ℃

$$C_H = C_g + C_v H$$
$$= 0.24 + 0.45 \times 0.02$$
$$= 0.249 \text{kcal/kg 건조공기} \cdot ℃$$

정답 06 ② 07 ① 08 ③ 09 ① 10 ②

건조

[01] 건조

1. 건조

고체물질에 함유되어 있는 수분을 가열에 의해 기화시켜 제거하는 조작

> **Reference**
>
> **고체 중의 수분함량 표시 방법**
> - 습량기준(수분량) : 전 중량에 대한 H_2O의 양
>
> $$x = \frac{W - W_o}{W} \text{(kg } H_2O/\text{kg 습재료)}$$
>
> - 건량기준(함수량) : 완전건조량에 대한 H_2O의 양
>
> $$w = \frac{W - W_o}{W_o} \text{(kg } H_2O/\text{kg 건조재료)}$$
>
> 여기서, W : 습윤재료의 양(= 건조재료 + 물)(kg)
> W_o : 완전건조량(kg)

2. 건조의 원리

1) 평형

(1) 평형함수율(Equilibrium Moisture Content)

결합수분을 갖는 재료를 일정습도의 공기로 건조시키는 경우 어느 정도까지 함수율이 내려가면 평형상태에 도달하여 그 이상은 건조가 진행되지 않는다. 이때의 함수율을 평형함수율이라 한다.

(2) 자유함수율(Free Moisture Content)

고체가 가진 전체 함수율 w와 그때의 평형함수율 w_e와의 차를 자유함수율이라한다.

$$F = w - w_e \text{(kg } H_2O/\text{kg 건조량)}$$

◆ 결합수분
100% 상대습도선과 만나는 점의 평형함수율

◆ 비결합수분
100% 이상의 수분(건조 가능한 수분)

2) 건조속도 ▪▪▪

(1) 건조실험곡선

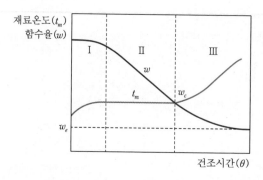

w_c : 임계함수율(항률기→감률기)
w_e : 평형함수율
더이상 건조되지 않는다.

① 재료예열기간(Ⅰ) : 재료 예열, 함수율이 서서히 감소하는 기간(현열)

② 항률건조기간(Ⅱ) : 재료함수율이 직선적으로 감소, 재료온도가 일정한 기간 (잠열)

③ 감률건조기간(Ⅲ) : 함수율의 감소율이 느리게 되어 평형에 도달할 때까지의 기간

④ 건조속도

　㉠ 정형재료 : 단위면적당, 단위시간당 증발되는 수분량

$$\left(\frac{W}{A}\right)\left(-\frac{dw}{d\theta}\right)$$

　㉡ 부정형재료 : 1kg의 건조재료당 1시간에 증발되는 수분량

$$\left(-\frac{dw}{d\theta}\right)$$

(2) 함수율의 한계범위

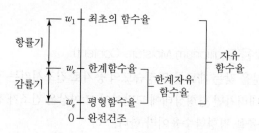

① 자유함수율 : $F = w - w_e$

② 한계자유함수율 : $F_c = w_c - w_e$

③ 한계함수율 : 항률기에서 감률기로 이행할 때의 함수율 ▪▪▪

(3) 건조특성곡선 ■■■

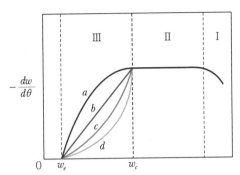

a : 식물성 섬유재료
b : 여제, 플레이크
c : 곡물, 결정품
d : 치밀한 고체 내부의 수분

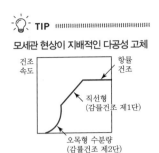

TIP ⅢⅢⅢⅢⅢⅢⅢⅢⅢⅢⅢⅢⅢⅢⅢ

모세관 현상이 지배적인 다공성 고체

건조
속도

항률
건조

직선형
(감률건조 제1단)

오목형 수분량
(감률건조 제2단)

한계함수율(Critical Moisture Content, W_c) : 항률건조기간에서 감률건조기간으로 이동하는 점

① 볼록형 : 섬유재료의 수분 이동이 모세관 중에서 일어난다.

② 직선형 : 입상 물질을 여과한 플레이크상 재료, 잎담배 등의 건조형태

③ 직선형＋오목형 : 감률건조 1단＋감률건조 2단의 건조과정, 곡물 결정품

④ 오목형 : 비누, 치밀한 고체와 같은 물질이 건조할 때 일어나는 형태이다.

3) 건조속도의 계산

(1) 항률건조속도

$$R_c = \left(\frac{W}{A}\right)\left(-\frac{dw}{d\theta}\right)_c = k_H(H_i - H) = \frac{h(t_G - t_i)}{\lambda_i} \, (\text{kg H}_2\text{O/m}^2 \cdot \text{h 건조재료})$$

여기서, k_H : 물질전달계수(kg/h·m²·ΔH)
h : 총괄열전달계수(kcal/m²·h·℃)
λ_i : t_i에서의 증발잠열(kcal/kg)
t_G : 열풍온도
t_i : 재료의 표면온도

(2) 감률건조속도

① 감률기 : 함수율의 감소에 따라 건조속도가 감소하는 기간. 재료의 표면온도는 점차 상승하는 것이 특징이다.

② 감률 제1단 : 재료 표면의 습윤면적이 점차 작아지는 기간으로 건조속도는 함수율에 비례한다.

　예 섬유재료, 입상 물질

③ 감률 제2단 : 표면은 이미 평균함수율에 도달해서 건조한 상태이고 재료의 내부에서 수분이 증발해 표면에 확산하는 기간이다.

　예 곡물, 결정품, 비누, 치밀한 고체

④ 건조시간

⑦ 감률건조 제1단

$$R_f = \frac{W}{A}\left(-\frac{dw}{d\theta}\right)_f = k_{H_f}(H_i - H) = \frac{h_f(t_G - t_i)}{\lambda_i}$$

ⓛ 감률건조 제2단

$$\theta_f = \frac{2.3F_c}{R_c}\log\frac{F_c}{F_2}\,(\mathrm{h}) : 감률건조시간$$

$$\theta_c = \frac{F_1 - F_c}{R_c}\,(\mathrm{h}) : 항률건조시간$$

여기서, F_c : 한계자유함수율(kg H_2O/kg 건조고체)

R_c : 항률건조속도(kg H_2O/kg 건조고체 · h)

F_2 : 건조 종류점에서 자유함수율

ⓒ 한계함수율이 F_c(kg H_2O/kg 건조고체)인 물질을 F_1으로부터 F_2까지 건조하는 데 필요한 시간 θ(h) ■■■

$$\theta = \theta_c + \theta_f = \frac{1}{R_c}\left\{(F_1 - F_c) + 2.3F_c\log\left(\frac{F_c}{F_2}\right)\right\}$$

4) 건조수축

함수율이 낮을 때 고체는 수축한다. ➡ 뒤틀림 현상

물질에 따라 이 성질은 다르며 단단한 다공성, 비공성 물질은 건조 중에 거의 수축하지 않는다. Colloid상, 섬유상 물질은 수분이 제거됨에 따라 심하게 수축한다.

① 물질의 표면적이 변화 : 야채, 식물

② 표면이 경화 : 점토, 비누

③ 휘거나 금이 가거나 전체 구조가 변하는 것 : 목재 – 습윤공기로 건조속도 조절

3. 건조장치 ■■■

1) 고체의 건조장치

(1) 상자건조기(Tray Dryer)

상자 모양의 건조기 내에 괴상, 입상의 원료를 회분식으로 건조

예 곡물, 과실, 점토, 비누, 고무, 목재

(2) 터널건조기(Tunnel Dryer)

다량을 연속적으로 건조

예 벽돌, 내화제품, 목재

(3) 회전건조기(Rotary Dryer)

다량의 입상, 결정상 물질을 처리할 수 있으며 조작 초기에 고체 수송에 적합하게 건조되어 있어야 하며 건조기 벽에 부착될 정도로 끈끈해서는 안 된다. 재료의 체류시간이 최대일 때 재료의 보유량을 최적보유량이라 하며, 공탑 용적에 대해 8~12%가 좋다.

2) 연속 Sheet상 재료의 건조장치

(1) 원통식 건조기(Cylinder Dryer)

종이나 직물의 연속 시트를 건조

(2) 조하식 건조기(Feston Dryer)

직물이나 망판인쇄용지 등을 건조

3) 용액이나 슬러리의 건조장치

(1) 드럼건조기(Drum Dryer)

Roller(회전하는 원통) 사이에서 용액이나 슬러리를 증발, 건조시킨다.

(2) 교반건조기(Agitated Dryer)

원료가 점착성이어서 회전건조기에서 처리할 수 없고 상자건조기를 사용하기에도 별로 중요하지 않을 때 사용하며, 직접가열, 간접가열, 대기건조, 진공건조 등이 있다.

(3) 분무건조기(Spray Dryer)

용액, 슬러리를 미세한 입자의 형태로 가열하여 기체 중에 분산시켜 건조하며, 건조시간이 아주 짧아서 열에 예민한 물질에 효과적이다.

4) 특수건조기

(1) 유동층건조기

미립분체 건조에 사용

(2) 적외선복사건조기

자동차 페인트 건조, 필름 등의 얇은 막의 건조에 사용

(3) 고주파가열건조기

합판의 건조에 사용

(4) 동결건조기

열에 불안정한 물질의 건조, 동결 후 진공하에서 승화시켜 탈수 건조에 사용

실전문제

01 다음 중 고체 내부의 수분이 확산에 의하여 건조되는 단계로 재료의 건조특성이 단적으로 표시되는 기간은?

① 재료대기기간   ② 재료예열기간
③ 항률건조기간   ④ 감률건조기간

> **해설**

- 항률건조기간 : 건조속도 일정
- 감률건조기간 : 내부증발(재료의 건조특성)

02 다음 중 증발, 건조, 결정화, 분쇄, 분급의 기능을 모두 가지고 있는 건조장치는?

① 적외선복사건조기   ② 원통건조기
③ 회전건조기   ④ 분무건조기

> **해설**

분무건조기(Spray Dryer)
용액, 슬러리를 미세한 입자의 형태로 가열기체 중에 분산시켜 건조. 건조시간이 짧아서 열에 예민한 물질에 효과적

03 젖은 재료 10kg을 완전히 건조한 다음 무게를 측정한 결과가 8.5kg이었을 때 함수율은 몇 %인가?

① 15   ② 17.6
③ 35.5   ④ 85

> **해설**

함수율 $w = \dfrac{W - W_o}{W_o}$

여기서, W : 습재료
W_o : 건조재료

$w = \dfrac{10 - 8.5}{8.5} \times 100 = 17.6\%$

04 다음 중 자동차의 페인트 건조에 사용된 이래 공업적으로 많이 이용되고 있는 건조기는?

① 동결건조기   ② 고주파건조기
③ 적외선복사건조기   ④ 유동층건조기

> **해설**

- 동결건조기 : 열에 불안정한 물질을 건조
- 고주파건조기 : 합판의 건조
- 적외선복사건조기 : 자동차 페인트 건조
- 유동층건조기 : 미립분체 건조

05 건조공정 중 정속기간이 끝나고 감속기간이 시작되는 점의 수분함량을 무엇이라고 하는가?

① 자유함수량   ② 평형수분함량
③ 임계수분함량   ④ 총수분함량

> **해설**

임계함수율
항률건조기간에서 감률건조기간으로 이동하는 점

06 건조특성곡선에서 항률건조기간에서 감률건조기간으로 변하는 점을 무엇이라고 하는가?

① 자유(Free) 함수율
② 평형(Equilibrium) 함수율
③ 수축(Shrink) 함수율
④ 한계(Critical) 함수율

> **해설**

임계함수율
항률건조기간에서 감률건조기간으로 이동하는 점

정답 ▶ **01** ④ **02** ④ **03** ② **04** ③ **05** ③ **06** ④

07 다음 중 건조시간이 극히 짧아 열에 예민한 물질을 건조할 수 있고 한 단계 공정으로 포장할 수 있는 마른 제품을 만들 수 있는 장점을 가지며 다른 종류의 건조기에서는 얻을 수 없는 구상제품을 얻을 때 유리한 것은?

① 상자건조기(Tray Dryer)
② 회전건조기(Rotary Dryer)
③ 냉동건조기(Freezing Dryer)
④ 분무건조기(Spray Dryer)

> 해설

• 상자건조기 : 상자 모양의 건조기 내에 괴상, 입상의 원료를 회분식으로 건조
• 터널건조기 : 벽돌, 내화제품, 목재 등 다량을 연속적으로 건조
• 냉동건조기 : 빨리 얼린 후 감압상태에서 얼음을 승화시켜 수분을 건조하는 장치
• 분무건조기 : 용액, 슬러리를 미세한 입자의 형태로 가열하여 기체 중에 분산시켜 건조하며, 건조시간이 아주 짧아서 열에 예민한 물질에 효과적이다.

08 고체건조의 항률건조단계(Constant Rate Period)에 대한 설명 중 틀린 것은?

① 항률건조단계에서 복사나 전도에 의한 열전달이 없는 경우 온도는 공기의 습구온도와 동일하다.
② 항률건조단계에서 고체의 건조속도는 고체의 수분함량과 관계가 없다.
③ 항률건조속도는 열전달식이나 물질전달식을 이용하여 계산할 수 있다.
④ 주로 고체의 임계 함수량(Critical Moisture Content) 이하에서 항률건조를 할 수 있다.

> 해설

건조특성곡선
• 예열기간 : 재료가 예열되고 함수율이 감소(현열)
• 항률건조기간 : 재료 함수율이 직선적으로 감소, 온도가 일정(잠열)
• 감률건조기간 : 함수율과 감소율이 느리고 평형함수율까지 간다.
• 한계함수율 : 함수율, 항률건조기간에서 감률건조기간으로 이동하는 점

09 다음 그림은 다공성 고체의 건조에 대한 자유수분 X와 건조속도 R의 관계를 나타낸 것이다. 이 그래프에 대한 설명으로 옳지 않은 것은?

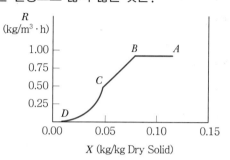

① AB 구간에서 고체 내부로부터 표면으로의 물 공급이 충분하여, 표면이 물로 충분히 젖어 있다.
② AB 구간에서 고체 표면온도는 공기의 건구온도에 접근한다.
③ BC 구간에서 고체 기공 속의 물은 연속상이다.
④ CD 구간에서 고체에는 온도구배가 생긴다.

> 해설

AB 구간
항률건조구간으로 재료 함수율이 직선적으로 감소하고 재료 온도가 일정하다.

10 건조조작에서 임계함수율(Critical Moisture Content)이란 무엇인가?

① 건조속도가 0일 때의 함수율이다.
② 감률건조기간이 끝날 때의 함수율이다.
③ 항률건조기간에서 감률건조기간으로 바뀔 때의 함수율이다.
④ 건조조작이 끝날 때의 함수율이다.

> 해설

임계함수율
항률건조기간에서 감률건조기간으로 이동하는 점

11 습한 재료 10kg을 건조한 후 고체의 무게를 측정하니 8kg이었다. 처음 재료의 함수율은 얼마인가?

① 0.25kg H_2O/kg 건조공기

② 0.35kg H_2O/kg 건조공기

③ 0.45kg H_2O/kg 건조공기

④ 0.55kg H_2O/kg 건조공기

해설

$$w = \frac{10-8}{8} = 0.25\text{kg } H_2O/\text{kg 건조공기}$$

12 습한 재료 10kg을 건조했더니 8.2kg이었다. 처음 재료의 수분율은 몇 %인가?

① 12%   ② 14%

③ 16%   ④ 18%

해설

$$\text{수분율} = \frac{10\text{kg} - 8.2\text{kg}}{10\text{kg}} \times 100 = 18\%$$

13 건조기준으로 함수율이 0.36인 고체를 한계함수율까지 건조하는 데 4시간이 소요되었다. 건조속도는 얼마인가?(단, 한계함수율은 0.16이다.)

① 0.02   ② 0.05

③ 0.04   ④ 0.08

해설

$$R_c = \frac{W_1 - W_c}{\theta_c} = \frac{0.36 - 0.16}{4}$$
$$= 0.05\text{kg } H_2O/\text{kg 건조고체} \cdot \text{h}$$

14 한 변의 길이가 1m이고 두께가 6mm인 판상의 펄프를 일정건조 조건에서 수분 66.7%로부터 35%까지 건조하는 데 필요한 시간은?(단, 이 건조조건에서 평형수분은 0.5%, 한계수분은 62%(습량기준), 건조재료는 2kg으로 항률건조속도는 $1.5\text{kg/m}^2 \cdot \text{h}$이며, 감률건조속도는 함수율에 비례하여 감소한다.)

① 0.45   ② 1.45

③ 2.45   ④ 3.45

해설

$$w_1 = \frac{66.7}{100 - 66.7} = 2$$

$$w_2 = \frac{35}{100 - 35} = 0.538$$

$$w_c = \frac{62}{100 - 62} = 1.63$$

$$w_e = \frac{0.5}{100 - 0.5} = 0.005$$

$F_1 = 2 - 0.005 = 1.995$

$F_2 = 0.538 - 0.005 = 0.553$

$F_c = 1.63 - 0.005 = 1.625$

$F_1 - F_c = 1.995 - 1.625 = 0.370$

재료의 증발 면적 $= (l^2)(2) = 2\text{m}^2$

무수 중량 2kg이므로

$R_c = (1.5)(2)/(2)$
   $= 1.5\text{kg } H_2O/\text{kg 건조고체} \cdot \text{h}$

$$\theta = \theta_c + \theta_f$$
$$= \frac{1}{R_c}\left[(F_1 - F_c) + 2.3F_c\log\left(\frac{F_c}{F_2}\right)\right]$$
$$= \frac{1}{1.5}\left[(0.370) + (2.3)(1.625)\log\left(\frac{1.625}{0.533}\right)\right]$$
$$= 1.45\text{h}$$

기계적 분리

[01] 결정화

1. 결정화(Crystallization)

고체와 액체의 분리조작으로 불순한 용액으로부터 순수한 고체 결정을 얻기 위한 방법

예 사탕수수로부터 설탕을 생산

2. 결정구조

① 삼사정계   ② 단사정계

③ 사방정계   ④ 정방정계

⑤ 삼방정계   ⑥ 육방정계

⑦ 등축정계

❖ 단위셀(Unit Cell)
원자배열의 규칙성을 나타낼 수 있는 최소단위

3. 결정의 습성

결정은 고유한 결정계를 가지나 외형은 조건에 따라 변한다. 이것을 결정의 습성(Cristal Habit)이라 한다.

4. 결정화 이론

1) 용해도

결정의 석출은 용해도 곡선으로부터 알 수 있다.

(1) 용매화물을 만들지 않는 것

    ① 온도의 증가에 의해 용해도가 증가하는 물질 : KNO_3, $NaNO_3$

    ② 온도에 영향이 없는 물질 : $NaCl$

    ③ 온도의 증가에 의해 용해도가 감소하는 물질 : $CaSO_4$

(2) 용매화물을 만드는 것

$MgSO_4$, $Na_2S_2O_3$(온도의 증가에 따라 결정수가 달라진다.)

$$\text{Na}_2\text{S}_2\text{O}_3 \cdot 5\text{H}_2\text{O} \xrightarrow[48.2℃]{} \text{Na}_2\text{S}_2\text{O}_3 \cdot 2\text{H}_2\text{O} \xrightarrow[65℃]{} \text{Na}_2\text{S}_2\text{O}_3 \cdot \frac{1}{2}\text{H}_2\text{O}$$

$$\xrightarrow[70℃]{} \text{Na}_2\text{S}_2\text{O}_3(\text{무수물})$$

2) 수율

$$수율 = \frac{석출한\ 염의\ 양}{처음\ 염의\ 양} \times 100$$

3) 물질 및 에너지 수지

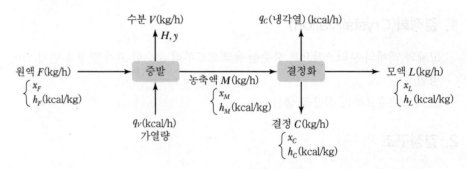

(1) 물질수지

① 증발과정

$$F = V + M\,(\text{kg/h})$$

$$Fx_F = Vy + Mx_M$$

$$\frac{F}{V} = \frac{y - x_M}{x_F - x_M}$$

② 결정화 과정

$$M = L + C\,(\text{kg/h})$$

$$Mx_M = Lx_L + Cx_C\,(\text{kg/h})$$

$$\frac{C}{M} = \frac{x_M - x_L}{x_C - x_L}$$

(2) 에너지수지

① 증발과정

$$Fh_F + q_v = VH + Mh_M$$

② 결정화 과정

$$Mh_M = Lh_L + Ch_c + q_c$$

4) 결정의 생성 및 성장

(1) 결정의 생성이론

Miers의 과포화 이론

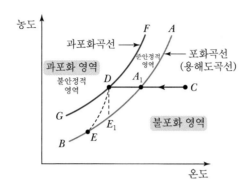

TIP ||||||||||||||||||||||||||

과포화의 3가지 방법
- 용질의 용해도가 온도에 따라 크게 증가하는 경우 → 포화용액을 냉각
- 용질의 용해도가 염과 같이 온도에 무관한 경우 → 용액 일부를 증발
- 제3성분을 가한다.

① C에서 화살표 방향으로 냉각하면 포화곡선 A_1과 만난다. ➡ 결정화 시작

② 실제로는 과포화곡선상 D점에서 비로소 결정화되고 용액의 농도는 더 이상의 냉각이 없을 때는 E_1으로 떨어지며 냉각이 계속되면 DE에 따라 떨어진다.

5) ΔL의 법칙

맥케이브 이론에 따르면 동일한 용액에 존재하는 물질의 결정은 유사한 형상을 이루며, 모든 결정은 처음 결정의 크기에 관계없이 기하학적으로 대응한 부분의 길이는 선 성장속도에 비례한다.

$$\Delta L = L\Delta\theta$$

즉, 일정시간 $\Delta\theta$ 동안 성장하는 결정의 크기 ΔL은 직선 성장속도 L에 비례한다.

실전문제

01 50℃에서 10wt% $NaHCO_3$ 수용액이 있다. 온도를 20℃로 내릴 때 용액 10kg으로부터 석출되는 $NaHCO_3$의 무게는 얼마인가?(단, $NaHCO_3$의 용해도는 50℃에서 14.45, 20℃에서 9.6kg $NaHCO_3$/100kg H_2O)

① 0.136kg   ② 0.347kg

③ 0.485kg   ④ 0.516kg

해설

50℃ 10wt% $NaHCO_3$ 10kg에는 9kg H_2O와 1kg $NaHCO_3$가 있다.

50℃) 100kg : 14.45 = 9kg : x

       $x = 1.3$kg까지 용해 → 불포화

20℃) 100kg : 9.6kg = 9kg : x'

       $x' = 0.864$kg까지 용해

∴ 석출되는 양 = $1 - 0.864 = 0.136$kg

02 불순물이 혼합된 고체를 정제하는 데 사용되는 조작은?

① 추출   ② 증발

③ 결정화   ④ 증류

해설

결정화

고체와 액체의 분리조작으로 불순한 용액으로부터 순수한 고체 결정을 얻기 위한 방법

정답   01 ①   02 ③

[02] 분쇄

1. 분쇄(Crushing)

고체를 기계적으로 잘게 부수는 조작

2. 분쇄이론 🔳🔳🔳

〈Lewis 식〉

$$\frac{dW}{dD_p} = -kD_p^{-n}$$

여기서, D_p : 분쇄 원료의 대표 직경(m)

W : 분쇄에 필요한 일(에너지)$(kg_f \cdot m/kg)$

$k,\ n$: 정수

1) Rittinger의 법칙

$n = 2$일 때 Lewis 식을 적분하면

$$W = k_R{}'\left(\frac{1}{D_{p_2}} - \frac{1}{D_{p_1}}\right) = k_R(S_2 - S_1)$$

여기서, D_{p_1} : 분쇄원료의 지름(처음 상태)

D_{p_2} : 분쇄물의 지름(분쇄된 후 상태)

S_1 : 분쇄원료의 비표면적(cm^2/g)

S_2 : 분쇄물의 비표면적(cm^2/g)

k_R : 리팅거 상수

2) Kick의 법칙

$n = 1$일 때 Lewis 식을 적분

$$W = k_K \ln\frac{D_{p_1}}{D_{p_2}}$$

여기서, k_K : 킥의 상수

3) Bond의 법칙

$n = \dfrac{3}{2}$일 때 Lewis 식을 적분

$$W = 2k_B\left(\frac{1}{\sqrt{D_{p_2}}} - \frac{1}{\sqrt{D_{p_1}}}\right) = \frac{k_B}{5}\frac{\sqrt{100}}{\sqrt{D_{p_2}}}\left(1 - \frac{\sqrt{D_{p_2}}}{\sqrt{D_{p_1}}}\right)$$
$$= W_i\sqrt{\frac{100}{D_{p_2}}}\left(1 - \frac{1}{\sqrt{\gamma}}\right)$$

분쇄에너지는 분쇄비(γ)의 평방근에 반비례한다. 단, 분쇄비 $\gamma = \dfrac{D_{p_1}}{D_{p_2}}$이며, D_{p_1}, D_{p_2}는 전 중량의 80%를 통과하는 체눈의 크기(μ)를 말한다.

일지수 W_i는 분쇄물질 및 분쇄기계에 대한 경험치를 나타내고, $W_i = \dfrac{k_B}{5}$ (kW · h/ton)이다. 여기서 k_B는 정수이다.

TIP ▼💡◦

분쇄기 종류
• 파쇄기(분쇄기, Crusher)
• 미분쇄기
• 초미분쇄기
• 절단기

3. 분쇄기계의 종류

1) 분쇄 재료의 크기에 의한 분류

(1) 조분쇄기(Coarse Crusher)

원료를 다음 중간분쇄에 적당한 크기인 최대 80~40mm까지 분쇄하는 기계로, V자 모양의 Jaw(조)에 원광을 넣고 압착하여 분쇄한다.

① 조분쇄기(Jaw Crusher)

㉠ Blake Jaw : 분쇄생성물이 불균일하지만 일반적으로 사용한다.

㉡ Dodge Jaw : 거의 일정한 제품을 얻을 수 있으나 미세한 알갱이로 막히는 일이 많다.

② 선동분쇄기(Gyratory Crusher) : 소모동력이 작다.

(2) 중간분쇄기(Intermediate Crusher)

① 롤분쇄기(Roll Crusher) ▣▣▣

㉠ 롤분쇄기의 물림각

$$\mu \geq \tan\alpha$$

여기서, μ : 마찰계수

2α : 물림각

㉡ $\cos\alpha = \dfrac{R+d}{R+r}$

여기서, R : 롤의 반경

r : 입자의 반경

d : 롤 사이 거리의 반

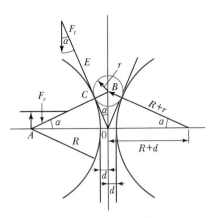

▲ 이중 롤분쇄기의 물림각

ⓒ 분쇄능력

$$Q = (60N)(\pi D)(2dw) = 120\pi NDdw(\mathrm{m}^3/\mathrm{h})$$

ⓔ 분쇄량

$$M = rQ = 120\pi NDdwr(\mathrm{ton/h})$$

여기서, ω : 롤 면의 폭(m)

N : 롤의 회전속도(rpm)

D : 롤의 직경

d : 롤 사이 거리의 반

r : 분쇄원료의 비중

② 에지러너 : 롤의 압력과 전단력으로 분쇄한다.

③ 해머밀 : 부서지기 쉬운 석회석, 석고, 암염, 석탄의 분쇄에 적합하며 아스베스트, 사탕수수, 코크스 등 섬유질 분쇄에도 이용한다.

④ 쇄해기

⑤ 원판분쇄기

(3) 미분쇄기(Fine Grinder)

① 절구(Stamp Mill)

② 볼밀(Ball Mill) 🔳🔳🔳

ⓐ 길이 = 지름 : 볼밀, Ball의 양 = 전체 부피의 $\dfrac{1}{2} \sim \dfrac{1}{5}$

ⓑ 길이 > 지름 : 튜브밀

ⓒ Steel볼이 회전하는 최대회전수 $N(\mathrm{rpm}) = \dfrac{42.3}{\sqrt{D}}$

ⓓ 최적회전수 $= \dfrac{(0.75)(42.3)}{\sqrt{D}} = \dfrac{32}{\sqrt{D}}$

여기서, D : Mill의 지름

③ 코니컬 볼밀 : 원통 안에서 큰 입자에서 작은 입자까지 분쇄한다.

(4) 초미분쇄기

쇄성물의 크기를 200mesh 이하로 미분쇄하는 장치이다.

① 제트밀(Jet Mill)

② 유체 에너지밀(Fluid Energy Mill)

③ 콜로이드밀

④ 마이크로 분쇄기

실전문제

01 롤분쇄기에 상당직경 4cm인 원료를 도입하여 상당직경 1cm로 분쇄한다. 분쇄원료와 롤 사이의 마찰계수가 $\dfrac{1}{\sqrt{3}}$ 일 때 롤 지름은 약 몇 cm인가?

① 6.6 　　　　② 9.2
③ 15.3 　　　　④ 18.4

해설

$\mu = \tan\alpha = \dfrac{1}{\sqrt{3}}$, $\alpha = 30°$

$\cos\alpha = \dfrac{R+d}{R+r} = \dfrac{R+\dfrac{1}{2}}{R+\dfrac{4}{2}} = \dfrac{\sqrt{3}}{2}$

$\therefore R = 9.2\text{cm}$, $D = 18.4\text{cm}$

02 롤분쇄기에 상당직경 5cm의 원료를 도입하여 상당직경 1cm로 분쇄한다. 롤 분쇄기와 원료 사이의 마찰계수가 0.34일 때 필요한 롤의 직경은 몇 cm인가?

① 35.1 　　　　② 50.0
③ 62.3 　　　　④ 70.1

해설

$\mu = \tan\alpha = 0.34$

$\therefore \alpha = 18.78°$

$\cos\alpha = \dfrac{R+d}{R+r} = \dfrac{R+\dfrac{1}{2}}{R+\dfrac{5}{2}} = 0.947$

$\therefore R = 35.2\text{cm}$

$\therefore D = 2R = 70.4\text{cm}$

03 다음 중 일반적으로 가장 작은 크기로 입자를 축소시킬 수 있는 장치는?

① 칼날 절단기(Knife Cutter)
② 조 파쇄기(Jaw Crusher)
③ 선회 파쇄기(Gyratory Crusher)
④ 유체 에너지밀(Fluid Energy Mill)

해설

초미분쇄기 : 가장 작은 크기로 입자를 분쇄
• 제트밀
• 유체 에너지밀
• 콜로이드밀
• 마이크로 분쇄기

04 "분쇄 에너지는 생성입자 입경의 평방근에 반비례한다"는 법칙은?

① Sherwood 법칙 　　② Rittinger 법칙
③ Kick 법칙 　　　　④ Bond 법칙

해설

• Rittinger의 법칙 : $W = k_R'\left(\dfrac{1}{D_{P2}} - \dfrac{1}{D_{P1}}\right)$

• Kick의 법칙 : $W = k_K \ln\dfrac{D_{P1}}{D_{P2}}$

• Bond의 법칙 : $W = 2k_B\left(\dfrac{1}{\sqrt{D_{P2}}} - \dfrac{1}{\sqrt{D_{P1}}}\right)$

05 석회석을 분쇄하여 시멘트를 만들고자 할 때 지름이 1m인 볼 밀(Ball Mill)의 능률이 가장 좋은 최적 회전속도는 약 몇 rpm 정도인가?

① 5 　　　　② 20
③ 32 　　　　④ 54

정답 　01 ④　02 ④　03 ④　04 ④　05 ③

Ball Mill(볼밀)

회전하는 원통 내에 스틸볼(Steel Ball)을 원료와 함께 넣고 마찰 분쇄한다.

미분쇄기

$$N_{max}(최대회전수) = \frac{42.3}{\sqrt{D}}(\text{rpm})$$

$$N_{opt}(최적회전수) = 0.75 N_{max} = \frac{32}{\sqrt{D}}(\text{rpm})$$

$$\therefore N_{opt} = \frac{32}{\sqrt{1}} = 32\text{rpm}$$

06 200mesh의 체는 1in² 내에 몇 개의 구멍이 있는가?

① 200

② 20,000

③ 40,000

④ 400

Mesh

체눈의 크기를 나타내는 단위로 타일러 표준체에서는 1inch 안에 들어 있는 눈금의 수이다.

1in² 내에는 200 × 200개의 구멍이 있다.

[03] 혼합

◆ 혼합(Mixing)
두 가지 이상의 물질을 섞어서 균일한 혼합물을 만드는 조작. 교반, 반죽, 혼합

1. 교반(Agitation)

주로 액체를 대상으로 하는 조작으로 액체와 액체, 액체와 기체, 액체와 약간의 고체를 다룬다.

1) 교반의 목적

① 성분의 균일화　　　　　② 물질전달속도의 증대
③ 열전달속도의 증대　　　　④ 물리적 변화 촉진
⑤ 화학적 변화 촉진　　　　⑥ 분산액 제조

2) 교반장치

(1) 노형 교반기(Paddle Type Agitator)

① 점도가 비교적 낮은 액체의 교반에 이용한다.
② 젖은 노를 약간 경사지게 해서 액체가 아래, 위로 운동을 하게 하거나, 두 개의 노가 서로 반대 방향으로 돌게 하면 교반이 잘 된다.

(2) 공기교반기(Air Agitator)

① 액체 속에 공기를 불어넣어서 공기의 유동으로 액을 교반시킨다.
② 설비가 간단하면서도 능률이 좋다.

(3) 프로펠러형 교반기(Propeller Type Agitator)

점도가 높은 액체나 무거운 고체가 섞인 액체의 교반에는 적당치 못하며, 점도가 낮은 액체의 다량 처리에 적합하다.

(4) 터빈 교반기(Turbine Type Agitator)

급격한 교반을 해야 할 경우에 적합하다.

(5) 나선형(Screw Type) 교반기와 리본형(Ribbon Type) 교반기

① 점도가 큰 액체에 사용한다.
② 교반과 함께 운반도 한다.

(6) 제트형 교반기(Jet Agitator)

한쪽 또는 양쪽에서 액을 분출구로부터 뿜어내어 교반시키는 것으로서 노즐(Nozzle) 부에서 분출된 것을 노즐교반기라 한다.

3) 교반 소요동력

(1) 유체가 완전히 발달된 난류가 일어날 때 임펠러의 소요동력(혼합의 성능)

변형 Reynold 수 $= \left(\dfrac{D^2 N \rho}{\mu} \right)$

교반에서의 Froude 수 $N_{Fr} = \dfrac{DN^2}{g}$

$$P = \left(\dfrac{K}{g_c} \right)(\rho N^3 D^5)$$

여기서, P : 동력($\text{kg}_f \cdot \text{m/s}$)
ρ : 밀도(kg/m^3)
N : 교반기의 날개속도(rpm)
D : 날개의 지름(m)
K : 상수

(2) 직경이 다른 두 날개의 직경과 속도의 관계

$$\frac{N_1}{N_2} = \left(\frac{D_1}{D_2} \right)^{-\frac{5}{3}}$$

2. 반죽(Kneading)

1) 반죽

대량의 고체에 소량의 액체를 혼합
예 안료, 밀가루, 비누, 아스팔트 혼합

2) 반죽기

① 수평식 반죽기
② 수직식 반죽기
③ 퍼그밀(Pug Mill) : 요업공장에서 진흙을 대량으로 처리할 때 사용
④ 스크루 압축기 : 비닐, 폴리에틸렌, 고무 등의 재료를 용융 반죽하여 압출성형
하는 데 사용

3. 혼합(Mixing)

여러 종류의 약품을 혼합하여 약제를 만들 경우 또는 시멘트, 유리, 도자기 등의 원료
를 혼합하는 경우 등 두 종류 이상의 물리적 성질이 다른 고체 입자를 섞어서 균일한
혼합물을 얻는 조작을 혼합이라 한다.

1) 혼합기

① 수평원통식 혼합기

최적 회전수 $N = \dfrac{(54 \sim 86)}{D^{0.47} X^{0.14}}$

여기서, D : 원통의 지름(m)

X : 혼합기 내 원료의 용적비(%)

② 원뿔형 혼합기

③ V형 혼합기

④ 용기가 고정된 혼합기

2) 혼합도

① 혼합기 내의 여러 곳에서 취한 시료 중에 A 성분이 균일하게 분포되었는지를 나타내는 분산(Variance) σ^2 를 써서 표시한다.

② 혼합이 이상에 가까워질수록 표준편차(Standard Deviation) σ 의 값은 작아진다(σ 가 작으면 완전혼합).

$$\sigma^2 = \frac{1}{n} \sum_{i=1}^{n} (C_i - C_m)^2$$

여기서, C_m : 완전혼합된 경우 A의 평균농도

C_i : 각 시료의 농도

$$\sigma = \sqrt{\frac{1}{n} \sum_{i=1}^{n} (C_i - C_m)^2}$$

두 성분이 완전히 분리된 경우

$$\sigma_o{}^2 = C_m(1 - C_m)$$

$$\sigma_o = \sqrt{C_m(1 - C_m)}$$

③ 균일도지수(I) : 혼합도를 나타내는 방법 ▪▫▫

$$I = \frac{\sigma}{\sigma_o} = \sqrt{\sum_{i=1}^{n} \frac{(C_i - C_m)^2}{n C_m(1 - C_m)}}$$

혼합 초기에는 $\sigma = \sigma_o$ 이므로 $I = 1$

완전혼합에는 $C_i = C_m$ 이므로 $\sigma = 0$, $I = 0$

혼합이 진행되는 사이에는 $0 < I < 1$ 이다.

PART 1
PART 2
PART 3
PART 4
PART 5

💡 TIP ▪▪▪▪▪▪▪▪▪▪▪▪▪▪▪▪

A 와 B 두 성분이 완전히 분리된 경우

$A + B = n$ 개

$n_A + n_B = n$

$\dfrac{n_A}{n} = C_m$

$n_A = n C_m$

$n_B = n - n_A = n(1 - C_m)$

$$\begin{aligned} \sigma^2 &= \frac{1}{n} \sum_{i=1}^{n} (C_i - C_m)^2 \\ &= \frac{1}{n} \{ (1 - C_m)^2 n_A \\ &\quad + (0 - C_m)^2 n_B \} \\ &= \frac{1}{n} \{ (1 - C_m)^2 n C_m \\ &\quad + (0 - C_m)^2 n(1 - C_m) \} \\ &= C_m(1 - C_m) \end{aligned}$$

실전문제

01 혼합조작에서 혼합 초기, 혼합 도중, 완전 이상혼합 시 각 균일도 지수의 값을 옳게 나타낸 것은?(단, 균일도 지수는 $\dfrac{\sigma}{\sigma_o}$이며, σ는 혼합 도중의 표준편차, σ_o는 혼합 전 최초의 표준편차이다.)

① 혼합 초기 : 0, 혼합 도중 : 0에서 1 사이의 값, 완전 이상혼합 : 1

② 혼합 초기 : 1, 혼합 도중 : 0에서 1 사이의 값, 완전 이상혼합 : 0

③ 혼합 초기와 혼합 도중 : 0에서 1 사이의 값, 완전 이상혼합 : 1

④ 혼합 초기 : 1, 혼합 도중 : 0, 완전 이상혼합 : 1

| 해설 |

$$I(균일도지수) = \frac{\sigma}{\sigma_o} = \sqrt{\sum_{i=1}^{n}(C_i - C_m)^2 / nC_m(1-C_m)}$$

• 혼합 초기 : $\sigma = \sigma_o$ ∴ $I = 1$
• 완전 혼합 : $C_i = C_m \rightarrow \sigma = 0$ ∴ $I = 0$
• 혼합 중 : $I = 0 \sim 1$

02 다음 중 고점도를 갖는 액체를 혼합하는 데 가장 적합한 교반기는?

① 공기(Air) 교반기

② 터빈(Turbine) 교반기

③ 프로펠러(Propeller) 교반기

④ 나선형 리본(Helical - Ribbon) 교반기

| 해설 |

나선형 교반기, 리본형 교반기
점도가 큰 액체에 사용하며, 교반과 동시에 운반도 한다.

03 혼합에 영향을 주는 물리적 조건에 대한 설명으로 옳지 않은 것은?

① 섬유상의 형상을 가진 것은 혼합하기가 어렵다.

② 건조 분말과 습한 것의 혼합은 한쪽을 분할하여 혼합한다.

③ 밀도차가 클 때는 밀도가 큰 것이 아래로 내려가므로 상하가 고르게 교환되도록 회전방법을 취한다.

④ 액체와 고체의 혼합 · 반죽에서는 습윤성이 적은 것이 혼합하기 쉽고, 분체에서는 일반적으로 수분이 많은 것이 좋다.

| 해설 |

혼합에 영향을 주는 물리적 조건
• 밀도 : 밀도차가 작은 것이 좋으나 밀도차가 클 때는 밀도가 큰 것이 아래로 내려가므로 상하가 고르게 교환되도록 회전한다.
• 입도 : 입도는 작은 것이 혼합하기 좋다.
• 형상 : 섬유상의 것은 혼합하기 어렵다.
• 수분, 습윤성 : 액체와 고체의 혼합, 반죽에서는 습윤성이 큰 것이 혼합하기 쉽고, 분체에서는 일반적으로 수분이 많은 것이 좋다.
• 혼합비 : 건조분말과 습한 것의 혼합은 한쪽을 분할하여 가한다.

04 교반기 중 점도가 높은 액체의 경우에는 적합하지 않으나 저점도 액체의 다량 처리에 많이 사용되는 교반기는?

① 프로펠러(Propeller)형 교반기

② 리본(Ribbon)형 교반기

③ 앵커(Anchor)형 교반기

④ 나선(Screw)형 교반기

정답 ▶ **01** ② **02** ④ **03** ④ **04** ①

교반기의 종류
• 프로펠러형 교반기 : 점도가 높은 액체나 무거운 고체가 섞인 액체의 교반에는 적당하지 못하며, 점도가 낮은 액체의 다량 처리에 알맞다.
• 공기교반기 : 액체 속에 공기를 불어넣어 공기의 유동으로 액을 교반시킨다. 설비가 간단하면서도 능률이 좋다.
• 노형 교반기 : 점도가 비교적 낮은 액체의 교반에 이용한다.
• 터빈 교반기 : 급격한 교반을 할 필요가 있을 때 적합하다.
• 나선형 교반기, 리본형 교반기 : 점도가 큰 액체에 사용하는데, 교반을 하면서 운반도 한다.

[04] 여과

1. 여과(Filteration)

액체와 고체 입자의 혼합물인 슬러리(Slurry)를 다공질 여재(Filter Medium)에 의해 액체만 통과시키고 고체 입자는 통과시키지 않아 분리하는 조작

2. 여과장치

1) 여재 및 여과조제

(1) 여재(Filter Medium, 여과재)
  ① 섬유상 물질 : 각종 섬유, 면, 펠트, 부직포, 양모
  ② 입상 물질 : 점토, 규조토, 모래, 자갈
  ③ 다공성 물질 : 다공성 도자기

(2) 여과조제(Filter Aid)
  ① 입자가 미세하여 여과가 곤란한 경우 또는 여과가 곤란한 압축성 물질의 경우 여과조제를 넣어 여과 효과를 높인다.
  ② 여재가 막히는 것을 막기 위해 여과 전에 얇은 박막으로 코팅하는 물질이다.
  ③ 규조토, 펄라이트, 활성탄소, 산성 백토, 셀룰로스, 석면, 석고, 제올라이트 등 다공성 물질로 표면적이 크고 견고한 구조 때문에 매우 효과적이다.

2) 여과장치

(1) 입상 또는 유사물질의 퇴적층을 여재로 하는 여과장치
  모래여과기(Sand Filter)

(2) 여포를 이용한 여과장치
  ① 압여기
    구조가 간단하고 취급이 용이하여 널리 사용된다.
    예 여실압여기, 여판 여졸 압여기

  ② 엽상여과기
    압여기보다 여괴의 세정, 배출 등 여러 공정이 용이하고 신속하다.
    예 Moor(진공흡입형), Kelly(횡형의 원형가압 탱크식), Sweetland(가압원판형)

  ③ 연속회전 여과기
    여과, 세척, 건조를 동시에 수행하며, 대량처리에 적합하다.

❖ 한외여과
콜로이드나 큰 분자물질을 분리 농축하는 데 사용

❖ 역삼투
농도가 진한 용액에 압력을 가하면 삼투현상이 역으로 일어난다. 즉, 농도가 진한 용액의 용매가 반투막을 통해 묽은 용액 속으로 이동한다.

❖ 투석
용액으로부터 저분자량의 용질이 농도가 낮은 영역으로 확산되도록 하여 선택적으로 제거하는 방법

3. 여과이론

1) 여과의 기본식

여과속도식 $u = \dfrac{dV}{dt} = \dfrac{Ag_c\Delta P}{R\mu}$

여기서, V : 여과액 양

ΔP : 여과재를 통한 여과압력강하

A : 흐름의 단면적(m^2)

μ : 여과액의 점도(kg/m · s)

t : 여과시간(s)

g_c : 중력환산계수

R : 흐름에 대한 고체층의 저항

비례정수 R : 여과에 대한 저항

R_m : 여과재의 저항

R_c : 케이크 저항

$R = R_m + R_c$

$$u = \frac{dV}{dt} = \frac{Ag_c\Delta P}{(R_m + R_c)\mu}$$

↳ Ruth의 여과이론

$R_c = \alpha\dfrac{W}{A}$

여기서, W : 여재(Filter Cake) 중 고형분의 양

A : 여과면적

α : 물질 특유의 상수, 여과의 비저항(m/kg)

실전문제

01 다음 중 연속여과기에 속하는 장치는?

① 엽상여과기

② 압여기

③ Moore식 여과기

④ Oliver 여과기

해설

연속여과기에는 Oliver, Feinc, American 여과기가 있으며 여과, 세척, 건조 조작을 연속적으로 할 수 있다.

02 다음 중 진공으로 빨아들이는 엽상여과기는 어느 것인가?

① Kelly 식

② Moore 식

③ Sweetland 식

④ Oliver 식

해설

엽상여과기

• Moore : 진공흡입형

• Kelly : 횡형의 원형 가압 탱크식

• Sweetland : 가압원판형

정답 **01** ④ **02** ②

[05] 침강

1. 분리조작의 목적

① 유체 중의 입자를 제거한다.
② 입자를 크기별로 나눈다.

2. 최종침강속도

입자가 유체 중에서 정지상태에 있다가 외부의 힘에 의해 침강하기 시작하는 과정에서 처음에는 가속되어 임계속도에 도달하게 되며, 임계속도에 도달하면 계속 그 속도를 유지하게 되는데, 이때의 속도를 최종침강속도라고 한다.

3. 침강이론

1) 자유침강

고체입자 사이에 충돌이나 간섭을 무시할 수 있는 침강

① $N_{Re} < 0.1$, 층류 : Stokes의 법칙 ▨▨▨

$$U_t = \frac{D_p^2(\rho_s - \rho)g}{18\mu} \text{ (m/s)}$$

② $0.1 < N_{Re} < 1,000$, 전이영역 : Allen의 법칙

$$U_t = \frac{4}{225}\left[\frac{(\rho_s - \rho)^2 g^2}{\rho\mu}\right]^{1/3} D_p \text{(m/s)}$$

③ $1,000 < N_{Re} < 20,000$, 난류영역 : Newton의 법칙 ▨▨▨

$$U_t = \sqrt{\frac{3g(\rho_s - \rho)D_p}{\rho}}$$

④ 일반적

$$U_t = \left[\frac{4D_p(\rho_s - \rho)g}{3c\rho}\right]^{0.5}$$

여기서, U_t : 침강속도(종말속도), D_s : 입자와 같은 부피를 가진 구의 직경
D_p : 입자 지름, c : 무차원수, 항력계수, ρ_s : 고체입자의 밀도
ρ : 액체의 밀도, μ : 액체의 점도

PART 1
PART 2
PART 3
PART 4
PART 5

TIP

판별식

$$K = D_p\left[\frac{g\rho(\rho_p - \rho)}{\mu^2}\right]^{\frac{1}{3}}$$

- $K < 2.6 \rightarrow$ Stokes 법칙 사용
- $68.9 < K < 2,360 \rightarrow$ Newton 법칙 사용

유동화 조건

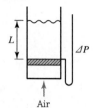

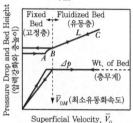

▲ 고체층에서 공탑속도 vs.
층높이 및 압력강하

 TIP

㉠ Stokes 법칙이 적용되는 범위
$(N_{Re} < 1.0)$

• $C_D = \dfrac{24}{N_{Re}}$

• $F_D = 3\pi\mu u_t D_p$

• $u_t = \dfrac{g D_p^2 (\rho_p - \rho)}{18\mu}$

㉡ Newton 법칙이 적용되는 범위
$(1,000 < N_{Re} < 200,000)$

• $C_D = 0.44$

• $F_D = 0.055\pi D_p^2 u_t^2 \rho$

• $u_t = \dfrac{\sqrt{3 g D_p (\rho_p - \rho)}}{\rho}$

2) 간섭침강

① 입자 사이에 간섭이 일어나면서 침강

② 입자가 인근 입자와 충돌하지 않더라도 입자의 운동이 인근 입자로부터 방해를 받는 침강

③ 간섭침강의 저항계수는 자유침강의 저항계수보다 더 크다.

$$U = U_t \phi(\varepsilon)$$

여기서, U : 부유물의 간섭침강속도(m/s)
U_t : 부유물의 자유침강속도(m/s)

$$\varepsilon = \frac{\text{현탁액의 부피} - \text{고체입자의 부피}}{\text{현탁액의 부피}}$$

$= $ 현탁액 내의 부피분율로 나타낸 액체 공간

$$\phi(\varepsilon) = \varepsilon^2 \times 10^{-1.82(1-\varepsilon)}$$

3) 저항계수(항력계수, Drag Coefficient, C_D)

$$C_D = \frac{F_D / A_P}{\rho u^2 / 2} = \frac{\text{단위면적당 항력}}{\text{동압(속도두)}}$$

여기서, C_D : 항력계수, 무차원수
F_D : 항력
A_P : 투영면적

① $N_{Re} < 0.1$(층류)

$$C_D = \frac{24}{N_{Re}}$$

② $1,000 < N_{Re} < 20,000$

$$C_D = 0.44$$

실전문제

01 지름 15μm의 기름방울과 공기의 혼합물 중에서 기름방울을 침강시키려고 한다. 기름의 비중은 0.9이며, 공기 21℃, 1atm에서 밀도는 1.2×10^{-3}g/cm³, 점도는 0.018cP일 때 종말속도는 몇 cm/s인가?

① 0.518 　　　② 0.515
③ 0.616 　　　④ 0.618

해설

$$N_{Re}=\frac{Du\rho}{\mu}=\frac{(15\times10^{-4})(0.616)(1.2\times10^{-3})}{(0.018)(0.01)}$$
$$=0.00618(층류)$$

$$U_t=\frac{D^2(\rho_s-\rho)g}{18\mu}$$
$$=\frac{(15\times10^{-4})^2(0.9-1.2\times10^{-3})\times980}{18\times0.00018}$$
$$=0.616\text{cm/s}$$

02 점토의 겉보기 밀도가 1.5cm³이고, 진밀도가 2g/cm³이다. 기공도는 얼마인가?

① 0.2 　　　② 0.25
③ 0.3 　　　④ 0.35

해설

기공도 $\varepsilon=1-\dfrac{겉보기밀도}{진밀도}=1-\dfrac{1.5}{2}=0.25$

03 직경 0.2cm인 빗방울의 최종침강속도는 얼마인가?(단, 방울은 구형이라고 가정하고, 공기의 밀도는 0.0012g/cm³, 점도는 0.00018 g/cm·s이다.)

① 500 　　　② 600
③ 700 　　　④ 800

해설

$$U_t=\sqrt{\frac{3g(\rho_s-\rho)D_p}{\rho}}$$
$$=\frac{\sqrt{3(980)(1-0.0012)(0.2)}}{0.0012}$$
$$=\sqrt{490,000}$$
$$=700\text{cm/s}$$

※ 판별식 이용

$$K=D_p\left[\frac{g\rho(\rho_p-\rho)}{\mu^2}\right]^{\frac{1}{3}}$$

• $K<2.6$: Stokes 법칙
• $68.9<K<2,360$: Newton 법칙

[06] 체분리

1. 체분리

고체를 분쇄하여 얻은 분체를 입자의 크기별로 분리하는 방법을 체분리라 한다. 체를 통과하는 물질을 통과물, 체에 걸리는 물질을 잔류물이라고 한다.

2. 표준체

1) mesh

1 in²의 넓이를 기준으로 한 정사각형 안의 체눈의 수를 mesh라 한다.

2) 표준규격

200mesh를 기준으로 한 $\sqrt{2}$ 계열체의 Tyler 표준체로, 연속체 구멍의 면적비가 2배이고, 체의 눈금비가 $\sqrt{2}$ 이다.

3. 체분 분석

체분석 후 입도의 표시 : 100mesh 체 통과, 140mesh 체에 걸린 경우, $-100/+140$으로 표시한다.

실전문제

01 50mesh의 체는 $1\,in^2$ 안에 몇 개의 체눈이 있는가?

① 25

② 50

③ 250

④ 2,500

| 해설 |

$1in^2$ 내에 $50 \times 50 = 2,500$개의 체눈이 있다.

02 타일러 보조체는 물질의 직경을 구하는 데 사용한다. 20mesh 체 $1\,in^2$에는 몇 개의 체눈이 존재하는가?

① 25

② 40

③ 400

④ 200

| 해설 |

$1in^2$ 내에 $20 \times 20 = 400$개의 체눈이 있다.

| 정답 ▶ **01** ④ **02** ③

[07] 흡착

1. 흡착

1) 흡착(Adsorption)

촉매반응이 일어나기 위해서는 반응물이 표면에 부착되어야 한다. 이렇게 표면에 부착되는 것을 흡착이라 한다.

① 물리흡착(Physical Adsorption) : 응축과 유사하며, 어느 정도 거리까지 작용하는 물리적인 힘이다. 기체분자와 고체 표면 사이의 인력들은 약하다(Van der Waals 힘).
② 화학흡착(Chemisorption) : 화학반응 속도에 영향을 미치는 흡착으로, 근거리에서 작용한다.

2) 물리흡착과 화학흡착의 비교

구분	물리흡착	화학흡착
흡착제	고체	대부분 고체
흡착질	임계온도 이하의 기체	화학적으로 활성인 기체
온도범위	낮은 온도	높은 온도
흡착열	낮음	높음
흡착속도 (활성화 에너지)	매우 빠름(E_a 값이 낮음)	활성흡착이면 E_a 값이 높음
흡착층	다분자층	단분자층
온도의존성	온도 증가에 따라 감소	다양
가역성	가역성이 높음	가역성이 낮음
결합력	반데르발스 결합, 정전기적 힘	화학결합, 화학반응

2. 흡착등온식

1) Langmuir(랭뮤어) 등온식

$$V = \frac{V_{\max}k_c}{1+k_c}$$

여기서, V : 흡착질 부하(g/g고체)
$V_{\max}$: $c \to \infty$일 때 흡착질의 최댓값
c : 유체에서 흡착질의 농도(g/cm³, ppm)
k_c : 흡착상수

2) Freundlich의 식(프로인들리히 식)

액체흡착에 잘 맞는다.

$$V = kC^{\frac{1}{n}}$$

여기서, C : 평형농도

k : 흡착상수

n : Freundlich 식의 흡착지수($n > 1$)

3) BET 식(Brunauer − Emmett − Teller Equation)

Langmuir 등온선을 다분자층 흡착으로 확대 적용한 것이다.

$$\frac{P}{v(P_0 - P)} = \frac{1}{v_m C} + \frac{(C-1)P}{v_m C P_0}$$

여기서, P_0 : 포화증기압

v_m : 단분자층 용량

v : 다분자층에 흡착된 용량

ΔH_L : 증기의 액화열

ΔH_1 : 최초의 단분자층

$$C \cong \exp[\Delta H_L - \Delta H_1 / RT]$$

$$v = \frac{v_m cx}{1-x} \left[\frac{1 - (n+1)x^n + nx^{n+1}}{1 + (c-1)x - cx^{n+1}} \right]$$

$$x = \frac{P}{P_0}$$

$n = 1$: Langmuir의 흡착등온식

$n = \infty$: BET 흡착등온식

4) Henry의 흡착등온식

$$V = kx$$

여기서, V : 흡착제 무게당 흡착된 용질의 질량

k : 흡착평형상수

이러한 선형 등온식은 묽은 용액에 사용된다.

3. 흡착등온선의 분류

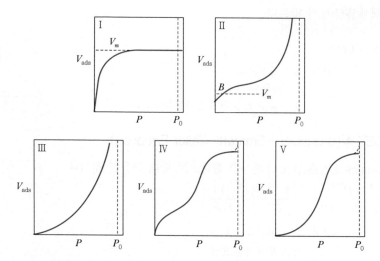

① Ⅰ : Langmuir형 등온선
  • 압력이 증가함에 따라 흡착량이 어떤 한계값까지 급격하게 증가한다.
  • 흡착이 단분자층에 한정되어 있을 때 얻어진다.
  • 등온선은 매우 가느다란(모세관형) 세공구조를 갖는 고체에 대한 물리흡착에서 볼 수 있다.
  • 활성탄에 대한 암모니아의 흡착에서 일어난다.

② Ⅱ
  • 실리카겔에 대한 질소의 흡착에서 일어난다.
  • 여러 가지 비다공성 고체에 대한 다분자층 물리흡착을 나타내고 있다(S자형 등온선).
  • B점은 표면에 대한 단분자층 흡착 전체와 가느다란 세공에 대한 응축과의 합을 나타낸다.

③ Ⅲ
  • 실리카겔에 대한 브롬의 흡착에서 일어난다.
  • 흡착제와 흡착질의 상호작용이 아주 약할 때 발생한다.

④ Ⅳ
  • 47℃에서 산화 제2철(Fe_3O_4) 겔에 대한 벤젠의 흡착에서 일어난다.
  • 다공성 고체에서의 모세관 응축을 반영하고 있다.

⑤ Ⅴ
  • 100℃에서 활성탄에 대한 수증기의 흡착에서 일어난다.
  • 초기에 급격한 기체의 빨아들임을 나타내지 않으며 최초의 단분자층에서 흡착력이 비교적 작을 때 생긴다(Ⅲ, Ⅴ).

실전문제

01 흡착성이 단분자층을 형성한다는 조건에서 유도된 식은?

① Langmuir 식

② Harkins – Jura 식

③ BET 식

④ Freundlich 식

> **해설**

단분자층 흡착 : Langmuir 식

02 묽은 용액에서 액상 흡착 평형은 다음 중 어느 식이 근접되는가?

① Langmuir 식

② Harkins – Jura 식

③ Freundlich 식

④ BET 식

> **해설**

- Langmuir 식 : 단분자층 흡착
- Freundlich 식 : 액체흡착에 잘 맞는다.
- BET 식 : Langmuir 등온선을 다분자층 흡착으로 확대 적용한 것이다.